高分子化学与物理
习题汇编

董炎明　何旭敏　编著

科学出版社

北京

内 容 简 介

本书是高等学校高分子化学与物理课程的教学辅导书。全书共17章，第1章是绪论，第2~6章是高分子化学部分，第7~16章是高分子物理部分，第17章是综合题。本书的习题同时涵盖了高分子学科的两大基础课程（高分子化学和高分子物理），也适用于"高分子化学"和"高分子物理"分设的单独课程。

本书精选了1700多道习题，每道题都有解答，习题覆盖教学大纲的所有知识点。标题细分到四级，所有习题都有很详细的归类。最后一章的综合题收集了600多道填空题、单选题和是非题。400多个名词解释题的答案则分散在书中以节省篇幅，每章末尾有相应的索引。

本书可作为研究型高校的非高分子专业（如化学、化工、材料等专业），以及应用型高校、高职本科和二级学院相关专业的本科生辅助教材或参考书，也适用于研究型高校的高分子专业本科生的教学。此外，本书还特别适合用作考研参考书。

图书在版编目(CIP)数据

高分子化学与物理习题汇编/董炎明，何旭敏编著．—北京：科学出版社，2013.6

ISBN 978-7-03-037622-0

Ⅰ.①高… Ⅱ.①董… Ⅲ.①高分子化学-高等学校-习题集 ②高聚物物理学-高等学校-习题集 Ⅳ.①O63-44

中国版本图书馆CIP数据核字(2013)第114626号

责任编辑：丁　里／责任校对：钟　洋
责任印制：赵　博／封面设计：迷底书装

科 学 出 版 社 出版
北京东黄城根北街16号
邮政编码：100717
http://www.sciencep.com

北京华宇信诺印刷有限公司印刷
科学出版社发行　各地新华书店经销

*

2013年 6 月第　一　版　　开本：787×1092　1/16
2025年 6 月第十三次印刷　印张：29 1/2
字数：750 000

定价：88.00元
（如有印装质量问题，我社负责调换）

前　言

高分子化学和高分子物理两门课程是高分子学科重要的专业基础课程。这两门课程的学时均为54～90，一般只有研究型高校的高分子材料与工程专业的本科教学才会分别安排这么多课时。对于研究型高校的非高分子专业（如化学、化工、材料等专业），以及大量应用型高校、高职本科和二级学院相关专业的本科生教学，通常把高分子化学和高分子物理两门课程并为一门"高分子化学与物理"，学时36～72，有时还涵盖高分子材料和加工。而且许多高校和研究所（如中国科学院）的考研科目也是"高分子化学与物理"。但目前国内没有针对这门课的习题集或习题解答，因此出版一本精练的"高分子化学与物理"习题集或习题解答是非常必要的。

一本书兼有高分子化学和高分子物理，还具有以下优点：

（1）"高分子化学与物理"课程无需分别拥有高分子化学和高分子物理两门课程的两本习题书。

（2）避免了高分子化学和高分子物理两门课程重复的部分，如序言、基本概念、定义、命名、一级结构、材料简介等。

（3）使"高分子化学"和"高分子物理"内容形成"合成—结构—性能—应用"一条线，从而使学生对高分子科学有一个系统的认识。

（4）有利于提出涉及两门课的综合性习题。

本书基本覆盖了国内各"高分子化学与物理"类教材的习题，并且注意习题的广度和深度，特别适合用作"高分子化学与物理"课程或类似课程如"高分子科学"、"高分子基础"等的辅助教材或参考书，也适用于高分子专业本科生的教学和考研。本书也是作者主持的国家精品课程"材料化学导论"中高分子模块的配套教材。

显然，上述各类课程的难易程度有较大差别，所以本书中各节的习题按从简单到复杂的顺序排列，读者应根据所学课程和教材的情况有所取舍。

本书的特点是：

（1）通过精选和编辑，荟萃了高分子化学与物理最具代表性和出现频率最高的习题，同时覆盖教学大纲的所有知识点。

（2）解题语言尽量简洁，保持较大的题量，本书有1700多道习题。

（3）所有习题都给出解答，同类型习题第一次出现时解答较为详细。典型习题还给出解题技巧及注意事项。

（4）必要时，将标题细分到四级，所有习题都有很详细的归类，以发现习题间的关联和共同的解题规律。

（5）最后一章的综合题收集了600多道填空题、单选题和是非题。400多个名词解释题的答案则分散在书中以节省篇幅，每章末尾有相应的索引。附录还给出聚合物结构的一种便于记忆的元素分类法。

在本书杀青之际，我特别怀念1968年在北京大学高分子教研室老师指导下与周其凤、高宝娇等学友们一起开展聚砜、聚酰亚胺合成实验的峥嵘岁月，从此走上了一生钟爱的高分子学科的教学科研道路。我特别怀念和感谢1978～1981年读研期间的恩师赵华山，以及"高分子化学"的授课老师焦书科和"高分子物理"的授课老师金日光，因为他们的谆谆教导使我终生受益。我特别怀念和感谢 2001～2005 年在教育部高分子材料与工程教学(分)指导委员会一起共事的同仁们,因为没有他们提供的机会和平台,就没有我近年问世的一系列教材。

在本书编写过程中吸收了国内外诸多同类教材的精华,也采用了一部分最新网上资料,博士生姚清清、杨柳林等协助收集部分资料,特此一并致谢。

由于水平所限,书中不妥之处在所难免,望读者不吝批评指正,以便重印或再版时更正。

董炎明

ymdong@xmu.edu.cn

2013 年 1 月于厦门大学

目 录

前言
第1章 绪论 ··· 1
1.1 高分子的历史 ·· 1
1.2 高分子的定义和基本概念 ·· 1
1.3 聚合物的命名和结构式 ··· 3
1.3.1 从单体或聚合物的结构式出发命名 ·· 3
1.3.2 从聚合物中文名称或英文缩写出发写出结构式 ······························ 6
1.3.3 IUPAC系统命名法 ··· 8
1.4 高分子的分类 ·· 9
1.5 聚合反应的分类 ·· 12
1.6 聚合反应式 ·· 17
1.7 高分子结构和性质的一般特点 ··· 20
第2章 自由基聚合 ··· 22
2.1 判断某种化合物能否进行聚合反应 ··· 22
2.2 自由基聚合的反应机理 ··· 23
2.2.1 自由基的活性 ·· 23
2.2.2 反应热力学 ··· 24
2.2.3 引发、增长和终止等基元反应 ·· 26
2.3 链引发 ·· 29
2.3.1 引发剂和引发作用 ·· 29
2.3.2 引发剂分解反应动力学和引发剂效率 ·· 31
2.4 自由基聚合反应速率 ·· 32
2.4.1 自由基聚合反应初期动力学方程 ··· 32
2.4.2 温度对聚合速率和聚合度的影响 ··· 33
2.4.3 聚合动力学计算 ··· 36
2.4.4 自动加速现象 ·· 38
2.5 聚合度和链转移反应 ·· 39
2.5.1 无链转移的聚合度 ·· 39
2.5.2 考虑链转移的聚合度 ··· 42
2.6 阻聚和缓聚 ·· 49
2.7 自由基聚合的实施方法 ··· 50
第3章 自由基共聚合 ·· 61
3.1 共聚物的类型及命名 ·· 61
3.2 二元共聚物组成微分方程与竞聚率 ··· 61
3.3 典型二元共聚物组成曲线 ·· 69
3.4 共聚物组成控制方法 ·· 74

    3.5 二元共聚物的序列结构 75
    3.6 单体(自由基)活性与 $Q\text{-}e$ 方程 77
    3.7 离子型共聚 79
    3.8 共聚物材料 80

第4章　离子聚合和配位聚合

    4.1 阳离子、阴离子聚合反应的单体及引发剂类型 82
    4.2 离子聚合反应的聚合反应方程和反应机理 84
    4.3 离子聚合的活性中心、反离子和温度对聚合反应速率和聚合物
         规整性的影响 87
    4.4 离子聚合的动力学和聚合度计算 89
         4.4.1 利用聚合物结构式或动力学方程计算聚合度 89
         4.4.2 已知聚合度计算引发剂量 92
    4.5 阴离子聚合的特点——活性阴离子聚合 92
    4.6 阳离子聚合的特点——异构化 95
    4.7 配位聚合的基本概念和引发剂 96
    4.8 配位聚合的单体及聚合物的立构 99

第5章　逐步聚合

    5.1 逐步聚合反应的特点和分类 101
    5.2 逐步聚合反应的单体 102
    5.3 线型缩聚反应 103
         5.3.1 线型缩聚反应的机理和动力学 103
         5.3.2 密闭体系的平衡缩聚反应计算聚合度 104
         5.3.3 敞开体系的不平衡缩聚反应计算聚合度 114
         5.3.4 提高缩聚物聚合度的方法 116
    5.4 非线型缩聚反应 117
    5.5 聚合方法 123

第6章　聚合物化学反应

    6.1 聚合物化学反应的特点及影响因素 127
    6.2 聚合物的侧基反应 128
    6.3 聚合物的主链反应 131
         6.3.1 聚合物的降解、解聚和老化 131
         6.3.2 聚合物的接枝、扩链和交联 135

第7章　高分子链的结构

    7.1 高分子链的近程结构 140
         7.1.1 构型 140
         7.1.2 键接结构和共聚序列 146
         7.1.3 支化与交联 149
    7.2 高分子链的远程结构 150
         7.2.1 构象 150
         7.2.2 均方末端距 153
    7.3 高分子链的柔顺性 161
         7.3.1 柔顺性的结构影响因素(定性描述) 161

  7.3.2 柔顺性的参数(定量描述) ································ 164
 7.4 综合 ································ 167

第8章　高分子的聚集态结构 ································ 169
 8.1 高分子结晶的形态 ································ 169
 8.2 结晶模型和非晶模型 ································ 171
 8.3 聚合物的结晶能力、结晶过程 ································ 172
 8.4 结晶度 ································ 175
  8.4.1 比体积、密度和结晶度 ································ 175
  8.4.2 结晶(度)对性能的影响 ································ 178
 8.5 结晶热力学与熔点 ································ 179
  8.5.1 从热力学角度出发比较聚合物的熔点 ································ 179
  8.5.2 熔点和平衡熔点的计算 ································ 183
 8.6 结晶速率与结晶动力学 ································ 186
 8.7 聚合物的取向态、液晶态和共混高分子的相态结构 ································ 189
  8.7.1 取向态 ································ 189
  8.7.2 液晶态 ································ 191
  8.7.3 共混高分子 ································ 193
 8.8 综合 ································ 195

第9章　高分子溶液 ································ 197
 9.1 高分子的溶解与溶胀 ································ 197
 9.2 分子间作用力、内聚能密度和溶度参数 ································ 199
  9.2.1 聚合物的分子间作用力 ································ 199
  9.2.2 内聚能密度 ································ 200
  9.2.3 溶度参数 ································ 202
 9.3 溶剂的选择原则 ································ 207
  9.3.1 溶剂选择三原则 ································ 207
  9.3.2 相似相溶原则 ································ 209
  9.3.3 溶剂化原则 ································ 209
  9.3.4 溶度参数相近原则 ································ 209
  9.3.5 外部条件 ································ 210
 9.4 高分子稀溶液的热力学 ································ 210
  9.4.1 溶液的基本物理量 ································ 210
  9.4.2 Flory-Huggins 的似晶格模型 ································ 211
  9.4.3 Huggins 参数 χ_1 ································ 211
  9.4.4 混合热 ································ 212
  9.4.5 混合熵 ································ 212
  9.4.6 混合自由能 ································ 214
  9.4.7 化学势 ································ 215
  9.4.8 θ 状态 ································ 217
 9.5 高分子亚浓溶液、浓溶液和聚电解质溶液 ································ 221
  9.5.1 高分子亚浓溶液 ································ 221

  9.5.2 高分子浓溶液 ………………………………………………………………… 222
  9.5.3 高分子聚电解质溶液 ……………………………………………………… 224

第10章 聚合物的相对分子质量 …………………………………………………………… 226
 10.1 聚合物相对分子质量的统计意义 ……………………………………………… 226
  10.1.1 利用定义式计算相对分子质量 ………………………………………… 226
  10.1.2 多分散系数和分布宽度指数 …………………………………………… 233
 10.2 数均相对分子质量的测定 ……………………………………………………… 236
  10.2.1 端基分析法 ………………………………………………………………… 236
  10.2.2 沸点升高、冰点下降法 …………………………………………………… 237
  10.2.3 膜渗透压法 ………………………………………………………………… 238
  10.2.4 气相渗透压法 ……………………………………………………………… 247
 10.3 重均相对分子质量与Z均相对分子质量的测定 …………………………… 248
  10.3.1 光散射法 …………………………………………………………………… 248
  10.3.2 超速离心沉降法 …………………………………………………………… 253
 10.4 黏均相对分子质量的测定 ……………………………………………………… 254
  10.4.1 黏度法测相对分子质量 …………………………………………………… 254
  10.4.2 黏度法涉及的其他参数 …………………………………………………… 263
 10.5 不同测定方法的比较 …………………………………………………………… 266
 10.6 相对分子质量对聚合物性能的影响 …………………………………………… 267

第11章 聚合物的相对分子质量分布 ……………………………………………………… 269
 11.1 相对分子质量分布的意义和表示方法 ………………………………………… 269
 11.2 基于溶解度的分级方法 ………………………………………………………… 273
 11.3 凝胶色谱法 ……………………………………………………………………… 277
  11.3.1 原理、仪器和实验条件 …………………………………………………… 277
  11.3.2 校准曲线与相对分子质量的计算 ……………………………………… 279
  11.3.3 普适校准曲线 ……………………………………………………………… 284
  11.3.4 峰加宽效应和柱效 ………………………………………………………… 285
 11.4 相对分子质量分布对性能的影响 ……………………………………………… 287

第12章 聚合物的分子运动 …………………………………………………………………… 288
 12.1 形变-温度曲线 ………………………………………………………………… 288
 12.2 聚合物的玻璃化转变 …………………………………………………………… 296
  12.2.1 测定方法 …………………………………………………………………… 296
  12.2.2 玻璃化转变理论和相关计算 …………………………………………… 299
  12.2.3 T_g的影响因素 …………………………………………………………… 306
  12.2.4 耐热性 ……………………………………………………………………… 313
  12.2.5 次级松弛（或多重转变） ………………………………………………… 314
  12.2.6 脆化温度 …………………………………………………………………… 316
 12.3 聚合物的黏性流动 ……………………………………………………………… 316
  12.3.1 黏流的特点和黏流温度 …………………………………………………… 316
  12.3.2 熔体黏度 …………………………………………………………………… 318
  12.3.3 流动曲线和流体性质 ……………………………………………………… 328

第 13 章　橡胶弹性 … 334
13.1　橡胶的结构和使用温度范围 … 334
13.2　高弹性的特点和热力学分析 … 335
13.2.1　高弹性的特点（高弹性的定性分析） … 335
13.2.2　橡胶弹性的热力学分析（高弹性的定量分析） … 336
13.3　交联橡胶弹性的统计理论 … 339
13.3.1　交联橡胶变形时的熵变 … 339
13.3.2　交联橡胶的状态方程 … 340
13.4　唯象理论 … 349
13.5　热塑性弹性体 … 349

第 14 章　聚合物的黏弹性 … 351
14.1　黏弹性现象 … 351
14.1.1　黏弹性与松弛 … 351
14.1.2　静态黏弹性 … 352
14.1.3　动态黏弹性 … 357
14.2　力学模型 … 360
14.2.1　静态黏弹性相关的力学模型 … 360
14.2.2　动态黏弹性与相关力学模型 … 368
14.3　时温等效原理与 WLF 方程 … 371
14.4　Boltzmann 叠加原理 … 376
14.5　测定动态黏弹性的实验方法 … 380

第 15 章　聚合物的力学性能 … 384
15.1　力学性质的基本物理量和力学性能指标 … 384
15.1.1　基本物理量的定义和计算 … 384
15.1.2　力学性能指标的定义和计算 … 388
15.2　应力-应变曲线 … 389
15.2.1　典型的应力-应变曲线 … 389
15.2.2　应力-应变曲线的五种类型 … 392
15.2.3　影响因素 … 394
15.2.4　有关计算 … 395
15.3　屈服和断裂 … 397
15.3.1　屈服 … 397
15.3.2　断裂 … 399

第 16 章　聚合物的电学性能 … 405
16.1　聚合物的极化与介电性能 … 405
16.1.1　介电极化 … 405
16.1.2　介电损耗与介电松弛谱 … 408
16.1.3　影响介电性的因素 … 411
16.2　聚合物的导电性和静电现象 … 415
16.2.1　导电性的表征 … 415
16.2.2　影响导电性的因素 … 416

    16.2.3　导电性高分子 419
    16.2.4　聚合物的静电现象 420
第17章　综合题 422
  17.1　高分子化学综合题 422
    17.1.1　填空题 422
    17.1.2　单选题 428
    17.1.3　是非题 435
  17.2　高分子物理综合题 436
    17.2.1　填空题 436
    17.2.2　单选题 442
    17.2.3　是非题 451
主要参考书目 455
附录 457

第1章 绪 论

1.1 高分子的历史

1-1 说出获得诺贝尔奖的高分子科学家的名字、获奖年份和他们的主要贡献。

答 (1) 施陶丁格(Staudinger)从1920年发表划时代的文献"论聚合"起,到1932年发表第一部高分子专著《有机高分子化合物——橡胶和纤维素》,历经10余年创立了高分子学说。施陶丁格是高分子科学的奠基人,1953年获诺贝尔化学奖。

(2) 齐格勒(Ziegler)和纳塔(Natta)发明了新的催化剂,使乙烯低压聚合制备高密度聚乙烯和丙烯定向聚合制备全同聚丙烯实现工业化。1963年他们分享了诺贝尔化学奖。

(3) 弗洛里(Flory)在缩聚反应理论、高分子溶液的统计热力学和高分子链的构象统计等方面作出了一系列杰出的贡献,进一步完善了高分子学说,因此获得1974年诺贝尔化学奖。

(4) 德热纳(de Gennes)成功地将研究简单体系中有序现象的方法推广到高分子、液晶等复杂体系,把现代凝聚态物理学的新概念(如软物质、标度律、复杂流体、分形、魔梯、图样动力学、临界动力学等)"嫁接"到高分子科学的研究中。他的这些概念丰富了高分子学说,1991年获得诺贝尔物理学奖。

(5) 黑格(Heeger)、马克迪尔米德(MacDiarmid)和白川英树(Shirakawa)因导电高分子方面的特殊贡献共同获得2000年诺贝尔化学奖。

1.2 高分子的定义和基本概念

1-2 用简洁的语言说明下列术语:

(1) 高分子;(2) 单体;(3) (高分子)主链;(4) 侧链或侧基;(5) (结构)重复单元;(6) 链节;(7) 结构单元;(8) 单体单元;(9) 聚合度。

答 (1) 高分子:通常将相对分子质量大于10 000的化合物称为高分子。狭义的高分子指有一定重复单元的合成产物,广义的高分子也包括天然大分子和无一定重复单元的复杂大分子。

(2) 单体:通常将生成高分子的小分子原料称为单体。

(3) 主链:是构成高分子骨架结构,以化学键结合的原子集合。最常见的是碳链,偶尔有非碳原子(如O、N、S等原子)杂入。

(4) 侧链或侧基:是连接在主链原子上的原子或原子集合,又称支链。支链可以较小,称为侧基;可以较大,称为侧链(往往也是由某种单体聚合而成)。

(5) (结构)重复单元:是大分子链上化学组成和结构均可重复的最小单位,简称重复单元。

(6) 链节:在高分子物理中常把结构重复单元称为"链节",高分子的结构式常用 n 表示链节的数目,即 $\pmb{\{}$链节$\pmb{\}}_n$。

(7) 结构单元:是由一种单体分子通过聚合反应而进入聚合物重复单元的那一部分。

(8) 单体单元:是与单体的化学组成完全相同、只是化学结构不同的结构单元。

(9) 聚合度($\overline{DP}$):聚合物分子中,结构单元的数目称为聚合度。

1-3 举例说明单体、单体单元、结构单元、重复单元、聚合物、聚合度等名词的含义,以及它们之间的关系和区别。

答 合成聚合物的原料称为单体,如加聚中的乙烯、氯乙烯、苯乙烯,缩聚中的己二胺和己二酸、乙二醇和对苯二甲酸等。

在聚合过程中,单体往往转变成结构单元的形式进入大分子链,高分子由许多结构单元重复键接而成。在烯类加聚物中,单体单元、结构单元、重复单元相同,与单体的元素组成也相同,但电子结构有变化。在缩聚物中,不采用单体单元术语,因为缩聚时部分原子缩合成小分子副产物析出,结构单元的元素组成不再与单体相同。如果用两种单体缩聚成缩聚物,则由两种结构单元构成重复单元。

聚合物是指由许多简单的结构单元通过共价键重复键接而成的相对分子质量高达 $10^4 \sim 10^6$ 的同系物的混合物。

聚合度是衡量聚合物分子大小的指标。以重复单元数为基准,即聚合物大分子链上所含重复单元数目的平均值,以 $\overline{DP}$ 表示;以结构单元数为基准,即聚合物大分子链上所含结构单元数目的平均值,以 $\overline{X_n}$ 表示。

1-4 举例说明聚合物、高分子、大分子、高聚物、高分子化合物、低聚物、齐聚物、寡聚物等名词的含义,以及它们之间的关系和区别。

答 合成高分子多数是由许多结构单元重复键接而成的聚合物。聚合物(polymer)可以看成是高分子(macromolecule)的同义词。这两个词虽然经常混用,但仍有一定区别,前者通常是指有一定重复单元的合成产物,一般不包括天然高分子(生物高分子);而后者指相对分子质量很大的一类化合物,包括天然和合成高分子,也包括无一定重复单元的复杂大分子。"大分子"是高分子的同义词,但高分子用得更普遍。高聚物是"高分子聚合物"的简称,也是高分子的同义词,由于字面的意思重复,现较少使用。"高分子"实际上是"高分子化合物"的简称,为了简洁较少用后者,如"高分子化学"就不好称为"高分子化合物化学"。

根据相对分子质量或聚合度大小的不同,聚合物又有低聚物和高聚物之分,但两者并无严格的界限,一般低聚物的相对分子质量在几千以下,而高聚物的相对分子质量总在 10 000 以上。齐聚物、寡聚物和低聚物的英文名称都是 oligomer。齐聚物是较早的说法,现在低聚物用得更广泛。

1-5 下列物质中哪些属于高分子?

(1) 水;(2) 羊毛;(3) 肉;(4) 棉花;(5) 橡胶轮胎;(6) 涂料;(7) 乙醇;(8) 离子交换树脂。

答 (2)、(3)、(4)、(5)、(6)和(8)。

1-6 以下化合物,哪些是天然高分子化合物?哪些是合成高分子化合物?

(1) 蛋白质;(2) PVC;(3) 酚醛树脂;(4) 淀粉;(5) 纤维素;(6) 石墨;(7) 尼龙-66;(8) PVAc;(9) 丝;(10) PS;(11) 维尼纶;(12) 杜仲胶;(13) 聚氯丁二烯;(14) 纸浆;(15) 环氧树脂;(16) 丁苯胶。

答 天然高分子化合物有(1)、(4)、(5)、(6)、(9)、(12)、(14);合成高分子化合物有(2)、(3)、(7)、(8)、(10)、(11)、(13)、(15)、(16)。

1-7 试以聚丙烯腈、尼龙-610 为例,说明聚合物的重复单元、结构单元、单体单元。

答 聚丙烯腈的重复单元、结构单元和单体单元相同,都是—$CH_2CH(CN)$—。尼龙-610 无单体单元,重复单元为—$NH(CH_2)_6NHCO(CH_2)_8CO$—,结构单元为—$NH(CH_2)_6NH$—和—$CO(CH_2)_8CO$—。

1.3 聚合物的命名和结构式

1-8 聚合物有哪些命名法？最常用的是哪几种？

答 聚合物有5种命名法。其中前4种命名法为通俗命名法（或称习惯命名法），均为常用命名法，只有IUPAC（国际纯粹与应用化学联合会）系统命名法不常用，一般用于新聚合物的命名和学术交流。

（1）"聚"+"单体名称"命名法：限用于加聚物，如聚氯乙烯、聚乙烯等。注意：聚乙烯醇中的"乙烯醇"只是假想的单体。

（2）"单体名称"+"共聚物"命名法：限用于加聚共聚物，如苯乙烯-甲基丙烯酸甲酯共聚物。

（3）"单体简称+聚合物用途或物性类别"命名法：加聚物和缩聚物，如苯乙烯树脂、聚苯乙烯树脂、酚醛树脂、丁苯橡胶、氯丁橡胶、涤纶、腈纶、尼龙-610（碳原子数的排列顺序按照"胺前酸后"的次序）。

（4）化学结构类别命名法：如聚酯、聚酰胺、聚氨酯、聚碳酸酯。

（5）IUPAC系统命名法：以重复单元为基础的系统命名法。首先确定重复单元结构，然后排好重复单元中次级单元的顺序，再给重复单元命名，最后在重复单元前加一"聚"字。

1.3.1 从单体或聚合物的结构式出发命名

1-9 给下列聚合物命名：

(1) $\mathrm{\{NH(CH_2)_6NHCO(CH_2)_8CO\}_n}$； (2) $\mathrm{\{OCNH(CH_2)_6NHCOO(CH_2)_4O\}_n}$；

(3) $\mathrm{\{NH(CH_2)_5CO\}_n}$； (4) $\mathrm{\{CH_2-CH(CONH_2)\}_n}$；

(5) $\mathrm{\{CH_2-CH=CH-CH_2\}_n}$； (6) $\mathrm{\{O-CH_2-CH(CH_3)\}_n}$；

(7) $\mathrm{\{CH_2-CH(OH)\}_n}$。

答 (1) 尼龙-610；(2) 聚氨酯；(3) 尼龙-6；(4) 聚丙烯酰胺；(5) 聚丁二烯；(6) 聚环氧丙烷；(7) 聚乙烯醇。

1-10 给下列复杂结构的聚合物命名：

(1) 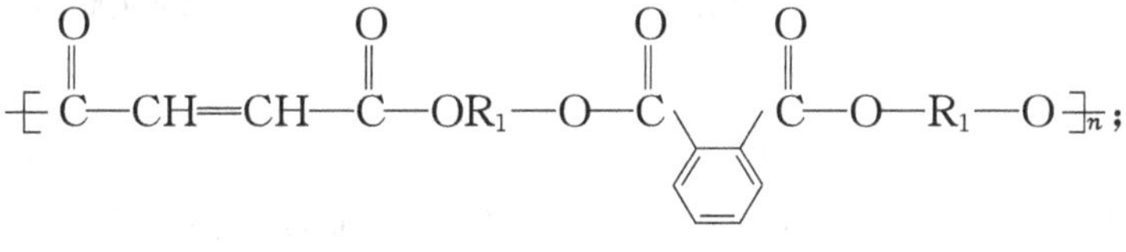 结构式（含马来酸酯与邻苯二甲酸酯重复单元）；

(2) 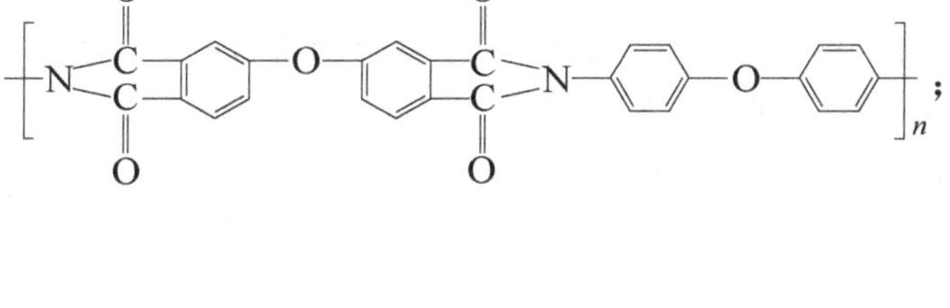 结构式（含酰亚胺基与醚键的聚酰亚胺重复单元）；

(3) $\text{—}[CF_2\text{—}CF_2]_m[CF_2\text{—}CF]_n\text{—}$ 其中侧基为 $OCF_2CF_2CF_3$。

答 (1) 不饱和聚酯；(2) 聚酰亚胺；(3) 四氟乙烯-全氟丙基乙烯基醚共聚物（又称可熔性四氟）。

1-11 写出用下列单体得到的聚合物的名称：

(1) 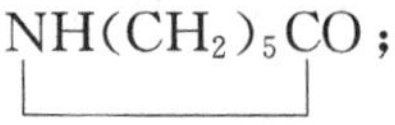 $\overline{NH(CH_2)_5CO}$；

(2) $HO(H_2C)_2OOC\text{—}C_6H_4\text{—}COO(CH_2)_2OH$；

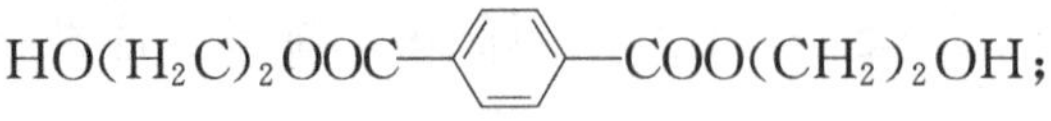

(3) 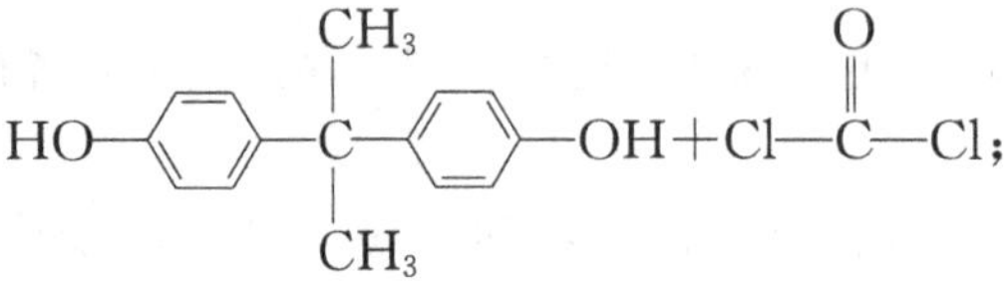 $HO\text{—}C_6H_4\text{—}C(CH_3)_2\text{—}C_6H_4\text{—}OH + Cl\text{—}CO\text{—}Cl$；

(4) $HOOCC_6H_4COOH + HO(CH_2)_2OH$；

(5) 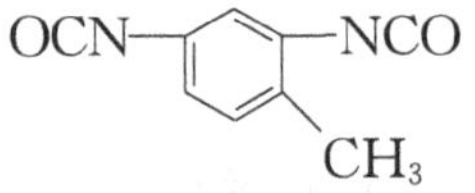 $OCN\text{—}C_6H_3(CH_3)\text{—}NCO + HO(CH_2)_2OH$。

答 (1) 聚己内酰胺（尼龙-6）；(2) 聚对苯二甲酸乙二醇酯；(3) 聚碳酸酯；(4) 聚对苯二甲酸乙二醇酯；(5) 聚氨酯。

1-12 命名下列聚合物：

(1) $\text{—}[CH_2\text{—}CH]_n\text{—}$ 侧基 $O=C\text{—}O\text{—}CH_3$；

(2) $\text{—}[CH_2\text{—}C(CH_3)]_n\text{—}$ 侧基 $O=C\text{—}O\text{—}C_2H_5$；

(3) $\text{—}[CH_2\text{—}CH]_n\text{—}$ 侧基 $O\text{—}C(=O)\text{—}CH_3$；

(4) $\text{—}[CH_2\text{—}CF_2]_n\text{—}$。

答 (1) 聚丙烯酸甲酯；(2) 聚甲基丙烯酸乙酯；(3) 聚乙酸乙烯酯；(4) 聚偏二氟乙烯。

1-13 给从以下单体聚合得到的聚合物命名：

(1) $CH_2=CH\text{—}COOH$；

(2) $CH_2=C(CH_3)\text{—}COOCH_3$；

(3) $CH_2=CH\text{—}OCOCH_3$；

(4) $CH_2=CH\text{—}CH_3$；

(5) $CH_2=CH\text{—}CN$。

答 (1) 聚丙烯酸；(2) 聚甲基丙烯酸甲酯；(3) 聚乙酸乙烯酯；(4) 聚丙烯；(5) 聚丙烯腈。

1-14 写出从以下单体聚合的聚合物的重复单元，并给聚合物命名：

(1) $H_2N(CH_2)_6NH_2 + HOOC(CH_2)_4COOH$；

(2)  $HOCH_2CH_2OH + HOOC\text{—}C_6H_4\text{—}COOH$；

(3) HO—⟨benzene⟩—C(CH₃)₂—⟨benzene⟩—OH + H₂C—CHCH₂Cl (epoxide) ;
　　　　　　　　　　　　　　　　　　　　　＼O／

(4) HO(CH₂)₂OH + OCN(CH₂)₆NCO。

答 (1) —NH(CH₂)₆NHCO(CH₂)₄CO—,尼龙-66；

(2) —OCH₂CH₂O—C(=O)—⟨benzene⟩—C(=O)—,聚对苯二甲酸乙二醇酯；

(3) —O—⟨benzene⟩—C(CH₃)₂—⟨benzene⟩—O—CH₂CH(OH)CH₂—,环氧树脂；

(4) —O(CH₂)₂O—C(=O)—NH(CH₂)₆NH—C(=O)—,聚氨酯。

1-15 写出由下列各组单体生成聚合物的名称,并分别指出构成各种聚合物的重复单元和结构单元。假设各种聚合物的聚合度为1000,试计算它们的相对分子质量。

(1) $CH_2=CH(OCH_3)$；　(2) $HO(CH_2)_5COOH$；

(3) $H_2N(CH_2)_{10}NH_2 + HOOC(CH_2)_8COOH$；

(4) ⟨环氧丙烷 CH₂CH₂CH₂ / O⟩；　(5) H₂C=C(CH₃)(C₆H₅)；　(6) ⟨己内酯环⟩。

答 (1) 聚乙烯基甲醚,重复单元和结构单元都是—CH₂CH(OCH₃)—,相对分子质量 $5.80×10^4$；

(2) 聚ω-羟基己酸,重复单元和结构单元都是—O(CH₂)₅CO—,相对分子质量 $1.14×10^5$；

(3) 尼龙-1010,重复单元—NH(CH₂)₁₀NHCO(CH₂)₈CO—,结构单元—NH(CH₂)₁₀NH—和—CO(CH₂)₈CO—,相对分子质量 $=1000×(170+168)/2=3.38×10^5$；

(4) 聚氧化丙烯,重复单元和结构单元都是—CH₂CH₂CH₂O—,相对分子质量 $5.80×10^4$；

(5) 聚α-甲基苯乙烯,重复单元和结构单元都是—CH₂C(CH₃)(C₆H₅)—,相对分子质量 $1.18×10^5$；

(6) 聚己内酯,重复单元和结构单元都是—O(CH₂)₅CO—,相对分子质量 $1.14×10^5$。

1-16 写出由下列单体聚合得到的聚合物的名称：

(1) H₂C=C(CH₃)COOH；　(2) H₂N(CH₂)₄NH₂ + ClCO(CH₂)₄COCl；　(3) HO(CH₂)₅COOH；

(4) H₂C=CHCN；　(5) O=C=N—⟨benzene⟩—N=C=O + HO(CH₂)₄OH。

答 (1) 聚甲基丙烯酸；(2) 尼龙-46；(3) 聚 ω-羟基己酸(一种脂肪族聚酯)；(4) 聚丙烯腈；(5) 聚氨酯。

1-17 写出具有下列重复单元的一种聚合物的名称：
(1) 亚乙基—CH_2CH_2—；(2) 苯酚和甲醛缩合后的单元；(3) 氨基酸缩合后的单元。

答 (1) 聚乙烯；(2) 酚醛树脂；(3) 尼龙。

1-18 聚乙酸乙烯酯完全被水解，新产生的聚合物如何命名？

答 聚乙烯醇。

1-19 高密度聚乙烯无规氯化后有5%的氢被氯取代，所得产物的名称是什么？其含氯百分数是多少？

答 氯化聚乙烯，$5\% \times 35.5/(12+5\% \times 35.5+95\% \times 1)=12.1\%$。

1-20 一种接枝共聚物的主链是聚丁二烯，侧链是聚苯乙烯，该聚合物如何命名？

答 聚丁二烯-g-苯乙烯。

1-21 写出氯乙烯与丙烯酸乙酯的交替共聚物的结构式。

答 $\text{-[-CH}_2\text{CH(Cl)—CH}_2\text{CH(COOCH}_2\text{CH}_3\text{)-]}_n$。

1-22 氯丁橡胶是氯乙烯与丁二烯的共聚物，对吗？写出其重复单元。

答 不对，是均聚物。其重复单元是 —CH_2—$\underset{Cl}{C}$=CH—CH_2—。

1.3.2 从聚合物中文名称或英文缩写出发写出结构式

1-23 写出聚氯乙烯、聚苯乙烯、涤纶、尼龙-66、聚丁二烯和天然橡胶的结构式。选择其常用的相对分子质量，计算聚合度。根据这6种聚合物的结构和聚合度，试认识塑料、纤维和橡胶的差别。

答

聚合物	结构式	相对分子质量	结构单元相对分子质量	$\overline{X}_n$	特征
聚氯乙烯	$\text{-[-CH}_2\text{CHCl-]}_n$	$(5\sim15)\times10^4$	62.5	800~2400	塑料多为非极性或弱极性，要有足够的聚合度，才能达到一定强度
聚苯乙烯	$\text{-[-CH}_2\text{CH(C}_6\text{H}_5\text{)-]}_n$	$(10\sim30)\times10^4$	104	960~2900	
尼龙-66	$\text{-[-NH(CH}_2\text{)}_6\text{NHCO(CH}_2\text{)}_4\text{CO-]}_n$	$(1.8\sim2.3)\times10^4$	$\frac{60+132}{2}=96$	188~240	纤维一般有较强极性，低聚合度就有足够的强度
涤纶	$\text{-[-OCH}_2\text{CH}_2\text{OCOC}_6\text{H}_4\text{CO-]}_n$	$(1.2\sim1.8)\times10^4$	$\frac{114+112}{2}=113$	106~159	
聚丁二烯	$\text{-[-CH}_2\text{CH=CHCH}_2\text{-]}_n$	$(25\sim30)\times10^4$	54	4600~5600	橡胶多为非极性，高聚合度才赋予高弹性和强度
天然橡胶	$\text{-[-CH}_2\text{CH=C(CH}_3\text{)CH}_2\text{-]}_n$	$(20\sim40)\times10^4$	68	2900~5900	

1-24 写出下列聚合物的重复单元的结构式：
(1) PE；(2) PS；(3) PVC；(4) POM；(5) 锦纶；(6) PET；(7) PVDC。

答 (1) —CH_2—CH_2—；　　(2) —CH_2—$\underset{C_6H_5}{CH}$—；　　(3) —CH_2—$\underset{Cl}{CH}$—；

(4) —O—CH_2—；　　(5) —NH(CH$_2$)$_6$NHCO(CH$_2$)$_4$CO—；

(6) —OCH$_2$CH$_2$O—$\overset{O}{\overset{\|}{C}}$—C$_6H_4$—$\overset{O}{\overset{\|}{C}}$—；　(7) —CH$_2$—$\overset{Cl}{\underset{Cl}{C}}$— 。

1-25 写出下列聚合物（我国的商品名）的重复单元的化学结构式和形成该聚合物的单体的化学结构式：

(1) 酚醛树脂；(2) 脲醛树脂；(3) 蜜胺树脂；(4) 涤纶；(5) 腈纶；(6) 顺丁橡胶。

答　(1) 重复单元
$\underset{\text{OH}}{\text{C}_6\text{H}_3}$—CH$_2$— ，单体 $\underset{\text{OH}}{\text{C}_6\text{H}_5}$ ＋CH$_2$O；

(2) 重复单元 —NH—CO—NH—CH$_2$— ，单体 NH$_2$—CO—NH$_2$＋CH$_2$O；

(3) 重复单元
$\begin{array}{c}\text{—HN—C}{=}\text{N—C—NH—CH}_2\text{—}\\\text{N}\text{N}\\\text{C}\\\text{NH}\end{array}$
 ，单体
$\begin{array}{c}\text{H}_2\text{N—C}{=}\text{N—C—NH}_2\\\text{N}\text{N}\\\text{C}\\\text{NH}_2\end{array}$
＋CH$_2$O；

(4) 重复单元 —OCH$_2$CH$_2$O—$\overset{O}{\overset{\|}{C}}$—C$_6H_4$—$\overset{O}{\overset{\|}{C}}$— ，单体 HOCH$_2CH_2$OH＋HOOC—C$_6H_4$—COOH；

(5) 重复单元 —CH$_2$—$\underset{\text{CN}}{\text{CH}}$— ；单体 CH$_2$=$\underset{\text{CN}}{\text{CH}}$ ；

(6) 重复单元 —CH$_2$—CH=CH—CH$_2$— ，单体 CH$_2$=CH—CH=CH$_2$。

1-26 写出下列共聚物的结构式：

(1) EVA；(2) 丁苯橡胶；(3) ABS；(4) SBS；(5) 硅橡胶。

答　(1) ─[CH$_2$—CH$_2$]$_m$─[CH$_2$—$\underset{\text{OCOCH}_3}{\text{CH}}$]$_n$─ ；

(2) ─[CH$_2$—CH=CH—CH$_2$]$_m$─[CH$_2$—$\underset{\text{C}_6\text{H}_5}{\text{CH}}$]$_n$─ ；

(3) ─[CH$_2$—$\underset{\text{CN}}{\text{CH}}$]$_m$─[CH$_2$—CH=CH—CH$_2$]$_n$─[CH$_2$—$\underset{\text{C}_6\text{H}_5}{\text{CH}}$]$_l$─ ；

(4) ─[CH$_2$—$\underset{\text{C}_6\text{H}_5}{\text{CH}}$]$_m$─[CH$_2$—$\underset{\text{H}}{\overset{}{\text{C}}}$=$\underset{\text{H}}{\overset{}{\text{C}}}$—CH$_2$]$_n$─[CH$_2$—$\underset{\text{C}_6\text{H}_5}{\text{CH}}$]$_l$─ ；

(5) ─[$\underset{\text{CH}_3}{\overset{\text{CH}_3}{\text{Si}}}$—O]$_n$─ 。

1.3.3 IUPAC 系统命名法

1-27 简述聚合物 IUPAC 系统命名法的规则,用 IUPAC 系统命名法命名下列聚合物:

聚丙烯腈,聚苯乙烯,聚四氟乙烯,聚甲基丙烯酸甲酯,聚碳酸酯,尼龙-6,尼龙-66,聚对苯二甲酸乙二醇酯。

答 聚(1-氰基乙撑),聚(1-苯基乙撑),聚(二氟甲撑),聚(1-甲氧羰基-1-甲基乙撑),聚(氧化羰基氧-1,4-苯基异亚丙基-1,4-苯基),聚[亚胺基(1-氧代六亚甲基)],聚(亚胺基六亚甲基亚胺基己二酰),聚(氧乙撑对苯二甲酰)。

1-28 用 IUPAC 系统命名法命名下列聚合物:

(1) $\text{+CH—CH}_2\text{+}_n$;   (2) $\text{+OCH}_2\text{CH}_2\text{+}_n$;
         |
        CN

(3) 聚(1-乙氧羰基-1-甲基乙撑); (4) 聚(1,1-二甲基乙撑);

(5) 聚(1-氯-1-丁烯撑); (6) 聚(1-丁烯撑);

(7) 聚(氧化羰基氧-1,4-苯基异亚丙基-1,4-苯基); (8) 聚(1-甲氧羰基-1-甲基乙撑);

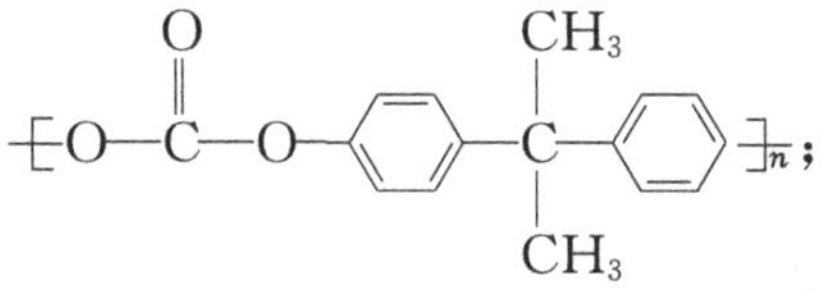

(9) $\text{+NH(CH}_2\text{)}_6\text{NHCO(CH}_2\text{)}_4\text{CO+}_n$;   (10) $\text{+NHCO(CH}_2\text{)}_5\text{+}_n$;

(11) 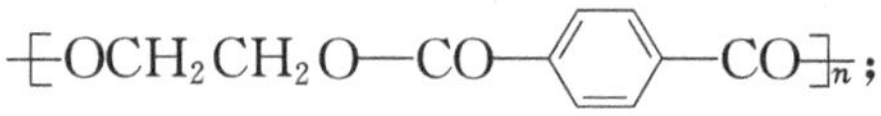 $\text{+OCH}_2\text{CH}_2\text{O—CO—C}_6\text{H}_4\text{—CO+}_n$;   (12) $\text{+CF}_2\text{—CF}_2\text{+}_n$。

答 (1) 聚(1-氰基乙撑);(2) 聚(氧化乙撑);(3) 聚[1-(乙氧基羰基)-1-甲基乙撑];(4) 聚(1,1-二甲基乙撑);(5) 聚(1-氯-1-丁烯撑);(6) 聚(1-丁烯撑);(7) 聚(氧化羰基氧-1,4-苯基异亚丙基-1,4-苯基);(8) 聚[1-(甲氧羰基)-1-甲基乙撑];(9) 聚(亚胺基六亚甲基亚胺基己二酰);(10) 聚[亚胺基(1-氧代六亚甲基)];(11) 聚(氧化乙烯氧化对苯二甲酰);(12) 聚(二氟甲撑)。

1-29 用 IUPAC 系统命名法命名下列杜邦公司的产品:

(1) $\text{+CH}_2\text{CHOH+}_n$ (Elvanol®); (2) 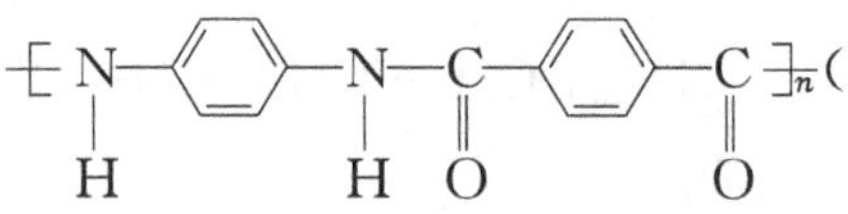 $\text{+N—C}_6\text{H}_4\text{—N—C—C}_6\text{H}_4\text{—C+}_n$ (Kevlar®)。
                                    | | || ||
                                    H   H O   O

答 (1) 聚(1-羟基乙撑);(2) 聚(亚胺基苯基亚胺基苯二胺)。

1-30 写出下列用 IUPAC 系统命名法命名的聚合物的重复单元的结构式,并给出通俗命名法的名称:

(1) 聚(1-甲基乙撑);(2) 聚(氧化甲撑);(3) 聚[(2-丙基-1,3-二氧六环-4,6-二基)甲撑];(4) 聚(1-乙酰氧基乙撑);(5) 聚(氧-1,4-苯撑);(6) 聚(1,1-二氟甲撑);(7) 聚(1-氯代乙撑);(8) 聚(1-甲基-1-丁烯撑);(9) 聚(1-羟基乙撑)。

答 (1) $\text{+CH—CH}_2\text{+}_n$,聚丙烯;(2) $\text{+O—CH}_2\text{+}_n$,聚甲醛;(3) ,聚乙
             |
             CH$_3$

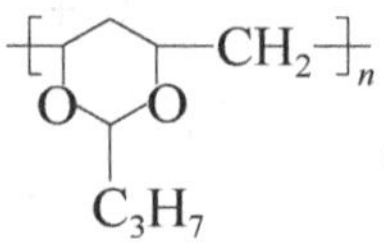

烯醇缩丁醛；(4) $\vphantom{\big|}$-[-CH—CH$_2$-]$_n$-，聚乙酸乙烯酯；(5) -[-O—⟨○⟩-]$_n$-，聚苯氧；(6) -[-CF$_2$—CH$_2$-]$_n$-，
       $\hspace{3.2cm}$ OCOCH$_3$

聚偏氟乙烯；(7) -[-CH—CH$_2$-]$_n$-，聚氯乙烯；(8) -[-C=CHCH$_2$-]$_n$-，聚异戊二烯；
$\hspace{3cm}$ Cl $\hspace{4.5cm}$ CH$_3$

(9) -[-CH—CH$_2$-]$_n$-，聚乙烯醇。
$\hspace{0.8cm}$ OH

1.4 高分子的分类

1-31 简述高分子化合物的各种分类方法。最常见的分类方法是哪几种？

答 高分子化合物有8种分类方法，分别按照主链结构、用途、来源、分子的形状、单体组成、聚合反应类型、热行为、相对分子质量分类。最常见的分类方法是按主链结构分类和按用途分类。

(1) 按高分子主链结构分类：①碳链高分子，主链完全由碳原子组成。②杂链高分子，主链除碳原子外，还含 O、N、S 等杂原子。③有机元素高分子，主链上没有碳原子，如硅橡胶。④无机高分子，主链上完全没有碳原子，如聚二硫化硅。

(2) 按用途分类：塑料、橡胶（弹性体）、纤维三大类，如果再加上涂料、黏合剂和功能高分子（或称精细高分子）则有六大类。

(3) 按来源分类：天然高分子、合成高分子、半天然高分子（改性的天然高分子）。

(4) 按分子的形状分类：线形（或称线型）高分子、支化高分子、交联（或称网状）高分子。

(5) 按单体组成分类：均聚物、共聚物、高分子共混物（又称高分子合金）。

(6) 按聚合反应类型分类：缩聚物、加聚物。

(7) 按热行为分类：热塑性聚合物、热固性聚合物。

(8) 按相对分子质量分类：高聚物、低聚物（齐聚物）、预聚物。

1-32 什么是三大合成材料？写出三大合成材料中各主要品种的名称、单体聚合的反应式，并指出它们分别属于连锁聚合还是逐步聚合。

答 三大合成材料是指塑料、合成纤维和合成橡胶。

(1) 塑料的主要品种有：聚乙烯、聚丙烯、聚氯乙烯、聚苯乙烯和ABS。

聚乙烯：$\quad n\mathrm{CH_2}=\mathrm{CH_2} \longrightarrow$ -[-CH$_2$CH$_2$-]$_n$-

聚丙烯：$\quad n\mathrm{CH_2}=\mathrm{CH} \longrightarrow$ -[-CH$_2$—CH-]$_n$-
$\hspace{3.5cm}$ CH$_3$ $\hspace{2.3cm}$ CH$_3$

聚氯乙烯：$\quad n\mathrm{CH_2}=\mathrm{CH} \longrightarrow$ -[-CH$_2$—CH-]$_n$-
$\hspace{3.8cm}$ Cl $\hspace{2.5cm}$ Cl

聚苯乙烯：$\quad n\mathrm{CH_2}=\mathrm{CH} \longrightarrow$ -[-CH$_2$—CH-]$_n$-
$\hspace{3.8cm}$ ⟨○⟩ $\hspace{2.4cm}$ ⟨○⟩

ABS是丙烯腈(A)、丁二烯(B)和苯乙烯(S)三种单体共聚组成的热塑性塑料，结构式为

-[-CH$_2$—CH-]$_m$-[-CH$_2$—CH=CH—CH$_2$-]$_n$-[-CH$_2$—CH-]$_l$-
$\hspace{1.2cm}$ CN $\hspace{7.5cm}$ ⟨○⟩

一般 ABS 中 A、B、S 三种成分的比例为：A 20%～30%、B 20%～30%、S 40%～60%。合成方法有：

(i) 接枝共聚法。先用丁二烯和苯乙烯制成丁苯胶乳，然后加入丙烯腈和苯乙烯使之接枝共聚(不排除有均聚)，接枝点在丁苯胶的双键以及与苯基相连的碳原子的 α-H 上。

(ii) 混炼法。用乳液聚合的方法分别制得 AS 树脂和 BA(丁腈胶)，然后机械混炼。

(iii) 接枝混炼法。将上述接枝共聚法得到的 ABS 胶乳与 AS 共聚胶乳混合，再凝结、水洗、干燥、机械混炼。

上述聚合反应均属连锁聚合反应。

(2) 合成纤维的主要品种有：涤纶(聚对苯二甲酸乙二醇酯)、锦纶(尼龙-6 和尼龙-66)和腈纶(聚丙烯腈)。

涤纶：
$$n\text{HO}(CH_2)_2\text{OH} + n\text{HOOC}\text{—}\underset{}{\bigcirc}\text{—COOH} \xrightarrow{\text{逐步聚合}}$$
$$\text{H}\text{—}[\text{O}(CH_2)_2\text{OC}\text{—}\underset{}{\bigcirc}\text{—CO}]_n\text{OH} + (2n-1)\text{H}_2\text{O}$$

尼龙-6：
$$n\text{HN}(CH_2)_5\text{CO} \xrightarrow[②]{①} [\text{NH}(CH_2)_5\text{CO}]_n$$

用水作引发剂属于逐步聚合。用碱作引发剂属于连锁聚合。

尼龙-66：
$$n\text{H}_2\text{N}(CH_2)_6\text{NH}_2 + n\text{HOOC}(CH_2)_4\text{COOH} \xrightarrow{\text{逐步聚合}}$$
$$\text{H}\text{—}[\text{NH}(CH_2)_6\text{NHOC}(CH_2)_4\text{CO}]_n\text{OH} + (2n-1)\text{H}_2\text{O}$$

实际上腈纶通常是丙烯腈与少量其他单体(丙烯酸甲酯、衣康酸等)共聚的产物，属于连锁聚合。

(3) 合成橡胶主要品种有丁苯橡胶和顺丁橡胶。

丁苯橡胶：
$$m\text{CH}_2\text{=CHCH=CH}_2 + n\text{CH}_2\text{=CHC}_6\text{H}_5 \xrightarrow{\text{连锁聚合}}$$
$$[\text{CH}_2\text{—CH=CH—CH}_2]_m[\text{CH}_2\text{—}\underset{\text{C}_6\text{H}_5}{\text{CH}}]_n$$

顺丁橡胶：
$$n\text{CH}_2\text{=CHCH=CH}_2 \xrightarrow{\text{连锁聚合}} [\text{CH}_2\text{CH=CHCH}_2]_n$$

1-33 举例说明并区别线型结构和体型结构、热塑性聚合物和热固性聚合物。

答 线型或支链大分子依靠分子间作用力聚集成聚合物，聚合物受热时，克服了分子间力，塑化或熔融；冷却后，又凝聚成固态聚合物。受热塑化和冷却固化可以反复可逆进行，这种热行为称为热塑性。但线型聚合物如果大分子间作用力过大(如强氢键)，如纤维素、聚乙烯醇、聚丙烯腈等，加热直至分解温度都不能塑化，实际上也就不具备热塑性。

带有潜在官能团的线型或支链大分子受热后，在塑化的同时，交联成体型聚合物，冷却后固化，以后受热也不能再塑化变形，这种热行为称为热固性。

热塑性聚合物(或树脂)有：聚乙烯、聚苯乙烯、尼龙-6、聚对苯二甲酸乙二醇酯、生橡胶、硝化纤维等。

热固性聚合物(或树脂)有：酚醛树脂、环氧树脂、不饱和聚酯、硬橡皮(已交联的橡胶)等。

1-34 热塑性塑料和热固性塑料的性能有什么不同？

答 热塑性塑料受热能软化或熔化，具有可塑性，这类塑料一般韧性较好，但刚性、耐热性和尺寸稳定性较差。热固性塑料是体型结构的聚合物，受热直至分解也不会软化，这类塑料刚性和耐热性好，不易变形。

1-35 举例说明橡胶、纤维、塑料的结构、性能特征和主要差别。

答 纤维、橡胶、塑料各举两例，其聚合度、热转变温度、分子特性、聚集态、机械性能等主要特征如下：

	聚合物	聚合度	$T_g/℃$	$T_m/℃$	分子特性	聚集态	机械性能
纤维	涤纶	90～120	69	258	极性	晶态	高强高模量
	尼龙-66	50～80	50	265	强极性	晶态	高强高模量
橡胶	顺丁橡胶	～5 000	−108	—	非极性	高弹态	低强高弹性
	硅橡胶	5 000～10 000	−123	−40	非极性	高弹态	低强高弹性
塑料	聚乙烯	1 500～10 000	−125	137	非极性	晶态	中强低模量
	聚氯乙烯	600～1 600	81	—	弱极性	玻璃态	中强中模量

纤维需要有较高的拉伸强度和高模量，并希望有较高的热转变温度，因此多选用带有极性基团（尤其是能够形成氢键）而结构简单的高分子，聚集成晶态，有足够高的熔点，便于烫熨。强极性或氢键可以造成较大的分子间作用力，因此较低的相对分子质量就足以产生较大的强度和模量。

橡胶的性能要求是高弹性，多选用非极性高分子，分子链柔顺，呈非晶型高弹态，特征是相对分子质量很高，玻璃化温度很低。

塑料的性能要求介于纤维和橡胶之间，种类繁多，从接近纤维的硬塑料（如聚氯乙烯，也可拉成纤维）到接近橡胶的软塑料（如聚乙烯，玻璃化温度极低，类似橡胶）都有。通用塑料中聚乙烯结构简单，要较高的相对分子质量才能保证聚乙烯的强度，要有很高的结晶度才有较高的熔点（137℃）。等规聚丙烯结晶度较高，熔点高（167℃），强度也高。聚氯乙烯含有弱极性的氯原子，强度中等，聚氯乙烯结晶度很低，基本上属非晶态，且玻璃化温度较低（81℃），使用范围受到限制。聚苯乙烯属非晶态，透明性好，可加工性好，但脆性大，经改性成 ABS 或高抗冲聚苯乙烯（HIPS）后具有接近工程塑料的性能。

1-36 塑料和树脂有什么区别？工业上常遇到一些简化名称，如"聚氯"、"聚乙"、"聚苯"、"聚碳"、"聚钠"、"聚酯"、"有机玻璃"、"压克力""塑料王"、"电木"、"电玉"等，它们分别指何种聚合物？

答 塑料与树脂（合成树脂）是同义词，合成树脂由于性状与松香等天然树脂类似而得名。虽然塑料与树脂经常混用，如热塑性树脂和热塑性塑料并没有区别，但合成树脂通常指塑料的原料（粉料、粒料、切片等），合成树脂与各种添加成分（增塑剂、稳定剂、抗氧剂、填料、颜料等）一起成型，才得到塑料（制品）。

"聚氯"为聚氯乙烯，"聚乙"为聚乙烯，"聚苯"为聚苯乙烯，"聚碳"为聚碳酸酯，"聚钠"为聚丙烯酸钠，"聚酯"为聚对苯二甲酸乙二醇酯，"有机玻璃"和"压克力"均为聚甲基丙烯酸甲酯，"塑料王"为聚四氟乙烯、"电木"为酚醛塑料、"电玉"为脲醛塑料。

1-37 塑料按用途还可进一步细分为哪几类？

答 塑料按用途可分为通用塑料、工程塑料和特种塑料。通用塑料指产量大、用途广、价格低的品种，如聚烯烃、聚氯乙烯、聚苯乙烯、酚醛塑料和氨基塑料等，主要用作日常生活用品、包装材料和一般零件。而工程塑料指可作为工程材料使用的塑料，它们具有良好的力学性能和尺寸稳定性，能代替金属作结构材料，主要有聚酰胺、聚碳酸酯、聚甲醛、ABS、聚砜、聚苯醚等。这两种塑料之间并无严格界线，如 ABS 论产量和应用规模应当是通用塑料，但论性能应当是工程塑料。此外还有特种塑料，如氟塑料、硅塑料等。

1-38 聚乙烯按合成方法或结构、性能还可进一步细分为哪几类？

答 聚乙烯可分为高密度聚乙烯(低压聚乙烯)、低密度聚乙烯(高压聚乙烯)、线型低密度聚乙烯和超高相对分子质量(大于 10^6)聚乙烯等，其结构与性能如下：

名称	高压聚乙烯(低密度聚乙烯)	线型低密度聚乙烯	低压聚乙烯(高密度聚乙烯)	超高相对分子质量聚乙烯
缩写	LDPE	LLDPE	HDPE	UHMWPE
合成方法	自由基聚合，高压，氧为催化剂	配位共聚合，低压，共聚单体是 $C_4 \sim C_8$ α-烯烃	配位聚合，低压，齐格勒-纳塔催化剂	配位聚合，低压，齐格勒-纳塔催化剂，不加 H 相对分子质量调节剂
链结构	支化	短支化	线型	线型
—CH_3/1000C	15～30	10～20	5～7	—
相对密度	0.91～0.92	0.91～0.92	0.94～0.96	0.92～0.94
结晶度/%	65～75	65～75	80～95	75～80
透明性	半透明	半透明	不透明	不透明
熔点/℃	105～115	122～124	131～137	135～137
拉伸强度/MPa	7～15	15～25	21～37	30～50
硬度	软	中等	硬	非常硬
主要用途	薄膜	薄膜、注射制品	注射及吹塑中空制品	高性能而低造价的工程塑料

1.5 聚合反应的分类

1-39 聚合反应有哪些类别？每大类各举一个实例。

答 按单体和聚合物元素组成及结构的变化，可将聚合反应分为缩聚、加聚、开环聚合三类，前两类构成最基本的两大类，近年来，开环聚合有了较大的发展，可另列一类。实例有：缩聚，如尼龙-66 的合成；加聚，如聚苯乙烯的合成；开环聚合，如聚己内酰胺(尼龙-6)的合成。

按聚合反应机理，可将聚合反应分为逐步聚合、连锁聚合(又称链式聚合)和聚加成三类。逐步聚合和连锁聚合构成最基本的两大类，聚加成是较新的一类，数量较少。连锁聚合又可以进一步分为自由基聚合和离子聚合两大类。离子聚合反应再分为阴离子聚合反应、阳离子聚合反应和配位聚合反应。实例有：逐步聚合，如尼龙-66 的合成；连锁聚合，如聚苯乙烯的合成；聚加成，如聚氨酯的合成。

1-40 区别缩聚、逐步聚合和聚加成。

答 缩聚是官能团单体间多次缩合反应的结果，除缩聚物为主产物外，还有小分子副产物产生，缩聚物和单体的元素组成并不相同。

逐步聚合无活性中心，单体中不同官能团之间相互反应而逐步增长，每步反应的速率和活化能大致相同。大部分逐步聚合机理属于缩聚，但两者不是同义词。

聚加成是含活泼氢官能团的亲核化合物与含亲电不饱和官能团的亲电化合物之间的聚合，属于非缩聚的逐步聚合，即属于逐步反应，但没有小分子副产物产生。

1-41 区别加聚、连锁聚合和开环聚合。

答 加聚是烯类单体加成聚合的结果，无副产物产生，加聚物与单体的元素组成相同。

连锁聚合（又称链式聚合）由链转移、链增长、链终止等基元反应组成，其活化能和速率常数各不相同。多数烯类单体的加聚反应属于连锁聚合机理。

环状单体 σ 键断裂后聚合成线型聚合物的反应称为开环聚合。开环聚合物与单体组成相同，无副产物产生，类似加聚；多数开环聚合物属于杂链聚合物，这点又类似缩聚物。

1-42 试从单体类型、热力学、动力学、转化率增长情况、相对分子质量增长情况、产物相对分子质量及其分布等方面详细比较逐步聚合和连锁聚合。

答

比较内容	逐步聚合	连锁聚合
单体主要类型	双、多官能团化合物	烯烃、共轭二烯烃等
涉及反应种类	多种多样（包括酯化、酰胺化、醚化等）	相对单一（主要是烯烃加成反应）
具体反应过程	比较单一	链引发、链增长、链终止三基元反应
反应热力学	一般属可逆平衡反应	一般属不可逆、非平衡反应
反应动力学	聚合速率平稳	链引发、链增长、链终止速率明显不同
中间产物	稳定存在	不稳定
副反应	裂解、交换、环化、分解	向单体、引发剂、溶剂、大分子、链转移
转化率增长	快速	平稳，自由基聚合有自动加速过程
相对分子质量增长	缓慢（测定时含单体）	快速（测定时不含单体）
产物再聚合能力	一般有	一般无
相对分子质量	较低	较高
相对分子质量分布	较窄	较宽

1-43 绘制相对分子质量-反应时间和单体转化率-反应时间的草图，定性比较逐步聚合和连锁聚合。

答 逐步聚合反应的相对分子质量增长缓慢[图 1-1(a)]。一方面，逐步聚合反应初期单体生成低聚物的速率相当快，所以逐步聚合反应转化率的增长是非常迅速的[图 1-2(a)]。相反，连锁聚合反应产物的相对分子质量增长是快速的[图 1-1(b)]。另一方面，连锁聚合反应转化率的增长是平稳的[图 1-2(b)]。

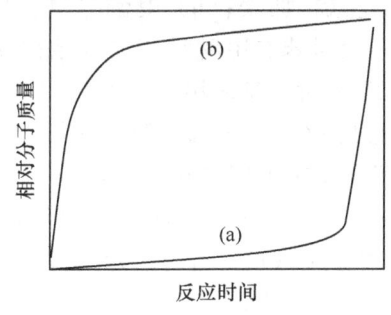

图 1-1 相对分子质量与反应时间的关系
(a) 逐步聚合；(b) 连锁聚合

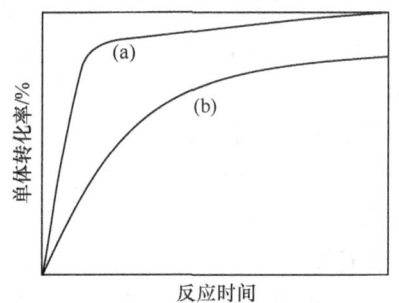

图 1-2 单体转化率与反应时间的关系
(a) 逐步聚合；(b) 连锁聚合

1-44 写出从下列单体聚合得到的聚合物名称，并说明按聚合物和单体元素组成及结构的变化分类的聚合反应类型：

(1) 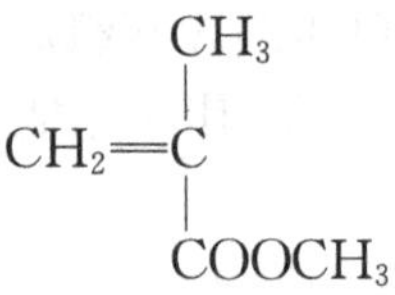 $CH_2=C(CH_3)COOCH_3$；(2) $H_3C-C(CH_3)(CH_2)(CH_2O)$（二甲基丁氧环）；(3) 四氢呋喃；(4) HCHO；

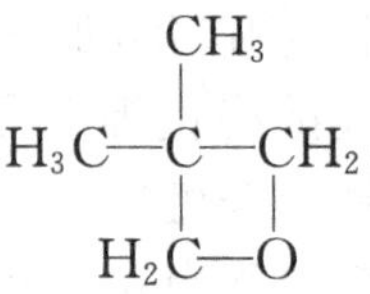

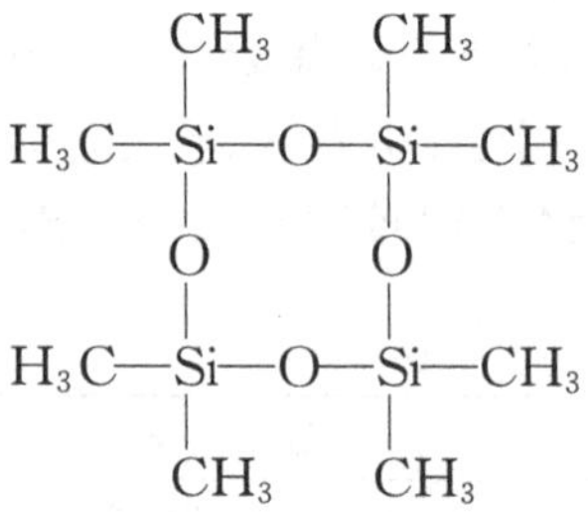

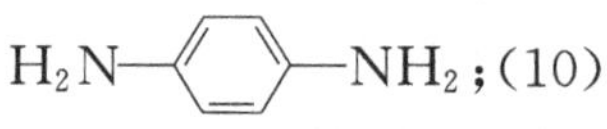

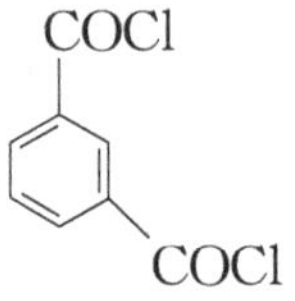

(5) $CF_2=CF_2$；(6) $CH_2=CCl_2$；(7) 八甲基环四硅氧烷；(8) 2,6-二甲基苯酚；

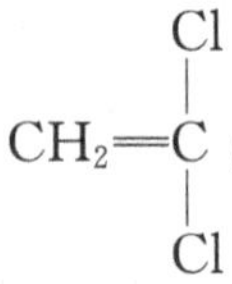

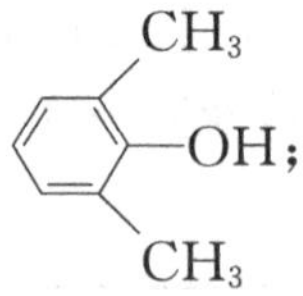

(9) 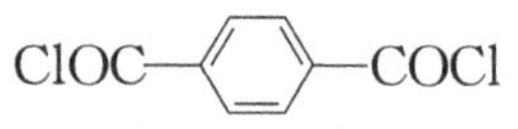 $ClOC-C_6H_4-COCl$ 和 $H_2N-C_6H_4-NH_2$；(10) 间苯二甲酰氯 和 间苯二胺；

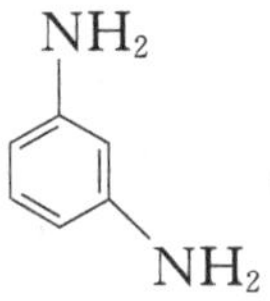

(11) $NH_2(CH_2)_{10}NH_2 + HOOC(CH_2)_8COOH$；

(12) 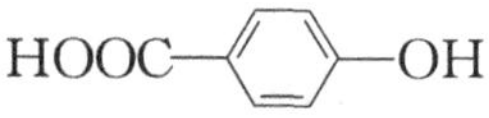 $HOOC-C_6H_4-OH$；

(13) 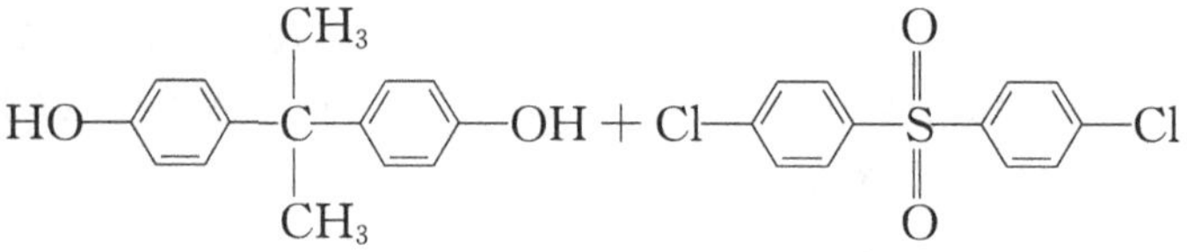 $HO-C_6H_4-C(CH_3)_2-C_6H_4-OH + Cl-C_6H_4-SO_2-C_6H_4-Cl$；

(14) 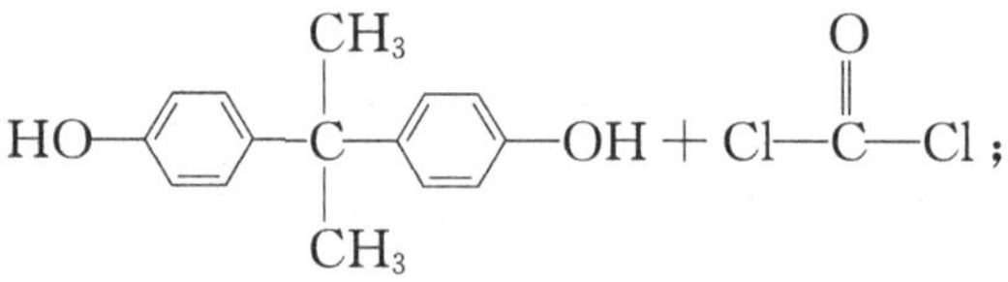 $HO-C_6H_4-C(CH_3)_2-C_6H_4-OH + Cl-CO-Cl$；

(15) 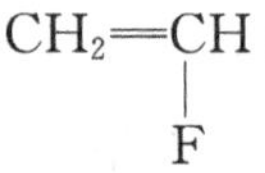 $CH_2=CHF$；

(16) $HO-(CH_2)_5COOH$。

答 (1) 聚甲基丙烯酸甲酯，加聚；(2) 聚醚（聚二甲基丁氧环），开环聚合；(3) 聚醚（聚四氢呋喃），开环聚合；(4) 聚甲醛，加聚；(5) 聚四氟乙烯，加聚；(6) 聚偏二氯乙烯，加聚；(7) 聚二甲基硅氧烷，开环聚合；(8) 聚苯醚，缩聚；(9) 聚对苯二甲酰对苯二胺，缩聚；(10) 聚间苯二甲酰间苯二胺，缩聚；(11) 尼龙-1010，缩聚；(12) 聚对羟基苯甲酸，缩聚；(13) 聚砜，缩聚；(14) 聚碳酸酯，缩聚；(15) 聚氟乙烯，加聚；(16) 尼龙-6（聚 ω-氨基己酸），缩聚。

1-45 写出得到下列聚合物的聚合反应类型（按聚合反应机理），并写出聚合反应式：
(1) 聚丙烯腈；(2) 丁苯橡胶；(3) 聚甲醛；(4) 聚砜；(5) 尼龙-1010；(6) 聚甲基丙烯酸甲酯；(7) 维尼纶；(8) 聚异丁烯；(9) 蜜胺树脂；(10) 聚酰亚胺；(11) 乙丙二元胶。

答 (1) 连锁聚合（自由基聚合或阴离子聚合）

$$nCH_2=CHCN \longrightarrow -[CH_2-CH(CN)]_n-$$

(2) 连锁聚合（自由基聚合）

$$m\text{CH}_2=\text{CHCH}=\text{CH}_2 + n\text{CH}_2=\text{CHC}_6\text{H}_5 \longrightarrow \text{[CH}_2-\text{CH}=\text{CH}-\text{CH}_2\text{]}_m\text{[CH}_2-\text{CH]}_n$$
$$\qquad\qquad\qquad\qquad\qquad\qquad\qquad\qquad\qquad\qquad\qquad\qquad\qquad\qquad\qquad\quad |$$
$$\qquad\qquad\qquad\qquad\qquad\qquad\qquad\qquad\qquad\qquad\qquad\qquad\qquad\qquad\qquad\quad \text{C}_6\text{H}_5$$

(3) 连锁聚合（阴离子聚合）

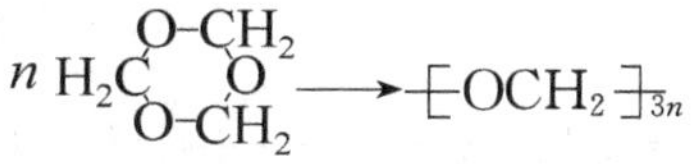

$$n\,\text{H}_2\text{C}\underset{\text{CH}_2}{\overset{\text{O-CH}_2}{\diagdown\diagup}}\text{O} \longrightarrow \text{[OCH}_2\text{]}_{3n}$$

(4) 逐步聚合

$$n\text{OH}-\text{C}_6\text{H}_4-\underset{\text{CH}_3}{\overset{\text{CH}_3}{\text{C}}}-\text{C}_6\text{H}_4-\text{OH} + n\text{Cl}-\text{C}_6\text{H}_4-\underset{\text{O}}{\overset{\text{O}}{\text{S}}}-\text{C}_6\text{H}_4-\text{Cl} \longrightarrow$$

$$\text{[}-\text{O}-\text{C}_6\text{H}_4-\underset{\text{CH}_3}{\overset{\text{CH}_3}{\text{C}}}-\text{C}_6\text{H}_4-\text{O}-\text{C}_6\text{H}_4-\underset{\text{O}}{\overset{\text{O}}{\text{S}}}-\text{C}_6\text{H}_4-\text{]}_n + (2n-1)\text{HCl}$$

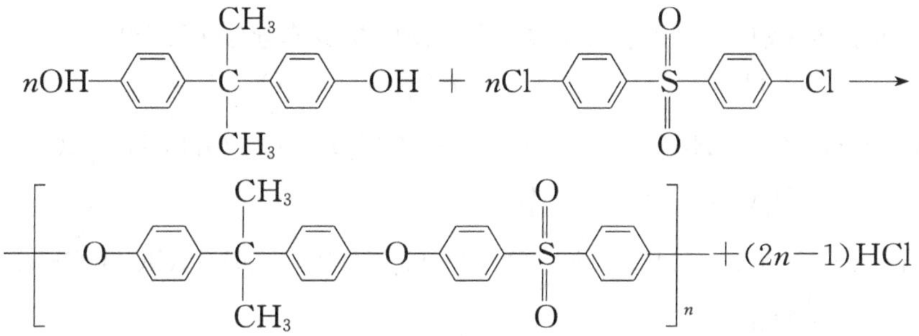

(5) 逐步聚合

$$n\text{NH}_2(\text{CH}_2)_{10}\text{NH}_2 + n\text{HOOC}(\text{CH}_2)_8\text{COOH} \longrightarrow$$

$$\text{[NH}(\text{CH}_2)_{10}\text{NH}-\overset{\text{O}}{\text{C}}-(\text{CH}_2)_8-\overset{\text{O}}{\text{C}}\text{]}_n + (2n-1)\text{H}_2\text{O}$$

(6) 连锁聚合（自由基聚合或阴离子聚合）

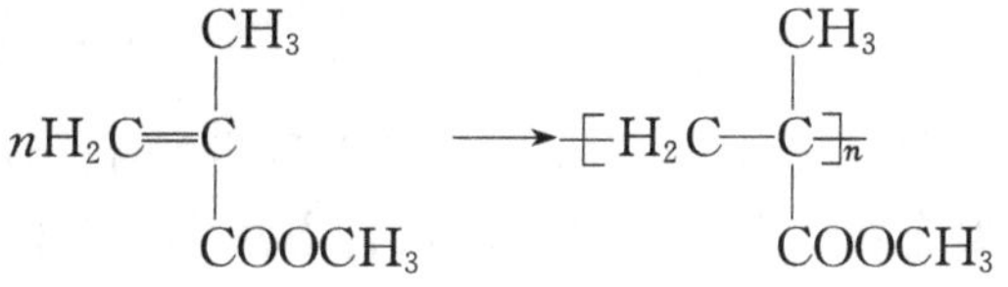

$$n\text{H}_2\text{C}=\underset{\text{COOCH}_3}{\overset{\text{CH}_3}{\text{C}}} \longrightarrow \text{[H}_2\text{C}-\underset{\text{COOCH}_3}{\overset{\text{CH}_3}{\text{C}}}\text{]}_n$$

(7) 连锁聚合（自由基聚合）

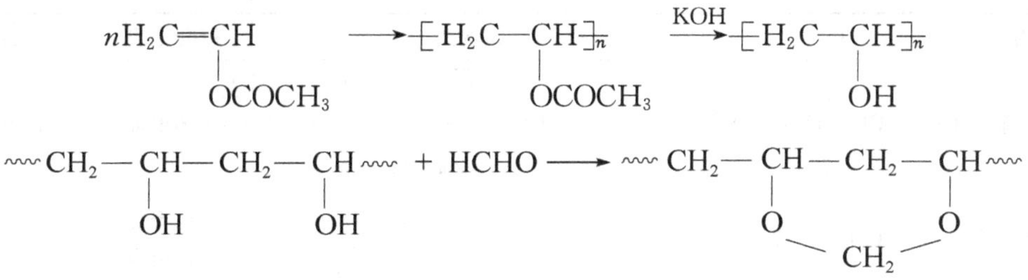

$$n\text{H}_2\text{C}=\underset{\text{OCOCH}_3}{\text{CH}} \longrightarrow \text{[H}_2\text{C}-\underset{\text{OCOCH}_3}{\text{CH}}\text{]}_n \xrightarrow{\text{KOH}} \text{[H}_2\text{C}-\underset{\text{OH}}{\text{CH}}\text{]}_n$$

$$\sim\text{CH}_2-\underset{\text{OH}}{\text{CH}}-\text{CH}_2-\underset{\text{OH}}{\text{CH}}\sim + \text{HCHO} \longrightarrow \sim\text{CH}_2-\text{CH}-\text{CH}_2-\text{CH}\sim$$
$$\qquad\qquad\qquad\qquad\qquad\qquad\qquad\qquad\qquad\qquad\qquad\qquad\quad |\qquad\qquad\quad |$$
$$\qquad\qquad\qquad\qquad\qquad\qquad\qquad\qquad\qquad\qquad\qquad\qquad\quad \text{O}\qquad\qquad\quad \text{O}$$
$$\qquad\qquad\qquad\qquad\qquad\qquad\qquad\qquad\qquad\qquad\qquad\qquad\qquad\quad \diagdown\;\text{CH}_2\;\diagup$$

(8) 连锁聚合（阳离子聚合）

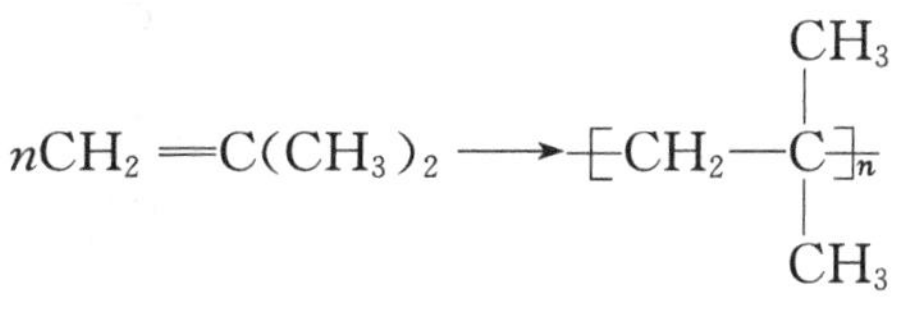

$$n\text{CH}_2=\text{C}(\text{CH}_3)_2 \longrightarrow \text{[CH}_2-\underset{\text{CH}_3}{\overset{\text{CH}_3}{\text{C}}}\text{]}_n$$

(9) 逐步聚合

三聚氰胺 + HCHO ⟶ 羟甲基化产物（如图所示结构）

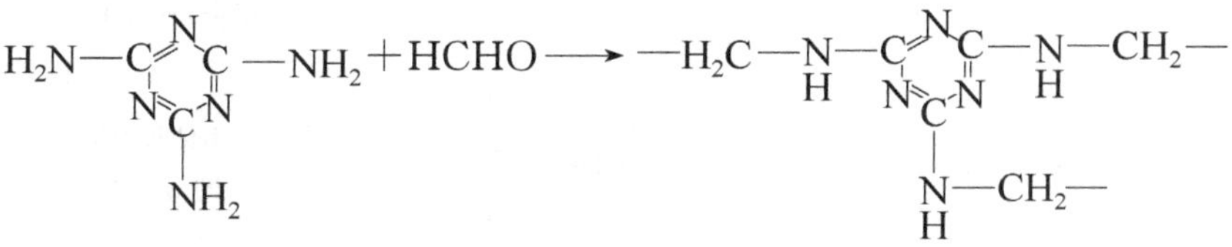

(10) 逐步聚合

$$n \begin{array}{c}\text{OC}\\\text{OC}\end{array}\!\!\!\!\!\!\bigcirc\!\!\!\!\!\!\begin{array}{c}\text{CO}\\\text{CO}\end{array}\!\!\text{O} + n\text{H}_2\text{N}\!\!-\!\!\bigcirc\!\!-\!\!\text{NH}_2 \longrightarrow \left[\text{N}\begin{array}{c}\text{OC}\\\text{OC}\end{array}\!\!\!\!\!\!\bigcirc\!\!\!\!\!\!\begin{array}{c}\text{CO}\\\text{CO}\end{array}\!\!\text{N}\!\!-\!\!\bigcirc\!\!-\right]_n$$

(11) 连锁聚合(配位聚合)

$$n\text{H}_2\text{C}\!=\!\text{CH}_2 + m\text{H}_2\text{C}\!=\!\text{CH}\!-\!\text{CH}_3 \longrightarrow \text{[CH}_2\!-\!\text{CH}_2\text{]}_n\text{[CH}_2\!-\!\underset{\text{CH}_3}{\text{CH}}\text{]}_m$$

1-46 下列单体(或单体对)分别通过哪种机理(逐步或连锁)聚合？

(1) $\text{H}_2\text{C}\!=\!\text{CH}\!-\!\underset{\text{CH}_3}{\text{C}}\!=\!\text{CH}_2$； (2) $\text{HO}\!-\!\overset{\text{O}}{\text{C}}\!-\!(\text{CH}_2)_4\!-\!\overset{\text{O}}{\text{C}}\!-\!\text{OH}, \text{HO}\!-\!(\text{CH}_2)_{10}\!-\!\text{OH}$；

(3) $\text{HOH}_2\text{C}\!-\!\underset{\underset{\text{CH}_2\text{OH}}{|}}{\overset{\overset{\text{CH}_2\text{OH}}{|}}{\text{C}}}\!-\!\text{CH}_2\text{OH}$, 邻苯二甲酸酐； (4) $\text{H}_2\text{N}(\text{CH}_2)_4\text{NH}_2, \text{ClCO}(\text{CH}_2)_4\text{COCl}$；

(5) $\text{H}_2\text{C}\!=\!\underset{\text{COOC}_2\text{H}_5}{\text{CH}}$； (6) 间苯二甲酸二烯丙酯。

答 (1) 连锁聚合; (2) 逐步聚合; (3) 逐步聚合; (4) 逐步聚合; (5) 连锁聚合; (6) 连锁聚合。

1-47 列表说明下列聚合物的单体、结构式、聚合方法和聚合机理: 有机玻璃、高密度聚乙烯、丁苯橡胶、尼龙-1010、聚氯乙烯和聚异丁烯。

聚合物	单体	结构式	聚合方法	聚合机理
有机玻璃	$\text{CH}_2\!=\!\text{CH}(\text{CH}_3)\text{COOCH}_3$	$\text{[CH}_2\!-\!\underset{\text{COOCH}_3}{\overset{\text{CH}_3}{\text{C}}}\text{]}_n$	本体聚合	自由基聚合
高密度聚乙烯	$\text{CH}_2\!=\!\text{CH}_2$	$\text{[CH}_2\!-\!\text{CH}_2\text{]}_n$	淤浆聚合(悬浮聚合)	配位聚合
丁苯橡胶	$\text{CH}_2\!=\!\text{CH}\!-\!\text{CH}\!=\!\text{CH}_2$ $\text{CH}_2\!=\!\text{CHC}_6\text{H}_5$	$\text{[CH}_2\!-\!\text{CHCH}_2\text{]}_n\text{[CH}_2\!-\!\underset{\text{C}_6\text{H}_5}{\text{CH}}\text{]}_m$	溶液聚合, 乳液聚合	自由基聚合 (也可阴离子聚合)
尼龙-1010	$\text{H}_2\text{N}(\text{CH}_2)_{10}\text{NH}_2$ $\text{HOOC}(\text{CH}_2)_8\text{COOH}$	$\text{[NH}(\text{CH}_2)_{10}\text{NH}\overset{\text{O}}{\text{C}}(\text{CH}_2)_8\overset{\text{O}}{\text{C}}\text{]}_n$	熔融缩聚	逐步聚合
聚氯乙烯	$\text{CH}_2\!=\!\text{CHCl}$	$\text{[CH}_2\!-\!\underset{\text{Cl}}{\text{CH}}\text{]}_n$	悬浮聚合,本体聚合,乳液聚合	自由基聚合
聚异丁烯	$\text{CH}_2\!=\!\text{C}(\text{CH}_3)_2$	$\text{[CH}_2\!-\!\underset{\text{CH}_3}{\overset{\text{CH}_3}{\text{C}}}\text{]}_n$	本体聚合,溶液聚合	阳离子聚合

1.6 聚合反应式

1-48 写出合成下列聚合物的聚合反应方程式：
(1) 涤纶；(2) 尼龙-6；(3) 尼龙-66；(4) 聚氨酯；(5) 环氧树脂；(6) 聚碳酸酯。

答 (1) $n\text{HOOC}-\text{C}_6\text{H}_4-\text{COOH} + n\text{HO}(\text{CH}_2)_2\text{OH} \longrightarrow$
$\text{HO}[\text{OC}-\text{C}_6\text{H}_4-\text{CO}-\text{O}(\text{CH}_2)_2\text{O}]_n\text{H} + (2n-1)\text{H}_2\text{O}$

(2) $n\text{HOOC}(\text{CH}_2)_5\text{NH}_2 \longrightarrow \text{HO}[\text{OC}(\text{CH}_2)_5\text{NH}]_n\text{H} + (n-1)\text{H}_2\text{O}$

(3) $n\text{HOOC}(\text{CH}_2)_4\text{COOH} + n\text{H}_2\text{N}(\text{CH}_2)_6\text{NH}_2 \longrightarrow$
$\text{HO}[\text{OC}(\text{CH}_2)_4\text{CO}-\text{HN}(\text{CH}_2)_6\text{NH}]_n\text{H} + (2n-1)\text{H}_2\text{O}$

(4) $n\,\text{OCN}-\text{C}_6\text{H}_3(\text{CH}_3)-\text{NCO} + (n+1)\text{HO}(\text{CH}_2)_4\text{OH} \longrightarrow$

甲苯-2,4-二异氰酸酯(TDI)

$\text{HO}(\text{CH}_2)_4\text{O}[\text{OCHN}-\text{C}_6\text{H}_3(\text{CH}_3)-\text{NHCO}-\text{O}(\text{CH}_2)_4\text{O}]_n\text{H}$

聚甲苯-2,4-二氨基甲酸丁二酯

(5) $(n+1)\text{HO}-\text{C}_6\text{H}_4-\text{C}(\text{CH}_3)_2-\text{C}_6\text{H}_4-\text{OH} + (n+2)\text{CH}_2\text{(O)CHCH}_2\text{Cl} \longrightarrow$

双酚 A   环氧氯丙烷

$\text{CH}_2\text{(O)CHCH}_2-\text{O}[-\text{C}_6\text{H}_4-\text{C}(\text{CH}_3)_2-\text{C}_6\text{H}_4-\text{O}-\text{CH}_2\text{CH(OH)CH}_2-]_n\text{O}-\text{C}_6\text{H}_4-\text{C}(\text{CH}_3)_2-\text{C}_6\text{H}_4-\text{O}-\text{CH}_2\text{CHCH}_2-\text{Cl}$

双酚 A 型环氧树脂

$+ (n+2)\text{HCl}$

(6) $n\text{HO}-\text{C}_6\text{H}_4-\text{C}(\text{CH}_3)_2-\text{C}_6\text{H}_4-\text{OH} + n\text{Cl}-\text{CO}-\text{Cl} \longrightarrow$

双酚 A   光气

$\text{H}[-\text{O}-\text{C}_6\text{H}_4-\text{C}(\text{CH}_3)_2-\text{C}_6\text{H}_4-\text{O}-\text{CO}-]_n\text{Cl} + (2n-1)\text{HCl}$

1-49 写出下列单体的聚合反应式以及单体、聚合物的名称：

(1) $\text{CH}_2=\text{CHF}$；(2) $\text{CH}_2=\text{C}(\text{CH}_3)_2$；(3) $\text{HO}(\text{CH}_2)_5\text{COOH}$；(4) $\text{CH}_2\text{CH}_2\text{CH}_2\text{O}$ (环氧丙烷环)。

答 (1) 聚合反应式：$n\text{CH}_2\!=\!\underset{\underset{\text{F}}{|}}{\text{CH}} \longrightarrow \left[\text{CH}_2\!-\!\underset{\underset{\text{F}}{|}}{\text{CH}}\right]_n$，单体名称：氟乙烯，聚合物名称：聚氟乙烯。

(2) 聚合反应式：$n\text{CH}_2\!=\!\text{C}(\text{CH}_3)_2 \longrightarrow \left[\text{CH}_2\!-\!\underset{\underset{\text{CH}_3}{|}}{\overset{\overset{\text{CH}_3}{|}}{\text{C}}}\right]_n$，单体名称：异丁烯，聚合物名称：聚异丁烯。

(3) 聚合反应式：$n\text{HO}\!-\!(\text{CH}_2)_5\!-\!\text{COOH} \longrightarrow \left[\text{O}(\text{CH}_2)_5\!-\!\overset{\overset{\text{O}}{\|}}{\text{C}}\right]_n + (n-1)\text{H}_2\text{O}$，单体名称：6-羟基己酸，聚合物名称：聚 ω-羟基己酸。

(4) 聚合反应式：$n\overset{\frown{\text{O}}}{\text{CH}_2\text{CH}_2\text{CH}_2} \longrightarrow \left[\text{CH}_2\text{CH}_2\text{CH}_2\text{O}\right]_n$，单体名称：1,3-环氧丙烷，聚合物名称：聚氧化丙烯（聚亚丙基醚）。

1-50 写出聚合物的名称、单体名称和聚合反应式，指出属于加聚还是缩聚，连锁聚合还是逐步聚合：

(1) $\left[\text{CH}_2\!-\!\underset{\underset{\text{COOCH}_3}{|}}{\overset{\overset{\text{CH}_3}{|}}{\text{C}}}\right]_n$ ；(2) $\left[\text{NH}(\text{CH}_2)_5\text{CO}\right]_n$；(3) $\left[\text{CH}_2\!-\!\underset{\underset{\text{CH}_3}{|}}{\text{C}}\!=\!\text{CH}\!-\!\text{CH}_2\right]_n$。

答 (1) 聚合物名称：聚甲基丙烯酸甲酯，单体名称：甲基丙烯酸甲酯。

聚合反应式：$n\text{CH}_2\!=\!\underset{\underset{\text{COOCH}_3}{|}}{\overset{\overset{\text{CH}_3}{|}}{\text{C}}} \longrightarrow \left[\text{CH}_2\!-\!\underset{\underset{\text{COOCH}_3}{|}}{\overset{\overset{\text{CH}_3}{|}}{\text{C}}}\right]_n$

该反应属于加聚，是连锁聚合。

(2) 聚合物名称：聚己内酰胺（尼龙-6），单体名称：己内酰胺。

聚合反应式：$n\overset{\frown}{\text{HN}(\text{CH}_2)_5\text{CO}} \longrightarrow \left[\text{NH}(\text{CH}_2)_5\text{CO}\right]_n$

该反应用水作引发剂时，属于缩聚，是逐步聚合；用碱作催化剂时，属于开环聚合，是连锁聚合。

(3) 聚合物名称：聚异戊二烯（天然橡胶），单体名称：异戊二烯。

聚合反应式：$n\text{CH}_2\!=\!\underset{\underset{\text{CH}_3}{|}}{\text{C}}\!-\!\text{CH}\!=\!\text{CH}_2 \longrightarrow \left[\text{CH}_2\!-\!\underset{\underset{\text{CH}_3}{|}}{\text{C}}\!=\!\text{CH}\!-\!\text{CH}_2\right]_n$

该反应属于加聚，是连锁聚合。

1-51 写出下列聚合物的聚合反应式：
聚丙烯腈、丁苯橡胶、聚甲醛、聚苯醚、聚四氟乙烯、聚二甲基硅氧烷、聚氨酯。

答 聚丙烯腈：$n\text{CH}_2\!=\!\underset{\underset{\text{CN}}{|}}{\text{CH}} \longrightarrow \left[\text{CH}_2\!-\!\underset{\underset{\text{CN}}{|}}{\text{CH}}\right]_n$

丁苯橡胶：$n\text{CH}_2\!=\!\text{CH}\!-\!\text{CH}\!=\!\text{CH}_2 + m\text{CH}_2\!=\!\underset{\underset{\text{C}_6\text{H}_5}{|}}{\text{CH}} \longrightarrow \left[\text{CH}_2\text{CH}\!=\!\text{CHCH}_2\right]_n\left[\text{CH}_2\!-\!\underset{\underset{\text{C}_6\text{H}_5}{|}}{\text{CH}}\right]_m$

注意：丁苯橡胶是无规共聚物。同时，主链上还有少量1,2-加成的结构 $-CH_2-CH- \atop {CH \atop CH_2}$ 。

聚甲醛： $n\text{CH}_2\text{O}$ 或 $\dfrac{n}{3} {H_2C-O \atop H_2C-O}\!\!\diagdown\!\!{\text{CH}_2 \atop}\longrightarrow \text{\textmaltese O}-\text{CH}_2\text{\textmaltese}_n$

聚苯醚（聚二甲基苯基醚）： $n\,\text{HO}\!-\!\!\bigcirc\!\!{CH_3 \atop CH_3}+\text{O}_2\longrightarrow \text{\textmaltese O}\!-\!\!\bigcirc\!\!{CH_3 \atop CH_3}\text{\textmaltese}_n$

聚四氟乙烯： $n\text{CF}_2\!=\!\text{CF}_2\longrightarrow \text{\textmaltese CF}_2-\text{CF}_2\text{\textmaltese}_n$

聚二甲基硅氧烷： $n\,\text{Cl}\!-\!\text{Si}(\text{CH}_3)_2\!-\!\text{Cl}+n\text{H}_2\text{O}\longrightarrow \text{\textmaltese Si}(\text{CH}_3)_2\!-\!\text{O}\text{\textmaltese}_n+2n\text{HCl}$

聚氨酯是一类聚合物，一个典型例子如下：

$$n\text{OCN}(\text{CH}_2)_6\text{NCO}+n\text{HO}(\text{CH}_2)_4\text{OH}\longrightarrow \text{\textmaltese O}(\text{CH}_2)_4\text{OCHNH}(\text{CH}_2)_6\text{NHC}\text{\textmaltese}_n$$
（其中两个羰基 O 标在 OCHN 和 NHC 的 C 上）

1-52 （1）写出合成下列聚合物的单体和反应式；（2）说明各个聚合反应的类型（按反应机理）；（3）指出下列各种聚合物（塑料、橡胶、纤维等）主要应用类型：聚氯乙烯、聚苯乙烯、聚对苯二甲酸乙二醇酯、聚丁二烯、酚醛树脂、脲醛树脂、腈纶、乙丙橡胶。

答 聚氯乙烯：$n\text{CH}_2\!=\!\text{CHCl}\longrightarrow \text{\textmaltese CH}_2-\text{CHCl}\text{\textmaltese}_n$，连锁聚合，塑料。

聚苯乙烯：$n\text{CH}_2\!=\!\text{CH}(\text{C}_6\text{H}_5)\longrightarrow \text{\textmaltese CH}_2-\text{CH}(\text{C}_6\text{H}_5)\text{\textmaltese}_n$，连锁聚合，塑料。

聚对苯二甲酸乙二醇酯：$n\text{HOOC}\!-\!\!\bigcirc\!\!-\!\text{COOH}+n\text{HOCH}_2\text{CH}_2\text{OH}\longrightarrow$

$\text{\textmaltese OCH}_2\text{CH}_2\text{O}-\text{CO}\!-\!\!\bigcirc\!\!-\!\text{CO}\text{\textmaltese}_n+(2n-1)\text{H}_2\text{O}$，逐步聚合，纤维、工程塑料。

聚丁二烯：$n\text{CH}_2\!=\!\text{CH}-\text{CH}\!=\!\text{CH}_2\longrightarrow \text{\textmaltese CH}_2-\text{CH}\!=\!\text{CH}-\text{CH}_2\text{\textmaltese}_n$，连锁聚合，橡胶。

酚醛树脂：$n\,\bigcirc\!\!-\!\text{OH}+n\text{CH}_2\text{O}\longrightarrow \text{\textmaltese}\bigcirc\!\!(\text{OH})\!-\!\text{CH}_2\text{\textmaltese}_n+n\text{H}_2\text{O}$，逐步聚合，塑料。

脲醛树脂：$n\text{CO}(\text{NH}_2)_2+n\text{HCHO}\longrightarrow \text{\textmaltese NH}-\text{CO}-\text{NH}-\text{CH}_2\text{\textmaltese}_n+(2n-1)\text{H}_2\text{O}$，逐步聚合，塑料。

腈纶：$n\text{CH}_2\!=\!\text{CHCN}\longrightarrow \text{\textmaltese CH}_2-\text{CHCN}\text{\textmaltese}_n$，连锁聚合，纤维。

乙丙橡胶：$x\text{CH}_2=\text{CH}_2 + y\text{CH}_2=\overset{\text{CH}_3}{\underset{|}{\text{CH}}} \longrightarrow \text{\textbf{+}}\text{CH}_2-\overset{\text{CH}_3}{\underset{|}{\text{CH}}}\text{\textbf{+}}_y\text{CH}_2-\text{CH}_2\text{\textbf{+}}_x$，连锁聚合，橡胶。

1-53 写出下列聚合物的聚合反应式，指出重复单元、结构单元和单体单元：
(1) 聚甲基丙烯酸甲酯；(2) 聚乙酸乙烯酯；(3) 尼龙-66；(4) 尼龙-6。

答 (1) $n\text{CH}_2=\underset{\underset{\text{COOCH}_3}{|}}{\overset{\overset{\text{CH}_3}{|}}{\text{C}}} \longrightarrow \text{\textbf{+}}\text{CH}_2-\underset{\underset{\text{COOCH}_3}{|}}{\overset{\overset{\text{CH}_3}{|}}{\text{C}}}\text{\textbf{+}}_n$，重复单元、结构单元、单体单元：

$-\text{CH}_2-\underset{\underset{\text{COOCH}_3}{|}}{\overset{\overset{\text{CH}_3}{|}}{\text{C}}}-$。

(2) $n\text{CH}_2=\underset{\underset{\text{OCOCH}_3}{|}}{\text{CH}} \longrightarrow \text{\textbf{+}}\text{CH}_2-\underset{\underset{\text{OCOCH}_3}{|}}{\text{CH}}\text{\textbf{+}}_n$，重复单元、结构单元、单体单元：

$-\text{CH}_2-\underset{\underset{\text{OCOCH}_3}{|}}{\text{CH}}-$。

(3) $n\text{NH}_2(\text{CH}_2)_6\text{NH}_2 + n\text{HOOC}(\text{CH}_2)_4\text{COOH} \longrightarrow \text{\textbf{+}}\text{NH}(\text{CH}_2)_6\text{NHCO}(\text{CH}_2)_4\text{CO}\text{\textbf{+}}_n + (2n-1)\text{H}_2\text{O}$，重复单元：$-\text{NH}(\text{CH}_2)_6\text{NHCO}(\text{CH}_2)_4\text{CO}-$，结构单元：$-\text{NH}(\text{CH}_2)_6\text{NH}-$ 和 $-\overset{\overset{\text{O}}{\|}}{\text{C}}(\text{CH}_2)_4\overset{\overset{\text{O}}{\|}}{\text{C}}-$，无单体单元。

(4) $n\text{NH}_2(\text{CH}_2)_5\text{COOH} \longrightarrow \text{\textbf{+}}\text{NH}(\text{CH}_2)_5\text{CO}\text{\textbf{+}}_n$，重复单元、结构单元、单体单元：$-\text{NH}(\text{CH}_2)_5\text{CO}-$。

1.7 高分子结构和性质的一般特点

1-54 试述聚合物不同于小分子物质的结构和性质的主要特点。

答 高分子化合物有 5 个基本特点：①相对分子质量很大，一般 10 000 以上。②高分子的化学组成比较简单，分子结构有规律性，即由许多相同的简单的结构单元通过共价键重复连接而成。③各种聚合物的分子形态多种多样，有长链线型聚合物、支链聚合物、体型（交联）聚合物等，还有星形、梯形、环形等特殊类型的新型聚合物。④具有平均相对分子质量及多分散性，即高分子是化学组成相同而相对分子质量不等、结构不同的一系列同系物的混合物。⑤物性明显不同于小分子同系物，如高分子化合物具有高强度、高弹性、高软化或熔化温度，其溶液和熔体有高黏度等性质，聚合物不存在气态，交联聚合物甚至不存在液态（各向同性熔体）。

1-55 试比较有机玻璃（聚甲基丙烯酸甲酯）与甲基丙烯酸甲酯在性能上的差别。

答 有机玻璃是有一定强度、硬度和韧性的固态物质，软化温度约为 90 ℃，不能气化，溶液和熔体很黏稠。而甲基丙烯酸甲酯是液态物质，沸点为 100～101 ℃。

1-56 聚合物与小分子相比较，其性能差异的根本原因是什么？

答 由于聚合物的相对分子质量非常大，分子间相互作用力特别大，因此具有许多不同于小分子的特殊性能。

1-57 高分子结构有哪些层次？各结构层次包括哪些研究内容？

答 整个高分子结构由四个不同层次组成，分别称为一级结构和高级结构（包括二级、三级和四级结构）。一级结构和二级结构合称链结构。

（1）一级结构（又称近程结构）是指单个大分子内与基本结构单元有关的结构，包括结构单元的化学组成、键接方式、构型（几何异构和旋光异构）、分子构造（线型、支化和交联）以及共聚物的序列结构等。

（2）二级结构（又称远程结构）是指若干链节组成的一段链或整条分子链的排列形状，包括构象、相对分子质量及其分布等。

（3）三级结构是指在单个大分子二级结构基础上，许多这样的大分子聚集在一起而成的结构，也称聚集态结构或超分子结构。三级结构包括结晶结构、非晶结构、液晶结构和取向结构等。

（4）四级结构是指高分子在材料中的堆砌方式。在高分子加工成材料时往往还向其中添加填料、助剂、颜料等成分。有时用两种或两种以上高分子混合（称为共混）改性。这就形成更为复杂的结构问题。这一层次的结构又称为织态结构。

1-58 为什么说平均相对分子质量、高分子微结构、热转变温度是表征聚合物的最重要的三个指标？

答 （1）很大的相对分子质量是聚合物的性质不同于小分子的根本原因。相对分子质量的大小影响聚合物的强度、硬度、黏度、抗化学性等许多重要性质。

（2）小分子的性质只由化学组成决定，而高分子的性质除化学组成外，还在很大程度上受四个不同结构层次因素的影响，几乎每个结构层次都有影响。

（3）热转变温度决定了聚合物的加工温度和使用温度范围，这是聚合物得以应用的最关键的性质。

【名词解释索引】

主链，侧链，侧基（1-2 题）。高分子，聚合物，单体，结构单元，重复单元，单体单元，链节，平均聚合度（1-2，1-3 题）。高聚物，低聚物（齐聚物）（1-4 题）。热塑性，热固性（1-33，1-34 题）。橡胶，纤维，塑料（1-35，1-36 题）。超高相对分子质量聚乙烯（1-38 题）。缩聚，聚加成，逐步聚合（1-40 题）。加聚，连锁聚合，链式聚合，开环聚合（1-41 题）。一级结构（近程结构），二级结构（远程结构），三级结构（聚集态结构），四级结构（织态结构）（1-57 题）。

第 2 章 自由基聚合

2.1 判断某种化合物能否进行聚合反应

2-1 下列烯类单体适于何种机理聚合：自由基聚合、阳离子聚合或阴离子聚合？并说明理由。

$CH_2=CHCl$，$CH_2=CCl_2$，$CH_2=CHCN$，$CH_2=C(CN)_2$，$CH_2=CHCH_3$，$CH_2=C(CH_3)_2$，$CH_2=CHC_6H_5$，$CF_2=CF_2$，$CH_2=C(CN)COOCH_3$，$CH_2=C(CH_3)-CH=CH_2$。

答 自由基聚合：$CH_2=CHCl$，$CH_2=CCl_2$，$CH_2=CHCN$，$CH_2=CHC_6H_5$，$CH_2=C(CH_3)-CH=CH_2$，$CF_2=CF_2$，$CH_2=C(CN)COOCH_3$。

阴离子聚合：$CH_2=CHCN$，$CH_2=C(CN)_2$，$CH_2=CHC_6H_5$，$CH_2=C(CH_3)-CH=CH_2$，$CH_2=C(CN)COOCH_3$。

阳离子聚合：$CH_2=CHCH_3$，$CH_2=CHC_6H_5$，$CH_2=C(CH_3)-CH=CH_2$，$CH_2=C(CH_3)_2$。

$CH_2=CHCl$：适于自由基聚合，Cl 原子是吸电子基团，也有共轭效应，但较弱。

$CH_2=CCl_2$：适于自由基聚合，Cl 原子是吸电子基团。

$CH_2=CHCN$：适于自由基聚合和阴离子聚合，CN 是强吸电子基团，并有共轭效应。

$CH_2=C(CN)_2$：适于阴离子聚合，两个吸电子基团（CN）。

$CH_2=CHCH_3$：不适于自由基聚合、阳离子聚合或阴离子聚合，只能配位聚合。

$CH_2=C(CH_3)_2$：适于阳离子聚合，CH_3 是供电子基团，CH_3 与双键有超共轭效应。

$CH_2=CHC_6H_5$ 和 $CH_2=C(CH_3)-CH=CH_2$：均可进行自由基聚合、阳离子聚合和阴离子聚合。因为共轭体系 π 电子容易极化和流动。

$CF_2=CF_2$：适于自由基聚合，F 原子体积小，结构对称。

$CH_2=C(CN)COOCH_3$：适于阴离子聚合，两个吸电子基团（CN 及 COOR），并兼有共轭效应。

2-2 判断下列单体能否进行自由基聚合形成高相对分子质量聚合物，并说明理由。

$CH_2=C(C_6H_5)_2$，$ClCH=CHCl$，$CH_2=C(CH_3)C_2H_5$，$CH_3CH=CHCH_3$，$CH_2=C(CH_3)COOCH_3$，$CH_2=CHOCOCH_3$，$CH_3CH=CHCOOCH_3$，$CF_2=CFCl$。

答 $CH_2=C(C_6H_5)_2$：不能，因为取代基空间阻碍大，形成高分子链时张力也大，故只能形成二聚体。

$ClCH=CHCl$：不能，因为单体结构对称，1,2-二取代基造成较大空间阻碍。

$CH_2=C(CH_3)C_2H_5$：不能，因为双键电荷密度大，不利于自由基进攻。

$CH_3CH=CHCH_3$：不能，因为 1,2-双取代基位阻大，且易发生单体转移生成烯丙基稳定结构。

$CH_2=C(CH_3)COOCH_3$：能，因为 1,1-二取代基，甲基体积小，均有共轭效应。

$CH_2=CHOCOCH_3$：能，因为乙酰基对双键有共轭效应。

$CH_3CH=CHCOOCH_3$：不能，因为是 1,2-二取代基，空间阻碍大。

$CF_2=CFCl$：能，因为结构不对称，F 原子小。

2-3 判断下列烯类能否进行自由基聚合，并说明理由。

答 乙烯基吡啶和乙烯基吡咯烷酮（前两个）都能进行自由基聚合，因为单取代，结构不对称，有共轭效应，虽然侧基体积较大。马来酸酐（后一个）不能进行自由基聚合，因为1,2-二取代基造成较大空间阻碍。

2-4 为什么聚丙烯只能采用配位聚合而不能采用连锁聚合的其他类型？为什么异丁烯和乙酸烯丙酯之类的单体不能自由基聚合？

答 由于双键上不呈现正电性，因此丙烯不会发生阴离子聚合。丙烯上单个甲基产生的供电子诱导效应强度小，双键上难以呈现较强的负电性，因此丙烯难以发生阳离子聚合，即使进行了阳离子聚合，增长链容易重排成更稳定的叔碳阳离子，而形成支化的低聚物。丙烯由于带供电子基团 CH_3，不利于自由基进攻，而且即使受到自由基进攻，也会很快转移形成稳定的 π-烯丙基自由基，因而很难发生自由基聚合。丙烯只在特殊的络合引发剂作用下进行配位聚合。

类似地，异丁烯和乙酸烯丙酯由于带供电子基团 CH_3，不利于自由基进攻，而且即使受到自由基进攻，也会很快转移形成稳定的 π-烯丙基自由基，因此很难发生自由基聚合。

也就是说，烯丙基结构会发生自阻聚作用而不能进行自由基聚合。

2-5 为什么甲基丙烯酸甲酯虽然存在烯丙基结构，但能自由基聚合？

答 甲基丙烯酸甲酯中双键与羰基相连，有共轭作用，使单体有较高的活性。

2-6 根据什么判断某种化合物能否进行连锁聚合？请总结规律。

答 （1）取代基的数目、位置、大小决定烯烃能否进行聚合。

①一取代烯烃原则上都能进行聚合反应。②对于1,1-二取代的烯类单体，一般都能按取代基的性质进行相应机理的聚合。并且由于结构上更不对称，极化程度增加，更易聚合。但两个取代基都是体积较大的芳基时，只能形成二聚体。③1,2-双取代的烯类单体，结构对称，极化程度低，加上位阻效应，一般不能均聚或只能形成二聚体。④三取代和四取代乙烯一般不能聚合，但氟代乙烯例外，无论氟代的数目和位置如何，均易聚合，这是氟原子半径较小的缘故。

综上所述，一取代和1,1-二取代乙烯等无位阻障碍的取代烯烃是连锁聚合单体的两种主要类型。其他情况必须特别注意判断，除氟取代以外一般都无法进行聚合反应。

（2）取代基的电负性和共轭性决定烯烃的聚合反应类型。

按照聚合反应活性中心的不同，连锁聚合反应通常包括自由基聚合、阴离子聚合、阳离子聚合和配位聚合等四种聚合反应类型。对于无位阻障碍的取代烯烃的反应类型，可以从取代基的电负性和共轭性来进行判断。

①带吸电子取代基的烯烃能够进行自由基型和阴离子型两种聚合反应。②带供电子取代基的烯烃能够进行阳离子型聚合反应。但是丙烯例外，只能进行配位聚合。③带 π-π 共轭取代基的烯烃能够进行自由基聚合、阴离子聚合和阳离子聚合三种类型的聚合反应。

2.2 自由基聚合的反应机理

2.2.1 自由基的活性

2-7 产生自由基有哪两种方式？

答 某些有机或无机化合物中弱共价键的均裂和具有单电子转移的氧化还原反应是产生自由基的两种主要方式。此外,加热、光照和高能辐射等方式也可以产生自由基。

2-8 什么结构因素决定了自由基的活性?

答 自由基的活性主要取决于三个因素,即共轭效应、诱导效应和空间位阻效应。①取代基共轭效应:使自由基电子云密度降低,从而降低了自由基的能量,自由基活性减弱。②取代基诱导效应:供电子取代基的+I效应使自由基电子云密度增加,能量升高,自由基活性增强;而吸电子取代基的-I效应使自由基电子云密度降低,能量降低,自由基活性减弱。③空间位阻效应:取代基的位阻和排斥作用给自由基的反应增加了困难,自由基活性减弱。

当①和②对自由基稳定性影响发生矛盾时,共轭效应起主导作用。当②和③对自由基稳定性影响发生矛盾时,空间位阻效应起主导作用。

2-9 分析比较下列各组自由基的活性和相对稳定性:

(1) $\dot{C}H_3$,$CH_3\dot{C}H_2$,$(CH_3)_2\dot{C}H$,$(CH_3)_3\dot{C}$;(2) $C_6H_5\cdot$,$(C_6H_5)_3\dot{C}\cdot$,$(C_6H_5)_2\dot{C}CH_3$,$C_6H_5CH_2\dot{C}H_2$,$(C_6H_5)_2\dot{C}H$;(3) $RCH=CH\dot{C}H_2$,$R-\dot{C}H-CH-CH_2$,$CH_2=\dot{C}-CH_2$。

答 各组自由基的活性如下:(1) $(CH_3)_3\dot{C}<(CH_3)_2\dot{C}H<CH_3\dot{C}H_2<\dot{C}H_3$;(2) $(C_6H_5)_3\dot{C}\cdot<(C_6H_5)_2\dot{C}CH_3<(C_6H_5)_2\dot{C}H<C_6H_5CH_2\dot{C}H_2<C_6H_5\cdot$;(3) $CH_2=\dot{C}-CH_2<RCH=CH\dot{C}H_2<R-\dot{C}H-CH-CH_2$。

自由基的相对稳定性顺序正好与自由基活性相反。

2-10 哪类活性的自由基适合引发烯烃单体进行聚合?

答 太高活性的自由基(如氢自由基和甲基自由基)产生需要很高的活化能,自由基的产生和聚合反应的实施都相当困难。相反,太低活性的自由基(如苄基自由基和烯丙基自由基)产生非常容易,但是它们不仅无法引发单体聚合,反而通常会与其他活泼自由基进行独电子之间的配对成键,形成稳定化合物。只有中等活性的自由基(如 $R\dot{C}HCOR$、$R\dot{C}HCN$、$R\dot{C}HCOOR$ 等)和苯基自由基是引发单体进行聚合反应最常见的自由基。

2-11 比较下列自由基活性。某些自由基对自由基聚合起什么特殊作用?

(1) $CH_3\cdot$;(2) $(CH_3)_3\dot{C}$;(3) $C_6H_5\cdot$;(4) $(C_6H_5)_3\dot{C}\cdot$;(5) $C_6H_5CH_2\cdot$;(6) $RCH=CH\dot{C}H_2$;

(7) $HO-\bigcirc-O\cdot$;(8) 1,1-二苯基-2,4,6-三硝基苯肼(DPPH)结构式。

答 (1)>(2)>(3)>(5)>(6)>(7)>(4)>(8)。苯基自由基(3)是引发单体进行聚合反应最常见的自由基。苄基自由基(5)是苯乙烯聚合中的链自由基。烯丙基自由基(6)是很稳定的,这是丙烯不能自由基聚合的理由。对苯二酚形成稳定的自由基(7)是阻聚剂的典型例子。特别稳定的自由基1,1-二苯基-2,4,6-三硝基苯肼(简称DPPH)(8)可作为自由基捕捉剂和阻聚剂。

2.2.2 反应热力学

2-12 试从热力学角度分析大部分加聚反应在聚合时为什么不可逆。

答 加聚反应是小分子单体转化为大分子,熵值减小的过程,ΔS 为负值,同时反应放热,

ΔH 也为负值。从热力学观点看,只有 ΔG 为负值时,反应才能进行,故 $|\Delta H| > |T\Delta S|$。

除少数单体外,$|\Delta H|$ 均超过 62.8 kJ·mol^{-1},$|\Delta S|$ 约为 104.6 J·mol^{-1}·K^{-1}。一般加聚反应聚合温度超过 80 ℃ 的不多,而大多数单体的聚合上限温度 T_c 较高。因此在正常聚合温度下,平衡单体浓度都很低。所以多数单体在其正常聚合温度下,可近似认为聚合反应是不可逆的。

2-13 什么是聚合上限温度?现已知 α-甲基苯乙烯在 60 ℃ 时 $|\Delta H| \approx T\Delta S$,试求该单体聚合最高温度。聚合上限温度与单体浓度有什么关系?

答 聚合上限温度(T_c)是聚合反应能够顺利进行的上限温度,在数值上等于聚合反应焓变与熵变之比($T_c = \Delta H / \Delta S$)。在此温度以下进行的聚合反应无热力学障碍;高于此温度聚合物将自动降解或分解;在此温度或稍低于此温度条件下单体的聚合十分困难。α-甲基苯乙烯的 $T_c = 60$ ℃。

T_c 与单体浓度有关。常规定平衡单体浓度 $[M]_e = 1$ mol·L^{-1} 时的平衡温度(T_e)为 T_c。平衡单体浓度于平衡温度的关系为:$\ln[M]_e = \dfrac{1}{R}\left(\dfrac{\Delta H^{-}}{T_e} - \Delta S^{-}\right)$。其中,$\Delta H^{-}$ 和 ΔS^{-} 分别为平衡单体浓度等于 1 mol·L^{-1} 时的焓变和熵变。

2-14 1,3-丁二烯进行自由基聚合,已知:$\Delta H^{-} = -73$ kJ·mol^{-1},$\Delta S^{-} = -89.0$ J·mol^{-1}·K^{-1},试计算 27 ℃、77 ℃、127 ℃ 时的平衡单体浓度。ΔH^{-} 和 ΔS^{-} 分别为平衡单体浓度等于 1 mol·L^{-1} 时的焓变和熵变。

答 由公式 $\ln[M]_e = \dfrac{1}{R}\left(\dfrac{\Delta H^{-}}{T_e} - \Delta S^{-}\right)$ 解得

当 $T_e = 27$ ℃ $= 300.15$ K 时,$[M]_e = 8 \times 10^{-9}$ mol·L^{-1};

当 $T_e = 77$ ℃ $= 350.15$ K 时,$[M]_e = 5.7 \times 10^{-7}$ mol·L^{-1};

当 $T_e = 127$ ℃ $= 400.15$ K 时,$[M]_e = 1.3 \times 10^{-5}$ mol·L^{-1}。

2-15 甲基丙烯酸甲酯进行聚合,试由 ΔH^{-} 和 ΔS^{-} 计算 77 ℃、127 ℃、177 ℃、227 ℃ 时的平衡单体浓度,从热力学上判断聚合能否正常进行。已知甲基丙烯酸甲酯的 $\Delta H^{-} = -56.5$ kJ·mol^{-1},$\Delta S^{-} = -117.2$ J·mol^{-1}·K^{-1}。

答 由公式 $\ln[M]_e = \dfrac{1}{R}\left(\dfrac{\Delta H^{-}}{T_e} - \Delta S^{-}\right)$ 解得

$T_e = 77$ ℃ $= 350.15$ K,$[M]_e = 4.94 \times 10^{-3}$ mol·L^{-1};

$T_e = 127$ ℃ $= 400.15$ K,$[M]_e = 0.0558$ mol·L^{-1};

$T_e = 177$ ℃ $= 450.15$ K,$[M]_e = 0.368$ mol·L^{-1};

$T_e = 227$ ℃ $= 500.15$ K,$[M]_e = 1.664$ mol·L^{-1}。

从热力学上判断,甲基丙烯酸甲酯在 77 ℃、127 ℃、177 ℃ 可以聚合,但在 227 ℃ 难以聚合,因为在 227 ℃ 时平衡单体浓度较大。

2-16 为什么烯类化合物的加聚反应一般都是放热反应?

答 烯烃单体通过加成聚合反应生成聚合物的过程是一个从无序到线形有序、熵值降低的过程。从热力学角度考虑,聚合反应过程熵值降低所造成的热力学障碍必须以分子热力学能(近似为焓变 ΔH,即聚合热的负值)的降低来补偿。也就是说,聚合热越大,聚合反应越容易进行。换句话说,能进行的加聚反应一般都是放热反应。

2-17 哪些因素对烯类单体进行连锁聚合反应的聚合热产生影响?并说明影响的结果和原因。

答 从单体结构角度出发,以乙烯聚合热为基准,使聚合热改变的四个因素是:①取代基位阻效应使聚合热降低。②取代基共轭效应使聚合热降低。③氢键和溶剂化效应使聚合热降低。④强电负性取代基(F、Cl)使聚合热升高。

2-18 α-甲基苯乙烯、甲基丙烯酸甲酯的聚合热比一般单体低。其中,α-甲基苯乙烯的聚合热更低,如何解释?

答 乙烯的聚合热接近于烯烃中π键的键能与烷烃中σ键的键能之差,但当乙烯中的氢被其他基团取代后,取代基的位阻效应与共轭效应均使聚合热降低,而电负性强的取代基将使聚合热升高。甲基丙烯酸甲酯中有—COOCH₃的共轭效应和—CH₃的超共轭效应,以及二者的位阻效应,它们均使聚合热降低。α-甲基苯乙烯中苯基的强共轭效应、甲基的超共轭效应和二者的位阻效应也都会使聚合热降低。三者的影响一致,叠加的效果会使聚合热大大降低。

2-19 对造成下列实验结果的主要原因进行分析:
(1) 丁二烯聚合热低于乙烯;(2) 硝基乙烯聚合热高于乙烯;(3) 乙烯聚合热高于异丁烯。

答 (1) 由于丁二烯单体共轭效应,聚合热较聚乙烯降低。(2) 硝基乙烯的取代基为强极性基团,聚合热较乙烯提高。(3) 由于异丁烯单体空间效应,聚合热较聚乙烯降低。

2-20 解释下列聚合热数据:乙烯 $Q_p=20$ kcal·mol⁻¹;苯乙烯 $Q_p=16.7$ kcal·mol⁻¹;α-甲基苯乙烯 $Q_p=8.4$ kcal·mol⁻¹;异丁烯 $Q_p=12.3$ kcal·mol⁻¹;丙烯酰胺 $Q_p=14.4$ kcal·mol⁻¹。

答 与乙烯相比,苯乙烯和丙烯酰胺都是由于共轭效应加位阻效应,聚合热较低。异丁烯由于空间效应,聚合热低。而α-甲基苯乙烯中苯基的共轭效应、甲基的超共轭效应和两种基团的位阻效应也都会使聚合热降低。三者的影响一致,叠加的效果会使聚合热大大降低。

2.2.3 引发、增长和终止等基元反应

2-21 自由基聚合反应有哪些基元反应?这些基元反应有什么特点?

答 自由基聚合反应一般都包括三个基元反应,即分子链的引发、增长和终止反应。其中链终止反应包括双基终止和转移终止两种类型。自由基聚合基元反应的特点是:慢引发、快增长、速终止,三者速率常数递增。其中链引发反应速率主要由引发剂分解速率决定。

2-22 区别双基偶合终止和双基歧化终止,它们各有什么特点?

答 双基终止包括双基偶合终止和双基歧化终止。两链自由基的独电子相互结合成共价键的终止反应称为双基偶合终止。某链自由基夺取另一自由基的氢原子或其他原子的终止反应则称双基歧化终止。

双基偶合终止有三个特点:①相对分子质量两倍于链自由基。②带两个引发剂残基。③分子中含一个头-头连接结构单元。双基歧化终止也有三个特点:①相对分子质量与链自由基相等。②带一个引发剂残基。③一半分子链端饱和,一半分子链端含双键。

2-23 聚合物的双基终止反应方式取决于什么因素?举实例说明。温度对双基终止反应的影响如何?

答 不同单体的聚合反应具有不同的链终止反应方式,主要取决于单体结构和反应条件。例如,聚苯乙烯和聚丙烯腈按双基偶合方式终止;聚甲基丙烯酸甲酯主要是按照双基歧化终止方式完成聚合反应的。聚氯乙烯的聚合中,向单体转移速率超过正常的动力学终止速率,其链终止反应方式以链转移终止为主。由于双基歧化终止涉及活化能较高的氢原子转移,因此升高反应温度往往会导致歧化终止倾向的增加。

2-24 60 ℃时苯乙烯、甲基丙烯酸甲酯、氯乙烯分别进行自由基聚合,其终止方式有什么

不同？

答 分别以双基偶合终止、双基歧化终止、链转移终止为主。

2-25 甲基丙烯酸甲酯在50 ℃下进行聚合，若链终止同时有双基偶合和双基歧化（各占一定比例）。经实验测定，引发剂片断数目和大分子数目之比为1.25。试求此聚合反应中双基歧化和双基偶合各自的百分数。

答 设双基偶合终止的百分数为C，双基歧化终止的百分数为D。偶合终止每个聚合物分子含两个引发剂片断，而歧化终止每个聚合物分子含一个引发剂片断，于是$(2C+2D):(C+2D)=1.25:1$。$C+D=1$。所以$C=40\%$，$D=60\%$。

2-26 对于双基终止的自由基聚合，若每一个大分子含1.3个引发剂残基，假定无链转移反应，试计算偶合终止和歧化终止的相对量。

答 计算方法同2-25题，得C（偶合终止）:D（歧化终止）$=46.2:53.8$。

也可以利用关系式$\overline{X_n}=\dfrac{\nu}{C/2+D}$，式中，$\nu$为动力学链长。因为$\overline{X_n}=\dfrac{单体结构单元总数}{大分子总数}$，$\nu=\dfrac{单体结构单元总数}{引发剂残基总数}$，所以$\dfrac{\overline{X_n}}{\nu}=\dfrac{引发剂残基总数}{大分子总数}=1.3=\dfrac{2}{C+2D}=\dfrac{2}{C+2(1-C)}$。解得偶合终止$C=46\%$，歧化终止$D=1-C=54\%$。

2-27 相对分子质量的质量分布图表明：偶合终止比歧化终止的分布窄，试从终止机理上加以解释。

答 偶合终止时不同长度的链自由基相互偶合，产生的聚合物的聚合度有被平均化的趋势，而歧化终止维持了原链自由基的聚合度，所以结果是偶合终止比歧化终止的分布窄。

2-28 苯乙烯的聚合反应以BPO为引发剂，试写出链引发、链增长和链终止反应。

答 （1）引发：$\quad$ BPO $\longrightarrow$ 2I·

I· + HC=CH$_2$（苯基） $\longrightarrow$ HĊCH$_2$I（苯基）

（2）增长：HĊCH$_2$I（苯基） $\xrightarrow{HC=CH_2（苯基）}$ ICH$_2$CHCH$_2$ĊH（苯基）$\longrightarrow$ …

（3）终止：$2I\text{-}\!\!\left[CH_2CH\right]_n\!\!CH_2\dot{C}H \longrightarrow I\text{-}\!\!\left[CH_2CH\right]_n\!\!CH_2CH\text{-}CHCH_2\text{-}\!\!\left[CHCH_2\right]_n\!\!I$（苯基）

注：苯乙烯聚合的链终止以偶合为主。

2-29 写出用偶氮二异丁腈在90 ℃引发丙烯酸甲酯聚合反应过程：引发反应、增长反应、终止反应和向单体的链转移反应。

答 （1）引发剂分解：$(CH_3)_2\underset{CN}{C}-N=N-\underset{CN}{C}(CH_3)_2 \longrightarrow 2R· + N_2$，这里的R·指$(CH_3)_2\underset{CN}{\dot{C}}$。

(2) 初级自由基生成：R· + CH₂=CHCOOCH₃ ⟶ RCH₂ĊHCOOCH₃

(3) 链增长：~CH₂ĊHCOOCH₃ + CH₂=CHCOOCH₃ ⟶ ~CH₂CHCH₂ĊHCOOCH₃
　　　　　　　　　　　　　　　　　　　　　　　　　　　　　　　　　　　|
　　　　　　　　　　　　　　　　　　　　　　　　　　　　　　　　　COOCH₃

(4) 链终止：2 ~CH₂ĊHCOOCH₃ $\xrightarrow{偶合}$ ~CH₂CH—CHCH₂~
　　　　　　　　　　　　　　　　　　　　　　　|　　　|
　　　　　　　　　　　　　　　　　　　　H₃COOC　COOCH₃

　　2 ~CH₂ĊHCOOCH₃ $\xrightarrow{歧化}$ ~CH₂CH₂COOCH₃ + ~CH=CHCOOCH₃

(5) 链转移：以向单体转移为例

~CH₂ĊHCOOCH₃ + CH₂=CHCOOCH₃ ⟶ ~CH=CHCOOCH₃ + CH₃ĊHCOOCH₃

2-30 写出过氧化二苯甲酰引发氯乙烯聚合的各步基元反应式。

答 (1) 引发：C₆H₅COOCC₆H₅ ⟶ 2C₆H₅CO·
　　　　　　　　　　‖　‖　　　　　　　　　‖
　　　　　　　　　　O　O　　　　　　　　　O

　　　　　　　　　　　　　　　　　　　　　　　　　H
　　　　　　　　　　　　　　　　　　　　　　　　　|
　　2C₆H₅CO· + CH₂=CHCl ⟶ C₆H₅COCH₂Ċ
　　　　‖　　　　　　　　　　　　　　　‖　　|
　　　　O　　　　　　　　　　　　　　　O　 Cl

　　　　　　　H　　　　　　　　　　　　　　　　　H
　　　　　　　|　　　　　　　　　　　　　　　　　|
(2) 增长：~CH₂Ċ + CH₂=CHCl ⟶ ~CH₂CHCH₂Ċ
　　　　　　　|　　　　　　　　　　　　　　　|　　|
　　　　　　 Cl　　　　　　　　　　　　　　 Cl　 Cl

　　　　　　　H
　　　　　　　|
(3) 终止：~CH₂Ċ + CH₂=CHCl ⟶ ~CH=CH + CH₃ĊH
　　　　　　　|　　　　　　　　　　　　　|　　　　|
　　　　　　 Cl　　　　　　　　　　　　 Cl　　　 Cl

注：氯乙烯聚合反应的终止方式是典型的链转移终止。

2-31 自由基聚合反应有什么特点？

答 自由基聚合反应的特点是：①自由基聚合反应在微观上可以明显地区分为链的引发、增长、终止、转移等基元反应。其中引发速率最小，是控制总聚合速率的关键。可以概括为慢引发、快增长、速终止。②只有链增长反应才使聚合度增加。一个单体分子转变成大分子的时间极短，不能停留在中间聚合度阶段，反应混合物仅由单体和聚合物组成。在聚合全过程中，聚合度变化较小。③在聚合过程中，单体浓度逐步降低，聚合物浓度相应提高。延长聚合时间主要是提高转化率，对相对分子质量影响较小。④少量(0.01%～0.1%)阻聚剂足以使自由基聚合反应终止。

2-32 根据自由基聚合反应机理，分析哪一步基元反应对聚合速率影响最大，哪一步基元反应对聚合物的微观结构影响最大(在正常情况下)，哪一步基元反应对聚合物相对分子质量有影响。

答 对速率、微观结构和相对分子质量影响最大的基元反应分别为链引发、链增长和链终止。

2.3 链 引 发

2.3.1 引发剂和引发作用

2-33 自由基聚合常用的引发方式有几种？

答 主要用引发剂来产生活性种引发聚合。在某些特殊情况下也可采用热、光、高能辐射等引发方式。

2-34 举例说明除引发剂外其他引发方式，并说明它们的共同特点。

答 （1）热引发。有些烯类单体在热的作用下无需加引发剂便能进行聚合。一般而言，活泼单体（如苯乙烯及其衍生物、甲基丙烯酸甲酯等）容易发生热引发聚合。苯乙烯的热聚合已工业化。

（2）光引发。许多烯类单体在光（常用能量较大的紫外光）的激发下，能够形成自由基而聚合。光引发聚合有光直接引发聚合和光敏聚合两种。能直接接受光照进行聚合的单体一般是一些含有光敏基团的单体，如丙烯酰胺、丙烯腈、丙烯酸（酯）、苯乙烯等。有时需要在光敏引发剂存在下，单体吸收光能而受激发，然后分解成自由基，再引发单体聚合。例如，不饱和聚酯树脂与交联剂混合后，在一般光照和加热下，交联硬化较慢，若加入少量安息香类光敏剂，光照时就能迅速固化。

（3）高能辐照引发。目前采用最多的是以 ^{60}Co 为辐照源的 γ 射线引发聚合，由于其能量比紫外线大得多，可令各种键断裂，不具备通常光引发的选择性，产生的初级自由基是多样的。辐照引发通常用于一般方法难以实现的天然和合成聚合物的接枝共聚或交联，如聚乙烯电缆的辐射交联。

这些引发方式的共同特点是合成的聚合物十分纯净，没有引发剂的残留。

2-35 自由基聚合反应常用哪几类引发剂？各有什么特点？

答 自由基聚合反应常用的引发剂包括过氧类化合物、偶氮类化合物以及氧化还原反应体系三大类。过氧化二苯甲酰（BPO）、偶氮二异丁腈（AIBN）、过硫酸盐、亚铁离子与过氧化氢（含其他过硫酸盐）的氧化还原反应是最重要的四种引发剂。其中 BPO 和 AIBN 是油溶性引发剂，过硫酸盐是水溶性引发剂。值得一提的是，AIBN 分解后形成的异丁腈自由基是碳自由基，缺乏脱氢能力，因此不能用作接枝聚合的引发剂。氧化还原引发体系的优点是活化能较低，可在较低温度（5~50 ℃）下引发聚合，而且具有较高的聚合速率。氧化还原引发体系的组分可以是无机或有机化合物，性质可以是水溶性或油溶性。

2-36 写出下列常用引发剂的分子式和分解反应式：

（1）偶氮二异丁腈；（2）过氧化二苯甲酰；（3）过硫酸盐（钾或铵）；（4）过氧化氢-亚铁盐组成的氧化还原体系。

答 （1）偶氮二异丁腈

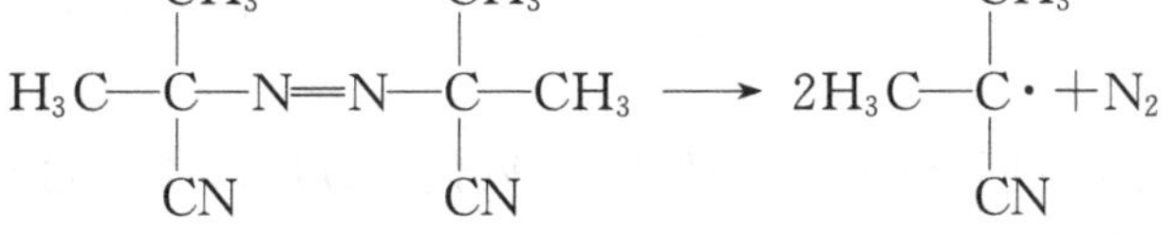

$$H_3C-\underset{\underset{CN}{|}}{\overset{\overset{CH_3}{|}}{C}}-N=N-\underset{\underset{CN}{|}}{\overset{\overset{CH_3}{|}}{C}}-CH_3 \longrightarrow 2H_3C-\underset{\underset{CN}{|}}{\overset{\overset{CH_3}{|}}{C}}\cdot + N_2$$

（2）过氧化二苯甲酰

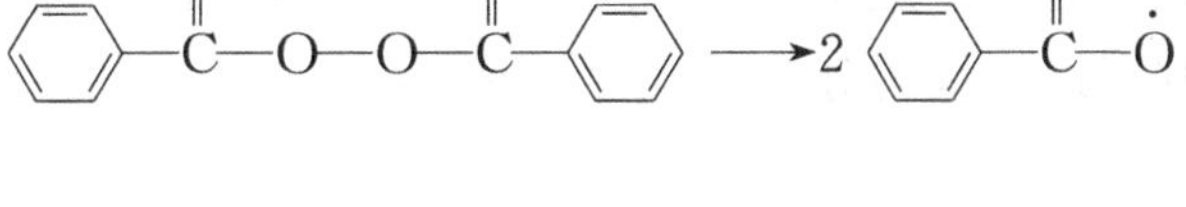

$$\text{Ph-C(O)-O-O-C(O)-Ph} \longrightarrow 2\,\text{Ph-C(O)-O}\cdot$$

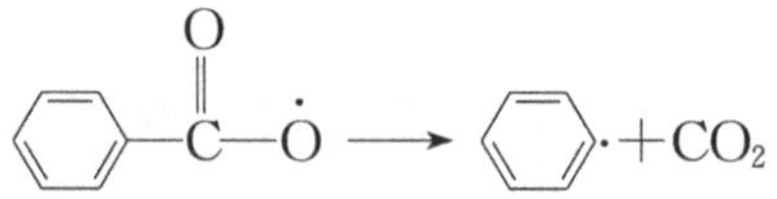

$$\underset{\text{(benzoyloxy radical)}}{\text{C}_6\text{H}_5\text{-C(=O)-O}\cdot} \longrightarrow \text{C}_6\text{H}_5\cdot + \text{CO}_2$$

(3) 过硫酸盐[$K_2S_2O_8$ 或 $(NH_4)_2S_2O_8$]

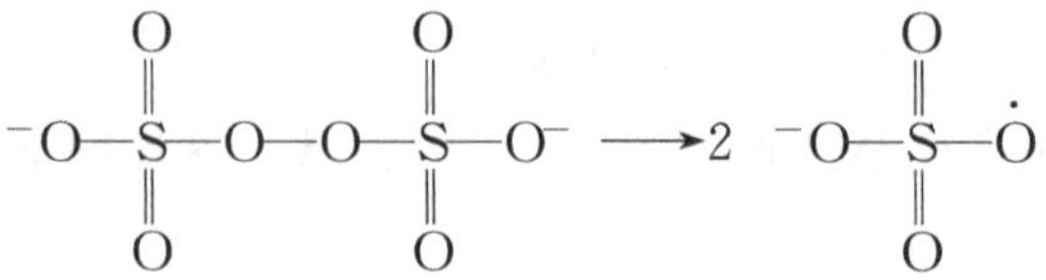

$$^-O_3S-O-O-SO_3^- \longrightarrow 2\ ^-O_3S-O\cdot$$

(4) 过氧化氢-亚铁盐

$$HO-OH + Fe^{2+} \longrightarrow HO\cdot + OH^- + Fe^{3+}$$

2-37 下列常用引发剂中,哪些是水溶性引发剂?哪些是油溶性引发剂?使用场所有何不同?

(1) 偶氮二异丁腈、偶氮二异庚腈。

(2) 过氧化二苯甲酰、过氧化二碳酸二乙基己酯、异丙苯过氧化氢。

(3) 过氧化氢-亚铁盐体系、过硫酸钾-亚硫酸盐体系、过氧化二苯甲酰-N,N-二甲基苯胺体系。

答 过氧化氢-亚铁盐体系和过硫酸钾-亚硫酸盐体系是水溶性引发剂,这些体系的氧化剂和还原剂都是无机物,适用于乳液聚合。本题的其他体系均为油溶性引发剂,适用于本体聚合、悬浮聚合和溶液聚合。

2-38 大致说明下列引发剂的使用温度范围:

(1) 异丙苯过氧化氢;(2) 过氧化十二酰;(3) 过氧化碳酸二环己酯;(4) 过硫酸钾-亚铁盐;(5) 过氧化二苯甲酰-二甲基苯胺。

答 (1) 145 ℃;(2) 70~80 ℃;(3) 44 ℃。比较可知,氢过氧化物分解温度较高。(4)和(5)均为氧化还原体系,在低温下使用。

2-39 自由基聚合在选择引发剂时应注意哪些问题?

答 引发剂的选择有四个原则:溶解类型、半衰期、物性要求、用量。分述如下:

(1) 按照聚合反应实施方法选择引发剂的溶解类型。对于本体聚合、悬浮聚合和一般的溶液聚合,选择油溶性引发剂,如 BPO、AIBN 等,也可以选择油溶性的氧化还原引发体系。对于乳液聚合和以水作溶剂的溶液聚合,宜选择水溶性引发剂,如 $K_2S_2O_8$、$(NH_4)_2S_2O_8$ 或水溶性氧化还原体系。

(2) 按照聚合反应温度选择半衰期适当的引发剂。一般而言,引发剂在聚合反应温度下的半衰期应该与聚合反应时间处于同一数量级。例如,如果反应温度为 30~100 ℃,可以选择 BPO、AIBN、过硫酸盐等引发剂。

(3) 按照聚合物的特殊用途选择符合质量要求的引发剂。例如,过氧类引发剂合成的聚合物容易变色,不能用于有机玻璃等光学高分子材料的合成;偶氮类引发剂有毒,不能用于与医药、食品有关的聚合物合成。

(4) 引发剂的用量一般通过实验确定。引发剂的用量为单体质量(或物质的量)的 0.1%~2%。

2-40 为什么引发剂的活性顺序一般为:过氧化二碳酸酯类>过氧化二酰类>过氧化二酯类>过氧化二烷基类?

答 这些过氧化物均可以看成过氧化氢中氢被不同基团取代后的产物。所连基团不同,过氧键牢固程度也不同。供电子基团、立体障碍大的基团以及能提高分解产物的自由基稳定性的基团的引入均有利于过氧键的分解,即活性的提高。

2.3.2 引发剂分解反应动力学和引发剂效率

2-41 如何判断自由基引发剂的活性？用公式表示。

答 引发剂的活性可以用分解速率常数 k_d 和半衰期 $t_{1/2}$ 表示。分解速率常数越大，或半衰期越短，则引发剂的活性越高。分解速率常数和半衰期的关系如下：$t_{1/2} = \ln 2/k_d = 0.693/k_d$。

2-42 两种自由基聚合反应体系：(1) 热分解引发剂：$E_d = 120 \sim 150 \text{ kJ} \cdot \text{mol}^{-1}$，$E_p = 20 \sim 40 \text{ kJ} \cdot \text{mol}^{-1}$，$E_t = 8 \sim 20 \text{ kJ} \cdot \text{mol}^{-1}$；(2) 氧化还原引发剂：$E_d = 40 \sim 60 \text{ kJ} \cdot \text{mol}^{-1}$。试讨论温度对上述两种引发体系聚合反应速率的影响。

答 (1) 引发剂的分解是决定总聚合速率的主要因素，$E_d = 120 \sim 150 \text{ kJ} \cdot \text{mol}^{-1}$，表明要在较高温度下才能聚合。

(2) 氧化还原引发剂 $E_d = 40 \sim 60 \text{ kJ} \cdot \text{mol}^{-1}$，$E_d$ 很低，体系在低温下仍能保持较高的聚合速率，温度的影响不显著。

2-43 某引发剂在 40 ℃ 苯中的分解速率常数 $k_d = 1.29 \times 10^{-5} \text{ s}^{-1}$，该引发剂的分解反应为一级反应，试计算此时的分解半衰期 $t_{1/2}$。

答 $$t_{1/2} = \frac{0.693}{k_d} = \frac{0.693}{1.29 \times 10^{-5}} = 5.37 \times 10^4 \text{(s)}（或 14.9 \text{ h}）$$

2-44 60 ℃ 下苯乙烯在苯中聚合，以 BPO 为引发剂，BPO 在 60 ℃ 时的 $k_d = 4.9 \times 10^{-6} \text{ s}^{-1}$，求 BPO 的半衰期，并说明 BPO 属于何种活性引发剂。

答 $$t_{1/2} = \frac{0.693}{4.9 \times 10^{-6}} = 1.42 \times 10^5 \text{(s)}（或 39.4 \text{ h}）$$

工程技术上根据 60 ℃ 时的半衰期把引发剂分为高、中、低活性三大类：高活性 $t_{1/2} < 1 \text{ h}$；中活性 $1 \text{ h} < t_{1/2} < 6 \text{ h}$；低活性 $t_{1/2} > 6 \text{ h}$。所以 BPO 是低活性引发剂。

2-45 60 ℃ 下，用碘量法测定过氧化碳酸二环己酯(DCPD)的分解速率，数据如下：

时间/h	0	0.2	0.7	1.2	1.7
DCPD 浓度/(mol·L^{-1})	0.0754	0.0660	0.0484	0.0334	0.0288

计算分解速率常数(s^{-1})和半衰期(h)。

答 DCPD 的分解反应为一级反应，引发剂浓度变化与反应时间的关系为：$\ln \frac{[\text{I}]_0}{[\text{I}]} = k_d t$。

以 $\ln \frac{[\text{I}]_0}{[\text{I}]}$ 对 t 作图，利用最小二乘法进行回归得一条直线 $y = -0.589x$，斜率为 $-k_d$。得 $k_d = 0.589 \text{ h}^{-1} = 1.636 \times 10^{-4} \text{ s}^{-1}$，半衰期 $t_{1/2} = 0.693/k_d = 1.176 \text{ (h)}$。

2-46 不同温度下测定偶氮二异丁腈在甲苯中的分解速率常数，数据如下：

温度 /℃	50	60.5	69.5
分解速率常数 /s^{-1}	2.64×10^{-6}	1.16×10^{-5}	3.78×10^{-5}

求分解活化能。再求 40 ℃ 和 80 ℃ 下的半衰期，判断在这两温度下聚合是否有效。

答 分解速率常数、温度和活化能之间存在下列关系：$k_d = A_d e^{-E_d/RT}$。$\ln k_d = \ln A_d - E_d/RT$，以 $\ln k_d$ 对 $1/T$ 作图，斜率为 $-E_d/R$，截距为 $\ln A_d$。采用最小二乘法进行回归，得：$\ln k_d = 33.936 - 15\,116/T$，$-E_d/R = -15\,116$，$E_d = 8.314 \times 15\,116 = 125\,674.4 = 125.7 \text{(kJ} \cdot \text{mol}^{-1})$。

当 $t=40\ ℃=313.15\ \text{K}$ 时
$$k_d=\exp(-15\ 116/313.15+33.936)=5.95\times10^{-7}$$
$$t_{1/2}=\ln2/(5.95\times10^{-7})=323.6(\text{h})$$

当 $t=80\ ℃=353.15\ \text{K}$ 时
$$k_d=\exp(-15\ 116/353.15+33.936)=1.41\times10^{-4}$$
$$t_{1/2}=\ln2/(1.41\times10^{-4})=1.36(\text{h})$$

由此可见，在 40 ℃下聚合时引发剂的半衰期太长，聚合无效，而在 80 ℃下聚合是有效的。

2-47 经测定过氧化二苯甲酰在不同温度下于甲苯中的分解速率常数如下：

温度(℃)	50	60	70	80
$k_d\times10^4(\text{min}^{-1})$	1.57	5.48	23.2	85.0

试计算分解活化能 E_d。

答 $k_d=A_d e^{-E_d/RT}$，$\ln k_d=\ln A_d-E_d/RT$，以 $\ln k_d$ 对 $1/T$ 作图，从斜率求得 $E_d=110\ \text{kJ}\cdot\text{mol}^{-1}$。

2-48 什么是引发剂的引发效率？

答 引发效率是指引发剂分解生成的初级自由基总量中真正能够与单体反应最后生成单体自由基并开始链增长反应的百分数 f。造成 f 降低的主要因素是引发剂的诱导分解和溶剂的笼蔽效应。

2-49 解释引发剂的诱导分解和溶剂的笼蔽效应的含义，并举例说明。

答 诱导分解实际上是自由基向引发剂分子的链转移反应，其结果是消耗掉一分子引发剂而自由基数目并不增加，从而使 f 降低。氢过氧化物 ROOH 特别容易诱导分解，而 AIBN 一般无诱导分解。丙烯腈、苯乙烯等活性较高的单体能迅速与引发剂作用，引发增长，因此 f 较高。相反，乙酸乙烯酯等低活性单体对自由基的捕捉能力较弱，为诱导分解创造条件，因此 f 较低。

笼蔽效应是指在溶液聚合反应中，浓度较低的引发剂分子及其分解出的初级自由基始终处于含大量溶剂分子的高黏度聚合物溶液的包围之中，一部分初级自由基无法与单体分子接触而更容易发生向引发剂或溶剂的转移反应，从而使 f 降低。AIBN 在溶液聚合中可能发生初级自由基的双基终止而使 f 降低。

2.4 自由基聚合反应速率

2.4.1 自由基聚合反应初期动力学方程

2-50 推导自由基聚合反应初期动力学方程时做了哪些假定？

答 四个基本假定为：①Flory 等活性理论：链自由基的活性与链长短无关，即各步链增长速率常数相等，可用 k_p 表示。②稳态假定：在反应开始短时间后，增长链自由基的生成速率等于其消耗速率($R_i=R_t$)，即链自由基浓度保持不变，呈稳态，$d[\text{M}\cdot]/dt=0$。③聚合产物的聚合度很大，链引发所消耗的单体远少于链增长过程的，因此可以认为单体仅消耗于链增长反应。④忽略链转移反应，终止方式为双基终止。(注：也可认为是三个基本假定，"忽略链转移反应，终止方式为双基终止"是推导的条件)

2-51 写出用引发剂引发时聚合反应初期动力学方程。聚合反应速率与所用引发剂的用量有何关系？为什么引发剂的用量不能太大？

答 用引发剂引发时,聚合速率与引发剂浓度和单体浓度的关系式如下:$R_p = k_p(fk_d/k_t)^{1/2}[I]^{1/2}[M]$,即聚合速率与引发剂浓度平方根、单体浓度一次方成正比。引发剂的用量越大,聚合速率越快。但引发剂的用量太大又会导致聚合度下降。

2-52 请推导出使用引发剂引发的自由基加聚反应的稳态时动力学方程。

答 $R_i = 2fk_d[I]$,$R_p = k_p[M][M\cdot]$,$R_t = 2k_t[M\cdot]^2$。稳态时,$R_i = R_t$,可以解出$[M\cdot]$,$[M\cdot] = \left(\dfrac{R_i}{2k_t}\right)^{1/2}$。因为$R_i \ll R_p$,所以聚合总速率就等于链增长速率。$R = R_i + R_p = R_p = k_p[M](R_i/2k_t)^{1/2}$,将$R_i = 2fk_d[I]$代入,$R_p = k_p(fk_d/k_t)^{1/2}[I]^{1/2}[M]$。

2-53 聚合速率与引发剂浓度平方根成正比是哪一机理造成的?试分析在什么情况下(哪种类型的引发与终止),自由基聚合速率与引发剂的级数存在下列关系:(1) 一次方;(2) 零次方。

答 由双基终止造成的。

(1) 一次方。当单基终止时,$R_t = k_t[M\cdot]$,$[M\cdot] = R_i/k_t$,$R_p = k_p[M](R_i/k_t) = k_p(fk_d/k_t)[M][I]$。

(2) 零次方。只有引发反应速率与引发剂浓度无关时,$R_i = k_i[R\cdot][M]$,$[R\cdot]$为引发剂自由基的浓度。设终止为偶合终止,则$[M\cdot] = (R_i/2k_t)^{1/2} = (k_i/2k_t)^{1/2}[R\cdot]^{1/2}[M]^{1/2}$,$R_p = k_p(k_i/2k_t)^{1/2}[R\cdot]^{1/2}[M]^{3/2}$。

2-54 自由基聚合反应动力学方程可以用下列通式表示:$R_p = k'[M]^p[I]^q$。试分别说明p和q可能的数值及其所代表的反应机理。

答 p可取1或3/2,分别代表正常聚合和低引发效率时的机理;q可取1/2或1,分别代表双基终止和单基终止(如链转移终止)机理。

2-55 由自由基聚合动力学方程可知k_t($10^6 \sim 10^8$)比k_p($10^2 \sim 10^4$)的数值大3~5个数量级,为什么在反应体系中一旦产生自由基后就能与单体进行反应而生成聚合度为$10^3 \sim 10^5$的聚合物?

答 $R_p = k_p[M][M\cdot]$,$R_t = 2k_t[M\cdot]^2$。虽然k_t比k_p大3~5个数量级,但是$[M]$比$[M\cdot]$大6~9个数量级,所以$R_p \gg R_t$。

2.4.2 温度对聚合速率和聚合度的影响

2-56 试分析在自由基聚合反应中,温度对聚合速率及产物聚合度的影响。

答 总聚合速率常数$k[k = k_p(k_d/k_t)^{1/2}]$与温度$T(K)$的关系遵循Arrhenius方程:

$$k = Ae^{-E/RT}$$

$$\ln A - \frac{E}{RT} = \ln A_p + \frac{1}{2}\ln\frac{A_d}{A_t} - \frac{E_p + \dfrac{E_d}{2} - \dfrac{E_t}{2}}{RT}$$

所以,典型聚合反应总的活化能为

$$E = E_p + \frac{E_d}{2} - \frac{E_t}{2} = 29.4 + \frac{126}{2} - \frac{16.8}{2} = 84.0 \text{ (kJ·mol}^{-1})$$

由于$E > 0$,因此升高温度将导致聚合速率升高。

$$\nu = \frac{k_p}{2(fk_dk_t)^{1/2}}[M][I]^{-1/2}$$

$$\ln A' - \frac{E'}{RT} = \ln \frac{A_p}{A_d A_t} - \frac{E_p - \frac{E_d}{2} - \frac{E_t}{2}}{RT}$$

$$E' = E_p - \frac{E_d}{2} - \frac{E_t}{2} = 29.4 - \frac{126}{2} - \frac{16.8}{2} = -42.0 (\text{kJ} \cdot \text{mol}^{-1})。$$

综合活化能 E' 为负值，表明温度升高，聚合度将降低。

2-57 欲研究一种新单体的聚合反应性质，(1) 试设计以苯为溶剂，偶氮二异丁腈为引发剂，用溶解沉淀法纯化生成的聚合物，进行聚合动力学测定的实验；(2) 如何处理实验数据以求得聚合反应速率方程的表达式和聚合反应的综合表观活化能？

答 (1) 用封管法进行动力学测定。将一定量的单体、苯、引发剂混合后装入安瓿瓶中深度冷冻，在低温下抽空脱气，充入氮气后撤去冷冻。待反应混合液溶解后再深度冷冻抽空脱气，反复三次，然后在真空下封管。封管放入一定温度的振荡器中反应，经过一定时间后迅速冷却，打开封管，将反应液倾入搅拌下的沉淀液中得到聚合物沉淀，再溶解、沉淀三次，然后减压干燥，称聚合物的质量，即进行了一次聚合反应的测定。

(2) 按上述方法，固定温度 T 和单体浓度 $[M]$，改变引发剂 AIBN 的浓度为 $a、b、c、d、\cdots$，每个浓度的 AIBN 做五个以上封管进行反应，每隔一定时间，取一个封管，测得聚合物的质量为 $W_1、W_2、W_3、\cdots$，测得转化率 $C(\%) = \frac{[M]_t}{[M]_0} \times 100\%$，而 $[M]_t = \frac{W_t \times 1000}{M_\text{单} V_0}$，式中，$V_0$ 表示反应开始体积(mL)，$M_\text{单}$ 表示单体相对分子质量，W_t 表示 t 时间聚合物质量(g)。

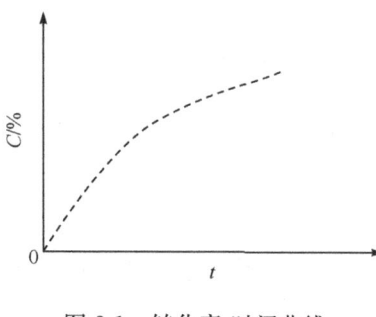

图 2-1 转化率-时间曲线

这样，分别测出不同 t 时的转化率 $C(\%)$，作起始转化率-时间曲线(图 2-1)，由图得其斜率 dC/dt。而起始聚合速率 $R_p = [M]_0 dC/dt$，这样就求得了起始聚合速率。

在不同的引发剂浓度下以无底数 R_p 对 $\log[\text{AIBN}]$ 作图，其斜率为引发剂浓度指数 α，即 $R_p \propto [\text{AIBN}]^\alpha$。

固定 T 和 $[\text{AIBN}]$，改变单体浓度，同上处理，作 $\log R_p$-$\log[M]$ 图，其斜率即为单体浓度指数 β，即 $R_p \propto [M]^\beta$。于是可获得聚合动力学方程 $R_p = k[\text{AIBN}]^\alpha [M]^\beta$。

固定 $[\text{AIBN}]$ 和 $[M]$，改变 T，测定不同 T 时的 R_p，进而求得 k。作 $\ln k$-$1/T$ 图，由 $\ln k = \ln \frac{R_p}{[\text{AIBN}]^\alpha [M]^\beta} = \ln A - \frac{E_a}{RT}$，知其斜率为 $-E_a/R$，这样就可以得到综合表观活化能 E_a。

2-58 过氧化二苯甲酰引发某单体聚合的动力学方程为：$R_p = k_p[M](fk_d/k_t)^{1/2}[I]^{1/2}$，假定各基元反应的速率常数和 f 都与转化率无关，$[M]_0 = 2 \text{ mol} \cdot \text{L}^{-1}$，$[I] = 0.01 \text{ mol} \cdot \text{L}^{-1}$，极限转化率为 10%。若保持聚合时间不变，欲将最终转化率从 10% 提高到 20%：(1) $[M]_0$ 增加或降低多少倍？(2) $[I]_0$ 增加或降低多少倍？$[I]_0$ 改变后，聚合速率和聚合度有何变化？(3) 如果热引发或光引发聚合，应该增加或降低聚合温度？E_d、E_p 和 E_t 分别为 124 kJ·mol^{-1}、32 kJ·mol^{-1} 和 8 kJ·mol^{-1}。

答 低转化率下聚合动力学方程：$R_p = k_p[M]\left(\dfrac{fk_d}{k_t}\right)^{1/2}[I]^{1/2}$，$\ln\dfrac{[M]_0}{[M]} = k_p\left(\dfrac{fk_d}{k_t}\right)^{1/2}[I]^{1/2} t$，

令 $k = k_p\left(\dfrac{fk_d}{k_t}\right)^{1/2}$，$\ln\dfrac{[M]_0}{[M]}[I]^{-1/2} = \ln\dfrac{1}{1-C}[I]^{-1/2} = kt$。

(1) 当聚合时间固定时，C 与单体初始浓度无关，故当聚合时间一定时，改变 $[M]_0$ 不改变转化率。

(2) 当其他条件一定时，改变 $[I]_0$，则有：$\ln\dfrac{1}{1-C_1}\Big/\ln\dfrac{1}{1-C_2}=[I]_{10\%}^{1/2}/[I]_{20\%}^{1/2}$，$\dfrac{[I]_{20\%}}{[I]_{10\%}}=4.51$，即引发剂浓度增加到 4.51 倍时，聚合转化率可以从 10% 增加到 20%。

由于聚合速率 $R_p\propto[I]_0^{1/2}$，故 $[I]_0$ 增加到 4.51 倍时，R_p 增加 2.12 倍。聚合度 $\overline{X_n}\propto[I]_0^{-1/2}$，故 $[I]_0$ 增加到 4.51 倍时，$\overline{X_n}$ 下降到原来的 0.471，即聚合度下降到原来的 1/2.12。

(3) 引发剂引发时，体系的总活化能为：$E=\left(E_p-\dfrac{E_t}{2}\right)+\dfrac{E_d}{2}=90\ \text{kJ}\cdot\text{mol}^{-1}$。

热引发聚合的活化能与引发剂引发的活化能相当或稍大，温度对聚合速率的影响与引发剂引发相当，要使聚合速率增大，需升高聚合温度。

光引发聚合时，反应的活化能如下：$E=E_p-\dfrac{E_t}{2}=28\ \text{kJ}\cdot\text{mol}^{-1}$，上式中无 E_d 项，聚合活化能很低，温度对聚合速率的影响很小，甚至在较低的温度下也能聚合，所以无需升高聚合温度。

2-59 用过氧化二苯甲酰作引发剂，苯乙烯聚合时各基元反应活化能为 $E_d=125.6\ \text{kJ}\cdot\text{mol}^{-1}$，$E_p=32.6\ \text{kJ}\cdot\text{mol}^{-1}$，$E_t=10\ \text{kJ}\cdot\text{mol}^{-1}$，从 50 ℃ 增至 60 ℃ 以及从 80 ℃ 增至 90 ℃，总反应速率常数和聚合度变化的情况怎样？光引发时情况又如何？

答 根据 $R_p=k_p\left(\dfrac{fk_d}{k_t}\right)^{1/2}[I]^{1/2}[M]$，聚合总速率常数 $K=k_p\left(\dfrac{k_d}{k_t}\right)^{1/2}$，则

$$E=\left(E_p-\dfrac{E_t}{2}\right)+\dfrac{E_d}{2}=\left(32.6-\dfrac{10}{2}\right)+\dfrac{125.6}{2}=90.4(\text{kJ}\cdot\text{mol}^{-1})$$

根据 Arrhenius 公式 $K=Ae^{-\frac{E}{RT}}$（$\ln e=1$），两边取对数：$\ln K=\ln A-\dfrac{E}{RT}$，两边积分：

$$\int_{K_1}^{K_2}\dfrac{dK}{K}=\int_{T_1}^{T_2}\dfrac{E}{RT^2}dT\qquad \ln K\Big|_{K_1}^{K_2}=\dfrac{E}{R}\left(-\dfrac{1}{T}\right)\Big|_{T_1}^{T_2}\qquad \ln\dfrac{K_2}{K_1}=\dfrac{E}{R}\left(\dfrac{T_2-T_1}{T_2T_1}\right)$$

$$\ln\dfrac{K_{60}}{K_{50}}=\dfrac{90.4\times1000}{8.314}\times\left(\dfrac{333-323}{333\times323}\right)\qquad \dfrac{K_{60}}{K_{50}}\approx2.748>1$$

$$\ln\dfrac{K_{90}}{K_{80}}=\dfrac{90.4\times1000}{8.314}\times\left(\dfrac{10}{353\times363}\right)\qquad \dfrac{K_{90}}{K_{80}}\approx2.236>1$$

结论：升高温度，速率常数增大。

引发剂引发时，$\nu=\dfrac{k_p}{(2fk_dk_t)^{1/2}}\dfrac{[M]}{[I]^{1/2}}$，令 $K_{90}=\left[\dfrac{k_p}{(k_dk_t)^{1/2}}\right]_{90}$，则

$$E=\left(E_p-\dfrac{E_t}{2}\right)-\dfrac{E_d}{2}=32.6-\dfrac{10}{2}-\dfrac{125.6}{2}=-35.2(\text{kJ}\cdot\text{mol}^{-1})\text{（负值）}$$

由于反应是在同一体系，故

$$\dfrac{(\overline{X_n})_{90}}{(\overline{X_n})_{80}}=\dfrac{K_{90}}{K_{80}}\qquad \ln\dfrac{K_{90}}{K_{80}}=\dfrac{-35.2\times1000}{8.314}\times\dfrac{10}{353\times363}$$

$$\dfrac{K_{90}}{K_{80}}=\dfrac{(\overline{X_n})_{90}}{(\overline{X_n})_{80}}=0.7186<1\qquad \dfrac{(\overline{X_n})_{60}}{(\overline{X_n})_{50}}=0.6746<1$$

结论：升高温度，聚合度减小。

光引发时：$\nu = \dfrac{k_p}{2 k_t^{1/2}} \dfrac{[M]}{R_i^{1/2}}$，令 $K_{90} = \left[\dfrac{k_p}{(k_t)^{1/2}}\right]_{90}$，由于反应是在同一体系，故

$$\dfrac{(\overline{X_n})_{90}}{(\overline{X_n})_{80}} = \dfrac{K_{90}}{K_{80}} \qquad E = E_p - \dfrac{E_t}{2} = 32.6 - \dfrac{10}{2} = 27.6 \text{(kJ·mol}^{-1}\text{)}$$

$$\ln \dfrac{K_{90}}{K_{80}} = \dfrac{27.6 \times 1000}{8.314} \times \dfrac{10}{353 \times 363} \qquad \dfrac{K_{90}}{K_{80}} \approx 1.3$$

$$\ln \dfrac{K_{60}}{K_{50}} = \dfrac{27.6 \times 1000}{8.314} \times \dfrac{10}{333 \times 323} \qquad \dfrac{K_{60}}{K_{50}} \approx 1.36$$

结论：升高温度，速率常数和相对分子质量均增大。

2.4.3 聚合动力学计算

2-60 以过氧化二苯甲酰为引发剂，在 60 ℃ 进行苯乙烯聚合动力学研究，数据如下：(1) 60 ℃ 苯乙烯的密度为 0.887 g·cm^{-3}；(2) 引发剂用量为单体质量的 0.109%；(3) $R_p = 0.255 \times 10^{-4}$ mol·L^{-1}·s^{-1}；(4) 聚合度 = 2460；(5) $f = 0.80$；(6) 自由基寿命 = 0.82 s。试求 k_d、k_p、k_t，建立三常数的数量级概念，比较 [M] 和 [M·] 的大小，比较 R_d、R_p、R_t 的大小。

答
$$[M] = \dfrac{0.887 \times 1000}{104} = 8.529 \text{(mol·L}^{-1}\text{)}$$

$$[I] = \dfrac{0.887 \times 1000 \times 0.109\%}{242} = 3.995 \times 10^{-3} \text{(mol·L}^{-1}\text{)}$$

$$\nu = \dfrac{R_p}{R_t} \qquad \overline{X_n} = \dfrac{\nu}{C/2 + D}$$

偶合终止：$C = 0.77$，歧化终止：$D = 0.23$。

$$\overline{X_n} = 2460 \qquad \nu = 2460 \times (0.77/2 + 0.23) = 1512.9$$

$$R_t = \dfrac{R_p}{\nu} = \dfrac{0.255 \times 10^{-4}}{1512.9} = 1.6855 \times 10^{-8} \text{(mol·L}^{-1}\text{·s}^{-1}\text{)} \qquad R_i = R_t = 1.6855 \times 10^{-8}$$

$$[M·] = R_t \tau = 1.6855 \times 10^{-8} \times 0.82 = 1.382 \times 10^{-8} \text{(mol·L}^{-1}\text{)} \qquad [M] \gg [M·]$$

$$k_d = \dfrac{R_i}{2f[I]} = \dfrac{1.6855 \times 10^{-8}}{2 \times 0.8 \times 3.995 \times 10^{-3}} = 2.64 \times 10^{-6} \text{(s}^{-1}\text{)}$$

$$k_p = \dfrac{R_p}{[M][M·]} = \dfrac{0.255 \times 10^{-4}}{8.529 \times 1.382 \times 10^{-8}} = 2.163 \times 10^2 \text{(L·mol}^{-1}\text{·s}^{-1}\text{)}$$

$$k_t = \dfrac{R_t}{2[M·]^2} = \dfrac{1.6855 \times 10^{-8}}{2 \times (1.382 \times 10^{-8})^2} = 4.41 \times 10^7 \text{(L·mol}^{-1}\text{·s}^{-1}\text{)}$$

可见，$k_t \gg k_p$，但 $[M] \gg [M·]$，故 $R_p \gg R_t$，所以可以得到高相对分子质量的聚合物。

R_d	10^{-8}	k_d	10^{-6}	[M]	8.53
R_p	10^{-5}	k_p	10^2	[M·]	1.382×10^{-8}
R_t	10^{-8}	k_t	10^7		

2-61 以 AIBN 为引发剂引发苯乙烯溶液聚合，如不改变聚合温度，同时使初期的聚合度保持不变，如何改变单体与引发剂浓度使初期聚合速率提高 1 倍？

答 设原来单体和引发剂浓度分别为 $[M]_0$ 和 $[I]_0$，改变后的单体和引发剂浓度分别为

$a[M]_0$ 和 $b[I]_0$,聚合度保持不变,则 $\dfrac{[M]_0}{[I]_0^{1/2}}=\dfrac{a[M]_0}{b^{1/2}[I]_0^{1/2}}$,得 $a=\sqrt{b}$。

初期聚合速率提高 1 倍,则 $2[I]_0^{1/2}[M]_0=b^{1/2}[I]_0^{1/2}a[M]_0$,得 $a\sqrt{b}=2$,于是 $a=\sqrt{2},b=2$。所以单体浓度增至原来的 $\sqrt{2}$ 倍,引发剂浓度增至原来的 2 倍。

2-62 单体溶液浓度为 $0.20\ \text{mol}\cdot\text{L}^{-1}$,过氧化引发剂浓度为 $4.0\times10^{-3}\ \text{mol}\cdot\text{L}^{-1}$,在 60 ℃下加热聚合。如引发剂半衰期为 44 h,引发剂效率 $f=0.80$,$k_p=145\ \text{L}\cdot\text{mol}^{-1}\cdot\text{s}^{-1}$,$k_t=7.0\times10^7\ \text{L}\cdot\text{mol}^{-1}\cdot\text{s}^{-1}$,欲达到 50% 转化率,需要多长时间?

答 方法一:假设反应转化率达 50% 时,引发剂浓度的变化极小。

$$k_d=\dfrac{\ln2}{t_{1/2}}=\dfrac{0.693}{44\times3600}=4.38\times10^{-6}(\text{s}^{-1})$$

由 $\ln\dfrac{[M]_0}{[M]}=k_p\left(\dfrac{fk_d}{k_t}\right)^{1/2}[I]^{1/2}t$ 得

$$t=\dfrac{\ln\dfrac{[M]_0}{[M]}}{k_p\left(\dfrac{fk_d}{k_t}\right)^{1/2}[I]^{1/2}}=\dfrac{\ln\dfrac{0.2}{0.2\times50\%}}{145\times\left(\dfrac{0.80\times4.38\times10^{-6}}{7.0\times10^7}\right)^{1/2}\times4.0\times10^{-3}}=3.38\times10^5(\text{s})\approx94(\text{h})$$

方法二:反应转化率达 50% 时,引发剂浓度发生了显著的变化。

$$k_d=\dfrac{\ln2}{t_{1/2}}=\dfrac{0.693}{44\times3600}=4.38\times10^{-6}(\text{s}^{-1})\qquad [I]=[I]_0\exp(-k_dt)$$

$$-R_p=\dfrac{d[M]}{dt}=-k_p\left(\dfrac{fk_d}{k_t}\right)^{1/2}[I]_0^{1/2}\exp\left(-\dfrac{k_dt}{2}\right)[M]$$

$$\dfrac{d[M]}{[M]}=-k_p\left(\dfrac{fk_d}{k_t}\right)^{1/2}[I]_0^{1/2}\exp\left(-\dfrac{k_dt}{2}\right)dt$$

代入数据并化简得

$$\dfrac{d[M]}{[M]}=-2.05\times10^{-6}\exp(-2.19\times10^{-6}t)dt$$

两边同时定积分可得

$$\int_{[M]_0}^{[M]}d\ln[M]=\int_0^t\dfrac{-2.05\times10^{-6}}{-2.19\times10^{-6}}d[\exp(-2.19\times10^{-6}t)]$$

$$\ln\dfrac{[M]}{[M]_0}=\dfrac{2.05}{2.19}[\exp(-2.19\times10^{-6}t)-\exp0]$$

$$\ln\dfrac{0.2\times50\%}{0.2}=\dfrac{2.05}{2.19}\exp(-2.19\times10^{-6}t)-\dfrac{2.05}{2.19}$$

则 $t=172\ \text{h}$。

结论:无论用哪种方法计算,结果都表明反应转化率达 50% 时,引发剂浓度已经发生了显著的变化,所以采用方法二计算反应转化率达 50% 时所需的反应时间更合理。

典型错误:先求出聚合速率 R_p,再用消耗单体浓度的一半($0.5[M]$)除以聚合速率 R_p 而得出时间 t。

错误所在:认为聚合速率 R_p 随反应的进行并没有发生变化。事实上,聚合速率 R_p 是随单体和引发剂浓度的变化而变化的。

2-63 自由基聚合动力学方程为:$R_p=k_p\left(\dfrac{fk_d}{k_t}\right)^{1/2}[I]^{1/2}[M]$,在某一引发剂起始浓度、单

体浓度和反应时间下的转化率如下：

实验	T/℃	[M]/(mol·L^{-1})	[I]×10^{-3}/(mol·L^{-1})	聚合时间/min	转化率/%
1	60	1.00	2.5	500	50
2	80	0.50	1.0	700	75
3	60	0.80	1.0	600	40
4	60	0.25	10.0	?	50

试计算实验 4 达到 50% 转化率时所需的时间和总活化能。

答 先按实验 1 求 $A = k_p \left(\dfrac{fk_d}{k_t}\right)^{1/2}$，再按实验 4 求聚合时间，因为实验 1 和实验 4 的反应温度相同，故 k 值相同，f 值也相同。因为 $R_p = -\int_{[M]_1}^{[M]_2} \dfrac{d[M]}{[M]} = A[I]^{1/2} t$，所以 $-\int_1^{1 \times \frac{1}{2}} \dfrac{d[M]}{[M]} = A[I]^{1/2} t$，则

$$\ln[M]\big|_{0.5}^{1} = t\sqrt{0.0025A} = 500 \times 60 \times 0.05A \qquad A = \dfrac{13.86}{500 \times 60} = 4.62 \times 10^{-4}$$

因为实验 4 的反应温度与实验 1 相同，故 A 相同，可计算如下：

$$\ln[M]\big|_{0.25/2}^{0.25} = t[I]^{\frac{1}{2}} A = t\sqrt{0.01A} \qquad t = \dfrac{6.93}{A} = \dfrac{6.93}{4.62 \times 10^{-4}} = 250 \text{(min)}$$

2-64 乙烯在 130 ℃ 和 152 MPa 用不同浓度的偶氮化合物引发聚合，同时通过旋转光屏法测平均寿命。其部分结果如下：

实验编号	$R_p \times 10^4$/(mol·L^{-1}·s^{-1})	$\bar{\tau}$/s	$R_i \times 10^9$/(mol·L^{-1}·s^{-1})
5	3.40	0.73	2.35
6	2.24	0.93	1.59
8	6.50	0.32	12.75
12	5.48	0.50	5.00
13	7.59	0.29	0.29

由上述数据可算出 k_t 平均值为 3.89×10^8 L·mol^{-1}·s^{-1}，k_p 平均值为 1.2×10^4 L·mol^{-1}·s^{-1}。求各实验编号中用的单体浓度 [M]。

答 由平均寿命 $\bar{\tau} = \dfrac{k_p[M]}{2k_t R_p}$，得 $[M] = \dfrac{2k_t R_p \bar{\tau}}{k_p}$，代入数据即可求出各实验编号中用的单体浓度 [M]。

2.4.4 自动加速现象

2-65 什么是自动加速现象？产生的原因是什么？对聚合反应及聚合物会产生什么影响？

答 当自由基聚合进入中期后，随着转化率增加，聚合速率自动加快，这一现象称为自动加速现象。聚合反应体系黏度随转化率的升高而升高是产生自动加速过程的根本原因。其产生和发展的过程如下：黏度升高导致大分子链端自由基被非活性的分子链包围甚至包裹，自由基之间的双基终止变得困难，体系中自由基的消耗速率减小而产生速率却变化不大，最终导致自由基浓度迅速升高。其结果是聚合反应速率迅速增大，体系温度升高。这一结果又反馈回来使引发剂分解速率加快，导致自由基浓度进一步升高，从而使聚合速率不可控制地加快。

自动加速过程产生的结果：①导致相对分子质量和分散度都升高，有可能严重影响产品质

量。②导致聚合反应速率迅速增加，体系温度迅速升高，甚至产生局部过热，并最终导致爆聚和喷料等事故。

2-66 试比较苯乙烯、甲基丙烯酸甲酯和氯乙烯（或丙烯腈）三种单体分别进行本体聚合产生自动加速的早晚及程度。

答 苯乙烯、甲基丙烯酸甲酯和氯乙烯（或丙烯腈）三种单体分别是各自聚合物的良溶剂、不良溶剂和非溶剂（后者即为沉淀聚合），三个聚合物体系的黏度递增。由于黏度是造成出现自动加速现象的直接原因，因此苯乙烯出现自动加速现象较晚，程度较轻；甲基丙烯酸甲酯出现自动加速现象居中，程度居中；氯乙烯（或丙烯腈）出现自动加速现象早，程度重。

2-67 已知在苯乙烯单体中加入少量乙醇进行聚合时，所得聚苯乙烯的相对分子质量比一般本体聚合低。但当乙醇量增加到一定程度后，所得到的聚苯乙烯的相对分子质量比相应条件下本体聚合的高，试解释。

答 加少量乙醇时，聚合反应还是均相的，乙醇的链转移作用会使相对分子质量下降。当乙醇量增加到一定程度后，聚合反应在不良溶剂或非溶剂中进行，出现明显的自动加速现象，从而造成产物的相对分子质量反而比本体聚合的高。

2.5 聚合度和链转移反应

2.5.1 无链转移的聚合度

2-68 什么是动力学链长？列出引发剂引发时动力学链长的表达式。解释引发剂浓度越高，产物聚合度越低的原因。

答 动力学链长（ν）是指活性中心（自由基）从产生到消失所消耗的单体数目，即在稳态、无链转移反应时，ν 等于链增长速率与链终止速率（或引发）之比。

当引发剂引发时，$\nu = \dfrac{k_p}{2(fk_dk_t)^{1/2}} \dfrac{[M]}{[I]^{1/2}}$。可见，在低转化率时的自由基聚合中，[I] 与 ν 成倒数关系，增加引发剂浓度来提高聚合速率的措施往往使产物相对分子质量降低。

2-69 动力学链长与平均聚合度有什么关系？链转移反应对它有什么影响？

答 对于无链转移的聚合反应，单基终止或双基终止中的歧化终止，平均聚合度就是动力学链长；双基终止中的偶合终止，平均聚合度是动力学链长的两倍。

对于有链转移的聚合反应，向单体、溶剂和（或）引发剂链转移都使动力学链长（平均聚合度）减少，而向聚合物转移则使动力学链长增加。

2-70 苯乙烯在过氧化二苯甲酰的引发下，按下列三种条件进行本体聚合。当反应进行到一定时间，同时取样分析产物的相对分子质量及单体转化率。试定性地比较三种产物相对分子质量和转化率的大小。

编号	1	2	3
单体分数	100	100	100
引发剂分数	0.1	0.15	0.2
反应温度/℃	50	60	70

答 1号产物的相对分子质量较大，但转化率较小；3号产物的转化率较大，但相对分子质量较小。

2-71 乙酸乙烯酯在 60 ℃下本体聚合，采用偶氮二异丁腈为引发剂。$[I] = 0.206 \times$

10^{-3} mol·L^{-1},$f=0.8$,并假定无链转移反应,全部歧化终止。求聚合产物的聚合度。可采用以下数据:$k_d=1.16\times10^{-5}$ s^{-1},$k_p=3.7\times10^3$ L·mol^{-1}·s^{-1},$k_t=7.4\times10^7$ L·mol^{-1}·s^{-1},[M]=10.86 mol·L^{-1}。

答 动力学链长 $\nu=\dfrac{k_p}{2(fk_dk_t)^{1/2}}\dfrac{[M]}{[I]^{1/2}}$。代入数据,求得 $\nu=5.3\times10^4$。无链转移,且全部歧化终止时,$\overline{X_n}=\nu=5.3\times10^4$。

2-72 苯乙烯在 60 ℃ 下,AIBN 存在下引发聚合,测得 $R_p=0.255\times10^{-4}$ mol^{-1}·L^{-1}·s^{-1},$\overline{X_n}=2460$,偶合终止,忽略向单体链转移,求:(1) 动力学链长 ν;(2) 引发速率 R_i。

答 (1) $\overline{X_n}=2\nu$ $\nu=\dfrac{\overline{X_n}}{2}=1230$

(2) $\nu=\dfrac{R_p}{R_i}$ $R_i=\dfrac{R_p}{\nu}=\dfrac{0.255\times10^{-4}}{1230}\approx2.07\times10^{-8}$ (mol·L^{-1}·s^{-1})

2-73 以 BPO 为引发剂,在 60 ℃ 下进行苯乙烯聚合动力学研究,数据如下:[M]=8.53 mol·L^{-1},[I]=4.0$\times10^{-3}$ mol·L^{-1},$f=0.80$,$k_d=3.27\times10^{-6}$ s^{-1},$k_p=1.76\times10^2$ L·mol^{-1}·s^{-1},$k_t=3.58\times10^7$ L·mol^{-1}·s^{-1},试求 R_i、R_p、R_t 及平均聚合度和自由基寿命。

答 $R_i=2fk_d[I]=2\times0.8\times3.27\times10^{-6}\times4\times10^{-3}=2.09\times10^{-8}$ (mol·L^{-1}·s^{-1})

$$R_p=k_p\left(\dfrac{fk_d}{k_t}\right)^{1/2}[I]^{1/2}[M]$$

$$=1.76\times10^2\times\left(\dfrac{0.8\times3.27\times10^{-6}}{3.58\times10^7}\right)^{1/2}\times(4\times10^{-3})^{1/2}\times8.53$$

$$=2.56\times10^{-5} (\text{mol}^{-1}\cdot\text{L}\cdot\text{s}^{-1})$$

$$R_t=R_i=2.09\times10^{-8} \text{mol}\cdot\text{L}^{-1}\cdot\text{s}^{-1}$$

$$\overline{X_n}=2\nu=2\times\dfrac{k_p^2[M]^2}{2k_tR_p}=\dfrac{2\times(1.76\times10^2)^2\times8.53^2}{2\times3.58\times10^7\times2.56\times10^{-5}}=2.46\times10^3$$

$$\tau=\dfrac{k_p[M]}{2k_tR_p}=\dfrac{1.76\times10^2\times8.53}{2\times3.58\times10^7\times2.56\times10^{-5}}=0.82 (\text{s})$$

2-74 苯乙烯在 60 ℃ 以过氧化二苯甲酰引发聚合:单体浓度[M]=8.35 mol·L^{-1},引发剂浓度[I]=0.01 mol·L^{-1},引发效率 $f=0.66$,引发剂分解速率常数 $k_d=2.25\times10^{-6}$ s^{-1},链增长速率常数 $k_p=176$ L·mol^{-1}·s^{-1},链终止速率常数 $k_t=3.6\times10^7$ L·mol^{-1}·s^{-1}。在不考虑链转移的情况下,计算自由基寿命(τ)、动力学链长(ν)和聚合物平均相对分子质量($\overline{M_n}$)。

答 $R_p=k_p\left(\dfrac{fk_d}{k_t}\right)^{1/2}[I]^{1/2}[M]$

$$=176\times\left(\dfrac{0.66\times2.25\times10^{-6}}{3.6\times10^7}\right)^{1/2}\times(0.01)^{1/2}\times8.35$$

$$=2.98\times10^{-5} (\text{mol}\cdot\text{L}^{-1}\cdot\text{s}^{-1})$$

$$\tau=\dfrac{k_p[M]}{2k_tR_p}=\dfrac{176\times8.35}{2\times3.6\times10^7\times2.98\times10^{-5}}=0.69 (\text{s})$$

$$\nu=\dfrac{k_p}{2(fk_dk_t)^{1/2}}\dfrac{[M]}{[I]^{1/2}}=\dfrac{176\times8.35}{2\times(0.66\times2.25\times10^{-6}\times3.6\times10^7\times0.01)^{1/2}}=1.01\times10^3$$

也可以用另一个公式:

$$\nu = \frac{k_p^2[M]^2}{2k_t R_p} = \frac{176^2 \times 8.35^2}{2 \times 3.6 \times 10^7 \times 2.98 \times 10^{-5}} = 1.01 \times 10^3$$

聚苯乙烯按偶合终止算

$$\overline{X_n} = 2\nu = 2 \times 1.01 \times 10^3 = 2.02 \times 10^3 \qquad \overline{M_n} = 2.02 \times 10^3 \times 104 = 2.10 \times 10^5$$

2-75 以 BPO 为引发剂，60 ℃下苯乙烯在苯中聚合，已知苯乙烯的浓度为 400 mol·L^{-1}，BPO 浓度为 5×10^{-4} mol·L^{-1}，$k_p = 1.76 \times 10^2$ L·mol^{-1}·s^{-1}，$k_d = 3.24 \times 10^{-6}$ s^{-1}，$k_t = 3.58 \times 10^7$ L·mol^{-1}·s^{-1}，$f = 0.70$，求：(1) 引发速率和聚合反应速率；(2) 动力学链长。

答 (1) 引发速率

$$R_i = 2fk_d[I] = 2 \times 0.70 \times 3.24 \times 10^{-6} \times 5 \times 10^{-4} = 2.268 \times 10^{-9} (\text{mol}\cdot\text{L}^{-1}\cdot\text{s}^{-1})$$

聚合反应速率

$$R_p = k_p \left(\frac{fk_d}{k_t}\right)^{1/2} [I]^{1/2}[M]$$

$$= 1.76 \times 10^2 \times \left(\frac{0.70 \times 3.24 \times 10^{-6}}{3.58 \times 10^7}\right)^{1/2} \times (5 \times 10^{-4})^{1/2} \times 400$$

$$= 3.96 \times 10^{-4} (\text{mol}\cdot\text{L}^{-1}\cdot\text{s}^{-1})$$

(2) 动力学链长

$$\nu = \frac{k_p}{2(fk_dk_t)^{1/2}} \frac{[M]}{[I]^{1/2}}$$

$$= \frac{1.76 \times 10^2}{2 \times (0.70 \times 3.24 \times 10^{-6} \times 3.58 \times 10^7)^{1/2}} \times \frac{400}{(5 \times 10^{-4})^{1/2}}$$

$$= 1.74 \times 10^5$$

2-76 在苯乙烯聚合反应中，$k_p = 145$ L·mol^{-1}·s^{-1}，$k_t = 2.9 \times 10^7$ L·mol^{-1}·s^{-1}，苯乙烯密度为 0.8 g·cm^{-3}，用 BPO 为引发剂，在聚合反应温度下半衰期为 44 h，用量为苯乙烯的 0.5%（质量分数），设引发效率为 0.5，求聚苯乙烯的数均相对分子质量。

答 根据已知条件，可以计算得

$$k_d = \frac{\ln 2}{t_{1/2}} = \frac{\ln 2}{44 \times 3600} = 4.4 \times 10^{-6} (\text{s}^{-1}) \qquad [M] = \frac{0.8 \times 1000}{104} = 7.7 (\text{mol}\cdot\text{L}^{-1})$$

$$[I] = \frac{0.8 \times 1000 \times 0.5\%}{242} = 1.6 \times 10^{-2} (\text{mol}\cdot\text{L}^{-1})$$

$$R_p = k_p \left(\frac{fk_d}{k_t}\right)^{1/2} [M][I]^{1/2}$$

$$= 145 \times \left(\frac{0.5 \times 4.4 \times 10^{-6}}{2.9 \times 10^7}\right)^{1/2} \times 7.7 \times (1.6 \times 10^{-2})^{1/2}$$

$$= 3.9 \times 10^{-3} (\text{mol}\cdot\text{L}^{-1}\cdot\text{s}^{-1})$$

$$\nu = \frac{k_p^2[M]^2}{2k_t R_p} = \frac{145^2 \times 7.7^2}{2 \times 2.9 \times 10^7 \times 3.9 \times 10^{-3}} = 5.5$$

已知苯乙烯聚合时的终止方式以双基偶合终止为主，则其相对分子质量为

$$\overline{M_n} = 2\nu M_0 = 2 \times 5.5 \times 104 = 1.1 \times 10^3$$

2-77 甲基丙烯酸甲酯在 60 ℃以偶氮二异丁腈为引发剂进行本体聚合，已知歧化终止占动力学终止的 90%。$k_d = 1.16 \times 10^{-5}$ s^{-1}，$k_p = 3700$ L·mol^{-1}·s^{-1}，$k_t = 7.4 \times 10^7$ L·mol^{-1}·s^{-1}，引发效率为 1.0，单体浓度为 10.86 mol·L^{-1}，引发剂浓度为 0.206×10^{-3} mol·L^{-1}。(1) 若忽略链转移，其聚合速率是多少？在哪些前提下才能使用该聚合反应速率公式？(2) 求所得

聚合物的数均聚合度。

答 （1）三个假设：等活性、稳态、聚合度很大。四个条件：无链转移，双基终止，引发剂引发，聚合初期。

$$R_p = k_p \left(\frac{fk_d}{k_t}\right)^{1/2} [I]^{1/2} [M]$$
$$= 3700 \times \left(\frac{1.0 \times 1.16 \times 10^{-5}}{7.4 \times 10^7}\right)^{1/2} \times (0.206 \times 10^{-3})^{1/2} \times 10.86$$
$$= 2.283 \times 10^{-4} (\text{mol} \cdot \text{L}^{-1} \cdot \text{s}^{-1})$$

(2) $\nu = \dfrac{R_p}{R_t} = \dfrac{k_p[M][M\cdot]}{2k_t[M\cdot]^2} = \dfrac{k_p[M]}{2k_t[M\cdot]} = \dfrac{k_p^2[M]^2}{2k_t}\dfrac{1}{R_p} = \dfrac{k_p}{2(fk_dk_t)^{1/2}}\dfrac{[M]}{[I]^{1/2}} = 4.78 \times 10^4$

$$(\overline{X_n})_0 = \frac{\nu}{\dfrac{C}{2}+D} = \frac{4.78 \times 10^4}{\dfrac{0.1}{2}+0.9} = 5.03 \times 10^4$$

2.5.2 考虑链转移的聚合度

2-78 "自由基聚合时，动力学链长等于其平均聚合度 $\overline{X_n}$，链转移后，分子链终止了，动力学链也终止了。"以上说法是否正确？为什么？

答 不正确。自由基聚合时，动力学链长等于每个活性种从引发阶段到终止阶段所消耗的单体分子数。当链转移后，若新自由基能引发链增长，这时分子链终止了，但动力学链没有终止。

2-79 什么是链转移反应？有几种形式？对聚合速率和相对分子质量有何影响？什么是链转移常数？与链转移速率常数有什么关系？

答 链自由基夺取体系中某些分子的氢或其他原子，使原来的自由基链增长反应终止，形成新的自由基。这种反应称为链转移反应。

链转移反应主要有四种形式：向单体转移、向引发剂转移、向溶剂转移和向大分子链转移。对聚合速率的影响可分为两种情况：再引发速率大时，对聚合速率没有影响；再引发速率小时，聚合速率变小。前三种链转移的结果是聚合度和相对分子质量降低，向大分子链转移结果是聚合度分散度增加。

链转移常数是链转移速率常数与链增长速率常数之比，代表着两种反应的竞争能力。

2-80 将十二烷基硫醇加入苯乙烯中，聚苯乙烯聚合度下降，但聚合速率却基本没有改变，请解释原因。

答 自由基向十二烷基硫醇转移后，再引发速率较大，所以对聚合速率没有影响。

2-81 什么是调聚反应？

答 当聚合反应体系满足条件 $k_p \ll k_{tr}$，$k_d \approx k_p$ 时，聚合速率不变，但聚合物相对分子质量较小，只能获得低聚物，这种聚合反应称为调聚反应。

2-82 向大分子链转移反应发生在聚合反应的哪个阶段？转移的结果是什么？

答 向大分子链转移反应往往发生于聚合反应的中后期。转移的结果是在大分子主链上形成活性中心并开始链增长，最后生成支链甚至交联。向大分子链转移不改变聚合反应速率，但向大分子链转移产生支链的结果是使自由基型聚合物的分散度大大提高。

2-83 活泼单体苯乙烯和不活泼单体乙酸乙烯酯分别在苯和异丙苯中进行其他条件完全相同的自由基溶液聚合，试从单体、溶剂和自由基的活性比较合成的四种聚合物的相对分子质量大小，并简要解释原因。

答 按照"活泼单体产生的自由基不活泼,不活泼单体产生的自由基活泼"和"涉及自由基的反应(本题涉及链转移反应)中自由基的活性均起决定性作用"两条规律,以及"链转移反应均使相对分子质量降低"的原则,并且异丙苯的链转移常数比苯的链转移常数大,可以得出:由于苯乙烯自由基不活泼,而乙酸乙烯酯自由基活泼,所以:①苯乙烯在苯中聚合得到的聚合物相对分子质量最大。②苯乙烯在异丙苯中聚合得到的聚合物相对分子质量次之。③乙酸乙烯酯在苯中聚合得到的聚合物相对分子质量再次之。④乙酸乙烯酯在异丙苯中聚合得到的聚合物相对分子质量最小。

2-84 乙酸乙烯在 60 ℃下,以偶氮二异丁腈为引发剂进行本体聚合。其动力学数据如下: $k_d = 2.64 \times 10^{-6} \text{ s}^{-1}$, $k_p = 3700 \text{ L} \cdot \text{mol}^{-1} \cdot \text{s}^{-1}$, $k_t = 7.4 \times 10^7 \text{ L} \cdot \text{mol}^{-1} \cdot \text{s}^{-1}$, $[M] = 10.86 \text{ mol} \cdot \text{L}^{-1}$, $[I] = 0.206 \times 10^{-3} \text{ mol} \cdot \text{L}^{-1}$, $C_M = 1.91 \times 10^{-4}$,双基偶合中止占双基终止的 90%,试求出聚乙酸乙烯的数均聚合度。

$$\frac{1}{\nu} = \frac{2(fk_d k_t)^{1/2}}{k_p} \frac{[I]^{1/2}}{[M]} + C_M = \frac{2 \times (1 \times 2.64 \times 10^{-6} \times 7.4 \times 10^7 \times 0.206 \times 10^{-3})^{1/2}}{3700 \times 10.86} + 1.91 \times 10^{-4}$$

即 $\nu = 4975$。所以

$$\overline{X_n} = \frac{\nu}{C/2 + D} = \frac{4975}{0.9/2 + 0.1} = 9045$$

2-85 氯乙烯以 AIBN 为引发剂在 50 ℃进行悬浮聚合,该温度下引发剂半衰期 $t_{1/2} = 74 \text{ h}$,引发剂浓度为 $0.01 \text{ mol} \cdot \text{L}^{-1}$,引发效率 $f = 0.75$,从理论上计算:(1) 反应 10 h 引发剂残留浓度;(2) 初期生成聚氯乙烯的聚合度。从计算中得到什么启示?

答 (1) $[I]/[I_0] = \exp(-k_d t) = \exp\left(-\frac{0.693}{t_{1/2}} \times t\right) = \exp\left(-\frac{0.693}{74} \times 10\right) = 0.91$

$[I] = 0.91[I_0] = 0.91 \times 0.01 = 9.1 \times 10^{-3} \text{ (mol} \cdot \text{L}^{-1})$

(2) 计算时根据需要,可采用下列数据及条件: $k_p = 12\,300 \text{ L} \cdot \text{mol}^{-1} \cdot \text{s}^{-1}$, $k_t = 21 \times 10^9 \text{ L} \cdot \text{mol}^{-1} \cdot \text{s}^{-1}$, $t_{1/2} = 0.693/k_d$, 50 ℃氯乙烯密度为 $0.859 \text{ g} \cdot \text{cm}^{-3}$, 50 ℃下向单体链转移常数 $C_M = 1.35 \times 10^{-3}$,设双基终止为偶合终止。

$$[M] = \frac{0.859 \times 1000}{62.5} = 13.7 \text{ (mol} \cdot \text{L}^{-1})$$

代入 $\frac{1}{X_n}$ 表达式

$$\frac{1}{\overline{X_n}} = \frac{2 \times (fk_d k_t)^{1/2}}{k_p} \frac{[I]^{1/2}}{[M]} + C_M$$

$$= \frac{2 \times \left(0.75 \times \frac{0.693}{74 \times 3600} \times 21 \times 10^9\right)^{1/2}}{12\,300} \times \frac{0.01^{1/2}}{13.7} + 1.35 \times 10^{-3}$$

$$= 2 \times 1.20 \times 10^{-4} + 1.35 \times 10^{-3} = 1.59 \times 10^{-3}$$

$$\overline{X_n} = 629$$

从计算中可以看出:①应选取引发剂的半衰期 $t_{1/2}$ 至少与聚合时间在同一数量级,否则,若引发剂的半衰期大于聚合时间,引发剂残留分数较大。②聚合反应链终止时以向单体链转移为主,向单体链转移终止占全部链终止的 $\frac{1.35 \times 10^{-3}}{1.59 \times 10^{-3}} \times 100\%$,即 85%。

2-86 苯乙烯在 60 ℃以苯作溶剂,过氧化二苯甲酰为引发剂进行聚合时,当只有双基歧化终止,无链转移的情况下,单体浓度[M]=6.0 mol·L^{-1},其聚合物初期平均聚合度$\overline{X}_n$=2000。当加入浓度为0.1 mol·L^{-1}的CCl$_4$链转移剂(C_S为9.0×10^{-3}),在同样单体浓度下,则此时聚合物初期平均聚合度应是多少?

答 $\dfrac{1}{\overline{X}_n}=\dfrac{1}{(\overline{X}_n)_0}+C_S\dfrac{[S]}{[M]}=\dfrac{1}{2000}+9.0\times10^{-3}\times\dfrac{0.1}{6.0}$ $\overline{X}_n=1538$

2-87 用过氧化二苯甲酰作引发剂,苯乙烯在60 ℃进行本体聚合,则引发、向引发剂转移、向单体转移三部分在聚合度倒数中各占多少百分数? 对聚合度各有什么影响? 计算时采用下列数据:[I]=0.04 mol·L^{-1},f=0.8,k_d=2.0×10^{-6} s^{-1},k_p=176 L·mol^{-1}·s^{-1},k_t=3.6×10^7 L·mol^{-1}·s^{-1},ρ(60 ℃)=0.887 g·cm^{-3},C_I=0.05,C_M=0.85×10^{-4}。

答 根据
$$\dfrac{1}{\overline{X}_n}=\dfrac{1}{(\overline{X}_n)_0}+C_M+C_I\dfrac{[I]}{[M]}+C_S\dfrac{[S]}{[M]}$$

因为是本体聚合,无溶剂,故无$C_S\dfrac{[S]}{[M]}$项;又因为苯乙烯为偶合终止,故$(\overline{X}_n)_0=2\nu$。

在引发效率不高时,R_i与[M]有关,而苯乙烯为活泼单体,能迅速与引发剂作用,因此引发效率较高,故选$R_i=2fk_d[I]$,而不选$R_i=2fk_d[I][M]$。

稳态处理:$R_i=R_t$,将$R_i=2fk_d[I]$代入得
$$[M\cdot]=\left(\dfrac{R_i}{2k_t}\right)^{1/2}=\left(\dfrac{2fk_d[I]}{2k_t}\right)^{1/2}=4.22\times10^{-8}\text{ mol}\cdot\text{L}^{-1}$$

已知$[M]=\dfrac{887}{104}=8.53$(mol·L^{-1}),则
$$\nu=\dfrac{R_p}{R_i}=\dfrac{R_p}{R_t}=\dfrac{k_p[M][M\cdot]}{2k_t[M\cdot]^2}=\dfrac{k_p[M]}{2k_t[M\cdot]}=\dfrac{176\times8.53}{2\times3.6\times10^7\times4.22\times10^{-8}}=494$$

$$\dfrac{1}{(\overline{X}_n)_0}=\dfrac{1}{2\times494}=\dfrac{1}{988}=1.01\times10^{-3}$$

$$\dfrac{1}{\overline{X}_n}=1.01\times10^{-3}+0.85\times10^{-4}+0.05+\dfrac{0.04}{8.53}=13.29\times10^{-4}$$

引发剂引发在聚合度倒数中占百分数:$\dfrac{1.01\times10^{-3}}{13.29\times10^{-4}}=76\%$;

向引发剂转移在聚合度倒数中占百分数:$\dfrac{2.34\times10^{-4}}{13.29\times10^{-4}}=17.6\%$;

向单体转移在聚合度倒数中占百分数:$\dfrac{0.85\times10^{-4}}{13.29\times10^{-4}}=6.4\%$。

2-88 在苯溶液中用偶氮二异丁腈引发浓度为1 mol·L^{-1}的苯乙烯聚合,测得聚合初期引发速率为4.0×10^{-11} mol·L^{-1}·s^{-1},聚合反应速率为1.5×10^{-7} mol·L^{-1}·s^{-1}。若全部为偶合终止:(1) 试求数均聚合度(向单体、引发剂、溶剂苯、高分子的链转移反应可以忽略);(2) 从实用考虑,上述得到的聚苯乙烯相对分子质量太高,欲将数均相对分子质量降低为83 200,则链转移剂正丁硫醇(C_S=21)应加入的浓度为多少?

答 (1) 数均聚合度:
$$\overline{X}_n=2\nu=2\dfrac{R_p}{R_i}=2\times\dfrac{1.5\times10^{-7}}{4.0\times10^{-11}}=7.5\times10^3$$

(2) 由 $\dfrac{1}{X_n'} = \dfrac{1}{X_n} + C_S\dfrac{[S]}{[M]}$,得

$$[S] = \dfrac{[M]}{C_S}\left(\dfrac{1}{X_n'} - \dfrac{1}{X_n}\right) = \dfrac{1}{21} \times \left(\dfrac{1}{83\,200/104} - \dfrac{1}{7.5 \times 10^3}\right) = 5.3 \times 10^{-5}\,(\text{mol} \cdot \text{L}^{-1})$$

即正丁硫醇的浓度应为 $5.3 \times 10^{-5}\,\text{mol} \cdot \text{L}^{-1}$。

2-89 以过氧化二特丁基为引发剂,在 60 ℃下研究苯乙烯本体聚合。苯乙烯溶液浓度为 $1.0\,\text{mol} \cdot \text{L}^{-1}$,过氧化物浓度为 $0.01\,\text{mol} \cdot \text{L}^{-1}$,引发和聚合的初速分别为 $4.0 \times 10^{-11}\,\text{mol} \cdot \text{L}^{-1} \cdot \text{s}^{-1}$ 和 $1.5 \times 10^{-7}\,\text{mol} \cdot \text{L}^{-1} \cdot \text{s}^{-1}$。(1) 试计算 fk_d、初期聚合度、初期动力学链长;(2) 若要获得相对分子质量为 85 000 的聚苯乙烯,需加入多少 n-丁硫醇($C_S' = 21$)?计算时采用下列数据和条件:$C_M = 8.0 \times 10^{-5}$,$C_I = 3.2 \times 10^{-4}$,$C_S = 2.3 \times 10^{-6}$,60 ℃下苯乙烯的密度为 $0.887\,\text{g} \cdot \text{mL}^{-1}$,60 ℃下苯的密度为 $0.839\,\text{g} \cdot \text{mL}^{-1}$,设苯乙烯-苯体系为理想溶液。$n$-丁硫醇的相对分子质量为 90。

答 (1) 苯乙烯为活泼单体,故其引发速率与单体浓度无关,即 $R_i = 2fk_d[I]$

$$fk_d = \dfrac{R_i}{2[I]} = \dfrac{4.0 \times 10^{-11}}{2 \times 0.01} = 2 \times 10^{-9} \qquad \nu = \dfrac{R_p}{R_i} = \dfrac{1.5 \times 10^{-7}}{4.0 \times 10^{-11}} = 3750$$

$$\dfrac{1}{\overline{X}_n} = \dfrac{2k_t R_p}{k_p^2 [M]^2} + C_M + C_I\dfrac{[I]}{[M]} + C_S\dfrac{[S]}{[M]} = \dfrac{1}{(\overline{X}_n)_0} + C_M + C_I\dfrac{[I]}{[M]} + C_S\dfrac{[S]}{[M]}$$

式中,$\overline{X}_n$ 为有链转移时的聚合度,$(\overline{X}_n)_0$ 为无链转移时的聚合度。

60 ℃时苯乙烯为偶合终止,$\dfrac{1}{(\overline{X}_n)_0} = \dfrac{1}{2\nu}$,则

$$\dfrac{1}{\overline{X}_n} = \dfrac{1}{2\nu} + C_M + C_I\dfrac{[I]}{[M]} + C_S\dfrac{[S]}{[M]}$$

$$= \dfrac{1}{7500} + 8.0 \times 10^{-5} + 3.2 \times 10^{-4} \times \dfrac{0.01}{1.0} + 2.3 \times 10^{-6} \times \dfrac{[S]}{1.0}$$

设总容积为 1 L,则

$$[S] = \left(1 - \dfrac{1.0 \times 10^4}{0.887 \times 10^3}\right) \times \dfrac{0.839 \times 10^3}{78} \approx 9.5\,(\text{mol} \cdot \text{L}^{-1})$$

将 [S] 代入上式,解得 $\overline{X}_n \approx 4195$。

(2) $\qquad \dfrac{1}{\overline{X}_n'} = \dfrac{1}{\overline{X}_n} + C_S'\dfrac{[S']}{[M']} \qquad \dfrac{1}{\dfrac{8.5 \times 10^4}{10^4}} = \dfrac{1}{4195} + 21 \times \dfrac{[S']}{1.0}$

$$[S'] = 4.7 \times 10^{-5}\,\text{mol} \cdot \text{L}^{-1} = 4.23 \times 10^{-3}\,\text{g} \cdot \text{L}^{-1}$$

2-90 在 1000 mL 甲基丙烯酸甲酯中加入 0.242 g 过氧化二苯甲酰,于 60 ℃下聚合,反应 1.5 h 得聚合物 30 g,测得其数均相对分子质量为 831 500,已知 60 ℃过氧化二苯甲酰的半衰期为 48 h,引发效率 $f = 0.8$,$C_I = 0.02$,$C_M = 0.1 \times 10^{-4}$,甲基丙烯酸甲酯的密度为 $0.93\,\text{g} \cdot \text{cm}^{-3}$。过氧化二苯甲酰相对分子质量为 242。计算:(1) 甲基丙烯酸甲酯在 60 ℃下的 k_p^2/k_t 值;(2) 动力学链长 ν;(3) 歧化终止和偶合终止所占的比例。

答 (1) 甲基丙烯酸甲酯的浓度

$$[M] = \dfrac{0.93}{100} \times 1000 = 9.3\,(\text{mol} \cdot \text{L}^{-1})$$

因为 $t_{1/2} = \dfrac{0.693}{k_d}$,所以

$$k_d = \frac{0.693}{t_{1/2}} = \frac{0.693}{48 \times 3600} = 4.01 \times 10^{-6} \,(\text{s}^{-1})$$

$$[I] = \frac{0.242/242}{1000} = 1.00 \times 10^{-3} \,(\text{mol} \cdot \text{L}^{-1})$$

又因为 $R_i = 2fk_d[I]$,所以

$$R_i = 2 \times 0.8 \times 4.01 \times 10^{-6} \times 1.00 \times 10^{-3} = 6.42 \times 10^{-9} \,(\text{mol} \cdot \text{L}^{-1} \cdot \text{s}^{-1})$$

稳态时

$$R_i = R_t = 2k_t[\text{M}\cdot]^2 = 6.42 \times 10^{-9} \,\text{mol} \cdot \text{L}^{-1} \cdot \text{s}^{-1} \quad R_p = -\frac{d[\text{M}]}{dt} = k_p[\text{M}\cdot][\text{M}]$$

$$-\int_{[\text{M}]_0}^{[\text{M}]} \frac{d[\text{M}]}{[\text{M}]} = k_p[\text{M}\cdot] \int_0^{1.5 \times 3600} dt \quad \ln \frac{[\text{M}]_0}{[\text{M}]} = \ln \frac{9.3}{9} = 1.5 \times 3600 k_p[\text{M}\cdot]$$

$$0.033 = 5400 k_p[\text{M}\cdot] \quad [\text{M}\cdot]^2 = \frac{0.033^2}{5400^2 k_p^2}$$

根据 $R_i = R_t = 2k_t[\text{M}\cdot]^2 = 6.42 \times 10^{-9} \,\text{mol} \cdot \text{L}^{-1} \cdot \text{s}^{-1}$,得 $[\text{M}\cdot] = \sqrt{\frac{6.42 \times 10^{-9}}{2k_t}}$,即

$$[\text{M}\cdot]^2 = \frac{3.21 \times 10^{-9}}{k_t}$$

设单体消耗的物质的量为 x,由 $\frac{30}{930} = \frac{x}{9.3}$ 计算得 $x = 0.3$ mol。所以,未反应的单体的物质的量为:$9.3 - 0.3 = 9 \,(\text{mol})$。

$$[\text{M}\cdot]^2 = \frac{0.033^2}{5400^2 k_p^2} = \frac{3.21 \times 10^{-9}}{k_t} \quad \frac{k_p^2}{k_t} \approx 0.011 \,\text{L} \cdot \text{mol}^{-1} \cdot \text{s}^{-1}$$

(2)稳态时

$$R_i = R_t = 2k_t[\text{M}\cdot]^{1/2} \quad [\text{M}\cdot] = \left(\frac{R_i}{2k_t}\right)^{1/2}$$

$$\nu = \frac{k_p}{(2k_t)^{1/2}} \frac{[\text{M}]}{R_i^{1/2}} \quad \nu^2 = \frac{k_p^2}{k_t} \frac{[\text{M}]^2}{2R_i} = 0.011 \times \frac{9.3^2}{2 \times 6.42 \times 10^{-9}} = 7.41 \times 10^7$$

$$\nu = \sqrt{7.414 \times 10^7} = 8608$$

(3)因为公式 $\overline{X_n} = \frac{\nu}{C/2 + D}$ 是在无链转移情况下推导所得的计算式,所以式中 $\overline{X_n}$ 是指无链转移的聚合度,其值所在范围:$2\nu > \overline{X_n} > \nu$。根据 $\frac{1}{\overline{X_n}} = \frac{1}{(\overline{X_n})_0} + C_M + C_I \frac{[I]}{[\text{M}]}$,式中,$\overline{X_n}$ 是指含链转移情况下所得的聚合度,而 $(\overline{X_n})_0$ 是指不含链转移时的聚合度,因此可从上式求 $(\overline{X_n})_0$:

$$\frac{1}{\frac{831\,500}{100}} = \frac{1}{(\overline{X_n})_0} + 0.1 \times 10^{-4} + 0.02 \times \frac{0.1 \times 10^{-3}}{9.3} \quad (\overline{X_n})_0 = 9259$$

$$9259 = \frac{\nu}{C/2 + D} = \frac{2\nu}{2 - C} = \frac{2 \times 8608}{2 - C} \quad C = 2 - \frac{2 \times 8608}{9259} \approx 0.141 \quad D = 1 - 0.141 = 0.859$$

所以,偶合终止所占比例为 14.1%,歧化终止所占比例为 85.9%。

2-91 在苯中配成浓度为 2.5 mol·L^{-1} 的甲基丙烯酸甲酯(MMA),0.01 mol·L^{-1} 的过氧化二苯甲酰溶液,加热至 70 ℃,测得聚合反应的最初引发速率为 9.4×10^{-10} mol·L^{-1}·s^{-1},聚合反应速率为 3.15×10^{-6} mol·L^{-1}·s^{-1},甲基丙烯酸甲酯相对分子质量为 100,试计算 $k_p/k_t^{1/2}$ 及数均相对分子质量(设不考虑链转移反应,全部为歧化终止)。

答 稳态时

$$R_i = R_t = 2k_t[M\cdot]^2 = 9.4\times10^{-10}\,\text{mol}\cdot\text{L}^{-1}\cdot\text{s}^{-1} \qquad [M\cdot] = \left(\frac{4.7\times10^{-10}}{k_t}\right)^{1/2}$$

$$R_p = k_p[M\cdot][M] = 3.15\times10^{-6}\,\text{mol}\cdot\text{L}^{-1}\cdot\text{s}^{-1} \qquad [M\cdot] = \frac{3.15\times10^{-6}}{2.5k_p} = \left(\frac{4.7\times10^{-10}}{k_t}\right)^{1/2}$$

$$\frac{k_p}{k_t^{1/2}} = \frac{3.15\times10^{-6}}{2.5\times 2.17\times10^{-5}} = 5.81\times10^{-2}$$

歧化终止时：

$$\overline{X}_n = \nu = \frac{k_p}{(2k_t)^{1/2}} \frac{[M]}{R_i^{1/2}} = \frac{5.81\times10^{-2}}{\sqrt{2}} \times \frac{2.5}{\sqrt{9.4\times10^{-10}}} = 6.7\times10^3$$

$$\overline{M}_n = \overline{X}_n M_{\text{MMA}} = 6700\times 100 = 670\,000$$

2-92 甲基丙烯酸甲酯以过氧化二苯甲酰为引发剂，以乙酸乙酯为溶剂于 60 ℃进行聚合反应。已知：反应器中聚合物总体积为 1 L，密度为 0.878 g·mL^{-1}，单体质量 300 g，引发剂用量为单体用量的 0.6%，$k_d = 2.0\times10^{-6}\,\text{s}^{-1}$，$k_p = 367\,\text{L}\cdot\text{mol}^{-1}\cdot\text{s}^{-1}$，$k_t = 0.93\times10^7\,\text{L}\cdot\text{mol}^{-1}\cdot\text{s}^{-1}$，$f = 0.8$，$C_I = 0.02$，$C_M = 0.18\times10^{-4}$，$C_S = 0.46\times10^{-6}$，且动力学链终止以歧化为主，约占 85%。试计算在低转化率下停止反应时产物的数均聚合度。

答 在低转化率下考虑链转移终止，有

$$\frac{1}{\overline{X}_n} = \left(\frac{C}{2}+D\right)\frac{(fk_dk_t)^{1/2}}{k_p}\frac{[I]^{1/2}}{[M]} + C_M + C_I\frac{[I]}{[M]} + C_S\frac{[S]}{[M]}$$

$D = 85\%$ $\quad [M] = \dfrac{300}{100\times1} = 3.0\,(\text{mol}\cdot\text{L}^{-1}) \quad [I] = \dfrac{0.6\%\times300}{242\times1} = 7.44\times10^{-3}\,(\text{mol}\cdot\text{L}^{-1})$

$$[S] = \frac{0.878\times1000 - 300\times(1+0.6\%)}{88\times1} = 6.55\,(\text{mol}\cdot\text{L}^{-1})$$

$$\frac{1}{\overline{X}_n} = \left(\frac{0.15}{2}+0.85\right)\times\frac{(0.8\times2.0\times10^{-6}\times0.93\times10^7)^{1/2}}{367}\times\frac{(7.44\times10^{-3})^{1/2}}{3.0}$$

$$+ 0.18\times10^{-4} + 0.02\times\frac{7.44\times10^{-3}}{3.0} + 0.46\times10^{-6}\times\frac{6.55}{3.0}$$

$$= 3.49\times10^{-4}$$

$$\overline{X}_n = 2.87\times10^3$$

2-93 苯乙烯在甲苯溶液中进行热聚合（100 ℃），分别测定了在不同单体浓度下（低转化率时）的平均聚合度，得下列数据（[S]为溶剂浓度，[M]为单体浓度，$\overline{X}_n$为平均聚合度）：

[S]/[M]=x	0	5	10	15	20
$\overline{X}_n\times10^{-3}$	3.30	1.62	1.14	0.80	0.65

（1）试求在此温度下，溶剂甲苯和链转移常数 C_S；（2）若要制得平均聚合度为 2.1×10^3 的聚苯乙烯，则投料时[S]/[M]应为多少？

答 （1）设：$\dfrac{1}{\overline{X}_n} = y$，$\dfrac{[S]}{[M]} = x$，$C_S = k$，$\dfrac{1}{(\overline{X}_n)_0} = b$。因为 $\dfrac{1}{\overline{X}_n} = \dfrac{1}{(\overline{X}_n)_0} + C_S\dfrac{[S]}{[M]}$，所以 $y = kx + b$。

当 $\dfrac{[S]}{[M]} = 0$ 时，$\overline{X}_n = (\overline{X}_n)_0 = 3.30\times10^3$，则 $b = \dfrac{1}{3.30\times10^3} = 0.30\times10^{-3}$。作图求 k 即 C_S，得

$$C_S = \frac{0.60\times10^{-3} - 0.30\times10^{-3}}{5} = 6.00\times10^{-5}$$

(2)
$$\frac{1}{\overline{X_n}} = \frac{1}{(\overline{X_n})_0} + C_S \frac{[S]}{[M]}$$

$$\frac{1}{2.1 \times 10^3} = \frac{1}{3.3 \times 10^3} + 6 \times 10^{-5} \times \frac{[S]}{[M]}$$

$$\frac{[S]}{[M]} = \frac{\frac{1}{2.1 \times 10^3} - \frac{1}{3.3 \times 10^3}}{6 \times 10^{-5}} = \frac{0.173 \times 10^{-3}}{6 \times 10^{-5}} \approx 2.88$$

2-94 有人测定了 60 ℃ 下乙酸乙烯酯在不同溶剂中,不同 [S]/[M] 值时的 $\overline{X_n}$,计算了 C_S 和 $(\overline{X_n})_0$ 值,部分数据如下:

溶剂	$(\overline{X_n})_0$	$\overline{X_n}$	[S]/[M]	$C_S \times 10^4$
t-丁醇	6580	3709	—	0.46
甲基异丁酮	6670	510	0.492	—
二乙酮	6670	—	0.583	114.4
氯仿	—	93	0.772	125.2

假定无其他链转移发生,试算出上述表中各空余的数值。

答 若反应体系中只发生向溶剂转移,则 $\frac{1}{\overline{X_n}} = \frac{1}{(\overline{X_n})_0} + C_S \frac{[S]}{[M]}$。将不同溶剂的实验数据代入上式即可求出表中各未知的数值。

2-95 苯乙烯在 85 ℃ 于乙苯溶液中进行热聚合,改变溶剂与单体的比例做几组实验,测得初始聚合物的相对分子质量,数据如下:

[S]/[M]	14.0	6.7	2.2	1.0
$1/\overline{X_n} \times 10^3$	1.86	1.14	0.71	0.57

试求苯乙烯自由基对乙苯的链转移常数。

答 $\frac{1}{\overline{X_n}} = \frac{1}{(\overline{X_n})_0} + C_S \frac{[S]}{[M]}$。以 $\frac{1}{\overline{X_n}}$ 对 [S]/[M] 作图,斜率即为 C_S,得 $C_S = 1.0 \times 10^{-4}$。

2-96 对苯乙烯和四氯化碳间在 60 ℃ 和 100 ℃ 下的链转移反应研究,得到下列表中部分结果:

60 ℃		100 ℃	
$[CCl_4]/[St]$	$1/\overline{X_n} \times 10^5$	$[CCl_4]/[St]$	$1/\overline{X_n} \times 10^5$
0.006 14	16.1	0.005 82	36.3
0.026 7	35.9	0.022 2	68.4
0.039 3	49.5	0.041 6	109
0.070 4	74.8	0.049 6	124
0.100 0	106	0.089 2	217
0.164 3	156		
0.259 5	242		
0.304 5	289		

用作图法,按表列数据,计算 60 ℃和 100 ℃各对应的链转移常数(假定无其他链转移)。用 Arrhenius 方程估计这些反应的$(E_{tr}-E_p)$值。

答 以 $1/\overline{X_n}$ 对 $[CCl_4]/[St]$ 作图,分别求出 60 ℃和 100 ℃时的斜率,即为 C_S。求得 60 ℃时 $C_S=9.15\times10^{-3}$;100 ℃时 $C_S=5.83\times10^{-2}$。C_S 也就是 k_{tr}/k_p(设为 k)。

由 $k=A'e^{-E/RT}$ 得

$$k_1/k_2 = e^{E'(1/RT_2-1/RT_1)} \quad \frac{5.83\times10^{-2}}{9.15\times10^{-3}} = e^{E'(1/333R-1/373R)}$$

于是可求得 $E'=48.4$ kJ·mol^{-1},即$(E_{tr}-E_p)$的值。

2-97 甲基丙烯酸甲酯(MMA)用 BPO 引发的本体聚合反应(60 ℃),实验结果如下:

$[I]\times10^3/$(mol·L^{-1})	$R_p\times10^4/$(mol·L^{-1})	$\overline{M_n}\times10^{-5}$
2.54	1.10	4.31
6.60	1.83	3.32
7.91	2.03	3.00
18.5	2.98	3.23

已知:歧化终止在链终止过程中所占的分数 $D=0.80$,MMA 的相对分子质量为 100,$\rho_{MMA}^{60℃}=0.8950$ g·mL^{-1},求 C_M 和 k_p^2/k_t。

答 $[M]$通过密度求得,$[M]=\frac{0.8950\times10^3}{100}=8.95$(mol·L^{-1}),$\frac{1}{\overline{X_n}}=\left(\frac{C}{2}+D\right)\frac{2k_tR_p}{k_p^2[M]^2}+C_M$,以 $1/\overline{X_n}$ 对 R_p 作图,从斜率求得 $k_p^2/k_t=0.054$ L·mol^{-1}·s^{-1},从截距求得 $C_M=2.1\times10^{-4}$。通过 $\frac{1}{\nu}=\frac{1}{(C/2+D)\overline{X_n}}=\frac{2(fk_dk_t)^{1/2}[I]^{1/2}}{k_p[M]}$,求得 $fk_d=6.9\times10^{-6}$ s^{-1}。

2-98 如果某一自由基聚合反应的链终止反应完全偶合终止,则在低转化率下所得聚合物的相对分子质量分布指数是多少?在下列情况下,聚合物的相对分子质量分布情况会如何变化:(1) 加入正丁基硫醇作链转移剂;(2) 反应进行到高转化率;(3) 向聚合物分子发生链转移;(4) 存在自动加速效应。

答 根据概率论推导,在偶合终止的聚合反应中

数均聚合度为 $\overline{X_n}=\sum\frac{N_x}{X}\times x=\sum x^2P^{x-2}(1-P)^2 \approx \frac{2}{1-P}$

重均聚合度为 $\overline{X_w}=\sum\frac{w_x}{w}\times x=\frac{1}{2}(1-P)^3\sum x^3P^{x-2} \approx \frac{3}{1-P}$

在低转化率下,预计聚合物的相对分子质量分布指数为 1.5。(1) 加入正丁基硫醇作链转移剂,平均相对分子质量下降,估计相对分子质量分布指数为 2;(2) 反应进行到高转化率,由于出现自动加速效应,并且聚合后期$[M]$与$[I]$变小,相对分子质量分布指数显著加大;(3) 向聚合物分子发生链转移会加宽相对分子质量分布;(4) 存在自动加速效应会使相对分子质量分布变宽。

2.6 阻聚和缓聚

2-99 什么是阻聚剂和缓聚剂?什么是诱导期?阻聚剂和缓聚剂哪种会增加诱导期?

答 所谓阻聚即阻止或停止聚合反应的进行,具有阻聚功能的物质称为阻聚剂。所谓缓

聚是使聚合反应以较低速率进行,具有缓聚功能的物质称为缓聚剂。

聚合速率从 0 到可以察觉的速率时总需要一段时间,这段时间称为自由基聚合的诱导期。阻聚剂会增加诱导期,而缓聚剂不会增加诱导期,只会降低聚合反应的速率。

2-100 单体(如苯乙烯)在储存和运输过程中,常需加入阻聚剂。聚合前用什么方法除去阻聚剂?若取混有阻聚剂的单体聚合,将会发生什么后果?

答 苯乙烯的储存和运输过程中,为防止其在热的作用下自发聚合,常加入对苯二酚作阻聚剂。聚合前需先用稀 NaOH 洗涤,再用水洗至中性,干燥后减压蒸馏提纯;否则将出现不聚或有明显的诱导期。

2-101 写出苯醌在自由基聚合中起阻聚作用的有关反应方程式。

答

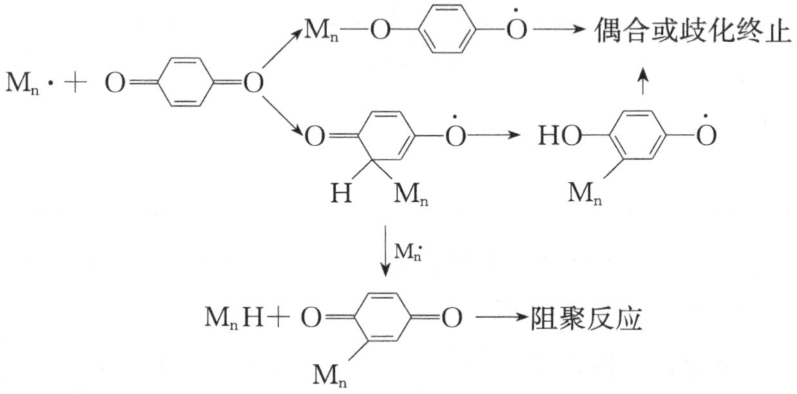

[反应方程式图示,M$_n$· 与苯醌反应,产生偶合或歧化终止、阻聚反应等]

2-102 为什么在制备高压聚乙烯时常加入微量氧,而当用乳液聚合或悬浮聚合法生产聚氯乙烯时,先要用氮气赶走反应釜中的空气?

答 前者氧是引发剂,后者氧是阻聚剂。

2-103 用 AIBN 作引发剂(浓度为 $0.1\ \text{mol·L}^{-1}$),使苯乙烯在 40 ℃下于膨胀计中进行聚合。用 1,1-二苯基-2-三硝基苯肼(DPPH)作阻聚剂,实验结果表明,阻聚剂的用量与诱导期呈直线关系。当 DPPH 用量为 0 和 $8\times 10^{-5}\ \text{mol·L}^{-1}$ 时,诱导期分别为 0 min 和 15 min,已知 AIBN 在 40 ℃时的半衰期($t_{1/2}$)为 350 h,试求 AIBN 的引发效率(f)。

答 这是阻聚剂在引发反应速率测定中的应用。

$$R_i = -\frac{d[I]}{dt} = -\frac{d[\text{DPPH}]}{dt} = \frac{[\text{DPPH}]}{\text{诱导期}} = \frac{8\times 10^{-5}}{15\times 60} = 8.89\times 10^{-8}\ (\text{mol·L}^{-1}\cdot\text{s}^{-1})$$

$$k_d = \frac{0.693}{t_{1/2}} = 5.5\times 10^{-7}\ \text{s}^{-1} \qquad R_i = 2fk_d[I] \qquad f = \frac{R_i}{2k_d[I]} = \frac{8.89\times 10^{-8}}{2\times 5.5\times 10^{-7}\times 0.1} = 0.81$$

2.7 自由基聚合的实施方法

2-104 什么是本体聚合、溶液聚合、悬浮聚合和乳液聚合?列表比较这四种自由基聚合方法。

答 本体聚合是指不加其他介质,仅有单体和少量引发剂(或热、光、辐照等引发条件)进行的聚合反应。

溶液聚合是指将单体和引发剂溶于适当溶剂中进行的聚合反应。

悬浮聚合是指非水溶性单体在溶有分散剂(或称悬浮剂)的水中,借助搅拌作用分散成细小液滴而进行的聚合反应。

乳液聚合是指非水溶性或低水溶性单体借助搅拌作用,以乳状液形式分散在溶有乳化剂的水中进行的聚合反应。

	本体聚合	溶液聚合	悬浮聚合	乳液聚合
配方主要成分	单体、引发剂	单体、引发剂、溶剂	单体、引发剂、水、分散剂	单体、水溶性引发剂、水、乳化剂
聚合场所	本体内	溶液内	液滴内	胶束和乳胶粒内
聚合机理	遵循自由基聚合一般机理,提高速率的因素往往使相对分子质量降低	伴有向溶剂的链转移反应,一般相对分子质量较低,速率也较低	与本体聚合相同	能同时提高聚合速率和相对分子质量
生产特征	热不易散出,间歇生产(有些也可连续生产),设备简单,宜制板材和型材	散热容易,可连续生产,不宜制粉状或粒状树脂	散热容易,间歇生产,需有分离、洗涤、干燥等工序	散热容易,可连续生产,制成固体树脂时,需经凝聚、洗涤、干燥等工序
产物特征	聚合物纯净,宜于生产透明浅色制品,相对分子质量分布较宽	一般聚合溶液直接使用	比较纯净,可能留有少量分散剂	留有少量乳化剂和少量助剂
主要工业生产品种	合成树脂: LDPE(颗粒状) HDPE(粉状或颗粒状) PS(颗粒状) PVC(粉状) PMMA(板、棒、管等) PP(颗粒状)	合成树脂: PAN(溶液或颗粒) PVAc(溶液) HDPE(粉或颗粒) PP(颗粒) 合成橡胶: 顺丁橡胶(胶粒或胶片) 异戊橡胶(胶粒或胶片) 乙丙橡胶(胶粒或胶片) 丁基橡胶(胶粒或胶片)	合成树脂: PVC(粉状) PS(珠状) PMMA(珠状)	合成树脂: PVC(粉状) PVAc及其共聚物(乳液) 聚丙烯酸酯及其共聚物(乳液) 合成橡胶: 丁苯橡胶(胶粒或乳液) 丁腈橡胶(胶粒或乳液) 氯丁橡胶(胶粒或乳液)

2-105 比较苯乙烯和氯乙烯本体聚合和悬浮聚合的特征。

答

聚合物	本体聚合	悬浮聚合
苯乙烯	聚合体系组成:单体、引发剂(BPO或AIBN) 聚合场所:本体内 聚合机理:提高速率的因素将使相对分子质量降低 生产特征:不易传热,可连续生产,分两段聚合,也可间隙生产 产品特征:聚合物纯净,宜生产透明浅色制品,相对分子质量分布较宽	聚合体系组成:单体、水、油溶性引发剂、分散剂 聚合场所:液滴内 聚合机理:提高速率的因素将使相对分子质量降低 生产特征:散热容易,间隙生产,须有分离洗涤干燥等工序 产品特征:产品比较纯净,可能留有少量的分散剂
氯乙烯	聚合体系组成:单体、引发剂(BPO或AIBN) 聚合场所:本体内 聚合机理:提高速率的因素将使相对分子质量降低 生产特征:不易传热,可连续生产,分步聚合,一个预釜要配几个聚合釜,聚合物不溶于单体,属于沉淀聚合 产品特征:聚合物纯净,宜生产透明浅色制品,相对分子质量分布较宽	聚合体系组成:单体、水、油溶性引发剂、分散剂 聚合场所:液滴内 聚合机理:提高速率的因素将使相对分子质量降低 生产特征:散热容易,间隙生产,须有分离洗涤干燥等工序 产品特征:产品比较纯净,可能留有少量的分散剂

2-106 本体聚合的关键问题是反应热的及时排除,在工业上常采用什么方法？请以工业上进行聚苯乙烯熔融本体聚合为例说明。

答 工业上常采用分步聚合的方法。例如,聚苯乙烯的熔融本体聚合的工业生产分两个阶段。第一阶段是预聚,80～85 ℃,至转化率 33%～35%。预聚的目的是维持体系的黏度较低,有利于聚合热的排散,同时避免自动加速效应带来的集中放热而引起爆聚。第二阶段是在聚合塔内,温度从 100 ℃ 递升到 200 ℃,这一阶段尽量提高转化率,使单体完全转化,减少残余单体。最后将熔体挤出造粒。

2-107 乙酸乙烯酯在甲醇溶液中以偶氮二异丁腈为引发剂进行溶液聚合。聚合温度为 64.5 ℃±0.5 ℃,向单体、大分子、引发剂、溶剂的链转移常数分别为:$C_M=1.91×10^{-4}$,$C_P=2～5×10^{-4}$,$C_I=0$,$C_S=6.0×10^{-4}$。(1) 用方程式写出引发、增长、终止和转移过程和产物的结构。(2) 在乙酸乙烯酯溶液聚合工艺中:① 为什么要选用甲醇作溶剂？② 为什么选聚合温度为 64.5 ℃±0.5 ℃？③ 为什么控制转化率为 50%～60%？

答 (1) ① 链引发反应

$$CH_3-\underset{CN}{\underset{|}{\overset{CH_3}{\overset{|}{C}}}}-N=N-\underset{CN}{\underset{|}{\overset{CH_3}{\overset{|}{C}}}}-CH_3 \longrightarrow 2\ CH_3-\underset{CN}{\underset{|}{\overset{CH_3}{\overset{|}{C}}}}\cdot + N_2\uparrow$$

$$CH_3-\underset{CN}{\underset{|}{\overset{CH_3}{\overset{|}{C}}}}\cdot + CH_2=\underset{OCOCH_3}{\underset{|}{CH}} \longrightarrow CH_3-\underset{CN}{\underset{|}{\overset{CH_3}{\overset{|}{C}}}}-CH_2-\underset{OCOCH_3}{\underset{|}{\overset{\cdot}{CH}}}$$

② 链增长反应

$$CH_3-\underset{CN}{\underset{|}{\overset{CH_3}{\overset{|}{C}}}}-CH_2-\underset{OCOCH_3}{\underset{|}{\overset{\cdot}{CH}}} + nCH_2=\underset{OCOCH_3}{\underset{|}{CH}} \longrightarrow CH_3-\underset{CN}{\underset{|}{\overset{CH_3}{\overset{|}{C}}}}-[CH_2-\underset{OCOCH_3}{\underset{|}{CH}}]_{\overline{n}}CH_2-\underset{OCOCH_3}{\underset{|}{\overset{\cdot}{CH}}}$$

③ 链终止反应:链终止反应有链的偶合终止和歧化终止两种,在选定的聚合温度(64.5 ℃±0.5 ℃)下,以歧化终止为主

$$2\sim\sim CH_2-\underset{OCOCH_3}{\underset{|}{\overset{\cdot}{CH}}} \longrightarrow \sim\sim CH=\underset{OCOCH_3}{\underset{|}{CH}} + \sim\sim CH_2-\underset{OCOCH_3}{\underset{|}{CH_2}}$$

④ 链转移反应:
向单体转移反应

$$\sim\sim CH_2-\underset{OCOCH_3}{\underset{|}{\overset{\cdot}{CH}}} + CH_2=\underset{OCOCH_3}{\underset{|}{CH}} \longrightarrow \begin{cases} \sim\sim CH_2-CH_2 + CH_2=CH & a \\ \quad\quad\ |\quad\quad\quad\quad\quad\quad\ \ | \\ \quad\ OCOCH_3\quad\quad\quad\ OCOCH_2\cdot \\ \sim\sim CH_2-CH_2 + CH_2=\overset{\cdot}{C} & b \\ \quad\quad\ |\quad\quad\quad\quad\quad\quad\ \ | \\ \quad\ OCOCH_3\quad\quad\quad\ OCOCH_3 \\ \sim\sim CH_2-CH_2 + CH_3-\overset{\cdot}{C} & c \\ \quad\quad\ |\quad\quad\quad\quad\quad\quad\ \ | \\ \quad\ OCOCH_3\quad\quad\quad\ OCOCH_3 \end{cases}$$

链自由基向单体的转移反应主要发生在乙酰氧基的甲基上(反应 a 为主),产生了乙酰氧基端基。

向溶剂转移反应

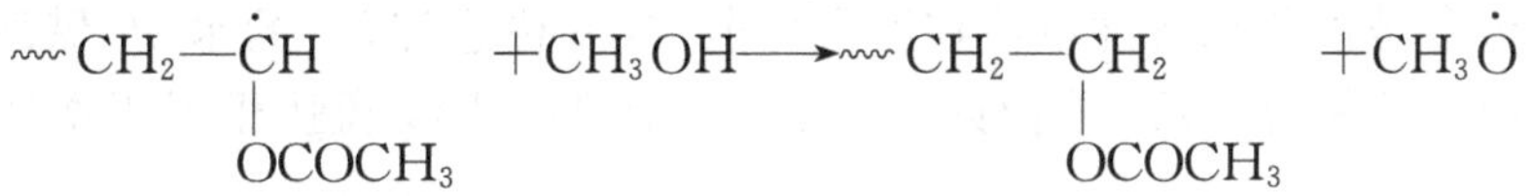

$$\sim CH_2-\overset{\cdot}{C}H(OCOCH_3) + CH_3OH \longrightarrow \sim CH_2-CH_2(OCOCH_3) + CH_3\overset{\cdot}{O}$$

向已生成的大分子转移反应

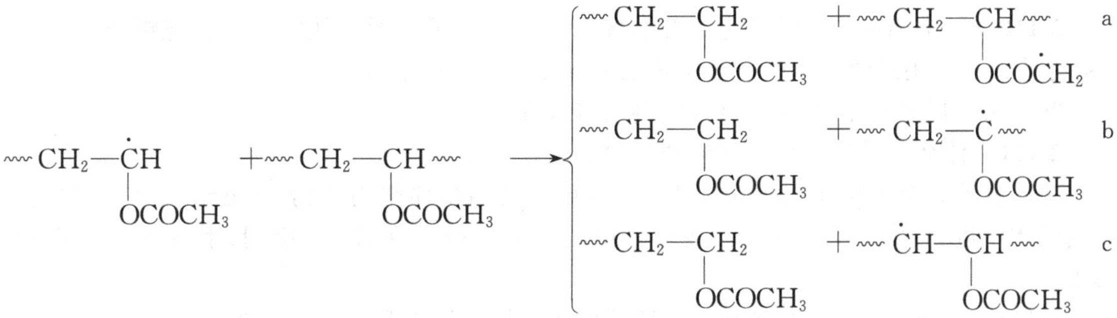

$$\sim CH_2-\overset{\cdot}{C}H(OCOCH_3) + \sim CH_2-CH\sim(OCOCH_3) \longrightarrow \begin{cases} \sim CH_2-CH_2(OCOCH_3) + \sim CH_2-\overset{\cdot}{C}H\sim(OCOCH_2) & a \\ \sim CH_2-CH_2(OCOCH_3) + \sim CH_2-\overset{\cdot}{C}\sim(OCOCH_3) & b \\ \sim CH_2-CH_2(OCOCH_3) + \sim \overset{\cdot}{C}H-CH\sim(OCOCH_3) & c \end{cases}$$

反应 a 在 60 ℃就发生,在 64.5 ℃±0.5 ℃反应温度下主要发生反应 a。如果反应温度超过 70 ℃,就会发生反应 b 和 c。

转移反应以后新生成的链自由基与单体继续加成后,经过链终止,形成支链大分子。这三种反应虽然都形成支链大分子,但在下一步醇解反应后,形成的聚乙烯醇结构却不同。反应 a 支链大分子经醇解后,形成的聚乙烯醇为线形大分子。而反应 b 和 c 形成的支链大分子经醇解后,形成的聚乙烯醇为支链大分子。

(2) ① 虽然甲醇有毒,并且其链转移反应常数 $C_S=6.0\times10^{-4}$ 较大,但是选用甲醇作溶剂的原因:一是甲醇对乙酸乙烯酯和聚乙酸乙烯酯的溶解性能极好;二是甲醇是下一步醇解反应的原料,用甲醇作溶剂,可以大大简化产品后处理;三是甲醇与乙酸乙烯酯的恒沸点是 64.5 ℃,正好是需要的反应温度,这样一来,聚合反应温度极易控制。虽然甲醇的 C_S 较大,但是加入适量的甲醇(质量分数为 16%~20%)可以满足对聚乙酸乙烯酯相对分子质量的要求。

② 因为甲醇与乙酸乙烯酯的恒沸点是 64.5 ℃,聚合温度极易控制;若温度超过 65 ℃,易形成支化结构的聚乙酸乙烯酯,而且这种支化的聚乙酸乙烯酯在下一步醇解过程中形成的聚乙烯醇也为支化结构。支化结构的聚乙烯醇不能满足作维尼纶纤维的要求。所以选聚合温度为 64.5 ℃±0.5 ℃。

③ 乙酸乙烯酯溶液聚合时,由于溶剂的引入,降低了体系的黏度,转化率超过 60%时才出现自动加速现象。自动加速现象会使聚合物相对分子质量分布变宽,这将不利于纤维的抽丝加工,同时也不利于作悬浮剂。控制转化率为 50%~60%时结束反应,使聚合反应在出现自动加速现象以前结束,这样就可以做到整个聚合过程接近匀速反应,不仅操作方便,而且使聚合物相对分子质量分布较窄。

2-108 设计一个 PS 的悬浮聚合实验。

答 (1) 安装装置。

(2) 将 60 mg 过氧化二苯甲酰、3 g 苯乙烯放入 20 mL 锥形瓶中。待 BPO 溶解后,将其放入三口烧瓶。再加入 4 mL 1.5% 的聚乙烯醇溶液,最后用 26 mL 去离子水分别冲洗锥形瓶和量筒后加入三口烧瓶中。

(3) 通冷凝水,控制搅拌与升温速度,聚合在 85 ℃下进行,水:单体约为 2:1。聚合 8 h 后,升温至 100 ℃,进行后期熟化 3~4 h,使单体充分聚合。

(4) 出料与后处理。通过控制搅拌速度控制聚合物颗粒大小及形状。

2-109 什么是悬浮聚合？悬浮聚合中的主要组分是什么？

答 悬浮聚合是指非水溶性单体在溶有分散剂（或称悬浮剂）的水中，借助搅拌作用分散成细小液滴而进行的聚合反应。溶有引发剂的一个单体小液滴就相当于本体聚合的一个小单元。

悬浮聚合中的主要组分是单体、引发剂、悬浮剂和介质水。

2-110 一个相对分子质量为数万的聚苯乙烯大分子的形成从链引发到链终止需要不到 1 s，为什么工厂用悬浮法生产一釜聚苯乙烯却需要十几个小时？

答 为了提高转化率，使单体反应尽可能完全。

2-111 什么是乳液聚合？乳液聚合中的主要组分是什么？

答 乳液聚合是指非水溶性或低水溶性单体借助搅拌作用，以乳状液形式分散在溶有乳化剂的水中进行的聚合反应。乳液聚合中的主要组分是单体、乳化剂、水溶性引发剂和介质水。

2-112 乳液聚合过程分为哪三个阶段？各阶段的标志及特点是什么？

答 典型的乳液聚合分为以下三个阶段：

（1）M（单体）/P（聚合物）乳胶粒的形成——增速期：当聚合反应开始时，溶于水相的引发剂分解产生的初级自由基由水相扩散到增溶胶束内，引发增溶胶束内的单体进行聚合，从而形成含有聚合物的增溶胶束，称为 M/P 乳胶粒，随着胶束中单体的消耗，胶束外的单体分子逐渐扩散进胶束内，使聚合反应持续进行。在此阶段，单体增溶胶束与 M/P 乳胶粒并存，M/P 乳胶粒逐渐增加，聚合速率加快。其特点是 M/P 乳胶粒、增溶胶束和单体液滴三者共存。

（2）单体液滴与 M/P 乳胶粒并存阶段——恒速期：单体转化率 $10\%\sim50\%$，随着单体增溶胶束的消耗，M/P 乳胶粒数量不再增加，聚合速率保持恒定，而单体逐渐消耗，单体液滴不断缩小，单体液滴数量不断减少。其特点是 M/P 乳胶粒和单体液滴二者共存。

（3）单体液滴消失、M/P 乳胶粒内单体聚合阶段——降速期：M/P 乳胶粒内单体得不到补充，聚合速率逐渐下降，直至反应结束。其特点是体系中只有 M/P 乳胶粒存在。

2-113 什么是胶束成核和均相成核？胶束成核和均相成核分别在什么条件下才会发生？

答 胶束成核：自由基一旦进入胶束，就引发其中单体聚合，形成活性种。条件是单体水溶性小，乳化剂浓度高。

均相成核：水相中多条短链自由基相互聚集在一起，絮凝成核，以此为核心，单体不断扩散入内，聚合成乳胶粒，条件与胶束成核相反。

2-114 什么是胶束和临界胶束浓度？

答 乳化剂分子在介质中达到饱和溶解度后，就会产生数十或数百个乳化剂分子的聚集体，这种聚集体称为胶束。出现胶束的乳化剂浓度称为临界胶束浓度（CMC）。

2-115 简述乳液聚合中单体、乳化剂和引发剂的所在场所，引发、增长和终止的场所和特征，胶束、乳胶粒、单体液滴和速率的变化规律。

答 乳液聚合中单体在单体液滴中、以分子分散在水中、在增溶胶束中。乳液聚合中乳化剂以分子分散在水中、在胶束中、在单体液滴表面。乳液聚合中引发剂主要是以分子分散在水中。难溶于水的单体链引发主要是在水中，在水中形成初级自由基后，再进入增溶胶束内链增长；链增长和链终止主要在胶束中。

胶束、乳胶粒、单体液滴和速率的变化规律如下：

	第一阶段——增速期	第二阶段——恒速期	第三阶段——降速期
胶束	成核期 胶束数渐减，$10^{17\sim18}\to 0$(个·cm^{-3})，增溶胶束 6~10 nm	0	0
乳胶粒	乳胶粒形成期 乳胶粒数 $0\sim10^{13\sim15}$(个·cm^{-3})	乳胶粒数恒定，$10^{13\sim15}$(个·cm^{-3})，乳胶粒长大 10 nm→200 nm，乳胶粒内单体浓度一定	乳胶粒数恒定，$10^{13\sim15}$(个·cm^{-3})，体积变化微小，乳胶粒内单体浓度下降
单体液滴	液滴数不变，$10^{10\sim12}$(个·cm^{-3})，液滴直径>1000 nm	液滴数 $10^{10\sim12}$(个·cm^{-3})，最后消失，液滴直径缩小 1000 nm→0 nm	无液滴

2-116 一种称为"白乳胶"的黏合剂是用什么单体、通过什么聚合方法制得的？写出反应式。该体系的主要成分有哪几种？指出其聚合场所。

答 白(乳)胶是乙酸乙烯酯单体通过乳液聚合制备的。反应式如下：

$$n\text{CH}_2=\underset{\underset{\text{OCOCH}_3}{|}}{\text{CH}} \longrightarrow \left[\text{CH}_2-\underset{\underset{\text{OCOCH}_3}{|}}{\text{CH}}\right]_n$$

体系主要成分：单体乙酸乙烯酯；乳化剂聚乙烯醇；引发剂过硫酸铵[$(\text{NH}_4)_2\text{S}_2\text{O}_8$]；分散介质水。聚合场所：水相和单体液滴。

2-117 典型乳液聚合的特点是持续反应速率快，反应产物相对分子质量高。在大多数本体聚合中常突然出现反应速率变快和相对分子质量增大的现象。试分析造成上述现象的原因并比较其异同。

答 典型乳液聚合反应中，聚合是在乳胶粒中进行。平均每个乳胶粒中只有一个活性链增长，若再扩散进入一个自由基即告终止。由于链自由基受乳化剂的保护而双基终止的概率小，链自由基的寿命长，链自由基浓度比一般自由基聚合高得多，因此反应速率快，产物相对分子质量高。

在本体聚合达一定转化率后，体系黏度增大或聚合物不溶等因素使链终止反应受阻，而链引发和链增长几乎不受影响，此时稳态被破坏，活性链浓度增大，活性链寿命延长，结果导致反应速率加快，产物相对分子质量增大。

相同点是，乳液聚合体系活性链浓度比一般自由基聚合大，活性链寿命也比一般自由基本体聚合长。不同点是，在乳液聚合中，通过改变乳化剂用量和引发剂用量，可以控制体系中链自由基的浓度和寿命。这种反应的高速率和产物的高相对分子质量是持续和稳定的。而在本体聚合中，自动加速是由体系物理状态不断变化造成的，难于控制，容易爆聚。

2-118 试比较乳液聚合和悬浮聚合的共同点和不同点。两种方法各有什么优缺点？

答 乳液聚合和悬浮聚合的共同点在于两者都是自由基型连锁聚合，均以水为分散介质，体系黏度低，散热容易。

乳液聚合和悬浮聚合的不同点在于乳液聚合的引发剂一般为水溶性的，反应需要加乳化剂，在胶束和乳胶粒内进行聚合，能同时提高聚合速率和相对分子质量，能够连续生产；而悬浮聚合的引发剂往往为油溶性的，需加分散剂，反应在液滴内进行，提高反应速率的因素往往导致相对分子质量降低，难以连续生产。

乳液聚合的主要优点是：生成的聚合物呈高度分散状态，体系黏度低，散热容易，分散体系的稳定性能好，可连续操作，产品乳液有时可直接利用，可同时提高反应速率和相对分子质量。

其缺点在于聚合物分离析出时破乳、洗涤、脱水、干燥等,成本比悬浮法高,得到的聚合物往往含有乳化剂和其他杂质,有损电性能等。

悬浮聚合的主要优点是:生产成本低,聚合热易除去而无回收问题,操作安全,反应体系黏度变化不大,温度易控制,颗粒大小可以控制在较小幅度之内,产品纯度高于乳液聚合。其缺点在于生产难以连续操作,产品附有少量分散剂残留物,要生产透明和绝缘性高的产品需将残留分散剂除净。

2-119 乳液聚合与一般自由基聚合(采用本体聚合或溶液聚合时)在聚合反应转化率与时间关系上有什么不同?试简要解释原因。

答 在纯净体系中,乳液聚合的聚合过程包括增速期、恒速期和降速期、而一般自由基聚合则包括匀速期、自动加速期和减速期。两者的不同点在聚合反应的初期和中期。原因在于:乳液聚合的特点是引发剂在水中分解,而主要在胶束中进行链引发、链增长和链终止反应。聚合初期胶束被引发而进行链增长的数目是逐渐增加的,所以聚合反应速率呈增加的趋势。当体系中胶束消耗完毕,只存在胶粒和单体液滴时,活性胶粒数不再增加,因此聚合反应速率达到恒定。在一般自由基聚合反应中,由于是在均相的体系中引发和聚合的,所以聚合初期只受单体和引发剂浓度影响,呈匀速反应特点。聚合中期由于黏度增加导致双基终止困难,自由基浓度升高则导致聚合速率急剧增加。

聚合反应后期两者的聚合速率均呈降低趋势,原因是此时单体和引发剂浓度都大大降低了。

2-120 简述自由基聚合的四种方法分别如何控制相对分子质量。

答 本体聚合和悬浮聚合通过聚合温度和引发剂用量控制相对分子质量。溶液聚合除聚合温度和引发剂用量外,溶剂种类和用量也可以控制相对分子质量。乳液聚合通过单体浓度、引发剂浓度和乳化剂浓度均可以控制相对分子质量,一般乳液聚合的相对分子质量较大,要降低可以加链转移剂。PVC很易链转移,其悬浮聚合的相对分子质量基本上由链转移常数决定,而链转移常数的大小仅取决于温度,所以通过改变聚合温度控制相对分子质量。

2-121 在自由基聚合反应中,调节相对分子质量的措施有哪些?试以氯乙烯悬浮聚合、苯乙烯本体聚合、乙酸乙烯溶液聚合和丁二烯乳液聚合中相对分子质量调节方法为例来阐述和讨论。

答 自由基聚合中聚合物的数均聚合度存在以下关系:

$$\frac{1}{\overline{X}_n} = \frac{2k_t}{k_p^2} \frac{R_p}{[M]^2} + C_M + C_I \frac{[I]}{[M]} + C_S \frac{[S]}{[M]}$$

不同的聚合体系情况有所不同。

(1) 氯乙烯悬浮聚合:氯乙烯聚合中,向单体转移常数约为 1×10^{-8} 数量级,单体转移速率远超过正常的动力学终止速率。氯乙烯悬浮聚合中没有溶剂,引发剂转移可忽略不计,因此聚氯乙烯的平均聚合度基本由 C_M 这一项所决定。C_M 的大小仅取决于聚合温度,因此在氯乙烯悬浮聚合中靠改变聚合温度来调节相对分子质量。

(2) 苯乙烯本体聚合:苯乙烯在 100 ℃ 以下进行本体聚合多采用引发剂引发。链终止以偶合为主,单体转移和引发剂转移仅占次要地位。聚苯乙烯的相对分子质量主要由反应温度和引发剂用量决定。温度越高或引发剂浓度越大,所得聚苯乙烯相对分子质量越低。苯乙烯在 100 ℃ 以上进行本体聚合也可以是热聚合。温度较高时歧化终止和单体转移所占比例加大,此时调节相对分子质量的主要手段是聚合温度。

(3) 乙酸乙烯溶液聚合:乙酸乙烯链自由基活泼,可以发生多种转移反应。以 AIBN 在

60 ℃的引发为例：$C_M \approx 3 \times 10^{-4}$，$C_S$(甲醇)$=6 \times 10^{-4}$，$C_S$(甲苯)$=2.08 \times 10^{-3}$，$C_S$(苯) $=2.96 \times 10^{-4}$，C_S(乙醇)$=2.5 \times 10^{-3}$。因此在乙酸乙烯溶液聚合中除改变聚合物温度和引发剂浓度来调节相对分子质量外，还可以通过改变溶剂种类和用量来调节聚合物的相对分子质量。

（4）丁二烯乳液聚合：在理想乳液聚合中，产物的平均聚合度有以下关系：$\overline{X_n} = k_p[M][I]^{-2/5}[E]^{3/5}$。所以改变单体浓度、乳化剂浓度和引发剂浓度都可以调节相对分子质量。但是这些浓度可调幅度受到乳化体系的限制。乳液聚合产物相对分子质量一般很大，如需大幅度降低其相对分子质量，则应加入硫醇等链转移剂。50 ℃时，丁二烯链自由基对正辛硫醇的转移常数 C_S 高达16，加入少量硫醇即可显著地降低聚丁二烯的相对分子质量。

2-122 经典乳液聚合配方如下：苯乙烯100 g，水200 g，过硫酸钾0.3 g，硬脂酸钠5 g，试计算：

（1）溶于水中的苯乙烯分子数(分子·cm^{-3})。条件：20 ℃溶解度为0.02 g·100 g 水$^{-1}$，Avogadro 常量 $N_A = 6.023 \times 10^{23}$ mol^{-1}。

（2）单体液滴数(分子·cm^{-3})。条件：液滴直径1000 nm，苯乙烯溶解和增溶量共2 g，苯乙烯密度为0.9 g·cm^{-3}。

（3）溶于水中的钠皂分子数(分子·cm^{-3})。条件：硬脂酸钠的 CMC 为0.13 g·L^{-1}，相对分子质量为306.5。

（4）水中胶束数(分子·cm^{-3})。条件：每胶束由100个肥皂分子组成。

（5）水中过硫酸钾分子数(分子·cm^{-3})。条件：相对分子质量为270。

（6）初级自由基形成速率 ρ(分子·cm^{-3}·s^{-1})。条件：50 ℃时 $k_d = 9.5 \times 10^{-7}$ s^{-1}。

（7）乳胶粒数(分子·cm^{-3})。条件：粒径100 nm，无单体液滴。已知：苯乙烯的密度为0.9 g·cm^{-3}，聚苯乙烯的密度为1.05 g·cm^{-3}，转化率50%。

答 （1）水的密度为1 g·cm^{-3}，苯乙烯的相对分子质量 $M_0 = 104$，则

苯乙烯溶解度$=0.02$ g/100 g$=0.02$ g /100 cm$^3 = 0.0002$ g·cm^{-3}

溶于水中的苯乙烯分子数$=\dfrac{0.0002}{104} \times 6.023 \times 10^{23} \approx 1.16 \times 10^{18}$(分子·cm^{-3})

（2）形成单体液滴的苯乙烯质量$=100-2=98$(g)，苯乙烯所占的体积数$=98/0.9=108.9$(cm^3)。根据一个单体液滴的体积数 $V = \dfrac{4}{3}\pi r^3$ (r 为半径)，液滴直径为1000 nm$=10^{-5}$ cm，则 $V = \dfrac{4}{3} \times 3.14 \times \left(\dfrac{10^{-5}}{2}\right)^3 = 5.23 \times 10^{-13}$ (cm^3)。每个液滴质量：$m = \rho V = 0.9 \times 5.236 \times 10^{-13} = 4.71 \times 10^{-13}$(g)，苯乙烯溶解和增溶量共2 g，1 cm^3 水中分散的苯乙烯质量：$m_{总} = \dfrac{100-2}{200} = 0.49$(g·cm^{-3})，单体液滴数：$\dfrac{0.49}{4.71 \times 10^{-13}} = 1.04 \times 10^{12}$(分子·cm^{-3})。

（3）硬脂酸钠在水中的浓度$=0.13$ g·L$^{-1} = 1.3 \times 10^{-4}$ g·cm^{-3}，溶解在水中的硬脂酸钠分子数$=\dfrac{1.3 \times 10^{-4}}{306.5} \times 6.023 \times 10^{23} \approx 2.6 \times 10^{17}$(分子·cm^{-3})。

（4）硬脂酸钠总分子数$=\dfrac{5}{306.5} \times 6.023 \times 10^{23} \approx 9.8 \times 10^{21}$(分子)，设不考虑过硫酸钾和乳化剂所占的体积，并忽略苯乙烯和水混合的体积效应，则乳液体系的总体积数$=100/0.9 + 200 = 311$(cm^3)，1 cm^3 硬脂酸钠总分子数$=9.8 \times 10^{21}/311 \approx 3.15 \times 10^{19}$(分子·cm^{-3})。溶解在水中的硬脂酸钠分子数$=2.6 \times 10^{17}$(分子·cm^{-3})，形成胶束的硬脂酸钠分子数$=3.15 \times$

$10^{19} - 2.6 \times 10^{17} \approx 3.12 \times 10^{19}$(分子·cm^{-3})。每个胶束含有 100 个硬脂酸钠分子,则 1 cm^3 所含的胶束数 $= 3.12 \times 10^{19}/100 = 3.12 \times 10^{17}$(分子·cm^{-3})。

(5) 过硫酸钾总分子数 $=(0.3/270) \times 6.023 \times 10^{23} \approx 6.69 \times 10^{20}$ 分子,1 cm^3 水中过硫酸钾分子数 $= 6.69 \times 10^{20}/200 \approx 3.35 \times 10^{18}$(分子·cm^{-3})。

(6) 初级自由基形成速率 $R_i = 2k_d[I] = 2 \times 9.5 \times 10^{-7} \times 3.35 \times 10^{18} \approx 6.36 \times 10^{12}$(分子·cm^{-3}·s^{-1})。

(7) 当转化率为 50% 时,单体苯乙烯和聚苯乙烯所占的总体积 $= 50/0.9 + 50/1.05 \approx 103$(cm^3),每个乳胶粒的体积 $V = \dfrac{4}{3} \times 3.14 \times \left(\dfrac{10^{-5}}{2}\right)^3 = 5.23 \times 10^{-16}$(cm^3),总乳胶粒数 $= \dfrac{103}{5.23 \times 10^{-16}} = 1.98 \times 10^{17}$(分子·cm^{-3})。设不考虑过硫酸钾和乳化剂所占的体积,并忽略苯乙烯和水混合的体积效应,则乳液体系的总体积 $= 100/0.9 + 200 = 311$(cm^3),1 cm^3 乳胶的乳胶粒子数 $= 1.98 \times 10^{17}/311 = 6.37 \times 10^{14}$(分子·cm^{-3})。

2-123 计算苯乙烯乳液聚合速率和聚合度。已知:60 ℃ 时,$k_p = 176$ L·mol^{-1}·s^{-1},$[M] = 5.0$ mol·L^{-1},$N = 3.2 \times 10^{14}$ 分子·mL^{-1},$\rho = 1.1 \times 10^{12}$ 分子·mL^{-1}·s^{-1}。

答
$$R_p = \frac{10^3 N k_p [M]}{2N_A} = \frac{10^3 \times 3.2 \times 10^{14} \times 176 \times 5.0}{2 \times 6.023 \times 10^{23}} = 2.34 \times 10^{-4}$$

$$\overline{X}_n = \frac{N k_p [M]}{\rho} = \frac{3.2 \times 10^{14} \times 176 \times 5.0}{1.1 \times 10^{12}} = 2.56 \times 10^5$$

2-124 比较苯乙烯在 60 ℃ 下本体聚合和乳液聚合的速率和聚合度。乳胶粒数 $= 1.0 \times 10^{15}$ 分子·mL^{-1},$[M] = 5.0$ mol·L^{-1},$\rho = 5.0 \times 10^{12}$ 分子·mL^{-1}·s^{-1}。两体系的速率常数相同:$k_p = 176$ L·mol^{-1}·s^{-1},$k_t = 3.6 \times 10^7$ L·mol^{-1}·s^{-1}。

答 本体聚合:

$$R_i = \frac{\rho}{N_A} = \frac{5.0 \times 10^{12}}{6.023 \times 10^{23}} = 8.3 \times 10^{-12} \text{(mol·mL}^{-1}\text{·s}^{-1}\text{)} = 8.3 \times 10^{-9} \text{(mol·L}^{-1}\text{·s}^{-1}\text{)}$$

$$R_p = k_p[M]\left(\frac{R_i}{2k_t}\right)^{1/2} = 176 \times 5.0 \times \left(\frac{8.3 \times 10^{-9}}{2 \times 3.6 \times 10^7}\right)^{1/2} = 9.45 \times 10^{-6} \text{(mol·L}^{-1}\text{·s}^{-1}\text{)}$$

$$\nu = \frac{k_p^2 [M]^2}{2 k_t R_p} = \frac{176^2 \times 5.0^2}{2 \times 3.6 \times 10^7 \times 9.45 \times 10^{-6}} = 1.14 \times 10^3$$

$$\overline{X}_n = \frac{\nu}{C/2 + D} = \frac{1.14 \times 10^3}{0.77/2 + 0.23} = 1.85 \times 10^3$$

乳液聚合:

$$R_p = \frac{10^3 N k_p [M]}{2N_A} = \frac{10^3 \times 1.0 \times 10^{15} \times 176 \times 5}{2 \times 6.023 \times 10^{23}} = 7.3 \times 10^{-4} \text{(mol·L}^{-1}\text{·s}^{-1}\text{)}$$

$$\overline{X}_n = \frac{N k_p [M]}{\rho} = \frac{1 \times 10^{15} \times 176 \times 5}{5 \times 10^{12}} = 1.76 \times 10^5$$

2-125 在 60 ℃ 下乳液聚合制备聚丙烯酸酯类胶乳,配方如下表,聚合时间 8 h,转化率 100%。下列表各组分变动时,第二阶段的聚合速率有何变化?(1) 用 6 份十二烷基硫酸钠;(2) 用 2 份过硫酸钾;(3) 用 6 份十二烷基硫酸钠和 2 份过硫酸钾;(4) 添加 0.1 份十二硫醇(链转移剂)。

丙烯酸乙酯	水	过硫酸钾	十二烷基硫酸钠	焦磷酸钠(pH缓冲剂)
100	133	1	3	0.7

答 （1）在上表配方中将十二烷基硫酸钠增至6份，乳化剂浓度增加，胶束增多，聚合速率加快。

（2）在上表配方中将过硫酸钾增至2份，自由基浓度增加，聚合速率加快。

（3）在上表配方中将十二烷基硫酸钠增至6份，同时将过硫酸钾增至2份，聚合速率加快很多。

（4）在上表配方中添加0.1份十二硫醇，加速链转移，聚合物的相对分子质量降低。

2-126 比较苯乙烯和乙酸乙酯的自由基聚合，试扼要说明下列问题：(1) 链终止方式；(2) 聚合物的支化程度；(3) 自动加速现象；(4) 采用过氧化物类引发剂，引发效率 f 的大小。

答 聚苯乙烯，偶合为主，单体转移和引发剂转移较少，支化程度较小，会产生自动加速。

聚乙酸乙酯，歧化为主，自由基比较活泼，发生多种转移，支化较严重，会产生自动加速，引发剂的诱导分解比较严重，f 较小。

2-127 工业上用自由基聚合生产的大品种有哪些？试简述它们常用的聚合方法和聚合条件。

答 主要有 PMMA、PS、PE、PVC 等。

PMMA 主要用本体聚合。条件：先在 90~95 ℃ 聚合至转化率为 10%~20%，然后用冰水冷却待用。将预聚物灌入平板模中慢慢升温至 40~50 ℃ 聚合数天使转化率达到 90% 左右。

PE 高压聚合可用本体聚合。条件：压力 $1.5×10^7$ Pa，温度 180~200 ℃，微量氧为引发剂。

PVC 可用悬浮聚合。条件：氯乙烯压缩成液态，搅拌悬浮于水中，温度 45~65 ℃，过氧化乙酰基环己烷磺酰(ACSP)、过氧化二碳酸二异丙酯(IPP)和过氧化特戊酸叔丁酯(BPP)等高活性和中活性引发剂并用的引发体系，PVA 等为分散剂。

PS 可用悬浮聚合。条件：BPO 为引发剂，PVA 等为分散剂，温度 85~90 ℃（PS 的本体聚合前面已叙述）。

2-128 什么是活性聚合？自由基活性聚合有什么困难？简述自由基活性聚合的主要方法。

答 活性聚合是指在适当的合成条件下，无链终止与链转移反应，链增长活性中心浓度保持恒定的时间比完成合成反应所需的时间长数倍的聚合反应。活性聚合是"可控聚合"，可制得各种结构规整的聚合物，相对分子质量分布窄（$\overline{M_w}/\overline{M_n}<1.1$），从而实现分子设计。

自由基活性聚合非常困难。原因有二：第一，自由基本身会发生难以避免的歧化终止和偶合终止，自由基聚合反应具有速终止的特点；第二，大多数自由基引发剂的分解速率极低，聚合增长反应比链引发反应快，导致相对分子质量分布宽。

在自由基聚合中，设法降低自由基的浓度或活性，就可减弱双基终止，有望达到可控（活性）聚合的目的。一般可令自由基与某种化合物反应，使退化成休眠种。但希望休眠种仍能分解成自由基，构成可逆平衡，并要求平衡倾向于休眠种一侧，以降低自由基浓度和终止速率。活性种与休眠种互变速率与增长速率之比越大，则相对分子质量分布越窄。

自由基活性聚合主要方法有三种：①氮氧稳定自由基控制的自由基聚合。②可逆加成-裂解链转移自由基聚合。③原子转移自由基聚合。

【名词解释索引】

聚合上限温度(2-13题)。链引发,链增长,链终止,基元反应(2-21题)。双基偶合终止,双基歧化终止(2-22题)。热聚合,光引发聚合,辐照聚合(2-34题)。引发剂活性,分解速率常数,半衰期(2-41题)。引发效率(2-48题)。诱导分解,笼蔽效应(2-49题)。自由基聚合动力学方程(2-51题)。自动加速现象(2-65题)。动力学链长(2-68题)。链转移,链转移常数,链转移速率常数(2-79题)。调聚反应(2-81题)。阻聚剂,缓聚剂,诱导期(2-99题)。本体聚合,溶液聚合(2-104题)。悬浮聚合(2-104,2-109题)。乳液聚合(2-104,2-111题)。胶束,临界胶束浓度(2-114题)。活性聚合,原子转移自由基聚合(2-128题)。

第 3 章 自由基共聚合

3.1 共聚物的类型及命名

3-1 定义共聚合反应和共聚物。

答 由两种或两种以上单体参与的链式聚合反应称为共聚合反应,相应地,其聚合产物分子结构中含有两种或两种以上单体的单元称为共聚物。

3-2 无规共聚物、交替共聚物、嵌段共聚物、接枝共聚物的结构有何差异?在这些共聚物名称中,对前后单体的位置有何规定?

答 无规共聚物:聚合物中两单元 M_1、M_2 无规排列,而且 M_1、M_2 连续的单元数不多。名称中前一单体为主单体,后一单体为第二单体。

交替共聚物:聚合物中两单元 M_1、M_2 严格相间,名称中前后单体互换也可。

嵌段共聚物:由几百到几千结构单元组成的 M_1 链段和 M_2 链段,名称中前后单体代表链段嵌合次序。

接枝共聚物:主链由一种单元组成,支链则由另一种单元组成,名称中前单体为主链,后单体为支链。

3-3 根据共聚物的命名原则,共聚物名称中不同单体的先后顺序是怎样规定的?

答 对于无规共聚物,含量多的单体名称在前,含量少的单体名称在后。对于嵌段共聚物,先加入的单体名称在前,后加入的单体名称在后。对于接枝共聚物,构成大分子主链的单体名称在前,构成支链的单体名称在后。

3-4 共聚合有什么实际意义?举实例说明。

答 开发聚合物新品种;提高聚合物的综合性能,通过共聚反应可吸取几种均聚物的长处,改进多种性能,如机械性能、溶解性能、抗腐蚀性能和老化性能等,从而获得综合性能均衡优良的聚合物。例如,乙丙橡胶是由乙烯和丙烯共聚而成的无规共聚物,聚乙烯和聚丙烯都是塑料,但适当比例共聚后得到弹性体。

3-5 为什么大多数具有使用价值的共聚反应都是自由基共聚反应?

答 这是由于:①能进行自由基共聚反应的单体多。②自由基共聚产物的组成控制比其他类型的共聚反应更容易。③适宜单体对的种类多且便宜易得。

3.2 二元共聚物组成微分方程与竞聚率

3-6 什么是共聚物组成?共聚物组成与哪些因素有关?

答 大分子链上两种结构单元的比例称为共聚物组成。共聚物组成取决于投料比、单体活性和自由基活性。

3-7 什么是恒比点?

答 某瞬时共聚物中,结构单元 M_1 的含量与单体混合物中 M_1 单体含量相等的点称为恒比点。

3-8 说明竞聚率 r_1 与 r_2 的意义,并说明如何用 r_1、r_2 计算单体的相对活性和自由基的相对活性。

答 $r_1=k_{11}/k_{12}$，即链自由基～M_1·与单体 M_1 的反应能力和它与单体 M_2 的反应能力之比，或两单体 M_1、M_2 与链自由基～M_1·反应时的相对活性。

$r_2=k_{22}/k_{21}$，即链自由基～M_2·与单体 M_2 的反应能力和它与单体 M_1 的反应能力之比，或两单体 M_1、M_2 与链自由基～M_1·反应时的相对活性。

已知 $r_1=k_{11}/k_{12}$，取其倒数 $1/r_1=k_{12}/k_{11}$，如果固定一单体 M_1，用不同的第二单体 M_2、M_2'、M_2''、…与 M_1 共聚，利用它们的 r_1、r_1'、r_1''、…，再取其倒数 $1/r_1$、$1/r_1'$、$1/r_1''$、…，则 $1/r_1$、$1/r_1'$、$1/r_1''$、…的大小表示了单体 M_2、M_2'、M_2''、…的相对活性大小。

已知 $r_1=k_{11}/k_{12}$，则 $k_{12}=k_{11}/r_1$。如果已知某一组单体 M_1、M_1'、M_1''、…各自的链增长速率常数，即 k_{11}、k_{11}'、k_{11}''、…和它们分别与另一单体共聚时的竞聚率 r_1、r_1'、r_1''、…，由此可算出 k_{12}、k_{12}'、k_{12}''、…，则它们的大小表示了链自由基～M_1·、～M_1'·、～M_1''·、…的相对活性。

3-9 写出二元共聚物组成微分方程，说明式中各项的物理意义、推导所用的基本假设条件和方程适用范围。

答
$$\frac{d[M_1]}{d[M_2]}=\frac{[M_1]}{[M_2]}\cdot\frac{r_1[M_1]+[M_2]}{r_2[M_2]+[M_1]}$$

$[M_1]$ 和 $[M_2]$ 分别为单体 1 和单体 2 的浓度，$d[M_1]/d[M_2]$ 为某一瞬间所得共聚物的组成，r_1 和 r_2 分别为单体 1 和单体 2 的竞聚率。

共聚物微分方程的基本假设条件为：①链自由基的活性与链的长短无关，也与前末端(倒数第二)单体单元无关，仅取决于链末端单体单元。②无解聚反应，即不可逆聚合。③共聚物相对分子质量很大时，可忽略链引发和链转移反应的单体消耗，即单体仅消耗于链增长反应，因此共聚物的组成仅由链增长反应决定。④稳态时，总活性中心浓度恒定，活性链相互转变速率相等。

原则上满足以上假设条件的二元共聚反应(含离子型共聚)都可适用。但该方程只适用于低转化率，这是由于两种单体的竞聚率不同，随着共聚反应的进行，单体配比不断发生变化，只有低转化率时共聚组成与起始投料比之间的近似关系才成立。高转化率时，未反应单体组成与瞬间共聚物组成之间的关系也可以用这个方程计算，但需用积分式。

3-10 推导二元共聚物组成微分方程的基本假设与推导自由基均聚动力学方程的基本假设有何异同？

答 总的来说，同样是作了等活性、无副反应、长链和稳态假设。稳态假设在二元共聚物组成微分方程推导时包括两个方面：①链终止速率与链引发速率相等，这与均聚合时一样。②两种自由基之间的互变速率也相等，这与均聚合时不同。长链假设与均聚有所不同，按照长链假设得到的最终重要结论是：共聚物组成只与四个链增长反应有关，而与链引发反应和链终止反应无关。

3-11 试从自由基共聚合组成方程讨论聚合过程共聚物组成变化的规律及希望控制生成具有恒定组成的共聚物的方法。

答
$$\frac{d[M_1]}{d[M_2]}=\frac{[M_1]}{[M_2]}\cdot\frac{r_1[M_1]+[M_2]}{r_2[M_2]+[M_1]}$$

$r_1=r_2=1$：$\dfrac{d[M_1]}{d[M_2]}=\dfrac{[M_1]}{[M_2]}$； $r_1r_2=1$：$\dfrac{d[M_1]}{d[M_2]}=r_1\dfrac{[M_1]}{[M_2]}$

$r_1=r_2=0$：$\dfrac{d[M_1]}{d[M_2]}=1$； $r_1>0,r_2=0$：$\dfrac{d[M_1]}{d[M_2]}=1+r_1\dfrac{[M_1]}{[M_2]}$

$r_1>1, r_2<1, r_1r_2<1$,共聚曲线处于 F_1-f_1 对角线上方,$\dfrac{d[M_1]}{d[M_2]}>\dfrac{[M_1]}{[M_2]}$。

$r_1<1, r_2<1$,有恒比点 $\dfrac{[M_1]}{[M_2]}=\dfrac{1-r_2}{1-r_1}$;$r_1>1, r_2<1$,存在恒比点,形成嵌段共聚物。

控制方法:①控制转化率的一次投料法。②补加活泼单体法。

3-12 当 $r_1=r_2=1$;$r_1=r_2=0$;$r_1<0, r_2<0$ 等特殊情况下,$F_1=f(f_1)$ 的函数关系如何?

答 当 $r_1=r_2=1$ 时,$F_1=f_1$;当 $r_1=r_2=0$ 时,$F_1=0.5$,与 f_1 无关;当 $r_1<0, r_2<0$ 时,存在恒比点,此时 $F_1=f_1=\dfrac{1-r_2}{2-r_1-r_2}$。

3-13 下列各组 r_1、r_2 值的单体对,预期生成什么类型聚合物?(1) $r_1=0, r_2=0$;(2) $r_1\gg 1, r_2\gg 1$;(3) $r_1=1, r_2=1$;(4) $r_1=\infty, r_2=0$。

答 (1) 交替共聚物;(2) 嵌段共聚物(但 M_1 和 M_2 链段都不长);(3) 无规共聚物;(4) M_1 的均聚物。

3-14 用简单语言或计算说明当 $r_1<1, r_2=0$ 时共聚物组成是否可能 $M_1<M_2$。

答 r_1, r_2 为两种链增长反应的速率常数之比,表征单体的相对活性,其中 $r_1=k_{11}/k_{12}$,$r_2=k_{22}/k_{21}$。已知 $r_1<1, r_2=0$,即 $k_{11}<k_{12}, k_{22}=0$,这说明单体 M_2 不能自聚只能共聚,且 M_2 与 $\sim M_1\cdot$ 的结合速率大于 M_1 与 $\sim M_2\cdot$ 的结合速率,因此无论 M_2 的浓度多大,共聚物组成中 M_2 总是小于 M_1。可见共聚物组成中 $M_1<M_2$ 是不可能的。另一方面,根据共聚物组成微分方程,在某一瞬间

$$\dfrac{d[M_1]}{d[M_2]}=\dfrac{[M_1]}{[M_2]}\cdot\dfrac{r_1[M_1]+[M_2]}{r_2[M_2]+[M_1]}=\dfrac{[M_1]}{[M_2]}\left(r_1+\dfrac{[M_2]}{[M_1]}\right)=1+r_1\dfrac{[M_1]}{[M_2]}>1$$

即 $d[M_1]>d[M_2]$,也说明共聚物组成中 $M_1<M_2$ 是不可能的。

3-15 理想共聚和理想恒比共聚的区别是什么?

答 理想恒比共聚是指共聚物组成和单体组成完全相同的共聚,其共聚物组成曲线为一恒比对角线。而理想共聚是共聚物组成与单体组成成简单的比例关系,其共聚物组成曲线不与恒比对角线相交,而与另一对角线对称。

3-16 如何判断二元组分自由基型加聚反应体系是否存在恒比共聚点?为什么?证明恒比共聚点的共聚物组成 $F_1=\dfrac{1-r_2}{2-r_1-r_2}$。

答 当 $r_1<1, r_2<1$ 时存在恒比共聚点。因为共聚物组成与原料单体投料比相同,把 $F_1=f_1$ 代入摩尔分数共聚方程 $F_1=\dfrac{r_1f_1^2+f_1f_2}{r_1f_1^2+2f_1f_2+r_2f_2^2}$,解得 $F_1=\dfrac{1-r_2}{2-r_1-r_2}$。

3-17 顺丁烯二酸酐和 1,2-二苯乙烯都不能均聚,因为空间障碍太大。但这两个单体却能交替共聚,$r_1=r_2=0.03$。为什么能共聚?

答 由于极性效应超过空间障碍的作用。

3-18 在自由基共聚合反应中,苯乙烯的相对活性远大于乙酸乙烯,当乙酸乙烯均聚时如果加入少量苯乙烯,则乙酸乙烯难以聚合。试解释发生这一现象的原因。

答 乙酸乙烯(简称 VAc, $r_1=55$)和苯乙烯(简称 S, $r_2=0.01$)的共聚反应中存在以下四种链增长反应,其链增长速度常数如下:

$\sim S\cdot + S \longrightarrow \sim SS\cdot \qquad k_{11}=176\ \text{L}\cdot\text{mol}^{-1}\cdot\text{s}^{-1}$

$\sim S\cdot + VAc \longrightarrow \sim SVAc\cdot \qquad k_{12}=3.2\ \text{L}\cdot\text{mol}^{-1}\cdot\text{s}^{-1}$

$$\sim\text{VAc}\cdot+\text{VAc} \longrightarrow \sim\text{VAcVAc}\cdot \qquad k_{22}=3700 \text{ L}\cdot\text{mol}^{-1}\cdot\text{s}^{-1}$$

$$\sim\text{VAc}\cdot+\text{S} \longrightarrow \sim\text{VAcS}\cdot \qquad k_{21}=370\,000 \text{ L}\cdot\text{mol}^{-1}\cdot\text{s}^{-1}$$

如果单体中加有少量苯乙烯,由于 $k_{21}\gg k_{22}$,所以 $\sim\text{VAc}\cdot$ 很容易转变为 $\sim\text{VAcS}\cdot$,而 $\sim\text{VAcS}\cdot$ 再转变成 $\sim\text{SVAc}\cdot$ 则相当困难。因为体系中绝大部分单体是 VAc,所以少量苯乙烯的存在大大降低了乙酸乙烯的聚合速度。

3-19 以各种投料比合成的苯乙烯(单体1)与氯丁二烯(单体2)的共聚物的碳和氯百分含量列于下表。计算苯乙烯在共聚物中的摩尔分数 F_1。画出共聚组成曲线,求 r_1 和 r_2。

f_1	0.892	0.649	0.324	0.153
C %	81.80	71.34	64.59	58.69
Cl %	10.88	20.14	27.92	34.79

答 以 $f_1=0.892$ 的 Cl%=10.88 出发计算为例,$\dfrac{35.5(1-F_1)}{104F_1+88.5(1-F_1)}=10.88\%$,解得 $F_1=0.695$。同理求得 $f_1=0.649, F_1=0.448$;$f_1=0.324, F_1=0.262$;$f_1=0.153, F_1=0.110$。共聚组成曲线图略。代入 $F_1=\dfrac{r_1 f_1^2+f_1 f_2}{r_1 f_1^2+2f_1 f_2+r_2 f_2^2}$,解得 $r_1=0.26, r_2=1.02$。

3-20 苯乙烯(M_1)和丙烯酸甲酯(M_2)在苯中共聚,已知 $r_1=0.75, r_2=0.20$,$[M_1]=1.5$ mol·L^{-1},$[M_2]=3.0$ mol·L^{-1}。求起始共聚物的组成。

答 由 $[M_1]=1.5$ mol·L^{-1},$[M_2]=3.0$ mol·L^{-1} 得起始 $f_1=0.33, f_2=0.67$,所以起始共聚物组成

$$F_1=\frac{r_1 f_1^2+f_1 f_2}{r_1 f_1^2+2f_1 f_2+r_2 f_2^2}=\frac{0.75\times 0.33^2+0.33\times 0.67}{0.75\times 0.33^2+2\times 0.33\times 0.67+0.20\times 0.67^2}=0.50$$

3-21 氯乙烯(M_1)-乙酸乙烯酯(M_2)60 ℃自由基共聚,$r_1=1.68, r_2=0.23$。绘出上述单体共聚的共聚物组成曲线,并求出当乙酸乙烯酯的浓度为15%(质量分数)时对应的共聚物组成 F_1。

答 曲线略。$f_1=\dfrac{[M_1]}{[M_1]+[M_2]}=\dfrac{85\%/62.5}{85\%/62.5+15\%/86}=0.886, f_2=0.114$,则

$$F_1=\frac{r_1 f_1^2+f_1 f_2}{r_1 f_1^2+2f_1 f_2+r_2 f_2^2}=\frac{1.68\times 0.886^2+0.886\times 0.114}{1.68\times 0.886^2+2\times 0.886\times 0.114+0.23\times 0.114^2}=0.932$$

3-22 甲基丙烯酸甲酯($r_1=0.444$)与 2,5-二氯苯乙烯($r_2=2.25$)在 60 ℃共聚,如果要求在初期生成的共聚物中甲基丙烯酸甲酯的摩尔分数在16%左右,应如何控制配料?

答 $F_1=\dfrac{r_1 f_1^2+f_1 f_2}{r_1 f_1^2+2f_1 f_2+r_2 f_2^2}=\dfrac{0.444\times f_1^2+f_1(1-f_1)}{0.444\times f_1^2+2f_1(1-f_1)+2.25\times(1-f_1)^2}=0.16$

解得 $f_1=0.30$。

3-23 如果两种单体进行共聚的竞聚率为 $r_1=0.40, r_2=0.60$,要求所得共聚物中两种结构单元之比为 $F_1=0.50$,试设计两种单体的合理投料比。若单体1的投料浓度为 2 mol·L^{-1},求单体2的投料浓度。

答 $F_1=\dfrac{r_1 f_1^2+f_1 f_2}{r_1 f_1^2+2f_1 f_2+r_2 f_2^2}=\dfrac{0.40\times f_1^2+f_1(1-f_1)}{0.4\times f_1^2+2f_1(1-f_1)+0.6\times(1-f_1)^2}=0.50$

解得 $f_1=0.55$。$f_1=\dfrac{[M_1]_0}{[M_1]_0+[M_2]_0}=\dfrac{2}{2+[M_2]_0}=0.55$,解得 $[M_2]_0=1.64$ mol·L^{-1}。

3-24 单体 M_1 和 M_2 进行共聚,50 ℃时,$r_1=4.4$,$r_2=0.12$,计算并回答:(1) 如两单体极性相差不大,空间效应的影响也不显著,则取代基的共轭效应哪个大?试解释;(2) 开始生成的共聚物摩尔分数 M_1 和 M_2 各占 50%,则起始的单体组成是多少?(3) 以(2)算得的起始单体组成投料,并假定每 10% 的转化率范围内共聚物组成是常数,求单体总转化率达 20% 时的共聚物组成。

答 (1) $1/r_1$ 较小,所以单体 M_2 较不活泼,也就是单体 M_1 较活泼。由于共轭效应越强,单体活性越大,所以 M_1 的取代基的共轭效应较大。

(2) 计算公式同 3-23 题,得 $f_1^0=0.142$。

(3) $50\%=\dfrac{0.142-(1-10\%)f_1}{10\%}$,$f_1=0.102$,则

$$\overline{F_1}=\dfrac{f_1^0-(1-C)f_1}{C}=\dfrac{0.142-(1-20\%)\times0.102}{20\%}=0.302$$

3-25 单体 M_1 和 M_2 进行共聚,$r_1=0$,$r_2=0.5$。计算并回答:(1) 合成组成是否可能为 $M_2<M_1$ 的共聚物?(2) 起始单体组成 $f_1=50\%$ 时,共聚物组成 F_1 为多少?(3) 如果要维持(2)中算得的 F_1,变化不超过 5%,则需控制转化率为多少?

答 (1) 合成组成为 $M_2<M_1$ 的共聚物是不可能的,因为 M_1 不能均聚,而 M_2 能均聚。进一步解释见 3-14 题。

(2) $F_1=\dfrac{r_1f_1^2+f_1f_2}{r_1f_1^2+2f_1f_2+r_2f_2^2}=\dfrac{0.5\times0.5}{2\times0.5\times0.5+0.5\times0.5^2}=0.4$。

(3) F_1 不超过 5%,即 $F_1=0.4\times(1+5\%)=0.42$,反过来用共聚方程求得此时的 $f_1=0.57$,由 $\overline{F_1}=\dfrac{f_1^0-(1-C)f_1}{C}$,$0.4=\dfrac{0.5-(1-C)\times0.57}{C}$,$C=41.2\%$,即转化率要控制在 41.2% 以下。

3-26 两单体的竞聚率 $r_1=2.0$,$r_2=0.5$。如 $f_1^0=0.5$,转化率 $C=50\%$,求共聚物的平均组成。

答 转化率超过 10%,属高转化率,用积分公式计算。

$$C=1-\left(\dfrac{f_1}{f_1^0}\right)^\alpha\left(\dfrac{f_2}{f_2^0}\right)^\beta\left(\dfrac{f_1^0-\delta}{f_2^0-\delta}\right)^\gamma$$

式中

$$\alpha=\dfrac{r_2}{1-r_2}\quad \beta=\dfrac{r_1}{1-r_1}\quad \gamma=\dfrac{1-r_1r_2}{(1-r_1)(1-r_2)}\quad \delta=\dfrac{1-r_2}{2-r_1-r_2}$$

由于 $r_1=2.0$,$r_2=0.5$,所以 $\alpha=1$,$\beta=-2$,$\gamma=0$,$\delta=-1$。上式简化成 $C=1-\left(\dfrac{f_1}{f_1^0}\right)\left(\dfrac{f_2}{f_2^0}\right)^{-2}$,代入已知值得 $f_1=\dfrac{3+\sqrt{5}}{2}$。$\overline{F_1}=\dfrac{f_1^0-(1-C)f_1}{C}=0.62$。

3-27 M_1 和 M_2 两种单体进行自由基共聚时,$r_1=0.44$,$r_2=1.40$,试分析该对单体的共聚反应类型及共聚物中两种单体的排列方式,若要指定生产具有某一 F_1 值的共聚物,应如何控制共聚反应的进行?

答 无恒比点非理想共聚,如 $M_1M_2M_2M_2M_1M_2M_2M_2M_2M_1M_2$。补加活泼单体 M_2。

3-28 已知丙烯腈(M_1)与偏氯乙烯(M_2)共聚时的 $r_1=0.91$,$r_2=0.37$。

(1) 试作 $d[M_1]/(d[M_1]+d[M_2])$-$[M_1]/([M_1]+[M_2])$ 曲线(也称 F_1-f_1 曲线);

(2) 由曲线求出恒比共聚物的 $f_1\{[M_1]/([M_1]+[M_2])\}$；

(3) 当原料的质量配比为 $M_1：M_2=20：80$ 时，求反应初期共聚物中丙烯腈(M_1)的质量分数。

答 (1) 图略。

(2) $f_1 = \dfrac{1-r_2}{2-r_1-r_2} = \dfrac{1-0.37}{2-0.91-0.37} = 0.875$。

(3) $F_1 = \dfrac{r_1 f_1^2 + f_1 f_2}{r_1 f_1^2 + 2 f_1 f_2 + r_2 f_2^2} = \dfrac{0.91 \times 0.04 + 0.2 \times 0.8}{0.91 \times 0.04 + 2 \times 0.2 \times 0.8 + 0.37 \times 0.64} = 0.33$。

3-29 今有下列单体对进行自由基共聚合反应：①苯乙烯(M_1)-甲基丙烯酸甲酯(M_2)，$r_1=0.52, r_2=0.46$；②苯乙烯(M_1)-乙烯乙基醚(M_2)，$r_1=0.8, r_2=3.2$；③氯乙烯(M_1)-偏二氯乙烯(M_2)，$r_1=0.3, r_2=3.2$；④偏二氯乙烯(M_1)-甲基丙烯酸甲酯(M_2)，$r_1=1.0, r_2=1.0$。

讨论：(1) 能否得到交替共聚物？(2) 有无恒比共聚点？此时聚合物组成如何？

答 (1) 均不能得到交替共聚物。

(2) ④为理想恒比共聚，共聚物组成始终与单体配比相同，即 $F_1=f_1$；①有恒比点，$F_1=f_1=\dfrac{1-r_2}{2-r_1-r_2}=\dfrac{1-0.46}{2-0.54-0.46}=0.54$。

3-30 已知下列四个单体对分别进行自由基聚合，它们的竞聚率如下：①苯乙烯(M_1)-顺丁烯二酸酐(M_2)，$r_1=0.01, r_2=0$；②偏二氯乙烯(M_1)-甲基丙烯酸甲酯(M_2)，$r_1=1.0, r_2=1.0$；③乙烯(M_1)-四氟乙烯(M_2)，$r_1=0.38, r_2=0.1$；④乙酸乙烯酯(M_1)-氯乙烯(M_2)，$r_1=0.23, r_2=0.68$。

试简要回答：(1) 根据上述单体对的竞聚率，粗略地画出四个单体对的共聚组成曲线；(2) 哪一对单体对存在恒比共聚点？试求恒比共聚点的共聚物组成 F_1，并计算在该点时两单体对分子之比$[M_1]_\text{恒}/[M_2]_\text{恒}$。

答 (1) ①的共聚物组成曲线为一条对角线；②的曲线为 $F_1=0.5$ 的一条水平横线；③的曲线为在对角线附近先上后下的反 S 形曲线，曲线与对角线的交点是恒比点；④的曲线为在对角线附近先下后上的 S 形曲线，曲线与对角线的交点是恒比点。

(2) ③和④存在恒比共聚点。对于③，$F_1=f_1=\dfrac{1-0.1}{2-0.38-0.1}=0.59$，$f_1=\dfrac{[M_1]}{[M_1]+[M_2]}$，$[M_1]/[M_2]=\dfrac{f_1}{1-f_1}=0.59/0.41=1.44$。同理，对于④，得 $F_1=f_1=0.29$，$[M_1]/[M_2]=0.41$。

3-31 在共聚反应中，单体对的竞聚率如下：

	M_1	M_2	r_1	r_2
体系 1	苯乙烯	甲基丙烯腈	0.25	0.25
体系 2	乙酸乙烯	马来酸酐	0.055	0.003
体系 3	氯乙烯	偏氯乙烯	0.2	4.5

绘出各对单体形成共聚物的组成曲线，并说明其特征。计算 $f_1=0.5$ 时 F_1 的值。

答 体系 1：$r_1=0.25, r_2=0.25$，属于非理想恒比共聚（$r_1<1, r_2<1$）。恒比点 $F_1=f_1=\dfrac{1-r_2}{2-r_1-r_2}=0.5$，当 $f_1=0.5$ 时，$F_1=0.5$。

体系 2：$r_1=0.055, r_2=0.003$，属于交替共聚（$r_2\to 0$）。当 $f_1=0.5$ 时，$F_1=0.513$。

体系 3：$r_1=0.5, r_2=4.5$，属于非理想共聚（$r_1<1, r_2>1, r_1r_2<1$）。当 $f_1=0.5$ 时，$F_1=0.179$。

3-32 当 $r_1=r_2=1$；$r_1=r_2=0$；$r_1>0, r_2=0$；$r_1r_2=1$ 等特殊情况下，$d[M_1]/d[M_2]=f([M_1]/[M_2])$，$F_1=f(f_1)$ 的函数关系如何？

答 根据 $\dfrac{d[M_1]}{d[M_2]}=\dfrac{[M_1]}{[M_2]}\cdot\dfrac{r_1[M_1]+[M_2]}{r_2[M_2]+[M_1]}$

$$F_1=\frac{m_1}{m_1+m_2}=\frac{d[M_1]}{d[M_1]+d[M_2]}=\frac{r_1f_1^2+f_1f_2}{r_1f_1^2+2f_1f_2+r_2f_2^2} \quad (f_1+f_2=1)$$

(1) 当 $r_1=r_2=1$ 时，$\dfrac{d[M_1]}{d[M_2]}=\dfrac{[M_1]}{[M_2]}$，$F_1=f_1$；

(2) 当 $r_1=r_2=0$ 时，$\dfrac{d[M_1]}{d[M_2]}=1$，$F_1=\dfrac{1}{2}$（与 f_1 无关）；

(3) 当 $r_1>0, r_2=0$ 时，$\dfrac{d[M_1]}{d[M_2]}=1+r_1\dfrac{[M_1]}{[M_2]}=\dfrac{r_1[M_1]+[M_2]}{[M_2]}$，$F_1=\dfrac{d[M_1]}{d[M_1]+d[M_2]}=\dfrac{r_1[M_1]+[M_2]}{r_1[M_1]+2[M_2]}=\dfrac{r_1f_1+f_2}{r_1f_1+2f_2}=\dfrac{f_1(r_1-1)+1}{f_1(r_1-2)+2}$；

(4) 当 $r_1r_2=1$ 时，$\dfrac{d[M_1]}{d[M_2]}=r_1\dfrac{[M_1]}{[M_2]}$。

3-33 乙烯型单体 $CH_2=CH-X(M_1)$ 和 (M_2) 共聚。共聚的增长过程如下：

$$\sim\!\!\sim M_1\cdot + M_1 \xrightarrow{k_{11}} \sim\!\!\sim M_1M_1\cdot$$

$$\sim\!\!\sim M_1\cdot + M_2 \xrightarrow{k_{12}} \sim\!\!\sim M_1M_2\cdot$$

$$\sim\!\!\sim M_2\cdot + M_1 \xrightarrow{k_{21}} \sim\!\!\sim M_2M_1\cdot$$

(1) 运用稳态假设，并令 $r_1=\dfrac{k_{11}}{k_{12}}$，证明：$\dfrac{d[M_1]}{d[M_2]}=1+r_1\dfrac{[M_1]}{[M_2]}$；(2) 直接利用共聚方程，证明：$\dfrac{d[M_1]}{d[M_2]}=1+r_1\dfrac{[M_1]}{[M_2]}$。

证 (1) $\dfrac{d[M_1]}{dt}=R_{11}+R_{12}=k_{11}[M_1\cdot][M_1]+k_{21}[M_2\cdot][M_1]$

$$\dfrac{d[M_2]}{dt}=R_{12}=k_{12}[M_1\cdot][M_2]$$

$$\dfrac{d[M_1]}{d[M_2]}=\dfrac{k_{11}[M_1\cdot][M_1]+k_{21}[M_2\cdot][M_1]}{k_{12}[M_1\cdot][M_2]}$$

根据稳态假设，$k_{12}[M_1\cdot][M_2]=k_{21}[M_2\cdot][M_1]$，解得 $[M_2\cdot]=\dfrac{k_{12}}{k_{21}}\dfrac{[M_1\cdot][M_2]}{[M_1]}$，代入消去 $[M_1\cdot]$，并令 $r_1=\dfrac{k_{11}}{k_{12}}$，得 $\dfrac{d[M_1]}{d[M_2]}=\dfrac{k_{11}[M_1]+k_{12}[M_2]}{k_{12}[M_2]}$，所以 $\dfrac{d[M_1]}{d[M_2]}=1+r_1\dfrac{[M_1]}{[M_2]}$。

(2) 从共聚的增长过程可以得知，M_2 不能自聚，即 $r_2=0$，代入 $\dfrac{d[M_1]}{d[M_2]}=\dfrac{[M_1]}{[M_2]}\cdot$

$\dfrac{r_1[M_1]+[M_2]}{r_2[M_2]+[M_1]}$，得 $\dfrac{d[M_1]}{d[M_2]}=1+r_1\dfrac{[M_1]}{[M_2]}$。

3-34 在二元共聚过程中,试述测定竞聚率的方法(至少两种),并予以评述。当转化率高于 20% 时,其竞聚率如何测定?

答 （1）曲线法。以某一原料单体组成(已知 f_1、f_2)进行共聚,在尽可能低的转化率下终止聚合反应,分析共聚物组成计算 F_1。如此重复在几个不同的原料组成下进行共聚,分析得几个 F_1,由此作出 F_1-f_1 曲线,按 $F_1=\dfrac{r_1 f_1^2+f_1 f_2}{r_1 f_1^2+2f_1 f_2+r_2 f_2^2}$,用试差法计算与实验曲线相吻合的 r_1、r_2 值,此即所测竞聚率。

（2）直线交点法。由 $\dfrac{d[M_1]}{d[M_2]}=\dfrac{[M_1]}{[M_2]}\cdot\dfrac{r_1[M_1]+[M_2]}{r_2[M_2]+[M_1]}$,得 $r_2=\dfrac{[M_1]}{[M_2]}\left\{\dfrac{d[M_1]}{d[M_2]}\cdot\left(1+r_1\dfrac{[M_1]}{[M_2]}-1\right)\right\}$,将一次实验测得的 $\dfrac{[M_1]}{[M_2]}\cdot\dfrac{d[M_2]}{d[M_1]}$ 代入上式得一条以 r_1、r_2 为变数的直线方程。这样几次实验可得几条直线(图 3-1),利用直线交点即可求得竞聚率 r_1、r_2 值。

（3）截距斜率法(Fineman-Ross 法)。将 $\dfrac{d[M_1]}{d[M_2]}=\rho$、$\dfrac{[M_1]}{[M_2]}=R$ 代入 $\dfrac{d[M_1]}{d[M_2]}=\dfrac{[M_1]}{[M_2]}\cdot\dfrac{r_1[M_1]+[M_2]}{r_2[M_2]+[M_1]}$,得 $R(1-1/\rho)=r_1(R^2/\rho)-r_2$。这样做数次实验,计算出各次的 $R(1-1/\rho)$ 和 R^2/ρ 值,以 $R(1-1/\rho)$ 对 R^2/ρ 作图得一直线(图 3-2),其斜率为 r_1,截距为 $-r_2$,即可得到 r_1 和 r_2 值。

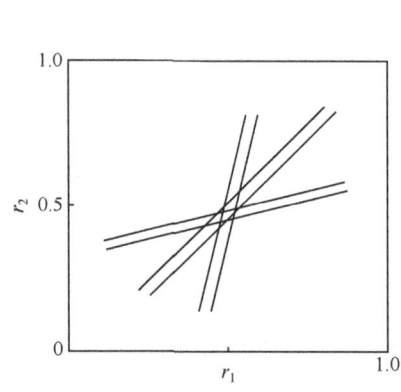

图 3-1　直线交点法求 r_1、r_2 值

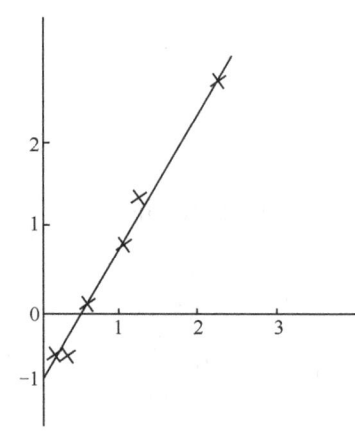

图 3-2　截距斜率法求 r_1、r_2 值

曲线法由于要用试差法,计算数据处理较复杂,并需与直线吻合。直线交点法由于实验误差,几条直线并不一定交于一点而呈现一个小区域,r_1、r_2 值任意性大,精确度差。截距斜率法比曲线法及交点法虽有所改进,但当 R 值过大或过小时,误差就比较大。

当转化率大于 20% 时,应采用共聚物组成方程的积分式

$$\log\dfrac{[M_1]}{[M_2]_0}=\dfrac{r_1}{1-r_2}\log\dfrac{[M_1]_0[M_2]}{[M_2]_0[M_1]}-\dfrac{1-r_1 r_2}{(1-r_1)(1-r_2)}\log\dfrac{(r_2-1)\dfrac{[M_2]}{[M_1]}+1-r_1}{(r_2-1)\dfrac{[M_2]}{[M_1]_0}+1-r_1}$$

$$r_2 = \frac{\log\frac{[M_2]_0}{[M_2]} - \frac{1}{P}\log\frac{1-P\frac{[M_1]}{[M_2]}}{1-P\frac{[M_1]_0}{[M_2]_0}}}{\log\frac{[M_1]_0}{[M_1]} + \log\frac{1-P\frac{[M_1]}{[M_2]}}{1-P\frac{[M_1]_0}{[M_2]_0}}}$$

其中

$$P = \frac{1-r_1}{1-r_2}$$

将已知的$[M_1]_0$、$[M_2]_0$和实验测得的$[M_1]$、$[M_2]$代入上式并且试差,假定一个P值,可求得r_2,由r_2和P即可求出r_1。假定几个P值便可求出几对r_1、r_2值,以r_1对r_2作图得一条直线,如此重复几次实验便得到几条直线,其直线交点处即为所求的r_1、r_2值。

3-35 相对分子质量为 72 和 53 的两种单体进行共聚,实验数据如下:

单体中$[M_1]/\%$(质量分数)	共聚物中 $d[M_1]/\%$(质量分数)
20	25.5
25	30.5
50	59.5
60	69.5
70	78.5
80	86.4

试用截距斜率法求r_1及r_2。

答 图略,得$r_1 = 1.74, r_2 = 0.84$。

3.3 典型二元共聚物组成曲线

3-36 画出二元交替共聚($r_1 = r_2 = 0$)的典型F_1-f_1曲线。

答 当$r_1 = r_2 = 0$时,$d[M_1]/d[M_2] = 1$,$F_1 = 0.5$。在F_1-f_1坐标体系中交替共聚物的组成曲线是$F_1 = 0.5$的一条水平线(图 3-3)。

3-37 画出二元理想共聚($r_1 r_2 = 1$)的典型F_1-f_1曲线。

答 可分两种情形。

(1) 理想恒比共聚:$r_1 = r_2 = 1$,这一条件下,无论配比和转化率如何,共聚物组成和单体组成完全相同,$F_1 = f_1$,共聚物组成曲线为一对角线(图 3-4)。

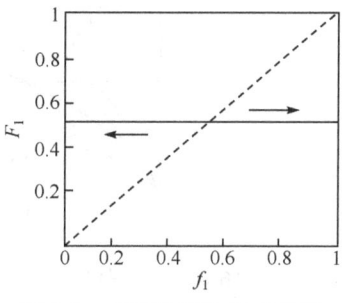

图 3-3 交替共聚物组成曲线

(2) $r_1 r_2 = 1$,但$r_1 \neq r_2$,在这种情形下,$\frac{d[M_1]}{d[M_2]} = r_1 \frac{[M_1]}{[M_2]}$,该式表明,共聚物中两单体物质的量比等于原料中两单体物质的量比的r_1倍。其F_1-f_1曲线随r_1的不同而不同程度地偏离对角线,并且与另一对角线成对称状况,不与恒比对角线相交(图 3-5)。

3-38 画出二元非理想共聚($r_1 r_2 \neq 1$)的典型F_1-f_1曲线。

答 可分三种情形。

(1) 无恒比点共聚($r_1 > 1, r_2 < 1$;或$r_1 < 1, r_2 > 1$)。在这种情形下,共聚单体对中的一种

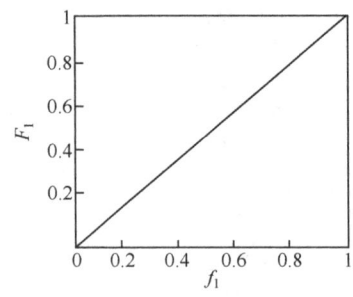
图 3-4 理想恒比共聚物组成曲线

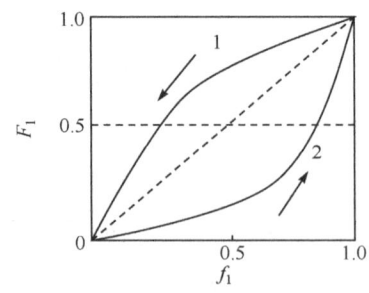
图 3-5 理想共聚物组成曲线

单体的均聚倾向大于共聚倾向,另一种单体的共聚倾向则大于均聚倾向,其 F_1-f_1 曲线与一般理想共聚相似。当 $r_1>1,r_2<1$ 时,曲线在对角线上方;当 $r_1<1,r_2>1$ 时,曲线在对角线的下方,都不会与对角线相交(图 3-6)。

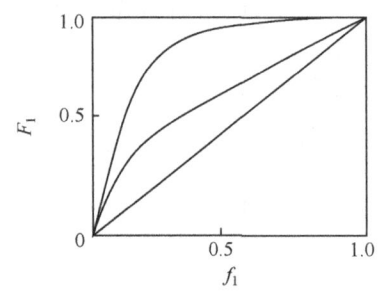
图 3-6 非理想非恒比共聚物组成曲线

(2) 有恒比点共聚($r_1<1,r_2<1$):在这种情形下,两种单体的均聚倾向小于共聚倾向,得到的共聚物为无规共聚物,其显著特征是 F_1-f_1 曲线与对角线相交(图 3-7),在此交点处共聚物的组成与原料单体投料比相同,称为恒比点。恒比点处的投料比为

$$\frac{[M_1]}{[M_2]}=\frac{1-r_2}{1-r_1} \quad \text{或} \quad F_1=f_1=\frac{1-r_2}{2-r_1-r_2}$$

当 $r_1=r_2<1$ 时,恒比点的 $F_1=f_1=0.5$,共聚物组成曲线相对于恒比点呈点对称。当 $r_1<1,r_2<1,r_1\neq r_2$ 时,恒比点不再在 $F_1=f_1=0.5$ 处,共聚物组成曲线相对于恒比点不再呈点对称。

(3) 嵌段或混均共聚($r_1>1,r_2>1$):这种情况极少见于自由基聚合,而多见于离子或配位共聚合。这种情况下,共聚单体对中的两种单体的均聚倾向都大于共聚,形成"短嵌段"共聚物,但这种"短嵌段"共聚物不具有商业应用价值。其 F_1-f_1 曲线也与对角线相交,具有恒比点,曲线的形态呈正"S"形(图 3-8)。

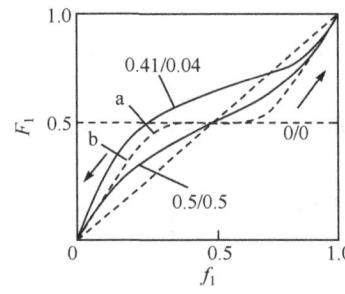
图 3-7 非理想恒比共聚物组成曲线

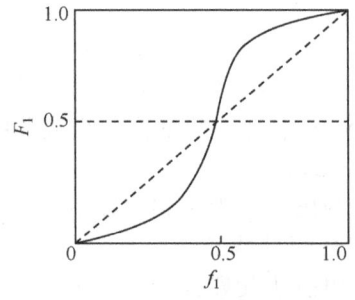
图 3-8 嵌段或混均共聚物组成曲线

3-39 粗略绘出下列共聚物反应的 F_1-f_1 曲线,并简单说明共聚物组成:(1) $r_1=0,r_2=0$;(2) $r_1=1,r_2=1$;(3) $r_1=0.1,r_2=0.5$;(4) $r_1=100,r_2=0.01$;(5) $r_1=0.01$, $r_2=100$。

答 根据 $F_1=\dfrac{r_1f_1^2+f_1f_2}{r_1f_1^2+2f_1f_2+r_2f_2^2}$,绘出的 F_1-f_1 曲线如图 3-9 所示。

(1) $r_1=0,r_2=0$,即 $k_{11}=k_{22}=0$,而 $k_{12}\neq 0,k_{21}\neq 0$。这说明两单体只能共聚而不能自聚,在共聚物分子中两

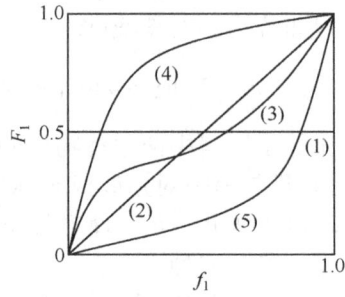
图 3-9 五类共聚反应的 F_1-f_1 曲线

单体单元将交替排列得到交替共聚物。

(2) $r_1=1$，$r_2=1$，即 $k_{11}=k_{12}$，$k_{21}=k_{22}$，说明无论是链自由基～M_1·或者～M_2·，它们与两单体反应时的活性都相同。因此，单体在原料中占多大比例，该单体单元在共聚物中就占多大比例，即 F_1 恒等于 f_1。

(3) $r_1=0.1$，$r_2=0.5$，只有在 $f_1=\dfrac{1-r_2}{2-r_1-r_2}=\dfrac{1-0.5}{2-0.1-0.5}=0.36$ 时，$f_1=F_1$，而在其他各点，随着共聚转化率的提高，共聚物组成不断改变，所以共聚物组成是不均一的。

(4) $r_1=100$，$r_2=0.01$，恰好 $r_1r_2=1$，此时为理想共聚。而 $F_1>f_1$，即共聚物组成中 M_1 所占分数比起始原料中多，但随着转化率的提高，M_1 几乎全部耗尽，共聚物中 M_2 的含量相对增加。

(5) $r_1=0.01$，$r_2=100$，恰好 $r_1r_2=1$，也为理想共聚，而 $F_1<f_1$ 即共聚物组成中 M_2 所占分数比起始原料中多，但随着转化率的提高，M_2 几乎全部耗尽，共聚物中 M_1 的含量相对增加。

3-40 丙烯腈(AN)-丙烯酸甲酯(MA)在 50 ℃下共聚，其竞聚率分别是 $r_1=0.25$，$r_2=1.54$。若起始原料配比为 AN：MA＝94：6（物质的量比），则：(1) 此时生成的共聚物中 AN 与 MA 的物质的量比和 F_1 各是多少？(2) 粗略画出共聚物组成曲线图，该共聚为何种共聚类型？

答 (1) $\dfrac{d[AN]}{d[MA]}=\dfrac{[AN]}{[MA]}\cdot\dfrac{r_1[AN]+[MA]}{r_2[MA]+[AN]}=\dfrac{[AN]}{[MA]}\cdot\dfrac{r_1\dfrac{[AN]}{[MA]}+1}{r_2+\dfrac{[AN]}{[MA]}}$

$$=\dfrac{94}{6}\times\dfrac{0.25\times94/6+1}{1.54+94/6}=4.48$$

$$F_1=\dfrac{d[AN]}{d[AN]+d[MA]}=0.818$$

(2) $r_1=0.25<1$，$r_2=1.54>1$，$r_1r_2<1$，故属于非理想共聚。共聚物组成曲线如图 3-10 所示。

3-41 已知氯乙烯(M_1)-乙酸乙烯酯(M_2)竞聚率为 $r_1=1.68$，$r_2=0.23$，甲基丙烯酸甲酯(M_1)-苯乙烯(M_2)竞聚率为 $r_1=0.46$，$r_2=0.52$。试作氯乙烯-乙酸乙烯酯、甲基丙烯酸甲酯-苯乙烯两对共聚物组成曲线。

答 (1) 作图方法如下：$r_1r_2=1.68\times0.23<1$，$F_1=f_1=\dfrac{1-r_1}{2-r_1-r_2}=8.56>1$，故无恒比点。由于无恒比点，该曲线与对角线无交点。

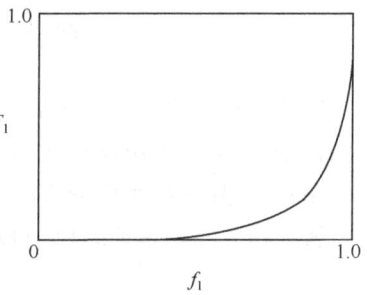

图 3-10 共聚物组成曲线草图

求与交替共聚曲线的交点，当 $F_1=0.5$ 时，$f_1=0.27$。设 $f_1=1$ 时，$F_1=\dfrac{1.68+0}{1.68+0+0}=1$；设 $f_1=0$ 时，$F_1=\dfrac{0+0}{0+0+r_2(1-f_2)^2}=0$。这样就可画出氯乙烯-乙酸乙烯酯共聚物组成曲线（图略）。

(2) 作图方法如下：①求恒比点：因为 $r_1=0.46<1$，$r_2=0.5<1$，$r_1r_2=0.2391<1$，故有恒比点，即与对角线有交点，恒比点 $F_1=f_1=\dfrac{1-r_1}{2-r_1-r_2}=\dfrac{1-0.52}{2-0.46-0.52}\approx0.47$。②求与交替共聚曲线的交点：

$$F_1=0.5=\frac{r_1f_1^2+f_1f_2}{r_1f_1^2+2f_1f_2+r_2f_2^2}=\frac{0.46f_1^2+f_1(1-f_1)}{0.46f_1^2+2f_1(1-f)_1+0.52(1-f_1)^2}$$

解得 $f_1=0.52$。当 $f_1=0$ 时，$F_1=0$；当 $f_1=1$ 时，$F_1=1$；当 $f_1=0.2$，$F_1=0.266$，所以 $F_1>f_1$，故曲线段在对角线的上方；当 $f_1=0.8$，$F_1=0.72$，$F_1<f_1$，故曲线段在对角线的下方。这样就可画出甲基丙烯酸甲酯(M_1)-苯乙烯(M_2)共聚物组成曲线(图略)。

3-42 根据图 3-11 的二元组分的自由基型共聚反应 F_1-f_1 关系形状，判断竞聚率值、共聚反应特征、共聚物组成与原料组成的关系，以及共聚物两组分排列的大致情况。

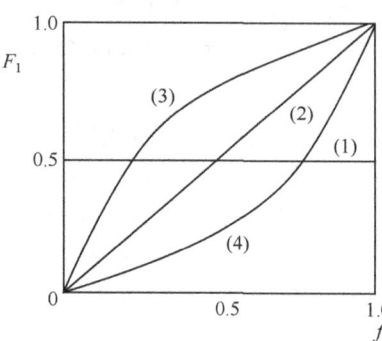

图 3-11 F_1-f_1 关系曲线

答 (1) $r_1=0$，$r_2=0$。得交替共聚物。共聚物组成与单体组成无关，$F_1=0.5$。

(2) $r_1=r_2=1$。理想恒比共聚，得典型的无规共聚物。共聚物组成与单体组成一直完全相同，即 $F_1=f_1$。

(3) $r_1>1$，$r_2<1$。为非理想共聚(如果恰好 $r_1r_2=1$，为一般理想共聚)。$F_1>f_1$，即共聚物组成中 M_1 所占分数比起始原料中多，但随着转化率的提高，M_1 几乎全部耗尽，共聚物中 M_2 的含量相对增加。得无规共聚物，但 M_1 的序列长度和比例均大于 M_2。

(4) $r_1<1$，$r_2>1$。为非理想共聚(如果恰好 $r_1r_2=1$，为一般理想共聚)。$F_1<f_1$，即共聚物组成中 M_2 所占分数比起始原料中多，但随着转化率的提高，M_2 几乎全部耗尽，共聚物中 M_1 的含量相对增加。也是无规共聚物，但 M_2 的序列长度和比例均大于 M_1。

3-43 乙酸乙烯(M_1)和顺丁烯二酸酐(M_2)进行共聚时，其竞聚率 r_1、r_2 的关系存在 $r_1r_2=0.0003$，说明生成聚合物大分子中两种单体的链节比 $d[M_1]/d[M_2]$。

答
$$\frac{d[M_1]}{d[M_2]}=\frac{[M_1]}{[M_2]}\cdot\frac{r_1[M_1]+[M_2]}{r_2[M_2]+[M_1]}=\frac{[M_1]}{[M_2]}\cdot r_1\cdot\frac{r_1[M_1]+[M_2]}{0.0003+r_1[M_1]}$$
$$\approx\frac{[M_1]}{[M_2]}\cdot r_1\cdot\frac{r_1[M_1]+[M_2]}{r_1[M_1]}=1+r_1\frac{[M_1]}{[M_2]}$$

3-44 两单体竞聚率为 $r_1=0.9$，$r_2=0.083$，物质的量配比为 50∶50，对下列关系进行计算和作图：(1) 残余单体组成与转化率；(2) 瞬时共聚物组成与转化率；(3) 平均共聚物组成与转化率；(4) 共聚物组成分布。

答 (1) 残余单体组成与转化率：

$$r_1=0.9 \qquad r_2=0.083 \qquad f_1^0=f_2^0=0.5$$

$$\alpha=\frac{r_2}{1-r_2}=0.0905 \qquad \beta=\frac{r_1}{1-r_1}=9 \qquad \gamma=\frac{1-r_1r_2}{(1-r_1)(1-r_2)}=10.0905 \qquad \delta=\frac{1-r_2}{2-r_1-r_2}=0.902$$

$$C=1-\left(\frac{f_1}{f_1^0}\right)^{\alpha}\left(\frac{f_2}{f_2^0}\right)^{\beta}\left(\frac{f_1^0-\delta}{f_1-\delta}\right)^{\gamma}=1-\left(\frac{f_1}{0.5}\right)^{0.09}\left(\frac{1-f_1}{0.5}\right)^{9}\left(\frac{0.5-0.9}{f_1-0.9}\right)^{10}$$

(2) 瞬时共聚物组成与转化率：

$$F_1=\frac{r_1f_1^2+f_1f_2}{r_1f_1^2+2f_1f_2+r_2f_2^2}=\frac{0.9f_1^2+f_1(1-f_1)}{0.9f_1^2+2f_1(1-f_1)+0.083(1-f_1)^2}$$

(3) 平均共聚物组成与转化率：

$$\overline{F_1}=\frac{f_1^0-(1-C)f_1}{C}=\frac{0.5-(1-C)f_1}{C}$$

(4) 共聚物组成分布如下：

C	f_1	F	$\overline{F}$
1	0	0	0.5
0.839	0.1	0.386	0.576
0.773	0.2	0.479	0.588
0.463	0.4	0.587	0.616
0.285	0.45	0.612	0.625
0.132	0.48	0.627	0.632
0.069	0.49	0.632	0.634
0.036	0.495	0.634	0.636
0.007	0.499	0.636	0.637

关系曲线如图 3-12 所示。

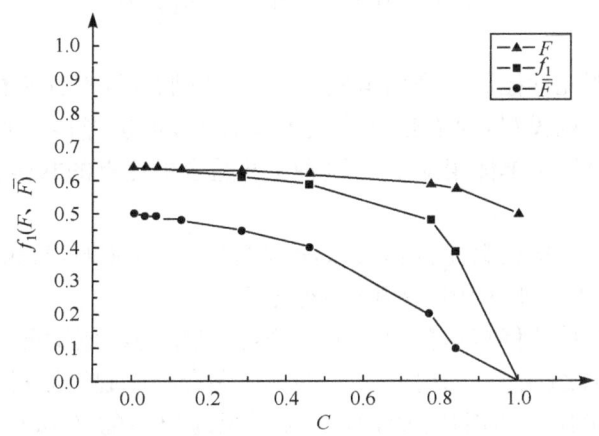

图 3-12 $f_1(F、\overline{F})$-C 关系曲线

3-45 氯乙烯($r_1=1.67$)与乙酸乙烯酯($r_2=0.23$)共聚，希望获得初始共聚物瞬时组成和 85%转化率时共聚物平均组成为 5%(摩尔分数)乙酸乙烯酯，分别求两单体的初始配比。

答 (1) 当共聚物中乙酸乙烯酯的初始含量为 5%时，将 $F_1^0=95\%$，$F_2^0=5\%$代入下式：

$$F_1^0=\frac{r_1(f_1^0)^2+f_1^0 f_2^0}{r_1(f_1^0)^2+2f_1^0 f_2^0+r_2(f_2^0)^2} \qquad f_1^0=0.92$$

两单体的初始配比为 $\dfrac{[M_1]_0}{[M_2]_0}=\dfrac{f_1}{f_2}=\dfrac{0.92}{0.08}=11.5$。

(2) 85%转化率时共聚物平均组成为 5%(摩尔分数)乙酸乙烯酯，则 $\overline{F_2}=0.05$，$\overline{F_1}=0.95$。$C=85\%$，$\overline{F_1}=\dfrac{f_1^0-(1-C)f_1}{C}$，$f_1^0-0.15f_1=0.8075F_1=0.605f_1+0.395$，$C=1-\left(\dfrac{1-f_1^0}{1-f_1}\right)^{2.53}$，$\left(\dfrac{1-f_1^0}{1-f_1}\right)^{2.53}=0.15$，解得 $f_1=0.868$，$f_1^0=0.938$。两单体的初始配比为 $\dfrac{[M_1]_0}{[M_2]_0}=\dfrac{f_1}{f_2}=\dfrac{0.938}{0.062}=\dfrac{469}{31}=15.1$。

3-46 甲基丙烯酸甲酯(M_1)浓度为 5 mol·L^{-1}，5-乙基-2-乙烯基吡啶浓度为 1 mol·L^{-1}，

竞聚率为 $r_1=0.40, r_2=0.69$，计算：(1) 共聚物起始组成(以摩尔分数计)；(2) 共聚物组成与单体组成相同时两单体物质的量配比。

答 (1) 甲基丙烯酸甲酯(M_1)浓度为 $5 \text{ mol} \cdot \text{L}^{-1}$，5-乙基-2-乙烯基吡啶浓度为 $1 \text{ mol} \cdot \text{L}^{-1}$，所以

$$f_1^0 = \frac{5}{6} \qquad f_2^0 = \frac{1}{6} \qquad F_1^0 = \frac{r_1(f_1^0)^2 + f_1^0 f_2^0}{r_1(f_1^0)^2 + 2f_1^0 f_2^0 + r_2(f_2^0)^2} = 0.725$$

即起始共聚物中，甲基丙烯酸甲酯的摩尔分数为 72.5%。

(2) 因为 $r_1 < 1, r_2 < 1$，此共聚体系为有恒比共聚点的非理想共聚，在恒比共聚点上配料时，所得的共聚物组成与单体组成相同，有 $F_1 = f_1 = \frac{1-r_2}{2-r_1-r_2} = 0.34$，所以两单体物质的量配比为 $\frac{[M_1]_0}{[M_2]_0} = \frac{f_1}{f_2} = \frac{0.34}{0.66} = \frac{17}{33}$。

3.4 共聚物组成控制方法

3-47 工业上有哪几种控制共聚物组成的方法？它们各针对什么样的聚合反应？

答 (1) 恒比点附近投料：对有恒比点的共聚体系，可选择恒比点的单体组成投料。此时，共聚物的组成 F_1 恒等于单体组成 f_1。这种工艺适合恒比点的共聚物组成正好满足实际需要的情况。

(2) 控制转化率的一次投料比：当 $r_1 > 1, r_2 < 1$，以 M_1 为主时，宜采用这种方法。

如果要求组成更均一，则采用以下第(3)种方法。

(3) 补加消耗快的单体保持单体组成恒定法：由共聚物组成微分方程求得合成所需组成 F_1 的共聚物对应的单体组成 f_1，用组成为 f_1 的单体混合物作起始原料，在聚合反应过程中，随着反应的进行连续或分次补加消耗快的单体，使未反应单体的 f_1 保持在小范围内变化，从而获得分布较窄的预期组成的共聚物。

3-48 苯乙烯(M_1)与丙烯腈(M_2)共聚，$r_1=0.4, r_2=0.04$，所需的共聚物组成中含苯乙烯单体单元的质量分数为 70%。起始单体配料比及投料方法如何？

答 因为 $r_1 < 1, r_2 < 1$ 为非理想恒比共聚体系，恒比点为

$$F_1 = f_1 = \frac{1-r_1}{2-r_1-r_2} = \frac{1-0.04}{2-0.4-0.04} \approx 0.62$$

$d[M_1]=70, F_1 = \frac{70/104}{70/104+30/53} \approx 0.543$，所需的共聚物组成与恒比点的组成接近。起始单体配料比可以按恒比点的组成投料，即 $\frac{[M_1]_0}{[M_2]_0} = \frac{0.62}{0.38}$，或者 $\frac{m_1}{m_2} = \frac{0.62}{0.38} \times \frac{104}{53} = \frac{76}{24}$。

将两种单体按 $m_1/m_2 = 76/24$(质量比)混合，一次投料，控制转化率不超过 90% 结束反应，就可以得到共聚物组成中含苯乙烯单体单元质量分数约为 70% 的组成基本均一的共聚物。

3-49 氯乙烯(M_1)-乙酸乙烯酯(M_2)共聚，$r_1=1.68, r_2=0.23$，所需的共聚物组成中含氯乙烯单体单元的质量分数为 85%。起始单体配料比及投料方法如何？

答 (1) 分析共聚体系类型：因为 $r_1 > 1, r_2 < 1, r_1 r_2 \neq 1$，所以为非理想非恒比共聚体系。

(2) 分析共聚物组成的特点：

$$d[M_1]=85 \quad F_1=\frac{85/62.5}{85/62.5+15/86}\approx 0.886$$

(3) 起始单体配料比：因为该共聚体系没有恒比点，谈不上共聚物组成是否与恒比点组成相近。因此，不能用调节起始单体配料比的一次投料法。氯乙烯是较活泼的单体，应该用连续补加活泼单体的投料法。起始单体配料比应该与所需的共聚物组成 F_1 在 F_1-f_1 曲线上对应的 f_1(0.82)相同，即 $\frac{[M_1]_0}{[M_2]_0}=\frac{0.82}{0.18}$，或者 $\frac{m_1}{m_2}=\frac{0.82}{0.18}\times\frac{62.5}{86}=\frac{78}{22}$。

(4) 投料方法：将两种单体按 $m_1/m_2=78/22$（质量比）混合配料，加入聚合体系中，再连续补加活泼单体氯乙烯，保持原料混合物组成不变。工业上是采用维持一定的平衡压力（氯乙烯常压下是气体），一般平衡压力为 0.82 MPa，控制转化率不超过 90% 结束反应，所得共聚物组成分布较均一。也可以采用连续补加混合物的投料法，连续补加混合单体的组成应该与所需的共聚物组成相同：$\frac{[M_1]_{\dot{\imath}\dot{\imath}}}{[M_2]_{\dot{\imath}\dot{\imath}}}=\frac{0.886}{0.114}$，或者 $\frac{m_{1\dot{\imath}\dot{\imath}}}{m_{2\dot{\imath}\dot{\imath}}}=\frac{0.886}{0.114}\times\frac{62.5}{86}=\frac{85}{15}$。

3-50 苯乙烯(M_1)与甲基丙烯酸甲酯(M_2)共聚。60 ℃下进行自由基共聚时，其 $r_1=0.52$，$r_2=0.46$。(1) 由 r_1、r_2 值讨论该聚合反应属何种共聚，画出共聚物组成曲线示意图。(2) 若 $f_1=0.2$，求低转化率时聚合物中苯乙烯的摩尔分数。(3) 若想得到共聚物组成 $F_1=0.53$ 的共聚物且保持不变，则单体组成应如何控制？(4) 若想得到共聚物组成 $F_1=0.6$ 的均匀共聚物，需要采取什么措施？

答 (1) 此反应为有恒比点的非理想共聚。图略。

(2) 由 $F_1=\frac{r_1 f_1^2+f_1 f_2}{r_1 f_1^2+2f_1 f_2+r_2 f_2^2}$，当 $f_1=0.2$，$f_2=0.8$，得 $F_1=0.285$。

(3) 从(2)的同一公式可以得到当 $F_1=0.53$ 时单体组成 $f_1=0.53$，$f_2=0.47$。

(4) $F_1=0.6$ 时，位于对角线的下方，故补加活性单体 M_2 即可得到均匀共聚物。

3-51 在共聚反应中，要得到组成均匀的共聚物，一般可采用什么方法？

答 ①对 r_1、r_2 均小于 1 的单体对，首先计算出恒比点的配料比，然后在恒比点附近投料。②控制转化率。③不断补加转化快的单体，即保持 f_1 值变化不大。

3-52 在生产丙烯腈-苯乙烯共聚物（AS 树脂）时，所采用的丙烯腈(M_1)和苯乙烯(M_2)投料的物质的量比为 40∶60。在采用的聚合条件下，该共聚体系的竞聚率 $r_1=0.04$，$r_2=0.40$。如果在生产中采用单体一次投料的聚合工艺，并在高转化率下才停止反应，试计算恒比点，并讨论所得共聚物的均匀性。欲获得共聚物组成均匀性更好的产品，应采用何种聚合工艺？

答 恒比点：
$$F_1=f_1=\frac{1-r_1}{2-r_1-r_2}=\frac{1-0.4}{2-0.04-0.4}=\frac{0.6}{1.56}=0.38<0.4$$

M_1 的实际投料摩尔分数与恒比点的 f_1 十分接近。因此用这种投料比，一次投料于高转化率下停止反应仍可制得组成相当均匀的共聚物。欲获得共聚物组成均匀性更好的产品，应补加单体 M_2。

3.5 二元共聚物的序列结构

3-53 说明共聚物分子链中序列、序列长度和序列分布的含义。

答 序列是共聚物大分子中各单体单元的排列顺序。序列长度是由一种单体单元组成的链段的长度。序列分布是不同长度的各序列之间的相对比例。

3-54 共聚物的序列结构对性能有什么影响？

答 具有组成相同而序列结构不同的共聚物可能具有大不相同的性能。例如，交替共聚物由于其结构的高度规整性而有利于提高结晶度；无序共聚物的性能倾向于两种均聚物性能的平均化并与两种结构单元的相对含量相关；嵌段共聚物的性质与两种均聚物的共混物的性质接近，二嵌段共聚物往往表现类似表面活性剂的性能。

3-55 表征理想共聚物的序列结构有哪些参数？

答 理想共聚物的序列结构如下：

（1）M_{11} 序列（分子链中一个独立的 M_1 结构单元）和 M_{12} 序列（分子链中两个连续 M_1 结构单元构成的链段）的生成概率 P_{11} 和 P_{12}。

$$P_{11}=\frac{r_1[M_1]}{r_1[M_1]+[M_2]}=1-P_{12} \qquad P_{12}=\frac{[M_2]}{r_1[M_1]+[M_2]}$$

（2）M_{21} 序列（分子链中一个独立的 M_2 结构单元）和 M_{22} 序列（分子链中两个连续 M_2 结构单元构成的链段）的生成概率 P_{21} 和 P_{22}。

$$P_{21}=\frac{[M_1]}{r_2[M_2]+[M_1]} \qquad P_{22}=\frac{r_2[M_2]}{r_2[M_2]+[M_1]}=1-P_{21}$$

（3）M_{1n} 序列（分子链中 n 个连续的 M_1 结构单元构成的链段）和 M_{2n} 序列（分子链中 n 个连续的 M_2 结构单元构成的链段）的生成概率 P_{1n} 和 P_{2n}。

$$P_{1n}=P_{11}^{n-1}P_{12}=P_{11}^{n-1}(1-P_{11})=\left(\frac{r_1[M_1]}{r_1[M_1]+[M_2]}\right)^{n-1}\frac{[M_2]}{r_1[M_1]+[M_2]}$$

$$P_{2n}=P_{22}^{n-1}P_{21}=P_{22}^{n-1}(1-P_{22})=\left(\frac{r_2[M_2]}{r_2[M_2]+[M_1]}\right)^{n-1}\frac{[M_1]}{r_2[M_2]+[M_1]}$$

（4）M_{1n} 段的数均长度 $\overline{N_{M_1}}$ 和 M_{2n} 段的数均长度 $\overline{N_{M_2}}$。

$$\overline{N_{M_1}}=\sum_{n=1}^{n}nP_{1n}=\sum_{n=1}^{n}nP_{11}^{n-1}(1-P_{11})=\frac{1}{1-P_{11}}$$

$$\overline{N_{M_2}}=\sum_{n=1}^{n}nP_{2n}=\sum_{n=1}^{n}nP_{22}^{n-1}(1-P_{22})=\frac{1}{1-P_{22}}$$

3-56 含 $1.5\ mol \cdot L^{-1}$ 氯乙烯和 $3.5\ mol \cdot L^{-1}$ 乙酸乙烯酯的苯溶液以 $0.1\ mol \cdot L^{-1}$ 偶氮二异丁腈引发，于 60 ℃ 进行共聚合，试计算：（1）初期共聚物组分；（2）初期共聚物中乙酸乙烯酯和氯乙烯的平均序列长度；（3）乙酸乙烯酯序列长度为 8 的概率（氯乙烯 M_1，$r_1=1.68$；乙酸乙烯酯 M_2，$r_2=0.23$）。

答 （1）$f_1=\dfrac{1.5}{1.5+3.5}=0.3$，$f_2=0.7$，则

$$F_1=\frac{r_1f_1^2+f_1f_2}{r_1f_1^2+2f_1f_2+r_2f_2^2}=\frac{1.68\times0.3^2+0.3\times0.7}{1.68\times0.3^2+2\times0.3\times0.7+0.23\times0.7^2}=0.53$$

（2）
$$P_{11}=\frac{r_1[M_1]}{r_1[M_1]+[M_2]}=\frac{1.68\times1.5}{1.68\times1.5+3.5}=0.419$$

$$P_{22}=\frac{r_2[M_2]}{r_2[M_2]+[M_1]}=\frac{0.23\times3.5}{0.23\times3.5+1.5}=0.349$$

$$\overline{N_{M_1}}=\frac{1}{1-P_{11}}=\frac{1}{1-0.419}=1.72 \qquad \overline{N_{M_2}}=\frac{1}{1-P_{22}}=\frac{1}{1-0.349}=1.54$$

(3) $$(P_2)_{n=8} = \left(\frac{r_2[M_2]}{r_2[M_2]+[M_1]}\right)^{n-1} \frac{[M_1]}{r_2[M_2]+[M_1]}$$
$$= \left(\frac{0.23 \times 3.5}{0.23 \times 3.5 + 1.5}\right)^{8-1} \times \frac{1.5}{0.23 \times 3.5 + 1.5} = 4.12 \times 10^{-4}$$

3.6 单体(自由基)活性与 Q-e 方程

3-57 如何比较单体及自由基的活性(只考虑共轭效应的影响)?

答 两种单体的相对活性可用竞聚率的倒数 $1/r_1 = k_{12}/k_{11}$ 来衡量。$1/r_1$ 表示一种自由基与其他单体进行共聚合反应链增长速率常数和与自身单体进行均聚合反应链增长速率常数的比值,$1/r_1$ 越大,表明单体 M_2 的活性越大。k_{12} 则用于衡量自由基~M_1·的相对活性。另一方面,单体的活性越大,其相应的自由基的相对活性就越小,因而只要知道单体的相对活性就可以知道自由基的相对活性。

3-58 链自由基~M_1·的相对活性可用 $k_{12} = k_{11}/r_1$ 表示,那么~M_2·的相对活性可用什么公式表示?

答 $k_{21} = k_{22}/r_2$。

3-59 苯乙烯和氯乙烯自由基共聚后,求得 $r_1 = 17$, $r_2 = 0.02$,哪个单体相对活性大?

答 苯乙烯的 $1/r_1$ 较小,所以氯乙烯单体的活性较小,而苯乙烯单体的活性较大。

3-60 已知苯乙烯(M_1)与异戊二烯(M_2)进行自由基共聚时的竞聚率为 $r_1 = 0.80$, $r_2 = 1.68$,两种单体均聚时的增长速率常数分别为 145 L·mol^{-1}·s^{-1} 和 50 L·mol^{-1}·s^{-1},利用上述数据比较两种单体及两种单体自由基(两种单体末端聚合物自由基)的活性,比较时需做什么假定?

答 $$k_{21} = \frac{k_{22}}{r_2} = \frac{50}{1.68} = 29.76 (L \cdot mol^{-1} \cdot s^{-1})$$

$1/r_1 = 1.25$, $1/r_2 = 0.60$,说明异戊二烯单体活性较大。k_{11} 比 k_{21} 大,表明苯乙烯自由基的活性比异戊二烯自由基的大。比较时需假定不考虑极性和空间效应的影响,只考虑共轭效应。

3-61 乙酸乙烯酯(M_1)-氯乙烯(M_2)共聚体系的 $r_1 = 0.23$, $r_2 = 0.68$;乙酸乙烯酯链自由基~M_1·与氯乙烯(M_2)及乙酸乙烯酯(M_1)反应,哪个单体更活泼?

答 氯乙烯更活泼。因为 $r_1 = k_{11}/k_{12}$ 较小,意味着乙酸乙烯酯链自由基更易与氯乙烯反应。

3-62 当一些不活泼单体发生爆聚时,为什么只要加入少量苯乙烯就能阻止爆聚?

答 相对于不活泼单体来说,苯乙烯是活泼单体,而活泼单体相应的链自由基是不活泼的。因而少量苯乙烯就能使链自由基的末端转变成比较不活泼的苯乙烯自由基,从而阻止了与不活泼单体的爆聚。

3-63 试述 Q-e 概念。

答 ①烯烃 π 键与取代基的共轭程度(含 π-π 共轭和 p-π 共轭)是该单体转变成自由基并参加聚合反应难易程度的指标,即单体的活性指标,用 Q 表示。取代基的共轭程度越高,其 Q 值也越大,则单体就越活泼;反之亦然。②烯类单体在聚合反应中转化为自由基以后,其取代基的共轭程度及活性发生改变,用 P 表示自由基的共轭程度或活性。③单体取代基的极性(或吸电性)与其自由基取代基的极性(或吸电性)完全相同,用 e 作为二者的极性指标。当 e 值为正时表示取代基为吸电子取代基;e 值为负时表示取代基为推(供)电子取代基。

3-64 如何根据单体的 Q、e 值判断单体共聚类型?

答 ①Q 值相差较大的单体难以共聚。②Q 值高且相近的单体对较易发生共聚。③Q 值和 e 值都相近的单体对之间易进行理想共聚。④Q 值相同、e 值正负相反的单体对倾向于进行交替共聚。

3-65 在 $Q\text{-}e$ 方程 $k_{12}=P_1Q_2\exp(-e_1e_2)$ 中，P_1、Q_2、e_1、e_2 各表征什么？e 的正负号表明什么？

答 P_1、Q_2 分别为从共轭效应来衡量自由基 $M_1\cdot$ 和单体 M_2 的活性；e_1、e_2 分别为自由基 $M_1\cdot$ 和单体 M_2 极性的度量。e 为正值代表吸电子基团，使烯烃双键带正电性；e 为负值代表带有供电子基团的烯类单体。

3-66 已知丁二烯的 $e_1=-1.05$，$Q_1=2.39$，苯乙烯的 $e_2=-0.80$，$Q_2=1.00$，试求它们共聚时的竞聚率 r_1 和 r_2。

答 $e_1=-1.05$，$e_2=-0.80$，$Q_1=2.39$，$Q_2=1.00$，则

$$r_1=\frac{Q_1}{Q_2}\exp[-e_1(e_1-e_2)]=1.84 \qquad r_2=\frac{Q_2}{Q_1}\exp[-e_2(e_2-e_1)]=0.51$$

3-67 已知苯乙烯和甲基丙烯酸甲酯的 Q 值分别为 1.00 和 0.74，e 值分别为 -0.80 和 0.40，试计算这两种单体进行共聚时的竞聚率，并说明共聚类型。

答 $e_1=-0.80$，$e_2=0.40$，$Q_1=1.00$，$Q_2=0.74$，则

$$r_1=\frac{Q_1}{Q_2}\exp[-e_1(e_1-e_2)]=0.98 \qquad r_2=\frac{Q_2}{Q_1}\exp[-e_2(e_2-e_1)]=0.46$$

Q 值较接近，e 值正负相反，所以倾向于进行交替共聚。

3-68 指出下列单体(M_1)与丁二烯(M_2)交替共聚趋势的增加顺序并说明原因：
(1) 氯乙烯($r_1r_2=0.31$)；(2) 苯乙烯($r_1r_2=0.78$)；(3) 丙烯腈($r_1r_2=0.006$)；(4) 甲基丙烯酸甲酯($r_1r_2=0.19$)。

答 根据 $r_1r_2=\exp[-(e_1-e_2)^2]$ 得 $\ln(r_1r_2)=-(e_1-e_2)^2$。可以得出单体 M_1 和单体 M_2 的极性相差越大，r_1r_2 越小，有利于共聚物的形成，故(2)<(1)<(4)<(3)。

3-69 单体 M_1 和 M_2 进行共聚，50 ℃时 $r_1=4.4$，$r_2=0.12$，如果两单体的极性相差不大，空间效应的影响也不显著，那么两单体取代基的共轭效应哪个大？为什么？

答 由 $r_1=\dfrac{Q_1}{Q_2}\exp[-e_1(e_1-e_2)]$，$r_2=\dfrac{Q_2}{Q_1}\exp[-e_2(e_2-e_1)]$，且 $e_1\approx e_2$，$r_1=4.4$，$r_2=0.12$，得 $Q_1>Q_2$，即 M_1 的共轭效应大。

3-70 甲基丙烯酸甲酯、丙烯酸甲酯、苯乙烯、顺丁烯二酸酐、乙酸乙烯酯、丙烯腈等单体与丁二烯共聚，试以交替倾向的次序排列，并说明原因。

答 方法一：查手册得

	苯乙烯	甲基丙烯酸甲酯	丙烯腈	丙烯酸甲酯	顺丁烯二酸酐	乙酸乙烯酯	丁二烯
Q	1	0.74	0.6	0.42	0.23	0.026	2.39
e	-0.8	0.4	1.2	0.6	2.25	-0.22	-1.05

从 Q 值来看，Q 值相差越大，越难共聚，从 $Q\text{-}e$ 图也可看出这一点。并且，丁二烯自由基是氯乙烯、乙酸乙烯酯等不活泼单体的阻聚剂。从 e 值来看，乙酸乙烯酯比苯乙烯的交替倾向大，由于阻聚作用而不能共聚，因此就谈不上交替共聚，故乙酸乙烯酯排在最后。Q 值相近、e 值相差大(且一正一负)的易交替共聚，因此排列次序应为

顺丁烯二酸酐>丙烯腈>丙烯酸甲酯>甲基丙烯酸甲酯>苯乙烯≈乙酸乙烯酯

苯乙烯之所以排在倒数第二，原因是它的 Q、e 值与丁二烯相近，它们的共聚接近理想共聚，而不是交替共聚。

方法二：从手册上查出各单体的 r_1、r_2 和 r_1r_2 值如下：

单体1	r_1	r_2	r_1r_2
甲基丙烯酸甲酯	0.25	0.75	0.1875
丙烯酸甲酯	0.05	0.76	0.038
苯乙烯	0.58	1.35	0.783
顺丁烯二酸酐	5.74×10^{-5}	0.325	1.86×10^{-5}
乙酸乙烯酯	0.013	38.45	0.499
丙烯腈	0.02	0.3	0.006

注：表中单体丁二烯、顺丁烯二酸酐和乙酸乙烯酯的 r_1、r_2 值由 Qe 方程计算而得。

根据 r_1r_2 的大小，可以判断两单体交替共聚的倾向，即 $r_1r_2\to0$，两单体发生共聚；r_1r_2 越趋向于零，交替倾向越大。上述单体与丁二烯交替倾向的次序排列为

顺丁烯二酸酐＞丙烯腈＞丙烯酸甲酯＞甲基丙烯酸甲酯＞乙酸乙烯酯≈苯乙烯

3.7 离子型共聚

3-71 离子型共聚有什么特点？

答 离子型共聚的特点有：①离子型共聚对单体有较高的选择性（阳离子共聚限于带供电子取代基的单体，阴离子共聚限于带吸电子取代基的单体）。②同一对单体用不同的引发剂进行不同类型（自由基、阳离子、阴离子）的共聚。③能够进行离子型共聚的单体的极性往往比较接近，所以有理想共聚的倾向。④溶剂和反离子的种类、性质以及聚合温度等都对离子型共聚的竞聚率和共聚组成产生很大的影响。⑤温度对离子型共聚反应的竞聚率的影响很大。

3-72 取代基对离子型共聚的单体活性有什么影响？

答 取代基对单体活性的影响有：①取代基的供电能力大的，阳离子共聚的活性大。②取代基的吸电能力大的，阴离子共聚的活性大。③位阻较大的单体导致交替共聚的倾向增加。

3-73 举一个离子型共聚的实例。

答 丁基橡胶的合成是阳离子共聚最重要的一个例子，它是由异丁烯（约 97%）和少量异戊二烯（约 3%）在卤代烃溶剂中于低温（-100 ℃）共聚而成。

3-74 苯乙烯(M_1)-丙烯酸甲酯(M_2)于 60 ℃ 在苯中用 BPO 为引发剂进行自由基聚合。已知 M_1 和 M_2 的均聚链增长反应速率常数分别为 176 L·mol^{-1}·s^{-1} 和 2090 L·mol^{-1}·s^{-1}；M_1 自由基与 M_2 聚合和 M_2 自由基与 M_1 聚合的速率常数分别为 235 L·mol^{-1}·s^{-1} 和 10450 L·mol^{-1}·s^{-1}；$f_1^0=0.8$。

(1) 求聚合初期共聚物组成，并画出共聚物组成曲线。
(2) 如体系中 BPO 用量增加一倍，聚合初期共聚物组成有何变化？
(3) 如体系中加入少量的正丁硫醇，定性分析聚合初期共聚物组成有何变化。
(4) 如改用丁基锂为引发剂，定性分析聚合初期共聚物组成有何变化。
(5) 如改用 $BF_3\cdot H_2O$ 为引发剂，定性分析聚合初期共聚物组成有何变化。

答 $k_{11}=176$ L·mol^{-1}·s^{-1}，$k_{22}=2090$ L·mol^{-1}·s^{-1}，$k_{12}=235$ L·mol^{-1}·s^{-1}，$k_{21}=10450$ L·mol^{-1}·s^{-1}，$r_1=k_{11}/k_{12}=176/235$，$r_2=k_{22}/k_{21}=2090/10\,450$；$f_1^0=0.8$，$f_2^0=0.2$。

(1) $F_1^0 = \dfrac{r_1(f_1^0)^2 + f_1^0 f_2^0}{r_1(f_1^0)^2 + 2f_1^0 f_2^0 + r_2(f_2^0)^2} = 0.79$,所以 $r_1 < r_2 < 1$,为有恒比点的非理想共聚,恒比点 $F_1 = f_1 = \dfrac{1-r_2}{2-r_1-r_2} = 0.8$。图略。(2) 不变。(3) 不变。(4) 如果用正丁基锂引发,则进行阴离子共聚,M_2 的吸电子取代基使单体带部分正电性,此时活性提高,$r_1 < 1, r_2 > 1$,F_1^0 下降,$F_1^0 < 0.8$。(5) 如改用 BF_3-H_2O 为引发剂,则属于阳离子共聚,此时 M_2 活性降低,$r_1 > 1$,$r_2 < 1$,F_1^0 上升,$F_1^0 > 0.8$。

3-75 苯乙烯(M_1)和甲基丙烯酸甲酯(M_2)进行自由基共聚时,$r_1 = 0.52, r_2 = 0.46$,有恒比点,在恒比点处的 $F_1 = 0.53$。若将它们进行离子型共聚,从单体结构推断共聚物组成 F_1 将有何变化。

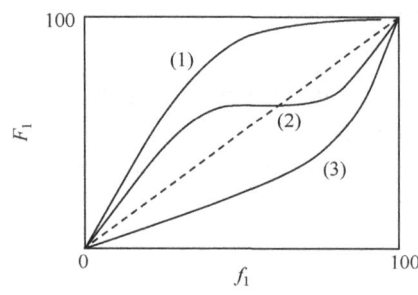

图 3-13 三种情况的 F_1-f_1 曲线

答 M_2 的吸电子取代基使单体带部分正电性。对于阴离子共聚,M_2 活性提高,F_1 下降。对于阳离子共聚,M_2 活性降低,F_1 增加。

3-76 苯乙烯(M_1)和甲基丙烯酸甲酯(M_2)进行共聚,采用不同的引发剂时有不同的竞聚率。分别画出下列三种情况的 F_1-f_1 曲线(图 3-13),说明聚合机理,计算 $f_1^0 = 0.5$ 时共聚物的起始组成:(1) $SnCl_4$ 引发,20 ℃ 聚合,$r_1 = 10.5, r_2 = 0.1$;(2) BPO 引发,60 ℃ 聚合,$r_1 = 0.52, r_2 = 0.46$;(3) Na(液NH_3)引发,-30 ℃ 聚合,$r_1 = 0.12, r_2 = 6.5$。

答 (1) 阳离子共聚,当 $f_1^0 = 0.5$ 时,$F_1^0 = \dfrac{r_1(f_1^0)^2 + f_1^0 f_2^0}{r_1(f_1^0)^2 + 2f_1^0 f_2^0 + r_2(f_2^0)^2} = 0.913$;

(2) 自由基共聚,当 $f_1^0 = 0.5$ 时,$F_1^0 = \dfrac{r_1 + 1}{r_1 + r_2 + 2} = 0.510$;

(3) 阴离子共聚,当 $f_1^0 = 0.5$ 时,$F_1^0 = \dfrac{r_1 + 1}{r_1 + r_2 + 2} = 0.130$。

3.8 共聚物材料

3-77 不饱和聚酯的主要原料为乙二醇、马来酸酐和邻苯二甲酸酐。这三种原料各起什么作用?它们之间的比例调整的原理是什么?在树脂中加入苯乙烯起什么作用?其作用原理是什么?

答 乙二醇、马来酸酐和邻苯二甲酸酐是合成聚酯的原料。其中马来酸酐的作用是在不饱和聚酯中引入双键,邻苯二甲酸酐和马来酸酐的比例是控制不饱和聚酯的不饱和度和以后材料的交联密度。加入的苯乙烯起固化作用,是利用自由基引发苯乙烯聚合并与不饱和聚酯线型分子中双键共聚最终形成体型结构。

3-78 丙烯腈连续聚合制造腈纶纤维,除加入丙烯腈作主要单体外,还常加入丙烯酸甲酯和/或衣康酸[$CH_2=C(COOH)CH_2COOH$]辅助单体与其共聚。试说明它们对产品性能的影响。

答 丙烯酸甲酯改善纤维的柔性,衣康酸增加染色性。

3-79 说明线型低密度聚乙烯(LLDPE)的化学结构、特殊性质和应用。

答 LLDPE 由乙烯与少量(8%~12%)α-烯烃配位共聚而成,其聚合物主链上含有一定数目的碳数为 2~4 的烷基,分子链呈线形。常用的 α-烯烃有 1-丁烯、1-己烯、1-辛烯等。由于共聚时有控制地造成短侧基,就像鱼骨形状,增大了分子链相互错动时的阻力,所以 LLDPE 的抗撕裂能力特别好,可用作集装箱货物包装用的缠绕膜等。

3-80 为什么乙丙橡胶需要引入第三单体?第三单体的结构有什么特点?

答 乙丙共聚物不含双键,不能用硫磺交联,仅能用过氧化物交联,硫化速度慢且所得胶的性能也差,于是就引入双烯类第三单体(3%~8%),称为乙丙橡胶或称三元乙丙橡胶。

如果第三单体用共轭双键单体如异戊二烯或丁二烯等,因双键在主链上易使橡胶老化,所以引入的第三单体应为非共轭双键单体,如 1,4-己二烯、双环戊二烯等,这类单体提供的双键不进入主链。所以乙丙橡胶的主要优点是具有通用橡胶中最好的耐老化性能。

3-81 什么是共聚交联?举实例说明。

答 当参加共聚反应的单体中至少有一种为含两个或两个以上可聚合的双键时,将生成具有三维交联网络结构的体型聚合物,这一过程称为共聚交联反应。例如,在离子交换树脂生产中第一道工序苯乙烯-二乙烯基苯(DVB)共聚珠粒的合成,其中二乙烯基苯含两个双键,起到交联作用,俗称交联剂。又如,不饱和聚酯的生产中需加苯乙烯为交联剂。

3-82 什么是聚合物互穿网络?

答 聚合物互穿网络(interpenetration polymer network,IPN)是一种高分子共混物(通称塑料与塑料或塑料与少量橡胶共混的产物),其独特之处在于两种或两种以上的组分共聚物各自独立进行交联共聚反应。与其他高分子共混物一样,IPN 呈两相或多相结构,这种相互贯穿的特殊结构有利于各相之间发挥良好的协同效应而赋予 IPN 共聚物许多优异的性能。

制备 IPN 的方法有两种。第一种方法可以使缩聚型交联网络与加聚型交联网络进行互穿。当两类单体相容性较好时,可以将生成两个网络的各种单体、交联剂、催化剂和引发剂等充分混合,在适当条件下即可各自独立并按照不同的聚合反应机理进行共聚交联,所形成的交联网络彼此互相贯穿,称为同时 IPN。第二种方法是将先期合成的交联网络置于第二网络的单体中溶胀并聚合,最后生成顺序 IPN。

【名词解释索引】

共聚合反应,共聚物(3-1 题)。无规共聚物,交替共聚物,嵌段共聚物,接枝共聚物(3-2 题)。共聚物组成(3-6 题)。恒比点(3-7 题)。竞聚率(3-8 题)。二元共聚物组成微分方程(3-9 题)。理想共聚,理想恒比共聚(3-15 题)。序列,序列长度,序列分布(3-53 题)。Qe 概念(3-63 题)。Qe 方程(3-65 题)。共聚交联(3-81 题)。聚合物互穿网络(3-82 题)。

第 4 章 离子聚合和配位聚合

4.1 阳离子、阴离子聚合反应的单体及引发剂类型

4-1 如何鉴别正在进行的自由基、阴离子和阳离子型聚合反应？所依据的原理是什么？按什么步骤、添加什么试剂进行鉴别？

答 鉴别聚合反应机理的方法有：①考察反应体系对溶剂极性变化时的敏感性。测定该体系对溶剂或其他添加物的链转移常数，测定反应活化能，然后分别与各类聚合反应典型数据进行比较，借此可大致确定其反应类型。②根据对各种阻聚剂的行为也可鉴别它们的反应类型。当体系中投入 DPPH 时，若为自由基聚合，则反应立即终止；对离子聚合，则反应仍能继续进行。当体系投入水、醇等含活泼氢物质时，则可终止离子聚合，而对自由基聚合无大影响。离子聚合反应中，CO_2 能终止阴离子聚合，而对阳离子聚合无影响，以此可区分阳、阴离子聚合反应。③聚合温度也可作为推定聚合反应类型的参考数据。一般来说，自由基聚合反应的温度最高(50～80 ℃)，阳离子聚合最低(0 ℃以下)，阴离子聚合居中(60 ℃以下或室温)。④芳烯类单体的阴离子聚合，反应液常呈深蓝(紫)或红色，这可作为阴离子聚合的初步判据。

4-2 苯乙烯进行自由基聚合、阳离子聚合、阴离子聚合均可得到聚苯乙烯产物，如何用简便的实验方法鉴别某一聚合过程是何种聚合反应？

答 当体系投入 DPPH 时反应立即终止为自由基聚合，对离子聚合无影响；当体系投入水、醇等活泼氢物质时反应终止的为离子聚合，对自由基聚合无影响。CO_2 可以终止阴离子聚合，对阳离子聚合无影响。从温度看，自由基聚合反应温度要求最高(50～80 ℃)、阳离子聚合最低(0 ℃以下)、阴离子聚合居中(60 ℃下或室温)。

4-3 考虑下列单体及引发体系：

引发体系	单体	引发体系	单体
$(C_6H_5CO_2)_2$	$CH_2=C(CN)-COOR$	$(CH_3)_3COOH+Fe^{2+}$	$CH_2=C(CH_3)_2$
Na+ 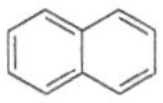 萘	$CH_2=CH-O-C_4H_9$	BF_3+H_2O	$CH_2=CH-Cl$
$n\text{-}C_4H_9Li$	$CH_2=CH-CH_3$	Ziegler-Natta 催化剂	$CH_2=CHOCOCH_3$

上述单体各用什么引发体系聚合？上述引发体系中哪些是自由基聚合引发剂？哪些是阴离子聚合、阳离子聚合及配位聚合催化剂？

答 $CH_2=C(CN)COOR$ 可用阴离子引发体系聚合；$CH_2=C(CH_3)_2$ 可用阳离子引发体系聚合；$CH_2=CH-O-C_4H_9$ 可用阳离子引发体系聚合；$CH_2=CH-Cl$ 可用自由基引发体系聚合；$CH_2=CH-CH_3$ 可用 Ziegler-Natta 引发体系聚合；$CH_2=CHOCOCH_3$ 可用自由基引发体系聚合。

$(C_6H_5CO_2)_2$ 是自由基聚合引发剂；$(CH_3)_3COOH+Fe^{2+}$ 是氧化-还原型自由基聚合引发剂；Na+萘 是阴离子聚合引发剂；BF_3+H_2O 是阳离子聚合引发剂；$n\text{-}C_4H_9Li$ 是阴离

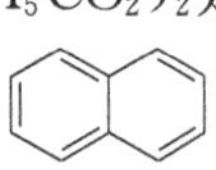

子聚合引发剂;Ziegler-Natta 催化剂是配位聚合催化剂(引发剂)。

4-4 指出下列化合物可进行哪一类机理聚合:

四氢呋喃,2-甲基四氢呋喃,二氧六环,三氧六环,γ-丁内酯,环氧乙烷。

答 四氢呋喃:可进行阳离子聚合;2-甲基四氢呋喃:不能聚合;二氧六环:不能聚合;三氧六环:可进行阳离子聚合;γ-丁内酯:不能聚合;环氧乙烷:可进行阳离子、阴离子及配位聚合。

4-5 将下列单体和引发剂进行匹配,说明引发剂对应的聚合反应类型。

单体:(1) $CH_2=CHC_6H_5$;(2) $CH_2=C(CN)_2$;(3) $CH_2=C(CH_3)_2$;
(4) $CH_2=CHO(n-C_4H_9)$;(5) $CH_2=CHCl$;(6) $CH_2=C(CH_3)COOCH_3$。

引发剂:(a) $(C_6H_5CO_2)_2$;(b) $(CH_3)_3COOH+Fe^{2+}$;(c) 萘 Na;(d) BF_3+H_2O。

答 (1):(a)、(b)、(c)、(d);(2):(c);(3):(d);(4):(d);(5):(a)、(b);(6):(a)、(b)、(c)。(a)和(b)属自由基聚合,(c)属阴离子聚合,(d)属阳离子聚合。

4-6 下列引发剂和单体所组成的体系能否进行聚合反应?

(1) $n-C_4H_9Li+CH_2=CHCl$;(2) $AIBN+CH_2=C(CN)_2$;(3) $(Fe^{2+}+H_2O_2)+CH_2=CHOOCCH_3$;(4) $Na+CH_2=CHOR$;(5) $H_2SO_4+CH_2=C(CH_3)_2$;(6) $BPO+CH_2=CH-CH_3$;(7) $BPO+CH_2=CHCN$;(8) $(BF_3+H_2O)+CH_2=CHC_6H_5$;(9) $TiCl_4-Al(Et)_3+CH_2=CH-CH_3$;(10) $C_4H_9Li+CH_2=C(CN)_2$;(11) $BPO+CH_2=C(CH_3)_2$;(12) $Na+CH_2=CHC_6H_5$;(13) $TiCl_3-Al(C_2H_5)_2Cl+CH_3-CH=CH_2$。

答 能进行聚合反应的有:(3)、(4)、(5)、(7)、(8)、(10)、(12)和(13)。

4-7 判断下列引发剂适合何种机理聚合(自由基聚合、阳离子聚合、阴离子聚合或配位聚合):

$(C_6H_5CO_2)_2$,$n-C_4H_9Li$,BF_3-H_2O,$HClO_4$,Na,$TiCl_4-Al(C_2H_5)_3$,$TiCl_4-H_2O$,萘钠。

答 $(C_6H_5CO_2)_2$ 适合自由基聚合;$n-C_4H_9Li$、Na、萘钠适合阴离子聚合;BF_3-H_2O、$HClO_4$、$TiCl_4-H_2O$ 适合阳离子聚合;$TiCl_4-Al(C_2H_5)_3$ 适合配位聚合。

4-8 商品苯乙烯的自由基聚合、三聚甲醛的阳离子开环聚合和己内酰胺阴离子开环聚合均存在诱导期,它们在本质上有什么不同?如何消除诱导期?

答 苯乙烯是因为存在阻聚剂,可以除去阻聚剂以消除诱导期。三聚甲醛因为存在聚甲醛-甲醛平衡的特殊现象,可预先加入适量甲醛以消除诱导期。对于己内酰胺

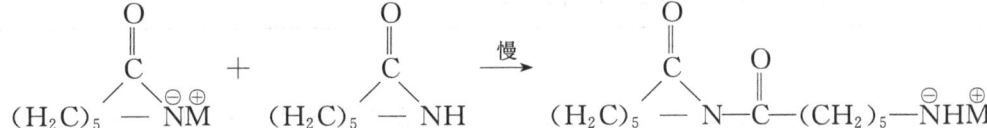

其中阴离子受环上羰基双键共轭作用而得到一定程度的稳定,活性减弱。己内酰胺键的碳原子缺电子性又不足,活性也较低,导致形成诱导期。如果以酰氯、酸酐、异氰酸酯等酰基化试剂与己内酰胺反应,预先生成 N-酰基内酰胺,然后加到体系中,则可消除诱导期。

4-9 试从单体、引发剂、活性中心、阻聚剂、聚合机理、聚合温度、溶剂(和水)的影响、聚合方法等方面比较自由基聚合、阳离子聚合和阴离子聚合的异同点。

答 从机理看,自由基聚合与阳离子聚合及阴离子聚合都属于链式聚合反应,但由于增长反应的活性中心的性质不同,所以三种聚合反应在多方面都表现出很大的差异。现将它们的异同点归纳如下:

聚合反应	自由基聚合	离子聚合	
		阳离子聚合	阴离子聚合
聚合单体	弱吸电子取代基的烯类单体,共轭单体	供电子取代基的烯类单体,共轭单体,易极化为负电性的单体	吸电子取代基的烯类单体,共轭单体,易极化为正电性的单体
引发剂(催化剂)	过氧化物,偶氮化物,氧化还原体系	Lewis酸,质子酸,阳离子生成物,亲电试剂	碱金属,有机金属化合物,碳阴离子生成物,亲核试剂
活性中心	自由基 C·	碳阳离子 C^+	碳阴离子 C^-
阻聚剂	生成稳定自由基和稳定化合物的试剂:对苯二酚,DPPH	亲核试剂:水,醇,酸,酯,胺类	供给质子的试剂:水,醇,酸等活泼氢物质及 CO_2,氧等
聚合机理	双基终止,特征为慢引发、快增长、有终止	不能双基终止。通过单分子自发终止,或向单体、溶剂等链转移终止。特征为快引发、快增长、易转移、难终止	不能双基终止。较难发生链终止,需加入其他试剂使其终止。一般为快引发、慢增长、无终止
聚合温度	一般 50～80 ℃	0 ℃以下	60 ℃以下或室温
水、溶剂的影响	可用水作溶剂,溶剂对聚合反应影响小	水会使离子聚合终止。离子聚合中,溶剂的极性和溶剂化能力,对引发和增长活性中心的形态有极大影响,从而影响聚合速率、产物相对分子质量及立体规整性。一种离子聚合的溶剂常是另一种离子聚合的链转移剂或终止剂,不可颠倒使用	
聚合方法	本体,溶液,悬浮,乳液	本体,溶液	

4.2 离子聚合反应的聚合反应方程和反应机理

4-10 用 $TiCl_4$ 作引发剂,水为共引发剂,使异丁烯在一定条件下于苯中进行阳离子聚合时,实验的聚合速率方程为 $R_p=k[TiCl_4][CH_2=C(CH_3)_2][H_2O]$。如果链终止是通过活性中心的重排进行的,并产生不饱和端基聚合物和引发剂-共引发剂络合物,试写出这个聚合过程的基元反应、聚合速率和聚合度方程。在什么条件下聚合速率可为:(1) 对$[H_2O]$为一级反应;(2) 对$[TiCl_4]$为零级反应;(3) 对$[CH_2=C(CH_3)_2]$为二级反应。

答 聚合过程基元反应为

链引发：

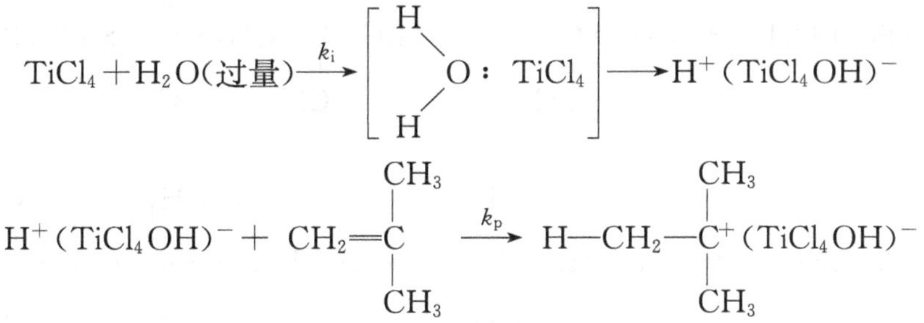

$$TiCl_4 + H_2O(过量) \xrightarrow{k_i} \left[\begin{array}{c} H \\ | \\ O : TiCl_4 \\ | \\ H \end{array} \right] \longrightarrow H^+(TiCl_4OH)^-$$

$$H^+(TiCl_4OH)^- + CH_2=C(CH_3)_2 \xrightarrow{k_p} H-CH_2-C^+(CH_3)_2 (TiCl_4OH)^-$$

链增长：

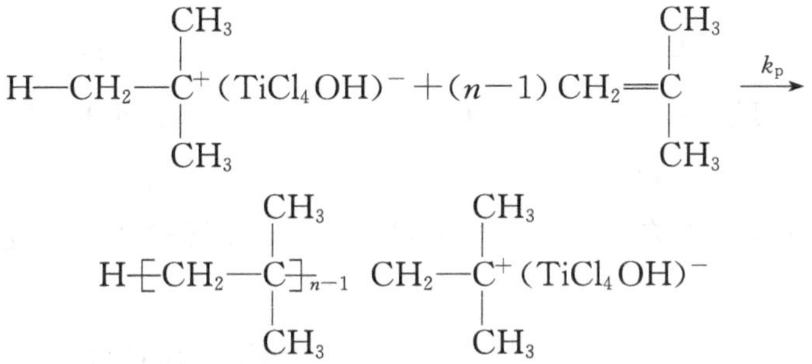

$$H-CH_2-C^+(CH_3)_2(TiCl_4OH)^- + (n-1)CH_2=C(CH_3)_2 \xrightarrow{k_p}$$

$$H\text{-}[CH_2\text{-}C(CH_3)_2]_{n-1}CH_2\text{-}C^+(CH_3)_2(TiCl_4OH)^-$$

链终止：

$$\sim\!\!CH_2\text{-}C^+(CH_3)_2(TiCl_4OH)^- \xrightarrow{k_t} \sim\!\!CH_2\text{-}C(CH_3)\!=\!CH_2 + H^+(TiCl_4OH)^-$$

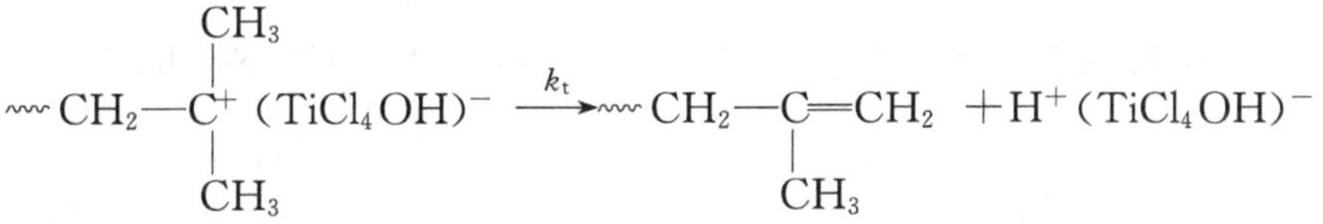

由此：$R_i = k_i[TiCl_4]$，$R_p = k_p[CH_2=C(CH_3)_2][H^+(TiCl_4OH)^-]$，$R_t = k_t[H^+(TiCl_4OH)^-]$。在稳态下，增长链活性中心浓度始终不变，即 $R_i = R_t$，则 $[H^+(TiCl_4OH)^-] = R_i/k_t = k_i[TiCl_4]/k_t$，于是 $R_p = k_i k_p [TiCl_4][CH_2=C(CH_3)_2]/k_t$。聚合度 $\overline{X_n} = R_p/R_t = R_p/R_i = k_p[CH_2=C(CH_3)_2]/k_t$。

(1) 在链引发反应中，由反应速率慢的一步决定反应速率。若水不过量，则 $R_i = k_i[TiCl_4][H_2O]$，那么 $R_p \propto [H_2O]$。

(2) 在链引发反应中，若 $TiCl_4$ 过量，水为适量，则 $R_i = k_i[TiCl_4]_0[H_2O]$，$R_p \propto [TiCl_4]_0$。

(3) 若链引发反应为

$$TiCl_4 + H_2O \xrightleftharpoons{K} H^+(TiCl_4OH)^-$$

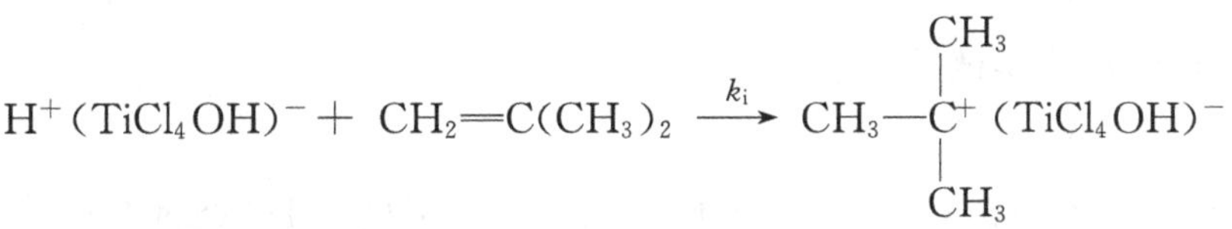

$$H^+(TiCl_4OH)^- + CH_2=C(CH_3)_2 \xrightarrow{k_i} CH_3-C^+(CH_3)_2(TiCl_4OH)^-$$

则 $R_i = Kk_i[CH_2=C(CH_3)_2][TiCl_4][H_2O]$，那么 $R_p \propto [CH_2=C(CH_3)_2]^2$。

4-11 在四氢呋喃中用 $SnCl_4 + H_2O$ 引发异丁烯聚合。起始生成的聚合物数均相对分子质量为 2000，聚合物含羟基，但不含氯。写出链引发、链增长、链终止反应式。

答 链引发：

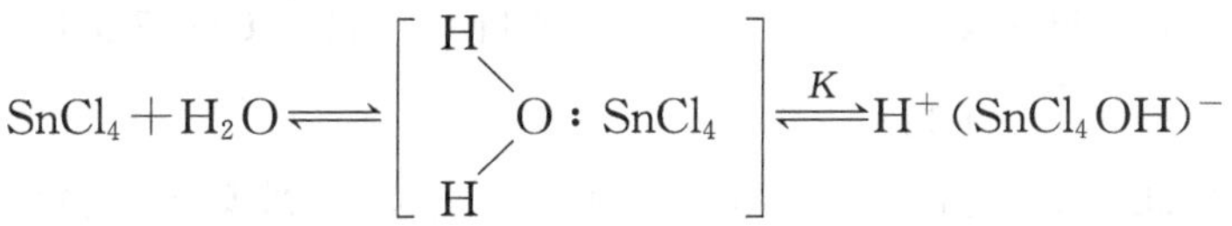

$$SnCl_4 + H_2O \rightleftharpoons \left[\begin{array}{c} H \\ | \\ O : SnCl_4 \\ | \\ H \end{array} \right] \xrightleftharpoons{K} H^+(SnCl_4OH)^-$$

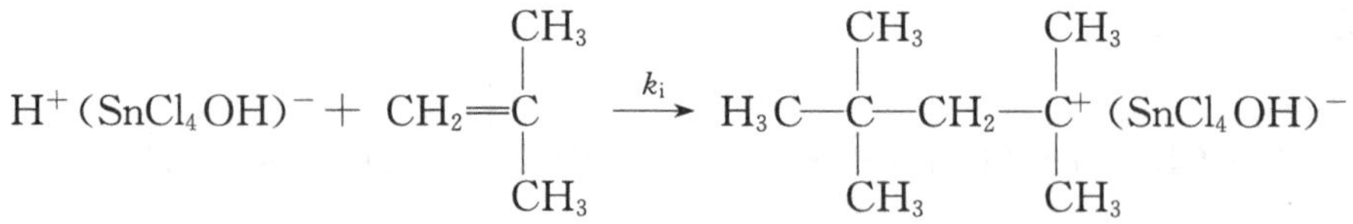

$$H^+(SnCl_4OH)^- + CH_2=C(CH_3)_2 \xrightarrow{k_i} H_3C-C(CH_3)_2-CH_2-C^+(CH_3)_2 (SnCl_4OH)^-$$

链增长：

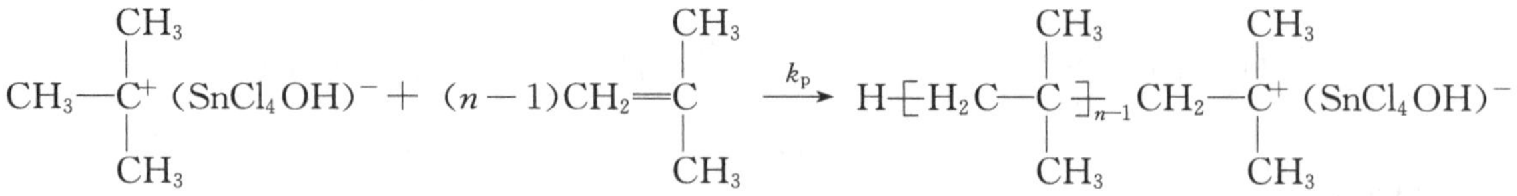

$$CH_3-C^+(CH_3)_2 (SnCl_4OH)^- + (n-1)CH_2=C(CH_3)_2 \xrightarrow{k_p} H\text{-}[CH_2-C(CH_3)_2]_{n-1}CH_2-C^+(CH_3)_2(SnCl_4OH)^-$$

链终止：

$$\sim\sim CH_2-C^+(CH_3)_2 + (SnCl_4OH)^- \xrightarrow{k_t} \sim\sim CH_2-C(CH_3)_2-OH + SnCl_4$$

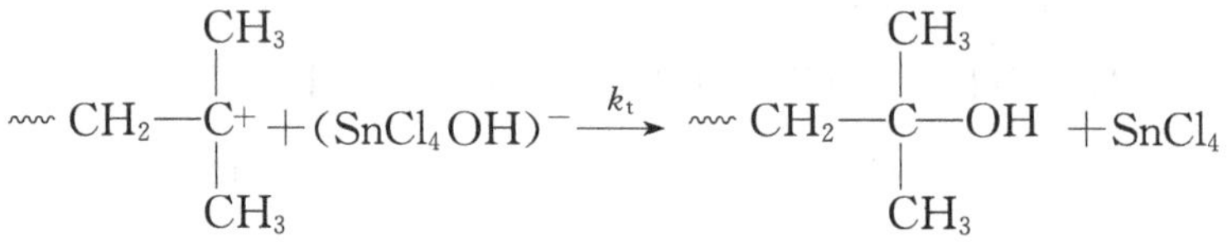

4-12 写出以氯甲烷为溶剂，以 $SnCl_4$ 为引发剂的异丁烯聚合反应机理。

答 链引发：

$$CH_3Cl + SnCl_4 \longrightarrow \overset{+}{C}H_3(SnCl_5)^-$$

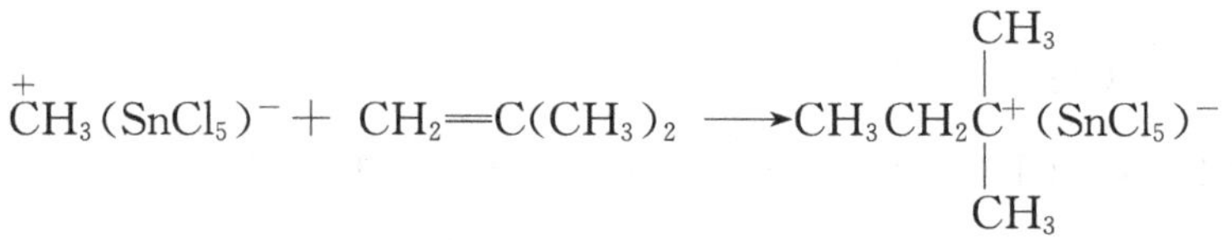

$$\overset{+}{C}H_3(SnCl_5)^- + CH_2=C(CH_3)_2 \longrightarrow CH_3CH_2\overset{+}{C}(CH_3)_2(SnCl_5)^-$$

链增长：

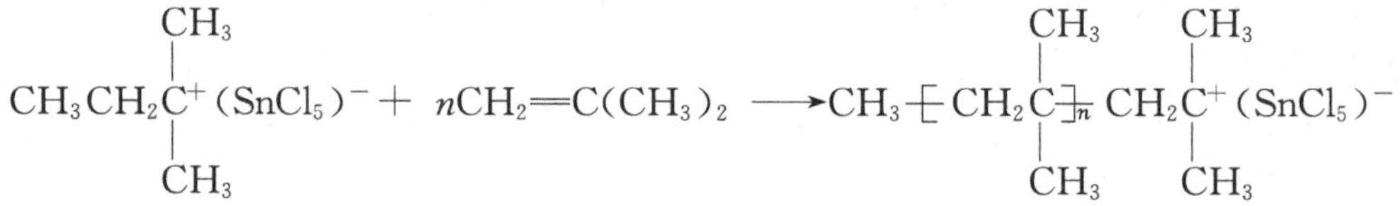

$$CH_3CH_2\overset{+}{C}(CH_3)_2(SnCl_5)^- + nCH_2=C(CH_3)_2 \longrightarrow CH_3\text{-}[CH_2\text{-}C(CH_3)_2]_n CH_2\overset{+}{C}(CH_3)_2(SnCl_5)^-$$

链终止：

(1) 向单体转移终止（动力学链不终止）

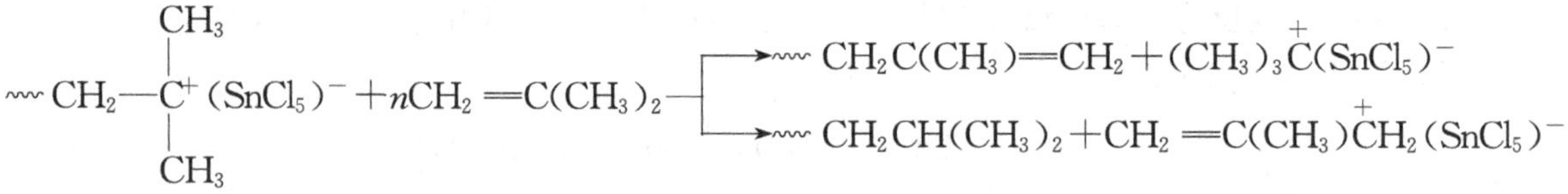

$$\sim\sim CH_2-\overset{+}{C}(CH_3)_2(SnCl_5)^- + nCH_2=C(CH_3)_2 \begin{cases} \longrightarrow \sim\sim CH_2C(CH_3)=CH_2 + (CH_3)_3\overset{+}{C}(SnCl_5)^- \\ \longrightarrow \sim\sim CH_2CH(CH_3)_2 + CH_2=C(CH_3)\overset{+}{C}H_2(SnCl_5)^- \end{cases}$$

(2) 自发链终止（动力学链不终止）

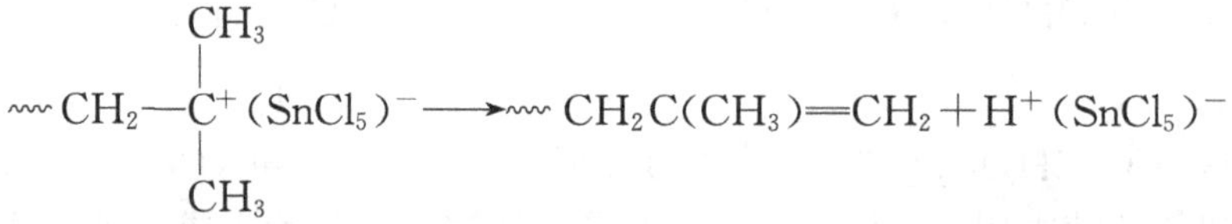

$$\sim\sim CH_2-\overset{+}{C}(CH_3)_2(SnCl_5)^- \longrightarrow \sim\sim CH_2C(CH_3)=CH_2 + H^+(SnCl_5)^-$$

(3) 与反离子的一部分结合

$$\sim\sim CH_2-\overset{+}{C}(CH_3)_2(SnCl_5)^- \longrightarrow \sim\sim CH_2C(CH_3)_2Cl + SnCl_4$$

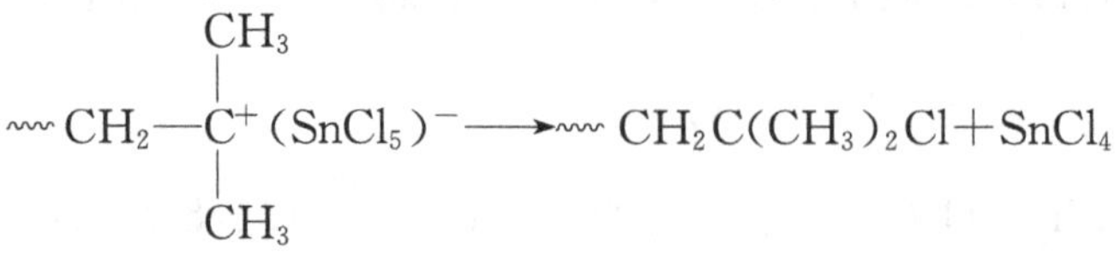

与反离子结合后生成的 $SnCl_4$ 还可以与溶剂重新生成引发剂，故动力学链仍未终止。

（4）与链转移剂或终止剂反应

$$\sim\sim CH_2-\underset{\underset{CH_3}{|}}{\overset{\overset{CH_3}{|}}{C^+}}(SnCl_5)^- + AB \longrightarrow \sim\sim CH_2C(CH_3)_2B + A^+(SnCl_5)^-$$

与链转移剂的反应是否属于动力学链终止，要看生成的 $A^+(SnCl_5)^-$ 是否有引发活性。与终止剂的反应物一般无引发活性，属动力学链终止。

4-13 离子聚合反应中是否也会出现自动加速现象？为什么？

答 离子聚合因为中心离子带有相同电荷相互排斥，不能双基终止，故不存在自动加速现象。

4-14 阴离子聚合反应中，各基元反应有何特点？写出阴离子聚合反应速率方程。

答 阴离子聚合的特点是快引发、慢增长（相对于其引发反应）、不终止（体系纯净时）。无链终止反应的阴离子聚合反应速率方程为 $R_p = k_p[M^-][M]$。当引发效率为 100% 时，$R_p = k_p[C][M]$，式中，$[M^-]$、$[M]$ 和 $[C]$ 分别为活性阴离子浓度、单体浓度和引发剂浓度。

4-15 为什么离子型聚合一般具有比自由基型聚合高得多的聚合速率？

答 离子型聚合没有终止或难以终止是主要原因。自由基型聚合的聚合速率方程 $R_p = k_p(fk_d/k_t)^{1/2}[I]^{1/2}[M]$ 中，终止速率常数 k_t（$10^6 \sim 10^8$）远大于引发速率常数 k_d（$10^{-6} \sim 10^{-4}$）和增长速率常数 k_p（$10^2 \sim 10^4$），使总聚合速率变小。

4.3 离子聚合的活性中心、反离子和温度对聚合反应速率和聚合物规整性的影响

4-16 在阳离子聚合反应过程中，活性中心离子和反离子之间的结合有几种形式？不同存在形式和单体的反应能力如何？其存在形式受哪些因素的影响？

答 在阳离子聚合过程中，链增长活性中心与抗衡阴离子之间存在以下离解平衡：

$$R-X \underset{极化}{\rightleftharpoons} \overset{\delta+}{R}-\overset{\delta-}{X} \underset{离子化}{\rightleftharpoons} \overset{+}{R}\cdots\overset{-}{X} \underset{溶剂化}{\rightleftharpoons} \overset{+}{R}//\overset{-}{X} \underset{离解}{\rightleftharpoons} \overset{+}{R}+\overset{-}{X}$$

共价化合物　极化分子　　紧密离子对　溶剂分离离子对　自由离子

越靠右的物种越易与单体反应。

极性大的溶剂有利于链增长活性中心与抗衡阴离子的离解，有利于聚合反应速率的增大，如果溶剂极性太弱，则不能使二者离解而形成不具有链增长活性的共价化合物，聚合反应不能顺利进行。

以上各种存在形式的数量受溶剂性质、温度、及抗衡离子等因素的影响。

（1）溶剂的基本性质包括极性和溶剂化能力两个方面。极性通常以介电常数表征（溶剂的介电常数越大，极性越强）；溶剂化能力通常以电子给予指数表征（溶剂的电子给予指数越大，溶剂化能力越强）。

溶剂极性的影响：极性增大，离子对离解越容易进行，聚合速率增大，结构规整性降低。

溶剂化能力的影响：溶剂化能力越强，离子对离解越容易进行，聚合速率增大，结构规整性降低。对于阳离子聚合反应，主要考虑溶剂极性的影响。溶剂化能力强的溶剂无法作为阳离子聚合的溶剂。

（2）温度对阳离子聚合反应的影响为温度越低，离解平衡常数越大，越有利于平衡向右移动，即温度降低使聚合速率增大。具有负的温度效应是阳离子聚合反应的第二个重要特点。多数情况下聚合度随温度的降低而增加，所以阳离子聚合反应一般在很低的温度下进行。

(3) 与阳离子聚合中,抗衡离子的亲核性大小对聚合反应能否进行具有很大影响。如果抗衡离子的亲核性太强,则将使链增长反应无法进行。抗衡离子的体积大小对聚合反应速率的影响表现为体积大的抗衡离子与正碳离子之间的库仑力较弱,抗衡离子的亲核性较差,离子对变松,聚合速率较快。

4-17 在阴离子聚合反应过程中,活性中心离子和反离子之间的结合有几种形式?不同存在形式和单体的反应能力如何?其存在形式受哪些因素的影响?

答 与阳离子聚合相似,在阴离子聚合过程中链增长活性中心与抗衡阳离子之间存在以下离解平衡:

$$R-X \underset{}{\overset{\text{极化}}{\rightleftharpoons}} R^{\delta-}-X^{\delta+} \underset{}{\overset{\text{离子化}}{\rightleftharpoons}} R^{-}\cdots X^{\delta+} \underset{}{\overset{\text{溶剂化}}{\rightleftharpoons}} R^{-}//X^{+} \underset{}{\overset{\text{离解}}{\rightleftharpoons}} R^{-}+X^{+}$$

共价化合物　　极化分子　　紧密离子对　溶剂分离离子对　自由离子

越靠右的物种越易与单体反应。

与阳离子聚合相似,溶剂的性质(极性与溶剂化能力)在相当大程度上决定离子对的结合状态,从而影响离子对的反应活性。溶剂的极性增大和溶剂化能力增强,离子对离解越容易进行,聚合速率增大,结构规整性降低。

阴离子聚合常用烃类(烷烃和芳烃)作溶剂,也有用四氢呋喃、二甲基甲酰胺及液氨作溶剂的。但不能用酸性物质(如无机酸、乙酸和三氯乙酸)、水和醇作溶剂,因为这类物质易与增长中的负离子反应,造成链终止。

抗衡离子的半径越大,越不易被溶剂化,所以在具有溶剂化能力的溶剂(极性溶剂)中,抗衡离子半径越大,越有利于平衡向左移动。然而在无溶剂化作用的溶剂(非极性溶剂)中,随抗衡离子半径的增大,X^+ 与 R^- 之间的库仑引力减小,X^+ 与 R^- 之间的距离增大,平衡向右移动。

温度对阴离子聚合反应的影响与阳离子聚合反应不同。温度升高使聚合速率增大,同时使聚合物结构规整性降低。升高温度使链转移反应加剧。而这些链转移反应会使聚合反应终止,所以一般阴离子反应都选择低于一般自由基聚合反应的温度。前者通常在30~60 ℃,后者通常在50~100 ℃。

4-18 增加溶剂极性对下列各项有什么影响?
(1) 活性种的状态;(2) 聚合物的立体规则性;(3) 用萘钠引发聚合的聚合速率。

答 (1) 在链增长活性中心与抗衡离子之间的离解平衡中向右(自由离子)移动;(2) 聚合物的立体规则性降低;(3) 对于萘钠引发的阴离子聚合,聚合速率增大。

4-19 某一引发体系引发聚合时有以下特征:(1) 加水有阻聚作用;(2) 溶剂极性增加,聚合速率加快;(3) 相对分子质量随温度升高而下降;(4) 聚合速率随温度升高而下降;(5) 引发 $St(M_1)$-$MMA(M_2)$ 共聚时,$r_1>1$,$r_2<1$。这一聚合是按自由基聚合、阳离子聚合还是阴离子聚合机理进行的?理由是什么?

答 阳离子聚合机理。从(1)和(2)来看,符合离子型聚合的特征。从(3)和(4)来看,具有负的温度效应是阳离子聚合反应的特征。从(5)来看,M_2 的吸电子取代基使单体带部分正电性,对于阳离子共聚合,M_2 活性降低,M_2 自聚少于共聚,使 $r_2<1$。

4-20 甲基丙烯酸甲酯分别在苯、四氢呋喃、硝基苯中用萘钠引发聚合,在哪一溶剂中的聚合速率最大?为什么?从手册中查得以下数据:

溶剂	苯	四氢呋喃	硝基苯
介电常数	2.2	7.6	34.6
电子给予指数	—	20.0	4.4

答 采用极性小(介电常数小)的溶剂,离子对不易电离,且不易使反离子溶剂化,因此 $k_{(\pm)}$ 很小;而电子给予指数小的溶剂,其溶剂化能力小,离子对离解困难,故综合来看,在四氢呋喃溶液中聚合速率最大。

4-21 以 $n\text{-}C_4H_9Li$ 为引发剂,分别以硝基甲烷和四氢呋喃为溶剂,在相同条件下使异戊二烯聚合。判断在不同溶剂中聚合速率的大小顺序,并说明原因(提示:四氢呋喃和硝基甲烷的电子给予指数分别是20.0和2.7)。

答 在四氢呋喃溶液中聚合速率较大,因为四氢呋喃的电子给予指数较大,溶剂化能力大,离子对较易离解。

4-22 在不同溶剂中,活性聚苯乙烯聚合中盐离子对增长反应速率常数(25 ℃)的影响如下:

反离子	Li^+	Na^+	K^+	Rb^+	Cs^+
在 THF 中 $k_{(\pm)}/(L \cdot mol^{-1} \cdot s^{-1})$	160	80	60~80	50~80	22
在 DOX 中 $k_{(\pm)}/(L \cdot mol^{-1} \cdot s^{-1})$	0.94	3.4	19.4	21.5	24.5

为什么两种不同溶剂中,$k_{(\pm)}$ 值的规律性恰好相反?

答 THF(四氢呋喃)溶剂化能力较强,而 DOX(二氧戊环)溶剂化能力较弱。抗衡离子的半径越大,越不易被溶剂化,所以在具有溶剂化能力的溶剂中,抗衡离子半径越大,越不容易离解,增长反应速率常数越小。然而在无溶剂化作用的溶剂中,随抗衡离子半径的增大,A^+ 与 B^- 之间的库仑引力减小,A^+ 与 B^- 之间的距离增大,越容易离解,增长反应速率常数越大。

4-23 以乙二醇二甲醚为溶剂,分别以 RLi、RNa、RK 为引发剂,在相同条件下使苯乙烯聚合。判断采用不同引发剂时聚合速率的大小顺序。如改用环己烷作溶剂,聚合速率大小顺序如何?说明判断的根据。

答 乙二醇二甲醚溶剂化能力较强,环己烷溶剂化能力较弱。与4-22题类似的原因,在乙二醇二甲醚中 $k_{(\pm)}$ 的顺序是 RLi>RNa>RK;在环己烷中 $k_{(\pm)}$ 的顺序是 RLi<RNa<RK。

4.4 离子聚合的动力学和聚合度计算

4.4.1 利用聚合物结构式或动力学方程计算聚合度

4-24 异丁烯阳离子聚合时,以向单体转移为主要终止方式,聚合物末端为不饱和端基,现有 4.0 g 聚异丁烯恰好使 6.0 mL 0.01 mol·L^{-1} 溴-四氯化碳溶液褪色,试计算聚合物的相对分子质量。

答
$$\mathsf{\sim}CH_2-\underset{\underset{CH_3}{|}}{C}=CH_2 + Br_2 \longrightarrow \mathsf{\sim}CH_2-\underset{\underset{CH_3}{|}}{\overset{\overset{Br}{|}}{C}}-CH_2-Br$$

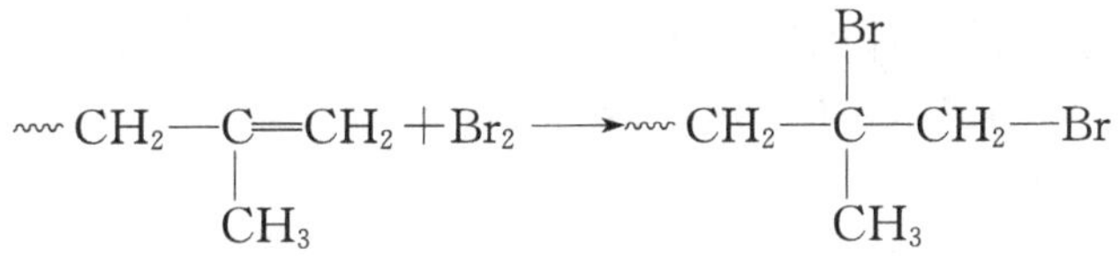

从以上反应式可知,每条聚异丁烯分子链消耗一分子溴。异丁烯的相对分子质量为 56.1,则

$$\overline{M_n} = \overline{X_n} \times 56.1 = \frac{4}{56.1} \div 6 \times \frac{0.01}{1000} \times 56.1 \approx 6.7 \times 10^4$$

所以,聚合物的数均相对分子质量约为 67 000。

4-25 苯乙烯以硫酸为引发剂在惰性溶剂中聚合。已知链增长速率常数 $k_p=$

$7.6 \text{ L} \cdot \text{mol}^{-1} \cdot \text{s}^{-1}$,自发链终止速率常数 $k_t = 4.9 \times 10^{-2} \text{ s}^{-1}$,向单体链转移的速率常数 $k_{tr,M} = 1.2 \times 10^{-1} \text{L} \cdot \text{mol}^{-1} \cdot \text{s}^{-1}$,反应体系中的单体浓度为 $200 \text{ g} \cdot \text{L}^{-1}$。计算聚合初期形成的聚苯乙烯的聚合度。

答 在惰性溶剂中,认为无溶剂转移。

$$R_p = k_p[M][M^+] \quad R_t = k_t[M^+] \quad R_{tr,M} = k_{tr,M}[M^+][M] \quad \overline{X_n} = \frac{R_p}{R_t + R_{tr,M}}$$

$$\frac{1}{\overline{X_n}} = \frac{R_t + R_{tr,M}}{R_p} = \frac{k_t[M^+]}{k_p[M][M^+]} + \frac{k_{tr,M}[M^+][M]}{k_p[M][M^+]} = \frac{k_t}{k_p[M]} + C_M$$

$$= \frac{4.9 \times 10^{-2}}{7.6 \times 1.92} + \frac{1.2 \times 10^{-1}}{7.6} = 0.019$$

$$\overline{X_n} = 53$$

4-26 如何计算活性聚合物的平均聚合度?

答 对于单阴离子活性中心引发,活性聚合物的平均聚合度 $\overline{X_n} = [M]/[C]$;对于双阴离子活性中心引发,$\overline{X_n} = 2[M]/[C]$。

4-27 $1.5 \text{ mol} \cdot \text{L}^{-1}$ 苯乙烯的四氢呋喃溶液在 $3.2 \times 10^{-5} \text{ mol} \cdot \text{L}^{-1}$ 萘钠作用下于 25 ℃ 聚合,当表观反应速率常数 $k_p = 550 \text{ L} \cdot \text{mol}^{-1} \cdot \text{s}^{-1}$ 时,起始聚合速率是多少?转化率100%时的聚合度是多少?

答 $R_p = k_p[M^-][M] = k_p[C][M] = 550 \times 3.2 \times 10^{-5} \times 1.5 = 2.64 \times 10^{-2} (\text{mol} \cdot \text{L}^{-1} \cdot \text{s}^{-1})$

$$\overline{X_n} = 2[M]/[C] = 2 \times 1.5/(3.2 \times 10^{-5}) = 9.4 \times 10^4$$

4-28 把 1.0×10^{-3} mol RLi 溶于 THF 中,然后迅速加入 2.4 mol 苯乙烯,溶液的总体积为 1 L,假设单体立即混合均匀,反应 2000 s 时已有一半单体聚合,计算在聚合 2000 s 时聚苯乙烯的聚合度。

答 在聚合过程中阴离子活性增长种的浓度基本不变,即为引发剂的浓度 $[M^-] = [C] = 1.0 \times 10^{-3} \text{ mol} \cdot \text{L}^{-1}$。在 2000 s 时参与反应的单体的浓度 $= 2.4 \times 50\% = 1.2 (\text{mol} \cdot \text{L}^{-1})$,所以 $\overline{X_n} = [M]/[C] = 1.2/(1.0 \times 10^{-3}) = 1.2 \times 10^3$。

4-29 将 1.0×10^{-3} mol 萘钠溶于四氢呋喃中,然后迅速加入 2.0 mol 苯乙烯,溶液的总体积为 1 L,假设单体立即均匀混合,反应 2000 s 时已有一半单体聚合,求:(1) 反应 2000 s 和 4000 s 时的聚合度;(2) 聚合度达 3000 时需要的时间。

答 (1) 在聚合过程中阴离子活性增长种的浓度基本不变,即为引发剂的浓度 $[M^-] = 1.0 \times 10^{-3} \text{ mol} \cdot \text{L}^{-1}$。

在 2000 s 时参与反应的单体的浓度 $= 2.0 \times 50\% = 1.0 (\text{mol} \cdot \text{L}^{-1})$。采用萘钠时,$n = 2$,所以 $\overline{X_n} = 2[M]/[C] = 2 \times 1.0/(1.0 \times 10^{-3}) = 2000$。

在 4000 s 时参与反应的单体的浓度 $= 2.0 \times 75\% = 1.5 (\text{mol} \cdot \text{L}^{-1})$。采用萘钠时,$n = 2$,所以 $\overline{X_n} = 2[M]/[C] = 2 \times 1.5/(1.0 \times 10^{-3}) = 3000$。

(2) 首先根据已知条件求 k_p:

$$R_p = -\frac{d[M]}{dt} = k_p[M^-][M] \quad -\frac{d[M]}{[M]} = k_p[M^-]dt$$

两边积分

$$-\int_2^{\frac{1}{2} \times 2} \frac{d[M]}{[M]} = k_p \times 1.0 \times 10^{-3} \times 2000$$

$$\ln 2 = 2k_p \quad k_p = \frac{\ln 2}{2} = 0.3465 (\text{L} \cdot \text{mol}^{-1} \cdot \text{s}^{-1})$$

再求聚合度为 3000 时残存单体的浓度 x：

$$\overline{X}_n = \frac{2[M]}{[M^-]} \qquad 3000 = \frac{2 \times (2-x)}{1 \times 10^{-3}} \qquad x = 0.5$$

又根据

$$\ln\frac{[M]_0}{[M]} = k_p[M^-]t \qquad \ln\frac{2}{0.5} = 0.3465 \times 1.0 \times 10^{-3} \times t \qquad t = 4000 \text{ s}$$

所以，聚合度达 3000 时所需时间为 4000 s。

4-30 在四氢呋喃中用萘钠引发 MMA 进行阴离子聚合，反应开始时萘钠浓度为 2.0×10^{-3} mol·L^{-1}，单体浓度为 3.0 mol·L^{-1}，已知经过 200 s 有 80% 的单体转化为聚合物，试计算 k_p 和聚合物的数均聚合度。当聚合进行到 300 s，所得聚合物的数均聚合度又是多少（假定聚合过程中阴离子浓度不变）？

答 因为 200 s 时体系残存单体浓度 $= 3.0 \times (1-80\%) = 0.6$ (mol·L^{-1})。

根据 $R_p = -\dfrac{d[M]}{dt} = k_p[M^-][M]$，则

$$-\int_3^{3 \times (1-0.8)} \frac{d[M]}{dt} = k_p \times 2.0 \times 10^3 \times \int_0^{200} dt$$

$$\ln\frac{[M]_0}{[M]} = \ln 3.0 - \ln 0.6 = k_p \times 2.0 \times 10^{-3} \times 200 \qquad k_p = 4.0 \text{ L·mol}^{-1} \cdot \text{s}^{-1}$$

$$\overline{X}_n = \frac{2[M]}{[M^-]} = \frac{2 \times 3.0 \times 80\%}{2.0 \times 10^{-3}} = 2.4 \times 10^3$$

当聚合进行到 300 s 时，因是同种单体，故 k_p 不变，设反应 300 s 时体系残存单体的浓度为 x，则

$$-\int_3^x \frac{d[M]}{dt} = 4.0 \times 2.0 \times 10^3 \times \int_0^{200} dt \qquad \ln\frac{[M]_0}{[M]} = \ln 3.0 - \ln x = 2.41$$

$$\ln x = 1.10 - 2.41 = -1.31 \qquad x = 0.27 < 0.6$$

$$\overline{X}_n = \frac{2 \times (3.0 - 0.27)}{2.0 \times 10^{-3}} \approx 2.7 \times 10^3$$

4-31 在 2 L 2.0 mol·L^{-1} 苯乙烯-四氢呋喃溶液中加入 500 mL 2.5×10^{-3} mol·L^{-1} C_4H_9Li 溶液，当苯乙烯完全聚合后，加入 340 g 异戊二烯，完全聚合后加水终止反应，求最后聚合物的相对分子质量（已知苯乙烯相对分子质量为 104，异戊二烯相对分子质量为 68）。

答 在阴离子聚合中，在没有链转移的情况下，活性链不终止，此活性聚合物又可作引发剂，故在 2 L 2.0 mol·L^{-1} 苯乙烯与 500 mL 2.5×10^{-3} mol·L^{-1} C_4H_9Li 溶液中：

$$[C] = \frac{2.5 \times 10^{-3} \times 0.5}{2 + 0.5} = 5 \times 10^{-4} \text{ (mol·L}^{-1}) \qquad [M]_{苯乙烯} = \frac{2 \times 2}{2 + 0.5} = 1.6 \text{ (mol·L}^{-1})$$

$$[M]_{异} = \frac{340/68}{2 + 0.5} = 2.0 \text{ (mol·L}^{-1}) \qquad \overline{X}_{n苯乙烯} = \frac{[M]}{[C]} = \frac{1.6}{5 \times 10^{-4}} = 3.2 \times 10^3$$

$$\overline{X}_{n异} = \frac{[M]}{[C]} = \frac{2.0}{5 \times 10^{-4}} = 4 \times 10^3 \qquad \overline{M}_{n苯乙烯} = \overline{X}_n M_0 = 3.2 \times 10^3 \times 10^4 \approx 3.3 \times 10^5$$

$$\overline{M}_{n异} = 4 \times 10^3 \times 68 = 2.7 \times 10^5 \qquad \overline{M}_{n总} = \overline{M}_{n苯乙烯} + \overline{M}_{n异} = 3.3 \times 10^5 + 2.7 \times 10^5 = 6.0 \times 10^5$$

最后聚合物的相对分子质量为 6.0×10^5。

4-32 以丁基锂和少量单体反应，得到一活性聚合物种子（S^*）：$C_4H_9Li + 2M \longrightarrow C_4H_9MMLi$，再将 10^{-3} mol S^* 和 2 mol 新鲜单体混合，50 min 内单体的一半转化成聚合物，计

算 k_p 值(体系总体积为 1 L,无链转移)。

答 $R_p = -\dfrac{d[M]}{dt} = k_p[M^-][M]$,两边重排,积分:$-\int_{2}^{\frac{1}{2}\times 2}\dfrac{d[M]}{dt} = \int_{0}^{3000} k_p \times 10^{-3} dt$。

左边:$-\ln[M]\Big|_{[M]_0}^{[M]} = -\ln[M]\Big|_{2}^{\frac{1}{2}} = \ln\dfrac{[M]_0}{[M]} = \ln\dfrac{2}{1} = \ln 2$,右边:$\int_{0}^{3000} k_p \times 10^{-3} dt = k_p \times 3$

$$k_p = \dfrac{\ln 2}{3} = 0.231(L \cdot mol^{-1} \cdot s^{-1})$$

4-33 为什么自由基聚合反应中,聚合速率与引发剂浓度的平方根成正比,而在阴离子聚合中,聚合速率一般与引发剂浓度的一次方成正比?

答 因为在阴离子聚合过程中,离子活性增长种的浓度保持不变,就等于引发剂的浓度。

$$R_p = -\dfrac{d[M]}{dt} = k_p[M^-][M] = k_p[C][M]$$

4.4.2 已知聚合度计算引发剂量

4-34 以 BuLi 为引发剂,环己烷为溶剂,合成线型三嵌段共聚物 SBS。单体总量为 150 g。BuLi 环己烷溶液的浓度为 $0.4\ mol \cdot L^{-1}$。单体的转化率为 100%。若使共聚物的组成(苯丁比)为 S:B=40:60(质量比),相对分子质量为 1×10^5,需丁二烯和苯乙烯各多少克?需 BuLi 溶液多少毫升?若反应前体系中含有 1.8×10^{-2} mL 水没有除去,计算此体系所得聚合物的实际相对分子质量。

答 需要的丁二烯量=150 g×60%=90 g   需要的苯乙烯量=150 g×40%=60 g

$$需要的 BuLi 溶液量 = \dfrac{150\ g/(1\times 10^5\ g\cdot mol^{-1})}{0.4\times 10^{-3}\ mol \cdot mL^{-1}} = 3.75\ mL$$

$$3.75\times 0.4\times 10^{-3}\ mol - \dfrac{1.8\times 10^{-2}\times 1}{18}\ mol = \dfrac{150\ g}{\overline{M_n}}\quad (注:水会消耗 BuLi)\quad \overline{M_n} = 3\times 10^5$$

4-35 用正丁基锂作引发剂在四氢呋喃溶剂中制备相对分子质量为 300 000 的聚苯乙烯,若单体用量为 1 t,试求引发剂用量(已知 C_4H_9Li 相对分子质量为 63.94)。

答 $1\times 10^6 \times 63.94/300\ 000 = 213(g) = 0.213(kg)$

4-36 以四氢呋喃为溶剂、正丁基锂为引发剂,使 500 kg 苯乙烯聚合,要求产物聚合度为 1000,应加入多少克引发剂?

答 $500\times 10^3\times 63.94/(1000\times 104) = 307.4(g)$

4-37 现要求合成相对分子质量为 300 000 的聚苯乙烯,用萘钠作引发剂,当苯乙烯用量为 1 kg 时,需要多少克金属钠?

答 $1000\times 23\times 2/300\ 000 = 0.153(g)$

4-38 用萘钠引发 α-甲基苯乙烯聚合,获得相对分子质量为 354 000 的聚合物 1.77 kg,则反应初期加入的萘钠为多少克?

答 $1.77\times 10^3\times 151\times 2/354\ 000 = 1.51(g)$

4.5 阴离子聚合的特点——活性阴离子聚合

4-39 当苯乙烯、甲醛等进行离子型聚合反应完成后,如果再向聚合釜中加入新鲜单体,聚合反应可继续进行,而在氯乙烯自由基悬浮聚合中,当反应完成后同样加入新鲜单体氯乙烯,是否也能继续进行聚合呢？为什么？

答 离子型聚合不终止或难终止,加入新鲜单体时,聚合反应可继续进行。但氯乙烯自由基聚合一旦结束,链自由基就已终止(主要是链转移终止),再加入新鲜单体也不会聚合。

4-40 什么是活性阴离子聚合？活性阴离子聚合有什么特点？自由基型的"活的高分子"是否也可以得到？

答 离子型聚合由于同电荷相互排斥,没有双基终止。对于阴离子聚合,尤其是非极性的共轭烯烃,链转移都不容易,成为无终止聚合,即聚合反应完成后大分子链端仍然保留着活性,一旦加入单体即可以重新开始聚合反应,这样的聚合反应称为活性阴离子聚合。

活性阴离子聚合的特点:①聚合物的相对分子质量与转化率呈直线关系。②聚合反应进行一定时间以后活性链浓度基本保持不变,这时如果补加同一单体则聚合度将继续增大;如果补加另一种单体则生成嵌段共聚物。

自由基活性聚合非常困难。但已有研究一些特殊的自由基聚合也可以制备"活的高分子"。例如,氮氧稳定自由基控制的自由基聚合(NMP)和原子转移自由基聚合(ATRP),但尚未实现工业化。

4-41 活性聚合物是 1956 年 Szwarc 对萘钠在四氢呋喃中引发苯乙烯聚合首先发现的。
(1) 试写出聚合反应的方程式(从萘钠制备开始),并说明现象。
(2) 在四氢呋喃溶液中于 25 ℃用 3.2×10^{-3} mol·L^{-1} 的萘钠,使浓度为 1.5 mol·L^{-1} 的苯乙烯聚合。计算聚合物的聚合度。

答 (1)

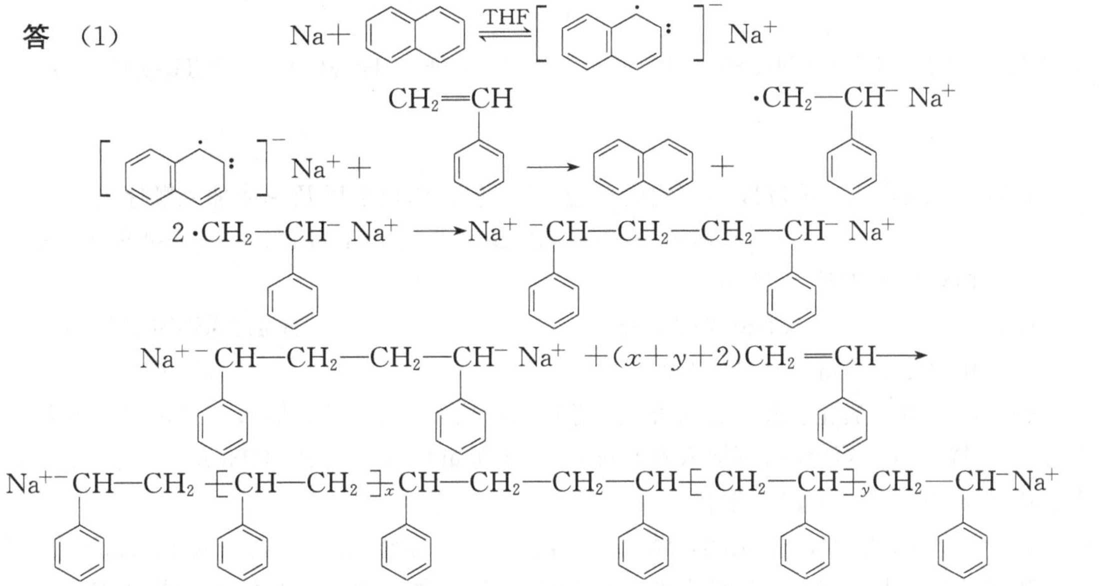

现象:红色是苯乙烯阴离子的特征,一加入苯乙烯,萘钠-THF 溶液立即从绿色转变成浅红色,直至单体耗尽,红色也不消失。

(2) $$\overline{X}_n = \frac{2[M]}{[C]} = \frac{2 \times 1.5}{3.2 \times 10^{-5}} = 9.4 \times 10^4$$

4-42 什么是热塑性弹性体？给出一种合成 SBS 的方法。

答 在室温下呈橡胶弹性,而加热又能流动的弹性体称为热塑性弹性体。
合成方法用以下任一种。
方法一:单官能团引发剂三次顺序加料法。用丁基锂先引发苯乙烯聚合,再加入丁二烯,待丁二烯完全聚合后再加入苯乙烯聚合。

方法二：双官能团引发剂二次加料法。先以萘锂与少量苯乙烯反应形成双阴离子引发剂，再加入丁二烯聚合形成中间段，进一步加入苯乙烯聚合两端增长，形成 SBS。

方法三：在环己烷中用丁基锂引发苯乙烯聚合，得到活性聚苯乙烯，然后加入丁二烯，聚合得活性苯乙烯-丁二烯二嵌段聚合物，再加入双官能团偶合剂如 $COCl_2$ 或 $Br(CH_2)_6Br$，则形成苯乙烯-丁二烯-苯乙烯线型三嵌段共聚物。其反应方程式如下：

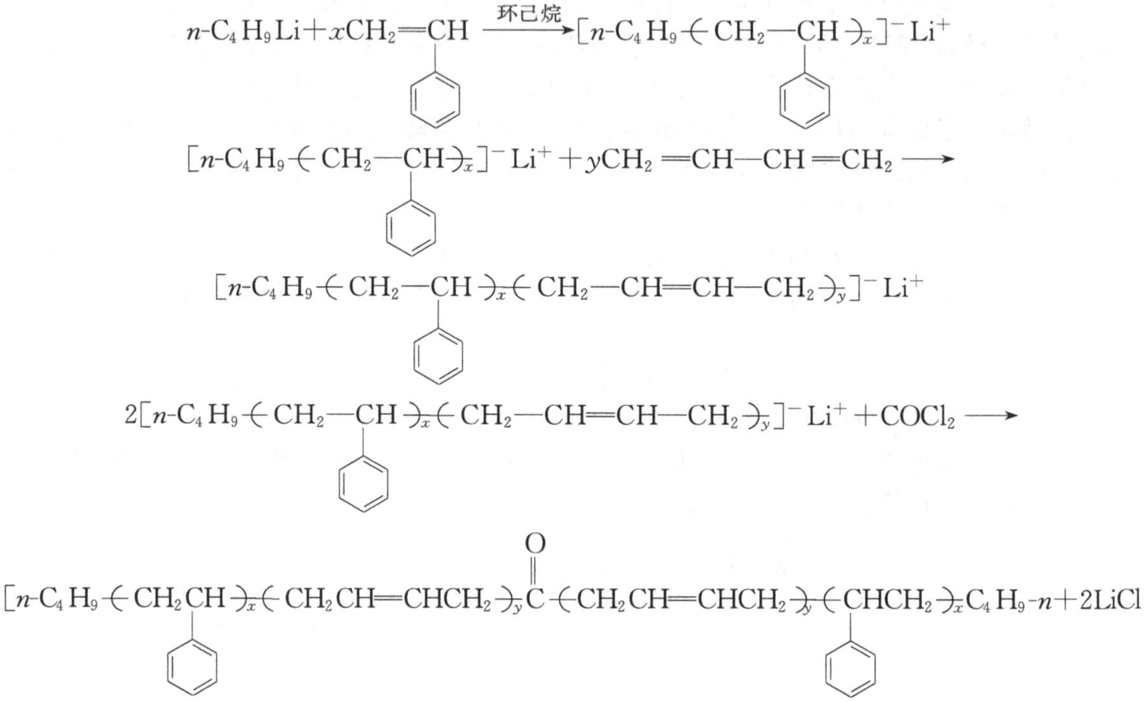

$$n\text{-}C_4H_9Li + xCH_2=CH(C_6H_5) \xrightarrow{\text{环己烷}} [n\text{-}C_4H_9\text{-}(CH_2\text{-}CH(C_6H_5))_x]^- Li^+$$

$$[n\text{-}C_4H_9\text{-}(CH_2\text{-}CH(C_6H_5))_x]^- Li^+ + yCH_2=CH\text{-}CH=CH_2 \longrightarrow$$

$$[n\text{-}C_4H_9\text{-}(CH_2\text{-}CH(C_6H_5))_x\text{-}(CH_2\text{-}CH=CH\text{-}CH_2)_y]^- Li^+$$

$$2[n\text{-}C_4H_9\text{-}(CH_2\text{-}CH(C_6H_5))_x\text{-}(CH_2\text{-}CH=CH\text{-}CH_2)_y]^- Li^+ + COCl_2 \longrightarrow$$

$$[n\text{-}C_4H_9\text{-}(CH_2CH(C_6H_5))_x\text{-}(CH_2CH=CHCH_2)_y\text{-}CO\text{-}(CH_2CH=CHCH_2)_y\text{-}(CHCH_2(C_6H_5))_x\text{-}C_4H_9\text{-}n] + 2LiCl$$

4-43 简述合成以下嵌段共聚物的反应步骤（包括催化剂以及单体加入顺序）：

(1) ~SSSSSSS~~~~~BBBBBBBBBBBBBBBB~~~~SSSSSSS~

相对分子质量　10 400　　　　54 000　　　　10 400

(2) ~SSSSSSSSSSS~~~~~~~~~~~BBBBBBBBBBBBB~

相对分子质量　20 800　　　　　　　　108 000

答　(1) 用丁基锂引发苯乙烯聚合，得到活性聚苯乙烯，然后加入丁二烯，聚合得活性苯乙烯-丁二烯二嵌段聚合物，再加入双官能团偶合剂如 $COCl_2$ 或 $Br(CH_2)_6Br$，则形成苯乙烯-丁二烯-苯乙烯线型三嵌段共聚物。

(2) 以 BuLi 为引发剂，先加入苯乙烯，首先合成活性聚苯乙烯，再加入丁二烯聚合。单体加入顺序的原则是先合成 pk_d 较大的单体的活性聚合物，再加入 pk_d 较小的单体聚合，否则得不到嵌段共聚物。

4-44 解释下列现象：用萘钠、THF 制备聚 α-甲基苯乙烯样品时

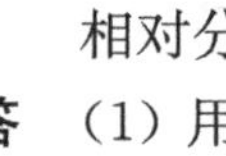

（萘 + Na + THF）溶液 $\xrightarrow[\text{室温}]{\text{单体}}$ 橙红色溶液（黏度变化不大）$\xrightarrow{\text{缓慢降温至} -70\sim-40\ ℃}$

橙红色溶液（黏度变大）$\xrightarrow{\text{升温至} 70\ ℃}$ 橙红色溶液（黏度又变小）

答　第一步生成引发剂的双阴离子；第二步进行阴离子活性聚合反应，生成聚 α-甲基苯乙烯，端基是阴离子，未终止；第三步发生解聚，又回到低聚物或引发剂的阴离子。

4-45 试用自由基聚合和离子型聚合反应合成下列遥爪聚合物：

(1) HO$\pmb{\dagger}$CH$_2$—CH=CH—CH$_2\pmb{\dagger}_n$OH； (2) HOOC$\pmb{\dagger}$CH$_2$CH=CH—CH$_2\pmb{\dagger}_n$COOH。

答 (1) 自由基聚合：丁二烯聚合时，以偶合方式终止，因此分子链两端都有引发剂残基。所用引发剂带有羟端基或羧端基就可得这两种遥爪聚合物。

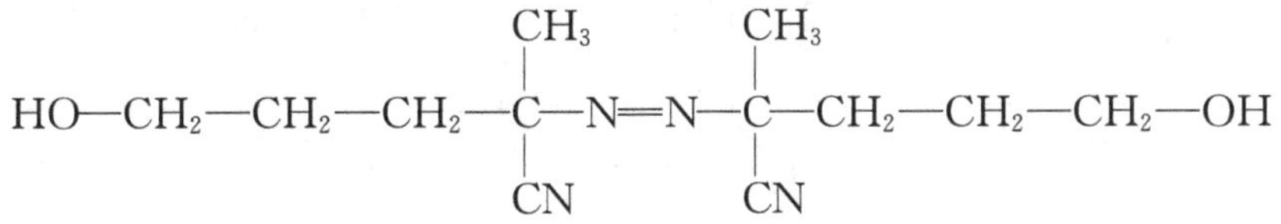

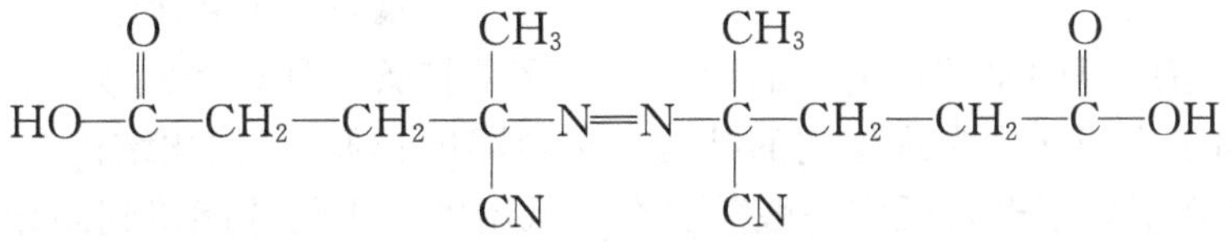

$$HO-CH_2-CH_2-CH_2-\underset{\underset{CN}{|}}{\overset{\overset{CH_3}{|}}{C}}-N=N-\underset{\underset{CN}{|}}{\overset{\overset{CH_3}{|}}{C}}-CH_2-CH_2-CH_2-OH$$

$$HO-\overset{O}{\overset{\|}{C}}-CH_2-\underset{\underset{CN}{|}}{\overset{\overset{CH_3}{|}}{C}}-N=N-\underset{\underset{CN}{|}}{\overset{\overset{CH_3}{|}}{C}}-CH_2-\overset{O}{\overset{\|}{C}}-OH$$

(2) 阴离子聚合：以萘钠作催化剂，可合成双阴离子活性高分子，聚合末期可加环氧乙烷，再以水终止，使转变成羟端基，通入 CO_2，则成羧端基。工业上常用此法合成羟端基聚丁二烯和羧端基聚丁二烯。

4-46 什么是计量聚合？

答 在阴离子聚合反应中严格控制条件，以得到接近单分散的聚合物为目的的聚合反应称为计量聚合。

4-47 合成相对分子质量接近单分散的窄分布聚合物的聚合反应条件有哪些？

答 合成接近单分散的窄分布聚合物必须满足的基本条件是：①阴离子聚合。②快引发。③单体绝对纯净。④较低的温度，以避免转移副反应的发生。⑤较低的引发剂浓度，使聚合物的分散度接近泊松分布。⑥良好的搅拌，物料能均匀扩散，以保证链增长反应同步进行。

在合成单分散聚合物时，只能采用极性溶剂中的萘钠作引发剂。如果采用非极性溶剂中的烷基锂作引发剂，由于引发剂分子的缔合作用而难以同步快速引发和同步增长，所以相对分子质量分布较宽。

4-48 简述阴离子聚合引发剂的缔合作用的特点及影响因素。

答 阴离子聚合引发剂缔合作用的特点及影响因素：①只有烷基锂才有缔合作用，其他碱金属烷基化合物并不存在缔合作用。②只有在非极性溶剂中烷基锂才表现明显的缔合作用，在极性溶剂中强烈的溶剂化作用使缔合作用变得不显著甚至完全消失。③正丁基锂浓度很低时，缔合作用并不显著。④当丁基锂浓度很高时，六个丁基锂分子构成一个缔合体，两个活性链离子对构成长链缔合体。所以，链引发速率与丁基锂浓度的 1/6 次方成正比，链增长速率却与丁基锂浓度的 1/2 次方成正比。⑤异丁基锂和特丁基锂可能由于位阻的存在而使其缔合分子数从 6 减少为 4。⑥缔合作用的存在使聚合反应速率大大降低。

4.6 阳离子聚合的特点——异构化

4-49 什么是异构化聚合？举例说明产生异构化的原因。

答 链增长反应中伴有重排反应（异构化过程）是阳离子聚合反应的最大特点。伴有重排反应的聚合又称异构化聚合。

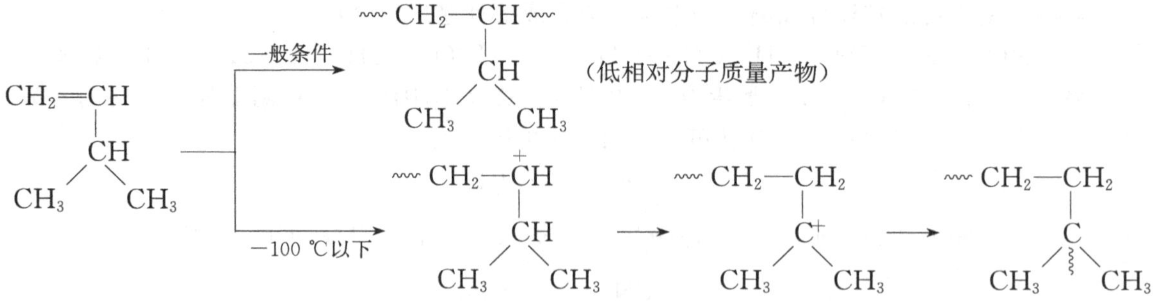

3-甲基-1-丁烯 ……… 异构化聚合(氢转移聚合)

发生重排反应的原因是碳正离子的稳定性顺序是叔碳＞仲碳＞伯碳。在聚合反应链增长过程中总是倾向于生成热力学最稳定的结构。聚合温度越低,异构化结构单元的含量越多。

4-50 为什么阳离子聚合反应一般需要在很低温度下进行才能得到高相对分子质量的聚合物？阳离子聚合时,如何控制聚合反应速率和聚合物相对分子质量？

答 因为阳离子聚合的活性种一般为碳阳离子。碳阳离子很活泼,极易发生重排和链转移反应。碳阳离子向单体的链转移常数(C_M 为 $10^{-4} \sim 10^{-2}$)比自由基向单体的链转移常数(C_M 为 $10^{-5} \sim 10^{-4}$)大得多。为了减少链转移反应的发生,从而提高产物的相对分子质量,阳离子聚合一般在低温下进行。

阳离子聚合时,可以通过加入链转移剂控制聚合物的相对分子质量。但由于聚合反应温度对链转移反应的影响很大,所以更多的是通过控制聚合反应温度来控制聚合物的相对分子质量。

4-51 写出 4-甲基-1-戊烯和 3-乙基-1-戊烯在较低温度下聚合后所得聚合物的结构单元。

答 4-甲基-1-戊烯的聚合物有以下三种结构单元：

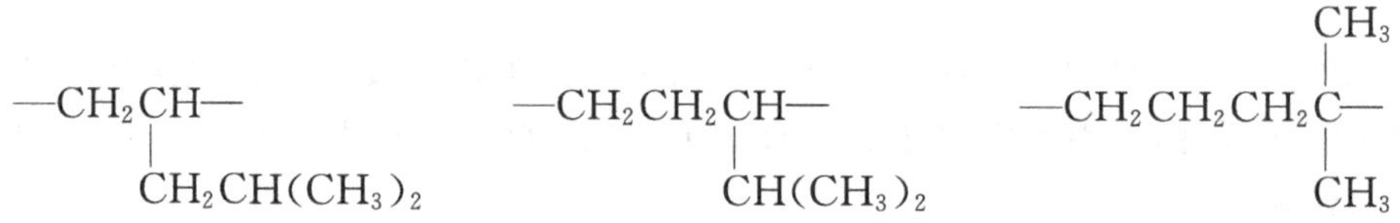

3-乙基-1-戊烯的聚合物有以下两种结构单元：

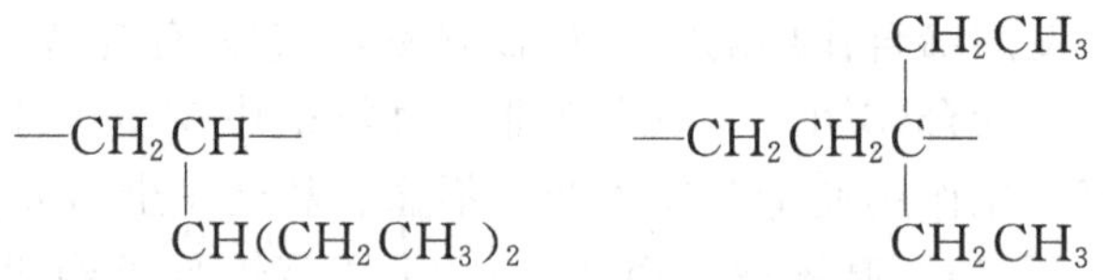

聚合物温度越低,异构化结构单元的含量越多。因为温度越低,碳正离子进攻单体的速率越慢,因而增加了碳正离子异构化的可能性。

4.7 配位聚合的基本概念和引发剂

4-52 解释和区别下列名词：配位聚合,络合聚合,插入聚合,定向聚合。

答 配位聚合：是指单体分子首先在活性种的空位处配位,形成某些形式(σ-π)的配位络合物。随后单体分子插入过渡金属(Mt)—碳(C)键中增长形成大分子的过程。这种聚合本质上是单体对增长链 Mt—R 键的插入反应,所以常称插入聚合。

络合聚合：络合聚合与配位聚合是同义词(但现在较少用),一方面指引发剂有配位或络合能力,另一方面指聚合过程中伴有配位和络合能力。

插入聚合：见配位聚合。

定向聚合：配位阴离子聚合的结果有可能制得立构规整聚合物，因此可称定向聚合。

4-53 比较配位聚合与定向聚合。

答 配位聚合所采用的引发剂是金属化合物与过渡金属化合物的络合体系，单体在聚合反应过程中通过向活性中心进行配位，然后插入活性中心离子与反离子之间，最后完成聚合反应过程。主要着眼于聚合反应机理。

定向聚合是能够生成立构规整的聚合物反应，着眼于聚合物的结构特征。

4-54 什么是 Ziegler-Natta 引发剂？定向聚合物只能采用 Ziegler-Natta 引发剂才能获得，这种说法对不对？

答 过渡金属化合物/金属有机化合物的一系列络合体系可以统称为 Ziegler-Natta 引发剂。第二问的说法不对。能够形成立构规整聚合物的聚合过程为定向聚合，并非特指采用 Ziegler-Natta 引发剂，少量自由基聚合或离子聚合也能够合成定向聚合物。

4-55 什么是配位阴离子聚合？特点如何？它和典型的阴离子聚合有什么不同？BuLi 引发苯乙烯聚合是不是配位阴离子聚合？

答 主、助引发剂络合，形成活性点（或空位），单体在空位上配位，形成络合物（σ-π 络合物），而配位活化后的单体在金属-烷基键中间插入增长，形成增长大分子链的聚合过程称为配位阴离子聚合。

其特点是：①单体首先在亲电性反离子或金属上配位。②大多数具有阴离子的性质。③反应是经四元环的插入过程。④单体插入可能有两种途径。

配位阴离子聚合与典型的阴离子聚合的差别：配位阴离子聚合是经四元环的插入过程，而典型的阴离子聚合不是经四元环的插入过程。

BuLi 引发苯乙烯聚合不是配位阴离子聚合。

4-56 使用 Ziegler-Natta 引发剂时，需采取哪些必要的措施才能保证实验成功？用什么方法除去残存的引发剂？怎样分离和鉴定全同聚丙烯？

答 由于 Ziegler-Natta 引发剂遇到 H_2O、O_2、CO 等会发生剧烈反应，所以聚合需在高纯 N_2 保护下进行，所需试剂和聚合容器均需净化、干燥、除去空气并在密封条件下聚合，溶剂不能含活泼氢等有害杂质。

残存的引发剂可通过加水、醇或螯合剂脱除，然后进行干燥。

全同聚丙烯可用沸腾庚烷萃取法分离和鉴定。其他鉴定方法还有光谱法（红外光谱或核磁共振谱）、熔点、密度等物理方法。

4-57 Ziegler-Natta 引发体系的组成情况如何？

答 由元素周期表中Ⅳ～Ⅷ族过渡金属化合物与Ⅰ～Ⅲ主族金属烷基化合物组成的二元体系许多都具有引发 α-烯烃进行配位聚合的活性，于是将这一大类复合体系称为 Ziegler-Natta 引发体系。其中Ⅳ～Ⅷ族过渡金属化合物是主引发剂，Ⅰ～Ⅲ主族金属烷基化合物是助（副）引发剂。

4-58 乙烯和丙烯配位聚合时使用的引发体系有什么不同？

答 乙烯配位聚合的典型引发剂是 $TiCl_4$-$Al(C_2H_5)_3$，而丙烯配位聚合的典型引发剂是 $TiCl_3$-$Al(C_2H_5)_3$。

4-59 试简述 Natta 双金属机理和 Cossee-Arlman 单金属机理的基本论点和各自的不足之处。

答 关于 Ziegler-Natta 引发剂的活性中心结构及聚合反应机理有两种理论：①双金属活性中心机理：聚合时，单体首先插入钛原子和烷基相连的位置上，这时 Ti—C 键打开，单体的 π

键即钛原子新生成的空 d 轨道配位,生成 π 配位化合物,后者经环状配位过渡态又变成一种新的活性中心。就这样,配位、移位交替进行,每一个过程可插入一个单体(增长一个链节)。双金属机理的特点是在 Ti 上引发,在 Al 上增长。②单金属活性中心机理:活性种是以过渡金属原子(Ti)为中心、带有一个空位的五配位正八面体。单体在 Ti 的空位上配位,随后在 Ti—C 键间插入。

双金属活性中心机理未能解释实际上单用钛组分制得全同聚合物的不少例子。

单金属活性中心机理虽然已经得到普遍认同,但是,对于Ⅰ～Ⅲ主族金属有机物共引发剂对 α-烯烃配位聚合的定向能力和引发活性都有很大提高,单金属机理还不能够解释。另外,单金属活性中心机理解释聚丙烯的聚合应当得到间同聚合物,只有空位"飞回"到原来的位置上才能继续增长为全同聚合物,这是容易引起疑问的机理。

4-60 试采用双金属机理说明高定向聚合是如何进行微观控制的。

答 ①引发剂两组分发生反应,形成双金属桥开环络合物,形成聚合的活性种。②富电子的 α-烯烃在钛原子和增长链端(或烷基)间配位,在钛上引发。③缺电子桥络合物部分极化后,与配位后的单体形成六元环过渡状态。④极化的单体插入 Al—C 键,六元环结构瓦解,恢复四元缺电子桥络合物。

4-61 丙烯用 α-TiCl$_3$-Al(C$_2$H$_5$)$_3$ 为引发剂,在环己烷中进行淤浆聚合,用单金属理论说明反应机理。

答 丙烯配位聚合单金属机理的要点是活性种由单一过渡金属(Ti)构成,增长即在其上进行。活性种是以过渡金属原子为中心、带有一个空位的五配位正八面体。配位聚合过程由下列反应式表示:

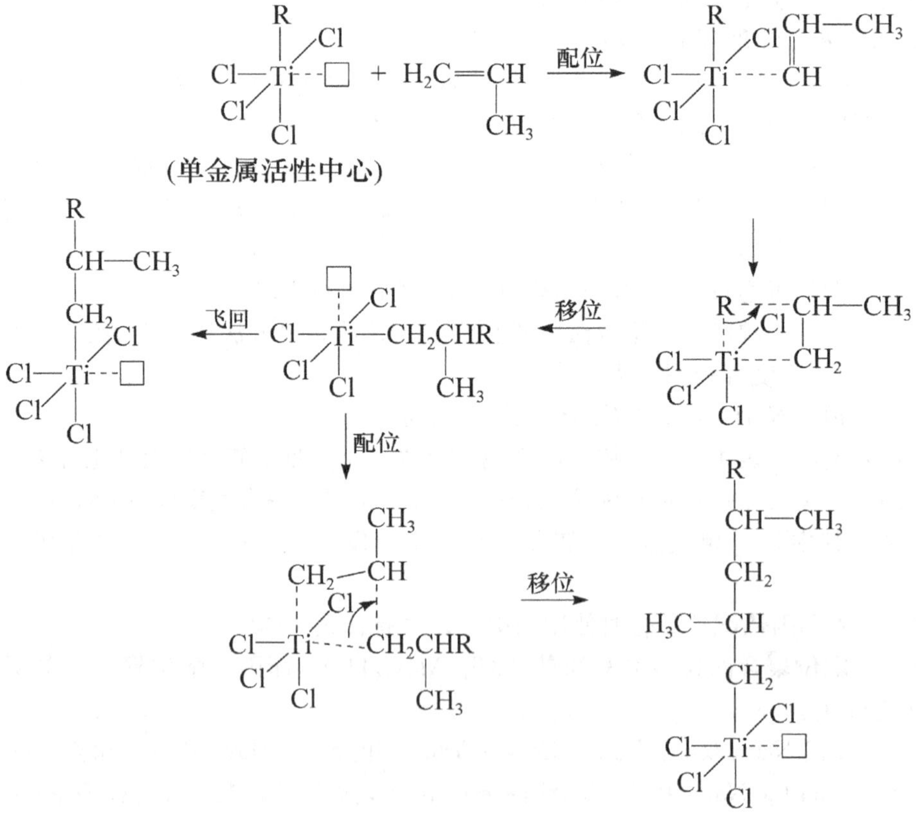

(单金属活性中心)

4-62 简述配位聚合的茂金属引发剂的组成和特点。

答 茂金属引发剂是环戊二烯类(简称茂)、ⅣB族过渡金属、非茂配体三部分组成的有机金属络合物的简称。单独茂金属引发剂对烯烃配位聚合基本没有活性,常加甲基铝氧烷MAO[含—Al(CH$_3$)—O—]作共(助)引发剂。

均相茂金属引发剂的特点是:①高活性,几乎100%金属原子都形成活性中心,比Ziegler-Natta引发剂的活性高10倍。②单一活性中心,可获得相对分子质量分布很窄、共聚组成均一的产物。③立构规整能力高。④几乎使所有乙烯基单体聚合。

4.8 配位聚合的单体及聚合物的立构

4-63 下列单体可否发生配位聚合?
(1) CH$_2$=CH—CH$_3$; (2) CH$_3$—CH=CH—CH$_3$; (3) CH$_3$=C(CH$_3$)$_2$;
(4) CH$_2$=CH—CH=CH$_2$; (5) CH$_2$=CH—C(CH$_3$)=CH$_2$;
(6) CH$_2$=CH—CH=CH—CH$_3$; (7) H$_2$N(CH$_2$)$_5$COOH。

答 (1)、(4)、(5)、(6)可以发生配位聚合。

4-64 引发体系和单体类型有哪些配合?

答 引发体系和单体类型的配合:①Ziegler-Natta引发剂既可使α-烯烃,又可使二烯烃、环烯烃定向聚合。②茂金属引发剂几乎使所有乙烯基单体聚合(包括极性单体)。③π-烯丙基镍型引发剂专供引发丁二烯的顺式-1,4和反式-1,4聚合。④烷基锂可在均相溶液体系中引发二烯烃和极性单体,形成立构规整聚合物。

4-65 聚乙烯有几种分类方法?这几种聚乙烯在结构和性能上有什么不同?它们分别是由何种方法生产的?

答 聚乙烯主要有三类,即低密度聚乙烯(LDPE,又称高压聚乙烯)、高密度聚乙烯(HDPE,又称低压聚乙烯)和线形低密度聚乙烯(LLDPE)。此外还有超高相对分子质量聚乙烯(UHMWPE,相对分子质量大于1 000 000)。

(1) LDPE的合成。LDPE是用高压法生产的聚乙烯。以乙烯为原料,在100～350 MPa的高压和160～270 ℃的较高温度下,以氧气或有机过氧化物等为引发剂,按自由基机理进行聚合反应。

(2) HDPE的合成。HDPE是用低压法合成的。以乙烯为原料,采用Ziegler-Natta催化剂[组成:主催化剂TiCl$_4$、助催化剂Al(C$_2$H$_5$)$_3$、载体MgCl$_2$],用H$_2$为相对分子质量调节剂,在汽油溶剂中于60～70 ℃进行阴离子型配位聚合反应。这种聚合实施方式又称淤浆法,反应中催化剂保持悬浮状态,聚合物以沉淀形式析出,形成浆状物。如果不加H$_2$调节相对分子质量,即可合成超高相对分子质量聚乙烯。

(3) LLDPE的合成。LLDPE是1977年才出现的,称为第三代聚乙烯。乙烯和少量(8%～12%)C$_4$～C$_8$的α-烯烃(如1-丁烯)在载于硅胶的铬和钛氟化物催化剂的引发下,以H$_2$为相对分子质量调节剂,于0.7～12.1 MPa压力和85～95 ℃温度下进行共聚制得LLDPE。这种方法称为低压气相本体法。反应方程式如下:

$$x\text{CH}_2=\text{CH}_2 + y\text{CH}_2=\overset{|}{\underset{\text{CH}_2-\text{CH}_3}{\text{CH}}} \longrightarrow \text{\textemdash}[\text{CH}_2-\text{CH}_2]_x[\text{CH}_2-\overset{|}{\underset{\text{CH}_2-\text{CH}_3}{\text{CH}}}]_y\text{\textemdash}$$

三种不同聚合方法得到的聚乙烯的结构有很大差异。低压法是按配位机理聚合,所以

HDPE 支化度低,可以看成线形结构,因而结晶度高、密度大,制品的力学强度和耐热性都较好,但韧性较差。高压法是按自由基机理聚合,所以 LDPE 支化度高,长短支链不规整,因而结晶度低、密度小,各项力学强度和耐热性较差,但韧性好。产生长支链的原因是自由基聚合时发生链转移。

如果自由基在分子间转移,新产生的自由基继续引发聚合,产生支链。

$$\sim\sim CH_2-\overset{\cdot}{C}H_2 + \sim\sim CH_2-CH_2\sim\sim \longrightarrow \sim\sim CH_2-CH_3 + \sim\sim \overset{\cdot}{C}H-CH_2\sim\sim$$

如果自由基在分子内转移,新产生的自由基继续引发聚合后产生短支链。红外光谱和 ^{13}C 核磁共振谱都证明,短支链主要是丁基,而乙基很少。

LLDPE 具有规整的非常短小的支链结构,虽然结晶度和密度与 LDPE 相似,但由于分子间作用力较大,因此其力学性能和耐热性介于 LDPE 和 HDPE 之间。而某些性能如抗撕裂强度、耐环境应力开裂性、耐穿刺性等甚至优于 LDPE 和 HDPE。

影响力学性能还有一个结构因素是相对分子质量,相对分子质量增大,分子间作用力增大,所以力学性能(包括韧性)都提高,因而 UHMWPE 的冲击强度和拉伸强度都成倍地增加,是一种兼有高强度和高韧性的材料,并且具有低蠕变、自润滑性和高耐磨性。

4-66 丙烯进行本体气相聚合,得聚丙烯 51 g,产物经沸腾正庚烷萃取后得到不溶物 45 g。试求该聚丙烯的全同指数。

答 聚丙烯的全同指数=(45/51)×100=88.2。该方法利用了全同聚丙烯和无规聚丙烯在溶解度上的差别,无规聚丙烯能溶于沸腾的正庚烷,而全同聚丙烯不能。

4-67 丁二烯有三种几何异构体:顺-1,4 加成、反-1,4 加成及 1,2 加成,用什么 Ziegler-Natta 引发剂可以得到这三种几何异构体?

答 用 TiI_4-AlR_3 可得顺-1,4 结构为主的聚丁二烯;用 TiI_4-AlR_3(Al/Ti=0.5)或 $VOCl_3$/$AlEt_2Cl$ 可得反-1,4 结构为主的聚丁二烯;用 $Ti(OR)_4$-AlR_3 或 $MoO_2(OR)_2$/AlR_3 可得 1,2 结构为主的聚丁二烯。

4-68 列举丁二烯进行顺式-1,4 聚合的引发体系并讨论顺式-1,4 结构的成因。

答 用 TiI_4-AlR_3 引发体系进行丁二烯聚合可以得到高顺式-1,4(95%)的顺丁橡胶。共轭双烯在聚合过程与活性中心金属配位时,若以顺式-1,4 形式配位,则得到顺式-1,4 加成的单体单元。其机理可简单示意如下:

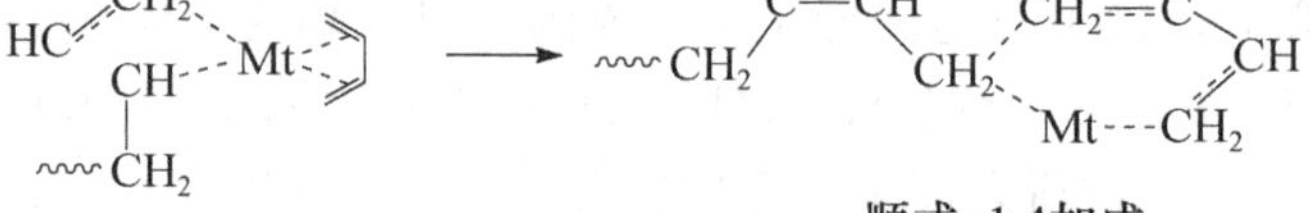

顺式-1,4 加成 → 顺式-1,4 加成

【名词解释索引】

阳离子聚合,阴离子聚合(4-9 题)。活性阴离子聚合(4-40 题)。热塑性弹性体(4-42 题)。计量聚合(4-46 题)。异构化聚合(4-49 题)。配位聚合,络合聚合,插入聚合,定向聚合(4-52 题)。Ziegler-Natta 引发剂(4-54 题)。配位阴离子聚合(4-55 题)。Natta 双金属机理,Cossee-Arlman 单金属机理(4-59 题)。茂金属引发剂(4-62 题)。

第 5 章 逐步聚合

5.1 逐步聚合反应的特点和分类

5-1 与链式(连锁)聚合反应相比,逐步聚合反应有什么特征?两者的主要差异是什么?

答 逐步聚合的主要特征是:小分子转变成高分子是逐步进行,即每一步反应的速率和活化能大致相同。链式聚合的特征是:整个聚合过程由链引发、链增长、链终止等基元反应组成,各基元反应的速率和活化能差别很大。

逐步聚合和链式聚合的差异是:

(1) 前者聚合发生在官能团之间,无基元反应,各步反应活化能相同。后者聚合由基元反应组成,各步反应的活化能不同。

(2) 前者单体及任何聚合体间均可反应,无活性种。后者存在活性种,聚合在单体和活性种之间进行。

(3) 逐步聚合初期转化率即达很高,官能团反应程度和相对分子质量随时间增加而逐步增长。链式聚合转化率随时间增加而增长,相对分子质量与时间无关。

(4) 逐步聚合反应过程存在平衡,无阻聚反应。链式聚合中,少量阻聚剂可使聚合终止。

5-2 比较逐步聚合、自由基聚合和阴离子聚合的以下关系:

(1) 转化率与时间的关系;(2) 聚合物相对分子质量与时间的关系。

答 逐步聚合早期,单体很快消失,转变成低聚物,转化率已经很高,以后的缩聚反应则在低聚物之间进行,延长聚合时间的主要目的在于提高产物的相对分子质量,而不是提高转化率。自由基聚合的单体转化率是逐渐增加的,但分子链生长很快,并很快终止,聚合度很快达到极值。阴离子聚合是活性聚合,聚合度与反应时间成正比,转化率也是逐渐增加的(图 5-1)。

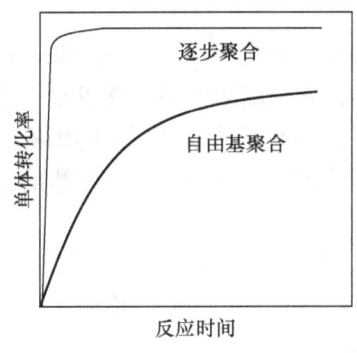 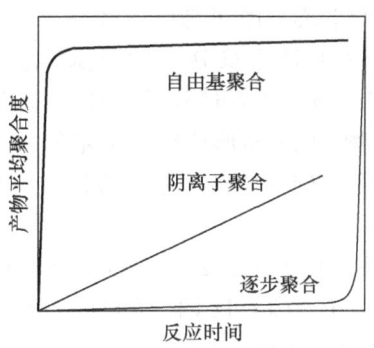

图 5-1 逐步聚合、自由基聚合和阴离子聚合的比较

5-3 如何用实验测定一未知单体的聚合反应是以逐步聚合还是链式聚合机理进行的?

答 通过膨胀计法获得转化率与聚合时间的关系。转化率随时间变化很小,为逐步聚合;变化大则为链式聚合。

5-4 逐步聚合反应主要有哪两种类型?各举一个实例说明。

答 逐步聚合反应主要有缩聚反应和逐步加成聚合反应。

缩聚:带有两个或两个以上官能团的单体之间连续、重复进行的缩合反应,即缩掉小分子而进行的聚合。聚酰胺、聚酯、聚碳酸酯、有机硅树脂、醇酸树脂等都是重要的缩聚物。聚酰亚胺、梯形聚合物等耐高温聚合物也由缩聚而成。蛋白质、淀粉、纤维素、糊精、核酸等天然生物高分子也是通过缩聚反应合成。硅酸盐玻璃和聚磷酸盐可以看作无机缩聚物。

逐步加成聚合：单体分子通过反复加成，使分子间形成共价键，逐步生成高相对分子质量聚合物的过程，其聚合物形成的同时没有小分子析出，如聚氨酯的合成。

缩聚反应如己内酰胺制备尼龙-6 的反应；逐步加成聚合反应如甲苯二异氰酸酯与多元醇合成聚氨酯的反应。

5-5 缩聚反应如何分类？

答 ①按反应热力学分为平衡缩聚和不平衡缩聚。②按生成聚合物的结构分为线型缩聚和体型缩聚。③按参加反应的单体种类分为均缩聚、混缩聚和共缩聚。④按反应中形成的键分为聚酯化反应、聚酰胺化反应和聚醚化反应等。

5.2 逐步聚合反应的单体

5-6 缩聚反应的单体必须具备什么基本条件？

答 适合缩聚反应的单体必须具备两个基本条件：①带有两个不同或相同的官能团。②这两种官能团之间或者与其他单体的官能团之间可以进行化学反应并生成稳定的共价键。

5-7 缩聚反应的单体活性由哪些因素决定？

答 单体活性的三个决定因素是：①官能团取代基电负性。例如，羧酸衍生物的活性取决于酰基取代基的电负性大小，其酰基取代基的电负性越大，羧酸衍生物的活性越高。②官能团邻近基团。例如，甘油参加一般缩聚反应时，伯羟基的反应活性较高而仲羟基的活性较低。③碳原子数及环化倾向。特别注意的是，四、五个碳原子的氨基酸和羟基酸具有强烈的环化倾向而不能聚合。

5-8 讨论下列四组反应物进行缩聚或环化反应的可能性：

(1) ω-羟基酸 $HO(CH_2)_mCOOH$；(2) $HO(CH_2)_2OH + HOOC(CH_2)_mCOOH$；(3) 乙二酰氯与乙二胺；(4) 乙二酰氯与己二胺。

答 (1) $m=1$ 时经双分子缩合成六元环；$m=2$ 时由 β-羟基失水，可能生成丙烯酸 $CH_2=CHCOOH$；$m=3,4$ 时易形成环，$m>4$ 主要进行缩聚反应，形成聚合物。(2) 不易成环，能生成聚合物。(3) 易形成结构稳定的六元环。(4) 不易成环，能生成聚合物。

5-9 写出由下列单体经缩聚反应形成的聚酯的结构。(2)～(4)聚酯的结构与反应物配比有无关系？

(1) $HO-R-COOH$；(2) $HOOC-R-COOH + HO-R'-OH$；

(3) $HOOC-R-COOH + R'(OH)_3$；(4) $HOOC-R-COOH + HO-R'-OH + R''(OH)_3$。

答 (1) 得到以 $\vphantom{|}-\!\!\!\left[ORCO\right]\!\!\!-\vphantom{|}$ 为重复单元的线形分子。

(2) 等物质的量时得到以 $-\!\!\!\left[OCRCOOR'O\right]\!\!\!-$ 为重复单元的线形分子。

(3) 设反应物二元酸和三元醇的相对物质的量比为 x，当 $x \leqslant 3/4$ 时，所得产物是端基主要为羟基的非交联支化分子；当 $x \geqslant 3$ 时，所得产物是端基主要为羧基的交联分子；当 $3/4 \leqslant x \leqslant 3$ 时，所得产物是交联分子。

(4) 设二元酸：二元醇：三元醇(物质的量比)=$x:y:1$，则当 $x-y \leqslant 1$ 时，所得产物是端基主要为羟基的支化分子；当 $x-y \geqslant 2$ 时，所得产物是端基主要为羧基的支化分子；当 $1 < x-y < 2$ 时，所得产物是交联分子。

5-10 写出合成下列聚合物的单体和合成反应式,并根据给出的数据计算聚合度 $\overline{X}_n$。

	(1) 尼龙-610	(2) 尼龙-6	(3) 甲基硅橡胶
$\overline{M}_n$	30 000	20 000	300 000
$M_{单}$	胺 116 酸 202	113	92

答 (1) 单体:$NH_2(CH_2)_6NH_2 + HOOC(CH_2)_8COOH$

$$nNH_2(CH_2)_6NH_2 + n\,HOOC(CH_2)_8COOH \longrightarrow \text{—}[NH(CH_2)_6NHOC(CH_2)_8CO]\text{—}_n + (2n-1)H_2O$$

$$\overline{X}_n = \frac{30\,000}{116+202-18\times2}\times 2 = 213$$

(2) 单体:$\overset{\frown}{NH(CH_2)_5CO}$

$$n\,\overset{\frown}{NH(CH_2)_5CO} \longrightarrow \text{—}[NH(CH_2)_5CO]\text{—}_n$$

$$\overline{X}_n = 20\,000/113 = 177$$

(3) 单体:$(CH_3)_2Si(OH)_2$

$$n(CH_3)_2Si(OH)_2 \longrightarrow \text{—}[OSi(CH_3)_2]\text{—}_n + nH_2O$$

$$\overline{X}_n = 300\,000/(92-18) = 4054$$

5.3 线型缩聚反应

5.3.1 线型缩聚反应的机理和动力学

5-11 试解释官能团等活性理论及适用条件。

答 官能团等活性理论:官能团参加反应(聚合)的能力与链长无关。其适用条件为:①聚合体系为真溶液。②官能团的邻近基团及空间环境相同。③体系黏度不妨碍缩聚反应生成的小分子排出。总之,官能团等活性理论必须在低转化率条件下才适用。

5-12 推导等物质的量的二元酸与二元醇缩聚在外加酸催化下的反应速率方程,并与引发剂存在下的自由基聚合速率方程进行比较,说明异同点。

答 聚酯化反应的速率可以用羧基消失速率表示:

$$R_p = \frac{-d[COOH]}{dt} = \frac{k[COOH][OH][H^+]}{k_{HA}}$$

考虑羧基与羟基浓度相同,以 $c(mol \cdot L^{-1})$ 表示,上式可写为

$$-\frac{dc}{dt} = \frac{kc^2[H^+]}{k_{HA}}$$

外加酸催化时,反应速率由自催化和酸催化两项组成,上式变为

$$-\frac{dc}{dt} = (kc + k_a[H^+])c^2 = k'c^2$$

即反应速率与反应物浓度的二次方成正比。

引发剂存在下的自由基聚合速率方程为

$$R_p = k_p\left(\frac{fk_d}{k_t}\right)^{1/2}[I]^{1/2}[M]$$

聚合速率与单体浓度的一次方成正比。

5-13 等物质的量的二元醇和二元酸经外加酸催化缩聚。试证明从开始到 $p=0.98$ 所需的时间与 p 从 $0.98\sim0.99$ 的时间相近。

证 在外加酸催化的聚酯合成反应中：$\overline{X_n}=k'[M]_0 t+1$。

$p=0.98$ 时，$\overline{X_n}=\dfrac{1}{1-p}=\dfrac{1}{1-0.98}=50$，所需反应时间 $t_1=\dfrac{\overline{X_n}-1}{k'[M]_0}=\dfrac{50-1}{k'[M]_0}=\dfrac{49}{k'[M]_0}$。

$p=0.99$ 时，$\overline{X_n}=\dfrac{1}{1-p}=\dfrac{1}{1-0.99}=100$，所需反应时间 $t_2=\dfrac{\overline{X_n}-1}{k'[M]_0}=\dfrac{100-1}{k'[M]_0}=\dfrac{99}{k'[M]_0}$。

$t_2\approx 2t_1$，故 p 从 $0.98\sim0.99$ 所需时间与从开始到 $p=0.98$ 所需的时间相近。

5.3.2 密闭体系的平衡缩聚反应计算聚合度

1. 平衡常数、反应程度与聚合度

5-14 分析线型平衡缩聚反应的各种副反应对产物相对分子质量及其分布的影响。

答 链裂解使相对分子质量降低；链交换不改变相对分子质量，但可以使分散度降低；环化反应使聚合反应难于进行，使相对分子质量降低；官能团分解反应使聚合反应难于进行，使相对分子质量降低。

5-15 试举例说明线型平衡缩聚反应的条件对于平衡常数的大小依赖性很强。

答 为了获得具有合格相对分子质量的聚合物，所要求控制的小分子存留率也不相同，这是由许尔兹公式决定的。下面列举三个典型例子：

聚合物	单体	K	温度/℃	n_w	压力/Pa	聚合度
酚醛树脂	苯酚和甲醛	1000	100	$\sim 10\%$	常压	~ 100
聚酰胺	二元酸和二元胺	~ 305	260	3%	2700	~ 100
涤纶	对苯二甲酸双 β-羟乙酯	~ 1	280	0.5%	<100	~ 200

由此可见，平衡常数大的缩聚反应所需要的聚合反应条件相对温和、宽松而便于实施。例如，合成酚醛树脂通常使用甲醛水溶液，在常压条件下蒸出大部分水即可达到要求。相反，平衡常数小的缩聚反应所需要的聚合反应条件相当严格。例如，工业上通常采用对苯二甲酸双 β-羟乙酯的酯交换反应合成涤纶，由于其平衡常数太小（约为 1），按照许尔兹公式 $\overline{X_n}=\sqrt{K/n_w}$，必须在相当高的温度和极高真空度条件下进行，使体系中水的存留率尽量低，才能得到合格的聚合物。

5-16 为了获得较高相对分子质量的涤纶、尼龙、酚醛三类产品，试述它们在生产工艺条件控制上的主要差别及存在差别的原因。

答 工艺条件控制参见 5-15 题，合成涤纶（聚酯）时要求水分残存量极低，而合成可溶性酚醛树脂预聚体时则可以在水溶液中进行。存在差别的原因是平衡常数的大小不同。

5-17 解释以下两种现象：(1) 聚碳酸酯、聚酯等杂链聚合物在成型加工（或纺丝）前都要进行干燥脱水；(2) 用光气法合成的聚碳酸酯相对分子质量可以较大，但产物在洗涤净化等过程后，在造粒过程中有时会发生相对分子质量显著降低的情况。

答 (1) 因为形成聚碳酸酯、聚酯类的反应都是平衡缩聚反应，平衡常数不大，也就是说聚碳酸酯和聚酯类缩聚物很容易水解，特别是在加工的高温下，所以成型加工前都要进行干燥脱水。(2) 用光气法合成聚碳酸酯采用界面缩聚法，反应基本不可逆，所以产物相对分子质量较大。若产物造粒前未彻底干燥，在熔融温度下聚碳酸酯与残存的水分发生水解反应使其降解,造成相对分子质量显著降低。

5-18 链式聚合用转化率来描述反应过程,为什么在缩聚中不用转化率而用反应程度 p 描述反应过程?

答 在缩聚中单体很快互相结合,转化率很快就达到很高的程度,但聚合度是慢慢提高的,因而无法用单体的转化率来表征反应程度。考虑到在线型缩聚反应中实际参加反应的是官能团而不是整个单体分子,所以通常采用已经参加反应的官能团与起始官能团的物质的量之比即反应程度来表征该反应进行的程度。反应程度 $p=(N_0-N)/N_0=$ 已反应官能团数/起始官能团总数,式中,N_0 为反应起始时单体的总物质的量,N 为缩聚反应体系中同系物(含单体)的总物质的量。

5-19 什么是物质的量系数?从二元酸和二元醇的缩聚反应说明反应程度与平均聚合度的关系,平均聚合度与物质的量系数、反应程度之间的关系。试进一步作图表示数均聚合度与反应程度 p 的关系,并解释。

答 官能团物质的量系数 r 是数值小的官能团物质的量与数值大的官能团物质的量之比。

平均聚合度与物质的量系数、反应程度之间的关系: $\overline{X_n}=\dfrac{1+r}{1+r-2rp}$。

平均聚合度与反应程度的关系: $\overline{X_n}=\dfrac{1}{1-p}$。注意:该公式必须在官能团等物质的量的条件下($r=1$)才能使用。

从图 5-2 可见,反应程度达 0.9,聚合度还只有 10,远未满足材料的要求。合成纤维和工程塑料的聚合度一般分别在 100 和 200 以上,就应将反应程度分别提高到 0.99 和 0.995 以上。

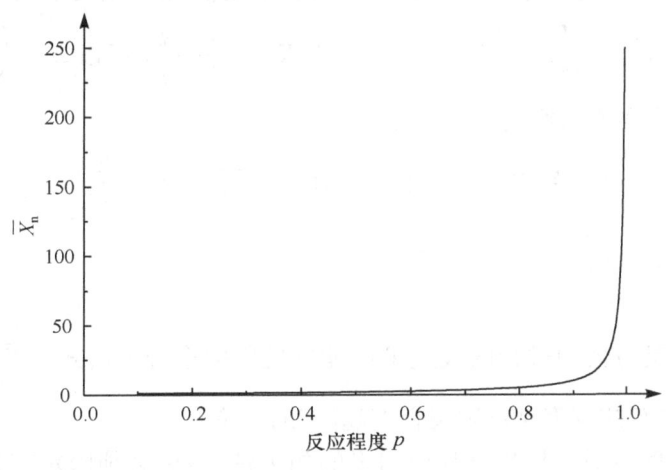

图 5-2 聚合度与反应程度的关系

5-20 等物质的量的己二胺和己二酸进行缩聚,反应程度 p 为 0.500、0.800、0.900、0.950、0.970、0.980、0.990、0.995 时,试求数均聚合度 $\overline{X_n}$ 和 $\overline{DP}$(注:$\overline{DP}=n$),并作 $\overline{X_n}$-p 图。

答 计算结果如下(图略):

p	0.500	0.800	0.900	0.950	0.970	0.980	0.990	0.995
$\overline{X_n}=\dfrac{1}{1-p}$	2	5	10	20	33.3	50	100	200
$\overline{DP}=\overline{X_n}/2$	1	2.5	5	10	16.65	25	50	100

5-21 试推导线型缩聚反应中的关系式：$\overline{X_n}=\dfrac{1+r}{1+r-2rp}$，式中，$\overline{X_n}$ 为数均聚合度，r 为物质的量系数，p 为官能团反应程度，并由此说明线型缩聚时制取高相对分子质量产物必须控制的条件。

答 令 N_a、N_b 为官能团 a、b 的起始数，分别为 aAa、bBb 分子数的两倍。$r=N_a/N_b\leqslant 1$。设官能团 a 的反应程度为 p，则 a 的反应数为 $N_a p$，也就是 b 的反应数。a 的残留数为 $N_a-N_a p$，b 的残留数为 $N_b-N_a p$，a 和 b 的残留总数 $N=N_a+N_b-2N_a p$。每一大分子链有两个端基，因此大分子总数是端基数的一半，即 $(N_a+N_b-2N_a p)/2$。

$$\overline{X_n}=\frac{结构单元数}{分子数}=\frac{N_0}{N}=\frac{(N_a+N_b)/2}{(N_a+N_b-2N_a p)/2}=\frac{1+r}{1+r-2rp}$$

线型缩聚时制取高相对分子质量产物必须控制的条件是：单体纯净，无单官能团化合物；官能团等物质的量配比；尽可能高的反应程度，包括温度控制、催化剂、后期减压排出小分子、惰性气体保护等。

5-22 如果将大分子中结构单元数定义为聚合度，则数均聚合度和重均聚合度与反应程度 p 的关系如何？相对分子质量分布宽度怎样？

答 $\overline{X_n}=\dfrac{1}{1-p}$，$\overline{X_w}=\dfrac{1+p}{1-p}$，$\dfrac{\overline{M_w}}{\overline{M_n}}=\dfrac{\overline{X_w}}{\overline{X_n}}=1+p\to 2$。当线型平衡缩聚反应程度很高（$p\to 1$）时，聚合物的分散度接近于 2。

5-23 羟基酸 $HO(CH_2)_4COOH$ 进行线型缩聚，测得产物的重均相对分子质量为 18 400，试计算：(1) 羟基已酯化的百分数；(2) 数均相对分子质量；(3) 结构单元数 $\overline{X_n}$。

答 (1) 因为 $\overline{X_w}=\dfrac{\overline{M_w}}{M_0}=\dfrac{18\,400}{100}=184$，又 $\overline{X_w}=\dfrac{1+p}{1-p}$，所以 $p=\dfrac{\overline{X_w}-1}{\overline{X_w}+1}=\dfrac{184-1}{184+1}=0.989$，即羟基已酯化的百分数为 98.9%。

(2) $\dfrac{\overline{M_w}}{\overline{M_n}}=1+p$，所以数均相对分子质量 $\overline{M_n}=\dfrac{\overline{M_w}}{1+p}=\dfrac{18\,400}{1+0.989}=9251$。

(3) $\overline{X_n}=\dfrac{\overline{M_n}}{M_0}=\dfrac{9251}{100}=92.51$。

5-24 在密闭反应器中进行的线型平衡缩聚反应的聚合度公式为 $\overline{X_n}=\dfrac{\sqrt{K}}{p}=\dfrac{\sqrt{K}}{n_w}$，试解释为什么不能得出"反应程度越低则聚合度越高"的结论。

答 讨论聚合度与平衡常数及其他因素的相关性，显然必须限定在达到平衡的条件下。由于有 $\overline{X_n}=\sqrt{K}+1$，即达到平衡时聚合度只与平衡常数有关，而与其他因素（如反应程度 p 和存留小分子摩尔分数 n_w）无关。

5-25 二元酸和二元醇的酯化反应在 280 ℃ 时平衡常数 $K=4$，以等物质的量原料封管聚合，则产品的 $\overline{X_n}$ 是多少（要求用平衡时 K-N_0 关系及 K-$\overline{X_n}$ 关系计算）？

答 在密闭体系中 $\overline{X_n}=\sqrt{K}+1=\sqrt{4}+1=3$。

5-26 以 $HO(CH_2)_6COOH$ 为原料合成聚酯树脂，若反应过程中羧基的离解度一定，反应开始时系统的 pH=2，反应至某一时间 pH=4，则此时的反应程度 p 和 $\overline{X_n}$ 是多少？

答 $p=\dfrac{n-n'}{n}=\dfrac{10^{-2}-10^{-4}}{10^{-2}}=0.99$，$\overline{X_n}=\dfrac{1}{1-p}=\dfrac{1}{1-0.99}=100$。

2. 原料单体等物质的量的体系

5-27 以等物质的量的二元酸和二元醇缩聚,另加1%(摩尔分数)乙酸,计算:(1) 羟基反应程度为 0.9 时聚酯的聚合度;(2) 聚酯的最大聚合度。

答 (1) $r=\dfrac{N_a}{N_b+2N'_b}=\dfrac{1}{1+2\times0.01}=0.98$

$$\overline{X_n}=\dfrac{1+r}{1+r-2rp}=\dfrac{1+0.98}{1+0.98-2\times0.98\times0.9}\approx 9$$

(2) 当 $p=1$ 时,$\overline{X_n}=\dfrac{1+r}{1-r}=99$。

5-28 等物质的量的二元醇和二元酸缩聚,另加 1.5% 乙酸,则 $p=0.995$ 或 0.999 时,聚酯的聚合度是多少?

答 方法一:设二元醇和二元酸的物质的量各为 1 mol,则乙酸的物质的量为 0.015 mol。$N_a=2$ mol,$N_b=2$ mol,$N'_b=0.015$ mol,则

$$r=\dfrac{N_a}{N_b+2N'_b}=\dfrac{2}{2+2\times0.015}=0.985$$

注意:系数 2 代表一分子乙酸相当于一个过量二元酸分子(两个官能团)的作用。

当 $p=0.995$ 时,$\overline{X_n}=\dfrac{1+r}{1+r-2rp}=\dfrac{1+0.985}{1+0.985-2\times0.985\times0.995}=80$

当 $p=0.999$ 时,$\overline{X_n}=\dfrac{1+r}{1+r-2rp}=\dfrac{1+0.985}{1+0.985-2\times0.985\times0.999}=117$

方法二:设二元酸为 1 mol,二元醇为 1 mol,则乙酸的物质的量为 0.015 mol。$N_A=1$ mol,$N_B=1$ mol,$N'_B=0.015$ mol。

$$\bar{f}=\dfrac{2N_A f_A}{N_A+N_B+N'_B}=\dfrac{2\times1\times2}{1+1+0.015}\approx 1.985 \qquad \overline{X_n}=\dfrac{2}{2-p\bar{f}}=\dfrac{2}{2-0.995\times1.985}=80$$

所以,反应程度为 0.995 时,聚酯的聚合度是 80;反应程度为 0.999 时,聚酯的聚合度是 117(注意:N_A 为分子数,而 N_a 为官能团数,$N_a=2N_A$。同样,$N_b=2N_B$,但 $N'_b=N'_B$)。

5-29 $\overline{M_n}=24\,116$ 的芳香聚酰胺的水解产物是 39.1%(质量分数)间苯二胺、59.81% 间苯二甲酸和 0.88% 苯甲酸。写出该聚合物的名称和结构式,计算聚合度和反应程度。

答 该聚合物是苯甲酸封端的聚间苯二甲酸间苯二胺(商品名 Nomex,或芳纶 1313)。结构式为

$$\text{─[HN─\phi─NHOC─\phi─CO]}_n\text{─}$$

$\overline{X_n}=24\,116/119=203$,$\overline{X_n}=\dfrac{1}{1-p}$,所以 $p=0.995$。

5-30 在进行对苯二甲酸(N_a 物质的量)和乙二醇(N_b 物质的量)的聚合中,$N_a=1.02$,$N_b=1.00$。当转化率达 0.99 时,产物的数均聚合度是多少?

答 官能团物质的量系数 $r=\dfrac{1.00}{1.02}=0.98$,$p=0.99$,则

$$\overline{X_n}=\dfrac{1+r}{1+r-2rp}=\dfrac{1+0.98}{1+0.98-2\times0.98\times0.99}=50$$

3. 原料单体非等物质的量的体系

5-31 要生产数均相对分子质量为 15 000 的尼龙-610，则原料用怎样的配比？

答 $\overline{X_n}=2\times\dfrac{15\ 000}{116+202-18\times 2}=106$，当 $p=1$ 时，$\overline{X_n}=\dfrac{1+r}{1-r}=106$，所以 $r=0.981$。

5-32 计算在反应程度为 99.5% 时获得数均相对分子质量为 10 000 的尼龙-66 所需要的己二胺和己二酸的投料比。

答 聚酰胺的聚合度为：$\overline{X_n}=\dfrac{10\ 000}{113}=88.5$，$\overline{X_n}=\dfrac{1+r}{1+r-2rp}=\dfrac{1+r}{1+r-2\times r\times 0.995}=88.5$，解得 $r=0.987$。

若己二酸过量，则己二酸与己二胺物质的量投料比为 1∶0.987；若己二胺过量，则己二胺与己二酸物质的量投料比为 1∶0.987。

5-33 在反应程度为 99.5% 时，要得到相对分子质量为 15 000 和 19 000 的聚己二酰己二胺，己二酸和己二胺的投料比分别应该是多少？产物的端基是什么？

答 聚酰胺的聚合度为：$\overline{X_n}=15\ 000/113=133$。已知 $p=0.995$，根据 p 与非等物质的量共同控制 $\overline{X_n}$ 时有：$\overline{X_n}=\dfrac{1+r}{1+r-2rp}$，解得 $r=0.995$。

若己二酸过量，则己二酸与己二胺物质的量投料比为 1∶0.995，又由于 $p=0.995$，$r=0.995$（$N_b>N_a$），端氨基数 $=N_a(1-p)=N_b r(1-p)$，端羧基数 $=N_b-N_a p=N_b-N_b rp=N_b(1-rp)$，端氨基数/端羧基数 $=N_b r(1-p)/N_b(1-rp)=1/2$；若己二胺过量，则同理可得：端氨基数/端羧基数 $=2/1$。

按同样方法，对于相对分子质量为 19 000 的尼龙-66，设己二酸过量，则己二酸与己二胺物质的量投料比为 1∶0.998，端氨基数/端羧基数 $=5/7$。

5-34 己二酸和己二胺在最佳条件下进行缩聚反应，试进行计算以判断下列相对分子质量或数均聚合度的聚合物能否生成，并写出反应程度为 1 时的聚合物分子式（用数均聚合度表示聚合度 n，己二酸相对分子质量为 146，己二胺相对分子质量为 116）。

(1) 5 mol·L^{-1} 己二酸与 5.1 mol·L^{-1} 己二胺反应能否生成数均相对分子质量为 30 000 的聚酰胺？

(2) 2 mol·L^{-1} 己二酸、2 mol·L^{-1} 己二胺和 0.02 mol·L^{-1} 苯甲酸能否生成数均聚合度为 150 的聚酰胺？

答 (1) 己二胺用量大于己二酸，所以 $r=\dfrac{2\times 5}{2\times 5.1}=0.98$。当 $p=1$ 时，$\overline{X_n}=\dfrac{1+r}{1-r}=\dfrac{1+0.98}{1-0.98}=99$，数均相对分子质量 $\overline{M_n}=49\times 146+50\times 116-98\times 18=11\ 190<30\ 000$，所以不能生成相对分子质量为 30 000 的聚酰胺。当反应程度为 1 时，生成的聚合物分子式为

$$H\!-\![NH(CH_2)_6NHCO(CH_2)_4CO]_{49}NH(CH_2)_6NH_2$$

(2) 参与反应的官能团物质的量系数为 $r=\dfrac{N_a}{N_b+2N_b'}=\dfrac{2\times 2}{2\times 2+2\times 0.02}=0.99$。当 $p=1$ 时，$\overline{X_n}=\dfrac{1+r}{1-r}=\dfrac{1+0.99}{1-0.99}=199>150$，因此能生成聚合度为 150 的聚酰胺。生成聚合物的分子式为

$$\text{C}_6\text{H}_5\!-\!CO\!-\![NH(CH_2)_6NHCO(CH_2)_4CO]_{99}OH$$

5-35 用己二酸和一缩二乙二醇制备低相对分子质量的聚酯,两单体用量比(物质的量比)为 31∶35,试写出缩聚反应的方程式,并计算所得聚酯可能的最大相对分子质量。

答

$$n \text{ HOOC}\sim\sim\sim\text{COOH} + n \text{ HO}\sim\text{O}\sim\text{OH} \longrightarrow \left[\underset{O}{\overset{O}{\parallel}}\text{C}\sim\sim\sim\text{C}-\text{O}\sim\text{O}\sim\text{O}\right]_n + (2n-1)\text{H}_2\text{O}$$

一缩二乙二醇($M=106.1$)的物质的量大于己二酸($M=146.1$),所以 $q=(35-31)/31=0.13$。当 $p=1$ 时,$\overline{X_n}=(2/q)+1=2/0.13+1=16$,所以 $(\overline{M_n})_{max}=\dfrac{M_0}{2}\overline{X_n}+106=\dfrac{216}{2}\times 16+106=1.8\times 10^3$。

5-36 尼龙-1010 是根据 1010 盐中过量的癸二酸来控制相对分子质量,如果要求相对分子质量为 20 000,则尼龙-1010 盐的酸值应该是多少(以 mg KOH/g 1010 盐计)?

答 尼龙-1010 重复单元的相对分子质量为 338,则其结构单元平均相对分子质量 $M_0=169$。$\overline{X_n}=2\times 10^4/169=118$。尼龙-1010 盐结构为 $\text{NH}_3^+(\text{CH}_2)_{10}\text{NH}_3\text{OOC}(\text{CH}_2)_8\text{COO}^-$,其相对分子质量为 374。由于癸二酸过量,假设对癸二胺 $p=1$,根据 $\overline{X_n}=\dfrac{1+r}{1-r}$,得 $r=0.983$。设 N_a(癸二胺)$=1$,$N_b=1/0.983=1.02$,则

$$\text{酸值} = \dfrac{(N_b-N_a)\times M_{\text{KOH}}\times 2}{N_a\times M_{1010}} = \dfrac{(1.02-1)\times 56\times 10^3\times 2}{1\times 374} = 5.99 (\text{mg KOH/g 1010 盐})$$

5-37 某工厂日产 1000 kg 平均相对分子质量为 18 000 的尼龙-66,用过量的己二酸控制相对分子质量。当己二胺的反应程度为:(1) 1.0;(2) 0.998 时,每日至少需用己二酸、己二胺各多少千克?

答 (1) 1000 kg 尼龙-66 共含有的重复单元数为:$N=\dfrac{1\,000\,000}{226}=4425$ (mol)。对于相对分子质量为 18 000 的尼龙-66,则 $\overline{X_n}=2N=2\times\dfrac{18\,000}{226}=159$。当 $p=1$ 时,由 $\overline{X_n}=\dfrac{1+r}{1-r}=159$,得 $r=0.987$,所以两种单体的质量比为 $\dfrac{M_b}{M_a}=\dfrac{1}{r}\times\dfrac{146}{116}=1.28$,需要己二胺的质量为 $M_b=116\,N=513$ kg,需要己二酸的质量为 $M_a=M_b\times 1.28=513\times 1.28=657$ (kg),即需要己二胺 513 kg,己二酸 657 kg。

(2) 类似地,1000 kg 尼龙-66 共含有的重复单元数为:$N=\dfrac{1\,000\,000}{226\times 0.998}=4434$ (mol)。当 $p=0.998$ 时,由 $\overline{X_n}=\dfrac{1+r}{1+r-2r\times 0.998}=159$,得 $r=0.991$,所以两种单体的质量比为 $\dfrac{M_b}{M_a}=\dfrac{1}{r}\times\dfrac{146}{116}=1.27$,需要己二胺的质量为 $M_b=116\,N=514$ kg,需要己二酸的质量为 $M_a=M_b\times 1.27=514\times 1.27=653$ (kg),即需要己二胺 514 g,己二酸 653 kg。

4. 加入单官能团封端剂的体系

5-38 尼龙盐缩聚时,为什么加入少量的 CH_3COOH 可调节相对分子质量?加入 CH_3COOH 后引起哪些副反应?这种尼龙的结构与不加 CH_3COOH 的有什么不同?

答 少量乙酸的加入会使反应体系中的反应基团比,即酸和胺的比例改变,偏离 1∶1,酸变得过量,而缩聚反应中聚合度与参加反应的基团比是有关系的。同时因为乙酸是单官能团的单

体,一旦接到聚合物链上就会使得链封端,不能再继续反应。所以加入少量乙酸可以调节相对分子质量。加入乙酸后,聚合物链会被乙酸封端,降低聚合度。这种尼龙的分子链端都是乙酸分子,而不加入乙酸得到的聚合物分子的链端可能是己二酸,也可能是己二胺。

5-39 用 1 mol 1,4-丁二醇与 1 mol 己二酸反应,希望得到数均相对分子质量为 5000 的聚酯。(1) 求获得该相对分子质量的聚酯的反应程度;(2) 若加己二酸物质的量 1% 的乙酸,为了得到数均相对分子质量为 5000 的聚酯,要求的反应程度是多少?

答 (1) $M_0 = \dfrac{88+112}{2} = 100$,$\overline{X}_n = \dfrac{5000}{100} = 50$,$\overline{X}_n = \dfrac{1}{1-p}$,$p = 1 - \dfrac{1}{\overline{X}_n} = 1 - \dfrac{1}{50} = 98\%$。

(2) $r = \dfrac{N}{N+2N'} = \dfrac{1 \times 2}{2 \times 1 + 2 \times 1\%} \approx 0.99$,$\overline{X}_n = \dfrac{1+r}{1+r-2rp}$,$p = 98.5\%$。

5-40 由 1 mol 己二胺和 1 mol 己二酸合成尼龙-66,要加入多少乙酸才能在反应程度为 99.5% 时获得数均相对分子质量为 10 000 的聚合物?

答 聚酰胺的聚合度为:$\overline{X}_n = \dfrac{10\,000}{113} = 88.5$,$\overline{X}_n = \dfrac{1+r}{1+r-2rp} = \dfrac{1+r}{1+r-2 \times r \times 0.995} = 88.5$,解得 $r = 0.987$。$r = \dfrac{N_a}{N_b + 2N_c} = \dfrac{2}{2+2N_c} = 0.987$,解得 $N_c = 0.013$ mol。

5-41 由 1 mol 丁二醇和 1 mol 己二酸合成 $\overline{M}_n = 5000$ 的聚酯。(1) 两官能团物质的量完全相等,忽略端基对 $\overline{M}_n$ 的影响,求终止缩聚的反应程度 p。(2) 在缩聚过程中,如果有 0.5%(摩尔分数)丁二醇脱水而损失,求到达同一反应程度时的 $\overline{M}_n$。(3) 如何补偿丁二醇脱水损失,才能获得同一 $\overline{M}_n$ 的缩聚物?(4) 假定原始混合物中羧基的总物质的量为 2 mol,其中 1.0% 为乙酸,无其他因素影响官能团物质的量系数,求获得同一数均聚合度所需的反应程度 p。

答 (1) 聚合物的结构式为 $\ce{+OC(CH_2)_4COO(CH_2)_4O+_n}$,$M_0 = \dfrac{200}{2} = 100$,则 $\overline{X}_n = \dfrac{\overline{M}_n}{M_0} = \dfrac{5000}{100} = 50$,所以 $p = \dfrac{\overline{X}_n - 1}{\overline{X}_n} = \dfrac{50-1}{50} = 0.98$。

(2) 如果有 0.5% 丁二醇脱水而损失,则 $r = (1-0.005)/1 = 0.995$,此时 $\overline{X}_n = \dfrac{1+r}{1+r-2rp} = \dfrac{1+0.995}{1+0.995-2 \times 0.995 \times 0.98} = 44.5$,所以 $\overline{M}_n = \overline{X}_n M_0 = 44.5 \times 100 = 4450$。

(3) 可以通过提高反应程度补偿丁二醇脱水损失,从而获得同一 $\overline{M}_n$ 的缩聚物。根据 $\overline{X}_n = \dfrac{1+r}{1+r-2rp} = \dfrac{1+0.995}{1+0.995-2 \times 0.995 \times p} = 50$,得 $p = 0.983$。

(4) 此时 $r = \dfrac{N_A}{N_A + 2N'_B} = \dfrac{2-2 \times 1.0\%}{(2-2 \times 1.0\%) + 2 \times 2 \times 1.0\%} = 0.998$,根据 $\overline{X}_n = \dfrac{1+r}{1+r-2rp} = \dfrac{1+0.998}{1+0.998-2 \times 0.998 \times p} = 50$,得 $p = 0.981$。

5-42 用溶液缩聚法制取聚碳酸酯时,在严格控制原料等量比和纯度的前提下,要控制产物相对分子质量为 50 000,需加入苯酚量为多少?写出反应方程式。

答 聚碳酸酯平均聚合度 $\overline{X}_n = \dfrac{5000}{254} \times 2 = 39.4$,当 $p = 1$ 时,$q = \dfrac{2}{\overline{X}_n - 1} = \dfrac{2N_c}{N_a} = 0.052$,

$\dfrac{N_c}{N_a}=0.026$,所以需要加入物质的量比为 0.026 的苯酚。

$$n\mathrm{Cl}\overset{O}{\underset{\|}{\mathrm{C}}}\mathrm{Cl} + n\mathrm{HO}\!\!-\!\!\bigcirc\!\!-\!\!\overset{\mathrm{CH_3}}{\underset{\mathrm{CH_3}}{\mathrm{C}}}\!\!-\!\!\bigcirc\!\!-\!\!\mathrm{OH} \longrightarrow \!\!\left[\!\!\mathrm{O}\!\!-\!\!\bigcirc\!\!-\!\!\overset{\mathrm{CH_3}}{\underset{\mathrm{CH_3}}{\mathrm{C}}}\!\!-\!\!\bigcirc\!\!-\!\!\mathrm{O}\!\!-\!\!\overset{O}{\underset{\|}{\mathrm{C}}}\!\!\right]_n + (2n-1)\mathrm{HCl}$$

5-43 多少苯甲酸加到等物质的量的己二酸和己二胺中能使聚酰胺相对分子质量为 10 000,反应程度为 99.5?

答 由 $\overline{X}_n = \dfrac{1+r}{1+r-2rp}$,$\overline{X}_n = \dfrac{10\,000}{226} \times 2 = 88$,$p = 99.5\%$,解得 $r = 0.99$。代入 $r = \dfrac{N}{N+2N'}$,得 $N' = 0.5\% N$。

5-44 1 mol 对苯二甲酸和 1 mol 乙二醇进行缩聚反应,对苯二甲酸中含有 0.1%(摩尔分数)苯甲酸。试用两种方法分别计算反应程度为 0.95 时所得聚酯的聚合度。

答 方法一:$r = 2/2.001 = 0.9995$,当 $p = 0.95$ 时

$$\overline{X}_n = \dfrac{1+r}{1+r-2rp} = \dfrac{1+0.9995}{1+0.9995-2\times 0.9995 \times 0.95} = 19.9$$

方法二:单体的平均官能度 $\bar{f} = \dfrac{2\times 2}{2.001} = \dfrac{4}{2.001}$,则

$$\overline{X}_n = \dfrac{2}{2-\bar{f}p} = \dfrac{2}{2-4\times 0.95/2.001} = 19.8$$

5-45 1 mol 己二酸与 1.01 mol 己二胺进行聚合反应,试用两种方法分别计算反应程度为 0.99 和 1 时所得聚酰胺的理论聚合度。

答 官能团物质的量系数 $r = \dfrac{1}{1.01}$,过量分数 $q = \dfrac{1.01-1}{1} = 0.01$,单体的平均官能度 $\bar{f} = 2\times 2/(1.01+1) = 4/2.01$。

当 $p = 0.99$ 时

方法一: $\overline{X}_n = \dfrac{1+r}{1+r-2rp} = \dfrac{1+1/1.01}{1+1/1.01-2\times 0.99/1.01} = 67$

方法二: $\overline{X}_n = \dfrac{2}{2-\bar{f}p} = \dfrac{2}{2-4\times 0.99/2.01} = 67$

当 $p = 1$ 时

方法一: $\overline{X}_n = \dfrac{1+r}{1-r} = \dfrac{2.01}{0.01} = 201$,$\overline{X}_n = \dfrac{q+2}{q+2-2p} = 1 + \dfrac{2}{q} = 1 + \dfrac{2}{0.01} = 201$

方法二: $\overline{X}_n = \dfrac{2}{2-4/2.01} = 201$

5-46 已知一缩聚反应体系如下:

编号	单体	官能度	单体物质的量/mol
A	$H_2N(CH_2)_6NH_2$	2	1
B	$HOOC(CH_2)_4COOH$	2	0.99
C	$CH_3(CH_2)_4COOH$	1	0.01

试采用平均官能度（$\bar{f}$）和过量分数（q）两种方法求 $p=0.99$ 时的数均聚合度。

答 方法一：$(2\times0.99+1\times0.01)=1.99<2\times1=2$，故可按非等物质的量求。

$$\bar{f}=\frac{2(N_B f_B+N_C f_C)}{N_A+N_B+N_B'}=\frac{2\times1.99}{1+0.99+0.01}=1.99 \qquad \overline{X_n}=\frac{2}{2-p\bar{f}}=\frac{2}{2-0.99\times1.99}\approx67$$

方法二： $q=\dfrac{2N_C}{N_A}=\dfrac{N_C}{N_A/2}=\dfrac{\text{含 B 官能团的单官能团数}}{\text{含 A 官能团的单官能团数}}=\dfrac{0.01}{0.99}$

$$\overline{X_n}=\frac{2}{q+2\times(1-p)}=\frac{2}{0.01/0.99+2\times(1-0.99)}\approx67$$

5-47 AA、BB、A_3 混合体系进行缩聚，$N_{A0}=N_{B0}=3.0$，A_3 中 A 基团数占混合物中 A 总数（ρ）的 10%，试求 $p=0.970$ 时的 $\overline{X_n}$ 以及 $\overline{X_n}=200$ 时的 p。

答 $N_{A0}=N_{B0}=3.0$，A_3 中 A 基团数占混合物中 A 总数（ρ）的 10%，则 A_3 中 A 基团数为 0.3 mol，A_3 的分子数为 0.1 mol。$N_{A2}=1.35$ mol，$N_{A3}=0.1$ mol，$N_{B2}=1.5$ mol，则

$$\bar{f}=\frac{N_A f_A+N_B f_B+N_C f_C}{N_A+N_B+N_C}=\frac{3+3}{1.5+1.35+0.1}=2.03 \qquad \overline{X_n}=\frac{2}{2-p\bar{f}}$$

当 $p=0.970$ 时，$\overline{X_n}=\dfrac{2}{2-0.970\times2.03}=65$；当 $\overline{X_n}=200$ 时，$\overline{X_n}=\dfrac{2}{2-p\bar{f}}=\dfrac{2}{2-2.03p}$，$p=0.980$。

5-48 以等物质的量的己二酸和己二胺合成尼龙-66 时，常加入单官能团化合物乙酸封端，以控制相对分子质量。当乙酸与己二酸（或己二胺）加料分子比为多大时，能使聚酰胺相对分子质量为 11 318，反应程度为 99.5%？

答 对于线型缩聚，若起始官能团 a 的总数为 N_a，b 的总数为 N_b，物质的量系数 $r=N_a/N_b=1$，则反应单体分子数为 $\dfrac{N_a+N_b}{2}$ 或 $\dfrac{N_a(1+1/r)}{2}$。当 a 的反应程度为 p 时，b 的反应程度为 rp，分子链数为 $\dfrac{N_a(1-p)+N_a(1-rp)/r}{2}$，于是数均聚合度

$$\overline{X_n}=\frac{N_a(1+1/r)}{2}\div\frac{N_a(1-p)+N_a(1-rp)/r}{2}=\frac{1+r}{1+r-2rp}$$

若用单官能团化合物控制等物质的量比的双官能团单体缩聚时的相对分子质量，则 $r=\dfrac{N_a}{N_b+2N_b'}=\dfrac{N_b}{N_b+2N_b'}$，式中，$N_b'$ 为单官能团化合物在系统中的分子数。将 $p=0.995$，$\overline{X_n}=11\,318/113$ 代入 $\overline{X_n}=\dfrac{1+r}{1+r-2rp}$，解得 $r=0.99$。设己二酸加料为 1 mol 时，乙酸为 N mol，由 $r=\dfrac{1\times2}{1\times2+2N}=0.99$，得 $N=0.01$，即乙酸和己二酸的加料分子比为 0.01∶1。

5-49 己内酰胺在封管内进行开环聚合。按 1 mol 己内酰胺计，加有 0.0205 mol 水、0.0205 mol 乙酸，测得产物的端羧基为 19.8 mmol，端氨基 2.3 mmol。从端基数据计算数均相对分子质量。

答 $\overline{\text{NH}(CH_2)_5CO}+H_2O \longrightarrow HO-CO(CH_2)_5NH-H$
         $\qquad\qquad\qquad\quad$ 0.0205−0.0023 $\qquad\qquad$ 0.0023

$\overline{\text{NH}(CH_2)_5CO}+CH_3COOH \longrightarrow HO-CO(CH_2)_5NH-COCH_3$
$M=113 \qquad$ 0.0205−0.0175 $\qquad\qquad$ 0.0198−0.0023

每个大分子链平均只含一个羧基，所以 $\sum N_i = 0.0198$ mol，则

$$\overline{M}_n = \frac{\sum m_i}{\sum N_i} = \frac{113 \times 1 + 17 \times 0.0198 + 1 \times 0.0023 + 43 \times 0.0175}{0.0198} = 5762$$

5-50 300 g 尼龙-66 盐溶于 300 g 水中，加 0.5 g 乙酸聚合后产物将有怎样的相对分子质量。如加入 0.6 g 乙酸，其聚合物相对分子质量如何？

答 尼龙-66 盐 $N_a = \frac{300}{146+116} = 1.15$ (mol)，乙酸 $N_{c1} = \frac{0.5}{60} = 0.0083$ (mol)，$N_{c2} = \frac{0.6}{60} = 0.01$ (mol)，所以过量分数 $q_1 = \frac{N_{c1}}{N_a} = \frac{0.0083}{1.15} = 0.00722$，$q_2 = \frac{N_{c2}}{N_a} = \frac{0.01}{1.15} = 0.00870$。当 $p = 1$ 时，$\overline{X}_{n1} = \frac{2}{q_1} + 1 = \frac{2}{0.00722} + 1 = 278$，$\overline{X}_{n2} = \frac{2}{q_2} + 1 = \frac{2}{0.00870} + 1 = 231$。相对分子质量为：$\overline{M}_1 = M_0 \overline{X}_{n1} = 226 \times 278 = 62\,828$，$\overline{M}_2 = M_0 \overline{X}_{n2} = 226 \times 231 = 52\,206$。

5-51 合成尼龙-66 时，464 kg 尼龙-66 盐加入 1 kg 乙酸，最终所得尼龙-66 的 $\overline{X}_n = 150$。试解释造成这种情况的可能原因。

答 设己二胺 (N_a) 和己二酸 (N_b) 为等物质的量配比。尼龙-66 盐物质的量 $N_a = N_b = \frac{464 \times 10^3}{146+116} \times 2 = 3542$ (mol)，乙酸 $N_c = \frac{1000}{60} = 16.7$ (mol)，所以过量分数 $q = \frac{N_c}{N_a} = \frac{16.7}{3542} = 4.72 \times 10^{-3}$。因为 $\overline{X}_n = \frac{q+2}{q+2-2p} = 150$，解得 $p = 0.996$。

5-52 某厂用尼龙-66 盐生产尼龙-66，希望得到相对分子质量为 12 300 的产品。若用乙酸作端基封锁剂调节相对分子质量，则配方中尼龙-66 盐和乙酸的质量比是多少？

答 对于相对分子质量为 12 300 的聚酰胺，$\overline{X}_n = 2N = 2 \times \frac{12\,300}{226} = 109$。当 $p = 1$ 时，$\overline{X}_n = \frac{1+r}{1-r} = 1 + \frac{2}{q} = 109$，$q = 0.0185$。$q = \frac{N_c}{N_a} = 0.0185$，所以配方中尼龙-66 盐和乙酸的质量比为 $\frac{M_a}{M_c} = \frac{N_a \times 262}{N_c \times 60} = 236$。

5-53 如果需要得到平均相对分子质量为 20 000 的尼龙-7，当反应程度为 99.5% 时，需要加入多少乙酸？

答 对于相对分子质量为 20 000 的尼龙-7，$\overline{X}_n = N = \frac{20\,000}{127} = 157$。当 $p = 0.995$ 时，$\overline{X}_n = \frac{q+2}{q+2-2p} = 157$，$q = 0.002\,76$。

5-54 向 20 kg 尼龙-66 盐中加入 120 g 乙酸进行缩聚反应，当氨基反应程度为 100% 时，计算所得尼龙-66 的相对分子质量。

答 尼龙-66 盐 $NH_3^+(CH_2)_6NH_3OOC(CH_2)_4COO^-$，$M_0 = 262$；尼龙-66 $+NH(CH_2)_6NH-\overset{O}{\overset{\|}{C}}(CH_2)_4-\overset{O}{\overset{\|}{C}}+_n$，$M_0 = 226$。$q = \frac{120/60}{20\,000/262} = 0.0262$，当 $p = 1$ 时，$\overline{X}_n = \frac{1+r}{1-r} = 1 + \frac{2}{q} = 77.3$，则所得尼龙-66 的相对分子质量为：$\overline{M}_n = 226 \times \overline{X}_n / 2 = 8735$。

5-55 欲将 1 kg ω-羟基癸酸在聚合反应完成时，数均相对分子质量限制在 500，则：(1) 需要加入多少十二烷基硫醇？(2) 此时聚合物的重均相对分子质量是多少？

答 (1) 1 kg ω-羟基癸酸的物质的量 $N_a=1000/188=5.32$ (mol)，已知 $p=1$，数均相对分子质量为 500，即 $\overline{X_n}=1+2/q=500/170$，则 $q=1.03$，所以需要加入十二烷基硫醇 $N_c=5.32\times1.03=5.48$ (mol)。

(2) 对于缩聚反应，$\overline{M_w}/\overline{M_n}=1+p=2$，所以 $\overline{M_w}=500\times2=1000$。

5.3.3 敞开体系的不平衡缩聚反应计算聚合度

5-56 平衡缩聚和不平衡缩聚反应的主要区别是什么？举例说明。

答 平衡缩聚（或可逆缩聚）通常指平衡常数小于 10^3 的缩聚反应，如涤纶的生成反应。而不平衡缩聚（或不可逆缩聚）通常指平衡常数大于 10^3 的缩聚反应，如大部分耐高温缩聚物的生成反应、二元酰氯和二元胺或二元醇的缩聚反应。

5-57 比较自由基聚合、阴离子聚合、阳离子聚合和线型缩聚中影响聚合度的主要因素。

答 自由基聚合：单体浓度、单体纯度、引发剂浓度、聚合反应温度、实施方法等；阴离子聚合：单体浓度、引发剂浓度；阳离子聚合：链转移反应；线型缩聚：反应程度、平衡常数、官能团摩尔系数。

5-58 以二元醇和对苯二甲酸的缩聚反应为例，导出公式，说明在平衡缩聚反应中聚合度 ($\overline{X_n}$) 与平衡常数 (K) 和小分子含量 (n_w) 的关系。

答
$$\text{—COOH}+\text{HO—} \rightleftharpoons \text{—OCO—}+\text{H}_2\text{O}$$

起始时	1	1	0	0
水部分排除	c	c	$1-c$	$1-c$

聚合总速率是正、逆反应速率之差。$R=-\dfrac{dc}{dt}=k_1c^2-k_{-1}(1-c)n_w$，$p=1-c$，即 $c=1-p$，$\dfrac{dp}{dt}=k_1\left[(1-p)^2-\dfrac{pn_w}{K}\right]$，平衡时：$(1-p)^2-\dfrac{pn_w}{K}=0$，所以 $\overline{X_n}=\dfrac{1}{1-p}=\sqrt{\dfrac{K}{pn_w}}\approx\sqrt{\dfrac{K}{n_w}}$。

5-59 已知己二酸和己二胺的缩聚平衡常数 $K=432$(235 ℃)，设两种单体的物质的量比为 1:1，要制得数均聚合度为 300 的尼龙-66，则体系残留的水分应控制在多少？

答 由题意知，这是一个不断移走小分子副产物的体系。若起始两单体浓度相同，并假定分子链的官能团是等活性的，当反应程度 $p\to1$，$\overline{X_n}\to\infty$ 时，则平均聚合度 $\overline{X_n}$、平衡常数 K 与反应区内小分子含量 n_w 之间的关系近似地服从以下平衡方程：$\overline{X_n}=\sqrt{K/n_w}$。将 $\overline{X_n}=300$、$K=432$ 代入上式得 $n_w=K/\overline{X_n}^2=432/300^2=4.8\times10^{-3}$，即体系残留水分应控制在反应单体己二酸或己二胺起始浓度的 4.8×10^{-3}。

5-60 己二胺和己二酸反应生成聚酰胺的平衡常数 $K=432$(235 ℃)，若两单体等物质的量比投料，欲制得平均聚合度为 200 的聚合物，则体系中的水量应控制在多少？

答 $K=432$，$\overline{X_n}=200$，根据 $\overline{X_n}=\sqrt{K/n_w}$，得 $n_w=0.0108$。

5-61 将等物质的量比的二元醇和对苯二甲酸于 280 ℃下进行缩聚反应，已知 $K=6.6$。若达平衡时所得聚酯的平均聚合度 $\overline{X_n}$ 为 120，则此时体系中残存的小分子分数为多少？

答 $\overline{X_n}=\sqrt{K/n_w}$，$n_w=K/\overline{X_n}^2=6.6/120^2=0.046\%$。

5-62 酯交换法生产涤纶树脂，反应温度 223 ℃，平衡常数 $K=0.51$，欲制备聚合度为 100 的缩聚物，则反应地区乙二醇的最大含量不能超过多少？

答 由 $\overline{X_n}=\sqrt{K/n_w}$，得 $n_w=5.1\times10^{-5}$。

5-63 用 1:1(物质的量比)的己二酸和己二胺缩聚制备尼龙-66。欲制得聚合度为 100 的缩聚物,求:(1) 体系中允许的最大含水量;(2) 相应的反应程度(260 ℃的平衡常数 $K=305$)。

答 由 $\overline{X_n}=\sqrt{K/n_w}$,得 $n_w=0.0305$。由 $\overline{X_n}=1/(1-p)$,得 $p=0.99$。

5-64 以等物质的量比的对苯二甲酸与乙二醇合成涤纶和以等物质的量比的己二酸与己二胺合成尼龙-66 为例,试通过计算说明对控制反应体系中水的含量,聚酯反应比聚酰胺反应有更高的要求($K_{酯化}=4.9, K_{酰胺化}=432$)。

答 $\overline{X_n}=\sqrt{K/n_w}$,假定同样要求 $\overline{X_n}=100$,则 $n_{w酯化}=4.9\times10^{-4}, n_{w酰胺化}=4.3\times10^{-2}$。

5-65 等物质的量的乙二醇和对苯二甲酸在 280 ℃下封管内进行缩聚,平衡常数 $K=4$,求最终 $\overline{X_n}$。另在排除副产物水的条件下缩聚,欲得 $\overline{X_n}=100$,则体系中残留水分多少?

答 密闭时:$\overline{X_n}=1/1-p=\sqrt{K}+1=3$。

敞开时:$\overline{X_n}=1/(1-p)=\sqrt{K/(pn_w)}\approx\sqrt{K/n_w}=100, n_w=4\times10^{-4}$。

5-66 1 mol 乙二醇和 1 mol 对苯二甲酸在 280 ℃下进行缩聚反应,达到平衡时($K=4.9$),系统中小分子含量 $n_w=0.005$,若不忽视逆反应,求:(1) 此刻的反应程度;(2) 此刻产物的平均聚合度和平均相对分子质量。

答 $\overline{X_n}=\sqrt{K/n_w}=\sqrt{4.9/0.005}=31.3, \overline{M_n}=3005$。由 $\overline{X_n}=1/(1-p)$,得 $p=0.968$。

5-67 将己二酸和己二胺制成尼龙-66 盐进行缩聚制备尼龙-66,反应温度为 235 ℃,平衡常数 $K=432$,体系中小分子水的含量为 7.2×10^{-3},试求可能达到的反应程度和平均聚合度。若用己二酸过量控制尼龙-66 的相对分子质量,尼龙-66 盐的酸值为 4.3 mg KOH/g 尼龙-66 盐时,产物的平均聚合度是多少?

答 $\overline{X_n}=\sqrt{\dfrac{K}{n_w}}=\sqrt{\dfrac{432}{7.2\times10^{-3}}}=245$。$\overline{X_n}=\dfrac{1}{1-p}=245, p=0.996$。

尼龙-66 盐结构为 $NH_3^+(CH_2)_6NH_3^+\cdot{}^-OOC(CH_2)_4COO^-$,其相对分子质量为 262。设 N_a(己二胺)$=1$ mol,己二酸 N_b 过量,酸值 $=\dfrac{(N_b-N_a)\times M_{KOH}\times 2}{N_a\times M_{66}}=\dfrac{(N_b-1)\times 56\times 2}{262}=4.3$(mg KOH/g 尼龙-66 盐),得 $N_b=1.01$ mol,$r=\dfrac{N_a}{N_b}=0.990$。由于己二酸过量,假设对己二胺 $p=1$,根据 $\overline{X_n}=\dfrac{1+r}{1-r}$,得 $\overline{X_n}=\dfrac{1+0.990}{1-0.990}=199$。

5-68 2 mol 己二酸和 2 mol 己二胺进行缩聚,已知聚合-解聚平衡常数为 400,则不脱水时聚合度最高可以达到多少?欲使聚合度达到 1000,则体系中的水应该脱除到什么程度?

答 不脱水时,$\overline{X_n}=1/(1-p)=\sqrt{K}+1=\sqrt{400}+1=21$。

当 $\overline{X_n}=1000$ 时,由 $\overline{X_n}\approx\sqrt{K/n_w}$,得 $n_w=4\times10^{-4}$。

5-69 等物质的量的乙二醇和对苯二甲酸于 280 ℃下进行缩聚,其平衡常数 $K=4.9$。(1) 写出该平衡缩聚反应的反应方程式及所得聚合物的结构单元。(2) 当反应在密闭体系中进行,即不除去副产物水,其反应程度和聚合度最高可达多少?(3) 若要获得数均聚合度为 20 的聚合物,体系中的含水量必须控制在多少?举出两种以上的控制方法。

答 (1) $n\text{ HOOH}-\bigcirc-\text{COOH}+n\text{ HO(CH}_2)_2\text{OH} \rightleftharpoons$
$\text{HO}\text{[OC}-\bigcirc-\text{CO-O(CH}_2)_2\text{O]}_n\text{H}+(2n-1)\text{H}_2\text{O}$

所得聚合物结构单元为:$-\text{OCH}_2\text{CH}_2\text{O}-$ 和 $-\overset{\text{O}}{\underset{}{\text{C}}}-\bigcirc-\overset{\text{O}}{\underset{}{\text{C}}}-$。

(2) 已知 $r=1$, $K=4.9$, 根据 $\overline{X_n}=1/(1-p)=\sqrt{K}+1$, 得 $p=0.689$, $\overline{X_n}=3.2$。

(3) 根据 $\overline{X_n}=\sqrt{K/n_w}$, n_w 为体系残留水含量, 当 $\overline{X_n}=20$ 时, $n_w=0.012$, 即体系中残留水含量应控制在 0.012。控制方法:高真空;聚合后期,设备操作表面更新,创造较大的扩散界面。

5-70 由己二胺和己二酸合成聚酰胺($K=365$)。(1) 如果己二胺和己二酸等物质的量反应,则封闭体系的 $\overline{X_n}$ 最大可达多少?(2) 如果己二胺和己二酸等物质的量(己二胺和己二酸均为 2 mol)反应,要达到 $\overline{X_n}=100$ 的聚合物,体系中水应控制在多少?(3) 如果己二胺和己二酸非等物质的量反应,要求当反应程度为 0.995 数均相对分子质量控制为 16 000,试计算两单体的物质的量系数 r 和过量分数 q。

答 (1) 对于封闭体系, $\overline{X_n}=\sqrt{K}+1=\sqrt{365}+1=20$。

(2) 由 $\overline{X_n}=\sqrt{K/n_w}$, 得 $n_w=\dfrac{K}{\overline{X_n}^2}=\dfrac{365}{100^2}=0.0365$。

(3) $\overline{X_n}=\dfrac{\overline{M_n}}{M_0}=\dfrac{16\ 000}{113}=142$, 由 $\overline{X_n}=\dfrac{1+r}{1+r-2rp}$, $p=0.995$, 得 $r=0.996$, $q=\dfrac{1-r}{r}=0.004$。

5-71 用 1122 g 尼龙-1010 盐合成尼龙-1010($K=365$)。(1) 制成尼龙-1010 盐的目的是什么?(2) 若封闭体系,聚合度最大可达多少?(3) 若开放体系,要得到 $\overline{X_n}=200$ 的聚合物,体系中水应控制在多少?(4) 若开放体系,体系中加入 8.08 g 癸二酸,当 $p=1$ 时,所得聚合物的聚合度是多少?

答 (1) 为了达到等基团数配比和纯化的目的。

(2) 封闭体系:$(1-p)^2-\dfrac{p^2}{K}=0$, 则 $p=\dfrac{\sqrt{K}}{\sqrt{K}+1}$, 所以 $\overline{X_n}=\dfrac{1}{1-p}=\sqrt{K}+1\approx 20$。

(3) 开放体系:$(1-p)^2-\dfrac{pn_w}{K}=0$, 则 $\overline{X_n}=\sqrt{\dfrac{K}{pn_w}}\approx\sqrt{\dfrac{K}{n_w}}$, 所以 $n_w=\dfrac{K}{\overline{X_n}^2}=\dfrac{365}{200^2}=0.91\%$。

(4) 尼龙-1010 物质的量 $N_1=\dfrac{1122}{374}=3$ (mol), 癸二酸物质的量 $N_2=\dfrac{8.08}{202}=0.04$ (mol)。

因为 $r=\dfrac{N_1}{N_1+N_2}$, $\overline{X_n}=\dfrac{1+r}{1-r}$, 所以 $\overline{X_n}=\dfrac{2N_1+N_2}{N_2}=151$。

5.3.4 提高缩聚物聚合度的方法

5-72 在缩聚反应中,影响聚合物相对分子质量的因素有哪些?

答 主要有平衡常数、官能团配比、残存的小分子含量。

5-73 获得高相对分子质量缩聚物的基本条件有哪些?

答 获得高相对分子质量缩聚物的基本条件有:①严格等物质的量的官能团配比。②纯净的单体(不含单官能团杂质)。③高的反应程度等。为此需选择适当催化剂,后期减压排除小分子,采用适当低的反应温度使平衡常数增大,通入惰性气体减少副反应的发生,采用适度的搅拌等。

5-74 试阐述熔融缩聚制备涤纶时不易得到高相对分子质量(20 000 以上)产物的原因。要提高产物的相对分子质量需要采取什么措施?根据是什么?

答 由于对苯二甲酸熔点很高,300 ℃升华同时发生脱羧反应,在溶剂中溶解度很小,难以用精馏、结晶等方法提纯。原料纯度不高时,难以控制两单体的等基团数配比。此外,聚合生成涤纶的反应平衡常数小,排除微量水困难。所以制备涤纶时不易制得高相对分子质量的产物。

要提高产物的相对分子质量需要采取以下措施。

(1) 甲酯化:先将对苯二甲酸与甲醇反应,合成对苯二甲酸二甲酯,该化合物易于提纯(采用精馏法,除去苯甲酸、甲醇等单官能团杂质)。

(2) 酯交换:对苯二甲酸二甲酯与乙二醇进行酯交换反应,得到对苯二甲酸乙二醇酯,该化合物作为下一步缩聚反应的原料,就可保证反应中的等基团数配比。

(3) 缩聚:以三氧化锑为催化剂,使对苯二甲酸乙二醇酯自缩聚,副产物是乙二醇。反应温度控制在270 ℃,同时采用高真空不断抽出乙二醇,就可逐步达到高的聚合度。

5-75 在尼龙-6和尼龙-66生产中为什么要加入乙酸或己二酸作为相对分子质量控制剂?在涤纶生产中为什么不加相对分子质量控制剂?在涤纶生产中采用什么措施控制相对分子质量?

答 尼龙-6和尼龙-66缩聚反应的平衡常数较大,反应程度可达1。同时实际生产时尼龙-66是通过尼龙-66盐的缩聚,因此尼龙-6和尼龙-66的缩聚反应在试剂生产时不存在非等物质的量的问题。这两个缩聚反应均可用加入乙酸或己二酸端基封锁的方法控制相对分子质量。用这种方法控制相对分子质量的优点是分子端基不再有进一步相互反应的能力,产物在以后加工过程中相对分子质量不会进一步增大。

涤纶合成中,为了保证等物质的量,将对苯二甲酸与乙二醇预先反应制备对苯二甲双β-羟乙酯,然后从对苯二甲酸双β-羟乙酯出发,进行酯交换而聚合。涤纶合成反应的平衡常数较小,残余小分子含量是影响相对分子质量的主要因素,因此只可通过控制体系真空度,即已二醇残压来控制p以达到控制相对分子质量的目的。当达到预定相对分子质量时,体系达到一定黏度,因此可通过搅拌马达电流变化判断终点。

5-76 尼龙-66的生产过程中如何保证原料等物质的量?如何控制其相对分子质量?

答 将己二酸和己二胺相互中和成尼龙-66盐,达到等基团数配比和纯化的目的。利用尼龙-66盐在冷、热乙醇中溶解度的显著差异,经重结晶提纯,保证羧酸和氨基的等基团数配比,有关杂质则留在母液中。缩聚时,在尼龙-66盐中另加入少量(0.2%~0.3%,质量分数)单官能团乙酸或过量己二酸进行端基封锁,控制相对分子质量。

5-77 为什么缩聚产物的相对分子质量一般都不高,但其强度并不比加聚产物低?

答 由于缩聚存在平衡问题,以及存在反应物非等物质的量的问题,因此其相对分子质量一般都很难做到比较高。但由于缩聚物一般都有强极性,甚至有氢键,分子间作用力很强,所以强度并不比加聚产物低。

5.4 非线型缩聚反应

5-78 什么是官能度?什么是平均官能度?如何计算平均官能度?

答 官能度(f)是指单体参加聚合反应能够生成新的化学键的数目。平均官能度($\bar{f}$)是指在两种或两种以上单体参加的混缩聚或共缩聚反应中,在达到凝胶点以前的线型缩聚反应阶段,反应体系中实际能够参加反应的各种官能团总物质的量与单体总物质的量之比。

平均官能度的计算方法分为以下三种情况:

(1) 官能团不等物质的量比的线型平衡混缩聚反应的平均官能度计算。对于 N_a a—R—a + N_b b—R'—b 型的混缩聚反应，则 $\bar{f}=\dfrac{2\times 2N_a}{N_a+N_b}=\dfrac{4r}{1+r}\leqslant 2$，式中，$N_a$ 和 N_b 分别为单体 a—R—a 和 b—R'—b 的物质的量（$N_a\leqslant N_b$），r 为官能团的摩尔系数。当 $r=1$，即两种单体等物质的量配比时，平均官能度等于2。

(2) 含有单官能团化合物杂质的线型平衡缩聚反应的平均官能度计算。对于 N_a a—R—a + N_b b—R'—b + N_s R"—b 型反应，同时 $N_a=N_b$，则 $\bar{f}=\dfrac{2N_a}{2N_a+N_s}$，式中，$N_s$ 定义为端基封锁剂的物质的量。

(3) 体型缩聚反应的平均官能度计算。对于 N_a a—R—a + N_b b—R'—b + N_c b—R"—b（R'上有一个 b 支链）型反应，如果两种官能团等物质的量，即 $f_a N_a = f_b N_b + f_c N_c$，则 $\bar{f}=\dfrac{f_a N_a + f_b N_b + f_c N_c}{N_a+N_b+N_c}$，即 $\bar{f}=\dfrac{\sum N_i f_i}{\sum N_i}$。当体系中两种官能团为不等物质的量比时，设 $f_a N_a > f_b N_b + f_c N_c$，则 $\bar{f}=\dfrac{2(f_b N_b + f_c N_c)}{N_a+N_b+N_c}$。

5-79 什么是线型缩聚和体型缩聚？举例说明。与线型缩聚相比，体型缩聚有什么特点？

答 线型缩聚：参加反应的单体都含有两个官能团，反应中形成的大分子向两个方向发展，得到线型聚合物，如二元酸与二元醇生成聚酯的反应。

体型缩聚：参加反应的单体至少有一种含有两个以上官能团，单体的平均官能度大于2，在一定条件下能够生成具有空间三维交联结构聚合物的缩聚反应，如丙三醇与邻苯二甲酸酐的反应。

线型缩聚与体型缩聚的特点比较如下：

(1) 体型缩聚中参加反应的单体至少有一种含有两个以上官能团，单体的平均官能度大于2；而线型缩聚的单体是两官能度的。

(2) 体型缩聚的凝胶点的预测非常重要，化学合成必须控制在凝胶点之前，之后的反应是在加工中完成的；而线型缩聚通常进行到很高的反应程度，以得到较高聚合度的聚合物。

(3) 体型缩聚得到具有空间三维交联结构的不溶不熔的聚合物；而线型缩聚得到线形可溶可熔的聚合物。

5-80 什么是体型缩聚反应的凝胶点？产生凝胶的充分必要条件是什么？

答 体型缩聚当反应进行到一定程度时，体系的黏度突然增大，出现凝胶，定义出现凝胶时的临界反应程度为凝胶点，以 p_c 表示。

产生凝胶的充分必要条件是：①有多官能度（$f>2$）的单体参加。②体系的平均官能度大于2。③反应程度达到凝胶点。

5-81 推导凝胶点公式，并计算丙三醇和邻苯二甲酸等物质的量反应时的 p_c。

答 设体系中混合单体起始分子数为 N_0，则起始官能团数为 $N_0\bar{f}$。令 t 时大分子总数为 N，则凝胶点以前的官能团反应数为 $2(N_0-N)$，系数2代表1个分子有2个官能团反应成键。反应程度 p 为官能团参加反应部分的分数，或任一官能团的反应概率，可由到 t 时参加反应的官能团数除以起始官能团数求得：$p=\dfrac{2(N_0-N)}{N_0\bar{f}}$。因为聚合度 $\overline{X_n}=N_0/N$，代入上

式得 $p=\frac{2}{\bar{f}}\left(1-\frac{1}{\overline{X}_n}\right)$。凝胶点时,考虑 $\overline{X}_n$ 为无穷大,则凝胶点时的临界反应程度 $p_c=2/\bar{f}$。

对于 1 mol 丙三醇和 1 mol 邻苯二甲酸,$\bar{f}=\frac{2\times 2\times 1}{1+1}=2$,$p_c=\frac{2}{\bar{f}}=\frac{2}{2}=1$。

5-82 说明平均官能度与聚合物结构形态的关系。

答 当平均官能度小于 2 时,只能得到低聚物;当平均官能度等于 2 时,得到线型聚合物;当平均官能度大于 2 时,得到体型聚合物。

5-83 己二酸与以下三种醇反应的聚合物是线型的还是网状的?

$$\begin{array}{c} CH_2-OH \\ | \\ CH-OH \\ | \\ CH_2-OH \end{array} \qquad HO-CH_2CH_2CH_2CH_2-OH \qquad HO-CH_2CH_2CH_3$$

答 只有丙三醇(甘油)与己二酸反应的聚合物是网状的;丁二醇与己二酸反应的聚合物是线型的;丁醇和己二酸不能得到聚合物。

5-84 写出下列各反应的平均官能度,各反应将得到什么类型的聚合物?

(1) $HOCH_2CH_2OH + CH_3COOH \longrightarrow$

(2) $HOCH_2CH_2COOH \longrightarrow$

(3) 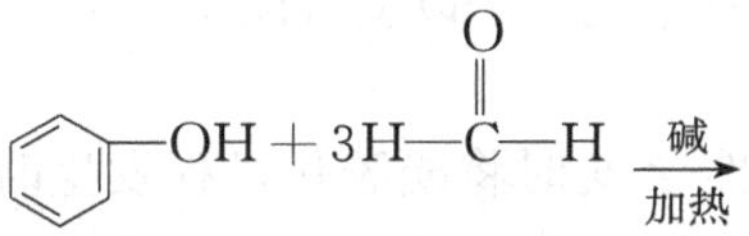 ⌬—OH + 3H—CHO $\xrightarrow[\text{加热}]{\text{碱}}$

(4) $2HOCH_2CH(OH)CH_2OH + 3$ 邻苯二甲酸酐 $\longrightarrow$

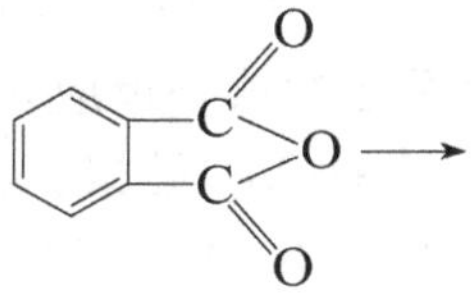

(5) $HOCH_2CH(OH)CH_2OH + CH_3COOH \longrightarrow$

答 当两反应物等物质的量比时,平均官能度 $\bar{f}=\sum f_i N_i / \sum N_i$,式中,$f_i$ 为 i 官能团的官能度,N_i 为含 i 官能团的分子数;当 $\bar{f}=2$ 时生成聚合物,$\bar{f}<2$ 时生成小分子。非等物质的量比时,有 $\bar{f}=2(N_A f_A + N_C f_C)/N_A+N_B+N_C$。

(1) $\bar{f}=\frac{1\times 2}{1+1}=1$,生成小分子酯;(2) $\bar{f}=2$,生成线型聚酯;(3) $\bar{f}=\frac{3\times 2}{1+3}=1.5$,生成小分子(为酚醛树脂的预聚体);(4) $\bar{f}=\frac{3\times 2+2\times 3}{2+3}=2.4$,生成体型高分子;(5) $\bar{f}=\frac{1\times 2}{1+1}=1$,生成小分子酯。

5-85 判断下列体系能否交联:

	原料名称	官能度	原料物质的量/mol	官能团数/mol
	邻苯二甲酸酐	2	1.5	3.0
体系 1	甘油	3	0.99	2.97
	乙二醇	2	0.002	0.004
	丙二酸	3	2	6
体系 2	对苯二甲酸	2	4	8
	乙二醇	2	10	20

答 体系1：因为(2.97+0.004)<3.0，所以 $\bar{f}=\dfrac{2\times(2.97+0.04)}{1.5+0.99+0.002}=2.39$。因为 $\bar{f}>2$，所以该体系能发生交联。凝胶点：$p_c=\dfrac{2}{\bar{f}}=\dfrac{2}{2.39}=0.837$。

体系2：因为(6+8)<20，所以 $\bar{f}=\dfrac{2\times(6+8)}{16}=1.75<2$。该体系不发生交联。$\overline{X_n}=\dfrac{2}{2-p\bar{f}}$，$p\rightarrow 1$ 时，$\overline{X_n}=\dfrac{2}{2-1.75}=8$。

5-86 判断下列单体类型会形成线型、支化或网状聚合物中的哪一种：
(1) A_2+B_2+AB；(2) AB_2+A_2；(3) $AB+AB_2$；(4) $A_3+B_2+A_2$；(5) $AB+B_3$；(6) $A_2B_2+A_2+B_2$。

答 (1) 线型；(2) 网状；(3) 超支化；(4) 网状；(5) 支化；(6) 网状。

5-87 归纳体型缩聚反应的特点及必要充分条件，比较三种凝胶点 p_c、p_{cf} 和 p_s 的大小并解释原因（注：p_c、p_{cf} 和 p_s 分别为 Carothers 法、Flory 统计方法和实际值）。

答 体型缩聚反应的特点是：分阶段进行，存在凝胶化过程，凝胶化过程以后的聚合反应速率比线型缩聚反应低。

体型缩聚反应的基本条件是：至少一种单体为带三个或三个以上官能团的化合物，单体配方的平均官能度必须大于2。

三种凝胶点的大小顺序为 $p_c>p_s>p_{cf}$。原因是推导 p_c 时将凝胶化过程发生时的聚合度假定为无穷大，实际上并非无穷大（仅在100以内），所以计算值偏高；Flory 统计方法的前提条件是官能团等活性理论和不存在分子内成环反应，而实际情况有偏离，导致计算值偏低。

5-88 邻苯二甲酸酐(M_1)与丙三醇(M_2)缩聚。(1) $M_1:M_2$（物质的量比）=1.5:0.98；(2) $M_1:M_2$（物质的量比）=2.0:2.1；(3) $M_1:M_2$（物质的量比）=3.0:2.0。判断上述三种体系能否交联。若可以交联，计算凝胶点。

答 (1) $\bar{f}=\dfrac{2\times 3\times 0.98}{1.5+0.98}=2.4>2$，可交联，$p_c=\dfrac{2}{\bar{f}}=\dfrac{2}{2.4}=0.83$。

(2) $\bar{f}=\dfrac{2\times 2\times 2.0}{2+2.1}=1.95<2$，不可交联。

(3) $\bar{f}=\dfrac{2\times 2\times 3}{3+2}=2.4>2$，可交联，$p_c=\dfrac{2}{\bar{f}}=\dfrac{2}{2.4}=0.83$。

5-89 采用 Carothers 公式计算下列混合物的平均官能度和产生凝胶时的反应程度：
(1) 等物质的量比的苯酐和甘油；(2) 苯酐和甘油的物质的量比为 1.5:0.98；(3) 苯酐、甘油、乙二醇的物质的量比为 1.5:0.5:0.007。

答 (1) $\bar{f}=\dfrac{2\times 2}{2}=2$，$p_c=\dfrac{2}{\bar{f}}=1$，无凝胶点；(2) $\bar{f}=\dfrac{2\times 0.98\times 3}{1.5+0.98}=2.4>2$，$p_c=\dfrac{2}{\bar{f}}=\dfrac{2}{2.4}=0.83$；(3) $\bar{f}=\dfrac{2\times(0.5\times 3+0.007\times 2)}{1.5+0.5+0.007}=1.5$，$p_c=\dfrac{2}{\bar{f}}=1.3$，无凝胶点。

5-90 制备醇酸树脂的配方为 1.21 mol 季戊四醇、0.50 mol 邻苯二甲酸酐、0.49 mol 丙三羧酸[$C_3H_5(COOH)_3$]，能否不产生凝胶而反应完全？

答 根据配方可知醇过量。$\bar{f}=\dfrac{2\times(0.50\times 2+0.49\times 3)}{1.21+0.50+0.49}=2.25>2$，所以无法不产生凝

· 120 ·

胶而反应完全。$p_c = \dfrac{2}{\bar{f}} = 0.89$，所以必须控制反应程度小于 0.89 才不会产生凝胶。

5-91 2.5 mol 邻苯二甲酸酐与 1 mol 乙二醇和 1 mol 丙三醇进行缩聚，用 Carothers 法和 Flory 统计方法计算凝胶点。

答 Carothers 法：因为 $\bar{f} = \dfrac{2.5 \times 2 + 1 \times 2 + 1 \times 3}{2.5 + 1 + 1} = 2.2$，所以 $p_c = \dfrac{2}{\bar{f}} = 0.91$。

Flory 统计方法：因为 $r = 1, f = 3, q = \dfrac{1 \times 3}{1 \times 2 + 1 \times 3} = 0.6$，所以 $p_c = \dfrac{1}{[r + rq(f-2)]^{1/2}} = \dfrac{1}{[1 + 1 \times 0.6 \times (3-2)]^{1/2}} = 0.79$。

5-92 邻苯二甲酸酐与甘油或季戊四醇缩聚，两种基团数相等，试求：(1) 平均官能度；(2) 按 Carothers 法求凝胶点；(3) 按 Flory 统计方法求凝胶点。

答 (1) 平均官能度：邻苯二甲酸酐与甘油缩聚，$\bar{f} = \dfrac{3 \times 2 + 2 \times 3}{3 + 2} = 2.4$；邻苯二甲酸酐与季戊四醇缩聚，$\bar{f} = \dfrac{2 \times 2 + 4 \times 1}{2 + 1} = 2.7$。

(2) Carothers 法：邻苯二甲酸酐与甘油缩聚，$p_c = \dfrac{2}{\bar{f}} = \dfrac{2}{2.4} = 0.83$；邻苯二甲酸酐与季戊四醇缩聚，$p_c = \dfrac{2}{\bar{f}} = \dfrac{2}{2.7} = 0.74$。

(3) Flory 统计方法：邻苯二甲酸酐与甘油缩聚，$r = 1, q = 1, p_c = \dfrac{1}{[r + rq(f-2)]^{1/2}} = 0.70$；邻苯二甲酸酐与季戊四醇缩聚，$r = 1, q = 1, p_c = \dfrac{1}{[r + rq(f-2)]^{1/2}} = 0.58$。

5-93 什么是环氧值？欲用等物质的量的乙二胺使环氧值为 0.2 的 1000 g 环氧树脂固化，预测凝胶点，并计算乙二胺的用量。

答 环氧值为 100 g 环氧树脂中含环氧基的物质的量。环氧树脂中环氧基的物质的量为 $0.2 \div \dfrac{100}{1000} = 2$。当用乙二胺等物质的量固化时，

(1) 按 Carothers 法，平均官能度 $\bar{f} = \dfrac{2 \times 2 + 1 \times 4}{2 + 1} = \dfrac{8}{3}$，凝胶点时，$p_c = \dfrac{2}{\bar{f}} = \dfrac{3}{4} = 0.75$。

(2) 按 Flory 统计方法，$p_c = \dfrac{1}{(f-1)^{1/2}} = \dfrac{1}{(4-1)^{1/2}} = 0.58$。

通常，按 Carothers 法预测凝胶点时，计算值高于实验值；而按 Flory 统计方法时，计算值又低于实验值。因此当固化出现凝胶点时，反应程度应为 0.58～0.75。

乙二胺的用量 $W = \dfrac{M}{4} \times E \times \dfrac{1000}{100} = \dfrac{60}{4} \times 0.2 \times \dfrac{1000}{100} = 30$ (g)。

5-94 邻苯二甲酸、乙二醇、丙三醇三种原料进行缩聚反应，三种原料配料时物质的量之比为邻苯二甲酸：乙二醇：丙三醇 = 1：0.625：0.25。求该体系支化系数 $\alpha = 0.35$ 时的反应程度 p，此时是否达到凝胶点？若未达到时，计算缩聚产物的数均聚合度。

答 丙三醇的羟基占总羟基数的过量分数 $q = \dfrac{0.25 \times 3}{0.625 \times 2 + 0.25 \times 3} = 0.375$。物质的量系

数 $r=\dfrac{0.625\times 2+0.25\times 3}{1\times 2}=1$。此时将 $q=0.375, \alpha=0.35$ 代入 $\alpha=\dfrac{p^2 q}{1-p^2(1-q)}$，得反应程度 $p=0.768$。在凝胶点时 $p_c=\dfrac{1}{[1+q(f-2)]^{1/2}}=\dfrac{1}{[1+0.375\times(3-2)]^{1/2}}=0.853$，$p<p_c$，因此未达到凝胶点。将平均官能度 $\bar{f}=\dfrac{1\times 2+0.625\times 2+0.25\times 3}{1+0.625+0.25}=2.13$，$p=0.768$ 代入 Carothers 公式，$p=\dfrac{2}{\bar{f}}\left(1-\dfrac{1}{\overline{X_n}}\right)$，得数均聚合度 $\overline{X_n}=5.5$。

5-95 邻苯二甲酸、乙二醇、丙三醇三种原料进行缩聚反应，三种原料配料时物质的量之比为邻苯二甲酸∶乙二醇∶丙三醇=1.5∶1.2∶0.2。(1) 求反应程度 $p=0.950$ 时的数均聚合度；(2) 计算凝胶点。

答 (1) $\bar{f}=\dfrac{N_A f_A+N_B f_B+N_C f_C}{N_A+N_B+N_C}=\dfrac{1.5\times 2+1.2\times 2+0.2\times 3}{1.5+1.2+0.2}=2.07$

$$\overline{X_n}=\dfrac{2}{2-p\bar{f}}=\dfrac{2}{2-0.950\times 2.07}=58$$

(2) $p_c=\dfrac{2}{\bar{f}}=0.966$。

5-96 用 3 mol 邻苯二甲酸酐和 2 mol 甘油进行缩聚反应。先将甘油装入反应釜中，加热至 110~120 ℃，边搅拌边慢慢加入邻苯二甲酸酐，待全部溶解后，温度逐渐升至 150~160 ℃，在此温度下，反应物的酸值迅速下降，此后，酸值降落趋缓，将温度逐渐升至 210~240 ℃，反应继续在此温度下进行，直至树脂达到适宜的性能指标，测定树脂的熔点、酸值及在乙醇与苯混合液中的溶解性能以控制反应[酸值是指中和 1 g 树脂中的游离酸所需 KOH 的质量(mg)]。从理论上计算，反应达到什么酸值时为凝胶点？因此必须在此点以前终止反应(KOH 的相对分子质量为 56，$M_{苯酐}=148$，$M_{甘油}=92$)。

答 该体系为非等物质的量体系，其平均官能度为：$\bar{f}=\dfrac{\sum N_i f_i}{\sum N_i}=\dfrac{3\times 2+2\times 3}{3+2}=2.4$，则其在凝胶点时的反应程度为：$p_c=\dfrac{2}{\bar{f}}=\dfrac{2}{2.4}=0.83$。凝胶时体系残留的邻苯二甲酸酐 $N_a=(N_a)_0\times(1-p_c)=0.5$ mol，体系总质量 $W=3\times 148+2\times 92=628$ (g)。所以，凝胶点的酸值=$\dfrac{N_a\times M(\text{KOH})}{W}=\dfrac{0.5\times 56\times 1000}{628}=44.6$(mg KOH/g 树脂)。

5-97 (1) 用等物质的量的乙二醇和甘油与等物质的量的对苯二甲酸缩聚，求凝胶点。若投入 75 kg 对苯二甲酸，出水量应控制在多少以下才不会产生凝胶？(2) 有一批尼龙-66 盐，分析结果酸值为 3.89(以 mgKOH/g 尼龙-66 盐计)，试求用此盐制成尼龙-66 的 $\overline{M_n}$。

答 (1) 该体系为等物质的量的体系，其平均官能度为：$\bar{f}=\dfrac{\sum N_i f_i}{\sum N_i}=\dfrac{1\times 2+1\times 3+2.5\times 2}{1+1+2.5}=2.2$，则其凝胶点时的临界反应程度为：$p_c=\dfrac{2}{\bar{f}}=\dfrac{2}{2.2}=0.91$。加入 75 kg 对苯二甲酸反应时，在凝胶点时出水量为：$\dfrac{75\,000}{166}\times(1-p_c)\times 18=732$ (g)。

(2) 对 1 g 该尼龙-66 盐,设 $N_b=1$ mol(己二胺),酸值 $=\dfrac{(N_a-N_b)\times M(KOH)\times 2}{N_b\times M_{尼龙\text{-}66盐}}=\dfrac{(N_a-1)\times 56\times 1000\times 2}{262}=3.89$,解得 $N_a=1.01$ mol,所以过量分数为:$q=\dfrac{N_a-N_b}{N_b}=\dfrac{1.01-1}{1}=0.01$,当 $p=1$ 时 $\overline{X_n}=1+2/q=201$,$\overline{M_n}=226\times\overline{X_n}/2=2.27\times 10^3$。

5-98 1 mol 二元醇、0.1 mol 一元醇、2 mol 三元醇和 4.50 mol 二元酸缩聚,计算体系的平均官能度,用 Carothers 法计算体系的凝胶点以及当二元酸的官能团有 83% 反应掉时聚合物的聚合度,计算时有何假定?

答 平均官能度 $\bar{f}=\dfrac{2\times(1\times 2+0.1\times 1+2\times 3)}{1+0.1+2+4.5}=2.1$,凝胶点 $p_c=\dfrac{2}{\bar{f}}=\dfrac{2}{2.1}=0.95$。

当二元酸的官能团有 83% 反应掉时,则 $p_{COOH}=0.83$。因为 $r=\dfrac{1\times 2+0.1\times 1+2\times 3}{2\times 4.5}=\dfrac{8.1}{9}$,所以 $p_{OH}=\dfrac{p_{COOH}}{r}=0.83\times\dfrac{9}{8.1}$,$\overline{X_n}=\dfrac{2}{2-p_{OH}\bar{f}}=\dfrac{2}{2-0.83\times\dfrac{9}{8.1}\times 2.1}\approx 32$。

计算时假定官能团等活性。缩聚反应的每一步都是一个羧基与一个羟基之间进行的反应。羟基无论在哪种醇上,其消耗速率与羧基完全相等。

5-99 合成不饱和聚酯的原料为乙二醇(或一缩二乙二醇、丙二醇)、马来酸酐和邻苯二甲酸酐,三种原料各起什么作用?三者比例的调整原则是什么?用苯乙烯固化的原理是什么?室温固化的引发体系是什么?

答 合成不饱和聚酯的原料中马来酸酐的作用是在不饱和聚酯中引入双键,调整邻苯二甲酸酐和马来酸酐的比例可控制不饱和聚酯的不饱和度以及所生成材料的交联密度。

不饱和聚酯的固化剂是苯乙烯(含量约为 30%),固化机理是利用自由基引发苯乙烯聚合并与不饱和聚酯线型分子中双键共聚最终形成体型结构。

室温固化的引发体系可采用过氧化二苯甲酰-二甲基苯胺氧化还原体系,也可采用过氧化环己酮(或过氧化甲乙酮)-环烷酸钴(或环烷酸镍、萘酸钴等)氧化还原体系。

5.5 聚 合 方 法

5-100 从聚合温度、对热的稳定性、动力学、反应时间、产率、等物质的量、单体纯度、设备、压力等方面比较三种逐步聚合方法。

答 (1) 熔融缩聚:只有单体和少量催化剂需在单体和聚合物熔点以上的温度进行。反应是一个可逆平衡的过程,因此需减压及时脱除副产物。反应时间较长,反应程度高,对聚合过程黏度变化的特点提出了不同的设备要求。

(2) 溶液缩聚:根据反应温度,溶液缩聚分为高温溶液缩聚和低温溶液缩聚。前者为平衡反应,可通过蒸馏或加碱成盐除去副产物;后者多为不可逆缩聚。用活性大的单体在 100 ℃ 进行,设备要求回收溶剂。

(3) 界面缩聚:界面缩聚单体活性高,反应温度低,能及时除去小分子副产物,因此一般是不可逆缩聚。反应总速率取决于扩散速率。相对分子质量对配料比敏感度小。低反应程度时可得到高相对分子质量产物。

条件	熔融缩聚	溶液缩聚	界面缩聚
温度	高温	低于溶剂的熔点和沸点	一般为高温
对热稳定性	要求稳定	无要求	无要求
动力学	逐步、平衡	逐步、平衡	不可逆
反应时间	1 h~几天	几分钟~1 h	几分钟
产率	高	低到高	低到高
等基团数配比	要求严格	要求严格	要求稍不严格
单体纯度	要求高	要求稍低	要求较低
设备	特殊要求、气密性好	简单、敞开	简单、敞开
压力	先高压、后低压	常压	常压

5-101 在熔融缩聚、溶液缩聚、界面缩聚等聚合实施方法中,什么方法在低转化率下就能获得高相对分子质量产物?

答 在低转化率下就能获得高相对分子质量产物的方法是界面缩聚。

5-102 聚酰胺有脂肪族和芳香族之分,为什么合成前者通常采用熔融缩聚,而合成后者采用溶液缩聚?比较两种缩聚实施方法的优缺点以及应用范围。

答 因为后者的熔点太高。

熔融缩聚的优点:①体系中组分少,设备利用率高,生产能力大。②反应设备比较简单,产品比较纯净,不需后处理,可直接用于抽丝、切拉、干燥、包装。

熔融缩聚的缺点:①要求生产高相对分子质量的聚合物时有困难。因为要尽可能地排除小分子,要求复杂的真空系统,而且要求设备的气密性非常好,一般不易做到。②要求官能团物质的量比例严格,条件比较苛刻。③长时间高温加热会引起氧化降解等副反应,对聚合物相对分子质量和聚合物的质量有影响。为了避免生成的聚合物氧化降解,反应必须在惰性气体(水蒸气、氮气、二氧化碳)中进行。④当聚合物熔点不超过300 ℃时,才能考虑采用熔融缩聚,因此熔融缩聚不适合制备耐热聚合物。

熔融缩聚法应用很广,如合成涤纶、酯交换法合成聚碳酸酯、聚酰胺等。

溶液缩聚的优点:①溶液缩聚反应温度较低。溶液缩聚反应温度一般为40~100 ℃,有时甚至为0 ℃。由于反应温度低,需采用高活性单体。②溶液缩聚往往没有平衡问题,不需要真空操作,反应设备简单。

溶液缩聚的缺点:①溶剂的引入使设备利用率降低,溶剂的回收和处理使工艺过程复杂化。②溶剂会带来一些副反应。

溶液缩聚工业应用实例:一些新型的耐高温缩聚物,如聚砜、尼龙-66、聚苯醚、聚酰亚胺以及油漆、涂料的生产。

5-103 写出以对苯二甲酸二甲酯和乙二醇为原料通过酯交换法合成涤纶树脂的反应条件(温度、压力、催化剂)和反应方程式,并简要回答下列问题:(1)第一步酯交换反应时乙二醇为什么要过量?(2)第二步缩聚反应属于均缩聚还是混缩聚?(3)缩聚反应后期为什么要求很高的真空度?(4)根据什么原则确定缩聚反应温度?

答 缩聚前段在 270 ℃、2000~3300 Pa 下进行,后段在 180~250 ℃、60~130 Pa 下进行,催化剂为三氧化锑,反应方程式如下:

$$CH_3OOArCOOCH_3 + 2HOCH_2CH_2OH \rightleftharpoons 2HOCH_2CH_2OOCArCOOCH_2CH_2OH + 2CH_3OH$$
$$nHOCH_2CH_2OOCArCOOCH_2CH_2OH \rightleftharpoons$$
$$H\text{---}[OCH_2CH_2OOCArCO]_n\text{---}OCH_2CH_2OH + (n-1)HOCH_2CH_2OH$$

(1) 封锁分子两端,以达到预定聚合度。(2) 均缩聚。(3) 两个反应都可逆,真空下促进反应。(4) 高于 PET 熔点,低于降解温度。

5-104 什么是固相缩聚？固相缩聚有什么特点？举一个应用实例。

答 固相缩聚是在聚合物熔点以下进行的缩聚反应。固相聚合往往作为一种辅助手段用于进一步提高熔融缩聚物的相对分子质量,一般不可能单独用来进行以单体为原料的缩聚反应。

固相聚合的特点:①反应速率比熔融缩聚小得多,反应完成常需要几十个小时。②固相缩聚时扩散控制过程。缩聚过程中单体由一个晶相扩散到另一个晶相。③固相缩聚有显著的自催化效应,反应速率随时间的延长而增加,到后期由于官能团浓度很小,反应速率才迅速下降。④在固相缩聚中,结晶部分与非晶部分反应速率相差很大,一般得到的产物相对分子质量分布比较宽。

固相缩聚应用实例:相对分子质量在 30 000 以上的涤纶(用于降落伞)。

5-105 解释下列几组术语:

(1) 均缩聚、混缩聚和共缩聚;(2) 平衡缩聚和非平衡缩聚;(3) $\overline{DP}$ 和 $\overline{X}_n$;(4) 反应程度和转化率;(5) 物质的量系数 r 和过量分数 q;(6) 官能度、平均官能度和凝胶点;(7) 熔融缩聚、溶液缩聚、界面缩聚和固相缩聚;(8) 预聚物、无规预聚物和结构预聚物。

答 (1) 由一种单体进行的缩聚称为均缩聚,由两种均不能独自缩聚的单体进行的缩聚称为混缩聚,由两种或两种以上单体进行的、能形成两种或两种以上重复单元的缩聚反应称为共缩聚。

(2) 平衡缩聚通常指平衡常数小于 10^3 的缩聚反应,非平衡缩聚通常指平衡常数大于 10^3 的缩聚反应或根本不可逆的缩聚反应。

(3) 平均每一分子中的重复单元数称为 $\overline{DP}$,平均每一分子中的结构单元数称为 $\overline{X}_n$。

(4) 反应程度是参加反应的官能团数占起始官能团数的百分数,转化率是指转变为聚合物的单体部分占起始单体量的百分数。

(5) 物质的量系数是两官能团数之比,过量分数是过量单体的物质的量与另一单体物质的量之比。

(6) 官能度是指单体参加聚合反应能够生成新的化学键的数目。平均官能度是指在两种或两种以上单体参加的混缩聚或共缩聚反应中,在达到凝胶点以前的线型缩聚反应阶段,反应体系中实际能够参加反应的各种官能团总物质的量与单体总物质的量之比。凝胶点是开始出现凝胶的临界反应程度。凝胶点等于 2 除以平均官能度。

(7) 熔融缩聚是单体、少量催化剂和相对分子质量调节剂等在单体和聚合物熔点以上的温度进行的缩聚。溶液缩聚是单体加催化剂在适当溶剂(包括水)中进行的缩聚。界面缩聚是两单体分别溶于两种不互溶的溶剂中,反应在界面进行的缩聚。固相缩聚是在聚合物熔点以下进行的缩聚反应。

(8) 接近凝胶点时终止聚合反应而得到的相对分子质量不高、可以在加工成型过程中交联固化的聚合物称为预聚物。分子链端的未反应官能团完全无规的预聚物称为无规预聚物,如碱催化酚醛树脂、脲醛树脂、醇酸树脂、三聚氰胺树脂(密醛树脂)都属于此类。具有特定的活性端基或侧基、基团结构比较清楚的特殊设计的预聚物称为结构预聚物,如环氧树脂、不饱和聚酯树脂、酸催化酚醛树脂、制备聚氨酯用的聚醚二元醇和聚酯二元醇、遥爪聚合物都属于此类。结构预聚物往往是线型低聚物，其本身一般不能进一步聚合或交联，第二阶段交联固化时，需另加入催化剂或其他反应性物质进行，这些加入的催化剂或其他反应物通常称为固化剂。

【名词解释索引】

逐步聚合(5-1题)。缩聚，逐步加成聚合(5-4题)。官能团等活性理论(5-11题)。反应程度，转化率(5-18,5-105题)。物质的量系数，过量分数(5-19,5-105题)。平衡缩聚，不平衡缩聚(5-56,5-105题)。线型缩聚，体型缩聚(5-79题)。官能度，平均官能度，凝胶点(5-80,5-105题)。凝胶点公式(5-81题)。环氧值(5-93题)。均缩聚，混缩聚，共缩聚，熔融缩聚，溶液缩聚，界面缩聚，固相缩聚(5-105题)。

第6章 聚合物化学反应

6.1 聚合物化学反应的特点及影响因素

6-1 聚合物化学反应有哪些基本类型？

答 聚合物化学反应可分为：①聚合度不变的反应（也称为聚合物的相似转变），如侧基的反应、端基的反应等。②聚合度增加的反应，如接枝、扩链、嵌段和交联等。③聚合度减小的反应，如降解、解聚和分解等。

6-2 聚合物化学反应有哪些特征？与低分子化学反应有什么区别？

答 与低分子化合物相比，由于聚合物的相对分子质量高，结构和相对分子质量又有多分散性，因此聚合物在进行化学反应时有以下几方面特征：

(1) 若反应前后聚合物的聚合度不变，由于原料的原有官能团往往和产物同在一个分子链中，也就是说，分子链中官能团很难完全转化，因此这类反应需以结构单元作为化学反应的计算单元。

(2) 若反应前后的聚合物的聚合度发生变化，则情况更为复杂。这种情况常发生在原料聚合物主链中有弱键易受化学试剂进攻的部位，由此导致裂解或交联。

(3) 与低分子反应不同，聚合物化学反应的速率还受到大分子在反应体系中的形态和参加反应的相邻基团的影响。

(4) 对均相的聚合物化学反应，反应常为扩散控制，溶剂起重要作用。对非均相则情况更为复杂。

6-3 影响聚合物化学反应的因素有哪些？试举例逐一说明。

答 化学因素有：

(1) 邻近基团位阻的影响：当聚合物分子链上参加化学反应的基团邻近的是体积较大的基团时，往往会由于位阻效应而使低分子反应物难于接近反应部位从而无法进行反应。典型的例子是聚乙烯醇的三苯乙酰化反应，只能达到50%的转化率。

(2) 邻近基团的静电效应：当聚合物化学反应涉及酸碱催化过程，或者有离子态反应物参与反应，或者有离子态基团生成时，在化学反应进行到后期，未反应基团的进一步反应往往会受到邻近带电荷基团的静电作用而改变速率。凡有利于形成五元或六元环状中间体的，邻近基团都有加速作用。如果化学试剂与反应后的基团所带电荷相同，则静电相斥，将使反应速率降低，基团的转化程度也低于100%。典型例子是甲基丙烯酸酯类的水解反应，水解反应一旦开始，则已经水解生成的羧基负离子与邻近未水解酯基上带部分正电荷的羰基由于相反电荷的吸引而容易靠近，形成六元环酐，再开环成羧基，而非由羟基直接水解。这一过程有利于羰基上氨基的离去而完成水解过程。

(3) 构型的影响：例如，甲基丙烯酸甲酯的水解反应，全同立构聚甲基丙烯酸甲酯的甲基处于主链平面的同一侧，已经水解生成的羧基对邻近酯基具有催化作用，水解反应速率越来越快；间同立构聚甲基丙烯酸甲酯的酯基交替处于主链平面的两侧，已经水解的反应速率也越来越慢；无规聚甲基丙烯酸甲酯的水解反应速率则介于全同立构物和间同立构物之间。

(4) 基团的隔离作用或"孤立化"、"概率效应"：在聚合物化学反应中，如果参加反应的聚合物官能团必须是两个或两个以上，而当反应进行到后期时，一个官能团的周围可能已经没有能够与之协同反应的第二个官能团，则这个官能团就好像被"隔离"或"孤立"起来而无法继续进行反应，最高转化程度因而受到限制。典型例子是聚乙烯醇的缩甲醛反应。通常聚乙烯醇的缩甲醛化程度只能达到 90%～94%，有 6%～10% 的羟基被孤立化。

物理因素有：

(1) 聚合物聚集态的影响：例如，高度结晶的聚乙烯很难进行化学反应。

(2) 相容性的影响：例如，聚乙烯醇的缩甲醛反应，反应物聚乙烯醇亲水性良好，而聚乙烯醇缩甲醛(维尼纶)的亲水性很差，必须选择既有较好亲水性，又有一定亲油性的混合溶剂——水和甲醇。

(3) 温度：一般升高温度使反应速率提高，但温度太高可能导致不期望的氧化、裂解等副反应发生。

6.2 聚合物的侧基反应

6-4 简述聚乙烯的氯化反应工艺。

答 聚乙烯的氯化反应工艺有两种：一是溶液氯化法，此法以氯苯为溶剂，偶氮二异丁腈为活化剂，在 70 ℃通入氯气进行反应，得到的产物软化点较低；二是悬浮氯化法，此法以水为悬浮介质，这种氯化可以保持聚乙烯的结晶不受影响，所以软化点较高。

6-5 为什么聚甲基丙烯酰胺在强碱液中水解时，其水解程度低于 70%？

答 聚甲基丙烯酰胺在强碱液中水解，某一酰胺基团两侧若已转变成羧基，对碱羟基有斥力，阻碍了水解，水解程度一般在 70% 以下。

6-6 聚乙烯醇缩甲醛(维尼纶)大分子链上是否还有羟基？为什么？

答 有。这是由于官能团孤立化效应。当聚乙烯醇链上的相邻羟基成对参与缩甲醛反应时，由于成对基团反应存在概率效应，即反应过程中间会产生孤立的单个官能团。由于单个官能团难以继续反应，因而不能 100% 转化，只能达到有限的反应程度，会留下少量羟基。

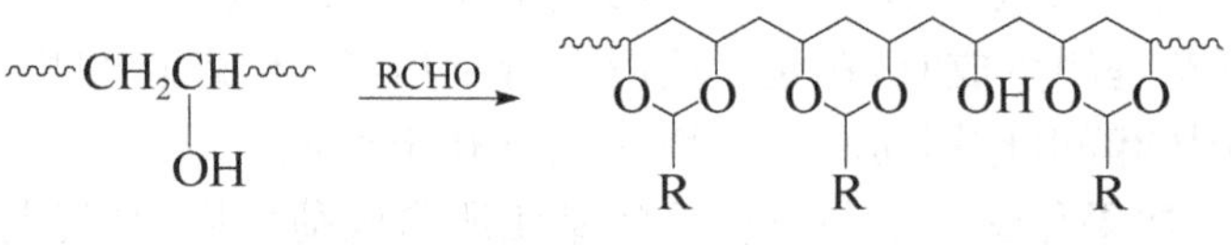

$$\sim\!\!\text{CH}_2\text{CH}\!\!\sim \xrightarrow{\text{RCHO}} \sim\!\!\overset{|}{\underset{\text{OH}}{}}\!\!\sim$$

6-7 聚 4-乙烯基吡啶与苄氯的反应(反应 1)和聚对氯甲基苯乙烯与甲基吡啶的反应(反应 2)都在二甲基甲酰胺中进行，都生成侧基带吡啶盐的聚合物。为什么反应 1 的反应速率逐渐下降，而反应 2 的反应速率越来越快？

答 反应 1 中反应试剂苄氯的次甲基带部分正电荷，而聚合物反应后的基团也带正电荷，由于静电相斥作用，阻碍反应试剂与聚合物分子的接触，反应速率逐渐下降。而反应 2 的聚合物反应后的基团带正电荷，由于分子链上多个正电荷的相斥作用，分子链较伸展，比原先卷曲的构象能暴露出更多的侧基，更利于反应试剂甲基吡啶的进攻，因而反应速率越来越快。

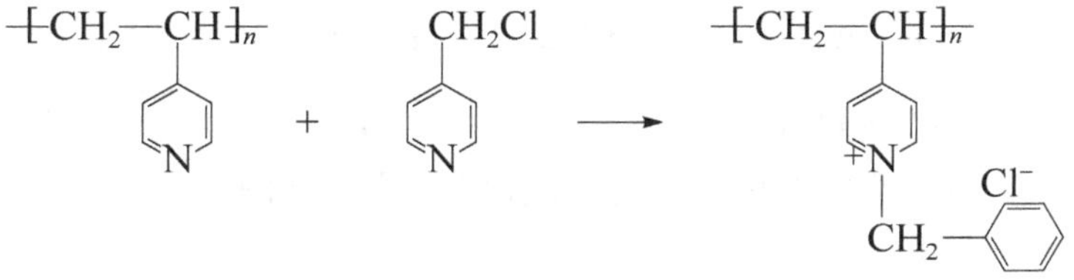

$$\begin{array}{c}\text{─}[CH_2-CH]_n\text{─}\\ \big|\\ \text{(4-吡啶基)}\end{array} + \begin{array}{c}CH_2Cl\\ \big|\\ \text{(苯基)}\end{array} \longrightarrow \begin{array}{c}\text{─}[CH_2-CH]_n\text{─}\\ \big|\\ \text{(N}^+\text{-CH}_2\text{-Ph, Cl}^-\text{)}\end{array} \quad \text{(反应1)}$$

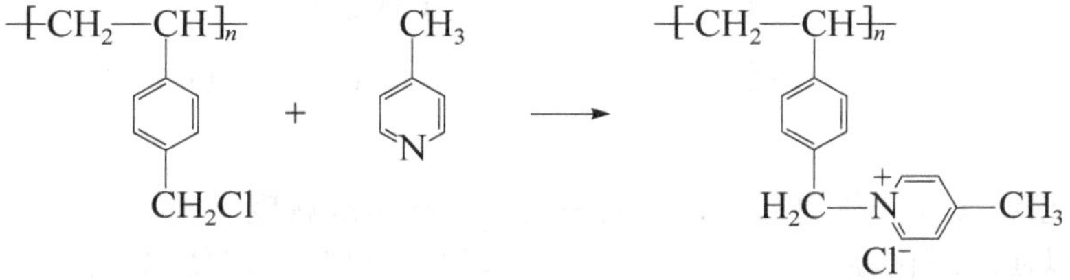

$$\begin{array}{c}\text{─}[CH_2-CH]_n\text{─}\\ \big|\\ \text{(对-CH}_2\text{Cl-苯基)}\end{array} + \begin{array}{c}CH_3\\ \big|\\ \text{(4-吡啶基)}\end{array} \longrightarrow \begin{array}{c}\text{─}[CH_2-CH]_n\text{─}\\ \big|\\ \text{Ph-CH}_2\text{-N}^+\text{-CH}_3, Cl^-\end{array} \quad \text{(反应2)}$$

6-8 举几个实例,说明纤维素的衍生化反应,注明反应试剂和产物名称。

答 常见的纤维素化学改性后形成的衍生物有:硝化纤维和乙酸纤维等酯类,甲基纤维素、羟乙基纤维素和羧甲基纤维素等醚类。

纤维素的主要衍生化反应方程式如下:

$$[C_6H_7O_2(OH)_3]_n \begin{cases} \xrightarrow[\text{硝化纤维制备}]{HNO_3+H_2SO_4} [C_6H_7O_2(OH)_2(ONO_2)]_n + \\ \qquad\qquad [C_6H_7O_2(OH)(ONO_2)_2]_n + [C_6H_7O_2(ONO_2)_3]_n \\ \xrightarrow[\text{醋酸纤维制备}]{Ac_2O+H_2SO_4} [C_6H_7O_2(OH)_2(Ac)]_n + \\ \qquad\qquad [C_6H_7O_2(OH)(Ac)_2]_n + [C_6H_7O_2(Ac)_3]_n \\ \xrightarrow[\text{甲基纤维素制备}]{(CH_3O)_2SO_2} [C_6H_7O_2(OH)_2(OCH_3)]_n \\ \xrightarrow[\text{羟乙基纤维素制备}]{CH_2-CH_2+H^+ \text{ (环氧乙烷)}} [C_6H_7O_2(OC_2H_4OH)_3]_n \\ \xrightarrow[\text{羧甲基纤维素制备}]{ClCH_2COOH+H^+} [C_6H_7O_2(OCH_2COOH)_3]_n \end{cases}$$

6-9 为什么不能通过直接酰化合成均相二醋酸纤维素?实际上用什么方法制备二醋酸纤维素?

答 因为直接酰化时纤维素在反应混合物中不溶解,这样就会导致生成的纤维素链一些是完全酰化的,而另一些是完全没有酰化的非均相产物,所以常用可溶性的三醋酸纤维素的控制水解间接制备均相的二醋酸纤维素。

6-10 从乙酸乙烯酯出发制取聚乙烯醇缩甲醛:(1)写出各步反应式并注明各步主要产物的名称及用途。(2)纤维用和悬浮聚合分散剂用的聚乙烯醇有什么差别?(3)实验测得某聚乙酸乙烯酯样品的数均聚合度为200,将其进行湿法水解得聚乙烯醇,发现其数均聚合度降为180,解释这一现象。(4)下列合成路线是否可行?说明理由。

$$\text{乙酸乙烯酯} \xrightarrow{\text{水解}} \text{乙烯醇} \xrightarrow{\text{聚合}} \text{聚乙烯醇} \xrightarrow{\text{缩醛化}} \text{产物}$$

答 (1)第一步,自由基聚合反应:产物为聚乙酸乙烯酯,用作黏合剂等。

$$n\,CH_2=CH\!-\!OCOCH_3 \xrightarrow{AIBN} [CH_2CH(OCOCH_3)]_n$$

第二步,醇解反应:产物为聚乙烯醇,可作分散剂。

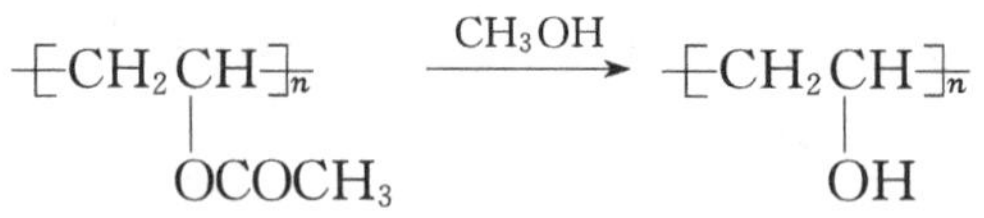

$$\{CH_2CH\}_n \xrightarrow{CH_3OH} \{CH_2CH\}_n$$
$$\quad\;\;|\qquad\qquad\qquad\quad\;\;|$$
$$OCOCH_3 \qquad\qquad\quad OH$$

第三步，缩醛化反应：产物为聚乙烯醇缩甲醛，用作维尼纶、涂料等。

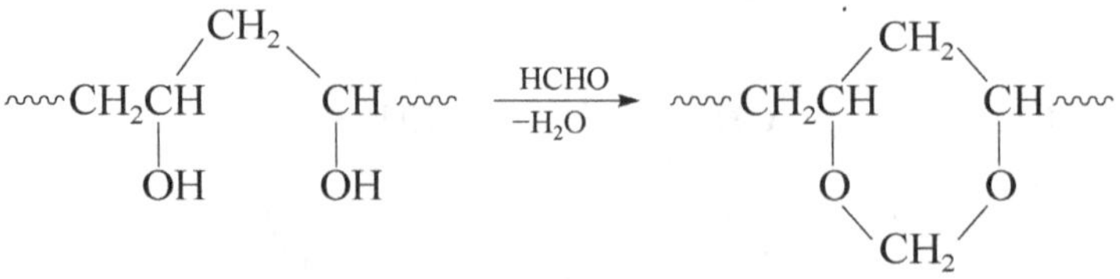

$$\sim CH_2CH\text{---}CH_2CH\sim \xrightarrow[-H_2O]{HCHO} \sim CH_2CH\text{---}CH_2CH\sim$$

（2）纤维用和悬浮聚合分散剂用的聚乙烯醇的差别在于醇解度不同。前者要求醇解度较高（98%～99%），以便缩醛化；后者要求醇解度中等（87%～89%），以使水溶性好。

（3）因为醇解所用溶剂为甲醇，而甲醇的链转移常数很大，所以醇解时发生链转移，聚合度变小。

（4）不可行。因为乙烯醇与乙醛为互变异构体，两者同时存在。不能用其直接聚合得聚乙烯醇。

6-11 乙酸乙烯酯聚合、水解和丁醛反应得到可溶性聚合物：（1）是否可以先水解再聚合？（2）这三步反应产物各有什么性质和用途？

答 （1）不可以。因为水解产物乙烯醇不稳定，会转变为其同分异构体乙醛而不能聚合。（2）聚乙酸乙烯酯软化点很低，主要用作黏合剂；聚乙酸乙烯酯的水解产物聚乙烯醇是水溶性高分子，用作涂料、黏合剂、分散剂等；聚乙烯醇缩丁醛可溶于有机溶剂，用作航空玻璃的黏合剂。

6-12 用适当单体合成强酸型聚苯乙烯阳离子树脂，写出反应方程式。

答 反应方程式如下：

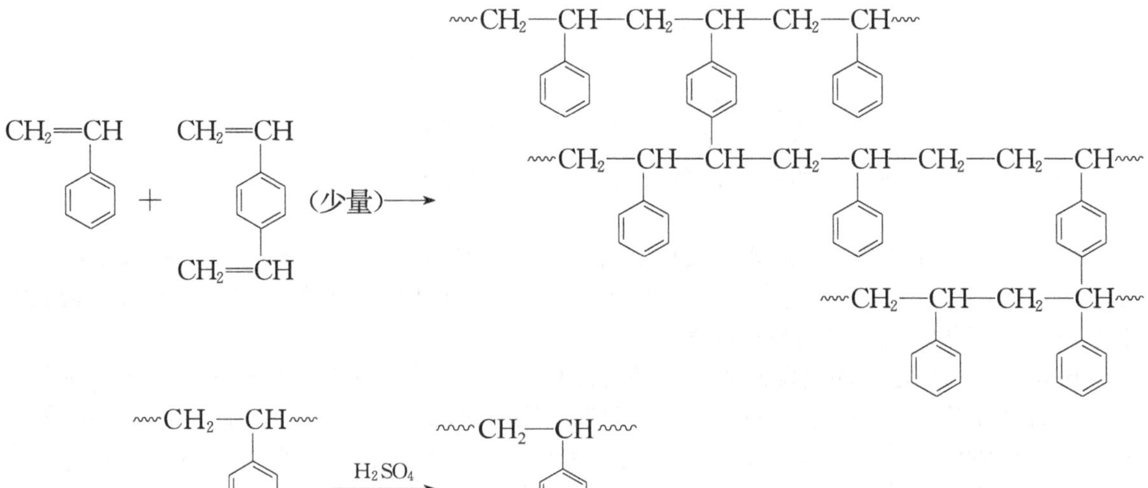

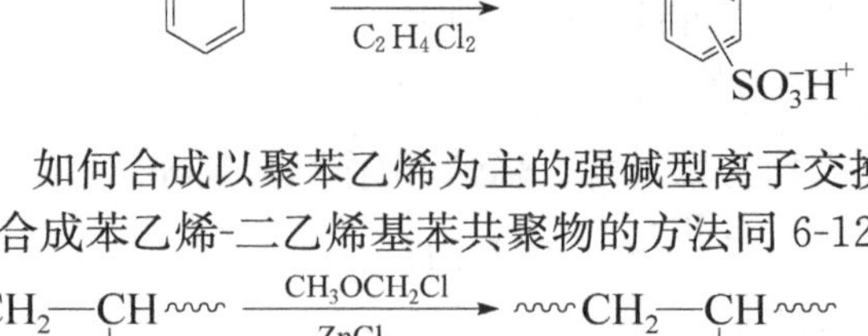

$$CH_2=CH\text{（苯基）} + CH_2=CH\text{（对二乙烯基苯）}（少量） \longrightarrow \text{共聚物}$$

$$\sim CH_2\text{--}CH\sim \xrightarrow[C_2H_4Cl_2]{H_2SO_4} \sim CH_2\text{--}CH\sim$$
$$\qquad\quad|\qquad\qquad\qquad\qquad\qquad\quad|$$
$$\text{（苯基）}\qquad\qquad\qquad\qquad\text{苯基-}SO_3H^+$$

6-13 如何合成以聚苯乙烯为主的强碱型离子交换树脂？

答 合成苯乙烯-二乙烯基苯共聚物的方法同 6-12 题，但最后磺化的一步改为

$$\sim CH_2\text{--}CH\sim \xrightarrow[ZnCl_2]{CH_3OCH_2Cl} \sim CH_2\text{--}CH\sim \xrightarrow[NaOH]{NR_3} \sim CH_2\text{--}CH\sim$$
$$\qquad\quad|\qquad\qquad\qquad\qquad\quad\;\;|\qquad\qquad\qquad\qquad\quad\;|$$
$$\text{苯基}\qquad\qquad\qquad\text{苯基-}CH_2Cl \qquad\qquad\quad\text{苯基-}CH_2NR_3^+OH^-$$

6.3 聚合物的主链反应

6-14 什么是聚合物主链反应？聚合物主链反应包括哪几类？

答 聚合物主链反应是以大分子主链为反应主体，同时使聚合度改变的化学反应，包括接枝、扩链、交联和降解等。主要分为两大类，接枝、扩链和交联是使聚合度变大的化学反应，而降解、解聚是使聚合度变小的化学反应。

6.3.1 聚合物的降解、解聚和老化

6-15 什么是聚合物的降解？引起降解的因素有哪些？

答 聚合物的降解是指聚合物相对分子质量变小的化学反应过程的总称，其中包括解聚、无规断链、侧基和低分子物的脱除等反应。引起降解的因素包括热降解、水解、化学降解、生化降解、热氧化降解、光降解、光氧化降解、机械降解和超声波降解等。

6-16 聚合物的热降解有几种类型？举例说明其反应机理。

答 聚合物在单纯热的作用下发生的降解反应主要有解聚、无规断链和侧基脱除三类。

(1) 解聚：聚合物在降解反应中完全转化为单体称为解聚，又称连锁降解。解聚反应是聚合反应的逆反应。凡主链碳-碳键断裂后生成的自由基能被取代基稳定，并且碳原子上无活泼氢的聚合物一般都能按解聚机理进行热降解。所以，聚甲基丙烯酸酯类、聚 α-甲基苯乙烯、聚 α-甲基丙烯腈、聚四氟乙烯等受热后进行的都是解聚反应。例如，PMMA 的解聚

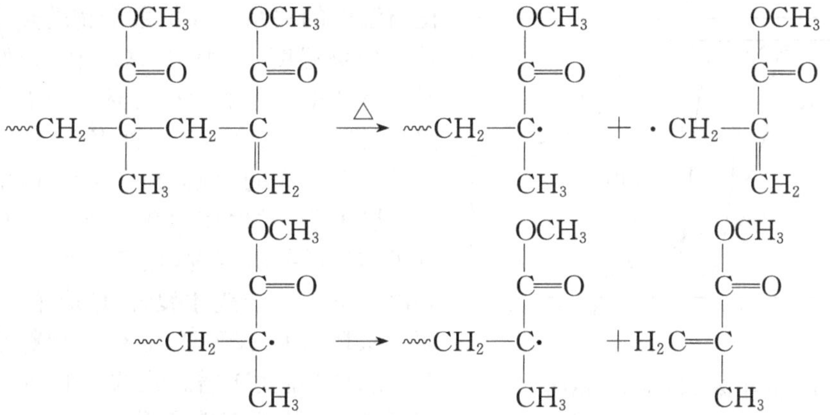

(2) 无规断链：聚合物受热时，主链发生随机断裂，相对分子质量迅速下降，产生各种低相对分子质量的产物，单体回收率极低，这类热降解反应称为无规断链反应。凡碳-碳键断裂后生成的自由基不稳定，且 α-碳原子上具有活泼氢原子的聚合物易发生这种无规断链反应。所以，聚乙烯、聚丙烯、聚氧化乙烯等热降解主要是无规断链。值得注意的是，许多聚合物受热降解时是属于解聚和断裂混合型的，如聚苯乙烯、聚异丁烯、聚三氟氯乙烯等。聚苯乙烯在 300 ℃真空下，产生约 40% 单体；725 ℃真空下，则可得 85% 单体。

(3) 侧基脱除：一些聚合物在较高温度条件下会发生基团的消去、成环等复杂反应，如聚氯乙烯、偏二氯乙烯、聚氟乙烯、聚丙烯腈等。聚氯乙烯在 80~200 ℃下发生非氧化热降解，脱出 HCl，聚合物颜色变深，强度下降，反应方程式如下：

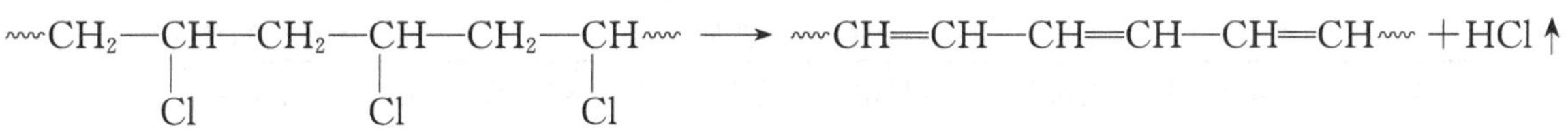

6-17 试述聚甲基丙烯酸酯、聚苯乙烯、聚乙烯、聚氯乙烯四种通用聚合物热解的特点和差别。

答 聚甲基丙烯酸酯进行热解反应时发生自由基机理的解聚反应,产物几乎都是单体。聚苯乙烯和聚乙烯进行热解反应时发生无规降解,主要产物为不同聚合度的低聚物,聚乙烯的单体产率小于1%,聚苯乙烯的单体产率则可达42%。聚氯乙烯进行热解反应时首先脱 HCl,生成分子主链中带烯丙基氯的聚合物;长期热解则进一步发生环化交联甚至碳化反应。

6-18 为什么聚氯乙烯在200 ℃以上热加工会使产品颜色变深?为什么聚丙烯腈不能采用熔融纺丝而只能采用溶液纺丝?

答 聚氯乙烯加热到200 ℃以上会发生分子内和分子间脱去 HCl 的反应,主链部分带有共轭双键结构而使颜色变深。同理,聚丙烯腈在高温条件下会发生环化反应而不熔融,所以只能采用溶液纺丝。

6-19 把聚丙烯腈进行热解,得到什么产物?

答 聚丙烯腈在一定条件热解时,非但没有降解成小分子,反而通过侧基反应,环化成梯形结构。该梯形结构的聚合物在1500～3000 ℃下进一步热解,析出碳以外的所有元素,形成高强度、高模量、耐高温的碳纤维。

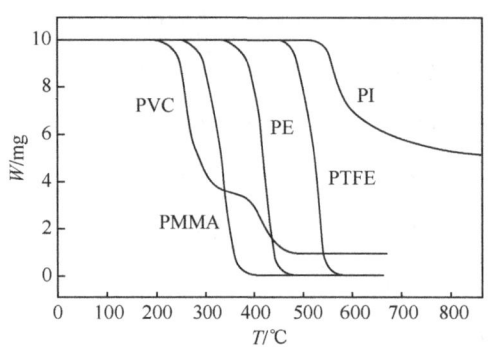

6-20 聚合物热稳定性可用什么方法测定?评价聚合物的热稳定性的指标是什么?从 TG 谱图(图 6-1)比较 PVC、PE、PMMA、PTFE 和 PI 的热稳定性。

答 可用热重分析法(TG)测定聚合物热稳定性。它在等速升温下测量聚合物的质量变化与温度的关系。评价聚合物的热稳定性的指标是热分解温度,一般以 TG 曲线开始失重的拐点或失重速率最大的温度为热分解温度 T_d。从 TG 谱图(图 6-1)可见,在五种聚合物中 PVC 的热稳定性较差。它的分解分两步进行,第一步失重阶段是脱 HCl,发生在200～300 ℃,由于脱 HCl 后分子内形成共轭双键,热稳定性反而增加,直至较高温度下大分子链才裂解,形成第二个失重阶段。而 PE、PMMA、PTFE 等聚合物都是一步完全分解,热分解温度递增。聚酰亚胺直至850 ℃才分解了40%,热稳定性最强。

图 6-1 五种聚合物的 TG 谱图

6-21 无规降解和连锁降解有什么不同?缩聚物和加聚物的降解分别属于哪一类?

答 两种降解反应的特点比较如下:

降解反应类型	无规降解	连锁降解
聚合物类型	含杂链的缩聚物	部分碳链加聚物
降解开始部位	主链杂原子	链端
降解反应机理	逐步平衡	连锁,不可逆
降解中间产物	稳定存在、可分离	不稳定、无法分离
降解最终产物	大小不等的低聚物	可以最终生成单体
导致降解的原因	水、酸、碱等化学试剂	热、氧、光辐射等物理因素
对聚合度的影响	总体聚合度降低	未降解分子聚合度不变

注:连锁降解就是解聚,部分碳链加聚物如聚甲基丙烯酸酯类、聚 α-甲基苯乙烯等加热会发生连锁降解。

6-22 试述聚 α-甲基苯乙烯、聚乙酸乙烯酯、聚丙烯、聚丙烯腈四种聚合物热解的特点。

答 聚 α-甲基苯乙烯是解聚反应,聚乙酸乙烯酯是侧基脱除反应,聚丙烯是无规断链反应,聚丙烯腈是侧基脱除并伴随环化反应。

6-23 为什么聚甲醛容易解聚?工业上如何使聚甲醛稳定化?

答 聚甲醛分子链端为不稳定的半缩醛结构,使得聚甲醛在光热作用下容易发生从分子链端开始的"拉链"式脱除甲醛的解聚反应,但反应不是自由基机理。

$$\sim\sim CH_2OCH_2OCH_2OH \longrightarrow \sim\sim CH_2OCH_2OH + HCHO$$

因此,只要使羟端基酯化或醚化,将端基封锁,就可以起到稳定作用。但端基封锁后的聚甲醛受热时,则可能先无规断链而后连锁解聚脱甲醛。所以需要进一步通过共聚,在大分子链中引入—OCH_2CH_2—单元,则可防止连锁解聚。

工业上在螺杆挤出机中通过三聚甲醛和五氧六环本体连续共聚合制备,生成的共聚甲醛的主链以—OCH_2—单体单元为主,其间杂以少量的—OCH_2CH_2—单元。聚合结束后经过碱液处理,除去引发剂和共聚甲醛不稳定的链端部分,最终得到端基为羟乙基结构的聚合物。由于羟乙基的碳-碳键能够有效阻止解聚反应的发生,因此得到的聚甲醛具有良好的热稳定性。

6-24 利用热降解回收有机玻璃边角料时,若该边角料中混有 PVC 杂质,则使 MMA 的产率降低,质量变差,试用化学反应式说明其原因。

答 有机玻璃热解聚时

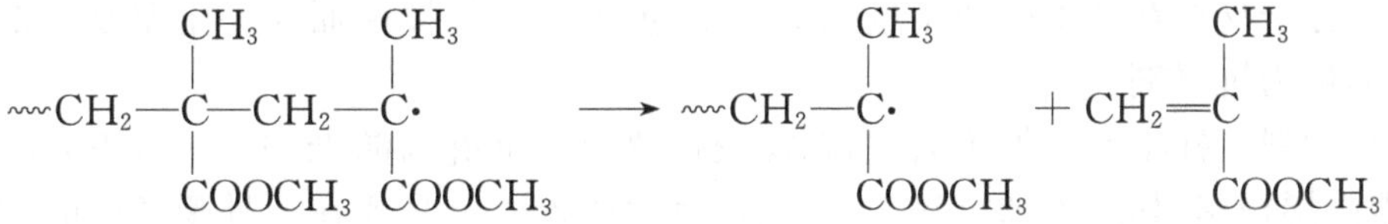

PVC 杂质在加热时会脱出 HCl

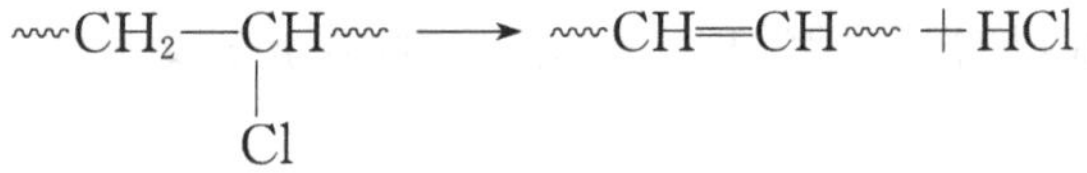

HCl 与甲基丙烯酸甲酯按下式进行加成反应,因此降低了甲基丙烯酸甲酯的产率,并影响产品质量。

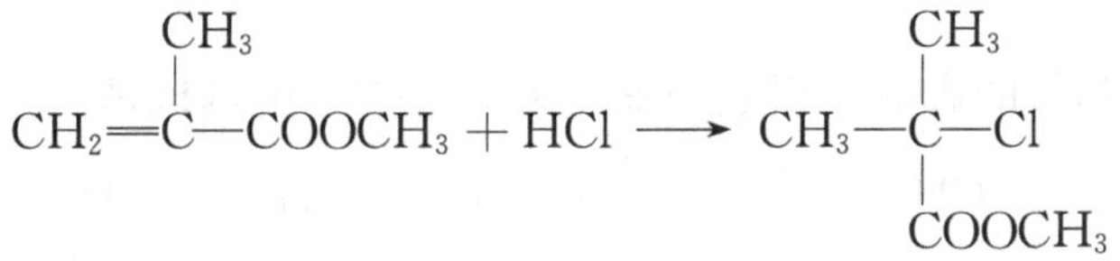

6-25 什么是老化?聚合物老化的原因有哪些?聚合物如何防老化?

答 聚合物在使用过程中,受空气、水、光等大气条件和物理、化学因素综合的影响,引起不希望的化学变化,使性能逐渐变坏的现象统称为老化。

老化过程的主要反应也是降解,有时也可能伴有交联。聚合物老化后降解为较低相对分子质量产物时则龟裂变黏;聚合物老化后分子间发生交联时则发脆变硬。

导致老化的原因包括物理和化学因素,主要是热、机械力、超声波、光、氧、水(潮气)、化学试剂及微生物等许多因素的综合作用。

聚合物防老化的方法有:

(1) 从结构上合成更为稳定的聚合物。易于降解的一些结构的例子是:烯丙基氢>叔碳氢>仲碳氢>伯碳氢;不饱和>饱和;酯类>醚类。

(2) 添加助剂,如橡胶加防老剂,塑料加抗氧剂、紫外线吸收剂、光稳定剂、热稳定剂等。

6-26 什么是稳定剂？为什么聚氯乙烯加工中一定要加稳定剂？

答 在高分子材料的加工或使用过程中能防止因受热而发生的降解或交联，从而延长高分子材料使用寿命的添加剂称为热稳定剂，简称稳定剂。

PVC 的流动温度为 165~190 ℃，而分解温度为 140 ℃，因此不加入稳定剂就不能加工，稳定剂提高了分解温度。PVC 受热极易发生消除反应：

$$\text{~~CH-CH-CH-CH-CH-CH~~} \xrightarrow[\Delta]{-HCl} \text{~~CH}_2\text{-CH-CH=CH-CH=CH~~}$$

HCl 的脱除产生了主链上的共轭双键，使树脂变黄，甚至成为棕色。这一过程伴随着断链、分子间的交联反应和环化反应等。产生的 HCl 又进一步催化分解反应。能起催化作用的还有由加工设备混入的铁盐和金属氯化物。因而稳定剂的作用机理都是围绕着消除这些因素。

6-27 为什么聚合物中常要加入光稳定剂？

答 高分子材料在阳光的照射下会迅速发生老化，表现为发黄、变脆、龟裂，表面失去光泽，机械性能和电性能大大降低，最终失去使用价值。这个复杂的破坏过程主要是阳光中的紫外线和大气中的氧对高分子链联合作用的结果。

6-28 什么是抗氧剂？为什么聚合物需要加抗氧剂？

答 高分子材料在加工或使用过程中，能防止由于空气接触而在一定温度下发生热氧降解的添加剂称为抗氧剂。

橡胶和塑料一样都需要加抗氧剂，在橡胶行业习惯上称为防老剂。一些聚合物很易氧化降解，如聚丙烯树脂，如果不加抗氧剂，那么在室内放置 4 个月或在户外曝晒（如广州地区）12 天就降解变质而不能加工成型。因而聚丙烯树脂在合成工厂里已经加入抗氧剂。在加工过程中常还加入适量抗氧剂以加强使用的稳定性，后一类稳定剂又称长效稳定剂，一般选用相对分子质量较大的抗氧剂。

6-29 用聚乙烯绝缘的电线缆在户外工作，容易老化。

(1) 写出老化过程中发生的主要化学变化；(2) 聚乙烯的防老化剂有哪几种？各具何种功能和化学结构？

答 (1) 由于热和氧的影响而引起的聚乙烯降解按自由基机理进行：

引发 $\text{~~CH}_2\text{-CH}_2\text{~~} \xrightarrow{\text{能量}} \text{~~ĊH-CH}_2\text{~~} + \text{H·}$

增长 $\text{~~ĊH-CH}_2\text{~~} + O_2 \longrightarrow \text{~~CH-CH}_2\text{~~}$
$\qquad\qquad\qquad\qquad\qquad\qquad\quad |$
$\qquad\qquad\qquad\qquad\qquad\qquad\text{OO·}$

$\text{~~CH-CH}_2\text{~~} + \text{~~CH}_2\text{-CH}_2\text{~~} \longrightarrow \text{~~CH-CH}_2\text{~~} + \text{~~ĊH-CH}_2\text{~~}$
$\quad |\qquad\qquad\qquad\qquad\qquad\qquad\qquad\qquad |$
$\text{OO·}\qquad\qquad\qquad\qquad\qquad\qquad\qquad \text{OOH}$

$\text{~~CH-CH}_2\text{~~} \longrightarrow \text{~~CH-CH}_2\text{~~} + \text{·OH}$
$\quad |\qquad\qquad\qquad\qquad\quad |$
$\text{OOH}\qquad\qquad\qquad\qquad \text{O·}$
$\qquad\qquad\qquad\qquad\qquad\quad \hookrightarrow \text{~~CH}_2\text{·} + \text{OCH~~}$

终止 $R\cdot + R\cdot \longrightarrow R\text{—}R$（引起交联）

(2) 氧化反应会被重金属离子加速，重金属离子催化过氧化物分解，因此抗氧化的方法有：① 用更易与自由基反应的物质与自由基形成稳定化合物。② 将金属离子螯合掉。

6-30 用反应方程式表示聚丙烯在自然界中由于氧的作用而降解。

答 与6-29题聚乙烯类似,只是与甲基相连的叔碳上的氢较易失去而形成自由基,因此聚丙烯更易降解。

6-31 简述生物降解高分子材料。

答 生物降解高分子材料分为生物崩解型和完全生物降解型两类。前者是在高分子树脂中添加部分可被生物降解的物质后加工成制品,用弃后由于这部分可环境降解而使整体形态崩溃,属于不完全降解型。例如,将淀粉、天然矿物质以及脂肪族聚酯等加到聚烯烃树脂中,加工成的塑料即为崩解型可环境降解材料。完全生物降解型高分子材料为生物合成的天然高分子材料或改性天然高分子材料,或某些结构的合成高分子材料。从规模、成本等因素考虑,通过化学合成法制备可降解高分子材料最具现实意义。现在研究开发得最多的生物降解高分子材料有脂肪族聚酯类、聚乙烯醇、聚酰胺、聚酰胺酯及氨基酸等。其中产量最大、用途最广的是脂肪族聚酯类,如聚乳酸(聚羟基丙酸)、聚己内酯等。这类聚酯由于酯键易水解,主链又柔顺,易被自然界中的微生物或动植物体内的酶分解或代谢,最后变成CO_2和水。

6-32 比较聚乙烯和聚氯乙烯装饰材料的耐燃性,叙述塑料在火灾中的危害性。耐燃性的指标是什么?如何提高聚合物的阻燃性?

答 聚乙烯易燃。聚氯乙烯含不燃的氯元素,本身是难燃的,但由于聚氯乙烯常含有大量可燃的添加剂(增塑剂等),聚氯乙烯装饰材料也是可燃的。在火灾中塑料燃烧会产生大量有毒烟雾,致人死亡。

通常用"(限)氧指数"(保证稳定燃烧的最低氧含量,LOI)表征材料的燃烧性能,氧指数越高,表明材料越难燃烧。

可在聚合物中外加阻燃剂(磷化合物、有机溴化合物、有机氯化合物、三氧化二锑、氢氧化铝、硼化合物等)提高聚合物的阻燃性。

6.3.2 聚合物的接枝、扩链和交联

6-33 说明合成接枝共聚物的三类方法。

答 (1) 长出支链(graft from):先在大分子链中间形成活性点,再引发另一单体而长出支链,接枝点可由自由基、阴离子、阳离子、配位聚合机理产生。其中自由基法最常用。长出支链型接枝的产生方法主要包括链转移反应法、大分子引发剂法和辐射接枝法。

(2) 嫁接支链(graft onto):带有反应性侧基的大分子主链与带有反应端基的预聚物进行偶合接枝反应,可以合成预定结构的接枝共聚物,这种接枝方法称为嫁接支链。离子聚合最适合用这一方法。带酯基、酐基、苄卤基、吡啶基等亲电官能团侧基的大分子很容易与阴离子活性聚合物偶合,进行嫁接反应。

(3) 大分子单体共聚接枝(graft through):大分子单体是带有双键端基的齐聚物,与乙烯基单体共聚或与活性链加成即可接枝,这种接枝方法称为共聚接枝。

6-34 什么是扩链反应?什么是大单体?什么是遥爪预聚物?

答 扩链反应是指以适当的方法,将相对分子质量只有几千的低聚物连接起来,使相对分子质量成倍或几十倍地提高,这是聚合物主链增长的过程。首先合成遥爪预聚物,然后通过活性端基与扩链剂反应。如果扩链剂为三官能团分子,则可发生交联反应,形成网状分子。

端基带有一个可反应基团的聚合物(通常是低聚物)称为大单体或反应性单体。两个端基都带有可反应基团的聚合物(通常是低聚物)称为遥爪预聚物。

6-35 如何合成遥爪预聚物?举一个实例说明。

答 遥爪预聚物的合成方法有阴离子聚合、自由基聚合、缩聚等,以阴离子活性聚合方法为主。

例如,以萘钠作催化剂,可合成双阴离子活性高分子,聚合末期可加环氧乙烷,再以水(或醇)终止,转变成羟端基,就成为端羟基聚丁二烯。

$$2\,CH_2=CH-CH=CH_2 \xrightarrow[\text{萘}]{Na} 2[\cdot CH_2-CH=CH-CH_2^- \cdots Na^+] \xrightarrow{\text{偶合}}$$

$$^+Na\cdots^-CH_2-CH=CH-CH_2CH_2-CH=CH-CH_2^-\cdots Na^+ \xrightarrow{n\text{-}Bu} \xrightarrow{\overset{O}{\underset{\diagup\!\!\diagdown}{CH_2-CH_2}}}$$

$$\xrightarrow{CH_3OH} HO(CH_2)_2 \text{-}[CH_2CH=CHCH_2]_{n+1}\text{-}[CH_2CH=CHCH_2]_{n+1}(CH_2)_2OH$$

6-36 下列聚合物选用哪一类物质进行交联?

(1) 天然橡胶;(2) 聚甲基硅氧烷;(3) 聚乙烯涂层;(4) 乙丙二元胶;(5) 乙丙三元胶。

答 (1) 天然橡胶用硫作交联剂;(2) 聚甲基硅氧烷用过氧化物作交联剂;(3) 聚乙烯涂层用过氧化物作交联剂;(4) 乙丙二元胶的分子主链上无双键,用过氧化物作交联剂;(5) 乙丙三元胶的分子主链上有双键,用硫作交联剂。

6-37 下列聚合物用哪类交联剂或固化剂进行交联?用反应方程式表示。

(1) 不饱和聚酯(乙二醇和马来酸酐合成的聚酯);(2) 顺式-1,4-聚异戊二烯;(3) 聚二甲基硅氧烷;(4) 聚乙烯;(5) 二元乙丙橡胶;(6) 环氧树脂;(7) 线型酚醛树脂;(8) 纤维素。

答 (1) 不饱和聚酯用苯乙烯作交联剂。

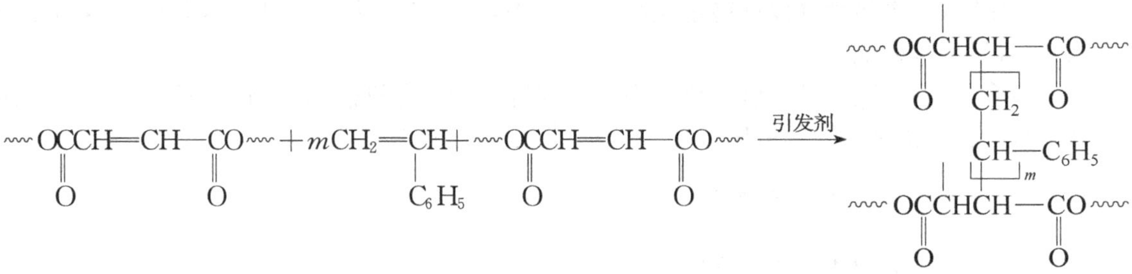

$$\sim\!\!\!\sim\!\!OCCH=CH-CO\!\!\sim\!\!\!\sim + m\,CH_2=CH + \sim\!\!\!\sim\!\!OCCH=CH-CO\!\!\sim\!\!\!\sim \xrightarrow{\text{引发剂}}$$
（结构式，含 C_6H_5 取代基，生成交联产物）

(2) 顺式-1,4-聚异戊二烯用硫作交联剂。

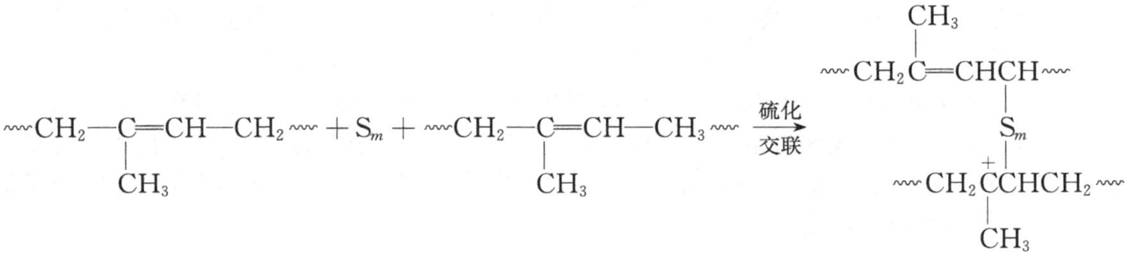

$$\sim\!\!\!\sim\!CH_2-\underset{CH_3}{\overset{|}{C}}=CH-CH_2\!\sim\!\!\!\sim + S_m + \sim\!\!\!\sim\!CH_2-\underset{CH_3}{\overset{|}{C}}=CH-CH_3 \xrightarrow{\text{硫化}\atop\text{交联}}$$
（生成含 S_m 桥连的交联结构）

(3) 聚二甲基硅氧烷用过氧化物作交联剂。

（$\sim\!\!\!\sim\!O-Si(CH_3)_2-O\!\sim\!\!\!\sim \xrightarrow{RO\cdot}$ 生成 —CH$_2$—CH$_2$— 桥连的交联硅氧烷结构）

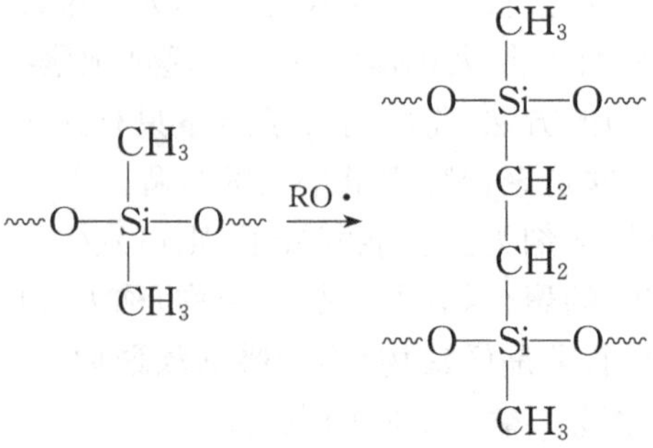

(4) 聚乙烯用过氧化物作交联剂。

$$ROOR \longrightarrow 2RO\cdot$$

$$RO\cdot + \sim\!\!\sim CH_2-CH_2\sim\!\!\sim \longrightarrow ROH + \sim\!\!\sim CH_2-\overset{\cdot}{C}H\sim\!\!\sim$$

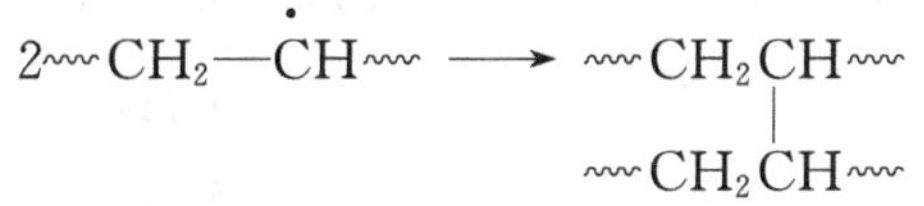

$$2\sim\!\!\sim CH_2-\overset{\cdot}{C}H\sim\!\!\sim \longrightarrow \begin{matrix}\sim\!\!\sim CH_2CH\sim\!\!\sim \\ | \\ \sim\!\!\sim CH_2CH\sim\!\!\sim\end{matrix}$$

(5) 二元乙丙橡胶用过氧化物作交联剂。

$$ROOR \longrightarrow 2RO\cdot$$

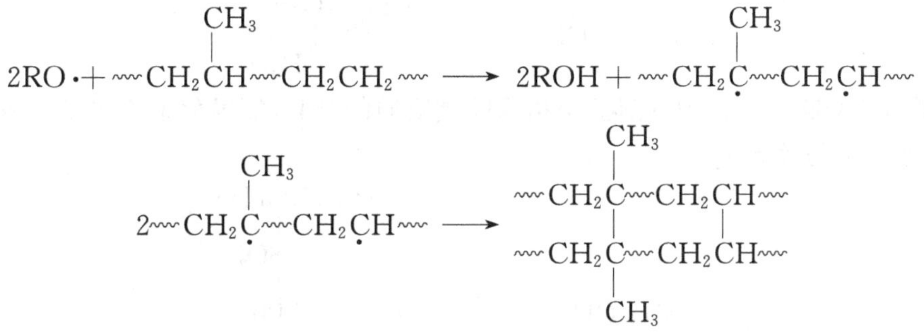

$$2RO\cdot + \sim\!\!\sim CH_2\overset{\overset{CH_3}{|}}{CH}\sim\!\!\sim CH_2CH_2\sim\!\!\sim \longrightarrow 2ROH + \sim\!\!\sim CH_2\overset{\overset{CH_3}{|}}{\underset{\cdot}{C}}\sim\!\!\sim CH_2\overset{\cdot}{C}H\sim\!\!\sim$$

$$2\sim\!\!\sim CH_2\overset{\overset{CH_3}{|}}{\underset{\cdot}{C}}\sim\!\!\sim CH_2\overset{\cdot}{C}H\sim\!\!\sim \longrightarrow \begin{matrix}\sim\!\!\sim CH_2\overset{\overset{CH_3}{|}}{C}\sim\!\!\sim CH_2CH\sim\!\!\sim \\ | \quad\quad\quad\quad\quad | \\ \sim\!\!\sim CH_2\underset{\underset{CH_3}{|}}{C}\sim\!\!\sim CH_2CH\sim\!\!\sim\end{matrix}$$

(6) 环氧树脂常用二胺作固化剂。

$$\underset{O}{CH_2-CH}\sim\!\!\sim\underset{O}{CH-CH_2} + H_2N-R-NH_2 \longrightarrow \begin{matrix}\sim\!\!\sim CH(OH)CH_2 \quad CH_2CH(OH)\sim\!\!\sim \\ \diagdown\quad\quad\quad\diagup \\ N-R-N \\ \diagup\quad\quad\quad\diagdown \\ \sim\!\!\sim CH(OH)CH_2 \quad CH_2CH(OH)\sim\!\!\sim\end{matrix}$$

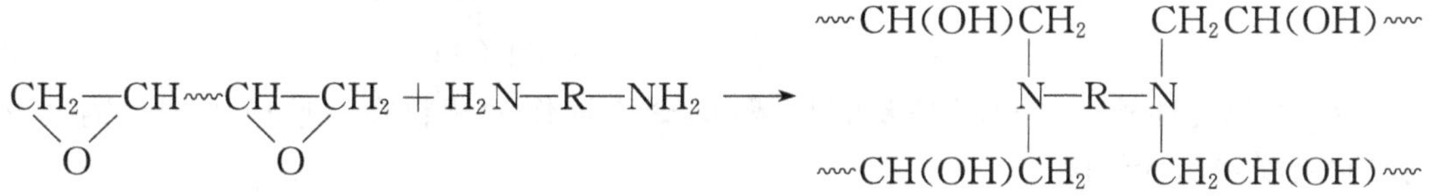

(7) 线型酚醛树脂用六次甲基四胺(又称乌洛托品)作固化剂。

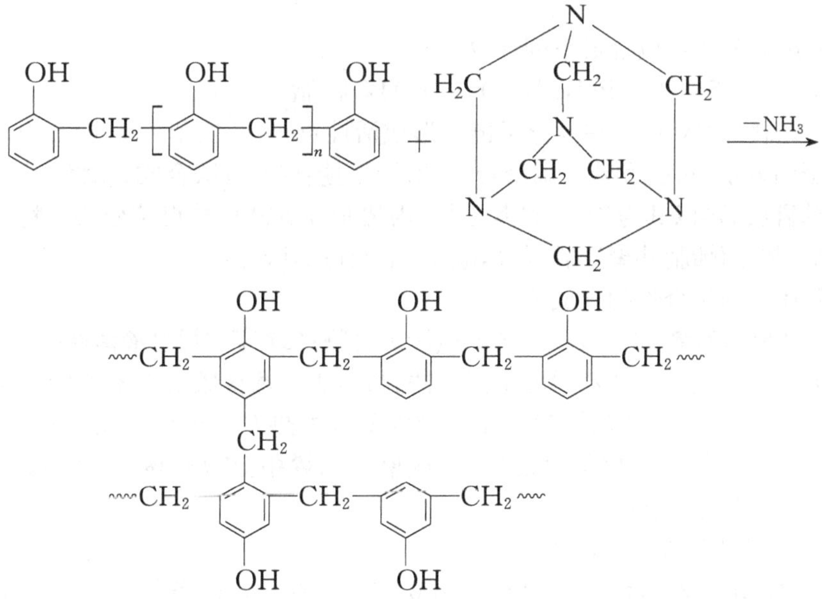

(8) 纤维素用二元酸或酸酐作固化剂,其他交联剂还有醛类(甲醛、戊二醛)、环氧氯丙烷等。

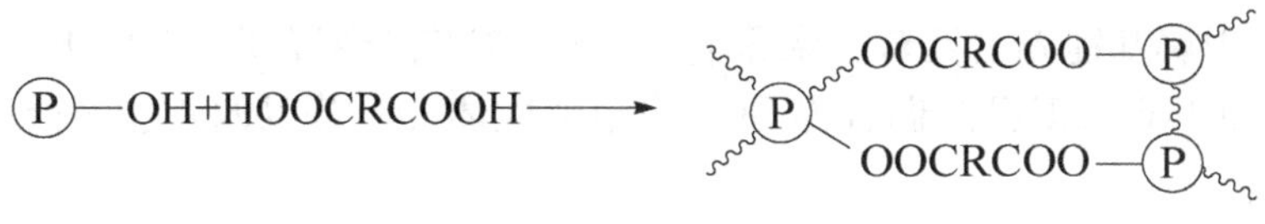

$$\text{P}-OH + HOOCRCOOH \longrightarrow \text{P}\overset{-OOCRCOO-\text{P}}{\underset{-OOCRCOO-\text{P}}{\diagup\diagdown}}$$

6-38 写出以下交联反应的反应方程式:
(1) 聚丙烯的辐射交联;(2) 氯磺化聚乙烯的硫化。

答 (1) 属自由基机理。

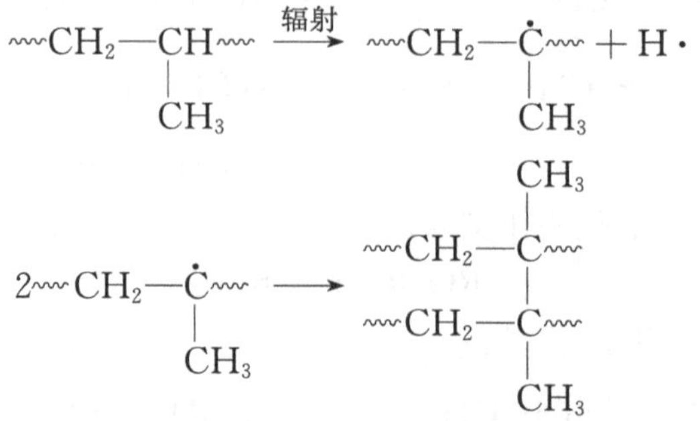

$$\sim\!\!CH_2\!-\!\!\underset{\underset{CH_3}{|}}{CH}\!\!\sim \xrightarrow{\text{辐射}} \sim\!\!CH_2\!-\!\!\underset{\underset{CH_3}{|}}{\overset{\cdot}{C}}\!\!\sim + H\cdot$$

$$2\sim\!\!CH_2\!-\!\!\underset{\underset{CH_3}{|}}{\overset{\cdot}{C}}\!\!\sim \longrightarrow \begin{array}{c}\sim\!\!CH_2\!-\!\!\underset{\underset{CH_3}{|}}{\overset{\overset{CH_3}{|}}{C}}\!\!\sim\\ \sim\!\!CH_2\!-\!\!\underset{\underset{CH_3}{|}}{C}\!\!\sim\end{array}$$

(2) 属离子交联。题目中"硫化"统指橡胶类物质的交联,氯磺化聚乙烯是一种橡胶,所以也称硫化,实际上与硫无关。

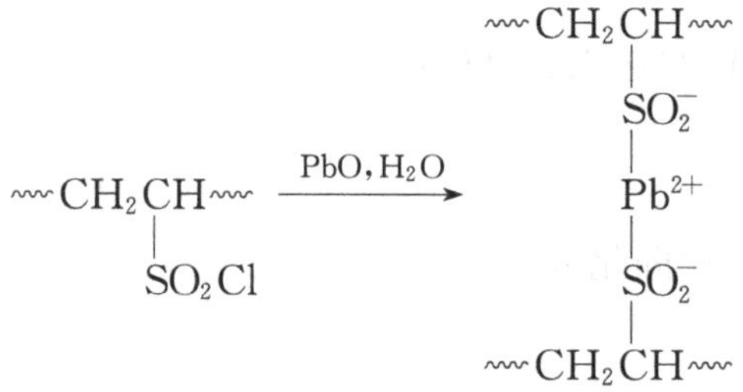

$$\sim\!\!CH_2\underset{\underset{SO_2Cl}{|}}{CH}\!\!\sim \xrightarrow{PbO, H_2O} \begin{array}{c}\sim\!\!CH_2CH\!\!\sim\\ |\\ SO_2^-\\ |\\ Pb^{2+}\\ |\\ SO_2^-\\ |\\ \sim\!\!CH_2CH\!\!\sim\end{array}$$

6-39 交联是生产弹性材料必要的步骤,但聚乙烯作为塑料在一些应用中也需要交联。举例说明交联聚乙烯的优点。

答 一个典型的例子是聚乙烯电缆的辐射交联,提高了聚乙烯的强度、耐热性、耐溶剂性和耐老化性。

6-40 利用大分子反应合成下列产物:
(1) P(MMA-g-St);(2) P(Bu-b-St);(3) ABS 树脂。

答 (1) 先制备 PMMA,在大分子链上形成活性点,再引发苯乙烯聚合。(2) 先合成聚丁二烯的大分子引发剂,再引发苯乙烯聚合。(3) 可用接枝的方法合成,先将丁二烯与苯乙烯乳液共聚得丁苯乳胶;再以其为种子,将苯乙烯、丙烯腈经乳液接枝得接枝共聚物,作为外层的胶乳;最后与苯乙烯-丙烯腈共聚胶乳混合,凝聚,干燥得 ABS 树脂。

6-41 简述下列聚合物的合成方法:
(1) 高抗冲聚苯乙烯(HIPS);(2) SBS 嵌段聚合物;(3) 丁二烯型液体橡胶(遥爪预聚物)。

答 (1) 合成高抗冲聚苯乙烯的主要方法:将聚丁二烯橡胶溶于苯乙烯单体中,加入自由基型引发剂(如过氧化二苯甲酰或过氧化二异丙苯),加热发生聚合反应。此时苯乙烯均聚和苯乙烯在聚丁二烯上接枝共聚同时发生,形成聚苯乙烯中分散有聚丁二烯微相,相互间有键合,并有一定韧性的改性聚苯乙烯。

(2) 合成 SBS 热塑弹性体的主要方法。

① 用双官能团催化剂经二步法合成:用双官能团在一定的条件下先引发丁二烯聚合,待丁二烯完全聚合完后再改变条件引发苯乙烯聚合,即得 SBS 热塑弹性体。

② 偶联法:用烷基锂先引发苯乙烯聚合,待苯乙烯完全聚合后,再加丁二烯聚合,待丁二烯完全聚合后,加 1,6-二溴己烷偶合得 SBS 热塑弹性体[注:若以四官能团偶联剂(如 $SnCl_4$),则得星形共聚物]。

③ 用单官能团催化剂经三步法或两步法合成。

三步法：用烷基锂先引发苯乙烯聚合，待苯乙烯完全聚合后，再加丁二烯聚合，待丁二烯完全聚合后，再加苯乙烯聚合，得 SBS 热塑弹性体。

两步法：用烷基锂先引发苯乙烯和丁二烯聚合，利用丁二烯优先聚合的特点形成渐变型的 SBS 树脂。

（3）合成丁二烯型液体橡胶（遥爪预聚物）的主要方法：端羟基聚丁二烯型液体橡胶的制备反应式详见 6-35 题。聚合末期，若通入 CO_2，则形成羧端基丁二烯型液体橡胶。

6-42 解释下列名词：

高分子效应，硫化反应，无规断链反应，自降解型高分子，绿色高分子。

答 高分子效应：聚合物本身的结构对其化学反应性能的影响称为高分子效应。这个效应是由高分子链节之间的不可忽略的相互作用引起的。

硫化反应：含有双键的弹性体在商业上多用硫或含硫有机化合物交联，因此橡胶工艺中硫化和交联是同义词。

无规断链反应：有的聚合物（如聚乙烯）受热时，主链任何处都可能断裂，相对分子质量迅速下降，但单体产率很低，称为无规断链反应。

自降解型高分子：分为生物降解和光降解两类。前者易被自然界中的微生物或动植物体内的酶分解或代谢，后者能被光（主要是紫外光）分解，是环境友好材料。

绿色高分子：包括高分子本身与如何应用及处理两个方面，具体是指高分子的绿色合成和绿色高分子材料的合成与应用，前者是指高分子合成的无害化以及对环境的友好，后者是指可降解高分子材料的合成与应用以及环境稳定高分子材料的回收与循环使用。

【名词解释索引】

概率效应，静电效应(6-3 题)。聚合物的降解(6-15 题)。解聚，连锁降解(6-16,6-21 题)。热重分析法(TG)(6-20 题)。聚合物老化(6-25 题)。稳定剂(6-26 题)。抗氧剂(6-28 题)。生物降解高分子材料(6-31 题)。氧指数(6-32 题)。扩链，大单体(反应性单体)，遥爪预聚物(6-34 题)。自降解型高分子，无规断链反应，绿色高分子，高分子效应，硫化反应(6-42 题)。

第 7 章　高分子链的结构

7.1　高分子链的近程结构

7.1.1　构型

7-1　什么是高分子的构型？

答　构型是指分子中由化学键所固定的原子在空间的排列。这种排列是稳定的，要改变构型，必须经过化学键的断裂和重组，有两类构型不同的异构体，即旋光异构体和几何异构体。

7-2　在自由基聚合中，为什么聚合物多为无规立构体？

答　链自由基为平面型 sp^2 杂化，单体与之加成时，由于无定向因素，可随机地从面的上方或下方加成，因而原链自由基在反应后由 sp^2 杂化转变为 sp^3 杂化时，其取代基的空间构型没有选择性，是随机的，得到的常是无规立构高分子。

7-3　什么样的大分子链结构存在几何异构现象和旋光异构现象？

答　1,4-加成的聚二烯烃由于内双键上的基团排列方式不同有顺式和反式两种构型，称为几何异构体。

聚 α-烯烃的结构单元存在不对称碳原子，每个链节都有 d 和 l 两种旋光异构体，它们在高分子链中有三种键接方式，称为三种旋光异构体：全同立构为 $dddddd$（或 $llllll$）；间同立构为 $dldldl$；无规立构为 $dllddl$ 等。

1. 旋光异构

7-4　以下单体形成的聚合物中哪些有旋光异构现象？

（1）异丁烯；（2）氯乙烯；（3）偏二氟乙烯；（4）乙烯乙酸酯；（5）环戊烯；（6）聚甲醛；（7）聚氧化乙烯；（8）聚甲基丙烯酸甲酯。

答　（2）、（4）、（8）。

7-5　写出聚丙烯的三种旋光异构体——全同聚丙烯、间同聚丙烯和无规聚丙烯的化学结构构式。

答　（1）全同聚丙烯（注：R=CH₃，下同）

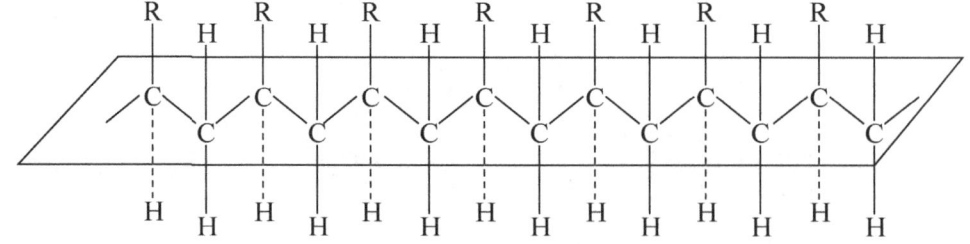

（2）间同聚丙烯

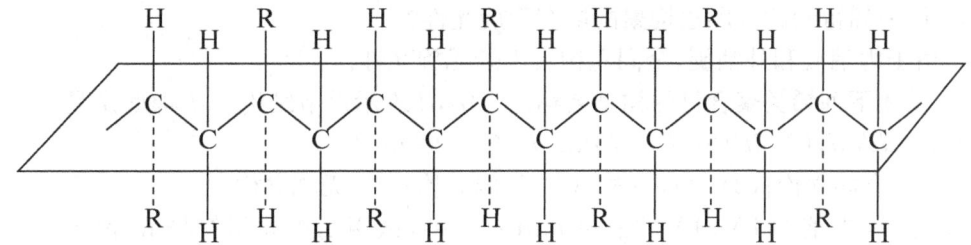

（3）无规聚丙烯

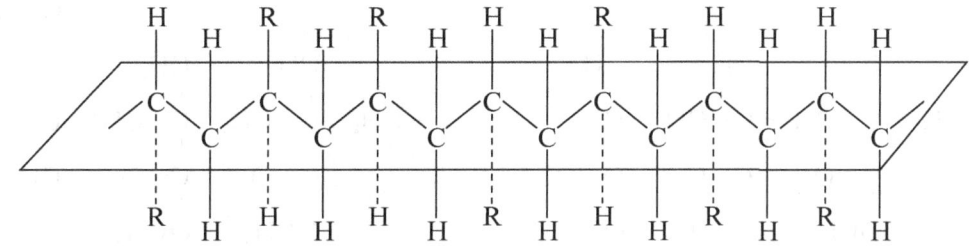

7-6 试述不同构型的聚丙烯的聚集态结构特点和常温下力学性能的差异。

答 全同立构或间同立构聚丙烯结构比较规整，容易结晶，熔点远高于聚乙烯，用作塑料时较耐热，可用作微波炉容器，还可以纺丝制成纤维（丙纶）或成膜；而无规立构聚丙烯呈稀软的橡胶状，力学性能差，是生产聚丙烯的副产物，自身不能作为材料，多用作无机填料的改性剂。

7-7 环氧丙烷经开环聚合后，可得到不同立构（无规、全同、间同）的聚合物，试写出它们立构上的不同，并大致预计它们对聚合物性能各带来怎样的影响。

答 聚环氧丙烷的结构式如下，存在一个不对称碳原子（有星号的），因而有以下全同、间同和无规立构体：

$$-[CH_2-\overset{*}{C}H(CH_3)-O]_n-$$

全同立构

间同立构

无规立构

对性能的影响是：全同立构或间同立构易结晶、熔点高、材料有一定强度，其中全同立构的结晶度、熔点、强度比间同立构略高；无规立构不结晶或结晶度低，强度差。

7-8 由丙烯得到的全同立构聚丙烯有无旋光性？

答 由于内消旋和外消旋，全同立构聚丙烯无旋光性。

7-9 试述下列烯类聚合物的构型名称。式中，d 表示链节结构是 d 构型，l 是 l 构型。

(1) $dddddd$；(2) $llllll$；(3) $dldldldl$；(4) $dlldddl$。

答 (1) 全同立构；(2) 全同立构；(3) 间同立构；(4) 无规立构。

7-10 立构规整性 PMMA 的三单元组有 3 种，试用二单元组符号 m 和 r 的组合表示（注：m=dd 或 ll，r=dl 或 ld）。

答 mm、mr 和 rr。

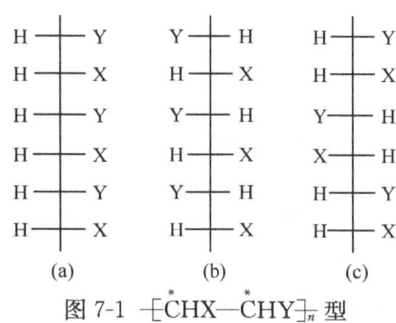

7-11 写出 $\{\overset{*}{C}HX-\overset{*}{C}HY\}_n$ 型高分子链的有规旋光异构体。

答 由于结构单元中两个碳原子均为不对称碳原子，这种分子链的构型可能是双全同立构或双间同立构。图 7-1(a) 中，对含 X、Y 的两个不对称碳原子都形成全同立构，两个不对称中心的构型也相同，称为叠同双全同立构体；图 7-1(b) 中，对 X、Y 来说都是全同立构，但两个不对称中心的构型成交替对映关系，故称为非叠同双全同立构体；图 7-1(c) 中，虽然两个不对称中心的构型相同，但对 X、Y 来说都是间同立构，称为双间同立构体。

图 7-1 $\{\overset{*}{C}HX-\overset{*}{C}HY\}_n$ 型高分子链的有规旋光异构体

7-12 2-戊烯聚合时可能有几种空间立构异构体？

答 4 种，即叠同双全同、非叠同双全同、双间同和无规。

7-13 等规度如何定义？详细叙述一种等规度的测定方法。

答 全同异构体和间同异构体合称等规异构体，等规异构体所占的百分数称为等规度。等规度的测定方法有：①萃取法，用溶剂萃取将立构规整聚合物（不溶部分）和无规聚合物（溶解部分）分开，由不溶部分计算等规度。例如，聚丙烯的全同立构规整度（等规度）可用不溶于沸腾的正庚烷部分的百分数表示。②红外光谱法，全同聚丙烯的 975 cm^{-1} 处吸收与较短链的重复单元有关,可用来测定等规度。1460 cm^{-1}处是不受等规度影响的CH_2弯曲振动谱带,在这里作测量薄膜厚度的内标。参数K值可利用庚烷萃取的样品(等规度接近100%)测得。等规度$=K\dfrac{A_{975}}{A_{1460}}$。

2. 几何异构

7-14 试讨论线型聚异戊二烯可能有哪些不同的构型,假定不考虑键接结构(画出结构示意图)。

答 聚异戊二烯的结构式为

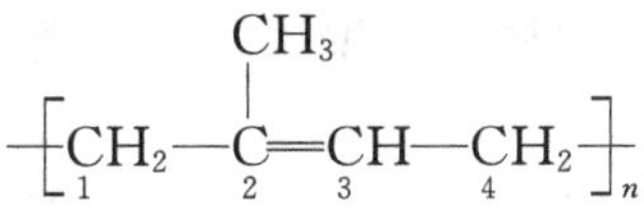

$$-[CH_2-C(CH_3)=CH-CH_2]_n-$$

（主链编号 1,2,3,4）

可能有以下6种有规立构体:

(1) 顺-1,4 加成

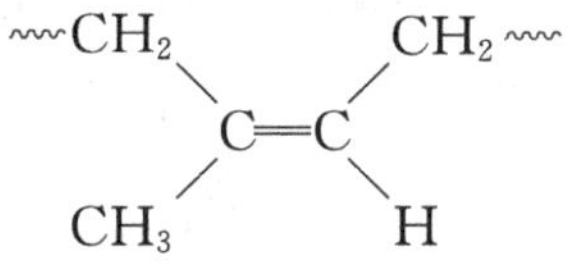

(2) 反-1,4 加成

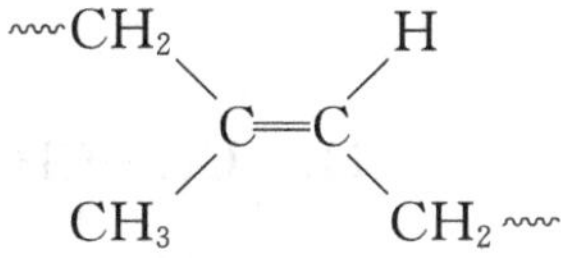

(3) 1,2 加成全同立构 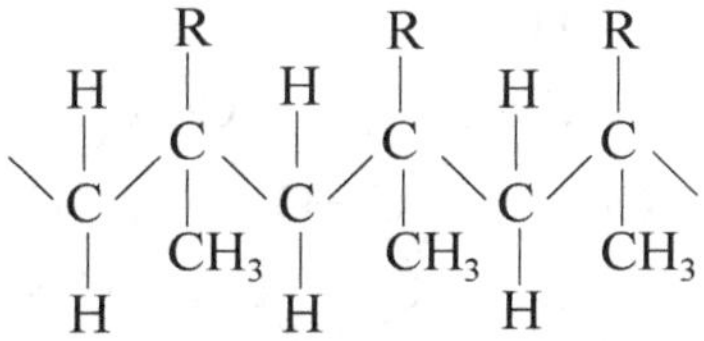 (R= —CH=CH$_2$)

(4) 3,4 加成全同立构 [R= —C(CH$_3$)=CH$_2$]

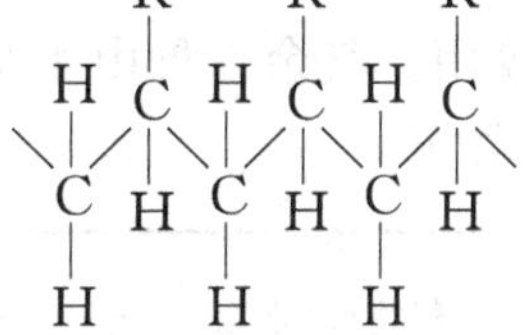

(5) 1,2 加成间同立构 (R= —CH=CH$_2$)

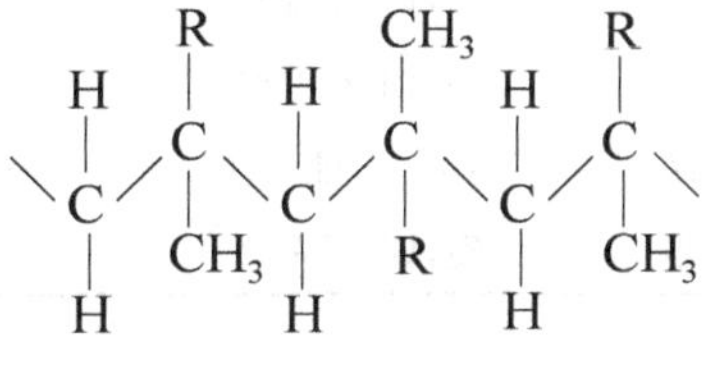

(6) 3,4 加成间同立构

[R=—C(CH_3)=CH_2]

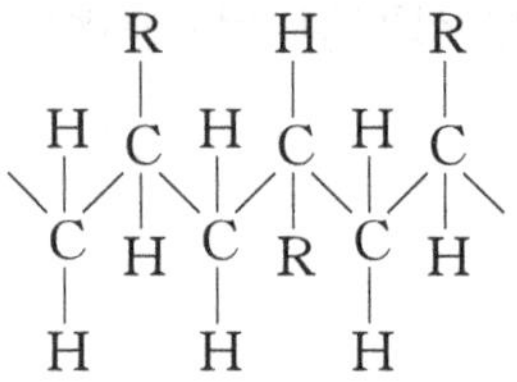

7-15 写出下列聚合物可能存在的有规立构和名称(加聚物只考虑单体以头-尾键接):氯丁二烯加聚成聚氯丁二烯。

答 顺-1,4、反-1,4、1,2 全同、1,2 间同、3,4 全同、3,4 间同。

7-16 聚丁二烯有哪些有规立构?以聚丁二烯为例,说明一级结构(近程结构)对聚合物性能的影响。

答 聚丁二烯有 1,2 加成和 1,4 加成两种加成方式。前者存在旋光立构现象,后者存在几何立构现象。

全同聚 1,2-丁二烯

间同聚 1,2-丁二烯

顺式聚 1,4-丁二烯

反式聚 1,4-丁二烯

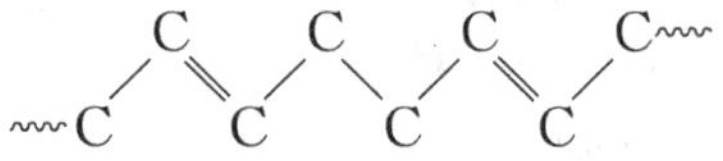

由于一级结构不同,导致聚集态结构不同,因此性能不同。其中顺式聚 1,4-丁二烯规整性差,不易结晶,常温下是无定形的弹性体,可作橡胶用。其余三种由于结构规整易结晶,聚合物弹性变差或失去弹性,不宜作橡胶用,其性能差异如下:

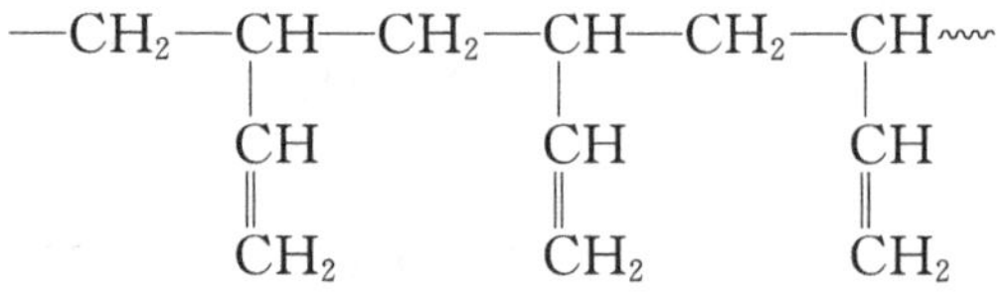

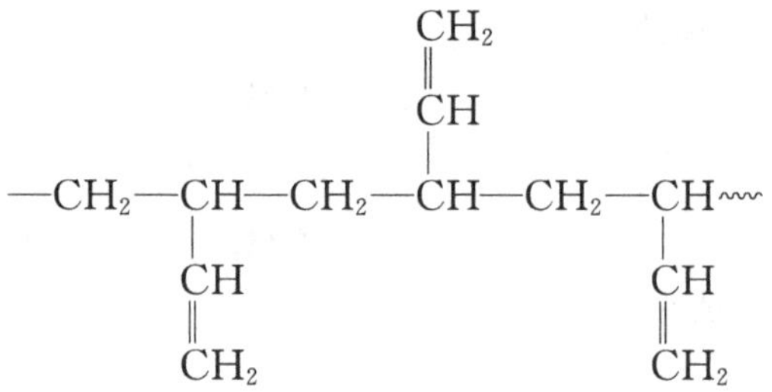

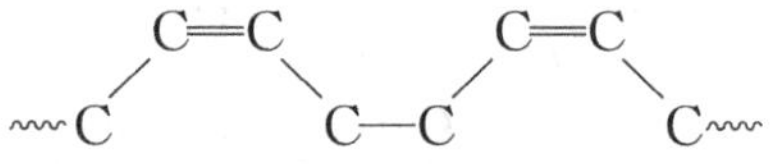

异构高分子	熔点/℃	密度/(g·cm^{-3})	溶解性(烃类)	一般物性(常温)	回弹性	
					20 ℃	90 ℃
全同聚 1,2-丁二烯	120~125	0.96	难	硬,韧,结晶性	45~55	90~92
间同聚 1,2-丁二烯	154~155	0.96	难	硬,韧,结晶性	—	—
顺式聚 1,4-丁二烯	4	1.01	易	无定形,硬弹性	88~90	92~95
反式聚 1,4-丁二烯	135~148	1.02	难	硬,韧,结晶性	75~80	90~93

7-17 由阴离子聚合制备的聚丁二烯含无规分布的顺-1,4 单元、反-1,4 单元和 1,2 加成单元。按以下组成,写出约 20 个单体单元的聚丁二烯样品的化学结构式:

(1) 38%顺-1,4 单元、51%反-1,4 单元和 11%1,2 加成单元;(2) 11%顺-1,4 单元、13%

反-1,4 单元和 76% 1,2 加成单元。

答 单体单元取整数处理。(1) 8 个顺-1,4 单元、10 个反-1,4 单元和 2 个 1,2 加成单元；(2) 2 个顺-1,4 单元、3 个反-1,4 单元和 15 个 1,2 加成单元。化学结构式略。

7-18 聚丁二烯的顺-1,4 和反-1,4 异构体被氢化后成为线形碳链，而 1,2 加成的异构体氢化后成为有乙基侧基的碳链。有一个相对分子质量为 168 000 的聚丁二烯样品的微结构组成如下：47.2%顺-1,4 单元、44.9%反-1,4 单元和 7.9% 1,2 加成单元，则氢化后分子链中乙基之间的平均碳原子数是多少？

答 $\left(\dfrac{47.2\% + 44.9\%}{7.9\%}\right) \times 4 + 1 = 47.6$（个碳原子）

注：+1 来自于 1,2 加成单元在主链上的 CH_2。

7-19 写出由取代的二烯（1,3-丁二烯衍生物）$CH_3—CH=CH—CH=CH—COOCH_3$ 经加聚反应得到的聚合物，若只考虑单体的 1,4 加成，和单体头-尾相接，则理论上可有几种立体异构体？

答 该单体经 1,4 加聚后，且只考虑单体的头-尾相接，可得到下列在一个结构单元中含有三个不对称点的聚合物：$\left[\begin{array}{c}CH—CH=CH—CH\\ |\qquad\qquad\quad |\\ COOCH_3\quad\ \ CH_3\end{array}\right]_n$，即含有两种不对称碳原子和一个碳-碳双键，理论上可有 8 种具有三重有规立构的聚合物。

7-20 顺丁烯二酸酐与环氧氯丙烷缩聚反应得到的线形不饱和聚酯，其重复结构单元如下：$-O-CH_2-\underset{\underset{CH_2Cl}{|}}{CH}-O-\underset{\underset{O}{\|}}{C}-CH=CH-\underset{\underset{O}{\|}}{C}-$，此聚酯有几种可能的有规立体异构体？试分别写出它们的结构式。

答 有 2 种。因为单体顺丁烯二酸酐决定了聚合物中的双键全采取顺式几何异构，而一个不对称碳原子 C* 导致有全同和间同两种有规旋光异构体。结构式略。

7-21 由 1,3-戊二烯聚合可以得到几种有规立构体？写出它们的结构式。

答 1,2 加成有 2 种；3,4 加成有 2 个不对称碳原子 C*，有 4 种；1,4 加成有顺反结构还加一个 C*，有 4 种，共 10 种。结构式略。

7-22 由 1,4-戊二烯聚合可以得到几种有规立构体？写出它们的结构式。

答 1,2 加成有 2 种，4,5 加成有 2 种，共 4 种。结构式略。

7-23 写出聚 1,2-二氟乙烯和聚偏氟乙烯可能的有规立构体。

答 前者 3 种；后者有头-尾、头-头和无规键接结构的三种顺序异构体，但无旋光异构体。

7-24 完全氢化的天然橡胶与完全氢化的古塔波橡胶（杜仲胶）有什么差别？

答 没有差别。因为天然橡胶和古塔波橡胶的结构差别是几何异构。氢化后不存在双键，也就没有几何异构。

7-25 已知聚合物双键上的氢具有反式 1,4-构型，该聚合物经溴氧化降解后，再用 H_2O_2 水解，得到外消旋 2,3-二甲基丁二酸。试写出这一聚合物可能的几何结构和名称。

答 聚合物上的双键断裂，因而推断原聚合物是反式 1,4-聚(1,4-二甲基丁二烯)。

7-26 顺式 1,4-聚异戊二烯和反式 1,4-聚异戊二烯具有相同的 T_g，为什么前者在室温下是橡胶，而后者却是塑料？

答 顺式 1,4-聚异戊二烯结构为

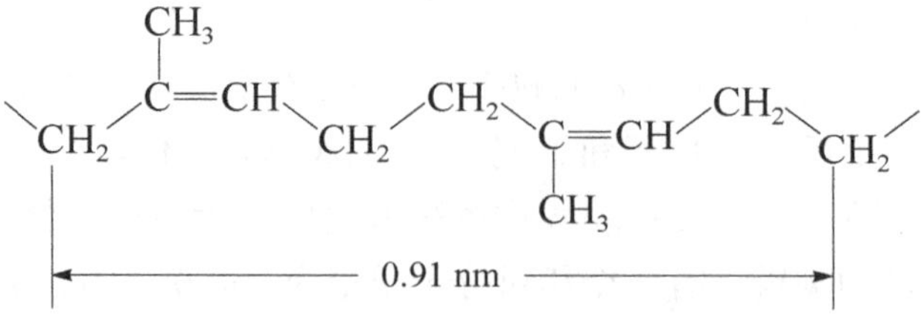

等同周期大(0.91 nm)，不易整齐排列而结晶，是富有高弹性的天然橡胶的主成分。

反式1,4-聚异戊二烯结构为

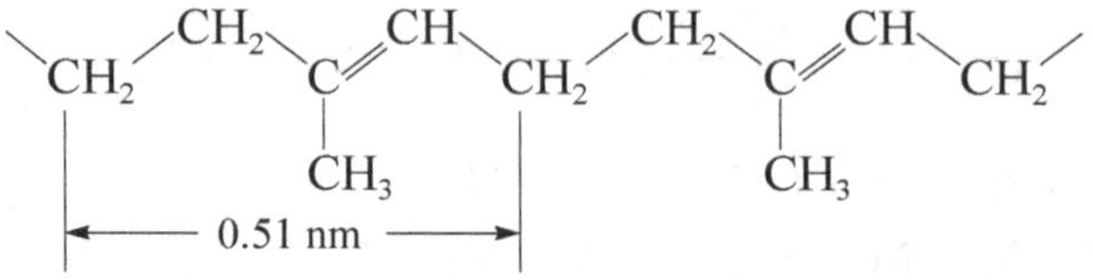

等同周期小(0.51 nm)，结晶度高，常温下为一种弹性很差的硬韧状的类塑料材料(古塔波胶，或称杜仲胶)，不能作为橡胶使用。

7.1.2 键接结构和共聚序列

1. 键接结构

7-27 什么是加聚高分子的键接方式？烯类单体 $CH_2=CHR$ 在聚合过程中，可能有几种键接方式？以哪种键接方式为主？用电子理论说明原因。

答 键接方式是指结构单元在高分子链的连接方式，有头-尾键接和头-头键接两种。因为 R 对自由基的共轭或超共轭稳定作用以及空间障碍两个因素，以前一种为主，头-尾和头-头键接的活化能差为 $34\sim 42\ kJ\cdot mol^{-1}$。

7-28 在聚乙烯醇(PVA)溶液中加入 HIO_4，假定1,2-乙二醇结构全部与 HIO_4 作用使分子链断裂。在加入前测得 PVA 的数均相对分子质量为 35 000，作用后相对分子质量为 2200。试求 PVA 中头-头键接结构的百分数(每 100 个结构单元中头-头结构数)。

答
$$\text{头-头结构百分数}=\frac{\text{平均每条链上头-头结构数}}{\text{平均每条链的链节数}}=\frac{\dfrac{35\ 000}{2200}-1}{\dfrac{35\ 000}{44}-1}=1.88\%$$

注意：-1 是因断裂一个头-头结构会产生两段链，于是头-头结构数总是比链数少 1。分母的"-1"可以忽略，因为链节总数很大，但分子的"-1"不可忽略，因为总共只有 16 段。

7-29 今有一种聚乙烯醇，若经缩醛化处理后，发现有 14% 左右的羟基未反应，若用 HIO_4 氧化，可得到乙酸和丙酮。由以上实验事实，则关于此种聚乙烯醇中单体的键接方式可得到什么结论？

答 若单体为头-尾键接，经缩醛化处理后，大分子链中可形成稳定的六元环，因而只留下少量未反应的羟基(约 14%)：

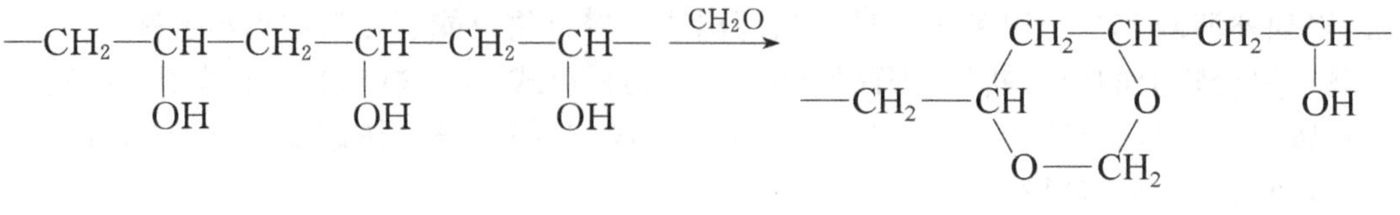

若用 HIO_4 氧化处理时，可得到乙酸和丙酮：

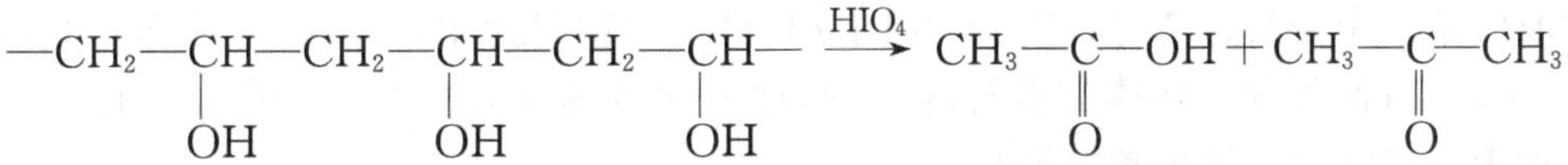

$$-CH_2-CH(OH)-CH_2-CH(OH)-CH_2-CH(OH)- \xrightarrow{HIO_4} CH_3-C(=O)-OH + CH_3-C(=O)-$$

若单体为头-头或尾-尾键接,则缩醛化时不易形成较不稳定的五元环,因而未反应的羟基数应更多(>14%),而且经 HIO_4 氧化处理时也得不到丙酮,而是乙酸和丁二酸:

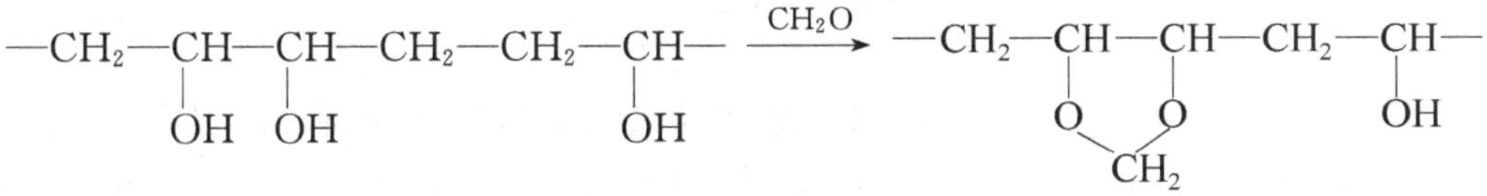

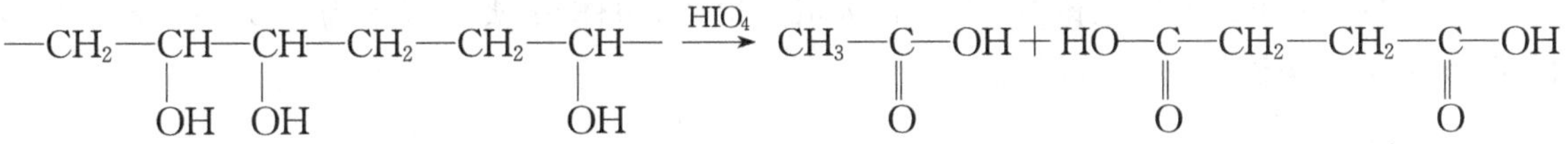

$$-CH_2-CH(OH)-CH(OH)-CH_2-CH_2-CH(OH)- \xrightarrow{CH_2O} -CH_2-CH-CH-CH_2-CH_2-CH(OH)-$$
(带 OCH_2O 五元环)

$$-CH_2-CH(OH)-CH(OH)-CH_2-CH_2-CH(OH)- \xrightarrow{HIO_4} CH_3-C(=O)-OH + HO-C(=O)-CH_2-CH_2-C(=O)-OH$$

可见聚乙烯醇分子链中,单体主要为头-尾键接方式。

7-30 聚氯乙烯用锌粉在二氧六环中回流处理,结果发现有 86% 左右的 Cl 原子被脱除,产物中有环丙烷结构,而无 C=C 结构,就此实验事实说明聚氯乙烯链中单体的键接方式。

答 聚氯乙烯中头-尾键接的单元脱除 Cl 原子后形成环丙烷结构;而头-头键接的单元脱除 Cl 原子后形成双键。所以该聚氯乙烯链中单体全部为头-尾键接。

7-31 异戊二烯聚合时,主要有 1,4 加成和 3,4 加成两种方式,实验证明,主要裂解产物的组成与聚合时的加成方法有关系。今已证明天然橡胶的裂解产物(1):(2)=96.6:3.4,据以上事实,对于天然橡胶中异戊二烯的加成方式,可得到什么结论?

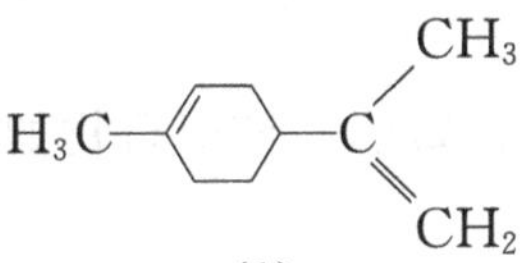

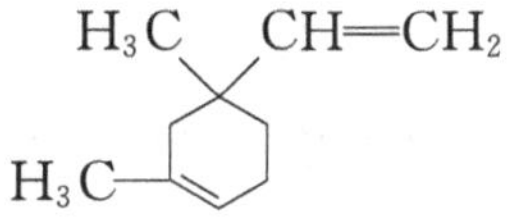

(1) 4-甲基-1-(1-甲基乙烯基)环己烯 和 (2) 1-甲基-4-(1-甲基-1-乙烯基)环己烯

答 若异戊二烯为 1,4 加成,则裂解产物为

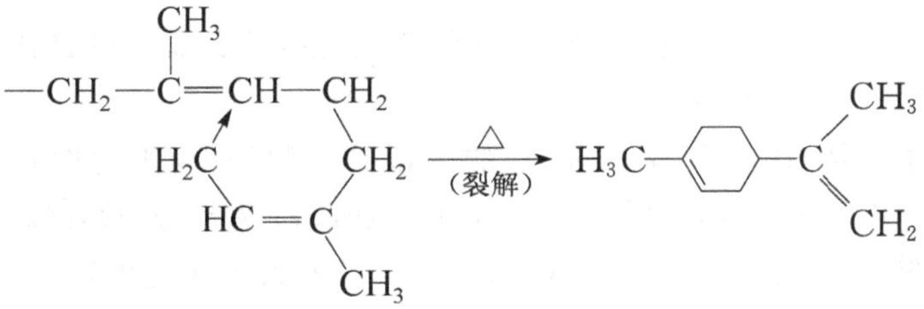

[1,4-加成链段经裂解生成产物 (1)]

若为 3,4 加成,则裂解产物为

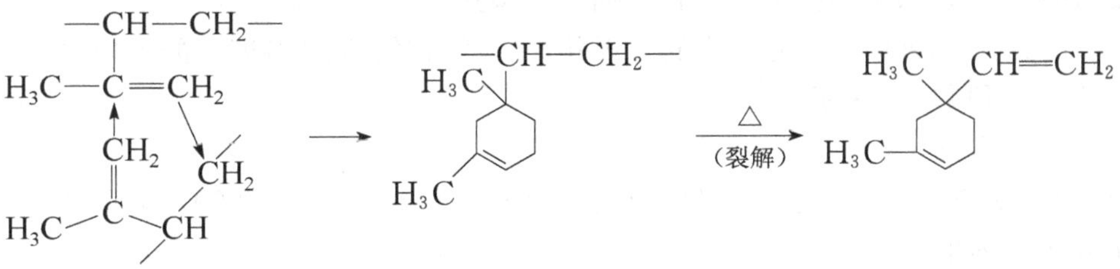

[3,4-加成链段经裂解生成产物 (2)]

现由实验事实知道,(1):(2)=96.6:3.4,可见在天然橡胶中,异戊二烯单体主要是以 1,4 加成方式连接而成。

7-32 有全同立构和无规立构两种聚丙烯,为测定其单体连接顺序,先分别将这两种聚丙烯氯化,并控制每一结构单元平均引入一个 Cl 原子,再脱除 HCl,进一步热裂解成环,则可得到各种取代苯。由裂解色谱分析得知,全同立构体的裂解碎片中,1,2,4-三甲苯:1,3,5-三甲苯=2.5:97.5;而无规立构体的裂解碎片中,这一比例为 9.5:90.5。试由以上实验数据推断这两种聚丙烯大分子链的单体连接顺序。

答

$$CH_2=CH \quad + \quad CH=CH_2$$
$$\quad\quad |\quad\quad\quad\quad\quad\quad |$$
$$\quad\quad CH_3\quad\quad\quad\quad CH_3$$
$$\quad\quad A\quad\quad\quad\quad\quad\quad B$$

三单元组—A—A—A—或—B—B—B—均环化得 1,3,5-三甲苯;而其他三单元组—A—A—B—,—B—A—A—,—A—B—A—,—B—B—A—,—A—B—B—,—B—A—B—均环化得 1,2,4-三甲苯。所以结论是,无规立构聚丙烯中,单体头-头连接率为 9.5%;全同立构聚丙烯中单体头-头连接率为 2.5%。

2. 共聚序列

7-33 什么是共聚物的序列结构?两种单体 A、B 以等物质的量共聚,用图表示四种有代表性的共聚物类型,并给出名称。

答 共聚物中单体的连接发生称为共聚物的序列结构。

交替共聚—ABABABAB—;无规共聚—ABAABBBA—;嵌段共聚—AAAA—BBBB—;
接枝共聚 —AAAAAAAA— 。
　　　　　　　B　　　　　　B
　　　　　　　B　　　　　　B
　　　　　　　B　　　　　　B
　　　　　　　　　　　　　　B
　　　　　　　　　　　　　　B

7-34 一种接枝共聚物的主链是聚丁二烯,侧链是聚苯乙烯,该聚合物如何命名?

答 聚丁二烯-g-苯乙烯。

7-35 将顺式聚异戊二烯完全氢化,新形成的聚合物如何命名?

答 聚乙烯-alt-丙烯。

7-36 写出聚丁二烯(B)和苯乙烯(S)两种可能的三嵌段共聚物的结构。

答 SBS 和 BSB。结构式略。

7-37 有一种丁二烯(B)和异戊二烯(I)的嵌段共聚物,B 与 I 的物质的量的比为 2:1。微结构如下:B 为 50%顺-1,4、40%反-1,4、10%1,2 加成;I 为超过 92%顺-1,4。写出约 20 个重复单元的该共聚物片段的化学结构式(提示:I 按 100%顺-1,4 处理)。

答 B 为 10 个顺-1,4、8 个反-1,4、2 个 1,2 加成;I 为 10 个顺-1,4。写化学结构式时,B 与 I 分成两嵌段,B 内微结构按无规分布排列。结构式略。

7-38 由 A、B 两种单体单元组成的无规共聚体,将它的 A、B 各嵌段的平均序列长度用组成 A%、B%和嵌段数(R)表示。

答 $\langle A \rangle_n = A\%/(R/2)$,$\langle B \rangle_n = B\%/(R/2)$。

7-39 某苯乙烯-丁二烯交替共聚物的数均相对分子质量为 1 350 000,则每分子平均有多少苯乙烯和丁二烯单元?

答 都是 8544 个。

7-40 某交替共聚物已知其数均相对分子质量为 250 000,数均聚合度为 3420。如果一种共聚单体是苯乙烯,则另一种共聚单体是乙烯、丙烯、四氟乙烯和氯乙烯中的哪一个?

答 丙烯。

7-41 异丁烯和异戊二烯的无规共聚物的数均相对分子质量为 200 000,聚合度为 3000。分别计算共聚物中异丁烯和异戊二烯的质量分数。

答 0.12 和 0.88。

7-42 氯乙烯和偏氯乙烯的共聚物经脱除 HCl 和裂解后,产物有 C₆H₅Cl、C₆H₄Cl₂、C₆H₃Cl₃(两种异构体)等,其比例大致为 10:1:1:10(质量比),由以上事实,对这两种单体在共聚物的序列分布可得到什么结论?

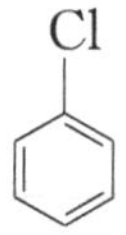

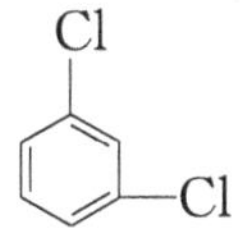

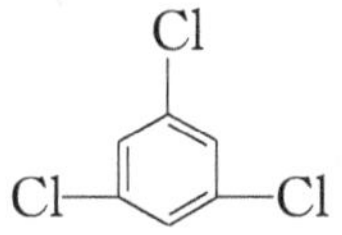

答 这两种单体在共聚物中的排列方式有四种情况(为简化起见只考虑三单元组):

CH₂=CH(Cl) + CH₂=C(Cl)₂
   V   D

—V—V—V—
—V—V—D—
—D—D—V—
—D—D—D—

这四种排列方式的裂解产物分别应为氯苯、二氯苯、三氯苯、三氯苯(不同取代位置),而实验得到这四种裂解产物的组成是 10:1:1:10,可见原共聚物中主要为 —V—V—V— 和 —D—D—D— 的序列分布,而其余两种情况的无规链节很少。

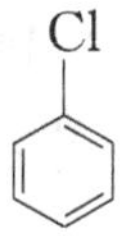

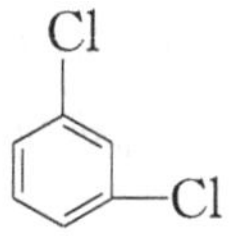

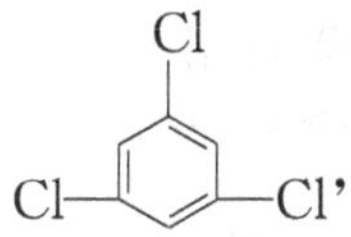

7.1.3 支化与交联

7-43 比较热塑性塑料与热固性塑料的结构和性质,并各举出三种塑料的具体例子。

答 热塑性塑料具有线型或支链型结构。它可熔(融)可溶(解);具有可反复加热塑化(软化或熔化)而后冷却成型的性质。聚丙烯、聚氯乙烯和聚碳酸酯属热塑性塑料。

热固性塑料具有交联或网状结构。它不熔(融)不溶(解);具有一次成型后加热不能再软化或熔化而重新成型的性质。酚醛塑料、脲醛塑料、环氧树脂的固化产物均属热固性塑料。

7-44 如何用简单的物理方法鉴别线型、支化和交联的同种聚合物?

答 线型(线形)聚合物可熔可溶,交联聚合物不熔不溶。因而用加热是否熔融,或在良溶剂中是否溶解可以鉴别。注意:聚合物的溶解速度往往很慢,即便线型聚合物在良溶剂中也要较长时间才能观察到明显溶解。支化聚合物的熔融和溶解行为介于线型聚合物和交联聚合物之间,支化程度越高,越接近交联聚合物。

1. 支化

7-45 低密度聚乙烯(LDPE,又称高压聚乙烯)、高密度聚乙烯(HDPE,又称低压聚乙烯)、线型低密度聚乙烯(LLDPE)和交联聚乙烯在结构和性能上有什么不同?

答 HDPE 支化度低,可以看成线型结构,因而结晶度高,密度大,制品的拉伸强度和耐热性都较高,但韧性较差。LDPE 支化度高,长短支链不规整,因而结晶度低,密度小,拉伸强度和耐热性较低,但韧性好。产生长支链的原因是自由基聚合时发生链转移。

LLDPE 具有规整的非常短小的支链结构,虽然结晶度和密度与 LDPE 相似,但其力学性能和耐热性介于 LDPE 和 HDPE 之间。其分子结构类似于鱼骨,相互位移时会咬住,从而分子间作用力较大，因此某些性能如抗撕裂强度、耐环境应力开裂性、耐穿刺性等甚至优于 LDPE 和 HDPE。

交联聚乙烯的分子链间形成一些化学键，分子间作用力很大，所以耐热性得到很大提高，可用于电线包层等。交联后拉伸强度和抗冲击强度均增加，并提高了耐磨性、抗化学性等。

7-46 高分子的支化对物性有什么影响？以下列聚乙烯为例进行叙述：

每 100 个碳原子中的 CH_2 数	结晶度/%	熔点/℃	密度/(g·cm^{-3})
~0.1	91	135	0.955
0.5	79	130	—
2.6	52	112	0.929
4.6	48	—	0.925

答 支化度越高，结晶度、熔点和密度均越低。

7-47 用方程式表示高压聚乙烯中短支链的生成。

答 如果自由基在分子间转移，新产生的自由基继续引发聚合，会产生支链。

$$\sim\sim CH_2-\dot{C}H_2 + \sim\sim CH_2-CH_2\sim\sim \longrightarrow \sim\sim CH_2-CH_3 + \sim\sim \dot{C}H-CH_2\sim\sim$$

如果自由基在分子内转移（称为"回咬"），新产生的自由基继续引发聚合后产生短支链。红外光谱和 ^{13}C 核磁共振谱都证明，短支链主要是丁基，而乙基很少。

2. 交联

7-48 橡胶为什么必须硫化以后才能使用？

答 未硫化的橡胶（生胶）分子链是线型结构，分子间作用力很弱，弹性形变不易恢复，而且橡胶中的不饱和双键在空气中易与氧发生氧化断链而发黏。只有硫化使分子链交联成网状结构，橡胶才能产生足够的强度和可恢复的弹性，成为实用的弹性体。

7-49 聚异丁烯适合用作黏合剂和润滑油的黏度调节剂，而丁基橡胶可用作内胎或电缆，从结构角度解释为什么有不同的应用。

答 聚异丁烯是线型聚合物，而丁基橡胶是经硫化的异丁烯与少量异戊二烯的共聚物，是交联聚合物。

7-50 为什么聚合物不存在气态，且交联聚合物甚至不存在液态（各向同性熔体）？

答 聚合物的相对分子质量很大，分子间总的相互作用力非常大，受热时，单条高分子链无法摆脱其他分子链对它的相互作用力而气化。但热塑性聚合物受热时分子链能够克服分子间作用力而流动，所以存在液态。交联的聚合物因有比分子间相互作用力（范德华力）更强的化学键束缚，加热时分子不能相互位移而流动，故没有液态。只有在更高的温度下化学键才会断裂，但此时聚合物已经降解。

7.2 高分子链的远程结构

7.2.1 构象

7-51 试述近程相互作用和远程相互作用的含义以及它们对高分子链的构象的影响。

答 所谓"近程"和"远程"是根据沿大分子链的走向来区分的，并非三维空间上的远和近。事实上，即使是沿高分子长链相距很远的链节，也会由于主链单键的内旋转而在三维空间上相互靠得很近，但仍然是"远程"。高分子链的远程结构是小分子所没有的另一层次的结构。高分子链节中非键合原子间的相互作用——近程相互作用,主要表现为斥力,如—CH_2—CH_2—中两个 C 原子上的两个 H 原子的范德华半径之和为 0.240 nm,当两个 H 原子为反式构象时,其间的距离为 0.247 nm,处于顺式构象时为 0.226 nm。因此,H 原子间的相互作用主要表现为斥力,至于其他非键合原子间更是如此。近程相互排斥作用的存在,使得实际高分子的内旋转受阻,其在空间可能有的构象数远远小于自由内旋转的情况。受阻程度越大,构象数越少,高分子链的柔性越小。远程相互作用可为斥力,也可为引力。大分子链中相距较远的原子或原子团由于单键的内旋转,可使其间的距离小于范德华距离而表现为斥力,大于范德华距离为引力。无论哪种力都使内旋转受阻,构象数减少,柔性下降,末端距变大。高分子链占有体积、交联和氢键等都属于远程相互作用。

7-52 什么是构象?构象与构型的区别是什么?高分子链有几种构象?

答 高分子链由于单键内旋转而产生的分子在空间的不同形态称为构象,又称内旋转异构体。构象与构型的根本区别在于,构象通过单键内旋转可以改变,而构型无法通过内旋转改变。高分子链有五种构象,即无规线团、伸直链、折叠链、锯齿链和螺旋链。注意:前三者是整个高分子链的形态,而后两者是若干链节组成的局部的形态,因而会有重叠,如伸直链可以由锯齿链组成也可以由螺旋链组成。

7-53 根据已给出的内旋转势能,从分子结构上说明下列分子中 C—C 键旋转的难易:

$$H_3C—CH_3 \quad H_3C—C\equiv CH \quad H_3C—\underset{\underset{CH_3}{|}}{\overset{\overset{CH_3}{|}}{C}}—CH_3 \quad H_2C—\underset{\underset{COOH}{|}}{\overset{}{CH}}—CH_3$$
$$\phantom{H_3C—CH_3 \quad H_3C—C\equiv CH \quad H_3C—\overset{\overset{CH_3}{|}}{C}—CH_3 \quad}\underset{HOOC}{|}$$

内旋转势能/(kJ·mol^{-1})　　12.5　　　　　2　　　　　　17.5　　　　　　62.7

答 内旋转势能越小,C—C 键越易旋转。

7-54 若某聚丙烯样品的等规度不高,是否能用改变构象的方法提高等规度?

答 不能。提高聚丙烯的等规度需改变构型,而改变构型与改变构象的方法根本不同。构象是围绕单键内旋转所引起的排列变化,改变构象只需克服单键内旋转势能即可实现;而改变构型必须经过化学键的断裂才能实现。

7-55 聚丙烯分子链中碳-碳单键是可以旋转的,通过单键的内旋转是否可以使全同立构聚丙烯变为间同立构聚丙烯?为什么?

答 不能。因为改变立构必须断裂化学键和重组。

7-56 CH_2Cl—CH_2Cl 什么时候处于最稳定构象?什么时候处于最不稳定构象?另外两个稳定的构象是什么?

答 反式构象(t)是最稳定构象;顺式构象(c)是最不稳定构象。另有旁氏构象(g 和 g')是仅次于反式的稳定构象。

7-57 高分子链有三种稳定构象,即 t、g、g'。下列构象的高分子链的内旋转势能是否相等?各分子链的势能是否相等?

(1) $\cdots tgtgtgtg \cdots$;(2) $\cdots gtg'tg'tg \cdots$;(3) $\cdots ttggtg'g't \cdots$;(4) $\cdots ttttgggg \cdots$。式中,$\cdots$ 表示在各分子链中都相同的部分。

答 内旋转势能均相等。因为内旋转势能是顺式构象与反式构象的势能差,上述各种分子链的反式构象转动到顺式构象都需要克服相同的势能差。

7-58 现有四种碳链高分子,设其中每一种高分子链是由若干个顺式(c)和反式(t)构象按下列四种方式连接:(1) $ttttt$;(2) $tccct$;(3) $ccccc$;(4) $ttctt$。试画出这四种高分子链的形状示意图,并比较它们末端距的长度大小。

答:(1) ﹨︽︽ ; (2) ◯ ; (3) ◯ ; (4) ﹨︽﹨ 。

顺式结构越多,末端距越小。注:实际上顺式构象不稳定而很少出现,经常出现的是反式和旁式,但本题为了平面绘图的方便用顺式代替旁式。

7-59 C_8 链在平面上至少有多少个构象?

答 若只考虑平面上顺式、反式两种,则有 $2^{n-3} = 32$ 个构象。若考虑空间上有反式(t)、左旁式(g)和右旁式(g'),则有 $3^{n-3} = 243$ 种。

7-60 硫原子组成的链的内旋转构象只有 90°和 −90°两种。一个 8 原子的硫链有多少种空间构象?

答 $2^{n-3} = 32$ 种。

7-61 高分子长链柔性的实质是什么?为什么说单个高分子链已具备了高弹性?

答 根据熵增原理,孤立的高分子链在没有外力作用下总是自发地采取卷曲形态,使构象熵趋于最大。这就是高分子长链柔性的实质。

单个高分子链一般处于无规线团构象,即有大量旁氏构象。当受到外力拉伸时,旁氏构象转变成伸展的反式构象而产生较大形变。由于反式构象的能量高于旁氏构象,外力撤销后,反式构象会自发回到旁氏构象,于是高分子链发生收缩。也就是说,单个高分子链已具有了高弹性。

7-62 聚乙烯和聚丙烯在结晶时分子链各采取什么构象排列在晶格中?为什么?

答 聚乙烯为锯齿形构象,聚丙烯为螺旋形构象。聚乙烯采取平面锯齿形构象(全反式构象)时,相邻碳原子上的氢原子间的最小距离是 0.25 nm,大于两个氢原子的半径之和 0.24 nm,构象是稳定的。但聚丙烯若采取平面锯齿形构象,相邻碳原子上的甲基间的距离也是 0.25 nm,小于两个甲基的半径和 0.40 nm,构象是不稳定的,相邻甲基需要错开,实际上采取 $tgtgtg$(反式-旁式-反式-旁式-反式-旁式)构象,即螺旋形构象。

7-63 为什么聚四氟乙烯(氟原子的范德华直径为 0.27 nm)在结晶中采取螺旋形构象?

答 与聚丙烯的情况类似,两个氟原子的半径和为 0.27 nm,大于采取平面锯齿形构象时相邻碳原子上的氟原子间的距离 0.25 nm,构象不稳定。只有采取螺旋形构象使氟原子错开一个角度才稳定。对于整个分子链来说,刚性很大的聚四氟乙烯又是伸直链构象。

7-64 说明下列高分子链的构象:

(1) 非晶态聚苯乙烯;(2) 晶态聚乙烯;(3) 晶态全同立构聚丙烯;(4) 在甲苯稀溶液中的聚乙烯;(5) 晶态聚四氟乙烯。

答 (1) 无规线团构象;(2) 平面锯齿形构象;(3) 螺旋形构象;(4) 无规线团构象;(5) 螺旋形构象。

7-65 现测得聚乙烯醇的等同周期为 2.5×10^{-8} cm,则聚乙烯醇在结晶中是平面锯齿形构象还是螺旋形构象?

答 按键长、键角计算,聚乙烯醇一个单体单元的长度是 0.25 nm,所以是平面锯齿形构象。

7-66 许多烯类聚合物存在螺旋形构象,用 P_n(或 U_t)表示,P 为螺旋形旋转 n 次时重复单元的数目,举一种具有螺旋形构象的聚合物例子。

答 在结晶中全同立构聚丙烯的构象为 3_1 螺旋形构象。

7-67 通过广角 X 射线衍射测得全同立构聚丙烯的等同周期 0.65 nm,在一个等同周期内包含 3 个单体单元。已知 C—C 键长为 0.15 nm,C—C—C 键角为 109.5°,这一结果说明全同立构聚丙烯在结晶中采取什么构象?为什么?

答 螺旋形构象,因为等同周期小于 3 个单体单元的长度 0.75 nm,不可能是平面锯齿形构象。又根据等同周期内包含 3 个单体单元,该螺旋形构象为 3_1 螺旋。

7-68 为什么等规立构聚苯乙烯分子链在晶体中呈 3_1 螺旋构象?

答 聚苯乙烯侧基很大,为了减少空间阻碍,必须部分采取旁式构象。

7-69 晶态中高分子链呈舒展状态,对于微弱结晶的 PVC,若其分子链呈平面锯齿形,氯原子的范德华半径为 0.18 nm,则此晶体中 PVC 分子链的立体构型属于哪一种空间立构?并计算等同周期(已知 C—C 键长为 0.15 nm,C—C—C 键角为 109.5°)。

答 间同立构。因为如果是全同立构,根据分子链的平面锯齿形构象,氯原子的距离应为 0.25 nm,而氯原子的范德华直径为 0.36 nm,两个相邻的氯原子会相碰,所以平面锯齿形的 PVC 链不可能是全同立构。

7.2.2 均方末端距

7-70 自由结合链的均方末端距有哪几种计算方法?计算的结果如何(不需推导)?

答 有几何计算法和统计计算法两种。对于自由结合链:$\overline{h_{f,j}^2}=nl^2$;对于自由旋转链:$\overline{h_{f,r}^2}=2nl^2$。

7-71 用几何计算法推导自由结合链和自由旋转链的均方末端距公式。

答 假定高分子链由 n 个主价键结合而成,其键长均为 l,且每个键都不占有体积;又假定内旋转不受键角和内旋转势能的限制,即内旋转是自由的,是所谓自由结合链。现把每个键都标上矢量 l_i,从键的始端指向末端(图 7-2),则均方末端距 $\overline{h^2}$(或用 $\overline{r^2}$ 表示)是各键长的矢量和,即

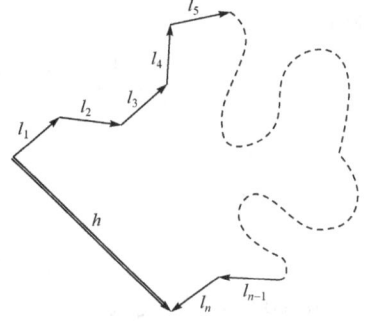

图 7-2 末端距示意图

$$\overline{h^2} = \overline{\sum_{i=1}^n l_i \sum_{j=1}^n l_j} = \overline{(l_1+l_2+l_3+\cdots+l_n)(l_1+l_2+l_3+\cdots+l_n)}$$
$$=(\overline{l_1l_1}+\overline{l_1l_2}+\overline{l_1l_3}+\cdots+\overline{l_1l_n})+(\overline{l_2l_1}+\overline{l_2l_2}+\overline{l_2l_3}+\cdots+\overline{l_2l_n})+(\overline{l_3l_1}+\overline{l_3l_2}+\overline{l_3l_3}+\cdots+\overline{l_3l_n})+\cdots+(\overline{l_nl_1}+\overline{l_nl_2}+\overline{l_nl_3}+\cdots+\overline{l_nl_n})$$

式中,每一项 $\overline{l_il_i}$ 都等于 l^2,总共有 n 项。但 $\overline{l_il_j}=0$,因为对自由结合链,任一键对其他键的平均投影值有正有负,而且相互抵消,平均值为零。于是 $\overline{h_{f,j}^2}=nl^2$。

如果只考虑键角而不考虑内旋转势能的限制,即自由旋转链的情况,则每一项 $\overline{l_il_{i\pm1}}$ 都等于 $l^2\cos\theta$(在数学上 $\overline{l_il_{i\pm1}}$ 表示 l_{i+1} 在 l_i 的投影与 $|l_i|$ 的乘积),θ 角是键角的补角($\pi-109.5°$)。由于是自由内旋转,内旋转角 f 的所有值都为同等可几,因此每一项 $\overline{l_il_{i\pm2}}$ 都等于 $l^2\cos^2\theta$,…。其通式为 $\overline{l_il_{i\pm m}}=l^2\cos^m\theta$,则

$$\overline{h_{f,r}^2}=l^2\{n+2[(\cos\theta+\cos^2\theta+\cos^3\theta+\cdots+\cos^{n-1}\theta)+(\cos\theta+\cos^2\theta+\cdots+\cos^{n-2}\theta)+(\cos\theta+\cdots+\cos^{n-3}\theta)+\cdots+\cos\theta]\}$$

求和即得

$$\overline{h_{f,r}^2}=l^2\left[n\frac{1+\cos\theta}{1-\cos\theta}-\frac{2\cos\theta(1-\cos^{n-2}\theta)}{(1-\cos\theta)^2}\right]$$

高分子的 $n \to \infty$,最后一项可以忽略,上式简化为

$$\overline{h_{f,r}^2} = nl^2 \frac{1+\cos\theta}{1-\cos\theta}$$

注意:上式中 θ 为键角的补角 $70.5°$,有些书上定义 α 为键角,则公式变为 $\overline{h_{f,r}^2} = nl^2 \frac{1-\cos\alpha}{1+\cos\alpha}$,分子和分母的正、负号正好相反。本书统一取键角 $\alpha = 109.5°$ 或其补角 $\theta = 70.5°$ 时,公式简化为 $\overline{h_{f,r}^2} = 2nl^2$。

说明:均方末端距是末端距平方的平均值,而不是末端距平均值的平方(因为末端距平均值会等于0),所以不能写成 $\overline{h_{f,r}}^2$ 或 $\overline{h_{f,r}}^2$。

7-72 用几何计算法详细推导具有6个单键的分子的自由旋转均方末端距公式。假定键长为 0.154 nm,键角为 $109.5°$,计算 $\overline{h_{f,r}^2}$ 值。

答

$$\overline{h^2} = \vec{l_1}\vec{l_1} + \vec{l_1}\vec{l_2} + \vec{l_1}\vec{l_3} + \vec{l_1}\vec{l_4} + \vec{l_1}\vec{l_5} + \vec{l_1}\vec{l_6} + \vec{l_2}\vec{l_1} + \vec{l_2}\vec{l_2} + \vec{l_2}\vec{l_3} + \vec{l_2}\vec{l_4} + \vec{l_2}\vec{l_5}$$
$$+ \vec{l_2}\vec{l_6} + \cdots + \vec{l_6}\vec{l_1} + \vec{l_6}\vec{l_2} + \vec{l_6}\vec{l_3} + \vec{l_6}\vec{l_4} + \vec{l_6}\vec{l_5} + \vec{l_6}\vec{l_6}$$

因为

$$\vec{l_1}\vec{l_1} = \vec{l_2}\vec{l_2} = \cdots = l^2$$
$$\vec{l_1}\vec{l_2} = l^2\cos\theta, \vec{l_1}\vec{l_3} = l^2\cos^2\theta, \vec{l_1}\vec{l_4} = l^2\cos^3\theta, \cdots$$
$$\vec{l_2}\vec{l_3} = l^2\cos\theta, \vec{l_2}\vec{l_4} = l^2\cos^2\theta, \cdots$$

所以

$$\overline{h^2} = 6l^2 + 2l^2[(\cos\theta + \cos^2\theta + \cos^3\theta + \cos^4\theta + \cos^5\theta)$$
$$+ (\cos\theta + \cos^2\theta + \cos^3\theta + \cos^4\theta)$$
$$+ (\cos\theta + \cos^2\theta + \cos^3\theta)$$
$$+ (\cos\theta + \cos^2\theta)$$
$$+ \cos\theta]$$
$$= 6l^2 + 2l^2(5\cos\theta + 4\cos^2\theta + 3\cos^3\theta + 2\cos^4\theta + \cos^5\theta)$$

将 $\cos\theta \approx 1/3$ 代入

$$\overline{h^2} = 6 \times 0.154^2 + 2 \times 0.154^2 \times 2.251 = 0.142 + 0.107 = 0.249 \text{ (nm}^2\text{)}$$

第二种算法是直接代入:

$$\overline{h^2} = l^2 \left[n\frac{1+\cos\theta}{1-\cos\theta} - \frac{2\cos\theta(1-\cos^{n-2}\theta)}{(1-\cos\theta)^2} \right] = 0.154^2 \times (12 - 1.498) = 0.249 \text{ (nm}^2\text{)}$$

但本题不能直接代入 $\overline{h_{f,r}^2} = 2nl^2$ 计算,因为该式推导过程中已假定 $n \to \infty$,但对于 $n=6$,该式不能成立。

7-73 用统计计算法推导高斯链的均方末端距公式。

答 设无规线团状的大分子链一端固定在坐标系原点(图7-3),要计算分子链另一端在三维空间任意位置出现的概率,可以用三维空间"无规行走"问题的统计方法处理。

首先假定分子链的构象是通过"无规行走"若干步的方式形成的(相当于链段自由连接),无规行走的步长为 b(相当于链段长度),总计行走 Z 步(Z 相当于链段数目,$Z \gg 1$)。按照"无规行走"的统计模型,这样的大分子链另一端在空间一点 (x, y, z) 附近体积元内出现的概率为

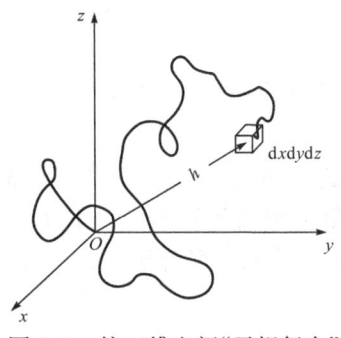

图 7-3 按三维空间"无规行走"模型处理分子链

$$W(x,y,z)\mathrm{d}x\mathrm{d}y\mathrm{d}z = \left(\frac{\beta}{\sqrt{\pi}}\right)^3 \exp[-\beta^2(x^2+y^2+z^2)]\mathrm{d}x\mathrm{d}y\mathrm{d}z$$

式中，$W(x,y,z)$ 为概率密度函数，$\beta^2 = \dfrac{3}{2}\dfrac{1}{Zb^2}$。

若计算大分子链另一端处于球壳状体积元 $h \to h+\mathrm{d}h$（h 为半径）内的概率，则有

$$W(h)\mathrm{d}h = \left(\frac{\beta}{\sqrt{\pi}}\right)^3 \exp(-\beta^2 h^2) 4\pi h^2 \mathrm{d}h$$

式中，$4\pi h^2 \mathrm{d}h$ 为球壳体积元的体积。实际上 h 相当于分子链的末端距，上式可以认为是末端距等于 h 的分子链的构象出现的概率，这种概率分布函数称为高斯分布函数。

Khun 首先提出用统计的方法计算这种高斯链的构象。为了理论处理方便，对高斯链作以下简化假设：①设大分子链由 Z 个链段组成，$Z \gg 1$，每个链段为一统计单元。②每个统计单元均视为长度为 b 的刚性小棒。③统计单元之间自由连接，即每一统计单元在空间可不依赖于前一单元而自由取向。④大分子链本身不占有体积。

Khun 的这个模型是典型的柔性链模型，其末端距的分布函数符合高斯分布函数。$W(h)$-h 分布状态如图 7-4 所示。图中末端距 $h \to 0$ 和 $h \to \infty$ 的概率密度都很小，表示分子链末端距很小或很大的这种构象出现的可能性都很小。大部分分子链的末端距处于"中间地带"，其中 $W(h)$ 有一极大值，与极大值对应的末端距称为最可几末端距 h^*，表示此时分子链构象数取极大值。

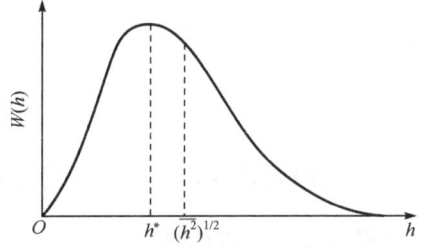

图 7-4 高斯链末端距分布函数

令 $\dfrac{\partial W(h)}{\partial h} = 0$，即可求得最可几末端距 $h^* = \dfrac{1}{\beta} = \sqrt{\dfrac{2}{3}Z}\,b$，同时可求得平均末端距 $\overline{h} = \int_0^\infty h W(h)\mathrm{d}h = \dfrac{2}{\sqrt{\pi}\beta} = \sqrt{\dfrac{8Z}{3\pi}}\,b$ 和均方末端距 $\overline{h^2} = \int_0^\infty h^2 W(h)\mathrm{d}h = \dfrac{3}{2\beta^2} = Zb^2$。

7-74 由自由结合链的径向分布函数式（下式）求它的均方末端距、平均末端距和最可几末端距与键长及键数的关系。

$$W(h) = \left(\frac{\beta}{\sqrt{\pi}}\right)^3 \exp(-\beta^2 h^2) 4\pi h^2$$

答 参考 7-73 题，当 b 取值 l 时，$Z = n$，于是 $\overline{h_{f,j}^2} = nl^2$。

7-75 链末端距有什么意义？为什么用 $\sqrt{\overline{h^2}}$ 而不用 h 表示分子链末端距的大小？

答 对于一定相对分子质量的分子链，链末端距的大小反映链的柔顺性。可以想象，高分子链越柔顺，卷曲得越厉害，末端距就越小。

不能直接用 h 表示链末端距，因为聚合物中有大量分子链，各链的末端距有大有小，只能取平均值。h 是矢量，由于 h 的方向各异，简单平均值等于零，没有意义。所以用其平方（是一个标量）$\overline{h^2}$ 来表达，称为"均方末端距"。由于从数值上它等于距离的平方，不能直观地对应于高分子尺寸，因而也常用其开方，即"根均方末端距" $\sqrt{\overline{h^2}}$，也是一个标量。

7-76 高分子无规线团的均方末端距与相对分子质量的关系是什么？

答 当无规线团的均方末端距符合统计规律时，均方末端距越大，相对分子质量越大。

7-77 既然可用几何平均的方法计算理想自由结合链的均方末端距，为什么还要推导高斯链的构象统计理论？

答 自由结合链的统计单元是化学键，而高斯链的统计单元是链段。自由结合链实际是不存在的，任何化学键都不可能自由旋转和任意取向；而高斯链虽然是模型，却体现了大量柔性高分子的共性，可以认为是确实存在的。两者比较，高斯链更具普遍性。

7-78 以键为单位统计大分子链的末端距与以链段为单位统计末端距有什么异同？哪种方法更符合实际情况？

答 参见 7-77 题答案。

7-79 写出受阻旋转链的均方末端距的表达式以及 φ、$\overline{\cos\varphi}$ 的含义。

答 实际上，单键的内旋转不仅要维持键角不变，还要受相邻链节非键合原子之间的耦合作用影响，这种分子链模型称为受阻旋转链，受阻旋转高分子链的均方末端距 $\overline{h_\varphi^2}$ 为

$$\overline{h_\varphi^2} = nl^2 \frac{1+\cos\theta}{1-\cos\theta} \frac{1+\overline{\cos\varphi}}{1-\overline{\cos\varphi}}$$

其中

$$\overline{\cos\varphi} = \frac{\int_0^{2\pi} e^{-U(\varphi)/kT} \cos\varphi \, d\varphi}{\int_0^{2\pi} e^{-U(\varphi)/kT} \, d\varphi}$$

式中，φ 为内旋转角，$U(\varphi)$ 为内旋转势能。由于 $\frac{1+\overline{\cos\varphi}}{1-\overline{\cos\varphi}} > 1$，因此 $\overline{h_\varphi^2} > \overline{h_{f,r}^2}$。受阻旋转链模型更接近实际高分子链的情况。

7-80 证明：如果考虑键角，则自由结合链的末端距增大为原来的 $\sqrt{2}$ 倍（假定键角为 109.5°）。

证 对于自由结合链：$\overline{h_{f,j}^2} = nl^2$；对于自由旋转链：$\overline{h_{f,r}^2} = 2nl^2$。比较这两个公式就可得到结论。

7-81 各均方末端距的表达式都有共同的部分 nl^2，因此可以写成一个通式：$\overline{h_{f,j}^2} = Knl^2$。$K$ 的物理意义表示分子的刚性，通常为 1~10。实验测得聚乙烯的无扰均方末端距 $\overline{h_0^2} = 6.76nl^2$，则其链段长度和链段数分别为键长和键数的多少倍？

答 $n_e l_e = (2/3)^{1/2} nl$，$n_e l_e^2 = 6.76nl^2$，解得 $l_e = 8.28l$，$n_e = 0.1n$。

7-82 什么是等效自由结合链？如何求等效自由结合链的链段数和链段长度？

答 已知实际高分子链中单键的内旋转是受阻的，但是如果把若干个单键取作一个链段，把链段与链段之间的连接看成自由的，则高分子链可视为以链段为运动单元的自由结合链。

假定这样假想的自由结合链的均方末端距与真实分子链的均方末端距相同，并设假想的自由结合链的伸直长度也与真实分子链的完全伸直长度相同，这样就可以得到一个在统计性能上与真实分子链完全等效的自由结合链模型，其结构单元为链段，构象分布符合高斯分布。这种模型称为等效自由结合链，又称"高斯链"。利用上述结果，得知等效自由结合链的均方末端距和分子链总长分别为：$\overline{h_e^2} = n_e l_e^2$ 和 $L_{max} = n_e l_e$，式中，n_e 和 l_e 分别为等效自由结合链的链段数和链段长度。联立两个方程，可解得 n_e、l_e 的值。

7-83 什么是链段？链段长度有什么物理意义？

答 主链中能够独立运动的最小单位称为链段。链段并不固定由一些链节组成，某一瞬间由某一些链节组成，而另一瞬间可能又改由另一些链节组成。链段长度和数目只具有统计意义。如果链段长度相当于一个键的长度，说明这种链极为柔顺，是真正的自由结合链；相反，如果链段长度相当于整个链的伸直长度，说明这种链极为刚硬。

7-84 推导高分子链的均方旋转半径与均方末端距的关系式。

答 均方旋转半径（又称均方回转半径）$\overline{s^2}$（或用$\overline{R_g^2}$表示）定义为从分子质量中心到分子中各链段m_i的距离s_i的平方平均值，即$\overline{s^2}=\dfrac{1}{n_e}\sum_i\overline{s_i^2}$。对于高斯链，$r_{ij}^2=s_j^2+s_i^2-2s_is_j$，式中，$r_{ij}$为由第$i$个质点到第$j$个质点的矢量。根据重心的定义，$\sum_i s_i=0$，则

$$\sum_i\sum_j r_{ij}^2 = \sum_i\sum_j s_j^2 + \sum_i\sum_j s_i^2 - 2\sum_i\sum_j s_is_j$$
$$= n_e\sum_j s_j^2 + n_e\sum_i s_i^2 - 2\sum_i s_i\sum_j s_j$$
$$= 2n_e\sum_i s_i^2$$

$$s_0^2 = \frac{1}{2n_e^2}\sum_{i=1}^{n_e}\sum_{j=1}^{n_e}r_{ij}^2 = \frac{1}{n_e^2}\sum_{j>1}^{n_e}\sum_{i=1}^{n_e}r_{ij}^2 = \frac{1}{n_e^2}\sum_{j>1}^{n_e}\sum_{i=1}^{n_e}n_{e,ij}l_e^2$$
$$= \frac{l_e^2}{n_e^2}\sum_{j>}^{n_e}\sum_i^{j-i}(j-i) = \frac{l_e^2}{n_e^2}\sum_{j=1}^{n_e}\sum_{i=1}^{n_e}i = \frac{l_e^2}{n_e^2}\sum_{j=1}^{n_e}\frac{j(j-1)}{2} = \frac{l_e^2}{2n_e^2}\sum_j j^2$$
$$= \frac{l_e^2}{2n_e^2}\frac{n(n+1)(2n+1)}{6}$$

当n_e充分大时，$\overline{s_0^2}=\dfrac{1}{6}\overline{h_0^2}$。

7-85 自由结合链的尺寸扩大10倍，则聚合度需扩大多少倍？

答 $10\sqrt{\overline{h^2}}=(100nl^2)^{1/2}$，所以聚合度应扩大100倍。

7-86 如何测定溶液中高分子的均方末端距？并说明所需测的数据及数据处理方法（要求同时得到相对分子质量的数值）。

答 无扰均方末端距$\overline{h_0^2}$（一种大分子链的本征尺寸），可以将其溶解于"理想"稀溶液中，使其处于无扰状态下由实验测得。实际上$\overline{h_0^2}$不能由实验直接测定，能够测量的是大分子链在无扰状态下的均方旋转半径$\overline{s_0^2}$，然后换算成$\overline{h_0^2}$，测量方法为光散射法。光散射法详见第10章。

7-87 相对分子质量为4.3×10^5的聚苯乙烯试样用黏度法在苯溶液中于30 ℃测得特性黏数$[\eta]=147$ mL·g^{-1}，试由$[\eta]=\varphi\dfrac{(\overline{h^2})^{3/2}}{M}$求出它的均方末端距$\overline{h^2}$。其中$\varphi=2.1\times10^{28}$ mol^{-1}。

答 $\overline{h^2}=[(147\times10^{21}\text{nm}^3\cdot\text{g}^{-1})\times(4.3\times10^5\text{g}\cdot\text{mol}^{-1})/(2.1\times10^{28}\text{ mol}^{-1})]^{2/3}=2.1$ nm^2

7-88 计算聚合度为10^3的线型聚苯乙烯分子链的根均方末端距。(1) 假定化学键自由旋转、无规取向（自由结合链）；(2) 假定化学键以碳-碳单键的键角作自由旋转（自由旋转链）。

答 $n=2\times10^3$，$l=0.154$ nm。(1) $\overline{h_{f,j}^2}=nl^2=1000\times0.154^2$，$(\overline{h_{f,j}^2})^{1/2}=l\sqrt{n}=4.89$ nm；
(2) $\overline{h_{f,r}^2}=nl^2\dfrac{1+\cos\theta}{1-\cos\theta}\approx 2nl^2$，$(\overline{h_{f,r}^2})^{1/2}=l\sqrt{2n}=9.74$ nm。

7-89 计算相对分子质量为10^6的聚苯乙烯的自由旋转链的根均方末端距。

答 利用公式$\overline{h_{f,r}^2}=2nl^2$，得$(\overline{h_{f,r}^2})^{1/2}=30.2$ nm。

7-90 假定聚乙烯的聚合度为3000，键角为109.5°，求伸直链的长度L_{max}与自由旋转链的根均方末端距的比值，并由分子运动观点解释某些高分子材料在外力作用下可以产生很大变形的原因。

答 对于聚乙烯的锯齿形链,$L_{max}=nl\cos(\theta/2)$,$\theta=(180-109.5)=70.5°$。由 $\cos^2(\theta/2)=\dfrac{1+\cos\theta}{2}$ 和 $\cos\theta\approx\dfrac{1}{3}$ 得 $\cos(\theta/2)=\left(\dfrac{2}{3}\right)^{1/2}$,$L_{max}=\left(\dfrac{2}{3}\right)^{1/2}nl$。另一方面,$(\overline{h_{f,r}^2})^{1/2}=\sqrt{2n}l$。键数 $n=2\times3000=6000$(不考虑端基的特殊情况)。所以 $L_{max}/(\overline{h_{f,r}^2})^{1/2}=\sqrt{n/3}=\sqrt{6000/3}\approx45$。

可见高分子链在一般情况下是相当卷曲的,在外力作用下链段运动的结果是使分子趋于伸展。于是某些高分子材料在外力作用下可以产生很大形变。理论上,聚合度 3000 的聚乙烯完全伸展可形变约 45 倍。

7-91 某单烯类聚合物的聚合度为 10^4,则分子链完全伸展时的长度是其根均方末端距的多少倍(假定该分子链为自由旋转链)?

答 利用公式 $L_{max}/(\overline{h_{f,r}^2})^{1/2}$,求得结果约为 81.6 倍。

7-92 假设为自由结合链,计算数均相对分子质量为 500 000 的线型聚四氟乙烯的根均方末端距和 L_{max}。

答 利用公式 $(\overline{h_{f,j}^2})^{1/2}=\sqrt{n}l$ 和 $L_{max}=(2/3)^{1/2}nl$,分别得 $(\overline{h_{f,j}^2})^{1/2}=15.4$ nm,$L_{max}=1254$ nm。

7-93 试比较下列高分子链,当键数分别为 $n=100$ 和 $n=1000$ 时的最大伸长倍数:
(1) 无规线团高分子链(按自由结合链);(2) 自由旋转链;(3) 聚乙烯链,已知下列数据和关系式:反式(t),$\varphi_i=0$,$U(t)=0$;旁式$(g$ 或 $g')$,$\varphi_i=\pm120$,$U(g$ 或 $g')=3.34$ kJ·mol^{-1},$T=298$ K,$R=8.31$ J·K^{-1}·mol^{-1},$\overline{\cos\varphi_t}=\sum_{i=1}^{3}N_i\cos\varphi_i\Big/\sum_{i=1}^{3}N_i$,而 $N_i=\exp\left(\dfrac{-U_i}{RT}\right)$。

答 (1) 对无规线团,按自由结合链计算,$\overline{h_{f,j}^2}=nl^2$,所以最大伸长倍数 $=L_{max}/(\overline{h_{f,j}^2})^{1/2}=nl/(n^{1/2}l)=n^{1/2}$,当 $n=100$ 时为 10,当 $n=1000$ 时为 31.6。注:因为自由结合链无键角限制,$L_{max}=nl$。

(2) 对自由旋转链,$\overline{h_{f,r}^2}=2nl^2$,所以最大伸长倍数 $=L_{max}/(\overline{h_{f,r}^2})^{1/2}=\left(\dfrac{2}{3}\right)^{1/2}nl/(2n)^{1/2}l=\left(\dfrac{1}{3}\right)^{1/2}n^{1/2}$,当 $n=100$ 时为 5.77,当 $n=1000$ 时为 18.3。

(3) 对于聚乙烯链,$\overline{h_{PE}^2}=2nl^2\dfrac{1+\overline{\cos\varphi}}{1-\overline{\cos\varphi}}$,所以 $N(0)=\exp0=1$

$$N(120)=N(-120)=\exp\left(\dfrac{-3.34\times1000 \text{ J}\cdot\text{mol}^{-1}}{8.31 \text{ J}\cdot\text{K}^{-1}\cdot\text{mol}^{-1}\times298 \text{ K}}\right)=0.260$$

$$\overline{\cos\varphi}=\dfrac{1\times\cos0+0.260[\cos120°+\cos(-120°)]}{1+0.260+0.260}=0.487 \quad \overline{h_{PE}^2}=2nl^2\dfrac{1+0.487}{1-0.487}=5.81nl^2$$

所以最大伸长倍数 $=\left(\dfrac{2}{3}\right)^{1/2}nl/(5.81n)^{1/2}l=0.339n^{1/2}$,当 $n=100$ 时为 3.39,当 $n=1000$ 时为 10.7。

7-94 某聚 α-烯烃,平均相对分子质量为 $1000M_0$(M_0 为链节相对分子质量),试计算:(1) 完全伸直(不考虑键角)时大分子链的理论长度;(2) 若为全反式构象时链的长度(通常定义的 L_{max});(3) 看成高斯链(自由结合链)时的均方末端距;(4) 看成自由旋转链时的均方末端距;(5) 当内旋转受阻时(受阻函数 $\overline{\cos\varphi}=0.438$)的均方末端距;(6) 说明为什么高分子链在自然状态下总是卷曲的,并指出此种聚合物的弹性限度。

答 设此高分子链为 $+CH_2-CH_{\overline{}n}$。键长 $l=0.154$ nm,键角 $\alpha=109.5°$。
$|$
X

(1) $L=nl=2\times\left(\dfrac{1000M_0}{M_0}\right)\times 0.154=308$ (nm);

(2) $L_{max}=nl\sin(\theta/2)=2000\times 0.154\times\sin(109.5/2)=251.5$ (nm);

(3) $\overline{h_{f,j}^2}=nl^2=2000\times 0.154^2=47.4$ (nm^2);

(4) $\overline{h_{f,r}^2}=nl^2\dfrac{1-\cos\alpha}{1+\cos\alpha}\approx 2nl^2=94.9$ (nm^2);

(5) $\overline{h_\varphi^2}=nl^2\dfrac{1-\cos\alpha}{1+\cos\alpha}\dfrac{1+\overline{\cos\varphi}}{1-\overline{\cos\varphi}}=242.7$ (nm^2),或$(\overline{h_\varphi^2})^{1/2}=15.6$ (nm);

(6) 因为 $L_{max}\gg(\overline{h^2})^{1/2}$,所以大分子链处于自然状态下是卷曲的,它的理论弹性限度是 $L_{max}/(\overline{h^2})^{1/2}\approx 25$ 倍。

7-95 某高分子链的内旋转势能与旋转角之间的关系如图 7-5 所示。已知邻位重叠式(e)的能量 $U_e=12$ kJ·mol^{-1},顺式(c)的能量 $U_c=25$ kJ·mol^{-1},邻位交叉式(g 与 g')的能量 $U_g=U'_g=2$ kJ·mol^{-1},试由 Boltzmann 统计理论计算:(1) 温度为 140 ℃条件下的旋转受阻函数 $\overline{\cos\varphi}$;(2) 若该高分子链中键角为 112°,计算刚性比值 K(又称刚性因子 σ)。

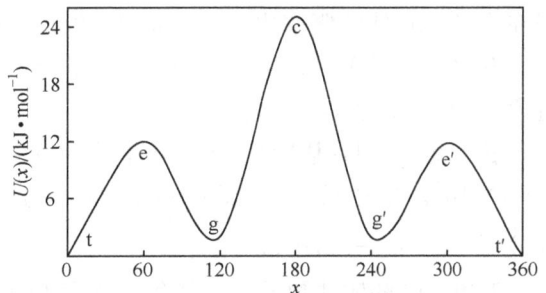

图 7-5 高分子链的内旋转势能与旋转角之间的关系图

答 (1) $\varphi_i=0°,\pm 60°,\pm 120°,\pm 180°$时,分别有 $U_i=0,12$ kJ·mol^{-1},2 kJ·mol^{-1}, 25 kJ·mol^{-1}。设 $N(\varphi)$为旋转次数,$T=413$ K,$R=8.31$ J·K^{-1}·mol^{-1}。由 Boltzmann 统计理论:$N_i=\exp(-U_i/RT)$,分别计算得

$$N(0)=\exp\left(\dfrac{0}{RT}\right)=1 \qquad N(\pm 60)=\exp\left(\dfrac{-12\times 1000}{8.31\times 413}\right)=0.0303$$

$$N(\pm 120)=\exp\left(\dfrac{-12\times 1000}{8.31\times 413}\right)=0.558 \qquad N(\pm 180)=\exp\left(\dfrac{-12\times 1000}{8.31\times 413}\right)=6.86\times 10^{-4}$$

$$\overline{\cos\varphi}=\dfrac{\int_0^{2\pi}N(\varphi)\cos\varphi d\varphi}{\int_0^{2\pi}N(\varphi)d\varphi}=\dfrac{\int_0^{2\pi}\exp\left(-\dfrac{U(\varphi)}{RT}\right)\cos\varphi d\varphi}{\int_0^{2\pi}\exp\left(-\dfrac{U(\varphi)}{RT}\right)d\varphi}=\dfrac{\sum_i N_i\cos\varphi_i}{\sum_i N_i}=0.452 \quad (i=1\sim 4)$$

(2) 已知键角 $\alpha=112°$,$\cos\alpha=-0.3746$,则

$$K=\dfrac{\overline{h^2}}{nl^2}=\dfrac{1-\cos\alpha}{1+\cos\alpha}\dfrac{1+\overline{\cos\varphi}}{1-\overline{\cos\varphi}}=\dfrac{1+0.3746}{1-0.3746}\times\dfrac{1+0.4521}{1-0.4521}=5.83$$

7-96 计算相对分子质量为 280 000 的线型聚乙烯分子的自由旋转链的均方旋转半径。已知键长为 0.154 nm,键角为 109.5°。

答 $\overline{h_{f,r}^2}=2nl^2=2\times 2\times 10\,000\times 1.54^2=949$ (nm^2),所以 $\overline{s^2}=\dfrac{1}{6}\overline{h^2}=158$ nm^2。

7-97 若把聚乙烯看成自由旋转链，其末端距服从高斯分布函数，且已知 C—C 键长 $l=0.154$ nm，键角 $\alpha=109.5°$：(1) 试求聚合度为 5×10^4 的聚乙烯的平均末端距、均方末端距和最可几末端距；(2) 末端距在 ±1 nm 和 ±10 nm 处的概率哪个大？

答 (1) $\overline{h_{f,r}^2}=nl^2\dfrac{1-\cos\alpha}{1+\cos\alpha}=4.7\times10^3$ nm^2。$n=2\times5\times10^4=10^5$，$l=0.154$ nm，$\beta^2=\dfrac{3}{2}\dfrac{1}{nl^2}$，所以 $\bar{h}=\dfrac{2}{\sqrt{\pi}\beta}=\left(\dfrac{8n}{3\pi}\right)^{1/2}l=44.9$ nm，$h^*=\dfrac{1}{\beta}=\left(\dfrac{2n}{3}\right)^{1/2}l=39.8$ nm。

(2) 由 $W(h)=\left(\dfrac{\beta}{\sqrt{\pi}}\right)^3\exp(-\beta^2h^2)4\pi h^2$，得

$$W(\pm1\text{ nm})=\dfrac{3}{2\times10^5\times0.154^2\times\pi}\times\dfrac{3}{2}\times\exp\left(\dfrac{-3}{2\times10^5\times0.154^2}\times1^2\right)\times4\pi\times1^2$$
$$=3.59\times10^{-5}(\text{nm}^{-1})$$

$$W(\pm10\text{ nm})=3.58\times10^{-3}\text{ nm}^{-1}$$

即在 ±10 nm 处的概率比在 ±1 nm 处的概率大。

7-98 计算 $M=250\,000$ g·mol^{-1} 的聚乙烯链的根均方末端距，假定为等效自由结合链，链段长为 18.5 个 C—C 键。

答 每个 CH_2 基团的相对分子质量为 14，因而链段数 $n_e=2.5\times10^5/(14\times18.5)=9.65\times10^2$。链段长 $l_e=18.5b\sin(\alpha/2)$，式中，$\alpha=109.5°$，$b=0.154$ nm，所以 $l_e=2.33$ nm，$(\overline{h^2})^{1/2}=l_e\sqrt{n_e}=72.4$ nm。

7-99 已知顺式聚异戊二烯每个单体单元长度是 0.46 nm，而且 $\overline{h^2}=16.2n$，计算这个大分子的统计等效自由结合链的链段数和链段长度（注：这里 n 为单体单元数目）。

答 因为 $\overline{h^2}=n_el_e^2$，$L_{\max}=n_el_e$，联立两方程，并解二元一次方程得 $n_e=L_{\max}^2/\overline{h^2}$，$l_e=\overline{h^2}/L_{\max}$。因为 $L_{\max}=0.46n$，所以 $n_e=\dfrac{(0.46n)^2}{16.2n}=0.013n$，$l_e=16.2n/0.46n=0.352$ nm。

7-100 现有一种三嵌段共聚物 M-S-M，当 S 段的质量分数为 50% 时，在苯溶液中 S 段的根均方长度为 10.2 nm，假定内旋转不受限制，C—C 键角为 109.5°，键长为 0.154 nm，分别求出 S 段和 M 段（两个 M 一样长）的聚合度（注：M 为甲基丙烯酸甲酯，S 为苯乙烯）。

答 (1) 先求 S 段的聚合度：$10.2^2=2n\times0.154^2$，$n=2193$，聚合度 $\overline{P_S}=2193/2=1097$。

(2) 再求 M 段的聚合度：因为 S 段和 M 段的质量分数相等（均为 50%），$1097\times104=2\overline{P_{MMA}}\times100$，$\overline{P_{MMA}}=1141/2=570$。

7-101 现有一种三嵌段共聚物 M-S-M。实验表明，当中间 PS 嵌段（S）聚合度不变，改变两侧 PMMA(M) 的聚合度时，在苯溶剂中 S 段的根均方长度有以下结果：

聚合物	纯 PS	M_1-S_0-M_1	M_2-S_0-M_2	M_3-S_0-M_3	M_4-S_0-M_4
S 段质量分数/%	100	80	70	60	50
S 段根均方长度/nm	8.6	9.2	9.5	9.8	10.2

(1) 为什么会有上述结果？(2) 当 C—C 键长为 0.154 nm，键角为 109.5°，假定内旋转不受限制时，分别求出最后共聚物中 S_0 段和 M_4 段的聚合度。

答 (1) 从 S 两端的 M 的排斥体积效应考虑。(2) S_0 段的聚合度为 1097，M_4 段的聚合度为 570。

7-102 现有由 10 mol 水和 0.1 mol 高分子组成的水溶性高分子溶液,在 100 ℃时水的蒸气压为 38 mmHg。(1) 试用拉乌尔定律计算每条高分子链所包含的平均链段数目。(2) 当链段运动处于完全自由状态,并且每一个链段长度为 5 nm 时,求该聚合物链的根均方末端距。

答 (1) 根据拉乌尔定律 $P_1 = P_1^0 x_1$,式中,P_1 为溶液中溶剂的蒸气压,P_1^0 为纯溶剂的蒸气压,x_1 为溶液中溶剂的摩尔分数。设每条高分子链所包含的平均链段数为 n_e,$P_1 = 38$ mmHg,$P_1^0 = 760$ mmHg,$x_1 = n_1/(n_1+n_2) = 10/(10+0.1 n_e)$(这里假定链段与溶剂分子的大小一样),代入 $P_1 = P_1^0 x_1$,$38 = 760 \times 10/(10+0.1 n_e)$,$n_e = 1900$。

(2) 根据等效自由结合链的公式,$(\overline{h^2})^{1/2} = l_e \sqrt{n_e} = 5 \times \sqrt{1900} = 218$ (nm)。

7-103 聚合物的无扰尺寸与温度有微弱的关系,有趣的是,温度系数的符号有正有负。例如,100%顺式 1,4-聚丁二烯的 $d(\overline{h_0^2})/dT \approx 0.0004 \text{K}^{-1}$,而 100%反式 1,4-聚丁二烯的 $d(\overline{h_0^2})/dT \approx -0.0006 \text{K}^{-1}$,解释这一现象。

答 反式聚丁二烯分子链较刚性,升高温度的结果主要是增加了柔性,使内旋转更容易而均方末端距有所减少。然而顺式聚丁二烯本来已经很柔顺,柔性增加不明显,升高温度的结果主要是加剧了链段和分子链的运动,分子链膨胀,均方末端距相应有所增加。

7.3 高分子链的柔顺性

7.3.1 柔顺性的结构影响因素(定性描述)

7-104 说明聚合物分子表现柔顺性的原因以及化学结构、相对分子质量、温度和外力作用速度对聚合物分子柔顺性的影响。列举典型柔性链和刚性链高分子各一例。

答 聚合物表现柔顺性是由于高分子链能够改变其构象。主要影响因素归纳如下:

(1) 主链:主链有杂原子为柔性(由于键长和/或键角较大),主链有芳环为刚性,主链有孤立双键为柔性,主链有共轭双键为刚性。

(2) 侧基:侧基体积大、极性大或能形成氢键均增加刚性,小侧基对称取代反而呈柔性。

(3) 相对分子质量:分子链越长柔性越大,但增大到一定数值后不再有影响。

(4) 温度:温度越高柔性越大。

(5) 外力作用速度:速度越快刚性越大。

典型柔性链高分子如天然橡胶,典型刚性链高分子如聚碳酸酯。

7-105 比较下列三组高分子的柔顺性:

(1) a. 聚丁二烯 b. 聚异戊二烯 c. 聚乙炔 d. 聚苯乙烯 e. 聚乙烯;

(2) a. $-\!\!\left[H_2C-CH\right]_n\!\!-$
     $\qquad\qquad\quad |$
     $\qquad\qquad\ \ CH_3$

  b. $-\!\!\left[H_2C-C\right]_n\!\!-$
     $\qquad\quad\ \ \ |$
     $\qquad\quad CH_3/CH_3$

  c. $-\!\!\left[H_2C-CH\right]_n\!\!-$
     $\qquad\qquad\quad |$
     $\qquad\qquad\ \ CN$;

(3) a. $-\!\!\left[H_2C-O\right]_n\!\!-$ b. $-\!\!\left[H_2C-CH_2\right]_n\!\!-$ c. 带二甲基取代的苯氧基重复单元。

答 (1) a>b>e>d>c;(2) b=a>c;(3) a>b>c。

7-106 说明下列高分子柔顺性的差别：

(1) 聚乙烯，聚丙烯，聚苯乙烯；(2) 聚丙烯，聚氯乙烯，聚丙烯腈；(3) 聚氯乙烯，聚偏氯乙烯，聚丙烯，聚异丁烯；(4) 聚乙烯，聚甲醛。

答 (1) 聚乙烯＞聚丙烯＞聚苯乙烯；(2) 聚丙烯＞聚氯乙烯＞聚丙烯腈；(3) 聚异丁烯＞聚偏氯乙烯＞聚丙烯＞聚氯乙烯；(4) 聚乙烯＝聚甲醛(提示：考虑氧原子的极性)。

7-107 比较下列聚合物链的柔顺性：

(1) a. 聚乙烯　b. 纤维素　c. 聚碳酸酯　d. 顺丁橡胶　e. 聚氯乙烯；

(2) a. 聚乙烯　b. 聚苯乙烯　c. 聚甲基丙烯酸甲酯　d. 纤维素；

(3) a. 顺1,4-聚丁二烯　b. 聚丙烯　c. 聚3,4-二氯苯乙烯　d. 聚甲基丙烯酸已酯　e. 聚二甲基硅氧烷　f. 三硝基纤维素　g. 纤维素；

(4) a. 聚氯乙烯　b. 1,4-聚2-氯丁二烯　c. 1,4-聚丁二烯；

(5) a. 聚苯　b. 聚苯醚　c. 聚环氧戊环。

答 (1) d＞a＞e＞c＞b；(2) a＞c＞b＞d；(3) e＞a＞b＞d＞c＞f＞g；(4) c＞b＞a；(5) c＞b＞a。

7-108 比较下列聚合物的柔顺性：

$$\{CH_2-\underset{\underset{Cl}{|}}{\overset{\overset{Cl}{|}}{C}}\}_n, \quad \{CH_2-\underset{}{\overset{\overset{Cl}{|}}{CH}}\}_n, \quad \{\underset{}{\overset{\overset{Cl}{|}}{CH}}-\underset{}{\overset{\overset{Cl}{|}}{CH}}\}_n$$

答 聚偏二氯乙烯＞聚氯乙烯＞聚1,2-二氯乙烯。

7-109 比较下列聚合物的柔顺性：

$$\{H_2C-CH_2\}_n \qquad \{H_2C-\underset{\underset{CN}{|}}{CH}\}_n$$

$$\{H_2C-\underset{\underset{Cl}{|}}{CH}\}_n \quad \{H_2C-\underset{\underset{CH_3}{|}}{C}=CH\}_n \quad \{OC-\underset{}{\bigcirc}-CONH-\underset{}{\bigcirc}-NH\}_n$$

答 聚异戊二烯＞聚乙烯＞聚氯乙烯＞聚丙烯腈＞聚对苯二甲酰对苯二胺。

7-110 用"＞"号标出下列每一对聚合物的分子链相对柔顺性的大小：

(1) $\{\underset{\underset{CH_3}{|}}{\overset{\overset{CH_3}{|}}{Si}}-O\}_n \quad \{\underset{\underset{Ph}{|}}{\overset{\overset{Ph}{|}}{Si}}-O\}_n$；

(2) $\{CH=\underset{\underset{Ph}{|}}{C}\}_n \quad \{CH_2-\underset{\underset{Ph}{|}}{CH}\}_n$；

(3) $\{CH_2-\underset{\underset{CH=CH_2}{|}}{CH}\}_n \quad \{CH_2-CH=CH-CH_2\}_n$；

(4) $\{CH_2-\underset{\underset{\underset{OCH_3}{|}}{\underset{C=O}{|}}}{CH}\}_n \quad \{CH_2-\underset{\underset{\underset{OCH_3}{|}}{\underset{C=O}{|}}}{\overset{\overset{CH_3}{|}}{C}}\}_n$；

162

(5) $\mathrm{+CH=CH-CH=CH+}_n$ $\mathrm{+CH_2-CH=CH-CH_2+}_n$;

(6) $\mathrm{+\!\!\bigcirc\!\!+}_n$ $\mathrm{+H_2C-\!\!\bigcirc\!\!-CH_2+}_n$。

答 (1) 前者＞后者；(2) 后者＞前者；(3) 后者＞前者；(4) 前者＞后者；(5) 后者＞前者；(6) 后者＞前者。

7-111 试从下列聚合物的链节结构定性判断分子链的柔性或刚性，并分析原因。

(1) $-\mathrm{CH_2-\underset{CH_3}{\overset{CH_3}{C}}-}$ ；   (2) $-\mathrm{\underset{R}{CH}-\underset{O}{C}-\underset{H}{N}-}$ ；

(3) $-\mathrm{CH_2-\underset{CN}{CH}-}$ ；   (4) $-\mathrm{O-\!\!\bigcirc\!\!-\underset{CH_3}{\overset{CH_3}{C}}-\!\!\bigcirc\!\!-O-\overset{O}{\overset{\|}{C}}-}$ 。

答 (1) 柔性，因为两个对称的侧甲基使主链间距离增大，链间作用力减弱，内旋转势能降低；(2) 刚性，因为分子间有强的氢键，分子间作用力大，内旋转势能高；(3) 刚性，因为侧基极性大，分子间作用力大，内旋转势能高；(4) 刚性，因为主链上有苯环，内旋转较困难。

7-112 比较下列两种聚合物的柔顺性，并详细说明原因：

$\mathrm{+CH_2-\underset{Cl}{CH}+}_n$ $\mathrm{+CH_2-CH=\underset{Cl}{C}-CH_2+}_n$

答 聚氯丁二烯的柔顺性好于聚氯乙烯，所以前者用作橡胶而后者用作塑料。聚氯乙烯有极性的侧基 Cl，有一定刚性。聚氯丁二烯虽然也有极性取代基 Cl，但 Cl 的密度较小，极性较弱，另一方面主链上存在孤立双键，孤立双键相邻的单键的内旋转势能较小。因为键角较大（120°而不是 109.5°），双键上只有一个 H 原子或取代基，而不是两个。

7-113 解释下列几类聚合物刚性大的原因：
(1) 聚苯；(2) DNA；(3) 聚砜；(4) 尼龙；(5) 聚四氟乙烯；(6) 纤维素。

答 (1) 共轭 π 键；(2) 极性，氢键，双螺旋结构；(3) 主链芳环；(4) 极性，氢键；(5) F 原子电负性很大，排斥力很大，不易内旋转；(6) 极性，氢键，六元吡喃环结构。

7-114 写出下列聚合物的结构式，并说明它们刚性大的原因：
(1) 聚对二甲苯；(2) 聚苯乙烯；(3) 聚对苯二甲酸乙二醇酯；(4) 甲基纤维素；(5) 聚丙烯酰胺；(6) 蛋白质。

答 参见 7-113 题和 7-104 题答案。

7-115 比较下列三个聚合物的柔顺性，从结构上简要说明原因。

(1) $\mathrm{+CH_2-CH=CH-\!\!\bigcirc\!\!-CH_2+}_n$；(2) $\mathrm{+CH=CH-\!\!\bigcirc\!\!-CH_2+}_n$；

(3) $\mathrm{+CH_2-CH_2-\!\!\bigcirc\!\!-CH_2+}_n$。

答 (1) 刚性最大，因为双键与苯环共轭；(2) 柔性最大，因为双键是孤立双键；(3) 介于(1)、(2)之间。

7-116 评价主链带有间隔单键和双键的聚磷腈的柔顺性。其结构示意如下：$\mathrm{+\!\!\overset{|}{\underset{|}{P}}\!\!=N+}_n$。

答 表面上看这种结构很像聚乙炔,所以很容易误解为强刚性。其实这种结构是已知最柔顺的主链。因为:①骨架的电子结构并无 π 键阻碍内旋转。②骨架键长为 0.16 nm,比 C—C 键长(0.154 nm)略长,减少了短程分子间相互作用。③P=N 键的键角从 C=C 键的 120°变为 135°。

7-117 下列结构的系列聚合物中刚性怎样随 n 而变化?为什么?

$$—CH_2—CH—\langle\bigcirc\rangle—(CH_2)_n—CH_3$$

答 n 越大,柔性越大,因为增加的部分是柔性的。有一种误解是空间障碍增大,但它的影响小于柔性段增加的影响。

7-118 讨论链柔顺性对下列性质的影响:
(1) 结晶能力;(2) T_g;(3) T_m;(4) 力学强度。

答 (1) 增大;(2) 减小;(3) 减小;(4) 下降。

7-119 预计刚性高分子有什么重要性质?

答 高强度、高模量、耐热性好的高分子材料(如工程塑料)往往是刚性链高分子。

7.3.2 柔顺性的参数(定量描述)

7-120 哪些参数可以定量表征链柔顺性?列出计算公式。它们与柔顺性的关系是什么?

答 柔顺性可以用以下五个参数定量表征:

(1) 链段长度 l_e:$\overline{h^2}=n_e l_e^2$ 和 $L_{max}=n_e l_e$ 联立,解得 $l_e=\overline{h_0^2}/L_{max}$;

(2) 刚性因子 σ 或 K(又称空间位阻参数、刚性比值):$\sigma=(\overline{h_0^2}/\overline{h_{f,r}^2})^{1/2}\approx(\overline{h_0^2}/2nl^2)^{1/2}$,式中,$\overline{h_0^2}$ 为实测的无扰均方末端距,下同;

(3) 无扰尺寸 A:$A=(\overline{h_0^2}/M)^{1/2}$;

(4) 极限特征比 C_∞(或 CR、C_n):$C_\infty=\overline{h_0^2}/\overline{h_{f,j}^2}=\overline{h_0^2}/nl^2$;

(5) 刚性高分子的构象持续长度(又称持久长度)a:$a=\overline{h_0^2}/2L_{max}$,$a$ 相当于 l_e 的 1/2。

有一个规律易于记忆,即前四种参数的数值越小,均表明柔顺性越大。唯有 A 不能直接用于比较不同聚合物的柔顺性,因为 $A=(\overline{h_0^2}/M)^{1/2}$ 与聚合物链节的相对分子质量 M_0 有关,但用 $A\sqrt{M_0}$ 就可以,也是数值越小表明柔顺性越大。因为柔顺性参数的本质都是 $\overline{h_0^2}/n$,而 $\dfrac{\overline{h_0^2}}{n}=\dfrac{\overline{h_0^2}M_0}{M}=A^2M_0=(A\sqrt{M_0})^2$。

7-121 $\overline{h_0^2}/\overline{h_{f,j}^2}$,$\overline{h_0^2}/\overline{h_{f,r}^2}$ 和 $\overline{h_{f,r}^2}/\overline{h_{f,j}^2}$ 这三个比值的物理意义是什么?

答 $\overline{h_0^2}/\overline{h_{f,j}^2}$ 是极限特征比,$\overline{h_0^2}/\overline{h_{f,r}^2}$ 是刚性因子,它们都表征柔顺性,数值越小,均表明柔顺性越大。$\overline{h_{f,r}^2}/\overline{h_{f,j}^2}$ 则是键角 α 对末端距影响大小的表征,$\overline{h_{f,r}^2}/\overline{h_{f,j}^2}=\dfrac{1-\cos\alpha}{1+\cos\alpha}$,键角越大影响越大。

7-122 在刚性高分子链的蠕虫状链模型(Kratky-Porod 模型)中,构象持续长度的物理意义是什么?写出该模型导出的 $\overline{h^2}$ 和 $\overline{s^2}$ 的关系式。

答 构象持续长度 a 的物理意义是无限长的自由旋转链在第一个键的方向上投影的平均值。该模型导出对于刚性棒状高分子,$\overline{h^2}=2aL$,$\overline{s^2}=\overline{h^2}/12$,式中,$L$ 相当于高斯链的伸直链长 L_{max},而 a 相当于链段长度 l_e 的 1/2。

7-123 在 30 ℃下 θ 溶剂中,相对分子质量为 1 000 000 的聚丙烯酸的根均方末端距为 67 nm(取 C—C 键长为 0.154 nm,键角为 109.5°)。计算：(1) 极限特征比；(2) 刚性因子；(3) 平面锯齿形的链长 $L_{\max}$；(4) Kratky-Porod 构象持续长度 a。

答 首先计算 $n=(1\,000\,000/72)\times 2=27\,777.8$。

(1) $C_\infty=\overline{h_0^2}/\overline{h_{f,j}^2}=\overline{h_0^2}/nl^2=67^2/(27\,777.8\times 0.154^2)=6.81$；

(2) $\sigma=(\overline{h_0^2}/\overline{h_{f,r}^2})^{1/2}=(\overline{h_0^2}/2nl^2)^{1/2}=1.85$；

(3) $L_{\max}=nl\cos(\theta/2)=(2/3)^{1/2}nl=3493$ nm（注意：θ 为键角 α 的补角）；

(4) $a=\overline{h_0^2}/2L_{\max}=0.64$ nm。

7-124 某聚 α-烯烃（聚单烯烃）的平均聚合度为 500，均方末端距为 25 nm。C—C 键长为 0.154 nm，键角为 109.5°，试求：(1) 表征大分子链旋转受阻的刚性因子 σ；(2) 作为大分子独立运动单元的链段长 l_e；(3) 每个大分子平均包含的链段数 n_e；(4) 每个统计链段包含的重复结构单元 n。

答 将 $\overline{h^2}=n_e l_e^2$ 和 $L_{\max}=n_e l_e$ 联立,可求 n_e 和 l_e，得 $\sigma=0.726$，$l_e=0.2$ nm，$n_e=633$，$n=0.79$。

7-125 假定聚丙烯于 30 ℃的甲苯溶液中，测得无扰尺寸 $(\overline{h_0^2}/M)^{1/2}=835\times 10^{-4}$ nm，而刚性因子 $\sigma=(\overline{h_0^2}/\overline{h_{f,r}^2})^{1/2}=1.76$，试求：(1) 此聚丙烯的等效自由取向链的链段长；(2) 当聚合度为 1000 时的链段数。

答 已知 $M_0=42$，$l=0.154$ nm，$\alpha=109.5°$，$L_{\max}=nl\cos(\theta/2)=2\times 1000\times 0.154\times \cos(70.5°/2)=251.5$ nm。(1) $l_e=\dfrac{\overline{h_0^2}}{L_{\max}}=\dfrac{293.9}{251.5}=1.17$ (nm)；(2) $n_e=\dfrac{L_{\max}^2}{\overline{h_0^2}}=\dfrac{251.5^2}{293.9}=215$。

7-126 下列数据说明了什么?

聚合物	$(\overline{h_0^2}/\overline{h_{f,r}^2})^{1/2}$
聚二甲基硅氧烷	1.4～1.6
聚异戊二烯	1.5～1.7
聚乙烯	1.83
聚苯乙烯	2.2～2.4
硝化纤维素	4.2

答 刚性因子 $\sigma=(\overline{h_0^2}/\overline{h_{f,r}^2})^{1/2}$ 越大，说明分子链刚性越大，或柔性越小。

7-127 在室温 θ 溶剂中测得聚异丁烯和聚苯乙烯的无扰尺寸 A 值分别为 795 nm 和 735 nm，能否说明聚苯乙烯的柔顺性大于聚异丁烯? 为什么?

答 不能。

$$\sigma=(\overline{h_0^2}/\overline{h_{f,r}^2})^{1/2}=(\overline{h_0^2}/M)^{1/2}/(\overline{h_{f,r}^2}/M)^{1/2}=A/(\overline{h_{f,r}^2}/M)^{1/2}$$

先求出 $\dfrac{\overline{h_{f,r}^2}}{M}=\dfrac{2nl^2}{M}=\dfrac{4\times(M/M_0)\times 0.154^2}{M}=\left(\dfrac{3.08}{\sqrt{M_0}}\right)^2$，式中，$M_0$ 为链节相对分子质量。代入上式得 $\sigma=\dfrac{A\sqrt{M_0}}{0.308}$。所以聚异丁烯和聚苯乙烯的 σ 值分别为 1.93 和 2.43，可见聚异丁烯（丁基橡胶的主要成分）的柔顺性显然大于聚苯乙烯（一种塑料）。

7-128 下面列出了一些聚合物的某些结构参数，试比较它们的柔顺性，并指出在室温下各适合用作何种材料（塑料、纤维或橡胶）。

聚合物	PDMS	PIP	PIB	PS	PAN	EC
σ	1.4~1.6	1.4~1.7	2.13	2.2~2.4	2.6~3.2	4.2
l_e/nm	1.40	1.83	1.83	2.00	3.26	20
结构单元数/链段	4.9	8	7.3	8	13	20

答 以上高分子链柔顺性的次序是：EC<PAN<PS<PIB<PIP≈PDMS。适合用作纤维的是 EC、PAN；适合用作塑料的是 PS、(EC)；适合用作橡胶的是 PIB、PIP、PDMS。

7-129 下面列出了一些聚合物的空间位阻参数和极限特征比，试比较柔顺性。

聚合物	溶剂	温度/℃	σ	C_∞
顺式聚异戊二烯	苯	20	1.67	5.0
顺式聚丁二烯	二氧六环	20.2	1.68	5.15
聚氯乙烯	环己酮	25	1.80	6.7
聚乙烯醇	水	30	2.04	8.3
聚甲基丙烯酸甲酯	氯仿	25	2.08	8.4
三硝酸纤维素	丙酮	25	4.7	14.8

答 从上到下柔顺性减少。

7-130 已知聚乙烯的聚合度为 10^4，链的刚性因子 $\sigma=6.5$，试计算聚乙烯链在无扰状态时的理论最大拉伸比 λ_{max}。

答 $(\overline{h_0^2}/\overline{h_{f,r}^2})^{1/2}=6.5$，$(\overline{h_0^2})^{1/2}=6.5(2nl^2)^{1/2}$，则

$$\lambda_{max}=L_{max}/(\overline{h_0^2})^{1/2}=(2/3)^{1/2}nl/6.5(2nl^2)^{1/2}=0.0888\times\sqrt{n}=0.0888\times\sqrt{2\times10^4}=12.6$$

7-131 (1) 计算聚合度为 1000 的聚乙烯的自由旋转链均方末端距（C—C 键长为 0.154 nm，cos109.5°=-1/3）；(2) 如果光散射法测得在 θ 溶剂中上述样品的链根均方旋转半径 $(\overline{s_0^2})^{1/2}=6.74$ nm，求聚乙烯分子链的刚性因子 σ。

答 $(\overline{h_{f,r}^2})^{1/2}=(2nl^2)^{1/2}=9.74$ nm，$\sigma=(\overline{h_0^2})^{1/2}/(\overline{h_{f,r}^2})^{1/2}$。因为 $\overline{h_0^2}=6\overline{s_0^2}=272.6$ nm²，所以 $\sigma=1.70$。

7-132 假定聚苯乙烯主链的键长为 0.154 nm，键角为 109.5°，其等效自由结合链的链段长度 $l_e=1.78$ nm，求其空间位阻参数和极限特征比。

答 $l_e=\dfrac{\overline{h_0^2}}{L_{max}}$，$\sigma=(\overline{h_0^2}/2nl^2)^{1/2}=(l_e\times L_{max}/2nl^2)^{1/2}=\sqrt{\dfrac{l_e\times\sqrt{2/3}\times nl}{2nl^2}}=2.17$

$$C_\infty=\overline{h_0^2}/nl^2=l_e\times L_{max}/nl^2=\dfrac{1.78\times\sqrt{2/3}}{0.154}=9.44$$

7-133 假定聚异丁烯主链上的键长为 0.154 nm，键角为 109.5°，$A=740\times10^{-4}$ nm，求其等效自由结合链的链段长度 l_e。

答 $A=(\overline{h_0^2}/M)^{1/2}$

$$l_e=\overline{h_0^2}/L_{max}=A^2M/L_{max}=\dfrac{A^2\times56\times(n/2)}{\sqrt{\dfrac{2}{3}}\times nl}=\dfrac{(740\times10^{-4})^2\times56}{2\times\sqrt{\dfrac{2}{3}}\times0.154}=1.22\text{ (nm)}$$

7-134 已知 PP 中键长为 0.154 nm，键角为 109.5°，$\sigma=1.76$，求无扰尺寸 A 值。

答 $A=(\overline{h_0^2}/M)^{1/2}=(2\overline{h_0^2}/nM_0)^{1/2}=(\overline{h_0^2}/2nl^2)^{1/2}\times(4nl^2/nM_0)^{1/2}$

$$=\sigma \times (4l^2/M_0)^{1/2} = 1.76 \times \frac{2 \times 0.154}{\sqrt{42}} = 0.0836 \text{ (nm)}$$

说明：从以上三题可以看到，已知聚合物的重复单元相对分子质量，在 σ（或 C_∞）、A 和 l_e 中已知其中一个值，可以求得另一个值。

7-135 某聚苯乙烯试样的相对分子质量为 416 000，试估算其无扰链的均方末端距（已知特征比 $C_\infty = 12$）。

答 $C_\infty = \overline{h_0^2}/\overline{h_{f,j}^2} = \overline{h_0^2}/nl^2$，$\overline{h_0^2} = C_\infty nl^2 = C_\infty \dfrac{M}{M_0} \times 2l^2 = 12 \times \dfrac{416\,000}{104} \times 2 \times 0.154^2 = 2277$ (nm²)。

7-136 假定无规聚丙烯在 θ 状态下测得空间位阻参数 $\sigma = 1.76$，无规聚苯乙烯在 θ 状态下测得特征比 $C_\infty = 12$，试对比两种分子链的柔顺性（已知 C—C 键长为 0.154 nm，键角为 109.5°）。

答 可以求得 PP 的 $C_\infty = 6.2$ 或 PS 的 $\sigma = 2.45$，所以 PP 较柔顺。

7-137 60 ℃ 天然橡胶和古塔波胶的 $(\overline{h_0^2}/\overline{h_{f,r}^2})^{1/2}$ 分别为 1.46 和 1.71，据此说明前者比后者更适合用作弹性体。

答 古塔波胶（反式 1,4-聚异戊二烯）的刚性较大，不适合用作弹性体。从结构上说，反式 1,4-聚异戊二烯的重复周期较短，易于结晶，弹性不好。

7.4 综合

7-138 无规线团、无规共聚物和无规立构在概念上有什么区别？它们之间是否有内在联系？

答 （1）无规线团：是线型高分子在高分子溶液中的一种二级结构的主要形态。

（2）无规共聚：是两种不同的结构单元按一定的比例无规则地连接起来的结构。

（3）无规立构：分子链中结构单元的空间排列是不规整的，或者当取代基在高分子链的平面两侧不规则排列，即两种旋光立构单元完全无规联结成的高分子称为无规立构。

它们之间的内在联系是均符合统计规律。

7-139 聚合度、等规度、支化度、分散度和交联度有什么不同？

答 （1）聚合度：表示相对分子质量的大小，是含有结构单元的数目。

（2）等规度：聚合物中所含全同立构和间同立构的百分数，或者是分子链中结构单元的空间排列规整程度称为立构规整度。

（3）支化度：具有相同相对分子质量的支化高分子与线型高分子均方半径之比 G 表征高分子链的支化度。

（4）分散度（分散系数）：重均相对分子质量与数均相对分子质量之比，作为相对分子质量分散程度的一种量度。

（5）交联度：交联高分子是通过大分子间交联桥形成的。交联度是用相邻两个交联点之间的平均相对分子质量 $\overline{M_c}$ 表示。$\overline{M_c}$ 越小，交联点的数目越多。

7-140 什么是柔性链？什么是刚性链？什么是蠕虫状链？什么是自由结合链？什么是等效自由结合链？

答 高分子长链在不受力的情况下，自发地采取卷曲状态，表现出不同程度的柔性，因此通常称这种链为柔性链。

刚性占主导地位的高分子链称为刚性链。为了描述刚性高分子链而提出的模型称为蠕虫状链。这是一种连续空间曲线模型,是自由旋转链的一种极限情况。

自由结合链是一个理想化模型,它的分子是由足够多的不占体积的化学键自由联结而成,内旋转时没有键角限制和势能障碍,其中每个键在任何方向取向的概率都相等。

实际的高分子链并不是自由内旋转的,在旋转时还有空间位阻效应以及分子间的各种远程相互作用,但是只要链足够长,并且有一定的柔性,则仍然可以把它当成自由结合链进行统计处理,即当成等效自由结合链。这种链的统计单元是主链上能够独立运动的最小单元,称为链段。

【名词解释索引】

构型(7-1题)。几何异构,旋光异构,全同立构,间同立构(7-3题)。无规立构(7-3,7-138题)。键接结构(7-27题)。共聚物的序列结构,交替共聚,无规共聚,嵌段共聚,接枝共聚(7-33题)。平均序列长度,嵌段数(7-38题)。构象(7-52题)。自由旋转链(7-71题)。均方末端距(7-75题)。等效自由结合链,高斯链(7-82,7-140题)。链段(7-83题)。均方旋转半径(7-84题)。链段长度,刚性因子,无扰尺寸,极限特征比(7-120题)。构象持续长度(7-120,7-122题)。等规度,支化度,交联度(7-139题)。柔性链,刚性链,自由结合链,蠕虫状链(7-140题)。

第 8 章 高分子的聚集态结构

8.1 高分子结晶的形态

8-1 指出聚合物结晶形态的主要类型,并简要叙述其形成条件。

答 有五种典型的结晶形态(图 8-1)。单晶:只能从极稀的聚合物溶液中缓慢结晶得到。球晶:从浓溶液或熔融体冷却时得到。伸直链晶体:极高压力(通常需几千大气压以上)下缓慢结晶。纤维状晶:受剪切应力(如搅拌),应力还不足以形成伸直链片晶时得到。串晶:受剪切应力(如搅拌),后又停止剪切应力时得到。

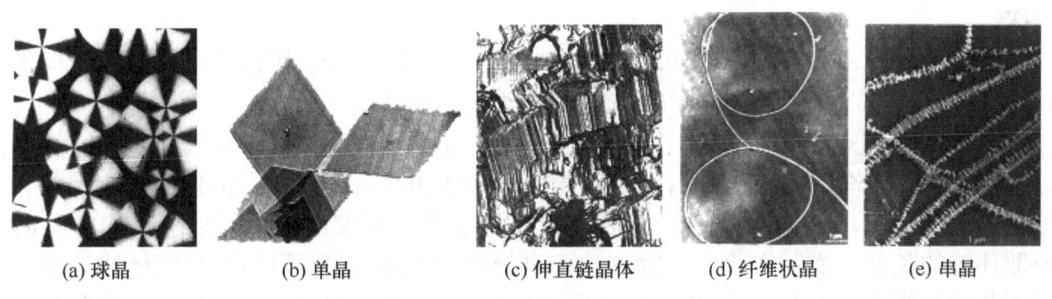

(a) 球晶　　　　(b) 单晶　　　　(c) 伸直链晶体　　(d) 纤维状晶　　(e) 串晶

图 8-1　五种典型的结晶形态

8-2 让聚乙烯在下列条件下缓慢结晶,各生成什么样的晶体?

(1) 从极稀溶液中缓慢结晶;(2) 从熔体中结晶;(3) 极高压力下结晶;(4) 在溶液中强烈搅拌结晶。

答 (1) 从极稀溶液中缓慢结晶,得到的是单晶。1957 年 Keller 在极稀溶液中,于 T_m 附近缓慢地冷却或滴加沉淀剂使聚乙烯结晶,得到菱形的聚乙烯折叠链的单晶。

(2) 从熔体中结晶,得到的是球晶,球晶的基本单元仍是折叠链晶片。

(3) 极高压力下结晶,得到的是伸直链晶体。例如,聚乙烯在 226 ℃、4800 atm 下结晶 8 h,得到完全伸直链的晶体,其熔点由原来的 137 ℃ 提高到 140.1 ℃,接近平衡熔点 144 ℃。

(4) 在溶液中强烈搅拌结晶,得到的是串晶。因为搅拌相当于剪切应力的作用,使结晶与取向同时进行。串晶由两部分组成,中间为伸直链的脊纤维,周围为折叠链晶片形成的附晶。由于结晶是在分子链的主线上成核,在垂直方向上长大,因此得到的是串晶。

8-3 聚合物因结晶方法、热处理和力学处理不同,呈现出不同的结晶形态,简述下列各种形态结构的特征:

(1) 单晶;(2) 球晶;(3) 拉伸纤维晶;(4) 非折叠的伸直链晶体;(5) 串晶。

答 (1) 单晶:厚为 10～50 nm 的薄板状晶体(片晶),有菱形、平行四边形、长方形、六角形等形状,分子链呈折叠链构象,分子链垂直于片晶表面;(2) 球晶:球形或截顶的球晶,由折叠链片晶从中心往外辐射生长组成;(3) 拉伸纤维晶:纤维状晶体中分子链完全伸展,但参差不齐,分子链总长度大大超过分子链平均长度;(4) 非折叠的伸直链晶体:厚度与分子链长度相当的片状晶体,分子链呈伸直链构象;(5) 串晶:以纤维状晶作为脊纤维,上面附加生长许多折叠链晶片。

8-4 聚合物的聚集态结构可归纳为哪几种基本的结构单元？

答 可归纳为无规线团的非晶结构、伸直链晶体和折叠链晶片三种。例如，球晶可以看成由折叠链晶片和少量无规线团的非晶结构共同组成；伸直链晶体和纤维状晶都是伸直链形成的晶体（分子链都是伸展的）；串晶可以看成由伸直链晶体和折叠链晶片组合而成。

8-5 对于正烷烃，伸直链晶体是自由能最低的结晶形式。对于高相对分子质量的聚乙烯，如果是完全单分散的，结论也应当一样。但为什么对于典型的多分散的线型聚乙烯，折叠链晶片的能量低于伸直链晶体？

答 因为如果是伸直链晶体，链端会排列不齐，有较大的熵值。

8-6 为什么聚乙烯是能形成单晶的少数几种合成聚合物之一？

答 由于化学结构对称性好且柔性好。

8-7 聚乙烯的典型晶片的厚度约为 12.5 nm。计算分子链垂直穿过晶片时碳原子的数目。如果聚乙烯的相对分子质量为 160 000，而且晶片中分子链近邻来回折叠，则分子链折叠多少次？

答 $l=b\sin\theta$。$b=0.154$ nm，$\theta=109.5°/2$，得 $l=0.126$ nm。因此在晶片厚度方向上约有 100 个碳原子。160 000/14＝11 430 个碳原子，因此折叠 110～120 次。

8-8 证明聚乙烯的晶片中分子链折叠排列的一种实验方法是，用发烟硝酸刻蚀晶片的表面，产生的分子链碎片用色谱分离，然后用渗透压法测相对分子质量。最短的链碎片的长度应当等于晶片的厚度，第二短的链碎片的长度应当等于晶片厚度的两倍再加上往回折叠时晶体外松散环链的长度。实际实验中观察到这两种链碎片的相对分子质量分别为 1260 和 2530。由于切断的链端有硝基和羧基，相对分子质量应减去 60 才是聚乙烯链的值。计算晶片的厚度（聚乙烯链节长度为 0.253 nm），并与 X 射线衍射测得的 10.5 nm 相比较。色谱的这两个峰的链长之比说明了什么？

答 晶片的厚度为 10.8 nm，与 X 射线衍射测定结果相符。两个峰的链长之比的大小说明了链折叠的紧密程度，越小越紧密。

8-9 球晶在正交偏光显微镜下呈现的典型图案是什么？球晶的双折射符号如何测定？

答 球晶在正交偏光显微镜下具有 Maltese 黑十字的球形图案，有时能观察到从中心往外发散的微纤或周期性消光环。球晶的双折射符号通过在正交偏光显微镜上插入石膏一级红波片测定，一、三象限蓝色，而二、四象限黄色为正球晶；反之为负球晶。

8-10 假定一种聚合物的球晶内分子链都沿表面方向排列生长，就像一团毛线。在正交偏光显微镜下呈现什么图案？如果分子链都像车轮的辐条一样从中心往外生长，又会是什么图案？

答 都是具有黑十字的球形图案。

8-11 球晶为什么有大有小？球晶大小对材料的力学性能（模量、冲击强度）有什么影响？在工业生产中如何控制球晶的大小？

答 由于晶核出现的早晚不同，以及局部生长条件的不同，球晶尺寸存在分布不均。球晶越大，材料的力学性能越差，由于球晶生长时会将不能结晶的物质排挤出来，它们集中在球晶的边界而形成力学薄弱处，球晶越大问题越严重。退火时球晶能长得较大，淬火或加入成核剂可以减小球晶尺寸。

8-12 将 3 片约 1 cm² 的全同立构聚丙烯薄膜分别置于载玻片与盖玻片之间。将它们在热台上加热到 200 ℃，然后将它们分别：(1) 投入液氮；(2) 置于室温铜板上；(3) 在 140 ℃ 热台上恒温处理，则 3 片试样最终在正交偏光显微镜下显示的形貌有什么差别？

答 (1) 没有结晶；(2) 小球晶；(3) 大球晶。前两个过程称为淬火，后一个过程称为等温结晶。

8-13 试设计一个具体的实验方案,使所得试样在偏光显微镜下呈这样的形貌:小球晶基体中嵌有若干个大球晶。实验选用全同立构聚丙烯。

答 在约 200 ℃ 热台上熔融夹在载玻片和盖玻片之间的聚丙烯样品,迅速转移到 140 ℃ 热台上,2~3 h 取出,然后在金属板上冷却。

8-14 某一结晶性聚合物分别用注射和模塑两种方法成型,冷却水温都是 20 ℃,比较制品的结晶形态和结晶度。

答 注射成型的冷却速度较快,且应力较大,往往生成小球晶或串晶,结晶度较低或不结晶。模塑成型的冷却速度较慢,球晶较大,结晶度较高。

8-15 某结晶聚合物的注射制品中,靠近模具的皮层具有双折射现象,而制品内部用偏光显微镜观察发现有 Maltese 黑十字,并且越靠近制品芯部,Maltese 黑十字越大。试解释产生上述现象的原因。如果降低模具的温度,皮层厚度将如何变化?

答 皮层有结晶产生,但结晶较小,只能看到有双折射。制品内部出现球晶,越往芯部冷却速度越慢,球晶越大。降低模具温度,皮层变厚。

8.2 结晶模型和非晶模型

8-16 简述三种主要的晶态结构模型和两种主要的非晶态结构模型。这些模型之间争论的焦点是什么?

答 描述晶态结构的模型主要有:(1) 缨状微束模型;(2) 折叠链模型;(3) 插线板模型。折叠链模型适合解释单晶的结构,而另两个模型更适合解释快速结晶得到的晶体结构。

(1) 缨状微束模型认为在结晶高分子中存在许多胶束和胶束间区,胶束是结晶区,胶束间区是非晶区。胶束是由许多高分子链段整齐排列而成,其长度远小于高分子链的总长度,所以一条高分子链可以穿过多个胶束区和胶束间区。

(2) Keller 认为在片状单晶中分子链采取了规则折叠的方式。这种结晶模型称为折叠链模型。

(3) Flory 从高分子无规线团形态出发,认为高分子结晶时分子链是完全无规进入晶片的,晶片中分子链的排列方式与老式电话交换台的插线板相似,称为插线板模型。

描述非晶态(旧称"无定形态")结构的模型主要有:(1) 无规线团模型;(2) 两相球粒模型(又称两相模型)。

(1) Flory 认为在非晶态聚合物的本体中,分子链构象也与溶液中一样,呈无规线团状,线团分子互相缠结,整个聚集态结构是均相的。这种模型称为无规线团模型。

(2) Yeh 认为非晶态聚合物存在一定程度的局部有序。两相球粒模型主要包括粒子相(2~4 nm的有序区,分子平行排列)和粒间相(1~5 nm,无规线团、链端、连接链等)两部分。

对于非晶态,争论的焦点是完全无序还是局部有序;对于晶态,争论的焦点是有序的程度,是大量的近邻有序还是极少近邻有序。

8-17 由什么事实可证明结晶聚合物中有非晶态结构?

答 (1) 结晶聚合物的广角 X 射线衍射图上结晶的衍射花样和非晶的弥散环同时出现。

(2) 一般测得的结晶聚合物的密度总是低于由晶胞参数计算的完全结晶的密度。例如,聚乙烯的密度实测值为 $0.93 \sim 0.96 \text{ g} \cdot \text{cm}^{-3}$,而从晶胞参数计算出 $\rho_c = 1.014 \text{ g} \cdot \text{cm}^{-3}$,可见存在非晶态。

8-18 试用两种方法证明聚苯乙烯本体符合 Flory 无规线团模型。

答 (1) 用中子小角散射实验测定含有标记分子的聚苯乙烯本体试样中聚苯乙烯分子链

的旋转半径,结果与 X 射线小角散射实验得到的 θ 溶液中聚苯乙烯分子的旋转半径相近,从而证明了无规聚苯乙烯本体为无规线团构象。

(2) 在聚苯乙烯本体和溶液中分别用高能辐射使高分子发生分子内交联。实验结果并未发现本体体系发生内交联的倾向比溶液中大,说明本体中并不存在紧缩的线团或折叠链等局部有序结构。

(3) 橡胶的弹性理论完全是建立在无规线团模型的基础上,在小形变下,这个理论能很好地与实验相符;橡胶的弹性模量和应力-温度系数关系并不随稀释剂的加入而有反常的改变。

8-19 用什么事实可证明非晶态聚合物中包含一些有序结构(两相球粒模型)?

答 实验测得许多聚合物非晶与结晶密度比 ρ_a/ρ_c 为 0.85~0.96,而按分子链呈无规线团形态的完全无序的模型计算 $\rho_a/\rho_c<0.65$,密度比偏高说明非晶中包含规整排列部分;有些聚合物如聚乙烯、聚酰胺、天然橡胶等结晶速率很快,这用无规线团模型是难以想象的;另外,电子显微镜发现有直径为 5 nm 左右的小颗粒(有序区)。

8.3 聚合物的结晶能力、结晶过程

8-20 什么是结晶性聚合物?什么是非结晶性聚合物?什么是晶态聚合物(又称结晶聚合物)?晶态聚合物的主要特征是什么?

答 (在一定条件下)能结晶的聚合物称为结晶性聚合物;(任何条件下都)不能结晶的聚合物称为非结晶性聚合物;已经处于晶态的结晶性聚合物称为晶态聚合物或结晶聚合物。注意:结晶性聚合物并不总是处于晶态,如淬火的聚酯处于非晶态。晶态聚合物的主要特征是具有双折射,在正交偏光显微镜下有图像,样品一般不透明或半透明。

8-21 结晶能力与聚合物的分子结构有什么关系?举出五种常见的结晶性聚合物和两种典型的非结晶性聚合物,并从分子结构出发分析其易于结晶和不能结晶的原因。

答 结构对称性或规整性好,分子链柔顺性好和分子间作用力大的聚合物易结晶。

结晶性聚合物如聚乙烯(结构对称性好,分子链柔顺性好)、天然橡胶(分子链柔顺性好)、聚乙烯醇(羟基小,结构基本对称)、全同聚丙烯(结构规整性好)、尼龙(形成大量氢键,分子间作用力大)。非结晶性聚合物如聚苯乙烯(结构很不对称)、聚甲基丙烯酸甲酯(结构很不对称)。

8-22 将下列三组聚合物按结晶难易程度排序:

(1) PE,PP,PVC,PS,PAN;(2) 聚对苯二甲酸乙二酯,聚间苯二甲酸乙二酯,聚己二酸乙二酯;(3) 尼龙-66,尼龙-1010。

答 综合考虑分子链的规整性、柔顺性和分子间作用力,结晶难易程度为:(1) PE>PAN>PP>PVC>PS;(2) 聚己二酸乙二酯>聚对苯二甲酸乙二酯>聚间苯二甲酸乙二酯,因为聚己二酸乙二酯柔性好,而聚间苯二甲酸乙二酯对称性不好;(3) 尼龙-66>尼龙-1010,因为前者中的氢键密度大于后者。

8-23 有两种乙烯和丙烯的共聚物组成相同(均为 65% 乙烯和 35% 丙烯),但其中一种室温时是橡胶状的,直到稳定降温至约 −70 ℃ 时才变硬;另一种室温时却是硬而韧且不透明的材料。试解释它们内在结构上的差别。

答 前者是无规共聚物,丙烯上的甲基在分子链上是无规排列的,这样在晶格中分子链难以堆砌整齐,所以得到一个非晶态的橡胶状的透明聚合物。后者是乙烯和有规立构聚丙烯的嵌段共聚物,乙烯的长嵌段堆砌入聚乙烯晶格,而丙烯嵌段堆砌入聚丙烯晶格。由于能结晶,因此是硬而韧的塑料,且不透明。

8-24 为什么聚对苯二甲酸乙二酯从熔体淬火时得到透明材料?为什么对全同聚甲基丙

烯酸甲酯进行同样处理时试样是不透明的？

答 聚对苯二甲酸乙二酯的结晶速率很慢，快速冷却时来不及结晶，所以透明。全同聚甲基丙烯酸甲酯结晶能力大、结晶快，所以它的试样总是不透明的。

8-25 PET 能结晶，但经改性后的一种称为 PETG 的共聚酯却不结晶，它是 PET 与 30%～40% 共聚单体 1,4-环己二醇经酯交换获得，其结构单元比 PET 多了环己二醇单元。PETG 具有突出的韧性和透明性。为什么 PETG 不结晶？

答 由于共聚破坏了高分子链的规整性，所以不结晶。

8-26 聚三氟氯乙烯是否是结晶性聚合物？为什么？要制成透明薄板制品，成型过程中要注意什么条件的控制？

答 是结晶性聚合物，由于氯原子与氟原子大小差不多，分子结构的对称性较好，所以易结晶（结晶度可达 90%）。成型过程中要使制品快速冷却，以降低结晶度并使晶粒更细小，才能得到透明薄板。

8-27 聚乙烯分子链上没有侧基，内旋转势能不大，柔顺性好。为什么该聚合物室温下是塑料而不是橡胶？

答 由于高度结晶而失去弹性。

8-28 已知 PE 的结晶密度为 1000 kg·m^{-3}，无定形 PE 的密度为 865 kg·m^{-3}，计算密度为 970 kg·m^{-3} 的线型 PE 和密度为 917 kg·m^{-3} 的支化 PE 的 f_c^m。为什么两者的结晶度相差这么大？

答 $f_c^m = \dfrac{\rho_c}{\rho} \dfrac{\rho - \rho_a}{\rho_c - \rho_a}$，线型 PE 的 $f_c^m = 80.2\%$，支化 PE 的 $f_c^m = 42.0\%$。

线型 PE 由于对称性比支化 PE 好，所以结晶度大。

8-29 （1）聚乙烯和聚丙烯都用定向催化剂聚合，都是刚性的半透明的塑料，为什么 65% 的乙烯和 35% 的丙烯的共聚物用同样方法聚合，却得到柔软的透明的弹性体？这种弹性体有什么突出的优点？（2）有一种塑料，其外观、机械性质与 PE 和 PP 相似，但它由 65% 乙烯和 35% 丙烯单体单元组成。这种塑料的两种组分不能用任何物理或化学方法分离，除非降解。解释此现象。

答 （1）因为无规共聚破坏了链的规整性而不结晶，成为透明的"乙丙橡胶"。由于分子链中无不饱和键，所以耐老化。（2）形成了嵌段共聚物。

8-30 为什么缓慢冷却的涤纶薄片具有脆性，而迅速冷却并经过拉伸后却是韧性很好的薄膜材料？

答 前者结晶，后者基本上为非晶。

8-31 用注射成型法把三种热塑性塑料（聚乙烯、聚对苯二甲酸乙二醇酯和聚苯乙烯）加工成长条状试样，料温分别是 190 ℃、280 ℃ 和 190 ℃，模温都是 20 ℃。试分析每种试样在厚度方向上（比较表层和内部）可能的聚集态结构，并扼要说明所有这些差别的原因。

答 PE 试样表层为小球晶，内部为较大的球晶。PET 试样表层为非晶态，内部有球晶。PS 试样表层和内部均不结晶。注射成型的制品表层的冷却速度快于内部。因为 PE 为结晶性聚合物且结晶速率很快，用液氮（−196 ℃）将其熔体淬火也得不到完全非晶体，注射成型时表层的快速冷却只会使球晶变小。PET 为结晶性聚合物但结晶速率较慢，快速冷却时由于无足够的时间使其链段排入晶格，结果得到的是非晶态而呈透明性。PS 为非结晶性聚合物，任何外界条件都无法使其结晶。

8-32 用自由基引发聚合的聚乙酸乙烯酯是非晶态聚合物，但经过醇解后所得到的聚乙烯醇却是结晶性聚合物，为什么？聚乙烯醇大分子是以什么形式进入晶格的？

答 由于羟基体积较小,聚乙烯醇分子结构仍有一定规整性,而且羟基间能形成氢键也有利于形成结晶。聚乙烯醇分子链以平面锯齿形构象进入晶格。

8-33 由于乙烯醇单体不稳定,聚乙烯醇由聚乙酸乙烯酯水解制得。纯的聚乙酸乙烯酯(0%水解)是不溶于水的,然而随着水解度的增加(直至87%水解度),聚合物变得更易溶于水。但是,进一步提高水解度却降低了室温下的水溶性,试简要解释。

答 聚乙烯醇的结构、极性和溶度参数均与水相似,故溶于水。但高水解度时,聚乙烯醇对称性好而能结晶,从而室温下不溶于水,要加热至 90~100 ℃才能溶于水。

8-34 讨论乙烯-乙酸乙烯酯共聚物(简称 EVA)中乙酸乙烯酯的含量对结晶度的影响。

答 乙酸乙烯酯的含量越高,EVA 的结晶度越低,因为聚乙酸乙烯酯是非结晶性高分子。

8-35 以苯乙烯为单体,分别采用过氧化二苯甲酰和 Ziegler-Natta 型催化剂制备聚苯乙烯,何种聚苯乙烯可以结晶?何种不能结晶?何种聚苯乙烯的硬度、弹性模量、抗张强度、耐热性较高?何种聚苯乙烯的上述性能指标较低?为什么?

答 前者是无规聚苯乙烯,不能结晶,这些性能指标均较低;后者是全同聚苯乙烯,能结晶,这些性能指标均较高。

8-36 讨论下列聚合物的结晶能力:
(1) 尼龙-66;(2) 聚对苯二甲酸丁二醇酯;(3) 聚对苯二甲酸乙二醇酯;(4) 聚苯醚;(5) 聚甲醛;(6) 聚四氟乙烯;(7) 氯化聚乙烯;(8) 聚氯乙烯;(9) 无规聚丙烯。

答 (1)、(2)、(3)、(5)、(6)易结晶;(4)、(7)、(9)不结晶;(8)难结晶,结晶度低。

8-37 估计下列聚合物有无结晶能力:
(1) 聚碳酸酯;(2) 轻度交联天然橡胶;(3) 已固化酚醛塑料;(4) 聚三氟氯乙烯;(5) 无规立构聚甲基丙烯酸甲酯;(6) 全同立构聚丙烯;(7) 间同立构聚氯乙烯;(8) 低密度聚乙烯;(9) 乙丙橡胶;(10) 硅橡胶。

答 (1) 难结晶,结晶度很低;(2) 不结晶;(3) 不结晶;(4) 结晶;(5) 不结晶;(6) 结晶;(7) 结晶;(8) 结晶;(9) 不结晶;(10) 结晶。

8-38 从结构观点讨论聚异丁烯的结晶能力。

答 聚异丁烯的结构有一定对称性,因而有一定结晶能力,结晶度最大可达20%。

8-39 (1) $+CH_2-CH+_n$(苯基) 和 $+CH_2-C+_n$(CH_3/COOCH_3) 在什么情况下可以结晶?什么情况下不能结晶?

(2) $+CH_2-CH=CH-CH_2+_n+CH_2-CH+_m$(苯基) 和 $+CH_2-CH=CH-CH_2+_n+CH_2-CH+_m$(CN) 为什么不能结晶?

答 (1) 只有定向聚合的有规立构体才能结晶。(2) 无规共聚破坏了分子链的规整性。

8-40 判断下列各对聚合物中哪个更易结晶:
(1) 间同立构 PVC 与全同立构 PVC;(2) 线型全同立构 PP 与轻度支化的全同立构 PP;(3) 苯乙烯-乙烯交替共聚物与苯乙烯-乙烯无规共聚物。

答 (1) 全同立构 PVC;(2) 线型全同立构 PP;(3) 苯乙烯-乙烯交替共聚物。

8-41 为什么多数缩聚物能很好地作为纤维原料?为什么常采用结晶性聚合物作合成纤维、薄膜的材料?

答 因为多数缩聚物有含氧、氮的极性基团,甚至能形成氢键,分子间作用力强,易结晶。而纤维或薄膜宜用结晶性聚合物制作,结晶提供纤维或薄膜足够的强度。

8-42 将聚对苯二甲酸乙二醇酯透明试样在接近玻璃化温度 T_g 时进行拉伸,发现试样外观由透明变为浑浊,试从热力学观点解释这一现象。

答 PET 在接近 T_g 时进行拉伸,拉伸使得大分子链或链段在外力的方向上取向而呈现一定的有序性,使其容易结晶。结晶使其由透明变为浑浊。拉伸有利于结晶,在热力学上是这样解释的:根据 $\Delta G = \Delta H - T\Delta S$,已知结晶过程是放热和有序排列的过程,所以 $\Delta H < 0$,$\Delta S < 0$。要使结晶过程自发进行,势必要求 $\Delta G < 0$,即 $|\Delta H| > T|\Delta S|$,也就是说 $|\Delta S|$ 越小越好。设未拉伸的非晶态的熵为 S_a,结晶后的熵为 S_c,拉伸后非晶态的熵为 S_a'。显然,拉伸的试样 $\Delta S' = S_c - S_a'$,未拉伸的试样 $\Delta S = S_c - S_a$,则有 $|\Delta S'| < |\Delta S|$(因为 $S_a' < S_a$),故拉伸有利于结晶。

8-43 为什么大多数合成纤维都是用结晶聚合物制得?

答 成纤聚合物必须有足够的分子间次价力,一般大于 $20 \text{ kJ} \cdot \text{mol}^{-1}$,所以它们通常是结晶聚合物。

8-44 当一根橡皮带被快速拉伸时,将它贴于唇边,会感到温暖。如果在伸长的状态下维持足够长时间以达到室温,然后突然放松外力,能感觉它变凉。解释上述现象。

答 在第 13 章中可以用热力学解释,本章用结晶也可以解释。橡胶的结晶熔点低于室温,因而室温下橡胶不结晶。但拉伸能促使结晶发生,维持伸长的状态能保持结晶,放松外力时结晶熔融。由于结晶放热,熔融吸热,所以有拉伸变热放松变凉的现象。

8-45 下面是一些聚合物结晶时所得到的晶体的晶系,为什么聚合物没有立方晶系,大多形成对称性较低的晶系?

聚合物	聚乙烯	尼龙-6	PET	聚四氟乙烯	等规聚苯乙烯	聚 4-甲基-1-戊烯
晶系	斜方(正交)	单斜	三斜	六方	三方	四方

答 这是由于聚合物化学结构的对称性本身较差。尤其是主链有连续的化学键相连,沿着主链和沿着链间两个方向的对称性必然不同。

8.4 结 晶 度

8.4.1 比体积、密度和结晶度

8-46 聚合物在结晶过程中为什么会发生体积收缩现象?图 8-2 是含硫量不同的橡皮在结晶过程中体积改变与时间的关系,从这些曲线关系能得出什么结论?试讨论。

答 结晶中分子链的规则堆砌使密度增加,从而结晶过程中发生体积收缩。橡胶含硫量增加,降低了结晶能力,结晶程度和结晶速率都下降,表现在曲线最大的体积收缩率和曲线斜率都减小。

8-47 说明聚合物结晶度的物理意义,试述三种测定方法,并简述其基本原理。

答 结晶度定义为试样中结晶部分所占的质量分数或体积分数。

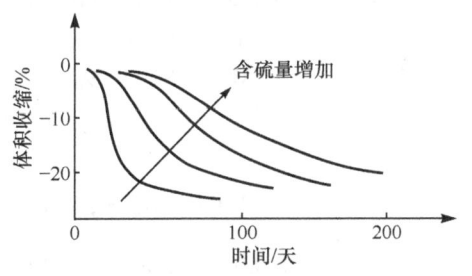

图 8-2 含硫量不同的橡皮在结晶过程中体积改变与时间的关系

$$f_c^m = \frac{m_c}{m_c + m_a} \times 100\% \qquad f_c^V = \frac{V_c}{V_c + V_a} \times 100\%$$

式中,f 表示结晶度,下标 c 和 a 分别代表结晶部分和非晶部分,上标 m 和 V 分别代表质量和体积。有些教材用 X_c^m 或 X_c^V 表示结晶度。

测定方法:密度法、X 射线法和 DSC 法,基本原理略。

8-48 为什么可以由测定聚合物的密度计算聚合物的结晶度?试推导用密度法求结晶度的公式。

答 结晶使体积缩小,密度增加。体积的变化与结晶度的关系是线性的。$m_c = m - m_a$,$\rho_c V_c = \rho V - \rho_a V_a$,式中,$m$、$m_c$、$m_a$ 分别为样品、结晶、非晶的质量,V、V_c、V_a 分别为样品、结晶、非晶的体积。上式两边同减去 $\rho_a V_c$,有

$$\rho_c V_c - \rho_a V_c = \rho V - \rho_a V_a - \rho_a V_c = \rho V - \rho_a(V_a + V_c) = \rho V - \rho_a V$$

$$V_c(\rho_c - \rho_a) = V(\rho - \rho_a)$$

因为 $f_c^V = \dfrac{V_c}{V}$,所以 $f_c^V = \dfrac{\rho - \rho_a}{\rho_c - \rho_a}$。

从 $V_c = V - V_a$ 出发,用类似方法可以导出 $f_c^m = \dfrac{\rho_c}{\rho} \dfrac{\rho - \rho_a}{\rho_c - \rho_a}$。

8-49 由文献查得涤纶树脂的密度 $\rho_c = 1.46 \times 10^3$ kg·m^{-3},$\rho_a = 1.33 \times 10^3$ kg·m^{-3}。今有一块 $(1.42 \times 2.96 \times 0.51) \times 10^{-6}$ m^3 的涤纶试样,质量为 2.92×10^{-3} kg,计算涤纶树脂试样的密度和结晶度。

答
$$\rho = \frac{W}{V} = \frac{2.92 \times 10^{-3}}{(1.42 \times 2.96 \times 0.51) \times 10^{-6}} = 1.36 \times 10^3 \text{(kg·m}^{-3}\text{)}$$

$$f_c^V = \frac{\rho - \rho_a}{\rho_c - \rho_a} = \frac{1.36 - 1.33}{1.46 - 1.33} = 24.6\% \quad \text{或} \quad f_c^m = \frac{\rho_c}{\rho} \frac{\rho - \rho_a}{\rho_c - \rho_a} = 26.4\%$$

8-50 用密度梯度管法测得某聚对苯二甲酸乙二酯试样的密度 $\rho = 1.40$ g·cm^{-3},试计算其质量结晶度 f_c^m 和体积结晶度 f_c^V。

答 查得 $\rho_c = 1.46$ g·cm^{-3},$\rho_a = 1.33$ g·cm^{-3}。代入 8-49 题的公式,得 $f_c^m = 56.2\%$,$f_c^V = 53.8\%$。

8-51 由 X 射线衍射法测得全同聚丙烯(α 型)的晶胞参数为 $a = 0.665$ nm,$b = 2.096$ nm,$c = 0.650$ nm,$\beta = 99.3°$,为单斜晶系,每个晶胞含有四条 H3$_1$ 螺旋链。(1)预测完全结晶的全同聚丙烯的比体积和密度;(2)有一块全同立构聚丙烯试样,体积为 $(1.42 \times 2.96 \times 0.51)$ cm^3,质量为 1.94 g,已知非晶态 PP 的比体积 $\widetilde{V}_a = 1.174$ cm^3·g^{-1},试计算其比体积和结晶度。

答 (1) $\widetilde{V} = \dfrac{V}{W} = \dfrac{abc\sin\beta N_A}{(3\times 4)M_0}$ ⟶ 每 mol 体积 / 每 mol 质量

$$= \frac{0.665 \times 2.096 \times 0.650 \times \sin 99.3° \times 6.023 \times 10^{23}}{12 \times 42}$$

$$= 1.07 \text{ (cm}^3\text{·g}^{-1}\text{)} = 1.07 \times 10^{-3} \text{ (m}^3\text{·kg}^{-1}\text{)}$$

$\rho = \dfrac{1}{\widetilde{V}} = 0.936$ g·cm^{-3} $= 0.936 \times 10^{-3}$ kg·m^{-3} 　　　文献值 $\rho_c = 0.939$ g·cm^{-3}

(2) $\widetilde{V} = \dfrac{1.42 \times 2.96 \times 0.51}{1.94} = 1.105$ (cm^3·g^{-1})

$$f_c^m = \frac{\widetilde{V}_a - \widetilde{V}}{\widetilde{V}_a - \widetilde{V}_c} = \frac{1.174 - 1.105}{1.174 - 1.068} = 0.651$$

8-52 已知聚乙烯为斜方晶系,它的晶胞参数分别为 $a=0.738$ nm, $b=0.495$ nm, $c=0.254$ nm,试回答以下问题:(1) 根据晶胞参数,验证聚乙烯分子链在晶体中为平面锯齿形构象;(2) 已知样品的密度 $\rho=0.97$ g·cm^{-3},求晶格中所含分子链节数目;(3) 若聚乙烯非晶部分的密度 $\rho_a=0.83$ g·cm^{-3},求该样品的结晶度。

答 (1) 按平面锯齿形构象处理,一个链节长度为 0.253 nm,与 c 为分子轴且 $c=0.254$ nm 一致;(2) 以 $\rho=0.97$ g·cm^{-3} 代替完全结晶的密度,求得晶格中所含分子链节数目为 1.94,所以单晶格含 2 个链节;(3) 先求出 $\rho_c = 1.002$ g·cm^{-3},再求得 $f_c^m = 84.1\%$, $f_c^V = 81.4\%$。

8-53 下列聚合物的晶胞中所有的角度均为 90°,应用已提供的数据填空。

聚合物	M_0	a/nm	b/nm	c/nm	每个晶胞中的重复单元数 Z	ρ_c/(g·cm^{-3})
聚异丁烯	56.1	0.694	1.196	?	16	0.972
聚氯乙烯	62.5	1.011	0.527	0.512	4	?
尼龙-8	?	0.49	0.49	2.2	2	1.038
聚甲基丙烯酸甲酯	100.1	2.108	1.217	1.055	?	1.23
聚偏二氟乙烯	64.0	?	0.470	0.256	2	2.085

答 $\rho_c = \frac{ZM_0}{N_A V} = \frac{ZM_0}{N_A abc}$。聚异丁烯:$c=1.847$ nm;聚氯乙烯:$\rho_c = 1.522$ g·cm^{-3};尼龙-8:$M_0 = 165.1$;聚甲基丙烯酸甲酯:$Z=20$;聚偏二氟乙烯:$a=0.847$ nm。

8-54 由大量聚合物的 ρ_a 和 ρ_c 数据归纳得 $\rho_c/\rho_a = 1.13$,如果晶区与非晶区的密度存在加和性,试证明可用来粗略估计聚合物结晶度的关系式 $\rho/\rho_a = 1 + 0.13 f_c^V$。

证 $f_c^V = \frac{\rho - \rho_a}{\rho_c - \rho_a} = \frac{\rho/\rho_a - 1}{\rho_c/\rho_a - 1} = \frac{\rho/\rho_a - 1}{1.13 - 1} = \frac{\rho/\rho_a - 1}{0.13}$,所以 $\rho/\rho_a = 1 + 0.13 f_c^V$。

8-55 用密度梯度管法测定低密度聚乙烯颗粒和聚丙烯颗粒的实验得到以下校准数据:

标准玻璃小球	测高仪测得的高度 H/mm	ρ/(g·cm^{-3})
1#	161	0.8990
2#	142	0.9040
3#	109.5	0.9124
4#	70	0.9225
5#	52.5	0.9270

LDPE 颗粒的 $H=87$ mm,IPP 颗粒的 $H=159$ mm。已知对于聚乙烯:$\rho_a = 0.855$ g·cm^{-3}, $\rho_c = 1.004$ g·cm^{-3};对于聚丙烯:$\rho_a = 0.858$ g·cm^{-3}, $\rho_c = 0.939$ g·cm^{-3}。要求画出工作曲线,计算:(1) 线性相关系数;(2) 密度梯度管的灵敏度;(3) 该 LDPE 和 IPP 的结晶度。

答 图略。(1) 线性相关系数为 0.9995;(2) 灵敏度为 1.29×10^{-4} g·cm^{-3}·mm^{-1};(3) LDPE 结晶度为 0.463,IPP 结晶度为 0.536。

8-56 两种聚四氟乙烯材料的密度和体积结晶度如下:

样品	$\rho/(g \cdot cm^{-3})$	体积结晶度/%
1	2.114	51.3
2	2.215	74.2

计算：(1) 完全结晶和完全非晶聚四氟乙烯的密度；(2) 密度为 2.26 g·cm^{-3} 聚四氟乙烯样品的体积结晶度。

答 (1) 分别将数据代入体积结晶度 f_c^V 的公式，联立解得 $\rho_a = 1.888$ g·cm^{-3}，$\rho_c = 2.329$ g·cm^{-3}；(2) 84.4%。

8-57 用 DSC 测定聚氧化乙烯(PEO)样品的熔融热为 6.7 kJ·mol^{-1}。已知 100% 结晶的 PEO 的熔融热是 8.29 kJ·mol^{-1}，求样品的(质量)结晶度。

答
$$f_c^m = \frac{\Delta H_m}{\Delta H_m^0} \times 100\% = \frac{6.7}{8.29} = 80.8\%$$

8.4.2 结晶(度)对性能的影响

8-58 判断结晶对聚合物下列性能的影响：透明性、密度、拉伸强度、伸长率、冲击强度、硬度、弹性、耐热性、耐化学性。

答 结晶度增加使透明性降低，密度增加，拉伸强度提高，伸长率减小，冲击强度降低(变脆)，硬度增加，弹性降低，耐热性提高(使塑料的使用下限温度从 T_g 提高到 T_m)，耐化学性提高(由于结晶中分子排列紧密，更加抗渗透)。

8-59 为什么结晶聚合物是不透明的或半透明的，而非晶聚合物是透明的？

答 当光线通过物体时，若全部通过，则此物体是透明的；若光线全部被吸收，则此物体为黑色。聚合物的晶态结构总是晶区与非晶区共存，而晶区与非晶区的密度不同，物质的折射率又与密度有关，因此，聚合物晶区与非晶区的折射率往往不同。光线通过结晶聚合物时，在晶区界面上必然发生折射、反射和散射，不能直接通过，故两相共存的结晶聚合物通常呈乳白色、不透明或半透明，如聚乙烯、尼龙等。当结晶度减小时，透明度增加。对于完全非晶的聚合物，光线能通过，通常是透明的，如有机玻璃、聚苯乙烯等。

8-60 如何改善结晶聚合物的透明性？

答 ①通过淬火使聚合物来不及结晶，或结晶度很低。②通过添加成核剂得到很小尺寸的结晶，当结晶尺寸远小于可见光的波长时不产生光的散射和干涉，聚合物是透明的。

8-61 如何制得尺寸稳定性好、韧性好、透明性也较好的均聚聚丙烯注塑制品？

答 一个方法是添加成核剂得到很小尺寸的结晶。结晶小使透明性和韧性同时得到提高。另一方面，成核剂也提高了结晶度，从而在使用过程中不会进一步结晶，提高了尺寸稳定性。

注：问的是均聚聚丙烯，所以不能用共混或共聚的改性方法。

8-62 什么是淬火？什么是退火？淬火和退火的目的是什么？

答 淬火是将聚合物熔体骤冷；退火是将聚合物在低于 T_m 的较高温度下热处理。淬火能减小球晶尺寸或避免结晶；而退火用于增加结晶度，提高结晶完善程度和消除内应力。

8-63 比较尼龙-66 和尼龙-1010，加工时哪个聚合物成型收缩较大？

答 尼龙-66 较易结晶，结晶度较大。由于结晶体积收缩，所以尼龙-66 成型收缩较大。

8-64 试由聚合物结晶过程的特点说明它们在较低温度下结晶和在稍低于熔点下结晶的材料性能差异。

答 前者结晶较小,结晶度较低,因而透明性相对较好,且力学性能相对较好。后者相反。

8-65 金属和合金的结晶缺陷对力学性质有很大影响,虽然聚合物也有很多类似的结晶缺陷,却不讨论结晶缺陷对力学性质的影响,为什么?

答 由于聚合物没有100%结晶,总是含有一部分非晶,这一部分非晶对力学性质的影响远大于结晶缺陷的影响。

8.5 结晶热力学与熔点

8-66 聚合物结晶为什么没有明确的熔点?举例说明。

答 因为聚合物结晶中含有形态不同、尺寸不同、完善程度不同甚至晶形(又称变体)不同的晶体,它们的熔点不同,所以出现较宽的熔融范围,称为"熔限",不像小分子有很窄的熔点。例如,聚丙烯球晶可能有大有小,存在尺寸分布,小球晶先熔,大球晶后熔;退火条件下的结晶较完善,较晚熔,淬火条件下的结晶较不完善,较易熔;聚丙烯在不同制备条件下有 α、β、γ 三种变体,熔点分别为 165 ℃、145~150 ℃、155 ℃。

8-67 解释以下现象:PE 单晶的精细测定发现有三个很接近的 T_m。

答 可能分别归属于折叠链、晶区缺陷、与非晶部分相连的链或链端等的熔融。

8-68 为什么腈纶用湿法纺丝,而涤纶用熔融纺丝?

答 由于聚丙烯腈的熔点(T_m=318 ℃)很高,分解温度(T_d=220 ℃)低于熔点,因此不能用熔融纺丝,只能在适当的溶剂(如 DMF)中形成溶液后用湿法纺丝。由于聚对苯二甲酸乙二酯的熔点为 260~270 ℃,低于分解温度(~350 ℃),因此可用熔融纺丝。

8-69 如何测定聚合物的熔点?

答 用带热台的偏光显微镜(观察双折射的消失温度)或 DSC(熔融吸热峰的起点温度)等方法测定。

8.5.1 从热力学角度出发比较聚合物的熔点

8-70 试从热力学角度讨论影响聚合物熔点的各种因素。

答 结晶化和晶体熔融是一个热力学相变过程,达到平衡时有:$\Delta G = \Delta H - T_m \Delta S = 0$,即 $T_m = \Delta H_m / \Delta S_m$,式中,$\Delta H_m$ 为熔融焓,ΔS_m 为熔融熵。ΔH_m 增大或 ΔS_m 减小的因素都使 T_m 升高。因此增加分子间作用力的因素(如极性、氢键等)使 ΔH_m 增大从而升高 T_m;另一方面,减少柔顺性的因素使 ΔS_m 减小从而升高 T_m。

8-71 试判别在半晶态聚合物中,发生下列转变时熵值如何改变,并解释其原因:
(1) T_g 转变;(2) T_m 转变;(3) 形成晶体;(4) 拉伸取向。

答 (1) T_g 转变时熵值增大,因链段运动使大分子链的构象数增加;(2) T_m 转变时熵值增大,理由同(1),另外晶格破坏也使分子的混乱度增加;(3) 形成晶体时熵值减小,因大分子链规整排列,构象数减少;(4) 拉伸取向时熵值减小,理由同(3)。

8-72 列出下列聚合物的熔点顺序,并用热力学观点及关系式说明其理由:
聚对苯二甲酸乙二酯,聚丙烯(注:如无特别说明,均指全同聚丙烯,下同),聚乙烯,顺 1,4-聚丁二烯,聚四氟乙烯。

答 PTFE(327 ℃)>PET(267 ℃)>PP(176 ℃)>PE(137 ℃)>顺 1,4-聚丁二烯(12 ℃)。

PTFE:由于氟原子电负性很强,F 原子间的斥力很大,分子采取螺旋构象($H13_6$),分子链的内旋转很困难，ΔS_m 很小，所以 T_m 很高。

PET：由于酯基的极性，分子间作用力大，所以 ΔH_m 大；另一方面由于主链有芳环，刚性较大，ΔS_m 较小，所以总效果 T_m 较高。

PP：由于有侧甲基，比 PE 的刚性大，ΔS_m 较小，因而 T_m 比 PE 高。

顺 1,4-聚丁二烯：主链上孤立双键柔性好，ΔS_m 大，从而 T_m 很低。

8-73 列出下列单体所组成的聚合物熔点顺序，并说明理由：CH_3—CH=CH_2，CH_3—CH_2—CH=CH_2，CH_2=CH_2，$CH_3CH_2CH_2CH$=CH_2，$CH_3CH_2CH_2CH_2CH_2CH$=CH_2。

答 聚丙烯＞聚乙烯＞聚 1-丁烯＞聚 1-戊烯＞聚 1-庚烯。聚丙烯由于侧甲基的空间阻碍，增加了刚性，从而 ΔS_m 较小，T_m 比聚乙烯高。另一方面从聚 1-丁烯到聚 1-庚烯，随着柔性侧基增长，起类似增塑的作用，ΔS_m 增大，从而 T_m 比聚乙烯低，侧基越长，T_m 越低。

8-74 根据下列数据解释：（1）PE 和 PTFE 的内聚能相差不大，而熔点相差很大；（2）PET 和尼龙-66 的内聚能（表征分子间作用力）相差很大，而熔点却基本相同。

聚合物	PE	PTFE	PET	尼龙-66
内聚能	1.3	1.6	1.9	3.4
T_m/℃	137	327	265	264

答 （1）PE 与 PTFE 都是非极性高分子，分子间作用力差不多，即 ΔH_m 差不多。但由于氟原子电负性很强，氟原子间的斥力很大，分子链的内旋转很困难，分子刚性很大，因此 ΔS 很小，T_m 很高。（2）尼龙-66 的分子间作用力（氢键）大于 PET，所以 ΔH_m 较大，另一方面尼龙-66 的分子链无苯环，内旋转较容易，柔性大，ΔS_m 较大。ΔH_m 和 ΔS_m 的影响相互抵消，因此 T_m 差不多。

8-75 预计由下列单体聚合而成的全同立构聚合物哪一个 T_m 较高。

$$\begin{array}{cc} H_2C-CH-CH_3 & H_2C-CH-\phi \\ \diagdown O \diagup & \diagdown O \diagup \end{array}$$

答 $+CH_2-CH-O+_n$ 的 T_m 大于 $+CH_2-CH-O+_n$，因为前者刚性大，ΔS_m 较小，T_m
        | |
        C_6H_5   CH_3

较高。

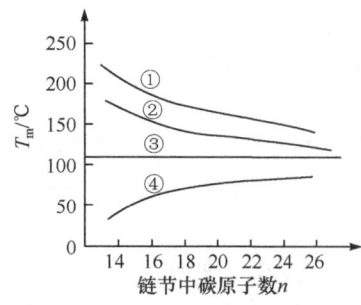

图 8-3 四类晶态聚合物的 T_m 与链节中碳原子数的关系

8-76 从图 8-3 中各曲线的趋势解释：（1）四类晶态聚合物的 T_m 顺序为聚酰胺(PA)①＞聚氨酯(PU)②＞聚乙烯(PE)③＞脂肪族聚酯④；（2）随着 n 的增加，①、②、④的熔点都趋近于 PE 的 T_m。

答 （1）PA 和 PU 的氢键增加分子间作用力，熔点升高。PA 和 PU 比较，因为—O—基使 PU 柔性增加，降低了熔点。脂肪族聚酯没有氢键，只有—O—基，熔点最低。（2）当 n 增加，①、②、④的结构都趋近于 PE 的结构。

8-77 比较聚酰胺和聚氨酯在同样的 n 和 m 的情况下的熔点大小，并解释原因。

$$—NH—(CH_2)_n—NH—\underset{\underset{O}{\|}}{C}—CH_2—(CH_2)_m—CH_2—\underset{\underset{O}{\|}}{C}—$$

$$—NH—(CH_2)_n—NH—\underset{\underset{O}{\|}}{C}—O—(CH_2)_m—O—\underset{\underset{O}{\|}}{C}—$$

答 聚酰胺＞聚氨酯，因为—O—基使后者柔性增加，降低熔点。

8-78 比较下列聚氨酯的熔点大小，并解释原因：

(1) $—NH—(CH_2)_6—NH—\underset{\underset{O}{\|}}{C}—O—(CH_2)_3—\bigcirc—(CH_2)_3—O—\underset{\underset{O}{\|}}{C}—$；

(2) $—NH—(CH_2)_8—NH—\underset{\underset{O}{\|}}{C}—O—(CH_2)_{10}—O—\underset{\underset{O}{\|}}{C}—$；

(3) $—NH—(CH_2)_8—NH—\underset{\underset{O}{\|}}{C}—O—(CH_2)_2—\bigcirc—(CH_2)_2—O—\underset{\underset{O}{\|}}{C}—$。

答 (3)＞(1)＞(2)。两种芳香族聚氨酯的熔点高于脂肪族聚氨酯的原因是芳环使柔性降低。两种芳香族聚氨酯比较，虽然碳链的总碳数相同，但是$(CH_2)_3$的柔性大于$(CH_2)_2$，而$(CH_2)_6$的柔性与$(CH_2)_8$相差不大（超过一定长度后影响很小），所以(3)＞(1)。

8-79 试根据高分子链结构对聚合物熔点的影响因素比较下列各组结晶聚合物的熔点：
(1) ①—NH(CH$_2$)$_{10}$NHCO(CH$_2$)$_{10}$CO—、②—NH(CH$_2$)$_6$NHCO(CH$_2$)$_6$CO—、③—NH(CH$_2$)$_6$NHCOC$_6$H$_4$CO—、④—NHC$_6$H$_4$NHCOC$_6$H$_4$CO—；(2) 聚乙烯、聚丙烯、全同立构聚苯乙烯。

答 (1) ④＞③＞②＞①；(2) iPS＞PP＞PE。

8-80 试比较下列几对聚合物熔点的高低，并说明原因：
(1) 聚对苯二甲酸乙二酯与聚间苯二甲酸乙二醇酯；(2) 聚对苯二甲酰对苯二胺与聚间苯二甲酰间苯二胺；(3) 聚己二酸己二胺与聚己二酸己二醇酯。

答 均为前者＞后者，(1)和(2)均由于间位结构使分子链发生拐折，ΔS_m较大；(3)由于聚酰胺的氢键使ΔH_m大于聚酯。

8-81 将下列聚合物按熔点大小排列（假定聚合度n都相同）：

(1) $\pm NH—(CH_2)_6—NH—\underset{\underset{O}{\|}}{C}—(CH_2)_8—\underset{\underset{O}{\|}}{C}\pm_n$；

(2) $\pm NH—(CH_2)_6—NH—\underset{\underset{O}{\|}}{C}—(CH_2)_4—\underset{\underset{O}{\|}}{C}\pm_n$；

(3) $\pm NH—(CH_2)_6—NH—\underset{\underset{O}{\|}}{C}—NH—CH_2—\bigcirc—CH_2—NH—\underset{\underset{O}{\|}}{C}\pm_n$；

(4) $\pm NH—(CH_2)_6—NH—\underset{\underset{O}{\|}}{C}—NH—(CH_2)_4—NH—\underset{\underset{O}{\|}}{C}\pm_n$；

(5) $\pm O—(CH_2)_6—O—\underset{\underset{O}{\|}}{C}—(CH_2)_8—\underset{\underset{O}{\|}}{C}\pm_n$。

答 (3)＞(4)＞(2)＞(1)＞(5)。

8-82 将下列聚合物按结晶熔点大小排列：
(1) 聚己二酸乙二醇酯；(2) 聚对苯二甲酸乙二醇酯；(3) 聚己二酸己二醇酯；(4) 聚己二酸乙二胺。

答 (4)＞(2)＞(1)＞(3)。

8-83 尼龙-n 结晶的熔点随 n 如何变化？还有其他主要的性质发生变化吗？

答 n 增大，相当于稀释了尼龙的分子间氢键，从而降低了熔点。n 增大到无穷大即为聚乙烯，分子无极性，分子间作用力仅是范德华力，此时熔点仅为 135 ℃。下面列出尼龙-n 随 n 发生的一些性质的变化：

n	T_m/℃	ρ/(g·cm^{-3})	抗张强度/MPa	24 h 吸水率/%
6	216	1.14	82.7	1.7
11	185	1.04	55.2	0.3
12	177	1.02	51.7	0.25
∞(PE)	135	0.97	37.9	0

8-84 由癸二酸、己二胺和对苯二甲酸共缩聚得到的共聚酯的熔点与对苯二甲酸单元的摩尔分数的关系如下，试解释。

对苯二甲酸单元的摩尔分数/%	0	6.0	10.7	17.0	21.9
T_m/℃	228	225	217	206	206
对苯二甲酸单元的摩尔分数/%	27.2	32.6	37.7	43.2	47.9
T_m/℃	225	239	261	275	301

答 无对苯二甲酸共聚时聚合物为尼龙-610，熔点 228 ℃。熔点先随对苯二甲酸单元的增加而降低，是由于对苯二甲酸单元起了"杂质"的作用。然后熔点随对苯二甲酸单元的进一步增加而升高，则是由于在主链上引入大量苯环，增加了分子链的刚性。

8-85 如何理解聚乙烯熔融时的热焓变化值比聚四氟乙烯高，而熔点比聚四氟乙烯低（聚乙烯的 $\Delta H_m = 3870$ kJ·mol^{-1}，聚四氟乙烯的 $\Delta H_m = 3046$ kJ·mol^{-1}）？

答 由于 F 原子电负性很强，F 原子间斥力很大，分子链内旋转困难，因此刚性很大，即 ΔS_m 很小。ΔS_m 对 T_m 的影响超过 ΔH_m 的影响。

8-86 从链的规整上解释，聚四氟乙烯的熔点比氟-4,6（四氟乙烯与六氟丙烯的共聚物）的熔点高。

答 前者较规整，所以 ΔS_m 较小，T_m 较高。

8-87 如何设计高 T_m 的高分子？试简要回答。

答 ΔH_m 大，ΔS_m 小，即分子间作用力大、刚性大的高分子。

8-88 为什么结晶性高分子的热塑区（可加工成型区）一般比非晶高分子狭窄？从 T_m 和 T_g 的特性出发讨论。

答 同一种高分子物质的 T_m 和 T_g 之间关系存在 Boyer-Beaman 经验规律，即对称性高分子 $T_m/T_g \approx 2$，非对称性高分子 $T_m/T_g \approx 1.5$。也就是说，无论对哪类高分子，T_m 通常比 T_g 高 100～200 ℃。对于非结晶性高分子，热塑区高于 T_g；而对于结晶性高分子，热塑区高于 T_m。所以结晶性高分子的热塑区较窄。

8-89 PS 的 $T_g = 100$ ℃，估算它的熔点 T_m。

答 按 $T_m \approx 1.5 T_g$ 估算，$T_m = 286.5$ ℃（计算时用热力学温度值）。

8-90 一种新的无规立构聚合物的 $T_g = 0$ ℃，如果能合成出它的全同立构体，则其熔点应是多少？

答 若是对称性聚合物，按 $T_m \approx 2 T_g$ 估算；若是非对称性聚合物，按 $T_m \approx 1.5 T_g$ 估算。

8-91 比较：(1) 聚甲醛与全同立构聚丙烯的比值（T_m/T_g）；(2) 聚甲醛与聚氧化乙烯的 T_m。

答 (1) 经验规律是：对于对称性聚合物 $T_m/T_g \approx 2$，对于不对称性聚合物 $T_m/T_g \approx 1.5$。

实际上,聚甲醛为 453/223=2.0,聚丙烯为 459/278=1.65;(2)聚甲醛的 T_m(180 ℃)高于聚氧化乙烯(80 ℃),由于前者的极性氧原子含量较高。

8.5.2 熔点和平衡熔点的计算

8-92 为什么聚合物熔点远低于热力学预计的平衡熔点 T_m^0?如何测 T_m^0?

答 由于 T_m 受到结晶形态、结晶完善性、杂质等因素的影响,因此远低于热力学预计的平衡熔点。利用这些影响因素,可以用外推法测出平衡熔点。

(1) 相对分子质量对 T_m 的影响。

$$\frac{1}{T_m} - \frac{1}{T_m^0} = \frac{R}{\Delta H_u} X_B \quad \text{(van't Hoff 方程)}$$

式中,X_B 为杂质的摩尔分数,ΔH_u 为重复单元熔融热。杂质可以是增塑剂、共聚物的第二组分等。相对分子质量对 T_m 的影响相当于将端基视为杂质处理,因而有

$$\frac{1}{T_m} - \frac{1}{T_m^0} = \frac{R}{\Delta H_u} \frac{2}{\overline{P_n}}$$

式中,$\overline{P_n}$ 为数均聚合度,2 为每分子链有两个对结晶没有贡献的端基。以 $1/T_m$ 对 $1/\overline{P_n}$ 作图,外推到 $1/\overline{P_n}$ 为零,可以求得 T_m^0。

(2) 晶片厚度对 T_m 的影响。由于熔融首先从结晶表面开始,晶片厚度越大,相对表面积越小,所以 T_m 越高。根据 Lauriten-Hoffman 公式

$$T_m = T_m^0 \left(1 - \frac{2\sigma_0}{l \Delta H_u}\right)$$

式中,σ_0 为表面能,l 为晶片厚度。以 T_m 对 $1/l$ 作图,外推到 $1/l$ 为零,可求得 T_m^0。

(3) 结晶温度对 T_m 的影响。单晶的厚度与相对分子质量无关,但取决于制备的温度,制备温度越高单晶越厚。球晶等其他结晶也一样,结晶形成时的温度 T_c 越高,结晶熔点就越高,因为越接近熔点结晶速率越慢,所得的结晶越大越完善。因而作 T_m-T_c 曲线,外推到 T_c = T_m 时可得到 T_m^0。

(4) 无限缓慢结晶。无限缓慢结晶实验是做不到的,但可以利用非常缓慢升温测定熔点。由于在接近熔点的高温停留足够长的时间,所以得到的结晶的熔点很接近 T_m^0。

8-93 已知聚丙烯的平衡熔点 $T_m^0 = 176$ ℃,重复单元熔融热 $\Delta H_u = 8.36$ kJ·mol^{-1},试计算平均聚合度 $\overline{DP}$ 分别为 6、10、30、1000 的情况下,由于链端效应引起的 T_m 降低值。

答 $\frac{1}{T_m} - \frac{1}{T_m^0} = \frac{2R}{\Delta H_u \overline{DP}}$,式中,$T_m^0 = 176$ ℃ $= 449$ K,$R = 8.31$ J·K^{-1}·mol^{-1},用不同 $\overline{DP}$ 值代入公式计算得到:$T_{m1} = 337$ K $= 104$ ℃,降低值 $176 - 104 = 72$(℃);$T_{m2} = 403$ K $= 130$ ℃,降低值 $176 - 130 = 46$(℃);$T_{m3} = 432$ K $= 159$ ℃,降低值 $176 - 159 = 17$(℃);$T_{m4} = 448$ K $= 170$ ℃,降低值 $176 - 175 = 1$(℃)。可见当 $\overline{DP} > 1000$ 时,链端效应开始可以忽略。

8-94 聚乙烯晶体的平衡熔点 $T_m^0 = 146$ ℃,熔融热为 8.04×10^3 J·mol^{-1},则聚合度分别为 6、10、30 和 1000 时,由于链端引起的熔点降低值分别是多少?

答 熔点降低值分别为 52.9 ℃、33.4 ℃、11.8 ℃ 和 0.4 ℃。

8-95 均聚物 A 的熔点为 200 ℃,其重复单元熔融热为 8368 J·mol^{-1},平衡熔点 $T_m^0 = 473$ K。如果在结晶的 AB 无规共聚物中,单体 B 不能进入晶格,试预计含 10%(摩尔分数)单体 B 的 AB 无规共聚物的熔点。

答 $\frac{1}{T_m} - \frac{1}{T_m^0} = \frac{R}{\Delta H_u} X_B$,单体 B 可视为杂质,$X_B = 0.1$。A 的平衡熔点 $T_m^0 = 473$ K,

$\Delta H_u = 8368$ J·mol^{-1}, $R = 8.31$ J·K^{-1}·mol^{-1}, 所以

$$T_m = \cfrac{1}{\cfrac{1}{T_m^0} + \cfrac{R}{\Delta H_u} X_B} = \cfrac{1}{\cfrac{1}{473} + \cfrac{8.31}{8368} \times 0.1} = 451.8 \text{ (K)}$$

讨论：采用 $\cfrac{1}{T_m} - \cfrac{1}{T_m^0} = \cfrac{-R}{\Delta H_u} \ln X_A$ 计算得 $T_m = 450.8$ K，产生差别的原因是 Taylor 级数展开 $\ln(1-X_B) \approx -X_B$ 只取一项而造成的误差。

8-96 如果在 8-95 题的均聚物 A 中分别引入 10%（体积分数）的两种增塑剂，假定它们与聚合物的相互作用参数 χ_1 值分别为 0.200 和 -0.200，且令聚合物链节与增塑剂的摩尔体积比 $V_u/V_1 = 0.5$，试计算这两种情况下聚合物的熔点，并与 8-95 题结果比较，讨论共聚和增塑对熔点影响的大小，以及不同增塑剂降低聚合物熔点的效应大小。

答 增塑剂使熔点降低的关系为

$$\frac{1}{T_m} - \frac{1}{T_m^0} = \frac{R}{\Delta H_u} \frac{V_u}{V_1} (\phi_1 - \chi_1 \phi_1^2)$$

稀释剂的体积分数 $\phi_1 = 0.1$，则

$$T_m = \cfrac{1}{\cfrac{1}{T_m^0} + \cfrac{R}{\Delta H_u} \cfrac{V_u}{V_1}(\phi_1 - \chi_1 \phi_1^2)} = \cfrac{1}{\cfrac{1}{473} + \cfrac{8.314}{8368} \times 0.5 \times (0.1 - 0.2 \times 0.1^2)} = 462.4 \text{ (K)}$$

当 $\chi_1 = 0.2$ 时，$T_m = 462.4$ K；当 $\chi_1 = -0.2$ 时，$T_m = 461.9$ K。可见共聚作用在降低 T_m 的效应方面比增塑更有效。良溶剂（相容性好的增塑剂）比不良溶剂使聚合物 T_m 降低的效应略大。

8-97 某聚合物在 250 ℃熔融时其重复单元的熔融热为 10.465 kJ·mol^{-1}，求加入 25%（摩尔分数）共聚单元得到的无规共聚物的熔点。

答 $\cfrac{1}{T_m} - \cfrac{1}{T_m^0} = \cfrac{R}{\Delta H_u} X_B$，$X_B = 0.25$，$T_m^0 = 523$ K，得 $T_m = 200.8$ ℃。

8-98 已知涤纶树脂的熔点 $T_m^0 = 540$ K，重复单元熔融热 $\Delta H_u = 24.33$ kJ·mol^{-1}，则涤纶树脂平均相对分子质量从 12 000 增大到 20 000 时，其熔点升高多少？

答

$$\frac{1}{T_m} = \frac{1}{T_m^0} + \frac{2RM_0}{\Delta H_u \overline{M_n}}$$

$$\frac{1}{T_{m1}} = \frac{1}{540} + \frac{2 \times 8.31 \times 192}{24\,330 \times 12\,000} = 1.862 \times 10^{-3} \quad T_{m1} = 537.1 \text{ K}$$

$$\frac{1}{T_{m2}} = \frac{1}{540} + \frac{2 \times 8.31 \times 192}{24\,330 \times 20\,000} = 1.857 \times 10^{-3} \quad T_{m2} = 538.5 \text{ K}$$

熔点升高 1.4 ℃。可见随着相对分子质量增大，T_m 升高得不多。

8-99 实验表明，共聚物的熔点（T_m）与组分的质量分数（w_i）之间有下列关系：(a) $T_m = T_{m1}^0 w_1 + T_{m2}^0 w_2$，$w_1 + w_2 = 1$，纯组成 $T_{m1}^0 > T_{m2}^0$；(b) $\cfrac{1}{T_m} = \cfrac{w_1}{T_{m1}^0} + \cfrac{w_2}{T_{m2}^0}$。试画出 T_{m1} 与 w_1 关系的示意图，并指出在怎样的条件下，共聚物的 T_m 与 w_i 的关系符合上述两种关系之一。

答 T_{m1} 与共聚物组分 1 的质量分数 w_1 的关系如图 8-4 所示。

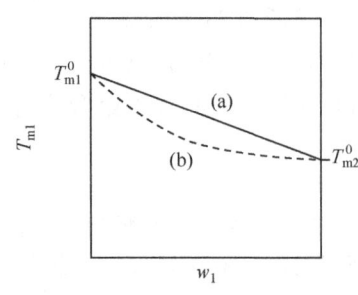

图 8-4 共聚物的 T_m 与 w_1 的关系
(a) 两种单体均能形成结晶均聚物；
(b) 两种单体互相破坏共聚物的规整性

8-100 一个线型聚合物从熔体结晶,结晶温度 T_c 的范围为 270~330 K,每个样品用 DSC 测定其熔点,结果如下:

T_c/K	270	280	290	300	310	320	330
T_m/K	300.0	306.5	312.5	319.0	325.0	331.0	337.5

用图解法计算其平衡熔点 T_m^0。

答 以 T_m 对 T_c 作图(图略),外推到与 $T_m = T_c$ 直线的交点为平衡熔点,得 $T_m^0 = 350$ K。

8-101 根据下列聚乙烯晶片厚度和熔点的实验数据,试求晶片厚度趋于无限大时的熔点 T_m^0。如果聚乙烯结晶的单位体积熔融热为 $\Delta H = 280$ J·cm^{-3},则表面能是多少?

l/nm	28.2	29.2	30.9	32.3	33.9	34.5	35.1	36.5	39.87	44.3	48.3
T_m/℃	131.5	131.9	132.2	132.7	134.1	133.7	134.4	134.3	135.5	136.5	136.7

答 根据 $T_m = T_m^0 \left(1 - \dfrac{2\sigma_0}{l \Delta H_u}\right)$,式中,$\sigma_0$ 为表面能,l 为晶片厚度。以 T_m 对 $1/l$ 作图(图略),外推到 $1/l$ 为零,从截距可得 $T_m^0 = 145$ ℃,从斜率可求得 $\sigma_0 = 1.28 \times 10^{-5}$ J·cm^{-2}。

8-102 某一聚合物倾向于生成针状晶体而不是片状单晶,针状晶体长度为 L,半径为 R。熔点对结晶尺寸的依赖性与片状单晶有什么不同?

答 针状晶体的熔点与 R 有关,因为 R 决定表面积。片状单晶的熔点与晶片厚度 l 有关,因为 l 决定表面积。

8-103 实验测量含有不同量间甲酚的一组尼龙-6试样的熔点,得到的数据如下:

间甲酚的体积分数 ϕ_1	0.057	0.113	0.167	0.220	0.272	0.324	0.370	0.424	0.522	0.618
尼龙-6的熔点 T_m/℃	495	489	481	473	468	462	453	446	433	413

已知相对分子质量为 12 200 的尼龙-6 的 $T_m^0 = 501$ K,$V_u/V_1 = 0.5$,估算其熔融热和相互作用参数。

答 $\dfrac{1}{T_m} - \dfrac{1}{T_m^0} = \dfrac{R}{\Delta H_u} \dfrac{V_u}{V_1}(\phi_1 - \chi_1 \phi_1^2)$,以 $\left(\dfrac{1}{T_m} - \dfrac{1}{T_m^0}\right)/\phi_1$ 对 ϕ_1 作图(图略),从截距得熔融热,从斜率得相互作用参数。

8-104 实验测量含有不同量 α-氯萘的一组线型聚乙烯试样的熔点,得到的数据如下:

α-氯萘的体积分数 ϕ_1	0	0.06	0.16	0.32	0.52	0.75	0.95
聚乙烯的熔点 T_m/℃	137.5	134.5	131	125	120	115	110

如果非晶聚乙烯和 α-氯萘的密度分别为 0.8 g·cm^{-3} 和 1.1 g·cm^{-3},$T_m^0 = 144$ ℃,估算聚乙烯的熔融热和聚乙烯与 α-氯萘的相互作用参数。

答 $\dfrac{1}{T_m} - \dfrac{1}{T_m^0} = \dfrac{R}{\Delta H_u} \dfrac{V_u}{V_1}(\phi_1 - \chi_1 \phi_1^2)$。重复单元摩尔体积 $V_u = \dfrac{1}{0.8/28}$ (cm^3·mol^{-1}),溶剂摩尔体积 $V_1 = \dfrac{1}{1.1/162.5}$ (cm^3·mol^{-1}),所以 $V_u/V_1 = 0.237$。以 $\left(\dfrac{1}{T_m} - \dfrac{1}{T_m^0}\right)/\phi_1$ 对 ϕ_1 作图(图略)。

8-105 Flory 得到交联聚合物的熔点 T_m 与伸长率 ε 的半定量关系为

$$\frac{1}{T_m} = \frac{1}{T_m^0} - \frac{R}{\Delta H_u}\left[\left(\frac{6}{\pi n}\right)^{1/2}\varepsilon - \left(\frac{\varepsilon^2}{2} + \frac{1}{\varepsilon}\right)/n\right]$$

式中，n 为相邻两交联点间的单体单元的平均值。现有一交联橡胶试样，其交联点间平均相对分子质量 $M_c = 6000$，假设其未拉伸熔点取 $T_m^0 = 28$ ℃，重复单元熔融热 $\Delta H_u = 4.18 \times 10^3$ J·mol^{-1}，试估算此试样拉伸 4 倍时的熔点。

答 $n = 6000/68 = 88.24$，$\varepsilon = 3$。代入公式，得 $T_m = 119$ ℃。

8.6 结晶速率与结晶动力学

8-106 已知全同立构聚丙烯的 $T_g = -10$ ℃，$T_m = 176$ ℃，$T_{c,\max} \approx 100$ ℃。试作出 $-20 \sim 180$ ℃聚丙烯结晶速率曲线示意图。

答 示意图如图 8-5 所示。

8-107 橡胶、POM、PET、PE 的结晶速率与温度关系曲线如图 8-6 所示，请标出各曲线的归属，并简要说明原因。

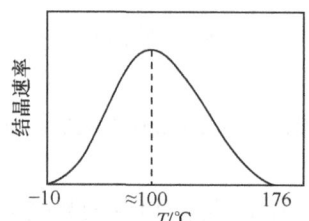

图 8-5 全同立构聚丙烯的
结晶速率曲线示意图

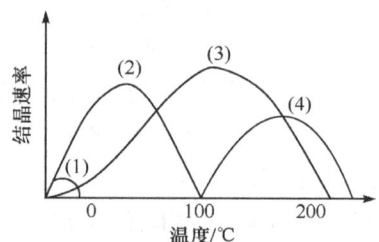

图 8-6 几种聚合物的结晶
速率与温度关系曲线

答 (1) 橡胶；(2) PE；(3) POM；(4) PET。因为结晶区间的最高温度低于熔点，所以从熔点大小可以判断。橡胶的熔点低于室温，PE 的熔点为 120～130 ℃，POM 的熔点约 180 ℃，PET 的熔点约 260 ℃。

8-108 试根据聚合物的结晶速率-温度曲线分区示意图(图 8-7)说明Ⅰ、Ⅱ、Ⅲ三个温度区域的结晶情况及其特点。分别给出一种测定球晶径向生长速率和结晶总速率的实验方法。

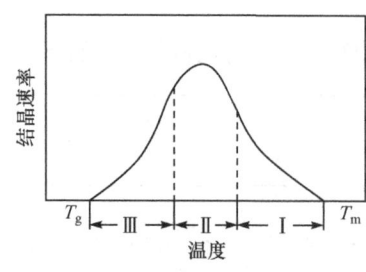

图 8-7 聚合物的结晶速率-温度
曲线分区示意图

答 结晶总速率包括成核速率和生长速率。当温度低于熔点不多时(Ⅰ区)，成核速率很低，晶核很少，生长速率也低，所以结晶总速率较小。另一方面，当温度高于玻璃化温度不多时(Ⅲ区)，生长速率很低，虽然此时晶核不少，但结晶总速率仍然较小。只有在中等温度时(Ⅱ区)，成核速率和生长速率都达到相对较高，结晶总速率才较大。因而曲线呈单峰形变化。

有两类方法测定结晶速率：①球晶径向生长速率。以常用带热台的偏光显微镜测定球晶半径对时间的变化，作图得到直线，结晶速率为直线斜率，用 μm·min^{-1} 表示。②结晶总速率。常用膨胀计法测定结晶度随时间的变化。

8-109 为获得高结晶度的聚甲醛试样，要在适当的温度下对试样进行退火处理，试从其熔点和玻璃化温度值出发估算此最佳结晶温度。

答 查得聚甲醛 $T_m=180$ ℃(453 K), $T_g=-83$ ℃(190 K), 则
$T_{c,max}=0.63T_m+0.37T_g-18.5=0.63\times453+0.37\times190-18.5=337(K)=64$ (℃)

8-110 用 $T_m=11$ ℃ 和 $T_g=-72$ ℃ 预测天然橡胶结晶速率最快的温度 $T_{c,max}$。

答 -38 ℃。

8-111 已知 PE、PVDC、PMMA(全同)的 T_g 分别为 -80 ℃、-18 ℃、45 ℃,其熔点分别为 141 ℃、198 ℃、160 ℃,试用经验公式计算:(1) 最大结晶速率的温度 $T_{c,max}$;(2) 找出 $T_{c,max}/T_m$ 值的经验规律。

答 (1) 41 ℃、100 ℃、99 ℃;(2) 分别为 0.76、0.79 和 0.86,基本符合经验规律 0.80～0.85(注意:计算时均用热力学温度值)。

8-112 为什么对于结晶性聚合物,从熔体结晶的不完善程度远高于从稀溶液结晶,但如果将熔体在相对较高的温度下放置足够长时间,则结晶完善水平会大幅度提高? 结晶温度高低对聚合物晶体的熔点有什么影响? 为什么?

答 将熔体在接近 $T_{c,max}$ 的温度下长时间热处理(退火),分子链有足够的活动能力,又有充分的时间逐渐形成更完善的结晶。结晶温度较高时聚合物晶体的熔点较高,因为结晶更加完善。

8-113 从分子结构角度分析比较下列聚合物的结晶速率:聚乙烯,尼龙-6,聚对苯二甲酸乙二醇酯。

答 影响结晶速率的因素与结晶度类似,都是结晶能力的表现。聚乙烯结构对称性非常好,柔顺性也大,所以结晶速率极快,即便从熔体直接在液氮中淬火也不能避免结晶。聚对苯二甲酸乙二醇酯结构对称性一般,结构刚性大,能结晶,但结晶速率较慢,在空气中淬火时就不结晶。尼龙-6 结构对称性一般,但分子间氢键作用力大,结晶较快,不过次于聚乙烯。

8-114 某聚合物的两个样品,用 DSC 测得其比热容-温度曲线如图 8-8 所示,标出各字母处的物理意义,并说明从此图可以得到关于该聚合物结构的哪些结论。

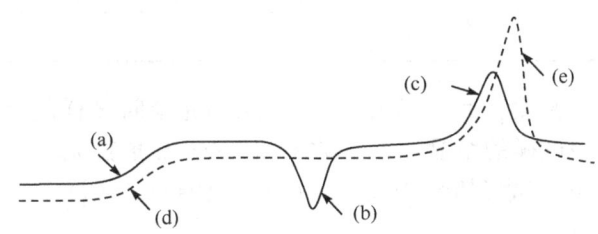

图 8-8 某聚合物的两个样品的 DSC 谱图

答 (a) T_g,(b) T_c,(c) T_m,(d) T_g,(e) T_m。实线为淬火样品(非晶态),虚线为退火样品(已结晶)。这是一种结晶速率较慢的结晶性聚合物,如聚对苯二甲酸乙二醇酯(PET)。

8-115 将全同聚丙烯熔化后于 140 ℃ 等温结晶,得到以下数据:

结晶时间/h	0.5	1	1.5	2	3	4
球晶半径/μm	10	20	29	39	58	78

画出球晶生长曲线,并计算球晶径向生长速率。

答 图略。从斜率得球晶径向生长速率为 $0.33\ \mu m \cdot min^{-1}$。

8-116 写出描述聚合物本体结晶速率的 Avrami 方程,并解释式中有关参数。

答 由于结晶时有序排列而体积收缩,若比体积在时间为 0、t 和 ∞ 时分别为 V_0、V_t 和 V_∞,则结晶过程可用结晶动力学方程——Avrami 方程描述:

$$体积收缩率 = \frac{V_t - V_\infty}{V_0 - V_\infty} = \exp(-kt^n)$$

式中,$\dfrac{V_t - V_\infty}{V_0 - V_\infty}$ 的物理意义是 t 时刻的结晶程度 $f_c(t)$。

$$\log\left(-\ln \frac{V_t - V_\infty}{V_0 - V_\infty}\right) = \log k + n \log t$$

通过双对数作图,从斜率求 n,从截距求 k。n 称为 Avrami 指数,n = 生长的空间维数 + 时间维数,异相成核的时间为 0,均相成核为 1,如均相成核、三维生长时 $n = 4$。k 表征结晶速率,k 越大,结晶速率越快。

对于膨胀计测得的实验数据 h 值,可直接以 $\log\left(-\ln \dfrac{h_t - h_\infty}{h_0 - h_\infty}\right)$ 对 $\log t$ 作图。

8-117 实测的 Avrami 指数 n 有可能不是整数,为什么?实际聚合物结晶过程在后期与 Avrami 方程有偏离,为什么?

答 聚合物结晶可能出现多种形态,如同时有二维球晶和三维球晶;结晶的成核机理也常出现异相成核和均相成核同时存在的情况。所以会有非整数的 Avrami 指数。

实际聚合物结晶过程可以分为两个阶段,符合 Avrami 方程的直线部分称为主期结晶(初级结晶),偏离方程的部分称为次期结晶(又称次级结晶)。在主期结晶完成后,未来得及结晶的部分还会慢慢结晶,已有的结晶也可能进一步完善化,形成复杂的次期结晶过程。

8-118 现有某 PP 试样,其晶胞密度 $\rho_c = 0.936 \text{ g} \cdot \text{cm}^{-3}$,该试样熔体 10 cm³ 在膨胀计中于 150 ℃下进行等温结晶,不同时间测得的体积值如下:

t/min	3.2	4.7	7.1	12.6	20
V/cm³	9.9981	9.9924	9.9765	9.8418	9.5752

已知完全非晶 PP 的密度 $\rho_a = 0.85 \text{ g} \cdot \text{cm}^{-3}$,结晶完全时试样的体积结晶度 $X_\infty = 50\%$,试用 Avrami 方程计算该试样的结晶速率常数 k 和 Avrami 指数 n。

答 已知 $V_0 = 10 \text{ cm}^3$,试样质量为 $\rho_a V_0 = 0.85 \times 10 = 8.5$ (g)。

$$X_\infty = \frac{\rho_\infty - \rho_a}{\rho_c - \rho_a} = \frac{\rho_\infty - 0.85}{0.936 - 0.85} = 50\% \qquad \rho_\infty = 0.893 \text{ g} \cdot \text{cm}^{-3} \qquad V_\infty = \frac{8.5}{0.893} = 9.52 \text{ (cm}^3\text{)}$$

根据 Avrami 方程 $\dfrac{V_t - V_\infty}{V_0 - V_\infty} = \exp(-kt^n)$,代入 V_0、V_∞,并取双对数

$$\log\left(-\ln \frac{V_t - 9.52}{0.48}\right) = \log k + n \log t$$

以 $\log\left(-\ln \dfrac{V_t - 9.52}{0.48}\right)$ 对 $\log t$ 作图,从斜率求得 $n = 3.4$,从截距求得 $k = 7.28 \times 10^{-5}$。

8-119 下面为 PET 在 110 ℃等温结晶在不同时间测得的密度值,试根据密度 ρ 确定结晶度 X_∞ 与时间 t 的函数关系,按 Avrami 方程求得 Avrami 指数(在作图时,忽略 $\theta < 0.15$ 时的数据,以减少误差),并计算结晶速率常数 k。

t/min	密度/(g·cm^{-3})	t/min	密度/(g·cm^{-3})
0	1.3395	35	1.3578
5	1.3400	40	1.3608
10	1.3428	45	1.3625
15	1.3438	50	1.3655
20	1.3443	60	1.3675
25	1.3489	70	1.3685
30	1.3548	80	1.3693

答 $\rho_a = 1.33 \text{ g·cm}^{-3}$, $\rho_c = 1.46 \text{ g·cm}^{-3}$, $X_t = \dfrac{\rho_t - \rho_a}{\rho_c - \rho_a} = \dfrac{\rho_t - 1.33}{0.13}$, Avrami 方程可写为 $1 - X_t = \exp(-kt^n)$, $\log[-\ln(1-X_t)] = \log k + n \log t$, $\log\left(-\ln\dfrac{1.46-\rho}{0.13}\right) = \log k + n \log t$, 作图并取双对数曲线的直线部分计算 (头尾偏离部分不计), 从斜率求得 $n = 1.0$, 从截距求得 $k = 5.75 \times 10^{-3}$。

8-120 用 DSC 法研究 PET 在 232.4 ℃ 的等温结晶过程, 由结晶放热峰原始曲线获得以下数据:

结晶时间 t/min	7.6	11.4	17.4	21.6	25.6	27.6	31.6	35.6	36.6	38.1
$f_c(t)/f_c(\infty)$/%	3.41	11.5	34.7	54.9	72.7	80.0	91.0	97.3	98.2	99.3

其中 $f_c(t)$ 和 $f_c(\infty)$ 分别表示 t 时刻和实验结束时的结晶程度。试用 Avrami 作图法求出 Avrami 指数 n, 结晶速率常数 k 和半结晶期 $t_{1/2}$。

答 以 $f_c(t)/f_c(\infty)$ 近似等于 X_t 计算。利用 $1 - X_t = \exp(-kt^n)$, 作双对数图, 求得 $n = 3.08$, $k = 6.71 \times 10^{-5}$。又根据 $k = \ln 2 / t_{1/2}^n$, 即 $t_{1/2} = (\ln 2/k)^{1/n}$, 得 $t_{1/2} = 20.1$ min。

8.7 聚合物的取向态、液晶态和共混高分子的相态结构

8.7.1 取向态

8-121 什么是聚合物的取向? 为什么有的材料 (如纤维) 进行单轴取向, 有的材料 (如薄膜) 则需要双轴取向? 说明理由。

答 当线型高分子充分伸展时, 其长度为宽度的几百、几千甚至几万倍, 具有明显的几何不对称性。因此, 在外场作用下, 分子链、链段及结晶聚合物的晶片、晶带将沿着外场方向排列, 这一过程称为取向。

对于不同的材料, 不同的使用要求, 要采用不同的取向方式, 如单轴取向和双轴取向。单轴取向是聚合物材料只沿一个方向拉伸, 分子链、链段或晶片、晶带中的分子链倾向于沿着与拉伸方向平行的方向排列。对纤维进行单轴取向, 可以提高取向方向上纤维的断裂强度和冲击强度 (因断裂时主价键的比例增加), 以满足其应用的要求。双轴取向是聚合物材料沿着它的平面纵横两个方向拉伸, 高分子链倾向于与平面平行的方向排列, 但在此平面内分子链的方向是无规的。薄膜虽然也可以单轴拉伸取向, 但单轴取向的薄膜, 其平面内出现明显的各向异性, 在平行于取向的方向上, 薄膜的强度有所提高, 但在垂直于取向方向上却使其强度下降了, 实际强度甚至比未取向的薄膜还差, 如包装用的塑料绳 (称为撕裂薄膜) 就是这种情况。因此,

薄膜需要双轴取向,使分子链取平行于薄膜平面的任意方向。这样,薄膜在平面上就是各向同性,能满足实际应用的要求。

8-122 区别晶态与取向态。

答 结晶和取向不同。结晶是分子链紧密堆积、体系能量最低的热力学稳定体系,晶体中分子间排列为三维有序;取向是熵减少的非稳定体系,一般只有一维或二维有序。

8-123 非晶态聚合物取向后性能有什么变化?

答 取向后取向方向的强度提高。

8-124 合成纤维的加工成型过程中为什么要进行牵伸和热定型?

答 前者使分子链取向以提高强度,后者使部分链段解取向而增加纤维弹性。

8-125 在聚对苯二甲酸乙二醇酯熔融纺丝过程中,先将制得的非晶态卷绕丝冷拉至原长的 2.5 倍,最后在 190 ℃下热定型:(1) 冷拉的目的是什么?(2) 纤维不经过热定型,尺寸和性能否稳定?其原因是什么?

答 (1) 取向。(2) 未经热定型的卷绕丝在受热时会由于解取向而收缩。热定型处理虽然会使部分链段解取向,但固定了分子链总体的取向结构,从而纤维的尺寸和性能得以稳定,即便受热也不会解取向而收缩。对于聚酯,非晶态卷绕丝经热定型后部分结晶,从而也避免了使用过程中结晶而引起的体积收缩。

8-126 在聚丙烯的抽丝过程中,若牵伸比相同,而分别采用冰水冷却和 50 ℃ 热水冷却,将这两种聚丙烯丝加热到 90 ℃,冷水冷却的收缩率远大于热水冷却的,为什么?

答 用冰水冷却时结晶不完善,后来加热至 90 ℃时会发生二次结晶,形成较完善的晶体,因此体积收缩较大。相反热水冷却时结晶较完善,因此再加热时收缩较小。

8-127 解释下列实验:将一个砝码系于聚乙烯醇纤维的一端,把砝码和部分纤维浸入盛有沸水的烧杯中。如果砝码悬浮在水中,则体系是稳定的;如果砝码挨着烧杯底部,则纤维被溶解。

答 如果砝码悬浮在水中,纤维受到砝码的拉伸作用而取向,而取向结构均有好的热稳定性。但当砝码挨到烧杯底部,维持取向的外力消失,纤维在沸水中被溶解,因为聚乙烯醇本身不耐沸水。

8-128 赫尔曼取向函数 f 的物理意义是什么?是否可以用取向角余弦均方值 $\overline{\cos^2\varphi}$ 来表征大分子链的取向程度?

答 赫尔曼取向函数 f 反映分子链的取向程度。$f=\dfrac{1}{2}(3\overline{\cos^2\theta}-1)$,式中,$\theta$ 为取向角,即分子链与取向方向的夹角。对于理想单轴取向,$\theta=0$,$\overline{\cos^2\theta}=1$,$f=1$;对于完全无规取向,可以证明 $\overline{\cos^2\theta}=\dfrac{1}{3}$,$f=0$。一般情况下,$1>f>0$。

8-129 用声波传播法测定拉伸涤纶纤维中,分子链在纤维轴方向的平均取向角 30°,试计算其取向度。

答 $f=0.62$。

8-130 举出三种测定取向度的方法,并说明它们分别反映哪部分结构的取向,写出每一种方法的取向度表达式。

答 (1) 双折射法,测定的是晶区与非晶区中链段的取向。定义双折射 $\Delta n=n_{//}-n_{\perp}$,式中,$n_{//}$ 和 $n_{\perp}$ 分别为平行于和垂直于取向方向的折射率;双折射取向因子 $f_B=\Delta n/\Delta n_{\max}$。对于无规取向 $\Delta n=0$,$f_B=0$;对于完全取向 $\Delta n=\Delta n_{\max}$,$f_B=1$。

(2) X射线衍射法,测定的是晶区中晶胞的取向。因为取向聚合物的衍射环退化成赤道弧,通过方位角扫描测定半峰宽 W(单位是度),取向越好 W 越小。取向指数定义为:$R=\dfrac{180-W}{180}\times 100\%$。

(3) 声速法,测定的是晶区与非晶区中分子的取向。$f=1-\left(\dfrac{C_0}{C}\right)^2$,式中,$C_0$ 为未取向样品的声速,C 为被测样品的声速。

其他还有热传导法、红外二向色性、激光小角光散射、偏振荧光法等。

8-131 取向的非晶态聚合物是否也显示双折射?为什么?

答 是,因为一般聚合物沿分子链方向的折射率与垂直分子链方向的折射率不相等。

8-132 现有:(1)自由基聚合的未拉伸的聚苯乙烯薄膜;(2)定向聚合的未拉伸的聚苯乙烯薄膜;(3)拉伸后的聚丙烯薄膜;(4)未拉伸的聚丙烯薄膜;(5)自由基聚合的未拉伸的聚甲基丙烯酸甲酯薄膜。请用物理方法将它们区分。

答 第一步:所有5种薄膜中只有聚丙烯薄膜不透明。将两种聚丙烯薄膜分别浸入开水中,发生收缩的是拉伸后的聚丙烯薄膜(3),不发生收缩的是未拉伸的聚丙烯薄膜(4)。

第二步:定向聚合的未拉伸的聚苯乙烯薄膜(2)的熔点(耐热温度)为 230 ℃,而自由基聚合的未拉伸的聚苯乙烯薄膜(1)的玻璃化转变温度(软化温度)T_g 为 90~100 ℃,加热即可区别。

第三步:自由基聚合的未拉伸的聚苯乙烯薄膜(1)与自由基聚合的未拉伸的聚甲基丙烯酸甲酯薄膜(5)都透明,T_g 也相差不大,但前者比后者脆得多,用手折就可区别。

8-133 普通有机玻璃在常温下基本上是脆性材料。当它受冲击作用时,可能像普通无机玻璃一样破碎。而双轴拉伸取向有机玻璃座舱受到子弹射击时,可能在子弹穿透处呈空洞,而不发生座舱的爆破。为什么双轴拉伸取向的有机玻璃在取向的 X,Y 方向上的强度都得到提高?

答 双轴拉伸的有机玻璃其分子链基本上都与平面平行取向。在未取向(Z 轴)方向上,原子间以范德华力为主;取向方向(X,Y 方向)上,分子链更多地沿取向方向排列,原子间以化学键结合为主。因此 X,Y 方向上的强度得到提高。另一方面,材料在拉伸取向的过程中,能通过链段运动使局部高应力区发生应力松弛,使材料内的应力分布均化,这也是取向后强度提高的原因之一。

8.7.2 液晶态

8-134 什么是液晶?液晶与中介相是否具有同样的含义?为什么?

答 液晶是分子有序性介于液体和固体(一般为晶体)之间的一种相态。它是物质除气态、液态、固态外的第四态,液晶又称中介相,因为它是介于液相与晶相之间的中间相。它既能像液体那样自由流动,又能像固体那样具有结构有序性,从而存在许多物理性质的各向异性,其中具有光学各向异性是它的典型特征。简单一句话,叫"有序流体"。

8-135 为什么扁平或棒状的刚性分子结构能形成液晶相?

答 这种分子结构易于平行排列,自发产生有序。

8-136 作为高强度、高模量和耐高温的高性能纤维材料的 Kevlar 纤维 ⁅NH─⟨ ⟩─NHCO─⟨ ⟩─CO⁆$_n$ 和 PBZT 纤维 ⁅N─S / S─N⟨ ⟩⁆$_n$,其结构有什么特点?

答 都有扁平或棒状的刚性分子结构。

8-137 什么是高分子液晶？高分子液晶根据制备方法可分为哪几种类型？各举一种实例。什么是临界浓度？

答 具有液晶性的聚合物称为高分子液晶。

高分子液晶根据制备方法可分为热致性和溶致性两类。前者在一定的温度范围内形成液晶，在升温过程中相变过程为：结晶固体 $\xrightarrow{熔点}$ 液晶态 $\xrightarrow{清亮点}$ 各向同性熔体。后者则是溶于溶剂并高于一定浓度和低于一定温度时形成液晶，在纯物质中不形成。形成溶致性液晶的最低浓度称为临界浓度。

芳香尼龙是溶致性液晶，如聚对苯二甲酸对苯二胺。芳香聚酯是热致性液晶。例如，商品名 Vectra 的芳香聚酯由以下三种结构单元组成：

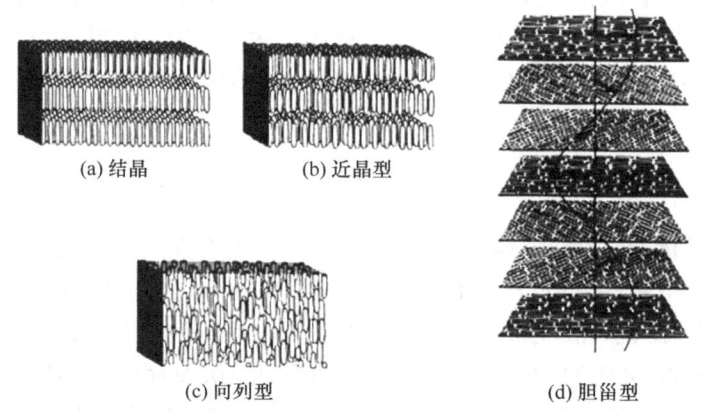

8-138 高分子液晶根据内部分子排列有序性可分为哪几类？如何用简单的实验区分它们？

答 可分为向列型、近晶型和胆甾型。图 8-9 表示结晶和三类液晶中分子排列情况，可见结晶中分子呈三维有序，而向列型液晶中分子为一维有序，分子在一个方向取向，与之垂直方向则完全无序。胆甾型液晶是分子层重叠形成的，每一分子层内分子统一取向，而每一分子层内分子的取向又绕着与分子层垂直的轴逐次扭转一定的角度。扭转角为 360°时的距离称为螺距。当螺距无限大时胆甾型液晶成为向列型液晶。近晶型液晶从形成分子层这一点上与胆甾型液晶相似，但分子的长轴与分子层表面垂直，或者有一定的角度，面内分子的排列没有规则。胆甾型液晶和近晶型液晶均为二维有序。

(a) 结晶　　(b) 近晶型

(c) 向列型　　(d) 胆甾型

图 8-9　结晶和三类液晶中分子排列情况示意图

用正交偏光显微镜可以区别其不同的典型结构，向列型的典型光学织构是"纹影织构"，近晶型的典型光学织构是"焦锥织构"，胆甾型的典型光学织构是"指纹状织构"。

8-139 高分子液晶根据介晶元在分子链中的位置可分为哪几类？它们的主要应用领域有什么不同？

答 主要有主链型和侧链型高分子液晶两类。主链型高分子液晶用作材料，如纤维、自增强塑料等;侧链型高分子液晶用于显示器等光学器件。

8-140 溶致性高分子液晶的黏度有哪些特点?有什么实际用途?举一实例。

答 在液晶态时高浓度仍有低黏度。可用来进行液晶纺丝。典型例子是芳纶-1414(商品名 Kevlar)用浓硫酸为溶剂进行液晶纺丝,得到高强度高模量的纤维,用作防弹衣等。

8-141 有三大类聚合物,即半结晶、液晶和非晶。(1)对每一种给出一个例子,给所举例的聚合物命名;(2)假定有一个未知的聚合物不知属于哪一类,请设计实验加以鉴别。

答 (1)半结晶聚合物如尼龙-6,注意:所有结晶聚合物都是"半结晶聚合物"。液晶聚合物如芳纶-1414(聚对苯二甲酸对苯二胺)。非晶聚合物如聚苯乙烯。

(2)正交偏光显微镜与DSC结合可以很好地鉴别这三种聚合物。正交偏光显微镜:半结晶聚合物有光学图案;液晶聚合物在液晶温区(熔点到清亮点之间)有光学图案(称为"织构");非晶聚合物没有任何光学图案。DSC:半结晶聚合物有熔融吸热峰(结晶度不高时可观察到玻璃化转变);液晶聚合物除熔融吸热峰外,还有液晶-各向同性转变和液晶-液晶峰;非晶聚合物只有玻璃化转变的基线台阶。

8-142 天然高分子能否形成液晶?若能,请举例并说明属于哪一种类型的液晶。

答 能,如纤维素及其衍生物、DNA等。一般属于胆甾型。

8-143 根据以下两个热致性液晶聚合物相变序中的转变温度,分别画出DSC曲线的草图。G为玻璃态,K为晶态,S_A为近晶A型液晶态,N为向列型液晶态,I为熔融态。

(1) 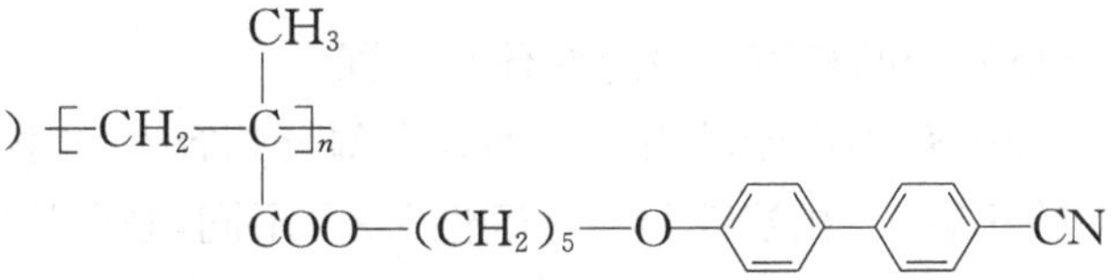 结构式如图

$G \xrightarrow{308\ K} S_A \xrightarrow{393\ K} N \xrightarrow{397\ K} I$

(2) 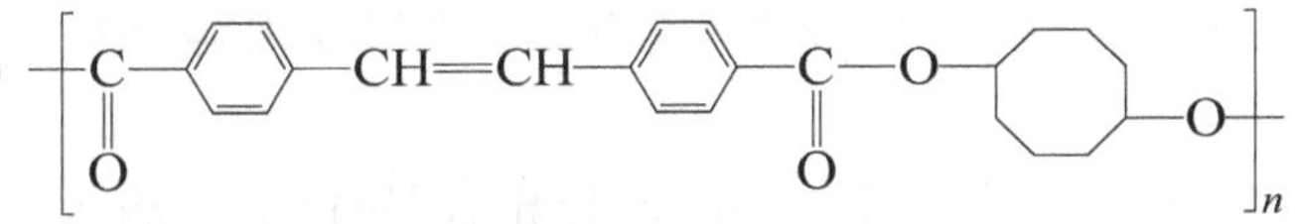 结构式如图

$K \xrightarrow{495\ K} S_A \xrightarrow{540\ K} N \xrightarrow{563\ K} I$

答 除玻璃化转变是基线出现台阶外,其他所有转变峰都是吸热峰,一般熔融热明显大于液晶-液晶转变和液晶-各向同性转变(清亮点)的热焓。图略。

8-144 一种聚合物呈现单变液晶行为(降温时出现液晶态,升温时不出现)。DSC降温曲线在约70 ℃有一个尖锐的放热峰,归属于各向同性熔体-液晶转变;在约38 ℃还有一个宽的放热峰,归属于液晶-晶态转变。继续升温,只在约90 ℃出现一个吸热峰,归属于晶态-各向同性熔体转变。写出降温时的相变序。在同一个草图上画出DSC降温和升温曲线。

答 I→LC→K。图略。图上要标明吸热(或放热)方向。

8.7.3 共混高分子

8-145 什么是高分子共混物?什么是高分子合金?

答 聚合物的一种重要的改性方向就是将不同品种的聚合物用物理或机械方法混合在一起,这种混合物称为高分子共混物。共混的目的是为了取长补短,甚至有"协同效应",改善性能。最典型的用橡胶共混改性塑料的例子是高抗冲聚苯乙烯和ABS。由于共混与合金有很

多相似之处,因而人们也形象地称高分子共混物为"高分子合金",但建议不这样称呼,以免引起混淆。

8-146 采用"共聚"和"共混"方法进行聚合物改性有何异同点?

答 相同点是都利用不同品种聚合物的不同性质取长补短,改善性能。不同点是,"共聚"是化学方法,在合成时就把不同单体结合在一条高分子链上;"共混"是物理或机械方法,将不同化学结构的高分子链混合在一起。

8-147 从热力学上分析高分子混合物很难达到分子水平混合原因。

答 因为一般情况共混的 $\Delta H > 0$(吸热),聚合物的熵都很高,共混的熵变 ΔS 很小,因此很难满足热力学相容的条件: $\Delta G = \Delta H - T \Delta S \leqslant 0$。如果两种高分子间相容性太差,混合后会发生宏观的相分离,没有实用价值。但相当一部分高分子间能有部分相容性,可以形成共混物。所以通常共混聚合物是非均相混合物,微观或亚微观上发生相分离,形成所谓"两相结构",是动力学稳定但热力学的准稳定状态。

8-148 怎样理解当两种高分子材料共混,使两组分完全互溶时,此材料的力学性能不一定好,而形成微相分离的"两相结构"的共混材料,其力学性能反而好?

答 两组分完全互溶的体系往往结构和性质都非常相似,对性能的改善不大,而共混是相互引入杂质,对力学性能反而有一定损害。形成微相分离的"两相结构"的共混材料,一方面两种组分的互补作用强,另一方面体系在宏观上是均匀的,动力学上是稳定的,所以是性能好的材料。

8-149 高分子的"相容性"概念与小分子的相溶性概念有什么不同?

答 高分子间往往难以实现热力学相容,但由于动力学原因具有部分相容性,也能形成共混物。而小分子的相溶性是热力学上的相容。"相溶性"与"相容性"概念不同,必须加以区别。只有在热力学上完全相容,也就是形成分子水平相溶的均相体系,才可称为是相溶的;而没有宏观相分离、且具有良好力学性能的聚合物共混物称为是相容的。

8-150 如何从实验上区别一个共混聚合物体系"完全相容"、"部分相容"和"不相容"等状态?

答 不相容体系会出现宏观相分离。"完全相容"和"部分相容"用以下方法区别:①前者只有一个 T_g,后者有两个 T_g。②前者的薄膜或溶液的透明性好,后者较差。③用电子显微镜等技术观察,后者有微观相分离结构。

8-151 已知聚合物样品中,苯乙烯基的含量为 25%,丁二烯基的含量为 75%。用什么方法可以证明该样品是共聚物而不是均聚物的混合物?

答 如果是丁二烯、苯乙烯的无规共聚物,只有一个均一的相,动态力学温度谱上有一个内耗峰。如果是两者均聚物的混合物,其共聚物为两相结构,在动态力学温度谱上有两个内耗峰。

8-152 简述提高聚合物共混相容性的方法。

答 可以通过增容技术提高聚合物共混相容性,常用加入增容剂的方法。增容剂也称为相容剂或乳化剂,又称第三组分。

增容剂包括非反应型和反应型两类,非反应型增容剂通常就是共混聚合物组分的嵌段共聚物、接枝共聚物或无规共聚物,它们与共混物中的聚合物组分不发生化学反应。反应型增容剂是在共混过程中就地生成嵌段或接枝共聚物,先在参与共混的聚合物上引入相应的、可发生反应的官能团,然后在共混的过程中使其相互反应。

由于结构上的特点,增容剂与共混的各组分聚合物都有良好的亲和力,因此位于两相的界面,起到类似乳化剂的作用。增容剂的主要效果有:①降低两相之间的界面能。②减小相区尺寸。③增强两相界面间的黏结力。④阻止分散相的凝聚。

8-153 解释共混相图(图 8-10)中的双节线、最低临界共溶温度(下临界共溶温度,LCST)、最高临界共溶温度(上临界共溶温度,UCST)等概念。

答 双节线是均相和多相的分界线,曲线外是均相区域,曲线所包围的区域为多相区域。曲线存在一个极值点,对应的温度为临界共溶温度 T_c。这一点处于双节线的最高点时称为最高临界共溶温度,反之称为最低临界共溶温度。UCST 和 LCST 可以单独存在,也可以同时存在。

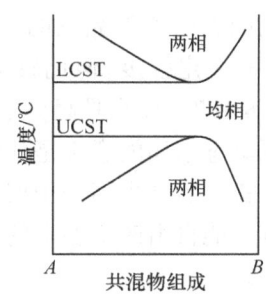

图 8-10 聚合物共混物的相图

8.8 综　合

8-154 试简述高分子结晶的特点。

答 (1) 高分子晶体属于分子晶体。已知小分子有分子晶体、原子晶体和离子晶体,而高分子仅有分子晶体,且仅是分子链的一部分形成的晶体。

(2) 高分子晶体的熔点 T_m 定义为晶体全部熔化的温度。T_m 虽然是一级相转变点,但却是一个范围,称为熔限,一般为 $T_m\pm(3\sim5\ ℃)$,而小分子的 T_m 是一个确定的值,一般在 $\pm0.1\ ℃$ 范围内。高分子的 T_m 与结晶温度 T_c 有关。

(3) 高分子链细而长(长径比为 500~2000),如此严重的几何尺寸的不对称性,使得高分子链结晶得到的晶体只能属于较低级晶系(对称性较差的晶系),如单斜与正交晶系(大约各占 30%)。至今还没有得到最高级的立方晶系(立方晶系是七大晶系中对称性最好的晶系)。

(4) 高分子结晶是通过链段的协同运动排入晶格的。由于链段运动有强烈的温度、时间依赖性,所以高分子结晶也具有很强的对温度、时间的依赖性。把结晶性高分子熔体骤冷可得到非晶或结晶度很低的晶体;而慢冷却,甚至进行热处理(在最适宜的结晶温度上保温一段时间),得到的是高结晶度的大晶粒的聚集体。高分子结晶对温度的依赖性表现为结晶有一定的温度范围($T_g\sim T_m$),且在这个温度范围内,存在一个结晶速率最快的温度 $T_{c,max}$。同时,高分子结晶速率常数 k 对温度特别敏感,温度变化 1 ℃,k 相差 2~3 个数量级。

(5) 有结晶度的概念。当结晶性聚合物达到结晶温度(处于 $T_g\sim T_m$ 时),开始结晶。由于高分子结构的复杂性,因此高分子的结晶比小分子晶体有更多的缺陷(如非晶区空间、交联、支化、杂质等),所以结晶总是很不完善,是一种晶区与非晶区共存的体系,所以结晶聚合物实际上是"部分结晶聚合物"。按照折叠链的结晶理论,如果假设结晶聚合物中只包括完全结晶区和非晶区两部分,则可定义为晶区部分所占的百分数为聚合物的结晶度。

8-155 聚合物结晶的充分条件和必要条件是什么?

答 聚合物结晶的充分条件是聚合物必须是结晶性聚合物,即聚合物的结构条件必须能够结晶,如有化学结构的对称性、规整性和柔顺性等。聚合物结晶的必要条件是温度、压力、溶液浓度、时间、晶核等外界条件。

8-156 聚乙烯在其结晶最快温度下的 $t_{1/2}\approx0.4\ s$,X 射线衍射实验表明,其晶胞参数为:$a=0.74\ nm, b=0.49\ nm, c=0.253\ nm, \alpha=\beta=\gamma=90°$。(1) 从结构观点说明为什么 PE 结

晶速率极快。(2)上述 PE 属于何种晶形?当结晶条件改变时,还可能得到哪些结晶变体?(3)结晶温度变化时,结晶速率如何变化?(4)制品的力学性能、热性能、光学性能如何?

答 (1)由于结构非常对称,且分子链柔性大。(2)属正交晶系。急冷时,PE 还可能形成亚稳态的单斜晶系的晶体。(3)结晶速率随温度的变化呈峰形,峰值为 $(0.8\sim0.85)T_m$。(4)有一定强度,但仍较柔软。耐热温度为 T_m(130 ℃左右),半透明。

8-157 什么是高分子的凝聚态?为什么在一定条件下会存在一定的凝聚态?研究高分子凝聚态结构的意义是什么?

答 当许多高分子聚集在一起时,由于各分子链间、各链节之间发生相互作用,各个高分子链不能自由改变各自的形态,但它们之间的排列方式可以不同,这些高分子聚集状态称为凝聚态。

在一定条件下,高分子内及高分子间排斥力和吸引力作用达到平衡时,高分子的聚集态呈静止的平衡状态或稳定状态,此时高分子中各原子的空间排列是一定的,所以高分子具有一定的凝聚态结构和性质。

了解高分子凝聚态结构的特征、形成条件及材料性能之间的关系,可以人为地控制加工成型条件,得到具有预定结构和性能的材料,同时为高分子材料的物理改性和材料设计建立科学基础。

【名词解释索引】

单晶,球晶,伸展链晶体,纤维状晶,串晶(8-1,8-2,8-3 题)。Maltese 黑十字(8-9 题)。缨状微束模型,折叠链模型,插线板模型,无规线团模型,两相球粒模型(8-16 题)。结晶性聚合物,非结晶性聚合物,晶态聚合物(8-20 题)。结晶度(8-47 题)。淬火,退火(8-62 题)。熔点,熔限(8-66 题)。热力学平衡熔点(8-92 题)。球晶径向生长速率,结晶总速率(8-108 题)。Avrami 方程(8-116 题)。取向,取向态(8-121,8-122 题)。赫尔曼取向函数(8-128 题)。取向度(8-130 题)。液晶,高分子液晶(8-134,8-137,8-138,8-139 题)。热致性,溶致性,清亮点(8-137 题)。近晶型,向列型,胆甾型(8-138 题)。高分子共混物,高分子合金(8-145 题)。共混物的两相结构(8-147 题)。相容性(8-149 题)。增容剂(8-152 题)。共混相图,双节线,最高临界共溶温度,最低临界共溶温度(8-153 题)。高分子的凝聚态(8-157 题)。

第 9 章 高分子溶液

9.1 高分子的溶解与溶胀

9-1 简述高分子的溶解过程,并解释为什么大多数高分子的溶解速度很慢。

答 因为高分子与溶剂分子的大小相差悬殊,两者的分子运动速度差别很大,溶剂分子能较快地渗透进入高分子,而高分子向溶剂的扩散却非常慢。这样,高分子的溶解过程要经过两个阶段,先是溶剂分子渗入高分子内部,使高分子体积膨胀,称为溶胀,然后才是高分子均匀分散在溶剂中,形成完全溶解的分子分散的均相体系。整个过程往往需要较长的时间。

9-2 什么是溶解?什么是溶胀?线型高分子和交联高分子溶胀的最后结果有什么区别?试从分子运动的观点加以说明。

答 高分子溶解在溶剂中形成溶液的过程实质上是溶剂分子进入高分子,拆散高分子的分子间作用力(称为溶剂化)并将其拉入溶剂中的过程。高分子溶解之前通常都会先发生溶胀,即溶剂分子先渗透进入高分子,使高分子胀大。溶胀对线型和交联高分子与溶剂的混合过程都存在,只是线型高分子溶胀到一定程度而溶解,称为无限溶胀;而交联高分子因大分子链间化学键的存在不能溶解,只能溶胀到一定程度而达到平衡,称为有限溶胀。

9-3 为什么结晶态聚合物的溶解速度比非晶态的同种聚合物慢很多?

答 非晶态聚合物的分子堆砌比较松散,分子间的相互作用较弱,因而溶剂分子比较容易渗入聚合物内部使之溶胀和溶解。晶态聚合物由于分子排列规整,堆砌紧密,分子间相互作用力很强,以致溶剂分子渗入聚合物内部非常困难,因此晶态聚合物的溶解困难得多。特别是非极性的晶态聚合物(如 PE),在室温很难溶解,往往要升温至其熔点附近,待晶态转变为非晶态后才可溶。

9-4 聚合物的溶解过程有什么特点?与聚合物的哪些结构因素有关?

答 ①溶解之前通常都会发生溶胀,线型高分子溶胀后会进一步溶解,网状高分子则只能达到溶胀平衡。②聚合物的相对分子质量越大,溶解越困难。③结晶态聚合物一般都比较难溶解,非极性结晶聚合物往往要加热到接近其熔点才能溶解。总之,交联度越高,相对分子质量越大或结晶度越大,则溶解性越差。

9-5 试指出下列结构的聚合物,其溶解过程各有何特征:
(1)非晶态聚合物;(2)非极性晶态聚合物;(3)极性晶态聚合物;(4)低交联度聚合物。

答 (1)非晶态聚合物的溶解过程是先溶胀,后溶解;(2)非极性晶态聚合物难溶,只有升温至熔点附近才可溶解在溶剂中;(3)极性晶态聚合物较易溶解在相应的极性溶剂中,往往先被极性溶剂"溶剂化"而溶解;(4)低交联度聚合物只能溶胀达到溶胀平衡,但不能溶解。

9-6 比较聚丙烯、聚苯乙烯、聚酰胺和轻度交联的天然橡胶溶解的特点。

答 它们分别是非极性晶态、非极性非晶态、极性晶态和轻度交联的四类典型的聚合物。解释参见 9-5 题。

9-7 橡皮能否溶解和熔化?为什么?

答 橡皮是经过硫化的天然橡胶,是交联的聚合物,在与溶剂接触时会发生溶胀,但因有交联的化学键束缚,不能再进一步使交联的分子拆散,只能停留在最高的溶胀阶段,称为溶胀平衡,不会发生溶解。同样原因加热也不能熔化。

9-8 聚乙烯醇溶于水,纤维素与聚乙烯醇的极性相似,则纤维素是否溶于水？为什么？

答 虽然纤维素与聚乙烯醇的极性相似,但由于纤维素分子中存在大量分子内氢键,纤维素分子链极其刚硬,水分子根本无法克服这种分子内氢键,所以纤维素不溶于水。

9-9 高分子溶质在溶剂中的溶解度除与溶质和溶剂的性质有关外,还与温度和溶质相对分子质量有关,试解释。

答 一方面,温度越高,聚合物分子与溶剂分子的运动都越活泼,有利于溶剂分子较快较多地扩散入聚合物中,从而提高了溶解度。另一方面,由于聚合物分子间的次价力具有加和性,聚合物相对分子质量越大,分子间作用力越大,体系的黏度也越大,不利于溶剂分子的渗透运动,从而降低了溶解度。

9-10 被溶剂溶胀的聚合物,其熵比固态聚合物高还是低？为什么？

答 较高,因为体系的混乱度增加。

9-11 如何知道一种溶液中含有聚合物？

答 溶液有一定黏度,取少量溶液在玻璃片上干燥后有一层薄膜。

9-12 用热力学原理解释溶解和溶胀。

答 (1) 溶解。若聚合物自发地溶于溶剂中,则必须符合：$\Delta G = \Delta H - T\Delta S \leqslant 0$。上式表明溶解的可能性取决于两个因素：焓($\Delta H$)的因素和熵($\Delta S$)的因素。熵的因素取决于聚合物与溶剂体系的无序度,一般来说,聚合物的溶解过程熵都是增加的,即 $\Delta S > 0$。显然,要使 $\Delta G < 0$,则要求 ΔH 越小越好,最好为负值或较小的正值。焓的因素取决于溶剂对聚合物溶剂化作用,极性聚合物溶于极性溶剂,常因溶剂化作用而放热。因此,ΔH 总小于零,即 $\Delta G < 0$,溶解过程自发进行。

根据晶格理论得 $\Delta H = \chi_1 k T N_1 \phi_2$。式中,$\chi_1$ 称为 Huggins 参数,它反映高分子与溶剂混合时相互作用能的变化。$\chi_1 k T$ 的物理意义表示当一个溶剂分子放到聚合物中时所引起的能量变化(因为 $N_1 = 1, \phi_1 \approx 1, \Delta H \approx \chi_1 k T$)。

而非极性聚合物溶于非极性溶剂,假定溶解过程没有体积的变化($\Delta V = 0$),其 ΔH 的计算可用 Hildebrand 的溶度公式

$$\Delta H = V \phi_1 \phi_2 (\delta_1 - \delta_2)^2$$

式中,ϕ 为体积分数,δ 为溶度参数,下标 1 和 2 分别代表溶剂和溶质,V 为溶液的总体积。从上式可知 ΔH 总是正的,当 $\delta_1 \to \delta_2$ 时,$\Delta H \to 0$。一般要求 δ_1 与 δ_2 之差不超过 1.7。综上所述,选择溶剂时,要求 χ_1 越小或 δ_1 和 δ_2 相差越小越好。

注意：①Hildebrand 公式中 δ 仅适用于非晶态、非极性聚合物,仅考虑结构单元之间的色散力,因此用 δ 相近原则选择溶剂时有例外。δ 相近原则只是必要条件,充分条件还应有溶剂与溶质的极性和形成的氢键程度大致相等,即当考虑结构单元间除有色散力外,还有偶极力和氢键作用时,则有 $\Delta H = V\phi_1\phi_2[(\delta_{d1}-\delta_{d2})^2 + (\delta_{p1}-\delta_{p2})^2 + (\delta_{h1}-\delta_{h2})^2]$,式中,d、p、h 分别代表色散力、偶极力、氢键的贡献,这样计算的 δ 就有广义性。②对高度结晶的聚合物,应把熔化热 ΔH_m 和熔化熵 ΔS_m 包括到自由能中,即 $\Delta G = (\Delta H + \Delta H_m) - T(\Delta S + \Delta S_m)$。当 $T > 0.9 T_m$ 时,溶度参数规则仍可用。

(2) 溶胀。要使交联聚合物的溶胀过程自发进行,必须 $\Delta G < 0$。与线型聚合物溶解过程一样,即 χ_1 越小或 δ_1 与 δ_2 相差越小溶胀越能自发进行,且达到平衡时其溶胀比 Q 也越大。所不同的是交联聚合物的溶胀过程中,自由能的变化应由两部分组成,一部分是聚合物与溶剂

的混合自由能 ΔG_m，另一部分是网链的弹性自由能 ΔG_{el}，即 $\Delta G=\Delta G_m+\Delta G_{el}$。溶胀使聚合物体积膨胀，从而引起三维分子网的伸展，交联点间由于分子链的伸展而降低了构象熵值，引起分子网的弹性收缩力，力图使分子网收缩。当这两种相反作用相互抵消时，便达到溶胀平衡。

9-13 高分子溶液的特征是什么？把它与胶体溶液或低分子真溶液比较，如何证明它是一种真溶液？

答 从下表可看出高分子溶液与胶体溶液和真溶液的不同以及高分子溶液的特征。主要从热力学性质上可以判定高分子溶液是真溶液。

比较项目	高分子溶液	胶体溶液	真溶液
分散质点的尺寸	大分子 $10^{-10}\sim 10^{-8}$ m	胶团 $10^{-10}\sim 10^{-8}$ m	低分子 $<10^{-10}$ m
扩散与渗透性质	扩散慢，不能透过半透膜	扩散慢，不能透过半透膜	扩散快，可以透过半透膜
热力学性质	平衡、稳定体系，服从相律	不平衡、不稳定体系	平衡、稳定体系，服从相律
溶液依数性	有，但偏高	无规律	有，正常
光学现象	Tyndall 效应较弱	Tyndall 效应明显	无 Tyndall 效应
溶解度	有	无	有
溶液黏度	很大	小	很小

9.2 分子间作用力、内聚能密度和溶度参数

9.2.1 聚合物的分子间作用力

9-14 聚乙烯与润滑油、凡士林和石蜡都是由—CH_2—组成。聚乙烯与其他这些小分子的性质主要有什么不同？产生差别的根本原因是什么？

答 聚乙烯有力学强度，是坚韧的固体，而润滑油、凡士林和石蜡是没有强度的液体或固体。原因是聚乙烯的相对分子质量很大，由于分子间次价力具有加和性，因此聚乙烯总的分子间作用力很大。

9-15 为什么聚合物没有气态？

答 聚合物是相对分子质量大于 10 000 的大分子，虽然单个结构单元之间的相互作用力很有限，但由于聚合物分子间次价力具有加和性，因此高分子间的总相互作用力就变得非常大。高分子链不可能摆脱分子间的相互作用力而气化。

9-16 什么是极性键、极性分子？高分子的极性如何表征？

答 在化合物分子中，不同种原子形成的共价键，由于两个原子吸引电子的能力不同，共用电子对必然偏向吸引电子能力较强的原子一方，因而吸引电子能力较弱的原子一方相对显正电性。这样的共价键称为极性共价键，简称极性键。分子中正、负电荷中心不重合，从整个分子来看，电荷的分布是不均匀的、不对称的，这样的分子为极性分子，以极性键结合的双原子分子一定为极性分子，以极性键结合的多原子分子视结构情况而定。

高分子的极性常用介电常数 ε 表征，ε 是表示聚合物的极化程度的宏观物理量，ε 越大说明高分子的极性越大。

9-17 分子内或分子间形成氢键的条件是什么？举聚合物的实例说明。

答 通常含有—NH 或—OH 等活泼氢的聚合物会形成分子内或分子间氢键，如果同时还有带孤对电子的氧、氮等原子，如 C=O、—O— 等，更易形成氢键。其中活泼氢是必要条

件。例如，尼龙含—NH 和 C=O，极易形成氢键；而聚酯（PET）只有 C=O 和—O—，但没有含活泼氢的基团，所以不形成氢键；聚乙烯醇有—OH，但没有 C=O 或—O—，—OH 上的活泼氢可以与另一个—OH 上氧原子的孤对电子形成氢键。

9-18 写出下列化合物的链节结构，并指出有无氢键。若有，是分子内还是分子间氢键？
（1）聚氯乙烯；（2）聚乙烯醇；（3）尼龙-6 和尼龙-66；（4）涤纶；（5）纤维素。

答 （1）无；（2）有，分子间氢键为主；（3）有，分子间氢键为主；（4）无；（5）有，分子内和分子间氢键。

9-19 排出下列聚合物分子间作用力大小顺序，并指出其理由：
PET，聚丁二烯，聚异丁烯，聚氯乙烯，聚丙烯腈。

答 聚丙烯腈＞PET＞聚氯乙烯＞聚丁二烯＞聚异丁烯。按分子结构中是否有极性基团和极性基团的极性大小排列顺序。其中聚丁二烯和聚异丁烯都没有极性基团，但聚异丁烯有侧甲基，使分子链间排开一定距离，分子间作用力较弱。

注意：上述聚合物都没有氢键。如果某些聚合物有氢键，而其他聚合物有极性，则要综合考虑。一般情况氢键力大于极性力。

9.2.2 内聚能密度

9-20 什么是内聚能密度？它与分子间作用力的关系如何？如何测定聚合物的内聚能密度？

答 单位体积内的内聚能称为内聚能密度（CED），内聚能定义为消除 1 mol 物质全部分子间作用力时热力学能的增加。分子间次价力的强弱可以用内聚能大小来衡量，内聚能越大，分子间作用力越大。对于小分子，它相当于气化热（或升华热）。然而高分子不能气化，只能用间接方法测定内聚能，常用溶胀度法、浊度法和黏度法。

9-21 根据聚合物的分子结构、内聚能密度和分子间作用力，定性讨论下列各聚合物可作为何种材料（橡胶、塑料或纤维）使用。

聚合物	内聚能密度		聚合物	内聚能密度	
	/(J·cm^{-3})	/(cal·cm^{-3})		/(J·cm^{-3})	/(cal·cm^{-3})
聚乙烯	259	62	聚甲基丙烯酸甲酯	347	83
聚异丁烯	272	65	聚乙酸乙烯酯	368	88
天然橡胶	280	67	聚氯乙烯	381	91
聚丁二烯	276	66	聚对苯二甲酸乙二酯	477	114
丁苯橡胶	276	66	尼龙-66	774	185
聚苯乙烯	305	73	聚丙烯腈	992	237

答 （1）聚乙烯、聚异丁烯、天然橡胶、聚丁二烯和丁苯橡胶都有较好的柔顺性，分子非极性，分子间相互作用力弱，它们适合用作弹性体。其中聚乙烯由于结构高度对称性，太易结晶，因此实际上只能用作塑料，但从纯 C—C 键的结构来说本来应当有很好的柔顺性，理应是橡胶。

（2）聚苯乙烯、聚甲基丙烯酸甲酯、聚乙酸乙烯酯和聚氯乙烯的柔顺性适中，分子有一定的极性，分子间有一定的相互作用力，适合用作塑料。

（3）聚对苯二甲酸乙二酯、尼龙-66 和聚丙烯腈分子有很强的极性，甚至有氢键，分子间有很强的作用力，通常能结晶，刚性和强度较大，适合用作纤维。

可见一般规律是内聚能密度小于 70 cal·cm^{-3}（或 300 J·cm^{-3}）的为橡胶；内聚能密度为 70～100 cal·cm^{-3}（或 300～400 J·cm^{-3}）的为塑料；内聚能密度大于 100 cal·cm^{-3}（或 400 J·cm^{-3}）的为纤维。归纳如下：

聚合物	材料类型（CED 的范围）
聚乙烯* 聚异丁烯 天然橡胶 聚丁二烯 丁苯橡胶	橡胶（CED＜300 J·cm^{-3}）
聚苯乙烯 聚甲基丙烯酸甲酯 聚乙酸乙烯酯 聚氯乙烯	塑料（CED＝300～400 J·cm^{-3}）
聚对苯二甲酸乙二醇酯 尼龙-66 聚丙烯腈	纤维（CED＞400 J·cm^{-3}）

9-22 根据下列聚合物的结构，试定性比较这三种聚合物的内聚能密度大小，并说明理由。

聚合物	内聚能密度/(J·cm^{-3})	聚合物	内聚能密度/(J·cm^{-3})
$\text{—[CH}_2\text{—CH}_2\text{]}_n\text{—}$	259	$\text{—[NH(CH}_2\text{)}_6\text{NHOCH(CH}_2\text{)}_4\text{CO]}_n\text{—}$	774

$\text{—[CH}_2\text{—CH]}_n\text{—}$
         $\mid$
         Cl
	381		

答 尼龙-66＞PVC＞PE。因为 PE 无极性，所以 CED 低。PVC 由于侧基极性，因此 CED 较高。尼龙由于形成大量氢键，因此 CED 比 PVC 更高。

9-23 三种普通溶剂在 20 ℃下的密度和蒸发热（ΔH_v）如下：

	甲苯	二硫化碳	水
ρ/(g·cm^{-3})	0.867	1.263	0.998
ΔH_v/(cal·mol^{-1})	9 016	6 620	10 540

计算每种溶剂的内聚能密度。

答 CED$=\dfrac{\Delta H_v - RT}{M/\rho}$，得甲苯的内聚能密度为 332.9 J·cm^{-3}、二硫化碳 420.0 J·cm^{-3}、水 2311.6 J·cm^{-3}。

9-24 完全非晶态的聚乙烯密度 $\rho=0.85$ g·cm^{-3}，若其内聚能为 8.57 kJ·mol^{-1}重复单元，试计算它的内聚能密度。

答 摩尔体积 $\widetilde{V}=\dfrac{28}{0.85}=33$ (cm^3·mol^{-1})，CED$=\dfrac{\Delta E}{\widetilde{V}}=\dfrac{8.57\times10^3}{33}=260$ (J·cm^{-3})。

9-25 某聚合物在 25 ℃不同溶剂中测定其 $[\eta]$，发现在氯仿中的 $[\eta]$最大。已知氯仿的摩尔潜热 $\widetilde{L}_r=31\,444.4$ J·mol^{-1}，氯仿的摩尔体积 $\widetilde{V}_1=80.7$ cm^3·mol^{-1}，试求该聚合物的内聚

能密度,并初步估计该聚合物可作什么材料用。

答 这是间接聚合物的 CED 黏度法,认为此时聚合物的 CED 等于溶剂氯仿的 CED,则

$$\text{CED} = \frac{\widetilde{L}_r - RT}{\widetilde{V}_1} = \frac{31\,444.4 - 8.31 \times 298}{80.7} = 359 \ (\text{J} \cdot \text{cm}^{-3})$$

可作塑料用。

9-26 由文献查得涤纶树脂的密度 $\rho = 1.362 \text{ g} \cdot \text{cm}^{-3}$ 和内聚能 $\Delta E = 66.67 \text{ kJ} \cdot \text{mol}^{-1}$(单元)。试计算涤纶树脂的内聚能密度,并与文献值 476 J·cm^{-3} 相比较。

答 内聚能密度 $\text{CED} = \dfrac{\Delta E}{M_0/\rho} = \dfrac{66.67 \times 10^3}{192/1.362} = 473(\text{J} \cdot \text{cm}^{-3})$,与文献值相符。

9.2.3 溶度参数

9-27 什么是溶度参数 δ?聚合物的 δ 怎样测定?根据热力学原理解释非极性聚合物为什么能够溶解在与其 δ 相近的溶剂中。

答 溶度参数是内聚能密度的开方,它反映聚合物分子间作用力的大小。

与 CED 的测定方法相同,聚合物的 δ 常用黏度法(参见 9-25 题)、溶胀度法(参见 9-43 题)和浊度(滴定)法(参见 9-42 题)间接测定。黏度法是用一系列不同 δ 的溶剂溶解待测聚合物,分别测定溶液的黏度。当聚合物的 δ 与溶剂的 δ 相等时,分子链在该溶液中充分舒展,黏度最大。因而黏度最大的溶液,其溶剂的 δ 即可作为待测聚合物的 δ。溶胀度法是用交联聚合物在不同 δ 的溶剂中达溶胀平衡后测定溶胀度(溶胀后体积除以溶胀前体积),溶胀度最大的溶剂的 δ 即可作为待测聚合物的 δ。浊度法是用两种溶剂(其 δ 分别比聚合物高和低)滴定高分子溶液,直至刚出现浑浊。根据滴定的体积计算出现浑浊时实际混合溶剂的 δ,即为聚合物 δ 的上、下限。

溶解自发进行的条件是:混合自由能 $\Delta G_m < 0$,$\Delta G_m = \Delta H_m - T\Delta S_m < 0$。对于非极性聚合物,一般 $\Delta H_m > 0$(吸热),所以只有当 $|\Delta H_m| < T|\Delta S_m|$ 时才能使 $\Delta G_m < 0$。因为 $\Delta S_m > 0$,所以 ΔH_m 越小越好。因为 $\Delta H_m = V\phi_1\phi_2(\delta_1 - \delta_2)^2$,所以 $|\delta_1 - \delta_2|$ 越小越好,即 δ_1 与 δ_2 越接近越好。

9-28 如果水的 $\delta = 47.8 \text{ J}^{1/2} \cdot \text{cm}^{-3/2}$,则水的内聚能密度是多少?

答 $\text{CED} = \delta^2 = 47.8^2 = 2285 \ (\text{J} \cdot \text{cm}^{-3})$

9-29 δ 值相同的两种溶剂的混合热是多少?

答 因为 $\delta_1 = \delta_2$,所以 $\Delta H_m = V\phi_1\phi_2(\delta_1 - \delta_2)^2 = 0$。

9-30 根据原子的吸引常数,估算聚乙烯酸乙烯酯的溶度参数。已知聚乙烯酸乙烯酯的密度 $\rho = 1.25 \text{ g} \cdot \text{cm}^{-3}$,298 K 时的摩尔原子吸引常数如下:

	C	H	O(酯)
$G_i/(\text{J}^{1/2} \cdot \text{cm}^{-3/2})$/摩尔原子	0	139.7	255

答 $\delta = \dfrac{\rho}{M_0} \sum n_i G_i = \dfrac{1.25}{86} \times (4 \times 0 + 6 \times 139.7 + 2 \times 255) = 19.7(\text{J}^{1/2} \cdot \text{cm}^{-3/2})$

9-31 根据基团的吸引常数,用 Small 基团贡献加和法,估算聚乙酸乙烯酯的溶度参数(该聚合物密度为 $1.25 \text{ g} \cdot \text{cm}^{-3}$)。

基团	$F_i/(\text{J}^{1/2}\cdot\text{cm}^{-3/2}\cdot\text{mol}^{-1})$	$n_iF_i/(\text{J}^{1/2}\cdot\text{cm}^{-3/2})$
$\diagdown$CH—	57	57
—CH$_2$—	271	271
—CH$_3$	436	436
—COO—	632	632

答 $\rho = 1.25 \text{ g}\cdot\text{cm}^{-3}, M_0 = 86 \text{ g}\cdot\text{mol}^{-1}$,所以

$$\delta = \frac{\rho\sum n_iF_i}{M_0} = \frac{1.25}{86}\times(57+271+436+632) = 20.3 \text{ (J}^{1/2}\cdot\text{cm}^{-3/2})$$

实验值 $\delta = 18.9\sim22.4 \text{ J}^{1/2}\cdot\text{cm}^{-3/2}$,结果基本一致。

9-32 试用 Small 基团加和法估算聚苯乙烯的溶度参数。已知密度为 $1.05 \text{ g}\cdot\text{cm}^{-3}$,有关基团的吸引常数($F_i$)如下:

基团结构	$F_i/(\text{J}^{1/2}\cdot\text{cm}^{-3/2}\cdot\text{mol}^{-1})$
—CH$_2$—	272
$\diagdown$CH—	176
苯环	1395

答 $\rho = 1.05 \text{ g}\cdot\text{cm}^{-3}, M_0 = 104 \text{ g}\cdot\text{mol}^{-1}$

$$\delta = \frac{\rho\sum n_iF_i}{M_0} = \frac{1.05}{104}\times(272+176+1395) = 18.3 \text{ (J}^{1/2}\cdot\text{cm}^{-3/2})$$

9-33 设双酚 A 型聚碳酸酯的密度 $\rho = 1.2 \text{ g}\cdot\text{cm}^{-3}$,试用基团加和法估算它的溶度参数。

基团	$F_i/(\text{J}^{1/2}\cdot\text{cm}^{-3/2}\cdot\text{mol}^{-1})$	$n_iF_i/(\text{J}^{1/2}\cdot\text{cm}^{-3/2})$
—CH$_3$	436	872
苯环	1395	2790
$\diagdown$C=O	537	537
—O—	235	470

答 根据结构式,$M_0 = 254 \text{ g}\cdot\text{mol}^{-1}$,则

$$\delta = \frac{\rho\sum n_iF_i}{M_0} = \frac{1.2}{254}\times(872+2790+537+470) = 22.1 \text{ (J}^{1/2}\cdot\text{cm}^{-3/2})$$

9-34 试用 Small 基团贡献加和法估算聚甲基丙烯酸丁酯(PBMA)的溶度参数。已知有关基团的吸引常数(F_i)和摩尔体积($\widetilde{V}_i$)如下:

基团	$F_i/(\text{J}^{1/2}\cdot\text{cm}^{-3/2}\cdot\text{mol}^{-1})$	$\widetilde{V}_i/(\times 10^6 \text{cm}^3\cdot\text{mol}^{-1})$
—CH$_2$—	271	16.45
—CH$_3$	436	22.80
$\diagup\!\!\!\diagdown$C$\diagdown\!\!\!\diagup$	−190	4.75
—COO—	632	21.00

答　$\delta = \dfrac{\sum n_i F_i}{\sum \widetilde{V}_i} = \dfrac{4 \times 271 + 2 \times 436 - 190 + 632}{4 \times 16.45 + 2 \times 22.8 + 4.75 + 21} = 17.5 \ (J^{1/2} \cdot cm^{-3/2})$

9-35　已知某聚合物的 $\delta_p = 21.28 \ J^{1/2} \cdot cm^{-3/2}$，溶剂 1 的 $\delta_1 = 15.14 \ J^{1/2} \cdot cm^{-3/2}$，溶剂 2 的 $\delta_2 = 24.35 \ J^{1/2} \cdot cm^{-3/2}$。将上述溶剂如何以最适合的比例混合，使该聚合物溶解？

答　$\delta_\text{混} = \phi_1 \delta_1 + \phi_2 \delta_2 = \delta_p$，$15.14\phi_1 + 24.35(1-\phi_1) = 21.28$，$\phi_1 = 1/3$，$\phi_1 : \phi_2 = 1:2$。

9-36　现有 PS($\delta_p = 17.60 \ J^{1/2} \cdot cm^{-3/2}$) 及两种溶剂丁酮($\delta_1 = 18.50 \ J^{1/2} \cdot cm^{-3/2}$) 和正己烷($\delta_2 = 14.81 \ J^{1/2} \cdot cm^{-3/2}$)，要想配制最佳的混合溶剂，求混合溶剂中两种溶剂的体积分数及体积比。

答　计算公式同 9-35 题。$\phi_1 = 0.76$，$\phi_2 = 0.24$，$\phi_1 : \phi_2 = 3:1$。

9-37　苯乙烯-丁二烯共聚物($\delta_p = 1.66 \times 10^4 \ J^{1/2} \cdot m^{-3/2}$) 难溶于戊烷($\delta_1 = 1.44 \times 10^4 \ J^{1/2} \cdot m^{-3/2}$) 和乙酸乙酯($\delta_2 = 1.86 \times 10^4 \ J^{1/2} \cdot m^{-3/2}$) 中，但能溶于二者的混合物中，为什么？混合溶剂的体积比多少才合适？

答　计算公式同 9-35 题。$\phi_1 : \phi_2 = 0.12 : 0.88$。

9-38　为什么 $\delta = 8.1 \ cal^{1/2} \cdot cm^{-3/2}$ 的苯乙烯-丁二烯共聚物不能溶于 $\delta = 7.1 \ cal^{1/2} \cdot cm^{-3/2}$ 的戊烷，也不能溶于 $\delta = 9.1 \ cal^{1/2} \cdot cm^{-3/2}$ 的乙酸乙酯，但却能溶于这两种溶剂的 1:1（体积比）的混合溶剂中？

答　因为 $\delta_\text{混} = \phi_1 \delta_1 + \phi_2 \delta_2$，混合溶剂的 $\delta = 8.1 \ cal^{1/2} \cdot cm^{-3/2}$，与聚合物相当。

9-39　以磷酸三苯酯($\delta_1 = 19.6 \ J^{1/2} \cdot cm^{-3/2}$) 作为 PVC($\delta_p = 19.4 \ J^{1/2} \cdot cm^{-3/2}$) 的增塑剂，为加强它们的相容性，还需加入一种稀释剂($\delta_2 = 16.3 \ J^{1/2} \cdot cm^{-3/2}$，相对分子质量为 350)。试根据下列公式计算稀释剂加入的最适量：$\delta_\text{混} = \delta_1 x_1 + \delta_2 x_2$（$x_1$、$x_2$ 为摩尔分数）。

答　设加入稀释剂的体积分数为 x_2，质量为 W_2，则

$$\delta_p = \delta_\text{混} = \delta_1(1-x_2) + \delta_2 x_2 \quad 19.4 = 19.6(1-x_2) + 16.3 x_2$$

解得 $x_2 = 0.06$，$x_1 = 1 - x_2 = 0.94$。若取磷酸三苯酯 100 份，其相对分子质量为 326，有

$$x_2 = \dfrac{W_2/350}{100/326 + W_2/350} = 0.06 \quad W_2 = 6.85 \ \text{份}$$

9-40　已知聚乙烯的溶度参数 $\delta_\text{PE} = 16.0 \ J^{1/2} \cdot cm^{-3/2}$，聚丙烯的 $\delta_\text{PP} = 17.0 \ J^{1/2} \cdot cm^{-3/2}$，求乙丙橡胶(EPR)的 δ（丙烯质量分数为 35%），并与文献值 $16.3 \ J^{1/2} \cdot cm^{-3/2}$ 比较。

答　由于乙丙橡胶是非晶态，而聚乙烯和聚丙烯的非晶的密度均为 $0.85 \ g \cdot cm^{-3}$，所以质量分数等同于体积分数。$\delta_\text{EPR} = 16.0 \times 0.65 + 17.0 \times 0.35 = 16.35 \ (J^{1/2} \cdot cm^{-3/2})$，计算结果与文献值相符。注意：只有密度相同时才能用质量分数计算。

9-41　什么是广义的溶度参数？

答　溶度参数相似相溶的规律实际上只适用于非极性聚合物，对于极性聚合物，该规律还要修正才能使用。Hansen 提出一个三维溶度参数（或称广义的溶度参数）的概念，认为溶度参数由色散力、极性力（包括取向力和诱导力）和氢键力三个分量组成，即 $\delta^2 = \delta_d^2 + \delta_p^2 + \delta_h^2$，式中，下标 d、p、h 分别代表色散力、极性力、氢键力组分。对于极性聚合物，不仅要求溶剂的总 δ 相近，而且还要求 δ_d、δ_p 和 δ_h 也分别相近才能相溶。可以用一个直角坐标系直观地表示聚合物和溶剂的三维溶度参数 δ_d、δ_p 和 δ_h。例如，对于聚苯乙烯($\delta_d = 17.6 \ J^{1/2} \cdot cm^{-3/2}$，$\delta_p = 6.1 \ J^{1/2} \cdot cm^{-3/2}$，$\delta_h = 4.1 \ J^{1/2} \cdot cm^{-3/2}$)，发现凡是落在以聚苯乙烯的溶度参数为圆心、半径为 $5 \ J^{1/2} \cdot cm^{-3/2}$ 的球（称为溶度球）内的溶剂均可以溶解聚苯乙烯（图 9-1）。

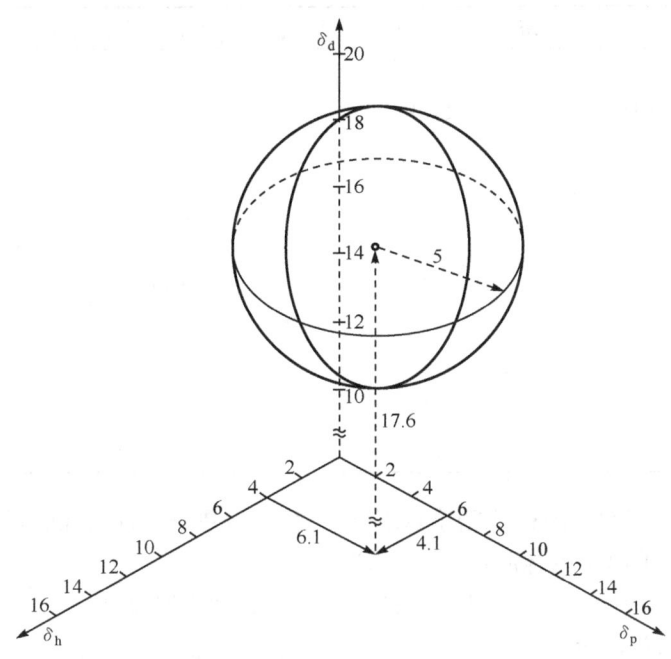

图 9-1 聚苯乙烯的 Hansen 浓度球

9-42 某聚合物具有溶度参数 $\delta=9.95$ cal$^{1/2}\cdot$cm$^{-3/2}$ ($\delta_p=7,\delta_a=5,\delta_h=5$),溶度球半径 $R=3$ cal$^{1/2}\cdot$cm$^{-3/2}$,则一种 $\delta=10$ cal$^{1/2}\cdot$cm$^{-3/2}$ ($\delta_p=8,\delta_a=6,\delta_h=0$) 的溶剂能溶解它吗?

答 不能。

方法一:溶剂的三维溶度参数点在三维溶度参数图的 δ_p-δ_d 平面上($\delta_h=0$ 平面)。这个平面距聚合物溶度球最近的地方也有 $5-3=2$ (cal$^{1/2}\cdot$cm$^{-3/2}$),所以尽管两者的总 δ 很相近,但此溶剂也不能溶解该聚合物。

方法二:设聚合物的点与溶剂的点之间的距离为 d,$d=\sqrt{(8-7)^2+(6-5)^2+(0-5)^2}=\sqrt{27}=3\sqrt{3}>R(R=3)$,所以溶剂点在溶度球之外,不可溶。

9-43 为什么在脂肪族极性溶剂的同系物中,δ 值随相对分子质量增加而下降?

答 脂肪族极性溶剂的相对分子质量增加,意味着非极性的部分增加。由于 δ 值含色散力、极性力和氢键力三个分量,色散力存在于所有分子,而且其分量的贡献比极性力分量的小,因此极性越小,δ 值越小。也就是说,δ 值会随相对分子质量增加而下降。

9-44 将少量聚苯乙烯溶于 20 cm^3 氯仿($\delta_s=1.90\times10^4$ J$^{1/2}\cdot$m$^{-3/2}$)中,将溶液分为两等份,一份用正戊烷($\delta_s=1.44\times10^4$ J$^{1/2}\cdot$m$^{-3/2}$)滴定,当出现不消失的沉淀时消耗正戊烷 5 cm^3;另一份用甲醇($\delta_s=2.97\times10^4$ J$^{1/2}\cdot$m$^{-3/2}$)滴定,当出现不消失的沉淀时消耗甲醇 10 cm^3,求聚苯乙烯的溶度参数(估算值 2.09×10^4 J$^{1/2}\cdot$m$^{-3/2}$)。

答 这是间接测定聚合物溶度参数的另一种方法,即浊度法,可以测出 δ 的范围。这里,聚合物 δ 的下限是氯仿/正戊烷混合溶剂的 δ,上限是氯仿/甲醇混合溶剂的 δ。结果为 $(1.74\sim2.44)\times10^4$ J$^{1/2}\cdot$m$^{-3/2}$,与估算值相符。

9-45 将交联丁腈橡胶(AN/BD=61/39)于 298 K 在数种溶剂中进行溶胀实验,实验数据及文献查到的数据如下:

溶剂种类	$\Delta H \times 10^{-4}/(J \cdot mol^{-1})$	$\widetilde{V}_1 \times 10^{-6}/(cm^3 \cdot mol^{-1})$	ϕ_2
$H_3C-\underset{\underset{CH_3}{\vert}}{\overset{\overset{CH_3}{\vert}}{C}}-CH_2-\underset{\underset{H}{\vert}}{\overset{\overset{CH_3}{\vert}}{C}}-CH_3$	3.51	166.0	0.9925
$n\text{-}C_4H_9$	3.15	131.0	0.9737
CCl_4	3.25	97.1	0.5862
$CHCl_3$	3.14	80.7	0.151
二氧六环	3.64	85.7	0.2710
CH_2Cl_2	2.93	64.5	0.1563
$CHBr_3$	4.34	87.9	0.1781
CH_3CN	3.33	52.9	0.4219

(1) 试计算上述溶剂的内聚能密度(CED)及溶度参数(δ_1); (2) 试以溶胀倍数(ϕ_2^{-1})对溶剂的 δ_1 作图,并由图求出丁腈橡胶的 δ_p 和 CED。

答 这是间接测定聚合物溶度参数的另一种方法,即溶胀度法。

(1) 由 $CED = \dfrac{\Delta H_v - RT}{\widetilde{V}}$ 和 $\delta = (CED)^{1/2}$ 分别求得各溶剂的 CED、δ_1 和 ϕ_2^{-1},结果如下:

溶剂种类	$CED/(J \cdot cm^{-3})$	$\delta_1/(J^{1/2} \cdot cm^{-3/2})$	ϕ_2^{-1}
$H_3C-\underset{\underset{CH_3}{\vert}}{\overset{\overset{CH_3}{\vert}}{C}}-CH_2-\underset{\underset{H}{\vert}}{\overset{\overset{CH_3}{\vert}}{C}}-CH_3$	196.5	14.02	1.008
$n\text{-}C_4H_9$	221.7	14.89	1.027
CCl_4	309.3	17.59	1.75
$CHCl_3$	297.8	17.26	3.69
二氧六环	358.3	18.93	6.62
CH_2Cl_2	415.5	20.38	6.39
$CHBr_3$	478.2	21.87	5.62
CH_3CN	583.4	24.15	2.37

(2) 以 ϕ_2^{-1} 对 δ_1 作图(图 9-2),从曲线上找出 ϕ_2^{-1} 最大(最大溶胀)时的 δ_1 值和 CED 值,即为丁腈橡胶的 δ_p 值和 CED 值:δ_p 为 18.97~19.38 $J^{-1/2} \cdot cm^{-3/2}$,$CED = \delta_p^2 = 359.8 \sim 375.6 \, J \cdot cm^{-3}$。

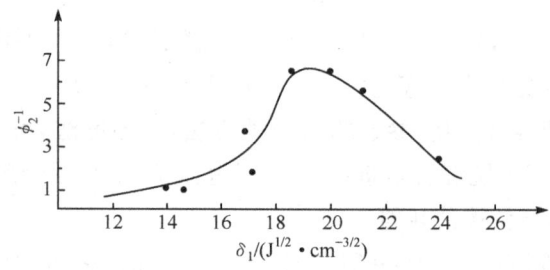

图 9-2 以 ϕ_2^{-1} 对 δ_1 作图求丁腈橡胶的 δ_p 值和 CED 值

9.3 溶剂的选择原则

9.3.1 溶剂选择三原则

9-46 为一种聚合物材料选择合适的溶剂应遵循哪些原则？

答 ①极性相似相溶原则。这只是一个笼统的规则，一般通过结构相似判断。②溶剂化原则，专对极性聚合物。③溶度参数相近原则，广泛适用的原则，适用于非极性聚合物（其中晶态的聚合物还要升温到接近熔点）；对于极性聚合物，广义上也适用，即必须用三维溶度参数的概念，色散力、极性力和氢键力三个分量要求分别相近（给"极性相近相溶"更定量地判断），同时不违反溶剂化原则（亲电或亲核性不能相同）。氢键非常重要，如果聚合物与溶剂能形成氢键，则很易溶。

9-47 (1) 根据半经验的相似相溶原则选择下列聚合物的适当溶剂：天然橡胶，醇酸树脂，有机玻璃，聚丙烯腈；(2) 根据溶剂化原则选择下列聚合物的适当溶剂：硝化纤维，聚氯乙烯，尼龙-6，聚碳酸酯；(3) 根据溶度参数相近原则选择下列聚合物的适当溶剂：顺丁橡胶，聚丙烯，聚苯乙烯，涤纶树脂。

答 (1) 相似相溶原则：

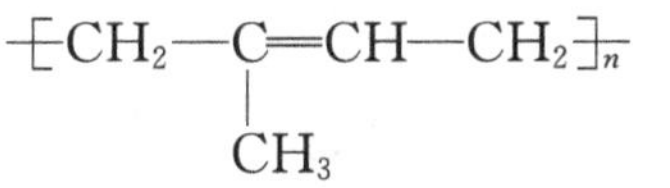

$-[CH_2-C=CH-CH_2]_n-$ 溶剂：n-C_7H_{16}，苯，甲苯
          CH_3

$-[O-R-O-\overset{O}{\underset{\|}{C}}-R'-\overset{O}{\underset{\|}{C}}]_n-$ 溶剂：$CH_3-\overset{O}{\underset{\|}{C}}-OC_2H_5$

$-[CH_2-\underset{COOCH_3}{\overset{CH_3}{C}}]_n-$ 溶剂：$CH_3-\overset{O}{\underset{\|}{C}}-CH_3$，$CH_3\overset{O}{\underset{\|}{C}}-OC_2H_5$

$-[CH_2-\underset{CN}{CH}]_n-$ 溶剂：$H_2C\underset{CN}{\overset{CN}{<}}$，$H-\overset{O}{\underset{\|}{C}}-N\underset{CH_3}{\overset{CH_3}{<}}$

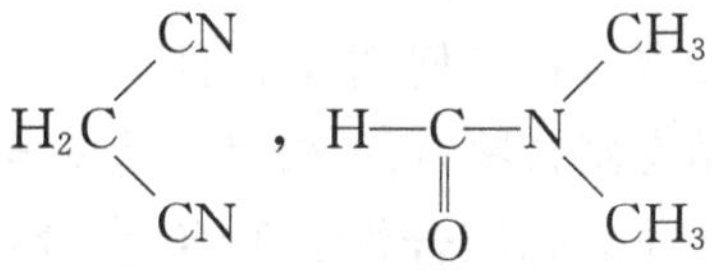

(2) 溶剂化原则：

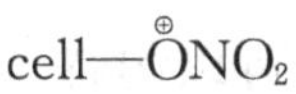

cell—$\overset{\oplus}{O}NO_2$ 溶剂：$^{\ominus}O\underset{R}{\overset{R}{<}}$，$^{\ominus}O=\underset{CH_3}{\overset{CH_3}{C}}$

$-[CH_2-\overset{\oplus}{CH}]_n-$ 溶剂：$^{\ominus}O=$环己酮，$^{\ominus}O=\underset{CH_3}{\overset{CH_3}{C}}$
        Cl

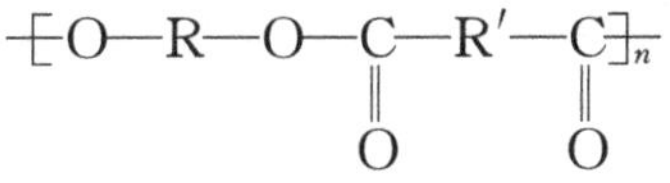

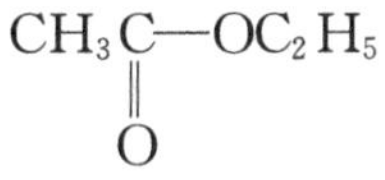

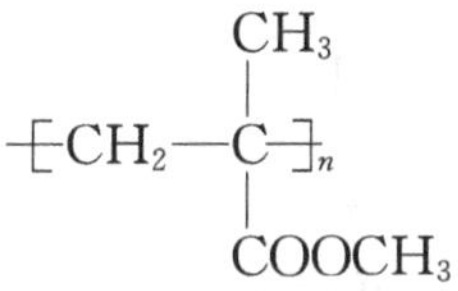

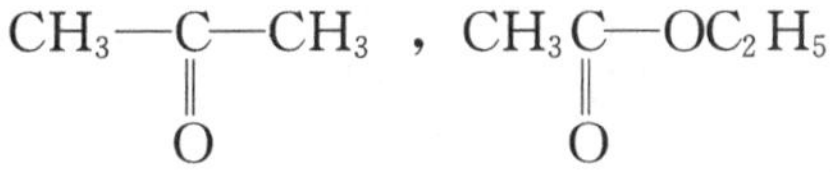

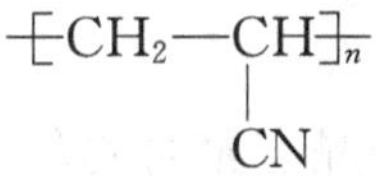

$-[(CH_2)_5-\underset{O}{\overset{\|}{C}}-\overset{\oplus}{N}H]_n-$ 溶剂：$HO^{\ominus}$—苯酚

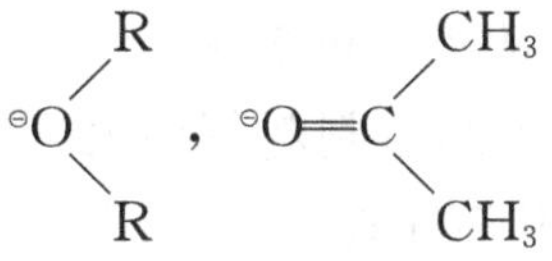

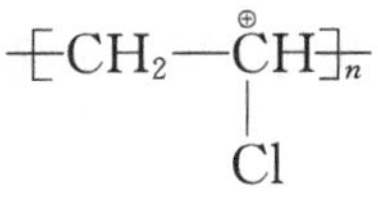

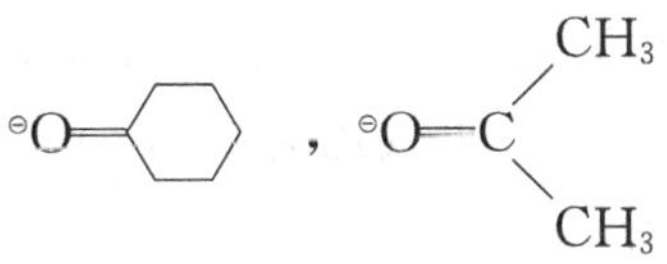

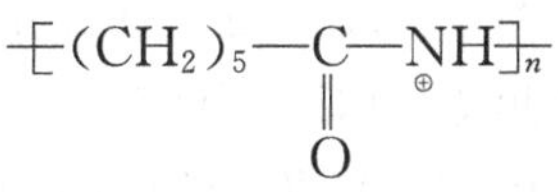

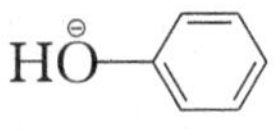

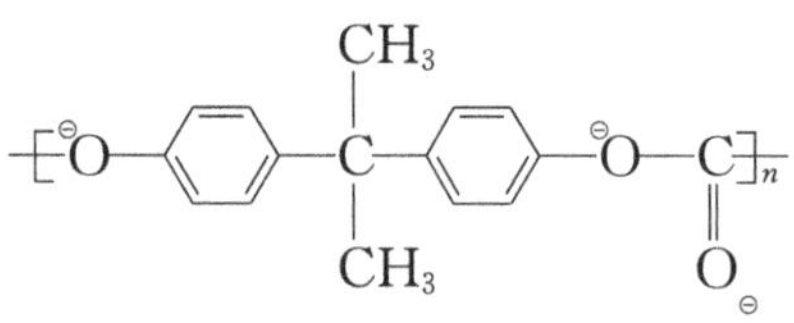

$$\left[O \underset{CH_3}{\overset{CH_3}{-}} \underset{CH_3}{\overset{|}{C}} - \underset{}{\overset{}{\bigcirc}} - O - \underset{O}{\overset{\ominus}{C}} \right]_n$$

溶剂：$\overset{\oplus}{H} \underset{H}{\overset{|}{C}} \underset{Cl}{\overset{Cl}{|}}$

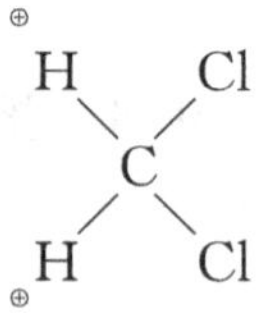

(3) 溶度参数相近原则：

$$+CH_2-CH=CH-CH_2+_n$$

$\delta_p = 16.3$

溶剂：环己烷

$\delta_1 = 16.7$

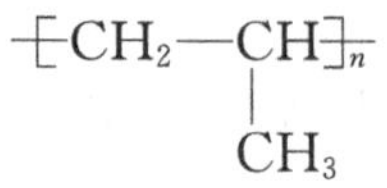

$$+CH_2-CH+_n$$
$$\qquad\quad |$$
$$\qquad\quad CH_3$$

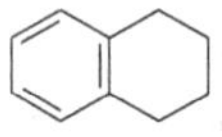

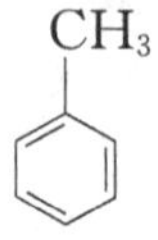

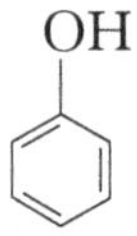

$\delta_p = 16.3$

溶剂：四氢萘，甲苯

$\delta_p = 19.4 \quad \delta_1 = 18.2$

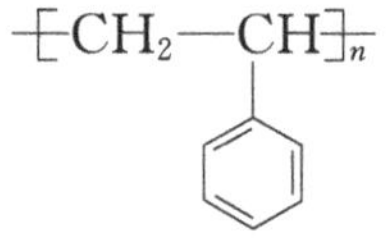

$$+CH_2-CH+_n$$
$$\qquad\quad |$$
$$\qquad\quad C_6H_5$$

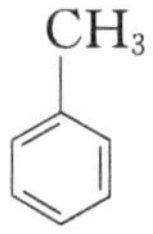

$\delta_p = 17.5$

溶剂：甲苯

$\delta_p = 18.2$

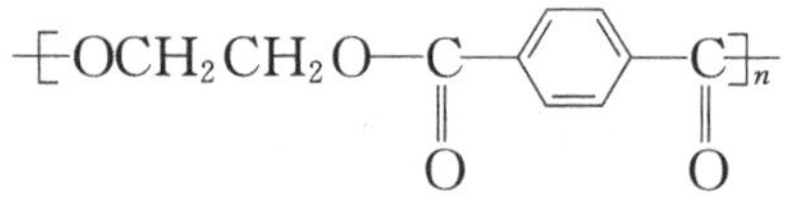

$$+OCH_2CH_2O-\overset{O}{\underset{\|}{C}}-\bigcirc-\overset{O}{\underset{\|}{C}}+_n$$

$\delta_p = 21.8$

溶剂：苯酚 : $C_2H_2Cl_4 = 1:1$

$\delta_1 = 24.3 \quad \delta_2 = 9.5 \quad \delta_m = 21.9$

9-48 下列三类聚合物如何选择溶剂？

(1) 非极性非晶态聚合物；(2) 极性非晶态聚合物；(3) 晶态聚合物。

答 (1) 非极性非晶态聚合物溶于溶度参数相近的溶剂；(2) 极性非晶态聚合物较易溶，考虑溶剂化原则，即易溶于亲核（或亲电）性相反的溶剂；(3) 晶态聚合物难溶，选择溶度参数相近的溶剂，且升温至熔点附近才可溶解。

9-49 根据选择溶剂的原则，判断下列聚合物-溶剂体系在常温下哪些可以溶解，哪些容易溶解，哪些难溶或不溶，并简述理由（括号内的数字为其溶度参数，单位为 $J^{1/2} \cdot cm^{-3/2}$）：

(1) 有机玻璃(18.8)-苯(18.8)；(2) 涤纶树脂(21.8)-二氧六环(20.8)；(3) 聚氯乙烯(19.4)-氯仿(19.2)；(4) 聚四氟乙烯(12.6)-正癸烷(13.1)；(5) 聚碳酸酯(19.4)-环己酮(20.2)；(6) 聚乙酸乙烯酯(19.2)-丙酮(20.2)。

答 (1) 不溶，因为有机玻璃是极性的，而苯是非极性溶剂，溶度参数中的极性分量差别很大；(2) 不溶，因为亲核聚合物对亲核溶剂；(3) 不溶，因为亲电聚合物对亲电溶剂；(4) 不溶，因为非极性结晶聚合物很难溶，除非加热到接近聚四氟乙烯的熔点 327 ℃，而此时溶剂早已气化了；(5) 和(6)易溶，因为虽然为亲核聚合物和亲核溶剂，但它们都在亲核能力顺序的尾部，即亲核作用不强，可以互溶。

9.3.2 相似相溶原则

9-50 用聚乙酸乙烯酯醇解制取聚乙烯醇时,为什么仅具有适当醇解度的聚乙烯醇的水溶性最好?

答 随着醇解度的提高,极性的羟基增多,与含羟基的极性的水相溶性变好。

9-51 解释下列现象:
(1) 球鞋长期与机油接触会越来越大,最后胀得像只船;(2) 聚乙烯油桶可盛装汽油(各种液态烃的混合物,非极性);(3) 尼龙袜溅上一滴40%硫酸会出现孔洞。

答 (1) 球鞋主要由非极性的天然橡胶或丁苯橡胶制成,与极性和结构都相似的机油的相溶性好,虽然有轻度交联而不溶解,但易溶胀;(2) 虽然聚乙烯是非极性的,但它高度结晶,在室温下不溶于同样非极性的汽油;(3) 尼龙袜是尼龙-66,结构中有氨基,极易被酸质子化而溶解。

9-52 为什么丁腈橡胶具有优良的耐汽油性?对于 CH_3NO_2 和 $CH_3(CH_2)_4CH_3$ 两种溶剂,天然橡胶和丁腈橡胶分别耐哪一种溶剂?为什么?

答 丁腈橡胶由于存在氰基而有较强的极性,能够耐非极性的汽油。天然橡胶耐硝基甲烷,丁腈橡胶耐正己烷。

9.3.3 溶剂化原则

9-53 二氯乙烷 $\delta_1 = 19.8\ J^{1/2} \cdot cm^{-3/2}$,环己酮 $\delta_1 = 20.2\ J^{1/2} \cdot cm^{-3/2}$,聚氯乙烯 $\delta_2 = 19.2\ J^{1/2} \cdot cm^{-3/2}$。显然,二氯乙烷的 δ_1 比环己酮的 δ_1 更接近聚氯乙烯的 δ_2,但实际上前者对聚氯乙烯的溶解性能并不好,而后者则是聚氯乙烯的良溶剂,为什么(要求画出聚合物和溶剂的结构式进行讨论)?

答 从溶剂化原则考虑。因为环己酮有亲核性,而聚氯乙烯(PVC)有亲电性,两者间有强的相互作用。而二氯乙烷有亲电性,与 PVC 的亲电性相斥。

9-54 解释下列现象:纤维素不能溶于水,却能溶于铜氨溶液中。

答 铜与葡萄糖残基形成铜的配合物,使纤维素溶剂化而溶解。铜氨溶液为 20%$CuSO_4$ 的氨水溶液,与纤维素的反应示意如下:

$$\begin{array}{c} H-C-OH \\ | \\ H-C-OH \end{array} + [Cu(NH_3)_4]^{2+} \longrightarrow \begin{array}{c} H-C-O \\ | \quad\quad\quad \diagdown \\ \quad\quad\quad Cu \\ | \quad\quad\quad \diagup \\ H-C-O \end{array} \begin{array}{c} \leftarrow NH_3 \\ \leftarrow NH_3 \end{array} + 2NH_4^+$$

9.3.4 溶度参数相近原则

9-55 从下列溶剂中分别找出最适合天然橡胶(17.4)、聚甲基丙烯酸甲酯(18.9)和聚丙烯腈(26.0)的溶剂:正己烷(14.7),甲苯(18.2),氯仿(19.2),二甲基甲酰胺(24.5),甲醇(27.6),水(47.8)。溶度参数的单位为 $J^{1/2} \cdot cm^{-3/2}$。

答 以 $|\delta_1 - \delta_2| \leq 2$ 来判断,天然橡胶-甲苯、聚甲基丙烯酸甲酯-氯仿、聚丙烯腈-二甲基甲酰胺,这些溶剂实际上确实是最佳溶剂。例如,有机玻璃可以用氯仿快速黏结。

9-56 为什么硝化纤维素难溶于乙醇或乙醚,却能溶于乙醇和乙醚的混合溶剂中?

答 硝化纤维素的 $\delta = 17.4 \sim 23.5\ J^{1/2} \cdot cm^{-3/2}$,乙醇($\delta = 5.5$)和乙醚($\delta = 15.1$)按适当比例混合能得到 δ 与硝化纤维素相当的混合溶剂,而且混合溶剂的极性也与硝化纤维素相似。

9-57 为什么 $\delta=16.5 \text{ J}^{1/2} \cdot \text{cm}^{-3/2}$ 的苯乙烯-丁二烯共聚物不能溶于 $\delta=14.5 \text{ J}^{1/2} \cdot \text{cm}^{-3/2}$ 的戊烷,也不能溶于 $\delta=18.5 \text{ J}^{1/2} \cdot \text{cm}^{-3/2}$ 的乙酸乙酯,但却能溶于这两种溶剂的体积比为 1∶1 的混合溶剂中?

答 因为 $\delta_{混}=\delta_1\phi_1+\delta_2\phi_2=14.5\times50\%+18.5\times50\%=16.5(\delta_p)$。

9.3.5 外部条件

9-58 通常在定向聚合的聚丙烯中含有 95% 的规整立构体,熔点为 438~449 K,现欲选择它的适当溶剂,试举实例,并指出应注意的条件。

答 可选二甲苯作为溶剂,应加热到二甲苯的沸点(144.4 ℃),即接近于等规聚丙烯(IPP)的熔点(约 160 ℃)才能溶解。

9-59 甲苯和二甲苯有大致相同的 δ,哪个对全同聚丙烯是更好的溶剂?为什么?

答 二甲苯是更好的溶剂,因为二甲苯的沸点(144.4 ℃)比甲苯的沸点(110.6 ℃)更靠近全同聚丙烯的熔点(约 160 ℃)。

9-60 丁酮($\delta=18.4 \text{ J}^{1/2} \cdot \text{cm}^{-3/2}$)和正己烷($\delta=14.7 \text{ J}^{1/2} \cdot \text{cm}^{-3/2}$)的混合溶剂能否溶解聚乙烯($\delta=16.5 \text{ J}^{1/2} \cdot \text{cm}^{-3/2}$)?为什么?

答 理论上适当比例能溶,不过须加热到 120 ℃(接近聚乙烯的熔点),但此温度远超过正己烷的沸点(69 ℃),所以实际上不能溶。

9-61 解释下列现象:
(1) 聚乙烯醇只溶于热水(约 90 ℃),不溶于冷水;(2) 聚丙烯腈难溶于冷的二甲基甲酰胺,而易溶于热的二甲基甲酰胺。

答 都是由于结晶态聚合物必须加热到熔点附近破坏结晶,才能溶于其良溶剂中。

9-62 为什么聚四氟乙烯至今找不到合适的溶剂?

答 原因有二:一是其 $\delta=6.2 \text{ cal}^{1/2} \cdot \text{cm}^{-3/2}$,很难找到 δ 这么小的溶剂;二是其熔点高达 327 ℃,熔点以上体系具有高黏度,对于非极性结晶性高分子要求升温到接近熔点,没有适当溶剂既能 δ 相近又有高沸点。从热力学上分析,聚四氟乙烯的溶解必须包括结晶部分的熔融和高分子与溶剂混合两个过程,两者都是吸热过程,ΔH_m 较大,即使 δ 与聚合物相近的液体也很难满足 $\Delta H_m<T\Delta S_m$ 的条件,所以它至今还没找到合适的溶剂。

9.4 高分子稀溶液的热力学

9.4.1 溶液的基本物理量

9-63 在 293 K 下于 0.1 L 的容量瓶中配制天然橡胶的苯溶液,已知天然橡胶的质量为 10^{-3} kg,密度为 991 kg·m^{-3},相对分子质量为 2×10^5。假定混合时无体积效应。试计算:(1) 溶液的浓度 c(kg·L^{-1});(2) 溶质的物质的量(n_2)和摩尔分数(x_2);(3) 溶剂和溶质的体积分数(ϕ_1、ϕ_2)。

答 (1) $\quad c=W_2/V=10^{-3}/0.1=1\times10^{-2}(\text{kg}\cdot\text{L}^{-1})$

(2) $\quad n_2=\dfrac{W_2}{M_2}=\dfrac{10^{-3}}{2\times10^5\times10^{-3}}=5\times10^{-6}(\text{mol}) \quad V_2=\dfrac{W_2}{\rho_2}=\dfrac{10^{-3}}{0.991}=1.01\times10^{-3}(\text{L})$

$$V_1=0.1-1.01\times10^{-3}=9.90\times10^{-2}(\text{L})$$

$$n_1=\dfrac{W_1}{M_1}=\dfrac{V_1\rho_1}{M_1}=\dfrac{9.90\times10^{-2}\times0.874}{0.078}=1.11(\text{mol})$$

$$x_2 = \frac{n_2}{n_1+n_2} = \frac{5\times 10^{-6}}{1.11+5\times 10^{-6}} = 4.5\times 10^{-6}$$

(3) $\phi_2 = \dfrac{V_2}{V_1+V_2} = \dfrac{1.01\times 10^{-3}}{9.90\times 10^{-2}+1.01\times 10^{-3}} = 0.010 \quad \phi_1 = 1-\phi_2 = 1-0.010 = 0.990$

9.4.2 Flory-Huggins 的似晶格模型

9-64 Flory-Huggins 的似晶格模型溶液理论有哪些基本假定？这些假定的合理性如何？

答 基本假定为：①溶液中分子的排列是一种晶格的排列，每个溶剂分子占一个格子，每个高分子的聚合度相同，都占 x 个相连的格子，x 为链段数，链段与溶剂的体积相等。②高分子链是柔性的，所有构象具有相同的能量。③溶液中链段是均匀分布的，即链段占有任一格子的概率相等。④聚合物处于解取向态。

假定不合理的地方有：①实际上，链段与溶剂的体积不等。②链段、溶剂之间三种相互作用的大小不同。③链段分布在稀溶液中不均匀，而是像链段云一样有密度差别。④混合前解取向态不是聚合物的实际状态，有结晶、取向、缠结等。

9.4.3 Huggins 参数 χ_1

9-65 回答下列问题：(1) χ_1 的物理意义如何？(2) 当聚合物和温度选定以后，χ_1 值与溶剂性质（良溶剂、θ 溶剂、非溶剂）的关系如何？(3) 当聚合物和溶剂选定以后，χ_1 值与温度性质有什么关系？(4) 说出 χ_1 的两种测定方法。

答 (1) χ_1 称为 Huggins 相互作用参数，是一个表征溶剂分子与高分子相互作用程度大小的物理量。定义为 $\chi_1 = \dfrac{Z\Delta W_{12}}{RT}$。

(2) $\Delta \mu_1^E = RT\left(\chi_1 - \dfrac{1}{2}\right)\phi_2^2$。在一定温度下，当 $\chi_1 < 0.5$，即过量化学势 $\Delta \mu_1^E < 0$，溶解自发发生，是良溶剂。当 $\chi_1 = 0.5$，即 $\Delta \mu_1^E = 0$，符合理想溶液的条件，为 θ 溶剂。当 $\chi_1 > 0.5$，即 $\Delta \mu_1^E > 0$，不溶解，为非溶剂。

(3) 当 $\chi_1 = \dfrac{Z\Delta W_{12}}{RT}$ 中的 $\Delta W_{12} = \Delta W_H - T\Delta W_S$ 时，则 $\chi_1 = \chi_H + \chi_S$。这样，χ_1 包含焓和熵的贡献，于是温度升高，χ_1 变小。

(4) χ_1 可以通过膜渗透压法测 A_2 得到（参见 10-73 题）；或通过测定聚合物的 Flory 温度和熵参数的同时得到某一温度下的 χ_1（参见 9-96 题）。利用以下公式：$A_2 = \left(\dfrac{1}{2}-\chi_1\right)\dfrac{1}{\widetilde{V}_1 \rho_2^2}$，$\dfrac{1}{2}-\chi_1 = \psi_1\left(1-\dfrac{\theta}{T}\right)$。

9-66 说明 $\chi_1 = \dfrac{Z\Delta W_{12}}{RT}$ 公式中 $\chi_1 RT$ 的物理意义。

答 在似晶格模型中，混合热 $\Delta H_m = Zx\phi_2 N_2 \Delta W_{12} = kT\chi_1 N_1 \phi_2 = RT\chi_1 n_1 \phi_2$。$\chi_1 kT$ 的物理意义是当一个溶剂分子（$N_1 = 1$）放到固体聚合物（$\phi_2 = 1$）中时所引起的能量变化。$\chi_1 RT$ 则是当 1 mol 溶剂放到聚合物中时所引起的能量变化。

9-67 某聚苯乙烯试样的甲苯溶液 25 ℃时的第二维里系数为 2.19 cm³·mol·g⁻²。聚合物溶液的比体积为 0.91 cm³·g⁻¹。求相互作用参数 χ_1。

答 查得 PS 的密度 $\rho_2=1.087$ g·cm^{-3}，当溶液很稀时以溶液的比体积 $\bar{V}_1$ 代替溶剂摩尔体积 $\tilde{V}_1$，则根据 $A_2=\left(\dfrac{1}{2}-\chi_1\right)\dfrac{1}{\tilde{V}_1\rho_2^2}$，求得 $\chi_1=0.478$。

9.4.4 混合热

9-68 假如以 $\Delta G_m<0$ 作为可形成溶液的标准，则为了使一个非晶相聚合物可溶解的最关键热力学参数是哪一个？

答 溶解过程始终有 $\Delta S_m>0$，所以关键是 ΔH_m 的值。若 ΔH_m 为负值，则 ΔG_m 一定小于 0；为正值，则越小越有利于溶解。

9-69 两种液体的混合热为 $\Delta H_m=\Delta W_{12}N_{12}$，若令 $\chi_1=\dfrac{Z\Delta W_{12}}{kT}$，试应用似晶格模型证明高分子溶液的混合热为 $\Delta H_m=RT\chi_1 n_1\phi_2$。

证 将 χ_1 的定义式代入，得 $\Delta H_m=\chi_1 kTN_{12}/Z$。因为每个格子被溶剂分子所占的概率等于溶剂的体积分数 ϕ_1，这样一个高分子的 [1—2] 键数为 $Zx\phi_1$。溶液中 N_2 个高分子的 [1—2] 键数总数为 $N_{12}=Zx\phi_1 N_2$，代入得 $\Delta H_m=\chi_1 kTx\phi_1 N_2$。因为 $\dfrac{\phi_2}{\phi_1}=\dfrac{xN_2/N}{N_1/N}=\dfrac{xN_2}{N_1}$，即 $xN_2\phi_1=N_1\phi_2$，所以 $\Delta H_m=kT\chi_1 N_1\phi_2$ 或 $\Delta H_m=RT\chi_1 n_1\phi_2$（注：$N$ 为分子数，n 为物质的量，k 为 Boltzmann 常量，等于 1.380×10^{-23} J·K^{-1}，$kN_A=R$，N_A 为 Avogadro 常量）。

9-70 将交联丁腈橡胶（$\delta_2=19.18$）于 298 K 在乙腈（$\delta_1=24.15$）中进行溶胀实验，已知乙腈的摩尔体积 $\tilde{V}_1=52.9$ cm^3·mol^{-1}，$\phi_2=0.4219$，求两者混合时的偏摩尔混合热。

答 混合热 $\Delta H_m=n_1\tilde{V}_1\phi_2(\delta_1-\delta_2)^2$，则

$$\frac{\partial \Delta H_m}{\partial n_1}=\tilde{V}_1(\delta_1-\delta_2)^2\frac{\partial}{\partial n_1}\left(n_1\frac{xn_2}{n_1+xn_2}\right)=\tilde{V}_1(\delta_1-\delta_2)^2\phi_2^2$$

$$=52.9\times(24.15-19.18)^2\times 0.4219^2=232.6 \text{ (J·mol}^{-1}\text{)}$$

9.4.5 混合熵

9-71 计算下列三种溶液的混合熵：(1) 99×10^4 个小分子 A 和一个大分子 B 混合。(2) 99×10^4 个小分子 A 和一个大分子（聚合度 $x=10^4$，每一个链节或结构单元相当于一个小分子）混合。(3) 99×10^4 个小分子 A 和 10^4 个小分子 B 混合（注：k 的具体数值不必代入，只要算出 ΔS_m 等于多少 k 即可）。比较计算结果可以得到什么结论？

答 (1) $\Delta S_m^i=-k(N_1\ln x_1+N_2\ln x_2)$

$$=-k\left(99\times 10^4\times\ln\frac{99\times 10^4}{1+99\times 10^4}+1\times\ln\frac{1}{1+99\times 10^4}\right)=14.8k$$

(2) $\Delta S_m=-k\left(N_1\ln\dfrac{N_1}{N_1+xN_2}+N_2\ln\dfrac{xN_2}{N_1+xN_2}\right)$

$$=-k\left(99\times 10^4\times\ln\frac{99\times 10^4}{99\times 10^4+10^4}+1\times\ln\frac{10^4\times 1}{99\times 10^4+10^4}\right)=9955k$$

(3) $\Delta S_m^x=-k\left(99\times 10^4\times\ln\dfrac{99\times 10^4}{99\times 10^4+10^4}+10^4\ln\dfrac{10^4}{99\times 10^4+10^4}\right)=56\,002k$

可见同样分子数时，高分子的 ΔS_m 比小分子大得多，因为一个高分子在溶液中不仅起到

一个小分子的作用。但此 ΔS_m 值又比假定高分子完全切断成 x 个链节的混合熵小,说明一个高分子又起不到 x 个小分子的作用。

9-72 一种聚合物溶液由相对分子质量 $M_2=10^6$ 的溶质(聚合度 $x=10^4$)和相对分子质量 $M_1=10^2$ 的溶剂组成,构成溶液的浓度为 1%(质量分数),试计算:(1)此聚合物溶液的混合熵 ΔS_m(高分子);(2)依照理想溶液计算的混合熵 $\Delta S'_m$(理想);(3)若把聚合物切成 10^4 个单体小分子,并假定此小分子与溶剂构成理想溶液时的混合熵 $\Delta S''_m$;(4)由上述三种混合熵的计算结果可得出什么结论?为什么?

答 由 $c=1\%$ 可知 $W_2/(W_1+W_2)=1\%$ 和 $W_1/(W_1+W_2)=99\%$。设此溶液为 0.1 kg,相当于高分子 0.001 kg,溶剂 0.099 kg,则

$$n_1=W_1/M_1=0.099/0.1=0.99 \quad n_2=W_2/M_2=0.001/10^3=10^{-6}$$

$$\phi_1=\frac{n_1}{n_1+xn_2}=\frac{0.99}{0.99+10^4\times10^{-6}}=0.99 \quad \phi_2=1-\phi_1=0.01$$

(1) ΔS_m(高分子)$=-R(n_1\ln\phi_1+n_2\ln\phi_2)$
$$=-8.31\times(0.99\times\ln0.99+10^{-6}\times\ln0.01)=8.27\times10^{-2}(\text{J}\cdot\text{K}^{-1})$$

(2) $x_1=\dfrac{n_1}{n_1+n_2}=\dfrac{0.99}{0.99+10^{-6}}\approx1 \quad x_2=\dfrac{n_2}{n_1+n_2}=\dfrac{10^{-6}}{0.99+10^{-6}}\approx10^{-6}$

$\Delta S'_m$(理想)$=-R(n_1\ln x_1+n_2\ln x_2)$
$$=-8.31\times(0.99\times\ln1+10^{-6}\times\ln10^{-6})=1.15\times10^{-4}(\text{J}\cdot\text{K}^{-1})$$

(3) 切成 10^4 个小分子时,有
$$n_1=0.99 \quad n_2=1/M_0=x/M=10^4/10^6=0.01$$
$$x_1=\frac{0.99}{0.99+0.01}=0.99 \quad x_2=0.01$$
$\Delta S''_m=-R(n_1\ln x_1+n_2\ln x_2)$
$$=-8.31\times(0.99\times\ln0.99+0.01\times\ln0.01)=0.465(\text{J}\cdot\text{K}^{-1})$$

(4) 由计算结果可见 $\Delta S'_m$(理想)$<\Delta S_m$(高分子)$<\Delta S''_m$(10^4 个小分子)。因为高分子的一个链节相当于一个溶剂分子,但它们之间毕竟有化学键,所以其构象数虽然比按一个小分子计算时的理想溶液混合熵大得多,但小于按 10^4 个完全独立的小分子计算的构象数。

9-73 (1) Flory-Huggins 用统计热力学方法推导出高分子溶液的混合熵 $\Delta S_m=-R(n_1\ln\phi_1+n_2\ln\phi_2)$ 与理想溶液混合熵 $\Delta S^i_m=-R(n_1\ln x_1+n_2\ln x_2)$ 相比,何者较大?简述理由。(2) Flory-Huggins 推导 $\Delta S_m=-R(n_1\ln\phi_1+n_2\ln\phi_2)$ 的过程中,有什么不够合理的情况?

答 (1) ΔS_m 比 ΔS^i_m 大得多。这是因为一个高分子在溶液中不仅起一个小分子的作用。(2) 主要有三方面不合理:①没有考虑三种相互作用力不同会引起溶液熵值减小,从而结果偏高。②高分子混合前的解取向态中,分子间相互牵连,有许多构象不能实现,而在溶液中原来不能实现的构象有可能表现出来,从而过高地估计解取向态的熵,因此 ΔS_m 结果偏低。③高分子链段均匀分布的假定在稀溶液中不合理,应像链段云。

9-74 将 1 g PMMA 在 20 ℃ 下溶解于 50 mL 苯中,已知 PMMA 的密度为 1.18 g·cm^{-3},苯的密度为 0.879 g·cm^{-3},相对分子质量为 1×10^5,计算熵变值。在计算中用了什么假定?

答 $\Delta S_m=-R\left(n_1\ln\dfrac{n_1}{n_1+xn_2}+n_2\ln\dfrac{xn_2}{n_1+xn_2}\right)=-R\left(n_1\ln\dfrac{V_1}{V_1+V_2}+n_2\ln\dfrac{V_2}{V_1+V_2}\right)$

式中,V_1 为溶剂体积,V_2 为高分子体积。

$$n_1 = \frac{50 \times 0.879}{78} = 0.563 \text{ (mol)} \qquad n_2 = \frac{1}{10^5} = 10^{-5} \text{ (mol)}$$

$$V_1 = 50 \text{ mL} \qquad V_2 = \frac{1}{1.18} = 0.847 \text{ (mL)}$$

$$\Delta S_m = -8.31 \times \left(0.563 \times \ln\frac{50}{50.847} + 10^{-5} \times \ln\frac{0.847}{50.847}\right) = 0.077 \text{ (J·K}^{-1})$$

在计算中假定体积具有加和性,高分子可以看成由一些体积与苯相等的链段组成,每个链段对熵的贡献相当于一个苯分子,在这里假定了链段数等于单体单元数。

9-75 (1) 计算 20 ℃下制备 100 mL 浓度为 0.01 mol·L 的苯乙烯-二甲苯溶液的混合熵,20 ℃时二甲苯的密度为 0.861 g·cm^{-3}。(2) 假定(1)中溶解的苯乙烯单体全部转变成 $\overline{DP}=1000$ 的 PS,计算制备 100 mL 该 PS 溶液的混合熵,并算出苯乙烯的摩尔聚合熵。

答 (1) $\qquad \Delta S_m^i = -R(n_1 \ln x_1 + n_2 \ln x_2)$

$$n_1 = \frac{100 \times 0.861}{106} = 0.812 \text{ (mol)} \qquad n_2 = 0.001 \text{ mol}$$

$$x_1 = 0.9988 \qquad x_2 = 0.0012$$

$$\Delta S_m^i = -8.31 \times (0.812 \times \ln 0.9988 + 0.001 \times \ln 0.0012)$$
$$= -8.31 \times (-7.676 \times 10^{-3}) = 0.064 \text{ (J·K}^{-1})$$

(2) $\qquad \Delta S_m = -R\left(n_1 \ln \frac{n_1}{n_1+xn_2} + n_2 \ln \frac{xn_2}{n_1+xn_2}\right)$

$$n_1 = 0.812 \text{ mol} \qquad n_2 = 0.001/1000 = 10^{-6} \text{ (mol)}$$

$$xn_2 = 0.001 \qquad \phi_1 = 0.9988 \qquad \phi_2 = 0.0012$$

$$\Delta S_m = -8.31 \times (0.812 \times \ln 0.9988 + 10^{-6} \times \ln 0.0012) = -8.31 \times (-9.817 \times 10^{-4})$$
$$= 0.00816 \text{ (J·K}^{-1})$$

9-76 应用似晶格模型,计算 10^{-6} mol 聚合度为 500 的聚合物从完全取向态变为无规取向态的熵变(假定配位数是 12)。

答 完全取向时只有一种排列方式:$S_{完全取向} = k\ln 1 = 0$;解取向(无规取向)时已由似晶格模型导出。

$$S_{解取向} = Rn_2\left[\ln x + (x-1)\ln\frac{Z-1}{e}\right]$$

$$= 8.31 \times 10^{-6} \times \left[\ln 500 + (500-1)\ln\frac{12-1}{e}\right]$$

$$= 5.85 \times 10^{-3} \text{ (J·K}^{-1})$$

$$\Delta S = S_{解取向} - S_{完全取向} = S_{解取向} - 0 = 5.85 \times 10^{-3} \text{ J·K}^{-1}$$

9.4.6 混合自由能

9-77 写出 n_1 组分 1 和 n_2 组分 2 混合形成理想溶液的自由能 ΔG_m。

答 $\Delta G_m = RT(n_1\ln x_1 + n_2\ln x_2)$,式中,$x_1$ 和 x_2 分别为组分 1 和组分 2 的摩尔分数。

9-78 已知高分子溶液的混合热为 $\Delta H_m = \chi_1 RT n_1 \phi_2$,混合熵为 $\Delta S_m = -R(n_1\ln\phi_1 + n_2\ln\phi_2)$,求聚合物与溶剂的混合自由能,并说明式中各物理符号的意义。

答 $\qquad \Delta G_m = \Delta H_m - T\Delta S_m = RT(n_1\ln\phi_1 + n_2\ln\phi_2 + \chi_1 n_1 \phi_2)$

式中,ΔG_m 为混合自由能,R 为摩尔气体常量,T 为热力学温度,ϕ_1 为溶剂的体积分数,ϕ_2 为高分子的体积分数，n_1 为溶剂的物质的量，n_2 为高分子的物质的量，χ_1 为 Huggins 相互作用参数。

9-79 在 20 ℃将 1×10^{-5} mol 聚甲基丙烯酸甲酯（$\overline{M_n}=1\times 10^5$，$\rho=1.20$ g·cm^{-3}）溶于 150 g 氯仿（$\rho=1.49$ g·cm^{-3}）中，试计算混合焓、混合熵和混合自由能（已知 $\chi_1=0.377$）。

答 $n_1=W_1/M_1=150/119.5=1.255$(mol) $n_2=10^{-5}$(mol)

$$\phi_1=\frac{n_1}{n_1+xn_2}=\frac{1.255}{1.255+10^5\times 10^{-5}/100}=0.992 \qquad \phi_2=1-\phi_1=0.008$$

$$\Delta H_m=\chi_1 RTn_1\phi_2=9.11\text{ J} \qquad \Delta S_m=-R(n_1\ln\phi_1+n_2\ln\phi_2)=0.083\text{ J·K}^{-1}$$

$$\Delta G_m=RT(n_1\ln\phi_1+n_2\ln\phi_2+\chi_1 n_1\phi_2)=-15.21\text{ J}$$

注意：本题提供的密度数据都不需要用到。

9-80 试证明非晶相线型高分子的无热溶液的偏摩尔自由能与理想溶液的偏摩尔自由能在无限稀释时接近相等。

证 无热溶液 $\Delta H_m=0$，$\Delta G_m=-T\Delta S_m$，可以证明 $\left[\dfrac{\partial(\Delta G_m)}{\partial n_1}\right]_{T,p,n_2}\approx RTx_2$；理想溶液有 $\Delta H_m=0$，同样可以证明在无限稀释时有 $\left[\dfrac{\partial(\Delta G_m)}{\partial n_1'}\right]_{T,p,n_2}\approx RTx_2'$。

9.4.7 化学势

9-81 由高分子的混合自由能（ΔG_m）导出其中溶剂的化学势变化（$\Delta\mu_1$），并说明在什么条件下高分子溶液中溶剂的化学势变化等于理想溶液中溶剂的化学势变化。

答 (1) $\Delta G_m=RT(n_1\ln\phi_1+n_2\ln\phi_2+\chi_1 n_1\phi_2)$

$$\Delta\mu_1=\left(\frac{\partial G_m}{\partial n_1}\right)_{T,p,n_2}=RT\left(\frac{n_1}{\phi_1}\frac{\partial\phi_1}{\partial n_1}+\ln\phi_1+n_2\frac{1}{\phi_2}\frac{\partial\phi_2}{\partial n_1}+\chi_1 n_1\frac{\partial\phi_2}{\partial n_1}+\chi_1\phi_2\right)$$

因为 $\phi_1=\dfrac{n_1}{n_1+xn_2}$，$\phi_2=\dfrac{xn_2}{n_1+xn_2}$，即 $\dfrac{\partial\phi_1}{\partial n_1}=\dfrac{xn_2}{(n_1+xn_2)^2}$，$\dfrac{\partial\phi_2}{\partial n_1}=\dfrac{-xn_2}{(n_1+xn_2)^2}$，所以

$$\Delta\mu_1=RT\left[\frac{n_1}{\phi_1}\frac{xn_2}{(n_1+xn_2)^2}+\ln\phi_1-\frac{n_2}{\phi_2}\frac{xn_2}{(n_1+xn_2)^2}-\chi_1 n_1\frac{xn_2}{(n_1+xn_2)^2}+\chi_1\phi_2\right]$$

将 f_1 和 f_2 的定义式代入（考虑 $f_2=1-f_1$），得

$$\Delta\mu_1=RT\left(\phi_2+\ln\phi_1-\frac{\phi_2}{x}-\chi_1\phi_1\phi_2+\chi_1\phi_2\right)=RT\left[\ln\phi_1+\left(1-\frac{1}{x}\right)\phi_2+\chi_1\phi_2^2\right]$$

当溶液很稀时，$\phi_2\ll 1$，$\ln\phi_1=\ln(1-\phi_2)=-\phi_2-\dfrac{1}{2}\phi_2^2$（展开时取两项），则有

$$\Delta\mu_1=RT\left[-\frac{1}{x}\phi_2+\left(\chi_1-\frac{1}{2}\right)\phi_2^2\right]$$

(2) 在 θ 溶液中 $\chi_1=1/2$，则 $\Delta\mu_1=-RT\dfrac{\phi_2}{x}$。又因为 $\phi_2=\dfrac{xn_2}{n_1+xn_2}\approx\dfrac{xn_2}{n_1}$，所以

$$\Delta\mu_1=-RT\frac{n_2}{n_1}\approx -RT\frac{n_2}{n_1+n_2}=-RTx_2=\Delta\mu_1^i$$

因此在 θ 溶液中，$\Delta\mu_1=\Delta\mu_1^i$。

9-82 将 $\mu_1-\mu_1^0=RT\left[\ln(1-\phi_2)+\left(1-\dfrac{1}{x}\right)\phi_2+\chi_1\phi_2^2\right]$ 的 $\ln(1-\phi_2)$ 展开并只取到第二项，等式右边的结果如何？当 $x\to\infty$ 时得到什么？

答 $\mu_1 - \mu_1^0 \approx -RT\left[\frac{1}{x}\phi_2 + \left(\frac{1}{2}-\chi_1\right)\phi_2^2\right]$，所以 $(\mu_1 - \mu_1^0)_{x\to\infty} = -RT\left(\frac{1}{2}-\chi_1\right)\phi_2^2$，该项称为偏摩尔过剩自由能。

9-83 Flory-Huggins 高分子溶液理论，有下式成立：$\Delta\mu_1 = RT\left[\ln(1-\phi_2) + \left(1-\frac{1}{x}\right)\phi_2 + \chi_1\phi_2^2\right]$，说明式中各物理符号的意义。

答 $\Delta\mu_1$ 为高分子溶液中溶剂的化学势变化，R 为摩尔气体常量，T 为热力学温度，ϕ_2 为高分子的体积分数，x 为链段数，χ_1 为 Huggins 相互作用参数。

9-84 根据 Flory-Huggins 格子模型处理高分子溶液，得溶剂的化学势为 $\Delta\mu_1 = RT\left[\ln(1-\phi_2) + \left(1-\frac{1}{x}\right)\phi_2 + \chi_1\phi_2^2\right]$。试从上式中推出第二维里系数 $A_2 = \left(\frac{1}{2}-\chi_1\right)/\widetilde{V}_1\rho_2^2$，式中，$\chi_1$ 为 Huggins 参数，$\widetilde{V}_1$ 为溶剂的摩尔体积。

答 当高分子溶液与纯溶剂被半透膜隔开时，由于膜两边的化学势不等，发生了纯溶剂向高分子溶液的渗透。当渗透达到平衡时，纯溶剂的化学势应与溶液中溶剂的化学势相等，即

$$\mu_1^0(T,p) = \mu_1(T,p+\pi) = \mu_1(T,p) + \left(\frac{\partial\mu_1}{\partial p}\right)_T \pi = \mu_1(T,p) + \widetilde{V}_1\pi$$

$$\Delta\mu_1 = \mu_1(T,p) - \mu_1^0(T,p) = \pi\widetilde{V}_1$$

将化学势的公式代入

$$\pi = -\frac{RT}{\widetilde{V}_1}\left[\ln(1-\phi_2) + \left(1-\frac{1}{x}\right)\phi_2 + \chi_1\phi_2^2\right]$$

由于稀溶液，$\phi_2 \ll 1$，按 Taylor 级数展开后略去高次项，只取前两项，$\ln(1-\phi_2) \approx -\phi_2 - \frac{\phi_2^2}{2}$，所以

$$\pi = \frac{RT}{\widetilde{V}_1}\left[\frac{\phi_2}{x} + \left(\frac{1}{2}-\chi_1\right)\phi_2^2\right] = RT\left[\frac{\phi_2}{x V_1} + \left(\frac{1}{2}-\chi_1\right)\frac{\phi_2^2}{\widetilde{V}_1}\right]$$

由于实验中浓度单位常用 $c(\text{g}\cdot\text{mL}^{-1})$，而不用体积分数 ϕ_2，所以将上式的 ϕ_2 变换成 c，即

$$\phi_2 = \frac{xn_2}{n_1 + xn_2} \approx \frac{xn_2}{n_1} = \frac{xn_2\dfrac{W}{\widetilde{V}_1}}{n_1\dfrac{W}{\widetilde{V}_1}} = \frac{\dfrac{W}{n_1\widetilde{V}_1}}{\dfrac{W}{xn_2\widetilde{V}_1}} \approx \frac{c}{\rho_2}$$

注：最后一步近似的原因是，分子部分——溶剂体积近似等于溶液体积，分母部分——按格子模型假设链段体积与溶剂体积相等。

$$\phi_2 \approx \frac{\dfrac{W}{n_1\widetilde{V}_1}}{\dfrac{W}{xn_2\widetilde{V}_1}} \approx \frac{c}{\dfrac{W}{xn_2\widetilde{V}_1}} \qquad \frac{\phi_2}{xV_1} \approx \frac{c}{W/n_2} = \frac{c}{M}$$

现在就可以把 ϕ_2 变换成 c，则

$$\pi = RT\left[\frac{c}{M} + \left(\frac{1}{2}-\chi_1\right)\frac{c^2}{\widetilde{V}_1\rho_2^2}\right]$$

$$\frac{\pi}{c}=RT\left[\frac{1}{M}+\left(\frac{1}{2}-\chi_1\right)\frac{c}{\widetilde{V}_1\rho_2^2}\right]=RT\left(\frac{1}{M_n}+A_2c\right)$$

式中，$A_2=\left(\frac{1}{2}-\chi_1\right)/\widetilde{V}_1\rho_2^2$。

9-85 高分子溶液中溶剂的化学势表达式在高分子物理的理论推导中多次使用，请翻阅后续章节，指出它还用在哪几处。

答 ①在推导交联聚合物的平衡溶胀比 Q 与 χ_1 以及网链平均相对分子质量的关系时。②在推导高分子稀溶液的渗透压公式时。③在推导高分子溶液相分离的临界条件时。

9.4.8 θ 状态

9-86 有哪些物理量可以表征高分子在稀溶液中的形态？

答 χ_1、第二维里系数 A_2、特性黏数 $[\eta]$、$\overline{h^2}$、Mark-Houwink 公式中的 a、ε、排斥体积 u、溶胀因子 α 值，以及膜渗透压法的测定值 $\left(\frac{\pi}{c}\right)_{c\to 0}$。

注：ε 是与高分子溶剂化程度有关的一个参数，Mark-Houwink 公式中的 $a=\frac{1+3\varepsilon}{2}$。

9-87 聚合物将从溶剂中沉淀而尚未沉淀出来时的状态是什么状态？这种状态由哪两个因素决定？

答 称为 θ 状态。$\Delta\mu_1^E=0$ 的条件为 θ 条件（θ 状态），θ 状态下的溶剂称为 θ 溶剂，温度称为 θ 温度，必须同时满足这两个因素。一方面，选定一种溶剂，可以改变温度以满足 θ 条件；另一方面，选定某一温度，则可以通过改变溶剂的品种，也可以利用混合溶剂达到 θ 条件。

9-88 比较 θ 溶剂和良溶剂下的 $\Delta\mu_1^E$、χ_1、A_2、$[\eta]$、$\overline{h^2}$、Mark-Houwink 公式中的 a、ε、u、溶胀因子 α 以及膜渗透压法的测定值 $\left(\frac{\pi}{c}\right)_{c\to 0}$。

答

溶剂	温度	$\Delta\mu_1^E$	χ_1	$\overline{h^2}$	α	a	ε	u	$[\eta]$	A_2	$\left(\frac{\pi}{c}\right)_{c\to 0}$
θ 溶剂	θ 温度	0	0.5	最小	1	0.5	0	0	最小	0	偏低*
良溶剂	$>\theta$	<0	<0.5	较大	>1	0.5~0.9	0~0.23	>0	较大	>0	正常

* 高分子线团收缩，体积较小，从而小相对分子质量部分较多地渗过膜，使测定值偏低。

9-89 聚合物稀溶液的哪些参数等于什么数值时可判定聚合物稀溶液是 θ 溶液？

答 $\chi_1=0.5$，$A_2=0$，$a=0.5$，$\varepsilon=0$，$\alpha=1$，$T=\theta$。

9-90 写出三个判别溶剂优劣的参数，并讨论它们分别取何值时，该溶剂分别为聚合物的良溶剂、不良溶剂（非溶剂）、θ 溶剂。高分子在上述三种溶液中的热力学特征以及形态又如何？

答 第二维里系数 A_2、Huggins 参数 χ_1 和溶胀因子 α。$A_2>0$、$\chi_1<0.5$、$\alpha>1$ 为良溶剂，此时 $\Delta H_m<0$，$\Delta G_m<0$，溶解能自发进行，高分子链在溶液中扩张伸展；$A_2<0$、$\chi_1>0.5$、$\alpha<1$ 为不良溶剂，此时 $\Delta H_m>0$，溶液发生相分离，高分子在溶液中紧缩沉淀；$A_2=0$、$\chi_1=0.5$、$\alpha=1$ 为 θ 溶剂，此时与理想溶液的偏差消失，高分子链不胀不缩，处于一种自然状态。

9-91 已知 PS-环己烷体系的 θ 温度为 34 ℃，PS-甲苯体系的 θ 温度低于 34 ℃，假如于

40 ℃测定同一种 PS 试样溶于此两种溶剂的溶液的渗透压和黏度,则两种溶液的 $\left(\dfrac{\pi}{c}\right)_{c\to 0}$、$\chi_1$、$A_2$、$[\eta]$、$\overline{h^2}$、Mark-Houwink 公式中的 a、α 值的大小顺序如何?

答 总的来说,甲苯是较良的溶剂,环己烷是较不良的溶剂。两种溶液的 $\left(\dfrac{\pi}{c}\right)_{c\to 0}$、$\chi_1$、$A_2$、$[\eta]$、$\overline{h^2}$、Mark-Houwink 公式中的 a、α 值的大小顺序如下:

溶剂	$\overline{h^2}$	α	a	$[\eta]$	χ_1	A_2	$\left(\dfrac{\pi}{c}\right)_{c\to 0}$
环己烷	较小	较小	较小	较小	较大	较小	偏低
甲苯	较大	较大	较大	较大	较小	较大	正常

9-92 已知聚异丁烯溶解在苯中,该溶液的 θ 温度为 24 ℃。(1) 在 θ 温度时,聚异丁烯苯溶液中第二维里系数 A_2 及 $[\eta]=KM^a$ 式中 a 参数的数值各是多少?(2) 比较 40 ℃时聚异丁烯苯溶液中的第二维里系数 A_2 及 a 的数值有何变化?

答 (1) $A_2=0$,$a=0.5$。(2) A_2 和 a 都增大。

9-93 简述 Flory 温度(θ 温度)。

答 $\theta=\dfrac{\kappa_1 T}{\psi_1}$ 称为 Flory 温度,式中,κ_1 为热参数,ψ_1 为熵参数。Flory 导出 $\chi_1-\dfrac{1}{2}=\kappa_1-\psi_1=\psi_1\left(\dfrac{\theta}{T}-1\right)$。当 $T\to\theta$ 时,$\chi_1\to 0.5$,高分子溶液可视为理想溶液,此时的温度 θ 称为 Flory 温度。它与 χ_1 相似,可用于衡量溶剂的溶解行为。

9-94 详细讨论聚合物的 θ 温度。

答 θ 温度又称 Flory 温度。Flory 等提出,高分子溶液对理想溶液的偏离是混合时有热的贡献及熵的贡献两部分引起的,即除了由于相互作用能不等(良溶剂中,链段与溶剂间的相互作用能远大于链段之间的相互作用能)所引起的溶液性质的非理想部分外,还有构象数减少所引起的溶液性质的非理想部分。热的贡献可用热参数 κ_1 表征,熵的贡献可用熵参数 ψ_1 表征。κ_1 和 ψ_1 是量纲一的量。当高分子溶液是稀溶液时,不依赖于任何模型,其超额的偏摩尔自由能(或超额化学势)可表达如下(忽略 ϕ_2 的高次项):

过量偏摩尔混合热 $\Delta\overline{H_1^E}\equiv RT\kappa_1\phi_2^2$ 过量偏摩尔混合熵 $\Delta\overline{S_1^E}\equiv R\psi_1\phi_2^2$

$$\Delta\mu_1^E=\Delta\overline{H_1^E}-T\Delta\overline{S_1^E}=RT(\kappa_1-\psi_1)\phi_2^2$$

又因为 $\Delta\mu_1^E=RT\left(\dfrac{1}{2}-\chi_1\right)\phi_2^2$,比较上两式得

$$\kappa_1-\psi_1=\dfrac{1}{2}-\chi_1$$

定义 $\theta\equiv\dfrac{\Delta\overline{H_1^E}}{\Delta\overline{S_1^E}}=\dfrac{\kappa_1}{\psi_1}T$,则 $\Delta\mu_1^E=-RT\psi_1\left(1-\dfrac{\theta}{T}\right)\phi_2^2$。

对于一个特定体系,θ 是一个特征温度,称为 Flory 温度。当体系温度 $T=\theta$ 时,此体系得到一系列特征值,$A_2=0$,$\chi_1=0.5$,溶胀因子 $\alpha=1$,$[\eta]=KM^a$ 式中,$a=0.5$,$\overline{h^2}=\overline{h_0^2}$,排除体积为零,所以 θ 也称为体系的临界特征温度。在此温度下,高分子链段与溶剂间使分子链伸展的作用力与高分子链段间使分子卷曲的作用力相等,即大分子链受力平衡,表现出既不伸展也不卷曲的本来面貌,即无扰状态,为研究单个大分子的形态和尺寸($\overline{h_0^2}$)提供了可能性。又由于处

于 θ 温度的高分子溶液与理想溶液的偏差消除,为研究单个大分子的情况简化了手续。所以,θ 温度又称为理想温度。当体系温度低于 θ 温度时,理论上相对分子质量为无穷大的聚合物组分将从溶液中沉淀出来。

9-95 高分子溶液在高于、等于、低于 θ 温度时,其热力学性质各如何?高分子在溶液中的尺寸形态又如何?

答 $\Delta \mu_1^E = RT\psi_1 \left(\dfrac{\theta}{T} - 1\right) \phi_2^2$,当 $T > \theta$ 时,$\Delta \mu_1^E < 0$,说明高分子溶液比理想溶液更倾向于溶解,也就是说高分子链在 $T > \theta$ 的溶液中由于溶剂化作用而扩张。当 $T = \theta$ 时,$\Delta \mu_1^E = 0$,即高分子溶液符合理想溶液的规律,高分子链此时是溶解的,但链不溶胀也不紧缩,排斥体积为零,高分子链可以自由贯穿,处于无扰状态。当 $T < \theta$ 时,$\Delta \mu_1^E > 0$,链会紧缩,高分子链凝聚,溶液发生沉淀。

9-96 如何用实验测定聚合物的 θ 温度?

答 (1) 渗透压法:已知 $\dfrac{\pi}{c} = RT \left(\dfrac{1}{M} + A_2 c\right)$,当 T 和溶剂不变时,改变浓度 c,测其对应的 π,以 $\dfrac{\pi}{c}$ 对 c 作图,其直线的斜率就为 A_2。通过这种方法,改变不同的温度(溶剂不变),测不同温度下的 A_2 值,以 A_2 对 T 作图,$A_2 = 0$ 的温度即为 θ 温度(图 9-3)。

(2) 外推法:聚合物的临界共溶温度用 T_c 表示,相应的 Huggins 参数用 χ_{1c} 表示。已知聚合物的相对分子质量越大,χ_1 越小,T_c 越高,所以 T_c 有相对分子质量依赖性。由稀溶液理论得 $\psi_1 \left(1 - \dfrac{\theta}{T_c}\right) = \dfrac{1}{2} - \chi_{1c}$,所以在临界共溶点有 $\chi_{1c} = \dfrac{1}{2} + \dfrac{1}{\sqrt{x}} + \dfrac{1}{2x}$,两式合并得 $\dfrac{1}{T_c} = \dfrac{1}{\theta} \left[1 + \dfrac{1}{\psi_1}\left(\dfrac{1}{\sqrt{x}} + \dfrac{1}{2x}\right)\right]$。测定不同相对分子质量的 T_c,以 $\dfrac{1}{T_c}$ 对 $\left(\dfrac{1}{\sqrt{x}} + \dfrac{1}{2x}\right)$ 作图,然后外推到相对分子质量无穷大($x \to \infty$)时的 T_c 即为 θ 温度,由斜率可得 ψ_1(图 9-4)。所以,θ 温度也可以定义为相对分子质量无穷大时聚合物的临界共溶温度。

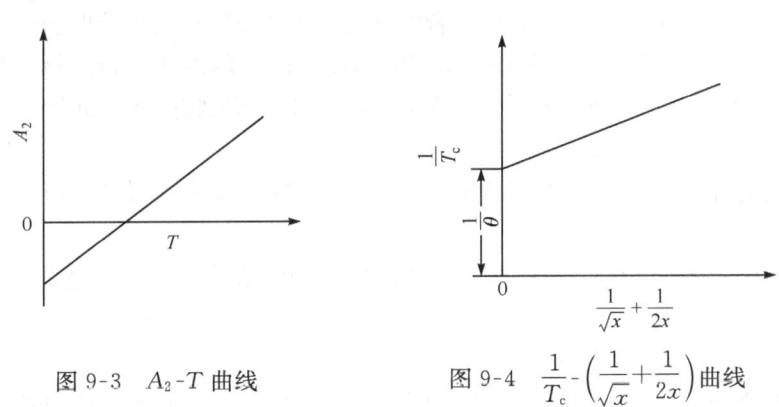

图 9-3 A_2-T 曲线   图 9-4 $\dfrac{1}{T_c}$-$\left(\dfrac{1}{\sqrt{x}} + \dfrac{1}{2x}\right)$ 曲线

9-97 聚异丁烯在二异丁酮中测得以下数据,如何用作图法求得 θ、ψ_1 和 χ_1?

M	22 700	285 000	6 000 000
T_c/℃	18.2	45.9	56.2

答 $\dfrac{1}{T_c} = \dfrac{1}{\theta}\left[1 + \dfrac{1}{\psi_1}\left(\dfrac{1}{\sqrt{x}} + \dfrac{1}{2x}\right)\right]$($x$ 为链节数),以 $\dfrac{1}{T_c}$ 对 $\left(\dfrac{1}{\sqrt{x}} + \dfrac{1}{2x}\right)$ 作图,先从截距求得 θ,

再从斜率求得 ψ_1。又由于 $\frac{1}{2} - \chi_1 = \psi_1 \left(1 - \frac{\theta}{T}\right)$，可进一步得到一定温度的 χ_1 值。

9-98 随着温度升高，高分子 θ 溶液的特性黏数有什么变化？为什么？

答 特性黏数升高。因为高分子线团在 θ 溶剂中处于较卷曲的状态，温度的升高使链段运动的能力增加，引起链的伸展，原来较卷曲的线团变得较为疏松，运动时阻力增加，从而伴随着溶液黏度的升高。

9-99 大分子链在溶液中的形态受哪些因素影响？怎样才能使大分子链达到无扰状态？

答 在一定的温度下选择适当的溶剂或在一定的溶剂下选择适当的温度，都可以使大分子链卷曲到析出的临界状态，即 θ 状态（或 θ 溶液），此时高分子链处于无扰状态。

9-100 高分子在良溶剂和不良溶剂中形态有什么不同？为什么浓度相同时，高分子-良溶剂体系的黏度比高分子-不良溶剂体系的黏度大？

答 高分子线团在良溶剂中舒展，流动阻力大，即黏度较大。相反在不良溶剂中高分子线团紧缩，黏度较小。

9-101 PMMA（重均相对分子质量为 9.8×10^5）在氯仿中 $[\eta] = 253 \text{ dm}^3 \cdot \text{g}^{-1}$，在丙烯腈中 $[\eta] = 38 \text{ dm}^3 \cdot \text{g}^{-1}$。哪种溶剂是良溶剂？为什么？

答 氯仿是良溶剂，因为分子链在良溶剂中较舒展，流动阻力大，即 $[\eta]$ 较大。

9-102 作图指出某一聚合物在 θ 溶剂与良溶剂中 $\left(\frac{\pi}{c}\right)$-$c$ 有何异同？为什么？

答 在 θ 溶剂中 $\left(\frac{\pi}{c}\right)$-$c$ 关系是一条水平的直线，因为曲线的斜率 $A_2 = 0$。而在良溶剂中 $A_2 > 0$，直线有一定斜率。

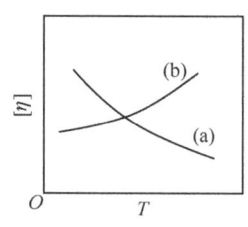

图 9-5 同一聚合物不同溶剂的 $[\eta]$-T 曲线

9-103 为什么同一聚合物在不同溶剂中 $[\eta]$-T 曲线（图 9-5）有两种不同的情况？

答 曲线(a)是聚合物溶于良溶剂中，由于良溶剂中分子链比较松散，提高温度分子链趋于卷曲状态，分子链间摩擦力变小，黏度下降。曲线(b)是聚合物溶于不良溶剂中，由于此时分子链已相当卷曲，升高温度使链运动增加而成为较舒展的状态，相反黏度增加。

9-104 同一种聚合物在下列哪种溶液中链的均方末端距最大？并简要说明。

(1) 良溶剂的稀溶液中；(2) 劣溶剂的稀溶液中；(3) 良溶剂的浓溶液中；(4) 劣溶剂的浓溶液中。

答 (1)。因为分子链在良溶剂中较舒展；另一方面，浓溶液中分子链数目较多，每条链占有体积较少。

9-105 分子尺寸与温度有什么关系？

答 若是良溶剂，温度升高，大分子伸展的余地不大；相反，由于温度升高，单键内旋转容易，有可能变卷曲，分子尺寸反而变小。若是不良溶剂，温度升高，使溶剂变良，分子尺寸变大。

9-106 高分子的 θ 溶液与理想溶液有何本质区别？

答 高分子的 θ 溶液（或称 θ 状态）$\Delta \mu_1^E = 0$，看似理想溶液。此时排斥体积为零，高分子链可以自由贯穿，处于无扰状态。但真正的理想溶液应在任何温度下都呈现理想行为，而 θ 温度时的高分子稀溶液只是 $\Delta \mu_1^E = 0$ 而已，过量偏摩尔混合热 $\overline{\Delta H_1^E}$ 和过量偏摩尔混合熵 $\overline{\Delta S_1^E}$ 都不等于零。所以高分子的 θ 溶液只是一种假的理想溶液。

9-107 简述 Flory-Krigbaum 理论的内容。他们的理论适用于哪种浓度范围？

答 Flory-Krigbaum 提出了稀溶液理论，以克服似晶格模型没有考虑到的由于稀溶液中高分子链段分布不均匀性问题而带来的偏差，因此该理论适用于高分子的稀溶液。

Flory-Krigbaum 的基本假定是：①在高分子稀溶液中链段的分布是不均匀的，可看成在纯溶剂中散布着高分子的链段云。②假设在链段云内链段的分布符合高斯分布。③链段云之间相互贯穿的概率非常小，每个高分子（链段云）都有一个排斥体积 u。

推导出排斥体积 u 的表达式为

$$u = 2\psi_1\left(1-\frac{\theta}{T}\right)\frac{\bar{V}^2}{V_1}m^2 F(X)$$

式中，$\bar{V}$ 为高分子的偏微比体积，V_1 为溶剂分子的体积，m 为一个高分子的质量，$F(X)$ 为一个很复杂的函数。Flory-Krigbaum 把稀溶液中的一个高分子看成体积为 u 的刚性球，进一步导出 $A_2 = \frac{N_A u}{2M^2}$，式中，N_A 为 Avogadro 常量，M 为溶质的相对分子质量。将 u 的表达式代入，并以偏摩尔体积 $\tilde{V}_1$ 代替 V_1，得 $A_2 = \frac{\bar{V}^2}{\tilde{V}_1}\psi_1\left(1-\frac{\theta}{T}\right)F(X)$。可见，当温度 $T=\theta$ 时，$A_2=0$，$u=0$。

在 θ 状态时，高分子的外排斥体积和内排斥体积正好抵消，不存在排斥体积，线团的行为好像无限细（不占体积）的链，处于无扰状态，可以互相贯穿。这时的溶液可看成高分子的理想溶液。当 $T>\theta$ 时，高分子链由于溶剂化而扩张，相当于在高分子的外面套了一层由溶剂组成的套管，使卷曲的线团伸展。因而还可以用一个参数扩张因子（或溶胀因子）α 表示高分子链扩张的程度，$\alpha \equiv \left(\frac{\overline{h^2}}{\overline{h_0^2}}\right)^{1/2}$。Flory-Krigbaum 从理论上导出 $\alpha^5 - \alpha^3 = 2C_m\psi_1\left(1-\frac{\theta}{T}\right)M^{1/2}$，式中，$C_m$ 为常数。θ 状态下 $\alpha=1$，良溶剂中 $\alpha>1$。

9-108 什么是溶胀因子？

答 高分子链由于溶剂化而扩张（溶胀），相当于变得较粗，因而可以用一个参数 α 表示高分子链扩张的程度，$\alpha = \left(\frac{\overline{h^2}}{\overline{h_0^2}}\right)^{1/2}$，式中，$\overline{h^2}$ 为良溶剂下测得的均方末端距，$\overline{h_0^2}$ 为 θ 溶剂下测得的均方末端距。

注意：与刚性因子的表达式形式上相像，但本质完全不同。

$$\sigma = (\overline{h_0^2}/\overline{h_{f,r}^2})^{1/2} = (\overline{h_0^2}/2nl^2)^{1/2}$$

9.5 高分子亚浓溶液、浓溶液和聚电解质溶液

9.5.1 高分子亚浓溶液

9-109 什么是亚浓溶液？

答 de Gennes 首先提出亚浓溶液的概念。考虑问题的出发点是：在稀溶液中，高分子线团是互相分离的，溶液中的链段分布不均一。当浓度增大到某种程度后，高分子线团互相穿插交叠，整个溶液中的链段分布趋于均一，这种溶液称为亚浓溶液。

9-110 简述高分子溶液中临界交叠浓度 c^* 的物理概念，并推导出 c^* 与相对分子质量的

标度关系。

答 在稀溶液和亚浓溶液之间,若溶液浓度逐渐增大,孤立的高分子线团逐渐靠近,靠近到开始成为线团密堆积时的浓度,称为临界交叠浓度(又称接触浓度),用 c^* 表示。

对于稀溶液,Flory-Krigbaum 理论已导出 $\alpha^5-\alpha^3=2C_m\psi_1\left(1-\dfrac{\theta}{T}\right)M^{1/2}$。如果溶剂很良, $\alpha\gg1$,即 $\alpha^5\gg\alpha^3$,上式可用符号 ∞(比例于)近似写成 $\alpha^5\infty M^{1/2}$ 或 $\alpha\infty M^{0.1}$,$(\overline{S^2})^{1/2}=\alpha(\overline{S_0^2})^{1/2}\infty M^{0.6}$,式中,$S$ 为旋转半径。进一步简写成 $S\infty M^{0.6}$。

对于亚浓溶液,如果把 c^* 近似看成单个线团内部的局部浓度,并用 V_2 表示每个高分子在溶液中的体积,则 $c^*=M/(N_A V_2)$,体积 V_2 应当与旋转半径的三次方成正比,于是 $c^*\infty M/S^3$。利用 $S\infty M^{0.6}$,得 $c^*\infty M^{-0.8}(=M^{-4/5})$。

9.5.2 高分子浓溶液

9-111 什么是高分子浓溶液?高分子浓溶液在工业上有哪些应用?试举例说明。

答 一般将浓度大于 5% 的高分子溶液称为浓溶液。纺丝液、涂料和黏合剂等是浓溶液,增塑的高分子和溶胀的交联橡胶也可以看成一种很浓的浓溶液。

9-112 分极性和非极性两种情况解释增塑剂为什么能起增塑作用,并说明聚合物加增塑剂后物理机械性能的变化。

答 增塑作用有两类:①非极性增塑剂对非极性聚合物的增塑作用为体积效应或隔离作用,像滚珠轴承那样减小高分子链的相互作用,T_g 降低值与增塑剂的体积分数成正比,$\Delta T_g=\alpha\phi$。②极性增塑剂对极性聚合物的增塑作用主要靠增塑剂的极性替代作用,部分破坏了原极性高分子链间的物理交联点,T_g 降低值与增塑剂的物质的量 n 成正比,而与体积无关,$\Delta T_g=n\beta$。

增塑剂不仅降低了 T_g,从而在室温下得到柔软的制品;还降低了 T_f,从而改善了可加工性。

9-113 为什么邻苯二甲酸酯类为 PVC 的主增塑剂,其中以 DBP(邻苯二甲酸二丁酯)互溶性最好?DOS(癸二酸二辛酯)是 PVC 的耐寒增塑剂,但互溶性较差,限制了它的应用,为什么?

答 因为 DOS 极性小于 DBP,而 DBP 的极性更接近 PVC。

9-114 什么是凝胶?什么是冻胶?各举一例,从化学结构和物理性能两个方面加以比较。

答 高分子溶液失去流动性就成为凝胶和冻胶,前者是通过化学键交联的聚合物的溶胀体;后者是范德华力交联形成的,加热仍可熔融或溶解。隐形眼镜是以聚丙烯酸羟乙酯为主成分的高分子凝胶;而猪皮冻是蛋白质的冻胶。

9-115 从 $\Delta\mu_1=RT(\ln\phi_1+\phi_2+\chi_1\phi_2^2)$ 和 $W_{形变}=\dfrac{\rho RT}{2M_c}(\lambda_1^2+\lambda_2^2+\lambda_3^2-3)$ 两公式推导溶胀平衡公式。

答 交联聚合物溶胀过程中的自由能为 $\Delta G=\Delta G_M+\Delta G_{el}$ 或 $\Delta\mu_1=\Delta\mu_1^M+\Delta\mu^{el}$,而

$$\Delta G_{el}=W_{形变}=\dfrac{\rho RT}{2M_c}(\lambda_1^2+\lambda_2^2+\lambda_3^2-3) \tag{9-1}$$

设溶胀前为单位立方体,溶胀后为各向同性(图 9-6),则 $\lambda_1=\lambda_2=\lambda_3$。又因溶胀前,聚合物

的体积 $V_2=1$,溶胀后的体积为 $V_1+V_2=\lambda_1\lambda_2\lambda_3=\lambda^3$,溶剂摩尔体积为 $\widetilde{V}_1$,所以

$$\phi_2=\frac{V_2}{V_1+V_2}=\frac{V_2}{N_1\widetilde{V}_1+V_2}=\frac{1}{\lambda^3}=\lambda^{-3}$$

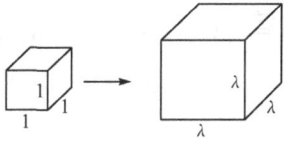

图 9-6 交联聚合物的溶胀示意图

则式(9-1)可变为

$$\Delta G_{\mathrm{el}}=\frac{3\rho RT}{2\overline{M}_{\mathrm{c}}}(\lambda^2-1)=\frac{3\rho RT}{2\overline{M}_{\mathrm{c}}}(\phi^{-2/3}-1)$$

$$\Delta\mu^{\mathrm{el}}=\left(\frac{\partial\Delta G_{\mathrm{el}}}{\partial N_1}\right)_{r,p}=\frac{3\rho RT}{2\overline{M}_{\mathrm{c}}}\left(-\frac{2}{3}\right)\phi_2^{-5/3}(-1)\frac{V_2}{(N_1\widetilde{V}_1+V_2)^2}\widetilde{V}_1$$

$$=\frac{\rho RT}{\overline{M}_{\mathrm{c}}}\phi_2^{-5/3}\phi_2^2\frac{\widetilde{V}_1}{V_2}=\frac{\rho RT}{\overline{M}_{\mathrm{c}}}\phi_2^{1/3}\widetilde{V}_1 \quad (因为 V_2=1\times1\times1=1)$$

溶胀平衡时,聚合物内部溶剂的化学势与聚合物外部溶剂的化学势相等,即

$$\Delta\mu_1^M+\Delta\mu^{\mathrm{el}}=0 \quad RT[\ln(1-\phi_2)+\phi_2+\chi_1\phi_2^2]+\frac{\rho RT}{\overline{M}_{\mathrm{c}}}\phi_2^{-1/3}\widetilde{V}_1=0$$

当 ϕ_2 很小时,$\ln(1-\phi_2)\approx-\phi_2-\frac{1}{2}\phi_2^2$,又溶胀比 $Q=\dfrac{溶胀后体积}{溶胀前体积}=\dfrac{1}{\phi_2}$,得

$$\frac{\overline{M}_{\mathrm{c}}}{\rho\widetilde{V}_1}\left(\frac{1}{2}-\chi_1\right)=Q^{5/3}$$

9-116 用平衡溶胀法可测定丁苯橡胶的交联度。试由下列数据计算该试样中有效链的平均相对分子质量 $\overline{M}_{\mathrm{c}}$。所用溶剂为苯,温度为 25 ℃,干胶重 0.1273 g,溶胀体重 2.116 g,干胶密度为 0.941 g·cm^{-3},苯的密度为 0.8685 g·cm^{-3},$\chi_1=0.398$。

答 $\dfrac{\overline{M}_{\mathrm{c}}}{\rho_2\widetilde{V}_1}\left(\dfrac{1}{2}-\chi_1\right)=Q^{5/3}$,溶剂摩尔体积 $\widetilde{V}_1=\dfrac{78}{0.8685}=89.81$ (cm^3·mol^{-1})

$$平衡溶胀比 Q=\frac{\dfrac{2.116-0.1273}{0.8685}+\dfrac{0.1273}{0.941}}{\dfrac{0.1273}{0.941}}=\frac{2.2898+0.1353}{0.1353}=17.92$$

因为 $Q>10$,所以可以略去高次项,采用上式,则

$$\overline{M}_{\mathrm{c}}=Q^{5/3}\rho_2\widetilde{V}_1\bigg/\left(\frac{1}{2}-\chi_1\right)=17.92^{5/3}\times0.941\times89.81/0.102$$

$$=122.8\times0.941\times89.81/0.102=1.02\times10^5$$

若不忽略高次项,则

$$\overline{M}_{\mathrm{c}}=-\frac{\rho_2\widetilde{V}_1\phi_2^{\frac{1}{3}}}{\ln(1-\phi_2)+\phi_2+\chi_1\phi_2^2}=85\,000$$

9-117 用平衡溶胀法测定硫化天然胶的交联度,得到以下实验数据:橡胶试样质量 $W_2=2.034\times10^{-3}$ kg,在 298 K 恒温水浴中于苯中浸泡 7~10 d,达到溶胀平衡后称量 $W_2+W_1=10.023\times10^{-3}$ kg。从手册查到 298 K 苯的密度 $\rho_1=0.868\times10^3$ kg·m^{-3},摩尔体积 $\widetilde{V}_1=89.3\times10^{-6}$ m^3·mol^{-1},天然橡胶密度 $\rho_2=0.9971\times10^3$ kg·m^{-3},天然橡胶与苯的相互作用参数 $\chi_1=0.437$,由以上数据求交联聚合物网链平均相对分子质量($\overline{M}_{\mathrm{c}}$)。

答 $\phi_2 = \dfrac{V_p}{V_p+V_s} = \dfrac{W_2/\rho_2}{W_2/\rho_2+W_1/\rho_1} = \dfrac{2.034\times10^{-3}/997.1}{2.034\times10^{-3}/997.1+(10.023-2.034)\times10^{-3}/868}$
$= 0.1815$

在 $\ln(1-\phi_2)+\phi_2+\chi_1\phi_2^2+\dfrac{\rho_2\widetilde{V}_1}{\overline{M}_c}\phi_2^{1/3}=0$,式中由于 ϕ_2 很小,可略去 $\ln(1-\phi_2)$ 展开式中的高次项,所以

$$\overline{M}_c = \left(\dfrac{\rho_2\widetilde{V}_1}{\dfrac{1}{2}-\chi_1}\right)\phi_2^{-5/3} = \dfrac{997.1\times8.93\times10^{-5}}{10^{-3}\times\left(\dfrac{1}{2}-0.437\right)}\times0.1815^{-5/3} = 2.42\times10^4$$

9-118 称取交联后的天然橡胶试样,于 25 ℃在溶剂正癸烷中溶胀。达溶胀平衡时,测得体积溶胀比为 4.0。已知高分子-溶剂相互作用参数 $\chi_1=0.42$,聚合物的密度 $\rho_2=0.91$ g·cm^{-3},溶剂的摩尔体积为 195.86 $cm^3\cdot mol^{-1}$,试计算该试样的剪切模量 G。

答 $\overline{M}_c = \dfrac{\rho_2\widetilde{V}_1}{\dfrac{1}{2}-\chi_1}\phi_2^{-5/3} = 1.03\times10^4$,$G=\dfrac{\rho_2 RT}{\overline{M}_c} = 2.19\times10^5$ Pa。

9.5.3 高分子聚电解质溶液

9-119 什么是聚电解质？聚电解质有什么特殊性质？

答 在侧链中有许多可电离的离子性基团的高分子称为聚电解质。聚电解质具有特殊的黏度性质。由于聚电解质链上的基团都带有相同的电荷,发生静电相斥作用,导致链伸展,因此聚电解质从非离解态转变到离解态时黏度大为增加。聚电解质的渗透压、光散射等都出现反常现象。

9-120 试举出下列各类聚电解质的例子：
(1) 聚阳离子；(2) 聚阴离子；(3) 两性型。

答 (1) 聚阳离子就是大分子的碱类,如聚(N-丁基-4-乙烯基吡啶溴化物)、聚(乙烯亚胺盐酸盐)等；(2) 聚阴离子就是大分子的酸类,如聚丙烯酸钠、苯乙烯-马来酸共聚物等；(3) 两性聚电解质有丙烯酸-乙烯基吡啶共聚物、蛋白质等。

9-121 讨论浓度对聚电解质水溶液的黏度的影响。

答 聚电解质与非电解质聚合物的黏度行为有很大不同。例如,聚丙烯酸在水中电离,正离子脱离高分子链,负离子全部留在链上。由于同种电荷相斥导致链扩张,这种扩张远远大于一般高分子从不良溶剂转移到良溶剂中时所发生的扩张。溶液浓度越低,电离度越大,线团的扩张越厉害,因此观察到黏度随浓度的降低而急剧增加的现象。在较高的浓度范围内,黏度随浓度的增加而增加,与非电解质聚合物的情况相同。所以聚丙烯酸的 $\dfrac{\eta_{sp}}{c}$-c 曲线呈 U 字形。

9-122 用 NaOH 中和聚丙烯酸水溶液时,黏度发生什么变化？为什么？

答 首先黏度越来越大,因 Na^+ 增加使丙烯酸基团的离解度增加。至中和点时,比浓黏度达最大值,下降原因是同离子效应。进一步增加 Na^+ 浓度,则离解反而受抑制,线团重新收缩,比浓黏度又逐渐下降。

9-123 当添加盐的浓度 c_s 很高时,高分子电解质溶液的 η_{sp}/c 的浓度依赖性与非电解质高分子相同；当 c_s 较低时,以 $\dfrac{\eta_{sp}}{c}$ 对浓度作图出现极大值。解释高分子电解质溶液的这些特殊

黏度性质。

答 在聚电解质溶液中外加较高浓度的盐时,大量正离子抑制了电离,这时的黏度性质正常,与非电解质高分子相同。当添加盐的浓度较低时,聚电解质的 $\frac{\eta_{sp}}{c}$-c 行为分两段讨论。溶液浓度较低时,盐的浓度足以抑制电离,黏度性质正常,黏度随浓度的增加而增加。溶液浓度较高时,盐的浓度不足以抑制电离,电离的结果是高分子链扩张,溶液浓度越低,电离度越大,线团的扩张越严重,黏度越高。总的来说,$\frac{\eta_{sp}}{c}$-c 曲线出现极大值。

9-124 在相同实验条件下,测得聚电解质磺化聚砜三个分级试样的 $[\eta]$ 为 $[\eta]_1$、$[\eta]_2$ 和 $[\eta]_3$。它们在 GPC 柱上,当以 DMF 为淋洗剂,获得的 GPC 曲线几乎完全相同,如图 9-7(a) 所示。但如果加入适量的无机盐,则不同级分测得的淋洗谱图如图 9-7(b) 所示。试对这一现象加以解释。

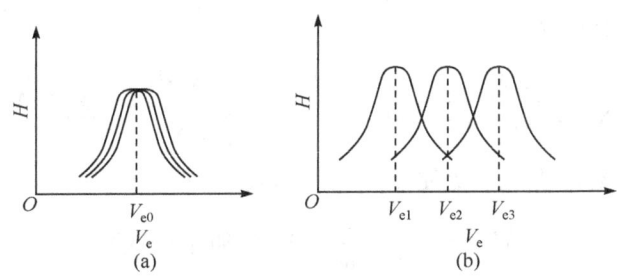

图 9-7 聚电解质磺化聚砜的 GPC 谱图
(a) DMF 为淋洗剂;(b) 加入适量的无机盐

答 以 DMF 为淋洗剂时,由于同电荷相斥,聚合物充分伸展,体积都超过 GPC 测试下限,所以在同一淋洗体积流出来。加入适量的无机盐时,由于聚合物上的离子受屏蔽而不能起作用,聚合物成无规线团状,因此不同相对分子质量有不同体积,可以用 GPC 分开。

【名词解释索引】

溶解,溶胀(9-2 题)。极性键,极性分子(9-16 题)。内聚能,内聚能密度(9-20 题)。溶度参数(9-27 题)。Small 基团贡献加和法(9-31 题)。三维溶度参数(广义的溶度参数)(9-41 题)。浊度法测溶度参数(9-44 题)。溶胀度法测溶度参数(9-45 题)。溶度参数相近原则(9-46,9-47 题)。Flory-Huggins 似晶格模型(9-64 题)。高分子-溶剂相互作用参数(Huggins 参数)(9-65 题)。溶剂的化学势变化(9-83 题)。θ 状态,θ 溶剂,θ 溶液(9-87,9-106 题)。热参数,熵参数(9-93 题)。Flory 温度(θ 温度)(9-93,9-94,9-96 题)。无扰状态(9-99,9-106 题)。Flory-Krigbaum 理论(或稀溶液理论)(9-107 题)。溶胀因子(9-108 题)。亚浓溶液(9-109 题)。临界交叠浓度(9-110 题)。高分子浓溶液(9-111 题)。增塑,增塑剂(9-112 题)。凝胶,冻胶(9-114 题)。聚电解质(9-119 题)。

第 10 章 聚合物的相对分子质量

10.1 聚合物相对分子质量的统计意义

10.1.1 利用定义式计算相对分子质量

10-1 如果某聚合物的密度(ρ)为 0.85 g·cm^{-3}，摩尔体积($\widetilde{V}$)为 $1\,176\,470$ cm^3·mol^{-1}，则相对分子质量是多少？

答 $$M = \rho \widetilde{V} = 1 \times 10^6 \text{ g·mol}^{-1}$$

10-2 写出多分散性聚合物几种统计平均相对分子质量和多分散性系数的各种表达式。

答 数均相对分子质量

$$\overline{M_n} = \frac{N_1 M_1 + N_2 M_2 + N_3 M_3 + \cdots + N_n M_n}{N_1 + N_2 + N_3 + \cdots + N_n} = \frac{\sum N_i M_i}{\sum N_i} = \sum_i N_i M_i \, (N_i \text{ 为数量分数})$$

因为 $W_i = N_i M_i$，很容易证明一个更便于应用的形式

$$\overline{M_n} = 1 \Big/ \sum_i \frac{W_i}{M_i} \, (W_i \text{ 为质量分数})$$

重均相对分子质量

$$\overline{M_w} = \frac{w_1 M_1 + w_2 M_2 + w_3 M_3 + \cdots + w_n M_n}{w_1 + w_2 + w_3 + \cdots + w_n} = \frac{\sum w_i M_i}{\sum w_i} = \sum_i W_i M_i$$

因为 $W_i = N_i M_i$，所以 $\overline{M_w} = \dfrac{\sum N_i M_i^2}{\sum N_i M_i}$。

Z 均相对分子质量

$$\overline{M_Z} = \frac{\sum N_i M_i^3}{\sum N_i M_i^2}$$

黏均相对分子质量

$$\overline{M_v} = \left[\frac{\sum N_i M_i^{a+1}}{\sum N_i M_i} \right]^{1/a} = \left(\sum W_i M_i^a \right)^{1/a}$$

式中，a 为 Mark-Houwink 公式的常数，数值为 $0.5 \sim 1.0$。多分散性系数 $d = \overline{M_w}/\overline{M_n}$。

注：(1) 所有的 N 均为分子数，也可以改用物质的量 n 代替，公式均不变。因为 $N = n N_A$（N_A 为 Avogadro 常量），代入公式后上下消掉 N_A。

(2) 一些教材上采用不同的符号。例如，用 n 表示摩尔分数，用 w 表示质量分数，用 $\overline{M_\eta}$ 表示黏均相对分子质量，要注意识别。

(3) 有时用到积分表达式 $\overline{M_n} = \dfrac{\int_0^\infty N(M) M \mathrm{d}M}{\int_0^\infty N(M) \mathrm{d}M}$ 和 $\overline{M_w} = \dfrac{\int_0^\infty N(M) M^2 \mathrm{d}M}{\int_0^\infty N(M) M \mathrm{d}M}$。

10-3 试证明：$\overline{M_n} = 1 / \sum \dfrac{W_i}{M_i}$。

证 $\overline{M_n} = \dfrac{\sum N_i M_i}{\sum N_i} = \dfrac{\sum w_i}{\sum \dfrac{w_i}{M_i}} = \dfrac{1}{\sum \dfrac{W_i}{M_i}}$。此式用于已知质量分数时$\overline{M_n}$的直接计算。

10-4 计算由下列三个单分散聚合物样品的混合物的数均相对分子质量和重均相对分子质量以及多分散系数：

i	1	2	3
N_i	0.053	0.035	0.012
M_i	10 000	50 000	100 000

答 已知各组分的数量（或数量分数），直接利用定义式。

$$\overline{M_n} = \dfrac{\sum N_i M_i}{\sum N_i} = \dfrac{0.053 \times (1 \times 10^4) + 0.035 \times (5 \times 10^4) + 0.012 \times (1 \times 10^5)}{0.053 + 0.035 + 0.012}$$

$$= 3.48 \times 10^4$$

$$\overline{M_w} = \dfrac{\sum N_i M_i^2}{\sum N_i M_i} = \dfrac{0.053 \times (1 \times 10^8) + 0.035 \times (2.5 \times 10^9) + 0.012 \times (1 \times 10^{10})}{0.053 \times (1 \times 10^4) + 0.035 \times (5 \times 10^4) + 0.012 \times (1 \times 10^5)}$$

$$= 6.11 \times 10^4$$

$$d = \overline{M_w} / \overline{M_n} = 1.76$$

10-5 设有$M_1 = 10^4$和$M_2 = 2 \times 10^4$的高分子同数相混，又设它们的$[\eta] = KM$，求混合后的$\overline{M_n}$、$\overline{M_w}$、$\overline{M_v}$和d。

答 已知各组分的数量（或数量分数），直接利用定义式，计算公式同10-4题，得$\overline{M_n} = 1.50 \times 10^4$；$\overline{M_w} = 1.67 \times 10^4$；$\overline{M_v} = 1.67 \times 10^4$；$d = 1.11$。其中计算$\overline{M_v}$时根据题意，Mark-Houwink 公式中的$a = 1$。

10-6 由0.1 mol的$M_1 = 5 \times 10^4$、0.3 mol的$M_2 = 7.5 \times 10^4$和0.5 mol的$M_3 = 10^5$的三个单分散试样组成某聚合物，试求出其平均相对分子质量$\overline{M_n}$、$\overline{M_w}$和$\overline{M_z}$。

答 已知各组分的物质的量，直接利用定义式。

$$\overline{M_n} = \dfrac{\sum n_i M_i}{\sum n_i} \qquad \overline{M_w} = \dfrac{\sum n_i M_i^2}{\sum n_i M_i} \qquad \overline{M_z} = \dfrac{\sum n_i M_i^3}{\sum n_i M_i^2}$$

得$\overline{M_n} = 8.61 \times 10^4$，$\overline{M_w} = 8.95 \times 10^4$，$\overline{M_z} = 9.21 \times 10^4$。

10-7 如果相对分子质量为100 000的2 g PS与相对分子质量为10 000的2 g PS相混，其$\overline{M_n}$和$\overline{M_w}$各应为多少？

答 已知质量分数W_i，则

$$\overline{M_w} = \sum W_i M_i = 0.5 \times 100\,000 + 0.5 \times 10\,000 = 5.50 \times 10^4$$

$$\overline{M_n} = \dfrac{1}{\sum \dfrac{W_i}{M_i}} = \dfrac{1}{\dfrac{0.5}{100\,000} + \dfrac{0.5}{10\,000}} = 1.82 \times 10^4$$

10-8 下列成分组成的混合体系中:成分 1 的质量分数 $W_1=0.5$,相对分子质量 $M_1=10^4$;成分 2 的 $W_2=0.4$, $M_2=10^5$;成分 3 的 $W_3=0.1$, $M_3=10^6$。求这个体系的 $\overline{M_n}$ 和 $\overline{M_w}$。

答 已知质量分数 W_i,计算公式同上。$\overline{M_n}=1.85\times10^4$,$\overline{M_w}=1.45\times10^5$。

10-9 聚合物由下列级分组成,求 $\overline{M_n}$、$\overline{M_w}$ 和 d。

级分	1	2	3
质量/g	100	50	50
M	2×10^3	2×10^4	1×10^5

答 计算公式同上。$\overline{M_n}=3.77\times10^3$,$\overline{M_w}=3.10\times10^4$,$d=8.22$。

10-10 从己二酸和己二醇合成的聚酯由以下 9 个级分组成,计算 $\overline{M_n}$、$\overline{M_w}$ 和 $\overline{M_z}$。

级分	1	2	3	4	5	6	7	8	9
质量/g	1.15	0.73	0.415	0.35	0.51	0.34	1.78	0.10	0.94
$M\times10^{-4}$	1.25	2.05	2.40	3.20	3.90	4.50	6.35	4.10	9.40

答 计算公式同上。$\overline{M_n}=3.44\times10^3$,$\overline{M_w}=4.61\times10^4$,$\overline{M_z}=2.88\times10^5$。

10-11 渗透压法测得某低聚物两个试样的相对分子质量分别为 4.20×10^2 及 1.25×10^2,试求其等质量混合物的数均相对分子质量和重均相对分子质量。

答 已知质量分数,计算公式同上。$\overline{M_n}=193$,$\overline{M_w}=261$。

10-12 求由下列质量相同的 5 个不同相对分子质量的分子组成的混合物的 $\overline{M_n}$ 和 $\overline{M_w}$ 值: 1.25×10^6;1.35×10^6;1.50×10^6;1.75×10^6;2.00×10^6。

答 已知质量分数,计算公式同上。$\overline{M_n}=1.53\times10^6$,$\overline{M_w}=1.57\times10^6$。

10-13 PS 试样由下列组分组成,试计算 $\overline{M_n}$ 和 $\overline{M_w}$,并根据 $\overline{M_w}/\overline{M_n}$ 计算判断相对分子质量分布情况。

组分	1	2	3	4
质量分数	0.15	0.35	0.30	0.20
相对分子质量	12 000	21 000	35 000	49 000

答 已知质量分数 W_i,计算公式同上。$\overline{M_n}=2.39\times10^4$,$\overline{M_w}=2.95\times10^4$,$\overline{M_w}/\overline{M_n}=1.23$,相对分子质量分布较窄。

10-14 假定某聚合物试样中含有三个组分,其相对分子质量分别为 1×10^4、2×10^4 和 3×10^4,今测得该试样的数均相对分子质量 $\overline{M_n}=2\times10^4$、重均相对分子质量 $\overline{M_w}=2.3\times10^4$,试计算此试样中各组分的摩尔分数和质量分数。

答 (1) $$\sum\frac{N_i}{\sum N_i}=1 \qquad \overline{M_n}=\frac{\sum N_iM_i}{\sum N_i}$$

$$\overline{M_w}=\frac{\sum N_iM_i^2}{\sum N_iM_i}=\frac{\sum N_iM_i^2/\sum N_i}{\sum N_iM_i/\sum N_i}=\frac{\sum N_iM_i^2/\sum N_i}{\overline{M_n}}=\frac{\sum\left(\dfrac{N_i}{\sum N_i}M_i^2\right)}{\overline{M}}$$

联立三个方程:

$$N_1+N_2+N_3=1$$
$$10^4 N_1+2\times10^4 N_2+3\times10^4 N_3=2\times10^4 \qquad 10^8 N_1+2\times10^8 N_2+3\times10^8 N_3=4.6\times10^8$$

解得 $N_1=0.3, N_2=0.4, N_3=0.3$。

(2) $\overline{M_n}=\dfrac{1}{\sum\limits_i \dfrac{W_i}{M_i}}$ 或 $\sum\limits_i \dfrac{W_i}{M_i}=\dfrac{1}{\overline{M_n}}, \overline{M_w}=\sum W_i M_i, \sum\limits_i W_i=\sum(W_i/\sum W_i)=1$

联立三个方程：
$$W_1+W_2+W_3=1 \qquad \dfrac{W_1}{10^4}+\dfrac{W_2}{2\times10^4}+\dfrac{W_3}{3\times10^4}=\dfrac{1}{2\times10^4}$$
$$10^4 W_1+2\times10^4 W_2+3\times10^4 W_3=2.3\times10^4$$

解得 $W_1=0.15, W_2=0.4, W_3=0.45$。

10-15 假定 PMMA 样品由相对分子质量 100 000 和 400 000 两个单分散级分以 1∶2 的质量比组成，求它的 $\overline{M_n}$、$\overline{M_w}$ 和 $\overline{M_v}$（假定 $a=0.5$），并比较它们的大小。

答 $n_1=\dfrac{1}{100\,000}=1\times10^{-5} \qquad n_2=\dfrac{2}{400\,000}=0.5\times10^{-5}$

$$\overline{M_n}=\dfrac{\sum n_i M_i}{\sum n_i}=\dfrac{(1\times10^{-5})\times10^5+(0.5\times10^{-5})\times(4\times10^5)}{1\times10^{-5}+0.5\times10^{-5}}=2.0\times10^5$$

$$\overline{M_w}=\sum\left(\dfrac{w_i}{W}\right)M_i=\dfrac{1}{3}\times(1\times10^5)+\dfrac{2}{3}\times(4\times10^5)=3.0\times10^5$$

$$\overline{M_v}=\left[\sum\left(\dfrac{w_i}{w}\right)M_i^a\right]^{1/a}=\left[\dfrac{1}{3}\times(1\times10^5)^{0.5}+\dfrac{2}{3}\times(4\times10^5)^{0.5}\right]^{1/0.5}=2.8\times10^5$$

可见 $\overline{M_n}<\overline{M_v}<\overline{M_w}$。

10-16 25 ℃在丙酮中测得 PMMA 的 Mark-Houwink 指数 $a=0.69$。用黏度法测得的数据如下，计算 $\overline{M_w}$、$\overline{M_n}$ 和 $\overline{M_v}$，并比较它们的大小。

$n_i\times10^3$/mol	1.2	2.7	4.9	3.1	0.9
$M_i\times10^{-5}$	2.0	4.0	6.0	8.0	10.0

答 $\overline{M_n}=\dfrac{\sum n_i M_i}{\sum n_i}=5.97\times10^5 \qquad \overline{M_w}=\dfrac{\sum n_i M_i^2}{\sum n_i M_i}=6.71\times10^5$

$$\overline{M_v}=\left(\dfrac{\sum n_i M_i^{a+1}}{\sum n_i M_i}\right)^{1/a}=6.62\times10^5$$

$\overline{M_w}>\overline{M_v}>\overline{M_n}$，$\overline{M_v}$ 总是较接近 $\overline{M_w}$。

10-17 假定某一聚合物由单分散组分 A 和 B 组成，A 和 B 的相对分子质量分别为 100 000 和 400 000。(1) 以 A∶B=1∶2（质量比）混合样品，混合物的 $\overline{M_n}$ 和 $\overline{M_w}$ 各为多少？(2) 以 A∶B=2∶1（质量比）混合样品，混合物的 $\overline{M_n}$ 和 $\overline{M_w}$ 各为多少？(3) A∶B=1∶2（质量比），$a=0.72$，计算 $\overline{M_v}$，并比较 $\overline{M_n}$、$\overline{M_w}$、$\overline{M_v}$ 的大小。

答 (1) $n_A=1/100\,000=1\times10^{-5} \qquad n_B=2/400\,000=0.5\times10^{-5}$

$$\overline{M}_\mathrm{n} = \frac{\sum n_i M_i}{\sum n_i} = \frac{(1\times 10^{-5})\times 10^5 + (0.5\times 10^{-5})\times (4\times 10^5)}{1\times 10^{-5} + 0.5\times 10^{-5}} = 2.0\times 10^5$$

$$\overline{M}_\mathrm{w} = \sum \left(\frac{w_i}{w}\right) M_i = \frac{1}{3}\times (1\times 10^5) + \frac{2}{3}\times (4\times 10^5) = 3\times 10^5$$

(2) $n_\mathrm{A} = 2/100\,000 = 2\times 10^{-5}$ $n_\mathrm{B} = 1/400\,000 = 0.25\times 10^{-5}$

$$\overline{M}_\mathrm{n} = \frac{(2\times 10^{-5})\times 10^5 + (0.25\times 10^{-5})\times (4\times 10^5)}{2\times 10^{-5} + 0.25\times 10^{-5}} = 1.33\times 10^5$$

$$\overline{M}_\mathrm{w} = \frac{2}{3}\times (1\times 10^5) + \frac{1}{3}\times (4\times 10^5) = 2\times 10^5$$

(3) $\overline{M}_\mathrm{v} = \left[\sum \left(\frac{w_i}{w}\right) M_i^a\right]^{1/a} = \left[\frac{1}{3}\times (1\times 10^5)^{0.72} + \frac{2}{3}\times (4\times 10^5)^{0.72}\right]^{1/0.72} = 2.88\times 10^5$

所以，$\overline{M}_\mathrm{n} < \overline{M}_\mathrm{v} < \overline{M}_\mathrm{w}$。

10-18 (1) 100 g 相对分子质量为 10^5 的试样加入 1 g 相对分子质量为 10^3 的组分；(2) 100 g 相对分子质量为 10^5 的试样加入 1 g 相对分子质量为 10^7 的组分。分别计算 $\overline{M}_\mathrm{n}$、$\overline{M}_\mathrm{w}$ 及 d，其结果能说明什么？

答 (1) $\overline{M}_\mathrm{n} = 50\,500$，$\overline{M}_\mathrm{w} = 99\,020$，$d = 1.96$；(2) $\overline{M}_\mathrm{n} = 100\,990$，$\overline{M}_\mathrm{w} = 198\,020$，$d = 1.96$。虽然多分散系数不变，但 $\overline{M}_\mathrm{n}$ 和 $\overline{M}_\mathrm{w}$ 值却有很大改变。结果说明数均相对分子质量对试样的低相对分子质量部分敏感，而重均相对分子质量对高相对分子质量部分敏感。

10-19 将相对分子质量分别为 10^5 和 10^4 的同种聚合物的两个级分混合：(1) 10 g 相对分子质量为 10^4 的级分与 1 g 相对分子质量为 10^5 的级分相混合时，计算 $\overline{M}_\mathrm{n}$、$\overline{M}_\mathrm{w}$、$\overline{M}_\mathrm{Z}$；(2) 10 g 相对分子质量为 10^5 的级分与 1 g 相对分子质量为 10^4 的级分相混合时，计算 $\overline{M}_\mathrm{n}$、$\overline{M}_\mathrm{w}$、$\overline{M}_\mathrm{Z}$；(3) 比较上述两种计算结果，可得出什么结论？

答 (1) $\overline{M}_\mathrm{n} = \dfrac{1}{\sum \dfrac{W_i}{M_i}} = \dfrac{1}{\dfrac{10/11}{10^4} + \dfrac{1/11}{10^5}} = 10\,891$

$$\overline{M}_\mathrm{w} = \sum W_i M_i = \frac{10}{11}\times 10^4 + \frac{1}{11}\times 10^5 = 18\,182$$

$$\overline{M}_\mathrm{Z} = \frac{\sum W_i M_i^2}{\sum W_i M_i} = \frac{10\times 10^8 + 1\times 10^{10}}{10\times 10^4 + 1\times 10^5} = 55\,000$$

(2) $\overline{M}_\mathrm{n} = \dfrac{1}{\sum \dfrac{W_i}{M_i}} = \dfrac{1}{\dfrac{10/11}{10^5} + \dfrac{1/11}{10^4}} = 55\,000$

$$\overline{M}_\mathrm{w} = \sum W_i M_i = \frac{10}{11}\times 10^5 + \frac{1}{11}\times 10^4 = 91\,818$$

$$\overline{M}_\mathrm{Z} = \frac{\sum W_i M_i^2}{\sum W_i M_i} = \frac{10\times 10^{10} + 1\times 10^8}{10\times 10^5 + 1\times 10^4} = 99\,109$$

(3) 比较上述两种结果，可见相对分子质量小的级分对 $\overline{M}_\mathrm{n}$ 影响大，相对分子质量大的级分对$\overline{M_w}$和$\overline{M_z}$影响大。

10-20 有两种单分散聚合物,相对分子质量分别是$M=10^4$及$M=10^5$,欲将其混合得三种样品,使其分别具有$\overline{M_n}=5.5\times10^4$、$\overline{M_w}=5.5\times10^4$和$\overline{M_v}=5.5\times10^4$(当$a=0.5$时),应如何配成?

答 按物质的量比1∶1混合可配成$\overline{M_n}=5.5\times10^4$的混合物。按质量比1∶1混合可配成$\overline{M_w}=5.5\times10^4$的混合物。按物质的量比6.07∶1混合可配成$\overline{M_v}=5.5\times10^4$的混合物。

10-21 将相对分子质量分别为2×10^4和3×10^4的两个纯级分混合,制成$\overline{M_n}=2.5\times10^4$的试样1 g,则两个纯级分各需多少?若此混合试样再与相对分子质量为7×10^4的另一纯级分1 g相混合,则最后试样的数均相对分子质量为多大?

答
$$\overline{M_n}=\frac{1}{\sum\frac{W_i}{M_i}}=\frac{1}{\frac{W_1}{2\times10^4}+\frac{1-W_1}{3\times10^4}}=2.5\times10^4$$

得$W_1=0.4$,即$M=2\times10^4$的级分取0.4 g,$M=3\times10^4$的级分取0.6 g。

$$\overline{M_n}=\frac{1}{\sum\frac{W_i}{M_i}}=\frac{1}{\frac{0.2}{2\times10^4}+\frac{0.3}{3\times10^4}+\frac{0.5}{7\times10^4}}=3.68\times10^4$$

最后试样$\overline{M_n}=3.68\times10^4$。

10-22 80 kg 聚合物样品 A($\overline{M_{n,A}}=10\,000$,$\overline{M_{w,A}}=15\,000$)和20 kg聚合物样品B($\overline{M_{n,B}}=20\,000$,$\overline{M_{w,B}}=50\,000$)共混,试求其共混体系的$\overline{M_n}$和$\overline{M_w}$。

答 可以证明,对于多分散样品的混合,可用下式计算:$\overline{M_n}=\frac{\sum N_i M_{n,i}}{\sum N_i}=1/\sum\frac{W_i}{M_{n,i}}$,

$\overline{M_w}=\frac{\sum w_i M_{w,i}}{\sum w_i}$,结果为$\overline{M_n}=1.11\times10^4$,$\overline{M_w}=2.20\times10^4$。

10-23 10 g 聚苯乙烯样品 A($\overline{M_{n,A}}=70\,000$,$\overline{M_{w,A}}=100\,000$)和20 g另一种聚苯乙烯样品B($\overline{M_{n,B}}=20\,000$,$\overline{M_{w,B}}=60\,000$)共混,试求其共混体系的$\overline{M_n}$和$\overline{M_w}$。

答 利用10-22题公式,得$\overline{M_n}=2.63\times10^4$,$\overline{M_w}=7.33\times10^4$。

10-24 下列同一种聚合物三个样品完全混合,计算$\overline{M_n}$、$\overline{M_w}$。

样品	数均相对分子质量	重均相对分子质量	混合物质量/g
A	1.2×10^5	4.5×10^5	200
B	5.6×10^5	8.9×10^5	200
C	10.0×10^5	10.0×10^5	200

答 利用上两题公式,得$\overline{M_n}=2.35\times10^5$,$\overline{M_w}=7.36\times10^5$。

10-25 同时用制备型 GPC 和分析型 GPC 测定一个 PS 样品。从制备型 GPC 柱收集级分,将溶剂蒸发,获得每个级分的质量。然后用制备型 GPC 测每个级分的相对分子质量,得到下列数据。计算原聚合物的$\overline{M_n}$、$\overline{M_w}$和$\overline{M_w}/\overline{M_n}$。根据每个级分的$\overline{M_n}$和质量分数的数据画出分布曲线。

级分	质量/mg	$\overline{M_n} \times 10^{-4}$	$\overline{M_w} \times 10^{-4}$	级分	质量/mg	$\overline{M_n} \times 10^{-4}$	$\overline{M_w} \times 10^{-4}$
6	2	109	111	19	42	9.14	9.35
7	8	90.8	92.5	20	30	7.52	7.68
8	20	76.7	78.0	21	28	6.16	6.28
9	42	62.3	63.5	22	18	5.12	5.22
10	64	51.5	52.5	23	12	4.09	4.18
11	84	41.7	42.5	24	8	3.33	3.40
12	102	34.7	35.4	25	6	2.63	2.69
13	110	28.7	29.3	26	5	2.01	2.06
14	110	23.3	23.8	27	4	1.52	1.56
15	96	18.9	19.4	28	3	1.13	1.16
16	86	15.9	16.3	29	2	0.83	0.85
17	68	13.0	13.3	30	1	0.59	0.61
18	54	11.0	11.2				

答 $\overline{M_n}=1.23\times10^5$，$\overline{M_w}=2.64\times10^5$，$\overline{M_w}/\overline{M_n}=2.15$。分布曲线略。

10-26 以丁基锂作催化剂进行苯乙烯聚合，每一个丁基锂的分子都引发一个聚合物分子链。(1) 假设链引发同时开始，不存在链转移和链终止，在引发剂浓度为 10^{-4} mol·dm^{-3} 和单体浓度为 0.15 mol·dm^{-3} 时，该聚合物的数均相对分子质量 $\overline{M_n}$ 为多少？(2) 此时 $\overline{M_w}/\overline{M_n}$ 的值是多少？

答 这是活性聚合。(1) $\overline{M_n}=\overline{M_w}=0.15/10^{-4}\times104=1.56\times10^5$。(2) 1。

10-27 一个聚合物样品由相对分子质量为 10 000、30 000 和 100 000 三个单分散组分组成，计算下列混合物的 $\overline{M_w}$ 和 $\overline{M_n}$：(1) 每个组分的分子数相等；(2) 每个组分的质量相等；(3) 只混合其中的 10 000 和 100 000 两个组分，混合的质量比分别为 0.145∶0.855、0.5∶0.5、0.855∶0.145，评价 d 值。

答 (1)
$$\overline{M_n}=\frac{N(10\,000+30\,000+100\,000)}{3N}=46\,667$$

$$\overline{M_w}=\frac{\sum N_iM_i^2}{\sum N_iM_i}=\frac{N\sum M_i^2}{N\sum M_i}=\frac{1.1\times10^{10}}{140\,000}=78\,571$$

(2)
$$\overline{M_n}=\frac{\sum w_i}{\sum\frac{w_i}{M_i}}=\frac{\sum w_i}{w\sum\frac{1}{M_i}}=\frac{3}{\sum\frac{1}{M_i}}=20\,930$$

$$\overline{M_w}=\frac{\sum w_iM_i}{\sum w_i}=\frac{\sum M_i}{3}=46\,667$$

(3) 当质量比为 0.145∶0.855 时，$\overline{M_n}=43\,384$，$\overline{M_w}=86\,950$，$d=2$。当质量比为 0.5∶0.5 时，$\overline{M_n}=18\,182$，$\overline{M_w}=55\,000$，$d=3$。当质量比为 0.855∶0.145 时，$\overline{M_n}=11\,567$，$\overline{M_w}=23\,050$，$d=2$。可见，组成接近时 d 值较大。因此用 d 值衡量是合理的。

10-28 已知某聚合物的特性黏数与相对分子质量符合公式$[\eta]=0.03M^{0.5}$,并有$M_1=10^4$和$M_2=10^5$两单分散级分。现将两种级分混合,欲分别获得$\overline{M_n}=55\,000$和$\overline{M_w}=55\,000$及$\overline{M_v}=55\,000$的三种试样,则每种试样中两个级分的质量分数应取多少?

答 设需10^4级分的质量分数为W_x,则10^5级分的质量分数为$1-W_x$。

第一种试样:$\overline{M_n}=\dfrac{1}{\sum\dfrac{W_i}{M_i}}$,即$55\,000=\dfrac{1}{\dfrac{W_x}{10^4}+\dfrac{1-W_x}{10^5}}$,所以$W_{(x=10^4)}=W_x\approx 0.09$,$W_{(x=10^5)}=0.91$。

第二种试样:$\overline{M_w}=\sum W_iM_i$,即$55\,000=W_x\times 10^4+(1-W_x)\times 10^5$,所以$W_x=0.5$,即$10^4$与$10^5$各取一半质量。

第三种试样:$\overline{M_v}=(\sum W_iM_i^a)^{1/a}$,即$55\,000=[W_x\times 10^{4\times 0.5}+(1-W_x)\times 10^{5\times 0.5}]^2$,所以$W_{(x=10^4)}=0.35$,$W_{(x=10^5)}=0.65$。

10-29 有一个二聚的蛋白质,它是一个有20%离解成单体的平衡体系,当此体系的$\overline{M_n}$为80 000时,求它的单体相对分子质量(M_0)和平衡体系的$\overline{M_w}$。

$$\text{P—P} \rightleftharpoons 2\text{P}$$
$$\text{二聚体} \qquad \text{单体}M_0$$

答 $\overline{M_n}=80\,000$,由M_0和$2M_0$组成。由$\overline{M_n}=\dfrac{\sum N_iM_i}{\sum N_i}$,即

$$80\,000=\left(\dfrac{0.2}{M_0}\times M_0+\dfrac{0.8}{2M_0}\times 2M_0\right)\bigg/\left(\dfrac{0.2}{M_0}+\dfrac{0.8}{2M_0}\right)$$

所以$M_0=48\,000$。

$$\overline{M_w}=\dfrac{\sum N_iM_i^2}{\sum N_iM_i}=\dfrac{\dfrac{0.2}{M_0}\times M_0^2+\dfrac{0.8}{2M_0}\times(2M_0)^2}{\dfrac{0.2}{M_0}\times M_0+\dfrac{0.8}{2M_0}\times 2M_0}=\dfrac{0.2\times 48\,000+0.8\times 2\times 48\,000}{0.2+0.8}=86\,400$$

10-30 如果某聚合物反应在恒定的引发速率和恒定的链增长速率下进行,并且聚合过程无链终止。试求聚合产物的$\overline{M_w}/\overline{M_n}$值。

答 $\overline{M_n}=\dfrac{\int_0^\infty N(M)M\,dM}{\int_0^\infty N(M)\,dM}$,$\overline{M_w}=\dfrac{\int_0^\infty N(M)M^2\,dM}{\int_0^\infty N(M)M\,dM}$。根据题意并假定$N$为常数,则上两式积分分别为$\overline{M_n}=\dfrac{M^2/2}{M}=\dfrac{M}{2}$,$\overline{M_w}=\dfrac{M^3/3}{M^2/2}=\dfrac{2}{3}M$。所以$\dfrac{\overline{M_w}}{\overline{M_n}}=\dfrac{4}{3}=1.33$。

10.1.2 多分散系数和分布宽度指数

10-31 下列哪一种物质是多分散性的?
(1) 酪蛋白;(2) 聚乙烯;(3) 石蜡;(4) 纤维素;(5) 天然橡胶;(6) DNA。

答 (2)、(3)、(4)、(5)。

10-32 什么情况下聚合物的数均相对分子质量与重均相对分子质量相等？

答 单分散时。

10-33 相对分子质量分布宽度指数和多分散系数的定义是什么？两者有什么关系？并讨论它们与相对分子质量分布宽度的关系。

答 多分散系数 $d=\overline{M_w}/\overline{M_n}$（或 $\overline{M_z}/\overline{M_w}$）。分布宽度指数定义为：$\sigma_n^2 \equiv \overline{[(M-\overline{M_n})^2]_n} = \overline{M_n}^2(d-1)$，$\sigma_w^2 \equiv \overline{[(M-\overline{M_w})^2]_w} = \overline{M_w}^2(d-1)$。对于单分散试样，$d=1$ 或 $\sigma_n = \sigma_w = 0$；对于多分散试样，$d>1$ 或 $\sigma_n>0$（$\sigma_w>0$），d 越大，σ_n 越大，分布越宽。

10-34 试由定义推导出分布宽度指数 $\sigma_n^2 = \overline{M_n}^2\left(\dfrac{\overline{M_w}}{\overline{M_n}}-1\right)$。

答
$$\sigma_n^2 \equiv \overline{[(M-\overline{M_n})^2]_n} = \int_0^\infty (M-\overline{M_n})^2 N(M)\mathrm{d}M$$
$$= \int_0^\infty (M^2 - 2M\overline{M_n} + \overline{M_n}^2) N(M)\mathrm{d}M$$
$$= \int_0^\infty M^2 N(M)\mathrm{d}M - 2\overline{M_n}\int_0^\infty MN(M)\mathrm{d}M + \overline{M_n}^2\int_0^\infty N(M)\mathrm{d}M$$
$$= \overline{(M^2)}_n - 2\overline{M_n}^2 + \overline{M_n}^2 = \overline{(M^2)}_n - \overline{M_n}^2$$
$$\overline{M_w} = \dfrac{\sum W_i M_i / \sum n_i}{\sum W_i / \sum n_i} = \dfrac{\sum n_i M_i^2 / \sum n_i}{\sum n_i M_i / \sum n_i} = \dfrac{\overline{(M^2)}_n}{\overline{M_n}}$$
$$\sigma_n^2 = \overline{M_n}\,\overline{M_w} - \overline{M_n}^2 = \overline{M_n}^2(\overline{M_w}/\overline{M_n}-1)$$

10-35 从分布宽度指数的定义式出发，证明重均相对分子质量总是大于等于数均相对分子质量。

证 $\sigma_n^2 \equiv \overline{[(M-\overline{M_n})^2]_n} = \overline{M_n}^2(d-1)$。因为 $\sigma_n^2 \geq 0$，所以 $d \geq 1$，即 $\overline{M_w} \geq \overline{M_n}$。

10-36 按值递增的次序排列 $\overline{M_z}$、$\overline{M_n}$、$\overline{M_w}$ 和 $\overline{M_v}$。画出示意图。

答 $\overline{M_z} > \overline{M_w} > \overline{M_v} > \overline{M_n}$，示意图如图 10-1 所示（注：黏均相对分子质量是一个范围，取决于 a 值）。

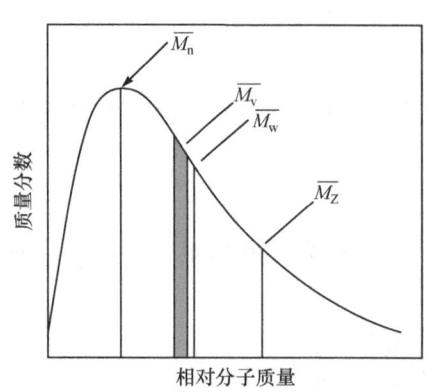

图 10-1 $\overline{M_z}$、$\overline{M_n}$、$\overline{M_w}$ 和 $\overline{M_v}$ 大小比较示意图

10-37 由不同统计平均方法而得的相对分子质量的差值（或比值）大小说明什么问题？什么样聚合物的不同统计平均相对分子质量完全相等？

答 说明相对分子质量分布的情况。单分散聚合物的不同统计平均相对分质量完全相等。

10-38 理论上下列各种聚合反应产物的多分散指数 $d=\overline{M_w}/\overline{M_n}$ 应为多少？

（1）缩聚；（2）自由基聚合（双基偶合终止）；（3）自由基聚合（双基歧化终止）；（4）阴离子聚合（活性聚合物）。

答 (1) 2；(2) 1.5；(3) 2；(4) 1。

10-39 单分散试样有什么价值？它是如何获得的？

答 单分散试样一般是通过阴离子活性聚合得到的。$d=1.01 \sim 1.05$，非常接近 1。主要用作相对分子质量测定的标准样品。

10-40 根据定义式,证明:当 $a=1$ 时 $\overline{M_v}=\overline{M_w}$,当 $a=-1$ 时 $\overline{M_v}=\overline{M_n}$,并证明在一般情况下 $\overline{M_w}>\overline{M_v}>\overline{M_n}$。

证 当 $a=1$ 时 $\overline{M_v}=\sum W_i M_i=\overline{M_w}$,当 $a=-1$ 时 $\overline{M_v}=1/\sum \dfrac{W_i}{M_i}=\overline{M_n}$。

因为在一般情况下 $a=0.5\sim 0.9$,所以 $\overline{M_w}>\overline{M_v}>\overline{M_n}$。

10-41 (1) 10 mol 相对分子质量为 1000 的聚合物和 10 mol 相对分子质量为 10^6 的同种聚合物混合,试计算 $\overline{M_n}$、$\overline{M_w}$、d 和 σ_n,讨论混合前后 d 和 σ_n 的变化。(2) 1000 g 相对分子质量为 1000 的聚合物和 1000 g 相对分子质量为 10^6 的同种聚合物混合,d 为多少?

答 (1) $\overline{M_n}=\dfrac{\sum n_i M_i}{\sum n_i}=\dfrac{10\times(1000+10^6)}{20}=5\times 10^5$,$\overline{M_w}=\dfrac{\sum n_i M_i^2}{\sum n_i M_i}=\dfrac{10\times(1000^2+10^{12})}{10\times(1000+10^6)}=1\times 10^6$,$d=\dfrac{\overline{M_w}}{\overline{M_n}}=2.00$,$\sigma_n=\sqrt{\overline{M_n}\,\overline{M_w}-\overline{M_n}^2}=499\,500$。混合前各样品为单分散 $d=1$,$\sigma_n=0$,说明混合后 d 和 σ_n 均变大。

(2)

组分	M_i	n_i	$n_i M_i$	$n_i M_i^2$
1	1000	1000/1000=1	1000	10^6
2	10^6	$1000/10^6=10^{-3}$	1000	10^9

$\overline{M_n}=\dfrac{\sum n_i M_i}{\sum n_i}=\dfrac{1000+1000}{1+10^{-3}}=2\times 10^3$,$\overline{M_w}=\dfrac{\sum n_i M_i^2}{\sum n_i M_i}=\dfrac{10^6+10^9}{2000}=5\times 10^5$,$d=\overline{M_w}/\overline{M_n}=250$。

10-42 假定 A 与 B 两聚合物试样中都含有三个组分,其相对分子质量分别为 1×10^4、1×10^5 和 2×10^5,相应的质量分数分别为:A 是 0.3、0.4 和 0.3,B 是 0.1、0.8 和 0.1,计算两种试样的 $\overline{M_n}$、$\overline{M_w}$ 和 $\overline{M_Z}$,并求其分布宽度指数 σ_n^2、σ_w^2 和多分散系数 d。

答 (1) 对于 A:

$$\overline{M_n}=\dfrac{1}{\sum\dfrac{w_i}{M_i}}=\dfrac{1}{\dfrac{0.3}{10^4}+\dfrac{0.4}{10^5}+\dfrac{0.3}{2\times 10^5}}=2.82\times 10^4$$

$$\overline{M_w}=\sum w_i M_i=0.3\times 10^4+0.4\times 10^5+0.3\times 2\times 10^5=1.03\times 10^5$$

$$\overline{M_Z}=\dfrac{\sum w_i M_i^2}{\overline{M_w}}=\dfrac{0.3\times 10^8+0.4\times 10^{10}+0.3\times 4\times 10^{10}}{1.03\times 10^5}=1.56\times 10^5$$

$$d=\overline{M_w}/\overline{M_n}=3.66$$
$$\sigma_n^2=\overline{M_n}^2(d-1)=(2.82\times 10^4)^2\times 3.66=2.87\times 10^9$$
$$\sigma_w^2=\overline{M_w}^2(d-1)=(1.03\times 10^5)^2\times 3.66=3.66\times 10^{10}$$

(2) 对于 B:
$$\overline{M_n}=5.41\times 10^4 \quad \overline{M_w}=1.01\times 10^5 \quad \overline{M_Z}=1.19\times 10^5$$
$$d=1.87 \quad \sigma_n^2=2.54\times 10^9 \quad \sigma_w^2=8.87\times 10^9$$

10-43 在 5 mol 相对分子质量为 100 000 的聚合物中加入等物质的量相对分子质量为 10 000 的同种聚合物,试计算其多分散系数 $d=\overline{M_w}/\overline{M_n}$,并求出其分布宽度指数 σ_n,讨论混合

前后 d 和 σ_n 的变化。

答 $d=1.67, \sigma_n=4.51\times10^4$；混合前 $d=1, \sigma_n=0$。

10-44 某聚合物样品由 10 g 相对分子质量为 10^4 和 100 g 相对分子质量为 10^5 两种级分组成，试计算该聚合物的平均相对分子质量、相对分子质量分布宽度指数和多分散系数。

答 $\overline{M_n}=5.5\times10^4, \overline{M_w}=9.18\times10^4, d=1.67, \sigma_n=4.51\times10^4$。

10.2 数均相对分子质量的测定

10.2.1 端基分析法

10-45 用醇酸缩聚法制得的聚酯，每个分子中有一个可分析的羧基，现滴定 1.5 g 聚酯用去 0.1 mol·dm^{-3} NaOH 溶液 0.75 cm^3，试求聚酯的数均相对分子质量。

答 聚酯的物质的量为 $0.75\times10^{-3}\times0.1=7.5\times10^{-5}$ (mol)，$\overline{M_n}=\dfrac{1.5}{7.5\times10^{-5}}=2\times10^4$。

10-46 中和 10^{-3} kg 聚酯用去浓度为 10^{-3} mol·dm^{-3} 的 NaOH 标准溶液 0.012 dm^3，如果聚酯是由 ω 羟基羧酸制得，计算它的数均相对分子质量。

答 聚酯的物质的量为 $0.012\times10^{-3}=0.012\times10^{-3}$ (mol)，$\overline{M_n}=\dfrac{10^{-3}\times10^3}{0.012\times10^{-3}}=8.33\times10^4$。

10-47 一种每分子只含一个羧基的聚酯用 NaOH 溶液滴定测定数均相对分子质量，如果该聚合物的相对分子质量近似为 1000，则会消耗多少 0.01 mol·dm^{-3} NaOH 溶液？如果相对分子质量为 10 000 或 100 000，又分别消耗多少 NaOH 溶液？讨论本实验的可行性，以及本实验方法能测定的相对分子质量上限。

答 该样品质量为 0.1 g，对于相对分子质量为 10^3、10^4 和 10^5 的聚合物，分别消耗碱液 10 cm^3、1 cm^3 和 0.1 cm^3。可见本方法的测定上限为 10^4。

10-48 今有 A、B 两种尼龙试样，用端基滴定法测其相对分子质量。两种试样的质量均为 0.311 g，以 0.0259 mol·dm^{-3} KOH 标准溶液滴定时，耗用碱液的体积均为 0.38 cm^3。
(1) 若 A 试样结构为

$$H\!\!-\!\![NH(CH_2)_6-NH-\underset{O}{\underset{\|}{C}}-(CH_2)_4-\underset{O}{\underset{\|}{C}}]_n\!OH$$

其数均相对分子质量为多少？(2) 若测知 B 试样的数均相对分子质量为 6.38×10^4，则 B 试样的分子结构特征如何？(3) 两种尼龙试样的合成条件有什么不同？

答 (1) $\overline{M_{n,A}}=\dfrac{Zw}{N_A}=\dfrac{1\times0.311\times10^3}{0.0259\times0.38}=3.16\times10^4$

(2) 由题意 $\overline{M_{n,B}}\approx 2\overline{M_{n,A}}$，可见 $Z=2$，则 B 结构为

$$HO\!\!-\!\![\underset{O}{\underset{\|}{C}}-(CH_2)_4\underset{O}{\underset{\|}{C}}-NH(CH_2)_6NH-\underset{O}{\underset{\|}{C}}-(CH_2)_4-\underset{O}{\underset{\|}{C}}]_n\!OH$$

(3) 合成 A 为二元酸与二元胺等当量反应，B 为二元酸过量。

10-49 环氧乙烷聚合后的产物聚氧化乙烯 HO$-\!\![CH_2CH_2-O]_n\!\!-$H，每个分子含有两个端羟基。今以异氰酸苯酯（ $\bigcirc\!-\!N\!=\!C\!=\!O$ ）分析 0.1 kg 聚氧化乙烯试样，结果消耗 5.923×10^{-3} kg 异氰酸苯酯，并放出 2.1×10^{-4} m^3 CO$_2$ 气体（在 1 atm 和 298 K 条件下），试由

以上数据估算此聚氧化乙烯的平均相对分子质量。

答 由于异氰酸苯酯与羟基的反应是加成反应,没有小分子析出。放出的 CO_2 气体是异氰酸苯酯与水反应的结果,而且一分子水消耗两分子异氰酸苯酯,形成一分子 CO_2 和一分子脲。因此必须先算出被水消耗的异氰酸苯酯的物质的量。

CO_2 的物质的量为 $\dfrac{2.1\times10^{-4}\times10^3}{22.4}=0.009\,375$ (mol),被水消耗的异氰酸苯酯的物质的量为 $2\times0.009\,375=0.018\,75$ (mol),异氰酸苯酯的总物质的量为 $\dfrac{5.923}{119}=0.049\,773$ (mol),被羟基消耗的异氰酸苯酯的物质的量为 $0.049\,773-0.018\,75=0.031\,023$ (mol)。羟基的总质量为 $0.031\,023\times17=0.527\,39$ (g)。$\overline{M}_n:34=100:0.527\,39$,$\overline{M}_n=6447$。

10-50 某聚合物在每个链的一端带有一个氯原子,分析发现样品含氯 0.25%。数均相对分子质量为多少?

答 $\overline{M}_n=\dfrac{35.5}{0.25\%}=1.42\times10^4$

10-51 苯乙烯用放射活性偶氮二异丁腈(AIBN)引发聚合,反应过程中 AIBN 分裂成自由基作为活性中心,最终以偶合终止,并假定没有支化。原 AIBN 的放射活性为每摩尔每秒计数器计数 2.5×10^8。如果产生的 0.001 kg PS 具有每秒 3.2×10^3 的放射活性,计算数均相对分子质量。

答 PS 中含有 AIBN 的物质的量为 $3.2\times10^3/(2.5\times10^8)=1.28\times10^{-5}$ (mol)。因为一个 AIBN 分裂成两个自由基,而偶合终止后 PS 分子也具有两个 AIBN 自由基为端基,所以 PS 的物质的量也是 1.28×10^{-5} mol。$\overline{M}_n=1/(1.28\times10^{-5})=7.81\times10^4$。

10-52 用 ^{1}H NMR 分析两端都是甲氧基的聚氧化乙烯,得到甲基与次甲基的质子峰面积比为 1:20,计算聚合度(不计端基)。

答 对于一条分子链,两个链端共有甲基质子 6 个,每个重复单元有次甲基质子 4 个。峰面积与质子数成正比,所以分子链数:重复单元数 $=(1/6):(20/4)=1:30$,即平均聚合度为 30。

10.2.2 沸点升高、冰点下降法

10-53 某沸点升高仪采用热敏电阻测定温差 ΔT,检流计读数 Δd 与 ΔT 成正比。用苯作溶剂,三硬脂酸甘油酯($M=892$)作标准样品,若浓度为 1.20×10^{-3} g·cm^{-3},测得 $\Delta d=786$。今用此仪器和溶剂测聚二甲基硅氧烷的相对分子质量,浓度和 Δd 的关系如下:

$c\times10^3/(\text{g·cm}^{-3})$	5.10	7.28	8.83	10.20	11.81
Δd	311	527	715	873	1109

试计算此试样的相对分子质量。

答 标定时,$\Delta T=K'\dfrac{c}{M}$,已知 $\Delta d=786$,$c=1.2\times10^{-3}$ g·cm^{-3},即 $\Delta d=K\dfrac{c}{M}$。$M=892$,所以 $K=\dfrac{\Delta d M}{c}=\dfrac{786\times892}{1.2\times10^{-3}}=5.84\times10^8$。

测定时,$\left(\dfrac{\Delta T}{c}\right)_{c\to0}=\dfrac{K'}{M}$,即 $\left(\dfrac{\Delta d}{c}\right)_{c\to0}=\dfrac{K}{M}$,以 $\dfrac{\Delta d}{c}$ 对 c 作图,外推到 $c=0$。

$c \times 10^3 /(\text{g} \cdot \text{cm}^{-3})$	5.10	7.28	8.83	10.20	11.81
$\dfrac{\Delta d}{c} \times 10^{-3}$	60.98	72.39	80.97	85.59	93.90

从图 10-2 得 $\left(\dfrac{\Delta d}{c}\right)_{c\to 0}=\dfrac{K}{M}=36.78\times 10^3$,所以 $\overline{M}_n=\dfrac{5.84\times 10^8}{36.78\times 10^3}=1.59\times 10^4$。

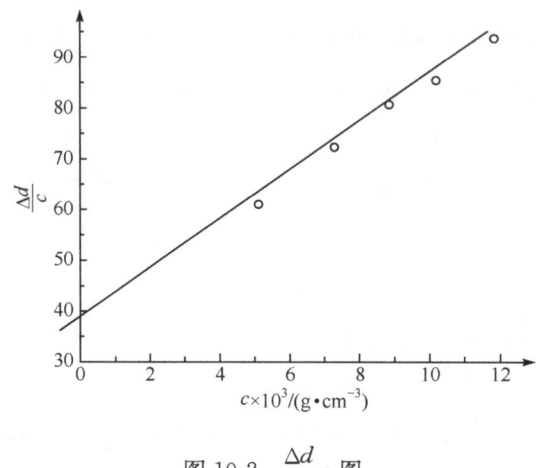

图 10-2 $\dfrac{\Delta d}{c}$-c 图

10-54 用沸点升高法测定聚合物相对分子质量,对溶剂及样品有什么要求?

答 溶剂的沸点不能太高,聚合物在溶剂的沸点时应有足够的稳定性。

10-55 用相对分子质量 M 和第二维里系数 A_2 表示聚合物凝固点降低的关系式。若已知聚合物溶液浓度为 $10\ \text{kg}\cdot\text{m}^{-3}$,$\overline{M}_n=1.07\times 10^5$,$A_2=2.42\times 10^{-4}\ \text{cm}^3\cdot\text{mol}\cdot\text{g}^{-2}$,试估计该溶液的凝固点降低值,并说明冰点降低法用于聚合物相对分子质量测定时的使用范围。

答 $\dfrac{\Delta T_f}{c}=K_f\left(\dfrac{1}{\overline{M}_n}+A_2 c+\cdots\right)$,$\Delta T_f=9.35\times 10^{-8}K_f(℃)$,一般 K_f 的数量级为 $0.1\sim 10$,故 ΔT_f 的数量级为 $10^{-7}\sim 10^{-8}℃$,难以测准。冰点降低法只适合低聚物。

10-56 将 $10.0\ \text{g}$ 聚合物加到 $50.0\ \text{g}$ 苯中,苯的熔点从 $5.500\ ℃$ 降到 $5.400\ ℃$。如果熔点下降常数 $K=5.07\ ℃\cdot\text{kg}\cdot\text{mol}^{-1}$,聚合物的数均相对分子质量是多少?

答 固态苯的熔点即为液态苯的冰点。忽略第二维里系数项,$\dfrac{\Delta T_f}{c}=\dfrac{K_f}{\overline{M}_n}$,则

$$\overline{M}_n=\dfrac{5.07\times(10/60)\times 10^3}{0.1}=8.45\times 10^3$$

10.2.3 膜渗透压法

1. 基本问题

10-57 简述膜渗透压法。什么是第二维里系数 A_2?

答 如果在溶液与纯溶剂之间有一个半透膜,膜的孔只允许溶剂分子透过而不许溶质分子透过,就组成一个最简单的渗透计。若开始时两边液面一样高,溶剂池中溶剂分子可透过半透膜向溶液扩散,而溶液池中的溶剂分子也可向溶剂池扩散。但单位时间内向溶液扩散的分子数目比向溶剂扩散的分子数目多,使溶液稀释,溶液池液面上升,两毛细管液柱差所产生的

压力就是渗透压 π。达平衡时,向两边扩散的溶剂分子数目相等,渗透压趋于恒定值。在一定温度下,渗透压与溶液浓度 c 和聚合物相对分子质量有关,存在以下关系:

$$\frac{\pi}{c} = RT\left(\frac{1}{\overline{M}} + A_2 c\right)$$

以 $\frac{\pi}{c}$ 对 c 作图,可得一直线,由截距可求 $\overline{M}$,由斜率可得 A_2,A_2 称为第二维里系数。A_2 是高分子间以及高分子与溶剂间相互作用大小的一种量度。对于良溶剂,$A_2 > 0$,此时高分子线团舒展;对于不良溶剂,$A_2 < 0$,此时高分子线团紧缩(发生沉淀);$A_2 = 0$ 为临界状态,称为 θ 状态。

10-58 渗透压法测定的相对分子质量为什么是数均相对分子质量?其理论依据是什么?

答 $\pi_{c\to 0} = RT\sum\frac{c_i}{M_i} = RTc\sum\frac{c_i}{M_i}\Big/\sum c_i$。因为 $c_i = \frac{n_i M_i}{W_\text{总}}$,所以 $\pi_{c\to 0} = RTc\sum n_i\Big/\sum n_i M_i = RT\frac{c}{\overline{M}_n}$。

10-59 膜渗透压法测定聚合物相对分子质量的范围是多少?为什么相对分子质量不能太高,也不能太低?膜渗透压法是绝对方法还是相对方法?为什么?

答 膜渗透压法测定聚合物相对分子质量的范围为 $2\times 10^4 \sim 1\times 10^5$。相对分子质量太高时,毛细管液面高度差变小,测量准确性下降。如果在较高的浓度下测量,虽然能增加高度差,但测量的点更加远离纵坐标,使外推值变得不可靠。相对分子质量太低时,小分子可能透过膜而扩散,导致测量误差。膜渗透压法是绝对方法,因为膜渗透压公式中没有需要订定的常数。

10-60 说明溶剂的优劣对膜渗透计测定的相对分子质量的影响。

答 膜如果是理想的,溶剂优劣将无关,因为膜渗透压仅与单位体积溶质的物质的量有关,而与几何尺寸无关,即只透过溶剂,而不透过溶质高分子。但实际上普通的膜能透过一些最小的颗粒,因为劣溶剂使分子线团更紧缩,使更多的小分子透过膜,测定的渗透压值偏低,所以数均相对分子质量偏高。

2. θ 状态下的测定

10-61 当第二维里系数为零时,聚合物溶液必须具备什么条件?溶液处于 θ 条件时对聚合物的相对分子质量及分子尺寸的测定有什么影响?

答 当第二维里系数为零时,聚合物溶液必须具备 θ 条件,即处于 θ 状态。此时渗透压 π 和浓度 c 的关系曲线为一水平线,斜率为零;高分子线团不被溶剂溶胀,也不紧缩沉淀,测得的分子尺寸为无扰尺寸。

10-62 某种聚合物溶解于两种溶剂 A 和 B 中,渗透压 π 和浓度 c 的关系如图 10-3 所示。(1)当浓度 $c\to 0$ 时,从纵轴上的截距能得到什么?(2)从曲线 A 的初始直线段的斜率能得到什么?(3)B 对应于哪一类溶剂?

答 (1)求得 $\overline{M}_n$;(2)A_2;(3)B 为 θ 溶剂。

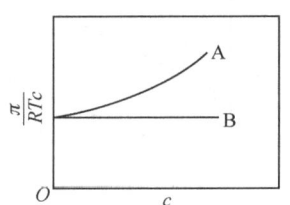

图 10-3 渗透压 π 和浓度 c 的关系曲线

10-63 在 25 ℃ 的 θ 溶剂中,测得浓度为 7.36×10^{-3} g·cm^{-3} 的聚氯乙烯溶液的渗透压为 0.248 g·cm^{-2},求此试样的相对分子质量和第二维里系数 A_2,并指出得到的是何种平均相对分子质量。

答 θ 状态下,$A_2 = 0$,$\frac{\pi}{c} = RT\frac{1}{\overline{M}}$。已知 $\pi = 0.248$ g·cm^{-2},$c = 7.36\times 10^{-3}$ g·cm^{-3},$R =$

$8.48×10^4$ g·cm·mol^{-1}·K^{-1}，T=298 K，所以

$$\overline{M}_n = RT\frac{c}{\pi} = 8.48×10^4×298×\frac{7.36×10^{-3}}{0.248} = 7.50×10^5$$

得到的是数均相对分子质量。

10-64 按照 θ 溶剂中渗透压的数据，一个聚合物的相对分子质量是 10 000，在室温 25 ℃下，浓度为 $1.17×10^{-3}$ g·cm^{-3}，预期渗透压是多少？

答 因为 θ 溶剂，所以 $A_2=0$，则

$$\pi = RT\frac{c}{\overline{M}_n} = 8.48×10^4×298×\frac{1.17×10^{-3}}{10\ 000} = 2.96\ (\text{g·cm}^{-2}) = 2.90×10^2\ (\text{Pa})$$

注：教材中常出现的压强单位有 Pa（国际单位制 SI）和 g·cm^{-2} [习惯单位，是 gf（克力）·cm^{-2} 的简写]，两者的换算关系为：1 g·cm^{-2} = 98 Pa。

10-65 35 ℃时，环己烷为聚苯乙烯（无规立构）的 θ 溶剂。现将 300 mg 聚苯乙烯（ρ=1.05 g·cm^{-3}，$\overline{M}_n$=1.5×10^5）于 35 ℃溶于 150 cm^3 环己烷中，试计算：(1) 第二维里系数 A_2；(2) 溶液的渗透压。

答 (1) $A_2=0$

(2) $$\pi = RT\frac{c}{\overline{M}_n} = 8.48×10^4×308×\frac{0.3/150}{150\ 000} = 0.348\ (\text{g·cm}^{-2}) = 34.1\ (\text{Pa})$$

10-66 在 308 K 下 PS-环己烷的 θ 溶剂中，溶液浓度 $c=7.36×10^{-3}$ kg·dm^{-3}，测得其渗透压为 24.3 Pa，试根据 Flory-Huggins 溶液理论，求此溶液的 A_2、χ_1 以及 PS 的 δ_2 和 $\overline{M}_n$。

答 由 $\frac{\pi}{c} = RT\left(\frac{1}{\overline{M}_n} + A_2c\right)$，对于 θ 溶剂，$A_2=0$，所以 $\frac{\pi}{c} = \frac{RT}{\overline{M}_n}$，则

$$\overline{M}_n = RTc/\pi = 8.31×308×(7.36×10^{-3}×10^6)/24.3 = 7.75×10^5$$

由 $A_2 = \left(\frac{1}{2}-\chi_1\right)\frac{1}{\widetilde{V}_1\rho_2^2} = 0$，即 $\frac{1}{2}-\chi_1 = 0$，$\chi_1 = \frac{1}{2}$。由 $\chi_1 = \frac{\widetilde{V}_1(\delta_1-\delta_2)^2}{RT}$，从手册查到 $\delta_1 = 16.7$ J$^{1/2}$·cm$^{-3/2}$，$\widetilde{V}_1 = 108$ cm^3·mol^{-1}，所以

$$\delta_2 = \delta_1 - \left(\frac{RT\chi_1}{\widetilde{V}_1}\right)^{1/2} = 16.7 - \left(\frac{8.31×308×0.5}{108}\right)^{1/2} = 13.3(\text{J}^{1/2}·\text{cm}^{-3/2})$$

文献值为 17.5 J$^{1/2}$·cm$^{-3/2}$。

10-67 聚合物溶液的渗透压与溶液浓度有如图 10-4 所示的结果：(1) 试比较 1、2、3 结果所得相对分子质量的次序。(2) 若 1 和 3 是同样的聚合物在不同溶剂中所得的结果，这两个体系有什么不同？(3) 若 1 和 2 的聚合物具有相同的化学组成，则所用溶剂是否相同？不相同时，哪一线所用的溶剂为较良溶剂？

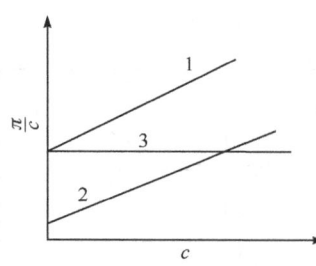

图 10-4 某聚合物溶液的 $\frac{\pi}{c}$-c 图

答 (1) 因为 $\frac{\pi}{c} = RT\left(\frac{1}{M} + A_2c + \cdots\right)$，所以 $\frac{\pi}{c}$-c 图的截距大小与相对分子质量 M 成反比，则 1 与 3 所得相对分子质量相同且小于 2 所得的相对分子质量。

(2) $\frac{\pi}{c}$-c 作图所得直线的斜率大小代表 A_2 的大小，同一聚合物不同溶剂，A_2 越大，溶剂越优良。当 $A_2=0$ 时，此体系为 θ 状态，这时的溶剂为 θ 溶剂，其对应的温度为 θ 温度。显然，1 为良溶剂，大分子在溶液中处于伸展状态，其对应的 $\chi_1<0.5$，$[\eta]=KM^a$ 中，$a>0.5$，$\alpha>1$，

$\overline{h^2} > \overline{h_0^2}$，排除体积大于零；3 为 θ 体系，大分子在溶液中处于自然状态，其对应的 $\chi_1 = 0.5$，$a = 0.5$，$\alpha = 1$，$\overline{h^2} = \overline{h_0^2}$，排除体积为零。

（3）由于 2 的相对分子质量大于 1 的相对分子质量，同一聚合物，相对分子质量大的比相对分子质量小的难溶，所以同一溶剂溶解同一聚合物，相对分子质量大的 A_2 小于相对分子质量小的 A_2。但 1 与 2 有相同的斜率 A_2，说明 2 用的溶剂比 1 优良。另外，由 A_2 的相对分子质量依赖性也可得到解释，如图 10-5 所示。

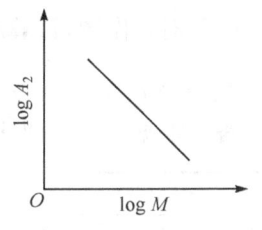

图 10-5 在良溶剂中 A_2 的相对分子质量依赖性
聚苯乙烯-甲苯体系

10-68 已知相对分子质量为 125 000 的聚苯乙烯在环己烷中测得的第二维里系数 A_2 值如下，测定 θ 温度。

T/K	303	313	323
$A_2 \times 10^5$	-2.45	5.78	11.63

答 作图（图略），内推到 A_2 时的 T 为 θ 温度。

10-69 不同温度下聚苯乙烯在环己烷中用膜渗透压法测得的数据如下，求 θ 温度。

$T=24$ ℃		$T=34$ ℃		$T=44$ ℃	
$c/(\text{g} \cdot \text{cm}^{-3})$	$(\pi/RTc)\times 10^6$ /(mol·g^{-1})	$c/(\text{g} \cdot \text{cm}^{-3})$	$(\pi/RTc)\times 10^6$ /(mol·g^{-1})	$c/(\text{g} \cdot \text{cm}^{-3})$	$(\pi/RTc)\times 10^6$ /(mol·g^{-1})
0.0976	8.0	0.0081	13.3	0.0959	18.6
0.182	6.0	0.0201	14.2	0.178	28.1
0.259	8.7	0.0964	14.2	0.255	40.0

答 从 34 ℃的数据可见斜率为零，即 $A_2 = 0$，所以 θ 温度为 34 ℃。

3. 测定数均相对分子质量、第二维里系数和 Huggins 参数

10-70 第二维里系数 A_2 的物理意义是什么？当 $A_2 = 0$ 时的体系是什么体系？

答 A_2 是反映高分子链段以及链段与溶剂分子间相互作用的一个物理量。$A_2 = (\frac{1}{2} - \chi_1)/(\tilde{V}_1 \rho_2^2)$，$A_2 = 0$ 的体系处于 θ 状态。

10-71 聚异丁烯级分的环己烷溶液在 25 ℃下的渗透压数据如下，求数均相对分子质量（注：1 atm = 10 132.5 Pa）。

$c \times 10^2/(\text{g} \cdot \text{cm}^{-3})$	0.197	0.390	0.594	0.784
$\pi \times 10^3/\text{atm}$	1.37	3.11	5.37	7.94

答 以 $\dfrac{\pi}{c}$ 对 c 作图，外推到 $c \to 0$，从截距求得 $\overline{M}_n = 2.31 \times 10^5$。

10-72 聚甲基丙烯酸甲酯的一个窄分布级分于 30 ℃丙酮中的渗透压数据如下：

$c \times 10^2/(\text{g} \cdot \text{cm}^{-3})$	0.275	0.338	0.384	0.486	0.896	1.006	1.119	1.536	1.604
$\pi/(\text{cm 溶剂柱})$	0.457	0.576	0.665	0.867	1.826	2.098	2.468	3.725	3.978

以 $\frac{\pi}{c}$ 对 c 作图,计算 $\overline{M_n}$ 和 A_2 (cm³·mol·g⁻²)(假定溶液密度与丙酮相同,30 ℃时均为 0.780 g·cm⁻³)。

答 根据 $\pi = \rho h$,先把 π 的单位"cm 溶剂柱"换算成 g·cm⁻²。数据如下:

$c \times 10^2/(\text{g·cm}^{-3})$	0.275	0.338	0.384	0.486	0.896	1.006	1.119	1.536	1.604
$\pi/(\text{g·cm}^{-2})$	0.356	0.449	0.519	0.676	1.424	1.636	1.925	2.906	3.103

由 $\frac{\pi}{c}$-c 曲线外推到 $c \to 0$,从截距求得 $\overline{M_n} = 2.19 \times 10^5$,从曲线斜率求得 $A_2 = 1.90 \times 10^{-4}$ cm³·mol·g⁻²。

10-73 于 25 ℃测定不同浓度的聚苯乙烯甲苯溶液的渗透压,结果如下:

$c \times 10^3/(\text{g·cm}^{-3})$	1.55	2.56	2.93	3.80	5.38	7.80	8.68
$\pi/(\text{g·cm}^{-2})$	0.15	0.28	0.33	0.47	0.77	1.36	1.60

试求此聚苯乙烯的数均相对分子质量、第二维里系数 A_2 和 Huggins 参数 χ_1。已知 ρ(甲苯)$= 0.8623$ g·cm⁻³,ρ(聚苯乙烯)$= 1.087$ g·cm⁻³。

答 $\frac{\pi}{c} = RT\left(\frac{1}{M} + A_2 c\right)$,以 $\frac{\pi}{c}$ 对 c 作图(图 10-6)或用最小二乘法求得。

$\frac{\pi}{c} \times 10^{-3}/\text{cm}$	0.097	0.109	0.113	0.124	0.143	0.174	0.184

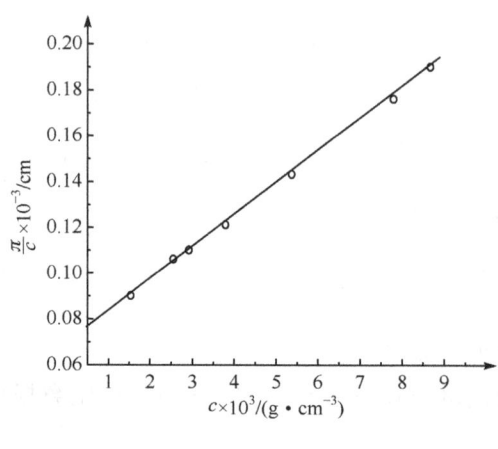

图 10-6 $\frac{\pi}{c}$-c 图

截距:$RT \frac{1}{M} = 0.0774 \times 10^3$,$\overline{M_n} = \dfrac{8.48 \times 10^4 \times 298}{0.0774 \times 10^3} = 3.26 \times 10^5$

斜率:$RTA_2 = 1.23 \times 10^4$,$A_2 = \dfrac{1.23 \times 10^4}{8.48 \times 10^4 \times 298} = 4.87 \times 10^{-4}$ (cm³·mol·g⁻²)

χ_1:$A_2 = \dfrac{0.5 - \chi_1}{\widetilde{V}_1 \rho_2^2}$,$\widetilde{V}_1 = \dfrac{92}{0.8623} = 106.7$ (cm³·mol⁻¹)

$$\chi_1 = 0.5 - 4.87 \times 10^{-4} \times 106.7 \times 1.087^2 = 0.439$$

10-74 从渗透压数据得聚异丁烯($\overline{M_n} = 2.5 \times 10^5$)的环己烷溶液的第二维里系数为

6.31×10^{-4}。试计算 25 ℃时浓度为 1.0×10^{-5} g·dm^{-3} 溶液的渗透压。

答 $\dfrac{\pi}{c} = RT\left(\dfrac{1}{M} + A_2 c\right)$，则

$\pi = RTc\left(\dfrac{1}{M} + A_2 c\right) = 8.48 \times 10^4 \times 298 \times 1.0 \times 10^{-8} \times \left(\dfrac{1}{2.5 \times 10^5} + 6.31 \times 10^{-4} \times 1.0 \times 10^{-8}\right)$

$= 0.2527 \times (4 \times 10^{-6} + 6 \times 10^{-12}) = 1.01 \times 10^{-6}$ (g·cm^{-2}) $= 9.9 \times 10^{-5}$ (Pa)

可见 $A_2 c$ 项可以忽略，因为 c 太小。

10-75 下面是从聚酯在氯仿中的溶液于 20 ℃下用渗透压法测得的数据。测得结果用溶剂的高度 h 表示，氯仿的密度是 1.48 g·cm^{-3}，求数均相对分子质量。

c/($\times 10^{-2}$ g·cm^{-3})	0.57	0.28	0.17	0.10
h/cm	2.829	1.008	0.521	0.275

答 $\pi = \rho h$，数据整理如下：

c/($\times 10^{-2}$ g·cm^{-3})	0.57	0.28	0.17	0.10
π/(g·cm^{-2})	4.187	1.492	0.771	0.407
$(\pi/c) \times 10^{-2}$/cm	7.345	5.329	4.536	4.070

作图，有 $\left(\dfrac{\pi}{c}\right)_{c \to 0} = \dfrac{RT}{M} = 3.4 \times 10^2$，$\overline{M}_n = \dfrac{8.48 \times 10^4 \times 293}{3.4 \times 10^2} = 7.3 \times 10^4$。

10-76 根据图 10-7 给出的渗透压数据，求数均相对分子质量和 A_2（$T = 25$ ℃，$\rho = 1.0$ g·cm^{-3}）。

答 $\overline{M}_n = 9.23 \times 10^4$，$A_2 = 1.30$ cm^3·mol·g^{-2}。

10-77 利用下列数据计算：(1) 聚乙烯的 $\overline{M}_n$；(2) 第二维里系数 A_2 值。由膜渗透计在 105 ℃测得聚乙烯的二甲苯溶液的数据如下（注：R 必须用适当的单位；105 ℃时二甲苯的密度为 0.785 g·cm^{-3}）。

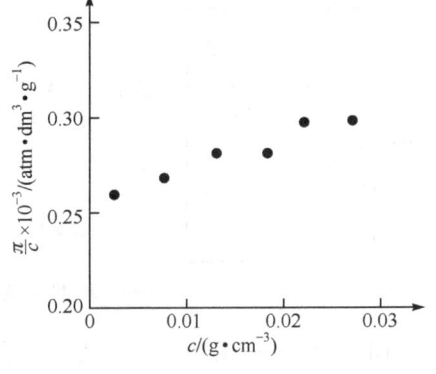

图 10-7 $\dfrac{\pi}{c}$-c 图

c/(g·dm^{-3})	2.02	2.58	3	4.42	5.64	6.26	7
π/(cm 溶剂柱)	2.11	2.88	3.49	5.54	7.55	8.70	10.15
π/c	1.04	1.12	1.16	1.25	1.34	1.39	1.45

答 (1) $\overline{M}_n = 4.51 \times 10^4$；(2) $A_2 = 1.91 \times 10^{-3}$ cm^3·mol·g^{-2}。

10-78 聚氯丁二烯（$\rho = 1.25$ g·cm^{-3}）的甲苯溶液（30 ℃）的渗透压数据如下：

$c \times 10^3$/(g·cm^{-3})	1.33	2.1	4.52	7.18	9.87
$\pi \times 10^3$/(g·cm^{-2})	0.3	0.51	1.32	2.46	3.9

从以上数据求：(1) 数均相对分子质量；(2) 第二维里系数；(3) χ_1 值。

答 (1) $\overline{M}_n = 1.28 \times 10^5$；(2) $A_2 = 7.69 \times 10^{-4}$ cm^3·mol·g^{-2}；(3) $\chi_1 = 0.37$。

10-79 硝化纤维素于 295K 在 (A) 甲醇和 (B) 硝基苯中的渗透压（Pa 或 kg·m^{-1}·s^{-2}）

随浓度(kg·m^{-3})的变化如下：

(A)甲醇	$c/(\text{kg·m}^{-3})$	12.3	6.67	2.31	1.31	0.64
	π/Pa	628	236	62.8	33.3	15.7
(B)硝基苯	$c/(\text{kg·m}^{-3})$	15.7	10.1	5.12	2.43	1.18
	π/Pa	321	209	112	55.9	24.5

(1) 试写出 π-c 关系的维里表达式，指出利用上述数据求 $\overline{M}_n$ 的步骤；(2) 分别求出上述两种体系的 $\overline{M}_n$ 和 A_2；(3) 上述两种溶液的行为哪一种更接近理想溶液？为什么？

答 (1) $\dfrac{\pi}{c}=RT\left(\dfrac{1}{M}+A_2 c\right)$，以 $\dfrac{\pi}{c}$ 对 c 作图，外推到 $c\to 0$，从截距求得 $\overline{M}_n$，从斜率求得 A_2。

(2) (A)甲醇中 $\overline{M}_n=1.07\times 10^5$，$A_2=8.8\times 10^{-4}$ cm^3·mol·g^{-2}。(B)硝基苯中 $\overline{M}_n=1.07\times 10^5$，$A_2=-8.0\times 10^{-5}$ cm^3·mol·g^{-2}。

(3) 在硝基苯中的溶液更接近理想溶液，因为曲线斜率更小。

4. 需要考虑 A_3 的测定

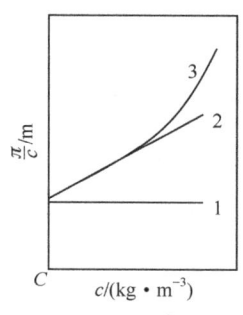

图 10-8 $\dfrac{\pi}{c}$-c 图

10-80 对于图 10-8 中某聚合物在三种溶剂中测得的 $\dfrac{\pi}{c}$-c 曲线，从它的热力学特征上可得到什么结论？

答 曲线 1 为 θ 溶剂；曲线 2 为 $A_2>0$ 的稀溶液；曲线 3 为溶液浓度较大，$A_3 c^2\neq 0$。

10-81 实验中有时发现以 $\dfrac{\pi}{c}$ 对 c 作图不呈线性而向上弯曲，尤其浓度较高时更为明显。如何校正这一偏差？

答 这是由于第三维里系数 $A_3\neq 0$，此时改用下式：$\left(\dfrac{\pi}{c}\right)^{1/2}_{c\to 0}=\left(\dfrac{RT}{\overline{M}_n}\right)^{1/2}\left(1+\dfrac{\Gamma_2}{2}c\right)$，式中，$\Gamma_2$ 也称第二维里系数。以 $\left(\dfrac{\pi}{c}\right)^{1/2}$ 对 c 作图可得直线，从截距求 $\overline{M}_n$。

10-82 说明下列各式的物理概念和实际意义：

(1) $\dfrac{\pi}{c}=RT\left(\dfrac{1}{M}+A_2 c\right)$；

(2) $\dfrac{\pi}{c}=RT\left[\dfrac{1}{M}+\left(\dfrac{1}{2}-\chi_1\right)\dfrac{c}{\widetilde{V}_1 \rho_p^2}+\dfrac{c}{3\rho_p^3 \widetilde{V}_1}+\cdots\right]$。

答 (1)是高分子的渗透压方程，在膜渗透压法中用于测数均相对分子质量和 A_2；(2)也是高分子的渗透压方程。在第三维里系数不等于零时，必须考虑第三项。此式除用于测数均相对分子质量外，还用于计算 χ_1。

10-83 一个聚异丁烯样品数均相对分子质量为 428 000，25 ℃在氯苯溶液中测得第二维里系数 $\Gamma_2=94.5$ cm^3·g^{-1}，已知 25 ℃氯苯的密度为 1.119 g·cm^{-3}，计算该聚合物的 7.0×10^{-6} mol·dm^{-3}氯苯溶液的渗透压(g·cm^{-3})。假定为理想溶液，渗透压又是多少？比较这两个值。

答 $c = 7.0 \times 10^{-6} \times 4.28 \times 10^5 / 10^3 = 2.996 \times 10^{-3} (\text{g} \cdot \text{cm}^{-3})$

$$\left(\frac{\pi}{c}\right)^{1/2} = \left(\frac{RT}{\overline{M}_n}\right)^{1/2} \left(1 + \frac{1}{2}\Gamma_2 c\right)$$

$$\pi = \frac{RTc}{\overline{M}_n}\left(1 + \frac{1}{2}\Gamma_2 c\right)^2 = \frac{8.48 \times 10^4 \times 298 \times 2.996 \times 10^{-3}}{4.28 \times 10^5} \times \left(1 + \frac{1}{2} \times 94.5 \times 2.996 \times 10^{-3}\right)^2$$

$$= 0.177 \times 1.303 = 0.231 (\text{g} \cdot \text{cm}^{-2}) = 22.7 \text{ (Pa)}$$

假定为理想溶液，$\pi = \frac{RTc}{\overline{M}_n} = 0.177 \text{ g} \cdot \text{cm}^{-2} = 17.4 \text{ Pa}$。可见为 1.3 倍，不可忽略。

10-84 聚异丁烯-环己烷体系于 298 K 时，测得不同浓度下的渗透压数据如下：

$c \times 10^{-2}/(\text{kg} \cdot \text{m}^{-3})$	20.4	20.0	15.0	10.2	10.0	7.6	5.1
π/Pa	1060	1037	561.5	251.9	237.2	141.1	67.6

(1) 试用 $\frac{\pi}{c}$-c 与 $\left(\frac{\pi}{c}\right)^{1/2}$-$c$ 两种作图法分别画出曲线，并比较哪种曲线的线性好，为什么？

(2) 试由曲线的线性部分斜率求出 A_2 和 A_3。

答 计算 $\frac{\pi}{c}$ 与 $\left(\frac{\pi}{c}\right)^{1/2}$ 的值，数据整理如下：

$\frac{\pi}{c}/\text{m}$	5.30	5.29	3.82	2.52	2.42	1.89	1.35
$\left(\frac{\pi}{c}\right)^{1/2}/\text{m}^{1/2}$	2.300	2.300	1.954	1.587	1.555	1.376	1.163

分别作出 $\frac{\pi}{c}$-c 与 $\left(\frac{\pi}{c}\right)^{1/2}$-$c$ 图，如图 10-9 所示。

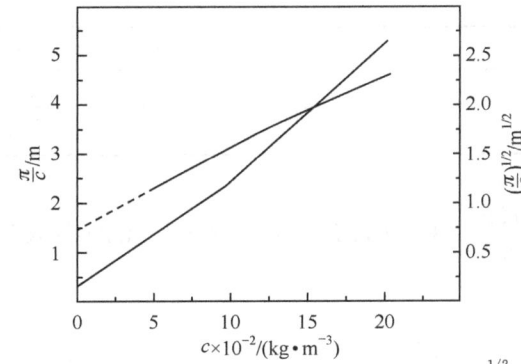

图 10-9 聚异丁烯-环己烷体系的 $\frac{\pi}{c}$-c 与 $\left(\frac{\pi}{c}\right)^{1/2}$-$c$ 图

在 $\frac{\pi}{c}$-c 曲线上，截距 $\left(\frac{\pi}{c}\right)_{c \to 0} = \frac{RT}{\overline{M}_n} \approx 0.3 \text{ m}$，斜率 $RTA_2 = 0.2 \text{ m}^4 \cdot \text{kg}^{-1}$，所以

$$\overline{M}_n = \frac{8.31 \times 298}{0.3 \times 9.8 \times 10^{-3}} = 8.15 \times 10^5$$

$$A_2 = \frac{(\pi/c)/c}{RT} = \frac{0.2 \times 9.8}{8.31 \times 298} = 7.9 \times 10^{-4} (\text{cm}^3 \cdot \text{mol} \cdot \text{g}^{-2})$$

在 $\left(\frac{\pi}{c}\right)^{1/2}$-$c$ 曲线上，截距 $\left(\frac{\pi}{c}\right)^{1/2}_{c \to 0} = \left(\frac{RT}{\overline{M}_n}\right)^{1/2} \approx 0.7 \text{ m}$，斜率 $(RT)^{1/2}\frac{\Gamma_2}{2} \approx 0.08 \text{ m}^{7/2} \cdot \text{kg}^{-1}$，

所以
$$\overline{M}_n = \frac{8.31 \times 298}{0.7^2 \times 9.8 \times 10^{-3}} = 5.16 \times 10^5$$

$$A_2 = \frac{2 \times 斜率}{(RT\overline{M}_n)^{1/2}} = \frac{2 \times 0.08 \times 10^6}{\left(8.31 \times \frac{1}{9.8} \times 298 \times 5.16 \times 10^5 \times 10^{-3}\right)^{1/2} \times 10^6} = 4.43 \times 10^{-4} (\text{cm}^3 \cdot \text{mol} \cdot \text{g}^{-2})$$

$$A_3 = \frac{\Gamma_3}{\overline{M}_n} = \frac{\frac{1}{4}\Gamma_2^2}{\overline{M}_n} = \frac{\frac{1}{4}A_2^2 \overline{M}_n^2}{\overline{M}_n} = \frac{1}{4}A_2^2 \overline{M}_n$$

$$= \frac{1}{4} \times (4.43 \times 10^{-4})^2 \times 5.16 \times 10^5 = 2.53 \times 10^{-2} (\text{cm}^6 \cdot \text{mol} \cdot \text{g}^{-3})$$

10-85 在 298 K 下从 PS 的甲苯溶液的渗透压测定得到以下结果。已知 PS 的比体积 $\overline{V} = 0.9259 \text{ cm}^3 \cdot \text{g}^{-1}$，$V_1 = M_1/\rho_1$，$M_1$、$\rho_1$ 分别为甲苯的相对分子质量和密度。求 $\overline{M}_n$ 和 χ_1。

$c/(\times 10^{-3} \text{g} \cdot \text{cm}^{-3})$	1.55	2.56	2.93	3.8	5.38	7.8	8.68
$\pi/(\text{g} \cdot \text{cm}^{-2})$	0.16	0.28	0.32	0.47	0.77	1.36	1.6

答
$$\frac{\pi}{c} = \frac{RT}{M} + RT\left(\frac{\overline{V}^2}{V_1}\right)\left(\frac{1}{2} - \chi_1\right)c + RT\left(\frac{\overline{V}^3}{3V_1}\right)c^2 + \cdots$$

$$\frac{\pi}{c} - RT\left(\frac{\overline{V}^3}{3V_1}\right)c^2 = \frac{RT}{M} + RT\left(\frac{\overline{V}^2}{V_1}\right)\left(\frac{1}{2} - \chi_1\right)c$$

以 $\left[\frac{\pi}{c} - RT\left(\frac{\overline{V}^3}{3V_1}\right)c^2\right]$ 对 c 作图，从截距求 $\overline{M}_n$，从斜率求 χ_1。$V_1 = \frac{92.14}{0.867} = 106.3 (\text{cm}^3 \cdot \text{mol}^{-1})$，$R = 8.48 \times 10^4 \text{ g} \cdot \text{cm} \cdot \text{mol}^{-1} \cdot \text{K}^{-1}$，数据整理如下：

$c/(\times 10^{-3} \text{g} \cdot \text{cm}^{-3})$	1.55	2.56	2.93	3.8	5.38	7.8	8.68
$\frac{\pi}{c} - RT\left(\frac{\overline{V}^3}{3V_1}\right)c^2$	103.1	109.0	108.7	122.8	141.3	170.5	179.6

从图 10-10 中得截距 $\frac{RT}{M} = 80.36$，$\overline{M}_n = 3.14 \times 10^5$；得斜率 $RT\left(\frac{\overline{V}^2}{V_1}\right)\left(\frac{1}{2} - \chi_1\right) = 1.39 \times 10^4$，$\chi_1 = 0.44$。

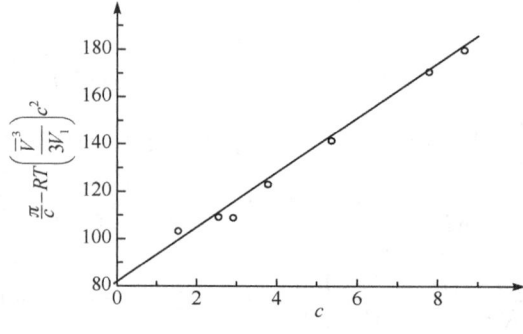

图 10-10 $\left[\frac{\pi}{c} - RT\left(\frac{\overline{V}^3}{3V_1}\right)c^2\right]$-$c$ 图

10.2.4 气相渗透压法

10-86 简述用气相渗透压法(VPO)测定相对分子质量的原理。

答 将溶液滴和溶剂滴同时悬吊在恒温 T_0 的纯溶剂的饱和蒸气气氛下,蒸气相中的溶剂分子将向溶液滴凝聚,同时放出凝聚热;将溶液滴的温度升至 T,经过一定时间后两液滴达到定态,即存在稳定的温差 $\Delta T = T - T_0$,ΔT 被转换成电信号 ΔG,而 ΔG 与溶液中溶质的摩尔分数成正比,$\frac{\Delta G}{c} = K\left(\frac{1}{M_n} + A_2 c + \cdots\right)$,$\left(\frac{\Delta G}{c}\right)_{c \to 0} = \frac{K}{M_n}$。

10-87 简述气相渗透压法的相对分子质量测定范围、相对分子质量统计类型,并说明是绝对方法还是相对方法。

答 测定上限是 3×10^4,相对分子质量太高时温差太小,难以测定。这是依数性的方法,得到的是数均相对分子质量。气相渗透压法是相对方法,公式中常数 K 需要校正。

10-88 气相渗透压法与其他测定聚合物数均相对分子质量的方法相比有哪些优缺点?

答 优点是样品用量少,测定速度快,可连续测定,测定温度范围广,尤其能测较低相对分子质量的样品,弥补了膜渗透压法的不足。缺点是 K 值与相对分子质量仍有一定关系,用低相对分子质量标准样品测得的 K 值用于高分子测定有较大误差。

10-89 气相渗透压法能否用于测定水溶液中聚合物的相对分子质量?

答 不能,因为水能电离,使质点数增多,所以表观相对分子质量将小于真实值。

10-90 气相渗透压法的校正常数 K 怎样测定?

答 用已知相对分子质量的标样标定。常用的标样有:偶氮苯(182.23)、联苯甲酰(210.22)、三十烷(451)、八乙酰蔗糖(678.6)等。

10-91 哪些因素和条件影响仪器常数 K 值?

答 溶剂种类、测试温度、电桥电压、仪器结构等。

10-92 用气相渗透仪测定某聚苯乙烯试样的相对分子质量、溶液浓度(c)和电桥不平衡信号(ΔG)数据如下。用已知相对分子质量的标样测得仪器常数 $K_s = 23.25 \times 10^3$,求此聚苯乙烯的相对分子质量。

$c/(\text{g} \cdot \text{kg}^{-1})$	36.47	65.27	81.08	111.76
ΔG	657.6	1187.7	1456.0	2021.3

答 $\frac{\Delta G}{c} = K_s \left[\frac{1}{M_n} + A_{2(\text{VPO})} c\right]$,数据整理如下:

$c/(\text{g} \cdot \text{kg}^{-1})$	36.47	65.27	81.08	111.76
$\Delta G/c$	18.03	18.19	17.95	18.09

作 $\frac{\Delta G}{c}$-c 图(图 10-11),外推到 $c \to 0$,得截距 $= 18$,即 $\frac{K_s}{M_n} = 18$,所以 $\overline{M_n} = \frac{K_s}{18} = \frac{23.25 \times 10^3}{18} = 1.29 \times 10^3$。

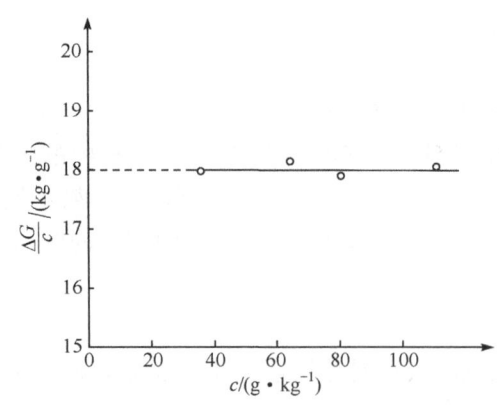

图 10-11 聚苯乙烯试样的 $\dfrac{\Delta G}{c}$-c 图

10-93 某聚酯试样用端基分析法测定其相对分子质量。已知样品质量为 2.58×10^{-4} kg，消耗 0.0355 mol·dm^{-3} KOH 溶液 5.24×10^{-7} m^3，求其数均相对分子质量。若用气相渗透压法测得其 $\overline{M_n}=28\,000$，发现与上述端基分析法的结果不同，解释原因，并推断该聚酯的分子结构特点。

答 1.39×10^4，是 VPO 法测定值的一半，说明该聚酯的两端都是羧基。

10-94 用联苯甲酰 $(C_6H_5CO)_2$ 校正气相渗透仪，结果如下：

样品	c	ΔR	样品	c	ΔR
联苯甲酰	20.0	1.00	聚合物	10.0	0.080
	40.0	2.10		20.0	0.170
	60.0	3.20		30.0	0.270

其中，c 的单位为每千克溶剂的溶质质量（g·kg^{-1}），电阻变化 ΔR 的单位任意。计算上述聚合物的数均相对分子质量。

答 $\dfrac{\Delta R}{c}=K\left(\dfrac{1}{M}+A_2c\right)$，用联苯甲酰的数据以 $\dfrac{\Delta R}{c}$ 对 c 作图，外推到 $c\rightarrow 0$，在截距中代入联苯甲酰的相对分子质量 210.22，求得 $K=10.16$。用聚合物的数据以 $\dfrac{\Delta R}{c}$ 对 c 作图，外推到 $c\rightarrow 0$，从斜率求得 $A_2=8.333\times 10^{-5}$ cm^3·mol·g^{-2}，从截距求得 $\overline{M_n}=1355$。

10.3 重均相对分子质量与 Z 均相对分子质量的测定

10.3.1 光散射法

10-95 写出光散射法测定聚合物相对分子质量时所依据的计算式，并指出各物理意义。

答 $\dfrac{1+\cos^2\theta}{2}\dfrac{Kc}{R_\theta}=\dfrac{1}{M}\left(1+\dfrac{8\pi^2}{9\lambda'^2}\overline{h^2}\sin\dfrac{\theta}{2}\right)+2A_2c$，式中，$R_\theta$ 为 Rayleigh 比，$R_\theta=r^2\dfrac{I(r,\theta)}{I_0}$，$r$ 为观察点离散射中心的距离，θ 为散射角，$I(r,\theta)$ 为在 r,θ 处的光强度，I_0 为入射光强度，λ' 为空气中的入射光波长，c 为浓度，A_2 为第二维里系数，$\overline{h^2}$ 为均方末端距，M 为相对分子质量，K 为常数。

进一步，$K=\dfrac{4\pi^2}{N_A\lambda^4}n^2\left(\dfrac{\partial n}{\partial c}\right)^2$，式中，$N_A$ 为 Avogadro 常量，n 为溶液折射率，$\dfrac{\partial n}{\partial c}$ 为溶液折射率随浓度的变化。

10-96 对于一个新的聚合物溶液进行光散射测定时，如果 dn/dc 值从文献中查不到，请设计一个实验求得。

答 配制一系列不同浓度的溶液，测定折射率 n，以 n 对 c 作图，斜率为 dn/dc。

10-97 证明光散射法测定的是重均相对分子质量。

证　$(R_{90})_{c \to 0} = K' \sum c_i M_i = Kc \dfrac{\sum c_i M_i}{\sum c_i} = Kc \dfrac{\sum n_i M_i^2}{\sum n_i M_i} = Kc \overline{M_\mathrm{w}}$。

10-98　与膜渗透压法、气相渗透压法、端基分析法、沸点升高、冰点下降法相比，光散射法有什么突出的特点？

答　光散射法测得的是重均相对分子质量，而所提的其他方法测得的是数均相对分子质量。光散射法测定的相对分子质量上限是 10^7，高于所提的其他方法（膜渗透压法的上限是 10^6，其余最高为数万）。

10-99　用光散射法和渗透压法测定某聚合物相对分子质量所得结果相等，这一结果合理吗？为什么？

答　除非是单分散的蛋白质、DNA 等天然高分子，一般的聚合物的 $\overline{M_\mathrm{w}}$（光散射法）和 $\overline{M_\mathrm{n}}$（渗透压法）不可能相等，$\overline{M_\mathrm{w}}$ 总是大于 $\overline{M_\mathrm{n}}$。

10-100　某聚合物从 θ 溶液中的渗透压数据计算出相对分子质量为 10 000，而在良溶剂中用光散射测得的相对分子质量为 30 000，为什么会有这个差别？如果渗透压测定也是在良溶剂中进行，此差别是大些还是小些？

答　光散射法测得的是重均相对分子质量，渗透压法测得的是数均相对分子质量，显然 $\overline{M_\mathrm{w}} > \overline{M_\mathrm{n}}$。如果渗透压测定也是在良溶剂中进行，此差别不变。

10-101　从光散射测量的数据可以得到 A_2，定性地说明为什么光散射与渗透现象有关。

答　可以认为溶质浓度局部涨落表示一种平衡，此时由于无规分子运动建立了一个浓度梯度，正与渗透压梯度相反，是趋向于恢复体系的均一性。对任何给定的浓度梯度，渗透力随溶质分子大小的增加（相应数目就减少）而变小，浓度涨落的程度随溶质相对分子质量增加而增加。渗透压和涨落现象间的这一密切相关的关系使光散射的浓度依赖性可用于估算 A_2。

10-102　光散射方程中的 A_2 与渗透压方程中的 A_2 有什么关系？说明其物理意义。

答　光散射方程中的 A_2 与渗透压方程中的 A_2 数值相等，而且有相同的物理意义。散射光强度取决于浓度的局部涨落的大小，而渗透压的作用抑制了浓度的涨落，实际上，散射光强度随渗透压的浓度梯度的增加而减少。

10-103　灰尘污染对光散射实验有非常大的影响。用光散射法测定相对分子质量时，下列哪一种情况得到的表观相对分子质量较高？（1）无尘系统；（2）存在尘粒的系统。

答　（2）较高。

10-104　什么是 Zimm 图？

答　测定不同浓度和不同角度下的 Rayleigh 比，以 $\dfrac{1+\cos^2\theta}{2}\dfrac{Kc}{R_\theta}$ 对 $\sin^2\dfrac{\theta}{2}+qc$（$q$ 为任意常数）作图，将两个变量 c 和 θ 均外推至零，从截距求 $\overline{M_\mathrm{w}}$，从斜率求 $\overline{h^2}$ 和 A_2。这种方法称为 Zimm 作图法。

10-105　在光散射法测定中，使用 Zimm 作图法有什么目的？

答　为了在一张图上能同时进行 c 和 θ 的外推。

10-106　聚苯乙烯试样在 25 ℃ 的丁酮溶液中的分子尺寸小于 $\lambda/20$，无内干涉效应。以苯为标准 $[I_{90(苯)}=15, R_{90(苯)}=4.85\times 10^{-3}\ \mathrm{cm}^{-1}]$ 进行光散射测定，数据如下：

$c\times 10^3/(\text{g}\cdot\text{cm}^{-3})$	0.7	1.4	2.2	2.9
I_{90}(相对标度)	24	37	46	52

若已知丁酮的折射率 $n_0=1.376$,溶液的折射率增量 $\mathrm{d}n/\mathrm{d}c=0.230\times 10^{-3}\,\text{m}^3\cdot\text{kg}^{-1}$,光源的波长 $\lambda=436\,\mu\text{m}$,试由以上数据计算 $\overline{M_\text{w}}$ 和 A_2。

答 $\dfrac{1+\cos^2\theta}{2}\dfrac{Kc}{R_\theta}=\dfrac{1}{\overline{M_\text{w}}}+2A_2c$,因为 $\theta=90°$,所以 $\dfrac{Kc}{2R_{90}}=\dfrac{1}{\overline{M_\text{w}}}+2A_2c$。

$$K=\dfrac{4\pi^2}{\lambda^4 N_\text{A}}n_0^2\left(\dfrac{\mathrm{d}n}{\mathrm{d}c}\right)^2=\dfrac{4\pi^2\times 1.376^2}{(436\times 10^{-9})^4\times 6.02\times 10^{23}}\times(0.230\times 10^{-3})^2$$
$$=1.818\times 10^{-4}\,(\text{m}^2\cdot\text{mol}\cdot\text{kg}^{-2})$$

$$R_{90}=\dfrac{I_{90}}{I_{90(\text{苯})}}R_{90(\text{苯})}=\dfrac{I_{90}}{15}\times 4.85\times 10^{-3}=3.23\times 10^{-4}I_{90}$$

计算各浓度下的 R_{90} 和 $Kc/(2R_{90})$ 值,数据整理如下:

$c\times 10^3/(\text{g}\cdot\text{cm}^{-3})$	0.7	1.4	2.2	2.9
$R_{90}\times 10^3/\text{m}^{-1}$	7.76	11.95	14.86	16.80
$\dfrac{Kc}{2R_{90}}\times 10^3/(\text{mol}\cdot\text{kg}^{-1})$	0.82	1.06	1.36	1.57

根据 $\dfrac{Kc}{2R_{90}}=\dfrac{1}{M}+2A_2c$,以 $\dfrac{Kc}{2R_{90}}$ 对 c 作图(图 10-12)。从图得截距 $\dfrac{1}{M}=5.6\times 10^{-3}$,$\overline{M_\text{w}}=\dfrac{10^3}{5.6\times 10^{-3}}=1.78\times 10^5$;斜率 $2A_2=3.5\times 10^{-3}$,$A_2=1.75\times 10^{-3}\,\text{cm}^3\cdot\text{mol}\cdot\text{g}^{-2}$。

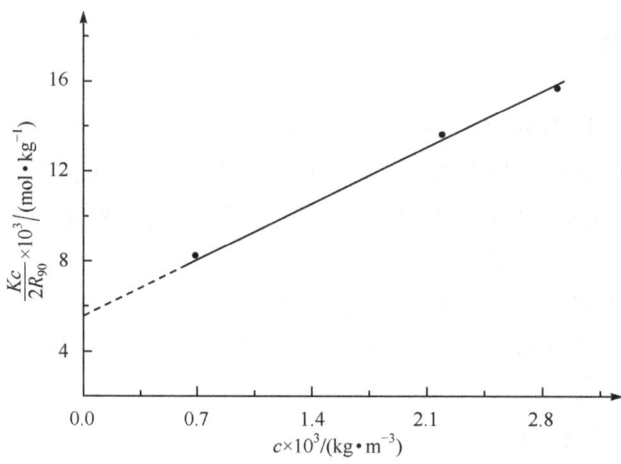

图 10-12 聚苯乙烯试样的 $\dfrac{Kc}{2R_{90}}$-c 图

10-107 某聚合物的一系列溶液在 298 K 下通过膜渗透压和光散射实验得到以下数据:

$c/(\text{kg}\cdot\text{m}^{-3})$	1.30	2.01	3.01	5.49	6.62
$\pi/(\text{mm 溶剂})$	7.08	11.5	17.1	33.2	41.1
$R_\theta\times 10^2/\text{m}^{-1}$	0.383	0.558	0.767	0.180	1.325

R_θ 在 90°下得到的，假定没有内干涉效应。已知 $\bar{n}_\theta=1.513$，$d\bar{n}/dc=1.11\times10^{-4}$ m$^3 \cdot$ kg^{-1}，$\lambda=4.358\times10^{-7}$ m，$N_A=6.023\times10^{23}$ mol^{-1}，$\rho=903$ kg $\cdot$ m^{-3}，$g=9.81$ m $\cdot$ s^{-2}，$R=8.314$ J $\cdot$ K$^{-1}\cdot$ mol^{-1}。计算 $\overline{M_w}$ 和 $\overline{M_n}$ 以及 $\overline{M_w}/\overline{M_n}$ 值。

答 $\dfrac{\pi}{c}=RT\left(\dfrac{1}{\overline{M_n}}+A_2 c\right)$，$\dfrac{\rho g h}{RTc}=\dfrac{1}{\overline{M_n}}+A_2 c$。

$$\dfrac{\rho g h}{RTc}=\dfrac{903\times 9.81\times h}{8.314\times 298\times c}=3.573\dfrac{h}{c}\ (\text{mol}\cdot\text{kg}^{-1})$$

$c/(\text{kg}\cdot\text{m}^{-3})$	1.30	2.01	3.01	5.49	6.62
$h\times 10^3/\text{m}$	7.08	11.5	17.1	33.2	41.1
$\dfrac{\rho g h}{RTc}/(\text{mol}\cdot\text{kg}^{-1})$	0.0195	0.0198	0.0203	0.0216	0.0222

以 $\dfrac{\rho g h}{RTc}$ 对 c 作图，截距 $\dfrac{1}{\overline{M_n}}=18.79\times10^{-6}$，$\overline{M_n}=5.32\times10^4$。

$\dfrac{Kc}{2R_{90}}=\dfrac{1}{\overline{M_w}}+2A_2 c$，$K=\dfrac{4\pi^2}{N_A\lambda^4}n_0^2\left(\dfrac{\partial n}{\partial c}\right)^2=\dfrac{4\pi^2\times 1.513^2\times(1.11\times10^{-4})^2}{6.023\times10^{23}\times(4.358\times10^{-7})^4}=5.125\times10^{-5}$。

$c/(\text{kg}\cdot\text{m}^{-3})$	1.30	2.01	3.01	5.49	6.62
$\dfrac{Kc}{2R_{90}}\times 10^3/(\text{mol}\cdot\text{kg}^{-1})$	8.70	9.23	10.06	11.92	12.80

以 $\dfrac{Kc}{2R_{90}}$ 对 c 作图，截距 $\dfrac{1}{\overline{M_w}}=7.70\times10^{-6}$，$\overline{M_w}=1.30\times10^5$。$\dfrac{\overline{M_w}}{\overline{M_n}}=2.44$。

10-108 对一系列 PS 的苯溶液在 25 ℃下用光散射仪测得检测器在不同角度 θ 的 $R_\theta\times 10$(m^{-1}) 值如下。计算 PS 的 $\overline{M_w}$ 和根均方末端距 $(\overline{h^2})^{1/2}$。

$c/(\text{kg}\cdot\text{m}^{-3})$ \ θ	30°	60°	90°	120°
2.00	108.9	71.6	53.2	61.8
1.50	95.1	63.2	45.5	52.0
1.00	75.7	49.0	34.8	39.6
0.50	45.1	28.6	19.7	22.2

在散射方程中 $\dfrac{K(1+\cos^2\theta)c}{R_\theta}=\dfrac{1}{\overline{M_w}}\left(1+K'\overline{h^2}\sin^2\dfrac{\theta}{2}\right)+2A_2 c$，$K=2\pi^2\overline{n_0^2}\left(\dfrac{dn}{dc}\right)^2\dfrac{1}{N_A\lambda^4}$，$K'=\dfrac{8\pi^2}{9\lambda^2}\overline{n_0^2}$，$\pi=3.1416$，苯的折射率 $\overline{n_0}=1.502$，$\dfrac{dn}{dc}=1.08\times10^{-4}$ m$^3\cdot$ kg^{-1}，$\lambda=546.1$ nm，$N_A=6.023\times10^{23}$ mol^{-1}。

答 $K=2\times 3.1416^2\times 1.502^2\times(1.08\times10^{-4})^2\times\dfrac{1}{6.023\times10^{23}\times(546.1\times10^{-9})^4}=9.696\times10^{-6}$，$K'=\dfrac{8\times 3.1416^2}{9\times(546.1\times10^{-9})^2}\times 1.502^2=6.637\times10^{13}$，令纵坐标 $Y=\dfrac{K(1+\cos^2\theta)c}{R_\theta}$，

横坐标为 $\sin^2\dfrac{\theta}{2}+10^{-1}c$，作图（图 10-13）。

$Y\times 10^6$	$\theta=30°$	$\theta=60°$	$\theta=90°$	$\theta=120°$
$c=2.00$	3.116	3.385	3.645	3.922
$c=1.50$	2.676	2.877	3.196	3.496
$c=1.00$	2.241	2.473	2.786	3.061
$c=0.50$	1.932	2.189	2.461	2.730

$\sin^2\dfrac{\theta}{2}+10^{-1}c$	$\theta=30°$	$\theta=60°$	$\theta=90°$	$\theta=120°$
$c=2.00$	0.267	0.45	0.70	0.95
$c=1.50$	0.217	0.40	0.65	0.90
$c=1.00$	0.167	0.35	0.60	0.85
$c=0.50$	0.117	0.30	0.55	0.80

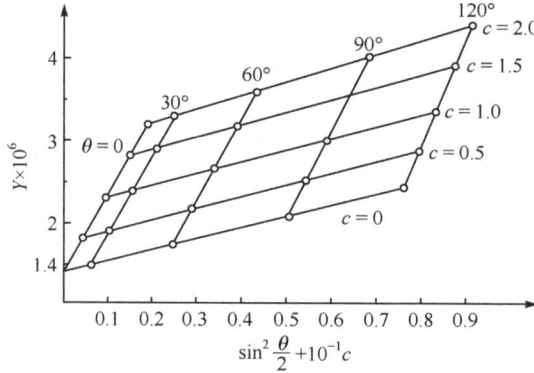

图 10-13　$(Y\times 10^6)\text{-}\left(\sin^2\dfrac{\theta}{2}+10^{-1}c\right)$ 图

$c=0$ 的直线是由外推至 $c=0$ 时用下列 $\sin^2\dfrac{\theta}{2}$ 值的点连接而成的：

θ	30°	60°	90°	120°
$\sin^2\dfrac{\theta}{2}$	0.067	0.25	0.5	0.75

$\theta=0$ 的直线是由外推至 $\theta=0$ 时用下列 $10^{-1}c$ 值的点连接而成的：

c	2.00	1.50	1.00	0.50
$10^{-1}c$	0.20	0.15	0.10	0.05

因为 $(Y)_{\substack{\theta\to 0\\ c\to 0}}=1/\overline{M_\mathrm{w}}=1.4\times 10^{-6}$，所以 $\overline{M_\mathrm{w}}=7.1\times 10^5$。

$c=0$ 直线的斜率为 $\frac{1}{\overline{M_w}}K'\overline{h^2}$，$\frac{1}{\overline{M_w}}K'\overline{h^2}=\frac{(2.33-1.47)\times10^{-6}}{0.75-0.067}=1.26\times10^{-6}$，$\overline{h^2}=\frac{1.26\times10^{-6}}{6.637\times10^{13}}\times7.1\times10^5=1.35\times10^{-14}$，$(\overline{h^2})^{1/2}=116.1$ nm。

10-109 某聚甲基丙烯酸甲酯样品在丁酮溶剂中，在不同浓度和不同散射角度下测定的光散射数据如下，试计算聚合物的 $\overline{M_w}$、A_2 和 $\overline{h^2}$（已知：$\lambda=546$ nm，$dn/dc=0.112$ cm$^3\cdot$g^{-1}，$n=1.3856$）。

$c/(\text{g}\cdot\text{cm}^{-3})$	$[R(\theta)/(1+\cos^2\theta)]\times10^4$			
	$\theta=30°$	$\theta=60°$	$\theta=90°$	$\theta=120°$
0.000 60	0.890	0.695	0.537	0.443
0.001 08	1.295	1.040	0.845	0.710
0.001 47	1.555	1.300	1.065	0.911
0.001 80	1.665	1.427	1.177	1.029
0.002 08	1.770	1.525	1.295	1.138

答 以 $\frac{K'c}{R_\theta}\times10^{-4}$ 对 $\sin^2\frac{\theta}{2}+100c$ 作图（Zimm 图），在此图上作 $\theta\to0$ 和 $c\to0$ 双向同时外推，两条直线交纵坐标轴于一点，得截距 $=9.625\times10^{-4}$，则 $\overline{M_w}=1.04\times10^6$。另由 $\theta\to0$ 线的斜率可求出 A_2，$c\to0$ 线的斜率可求出 $\overline{h^2}$。

10-110 醋酸纤维素的一个级分的丙酮溶液的光散射数据如下：

$c\times10^3/(\text{g}\cdot\text{cm}^{-3})$	$\frac{Kc}{R}\times10^7$		
	$\theta=30°$	$\theta=90°$	$\theta=135°$
0.86	19.2	76.5	74.0
0.43	16.2	69.8	70.5

对于丙酮 $n_0=1.36$，光源汞弧灯的波长 $\lambda=546.1$ nm（汞绿线）。作 Zimm 图，横坐标中 c 乘以 2000。求重均相对分子质量 $\overline{M_w}$、第二维里系数 A_2(cm$^3\cdot$mol$\cdot$g^{-2})和根均方旋转半径 $(\overline{s^2})^{1/2}$(nm)。

答 图略，得 $\overline{M_w}=6.90\times10^5$，$A_2=3.49\times10^{-4}$ cm$^3\cdot$mol$\cdot$g^{-2}，$(\overline{s^2})^{1/2}=13.1$ nm。

10.3.2 超速离心沉降法

10-111 简述超速离心沉降法的基本原理。

答 利用离心力的作用将分散体系中的分散质点逐渐沉降，质点越大，沉降速度越大。基于沉降速度与相对分子质量存在依赖性的原理测定聚合物相对分子质量及其分布。聚合物质点很小，需要超速离心机在很大的离心力场下才能观察到它们的沉降。超速离心机转速可达 1000 r$\cdot$s^{-1} 以上，得到几十万倍于重力的离心力，此时溶质在溶液中的扩散作用远远小于沉降作用，可利用沉降速度测定溶质的聚合物相对分子质量及其分布。

超速离心沉降法又分为沉降平衡法和沉降速度法，主要用于蛋白质等的测定。此法适用于相对分子质量为 $1\times10^4\sim2\times10^7$，能获得各种平均相对分子质量。

溶剂的密度要与聚合物有较大差别（以便沉降），溶剂的折射率差也要与聚合物有较大差别(以便测定)。

以沉降速度法为例,计算公式为 $M=\dfrac{RTS}{D(1-\bar{V}\rho)}$,式中,$S$ 为沉降系数,D 为扩散系数,$\bar{V}$ 为聚合物的比体积,ρ 为溶液的密度。$S=\dfrac{\ln(r_2/r_1)}{\omega^2(t_2-t_1)}$,式中,$r_1$ 和 r_2 分别为时间 t_1 和 t_2 时峰的位置。扩散系数 D 可根据高分子溶液的扩散实验求得。由于 S 和 D 都有浓度依赖性,需要外推到浓度为零,最好选择 θ 溶剂。

10-112 血红素在水中的沉降系数 S 和扩散系数 D 校正到 293 K 下的值分别为 4.41×10^{-13} s 和 6.3×10^{-7} m²·s⁻¹,在 293 K 时的比体积为 0.749×10^{-3} m³·kg⁻¹,水的密度为 0.998×10^{3} kg·m⁻³。试求此血红素的相对分子质量。若 17 kg 血红素才含 10^{-3} kg 铁,则 1 mol 血红素分子含多少摩铁原子?

答 $M=\dfrac{RTS}{D(1-\bar{V}\rho)}=\dfrac{8.31\times293\times4.41\times10^{-13}\times10^{3}}{6.3\times10^{-7}\times(1-0.749\times10^{-3}\times0.998\times10^{3})}=6.75$

$n_{Fe}=\dfrac{6.75\times10^{-3}}{17}=3.86\times10^{-4}$ (mol)

10-113 已知某生物大分子在 293 K 的给定溶剂(黏度 $\eta_0=3.22\times10^{-4}$ Pa·s)中为球状分子。用该聚合物质量 1 g,容积为 10^{-6} m³,测得其扩散系数为 8.00×10^{-10} m²·s⁻¹。求此聚合物的相对分子质量。

答 设生物大分子的比体积为 $\bar{V}$,球状分子的半径为 R,则 $\bar{M}=\dfrac{4}{3}\pi R^3 N_A/\bar{V}$,式中,$\bar{V}=\dfrac{10^{-6}}{10^{-3}}=10^{-3}$ (m³·kg⁻¹)。由 Einstein 扩散定律 $D=\dfrac{kT}{f}$,式中,k 为 Boltzmann 常量,D、f 分别为扩散系数、摩擦系数。由 Stock 定律 $f=6\pi\eta_0 R$,式中,η_0 为溶剂黏度。所以

$R=\dfrac{kT}{6\pi\eta_0 D}=\dfrac{1.38\times10^{-23}\times293}{6\pi\times3.22\times10^{-4}\times8.00\times10^{-10}}=8.3\times10^{-10}$ (m)

$\bar{M}=\dfrac{4}{3}\pi R^3 N_A/\bar{V}=\dfrac{4}{3}\pi\times(8.3\times10^{-10})^3\times6.02\times10^{23}/(1\times10^{-6})=1.44\times10^{3}$

10.4 黏均相对分子质量的测定

10.4.1 黏度法测相对分子质量

1. 基本原理

10-114 试述溶液黏度法测定聚合物黏均相对分子质量的原理与方法。

答 利用毛细管黏度计通过测定高分子稀溶液的相对黏度,求得高分子的特性黏数,然后利用特性黏数与相对分子质量的关系式计算聚合物的黏均相对分子质量。

10-115 表示高分子溶液的黏度有哪些参数?

答 相对黏度 $\eta_r=\dfrac{\eta}{\eta_0}\approx\dfrac{t}{t_0}$。增比黏度 $\eta_{sp}=\eta_r-1\approx\dfrac{t-t_0}{t_0}$。比浓黏度 $\left(\dfrac{\eta_{sp}}{c}\right)$。比浓对数黏度 $\dfrac{\ln\eta_r}{c}$。特性黏数(旧称特性黏度或极限黏度) $[\eta]=\left(\dfrac{\eta_{sp}}{c}\right)_{c\to0}=\left(\dfrac{\ln\eta_r}{c}\right)_{c\to0}$。

10-116 如何求得高分子溶液的特性黏数?

答 利用外推法求特性黏数。采用的黏度-浓度关系式有：Huggins 方程 $\frac{\eta_{sp}}{c}=[\eta]+k[\eta]^2c$，Kraemer 方程 $\frac{\ln\eta_r}{c}=[\eta]-\beta[\eta]^2c$，式中，$k+\beta=\frac{1}{2}$。

10-117 特性黏数$[\eta]$与相对分子质量有什么关系？特性黏数还与高分子的什么参数有关？

答 $[\eta]$与相对分子质量的关系式多采用 Mark-Houwink 方程（MH 方程），又称 Mark-Houwink-Sakurada 方程（MHS 方程），$[\eta]=KM^a$。在良溶剂中，$0.5<a<0.9$；在 θ 溶剂中，$a=0.5$；对于刚棒高分子，$a=2$；对于紧密球，$[\eta]$与 M 无关。$[\eta]$除与相对分子质量有关外，还与分子形态、高分子与溶剂相互作用能有关，因而可用来求$\overline{h_0^2}$和溶胀因子 α。

10-118 如果分子以下列形状表示，特性黏数与高分子的相对分子质量将是什么关系？
(1) 一个紧密球；(2) 在 θ 溶剂中的自由穿透无规线团；(3) 在 θ 溶剂中的不透性线团。

答 (1) 对紧密球，$[\eta]$与 M 无关；(2) $[\eta]\propto M$；(3) $[\eta]\propto M^{1/2}$。

10-119 Mark-Houwink 方程中 a 为下列数值时，高分子的形态如何？
(1) 0.5；(2) 0.8；(3) 2。

答 (1) 紧缩的线团；(2) 舒展的无规线团；(3) 刚性分子的伸直链。

10-120 证明黏度法测得的是黏均相对分子质量。

证
$$\left(\frac{\eta_{sp}}{c}\right)_{c\to 0}=KM^a$$

$$(\eta_{sp})_{c\to 0}=KcM^a=K\sum c_iM_i^a=Kc\sum \frac{c_i}{c}M_i^a$$

$$=Kc\sum w_iM_i^a=Kc\frac{\sum n_iM_i^{a+1}}{\sum n_iM_i}=Kc\overline{M_v}^a$$

10-121 用黏度法测聚合物相对分子质量只是一种间接方法，为什么？

答 因为从$[\eta]$求取相对分子质量的关系式（Mark-Houwink 方程）的常数 K 和 a 都是必须预先通过实验订定。订定时需要相对分子质量标准样品，而标准样品的相对分子质量要用其他绝对方法确定。

10-122 应用 Mark-Houwink 方程时要注意什么？不同方法订定 Mark-Houwink 方程中常数 K、a 对相对分子质量有什么影响？

答 应用 Mark-Houwink 方程时要注意测定条件（温度、溶剂、相对分子质量适用范围）与所用的 K、a 订定时的条件相同。如果订定时标样分布较宽，且标样用$\overline{M_n}$方法测定，则黏度法的结果接近$\overline{M_n}$。如果标样用$\overline{M_w}$方法测定，则黏度法的结果接近$\overline{M_w}$。由于$\overline{M_v}$更接近$\overline{M_w}$，所以应用$\overline{M_w}$方法测标样的相对分子质量较好。

10-123 为什么黏度法测定聚合物的相对分子质量不能太高也不能太低？

答 黏度法测定聚合物相对分子质量的范围为$2\times 10^4\sim 1\times 10^6$。相对分子质量太低时由于偏离直线关系，应用 Mark-Houwink 方程误差较大。相对分子质量太高时高分子溶液黏度太大，滞后残留在毛细管壁上的高分子增多，测量误差较大。

10-124 与其他测定相对分子质量的方法相比，黏度法有什么优缺点？

答 优点：①设备简单，只需黏度计，其他都是实验室常用设备。②操作方便，尤其是乌氏黏度计，配制一个溶液就可以测五个点。③精确度较好，η_{sp}的准确度为 $0.2\%\sim 1\%$。④适用

于 $2\times10^4 \sim 1\times10^6$ 的较宽范围,适用于较高相对分子质量的测定。

缺点:①只是一种相对的方法,只有在已知 K、a 值的情况下才可使用,测定结果的统计意义与 K、a 值来源有关。②由于黏度对温度依赖性较大,必须在严格的恒温条件下测定。③聚合物的支化降低了 $[\eta]$,从而影响了相对分子质量测定的准确性。例如,聚乙酸乙烯酯是支化较大的一种聚合物,测定会受到影响。

2. 黏度计与实验要点

10-125 在测定高分子特性黏数时,常用奥氏黏度计和乌氏黏度计两种毛细管黏度计(图 10-14),这两种毛细管黏度计的性能有什么不同?

答 奥氏黏度计必须固定液体体积,因此每次只能测一个浓度的溶液。乌氏黏度计多了一根支管,支管通大气时,液体的流出时间与大球中液体体积无关,因此可以在黏度计中将溶液逐渐稀释,测定不同浓度的黏度而不必更换溶液。

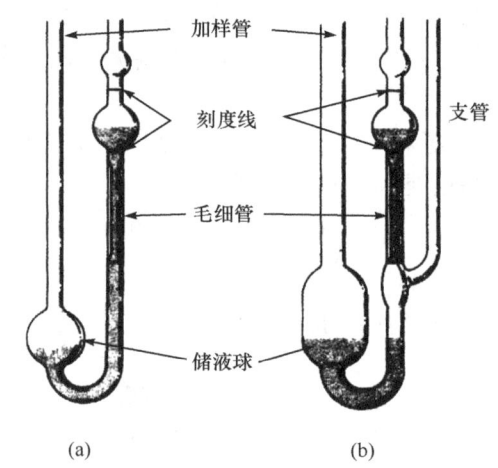

图 10-14 高分子溶液黏度的测定中常用的两种毛细管黏度计
(a) 奥氏黏度计;(b) 乌氏黏度计

10-126 乌氏黏度计的支管有什么作用?没有它是否可以进行黏度测定?

答 有支管时,开放支管,储液球内液体下降,毛细管内液体为气承悬液柱,液体流出毛细管时沿管壁流下,避免产生湍流的可能。同时毛细管内的流动压力与加样管中液面高度无关,从而可以改变浓度进行测定,因而乌氏黏度计又称稀释黏度计。此外其倾斜误差也比没有支管时要小。没有支管时成为奥氏黏度计,虽可进行黏度测定,但每次测定,溶液体积必须严格相同。

10-127 黏度法测定过程中如何保证浓度准确?

答 ①聚合物样品要用分析天平准确称量,过滤时必须注意充分洗涤,保证溶质在滤液内(注:必须用熔砂漏斗过滤,不能用滤纸过滤,以免滤纸纤维进入毛细管后影响流速),更精确的测定必须用失重法(蒸发溶剂)测定配好的聚合物溶液的浓度。②必须用移液管准确移入一定体积的溶液。每次稀释溶液时都要使溶液混合均匀(将液体反复压入大球和上面的储液球进行洗涤混合)。③测定时要抓紧时间,测定时间太长,溶剂少量蒸发而使浓度发生改变。④最好不要用吸气的办法吸上液体,因为压力减小会促使溶剂挥发从而引起浓度的变化,可以采用对大球压气的办法。

10-128 黏度计在什么情况下需要动能校正?如何校正?

答 当黏度计流速在 100 s 以下时,必须考虑动能校正。从 Poiseuille 定律出发,可导出

校正式 $\dfrac{\eta}{\rho}=At-\dfrac{B}{t}$,式中,$A$ 和 B 为常数。

利用两个已知密度 ρ 和黏度 η 的纯溶剂测定流出时间 t,联立以下两个方程求出 A 和 B:

$$\dfrac{\eta_1}{\rho_1}=At_1-\dfrac{B}{t_1} \qquad \dfrac{\eta_2}{\rho_2}=At_2-\dfrac{B}{t_2}$$

于是,可用以下公式计算相对黏度:$\eta_r=\dfrac{\rho(At-B/t)}{\rho_0(At_0-B/t_0)}$,式中,下标 0 为纯溶剂。

10-129 黏度法测定中,纯溶剂和溶液的流出时间以多少为宜?

答 纯溶剂的流出时间要超过 100 s,这样可以忽略动能校正,测量误差也较小。但流出时间太长也不好,会导致整个测定过程时间过长,溶液浓度发生改变。溶液的流出时间以 $\eta_r=1.1\sim 2$ 为佳。太浓的溶液 $\dfrac{\eta_{sp}}{c}-c$ 曲线呈现非线性,原因是高分子间相互作用明显;而太稀的溶液,时间测定的差值小,影响测定精度。

10-130 假如有一根奥氏黏度计,$R=2.00\times 10^{-2}$ cm,$L=11.0$ cm,$V=4.00$ cm^3,$h=16.0$ cm。在以下测定中未进行动能校正会带来多大的百分误差?(1)测定氯仿的绝对黏度,在 20 ℃下流出时间 170 s;(2)测定 PMMA 氯仿溶液的相对黏度,流动时间 230 s。

答 (1) 考虑动能校正 $\eta=\dfrac{\pi R^4 hg\rho t}{8LV}-\dfrac{\rho V}{8\pi Lt}$;不考虑动能校正 $\eta'=\dfrac{\pi R^4 hg\rho t}{8LV}$,氯仿绝对黏度的误差为 $\dfrac{\eta'-\eta}{\eta}=\dfrac{\dfrac{V}{\pi t}}{\dfrac{\pi R^4 hgt}{V}-\dfrac{V}{\pi t}}=\dfrac{V^2}{\pi^2 R^4 hgt^2-V^2}=2.29\%$。

(2) 考虑动能校正 $\eta_r=\dfrac{At-B/t}{At_0-B/t_0}$,$A=\dfrac{\pi R^4 hg}{8LV}=7.034\times 10^{-5}$ cm^2·s^2,$B=\dfrac{V}{8\pi L}=0.01447$ cm^2,$t=230$ s,$t_0=170$ s,$\eta_r=1.357$;不考虑动能校正 $\eta'_r=t/t_0=1.353$。所以 PMMA 溶液相对黏度的误差 $(\eta'_r-\eta_r)/\eta_r=-0.3\%$。

3. Mark-Houwink 方程的计算和参数订定

10-131 聚苯乙烯样品在甲苯中测得特性黏数 $[\eta]=0.405\times 10^2$ cm^3·g^{-1},已知在甲苯中聚苯乙烯的 $[\eta]$ 与相对分子质量有以下关系(浓度以 g·cm^{-3} 表示):$[\eta]=1.28\times 10^{-2}\overline{M_v}^{0.7}$,求此样品的相对分子质量。

答 $\overline{M_v}=\left(\dfrac{[\eta]}{1.28\times 10^{-2}}\right)^{1/0.7}=\left(\dfrac{0.405\times 100}{1.28\times 10^{-2}}\right)^{1/0.7}=1\times 10^5$

10-132 如果 Mark-Houwink 方程中的 K 和 a 分别为 1×10^{-2} cm^3·g^{-1} 和 0.5,高分子溶液的特性黏数为 150 cm^3·g^{-1},则聚合物的重均相对分子质量是多少?

答 $[\eta]=1\times 10^{-2}\overline{M_v}^{0.5}=150$,$\overline{M_v}=2.25\times 10^6$。

10-133 黏度法测定相对分子质量的关系式中,如何实验订定 K 及 a 值?

答 用黏度计测定若干已知的相对分子质量均一的标准样品(多分散系数接近1)的 $[\eta]$。将 $[\eta]=KM^a$ 两边取对数,得 $\log[\eta]=\log K+a\log M$。以 $\log[\eta]$ 对 $\log M$ 作图,求得 K 及 a 值。

10-134 某 PS 试样,经过精细分级后,得到 7 个组分,用渗透压法测定了各级分的相对分子质量,并在 30 ℃的苯溶液中测定了各级分的特性黏数,结果如下:

$\overline{M_n} \times 10^{-4}$	43.25	31.77	26.18	23.07	15.89	12.62	4.83
$[\eta]/(\text{cm}^3 \cdot \text{g}^{-1})$	147	117	101	92	70	59	29

根据上述数据求出 MH 方程 $[\eta]=KM^a$ 中的两个常数 K 和 a 值。

答 $\ln[\eta]=\ln K+a\ln M$，以 $\ln[\eta]$ 对 $\ln M$ 作图(图10-15)。

$\ln[\eta]$	4.99	4.76	4.62	4.52	4.25	4.08	3.37
$\ln M$	12.98	12.67	12.48	12.35	11.98	11.75	10.79

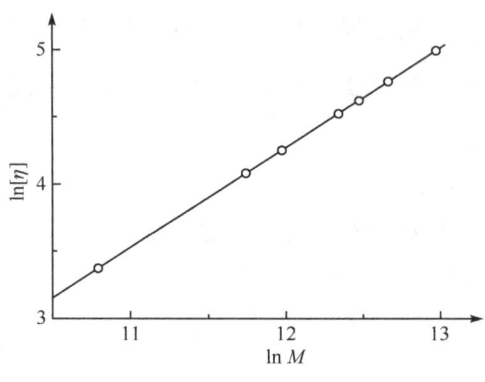

图 10-15 $\ln[\eta]$-$\ln M$ 图

从图 10-15 上求出斜率 $a=0.74$，截距 $K=0.99\times10^{-2}$(注意：要外推到 $\ln M=0$，而不是图 10-15 中看到的 $\ln M=10.5$)。

10-135 一系列单分散 PS 样品的相对分子质量用渗透压法测定，它们的特性黏数用乌氏黏度计在 30 ℃甲苯溶液中测定，结果如下，求 K 和 a 值。

M	76 000	135 000	163 000	336 000	440 000	556 000	850 000
$[\eta]/(\text{m}^3\cdot\text{kg}^{-1})$	0.038 2	0.059 2	0.069 6	0.105 4	0.129 2	0.165	0.221

答 作图(图略)，得 $K=1.05\times10^{-5}$，$a=0.73$。

10-136 PS 的二氯乙烷溶液(22 ℃)的光散射和特性黏数测定结果如下，求特性黏数-相对分子质量关系式中的常数。

$[\eta]/(\text{cm}^3\cdot\text{g}^{-1})$	260	278	142	138	12.2	4.05
$\overline{M_w}\times10^{-4}$	178	157	56.2	48	1.55	0.308

答 $\ln[\eta]=\ln K+a\ln M$，以 $\ln[\eta]$ 对 $\ln M$ 作图(图略)，得 $K=1.74\times10^{-2}$，$a=0.68$。

10-137 PS 的每个试样，35 ℃在丁酮中测定 $[\eta]$ 的数据如下，求 K 和 a 值。

$\overline{M_w}\times10^{-5}$	0.98	1.43	1.87	3.86	6.20	8.95
$[\eta]/(\text{cm}^3\cdot\text{g}^{-1})$	24.3	30.1	34.9	52.4	68.4	84.0

答 $\ln[\eta]=\ln K+a\ln M$，以 $\ln[\eta]$ 对 $\ln M$ 作图(图略)，得 $K=3.9\times10^{-2}$，$a=0.56$。

10-138 聚甲基丙烯酸正二十二烷基酯试样，分级后得到 11 个级分，并由光散射法测得

各级分的 $\overline{M_w}$。以 THF 为溶剂,30 ℃时再测其各级分的黏度,试由各级分的 $[\eta]$ 及 $\overline{M_w}$ 订定该样品在 THF 中 30 ℃时的 Mark-Houwink 方程中的 K 和 a 值。

$\overline{M_w} \times 10^{-4}$	135.0	114.0	70.8	53.1	45.8	31.5	26.0	22.8	14.7	10.3	5.68
$[\eta]/(\text{cm}^3 \cdot \text{g}^{-1})$	0.856	0.770	0.573	0.468	0.417	0.347	0.289	0.272	0.203	0.160	0.118

答 $\ln[\eta] = \ln K + a\ln M$,以 $\ln[\eta]$ 对 $\ln M$ 作图(图略),得 $K = 3.52 \times 10^{-5}$,$a = 0.72$。

10-139 有一个新合成的聚合物,测定其两种样品(A 和 B)的数据如下:

参数	溶剂	A 样	B 样
$\overline{M_n}$(渗透压)	丙酮(25 ℃)	8.50×10^4	未进行
A_2		0	
$[\eta] \times 10^{-2}/(\text{cm}^3 \cdot \text{g}^{-1})$	丙酮(25 ℃)	0.87	1.32
$[\eta] \times 10^{-2}/(\text{cm}^3 \cdot \text{g}^{-1})$	己烷(25 ℃)	1.25	2.05

试计算:(1) B 样的 $\overline{M_n}$;(2) 在丙酮和己烷中的 Mark-Houwink 参数。

答 (1) $\ln[\eta]_A = \ln K + a\ln M_A$,$\ln[\eta]_B = \ln K + a\ln M_B$,则

$$\ln M_B = \ln M_A - \frac{\ln[\eta]_A - \ln[\eta]_B}{a} = \ln(8.50 \times 10^4) - \frac{0.87 - 1.32}{0.5} = 12.25 \quad M_B = 2.09 \times 10^5$$

(2) 丙酮中 $A_2 = 0$,所以 $a = 0.5$。$\ln[\eta]_A = \ln K + a\ln M_A$,$\ln 0.87 = \ln K + 0.5 \times \ln(8.50 \times 10^4)$,则丙酮中 $K = 2.98 \times 10^{-3}$。已知己烷中两个样品的 $\overline{M_n}$ 和 $[\eta]$,代入 $\ln M_B = \ln M_A - \frac{\ln[\eta]_A - \ln[\eta]_B}{a}$,求得 $a = 0.550$,代入 Mark-Houwink 方程进一步得 $K = 2.43 \times 10^{-3}$。

注意:K 值的单位与 $[\eta]$ 的单位相关,因而使用 K 值时要注意单位。$[\eta]$ 常用的单位是 $\text{m}^3 \cdot \text{kg}^{-1}$(SI 制)和 $\text{cm}^3 \cdot \text{g}^{-1}$(厘米克秒制)。

4. 外推法计算

10-140 证明:Huggins 方程的常数 k 和 Kraemer 方程的常数 β 之和等于 $\frac{1}{2}$(提示:Huggins 方程为 $\frac{\eta_{sp}}{c} = [\eta] + k[\eta]^2 c$;Kraemer 方程为 $\frac{\ln \eta_r}{c} = [\eta] - \beta[\eta]^2 c$)。

证 若 $\eta_{sp} < 1$,$\ln \eta_r$ 可按 Taylor 级数展开,只取前两项,即 $\ln \eta_r \approx \ln(1 + \eta_{sp}) = \eta_{sp} - \frac{1}{2}\eta_{sp}^2$,所以 $\frac{\ln \eta_r}{c} = \frac{\eta_{sp}}{c} - \frac{c}{2}\left(\frac{\eta_{sp}}{c}\right)^2$。将 Huggins 方程 $\frac{\eta_{sp}}{c} = [\eta] + k[\eta]^2 c$ 代入得 $\frac{\ln \eta_r}{c} = [\eta] + k[\eta]^2 c - \frac{c}{2}\{[\eta] + k[\eta]^2 c\}^2$。舍去 c^2 的高次项,$\frac{\ln \eta_r}{c} = [\eta] - \left(\frac{1}{2} - k\right)[\eta]^2 c$。令 $\beta = \frac{1}{2} - k$,$\frac{\ln \eta_r}{c} = [\eta] - \beta[\eta]^2 c$,所以 $k + \beta = \frac{1}{2}$。

10-141 用黏度法测定某聚苯乙烯试样的相对分子质量,实验在苯溶液中 30 ℃进行。先称取 0.1375 g 试样,配制成 25 cm³ PS-苯溶液,用移液管移取 10 cm³ 此溶液注入黏度计中,测得流出时间 $t_1 = 241.6$ s,然后依次加入苯 5 cm³、5 cm³、10 cm³、10 cm³ 稀释,分别测得流出

时间 $t_2=189.7$ s、$t_3=166.0$ s、$t_4=144.4$ s、$t_5=134.2$ s。最后测得纯苯的流出时间 $t_0=106.8$ s。查得 PS-苯体系在 30 ℃时的 $K=0.99\times10^{-2}$ cm$^3\cdot$g^{-1},$a=0.74$,试计算试样的黏均相对分子质量。

答 $c_0=\dfrac{0.1375}{25}=0.0055$(g·cm^{-3}),数据整理如下:

c'	1	2/3	1/2	1/3	1/4
$t/$s	241.6	189.7	166	144.4	134.2
$\eta_r=t/t_0$	2.262	1.776	1.554	1.352	1.257
$\eta_{sp}=\eta_r-1$	1.262	0.776	0.554	0.352	0.257
$\ln\eta_r/c$	0.816	0.862	0.882	0.905	0.915
η_{sp}/c	1.263	1.164	1.108	1.056	1.028

从图 10-16 外推得 $[\eta]'=0.95$,$[\eta]=0.95/0.0055=172.7$(cm$^3\cdot$g^{-1})。$[\eta]=0.99\times10^{-2}\overline{M}_v^{0.74}$,$\overline{M}_v=5.49\times10^5$。

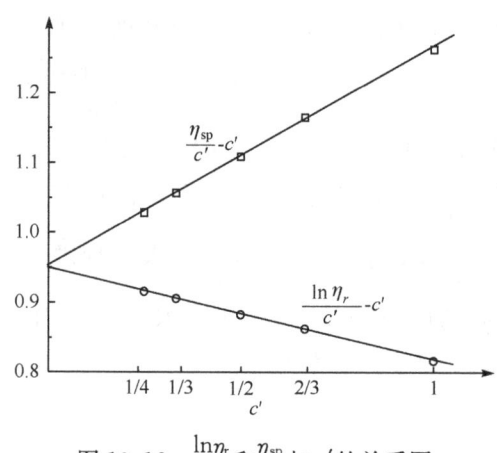

图 10-16 $\dfrac{\ln\eta_r}{c}$ 和 $\dfrac{\eta_{sp}}{c'}$ 与 c' 的关系图

10-142 PMMA 样品在丙酮中于 30 ℃下测得以下数据:

η_r	1.170	1.215	1.629	1.892
$c/(\times10^{-2}$g·cm$^{-3})$	0.275	0.344	0.896	1.199

已知 PMMA-丙酮体系 30 ℃时 $[\eta]=5.83\times10^{-5}\overline{M}_v^{0.72}$,计算 $\overline{M}_v$ 和 Huggins 方程的常数 k。

答 $\dfrac{\ln\eta_r}{c}=[\eta]-\beta[\eta]^2 c$,$\dfrac{\eta_{sp}}{c}=[\eta]+k[\eta]^2 c$,其中 $\eta_{sp}=\eta_r-1$。数据整理如下:

η_{sp}	$(\eta_{sp}/c)/(\times10^2cm^3\cdot$g$^{-1})$	$\ln\eta_r$	$(\ln\eta_r/c)/(\times10^2cm^3\cdot$g$^{-1})$
0.170	0.618	0.157	0.571
0.215	0.625	0.195	0.567
0.629	0.702	0.488	0.545
0.892	0.744	0.638	0.532

以 $\ln\eta_r/c$ 和 η_{sp}/c 分别对 c 作图，外推到 $c\to 0$，截距为 $[\eta]=0.577\times 10^2$ cm³·g⁻¹，$\overline{M_v}=\left(\dfrac{[\eta]}{5.83\times 10^{-5}}\right)^{1/0.72}=\left(\dfrac{0.577}{5.83\times 10^{-5}}\right)^{1.39}=355\,000$。利用图中第三点，代入 Huggins 方程：$0.702\times 10^2=0.577\times 10^2+k(0.577\times 10^2)^2\times 0.896\times 10^{-2}$，解得 $k=0.42$。

10-143 有聚甲基丙烯酸甲酯的苯溶液，浓度 $c'=0.1100\times 10^{-2}$ g·cm⁻³。在 25 ℃测出溶剂的平均流出时间 $\overline{t_0}=271.7$ s，溶液的流出时间如下。试求出特性黏数 $[\eta]$，然后用下式求出平均相对分子质量：$[\eta]=4.68\times 10^{-5}\overline{M_v}^{0.77}$。

c'	$2/3c'$	$1/2c'$	$1/3c'$	$1/4c'$
453.2	385.5	354.1	325.1	311.0
453.1	385.8	354.2	325.3	311.3
453.1	385.7	354.2	325.3	311.1

答 $\overline{M_v}=3.087\times 10^6$（图略）。

10-144 聚苯乙烯的丁酮溶液于 35 ℃用乌氏黏度计测得以下数据。已知溶液浓度为 1.012×10^{-2} g·cm⁻³，$[\eta]=39.0\times 10^{-3}M^{0.56}$，求黏均相对分子质量。

	丁酮	10 cm³ 溶液	追加溶剂 5 cm³ 15 cm³	5 cm³ 20 cm³	10 cm³ 30 cm³	10 cm³ 40 cm³
t/s	152.99	223.02	197.28	185.14	173.72	167.98

答 数据整理如下：

$c\times 10^2$/(g·cm⁻³)	1.012	0.675	0.506	0.337	0.250
η_{sp}	0.464	0.295	0.215	0.140	0.102
(η_{sp}/c)/(cm³·g⁻¹)	45.85	43.70	42.49	41.54	40.80

以 $\dfrac{\eta_{sp}}{c}$ 对 c 作图，外推到 $c\to 0$，截距为 $[\eta]=39.4$ cm³·g⁻¹，代入 $[\eta]=39.0\times 10^{-3}M^{0.56}$，得 $\overline{M_v}=2.32\times 10^5$。

5. 一点法计算

10-145 推导一点法测定特性黏数的公式：$[\eta]=\dfrac{1}{c}\sqrt{2(\eta_{sp}-\ln\eta_r)}$。

答 将 Huggins 方程 $\dfrac{\eta_{sp}}{c}=[\eta]+k[\eta]^2c$ 和 Kraemer 方程 $\dfrac{\ln\eta_r}{c}=[\eta]-\beta[\eta]^2c$ 两边相减得 $\dfrac{\eta_{sp}-\ln\eta_r}{c}=(k+\beta)[\eta]^2c$。10-140 题已经证明 $k+\beta=\dfrac{1}{2}$，所以 $\dfrac{2(\eta_{sp}-\ln\eta_r)}{c^2}=[\eta]^2$，$[\eta]=\dfrac{1}{c}\sqrt{2(\eta_{sp}-\ln\eta_r)}$。

10-146 推导 Maron 一点法黏度公式：$[\eta]=\dfrac{\eta_{sp}+\gamma\ln\eta_r}{(1+\gamma)c}$，其中 $\gamma=\dfrac{k}{\beta}$。

答 将 Huggins 方程 $\dfrac{\eta_{sp}}{c}=[\eta]+k[\eta]^2c$ 和 Kraemer 方程 $\dfrac{\ln\eta_r}{c}=[\eta]-\beta[\eta]^2c$ 整理得

$k[\eta]^2 c = \dfrac{\eta_{sp}}{c} - [\eta]$ 和 $\beta[\eta]^2 c = [\eta] - \dfrac{\ln\eta_r}{c}$。上两式的左右边分别相除，得 $\gamma = \dfrac{k}{\beta} = \dfrac{\dfrac{\eta_{sp}}{c} - [\eta]}{[\eta] - \dfrac{\ln\eta_r}{c}}$，

$\gamma[\eta] - \dfrac{\gamma\ln\eta_r}{c} = \dfrac{\eta_{sp}}{c} - [\eta]$，$(1+\gamma)[\eta] = \dfrac{\eta_{sp} + \gamma\ln\eta_r}{c}$，则 $[\eta] = \dfrac{\eta_{sp} + \gamma\ln\eta_r}{(1+\gamma)c}$。

10-147 某高分子溶剂体系的 K 和 a 分别为 3.0×10^{-2} 和 0.70。假如一试样的浓度为 2.5×10^{-3} g·cm^{-3}，在黏度计中的流过时间为 145.4 s，溶剂的流过时间为 100.0 s，试用一点法估计该试样的相对分子质量，并说明其统计意义。

答 利用一点法黏度公式 $[\eta] = \dfrac{1}{c}\sqrt{2(\eta_{sp} - \ln\eta_r)}$，$\eta_r = \dfrac{145.4}{100.0} = 1.454$，$\eta_{sp} = 0.454$，则 $[\eta] = 159.7$ cm^3·g^{-1}。$[\eta] = 3.0\times 10^{-2}\overline{M_v}^{0.70}$，$\overline{M_v} = 2.10\times 10^5$。

10-148 用稀溶液黏度法测定聚苯乙烯试样的相对分子质量，温度为 30 ℃，溶剂为苯。溶液浓度为 2.75×10^{-3} g·cm^{-3}，纯溶剂的流出时间 $t_0 = 106.8$ s，溶液流出时间 $t = 166.0$ s，已知该条件下的 MH 方程为 $[\eta] = 0.99\times 10^{-2}\overline{M_v}^{0.74}$，计算此试样的黏均相对分子质量。

答 一点法黏度公式 $[\eta] = \dfrac{1}{c}\sqrt{2(\eta_{sp} - \ln\eta_r)}$，$\eta_r = \dfrac{166.0}{106.8} = 1.554$，$\eta_{sp} = 0.554$，$[\eta] = 172.9$ cm^3·g^{-1}。$[\eta] = 0.99\times 10^{-2}\overline{M_v}^{0.74}$，$\overline{M_v} = 5.40\times 10^5$。

10-149 一点法计算特性黏数的诸多公式中有一种是"对折法"，简述其原理。

答 $[\eta] = \dfrac{\eta_{sp} + (2^n - 1)\ln\eta_r}{2^n c}$，式中，$n$ 为在方格纸上 $\dfrac{\eta_{sp}}{c}$ 与 $\dfrac{\ln\eta_r}{c}$ 两点间的对折次数（图10-17）。

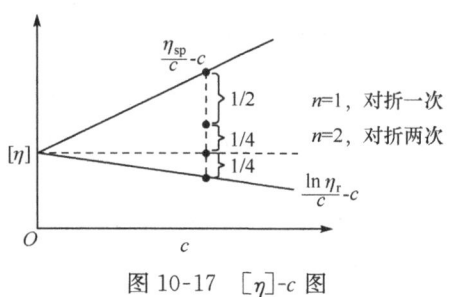

图 10-17 $[\eta]$-c 图

实验证明：对于柔性线型高分子，$n=2$；对于少量支化高分子，$n=3$（良溶剂中）；对于多量支化或微交联高分子，$n=4$。对折的方法，总是与 $\ln\eta_r$ 对半分，因此 n 越大越接近 $\ln\eta_r$。该方法 $[\eta]$ 的误差在 1% 以内。这一方法也用来证明外推法两条直线的形状是否正确，一般应当 $\dfrac{\eta_{sp}}{c}$-c 斜一些，而 $\dfrac{\ln\eta_r}{c}$-c 平一些，对折次数 n 的情况应与高分子的类型相符。

10-150 用黏度法测定某聚苯乙烯试样的相对分子质量，先称取 0.8000 g 试样，用 100 cm^3 容量瓶配成浓度为 0.8×10^{-2} g·cm^{-3} 的甲苯溶液。取 10 cm^3 此溶液于乌氏黏度计，30 ℃下测得 $t_1 = 144.45$ s。然后依次加入甲苯 5 cm^3、5 cm^3、10 cm^3、10 cm^3 稀释，并于 30 ℃下测得 t_2、t_3、t_4 和 t_5 分别为 121.10 s、110.45 s、100.55 s 和 96.00 s。最后测得纯甲苯的流出时间 $t_0 = 83.35$ s。查得该体系的 $K = 9.2\times 10^{-3}$ cm^3·g^{-1}，$a = 0.72$。试分别用外推法和下列几种一点法公式（均利用 $c' = 0.5c$）计算试样的黏均相对分子质量：(1) $[\eta] = \dfrac{\sqrt{4k\eta_{sp} + 1}}{2ck}$（对于 PS-甲苯体系 $k = 0.37$）；(2) $[\eta] = \dfrac{1}{c}\sqrt{2(\eta_{sp} - \ln\eta_r)}$；(3) $[\eta] = \dfrac{\eta_{sp}/c}{1 + 0.275\eta_{sp}}$；(4) $[\eta] = \dfrac{\eta_{sp} + (2^n - 1)\ln\eta_r}{2^n c}$（$n = 2$）。

答 外推法得 $\overline{M_v} = 2.5\times 10^5$，一点法：(1) $\overline{M_v} = 2.6\times 10^5$；(2) $\overline{M_v} = 2.6\times 10^5$；(3) $\overline{M_v} = 2.7\times 10^5$；(4) $\overline{M_v} = 2.6\times 10^5$。

10-151 303 K 时用稀释黏度计测定聚苯乙烯-苯溶液(浓度 $c_0 = 5.5$ kg·m^{-3})的流出时间数据如下:

试液	纯溶剂	10 cm³ 试液	+5 cm³ 苯	+5 cm³ 苯	+10 cm³ 苯	+10 cm³ 苯
时间/s	106.8	241.6	189.7	166.0	144.4	134.2

(1) 试用外推法和一点法计算特性黏数 $[\eta]$;(2) 求出 Huggins 方程和 Mead-Fuoss 方程(又称 Kraemer 方程)中的斜率系数 k 和 β 值,从而说明此高分子溶液特征;(3) 若已知 Mark-Houwink 方程中的两参数 $K = 0.99 \times 10^{-2}$ 和 $a = 0.73$,求此试样的平均相对分子质量。

答 (1) 外推法 $[\eta] = 172.7$ cm³·g^{-1}, 一点法 $[\eta] = \dfrac{1}{c}\sqrt{2(\eta_{sp} - \ln \eta_r)} = 172.8$ cm³·g^{-1}; (2) $k = 0.344, \beta = 0.155$, 柔性高分子-良溶剂体系;(3) $\overline{M}_v = 4.28 \times 10^5$。

10-152 将某聚苯乙烯溶于甲苯配成浓度为 4.98×10^{-1} kg·m^{-3} 的溶液,于 298 K 测得其流出黏度为 9.7×10^{-4} Pa·s,在相同条件下甲苯的流出黏度为 5.6×10^{-4} Pa·s。(1) 用一点法计算特性黏数 $[\eta]$;(2) 若已知 $[\eta] = 1.7 \times 10^{-4} M^{0.69}$ 和 $\phi = 2.1 \times 10^{21}$ mol^{-1},试计算该聚苯乙烯的平均相对分子质量 $(\overline{M}_v)$ 和平均聚合度 $(\overline{X})$;(3) 求聚苯乙烯在此条件下的均方末端距 $\overline{h^2}$。

答 (1) $\eta_r = \dfrac{\eta}{\eta_0} = \dfrac{9.7 \times 10^{-4}}{5.6 \times 10^{-4}} = 1.73, \eta_{sp} = \eta_r - 1 = 0.73$, 则

$$[\eta] = \dfrac{[2(\eta_{sp} - \ln \eta_r)]^{1/2}}{c} = \dfrac{[2 \times (0.73 - \ln 1.73)]^{1/2}}{4.98 \times 10^{-1}} = 1.21 \text{ (m}^3 \cdot \text{kg}^{-1})$$

(2) $\overline{M}_v = \left(\dfrac{[\eta]}{K}\right)^{1/a} = \left(\dfrac{1.21}{1.7 \times 10^{-4}}\right)^{1/0.69} = 3.83 \times 10^5, \overline{X} = \dfrac{\overline{M}_v}{M_0} = \dfrac{3.83 \times 10^5}{104} = 3.68 \times 10^3$

(3) $[\eta] = \phi \dfrac{(\overline{h^2})^{3/2}}{M}, (\overline{h^2})^{1/2} = \left(\dfrac{[\eta] M}{\phi}\right)^{1/3} = \left(\dfrac{1.21 \times 3.83 \times 10^5 \times 10^{-3}}{2.1 \times 10^{21}}\right)^{1/3} = 6.04 \times 10^{-7}$ (m)

10.4.2 黏度法涉及的其他参数

10-153 20 ℃ 时甲乙酮是聚二甲基硅氧烷的 θ 溶剂。在此条件下,相对分子质量为 1.20×10^6 的该聚合物某级分的特性黏数 $[\eta]_\theta = 83.5$ cm³·g^{-1},已知 $\phi_0 = 2.84 \times 10^{23}$ mol^{-1},计算聚二甲基硅氧烷的特征比 $\dfrac{\overline{h_0^2}}{nl^2}$,式中,$\overline{h_0^2}$ 为无扰尺寸,n 为骨架键数,$l = 0.154$ nm 为骨架键长。

答 $[\eta]_\theta = \phi_0 \dfrac{(\overline{h_0^2})^{3/2}}{M}, (\overline{h_0^2})^{1/2} = \left(\dfrac{[\eta]_\theta M}{\phi_0}\right)^{1/3} = \left(\dfrac{83.5 \times 1.20 \times 10^6}{2.84 \times 10^{23}}\right)^{1/3} = 7.12 \times 10^{-6}$ (cm) = 71.2 (nm), $\overline{h_0^2} = 5.07 \times 10^3$ nm², 特征比 $C_\infty = \dfrac{\overline{h_0^2}}{nl^2} = \dfrac{5.07 \times 10^3}{(2 \times 1.20 \times 10^6 / 74) \times 0.154^2} = 6.59$。

10-154 聚苯乙烯于 333.0 K 环己烷溶剂中 (θ 条件) 测得其特性黏数 $[\eta]_\theta = 40$ cm³·g^{-1},而在甲苯中同样温度下测定的特性黏数 $[\eta] = 84$ cm³·g^{-1},并已知在此条件下,$K = 1.15 \times 10^{-4}, a = 0.72$,已知 $\phi_0 = 2.84 \times 10^{23}$ mol^{-1},试求:(1) 此聚苯乙烯的平均相对分子质量 $\overline{M}_v$;(2) 聚苯乙烯在甲苯中的一维溶胀因子 α;(3) 此聚苯乙烯的无扰尺寸 $(\overline{h_0^2})^{1/2}$。

答 (1) $\overline{M}_v = \left(\dfrac{[\eta]}{K}\right)^{1/a} = \left(\dfrac{84 \times 10^{-3}}{1.15 \times 10^{-4}}\right)^{1/0.72} = 2.32 \times 10^5$;(2) $\alpha = \left(\dfrac{[\eta]}{[\eta]_\theta}\right)^{1/3} = \left(\dfrac{84}{40}\right)^{1/3} = 1.28$;(3) $(\overline{h_0^2})^{1/2} = \left(\dfrac{[\eta]_\theta M}{\phi}\right)^{1/3} = \left(\dfrac{40 \times 2.32 \times 10^5}{2.84 \times 10^{23}}\right)^{1/3} = 3.19 \times 10^{-6}$ (cm) = 31.9 (nm)。

10-155 假定 PS 在 30 ℃ 的苯溶液中的扩张因子 $\alpha=1.73$，$[\eta]=147$ cm^3·g^{-1}，已知 Mark-Houwink 参数 $K=0.99\times10^{-2}$，$a=0.74$，求无扰尺寸 $\overline{h_0^2}$ 和 $\left(\dfrac{\overline{h_0^2}}{M}\right)^{1/2}$ 值（$\phi_0=2.84\times10^{23}$ mol^{-1}）。

答 $[\eta]=\phi\left(\dfrac{\overline{h_0^2}}{M}\right)^{3/2}M^{1/2}\alpha^3$，$\varepsilon=\dfrac{2a-1}{3}=\dfrac{2\times0.74-1}{3}=0.16$，$\phi=\phi_0(1-2.63\varepsilon+2.86\varepsilon^2)=1.85\times10^{23}$ (mol^{-1})。$[\eta]=0.99\times10^{-2}M^{0.74}$，$M=4.34\times10^5$，$\left(\dfrac{\overline{h_0^2}}{M}\right)^{3/2}=\dfrac{[\eta]}{\phi M^{1/2}\alpha^3}$，则 $\left(\dfrac{\overline{h_0^2}}{M}\right)^{1/2}=\sqrt[3]{\dfrac{[\eta]}{\phi M^{1/2}\alpha^3}}=6.15\times10^{-9}$ cm·mol$^{1/2}$·g$^{-1/2}$，$\overline{h_0^2}=1.64\times10^{-11}$ cm^2。

10-156 已知聚苯乙烯-环己烷体系（Ⅰ）的 θ 温度为 34 ℃，聚苯乙烯-甲苯体系（Ⅱ）的 θ 温度低于 34 ℃，假定于 40 ℃ 在此两种溶剂中分别测定同一个聚苯乙烯试样的渗透压和黏度，则两种体系的 $\left(\dfrac{\pi}{c}\right)_{c\to0}$、$A_2$、$\chi_1$ 和 $[\eta]$、$\overline{h^2}$、a、α 的大小顺序如何？两种体系两种方法所得试样的相对分子质量之间有什么关系？

答 由于聚苯乙烯-甲苯体系的 θ 温度更低，可见甲苯是较良的溶剂。根据以下原理：①良溶剂中，高分子链由于溶剂化作用而扩张，高分子线团伸展，A_2 是正值，$\chi_1<0.5$，随着温度的降低或不良溶剂的加入，χ_1 值逐渐增大。②在良溶剂中，线团较为伸展，均方末端距比 θ 状态下的数值大一些。③在良溶剂中，线团发生溶胀，而且溶胀程度随 M 增大而增大。$\alpha^2=M^\varepsilon$，$a=\dfrac{1+3\varepsilon}{2}$，$[\eta]=KM^a$。所以在良溶剂中，$\alpha$、$\varepsilon$、$a$ 和 $[\eta]$ 均增大。④由于线团在不良溶剂中较紧缩，体积较小，从而相对分子质量较小的部分较多地渗透过膜，使 π 减小，$\left(\dfrac{\pi}{c}\right)_{c\to0}$ 偏低。归纳起来有以下关系：

体系	θ 温度/℃	溶剂性能	A_2	χ_1	$[\eta]$	$\overline{h^2}$	a	α	$\left(\dfrac{\pi}{c}\right)_{c\to0}$
聚苯乙烯-环己烷	34	较劣	小	大	小	小	小	小	偏低
聚苯乙烯-甲苯	<34	较良	大	小	大	大	大	大	正常

比较两种体系：$\overline{M}_{良}>\overline{M}_{\theta}$，比较两种方法：$\overline{M}_\text{v}>\overline{M}_\text{Os}$。

10-157 已知 $[\eta]=\phi\dfrac{(\overline{h^2})^{3/2}}{\overline{M}_0}$，$\alpha\equiv(\overline{h^2}/\overline{h_0^2})^{1/2}$（下标 0 为 θ 溶剂），并且 Flory 五次方规律 $\alpha^5\propto\overline{M}^{1/2}$。证明线型高分子的 $[\eta]$ 与相对分子质量 $\overline{M}_\text{v}$ 的关系式 $[\eta]=K\overline{M}^a$ 中 θ 溶剂 $a=0.5$，良溶剂 $a=0.8$，并叙述 θ 溶剂中 K 的物理意义。

答 $[\eta]=\phi\left(\dfrac{\overline{h^2}}{M}\right)^{3/2}M^{1/2}=\phi\left(\dfrac{\overline{h_0^2}}{M}\right)^{3/2}\overline{M}_\text{v}^{1/2}\alpha^3$。对于良溶剂，根据五次方规律，$\alpha^3\propto\overline{M}_\text{v}^{3/10}$，所以 $[\eta]\propto\overline{M}_\text{v}^{1/2}\times\overline{M}_\text{v}^{3/10}=\overline{M}_\text{v}^{8/10}$，即 $[\eta]=K\overline{M}_\text{v}^{8/10}$，则 $a=0.8$。对于 θ 溶剂，$\overline{h_0^2}/M$ 与相对分子质量无关，而且 θ 溶剂中 $\alpha=1$，所以 $a=0.5$。

θ 溶剂中 $\alpha=1$，得 $[\eta]=\phi\left(\dfrac{\overline{h^2}}{M}\right)^{3/2}M^{1/2}=\phi\left(\dfrac{\overline{h_0^2}}{M}\right)^{3/2}\overline{M}_\text{v}^{1/2}$，即 $K=\phi\left(\dfrac{\overline{h_0^2}}{M}\right)^{3/2}$，$K$ 表征高分子链在无扰状态下的形态 $\overline{h_0^2}/M$。

10-158 聚苯乙烯-环己烷溶液在 35 ℃ 时为 θ 溶液，用黏度法测得此时的特性黏数 $[\eta]_\theta=37.5$ cm^3·g^{-1}，已知 $\overline{M}_\text{v}=2.5\times10^5$，求无扰尺寸、无扰旋转半径和刚性比值。

答 $[\eta]_\theta = \phi_0 \dfrac{(\overline{h_0^2})^{3/2}}{\overline{M}}$, $\phi_0 = 2.84 \times 10^{23}\ \text{mol}^{-1}$, $(\overline{h_0^2})^{1/2} = 1.518 \times 10^{-8} ([\eta]_\theta \overline{M})^{1/3} = 3.2 \times 10^{-6}\ \text{cm}$, $(\overline{s_0^2})^{1/2} = \dfrac{1}{\sqrt{6}}(\overline{h_0^2})^{1/2} = 1.3 \times 10^{-6}\ \text{cm}$,理论上计算自由旋转尺寸 $(\overline{h_{f,r}^2})^{1/2} = \sqrt{2nl^2} = \sqrt{2 \times \dfrac{\overline{M} \times 2}{104}(1.54 \times 10^{-8})^2} = 1.5 \times 10^{-6}\ (\text{cm})$, $\sigma = (\overline{h_0^2})^{1/2}/(\overline{h_{f,r}^2})^{1/2} = 3.2/1.5 = 2.13$,文献值 $\sigma = 2.17$。

10-159 由相同单位合成的支化高分子与线型高分子具有相同的相对分子质量时,试比较在同样溶剂中支化高分子与线型高分子的特性黏数的大小,并解释原因。

答 具有相同相对分子质量的同一聚合物溶在同一溶剂中,$[\eta]_\text{支} < [\eta]_\text{线}$。因为支化的大分子链无规线团紧密,$\overline{h_\text{支}^2}$ 小,而线型的较松散,$\overline{h_\text{线}^2}$ 大,根据 Flory 特性黏数理论,有 $[\eta] = \phi \dfrac{(\overline{h^2})^{3/2}}{\overline{M_0}}$,式中,$\phi$ 为普适常数。由于支化与线型聚合物组成相同,$\overline{M}$ 相同,$\overline{h_\text{线}^2} > \overline{h_\text{支}^2}$,所以 $[\eta]_\text{线} > [\eta]_\text{支}$。

10-160 一个给定聚合物的 $[\eta]$ 的大小为什么与所用溶剂有关?

答 良溶剂时线团扩张,流动阻力大,也就是 $[\eta]$ 较大。

10-161 用黏度法测定聚合物的溶度参数 (δ_2) 是把聚合物溶于几种不同溶度参数 (δ_1) 的溶剂中,测定其流出黏度,并以 $[\eta]$ 对 δ_1 作图,曲线上 $[\eta]$ 最大值对应的溶剂的溶度参数即为此聚合物的溶度参数,试用黏度理论和溶剂选择原则解释这种方法的理论根据。

答 良溶剂时高分子线团较扩张,流动阻力较大,从而 $[\eta]$ 较大。而溶度参数与聚合物溶度参数相近的溶剂为良溶剂,此时 $[\eta]$ 较大。

10-162 若用不良溶剂,聚合物溶液的 $[\eta]$ 随温度升高而增加;若用良溶剂,聚合物溶液的 $[\eta]$ 随温度升高而减少。试解释原因。

答 由于良溶剂中分子链比较松散,升高温度分子链趋于卷曲状态,分子链间摩擦力变小,黏度下降。聚合物溶于不良溶剂中,由于此时分子链已相当卷曲,升高温度使链运动增加而成为较舒展的状态,反而使黏度增加。

10-163 说明溶剂的优劣对以下各项的影响:
(1) 温度 T 时聚合物样品的特性黏数;(2) 聚合反应釜搅拌功率的高低。

答 (1) 劣溶剂中溶液测得的 $[\eta]$ 较低,因为线团较紧缩;(2) 由于劣溶剂中溶液的黏度低,它提供较好的迁移性,因此需要较小的搅拌功率。

10-164 什么是溶胀因子(或扩张因子)?如何测定?

答 在良溶剂中,由于高分子与溶剂分子间的溶剂化作用较强,线团将比 θ 溶剂中较伸展,从而均方末端距较大,溶胀因子的定义为 $\alpha = (\overline{h^2}/\overline{h_0^2})^{1/2}$。只要分别测定良溶剂和 θ 溶剂中的均方末端距,就可得到溶胀因子。

10-165 指出 Flory 一维溶胀因子 α 与聚合物的分子形态之间的关系。

答 $\alpha > 1$ 为良溶剂,高分子链扩张;$\alpha = 1$ 为 θ 溶剂,高分子链取自然状态;$\alpha < 1$ 为不良溶剂,高分子紧缩沉淀。

10-166 四个相对分子质量不同的聚异丁烯在环己烷中 30 ℃时的溶胀因子 α 如下。以 $(\alpha^5 - \alpha^3)$ 对 $\sqrt{\overline{M}}$ 作图,并用公式说明具有线性关系的原因。

$M\times10^{-3}$	9.5	50.2	558	2720
α	1.12	1.25	1.46	1.65

答 以$(\alpha^5-\alpha^3)$对$\sqrt{M}$作图(图10-18)。

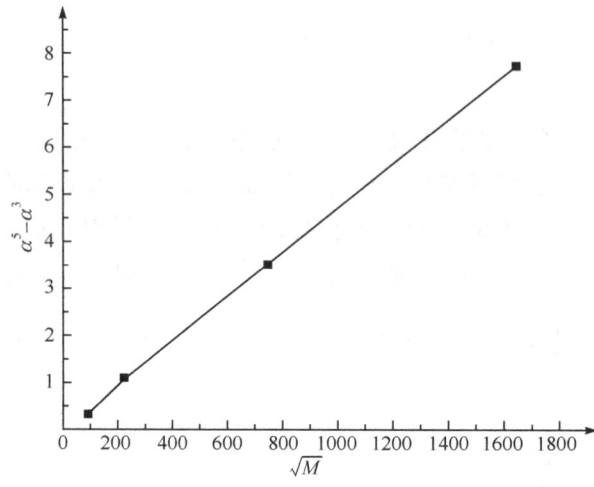

图10-18 $(\alpha^5-\alpha^3)$-$\sqrt{M}$图

根据Flory-Krigbaum理论,$\alpha^5-\alpha^3=2C_m\psi_1(1-\theta/T)\sqrt{M}$,式中,$C_m$为常数,$\psi_1$为熵参数。所以$(\alpha^5-\alpha^3)$与$\sqrt{M}$成正比。

10.5 不同测定方法的比较

10-167 $\overline{M_w}$和$\overline{M_n}$,哪种平均相对分子质量是基于依数性的?

答 测定$\overline{M_n}$的方法是基于依数性的方法。

10-168 有下列四种聚合物试样:(1)相对分子质量为2×10^3的环氧树脂;(2)相对分子质量为2×10^4的聚丙烯腈;(3)相对分子质量为2×10^5的聚苯乙烯;(4)相对分子质量为2×10^6的天然橡胶。欲测定其平均相对分子质量,试分别指出每种试样可采用的最适当的方法(至少两种)和所测得的平均相对分子质量的统计意义。

答 (1)端基分析法($\overline{M_n}$),气相渗透压法($\overline{M_n}$);(2)黏度法($\overline{M_v}$),光散射法($\overline{M_w}$);(3)黏度法($\overline{M_v}$),膜渗透压法($\overline{M_n}$);(4)光散射法($\overline{M_w}$),黏度法($\overline{M_v}$)。

10-169 现有聚合物A、B、C,相对分子质量分别在500、100 000、1 000 000附近,用什么常用的方法可以测定它们的相对分子质量?

答 VPO(气相渗透压法),可测100～30 000,其他依数性方法(如端基分析、沸点升高、冰点下降等)的测量范围为1 000～30 000;Os(膜渗透压法):20 000～100 000;LS(光散射法):10 000～5 000 000;黏度法:10 000～100 000。因此,A用VPO,B用Os、LS或黏度法,C用LS。

10-170 可用哪种依数性方法测定相对分子质量为40 000的聚合物的相对分子质量?

答 膜渗透压法。

10-171 测定某一聚合物样品的数均相对分子质量,但发现用气相渗透压法时,因相对分子质量太高而不适用;用膜渗透压法时,又明显有分子能透过膜,也不适用。试设计两种不同的方法得到需要的数据。

答 可见其相对分子质量为几万。可考虑用黏度法、GPC或超速离心沉降法。

10-172 下列哪种方法可以测定聚合物的绝对相对分子质量?
(1) 黏度法;(2) 冰点下降法;(3) 渗透压法;(4) 光散射法;(5) GPC。

答 (3)、(4)。

10-173 下列哪种方法得到的是数均相对分子质量?
(1) 黏度法;(2) 光散射法;(3) 膜渗透压法;(4) 气相渗透压法;(5) 沸点升高;(6) 冰点下降。

答 (3)、(4)、(5)、(6)。

10-174 在正常的渗透压法测定中,所测定的数均相对分子质量不同于用GPC法测定的,引起误差的特殊来源是什么?

答 可能是GPC标准样品的相对分子质量是由重均相对分子质量的方法(如光散射法)测得的。

10-175 黏度法、膜渗透压法、气相渗透压法、光散射法测定相对分子质量时,直接测得的物理量是什么?各通过怎样的表达式和数据处理可得到平均相对分子质量?得到的是何种统计平均相对分子质量?

答 直接测得的物理量是:黏度法测得相对黏度;膜渗透压法测得渗透压;气相渗透压法测得热电偶温差 ΔT 转换成的电信号 ΔG;光散射法测得散射光强度换算成 Rayleigh 比。表达式和数据处理略。平均相对分子质量的统计意义为:黏度法测得 $\overline{M_v}$;膜渗透压法测得 $\overline{M_n}$;气相渗透压法测得 $\overline{M_n}$;光散射法测得 $\overline{M_w}$。

10.6 相对分子质量对聚合物性能的影响

10-176 随着聚合物的相对分子质量增大,聚合物的哪些性质与转变温度发生了变化?变化趋势如何?

答 ①柔顺性增大。但达到临界相对分子质量 M_c(约 10^4)后符合统计规律,柔性与相对分子质量无关。②机械性能提高。冲击强度没有 M_c,但抗张强度存在 M_c,抗张强度 $T=A-B/\overline{M_n}$(A,B 为常数)。③黏度增大,熔融指数下降,可加工性下降,M_c(相当于开始缠结相对分子质量)之前 $\eta_0 = K\overline{M_w}$,M_c 之后 $\eta_0 = K\overline{M_w}^{3.4\sim3.5}$;$\log MI = A - B\log M$。④溶解速率下降。⑤熔点提高,相对分子质量趋于 ∞ 时熔点为平衡熔点,$\dfrac{1}{T_m} - \dfrac{1}{T_m^0} = \dfrac{R}{\Delta H_u}\dfrac{2}{\overline{P_n}}$。⑥结晶速率下降。⑦$T_g$ 和 T_f 均提高,T_g 有 M_c(相当于形成链段的最低相对分子质量),但 T_f 没有 M_c。

10-177 用图解法表示聚合物相对分子质量对 T_g、T_f 和 T_b 的影响。

答 聚合物相对分子质量对 T_g、T_f 和 T_b 的影响如图 10-19 所示。

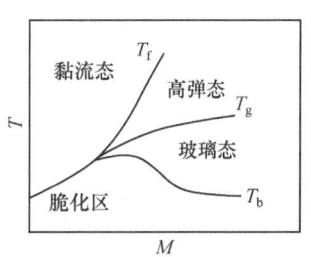

图 10-19 相对分子质量对 T_g、T_f 和 T_b 的影响

10-178 有两种苯溶液,一种是苯乙烯-苯,另一种是聚苯乙烯-苯,若两种溶液含有相同百分数的溶质,则哪种溶液具有较高的:(1) 蒸气压;(2) 凝固点;(3) 渗透压;(4) 黏度?

答 苯乙烯-苯溶液有较高的蒸气压和渗透压,聚苯乙烯-苯溶液有较高的凝固点和黏度。

10-179 尽管超高相对分子质量聚乙烯的加工成本高,但人们还用它来制造垃圾桶和其他耐用的制品,为什么?

答 因为它具有相当高的力学强度,相当于工程塑料的性能。

10-180 对于聚合物 V 和 P,能呈现好的力学性质的数均聚合度分别是 2000 和 1500。这两种聚合物一种是聚氯乙烯,另一种是聚偏二氯乙烯。根据上述信息,判断 V 和 P 分别归属于哪一种聚合物,并解释原因。

答 V 是聚偏二氯乙烯,P 是聚氯乙烯。因为橡胶态聚合物需较大的相对分子质量才能呈现较好的力学性质。

【名词解释索引】

数均相对分子质量,重均相对分子质量,Z 均相对分子质量,黏均相对分子质量(10-2 题)。多分散系数,分布宽度指数(10-33 题)。膜渗透压法,第二维里系数(10-57 题)。第三维里系数(10-81,10-82 题)。气相渗透压法(VPO)(10-86 题)。光散射法(10-95 题)。Zimm 作图法(10-104 题)。超速离心沉降法(10-111 题)。黏度法(10-114 题)。相对黏度,增比黏度,比浓黏度,比浓对数黏度,特性黏数(10-115 题)。Huggins 方程,Kraemer 方程(10-116,10-140 题)。Mark-Houwink 方程(MH 方程)(10-117 题)。奥氏黏度计,乌氏黏度计(10-125 题)。动能校正(10-128 题)。一点法(10-145,10-146,10-149,10-150 题)。溶胀因子(或扩张因子)(10-164 题)。

第 11 章 聚合物的相对分子质量分布

11.1 相对分子质量分布的意义和表示方法

11-1 什么是高分子的相对分子质量分布？它有哪些表示方法？

答 相对分子质量分布是指聚合物试样中各个级分的含量和相对分子质量的关系。它的表示方法有以下两种：

（1）分布曲线。聚合物的级分数可达成千上万，每个级分最小只差一个结构单元，因而可用连续曲线表示分布。常用的分布曲线有微分质量分布曲线、对数微分质量分布曲线和积分（或称累积）质量分布曲线（图 11-1），注意微分质量分布曲线是不对称的，而对数微分质量分布曲线是对称的，符合正态分布。相应的还有数量分布曲线，但不常用。

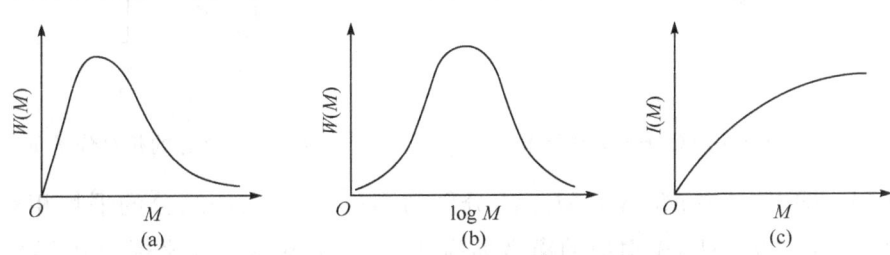

图 11-1 相对分子质量的质量分布曲线
(a) 微分质量分布曲线；(b) 对数微分质量分布曲线；(c) 积分质量分布曲线

（2）分布函数。分布曲线在数学上往往可以用某种函数来适应。

（i）对数正态分布函数 $W(M) = \dfrac{1}{\beta\sqrt{\pi}} \dfrac{1}{M} \exp\left(-\dfrac{1}{\beta^2}\ln^2\dfrac{M}{M_p}\right)$，式中，$M_p$ 和 β 为可调节参数，M_p 为峰值处相对分子质量，β 为分布宽度参数，随宽度增加而增加。

（ii）董履和函数 $W(M) = yz\exp(-yM^z)M^{z-1}$，式中，$y$ 和 z 为可调节参数，z 随分布宽度增加而减小，y 和 z 共同决定相对分子质量的峰值位置。

11-2 什么是微分质量分布曲线和积分质量分布曲线？两者如何相互转换？

答 $W(M)$ 是微分质量分布函数，相应的 $W(M)$-M 曲线为微分质量分布曲线。$I(M)$ 是积分质量分布函数，相应的 $I(M)$-M 曲线为积分质量分布曲线。两者互为微积分的关系，转换关系式为 $I(M) = \int_0^M W(M)\,\mathrm{d}M$，$\mathrm{d}I(M)/\mathrm{d}M = W(M)$。

11-3 画出典型的相对分子质量分布曲线，并标出下列相对分子质量：
（1）数均相对分子质量；（2）重均相对分子质量；
（3）Z 均相对分子质量；（4）黏均相对分子质量。

答 典型的相对分子质量的微分质量分布曲线如图 11-2 所示。

11-4 试述级分分布的直线近似法（又称中点连线近似法）。

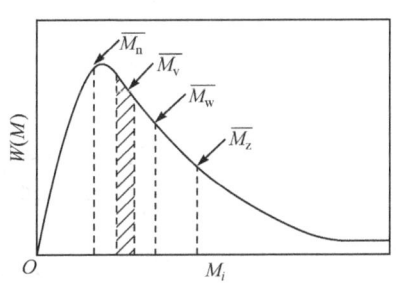

图 11-2 聚合物的微分质量分布曲线

答 聚合物分级实验的数据处理常用习惯法、函数适应法和级分分布的直线近似法。直线近似法所得的相对分子质量分布与真实的相对分子质量分布有更好的近似。它所需的数据与习惯法相同,而所需的级分数却不多(一般五六个级分即可),作图的方法也不烦琐,因此得到广泛的应用。

(1) 假设。①每一个级分的相对分子质量分布都能用董履和函数表示,且每个级分法累积质量分数 $I(M)=0.5$ 处的相对分子质量为此级分的重均或黏均相对分子质量,即

$$I(M)=1-\exp(-a\overline{M_w}^b)=0.5 \qquad I(M)=1-\exp(-a\overline{M_v}^b)=0.5$$

②每一个级分本身也有一定的相对分子质量分布,如图 11-3 所示。当每一个级分中相对分子质量分布不太宽时,图 11-3 中的曲线可近似为一条直线(图 11-4),这条直线为该级分的平均相对分子质量的一半($0.5M_i$)处与该级分质量 W_i 的一半处的连线。

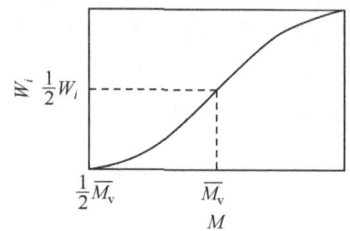
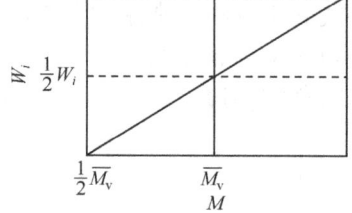

图 11-3 每一级分的相对分子质量分布 　　　图 11-4 每一级分的相对分子质量分布

(2) 作图。图 11-5 中 M_1、M_2、M_3、M_4 分别为第一、二、三、四级分的平均相对分子质量($\overline{M_v}$ 或 $\overline{M_w}$),取 A' 为 $0.5M_1$,A'' 对应的横坐标为 $0.5M_2$,A''' 对应的横坐标为 $0.5M_3$,……。A' 与第一级分的 $0.5W_1\sqrt{b^2-4ac}$ 的连线的延长线 $A'B'$ 为第一级分的累积质量分布曲线,$A''B''$ 为第二级分的累积质量分布曲线,$A'''B'''$ 为第三级分的累积质量分布曲线,…,依此类推,这样作出的图,每个级分的相对分子质量分布是相互交叠的。图 11-5 中曲线 1 为 A_1、A_2、A_3、A_4 各级分质量的中点连线,即习惯法连的累积质量分布曲线。显然,这是未考虑各级分交叠而作的曲线。图中曲线 2 考虑了各级分的交叠,曲线 2 是这样作出的:由于第一级分与其他级分没有交叠,故 A_1 不动;第二级分与第三级分有交叠,其交叠部分的高度为 h_2,所以 A_2 应上移 h_2 距

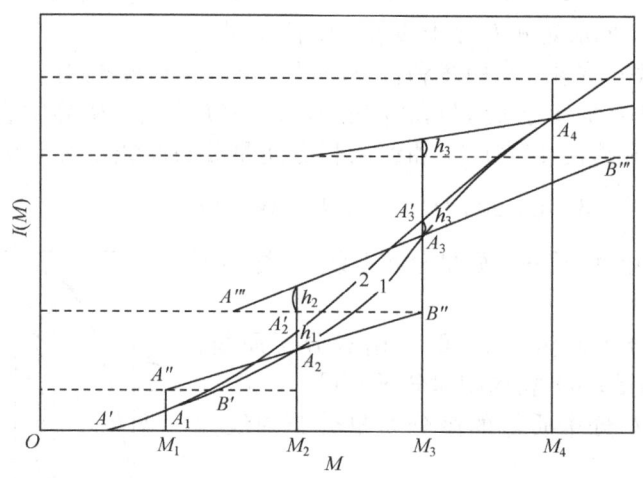

图 11-5 级分分布直线近似法示意图

离到 A'_2；同理，A_3 应上移 h_3 距离到 A'_3，A_4 不动。这样得 A_1、A'_2、A'_3 和 A_4 连接为一束光滑的曲线 2，即为该样品的累积质量分布曲线。

11-5 w_i、W_i、$W(M)$ 及 $I(M)$ 的物理意义是什么？写出它们与 $\overline{M_n}$ 和 $\overline{M_w}$ 的关系。

答 w_i 为级分的质量，W_i 为级分的质量分数，$W(M)$ 为微分质量分布函数，$I(M)$ 为积分质量分布函数。它们与 $\overline{M_n}$、$\overline{M_w}$ 的关系如下：$\overline{M_w} = \sum W_i M_i$，$\overline{M_n} = \dfrac{1}{\sum \dfrac{W_i}{M_i}}$；$\overline{M_w} = \dfrac{\sum w_i M_i}{\sum w_i}$，$\overline{M_n} = \dfrac{\sum w_i}{\sum \dfrac{w_i}{M_i}}$；$\overline{M_w} = \int_0^\infty M W(M) \mathrm{d}M$，$\overline{M_n} = \dfrac{1}{\int_0^\infty \dfrac{W(M)}{M} \mathrm{d}M}$；$\overline{M_w} = \int_0^\infty M \mathrm{d}I(M)$，$\overline{M_n} = \dfrac{1}{\int_0^\infty \dfrac{1}{M} \mathrm{d}I(M)}$。

11-6 已知光散射法测得某聚合物各级分的相对分子质量结果如下：

级分	1	2	3	4	5	6	7	8
质量分数	0.10	0.19	0.24	0.18	0.11	0.08	0.06	0.04
$M_i \times 10^{-3}$	12	21	35	49	73	102	122	146

试计算 $\overline{M_n}$、$\overline{M_w}$ 及 d、σ_n，并绘出累积质量分布曲线、微分质量分布曲线、对数微分质量分布曲线、微分数量分布曲线和对数微分数量分布曲线。

答 $\overline{M_n} = \dfrac{1}{\sum \dfrac{W_i}{M_i}} = 32\,291$，$\overline{M_w} = \sum W_i M_i = 51\,760$，$d = 1.603$，$\sigma_n = \sqrt{\overline{M_n}\,\overline{M_w} - \overline{M_n}^2} = 25\,074$。

对于三种分布曲线，因为 $I_i = \dfrac{1}{2}W_i + \sum\limits_{j=1}^{i-1} W_j$，$N_i = \dfrac{w_i}{M_i} \Big/ \sum \dfrac{w_i}{M_i}$，计算列表如下：

级分	W_i	I_i	M_i	N_i	W_i/M_i	$\log M_i$
1	0.10	0.05	12 000	0.269	8.333×10^{-6}	4.079
2	0.19	0.195	21 000	0.292	9.048×10^{-6}	4.322
3	0.24	0.41	35 000	0.221	6.857×10^{-6}	4.544
4	0.18	0.62	49 000	0.119	3.673×10^{-6}	4.690
5	0.11	0.765	73 000	0.049	1.507×10^{-6}	4.863
6	0.08	0.86	102 000	0.025	7.843×10^{-7}	5.009
7	0.06	0.93	122 000	0.016	4.918×10^{-7}	5.086
8	0.04	0.98	146 000	0.009	2.740×10^{-7}	5.164
加和					30.968×10^{-6}	

根据以上数据绘出题目要求的曲线（图 11-6～图 11-10）。

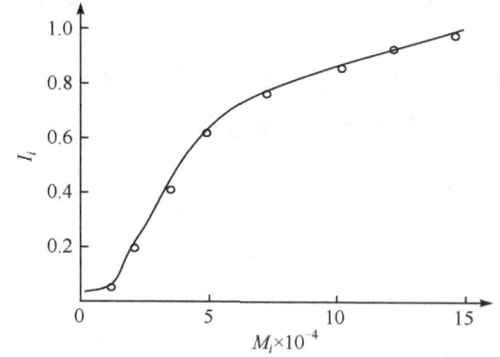

图 11-6 累积质量分布曲线

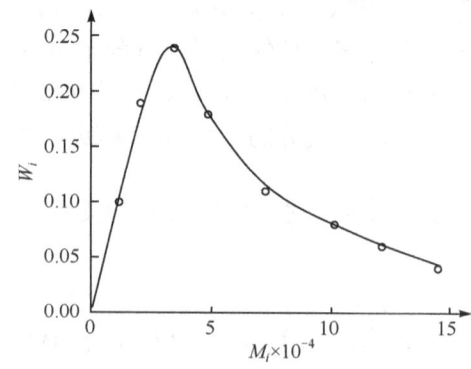

图 11-7 微分质量分布曲线

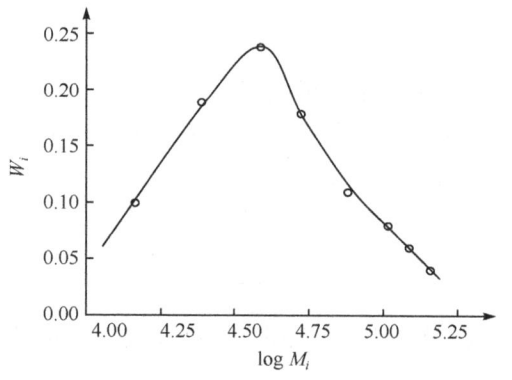

图 11-8 对数微分质量分布曲线

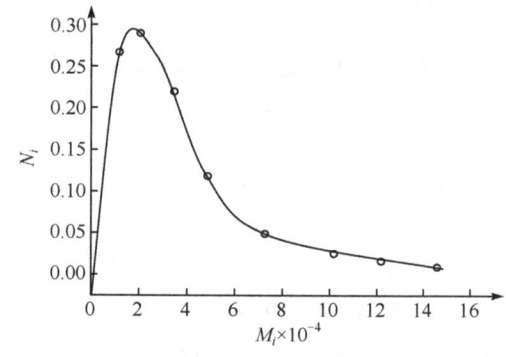

图 11-9 微分数量分布曲线

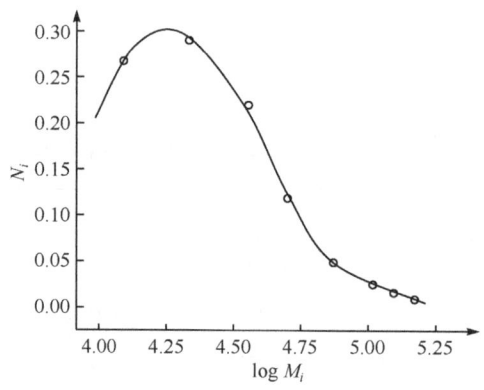

图 11-10 对数微分数量分布曲线

11-7 相对分子质量微分分布曲线的哪一端对重均相对分子质量影响最大？举例说明。

答 相对分子质量较大的那端。例如，有 1 头大象和 4 只蚊子，大象重 10 000 kg。蚊子每只重 1 kg(有些夸张)，则每只动物的数均相对分子质量是多少？显然是 $(1\times 10\,000+4\times 1)/5=2000.8$ (kg)。如果问每千克动物的重均相对分子质量是多少，结果是 $(10\,000\times 10\,000+4\times 1)/10\,004\approx 10\,000$ (kg)。可见，质量大的成分对重均相对分子质量贡献较大。

11-8 若数量分布函数可表达为 $N(M)=\dfrac{1}{M_\mathrm{n}}\exp\left(-\dfrac{M}{M_\mathrm{n}}\right)$，证明数均相对分子质量 $\overline{M_\mathrm{n}}$ 和

重均相对分子质量 $\overline{M_w}$ 间有以下关系：$\overline{M_w} = 2\overline{M_n}$。

证 $\overline{M_w} = \dfrac{N_i M_i^2}{N_i M_i} = \dfrac{\int_0^\infty N(M) M^2 \mathrm{d}M}{\int_0^\infty N(M) M \mathrm{d}M}$，将 $N(M) = \dfrac{1}{\overline{M_n}} \exp\left(-\dfrac{M}{\overline{M_n}}\right)$ 代入得

$$\overline{M_w} = \dfrac{\int_0^\infty \dfrac{1}{\overline{M_n}} \exp\left(-\dfrac{M}{\overline{M_n}}\right) M^2 \mathrm{d}M}{\overline{M_n}} \qquad \overline{M_w}\,\overline{M_n} = \dfrac{1}{\overline{M_n}} \int_0^\infty \exp\left(-\dfrac{M}{\overline{M_n}}\right) M^2 \mathrm{d}M$$

因为 $\int_0^\infty x^n \mathrm{e}^{-ax} \mathrm{d}x = \dfrac{n!}{a^{n+1}} (a > 0)$，所以 $\overline{M_w}\,\overline{M_n} = \dfrac{1}{\overline{M_n}} \times \dfrac{2!}{(1/\overline{M_n})^3}$，即 $\overline{M_w} = 2\overline{M_n}$。

11-9 如何从积分质量分布曲线求平均相对分子质量？

答 用十点法，即在积分质量分布曲线上读取 $I = 5\%$、15%、25%、$\cdots$、95% 等 10 个点的 M_i 值，用下式（实际上是定义式）计算：$\overline{M_w} = 0.1 \sum\limits_{i=1}^{10} M_i$，$\overline{M_n} = 10 / \sum\limits_{i=1}^{10} \dfrac{1}{M_i}$。

11.2 基于溶解度的分级方法

11-10 指出三种测定相对分子质量分布的方法，简要说明方法的实质，并比较它们的优缺点。

答 聚合物相对分子质量分布的测定多采用实验分级方法。聚合物的实验分级方法和测定主要有以下几种，比较如下：

	方法	类别	需要时间	优缺点
基于溶解度的方法	沉淀分级法	直接法	一个月	慢，繁，但可用于制备分级
	溶解分级法	直接法	一周	慢，繁，但可用于制备分级
	梯度淋洗法	直接法	2～3 天	较快，仪器也不复杂
基于分子运动的方法	沉降平衡法	直接法	几小时	直接，时间短
	沉降速度法	直接法	几小时	直接，时间短
	凝胶色谱法	间接法	几十分钟	间接，快速，灵敏度高，用样量少，重现性好，适用范围广

11-11 简述沉淀分级法的基本原理。

答 在恒温溶液中逐步加入能与溶剂互溶的沉淀剂（沉淀剂不能溶解聚合物），使溶剂分子对聚合物的溶解能力减小，临界共溶温度 T_c 升高而产生相分离，从而达到分级的目的。最先沉淀的是相对分子质量较大的分子。

11-12 在相平衡理论中，γ^*、f'/f、R、T_c 和 $\chi_{1,c}$ 的物理意义是什么？并讨论 T_c 与溶质的相对分子质量以及 Flory 温度 θ 的关系。

答 在相平衡理论中，γ^* 为沉淀点，是刚刚开始产生相分离时沉淀剂在溶剂-沉淀剂体系中所占的体积分数；f'/f 为聚合物在浓相与稀相的质量分数比；R 为浓相和稀相的体积比；T_c 为临界共溶温度，高于此温度（在通常的压力下）时高分子溶液为均匀的溶液，低于此温度时即分为两相；$\chi_{1,c}$ 为相分离临界点的 χ_1 值。T_c 与 M、θ 的关系：①M 越大，T_c 越高，实验表明 $1/T_c$ 与 $M^{1/2}$ 有线性关系。②θ 温度为相对分子质量趋于无穷大的聚合物的临界共溶温度。

11-13 溶液中溶剂的化学势 μ_1 由下式给出：$\Delta\mu_1 = \mu_1 - \mu_1^0 = RT\left[\ln(1-\phi_2) + \left(1 - \dfrac{1}{x}\right)\phi_2 + \right.$

$\chi_1\phi_2^2$],设 χ_1 与 ϕ_2 无依赖关系,从临界条件求出临界组成 $\phi_{2,c}$ 和 χ_1 的临界值 $\chi_{1,c}$(当聚合度很大时)。

答 高分子溶液发生相分离的临界条件是 $\left(\dfrac{\partial\mu_1}{\partial\phi_2}\right)_{T,p}=0$,$\left(\dfrac{\partial^2\Delta\mu_1}{\partial\phi_2^2}\right)_{T,p}=0$,即

$$\left(\frac{\partial\mu_1}{\partial\phi_2}\right)_{T,p}=RT\left[-\frac{1}{1-\phi_{2,c}}+\left(1-\frac{1}{x}\right)+2\chi_{1,c}\phi_{2,c}\right]=0$$

$$\left(\frac{\partial^2\mu_1}{\partial\phi_2^2}\right)_{T,p}=RT\left[-\frac{1}{(1-\phi_{2,c})^2}+2\chi_{1,c}\right]=0$$

联立上述两个方程,解得 $\phi_{2,c}=\dfrac{1}{1+\sqrt{x}}$,$\chi_{1,c}=\dfrac{1}{2}\left(1+\dfrac{1}{\sqrt{x}}\right)^2$。

11-14 写出高分子溶液相分离的三个临界参数的表达式。

答 $\phi_{2,c}=\dfrac{1}{1+\sqrt{x}}\approx\dfrac{1}{\sqrt{x}}$;$\chi_{1,c}=\dfrac{1}{2}+\dfrac{1}{\sqrt{x}}+\dfrac{1}{2x}\approx\dfrac{1}{2}+\dfrac{1}{\sqrt{x}}$,当相对分子质量很大时 $x\to\infty$,$\chi_{1,c}\to 0.5$;$\dfrac{1}{T_c}=\dfrac{1}{\theta}\left[1+\dfrac{1}{\psi_1}\left(\dfrac{1}{\sqrt{x}}+\dfrac{1}{2x}\right)\right]$。

11-15 θ 温度与临界共溶温度 T_c 有何异同点?

答 θ 温度与 T_c 都是高分子溶液相分离的临界温度。当相对分子质量很大时 $x\to\infty$,$T_c=\theta$,所以 θ 温度是相对分子质量趋于无穷大时聚合物的临界共溶温度。

11-16 如何用高分子溶液发生相分离的方法求 θ 温度?

答 $\chi_{1,c}=\dfrac{1}{2}+\dfrac{1}{\sqrt{x}}+\dfrac{1}{2x}$,$\chi_{1,c}-\dfrac{1}{2}=\dfrac{1}{\sqrt{x}}+\dfrac{1}{2x}$。因为 $\chi_1-\dfrac{1}{2}=\psi_1\left(\dfrac{\theta}{T}-1\right)$,所以 $\psi_1\left(\dfrac{\theta}{T_c}-1\right)=\dfrac{1}{\sqrt{x}}+\dfrac{1}{2x}$,$\dfrac{1}{T_c}=\dfrac{1}{\theta}\left[1+\dfrac{1}{\psi_1}\left(\dfrac{1}{\sqrt{x}}+\dfrac{1}{2x}\right)\right]$。以 $\dfrac{1}{T_c}$ 对 $\left(\dfrac{1}{\sqrt{x}}+\dfrac{1}{2x}\right)$ 作图,从截距求得 θ 温度,从斜率求得 ψ_1。

11-17 描述基于溶解度的三种分级方法,指出每一种方法的优缺点。这三种方法与三个临界参数有什么关系?

答 优缺点:①冷却法沉淀具有在过程中体积不变的优点,但只能用于在室温或稍低于室温时能完全沉淀的聚合物。②溶剂挥发法沉淀具有减少体积的优点,但只能用于挥发性溶剂和具有稳定性的聚合物。③加非溶剂沉淀最普遍使用,但受溶剂/非溶剂体系有效性的限制,并需大量溶剂。

与临界参数的关系:①溶剂挥发法是提高浓度以达到临界浓度的方法。②加非溶剂沉淀是增加 χ_1 值以达到 $\chi_{1,c}$ 的方法,称为沉淀分级(或倒过来做,称为溶解分级)。③冷却法是降温以达到临界共溶温度的方法。

11-18 图 11-11 是 PS-环己烷体系的温度与组成关系的相图。讨论临界共溶温度 T_c 位于曲线上端(高临界共溶温度)的原因。什么情况下会出现低临界共溶温度?

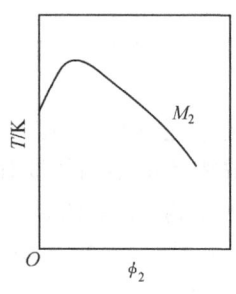

图 11-11 PS-环己烷体系的相图

答 PS-环己烷体系是非极性体系,混合过程吸热 $\Delta H_m>0$,熵增加 $\Delta S_m>0$。在较温度下,$\Delta G_m=\Delta H_m-T\Delta S_m>0$,体系发生

相分离;在较高温度下,$\Delta G_m = \Delta H_m - T\Delta S_m < 0$,体系是均相的。因此 T_c 位于曲线的上端。

对于极性体系,一方面,由于溶剂与聚合物之间有强烈的相互作用,混合过程放热,$\Delta H_m < 0$;另一方面,由于溶剂与聚合物的相互作用,聚合物变得更加伸展,更有序,$\Delta S_m < 0$。因此相图倒转,T_c 位于曲线的下端。

11-19 图 11-12 为不同相对分子质量聚合物溶液的相分离图,请简要说明以下问题:(1) 以曲线 1 为例,说明各相的分布情况;(2) 1、2、3 曲线相应的相对分子质量的大小顺序;(3) 分相后各组成的变化。

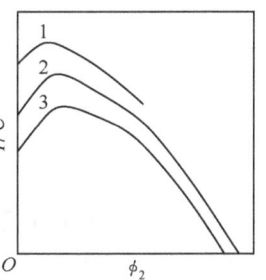

图 11-12 聚合物溶液的相分离图

答 (1) 高于峰值(临界共溶温度 T_c)为均匀溶液,低于时分离为两相;(2) 相对分子质量越大,T_c 越高,所以 1>2>3;(3) 相对分子质量在浓相中所占的比例较大。

11-20 用分级法将某聚乙烯试样分成 10 个级分,并测定了每个级分的质量的特性黏数,数据如下。已知特性黏数与相对分子质量的关系式为 $[\eta] = 1.35 \times 10^{-3} M^{0.63}$。请用习惯法作出该试样的累积质量分布曲线 $I(M)$-M,并用十点法求出其平均相对分子质量 $\overline{M_n}$ 和 $\overline{M_w}$。

级分	w_i	$[\eta]_i$	级分	w_i	$[\eta]_i$
1	0.090	0.18	6	0.164	0.96
2	0.078	0.38	7	0.106	1.31
3	0.054	0.46	8	0.184	1.75
4	0.090	0.57	9	0.034	2.14
5	0.104	0.75	10	0.096	2.51

答 根据 $I_i = \frac{1}{2}w_i + \sum_{j=1}^{i-1} w_j$ 计算,数据整理如下:

级分	w_i	I_i	$M_i \times 10^{-3}$	级分	w_i	I_i	$M_i \times 10^{-3}$
1	0.090	0.045	2.4	6	0.164	0.498	33.6
2	0.078	0.129	7.7	7	0.106	0.693	55.1
3	0.054	0.195	10.5	8	0.184	0.778	87.3
4	0.090	0.267	14.7	9	0.034	0.887	120.1
5	0.104	0.364	22.7	10	0.096	0.952	154.7

作图得图 11-13。

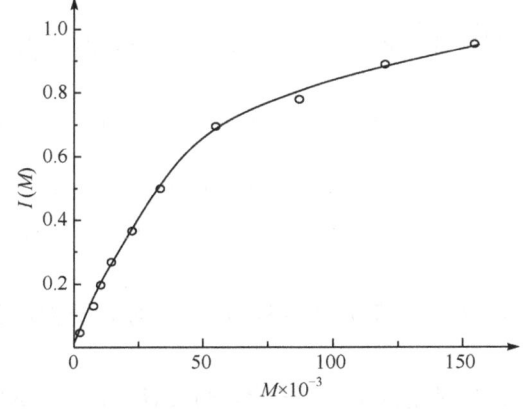

图 11-13 累积质量分布曲线

取十点读 M_i 值：

I_i	0.05	0.15	0.25	0.35	0.45	0.55	0.65	0.75	0.85	0.95
$M_i \times 10^{-3}$	2.4	7.5	14	22	30	42.5	60	81	108	155

$$\overline{M_w} = 0.1 \sum_{i=1}^{10} M_i = 0.1 \times 522.4 \times 10^3 = 5.2 \times 10^4$$

$$\overline{M_n} = \frac{10}{\sum_{i=1}^{10} \frac{1}{M_i}} = \frac{10}{0.768 \times 10^{-3}} = 1.3 \times 10^4$$

11-21 将 50 g 聚合物样品进行分级并用黏度法测定相对分子质量，结果如下：

级分	1	2	3	4	5	6
质量/g	1.5	5.5	22.0	12.0	4.5	1.5
$\overline{M_v}$	2 000	50 000	100 000	200 000	500 000	1 000 000

(1) 假设每个级分都是单分散的，计算 $\overline{M_w}/\overline{M_n}$。(2) 实验测得原来聚合物的 $\overline{M_n}=7000$，说明这个结果和(1)计算的结果之间为什么有差别。至少举出一种原因（提示：这是膜渗透压法的一个缺点）。

答 (1) $\overline{M_n}=4.34\times 10^4$（以 50 g 计），$\overline{M_n}=4.07\times 10^4$（以 47 g 计），$\overline{M_w}=1.72\times 10^5$（以 50 g 计），$\overline{M_w}=1.84\times 10^5$（以 47 g 计），$d=3.96$（以 50 g 计），$d=4.5$（以 47 g 计）。

(2) 把 50 g 聚合物分成 6 个级分，6 个级分的总质量只有 47 g，因此有 3 g 相对分子质量低的组分仍然溶解在分级的溶剂中，这 3 g 低相对分子质量的组分大大降低了 $\overline{M_n}$ 值。

11-22 试从 $\dfrac{\overline{V_x''}}{\overline{V_x'}} = e^{\sigma x}$、$f_x' = \dfrac{1}{1+Re^{\sigma x}}$ 和 $f_x'' = \dfrac{Re^{\sigma x}}{1+Re^{\sigma x}}$ 讨论提高分级效率的方法。

答 $f_x'/f_x'' = Re^{\sigma x}$。①降低温度提高了 χ_1 值，从而增加了 σ，提高了分级效率。②加入沉淀剂提高了 χ_1 值，从而增加了 σ，也提高了分级效率。

11-23 试由 Flory-Huggins 高分子溶液理论导出相分离时，浓度函数的表达式为 $f_x = \dfrac{w_x}{w_x+w_x'} = \dfrac{1}{1+Re^{\sigma x}}$，$f_x' = \dfrac{w_x'}{w_x+w_x'} = \dfrac{Re^{\sigma x}}{1+Re^{\sigma x}}$。讨论：(1) 在分级操作中，不可能使稀相中 x 聚体的质量分数为零 ($f_x \neq 0$)；(2) 分级时控制浓相与稀相的体积比 $R=V'/V$ 越小越好。

答 在 $f_x'/f_x = Re^{\sigma x}$ 和 $R=V'/V$ 中，(1) 由于 $x \gg 1$，$\sigma \equiv 2\chi_1(\phi_1 - \phi_1') - \ln\dfrac{\phi_1}{\phi_1'} > 0$，即 $e^{\sigma x} > 1$，而 $R = V'/V < 1$，即 $Re^{\sigma x} \neq 0$，即 $f_x \neq 0$；(2) 由于 $R = V'/V \ll 1$，则 $f_x' = \dfrac{1}{(1/R)e^{-\sigma x}+1}$ 中的 $e^{-\sigma x}$ 项，对于 $x \to \infty$ 的大分子，则 $e^{-\sigma x} \to 0$，即 $f_x' \to 1$，说明大分子集中于浓相；对于聚合度 (x) 不太大的分子，$e^{-\sigma x} > 0$，即 $f_x' < 1$，说明小分子在浓相中少，而且 $R=V'/V$ 的值越小，上述情况越明显。

11-24 当聚合物用沉淀法从溶液中分离时，它的相对分子质量分布是否可能改变？

答 可能改变。

11-25 今有 PS 试样由下列级分组成，试计算 $\overline{M_n}$、$\overline{M_w}$，并根据 $\overline{M_w}/\overline{M_n}$ 判断相对分子质量分布情况。

级分	1	2	3	4
质量分数	0.15	0.35	0.30	0.20
相对分子质量	12 000	21 000	35 000	49 000

答 $\overline{M_n}=2.39\times10^4, \overline{M_w}=2.95\times10^4, \overline{M_w}/\overline{M_n}=1.23$。

11-26 已知某聚合物分级数据如下，求 $\overline{M_n}$、$\overline{M_w}$、$\overline{M_z}$，并画出 $I(M)$、$W(M)$、$N(M)$ 曲线。

级分	1	2	3	4	5
质量分数	0.1	0.2	0.4	0.2	0.1
相对分子质量	1.0×10^4	1.5×10^4	2.0×10^4	3.0×10^4	4.0×10^4

答 $\overline{M_n}=19\,049, \overline{M_w}=22\,000, \overline{M_z}=25\,227$；$I_1=0.05, I_2=0.2, I_3=0.5, I_4=0.8, I_5=0.95$；$N_1=0.190, N_2=0.254, N_3=0.381, N_4=0.127, N_5=0.048$。图略。

11-27 将 17.35 g 间同聚丙烯酸异丁酯从 100 ℃氯仿中沉淀进行分级，结果如下。画出该聚合物的累积（积分）质量分布曲线和微分质量分布曲线。假定每个级分内分布是对称的，级分 14 中有 0.32 g 的相对分子质量低于 0.146×10^6。

级分	1	2	3	4	5	6	7
质量/g	0.32	2.03	1.21	1.50	0.87	2.32	1.51
$M\times10^{-6}$	2.58	2.31	2.16	1.69	1.31	1.15	0.946
级分	8	9	10	11	12	13	14
质量/g	1.93	1.30	1.50	0.92	0.55	0.76	0.63
$M\times10^{-6}$	0.798	0.737	0.557	0.441	0.325	0.236	0.146

答 积分质量分布曲线上的拐点和微分质量分布曲线上的极大值应出现在约 0.8×10^6，这是最可几值。

11.3 凝胶色谱法

11.3.1 原理、仪器和实验条件

11-28 简要说明凝胶色谱法测定聚合物相对分子质量分布的基本原理，绘出分离原理的示意图。

答 凝胶色谱法（gel permeation chromatography，GPC）是目前应用最广泛的方法。一般认为是体积排除机理，因而又称为体积排除色谱法（SEC）。当试样随淋洗溶剂进入柱子后，溶质分子即向多孔性凝胶的内部孔洞扩散。较小的分子除能进入大的孔外，还能进入较小的孔，而较大的分子只能进入较大的孔，甚至完全不能进入孔洞而先被淋洗出来。因而尺寸大的分子先被淋洗出来，尺寸小的分子较晚被淋洗出来，分子尺寸按从大到小的次序进行分离（图 11-14）。

11-29 如何测定某 GPC 柱的空隙体积？

答 在 GPC 标定曲线上，聚合物刚开始流出的保留体积 V_0 就是凝胶的空隙体积。

11-30 为什么可以在同一套柱子上分离几种不同的聚合物样品？

答 因为机理是体积排除，即按流体力学体积分离，一般与聚合物的结构无关。

11-31 同样相对分子质量的线型分子和支化分子哪个先流出色谱柱？采用 GPC 技术能否将相对分子质量相同的线型 PE 和支化 PE 分开？为什么？

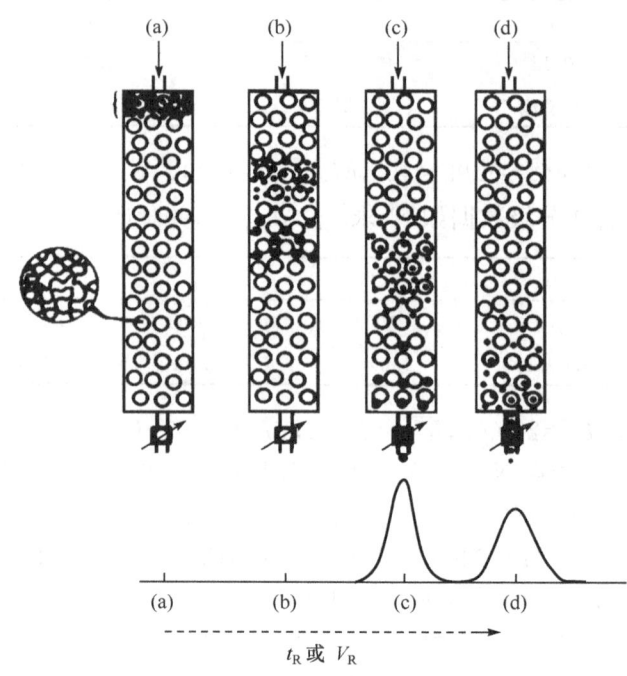

图 11-14 GPC 分离过程示意图
(a) 进样；(b) 淋洗过程中的尺寸排除；(c) 大尺寸分子首先被淋洗出来；(d) 小尺寸分子被淋洗出来

答 线型分子先流出。能，因为支化高分子的流体力学体积较小。

11-32 用激光小角光散射测得 PS 的 A、B 两试样的相对分子质量为 $M_A = 3.9 \times 10^5$，$M_B = 2.0 \times 10^5$，而用 GPC 测得 $M_A = 3.9 \times 10^5$，$M_B = 1.97 \times 10^5$，判断试样是线型或支化。

答 A 为线型(因为结果一致)。B 为小支化，支化使流出体积变小，因此相对分子质量偏低。

11-33 聚合物 A 是活性聚合物，聚合物 B 与聚合物 A 混合时可能会形成嵌段共聚物，也可能会形成两者的共混物。已知 A 的相对分子质量为 100 000，B 的相对分子质量为 15 000。设计一个 GPC 实验，区别：(1) 100% 嵌段共聚物；(2) 100% 共混物；(3) 50% 嵌段共聚物和 50% 共混物。画出可能产生的 GPC 图。

答 (1) 应出现单峰，相对分子质量应大于 100 000；(2) 应出现相对分子质量为 15 000 和 100 000 的双峰；(3) 应出现相对分子质量分别为 15 000、100 000 和大于 100 000 的三重峰。图略。

11-34 试比较经典分级法、凝胶色谱法和超速离心沉降法这三种测定相对分子质量分布方法的优缺点。

答 (1) 经典分级法。优点：所需仪器设备简单、便宜、技术较易掌握；能适应各种情况(如高温等)的特殊要求；能直接观察到聚合物的溶解和沉淀过程；能一次制备较大量的级分样品(现制备型凝胶色谱也能做到这点)。缺点：费时较长，实验步骤烦琐；分级效率不高；如果操作不够细微，难免损失部分聚合物，影响分级质量。

(2) 凝胶色谱法。优点：操作简便，测定周期短；数据可靠，重现性好；需样品量少，灵敏度高，是目前应用最广的方法。缺点：仪器成本较高；校正困难。

(3) 超速离心沉降法。优点：适合研究结构紧密的蛋白质分子。缺点：耗时长，成本高，不易操作。

11-35 现有一种聚合物试样,估计其相对分子质量较大(接近 1×10^5),且相对分子质量分布较宽($1\times10^3\sim1\times10^5$)。欲准确测定其数均相对分子质量,能否采用气相渗透压法、膜渗透压法和凝胶色谱法?为什么?

答 用凝胶色谱法是合适的。其原因如下:

(1) 气相渗透压法是根据高分子溶液的依数性测定相对分子质量。相同质量的聚合物,其相对分子质量大的分子个数少,则产生的凝聚热小,产生的温差(ΔT)小。ΔT 越小,测定结果越不准确。所以,气相渗透压法测相对分子质量的上限由测试技术决定,而下限则由试样的挥发性决定。除低聚物外,大多数聚合物是无气态的,因此不存在下限的问题。关键是 ΔT 的测量精度有限,所以存在测定上限 3×10^4。本试样的相对分子质量高于上限,因此测不准。

(2) 膜渗透压法同样也是根据高分子溶液的依数性测相对分子质量,其上限由渗透压测定的准确度决定,下限由膜的性质决定。一定质量的聚合物,相对分子质量越大,分子个数越少,渗透压越小,越不容易测得精确;又由于相对分子质量大,达到渗透平衡的时间长,往往有可能在还未真正达到平衡时就测渗透压,造成渗透压测定不准确。相反,相对分子质量太小,小到能透过半透膜,也造成渗透压的测定不准确。显然,本试样的相对分子质量低于该方法的下限(1×10^4),不易测得准确。

(3) 凝胶色谱法:在凝胶色谱中,淋洗体积 V_e 与相对分子质量的关系式为 $\log M = A' - B'V_e$,式中,A'、B' 为常数,与溶质、溶剂、温度、载体(又称担体)及仪器结构有关。$\log M$-V_e 关系只有一段范围内呈直线,线性范围即为凝胶的分离范围,这个范围取决于载体凝胶的结构。本试样的相对分子质量及其分布并没有超过一般凝胶色谱的测定范围($1\times10^4\sim1\times10^7$),所以采用凝胶色谱法是合适的。

11-36 某 PMMA 试样,今欲对其进行凝胶色谱测定,应选择何种溶剂?

答 可选择四氢呋喃(THF),它是通用的溶剂,适用于大多数聚合物。如果为不溶于 THF 的聚合物,还有甲苯、氯仿、DMF、DMSO 和水等溶剂可选择。但是换溶剂和之后的校准都很麻烦,尽量用通用溶剂 THF。

11-37 现有某聚乙烯试样,欲采用凝胶色谱法测定其相对分子质量和相对分子质量分布:(1)能否选择凝胶色谱法的常用溶剂四氢呋喃?如果不行,应该选择何种溶剂?(2)常温下能否进行测定?为什么?

答 (1) 不行,可选甲苯。(2) 不能,应在 105 ℃测定,因为 PE 极易结晶。

11.3.2 校准曲线与相对分子质量的计算

11-38 什么是 GPC 校准曲线?

答 GPC 得到的原始曲线是洗出体积(又称洗脱体积、淋洗体积和保留体积)V_e 与仪器响应值(常用示差折光检测器,其响应值为 Δn)的关系。Δn 值经归一化后得质量分数:$W_i = \dfrac{\Delta n_i}{\sum \Delta n_i}$。$V_e$ 还必须转换成相对分子质量才能成为分布曲线。根据分离机理 $\log M = A - BV_e$,利用一组已知相对分子质量的标样测得 V_e,以 $\log M$ 对 V_e 作图得校准曲线。

11-39 GPC 中平均相对分子质量的求法有哪几种?各有什么优点?

(1) 定义法。由于 GPC 的级分数很多(>20),可以直接代入定义式计算。

$$\overline{M}_w = \sum W_i M_i = \frac{\sum H_i M_i}{\sum H_i} \qquad \overline{M}_n = \left(\sum \frac{W_i}{M_i}\right)^{-1} = \frac{\sum H_i}{\sum \dfrac{H_i}{M_i}}$$

式中，H_i 为检测器的响应值。此法的优点是适用于任何形状的 GPC 谱图。

（2）函数适应法（与基于溶解度的分级不同，这里利用正态分布函数）。许多聚合物的 GPC 谱图是对称的，接近高斯分布，可用正态分布函数描述：$W(V_e)=\dfrac{1}{\sigma\sqrt{2\pi}}\exp[-(V_e-V_p)^2/2\sigma^2]$，式中，$\sigma$ 为标准方差，等于半峰宽的 $1/2$，近似等于峰底宽的 $1/4$，V_p 为峰值处的洗出体积。

$$\overline{M_w}=M_p\exp(\sigma^2 B'^2/2) \qquad \overline{M_n}=M_p\exp(-\sigma^2 B'^2/2) \qquad d=\exp(\sigma^2 B'^2)$$

式中，B' 为以自然对数为底的校准曲线斜率，即 $B'=2.303B$。此法的优点是不必把响应值归一化处理成质量分数，直接利用 GPC 原始谱图的峰宽和峰值即可计算。

11-40 已知 GPC 测定结果如下，用定义法求 $\overline{M_n}$、$\overline{M_w}$ 和多分散系数。

V_e	26	34	39	44	48
H_i	0.1	0.6	0.8	0.5	0.1
M_i	50 000	20 000	9 000	5 000	3 000

答 $\overline{M_w}=\dfrac{\sum H_i M_i}{\sum H_i}=1.29\times 10^4$，$\overline{M_n}=\dfrac{\sum H_i}{\sum \dfrac{H_i}{M_i}}=8.26\times 10^3$，$d=1.56$。

11-41 PS 的 GPC 测定结果如下，用定义法求 $\overline{M_w}$、$\overline{M_n}$ 和 d，并根据 d 判断其可能的合成机理。

V_e	1	2	3	4
H_i	0.6	5.4	4.8	1.2
M_i	14 000	23 000	34 000	46 000

答 $\overline{M_n}=\dfrac{\sum H_i}{\sum \dfrac{H_i}{M_i}}=2.70\times 10^4$，$\overline{M_w}=\dfrac{\sum H_i M_i}{\sum H_i}=2.93\times 10^4$，$d=1.08$。分布如此窄，可能是阴离子活性聚合的产物。

11-42 一种聚苯乙烯试样于室温下的甲苯溶剂中做 GPC 分级实验，数据如下。若不考虑峰加宽效应改正，试用定义法求出该试样的 $\overline{M_w}$、$\overline{M_n}$ 和 d。

V_e	$M_i\times 10^{-3}$	H_i	$\dfrac{H_i}{\sum H_i}=W_i$	$W_i M_i$	$\dfrac{W_i}{M_i}\times 10^5$
29	260	0.014	0.007	1 820	0.002 7
30	140	0.020	0.010	1 400	0.007 1
31	76	0.350	0.169	12 800	0.222 0
32	41	0.550	0.266	10 906	0.648 0
33	21.4	0.550	0.266	5 825	1.215 0
34	11.7	0.390	0.189	2 211	1.625 0
35	6.32	0.151	0.073	461	1.155 0
36	3.40	0.037	0.018	61	0.529 0
37	1.82	0.005	0.002	4	0.109 8
共计		2.067	1.000	35 532	5.514

答 $\overline{M}_n = \dfrac{\sum H_i}{\sum \dfrac{H_i}{M_i}} = \dfrac{1}{\sum \dfrac{W_i}{M_i}} = 1.81 \times 10^4$,$\overline{M}_w = \dfrac{\sum H_i M_i}{\sum H_i} = \sum W_i M_i = 3.55 \times 10^4$,$d = 1.95$。

11-43 PS 的四氢呋喃溶液用 GPC 测定,得 $\log M = -0.1605 V_e + 10.6402$,求 $\overline{M}_n$、$\overline{M}_w$ 和 d。

V_e	33	34	35	36	37	38	39	40	41
H_i	6.0	38.0	39.5	24.5	11.0	5.0	2.5	1.0	0.5

答 $W_i = \dfrac{H_i}{\sum\limits_{i=1}^{\infty} H_i}$,$\overline{M}_n = \dfrac{1}{\sum\limits_{i=1}^{\infty} \dfrac{W_i}{M_i}} = \dfrac{1}{\sum\limits_{i=1}^{\infty} [(H_i/\sum H_i)/M_i]}$,$\overline{M}_w = \sum\limits_{i=1}^{\infty}(W_i M_i) = \sum\limits_{i=1}^{\infty}\left[\dfrac{H_i}{\sum H_i} M_i\right]$。

$H_i/\sum H_i$	0.0469	0.2969	0.3086	0.1914	0.0859	0.0391	0.0195	0.0078	0.0039
$M_i \times 10^{-5}$	2.206	1.525	1.054	0.7281	0.5032	0.3477	0.2403	0.1660	0.114

$\overline{M}_n = \dfrac{10^5}{1.2171} = 8.22 \times 10^4$,$\overline{M}_w = 1.0839 \times 10^5 = 10.8 \times 10^4$,$d = \overline{M}_w/\overline{M}_n = 1.31$。

11-44 今有一组聚砜标样,以二氯乙烷为溶剂,在 25 ℃测定 GPC 谱图,其相对分子质量 M 与洗出体积 V_e 数据如下:

$M \times 10^{-4}$	38.5	27.4	22.0	10.6	7.12	4.50
V_e(级分序号)	18.2	18.2	18.5	20.8	21.8	23.6
$M \times 10^{-4}$	2.55	1.95	1.29	0.75	0.51	
V_e(级分序号)	25.0	26.4	27.7	29.2	29.6	

(1) 由以上数据作 $\log M$-V_e 标定曲线,求出该色谱柱的死体积 V_0 和分离范围;(2) 求出标定方程 $\log M = A - BV_e$ 中的常数 A 和 B;(3) 求在同样条件下测得的洗出体积为 21.2 的单分散聚砜试样的相对分子质量。

答 $\log M$-V_e 标定曲线如图 11-15 所示。

$\log M$	5.59	5.44	5.34	5.03	4.85	4.65	4.41	4.29	4.11	3.88	3.71
V_e	18.2	18.2	18.5	20.4	21.8	23.6	25.0	26.4	27.7	29.2	29.6

$V_0 = 18.2$,分离范围 $0.75 \times 10^4 \sim 27.4 \times 10^4$($M$,相对分子质量),用最小二乘法处理数据(取从第 3 到第 10 点的直线。直线两头的拐弯是因为相对分子质量太大的部分被完全排斥而相对分子质量太小的完全渗透),先求平均值 $\overline{V}_e = 24.125$ 和 $\overline{\log M} = 4.57$,从直线的斜率得 $B = 0.134$,则

$$A = \overline{\log M} + B\overline{V}_e = 4.57 + 0.134 \times 24.125 = 7.803$$

所以校准方程为 $\log M = 7.803 - 0.134 V_e$,当 $V_e = 21.2$ 时,$M = 9.2 \times 10^4$($\log M = 4.96$)。

11-45 有一多分散聚砜试样,在与 11-44 题相同的条件下所测得的淋洗谱图如图 11-16(a)

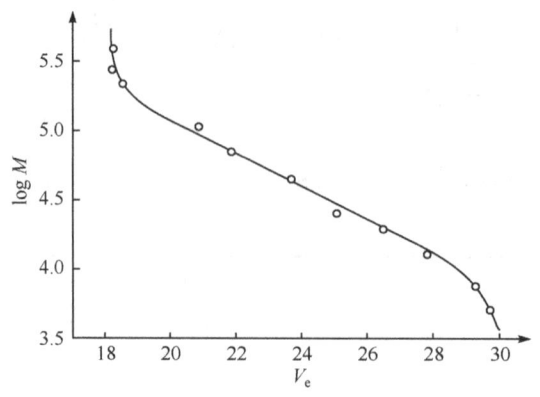

图 11-15 log$M$-V_e 标定曲线

所示,正庚烷的谱图如图 11-16(b)所示。假定相对分子质量的质量分布函数符合对数正态分布,请计算此聚砜试样的 $\overline{M_n}$、$\overline{M_w}$ 和 d,并求色谱柱效(已知柱长为 2.24 m)。

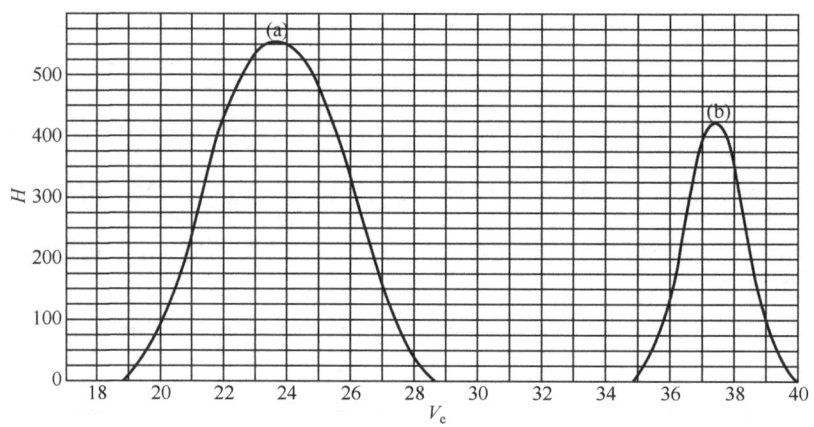

图 11-16 聚砜试样(a)和正庚烷(b)的淋洗谱图

答 从图 11-16 中读出 $V_p=23.7$,$\sigma=8.3/4=2.075$,因为 $\log M=7.803-0.134V_e$(11-44 题结果),所以 $M_p=42\,384$,$-B'=-2.303B=2.303\times 0.134=0.3086$。

$$\overline{M_w^*}=M_p\exp(\sigma^2 B'^2/2)=42\,384\times\exp(2.075\times 0.3086^2/2)=52\,029$$

$$\overline{M_n^*}=M_p\exp(-\sigma^2 B'^2/2)=42\,384\times\exp(-2.075\times 0.3086^2/2)=32\,577$$

考虑加宽效应,$G=\exp(-\sigma_0^2 B'^2/2)=\exp\left[\left(\dfrac{3.8}{2}\right)^2\times 0.3086^2/2\right]=1.0488$

$$\overline{M_w}=52\,029/G=49\,608 \qquad \overline{M_n}=32\,577 G=34\,167$$

理论塔板高度 $\mathrm{HETP}=\dfrac{L}{16}\left(\dfrac{W}{V_e}\right)^2=\dfrac{2.24}{16}\times\left(\dfrac{3.8}{37.4}\right)^2=0.0014\,(\mathrm{m})$

注:①峰宽 W 以切线与横坐标的交点为准。②对单分散的正庚烷 $V_p=37.4$,$W=3.8$。③计算柱效时 W 不能用高分子的峰宽代入。

11-46 将 11-45 题中聚砜的 GPC 谱图以序数为单位切割成 10 个级分,读得各个级分的谱线高度 H_i 如下。根据上两题的校准曲线求各级分的相对分子质量,并计算试样的 $\overline{M_n}$、$\overline{M_w}$ 和 d(不考虑加宽效应)。

V_e	18	19	20	21	22	23	24	25	26	27	28	29
H_i	0	8	93	235	425	535	550	480	325	150	38	0

答

V_e	19	20	21	22	23	24	25	26	27	28
$M_i \times 10^{-5}$	1.71	1.33	0.975	0.716	0.526	0.386	0.284	0.208	0.153	0.112

$$\overline{M_w} = \frac{\sum H_i M_i}{\sum H_i} = 4.92 \times 10^4, \quad \overline{M_n} = \frac{\sum H_i}{\sum \frac{H_i}{M_i}} = 3.58 \times 10^4, \quad d = 1.37。$$

11-47 假定 GPC 谱图符合正态分布，证明：(1) 当以 V_e 为横坐标时，$M_p = (\overline{M_n} \overline{M_w})^{1/2}$；(2) 峰值相对分子质量 $M_{max} = M_p \exp(-\beta^2/2)$。

证 (1) 因为 $\overline{M_w} = M_p \exp(\beta^2/4)$，$\overline{M_n} = M_p \exp(-\beta^2/4)$，所以 $(\overline{M_n} \overline{M_w})^{1/2} = [M_p \exp(-\beta^2/4) M_p \exp(\beta^2/4)]^{1/2} = M_p$；(2) $W(M) = \frac{1}{\beta \sqrt{\pi}} \frac{1}{M} \exp\left[-\frac{1}{\beta^2} \ln^2(M/M_p)\right]$，令 $\frac{dW(M)}{dM} = 0$，则

$$\frac{dW(M)}{dM} = \frac{1}{\beta \sqrt{\pi}} \left\{ -\frac{1}{M^2} \exp\left[-\frac{1}{\beta^2} \ln^2(M/M_p)\right] \right.$$
$$\left. + \frac{1}{M} \exp\left[-\frac{1}{\beta^2} \ln^2(M/M_p)\right] \left(-\frac{1}{\beta^2}\right)\left(2\ln \frac{M}{M_p}\right) \frac{M_p}{M} \frac{1}{M_p} \right\}$$
$$= 0$$

即 $-1 - \frac{2}{\beta^2} \ln \frac{M}{M_p} = 0$，所以 $\ln \frac{M}{M_p} = -\frac{\beta^2}{2}$，$M_{max} = M_p \exp(-\beta^2/2)$。

11-48 H_i 是 GPC 谱图的纵坐标读数，在计算级分的质量分数时，通常可以用 $W_i = H_i / \sum H_i$，采用此式的充分必要条件是什么？并证明 $\overline{M_n} = \sum H_i / (\sum H_i / M_i)$，$\overline{M_w} = \sum H_i M_i / \sum H_i$。

答 充要条件是当级分数足够多时，且各级分溶液等体积，H_i 比例于浓度。因为各级分等体积，所以 w_i 与浓度成正比。$w_i = k'C_i$，又因为 H_i 比例于 C_i，所以 $w_i = k H_i$，则

$$W_i = \frac{w_i}{\sum w_i} = \frac{k H_i}{\sum k H_i} = \frac{H_i}{\sum H_i}$$

$$\overline{M_w} = \sum W_i M_i = \sum \frac{H_i}{\sum H_i} M_i = \frac{\sum H_i M_i}{\sum H_i}$$

$$\overline{M_n} = \frac{1}{\sum \frac{W_i}{M_i}} = \frac{1}{\sum \frac{H_i}{M_i \sum H_i}} = \frac{\sum H_i}{\sum \frac{H_i}{M_i}}$$

注：$\sum_i H_i$ 是与 i 无关的数。

11-49 讨论图 11-17 中 GPC 校正曲线向上拐弯的物理意义。

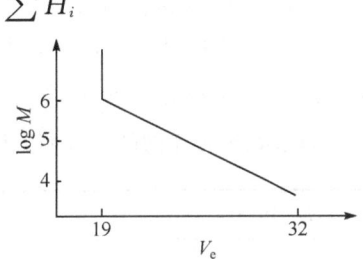

图 11-17 GPC 校正曲线示意图

答 相对分子质量在曲线的拐点以上时，由于分子大于凝胶孔径，而以相同的速度从凝胶间的空隙流出柱体，所以都得到同一流出体积。

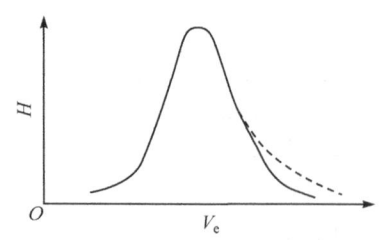

图 11-18 某聚合物两次实验的 GPC 曲线

11-50 将同一种聚合物进行 GPC 分级时，在相同条件下，实验发现由于某种偶然原因，在两次实验中获得 GPC 曲线尾端稍有不同（图 11-18）。试讨论按照这两种 GPC 曲线求得的试样平均相对分子质量将会出现怎样的差别。

答 虚线部分会使平均相对分子质量的计算值偏低。而且小相对分子质量部分对 $\overline{M_w}$ 的贡献小，对 $\overline{M_n}$ 的贡献较大，所以预计 $\overline{M_n}$ 的偏差会更大。

11.3.3 普适校准曲线

11-51 什么是普适校准？写出普适校准的换算公式。

答 不同高分子尽管相对分子质量相同，但体积不一定相同。用一种高分子（常用阴离子聚合的窄分布聚苯乙烯作标样）测得的校准曲线不能用于校准其他高分子。必须找到相对分子质量与体积的关系。人们发现高分子的 $[\eta]M$（称为流体力学体积）相同，洗出体积就相同，以 $[\eta]M$ 对 V_e 作图所得的曲线称为普适校准曲线。从一种聚合物的相对分子质量可以利用下列关系式计算另一种聚合物的相对分子质量。因为 $[\eta]_1 M_1 = [\eta]_2 M_2$，$[\eta]_1 = K_1 M_1^{a_1}$，$[\eta]_2 = K_2 M_2^{a_2}$，所以 $\log M_2 = \dfrac{1+a_1}{1+a_2}\log M_1 + \dfrac{1}{1+a_2}\log \dfrac{K_1}{K_2}$。

11-52 试说明在 GPC 普适校准中，所用到的量 $[\eta]M$ 是一个表征高分子在溶液中体积大小的物理量，并指出如何获得这一物理量。

答 根据 Einstein 公式，$[\eta] = 2.5 N_A \dfrac{V_h}{M}$，式中，$V_h$ 为流体力学体积，则 $[\eta]M = 2.5 N_A V_h$。因此 $[\eta]M$ 具有体积的量纲，它应与洗出体积 V_e 成正比，从而任一高分子通过测定 V_e，从工作曲线（普适校准曲线）上可以得到其 $[\eta]M$ 值。

11-53 用 GPC 法测定聚合物相对分子质量为什么要用标样进行标定？若进行普适标定，需知道标样和试样的哪些参数？

答 用 GPC 法测定聚合物相对分子质量依据的原理是 $\ln M = A - BV_e$，式中，A、B 为常数，其值与溶质、溶剂、温度、载体及仪器结构有关。因此，在测定之前，必须用已知相对分子质量的标样进行标定，以得到特定条件下的 A、B 值。

若要进行普适标定，除需知道标样的相对分子质量外，还需要知道标样和待测样品的 MH 方程中的常数 K、a 的值。

11-54 用简易 GPC 测定某聚合物试样的相对分子质量分布，洗出体积 V_e 已由普适校准曲线换算成相对分子质量，浓度读数 H_i 和级分的相对分子质量 M_i 如下。若不考虑加宽效应改正，试求该聚合物的 $\overline{M_n}$、$\overline{M_w}$ 和多分散系数 d。

$M_i \times 10^{-4}$	20.0	16.0	11.0	8.00	6.00	5.00	3.50	2.50	2.00	1.20
H_i	5	50	150	250	400	410	300	200	70	20

答 $\overline{M}_n = \dfrac{\sum H_i}{\sum \dfrac{H_i}{M_i}} = 4.48\times 10^4$，$\overline{M}_w = \dfrac{\sum H_i M_i}{\sum H_i} = 5.78\times 10^4$，$d = 1.29$。

注意：此题表明，洗出体积 V_e 换算成 M_i 的过程，无论是由一般的校准曲线还是由普适校准曲线，计算聚合物相对分子质量的方法并没有区别。

11-55 PS 试样有工作曲线 $\log([\eta]M) = -0.2352V_e + 12.7072$。以相同 GPC，同一温度和溶剂测定 PMMA 试样，$[\eta]$ 和 M 的关系已知为 $[\eta] = 6.27\times 10^5 M^{0.76}$，导出 PMMA 的 M-V_e 关系式。

答 将后一式两边乘以 M，$[\eta]M = 6.27\times 10^5 M^{1.76}$，代入前一式，得 $\log M = -0.1336 V_e + 9.6079$。

11-56 PS 标样 25 ℃在四氢呋喃中的特性黏数和 GPC 淋洗体积的数据如下：

$\overline{M}_w \times 10^{-3}$	867	411	173	98.2	51	19.85	10.3	5.0
$[\eta]/(\text{cm}^3\cdot\text{g}^{-1})$	206.7	125.0	67.0	43.3	27.6	14.0	8.8	5.2
$V_e \times \dfrac{1}{5}/\text{cm}^3$	29.8	31.4	35.4	37.3	39.9	43.8	46.8	50.7

聚溴乙烯(PVB)在四氢呋喃中 25 ℃下的 $K = 1.59\times 10^{-2}\ \text{cm}^3\cdot\text{g}^{-1}$，$a = 0.64$，作 PVB 的 GPC 校准曲线（$\log \overline{M}_w$-$V_e$ 曲线）。

答 因为 $[\eta]_{\text{PVB}} = K M^a_{\text{PVB}}$，所以 $[\eta]_{\text{PVB}} M_{\text{PVB}} = K M^{a+1}_{\text{PVB}}$，又因为 $[\eta]_{\text{PS}} M_{\text{PS}} = [\eta]_{\text{PVB}} M_{\text{PVB}}$，所以 $[\eta]_{\text{PS}} M_{\text{PS}} = K M^{a+1}_{\text{PVB}} = 1.59\times 10^{-2} M^{1.64}_{\text{PVB}}$，$\log[\eta]_{\text{PS}} + \log M_{\text{PS}} = -1.8 + 1.64\log M_{\text{PVB}}$，根据此式可求得 $\log M_{\text{PVB}}$。

V_e	29.8	31.4	35.4	37.3	39.9	43.8	46.8	50.7
$\log M_{\text{PVB}}$	6.13	5.80	5.40	5.10	4.85	4.42	4.12	3.79

以 $\log \overline{M}_w$ 对 V_e 作图（图略），标准曲线方程为 $\log \overline{M}_w = 9.2 - 0.022 V_e$。

11-57 在 11-56 题中如果聚溴乙烯溶解在四氢呋喃中，以 $2\ \text{cm}^3\cdot\text{min}^{-1}$ 的流速经过 GPC 柱，以折射率差对保留时间作图，结果是一个宽峰，峰最大值的保留时间为 90 min，根据峰最大值计算 PVB 样品的平均相对分子质量。

答 峰值处的淋洗体积为 $90\times 2 = 180\ (\text{cm}^3)$，代入 11-56 题的校准方程
$$\log \overline{M}_w = 9.2 - 0.022 V_e = 9.2 - 0.022\times 180 = 5.24 \qquad \overline{M}_w = 1.7\times 10^5$$

11.3.4 峰加宽效应和柱效

11-58 什么是峰加宽效应？如何改正？

答 对于单分散样品，GPC 谱图理应是条谱线，但实际上仍是一个窄峰，峰加宽的原因是多流路效应、纵向分子扩散、孔洞中的扩散和吸附效应等。改正加宽效应的方法常用改正因子 G。

$$\sigma^{*2}(\text{表观方差}) = \sigma^2(\text{实际方差}) + \sigma_0^2(\text{加宽方差})$$

$$\overline{M}_w = M_p \exp(\sigma^{*2} B'^2/2)\cdot \exp(-\sigma_0^2 B'^2/2) \qquad \overline{M}_n = M_p \exp(-\sigma^{*2} B'^2/2)\cdot \exp(\sigma_0^2 B'^2/2)$$

$$d = \exp(\sigma^{*2} B'^2)\cdot \exp(-\sigma_0^2 B'^2)$$

令 $G=\exp(\sigma_0^2 B'^2/2)$，则 $\overline{M_w}=\overline{M_w^*}/G$，$\overline{M_n}=\overline{M_n^*}G$，$d=d^*/G^2$。利用低分子化合物（如邻二氯苯、甲基红、亚甲基蓝等）的 GPC 谱图峰宽的 $1/4$ 为 σ_0，求得 G。

11-59 用凝胶渗透色谱测定相对分子质量分布，对于窄分布的样品 $\overline{M_n}$ 和 $\overline{M_w}$ 与经典方法一致，但对于宽分布的样品，通常有很大差别，原因何在？

答 ①加宽效应。②作为担体的凝胶有一定的分离极限，相对分子质量太大或太小都不能得到分离。

11-60 若所使用的 GPC 柱效较低时，应该怎样进行数据处理？为什么？

答 应考虑对加宽效应进行改正。峰加宽的原因见 11-58 题。

11-61 GPC 中理论塔板高度（HETP）和每米的塔板数有什么关系？

答 柱效定义为理论塔板高度（HETP）等于理论塔板数 N 的倒数，$\text{HETP}=1/N$，$N=\dfrac{16}{L}\left(\dfrac{V_e}{W}\right)^2$，式中，$L$ 为柱长，W 为峰宽。

11-62 用简易 GPC 测定某聚乙酸乙烯酯的数据如下：

V_e	13	14	15	16	17	18	19	20	21	22	23
H_i	0	0.01	0.06	0.13	0.22	0.29	0.25	0.16	0.10	0.04	0

已知校准方程为 $\log M=9.13-0.204 V_e$。(1) 分别用定义法和函数适应法计算 $\overline{M_n}$ 和 $\overline{M_w}$。(2) 若测得 $\sigma_0=0.9$，考虑加宽效应改正后按定义法计算 $\overline{M_n}$ 和 $\overline{M_w}$。

答 (1) 定义法公式：$\overline{M_w}=\dfrac{\sum H_i M_i}{\sum H_i}$，$\overline{M_n}=\dfrac{\sum H_i}{\sum \dfrac{H_i}{M_i}}$。函数适应法公式：$\overline{M_w}=M_p\exp(\sigma^2 B'^2/2)$，$\overline{M_n}=M_p\exp(-\sigma^2 B'^2/2)$，式中，$\sigma$ 为标准方差，等于半峰宽的 $1/2$，B' 为以自然对数为底的校准曲线斜率，即 $B'=2.303B=2.303\times(-0.204)$。代入计算得到：定义法 $\overline{M_n}=1.9\times 10^5$，$\overline{M_w}=3.7\times 10^5$；函数适应法 $\overline{M_n}=1.9\times 10^5$，$\overline{M_w}=3.7\times 10^5$。由于本实验曲线是正态分布型的，因此函数适应法与定义法相符较好。

(2) 加宽效应改正后，定义法 $\overline{M_n}=2.0\times 10^5$，$\overline{M_w}=3.4\times 10^5$。

11-63 用 GPC 于 25 ℃测得聚苯乙烯-甲苯溶液的相对分子质量-洗出体积校准方程为 $\log M=9.690-0.1941 V_e(\text{cm}^3)$，谱图的峰体积为 21 cm³，峰宽 $W=9.6$ cm³，同时测得正庚烷试样的峰宽为 2.8 cm³，假定正庚烷的谱图代表仪器的加宽效应，求此聚苯乙烯试样的 $\overline{M_w}$、$\overline{M_n}$ 和 d 值。

答 $\log M_p=9.690-0.1941\times 21=5.6139$，$M_p=411\,055$，$\sigma^*=9.6/4=2.4\,(\text{cm}^3)$，$\sigma_0=2.8/4=0.7\,(\text{cm}^3)$，$B'=-0.1941\times 2.303=-0.4470$，则

$$\overline{M_w}=M_p\exp(\sigma^{*2}B'^2/2)\cdot\exp(-\sigma_0^2 B'^2/2)$$
$$=411\,055\exp(2.4^2\times 0.447^2/2)\cdot\exp(-0.7^2\times 0.447^2/2)=6.96\times 10^5$$

$$\overline{M_n}=M_p\exp(-\sigma^{*2}B'^2/2)\cdot\exp(\sigma_0^2 B'^2/2)$$
$$=411\,055\exp(-2.4^2\times 0.447^2/2)\cdot\exp(0.7^2\times 0.447^2/2)=2.43\times 10^5$$

$$d=\exp(\sigma^{*2}B'^2)\cdot\exp(-\sigma_0^2 B'^2)=3.161\times 0.9067=2.87$$

11.4 相对分子质量分布对性能的影响

11-64 有两批聚碳酸酯,经测定数均相对分子质量基本相同,但其中一批在较低的注射温度下即可塑化成型,而另一批则必须在较高的温度下才能塑化,试估计原因。

答 前者分布较宽,后者分布较窄。因为分布宽的聚合物中低相对分子质量部分含量较多,在剪切作用下,取向的低相对分子质量部分对高相对分子质量部分起增塑作用,使体系黏度下降。

11-65 试述聚合物的相对分子质量和相对分子质量分布对物理机械性能及加工成型的影响。

答 相对分子质量增加,抗张强度、冲击强度等机械性能提高,但黏度增加,不利于成型加工。相对分子质量分布较宽时,低相对分子质量部分对机械强度影响较大,总的机械性能下降。但低相对分子质量部分能起增塑作用,熔融黏度变小,有利于加工成型。

11-66 现有两种 $\overline{M}_w$ 相同, $\overline{M}_n$、$\overline{M}_z$ 也彼此都相同的聚合物样品,寄至测试中心测定相对分子质量分布,因工作上的疏忽,寄回的是两张没有注明样品标号的 GPC 微分质量分布曲线,如图 11-19 所示。

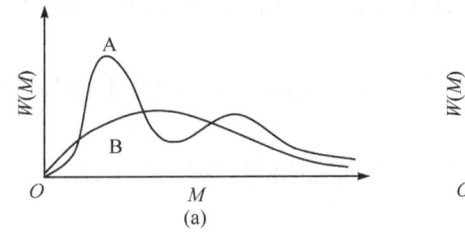
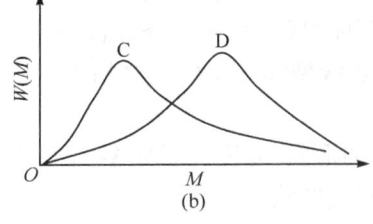

图 11-19 GPC 质量微分分布曲线

(1) 上述两种样品符合哪一张谱图?(2) 两种聚合物中哪一种抗张强度高?哪一种熔融流动性好?

答 (1) C、D 不可能,因为 $\overline{M}_n$ 一般在峰顶的左边,$\overline{M}_w$ 和 $\overline{M}_z$ 一般在峰顶的右边。显然要使 C、D 的 $\overline{M}_n$、$\overline{M}_w$ 分别一样,而且同时 $\overline{M}_n$ 在峰顶左边,$\overline{M}_w$ 在峰顶右边是不可能的。

(2) A 的抗张强度高,因为其低相对分子质量部分多,它们使强度下降。B 的熔融流动性好,因为其相对分子质量分布较宽,熔融黏度较小(低相对分子质量部分起增塑作用)。

【名词解释索引】

分布函数,对数正态分布函数,董履和函数(11-1 题)。微分质量分布曲线,积分质量分布曲线(11-2 题)。沉淀分级法(11-11 题)。θ 温度,临界共溶温度(11-15 题)。高临界共溶温度,低临界共溶温度(11-18 题)。凝胶色谱法(GPC)(11-28 题)。GPC 校准曲线(11-38 题)。GPC 数据处理(定义法、函数适应法)(11-39 题)。普适校准曲线(11-51 题)。加宽效应及其改正(11-58 题)。GPC 中理论塔板高度(11-61 题)。

第 12 章 聚合物的分子运动

12.1 形变-温度曲线

12-1 聚合物的分子运动有什么特点？

答 （1）运动单元的多重性。除整个分子的运动（布朗运动）外，还有链段、链节、侧基、支链等的运动（称为微布朗运动）。

（2）运动的时间依赖性。从一种状态到另一种状态的运动需要克服分子间很强的次价键作用力（内摩擦），因而需要时间，称为松弛时间，记作 τ。$\Delta x = \Delta x_0 \mathrm{e}^{-t/\tau}$。当 $t=\tau$ 时，$\Delta x_t = \frac{1}{\mathrm{e}}\Delta x_0$，因而松弛时间的定义为：$\Delta x_t$ 变为 Δx_0 的 $\frac{1}{\mathrm{e}}$ 时所需要的时间。它反映某运动单元松弛过程的快慢。由于高分子的运动单元有大有小，τ 不是单一值而是一个分布，称为松弛时间谱。

（3）运动的温度依赖性。升高温度加快分子运动，缩短了松弛时间。$\tau = \tau_0 \mathrm{e}^{\Delta E/RT}$，式中，$\Delta E$ 为活化能，τ_0 为常数。在一定的力学负荷下，高分子材料的形变量与温度的关系称为聚合物的形变-温度曲线（旧称热-机械曲线）。

12-2 试述线型非晶态聚合物的形变-温度曲线和模量-温度曲线上的各区域和转折点的物理意义。

答 典型的形变-温度曲线如图 12-1 所示，相应的模量-温度曲线（图 12-2）同样用于反映分子运动（曲线形状正好倒置）。

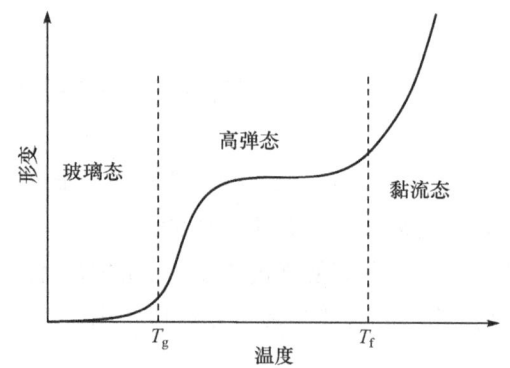

图 12-1 线型非晶态聚合物的形变-温度曲线

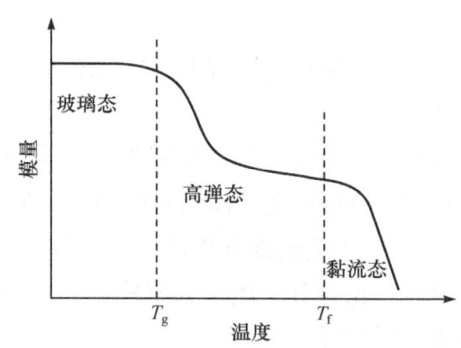

图 12-2 线型非晶态聚合物的模量-温度曲线

两条曲线上都有三个不同的力学状态和两个转变（简称三态两转变）。

玻璃态：链段运动被冻结，此时只有较小的运动单元（如链节、侧基等）能运动，以及键长、键角的变化，因而此时的力学性质与小分子玻璃差不多，受力后形变很小（0.01%～0.1%），且遵循 Hooke 定律，外力除去立即恢复。这种形变称为普弹形变。

玻璃化转变：在 3～5 ℃ 几乎所有物理性质都发生突变，链段此时开始能运动，这个转变温度称为玻璃化（转变）温度，记作 T_g。

高弹态：链段运动但整个分子链不产生移动。此时受较小的力就可发生很大的形变

（100%～1000%），外力除去后形变可完全恢复，称为高弹形变。高弹态是高分子特有的力学状态。

流动温度：链段沿作用力方向的协同运动导致大分子的重心发生相对位移，聚合物呈现流动性，此转变温度称为流动温度，记作 T_f。

黏流态：与小分子液体的流动相似，聚合物呈现黏性液体状，流动产生不可逆形变。

12-3 试讨论非晶态、晶态、交联和增塑聚合物的形变-温度曲线的各种情况（考虑相对分子质量、结晶度、交联度和增塑剂含量不同的各种情况）。

答 （1）非晶态聚合物：随着相对分子质量增加，形变-温度曲线如图 12-3 所示。

（2）晶态聚合物：随着结晶度或相对分子质量增加，形变-温度曲线如图 12-4 所示。一般相对分子质量的晶态聚合物只有一个转变，即结晶的熔融，转变温度为熔点 T_m。当结晶度不高（$X_c < 40\%$）时，能观察到非晶态部分的玻璃化转变，即有 T_g 和 T_m 两个转变。相对分子质量很大的晶态聚合物达到 T_m 后还不能流动，而是先进入高弹态，在升温到 T_f 后才会进入黏流态，于是有两个转变。

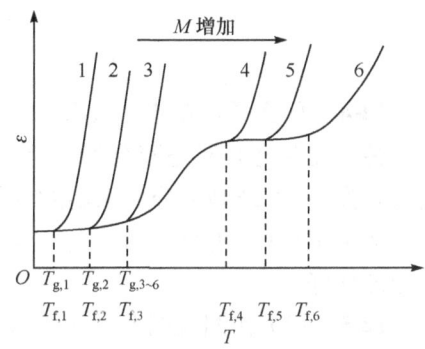

图 12-3 非晶态聚合物的形变-温度曲线

（3）交联聚合物：随着交联度增加，形变-温度曲线如图 12-5 所示。交联度较小时，存在 T_g，但 T_f 随交联度增加而逐渐消失。交联度较高时，T_g 和 T_f 都不存在。

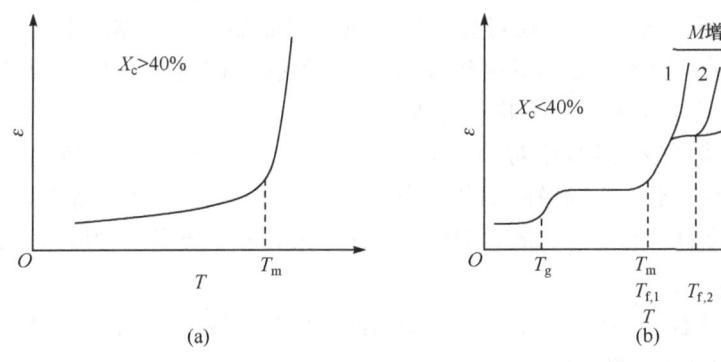

图 12-4 晶态聚合物的形变-温度曲线

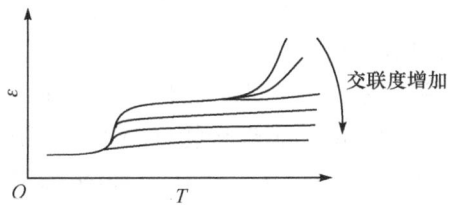

图 12-5 交联聚合物的形变-温度曲线

（4）增塑聚合物：随着增塑剂含量增加，形变-温度曲线如图 12-6 所示。加入增塑剂一般使聚合物的 T_g 和 T_f 都降低，但对柔性链和刚性链作用有所不同。对柔性链聚合物，T_g 降低不多而 T_f 降低较多，高弹区缩小。对刚性链聚合物，T_g 和 T_f 都显著降低，在增塑剂达一定浓度时，由于增塑剂分子与高分子基团间的相互作用，刚性链变为柔性链，此时 T_g 显著降低而 T_f

降低不大,即扩大了高弹区,称为增弹作用,这点对生产上极为有用(如 PVC 增塑后可用作弹性体)。

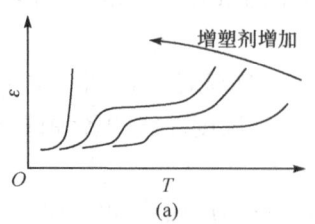
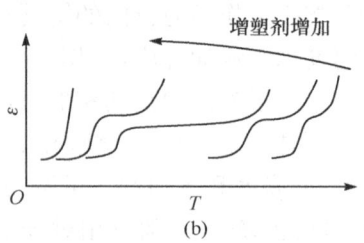

图 12-6　增塑聚合物的形变-温度曲线
(a) 柔性链;(b) 刚性链

12-4　什么是皮革态?皮革态对聚合物的加工和使用有什么影响?

答　皮革态是晶态聚合物(实际为半结晶态)在 $T_g \sim T_m$ 所处的状态,此时非晶态部分已进入高弹态,而结晶部分尚未熔融。材料的性质类似于天然皮革,故称为皮革态。皮革态使聚合物加工困难(因树脂流动性差),但皮革态赋予材料韧性,使塑料在 $T_g \sim T_m$ 成为韧性塑料,抗冲击性好。

12-5　(1) 作图说明非晶态聚合物的形变-温度曲线及相对分子质量的影响。(2) 作图说明晶态聚合物的形变-温度曲线及相对分子质量的影响。(3) 结合上述图形,说明合成纤维及橡胶应具备的相对分子质量及所应用的力学状态。

答　(1)和(2)的示意图参考 12-3 题。

(3) 合成纤维属于晶态聚合物,相对分子质量较大时非晶部分的黏流温度 T_f 提高,不利于加工,而且相对分子质量较大时熔体黏度较高,挤出喷丝孔较困难,所以合成纤维的相对分子质量应当较低。合成纤维应用的力学状态是皮革态。

橡胶属于低度交联的聚合物,相对分子质量较大时未交联部分的 T_f 较高,从而高弹态的温区较宽,即使用范围较宽。所以橡胶的相对分子质量应当较高。但太高也会使黏度过大而加工困难,如天然橡胶加工前要先炼胶,用机械力减少相对分子质量。橡胶应用的力学状态是高弹态。

12-6　画出下列聚合物的形变-温度曲线和模量-温度曲线示意图,标出特征转变温度和不同温度范围内的力学状态的名称:

(1) 一组相对分子质量不同的聚苯乙烯;(2) 普通聚乙烯;(3) 软橡皮;(4) 固化的酚醛塑料;(5) SBS 热塑性弹性体;(6) ABS 塑料;(7) 乙烯-丙烯(65∶35)无规共聚物;(8) 超高相对分子质量聚乙烯;(9) 增塑的聚氯乙烯。

答　参考 12-2 和 12-3 题示意图。分别按以下类型处理:(1) 不同相对分子质量的非晶态聚合物;(2) 高结晶度($X_c > 40\%$)的晶态聚合物;(3) 低交联度的交联聚合物;(4) 高度交联的聚合物;(5) 非晶态聚合物;(6) 非晶态聚合物;(7) 非晶态聚合物;(8) 超高相对分子质量的晶态聚合物;(9) 加增塑剂的柔性高分子。

12-7　选择填空:甲、乙、丙三种聚合物,其形变-温度曲线如图 12-7 所示,此三种聚合物在常温下(　　)。

A. 甲可作纤维,乙可作塑料,丙可作橡胶　B. 甲可作塑料,乙可作橡胶,丙可作纤维
C. 甲可作橡胶,乙可作纤维,丙可作塑料　D. 甲可作涂料,乙可作纤维,丙可作橡胶

答　B。

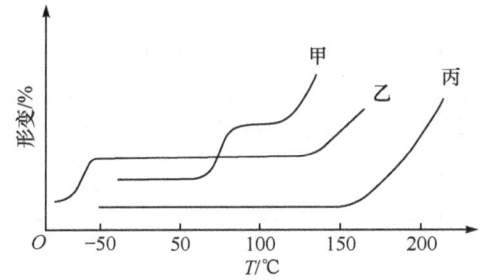

图 12-7 几种聚合物的形变-温度曲线

12-8 假如从实验得到一些聚合物的形变-温度曲线,如图 12-8 所示,则它们各主要适合作什么材料(如塑料、橡胶、纤维等)?为什么?

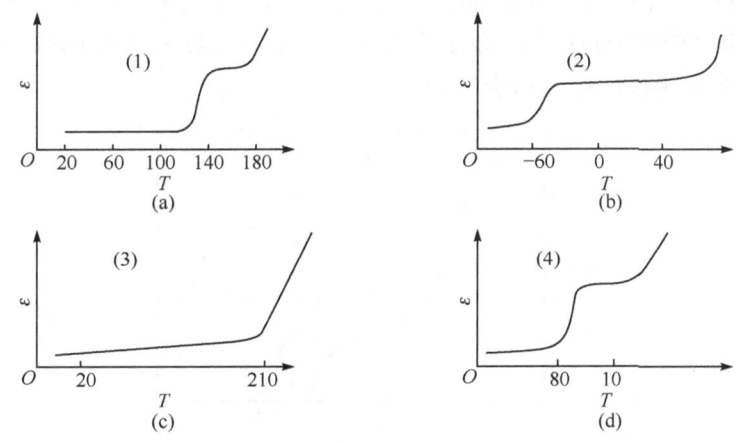

图 12-8 聚合物的形变-温度曲线

答 (1) 塑料,由于其室温为玻璃态,T_g 远高于室温;(2) 橡胶,由于室温为高弹态,而且高弹区很宽;(3) 纤维,由于是结晶高分子,熔点在 210℃左右(当然大多数用作纤维的高分子也可作为塑料);(4) 塑料,但经过增塑后可用作橡胶或人造皮革,如 PVC,这是由于室温下为玻璃态,但 T_g 比室温高不多,可通过加入增塑剂降低 T_g 使其进入高弹态。

12-9 指出图 12-9 形变-温度曲线中每条曲线分别属于以下三种聚合物的哪一种:聚异丁烯、PE、PVC。

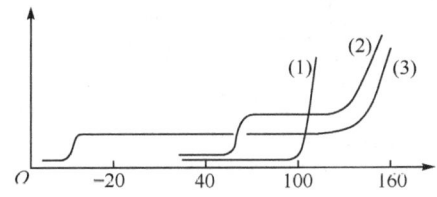

图 12-9 聚合物的形变-温度曲线

答 (1) PE;(2) PVC;(3) 聚异丁烯。

12-10 图 12-10 为实验得到的三种不同结构 PS 的形变-温度曲线,请标明各转变点的名称,并从分子运动机理说明这三种 PS 各属什么聚集态结构。

答 (1) 非晶态 PS,这是典型非晶态聚合物的形变-温度曲线,呈现玻璃态、橡胶态和黏

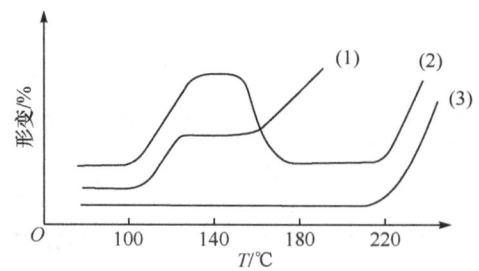

图 12-10 不同结构 PS 的形变-温度曲线

流态三个状态以及 T_g 和 T_f 两个转变；(2) 非晶态全同立构 PS，这是结晶高分子还处于非晶态的情况，加热时在高于 T_g 的温度下出现结晶，由于结晶提高了材料的强度，因此形变量反而减少，进一步升温后结晶才熔化；(3) 结晶态全同立构 PS，加热时只有熔融转变，转变点为 T_m。

12-11 由实验测得四种聚苯乙烯样品的切变模量与温度的关系如图 12-11 所示。试对这四种聚苯乙烯的结构特征作出初步判断。

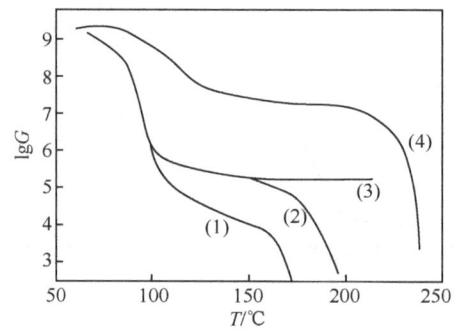

图12-11 不同结构的 PS 的切变模量-温度曲线

答 (1) 低相对分子质量非晶态聚苯乙烯；(2) 高相对分子质量非晶态聚苯乙烯；(3) 交联聚苯乙烯；(4) 晶态(全同)聚苯乙烯。

12-12 图 12-12 为三组形变-温度曲线，是由不同结构和相对分子质量的同一聚合物在恒定外力作用下得到的。这三组曲线各属什么结构？同一组中各曲线所代表样品的相对分子质量大小顺序如何？

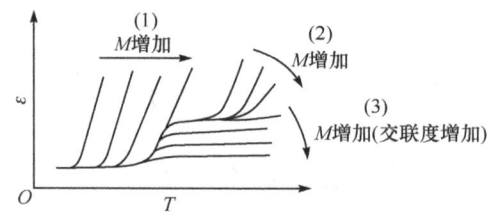

图 12-12 聚合物的形变-温度曲线

答 (1) 齐聚物(低聚物)；(2) 非晶态；(3) 交联。相对分子质量大小的顺序标在图 12-12 中。

12-13 绘图说明高弹体的结晶性、相对分子质量和交联程度对其弹性模量的影响(定性坐标即可)。

答 结晶对模量的影响如图 12-13 所示，交联程度和相对分子质量对模量的影响如图 12-14 所示。

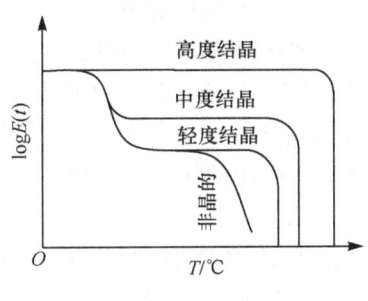

图 12-13 聚合物结晶程度对弹性模量的影响

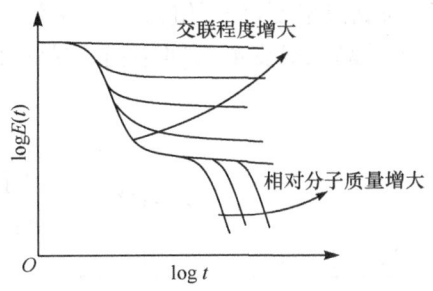

图 12-14 聚合物的相对分子质量和交联程度对弹性模量的影响

12-14 有一组相对分子质量不同的非晶态聚合物，相对分子质量分别为 M_1、M_2、M_3（$M_1<M_2<M_3$）时，试按图 12-15 说明它们的力学性质（模量、物理状态等）如何随温度的增加而变化，并用分子运动机理加以说明。

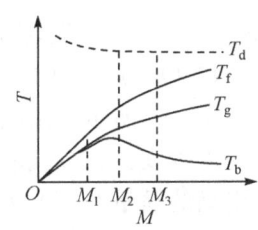

图 12-15 温度-相对分子质量关系图

答 M_1 时相对分子质量较低，链段运动与整个高分子链的运动几乎是相同的，链段以下的运动单元也同样在较低温度下就能运动，T_b、T_g、T_f 基本重合，只有一个转变温度，没有高弹态，实际上属于低分子。

M_2 时相对分子质量大于一定临界值，成为高分子，出现链段运动，T_b、T_g、T_f、T_d 出现差别。随着温度升高，高分子从脆性的玻璃态转变为有一定韧性的玻璃态，再转变为高弹态，后进入黏流态，直至分解。分别对应于次级松弛、链段运动、分子链质量中心迁移以及断链等结构破坏。这个过程模量逐渐减小，在转变温度处均发生突变（急剧减少）。典型的例子如一般的塑料（非晶态）。

M_3 时相对分子质量进一步提高，T_b、T_g 和 T_f 的差别增大，高弹区随相对分子质量增加而变宽，这是由于 T_g 趋于一个定值，但 T_f 随相对分子质量增加而持续增加，因此橡胶的相对分子质量一般都较大。相对分子质量越大，分子链的缠结越多，抗冲击性提高，从这个角度分析，T_b 反而降低。典型的例子如一般的橡胶。

12-15 图 12-16 为某聚合物的形变-温度曲线（升温时），试判断它属于哪一类（结晶或非晶），并回答下列问题：(1) 由曲线所划分的物理状态名称；(2) 横坐标所标出的各个温度的名称和物理意义；(3) 图中①~⑦位置所表示的转变或力学状态的名称。

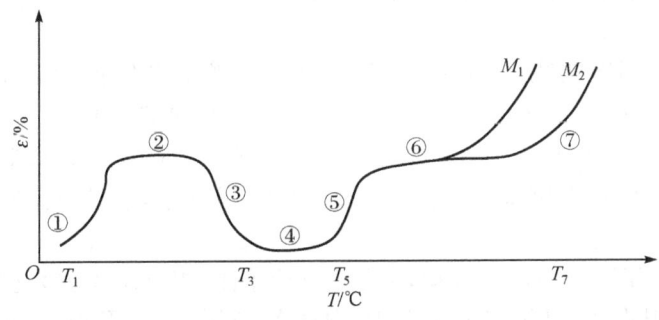

图 12-16 某聚合物的形变-温度曲线

答 属于结晶性聚合物,但处于非晶态。(1) 玻璃态,高弹态,结晶态,皮革态,黏流态。(2) T_1 为玻璃化温度,链段开始能运动;T_3 为结晶温度,分子链开始结晶;T_5 为熔点,结晶开始熔化;T_7 为黏流温度,分子链重心开始发生相对位移。(3) ①玻璃化转变,②高弹态,③结晶化转变,④结晶态或皮革态(取决于结晶度的多或寡),⑤熔融转变,⑥高弹态,⑦黏流转变。

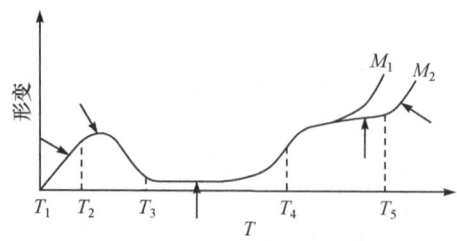

图 12-17 聚合物的形变-温度曲线

12-16 从图 12-17 形变-温度曲线判断是非晶聚合物还是结晶聚合物。各温度符号代表什么?箭头指的位置处于什么物理状态?如果 $T_4 = 265$ ℃,推测该聚合物是什么。

答 属于结晶性聚合物,但处于非晶态。T_1 为玻璃化温度,T_2 为开始冷结晶的温度,T_3 为冷结晶结束的温度,T_4 为熔点,T_5 为黏流温度。箭头分别指示:玻璃态、高弹态、结晶态、皮革态、黏流态。根据熔点 $T_4 = 265$ ℃,推测该聚合物是 PET(聚对苯二甲酸乙二醇酯)。

12-17 PS、PVC 和 PE 的 10 s 模量-温度曲线如图 12-18 所示。由图说明:(1) PE 的熔点 T_m 值大约为多少度?在 T_g 和 T_m 区域内,聚合物为什么显示出高的模量?(2) 为什么 PVC 在 T_g 时的模量下降远大于 PE,而其橡胶平台模量又高于 PS?橡胶平台扩展到 180 ℃ 左右,这是 PVC 的哪一种特征温度?

答 (1) 130 ℃ 左右,模量高是因为有高度结晶。(2) 因为 PVC 在 T_g 时从玻璃态变化到橡胶态,所以模量变化大,而 PE 的结晶含量高,T_g 前后都处于结晶态,模量变化不大。PVC 在橡胶平台时的模量高于 PS 是因为极性较大。180 ℃ 是 PVC 的黏流温度。

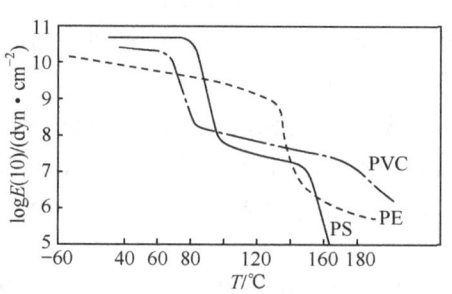

图 12-18 聚合物的模量-温度曲线

12-18 用简易形变-温度测定仪,以半间歇法对 2.8 mm PMMA 薄板样品通过中号冲头施加 400 g 砝码压力,即每升高 5 ℃ 施加一次压力,记录形变量 ε 数据如下:

T/℃	28	33	38	43	48	53	58	63	68	73	78	83	88	93
ε/μm	10	11	12	12	13	13	14	14	15	30	45	56	59	60
T/℃	98	103	108	113	118	123	128	133	138	143	148	153	158	163
ε/μm	60	60	60	60	60	60	61	62	65	70	77	82	90	97

画出形变-温度曲线,从图中确定 T_g 和 T_f 值。

答 图略。$T_g = 68$ ℃,$T_f = 133$ ℃。

12-19 在形变-温度曲线上,为什么 PMMA 的高弹区范围比 PS 的大(已知 PMMA 的 $T_g = 378$ K,$T_f = 433 \sim 473$ K;PS 的 $T_g = 373$ K,$T_f = 383 \sim 423$ K)?

答 PMMA 和 PS 的 T_g 差不多,都是 100 ℃ 左右,这是因为 PMMA 的侧基极性比 PS 大,应使 T_g 增加,但 PMMA 侧基柔性比 PS 大,侧基比 PS 小,应使 T_g 减少,这两个因素互相抵消,故 T_g 差不多。

对于 T_f 来说,要使聚合物发生流动,分子与分子间的相对位置要发生显著变化。因此分子间作用力的因素很重要。PMMA 极性大,分子间作用力大,T_f 就高,而 PS 分子间作用力小,T_f 就低。

12-20 为什么形变-温度曲线上 T_f 的转折不如 T_g 明晰？

答 因为 T_f 与相对分子质量有关，随着相对分子质量增加，T_f 持续增加。而高分子的相对分子质量存在多分散性，使 T_f 没有明晰的转折，往往是一个较宽的软化区域。

12-21 指出下列说法的错误之处，并给出正确的说法：

对于线型聚合物，当相对分子质量大到某一数值后（分子链长大于链段长），聚合物出现 T_g，相对分子质量再增加 T_g 不变。聚合物熔体的黏性流动是通过链段的位移完成的，因此黏流温度 T_f 也和 T_g 一样，当相对分子质量达到某一数值后，T_f 不再随相对分子质量的增加而变化。

答 错误 1：在相对分子质量达到临界相对分子质量 $\overline{M_c}$ 前，一直存在 T_g，而且 T_g 随着 M 增加。所以不是 $\overline{M_c}$ 以后才出现 T_g。对于小分子，也存在 T_g，只是没有高弹态，$T_g = T_f$。

错误 2：在 M 达到 $\overline{M_c}$ 之后，T_f 仍然随相对分子质量增加而增加。这是因为聚合物的黏流虽然是链段运动的总和，但是归根到底还是高分子链之间发生了相对位移。M 增加，分子间的作用力增大，链段的协同运动困难，虽然 T_f 也会增加。

12-22 天然橡胶的松弛活化能近似为 $1.05\ kJ \cdot mol^{-1}$（结构单元），一块天然橡胶由 27 ℃ 升温到 127 ℃ 时，其松弛时间缩短了几倍？

答 利用 $\tau = \tau_0 e^{\Delta E/RT}$，计算得松弛时间缩短了 1.11 倍。

12-23 什么是链段？链段的运动对聚合物的性能产生什么影响？写出表示链段运动的温度依赖性的关系式。如果有人说："没有链段的运动就没有高分子整链的运动"，你同意这种说法吗？为什么？

答 链段是高分子链中由若干链节（常对应于 50～100 个主链碳原子）组成的具有独立运动能力的部分，整个分子链可以看成由一些链段组成。链段并不是固定由某些链节组成，这一瞬间由这些链节组成一个链段，下一瞬间这些链节又可能分属于不同的链段。在高分子的所有运动单元（链段、链节、支链、侧基等）中，链段是最重要的运动单元。

升温时链段开始运动的温度是玻璃化转变温度 T_g，聚合物从玻璃态进入高弹态，材料变软，材料的力学性质发生重要变化。

链段运动的松弛时间与温度的关系遵循 Arrhenius 定律 $\tau = \tau_0 e^{\Delta E/RT}$，式中，$\Delta E$ 为活化能，τ_0 为常数。

链段运动可以只引起构象的改变（分子重心不变），也可以引起整个高分子的移动，这种移动是通过各链段的协同移动来实现的。从这个意义上说，"没有链段的运动就没有高分子整链的运动"。

12-24 如何通过测定一系列不同相对分子质量的同一聚合物的形变-温度曲线，估算该聚合物的链段长度？

答 从形变-温度曲线上开始出现高弹平台的相对分子质量可以算出链段长度。

12-25 什么是材料的普弹形变？高分子材料普弹形变的微观机理是怎样的？

答 受力后形变很小（0.01%～0.1%），且遵循 Hooke 定律，外力除去立即恢复，这种形变称为普弹形变。高分子材料在玻璃态时，链段运动被冻结，只有较小的运动单元（如链节、侧基等）能运动以及键长、键角变化，只能发生普弹形变。

12-26 高弹态聚合物具有什么特征？高分子材料高弹形变的微观机理是怎样的？

答 高弹态聚合物受较小的力就可发生很大的形变（100%～1000%），外力除去后形变可完全恢复，即发生高弹形变。高弹态是高分子特有的力学状态，链段运动但整个分子链不产生移动。

12-27 为什么高弹态是高分子所特有？是否所有的聚合物都具有高弹态？为什么？

答 因为高弹态的分子机理是链段运动，而只有高分子才有链段的运动。并非所有聚合物都具有高弹态,高度交联的聚合物没有高弹态,结晶聚合物当熔点高于黏流温度时也没有高弹态。

12-28 在线型非晶柔性链聚合物的形变-温度曲线上为什么会出现高弹平台?

答 因为在这一阶段升温引起的膨胀与弹性回缩力增加引起的收缩相互抵消。

12.2 聚合物的玻璃化转变

12.2.1 测定方法

12-29 解释聚合物的玻璃化转变,比较不同用途聚合物材料的 T_g 特点,并列举三种测定 T_g 的方法。

答 玻璃化转变是链段运动开始发生(或反过来称被冻结)的温度。对于塑料来说,T_g 是使用的最高温度,即耐热性指标;对于橡胶来说,T_g 是使用的最低温度,即耐寒性指标。测定 T_g 常见的方法有:DSC 法、膨胀计法和动态黏弹谱法(DMA)。其他还有:形变-温度曲线法(TMA)、等黏度法(所有聚合物在 T_g 时的黏度均为 10^{12} Pa·s,据此测定聚合物的黏度称为等黏度法)、反相色谱法、热释电流法等。总之,模量、比体积、比热容、损耗角正切、折射率、黏度、膨胀系数、扩散系数和电学性能等在 T_g 时的突变均可用来测定 T_g。

12-30 下列物理量在 T_g 转变区域内,随着温度的改变如何变化?并画出草图。

比体积,折射率,等压比热容,杨氏模量,力学损耗角正切,膨胀系数。

答 六张草图如图 12-19～图 12-24 所示。

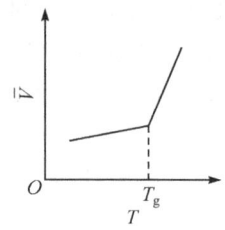

图 12-19 比体积-温度曲线

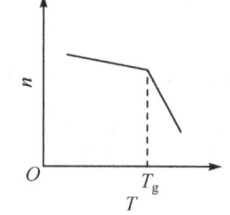

图 12-20 折射率-温度曲线

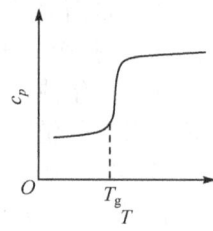

图 12-21 等压比热容-温度曲线

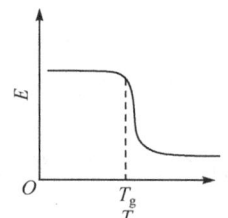

图 12-22 杨氏模量-温度曲线

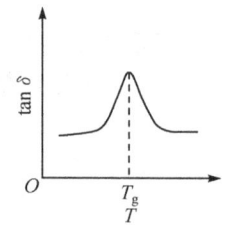

图 12-23 tanδ-T 曲线

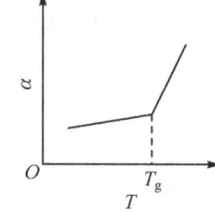

图 12-24 膨胀系数-温度曲线

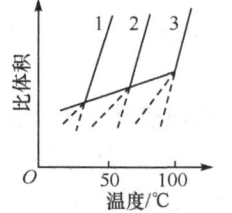

图 12-25 PS 的比体积-温度曲线
曲线 1,$M_1=3000$;曲线 2,$M_2=8500$;
曲线 3,$M_3=\infty$

12-31 图 12-25 为 PS 的比体积-温度曲线,交点为 T_g。(1)为什么随相对分子质量上升,玻璃化温度增加到一定值后与相对分子质量无关。(2)降温由慢到快,T_g 有何变化?

答 (1)链端对玻璃化温度有额外的贡献,当相对分子质量较高时,链端的贡献可以忽略不计,玻璃化温度趋于一个固定值。(2)降温速度加快,自由体积来不及排除,测得的 T_g 向高温移动。

12-32 用膨胀计测定玻璃化温度时,升温速度越快,测得的玻璃化温度越高。若采用降温的方法测定,降温速度越快,测得的玻璃化温度越低吗?为什么?

答 在用膨胀计测定玻璃化温度时,降温速度越快,测得的玻璃化温度不是越低,而是越高。因为当降温速度很快时,链段运动跟不上,所以在较高温度下链段的运动就被冻结,测得的玻璃化温度较高。

12-33 DSC 法测定聚合物的玻璃化温度时,为什么要控制一定的升温速度?作必要的解释。

答 因为升温速度太快时,会产生过热,使测得的 T_g 值偏高。但太慢也不行,会损失灵敏度,DSC 法适宜的升温速度是 10 ℃·min^{-1}。

12-34 已知某 PMMA 样品的 $T_g=105$ ℃,画出其 DSC 曲线示意图,并说明曲线上 T_g 所在的位置和吸热方向。

答 DSC 曲线如图 12-26 所示。T_g 为基线向吸热方向开始偏转的拐点,注意并不是一个峰。

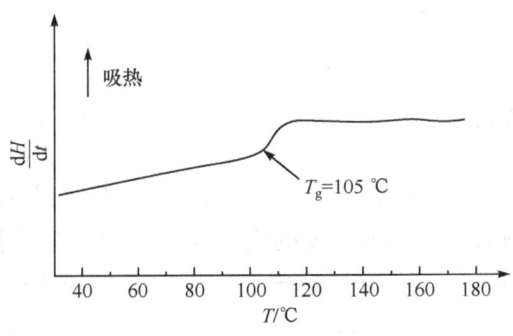

图 12-26 PMMA 的 DSC 曲线

12-35 已知聚丙烯(PP)有三种立构体的样品:无规($T_g=260$ K)、全同($T_g=260$ K,$T_m=440$ K,高结晶度)和间同($T_g=260$ K,$T_m=400$ K,低结晶度)。(1)在同一张图上画出它们的比体积-温度曲线;(2)在同一张图上画出它们的 DSC 曲线。

答 (1)无规 PP 只有 $T_g=260$ K 的一个拐点,全同 PP 和间同 PP 在 $T_m=440$ K 和 $T_m=400$ K 分别有另一个拐点,因为结晶熔融也是体积增加的过程;(2)T_g 在 DSC 曲线上表现为基线向吸热方法平移的转折(台阶),而结晶熔融是吸热峰。因而无规 PP 只有一个基线平移转折;而全同 PP 和间同 PP 除 $T_g=260$ K 的一个基线平移转折外都还有熔融峰,而且两者的峰温不同。图略。

12-36 用膨胀计法测得相对分子质量为 $3.0\times10^3\sim3.0\times10^5$ 的 8 个级分聚苯乙烯试样的玻璃化温度 T_g 如下:

$\overline{M_n}\times10^{-3}$	3.0	5.0	10	15	25	50	100	300
T_g/℃	43	66	83	89	93	97	98	99

试以 T_g 对 $\overline{M_n}$ 作图,并从图上求出方程 $T_g=T_g(\infty)-(K/\overline{M_n})$ 中聚苯乙烯的常数 K 和相对分子质量无限大时的玻璃化温度 $T_g(\infty)$。

答 以 T_g 对 $\overline{M_n}$ 作图(图 12-27),$\overline{M_n}=3\times10^5$ 时曲线已到达平衡,可见 $T_g(\infty)\approx99$ ℃。

更准确的做法是以 T_g 对 $1/\overline{M_n}$ 作图(图 12-28)。

$(1/\overline{M_n}) \times 10^6$	333	200	100	67	40	20	10	0
$T_g/℃$	43	66	83	89	93	97	98	99

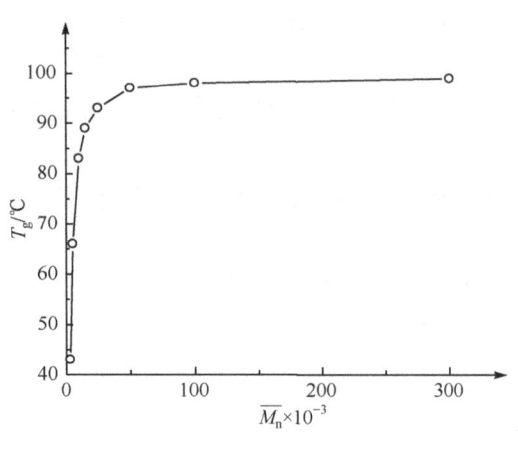

图 12-27 T_g-$\overline{M_n}$ 关系曲线

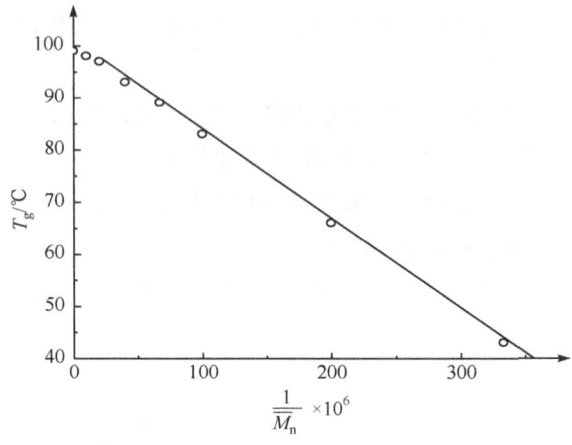

图 12-28 T_g-$\dfrac{1}{\overline{M_n}}$ 关系曲线

从直线斜率得 $K=1.706 \times 10^5$ g·℃·mol^{-1},外推从截距得 $T_g(\infty)=99.86$ ℃。

12-37 测定某聚合物的折射率随温度的变化,结果如下,绘图求出该聚合物的 T_g。

T/K	$\bar{n}$	T/K	$\bar{n}$
20	1.5913	80	1.5822
30	1.5898	90	1.5801
40	1.5883	100	1.5766
50	1.5868	110	1.5725
60	1.5853	120	1.5684
70	1.5838	130	1.5643

答 图略,从曲线拐点得 $T_g=90$ ℃。

12-38 文献报道,PE 在 1 atm 及 393 K 以上时,比体积与温度有以下关系:$\overline{V}=0.900\pm 0.00089T$。试计算 PE 在 1 atm 和 473 K 时的密度和体膨胀系数。

答 $\rho=\dfrac{1}{\overline{V}}=0.757$ g·cm^{-3},$\beta=\dfrac{1}{\overline{V}}\left(\dfrac{\partial \overline{V}}{\partial T}\right)_p=2.47\times 10^{-6}$ K^{-1}。

12-39 试从聚集态、T_g(或 T_m)、相对分子质量、内聚能密度、模量、分子结构等方面区分塑料、橡胶和合成纤维。

答 按一般的情况归纳如下:

聚合物	橡胶*	塑料	合成纤维
聚集态	结晶	有的结晶,有的非晶	结晶
T_g(或 T_m)	T_g<室温, T_m<室温	对于非晶,T_g>室温 对于结晶,T_m>室温	T_m>室温
相对分子质量	大	中	小
内聚能密度	小	中	大
模量	小	中	大
分子结构	非极性,分子间作用力弱,但有孤立双键,可以交联	极性和分子间作用力居中	极性大,常有氢键,分子间作用力大

* 共聚型的合成橡胶,如丁苯胶、丁腈胶和乙丙胶等是非晶的。

12-40 聚乙烯的 $T_g=-68$ ℃,为什么能用作塑料?

答 因为高度结晶,聚乙烯在室温下是塑料而不是橡胶。

12-41 PE 是结晶性聚合物,所以 PE 样品没有 T_g,这句话对吗?为什么?

答 不对,因为 PE 虽然结晶度很高,但仍是部分结晶的,其中非晶部分仍会有 T_g。

12-42 室温下具有弹性的橡皮球在液氮温度下变为硬脆的玻璃球,为什么?

答 因为天然橡胶的 T_g 为 -73 ℃,液氮温度远低于此温度,天然橡胶处于硬脆的玻璃态。

12-43 什么是软化温度 T_s?列举两种软化温度的测定方法。

答 在工业上常以某一实验条件下聚合物试样达到一定形变数值时的温度为 T_s。T_s 虽然没有明确的物理意义,但能反映材料的耐热性,因而应用很普遍。T_s 是一种条件实验,不同方法间不能进行比较。测定方法有马丁耐热、维卡耐热等。

12.2.2 玻璃化转变理论和相关计算

12-44 简述聚合物玻璃化转变的三种理论的要点。

答 解释玻璃化转变的理论有:

(1) 以 Gibbs-Dimarzio 为代表的热力学理论(简称 G-D 理论)。其结论是:T_g 不是热力学二级转变温度,但确实存在一个二级转变温度 T_2,在这个温度下聚合物的构象熵等于零,可以预计 T_2 比 T_g 低 50 ℃ 左右。由于 T_g 是力学状态的转变点,不是热力学相变温度,因而不同测定方法或同一方法不同条件得到的 T_g 数值有相当大的差别,必须注意。

(2) 以 Fox-Flory 为代表的自由体积理论。聚合物链堆砌是松散的,存在一部分空隙,称为自由体积。T_g 以上时自由体积较大,链段能够通过向自由体积转动或位移而改变构象。当温度降至临界温度 T_g 时,自由体积达到最低值,并被冻结,再降温也保持恒定值。实验发现所有聚合物在 T_g 以下时自由体积分数 f_g 都接近 2.5%,这就是等自由体积。聚合物的自由体积分数 f 的表达式为 $f=f_g+(T-T_g)(\alpha_l-\alpha_g)$,式中,$\alpha_l$ 和 α_g 分别为玻璃化转变前(玻璃态)和转变后(橡胶态)聚合物的自由体积膨胀系数。对于许多聚合物,$\alpha_l-\alpha_g=\alpha_f=4.8\times10^{-4}\mathrm{K}^{-1}$。自由体积理论更多用于解释现象。

(3) 以 Aklonis-Kovacs 为代表的动力学理论。玻璃化转变具有明确的动力学性质,T_g 与实验的时间尺度(如升温速度、测定频率等)有关。动力学理论提出了有序参数,并据此建立了体积与松弛时间的联系。

1. 热力学理论

12-45 聚合物的玻璃化转变能否认为是热力学上的二级转变？为什么？

答 聚合物的玻璃化转变不是热力学的二级转变，而只是力学状态的转变点。因为根据热力学定义，凡 Gibbs 自由能的一阶导数有不连续突变的转变称为一级转变，一阶导数连续而二阶导数不连续的转变称为二级转变。对于玻璃化转变，熵和体积等 Gibbs 自由能的一阶导数连续，而恒压热容和膨胀系数等 Gibbs 自由能的二阶导数不连续，因而易被误以为是热力学的二级转变。实际上玻璃化转变不是热力学相变，而是高分子链段运动的松弛过程。相变只取决于热力学的平衡条件，与升温速度和测量方法无关，而且转变过程的温度范围很窄。而玻璃化转变并没有达到热力学平衡，T_g 强烈依赖于升温速度和测量方法，并且温度范围很宽。

12-46 试证明：(1) 恒压热容 C_p 是 Gibbs 自由能的二阶导数；(2) $\left(\dfrac{\partial S}{\partial T}\right)_{p,T_g} = \dfrac{C_p}{T_g}$。

证 恒压热容定义为 $C_p = \dfrac{(d'q)_p}{dT}$，式中，$(d'q)_p$ 为恒压下从外界可逆地给体系的微小热量。从热力学第二定律有 $dS = \dfrac{(d'q)_p}{T}$，所以 $dS = C_p \dfrac{dT}{T}$，$\dfrac{C_p}{T} = \left(\dfrac{\partial S}{\partial T}\right)_p$。因为从热力学关系可知 $S = -\left(\dfrac{\partial G}{\partial T}\right)_p$，所以 $\dfrac{C_p}{T} = \left(\dfrac{\partial S}{\partial T}\right)_p = -\left(\dfrac{\partial^2 G}{\partial T^2}\right)_p$，即 C_p 是 Gibbs 自由能的二阶导数。$\left(\dfrac{\partial S}{\partial T}\right)_{p,T_g} = \dfrac{C_p}{T_g}$ 得证。

12-47 Gibbs-Dimarzio 提出的聚合物的二级热力学转变温度 T_2 的物理意义是什么？

答 在某一个温度 T_2 下，聚合物确实存在一个热力学二级转变。在这个温度下，聚合物的构象熵等于零。在高温时，每个大分子可以取各种构象，并且不断变化，因而体系中的大分子有许多堆砌方式，体系的平衡构象熵大于零。当降低温度时，一方面大分子的高能构象越来越少，低能态构象变得占优势；另一方面自由体积也减少，因此体系中大分子的堆砌方式越来越少，此时，每个大分子所占的空间都有严格的几何要求。当进一步降低温度至 T_2 时，体系中的大分子将只有一种堆砌方式，构象重排将不再发生，体系进入最低能量的基态，体系的平衡构象熵等于零。

12-48 根据 WLF 方程估算 T_2。

答 WLF 方程有 $\log \dfrac{t}{t_{T_g}} = \dfrac{-17.44(T-T_g)}{51.6+T-T_g}$，在 T_2 时，实验的时间标度从有限移至无限大，即 $t \to \infty$，所以 $\dfrac{-17.44(T-T_g)}{51.6+T-T_g} \to \infty$，即 $51.6+T-T_g \to 0$，$T_2 \approx T_g - 50$。G-D 理论预言 T_2 比 T_g 低 50 ℃ 左右。

2. 自由体积理论

12-49 自由体积的定义主要有哪两种？它们的共同点是什么？

答 一种是从液体分子的运动程度定义的自由体积，一种是从分子的几何学定义的自由体积。它们的共同点是都认为玻璃态以下自由体积不随温度而变，前者预计玻璃态以下自由体积分数为 0.025，后者预计玻璃态以下自由体积分数为 0.113。后一种定义比较少用，高达 11.3% 的自由体积分数也有些费解。除非特别说明，本书的题目均采用前一种定义，并认为自

由体积分数 $f_g=2.5\%$。

12-50 已知聚苯乙烯在玻璃态和高弹态的膨胀系数分别为 $\alpha_g=2.5\times10^{-4}\text{K}^{-1}$ 和 $\alpha_r=5.5\times10^{-4}\text{K}^{-1}$，试按 Simha-Boyer 自由体积概念估计聚苯乙烯的 T_g。

答 Simha-Boyer 自由体积理论是从分子的几何学定义的自由体积。根据该理论，自由体积

$$V'_f = T_g\left(\frac{dV}{dT}\right)_r - T_g\left(\frac{dV}{dT}\right)_g = T_g(\alpha_r - \alpha_g)V_g$$

$$\alpha_r - \alpha_g = \frac{V'_f}{V_g}\frac{1}{T_g} = f'_g\frac{1}{T_g}$$

测定一些聚合物的 T_g 以及橡胶态与玻璃态的膨胀系数差，以 $(\alpha_r-\alpha_g)$ 对 $1/T_g$ 作图，得到一条直线，直线斜率就是 f'_g。验证该理论的实验已经测得，$f'_g=0.113$，所以 $\alpha_r-\alpha_g=\dfrac{0.113}{T_g}$，$T_g=377\text{ K}(104\text{ ℃})$。

12-51 聚苯乙烯在 100 ℃ 时的自由体积是多少？有什么实验或理论依据支持你的结论？

答 2.5%。100 ℃ 是聚苯乙烯的 T_g，自由体积理论表明所有聚合物在 T_g 以下时自由体积分数都接近 0.025。实验设计如下：配制不同浓度的聚苯乙烯溶液，观察溶液的比体积随溶液浓度的变化。溶液的比体积 $\overline{V}$ 应随浓度的增加而直线下降。但实际发现在较高浓度时，实际体积比按直线外推的理想体积大，原因是浓度很高，黏度变得很大，链段不能再自由活动，从而冻结了一些自由体积。实验得到自由体积分数 $f_g=\dfrac{V_{实际}-V_{理想}}{V_{实际}}=0.025$。

12-52 150 ℃ 时聚苯乙烯的自由体积分数是多少（自由体积膨胀系数取普适值 $\alpha_f=4.8\times10^{-4}\text{K}^{-1}$）？

答 $f=0.025+\alpha_f(T-T_g)=0.049$。

12-53 用玻璃化转变的自由体积理论说明：(1) 聚合物的玻璃态是等自由体积状态；(2) 膨胀计测 T_g 的实验曲线。

答 (1) 当聚合物冷却时，开始自由体积随温度的下降而逐渐减少，这是由于链段运动将多余的自由体积排斥到表面逸出，到某一临界温度（T_g）时，自由体积达到最低值，此后再降温，由于链段运动被冻结，自由体积也被冻结，保持一定值。实验发现所有聚合物在 T_g 以下，自由体积分数都接近 0.025，这就是等自由体积，聚合物的玻璃态可视为等自由体积状态。

(2) 在玻璃态下，温度升高时聚合物的占有体积发生膨胀，这是正常的分子膨胀过程（分子振动幅度增加和键长变化），而自由体积并没有增加。在 T_g 以上时，分子占有体积的膨胀系数没有变化，但自由体积也发生膨胀，所以总膨胀系数增加。也就是说，在体积-温度曲线上发生了转折，曲线斜率（膨胀系数）突然增加，突变点就是 T_g。

12-54 在选择高分子材料时 T_g 有什么参考价值？使用玻璃化温度数据时应注意什么？

答 T_g 是塑料的使用上限温度，是橡胶的使用下限温度。使用 T_g 数据须注意 T_g 不是热力学温度，其数值与测定方法及测定条件有关。

12-55 聚合物的玻璃化转变温度在工艺上、科学上的意义是什么？不同方法测得的 T_g 值可以互相比较吗？为什么？

答 在工艺上，T_g 是塑料的使用上限温度，是橡胶的使用下限温度；在科学上，T_g 是链段运动开始（或冻结）的温度。不同方法测得的 T_g 值不可以互相比较，因为 T_g 不是热力学相变温度，而仅是一种力学状态，T_g 值随测定方法和测定条件的不同而不同。

12-56 根据自由体积理论,比较聚合物:(1) 在玻璃化温度以下($T<T_g$);(2) 在玻璃化温度时($T=T_g$),聚合物的自由体积 V_f 和自由体积分数 f_g 的大小。

答 在(1)和(2)时 V_f 一样大。但(1)的 f_g 大于(2),因为玻璃化温度时的总体积较大。

12-57 解释:(1) 聚合物 T_g 开始时随相对分子质量增大而升高,当相对分子质量达到一定值后,T_g 变为与相对分子质量无关的常数;(2) 聚合物中加入单体、溶剂、增塑剂等低分子物质时导致 T_g 下降。

答 (1) 相对分子质量对 T_g 的影响主要是链端的影响。处于链末端的链段比分子链中间的链段受的牵制小,因而有比较剧烈的运动。增加链端浓度预期会降低 T_g,而链端浓度与数均相对分子质量成反比,所以 T_g 与 $1/\overline{M_n}$ 呈线性关系。$T_g = T_g^\infty - K/\overline{M_n}$,这里存在临界相对分子质量,超过后链端的比例很小,其影响可以忽略,所以 T_g 与 $\overline{M_n}$ 关系不大。

(2) 因为 T_g 具有可加和性。单体、溶剂、增塑剂等低分子物质的 T_g 比高分子低许多,所以混合物的 T_g 比聚合物本身的 T_g 低。

12-58 根据实验得到聚苯乙烯的比体积-温度曲线的斜率:$T>T_g$ 时,$(dV/dT)_r = 5.5\times10^{-4}$ cm$^3 \cdot$ g$^{-1} \cdot$ K^{-1};$T<T_g$ 时,$(dV/dT)_g = 2.5\times10^{-4}$ cm$^3 \cdot$ g$^{-1} \cdot$ K^{-1}。假如每摩尔链的链端的超额自由体积贡献是 53 cm^3,试订定从自由体积理论出发得到的相对分子质量对 T_g 影响的方程中聚苯乙烯的常数 K。

答
$$K = \frac{2N_A\theta}{\alpha_f'} = \frac{2N_A\theta}{(dV/dT)_l - (dV/dT)_g}$$
$$= \frac{53}{5.5\times10^{-4} - 2.5\times10^{-4}} = 1.8\times10^5 (\text{g} \cdot \text{°C} \cdot \text{mol}^{-1})$$

注:α_f' 为单位质量聚合物的自由体积膨胀率(单位是 cm$^3 \cdot$ g$^{-1} \cdot$ K^{-1}),与自由体积膨胀系数 α_f(单位是 K^{-1})不同。

12-59 假定自由体积分数的相对分子质量依赖性为 $f_M = f_\infty + \dfrac{A}{M_n}$,式中,$f_M$ 为相对分子质量为 M 的自由体积分数,f_∞ 为相对分子质量无限大的自由体积分数,A 为常数。试推导玻璃化温度与相对分子质量的经验关系式 $T_g = T_g^\infty - \dfrac{K}{M_n}$。

答 因为 $f_M = f_\infty + \dfrac{A}{M_n}$,所以 $\dfrac{V_f}{V_g} = \dfrac{V_f^\infty}{V_g} + \dfrac{A}{M_n}$,$V_f = V_f^\infty + \dfrac{AV_g}{M_n}$。因为 $V_f = 0.025 + \Delta\alpha(T - T_g)$,$V_f^\infty = 0.025 + \Delta\alpha(T - T_g^\infty)$,所以 $-\Delta\alpha T_g = -\Delta\alpha T_g^\infty + \dfrac{AV_g}{M_n}$,$T_g = T_g^\infty - \dfrac{AV_g}{\Delta\alpha}\dfrac{1}{M_n}$。对于一个指定的聚合物,$V_g$、$\Delta\alpha$ 为常数,令 $K = \dfrac{AV_g}{\Delta\alpha}$,得 $T_g = T_g^\infty - \dfrac{K}{M_n}$。

12-60 假定聚合物只由链端和链中部两部分组成,从 $T_g = T_g^\infty - \dfrac{K}{M_n}$ 导出 $T_g = T_g^\infty - KW_e/M_e$,式中,$W_e$ 为链端的质量分数,M_e 为每摩尔链的链端质量。

答 链端的质量分数 $W_e = \dfrac{\sum n_i M_e}{\sum n_i M_i} = M_e \dfrac{\sum n_i}{\sum n_i M_i} = \dfrac{M_e}{M_n}$(也可直接从 W_e 和 M_e 的定义写出 $W_e = \dfrac{M_e}{M_n}$),则 $\dfrac{1}{M_n} = \dfrac{W_e}{M_e}$,代入 $T_g = T_g^\infty - \dfrac{K}{M_n}$,得 $T_g = T_g^\infty - KW_e/M_e$。

12-61 用 DSC 测得 15 个不同聚合度的聚二甲基硅氧烷样品的 T_g 如下,画出 T_g 与 $\overline{M_n}$ 的关系曲线,求出 T_g^∞ 和 K。如果已知 $\alpha_g=4.5\times10^{-4} K^{-1}$, $\alpha_l=4.5\times10^{-4} K^{-1}$, $\rho=1.105$ g·cm^{-3},计算链端对聚合物贡献的超额自由体积 θ。

$\overline{M_n}$	162	236	310	384	540	1 200	2 400	4 200	7 700	12 200	15 500	19 000	27 000	27 000	57 000	136 000
n	4	6	8	10	14	32	64	114	208	330	418	514	730	730	1 540	3 680
T_g/K	112	123	128	133	136	141	146	147	148	148	148	148	148	148	148	149

答 利用以下公式 $T_g=T_g^\infty-\dfrac{K}{\overline{M_n}}$, $T_g=T_g^\infty-\dfrac{2N_A\theta}{\alpha_f'}\dfrac{1}{\overline{M_n}}$, $K=\dfrac{2N_A\theta}{\alpha_f'}$,式中,$\alpha_f'$ 为单位质量聚合物的自由体积膨胀率,$\alpha_f'=\alpha_f/\rho=(\alpha_l-\alpha_g)/\rho=4.52\times10^{-4}$ cm^3·g^{-1}·K^{-1}。作图(图略),从斜率得 $K=6001$,所以 $\theta=2.25\times10^{-30}$ cm^3。

3. 估算玻璃化转变温度

12-62 一个线型聚合物的 T_g,当相对分子质量 $\overline{M_n}=2300$ 时为 121 °C,当 $\overline{M_n}=9000$ 时为 153 °C。一个支化的同种聚合物的 T_g,当相对分子质量 $\overline{M_n}=5200$ 时为 115°C。求支化聚合物分子上的平均支化点数。

答 单位体积内链的数目为 $\rho N_A/\overline{M_n}$,如果 θ 是每个链端对自由体积的贡献,则总的链端自由体积分数为 $f_e=2\rho N_A\theta/\overline{M_n}$。因为 $f_e=\alpha_f(T_g^\infty-T_g)$,所以 $T_g=T_g^\infty-\dfrac{2\rho N_A\theta}{\alpha_f \overline{M_n}}$。

(1) 令 $K=2\rho N_A\theta/\alpha_f$,则 $T_g=T_g^\infty-\dfrac{K}{\overline{M_n}}$。已知 $\overline{M_n}=2300$, $T_g=121$ °C;$\overline{M_n}=9000$, $T_g=153$ °C。代入并解二元一次方程得 $K=98\ 765$, $T_g^\infty=164$ °C。

(2) 对支化高分子 $K'=x\rho N_A\theta/\alpha_f$, $T_g=T_g^\infty-\dfrac{K'}{\overline{M_n}}$。已知 $\overline{M_n}=5200$, $T_g=115$ °C,代入得 $K'=254\ 800$。

(3) $\dfrac{K'}{K}=\dfrac{x}{2}$, $x=\dfrac{2K'}{K}=5.16$,平均支化点数为 $x-2=3.16$。

12-63 聚乙酸乙烯酯的 $T_g=29$ °C,如果在聚合时加入 5% 二乙烯苯进行共聚,则新产物的玻璃化温度是多少?

答 $T_{gx}\approx T_g+(3.9\times10^4)/\overline{M_c}$,网链平均相对分子质量 $\overline{M_c}=\dfrac{95\%}{5\%}\times86=1634$,新产物的 $T_{gx}=T_g+\dfrac{3.9\times10^4}{1634}=326$ K(53 °C)。

12-64 聚苯乙烯由于用二乙烯苯交联,T_g 升高了 7.5 °C,则网链平均聚合度为多少?

答 $T_{gx}\approx T_g+(3.9\times10^4)/\overline{M_c}$, $\overline{M_c}=3.9\times10^4/7.5=5.2\times10^3$。

12-65 聚苯乙烯均聚物的 $T_g=100$ °C,聚丁二烯均聚物的 $T_g=-90$ °C,计算 50∶50(质量比)无规共聚物的 T_g。

答 按 Fox 方程 $\dfrac{1}{T_g}=\dfrac{W_1}{T_{g1}}+\dfrac{W_2}{T_{g2}}$ 计算,共聚物的 $T_g=246$ K(-27 °C)。

12-66 若把 20 g 相对分子质量为 5×10^4 的 PS($T_g=373$ K)和 80 g 天然橡胶($T_g=200$ K, $\overline{M_n}=5\times10^5$)在混炼机上混炼,是否可以得到一个唯一的玻璃化温度?其值为多大?并估计该材料的力学性能。

答 能，通过机械力切断一些分子链而产生接枝聚合物。$\dfrac{1}{T_g}=\dfrac{W_1}{T_{g1}}+\dfrac{W_2}{T_{g2}}$，$T_g=220$ K。该材料是热塑性弹性体。

12-67 单体 A 与单体 B 的无规共聚物的 T_g 视两单体的质量分数而定，试估计 A 和 B 的均聚物的 T_g。

单体 A 的质量分数 W_A	0.10	0.30
共聚物的 T_g/℃	63	30

答 $\dfrac{1}{T_g}=\dfrac{W_A}{T_{g,A}}+\dfrac{W_B}{T_{g,B}}$，$\dfrac{1}{336}=\dfrac{0.1}{T_{g,A}}+\dfrac{0.9}{T_{g,B}}$，$\dfrac{1}{303}=\dfrac{0.3}{T_{g,A}}+\dfrac{0.7}{T_{g,B}}$，联立解得 $T_{g,A}=227$ K，$T_{g,B}=355$ K。

12-68 苯乙烯和对硝基苯乙烯的无规共聚物的组成由元素分析测得，T_g 由 DSC 以 20 K·min^{-1} 升温测得，数据如下。绘出共聚组成与 T_g 的关系曲线，评价是否符合 Fox 方程。

对硝基苯乙烯的质量分数	0.000	0.069	0.076	0.172	0.286	0.317	0.378	0.473	0.580	0.698	1.000
T_g/K	374	376	379	379	389	390	390	403	408	415	461

答 Fox 方程为 $\dfrac{1}{T_g}=\dfrac{W_1}{T_{g,1}}+\dfrac{W_2}{T_{g,2}}$。结果不符合 Fox 方程，而是比方程预计值偏高。

12-69 如果共聚物的自由体积分数是两组分聚合物自由体积分数的线性加和，试根据自由体积理论推导共聚对 T_g 影响的关系式 $W_2=\dfrac{T_g-T_{g,1}}{k(T_{g,2}-T_g)+(T_g-T_{g,1})}$，式中，$W_2$ 为组分 2 的质量分数，T_g、$T_{g,1}$ 和 $T_{g,2}$ 分别为共聚物、均聚物 1 和均聚物 2 的玻璃化温度，k 为常数。

答 设组分 1、组分 2 的质量、质量分数、体积、体积分数分别为 w_1、w_2、W_1、W_2、V_1、V_2、ϕ_1、ϕ_2。组分 1 的自由体积 $V_{f,1}=[0.025+\Delta\alpha_1(T-T_{g,1})]V_1$，组分 2 的自由体积 $V_{f,2}=[0.025+\Delta\alpha_2(T-T_{g,2})]V_2$。题目已假设共聚物的自由体积分数由两组分线性加和，即

$$V_f=V_{f,1}+V_{f,2}=0.025(V_1+V_2)+\Delta\alpha_1(T-T_{g,1})V_1+\Delta\alpha_2(T-T_{g,2})V_2$$

$$f=\dfrac{V_f}{V_1+V_2}=0.025+\Delta\alpha_1(T-T_{g,1})\dfrac{V_1}{V_1+V_2}+\Delta\alpha_2(T-T_{g,2})\dfrac{V_2}{V_1+V_2}$$

当 $T=T_g$ 时，$f_g=0.025$

$$\Delta\alpha_1(T_g-T_{g,1})\phi_1+\Delta\alpha_2(T_g-T_{g,2})\phi_2=0$$

令 $\dfrac{\Delta\alpha_2}{\Delta\alpha_1}=k$，则 $(T_g-T_{g,1})\phi_1=k(T_{g,2}-T_g)\phi_2$，假设共聚物两组分的密度相等，即 $\dfrac{w_1}{\phi_1}=\dfrac{w_2}{\phi_2}$，则

$$w_1(T_g-T_{g,1})=w_2k(T_{g,2}-T_g) \qquad \dfrac{w_1}{w_1+w_2}(T_g-T_{g,1})=\dfrac{w_2}{w_1+w_2}k(T_{g,2}-T_g)$$

$$(1-W_2)(T_g-T_{g,1})=W_2k(T_{g,2}-T_g) \qquad (T_g-T_{g,1})-W_2(T_g-T_{g,1})=W_2k(T_{g,2}-T_g)$$

$$W_2=\dfrac{T_g-T_{g,1}}{k(T_{g,2}-T_g)+T_g-T_{g,1}} \qquad \text{或} \quad T_g=\dfrac{T_{g,1}+(kT_{g,2}-T_{g,1})w_2}{1+(k-1)W_2}$$

这是较准确地估算二元无规共聚物 T_g 的公式。

注：当经验常数 $k=1$ 时，此式成为 $T_g=W_1T_{g,1}+W_2T_{g,2}$，这是粗略估算二元无规共聚物 T_g 的另一个公式（不同于 Fox 方程 $\dfrac{1}{T_g}=\dfrac{W_1}{T_{g,1}}+\dfrac{W_2}{T_{g,2}}$）。

12-70 已知聚丁二烯 $T_g=-85$ ℃，$\alpha_r=7.8\times10^{-4}\text{ K}^{-1}$，$\alpha_g=2.0\times10^{-4}\text{ K}^{-1}$；聚苯乙烯 $T_g=100$ ℃，$\alpha_r=5.5\times10^{-4}\text{ K}^{-1}$，$\alpha_g=2.5\times10^{-4}\text{ K}^{-1}$，试预测苯乙烯含量为 23.5% 的未硫化丁苯胶的玻璃化温度。

答 $T_g=\dfrac{T_{g,1}+(kT_{g,2}-T_{g,1})W_2}{1+(k-1)W_2}$，式中，$k=\dfrac{\Delta\alpha_2}{\Delta\alpha_1}=0.517$，求得 $T_g=213$ K（-60 ℃）。

12-71 从经验式 $T_g=T_{g,p}\phi_p+T_{g,d}\phi_d$ 推导 $\Delta T_g=k\phi_d$。

答 $T_g=T_{g,p}\phi_p+T_{g,d}\phi_d$，$T_g=T_{g,p}(1-\phi_d)+T_{g,d}\phi_d$，$T_{g,p}-T_g=T_{g,p}\phi_d-T_{g,d}\phi_d$，$\Delta T_g=(T_{g,p}-T_{g,d})\phi_d$。令 $T_{g,p}-T_{g,d}=k$，则 $\Delta T_g=k\phi_d$。

12-72 证明增塑对 T_g 影响的关系式 $T_g=\dfrac{T_{g,p}+(kT_{g,d}-T_{g,p})\phi_d}{1+(k-1)\phi_d}$。

证 从 12-69 题可得 $(T_g-T_{g,1})\phi_1=k(T_{g,2}-T_g)\phi_2$，$(1-\phi_2)(T_g-T_{g,1})=\phi_2k(T_{g,2}-T_g)$，$(1-\phi_2)T_g-(1-\phi_2)T_{g,1}=\phi_2kT_{g,2}-\phi_2kT_g$，$(1-\phi_2+\phi_2k)T_g=\phi_2kT_{g,2}+T_{g,1}-\phi_2T_{g,1}$，$T_g=\dfrac{T_{g,1}+(kT_{g,2}-T_{g,1})\phi_2}{1+(k-1)\phi_2}$，令 $1=\text{p}$（聚合物），$2=\text{d}$（增塑剂），得证。这是较准确地估算增塑聚合物 T_g 的方程。

注：①因聚合物和增塑剂密度相差较大，故体积分数 ϕ_2 不能转变成质量分数 W_2。②当经验常数 $k=1$ 时，此式成为 $\Delta T_g=k\phi_d$，这是粗略估算增塑聚合物 T_g 的公式。

12-73 计算含 20%（体积分数）增塑剂邻苯二甲酸二丁酯（DBP，$T_{g,d}=178$ K）的 PVC（$T_{g,p}=355$ K）的 T_g。理论上至少要添加多少 DBP（体积分数）才会得到室温（25 ℃）下是柔性的软 PVC？

答 $T_g=T_{g,p}\phi_p+T_{g,d}\phi_d$，$T_g=319.6$ K。$T_g=T_{g,p}(1-\phi_d)+T_{g,d}\phi_d$，$355\times(1-\phi_d)+178\times\phi_d=298$，$\phi_d=32.2\%$。

12-74 PVC 和癸酸二丁酯的溶度参数分别为 9.7 和 9.2。室温下，需要加入多少癸酸二丁酯（体积分数）才能使 PVC（$T_{g,p}=355$ K）变为柔性聚合物？假定癸酸二丁酯的 $T_g=-100$ ℃，室温为 25 ℃。

答 $T_g=T_{g,p}(1-\phi_d)+T_{g,d}\phi_d$，$298=355\times(1-\phi_d)+173\times\phi_d$，$\phi_d=31.3\%$。

12-75 低分子化合物作为稀释剂加入会降低聚合物的 T_g。根据自由体积理论，Kelley 和 Bueche 推导了 T_g 与聚合物体积分数 V_p 以及稀释剂体积分数 V_d 的关系式如下：$T_g=\dfrac{V_pT_{g,p}(\alpha_l-\alpha_g)+V_dT_{g,d}\alpha_d}{V_p(\alpha_l-\alpha_g)+V_d\alpha_d}$，式中，$\alpha_l-\alpha_g=4.8\times10^{-4}\text{ K}^{-1}$。对于 PMMA-邻苯二甲酸二乙酯体系，有下列数据。证明该体系符合上述公式，并求出 α_d 和 $T_{g,d}$。

V_p	0.500	0.580	0.670	0.750	0.830	1.000
T_g/℃	−4.7	2.6	8.9	38.4	58.4	104.7

答 从数据得知 $T_{g,p}=104.7$ ℃，且有 $V_p+V_d=1$。将其中 $V_p=0.5$ 和 $V_p=0.83$ 的两组数据代入，解方程得 $\alpha_d=9.17\times10^{-4}\text{ K}^{-1}$，$T_{g,d}=213.0$ K。

12-76 聚乙酸乙烯酯的比体积-温度数据如下，确定 T_g 以及玻璃化转变时的比体积 $\overline{V}_g$。

$T/℃$	$\bar{V}/(cm^3 \cdot mol^{-1})$	$T/℃$	$\bar{V}/(cm^3 \cdot mol^{-1})$
10.1	0.8354	27.8	0.8403
12.0	0.8359	30.2	0.8413
14.0	0.8362	32.0	0.8426
16.0	0.8366	33.9	0.8435
17.9	0.8370	36.1	0.8449
20.0	0.8374	37.9	0.8460
22.1	0.8379	39.0	0.8471
24.2	0.8384	42.0	0.8484
26.2	0.8393		

答 $T_g=27.8\ ℃$，$\bar{V}_g=0.840\ cm^3 \cdot mol^{-1}$。

12-77 图 12-29 是聚乙酸乙烯酯-乙酰丙酮(溶剂的体积分数为 0.14)的比体积-温度曲线,与 12-76 题的结果比较,讨论溶剂的加入对聚合物的 T_g 的影响。

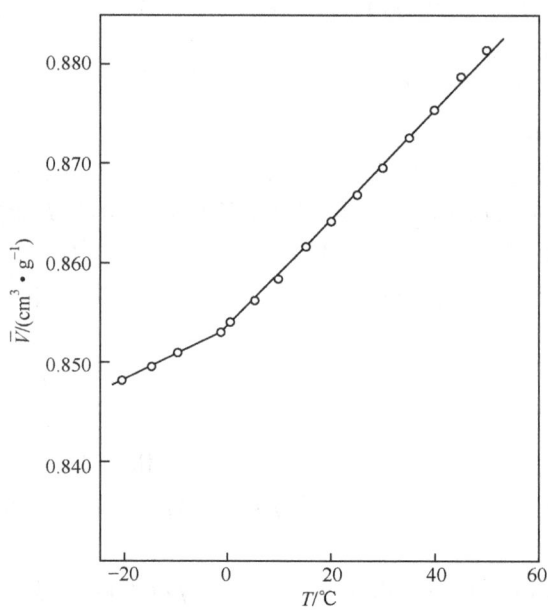

图 12-29　聚乙酸乙烯酯-乙酰丙酮的比体积-温度曲线

答　溶剂使聚合物的 T_g 显著降低。

12-78　试根据自由体积理论预计玻璃化温度测量所用频率提高或降低一个数量级时,测得的 T_g 值将变化多少度。

答　$T_g' = T_g + \dfrac{51.6\log(\omega_1/\omega_2)}{17.44-\log(\omega_1/\omega_2)}$，当 $\omega_1/\omega_2=10$ 时，$\Delta T_g \approx 3\ ℃$。

12.2.3　T_g 的影响因素

12-79　影响聚合物玻璃化转变温度的结构因素有哪些?

答　柔顺性是影响 T_g 的最重要的因素,总的来说,柔顺性越好,T_g 越低。

(1) 主链结构。主链杂原子使柔顺性增加,T_g 降低。主链芳环使柔性下降,T_g 升高,工程塑料通常是这种情况。共轭双键使柔性大大下降，T_g 大大升高。孤立双键却使柔性大大增加，T_g 很低，弹性体通常是这种情况。

（2）侧基。侧基极性越大，柔性越小，T_g 越高。侧基不对称取代时，由于空间阻碍，柔性较差，T_g 较高；侧基对称取代时，内旋转容易，柔性较好，T_g 较低。一般来说，侧基体积较大，内旋转空间阻碍大，柔性下降，T_g 较高。但柔性侧基随着侧基增长，柔性增加，T_g 降低。

（3）其他因素。交联、结晶、形成氢键等因素都会使分子间作用力增加，从而柔性减小，T_g 升高。增塑降低 T_g。用低 T_g 组分参与共聚可以降低 T_g，起到内增塑的作用。

12-80 讨论外力因素对聚合物 T_g 的影响。

答 张力促进链段运动，使 T_g 降低；压力减少自由体积，使 T_g 升高。外力作用频率太快或升温速度太快，链段运动来不及响应，都会使测得的 T_g 偏高。

12-81 用↓或↑表示下列因素对 T_g 的影响：

（1）张力增加；（2）压力增加；（3）外力频率增加；（4）主链上杂原子数增加；（5）主链上芳环密度增加；（6）侧基极性增加；（7）增塑剂含量增加；（8）交联度增加；（9）相对分子质量增加；（10）聚丙烯酸酯类的酯基 C 原子数 n 增加。

答 （1）↓；（2）↑；（3）↑；（4）↓；（5）↑；（6）↑；（7）↓；（8）↑；（9）↑；（10）↓。

12-82 试述下列因素对高分子的玻璃化转变温度的影响：

（1）当数均相对分子质量无限增大时，其情况怎样？（2）加入增塑剂，试列出其定量关系。（3）用另外单体使其发生内增塑作用，内增塑与外增塑有无相同之处？（4）升、降温速度有什么影响？

答 （1）趋于一定值。（2）$T_g = T_{g,p}\phi_p + T_{g,d}\phi_d$。（3）都可降低 T_g。（4）升、降温速度过快会使 T_g 测定值偏高。

12-83 从化学结构角度讨论下列各对聚合物为什么存在 T_g 的差别：

(1) 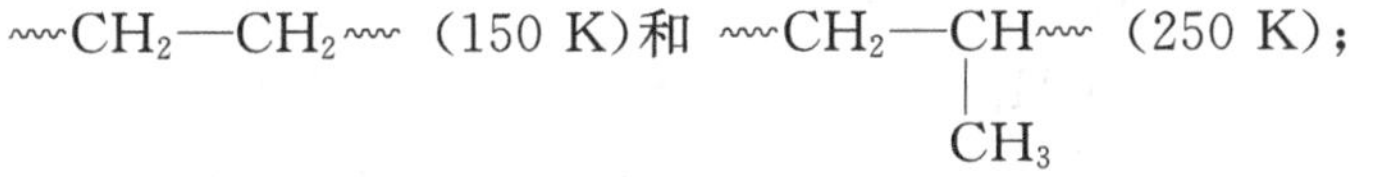 ～CH$_2$—CH$_2$～（150 K）和 ～CH$_2$—CH～（250 K）；
　　　　　　　　　　　　　　　　　　　　　　｜
　　　　　　　　　　　　　　　　　　　　　CH$_3$

(2) 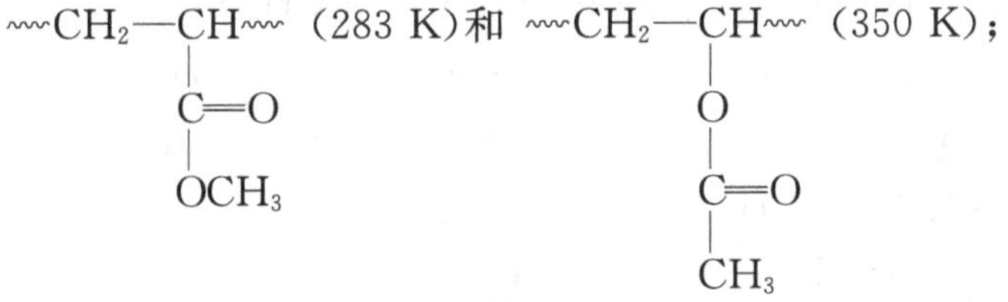 ～CH$_2$—CH～（283 K）和 ～CH$_2$—CH～（350 K）；
　　　　｜　　　　　　　　　　　　　｜
　　　C=O　　　　　　　　　　　　O
　　　｜　　　　　　　　　　　　　｜
　　　OCH$_3$　　　　　　　　　　C=O
　　　　　　　　　　　　　　　　　｜
　　　　　　　　　　　　　　　　CH$_3$

(3) ～CH$_2$—CH$_2$—O～（232 K）和 ～CH$_2$—CH～（358 K）；
　　　　　　　　　　　　　　　　　　　　　　　　　　｜
　　　　　　　　　　　　　　　　　　　　　　　　　OH

　　　　　　　　　　　　　　　　　　　　　　CH$_3$ 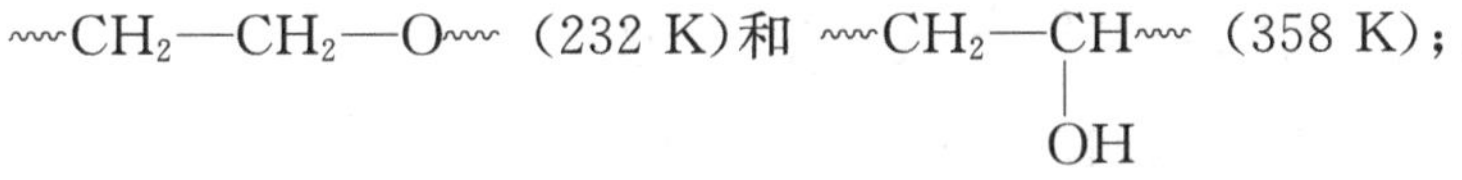
　　　　　　　　　　　　　　　　　　　　　　｜
(4) 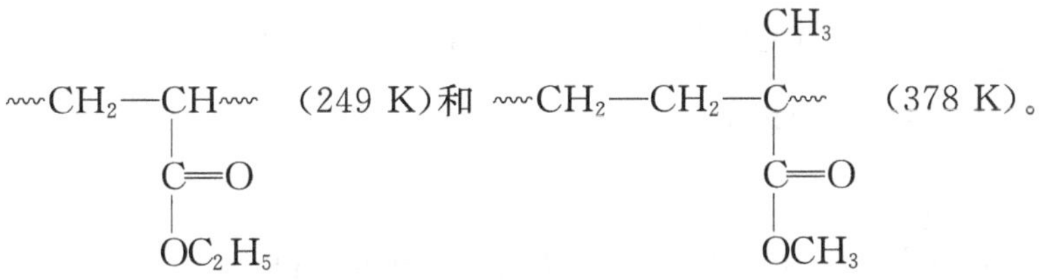 ～CH$_2$—CH～（249 K）和 ～CH$_2$—CH$_2$—C～（378 K）。
　　　　｜　　　　　　　　　　　　　　　　｜
　　　C=O　　　　　　　　　　　　　　　C=O
　　　｜　　　　　　　　　　　　　　　　｜
　　　OC$_2$H$_5$　　　　　　　　　　　OCH$_3$

答 （1）后者较高，因为侧基 CH$_3$ 的内旋转空间障碍，刚性较大；（2）前者较低，因为 C=O 靠近主链而使侧基柔性增加；（3）前者较低，因为氧原子在主链而使柔性增加，而后者侧基、极性和体积使柔性减少；（4）前者较低，因为侧基柔性较大，后者不对称取代使刚性增加。

12-84 从结构出发解释下列各组聚合物 T_g 的顺序：

(1) $-\text{[CH}_2-\text{CH]}_n-$ 　$-\text{[CH}_2-\text{CCl}_2\text{]}_n-$ 　$-\text{[CHCl}-\text{CHCl]}_n-$ 　$-\text{[CH}_2-\text{CH=CCl}-\text{CH}_2\text{]}_n-$
　　　　Cl
A 87 ℃　　　B −19 ℃　　　C 145 ℃　　　D −50 ℃

(2) $-\text{[CH}_2-\text{CH]}_n-$ (对位 $-\text{CH}_3$)　$-\text{[CH}_2-\text{CH]}_n-$ (对位 $-\text{C}_2\text{H}_5$)　$-\text{[CH}_2-\text{CH]}_n-$ (对位 $-\text{C}_4\text{H}_9$)　$-\text{[CH}_2-\text{CH]}_n-$ (对位 $-\text{C}_6\text{H}_{13}$)

A 101 ℃　　　B 28 ℃　　　C 6 ℃　　　D −27 ℃

(3) $-\text{[CH}_2-\text{CH]}_n-$ (苯基)　$-\text{[CH}_2-\text{CH]}_n-$ (对-Cl 苯基)　$-\text{[CH}_2-\text{CH]}_n-$ (对-CN 苯基)　$-\text{[CH}_2-\text{CH]}_n-$ (对-F 苯基)

A 100 ℃　　　B 110 ℃　　　C 225 ℃　　　D 122 ℃

(4) $-\text{[CH}_2-\text{CH]}_n-$ (对位 −C(CH₃)₃)　$-\text{[CH}_2-\text{CH]}_n-$ (对位 $n\text{-C}_4\text{H}_9$)

　　A　　　　　　B

(5) $-\text{[CH}_2-\text{CH}_2\text{]}_n-$　$-\text{[CH}_2-\text{C(CH}_3)_2\text{]}_n-$　$-\text{[CH}_2-\text{CF}_2\text{]}_n-$　$-\text{[CH}_2-\text{CCl}_2\text{]}_n-$

A −68 ℃　　　B −70 ℃　　　C −40 ℃　　　D −19 ℃

(6) $-\text{[NH}-(\text{CH}_2)_6-\text{NHCO}-(\text{CH}_2)_6-\text{CO]}_n-$　A
　　$-\text{[O}-(\text{CH}_2)_6-\text{OCO}-(\text{CH}_2)_2-\text{CO]}_n-$　B
　　$-\text{[NH}-(\text{CH}_2)_6-\text{NHCO}-\text{C}_6\text{H}_4-\text{CO]}_n-$　C

(7) $-\text{[O}-(\text{CH}_2)_8-\text{OCO}-(\text{CH}_2)_8-\text{CO]}_n-$　A
　　$-\text{[OCH}_2-\text{C}_6\text{H}_4-\text{CH}_2\text{OCOCH}_2-\text{C}_6\text{H}_4-\text{CH}_2\text{CO]}_n-$　B
　　$-\text{[O}-\text{C}_6\text{H}_4-\text{O}-\text{CO}-(\text{CH}_2)_2-\text{CO]}_n-$　C

(8) $-\text{[(O}-\text{CH}_2)_2-\text{O}-(\text{CH}_2)_2-\text{O}-\overset{\text{O}}{\text{C}}-\text{CH}-\overset{\text{O}}{\text{C}}\text{]}_n-$　$x=0,2,4,6,8$
　　　　　　　　　　　　　　　　　　　　　$|$
　　　　　　　　　　　　　　　　　　　　$(\text{CH}_2)_x$
　　　　　　　　　　　　　　　　　　　　　$|$
　　　　　　　　　　　　　　　　　　　　CH_3

答 (1) C＞A＞B＞D。以 A 为参照，C＞A 是因为不对称双取代的空间障碍和较大极性；B<A 是由于 B 的对称取代使极性减弱；D<B 是由于孤立双键，且 D 的 Cl 密度较小。

(2) A>B>C>D。因为柔性侧基逐渐增长，T_g 逐渐减少。

(3) C>D>B>A。因为侧基的极性。

(4) A>B。因为侧基的体积。

(5) D>C>A>B。同样对称双取代时，侧基的极性起了作用。

(6) C>A>B。C>A，因为主链苯环的刚性；A>B 是由于 A 有氢键，B 没有。

(7) B>C>A。因为苯环密度。

(8) $x=0、2、4、6、8$ 时，T_g 分别为 -29 ℃、-38 ℃、-41 ℃、-58 ℃、-59 ℃。因为柔性侧基逐渐增长，T_g 逐渐减少。

12-85 解释具有下列重复单元的聚合物的 T_g 高低次序的原因：

$$-\underset{\underset{CH_3}{|}}{\overset{\overset{CH_3}{|}}{Si}}-O- \quad -CH_2-\underset{\underset{CH_3}{|}}{\overset{\overset{CH_3}{|}}{C}}- \quad -CH_2-\underset{\underset{Cl}{|}}{\overset{\overset{Cl}{|}}{C}}- \quad -CH_2O-$$

T_g/℃   −120   −70   −17   −50

答 主要从链的柔顺性次序考虑，其次序为：Si—O>C—O>C—C。聚甲醛和聚偏氯乙烯，因为链间分别有极性力（后者大于前者），所以 T_g 值均比聚异丁烯高。

12-86 预计下列重复单元的聚合物 T_g 的高低次序：

$$-CH_2-\underset{\underset{CH_3}{|}}{CH}-, \quad -CH_2-\underset{\underset{Cl}{|}}{CH}-, \quad -CH_2-\underset{\underset{\phi}{|}}{CH}-, \quad -CH_2-\underset{\underset{CN}{|}}{CH}-,$$

$$-O-\phi-\underset{\underset{CH_3}{|}}{\overset{\overset{CH_3}{|}}{C}}-\phi-O-\underset{\underset{O}{\|}}{C}-, \quad -O-\phi(CH_3)_2-, \quad -\phi-。$$

答 从侧基的极性和大分子有芳杂环影响链的内旋转运动这两种因素考虑，上述几种聚合物的 T_g 高低次序应为：PP<PVC≈PS<PAN<PC<PPO<PB。

12-87 估计下列各组聚合物的 T_g 的大小顺序，并说明理由：

(1) PE,PP,PS；(2) 聚甲基丙烯酸丁酯，聚甲基丙烯酸甲酯；(3) 聚丙烯酸甲酯，聚丙烯酸乙酯，聚丙烯酸丁酯；(4) PVC，聚偏二氯乙烯；(5) PP，PVC，PAN；(6) 聚对叔丁基苯乙烯，聚对正辛基苯乙烯；(7) 顺式 1,4-聚丁二烯，全同 1,2-聚丁二烯；(8) 聚乙烯基甲醚，聚乙烯基丁醚。

答 (1) PE<PP<PS；(2) 聚甲基丙烯酸丁酯<聚甲基丙烯酸甲酯；(3) 聚丙烯酸甲酯>聚丙烯酸乙酯>聚丙烯酸丁酯；(4) PVC>聚偏二氯乙烯；(5) PP<PVC<PAN；(6) 聚对叔丁基苯乙烯>聚对正辛基苯乙烯；(7) 顺式 1,4-聚丁二烯<全同 1,2-聚丁二烯；(8) 聚乙烯基甲醚>聚乙烯基丁醚。

主要考虑：(1) 侧基大小；(2) 侧基柔性；(3) 侧基柔性；(4) 侧基对称性；(5) 侧基极性；(6) 侧基柔性；(7) 有无侧基；(8) 侧基柔性。

12-88 比较下列聚合物的 T_g，并从结构上说明原因：

(1) 聚丙烯酸正丁酯（−56 ℃），聚丙烯酸甲酯（3 ℃），聚丙烯酸（106 ℃）；(2) 下列重复单元的聚合物。

	—CH$_2$—CH$_2$—	—CH$_2$—CH— \\ | \\ CH$_3$	—CH$_2$—CH— \\ | \\ Cl	—CH$_2$—CH— \\ | \\ CN
T_g/℃	−68	−10	82	104

答 (1) 聚丙烯酸正丁酯较低是由于柔性侧基较长,聚丙烯酸较高是由于分子间氢键;
(2) 侧基极性增大,T_g 增加。

12-89 按 T_g 升高的顺序排列下列聚合物:

$-\!\!\!+\!\!\text{CH}_2-\text{CH}_2\!\!\!+\!\!\!-_n$ $-\!\!\!+\!\!\text{CH}=\text{CH}\!\!\!+\!\!\!-_n$ $-\!\!\!+\!\!\!\underset{\underset{\text{CH}_3}{|}}{\overset{\overset{\text{CH}_3}{|}}{\text{Si}}}-\text{O}\!\!\!+\!\!\!-_n$ $-\!\!\!+\!\!\text{HN}-(\text{CH}_2)_6-\text{NH}-\text{CO}-(\text{CH}_2)_4-\text{CO}\!\!\!+\!\!\!-_n$

答 聚乙炔＞尼龙-66＞聚乙烯＞聚二甲基硅氧烷。

12-90 解释下列橡胶 T_g 不同的原因:

顺丁橡胶－85 ℃,天然橡胶－73 ℃,丁苯橡胶－61 ℃,氯丁橡胶－40 ℃,丁腈橡胶－36 ℃。

答 顺丁橡胶的大分子主链上没有侧基;天然橡胶有侧甲基,增加了内旋转的空间障碍,柔顺性降低;丁苯橡胶有较大的侧苯基,进一步增加了内旋转的空间障碍,柔顺性进一步降低;氯丁橡胶的侧基有极性,分子间作用力较大,柔顺性进一步降低;丁腈橡胶同样是侧基有极性,而且极性强于氯,柔顺性进一步降低。

12-91 如果橡胶的结构一定,要提高橡胶的耐寒性应采取什么措施?

答 加增塑剂降低 T_g,如丁腈胶添加癸二酸二丁酯。

12-92 比较下列各组聚合物的 T_g 大小:

(1) 聚二甲基硅氧烷,顺式 1,4-聚丁二烯;(2) 聚己二酸乙二醇酯,聚对苯二甲酸乙二醇酯;(3) 聚丙烯,聚 4-甲基-1-戊烯。

答 T_g 值如下:(1) −123 ℃,−108 ℃;(2) −70 ℃,69 ℃;(3) −10 ℃,29 ℃。

12-93 下列每对共聚物中哪个的 T_g 较高? 解释原因。

(1) 聚甲基丙烯酸 2-氯乙酯与聚甲基丙烯酸正丙酯;(2) 聚甲基丙烯酸正丁酯与聚甲基丙烯酸 2-甲氧乙酯。

答 (1) 前者＞后者,由于氯的极性;(2) 前者＞后者,由于侧基中碳氧键的柔性较大。

12-94 下列各对聚合物中哪一个 T_g 较高?

(1) 聚乙烯与无规乙丙共聚物;(2) 聚氯乙烯与聚四氟乙烯;(3) 尼龙-6 与尼龙-11;(4) 聚乙烯与聚甲醛。

答 (1) 后者＞前者;(2) 前者＞后者;(3) 前者＞后者;(4) 后者＞前者。

12-95 下列各对聚合物中哪一个 T_g 较高?

(1) 聚对氯苯乙烯与聚对甲基苯乙烯;(2) 聚 1-乙烯基萘($\widetilde{V}$=143.9 cm^3·mol^{-1})与聚 1-乙烯基联苯($\widetilde{V}$=184.0 cm^3·mol^{-1});(3) 聚对苯二甲酸 1,4-环己烷二甲醇酯与聚对苯二甲酸己二醇酯;(4) 三醋酸纤维素与 2,3-二醋酸纤维素。

答 (1) 前者＞后者;(2) 前者＞后者;(3) 前者＞后者;(4) 后者＞前者。
注意:三醋酸纤维素中的纤维素的羟基全被取代,已没有活泼氢,没有氢键。

12-96 解释下列两对聚合物 T_g 的差别:

(1) 聚乙烯基甲基醚(T_g=13 ℃)与聚乙烯醇缩甲醛(T_g=105 ℃);(2) 聚甲基丙烯酸叔丁酯(T_g=135 ℃)与聚甲基丙烯酸乙酯(T_g=100 ℃)。

答 (1)前者的醚键能自由内旋转,后者关闭成环,醚键的内旋转受阻;(2)前者有非线形的大侧基,比后者内旋转难。

12-97 比较下列重复单元的聚合物的 T_g 和 T_m 的大小:

(1)
$$-CH_2-CH-CH_2-\\ \qquad\quad |\\ \qquad\ \ CH_2\\ \qquad\quad |\\ \qquad\ \ CH\\ \quad\ \ /\ \ \backslash\\ \ CH_3\ \ CH_3$$

(2)
$$-CH_2-CH-CH_2-\\ \qquad\qquad\ \ |\\ \ \ CH_3-C-CH_3\\ \qquad\qquad\ \ |\\ \qquad\qquad\ CH_3$$

答 (2)的 T_g 和 T_m 均较高。

12-98 具有下列结构重复单元的聚合物的 T_g 分别为:二甲酯($n=0$)368 K;二丙酯($n=2$)307 K;二己酯($n=5$)255 K。解释 T_g 大小顺序的原因。

$$-CH_2-\underset{\underset{\underset{O}{\|}}{\underset{CO(CH_2)_nCH_3}{|}}}{\overset{\overset{\overset{O}{\|}}{\overset{CH_2-CO(CH_2)_nCH_3}{|}}}{C}}-$$

答 柔性侧基越长,内旋转越容易,T_g 越低。

12-99 下列聚合物中哪个 T_g 最高?哪个 T_g 最低?为什么?
(1)聚丙烯酸甲酯;(2)聚甲基丙烯酸甲酯;(3)聚丙烯酸苯酯。

答 (3)最高,(1)最低。从侧基体积引起内旋转的位阻出发考虑。

12-100 聚氧化乙烯(PEO)能与 Li^+ 或 Na^+ 等离子复合,有望在电池电解质方面得到应用。这种 PEO 复合物的 T_g 比纯 PEO 的 T_g 高还是低?

答 高很多。由于含离子聚合物间的离子键,因此分子间作用力大大增强。如果一条分子链都是同一种电荷,由于同电相斥,分子链伸展呈刚性构象。这些因素都使 T_g 升高。

12-101 假定一条相对分子质量很大的高分子链的头尾相接形成一个环状大分子,则环状大分子比相同相对分子质量的线型大分子的 T_g 是否不同?

答 相同,因为它们有同样的链段运动。但如果相对分子质量不大时,环状结构的 T_g 较高,因为链段运动可能受到束缚。

12-102 若能将某聚苯乙烯分子链一分为二,在同一个实验室测得分成的两条分子链的 T_g 值分别为 98 ℃和 106 ℃。为什么会有如此差别?

答 当相对分子质量低于一定值后,T_g 变为与相对分子质量有关,相对分子质量越小,T_g 越小。因此如果切后的聚苯乙烯分子链的某一段低于这个数值,就会出现两个 T_g。

12-103 观察到含有线形$(CH_2)_n$酯基的聚丙烯酸酯,其 T_g 随 n 的增加而规则减少,用自由体积理论解释这一现象。

答 聚丙烯酸酯含有柔性的$(CH_2)_n$侧基,n 增加,分子柔性增加,能通过链段运动较快地将自由体积排出去,只有在更低的温度下,链段运动被冻结,才能保持一定的自由体积。所以 n 越大,T_g 越低。

12-104 为什么在较大的压力下观察到 T_g 升高了?

答 高压压缩聚合物,体积减小,从而自由体积减小,使 T_g 升高。

12-105 为什么高速行驶中的汽车内胎易爆破?

答 汽车高速行驶时,作用力频率很高,T_g 上升,从而使橡胶的 T_g 接近或高于室温。内胎处于玻璃态,自然易爆破。

12-106 什么情况下聚合物会出现双玻璃化温度?

答 嵌段共聚物、接枝共聚物、部分相容的共混体系。

12-107 下列聚合物:(1) PP-PE 共混物;(2) 嵌段共聚物;(3) 接枝共聚物;(4) 无规共聚物,它们的试样在 DSC 曲线上分别会出现几个 T_m 或几个 T_g?

答 (1) 2 个 T_m;(2) 2 个 T_g 或 T_m;(3) 2 个 T_g 或 T_m;(4) 1 个 T_g。

12-108 聚甲基丙烯酸甲酯(无规)、聚苯乙烯(无规)和聚丙烯酸丁酯的玻璃化温度分别为 105 ℃、105 ℃ 和 −56 ℃,试讨论下列情况下玻璃化温度的变化:

(1) 甲基丙烯酸甲酯与苯乙烯的无规共聚物;(2) 甲基丙烯酸甲酯与丙烯酸丁酯的无规共聚物;(3) 甲基丙烯酸甲酯与丙烯酸丁酯的嵌段共聚物;(4) 60% 聚甲基丙烯酸甲酯与 40% 聚丙烯酸丁酯的共混物。

答 (1) 2 个 T_g;(2) 1 个 T_g;(3) 2 个 T_g;(4) 1 个 T_g。

12-109 解释以下现象:一种半结晶均聚物的精细测定发现有两个相差不远的 T_g。

答 一个较低的 T_g 是纯非晶部分产生的,另一个较高的 T_g 是受邻近结晶限制的非晶部分产生的,后者随结晶度增大而升高。

12-110 解释图 12-30 中两种共混聚合物的动力学性能。

图 12-30 聚合物的动力学性能
(a) 聚乙酸乙烯和聚丙烯酸甲酯的共混物;(b) 聚苯乙烯和苯乙烯-丁二烯的共混物(50∶50,物质的量比)

答 (a) 有很好的相容性。由于形成均相体系,所以只有一个 T_g。产生这一现象的原因是:①两者的结构相似。②PVAc 的 $\delta=9.4$,PMA 的 $\delta=9.7$。(b) 不完全相容。由于发生亚微观相分离,形成两相体系,两相有相对的独立性,各有一个 T_g。该共聚物是高抗冲 PS。

12-111 将聚氯乙烯进行氯化,测得其含氯量($W_{Cl}/\%$)与 T_g 的数据如下:

$W_{Cl}/\%$	61.9	62.3	63.0	63.8	64.4	66.3
T_g/K	348	349	353	354	345	343

(1) 试作 W_{Cl}-T_g 关系曲线;(2) 解释曲线产生的原因。

答 作 W_{Cl}-T_g 关系曲线,如图 12-31 所示。

纯 PVC 含 Cl 57%,氯化时,取代首先发生在 β-H 上,所以不对称性大,T_g 随含氯量增大而升高。

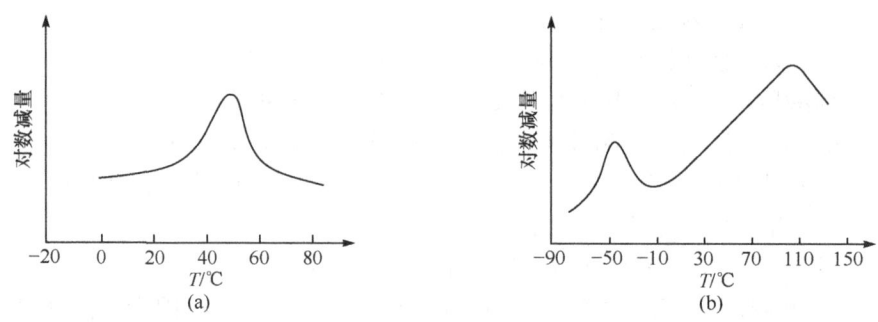

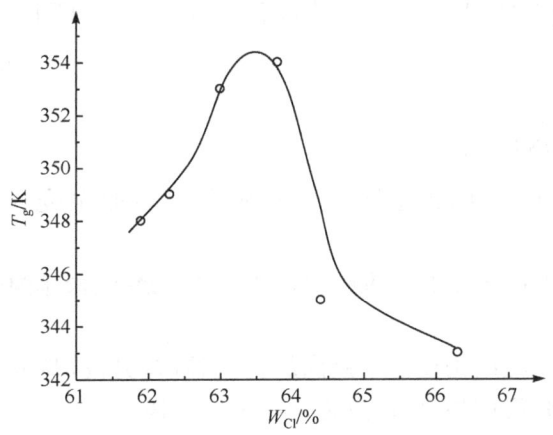

图 12-31 W_{Cl}-T_g 关系曲线

然后,取代发生在叔碳上,对称性增加,T_g 反而降低(注:聚氯乙烯 T_g=87 ℃;聚偏二氯乙烯 T_g=-17 ℃)。

$$\begin{array}{c} & & Cl & & \\ & | & | & | & \\ \sim\!\!\!\!-C-C-C-C-\!\!\!\!\sim \\ & | & | & | & \\ & Cl & Cl & Cl & \end{array}$$

12-112 共聚和增塑对聚合物的熔点和玻璃化温度的影响有什么不同?试以分子运动观点解释这种变化规律,并指出这些规律在选择塑料品种时有什么参考价值。

答 增塑剂的存在使大分子运动的自由体积增大,增塑剂是小分子,本身 T_g 较小,从而 T_g 降低效应明显,但增塑对 T_m 的影响较小。相反,共聚作用破坏了晶格,使其易熔化,T_m 降低明显,而共聚对 T_g 影响较小。

例如,做塑料雨衣使用的塑料,希望材料既柔软又不产生很大的蠕变,因此可选用增塑的 PVC;而做塑料地板使用时,材料的蠕变对其使用并无多大妨碍,然而若能降低其熔点,增加其流动性,则对加工成型非常有利,因此常选用 VC-VA 共聚物。

12.2.4 耐热性

12-113 试述塑料的耐热性指标。

答 对于非晶态聚合物,塑料的耐热性是 T_g,而对于晶态聚合物是 T_m。

12-114 试写出下列塑料的最高使用温度(指出是 T_g 还是 T_m 即可):
(1) 无规立构聚氯乙烯;(2) 间同立构聚氯乙烯;(3) 无规立构聚甲基丙烯酸甲酯;(4) 全同立构聚甲基丙烯酸甲酯;(5) 聚乙烯;(6) 全同立构聚丙烯;(7) 全同立构聚丁烯-1;(8) 聚丙烯腈;(9) 尼龙-66;(10) 聚对苯二甲酰对苯二胺。

答 (1) T_g;(2) T_m;(3) T_g;(4) T_m;(5) T_m;(6) T_m;(7) T_m;(8) T_m;(9) T_m;(10) T_m。

12-115 试述提高塑料耐热性的途径。

答 提高耐热性的主要途径是:①增加聚合物分子间的作用力(如交联),形成氢键或引入强极性基团等。②增加大分子链的僵硬性,如在主链中引入环状结构,较大的侧基或共轭双键等。③提高聚合物的结晶度或加入填充剂、增强剂等。

12-116 下列几种材料哪种耐热性能好?哪种次之?为什么?

$$\f{CO(CH_2)_4CONH(CH)_6NH\}_n, \quad \f{CH_2-CH_2\}_n, \quad \f{CH_2-CH\}_n,$$
（带苯环侧基）

$$\f{CO-\phi-CONH-\phi-NH\}_n。$$

答 最好的是芳香尼龙，因为主链苯环的刚性；其次是尼龙-66，因为结晶和分子间有氢键。

12-117 为什么优质热塑性工程塑料（如聚碳酸酯、聚砜、聚苯醚等）的高分子主链上都有苯环或杂环？

答 在主链中引入环状结构使分子链内旋转困难，T_g 升高，从而耐热性提高。另外，聚合物刚性的增加也使材料强度增加，所以成为优质工程塑料。

12-118 聚醚醚酮（PEEK）的分子结构如下，试简述其大概性能。

$$\f{O-\phi-O-\phi-CO-\phi\}_n$$

答 聚醚醚酮的主链上有大量苯环，主链刚性较大，材料的强度和耐热性都较高。由于主链上还有一定量的—O—柔性基团，因此材料有较大的韧性，是很好的工程塑料。

12-119 提高塑料耐热性的途径是否能用来提高橡胶的耐热性？

答 不能。橡胶是交联聚合物，不是热塑性的，其使用的上限温度是它的分解温度 T_d 或氧化分解温度 T_{ox}。

12-120 从手册上查得尼龙-66 的 $T_m=260\ ℃$，某种环氧树脂的 $T_g=200\ ℃$，是否能认为尼龙的耐热性比这种环氧树脂的耐热性好？

答 不能。环氧树脂是热固性树脂，交联后聚合物的耐热温度不是 T_g，而是热分解温度。

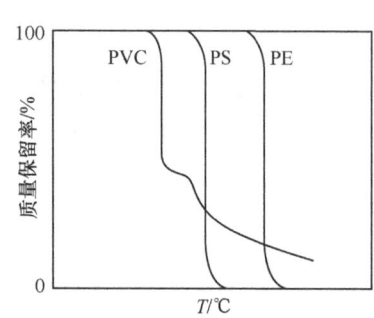

图 12-32 聚合物的热失重曲线

12-121 根据热失重曲线（TG 曲线，如图 12-32 所示）：(1) 比较热稳定性；(2) PVC 热分解分两步进行的过程，为什么热失重只能达到 90%？(3) PE 和 PS 的变化机理如何？

答 (1) PE＞PS＞PVC。(2) 第一步发生消除反应，失去 HCl 而产生双键，还可以进一步形成共轭体系或部分交联。第二步在更高的温度下充分交联成角质。长时间加热形成部分炭化残屑。为此，热失重率不能达到 100%。(3) PS 主要发生解聚反应，单体产率 65% 左右；PE 为无规降解，主要产生小分子碎片，单体产率＜1%。它们都能全部生成气体而挥发。

12.2.5 次级松弛（或多重转变）

12-122 什么是聚合物的次级松弛（多重转变）？它与材料韧性有什么关系？

答 在 T_g 以下，链段不能运动，但较小的运动单元仍可运动，这些小运动单元从冻结到运动的变化过程也是松弛过程，称为次级松弛。非晶聚合物的主松弛即 α 松弛为 T_g，晶态聚合物的主松弛即 α 松弛为 T_m，往下次级松弛按出现顺序依次称为 β 松弛、γ 松弛、δ 松弛等。因而次级松弛的机理对不同聚合物可能完全不同。其中 β 松弛最重要，它与玻璃态聚合物的韧性相关。当 $T_β$ 明显低于室温，且 β 松弛的运动单元在主链上时（在侧基上不行），材料在室温时是韧性的。相反材料为脆性的。大多数工程塑料都是韧性的。

12-123 从流动温度到液氮温度,非晶聚合物有哪些转变?其分子运动机理是什么?

答 T_f、T_g、T_β、T_γ、T_δ、…。T_f 对应于分子链的运动;T_g 对应于链段的运动;T_β、T_γ、T_δ 等对应的分子运动机理对不同聚合物可能不同,但 T_β 往往对应于仅次于链段的最大最重要的运动单元的运动。

12-124 聚乙烯和聚苯乙烯的 α 松弛各对应于什么转变?

答 分别对应于熔融和玻璃化转变。

12-125 为什么聚合物的玻璃态比低分子玻璃态的韧性大?

答 因为聚合物在玻璃态下仍可发生次级松弛。

12-126 β 松弛与聚合物的脆性有什么关系?

答 β 松弛高于室温时,聚合物具有室温脆性。β 松弛低于室温的聚合物在室温下较韧,但如果 β 松弛是由于侧基的贡献,则仍较脆。

12-127 制作婴儿奶瓶的聚碳酸酯的玻璃化转变温度是 150 ℃,但它在室温下却具有很好的抗冲击性能,为什么?

答 主要是由于在玻璃化转变温度以下还存在 β 松弛(约 -180 ℃),T_β 远低于室温。

12-128 为什么聚苯乙烯和聚甲基丙烯酸甲酯的 T_g 差不多,但聚苯乙烯比聚甲基丙烯酸甲酯脆?

答 聚苯乙烯和聚甲基丙烯酸甲酯的 T_g(α 松弛)差不多(均在 100 ℃ 左右),是由于从影响链段运动的侧基极性和柔性综合考虑,两者差不多。但影响脆性的因素是 β 松弛的高低,而 β 松弛只与某一较大的运动单元有关,对于聚苯乙烯是苯环的运动,对于聚甲基丙烯酸甲酯是酯基的运动,它们都是侧基本身的运动,而不考虑侧基对主链运动的影响。显然,聚苯乙烯的 β 松弛温度 T_β 远高于聚甲基丙烯酸甲酯的 T_β,所以聚苯乙烯比聚甲基丙烯酸甲酯脆。

12-129 将高密度聚乙烯的损耗模量对温度作图,在 140 ℃、-40 ℃ 和 -120 ℃ 有峰值,而结晶的聚丙烯的峰值在 150 ℃、-20 ℃ 和 -150 ℃,说明每一峰值的意义及两组峰值的差别。

答 对于 HDPE,140 ℃ 为 α 松弛(对应于熔点),-40 ℃ 为 β 松弛(对应于链段或大支链的运动),-120 ℃ 为 γ 松弛(对应于曲柄运动)。对于 PP,150 ℃ 为 α 松弛(对应于熔点),-20 ℃ 为 β 松弛(对应于链段运动),-150 ℃ 为 γ 松弛(对应于侧甲基的运动)。

12-130 试列举三种次级松弛的实验方法。

答 扭辫仪、黏弹谱仪、介电松弛谱。

12-131 在频率为 1.2 Hz 时 PET 的储能模量表现出 253 K 有次级松弛,而 353 K 有玻璃化转变。(1) 画出储能模量-温度曲线示意图;(2) 画出 $\tan\delta$-T 曲线示意图;(3) 预计对于结晶的 PET 样品,储能模量-温度曲线有什么变化。

答 (1) 图略,曲线形状是往下的两个台阶,两个转折点分别对应于 253 K 次级松弛和 353 K 玻璃化转变;(2) 图略,曲线形状是相应温度的两个峰;(3) 增加 533 K 左右的结晶-熔融转变。

12-132 在频率为 1.2 Hz 时 PVC 的 $\tan\delta$ 表现出两个松弛峰:(1) 210 K 归属于主链运动;(2) 343 K 主峰归属于玻璃-橡胶转变。画出形变-温度曲线示意图。

答 图略,形变-温度曲线是往上翘的两个台阶,两个转折点分别对应于 210 K 次级松弛和 343 K 玻璃化转变。

12-133 现有三种 ABS,每一种都有两个 T_g 值:(1) -80 ℃,100 ℃;(2) -40 ℃,100 ℃;

(3) 0 ℃,100 ℃。试估计这三种 ABS 在 -20 ℃时的韧性大小。

答 (1)>(2)>(3)。共聚物的一个组分的 T_g 越低,即在越低的温度下部分组分进入高弹态,显然韧性越大。

12.2.6 脆化温度

12-134 聚合物的脆化温度(T_b)的物理意义是什么?从分子结构观点解释下列聚合物 T_b 的高低和 $\Delta T(=T_g-T_b)$ 温度范围的宽窄:

聚合物	SI	NR	PE	POM	PA-66	PC
T_b/K	153	203	203	233	243	173
T_g/K	150	200	205	215	322	422

答 脆化温度是材料发生韧性断裂的最低温度,低于这个温度材料发生脆性断裂。

聚合物	SI	NR	PE	POM	PA-66	PC
$\Delta T(=T_g-T_b)$/K	-3	-3	2	-18	79	249

前四种为柔性聚合物,链间堆砌较紧密,链段活动的余地小,形变困难,T_b 非常接近 T_g 值。后两种分别为刚性聚合物,链间堆砌松散,在外力作用下链段仍有充裕的活动余地,即使在较低的温度下,也能承受外力而不脆,所以 T_b 较低;同时刚性使 T_g 升高,因而塑料的使用温区 $\Delta T(=T_g-T_b)$ 随刚性增加而增加。

12-135 在何种情况下塑料呈现脆性?从分子机理解释。

答 温度低于 T_b 时塑料呈现脆性,因而 T_b 是塑料的耐寒性指标。从分子机理来说,T_b 相应于链节等较小运动单元开始运动的温度。

12-136 一种很粗糙的测定聚合物脆化点的实验,是用一个重锤猛敲一块被测试的材料,若材料破裂,则可以说该温度处在它的脆化点之下,若将这种测试结果与玻璃化温度的测定值以及按其他方法测定的脆化温度值作一比较,常发现有矛盾之处,对于这种情况应如何解释?

答 T_b 与 T_g 都是松弛过程的转变温度,并非相变温度,因而受升温或外力作用频率的影响。有时会出现同一聚合物中 $T_b > T_g$(测定值)的情况。

12-137 指出下列高分子材料的使用温度范围:
非晶态热塑性塑料,晶态热塑性塑料,热固性塑料,硫化橡胶,涂料。

答 非晶态热塑性塑料:$T_b \sim T_g$;晶态热塑性塑料:$T_b \sim T_m$;热固性塑料:$T_b \sim T_d$;硫化橡胶:$T_g \sim T_d$;涂料:$< T_g$。

12.3 聚合物的黏性流动

12.3.1 黏流的特点和黏流温度

12-138 聚合物的黏性流动有什么特点?为什么?

答 ①黏流是通过链段的相继跃迁实现的,黏流活化能与相对分子质量无关。②一般不符合牛顿流体定律,即不是牛顿流体,而是非牛顿流体,常是假塑性流体,这是由于流动时链段沿流动方向取向,取向的结果使黏度降低。③黏流时所发生的形变有一部分是可逆的,因为黏流时伴有高弹形变(链段的运动)。

12-139 聚合物熔体的流动弹性效应表现在哪些方面？

答 ①挤出物胀大效应(巴拉斯效应)。②包轴效应(韦森堡效应)。③熔体不稳定流动。

12-140 聚合物熔体从挤出机口模中挤出后，发生横向膨胀的原因是什么？

答 这是由于聚合物被挤出口模后外力消失，聚合物在流动过程中发生高弹形变回缩。

12-141 产生聚合物熔体破坏现象的原因是什么？如何克服(仅回答关键措施即可)这一现象？

答 熔体破坏现象(又称弹性湍流、熔体不稳定流动)与高弹形变有关，当挤出速率超过一定极限，弹性形变的能量大到与克服黏滞阻力的流动能量相当时，则发生熔体破坏，如挤出物表面粗糙、扭曲、呈波纹状、呈竹节形或鲨鱼皮状等。降低挤出速率可以克服这一现象。

12-142 聚合物熔体为什么能够沿着竖直在其中的旋转轴上升？

答 这是由剪切流动的"法向应力差不等于零"引起的。

12-143 为什么以中心浇口注塑成型的圆片容易出现荷叶状翘曲？

答 这是挤出物胀大效应引起的，本质上是聚合物在流动过程中发生的高弹形变回缩。

12-144 试扼要说明聚合物的黏流温度 T_f 的含义，并说明影响 T_f 的主要因素。

答 温度在 T_f 以上，聚合物发生黏性流动。热塑性塑料、合成纤维和橡胶的加工成型都是在黏流态下进行的，即在 T_f 以上进行的。

影响 T_f 的主要因素(前两个是结构因素，后一个是外界因素)有：

(1) 分子结构。柔顺性差以及分子间作用力大(包括极性和氢键)，链的单键内旋转越难进行，运动单元链段就越大，流动活化能也越高，聚合物在较高的温度下才能实现黏性流动，T_f 较高。

(2) 相对分子质量。相对分子质量越大，整个分子链相对滑动时摩擦阻力就越大，需在更高的温度下才能发生黏性流动，即 T_f 越大，不存在临界值。

(3) 外力大小和作用时间。增加外力和作用时间都有利于分子链运动，从而降低 T_f。

12-145 为什么大多数高分子比无机材料和金属材料易于加工？

答 由于大多数高分子的 T_f 都低于 300 ℃，比一般无机材料和金属材料低得多，给加工成型带来很大方便，这也是高分子得以广泛应用的一个重要原因。

12-146 聚合物成型加工的上限温度和下限温度分别是什么？其上限温度由哪些因素决定？

答 聚合物成型加工的上限温度是分解温度。对于非晶聚合物，聚合物成型加工的下限温度是黏流温度；对于结晶聚合物，聚合物成型加工的下限温度是熔点(当相对分子质量很高时也是黏流温度)。

12-147 虽然 T_f 以上聚合物可以流动，但为什么聚合物的实际加工温度通常比 T_f 高几十度？

答 因为在 T_f 时黏度很大，在 T_f 以上几十度时黏度较低，从而便于加工。

12-148 聚氯乙烯的 T_f 很高，很接近它的 T_d，试设计几个方案，以利于加工成型。

答 ①加入增塑剂。②提高加工的外力，另外加入稳定剂提高 T_d 也有利于加工成型。③降低相对分子质量。

12-149 为什么聚氯乙烯成型加工时要添加稳定剂？举一种稳定剂实例，并说明稳定机理。

答 因为 PVC 的热分解温度为 140 ℃左右，低于成型加工温度(170～190 ℃)，加稳定剂可以提高热分解温度。稳定剂的一个例子是硬脂酸镉，它与 PVC 偶合，阻止脱 HCl(HCl 是分解的催化剂)，本身的弱碱性还能吸收热解反应产生的 HCl。

12-150 为什么T_f是一个较宽的温度范围,不存在变化明显的转折点?

答 相对分子质量越高,T_f越高,不存在平衡值,这点与T_g不同。由于相对分子质量存在分布,所以T_f是一个较宽的温度范围,而不是突变。

12.3.2 熔体黏度

1. 影响熔体黏度的因素

12-151 试说明下列因素对塑料熔体剪切黏度的影响,给出相关的公式和图:

(1) 温度;(2) 聚合物的相对分子质量;(3) 剪切力或剪切速率。

答 (1) 温度:①在T_f以上,η-T关系遵循Arrhenius方程$\eta = Ae^{\Delta E_\eta/RT}$,式中,$A$为常数,$\Delta E_\eta$为流动活化能。②在$T_f$以下,$\Delta E_\eta$不再是常数,必须用自由体积理论处理,$\eta$-$T$关系适用WLF方程$\log\dfrac{\eta(T)}{\eta(T_g)} = \dfrac{-17.44\times(T-T_g)}{51.6+(T-T_g)}$[适用范围为$T_g\sim(T_g+100\text{ K})$]。对于大多数聚合物,$\eta(T_g)=10^{12}$ Pa·s(10^{13} P[①]),从而通过上式可以计算其他温度下的黏度。

(2) 相对分子质量:对于加成聚合物,相对分子质量低于临界值M_c(缠结相对分子质量)时$\eta_0 = K\overline{M_w}^{1.0\sim1.6}$;相对分子质量高于$M_c$时$\eta_0 = K\overline{M_w}^{3.4\sim3.5}$。此规律为Fox-Flory经验方程(或称3.4次方规律)。柔顺性越大的高分子越易缠结,M_c越小。

(3) 剪切力(或速率)的影响:剪切力和剪切速率增加,使分子取向程度增加,从而黏度降低。升温和加大剪切力(或速率)均能使黏度降低而提高加工性能,但对于柔性链和刚性链影响不一样(图12-33和图12-34),对于刚性链宜采用升高温度的方法,而对柔性链宜采用加大剪切力(或速率)的方法。

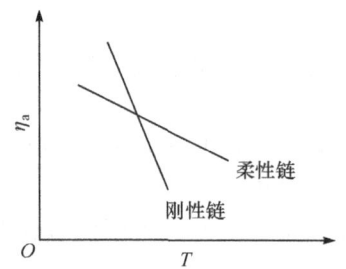
图12-33 温度对熔体黏度的影响

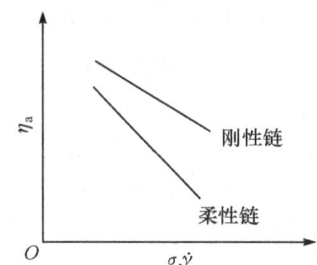
图12-34 剪切力(或速率)对熔体黏度的影响

12-152 解释图12-35中几种聚合物的熔体黏度与剪切力及温度的关系曲线。

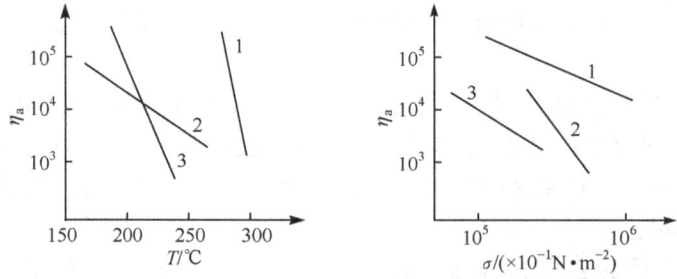

图12-35 聚合物的熔体黏度与剪切力及温度的关系
1. PC;2. PE;3. PMMA

[①] P为非法定单位,1 P=10^{-1} Pa·s。

答 （1）温度对聚合物熔融黏度的影响符合 Arrhenius 方程：$\ln\eta = \ln A + \dfrac{\Delta E_\eta}{RT}$。一般分子链刚性越大（如 PC）或分子间作用力越大（如 PMMA），则流动活化能越高，即直线斜率越大。PE 柔顺性大，所以 ΔE_η 小，直线斜率小，黏度对温度不敏感。

（2）剪切应力对聚合物黏度的影响也与结构有关。因为柔性链分子易通过链段运动而取向，而刚性分子链段较长，取向的阻力很大，因而取向作用小。所以柔性的 PE 比刚性的 PC 和 PMMA 表现出更大的剪切应力敏感性。

12-153 从结构上说明下列各聚合物的 ΔE_η 数值不同的原因，以及对聚合物成型加工的影响[注：ΔE_η 为聚合物在（$T > T_g + 100$ ℃）下的表观流动活化能]。

聚合物	$\Delta E_\eta/(\text{kJ}\cdot\text{mol}^{-1})$
聚乙烯	27.2～29.3
聚苯乙烯	94.5
聚 α-甲基苯乙烯	133.8

答 从结构上分析刚性顺序为聚 α-甲基苯乙烯＞聚苯乙烯＞聚乙烯。刚性越大，流动活化能越大，黏度对温度越敏感，可以通过升高温度来降低黏度，便于成型加工。

12-154 从结构观点分析温度和剪切速率对聚合物熔体黏度的影响规律，举例说明这一规律在成型加工中的应用。

答 温度升高和剪切速率增大都使聚合物熔体黏度变小，有利于加工，但刚性链和柔性链的敏感性不同。刚性链的黏度对温度敏感，而对剪切速率较不敏感，因而升高加工温度比较有效。另外，柔性链的剪切速率对温度敏感，而对黏度较不敏感，因而升高加工机械的马达功率比较有效。

12-155 聚碳酸酯和聚甲醛的加工中，为了降低熔体的黏度，增大其流动性，分别用升高温度或提高剪切速率的方法。分析各对哪一种最有效，并说明原因。

答 聚碳酸酯较刚性，聚甲醛较柔性。其他参见 12-154 题。

12-156 已知聚乙烯（PE）和聚异丁烯（PIB）的流动活化能分别为 23.3 kJ·mol^{-1}（单元）和 36.9 kJ·mol^{-1}（单元）。各在什么温度下，它们的黏度分别为 166.7 ℃时黏度的一半（注：$\ln\dfrac{1}{2} = -0.693$）？

答 $\dfrac{\eta_2}{\eta_1} = \dfrac{e^{\Delta E_\eta/RT_2}}{e^{\Delta E_\eta/RT_1}} = \exp\left[\dfrac{\Delta E_\eta}{R}\left(\dfrac{1}{T_2} - \dfrac{1}{T_1}\right)\right]$，$\ln\dfrac{\eta_2}{\eta_1} = \dfrac{\Delta E_\eta}{R}\left(\dfrac{1}{T_2} - \dfrac{1}{T_1}\right)$

对 PIB，$\dfrac{1}{T_2} = \left(\dfrac{R}{\Delta E_\eta}\ln\dfrac{\eta_2}{\eta_1}\right) + \dfrac{1}{T_1} = \dfrac{8.314}{36.9\times 10^3}\times(-0.693) + \dfrac{1}{166.7+273}$，$T_2 = 472$ K。

对 PE，$\dfrac{1}{T_2} = \dfrac{8.314}{23.3\times 10^3}\times(-0.693) + \dfrac{1}{166.7+273}$，$T_2 = 493$ K。

12-157 已知 PE 和 PMMA 的流动活化能 ΔE_η 分别为 41.8 kJ·mol^{-1} 和 192.3 kJ·mol^{-1}，PE 在 473 K 时的黏度 $\eta_{(473)} = 91$ Pa·s，PMMA 在 513 K 时的黏度 $\eta_{(513)} = 200$ Pa·s；(1) 试求 PE 在 483 K 和 463 K 时的黏度，PMMA 在 523 K 和 503 K 时的黏度；(2) 说明链结构对聚合物黏度的影响；(3) 说明温度对不同结构聚合物黏度的影响。

答 （1）由文献查得：$T_{g(\text{PE})} = 193$ K，$T_{g(\text{PMMA})} = 378$ K，现求的黏度均远高于 $T_g + 100$ K，

实际上高于 T_f，故用 Arrhenius 公式：$\eta = A e^{\Delta E_\eta / RT}$ 或 $2.303 \log \dfrac{\eta_{T_1}}{\eta_{T_2}} = \dfrac{\Delta E_\eta}{R} \left(\dfrac{1}{T_1} - \dfrac{1}{T_2} \right)$。

PE：$2.303 \log \dfrac{\eta_{483}}{91} = \dfrac{41.8 \times 10^3}{8.31} \times \left(\dfrac{1}{483} - \dfrac{1}{473} \right)$，$\eta_{483} = 71$ Pa·s；

$2.303 \log \dfrac{\eta_{463}}{91} = \dfrac{41.8 \times 10^3}{8.31} \times \left(\dfrac{1}{463} - \dfrac{1}{473} \right)$，$\eta_{463} = 114$ Pa·s。

PMMA：$2.303 \log \dfrac{\eta_{523}}{200} = \dfrac{192.3 \times 10^3}{8.31} \times \left(\dfrac{1}{523} - \dfrac{1}{513} \right)$，$\eta_{523} = 84$ Pa·s；

$2.303 \log \dfrac{\eta_{503}}{200} = \dfrac{192.3 \times 10^3}{8.31} \times \left(\dfrac{1}{503} - \dfrac{1}{513} \right)$，$\eta_{503} = 490$ Pa·s。

（2）刚性链（PMMA）比柔性链（PE）的黏度大。

（3）刚性链的黏度比柔性链的黏度受温度的影响大。

12-158 已知增塑 PVC 的 $T_g = 338$ K，$T_f = 418$ K，流动活化能 $\Delta E_\eta = 8.31$ kJ·mol^{-1}，433 K 时的黏度为 5 Pa·s。求此增塑 PVC 在 338 K 和 473 K 时的黏度。

答 （1）因为 338 K 在 $T_g \sim (T_g + 100$ K$)$ 范围内，用 WLF 经验方程计算，即 $\log \dfrac{\eta_{433}}{\eta_{338}} = \dfrac{-17.44 \times (433 - 338)}{51.6 + (433 - 338)} = -11.3015$，$\log \eta_{338} = \log 5 + 11.3015 = 12.004$，$\eta_{(338)} = 10^{12}$ Pa·s。

（2）因为 473 K $> T_f$，用 Arrhenius 方程计算，$\eta = \eta_0 e^{\Delta E_\eta / RT}$，$\dfrac{\eta_{473}}{\eta_{433}} = \dfrac{\exp \left(\dfrac{8.31 \times 10^3}{8.31 \times 473} \right)}{\exp \left(\dfrac{8.31 \times 10^3}{8.31 \times 433} \right)} = 0.8226$，$\eta_{473} = 5 \times 0.8226 = 4.1$ (Pa·s)。

12-159 若一种聚苯乙烯试样在 160 ℃时的零剪切黏度为 1000 Pa·s，试估算它在 T_g（100 ℃）和 120 ℃时的零剪切黏度。

答 $\log \dfrac{\eta_T}{\eta_{T_g}} = \dfrac{-17.44(T - T_g)}{51.6 + (T - T_g)}$，$\log \dfrac{1000}{\eta_{T_g}} = \dfrac{-17.44 \times (160 - 100)}{51.6 + (160 - 100)}$，$\eta_{T_g} = 2.38 \times 10^{12}$ Pa·s；$\log \dfrac{\eta_{120}}{2.38 \times 10^{12}} = \dfrac{-17.44 \times (120 - 100)}{51.6 + (120 - 100)}$，$\eta_{120} = 3.20 \times 10^7$ Pa·s。

12-160 作为某高分子企业的新雇员，当第一次出席职工会议时，该企业一位最有名望的化学家说："我们测定了 poly(wantsa cracker) 在 140 ℃的熔体黏度为 1×10^5 Pa·s，T_g 为 110 ℃。"一位机械工程师接着说："你知道我们的挤出机在 2×10^2 Pa·s 工作得最好。你知道 poly(wantsa cracker) 在 160 ℃降解，所以我们无法加工它。"当你用计算器算出 poly(wantsa cracker) 在 160 ℃时的黏度，并陈述能否加工的理由时，全场的目光都注视着你。（1）160 ℃时 poly(wantsa cracker) 的熔体黏度为多少？（2）企业能否直接用此聚合物？若不能，用什么方法来提高其可用性？（3）推测该聚合物的结构。

答 （1）解题思路如下：

T	110 ℃(T_g)	140 ℃	160 ℃
η	中间步骤	已知	最终求得

$\log \dfrac{\eta_T}{\eta_{T_g}} = \dfrac{-17.44(T - T_g)}{51.6 + (T - T_g)}$，$\log \dfrac{1 \times 10^5}{\eta_{T_g}} = \dfrac{-17.44 \times (140 - 110)}{51.6 + (140 - 110)}$，$\eta_{T_g} = 2.58 \times 10^{11}$ Pa·s；

$$\log\frac{\eta_{160}}{2.58\times10^{11}}=\frac{-17.44\times(160-110)}{51.6+(160-110)}, \eta_{160}=6.74\times10^2 \text{ Pa}\cdot\text{s}.$$

（2）不能直接用,可加入增塑剂改善流动性,加入稳定剂提高热稳定性,使其降解温度高于 160 ℃。

（3）从 160 ℃ 就降解分析,结构上可能含氯,降解时断裂碳-氯键。

12-161 一种新的线型非晶聚合物的 $T_g=10$ ℃,在 25 ℃ 时其熔体黏度为 6×10^8 Pa·s,计算在 40 ℃ 时的黏度。

答 解题思路如下：

T	10 ℃(T_g)	25 ℃	40 ℃
η	中间步骤	已知	最终求得

先求得 $\eta_{T_g}=5.08\times10^{12}$ Pa·s,再求得 $\eta_{40}=1.97\times10^6$ Pa·s。

12-162 聚合物试样在 0 ℃ 时黏度为 1.0×10^3 Pa·s,如果黏度-温度关系服从 WLF 方程,并假定 T_s 时的黏度为 1.0×10^{11} Pa·s,则 25 ℃ 时黏度是多少？

答 先求 T_s,从 T_s 时的黏度为 1.0×10^{11} Pa·s 可见 T_s 接近 T_g（注：根据等黏度概念,聚合物在 T_g 时的黏度都近似为 1.0×10^{12} Pa·s）。方程的参数取 $C_1=17.44, C_2=51.6$ K,则

$$\log\frac{1\times10^3}{1\times10^{11}}=\frac{-17.44\times(0-T_s)}{51.6+(0-T_s)}, T_s=-43.7\text{ ℃}, \log\frac{\eta_{25}}{1\times10^{11}}=\frac{-17.44\times(25+43.7)}{51.6+(25+43.7)}, \eta_{25}=11.0 \text{ Pa}\cdot\text{s}.$$

12-163 一种高分子材料在 273 K 时黏度为 10^3 Pa·s,若在 T_g 时的黏度为 10^{12} Pa·s,其黏度随温度的变化符合 WLF 方程,试求在 298 K 时的黏度。

答 解题思路如下：

T	中间步骤(T_g)	273 K	298 K
η	已知	已知	最终求得

先求得 $T_g=218$ K,再求得 $\eta_{298}=25$ Pa·s。

12-164 聚异丁烯样品（$\overline{M_w}=133\,000$）在 298 K 时的黏度为 1.39×10^6 Pa·s。其温度依赖性符合 WLF 方程,方程的参数为 $C_1=6.92, C_2=180$ K,$T_s=298$ K。计算 373 K 时样品的黏度。

答 $\log\frac{\eta}{\eta_{T_s}}=\frac{-C_1(T-T_s)}{C_2+(T-T_s)}, \log\frac{\eta_{373}}{\eta_{T_s}}=\frac{-6.92\times(373-298)}{180+(373-298)}, \log\frac{\eta_{373}}{1.39\times10^6}=-2.035,$
$\eta_{373}=1.28\times10^4$ Pa·s。

12-165 设某种聚合物（$T_g=320$ K,$\rho_0=1\times10^3$ kg·m^{-3}）在 400 K 时测得其黏度为 10^5 Pa·s。今用足够量的丙二醇（$T_g=160$ K,$\rho_1=1\times10^3$ kg·m^{-3}）充分溶胀,使聚合物的体积分数占溶胀体的 0.70,则此增塑聚合物在同一温度（400 K）下的黏度为多大？设聚合物与增塑剂的自由体积有线性加和性。

答 设高分子体积分数为 $\phi_p=\frac{V_p}{V_p+V_d}=0.7$, $\phi_d=0.3$,下标 p 和 d 分别代表聚合物和增塑剂。由自由体积理论 $f=f_g+\alpha_f(T-T_g)$ 则分别可以写出：纯聚合物 $f_p=0.025+\alpha_{f,p}(T-T_{g,p})$,丙二醇 $f_d=0.025+\alpha_{f,d}(T-T_{g,d})$。已知 $\alpha_{f,p}=4.8\times10^{-4}$ K^{-1},$\alpha_{f,d}=10^{-3}$ K^{-1},$\rho_0\approx\rho_1=$

1×10^3 kg·m^{-3}，根据自由体积线性加和性有

$$f_T = f_p\phi_p + f_d\phi_d = [0.025 + \alpha_{f,p}(T-T_{g,p})]\phi_p + [0.025 + \alpha_{f,d}(T-T_{g,d})]\phi_d$$
$$= 0.025 + \alpha_{f,p}(T-T_{g,p})\phi_p + (T-T_{g,d})(1-\phi_p)\alpha_{f,d}$$

设加丙二醇前后的黏度分别为 η_0 和 η，根据黏度与自由体积分数的 Doolittle 半经验公式

$$\ln\frac{\rho_1^4\eta_0}{\rho_0^4\eta} = \frac{1}{f_p} - \frac{1}{f_T} = \frac{f_T - f_p}{f_p f_T}$$
$$= \frac{(1-\phi_p)[\alpha_{f,d}(T-T_{g,d}) - \alpha_{f,p}(T-T_{g,p})]}{[0.025 + \alpha_{f,p}(T-T_{g,p})][0.025 + \alpha_{f,p}(T-T_{g,p})\phi_p + \alpha_{f,d}(T-T_{g,d})(1-\phi_p)]}$$
$$= 7.05$$

所以 $\ln\eta = \ln 10^5 - 7.05 = 4.463$，$\eta = 86.74$ Pa·s。

12-166 实验测定不同相对分子质量的天然橡胶的流动活化能分别为 25.08 kJ·mol^{-1}、40.13 kJ·mol^{-1}、53.50 kJ·mol^{-1}、53.9 kJ·mol^{-1}、54.3 kJ·mol^{-1}（单元），而单体异戊二烯的蒸发热为 25.08 kJ·mol^{-1}：(1) 上述五种情况下高分子流动时链段各为多长（链段所含的碳原子数）？(2) 天然橡胶大分子链段至少应包括几个链节？链段相对分子质量约为多大？

答 已知烃类的流动活化能（ΔE_η）与蒸发热（ΔH_v）有以下关系式：$\Delta E_\eta = \beta\Delta H_v$，$\beta = \frac{1}{3} \sim \frac{1}{4}$。理论上若每个链节为独立运动单元时，则流动活化能应为 $\Delta E_\eta \approx \frac{1}{4} \times 25.08 = 6.27$ (kJ·mol^{-1})。现实际测定值 ΔE_η 分别为 25.08 kJ·mol^{-1}、40.13 kJ·mol^{-1}、53.50 kJ·mol^{-1}、53.90 kJ·mol^{-1}、54.30 kJ·mol^{-1}，所以链节数分别是 4、6.4、8.5、8.6、8.65，可见独立运动的链段长度为 $8.5\times 5 \approx 43$ 个碳原子。异戊二烯结构单元 $M_0 = 67$，即链段相对分子质量为 $8.5\times 67 \approx 570$ (g·mol^{-1})。

12-167 为什么聚合物的流动活化能与相对分子质量无关，而黏流温度与相对分子质量有关？

答 根据自由体积理论，高分子链的流动是通过链段的相继跃迁实现的。形象地说，这种流动类似于蚯蚓的蠕动。因而其流动活化能与分子的长短无关。$\eta = Ae^{\Delta E_\eta/RT}$，由实验结果可知当碳链不长时，$\Delta E_\eta$ 随碳数的增加而增加，但当碳数大于 30 时，ΔE_η 不再增大，因此聚合物超过一定数值后，ΔE_η 与相对分子质量无关。

黏流温度是分子链质量中心发生位移的温度，因而不仅仅是链段的运动，整个分子链要迁移，此温度必然与分子链的长短有关。

12-168 聚苯乙烯在加工期间发生降解，其重均相对分子质量由 1.0×10^6 降至 8.0×10^5，则此材料在加工前后熔体黏度之比为多少？

答 设材料符合 Fox-Flory 经验方程（3.4 次方规律）$\eta_0 = K\overline{M_w}^{3.4}$（说明：聚苯乙烯的 $M_c = 3.5\times 10^4$，本题中 M_1 和 M_2 均大于 M_c，所以按 3.4 次方规律处理）。

$$\begin{cases}\log\eta_{0,1} = K + 3.4\log\overline{M_{w,1}}\\ \log\eta_{0,2} = K + 3.4\log\overline{M_{w,2}}\end{cases}$$

$$\log\frac{\eta_{0,1}}{\eta_{0,2}} = 3.4\log\frac{\overline{M_{w,1}}}{\overline{M_{w,2}}} = 3.4\times\log\frac{1\times 10^6}{8\times 10^5} = 0.3295$$

所以 $\eta_{0,1}/\eta_{0,2} = 2.14$，即加工前黏度为加工后的 2.14 倍。

12-169 要使聚合物的黏度减成一半，重均相对分子质量必须变为多少？

答 $\eta_0 \propto \overline{M_w}^{3.4}$，$\frac{\eta_{0,2}}{\eta_{0,1}} = \left(\frac{\overline{M_{w,2}}}{\overline{M_{w,1}}}\right)^{3.4}$，$\frac{\overline{M_{w,2}}}{\overline{M_{w,1}}} = \left(\frac{\eta_{0,2}}{\eta_{01}}\right)^{1/3.4} = \left(\frac{1}{2}\right)^{1/3.4} = 0.82$，$\frac{\overline{M_{w,2}} - \overline{M_{w,1}}}{\overline{M_{w,1}}} =$

$\dfrac{\overline{M_{w,2}}}{\overline{M_{w,1}}}-1=18\%$。重均相对分子质量只需减少 18% 即可将黏度减为一半。可见控制相对分子质量对取得好的加工性能是十分重要的。

12-170 一种新聚合物的单体单元相对分子质量为 211,重均相对分子质量为 300 000,熔体黏度为 150 Pa·s。如果聚合物相对分子质量加倍,它的熔体黏度变为多少?

答 $\dfrac{\eta_2}{\eta_1}=\left(\dfrac{\overline{M_{w,2}}}{\overline{M_{w,1}}}\right)^{3.4}=2^{3.4}$,$\dfrac{\eta_2}{150}=2^{3.4}$,$\eta_2=1583$ Pa·s。

12-171 某一挤出机对塑料的最佳工作黏度为 2×10^4 Pa·s,某聚合物当聚合度为 700 时在 145 ℃ 具有这个黏度,该聚合物的 $T_g=75$ ℃。若合成时由于聚合动力学计算错误导致产品的聚合度为 500,则加工时要什么温度才能维持最佳工作条件?

答 利用 $\dfrac{\eta_2}{\eta_1}=\left(\dfrac{\overline{M_2}}{\overline{M_1}}\right)^{3.4}$,$\dfrac{2\times10^4}{\eta_1}=\left(\dfrac{700\times M_0}{500\times M_0}\right)^{3.4}$,$\eta_1=6.37\times10^3$。再利用 WLF 方程 $\log\dfrac{\eta_T}{\eta_{T_g}}=\dfrac{-17.44(T-T_g)}{51.6+(T-T_g)}$,$\log\dfrac{6.37\times10^3}{\eta_{T_g}}=\dfrac{-17.44\times(145-75)}{51.6+(145-75)}$,$\eta_{T_g}=7.11\times10^{13}$,$\log\dfrac{2\times10^4}{7.11\times10^{13}}=\dfrac{-17.44(T-75)}{51.6+(T-75)}$,$T=137$ ℃。

12-172 什么是零剪切黏度(或零切黏度)? 试述聚合物相对分子质量对其零切黏度的影响。

答 零剪切黏度是剪切速率趋近于零的黏度。总的来说,聚合物的零切黏度随相对分子质量的增大而增大,但在不同的相对分子质量范围,其影响程度是不同的。在零切黏度 η_0 与重均相对分子质量 $\overline{M_w}$ 的关系中,存在一个临界相对分子质量 M_c:当 $\overline{M_w}<M_c$,$\eta_0\propto\overline{M_w}^{1.0\sim1.5}$;当 $\overline{M_w}>M_c$,$\eta_0\propto\overline{M_w}^{3.4\sim3.5}$。

12-173 已知聚苯乙烯的临界相对分子质量为 35 000,又测得 $\overline{M_w}=2.5\times10^5$ 的聚苯乙烯在 220 ℃ 时的零切黏度为 5000 Pa·s,试估算在临界相对分子质量时的零切黏度和相对分子质量为 20 000 时的零切黏度。

答 相对分子质量小于 M_c 时按 $\eta_0=K\overline{M_w}^{1.0}$ 处理;大于 M_c 时按 $\eta_0=K\overline{M_w}^{3.4}$ 处理。 $\dfrac{\eta_{0,2}}{\eta_{0,1}}=\left(\dfrac{\overline{M_{w,2}}}{\overline{M_{w,1}}}\right)^{3.4}$,$\dfrac{5000}{\eta_{0,c}}=\left(\dfrac{2.5\times10^5}{35\ 000}\right)^{3.4}$,$\eta_{0,c}=6.25$ Pa·s,$\dfrac{\eta_0}{6.25}=\dfrac{20\ 000}{35\ 000}$,$\eta_0=3.57$ Pa·s。

12-174 200 ℃ 不同相对分子质量的聚苯乙烯样品的黏度如下。利用 η-M 关系求 M 的指数。

$M\times10^{-3}$	86	162	196	360	490	508	510	560	710
$\eta/(\text{Pa·s})$	3.50×10^2	4.00×10^3	6.25×10^3	4.81×10^4	1.89×10^5	1.00×10^5	1.64×10^5	3.33×10^5	6.58×10^5

答 作 $\log\eta$-$\log M$ 关系曲线,从斜率求得 M 的指数为 3.57。

12-175 解释图 12-36 中的现象:(1) 为什么临界相对分子质量前后斜率截然不同? (2) 为什么剪切速率越大,斜率越小?

答 (1) M_c 时斜率的突变是由于链开始缠结,引起流动单元变大。链越长,缠结越严重,从而黏度大大增加。

(2) 剪切速率越大斜率越小是因为剪切力破坏了缠结,分

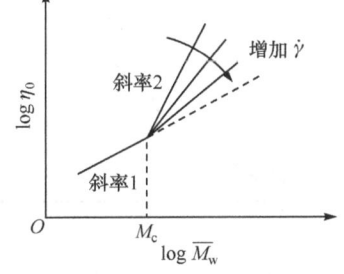

图 12-36 $\log\eta_0$-$\log\overline{M_w}$ 关系曲线

子链取向,从而黏度下降。

12-176 什么是聚合物黏性流动的临界相对分子质量M_c？提出测试M_c的一种具体实验方法。

答 M_c是分子链发生缠结的最低相对分子质量。用毛细管流变仪等方法测定一系列重均相对分子质量聚合物样品的黏度,绘出相对分子质量与黏度的关系,曲线发生转折的拐点即为M_c。

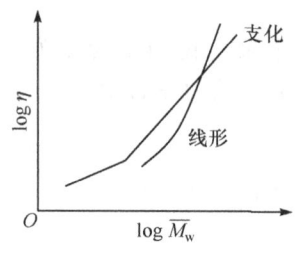

图12-37 两种结构聚合物的$\log\eta$-$\log\overline{M_w}$关系示意图

12-177 有两种具有相同化学组成、近似相同密度和相同相对分子质量的聚合物,其中一种是线形的,另一种是支化的。画出此两种聚合物的$\log\eta$-$\log\overline{M_w}$关系示意图,并指出其缠结相对分子质量的不同。

答 两种聚合物的$\log\eta$-$\log\overline{M_w}$关系如图12-37所示。支化会在较低的M_c时开始发生缠结。

12-178 聚二甲基硅氧烷样品的流变行为测定结果如下。求开始发生缠结的零剪切黏度值η_0和分子链平均碳原子数Z_w。
$Z_w = 1 + 2 \times \dfrac{(\overline{M_w} - 88)}{74}$（考虑了端甲基）。

$\eta_0/(\text{Pa}\cdot\text{s})$	0.017 8	0.063 8	0.229 0	0.624 0	1.175 0	5.320 0	14.180 0	20.800 0	60.200 0	215.400 0
$\overline{M_w}$	1 948	4 787	12 186	26 547	38 298	56 902	71 699	84 211	108 691	156 672

答 画$\log\eta_0$-$\log\overline{M_w}$关系图(图略),从拐点求得$\eta_0 = 5.32$ Pa·s,$Z_w = 1537$。

12-179 在448 K时一系列正烷烃和聚乙烯的黏度与相对分子质量的关系已被详细研究,发现低相对分子质量时符合$\eta \propto M^{1.8}$,高相对分子质量时符合$\eta \propto M^{3.64}$。临界值是$M_c = 5200$和$\eta = 0.126$ Pa·s。(1)画出$\log\eta$-$\log\overline{M_w}$关系草图;(2) $C_{36}H_{74}$和相对分子质量为119 600的聚乙烯应当分别在哪个公式的范围内？

答 (1)图略,图中两条直线交于($M = 5200$, $\eta = 0.126$ Pa·s)点;(2)分别在$\eta \propto M^{1.8}$和$\eta \propto M^{3.64}$范围内。

12-180 解释下列黏性流动曲线：

(1) 图12-38是零切黏度(η_0)与相对分子质量($\overline{M_w}$)关系的$\log\eta_0$-$\log\overline{M_w}$曲线,在剪切速率$\dot{\gamma}_2 \gg \dot{\gamma}_1$的条件下,于$B$点分成$BC$和$BD$两段。试说明曲线上$AB$、$BC$和$BD$各段的趋势及其原因。(2) 图12-39(a)和(b)分别表示相对分子质量大小($M_1 > M_2$)和相对分子质量分布宽度指数($\alpha_2 > \alpha_1$)不同,对表观黏度(η_a)和剪切速率($\dot{\gamma}$)的依赖性。解释出现上述曲线的原因。

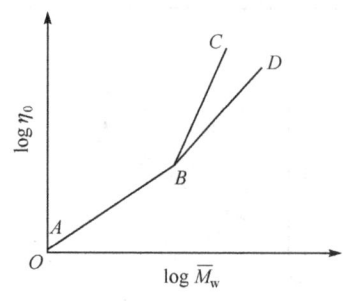

图12-38 剪切速率对$\log\eta_0$-$\log\overline{M_w}$曲线的影响

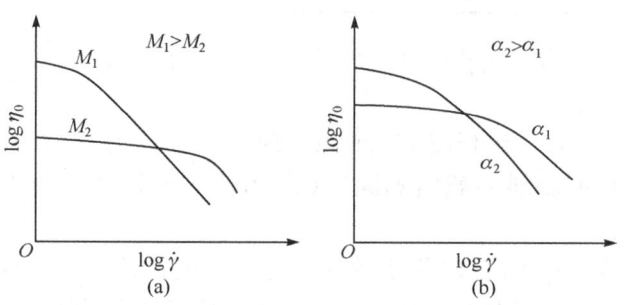

图12-39 相对分子质量(a)和相对分子质量分布(b)对$\log\eta_0$-$\log\dot{\gamma}$曲线的影响

答 (1) 在图 12-38 中曲线上 B 点以前，黏度随相对分子质量的变化缓慢；B 点开始大分子链发生缠结，流动单元增大，流动阻力加大，故黏度随相对分子质量的变化增大；但在 $\dot{\gamma}_2 \gg \dot{\gamma}_1$ 条件下，链间发生部分链沿外力方向取向，使链部分解缠，相互流动阻力减小，故 $\dot{\gamma}_2$ 比 $\dot{\gamma}_1$ 时黏度变化减慢。(2) 图 12-39(a)表明，相对分子质量越大，分子缠结也越多，流动越困难，受剪切速率的影响也就越大，流动的非牛顿性的 $\dot{\gamma}$ 区域也越宽。图 12-39(b)表明，在相对分子质量相同情况下，相对分子质量分布宽的，出现牛顿性流动的剪切速率值比相对分子质量分布窄的低得多，而相对分子质量分布窄的，在达到一定剪切速率之后，黏度受剪切速率的影响变慢。

12-181 讨论聚合物的相对分子质量分布对熔体黏度和流变性能的影响。

答 因为有 3.4 次方规律，高相对分子质量部分对黏度的贡献比低相对分子质量部分大得多，相对分子质量分布较宽的应有较高的黏度。另外，相对分子质量分布宽的，其中低相对分子质量部分相当于增塑剂，起内增塑作用，使实际的流动性较好。

2. 熔体黏度的测定

12-182 测定熔体切黏度的常用方法有哪些？各方法适用于什么黏度范围和剪切速率范围？

答 熔体黏度 η（或表观本体黏度 η_a）的测定方法主要有以下几种方式：

(1) 毛细管挤出式。工业上常用熔体流动速率仪(旧称熔融指数测定仪)，所测值称为熔体流动速率或熔融指数(melting index, MI) 定义为在一定温度和一定压力下 10 min 流过毛细管的物料质量(g)。对于一定的聚合物，MI 越大表示流动性越好，黏度越小，另外也能表明相对分子质量越小，熔体流动速率仪是在低剪切速率范围测定。

(2) 转动式。包括锥板式、平板式和共轴圆筒式。在较高剪切速率范围测定。

(3) 落球式。落球黏度计是在低剪切速率范围测定。

工业上还采用其他一些条件黏度计，如涂 4 杯(Ford)杯(对涂料)、门尼黏度(对橡胶)等。科学研究上采用较精密的流变仪(毛细管流变仪、转矩流变仪等)，可以在宽范围内改变应力和剪切速率。

12-183 什么是聚合物的熔融指数？它可表示聚合物的什么性能？

答 规定在一定的温度和负荷(通常是 2160 g)下，10 min 通过毛细管的物料质量(g)为熔融指数。它反映聚合物的熔体黏度，表征聚合物的流动性能。工业上也常用来作为衡量聚合物相对分子质量大小的一种相对指标。

12-184 熔融指数与相对分子质量有什么关系？

答 聚合物相对分子质量大小对其黏性流动影响极大。相对分子质量增加，分子间的作用力增大，显然会增加它的黏度，从而熔融指数(MI)就小。而且相对分子质量缓慢增大将导致表观黏度急剧增加和 MI 迅速下降。从下列 LDPE 熔融指数与相对分子质量的关系可见，相对分子质量增加还不到三倍，但是它的表观黏度却已经增加了四五个数量级，MI 也降低了四五个数量级。

$\overline{M_n} \times 10^{-4}$	$\eta_a(190℃)/(Pa \cdot s)$	MI
1.9	4.5×10^1	170
2.1	1.1×10^2	70
2.4	3.6×10^2	21

$\overline{M_n} \times 10^{-4}$	$\eta_a(190℃)/(\text{Pa} \cdot \text{s})$	MI
2.8	1.2×10^3	6.4
3.2	4.2×10^3	1.8
4.8	3.0×10^4	0.25
5.3	1.5×10^6	0.005

熔融指数 MI 与相对分子质量 M 之间有以下关系：$\lg\text{MI}=A-B\lg M$，式中，A、B 为聚合物的特征常数。因此在工业上常用 MI 作为衡量聚合物相对分子质量大小的一种相对指标。

但是必须注意支化度和支链长短对熔融指数也有影响，长支链支化度使熔体切黏度显著增大(MI 下降)，支化度越大增大越多。此外相对分子质量分布对 MI 也有一定影响，有时相对分子质量相同的同一聚合物的流动性相差很大，就是由相对分子质量分布影响流动性所致。相对分子质量分布宽的，其中低相对分子质量部分相当于增塑剂，起内增塑作用，使流动性较好。

12-185 熔融指数值在结构不同的聚合物之间能否进行比较？

答 不能。熔融指数(MI)只是一种条件实验的结果，不同的聚合物的标准测定条件(温度、砝码质量)不同。即使测定条件相同，不同的聚合物的 MI 也不能比较，因为 MI 不直接等同于 η_a。

12-186 对以下某聚合物三个样品，比较它们的流动性大小。

试样	A	B	C
MI	0.12	0.14	1.8
多分散系数 d	36	7.7	36

答 C 的流动性好于 A，因为 MI 较大，从而平均相对分子质量较小。A 的流动性好于 B，在加工条件下，宽分布比窄分布的流动性好，因为小相对分子质量部分起类似增塑剂的作用。

12-187 用熔融指数测定仪在不同温度下测定高压 PE 的 MI 值如下，试求高压 PE 的表观流动活化能 ΔE_η。

$T/℃$	129	147	168	190	208	226
MI	0.158	0.353	0.75	1.556	2.871	4.909

答 因为 $\eta_a = A\text{e}^{\Delta E_\eta/RT}$，已知 $\eta_a = \dfrac{\pi R^4 p}{8QL}$ (Poiseuille 方程)，所以 $\dfrac{\pi R^4 p}{8QL} = A\text{e}^{\Delta E_\eta/RT}$。$\text{MI} \propto Q$，即 $\dfrac{1}{\text{MI}} = k\text{e}^{\Delta E_\eta/RT}$，$-\lg\text{MI} = B + \dfrac{\Delta E_\eta}{2.303RT}$，以 $-\lg\text{MI}$ 对 $1/T$ 作图，应得一直线，从斜率可求出 $\Delta E_\eta = 13.73 \text{ J} \cdot \text{mol}^{-1}$。

12-188 用熔体流动速率测定仪测定不同温度下聚乙烯的熔融指数，结果如下(砝码 2160 g)。求表观流动活化能 ΔE_η 和 190 ℃下的标准熔融指数，并估算相对分子质量。

$T/℃$	131	153	171	191	232.5
MI/g	0.218	0.523	1.003	1.821	5.599

答 以 $-\lg\text{MI}$ 对 $1/T$ 作图，从图中求出斜率为 2.87×10^3，则 $\Delta E_\eta = 2.303 \times 8.31 \times$ 斜

率 $=5.50\times10^4$ (J·mol^{-1})。在图中读出 190 ℃的测定值为标准 MI 值$=1.82$。对于聚乙烯，由以下方程估算相对分子质量：$\log\mathrm{MI}=24.505-5\log\overline{M_\mathrm{w}}$，得$\overline{M_\mathrm{w}}=7.1\times10^4$。

12-189 (1) 今用熔融指数仪在 230 ℃测定等规聚丙烯(IPP)低剪切速率($\dot{\gamma}$)下的流动性能，假设此时熔体的流动为牛顿性的，令负荷 $F=2160$ g，料筒直径 $d=9.48$ mm，毛细管长度 $L=8$ mm，直径 $D=2.095$ mm，熔体密度 $\rho=0.745$ g·cm^{-3}，熔融指数 MI$=10$，忽略入口损失，推导该熔体的黏度。(2) 通常使用何种仪器可以测定 IPP 非牛顿流体的表观黏度？

答 (1)
$$Q=\frac{\mathrm{MI}}{10\times60\times\rho}=\frac{10}{600\times0.745\times10^6}=2.24\times10^{-8}(\mathrm{m}^3\cdot\mathrm{s}^{-1})$$

$$p=\frac{2160\times10^{-3}\times9.807}{\pi\times(0.00948/2)^2}=300\,114\,(\mathrm{Pa})$$

$$\eta_\mathrm{a}=\frac{\pi R^4 p}{8QL}=\frac{\pi\times(0.002\,095/2)^4\times300\,114}{8\times2.24\times10^{-8}\times0.008}=790\,(\mathrm{Pa}\cdot\mathrm{s})$$

(2) 可用流变仪、转动式黏度计等。

12-190 测得某聚合物熔体的熔融指数为 0.4。已知熔融指数仪的活塞截面积为 1 cm^2，测试中所用毛细管的长度为 1 cm，直径为 0.1 cm；设熔体密度约为 1。试计算该熔体在流过毛细管时管壁处的剪切速率、切应力以及该熔体的表观黏度（忽略各种校正）。当砝码质量改为 21.6 kg 时，测得这种聚合物熔体的熔融指数为 8，则该聚合物熔体是牛顿流体还是非牛顿流体？

答 如果是牛顿流体，外力 p 不会引起黏度的变化，即 p 变为 10 倍，根据 Poiseuille 方程 $\eta_\mathrm{a}=\frac{\pi R^4 p}{8QL}=\frac{\pi R^4 p\times600\rho}{8L\times\mathrm{MI}}$，熔融指数也变为 10 倍。而本题引起了 20 倍的熔融指数变化，显然该聚合物熔体是非牛顿流体。而且黏度随剪切应力增大而减少，判断是假塑性流体。

12-191 为什么两个有相同熔融指数的均聚物通过加入增容剂共混在一起，产生的共混物有较高的熔融指数？

答 加入增容剂后两组分相容性变好，相对分子质量较小的组分起类似增塑剂的作用，使流动性变好，即有较高的熔融指数。

12-192 简述毛细管流变仪的原理。

答 毛细管流变仪是研究聚合物熔体流变行为最常用的仪器，它可以提供与聚合物实际加工过程相当的高剪切速率。将聚合物样品装入料筒后，待其熔融并达到设定的温度，然后用压杆将聚合物熔体从毛细管以恒定的流速挤出，从测得的体积流量和压力就可以计算黏度。

液体的黏度 η 可以用 Poiseuille 方程计算：$\eta=\frac{\Delta p\pi R^4}{8QL}$。

12-193 用毛细管流变仪测某聚合物的入口和出口压力差 Δp 和体积流量，测得数据如下：

$\Delta p/(\mathrm{dyn}\cdot\mathrm{cm}^{-2})$	2.1×10^6	3×10^6
$Q/(\mathrm{cm}^3\cdot\mathrm{s})$	0.003 85	0.007 68

毛细管的长径比 $L/R=50$，毛细管孔的直径为 1 mm。若确信该聚合物在测定条件及范围内符合幂律公式 $\sigma=K\dot{\gamma}^n$，计算 n。靠壁处的剪切速率公式：$\dot{\gamma}=\frac{3n+1}{4n}\frac{4Q}{\pi R^3}$。

答 $\sigma = K\left(\dfrac{3n+1}{4n}\dfrac{4Q}{\pi R^3}\right)^n$。分别代入两组数据,联立方程,得$\dfrac{2.1\times 10^6}{3\times 10^6}=\left(\dfrac{0.00385}{0.00768}\right)^n$,$n=0.52$。进一步得 $K=2.79\times 10^5$ s$^{0.52}$·dyn·cm^{-2} = 2.79×10^4 s$^{0.52}$·Pa。

12.3.3 流动曲线和流体性质

12-194 定义牛顿流体定律中的比例常数。什么是牛顿流体?

答 牛顿流体定律中的比例常数是黏度。凡在流动时服从牛顿流体定律 $\sigma=\eta\dfrac{d\gamma}{dt}=\eta\dot\gamma$ 的流体称为牛顿流体,即黏度不随剪切应力和剪切速率的大小而改变,始终保持常数的流体。低分子液体和高分子稀溶液都属于这一类。

12-195 绝大多数聚合物的熔体与浓溶液在什么条件下是牛顿流体?什么条件下不是牛顿流体?为什么会有此特点?聚合物熔体在外力作用下除流动外,还有什么特性?哪些因素使这一特征更明显?

答 高分子熔体与浓溶液的黏度 η 随 τ、$\dot\gamma$ 变化而变化,τ 与 $\dot\gamma$ 不再呈线性关系,这种流体为非牛顿流体,但在 $\dot\gamma\to 0$ 或 $\dot\gamma\to\infty$ 时为牛顿流体,在中 $\dot\gamma$ 区表现为非牛顿流体,这种现象从图 12-40 流动曲线的分析便可得到解释。

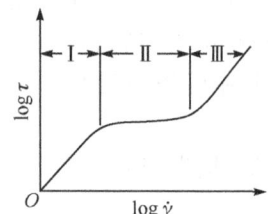

图 12-40 高分子熔体的 $\log\tau$-$\log\dot\gamma$ 曲线

(1) Ⅰ区,第一牛顿区:聚合物液体在低 $\dot\gamma$ 或低 τ 时流动表现为牛顿流体。在 $\log\tau$-$\log\dot\gamma$ 图中,斜率为 1,流体具有恒定的黏度。因为在 τ 或 $\dot\gamma$ 足够小时,大分子由于缠结和分子间的范德华力而形成的拟网状结构虽然也遭破坏,但来得及重建,即大分子的结构不变。因此黏度为一定值,以 η_0 表示,称为零切黏度。

(2) Ⅱ区,假塑区,即非牛顿区:由于 $\dot\gamma$ 增大,被破坏的大分子的拟网状结构来不及重建。由于结构变化,所以黏度不再为定值,随 $\dot\gamma$ 或 τ 变化而变化,其黏度为表观黏度,以 η_a 表示。其关系如下:$\eta_a=\dfrac{\tau}{\dot\gamma_{\text{黏}}+\dot\gamma_{\text{弹}}}$。这就是说,流动除大分子重心移动($\dot\gamma_{\text{黏}}$)外,还伴有弹性形变 $\dot\gamma_{\text{弹}}$,所以 $\eta_a<\eta_0$。这种随 $\dot\gamma$ 增大而黏度下降的现象为切力变稀,大多数聚合物熔体属于这一类。

(3) Ⅲ区,第二牛顿区:随 $\dot\gamma$ 增大,聚合物中拟网状结构的破坏和高弹形变已达极限状态,继续增大 τ 或 $\dot\gamma$ 对聚合物液体的结构已不再产生影响,液体的黏度已下降至最低值。还有人认为,$\dot\gamma$ 很高时熔体中大分子的构象和双重运动的形变来不及适应 τ 或 $\dot\gamma$ 的改变,以致熔体的行为表现为牛顿流体的特征,黏度为一常数。这时的黏度称为无穷切黏度,以 η_∞ 表示。

聚合物熔体在外力作用下,除流动外还伴有弹性。这是大分子流动有大分子重心的移动和链段的伸缩运动所致。大分子重心的移动不能恢复,表现为纯黏性,而链段的运动可恢复,称为弹性。所以,大分子流动的最大特点是具有弹性。当相对分子质量大、外力作用时间短(作用力速度快)时,温度在熔点或黏流温度以上不多时,熔体的弹性表现更明显。因为相对分子质量大,大分子的拟网状的无规线团大,在切应力作用下,先变形,然后才是重心的移动,即对切应力敏感,所以弹性形变明显;外力作用速度快时,大分子链的松弛时间长,来不及响应,链段的松弛时间短,来得及响应,因而弹性形变明显。当温度在 T_f 或 T_m 以上不多时,链段的松弛时间不是太短,外力作用时仍能产生响应,仍有弹性。当温度比 T_f 或 T_m 高很多时,链段的松弛时间极短,松弛现象不明显,所以弹性表现也不明显。

12-196 试画出聚合物的完整流动曲线,并在图上标出五个区,写出这五个区的名称,说明它们的分子机理。

答 完整的流动曲线(包括熔体和溶液)如图 12-41 所示,该曲线分五个区,分述如下:(1) 第一牛顿区:剪切速率较小,高分子链为无规线团,有缠结存在;(2) 假塑性区:线团解缠结,链段沿流动方向取向;(3) 第二牛顿区:分子链完全取向,黏度达恒定值;(4) 胀流区:发生拉伸流动,黏度急剧上升,为胀塑性流体;(5) 湍流(熔体破裂)。

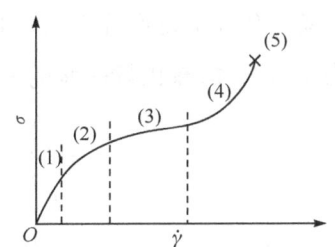

图 12-41 聚合物的完整流动曲线

该曲线的形状和分子机理与高分子固体的应力-应变曲线非常相似。

12-197 图 12-42 为某聚合物的流动曲线,σ 单位为 Pa,$\dot{\gamma}$ 单位为 s^{-1}。根据图 12-42 中所示的已知条件回答问题:该聚合物的零剪切黏度 $\eta_0=$(　　)Pa·s,极限黏度 $\eta_\infty=$(　　)Pa·s,当 $\dot{\gamma}=$(　　)s^{-1} 时,其表观黏度 $\eta_a=10^4$ Pa·s。

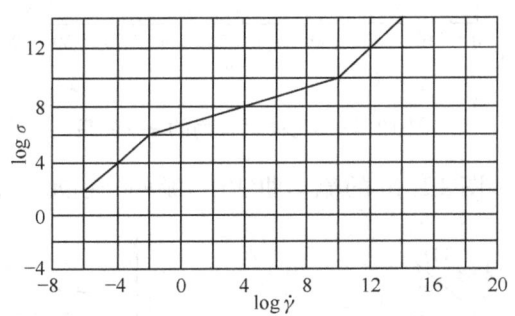

图 12-42 某聚合物的流动曲线

答 对于牛顿流体,$\sigma=\eta\dot{\gamma}$,即 $\log\sigma=\log\eta+\log\dot{\gamma}$,这是斜率为 1 的直线,截距为 $\log\eta$,因而分别延长低剪切和高剪切的直线(它们分别属于第一牛顿流动区和第二牛顿流动区)与 $\log\dot{\gamma}=0(\dot{\gamma}=1)$ 交点的 σ 值即为黏度。作图得 $\eta_0=10^8$ Pa·s,$\eta_\infty=10^0=1$ Pa·s。

对于非牛顿区,$\sigma=\eta_a\dot{\gamma}$,即 $\log\sigma=\log\eta_a+\log\dot{\gamma}$,作出一些斜率为 1 的直线,它们与 $\log\dot{\gamma}=0$ 的交点所对应的应力大小即为表观黏度 η_a,因而以 $\log\sigma=4$ 与 $\log\dot{\gamma}=0$ 的交点作斜率为 1 的直线,该直线与曲线的交点即可求 $\dot{\gamma}$ 值,得 $\dot{\gamma}=10^4$ s^{-1}。

12-198 在相同温度下,用旋转黏度计测得三种高分子流体在不同剪切速率下的切应力数据如下。试绘出剪切应力(σ)-剪切速率($\dot{\gamma}$)关系图,并判别它们各为何种类型流体。

$\dot{\gamma}/(\text{s}^{-1})$	σ/Pa		
	甲基硅油	PVC 增塑糊	聚丙烯酰胺
5.4	5.837	7.820	1.728
9.00	9.780	13.26	2.808
16.20	17.49	24.90	4.714
27.00	29.32	42.79	7.560
81.00	87.64	129.0	16.20

答 作 σ-$\dot{\gamma}$ 关系图(图 12-43)。由图可见,PVC 增塑糊和甲基硅油的 σ-$\dot{\gamma}$ 为直线关系,近似为牛顿流体;聚丙烯酰胺的 σ-$\dot{\gamma}$ 为非线性关系,且在 $\sigma = K\dot{\gamma}^n$ 关系中,$n<1$,为假塑性流体。

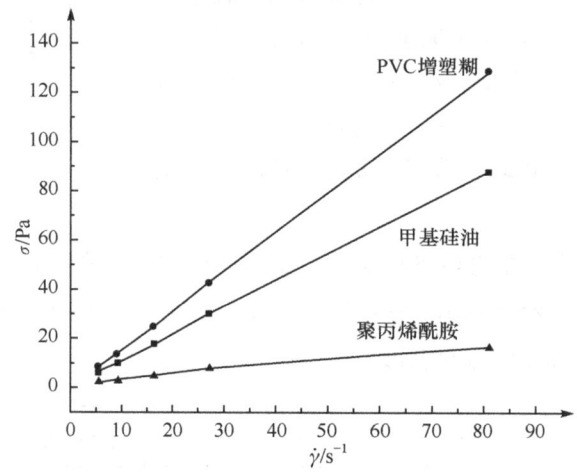

图 12-43 几种聚合物的 σ-$\dot{\gamma}$ 关系

12-199 在图 12-44 和图 12-45 的流动曲线中,哪些分别属于牛顿型、假塑型和胀流型?

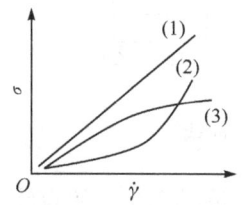 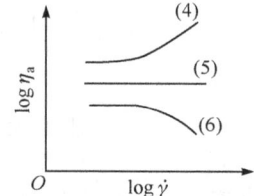

图 12-44 聚合物的 σ-$\dot{\gamma}$ 曲线　　图 12-45 聚合物的 $\log\eta_a$-$\log\dot{\gamma}$ 曲线

答 (1)、(5)为牛顿型,(2)、(4)为胀流型,(3)、(6)为假塑型。

12-200 在图 12-46 中填上各类流动曲线的名称。

答 从上到下为:(4)宾汉流体、(3)胀塑性流体、(2)假塑性流体、(1)牛顿流体。

12-201 常见的液体流动曲线有几种类型?作 η-$\dot{\gamma}$ 图示意。大多数聚合物熔体和浓溶液属于哪些类型的流体?试用缠结理论加以解释。

答 牛顿流体、假塑性流体和胀塑性流体(图略)。大多数聚合物熔体和浓溶液属于假塑性流体。因为高分子线团在浓度很高时会发生缠结,高分子线团纠缠在一起,流动时高分子线团中与流速方向垂直排列的链段可能同时处于几个不同的流速层中,结果是高分子链段逐渐沿流速方向取向。就像一团乱草绳在小溪中流动,结果是草绳的许多部分会自然地沿流速方

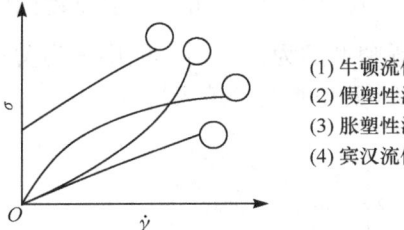

(1) 牛顿流体
(2) 假塑性流体
(3) 胀塑性流体
(4) 宾汉流体

图 12-46　各类流动曲线

向取向。取向的结果使流动的阻力减少，流动更容易，即黏度降低。

12-202　分析假塑性流体的流动曲线，从大分子链的构象形态的角度加以解释，并比较假塑性流体的表观黏度和零切黏度。

答　假塑性流体的流动曲线（图 12-47）中，η 随剪切应力 σ 或剪切速率 $\dot{\gamma}$ 而变，$\dot{\gamma}$ 越大，曲线斜率即黏度越小。从大分子链的构象形态的角度看，这是因为高分子在流动时各液层间存在一定的速度梯度，高分子线团中与流速方向垂直排列的链段可能同时处于几个不同的流速层中，这种状况是不能持久的。因此在流动中，高分子链段逐渐沿流速方向取向。取向的结果使黏度降低。假塑性流体的表观黏度 η_a 小于零切黏度 η_0。

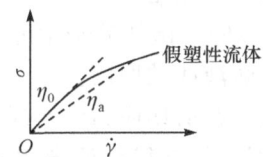

图 12-47　假塑性流体的流动曲线

12-203　什么是宾汉流体？画出 σ-$\dot{\gamma}$ 曲线示意图。

答　宾汉流体又称塑性流体，当剪切应力小于某一临界值时不发生流动，相当于 Hooke 固体，而超过临界值后像牛顿流体一样流动。因而 σ-$\dot{\gamma}$ 曲线是一条向上的直线，与牛顿流体的直线不同的是，起点在剪切应力临界值 σ_c 处，即直线的截距是 σ_c。

12-204　牛顿流体、宾汉流体、胀塑性流体和假塑性流体的表观黏度随剪切速率如何变化？

答　牛顿流体和宾汉流体的表观黏度不随剪切速率而变；胀塑性流体的表观黏度随剪切速率增加而增加；假塑性流体的表观黏度随剪切速率增加而减少。

12-205　什么是液体的表观黏度？聚合物熔体的流动行为可用幂律公式 $\sigma = K\dot{\gamma}^n$ 描述。对于假塑性流体，n 的取值范围如何？试根据幂律方程导出聚合物熔体的表观黏度 η_a 随剪切速率 $\dot{\gamma}$ 变化的关系，绘出 η_a-$\dot{\gamma}$ 曲线，简述 η_a-$\dot{\gamma}$ 曲线在聚合物加工中的实际意义。

答　对于非牛顿流体，σ 与 $\dot{\gamma}$ 的关系是非线性的，遵循经验的幂律公式 $\sigma = K\dot{\gamma}^n$。式中，K 不是黏度，n 为非牛顿性指数，$n \neq 1$。

按黏度的定义 $\sigma = \eta_a \dot{\gamma}$，$\eta_a = \dfrac{\sigma}{\dot{\gamma}} = \dfrac{K\dot{\gamma}^n}{\dot{\gamma}} = K\dot{\gamma}^{n-1}$，即 $\eta_a = K\dot{\gamma}^{n-1}$，式中，黏度 η 加下标 a，称为表观黏度。之所以为表观，因为聚合物在流动中有不可逆的黏性流动和可逆的高弹形变两部分，总形变增大，黏度应该是对不可逆的形变部分而言的，所以表观黏度比聚合物真正的黏度值（零切黏度）小。

对于假塑性流体，$n < 1$，剪切速率越大，黏度越小。η_a-$\dot{\gamma}$ 曲线略。柔性链的 η_a 随 $\dot{\gamma}$ 的增加明显下降，而刚性链则下降不多。因而柔性链在加工中宜采用增加 $\dot{\gamma}$ 的方法降低黏度。

12-206 在图 12-48、图 12-49、图 12-50 中的 15 条流动曲线中,属于胀流型(膨胀型)的为( ),牛顿型的为( ),假塑型的为( )。图中 τ 为剪切应力,$\dot{\gamma}$ 为剪切速率,η_a 为表观黏度。注:纵轴、横轴标度相等(只需将线号填入)。

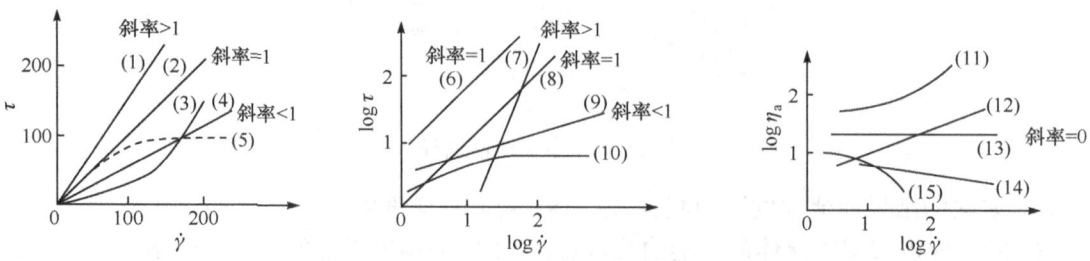

图 12-48 聚合物的 τ-$\dot{\gamma}$ 曲线   图 12-49 聚合物的 $\log\tau$-$\log\dot{\gamma}$ 曲线   图 12-50 聚合物的 $\log\eta_a$-$\log\dot{\gamma}$ 曲线

答 胀流型:(3),(11);牛顿型:(1),(2),(4),(6),(13);假塑型:(5),(10),(15)。

12-207 试从分子角度并以聚合物熔体为例说明假塑性液体在剪切应力特大或特小时表现为牛顿液体的原因。

答 在剪切应力特小时,大分子由于缠结和分子间的范德华力而形成的拟网状结构虽然也遭破坏,但来得及重建,即大分子的结构不变。因此黏度为一定值,即零切黏度 η_0。在剪切应力特大时,聚合物中拟网状结构的破坏和高弹形变已达极限状态,液体的黏度已下降至最低值,继续增大剪切应力对聚合物熔体的结构已不再产生影响,以致熔体的行为再次表现为牛顿流体的特征,黏度为一常数,即无穷切黏度 η_∞(参考图 12-42)。

12-208 已知某种流体,其黏度(η)与剪切应力(σ)的关系为 $A\eta = \dfrac{1+B\sigma^n}{1+C\sigma^n}$,并符合 $\dfrac{d\gamma}{dt} = m\sigma^n$,式中,$n$ 为流动行为指数,A、B、C、m 均为常数。若已知 $C>B$,则此流体属何种类型?

答 由于 $C>B$ 和 $m=$ 常数,当 $d\gamma/dt$ 增大时,即 σ^n 增大,则上式中 $1+C\sigma^n > 1+B\sigma^n$,$A$、$B$、$C$ 又为常数,所以 η 减小,这意味着流动行为指数 $n<1$,故为假塑性流体。

12-209 根据图 12-51 回答:(1) 图中相对分子质量分布宽度指数(α_1 和 α_2)的大小顺序;(2) 图中链的刚性大小顺序,并解释原因。

图 12-51 聚合物的流动曲线

答 高相对分子质量部分对黏度的贡献比低相对分子质量部分大得多,因而相对分子质量分布较宽的有较高的黏度(解释请参见 12-180)。(1) $\alpha_2 > \alpha_1$;(2) 1>2。

12-210 拉伸流动和剪切流动的区别是什么?

答 剪切流动的速度梯度方向与流动方向垂直;而拉伸流动的速度梯度方向与流动方向一致。

12-211 聚合物的相对分子质量增加时,非牛顿流动的剪切速率范围如何变化?

答 非牛顿流动时剪切速率随相对分子质量的增大而向低剪切速率移动。

12-212 溶致性液晶聚合物的流变性能与一般柔性聚合物浓溶液的流变性能有什么不同？

答 由于自发有序，溶致性液晶聚合物流动时更易取向，因此黏度更低。

【名词解释索引】

运动单元的多重性，松弛时间(12-1题)。形变-温度曲线(12-1,12-2题)。玻璃态，高弹态，黏流态，玻璃化转变，玻璃化转变温度，流动温度(12-2题)。皮革态(12-4题)。链段(12-23题)。普弹形变(12-25题)。高弹形变(12-26题)。玻璃化转变热力学理论(G-D理论)，自由体积理论，自由体积，等自由体积，动力学理论(12-44题)。二级热力学转变温度 T_2(12-47题)。Fox方程(12-68题)。估算增塑聚合物 T_g 方程(12-72题)。塑料耐热性(12-115题)。次级松弛(多重转变)(12-122题)。脆化温度(12-134题)。脆性(12-135题)。熔体的流动弹性效应(12-139题)。黏流温度(12-144题)。零(剪)切黏度(12-172,12-195题)。黏性流动的临界相对分子质量(12-176题)。熔融指数(12-183题)。毛细管流变仪，Poiseuille方程(12-192题)。黏度，牛顿流体(12-194题)。完整流动曲线(12-196题)。牛顿流体，假塑性流体，胀塑性流体，宾汉流体(12-200题)。表观黏度，非牛顿性指数(12-205题)。拉伸流动，剪切流动(12-210题)。

第 13 章 橡 胶 弹 性

13.1 橡胶的结构和使用温度范围

13-1 试述橡胶分子结构的特点。

答 ①橡胶(弹性体)的分子结构首先要求柔顺性非常好,所以大多数橡胶分子中有孤立双键。双键的存在也使橡胶便于硫化交联。②只有在常温下不易结晶的聚合物才能成为橡胶,因而橡胶分子的结构不能太对称和规整而容易结晶,结晶大大增加分子间作用力,使硬度增加而弹性降低。例如,聚乙烯和杜仲胶都是因为结晶度高而不是弹性体,而乙丙橡胶是共聚破坏结晶能力而得到高弹性的典型例子。③橡胶多为非极性分子,高聚合度赋予高弹性和强度。

13-2 从结构上分析下列聚合物哪些可作为高弹性材料,哪些不能,并简述原因。

$$(1)\ -CH_2-C=CH-CH_2-\ ;\quad (2)\ -CH_2-\underset{CH_3}{\overset{CH_3}{\underset{|}{\overset{|}{C}}}}-\ ;\quad (3)\ -CH_2-\underset{CH_3}{\overset{|}{CH}}-\ ;$$
$$\underset{CH_3}{\overset{|}{}}$$

$$(4)\ -CH_2-CH_2-\ ;\qquad\qquad (5)\ -CH_2-O-\ ;\quad (6)\ -\underset{CH_3}{\overset{CH_3}{\underset{|}{\overset{|}{Si}}}}-O-\ 。$$

答 (1)、(2)、(6)可作为弹性体,因为它们的柔顺性都非常好。(3)和(4)都容易结晶,而且(3)的分子链不够柔顺,所以都不是高弹性材料,都是塑料。(5)有较强的极性,分子间作用力大,柔顺性差,不是弹性体,而是工程塑料。

13-3 下列聚合物哪个弹性最好?哪个次之?为什么?

聚异戊二烯,聚氯丁二烯,聚二甲基硅氧烷。

答 聚二甲基硅氧烷的弹性最好,聚异戊二烯次之,聚氯丁二烯相对最差。聚二甲基硅氧烷由于分子中杂原子主链的键长和键角都大于碳链,因此柔顺性非常好。聚氯丁二烯由于氯侧基的极性大于聚异戊二烯的甲基,因此聚氯丁二烯的弹性比聚异戊二烯差。

13-4 聚氯丁二烯和聚氯乙烯在玻璃化温度以上时都具有高弹性,但前者可作为橡胶使用,而后者作为塑料使用,为什么?

答 因为前者分子结构中有孤立双键,柔顺性好,其 T_g 远低于室温,可用作橡胶;而后者分子结构中有大量极性的氯原子,分子间作用力较大,其 T_g 高于室温,后者不能作为橡胶使用,是一种塑料。但后者加入增塑剂降低 T_g,制得的软制品具有一定的高弹性。

13-5 生胶加工成制品的生产过程中为什么要进行塑炼和硫化两个工序?

答 塑炼是利用剪切力降低相对分子质量,提高流动性和可加工性。硫化使橡胶分子发生交联,赋予橡胶可恢复的高弹性。

13-6 如何提高橡胶的耐热性?

答 由于橡胶主链结构上往往含有大量双键,在高温下易于氧化裂解或交联,因此不耐热。改变主链结构使其不含或只含少数双键,如乙丙橡胶、丁基橡胶或硅橡胶等均有较好的耐热性。取代基是供电的,如甲基、苯基等易氧化,耐热性差;取代基是吸电的,如氯耐热性好。交联键含硫少,键能较大,耐热性好。交联键是 C—C 或 C—O,耐热性更好。

13-7 如何提高橡胶的耐寒性?

答 T_g 是橡胶使用的最低温度,利用共聚、增塑等方法降低 T_g,能改善耐寒性。只有在常温下不易结晶的聚合物才能成为橡胶,而增塑或共聚也有利于降低聚合物的结晶能力而获得低温弹性。

13.2 高弹性的特点和热力学分析

13.2.1 高弹性的特点(高弹性的定性分析)

13-8 聚合物的高弹性有哪些特点?试从高弹性的热力学本质与分子运动机理解释这些特点。

答 ①弹性模量很小,而形变量很大。②弹性模量随温度升高而增大。③形变具有松弛特性,即高弹形变与外力作用时间有关。④形变时有热效应,即拉伸时放热,回缩时吸热,这种现象称为高夫-朱尔效应。普通固体材料与其相反,而且热效应极小。

13-9 高弹性的主要特征是什么?为什么橡胶具有高弹性?在什么情况下要求聚合物充分体现高弹性?什么情况下应设法避免高弹性?为什么?

答 高弹性的主要特征是形变量很大,而弹性模量很小。橡胶的分子链总是比较柔顺,没有外力时总是自发地处于卷曲状态。在外力作用下分子链沿外力方向舒展,得到比较伸直的状态,伸直状态比卷曲状态的末端距长 100~1000 倍。因而橡胶能产生很大的形变,即具有高弹性。作为轮胎等弹性体使用时要求聚合物充分体现高弹性,但作为塑料使用时应设法避免高弹性,因为高弹性会使塑料发生较大的蠕变。

13-10 为什么只有聚合物才有高弹态?

答 高弹态是基于链段运动而特有的力学状态,而只有聚合物才有链段,所以只有聚合物才有高弹态。

13-11 为什么橡胶的弹性模量比金属小很多?

答 橡胶的分子链受外力而舒展,另外,热运动总是力图使链无序化,以便回复到卷曲状态,这就形成了回缩力,这种回缩力造成了形变的可逆性。但是这种回缩力与改变金属晶格中原子间距离所需的力相比小得多。因此,橡胶在较小的外力下就能产生大的形变,也就是橡胶的弹性模量比金属小很多。

13-12 高弹性的特点之一是温度越高,高弹模量越高。为什么?

答 当温度升高时,分子链的热运动加剧,回缩力变大,从而弹性形变的能力变小,表现为弹性模量随温度升高而增大。

13-13 按常识,温度越高,橡皮越软;而平衡高弹性的特点之一却是温度越高,高弹模量越高。这两者是否矛盾?

答 不矛盾。①$E = 3\dfrac{\rho RT}{M_c}$,$T$ 升高,高分子链的热运动加剧,分子链趋于卷曲构象的倾向增大,回缩力增大,故高弹平衡模量增高。②实际形变为非理想弹性形变,形变的发展需要一定的松弛时间。这个松弛过程在高温时比较快,而低温时较慢,松弛时间较长。也就是说,在非平衡态时,按常识观察到的温度越高,发生同样形变的时间越短,即橡皮越软。

13-14 试从平衡态高弹形变热力学出发,解释橡胶拉伸时的放热现象。

答 橡胶拉伸时分子链由无规排列变得比较有规则排列(取向),甚至结晶,这一过程熵值减少。对于等温可逆过程:$dQ=TdS$。因为 $dS<0$,所以 $dQ<0$,即放热。此现象称为高夫-朱尔效应,是橡胶熵弹性的证明。

13-15 有两条相同的橡胶带 A 和 B,同时有两个相同的水浴 A′ 和 B′。将 A 未经拉伸放入 A′,而将 B 拉伸后(用支架)固定长度不变后迅速放入 B′。这两个水浴的温度应有何差别?

答 水浴 B′ 的温度应较高。

13-16 不受外力作用,橡皮筋受热伸长;在恒定外力作用下,橡皮筋受热收缩。试分别用分子观点和热力学观点解释。

答 ①不受外力作用,橡皮筋受热伸长是正常的热膨胀现象,本质是分子的热运动。②恒定外力下,橡皮筋受热收缩。分子链被伸长后倾向于收缩卷曲,加热有利于分子运动,从而利于收缩。从热力学角度看,其弹性主要是由熵变引起的,$TdS=-Fdl$ 中,外力 $F=$ 定值,所以 $dl=-TdS/F<0$,即收缩,而且随 T 增加,收缩增加。

13-17 在橡胶下悬挂一个砝码,升温时会发生什么现象?

答 橡胶在张力(拉力)的作用下产生形变,主要是熵变化,即卷曲的大分子链在张力的作用下变得伸展,构象数减少。熵减少是不稳定的状态,当加热时,有利于单键的内旋转,使其因构象数增加而卷曲,所以升温会发生回缩现象。

13-18 在室温下将一个橡胶气球充气到合适的大小,如果让气球连同里面的空气加热到 100 ℃,则气球是膨胀、缩小或维持不变?为什么?

答 一方面橡胶本身收缩,另一方面气球内空气膨胀,两者作用可能基本抵消。

13.2.2 橡胶弹性的热力学分析(高弹性的定量分析)

13-19 橡胶受外力拉伸等温可逆形变时,试从热力学第一定律出发推导:外力一部分用于热力学能的改变,一部分用于熵的改变。

答 假定长度为 l_0 的橡皮试样,等温时受外力 F 拉伸,伸长为 dl。由热力学第一定律知道,体系的热力学能增加 dU 等于体系吸收的能量 dQ 与体系对外做的功 dW 的差,即 $dU=dQ-dW$。dW 包括两部分:一部分是拉伸过程中体积变化所做的功 pdV(膨胀功,体系对外做功,为正值);另一部分是拉伸时长度变化所做的功 $-Fdl$(外力对体系做的功,为负值),即

$$dW=pdV-Fdl$$

根据热力学第二定律,对于等温可逆过程,$dQ=TdS$。实验证明,橡胶拉伸时体积几乎不变,$dV\approx 0$,所以 $dU=TdS+Fdl$,或写成

$$F=\left(\frac{\partial U}{\partial l}\right)_{T,V}-T\left(\frac{\partial S}{\partial l}\right)_{T,V}=F_U+F_S$$

13-20 运用热力学知识推导 $F=\left(\frac{\partial U}{\partial l}\right)_{T,V}-T\left(\frac{\partial S}{\partial l}\right)_{T,V}$,并说明其物理意义。理想与实际橡胶的弹性机理是否相同?橡胶在什么变形情况下出现近似理想橡胶的弹性?

答 推导过程同 13-19 题。该式的物理意义是:外力作用在橡胶上,一方面使橡胶的热力学能随着伸长而变化,另一方面使橡胶的熵随着伸长而变化。或者说,橡胶的张力是由变形时热力学能发生变化和熵发生变化引起的。

理想橡胶的弹性机理是外力只引起有熵发生变化,热力学能没有变化,即熵弹性。实际上橡胶在拉伸时分子链构象发生了改变,显然反式、左旁式和右旁式等构象在能量上是不等的,

所以热力学能变化不可避免,只是变化不大而已。橡胶只有在形变量很小时才出现近似理想橡胶的弹性。

13-21 写出橡皮弹性的热力学表达式,说明式中各项的意义。根据此热力学表达式设计一种实验来说明理想橡胶的弹性是熵弹性。

答 把热力学第一定律和第二定律用于高弹形变,则橡胶形变后的张应力可以看成由熵的变化和热力学能的变化两部分组成:$F=\left(\frac{\partial U}{\partial l}\right)_{T,V}-T\left(\frac{\partial S}{\partial l}\right)_{T,V}=F_U+F_S$。由于熵不能直接测定,上式变换成 $F=\left(\frac{\partial U}{\partial l}\right)_{T,V}+T\left(\frac{\partial F}{\partial T}\right)_{l,V}$。

验证实验时,将橡胶试样等温拉伸到一定长度,在定长的情况下测定不同温度下的张力 F,以 F 对 T 作图,得到一条直线,直线的截距为 F_U。结果发现 $F_U\approx 0$,即橡胶拉伸时热力学能几乎不变,而主要是熵的变化。这种只有熵才有贡献的弹性称为熵弹性。

13-22 试述聚合物高弹性的热力学本质。把一轻度交联的橡皮试样固定在50%的应变下,测得其拉应力与温度的关系如下,求 340 K 时熵变对高弹应力贡献的百分数。

拉应力/(kg·cm^{-2})	4.77	5.01	5.25	5.50	5.73	5.97
温度/K	295	310	325	340	355	370

答 聚合物高弹性的本质为熵弹性。橡胶拉伸时,热力学能几乎不变,而主要引起熵的变化。

$$F=\left(\frac{\partial U}{\partial l}\right)_{T,V}+T\left(\frac{\partial F}{\partial T}\right)_{l,V}$$

以 F 对 T 作图,斜率 $=\frac{\partial F}{\partial T}=0.016$,则

$$F_S=T\left(\frac{\partial F}{\partial T}\right)_{l,V}=340\times 0.016=5.44 \qquad \frac{F_S}{F}\times 100\%=\frac{5.44}{5.50}\times 100\%=98.9\%$$

$$\left(\frac{\partial S}{\partial l}\right)_{T,V}=-\left(\frac{\partial F}{\partial T}\right)_{l,V}=-C<0$$

13-23 如何从热力学上和实验上证明高弹性的本质是熵变?

答 根据热力学分析,可以导出:$F=\left(\frac{\partial U}{\partial l}\right)_{T,V}+T\left(\frac{\partial F}{\partial T}\right)_{l,V}$,以定伸长下 F 对 T 作图,从截距接近于零,即 $\left(\frac{\partial U}{\partial l}\right)_{T,V}=F_U\approx 0$,表明热力学能不变,橡胶弹性是熵弹性。

13-24 图 13-1 是以 8%硫磺硫化的天然橡胶在固定伸长时的应力-温度曲线。由图看出,AB 段的应力-温度系数 $(\partial F/\partial T)<0$;而 BC 段 $(\partial F/\partial T)>0$。若将 CB 向绝对零度外推,其截距近似为 0。试从热力学观点,就拉伸时的热效应和弹性本质阐明 AB 段与 BC 段的差别。

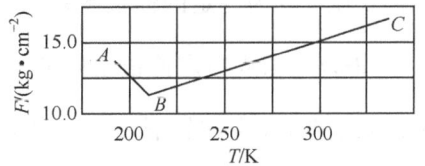

图 13-1 8%硫磺硫化的天然橡胶在固定伸长时的应力-温度曲线

答 转折点为 T_g。根据热力学分析,可以导出:$F=\left(\frac{\partial U}{\partial l}\right)_{T,V}+T\left(\frac{\partial F}{\partial T}\right)_{l,V}$,以 F 对 T 作图,在橡胶态的 BC 段应得到斜率为正的直线,外推截距为零表明热力学能不变,橡胶弹性是熵弹性。而 AB

段为玻璃态,不具有橡胶弹性的特点。

13-25 图 13-2 是天然橡胶在不同伸长率下的应力-温度曲线,解释在低伸长率时的变化(称为热弹转变的现象)。

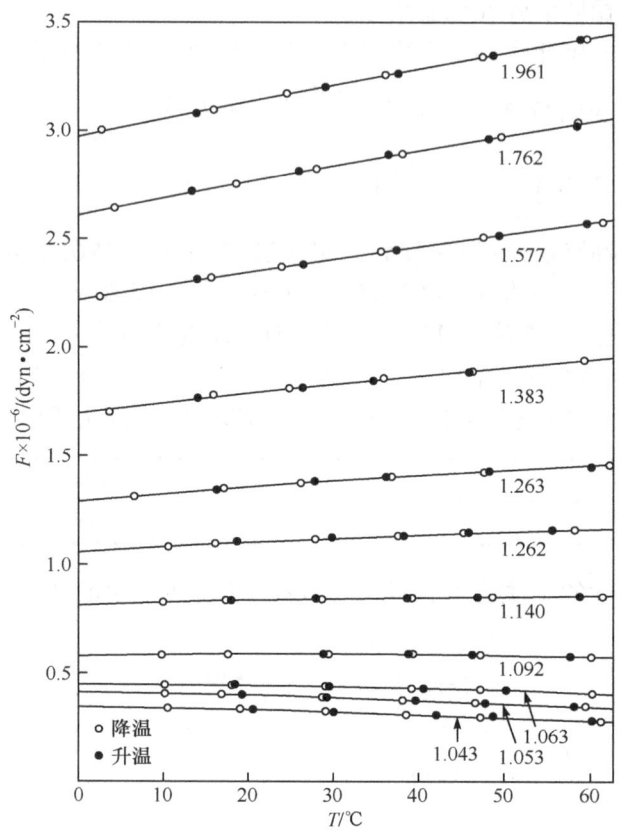

图 13-2 天然橡胶在不同伸长率下的应力-温度曲线

答 F-T 曲线的斜率在低伸长率时会出现负值,这种现象也称为热弹性逆转现象。这是由于实验是在一定的拉伸长度下做的,而试样热胀冷缩,l_0 随温度变化,因此在低伸长率时,橡胶试样的正热膨胀占优势,温度越高,张力越低,斜率为负。如果把一定的拉伸长度 l 改为一定的伸长率 $\lambda = l/l_0$,直线就不会出现负斜率了。

13-26 简述热弹倒置现象以及校正办法。

答 橡胶的 F-T 曲线的斜率在低伸长率时会出现负值,即热弹倒置现象。如果把一定的拉伸长度 l 改为一定的伸长率 $\lambda = l/l_0$,直线就不会出现负斜率了。

13-27 橡皮在定伸长条件下,应力随温度的变化可表示为 $\left(\dfrac{\partial F}{\partial T}\right)_{l,V} = \dfrac{F}{T} - \dfrac{1}{T}\left(\dfrac{\partial U}{\partial l}\right)_{T,p}$。试由该式证明,在定伸长下,$F = $ 常数 $\times T$。

证 理想橡胶 $\dfrac{\partial U}{\partial l} \approx 0$,且在伸长一定时,橡胶的热膨胀与熵收缩达到平衡,即 $\left(\dfrac{\partial F}{\partial T}\right)_{l,V} \approx$ 定值,所以 $F = $ 常数 $\times T$。

13-28 橡胶拉伸时,张力 F 和温度之间有关系 $F = KT$(K 为常数,$K > 0$),证明:$\left(\dfrac{\partial U}{\partial l}\right)_{T,V} = $

$0, \left(\frac{\partial S}{\partial l}\right)_{T,V} < 0$。

证 由 $F=KT$ 可得 $\left(\frac{\partial F}{\partial T}\right)_{l,V}=K$，所以 $\left(\frac{\partial U}{\partial l}\right)_{T,V}=F-T\left(\frac{\partial F}{\partial T}\right)_{l,V}=F-KT=0$。$\left(\frac{\partial S}{\partial l}\right)_{T,V}<0$ 的证明参见 13-22 题。

13-29 保持伸长不变的橡胶带上，在 273 K 时的作用力为 45 kg，则 323 K 时应力为多大？

答 $F=KT$，$F=\frac{323}{273}\times 45=53.2$(kg)。

13.3 交联橡胶弹性的统计理论

13.3.1 交联橡胶变形时的熵变

13-30 温度一定时橡胶长度从 l_0 拉伸到 l，熵变由下式给出：

$$S_0-S=\frac{1}{2}N_0k\left[\left(\frac{l}{l_0}\right)^2+2\left(\frac{l_0}{l}\right)-3\right]$$

式中，N_0 为网链数，k 为 Boltzmann 常量。导出拉伸模量 E 的表达式。

答 对于等温可逆过程，$dU=TdS-pdV+Fdl=0$，橡胶拉伸时体积不变，$F=-T\left(\frac{\partial T}{\partial l}\right)_{T,V}$。将问题中的式子对 l 微分，代入上式得

$$F=\frac{N_0kT}{l_0}\left[\frac{l}{l_0}-\left(\frac{l_0}{l}\right)^2\right]$$

将此式除以截面积 A，单位体积中的网链数 $N=N_0/(Al)$，则

$$E=l\left(\frac{\partial \sigma}{\partial l}\right)_T=\frac{l}{A}\left(\frac{\partial F}{\partial l}\right)_T=NkT\left[2\left(\frac{l}{l_0}\right)^2+\frac{l_0}{l}\right]$$

13-31 一交联聚合物 25 ℃的密度 $\rho=0.94$ g·cm^{-3}，交联点之间平均相对分子质量为 28 000，试计算在 25 ℃下将该聚合物拉伸至 100% 形变时的熵值变化。

答 $\Delta S=-\frac{1}{2}Nk\left(\lambda^2+\frac{2}{\lambda}-3\right)=-2.85$(g·cm·K^{-1})

13-32 设一个大分子含有 1000 个统计链段，每个链段平均长度为 0.7 nm，并设此大分子为自由取向链。当其末端受到一个 10^{-11} N 的力时，其平均末端距为多少？将计算结果与此链的扩展长度作比较。若以 10^{-10} N 的力重复这一运算，结果又如何？

答 链段数 $n_e=1000$，链段长 $l_e=0.7$ nm；对于自由取向链，$\overline{h_0^2}=n_e l_e^2=1000\times 0.7^2=490$(nm^2)。根据 Boltzmann 定律，当高分子被拉伸时的熵变为

$$\Delta S=k\ln\frac{\Omega'}{\Omega}=-Nk\beta^2\left[(\lambda_1^2-1)x^2+(\lambda_2^2-1)y^2+(\lambda_3^2-1)z^2\right]$$

式中，k 为 Boltzmann 常量，Ω 和 Ω' 分别为变形前后体系的微观状态数(构象数)。设 $N=1$，单向拉伸时 λ_2、λ_3 不变，则 $x^2=y^2=z^2=\frac{\overline{h_0^2}}{3}$，所以

$$\Delta S=-k\frac{3}{2\overline{h_0^2}}\frac{\overline{h_0^2}}{3}(\lambda_1^2-1)=-\frac{k}{2}\left[\left(\frac{l}{l_0}\right)^2-1\right]$$

由聚合物的熵弹性可导出

$$F = -T\left(\frac{\partial S}{\partial l}\right) = -T\left(\frac{\partial S}{\partial \lambda}\right) = \frac{k}{2}T\left(\frac{2l}{l_0^2}\right) = kT\frac{l}{l_0^2}$$

设拉伸在 $T=300$ K 下进行，并注意到 $l_0 \approx (\overline{h_0^2})^{1/2}$，所以

$$l_1 = \frac{F_1}{kT}\overline{h_0^2} = \frac{10^{-11}\times 490\times(10^{-9})^2}{1.38\times 10^{-23}\times 300} = 1.18\times 10^{-6}(\text{m}) = 1.18\times 10^3(\text{nm})$$

$$l_2 = \frac{F_2}{kT}\overline{h_0^2} = \frac{10^{-10}\times 490\times(10^{-9})^2}{1.38\times 10^{-23}\times 300} = 1.18\times 10^{-5}(\text{m}) = 1.18\times 10^4(\text{nm})$$

而链的扩展长度为 $L_{\max} = n_e l_e = 1000 \times 0.7 = 700$（nm），所以 $l_1/L_{\max} = 1.7$（倍），$l_2/L_{\max} = 17$（倍）。

13.3.2 交联橡胶的状态方程

1. 状态方程的各种表达形式

13-33 写出从以熵变为基础的高弹平衡统计理论中得出的储能函数表达式以及该式应用于交联橡胶单向拉伸时的状态方程，该理论与实验事实是否相符？为什么？

答 储能函数表达式为 $\Delta A = \frac{1}{2}NkT\left(\lambda^2 + \frac{2}{\lambda} - 3\right)$，状态方程为 $\sigma = NkT\left(\lambda - \frac{1}{\lambda^2}\right)$，式中，$\lambda = l/l_0$。

该理论是建立在许多假设上的，实验结果表明当伸长率大于 6 时，实验与理论之间有较大偏离。显然是由于网链已接近它的极限伸长，因而不符合高斯链、仿射形变（微观结构与宏观试样有相同的伸长率）的假定，而且分子链取向导致结晶，使应力急剧增加。

13-34 理想橡胶的应力-应变曲线的起始斜率是 2.0×10^6 Pa，要把体积为 4.0 cm³ 的这种橡胶试条缓慢可逆地拉伸到其原来长度的两倍，需要做多少焦耳功？

答 $\sigma = F/A = E\varepsilon$，已知 $E = 2.0\times 10^6$ Pa，所以储能函数为

$$\Delta A = -F\mathrm{d}l = -E\varepsilon A\mathrm{d}l = -E\varepsilon(Al_0)(\mathrm{d}l/l_0) = -EV\varepsilon^2$$
$$= -2.0\times 10^6 \times 4.0\times 10^{-6}\times 1^2 = -8(\text{J})$$

负值是因为外力所做的功作为体系的能量被储存起来，所以对于体系来说是被做了功。

13-35 一种理想橡胶的剪切模量为 1×10^6 Pa，计算当这种橡胶的拉伸比为 2 时，单位体积内储存的能量。

答 $E = 3G = 3\times 10^6$ Pa，与 13-34 题类似，储能函数为

$$\Delta A = -EV\varepsilon^2 = -3\times 10^6 \times 1\times 1^2 = -3\times 10^6(\text{J})$$

13-36 从交联橡胶的状态方程出发，证明形变量很小时交联橡胶的应力-应变关系符合 Hooke 定律，并写出其模量的表达式。

答 当形变量 ε 很小时，$\lambda^{-2} = (1+\varepsilon)^{-2} = 1 - 2\varepsilon + 3\varepsilon^2 - 4\varepsilon^3 + \cdots \approx 1 - 2\varepsilon$（当 ε 是一个远小于 1 的数时，幂级数展开取两项），则

$$\sigma = NkT\left(\lambda - \frac{1}{\lambda^2}\right) = NkT(\varepsilon + 1 - 1 + 2\varepsilon) = 3NkT\varepsilon$$

令 $E = 3NkT$ 或 $E = 3nRT$，$\sigma = E\varepsilon$，符合 Hooke 定律。

13-37 试述公式 $E = 3nRT$ 的使用范围和 n 的含义。

答 使用于形变很小的情况下。n 为单位体积内网链的物质的量（注意公式中用 R 或 k 时 n 与 N 的区别）。

13-38 导出交联橡胶状态方程的另一表达式 $\sigma=G\left(\lambda-\dfrac{1}{\lambda^2}\right)$。

答 $E=2G(1+\nu)$。对于橡胶，拉伸时体积不变，泊松比 $\nu=0.5$，得 $E=3G$。根据 13-37 题导出的 $E=3NkT$，所以 $G=NkT$，$\sigma=NkT\left(\lambda-\dfrac{1}{\lambda^2}\right)=G\left(\lambda-\dfrac{1}{\lambda^2}\right)$。

13-39 用导出橡皮拉伸时状态方程的类似方法，导出简单剪切时应力-应变关系的方程：$\sigma=NkT\gamma$，式中，$\gamma=\alpha-\dfrac{1}{\alpha}$ 为剪切应变，N 为单位体积的网链数，α 为形变率。

答 简单剪切应变示意如图 13-3 所示。在两个方向上受到剪切力 F_1 和 F_2 以及形变率 α_1 和 α_2，第三个方向上不受力，$F_3=0$，$\alpha_3=1$。设为理想形变 $\Delta V=0$，开始时 $\alpha_1\alpha_2\alpha_3=1$，形变后 $\alpha_1=\alpha$，$\alpha_2=1/\alpha$，$\alpha_3=1$。橡皮储能函数为

$$W=\dfrac{1}{2}G(\alpha_1^2+\alpha_2^2+\alpha_3^2-3)=\dfrac{1}{2}G\left(\alpha^2-2+\dfrac{1}{\alpha^2}\right)=\dfrac{1}{2}G\left(\alpha-\dfrac{1}{\alpha}\right)^2$$

$$\sigma=\dfrac{\partial W}{\partial \alpha}=G\left(\alpha-\dfrac{1}{\alpha}\right)=NkT\left(\alpha-\dfrac{1}{\alpha}\right)=NkT\gamma$$

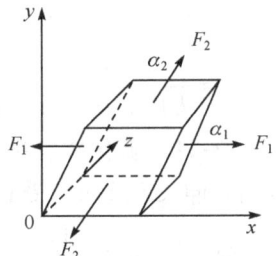

图 13-3 聚合物简单剪切应变示意图

13-40 写出利用交联橡胶的状态方程求网链平均相对分子质量 $\overline{M_c}$ 的公式。

答
$$\sigma=\dfrac{\rho}{M_c}RT\left(\lambda-\dfrac{1}{\lambda^2}\right)$$

扣除两个对高弹性没有贡献的链端，修正后成为

$$\sigma=\dfrac{\rho}{M_c}RT\left(1-\dfrac{2\overline{M_c}}{\overline{M_n}}\right)\left(\lambda-\dfrac{1}{\lambda^2}\right)$$

13-41 对理想状态方程需进行哪些修正才能得到接近真实状态的交联橡胶的状态方程？

答 (1) 大形变时，网链的末端距不服从高斯链末端距的假定，修正为

$$\sigma=NkT\left(\dfrac{\overline{h^2}}{\overline{h_0^2}}\right)\left(\lambda-\dfrac{1}{\lambda^2}\right)$$

(2) 扣除链端等对高弹性没有贡献的无效链的修正。

$$\sigma=\dfrac{\rho}{M_c}RT\left(1-\dfrac{2\overline{M_c}}{\overline{M_n}}\right)\left(\lambda-\dfrac{1}{\lambda^2}\right)$$

(3) 考虑链缠结对网链产生更多的构象限制，目前的修正方法是简单地将此贡献加在剪切模量上，$G=\dfrac{\rho RT}{M_c}+a$，式中，a 为缠结对剪切模量的贡献。

(4) 考虑到形变前后聚合物体积改变（约为 10^{-4}），修正如下：

$$\sigma=N'kT\left(\lambda-\dfrac{V}{V_0}\dfrac{1}{\lambda^2}\right)$$

式中，$N'=N/V_0$。

(5) 交联网的形变不是仿射形变，作为一种简单的校正，在 $G=NkT$ 中引入一个小于 1 的校正因子 A_ϕ，即 $G=A_\phi NkT$。

2. 利用基本的状态方程的计算

13-42 一理想橡胶试样从原长 6.00 cm 被拉伸到 10.05 cm，发现其应力增加 $1.50\times$

10^5 Pa,同时温度升高了 5 ℃(从 27 ℃升至 32 ℃)。如果忽略体积随温度的变化,则在 27 ℃下的模量是多少?

答 $\sigma=NkT\left(\lambda-\dfrac{1}{\lambda^2}\right)=3NkT=\dfrac{3\times(27+273)\times1.50\times10^5}{(32+273)\times(1.675-1/1.675^2)}=3.36\times10^5$(Pa)。

13-43 某硫化橡胶试样,应力为 1.5×10^6 N·m^{-2} 时拉伸比为 2.5。试计算在 25 ℃时 1 cm^3 该试样中的网链数。

答 Boltzmann 常量 $k=1.38\times10^{-23}$ J·K^{-1}, $\sigma=1.5\times10^6$ N·m^{-2}, $\lambda=2.5$, $T=298$ K

$$\sigma=NkT\left(\lambda-\dfrac{1}{\lambda^2}\right)$$

$$N=\dfrac{\sigma}{kT(\lambda-\lambda^{-2})}=\dfrac{1.5\times10^6\times10^{-6}}{1.38\times10^{-23}\times298\times(2.5-2.5^{-2})}=1.56\times10^{20}(\text{个网链}\cdot\text{cm}^{-3})$$

13-44 硫化橡胶试条在恒温下拉伸,当拉应力为 $\sigma_1=6\times10^4$ Pa 时,试条伸长 10%,试求当试条伸长 50%时,受到的拉应力 σ_2是多大?

答 $\dfrac{\sigma_1}{\sigma_2}=\dfrac{\lambda_1-1/\lambda_1^2}{\lambda_2-1/\lambda_2^2}$, $\sigma_2=2.32\times10^5$ Pa。

13-45 将某种硫化天然橡胶在 300 K 进行拉伸,当伸长一倍时的拉力为 7.25×10^5 N·m^{-2},拉伸过程中试样的泊松比为 0.5,根据橡胶弹性理论计算:(1) 1 cm^3 体积中的网链数;(2) 初始弹性模量 E_0 和剪切模量 G_0;(3) 拉伸时 1 cm^3 体积的试样放出的热量。

答 (1) 根据橡胶状态方程 $\sigma=NkT(\lambda-\lambda^{-2})$,已知 $k=1.38\times10^{-23}$ J·K^{-1}, $\sigma=7.25\times10^5$ N·m^{-2}, $\lambda=2$, $T=300$ K,所以

$$N=7.25\times10^5\times10^{-6}\Big/\left[1.38\times10^{-23}\times300\times\left(2-\dfrac{1}{4}\right)\right]=1\times10^{20}(\text{个网链}\cdot\text{cm}^{-3})$$

(2) 剪切模量 $G=NkT=\sigma\Big/\left(\lambda-\dfrac{1}{\lambda^2}\right)=7.25\times10^5\Big/\left(2-\dfrac{1}{4}\right)=4.14\times10^5$ (N·m^{-2})。

(3) 拉伸模量 $E=2G(1+\nu)$,因为 $\nu=0.5$,所以 $E=3G=1.24\times10^6$ N·m^2。

(4) $Q=T\Delta S$, $\Delta S=-\dfrac{1}{2}Nk\left(\lambda^2+\dfrac{2}{\lambda}-3\right)$,所以 $Q=-\dfrac{1}{2}NkT\left(\lambda^2+\dfrac{2}{\lambda}-3\right)$,代入 N、k、T、λ 的数值,得 $Q=-4.14\times10^5$ J·m$^{-3}=-0.41$ J·cm^{-3}(负值表明为放热)。

13-46 用 1 N 的力可以使一块橡胶在 300 K 下从 2 倍伸长到 3 倍。如果这块橡胶的截面积为 1 mm^2,计算橡胶内单位体积的链数以及恢复 2 倍伸长需要升高多少温度。

答 $\sigma=NkT\left(\lambda-\dfrac{1}{\lambda^2}\right)$, $\sigma=\dfrac{F}{A}$(A 为初始截面积),于是 $F=NkTA\left(\lambda-\dfrac{1}{\lambda^2}\right)$。对于 $\lambda=2$, $F_2=NkTA\left(2-\dfrac{1}{4}\right)=7NkTA/4$;对于 $\lambda=3$, $F_3=NkTA\left(3-\dfrac{1}{9}\right)=26NkTA/9$。

$$F_3-F_2=(26/9-7/4)NkTA=1.139NkTA=1\text{ N}$$

所以 $N=2.12\times10^{26}$ m^{-3}。如果新的温度为 T_N,则 $F_3=26Nk\times300\times A/9=7NkT_NA/4$。因而 $T_N=495.2$ K,即升高的温度为 195.2 K。

3. 与剪切模量 G 相关的计算

13-47 高弹剪切模量为 10^5 N·m^{-2} 的理想橡胶在拉伸比为 2 时,其单位体积内储存的能量有多少?

答 $\sigma=G\left(\lambda-\dfrac{1}{\lambda^2}\right)=10^5\times\left(2-\dfrac{1}{4}\right)=1.75\times10^5(\text{N}\cdot\text{m}^{-2})$，储能函数 $\Delta A=-\Delta W=-(p\mathrm{d}V-F\mathrm{d}l)\approx F\mathrm{d}l$（因为体积不变），对于单位体积 $V=1$ m³，$\Delta A=\sigma\mathrm{d}\lambda=1.75\times10^5\times(2-1)\times1=1.75\times10^5$(J)。

13-48 有一各向同性的硫化橡皮，其有效尺寸为长 10 cm、宽 2 cm、厚 1 cm。已知它的剪切模量为 4×10^5 N·m^{-2}，泊松比为 0.5。在 25 ℃下，用 10 kg 力拉伸此橡皮，发现应变很小，则拉伸时试样伸长了多少？

答 当形变量 ε 很小时，$\lambda^{-2}=(1+\varepsilon)^{-2}=1-2\varepsilon+3\varepsilon^2-4\varepsilon^3+\cdots\approx1-2\varepsilon$，则
$$\sigma=G(\lambda-\lambda^{-2})\approx G(\varepsilon+1-1+2\varepsilon)=3G\varepsilon$$
$$\varepsilon=\dfrac{\sigma}{3G}=\dfrac{(10/2)\times9.807\times10^4}{3\times4\times10^5}=0.4$$

13-49 称取交联后的天然橡胶试样，于 25 ℃在正癸烷溶剂中溶胀。达溶胀平衡时，测得体积溶胀比为 4.0。已知高分子-溶剂相互作用参数 $\chi_1=0.42$，聚合物的密度 $\rho_2=0.91$ g·cm^{-3}，溶剂的摩尔体积为 195.86 cm³·mol^{-1}，试计算该试样的剪切模量 G（$R=8.314$ J·K^{-1}·mol^{-1}）。

答 首先参考第 9 章浓溶液求交联橡胶的网链相对分子质量的方法 $\dfrac{\overline{M_\mathrm{c}}}{\rho_2\widetilde{V}_1}\left(\dfrac{1}{2}-\chi_1\right)=Q^{5/3}$，则

$$\overline{M_\mathrm{c}}=Q^{5/3}\rho_2\widetilde{V}_1\Big/\left(\dfrac{1}{2}-\chi_1\right)$$
$$=4^{5/3}\times0.91\times195.86\Big/\left(\dfrac{1}{2}-0.42\right)=22\,456$$

从 $\sigma=NkT\left(\lambda-\dfrac{1}{\lambda^2}\right)=G\left(\lambda-\dfrac{1}{\lambda^2}\right)$ 和 $\sigma=\dfrac{\rho}{M_\mathrm{c}}RT\left(\lambda-\dfrac{1}{\lambda^2}\right)$ 可以得到

$$G=\dfrac{\rho}{M_\mathrm{c}}RT=\dfrac{0.91}{22\,456}\times8.314\times298=0.1(\text{J}\cdot\text{cm}^{-3})=1\times10^5(\text{Pa})$$

13-50 以单轴拉伸力 F 将一条圆柱形橡胶（长 10 cm，直径 2 mm）拉至长 20 cm。如果橡胶的行为是新 Hooke 固体，杨氏模量为 1.2 N·mm^{-2}，计算：(1) 拉伸后圆柱的直径；(2) 应力值；(3) 真应力值；(4) F 值。

答 $U=C(\lambda_1^2+\lambda_2^2+\lambda_3^2-3)$，式中，$C=G/2=E/6$。如果拉伸方向是 Ox_3，$\lambda_3=\lambda$，且 $\lambda_1\lambda_2\lambda_3=1$。因而 $\lambda_1=\lambda_2=1/\sqrt{\lambda}$，这里 $\lambda=2$，令初始直径为 d，初始面积为 A。

(1) 拉伸后直径 $=d\lambda_1=2/\sqrt{2}=\sqrt{2}=1.41$(mm)；
(2) 应力 $=F/A=(E/3)(\lambda-1/\lambda^2)=1.2\times1.75/3=0.7$(N·mm^{-2})；
(3) 真应力 $=$ 应变$/(\lambda_1\lambda_2)=0.7/(\lambda_1\lambda_2)=0.7\lambda=1.4$ N·mm^{-2}；
(4) $F=$ 应力 $\times$ 初始面积 $=0.7\pi(d/2)^2=2.2$ N。

4. 求网链平均相对分子质量

13-51 什么是网链？用宽度为 1 cm、厚度为 0.2 cm、长度为 2.8 cm 的一橡皮试条在 20 ℃时进行拉伸实验，结果如下。如果橡皮试条的密度为 0.964 g·cm^{-3}，试计算橡皮试样网链的平均相对分子质量。

负荷 F/g	0	100	200	300	400	500	600	700	800	900	1000
伸长 ε/cm	0	0.35	0.7	1.2	1.8	2.5	3.2	4.1	4.9	5.7	6.5

答 两个相邻交联点之间的链称为网链。网链是高斯链,其末端距符合高斯分布。

因为 $\sigma = NkT\left(\lambda - \dfrac{1}{\lambda^2}\right)$, $N = \dfrac{\rho}{\overline{M_c}}N_A$, 所以 $\sigma = \dfrac{\rho}{\overline{M_c}}N_A kT\left(\lambda - \dfrac{1}{\lambda^2}\right)$, 则

$$\overline{M_c} = \dfrac{\rho}{\sigma}N_A kT\left(\lambda - \dfrac{1}{\lambda^2}\right) = \dfrac{\rho}{\sigma}RT\left(\lambda - \dfrac{1}{\lambda^2}\right)$$

已知 $\rho = 0.964$ g·cm^{-3}, $T = 293$ K, $R = 8.314$ J·mol^{-1}·K^{-1}, 并且 $\sigma = F/A$, $\lambda = 1 + \varepsilon$。数据整理如下:

σ/(g·cm^{-2})	500	1000	1500	2000	2500	3000	3500	4000	4500	5000
$\lambda - 1/\lambda^2$	0.80	1.35	2.00	2.67	3.42	4.14	5.06	5.87	6.7	7.5
$\overline{M_c} \times 10^{-7}$	3.8	3.2	3.1	3.1	3.2	3.2	3.4	3.4	3.9	3.5

所以 $\overline{M_c} = 3.4 \times 10^7$。

13-52 某一氯丁橡胶密度为 1.02 g·cm^{-3}, 在 15 ℃时拉伸到 1.5 倍时的张应力为 2.5×10^5 N·m^{-2}, 求交联点间的 $\overline{M_c}$。

答 橡胶状态方程 $\sigma = \dfrac{\rho RT}{\overline{M_c}}\left(\lambda - \dfrac{1}{\lambda^2}\right)$, 则

$$\overline{M_c} = \dfrac{\rho RT}{\sigma}\left(\lambda - \dfrac{1}{\lambda^2}\right) = \dfrac{1.02 \times 10^6 \times 8.314 \times 288}{2.5 \times 10^5} \times \left(1.5 - \dfrac{1}{1.5^2}\right) = 1.03 \times 10^4$$

13-53 某交联橡胶试片, 长 2.8 cm、宽 1.0 cm、厚 0.2 cm、重 0.518 g, 于 25 ℃时将它拉伸 1 倍,测定张力为 1.0 kg, 估算试样的网链的平均相对分子质量。

答 因为 $\sigma = \dfrac{F}{A} = \dfrac{1}{0.2 \times 1 \times 10^{-4}} = 5 \times 10^4$ (kg·m^{-2}), $\rho = \dfrac{W}{V} = \dfrac{0.518 \times 10^{-3}}{0.2 \times 1 \times 2.8 \times 10^{-6}} = 925$ (kg·m^{-3}), $\lambda = 2$, $R = 8.478 \times 10^4$ g·cm·mol^{-1}·K^{-1}, $T = 298$ K, 所以

$$\overline{M_c} = \dfrac{\rho RT}{\sigma}\left(\lambda - \dfrac{1}{\lambda^2}\right) = \dfrac{925 \times 8.478 \times 10^4 \times 298}{5 \times 10^4} \times \left(2 - \dfrac{1}{2^2}\right) = 8.18 \times 10^3$$

13-54 某交联橡胶试样在 25 ℃时, 经物理测试结果如下:(1) 试片尺寸为 $(0.2 \times 1 \times 2.8)$ cm^3; (2) 试片质量为 0.518 g; (3) 抗拉强度 $F = 2.452 \times 10^7$ N·cm^{-2}; (4) 玻璃化温度 $T_g = -50$ ℃; (5) 试片拉长 1 倍时的拉力 $F = 19.614$ N。求 $\overline{M_c}$。

答 与 13-53 题相似, 注意测试结果中选择有用的数据用于此题的计算。

$$\sigma = \dfrac{F}{A} = \dfrac{19.614}{0.2 \times 1 \times 10^{-4}} = 9.807 \times 10^5 \text{ (N·m}^{-2}\text{)}$$

$$\rho = \dfrac{W}{V} = \dfrac{0.518 \times 10^{-3}}{0.2 \times 1 \times 2.8 \times 10^{-6}} = 925 \text{ (kg·m}^3\text{)}$$

$$\overline{M_c} = \dfrac{925 \times 10^3 \times 8.314 \times 298}{9.807 \times 10^5} \times \left(2 - \dfrac{1}{2^2}\right) = 4.09 \times 10^3$$

13-55 已知一种硫化橡胶, 其模量 $G = 1.52 \times 10^4$ N·m^{-2}, 密度 $\rho = 10^3$ kg·m^{-3}。若在 300 K 拉伸到一定程度, 试计算此种硫化橡胶的网链相对分子质量。

答 因为 $\sigma = G\left(\lambda - \dfrac{1}{\lambda^2}\right)$, $\sigma = \dfrac{\rho RT}{\overline{M_c}}\left(\lambda - \dfrac{1}{\lambda^2}\right)$, 所以

$$\overline{M}_c = \frac{\rho RT}{G} = \frac{10^3 \times 10^3 \times 8.314 \times 300}{1.52 \times 10^4} = 1.64 \times 10^5$$

13-56 一种硫化橡胶的网链相对分子质量为 1×10^4,密度为 $1 \times 10^3 \text{ kg} \cdot \text{m}^{-3}$,则于25 ℃下拉长 1 倍时的张应力为多少?

答
$$\sigma = \frac{\rho RT}{\overline{M}_c}\left(\lambda - \frac{1}{\lambda^2}\right) = \frac{1 \times 10^3 \times 8.314 \times 298}{1 \times 10^4 \times 10^{-3}} \times \left(2 - \frac{1}{2^2}\right) = 4.34 \times 10^5 \text{(Pa)}$$

13-57 某硫化橡胶的相对分子质量 $\overline{M}_c = 5000$,密度 $\rho = 10^3 \text{ kg} \cdot \text{m}^{-3}$。求 300 K 拉伸 1 倍时:(1) 回缩应力 σ;(2) 弹性模量 E。

答 已知 $\overline{M}_c = 5000, \rho = 10^3 \text{ kg} \cdot \text{m}^{-3}, T = 300 \text{ K}, \lambda = 2, R = 8.314 \text{ J} \cdot \text{mol}^{-1} \cdot \text{K}^{-1}$

(1) $\sigma = \frac{\rho RT}{\overline{M}_c}\left(\lambda - \frac{1}{\lambda^2}\right) = \frac{10^3 \times 8.314 \times 300}{5000 \times 10^{-3}} \times 1.75 = 8.73 \times 10^5 \text{(N} \cdot \text{m}^{-2})$;

(2) 由于形变量较大,不符合 Hooke 定律,不能用 $E = \frac{\sigma}{\varepsilon}$ 计算,所以

$$E = 3nRT = 3 \times \frac{\rho RT}{\overline{M}_c} = \frac{3 \times 1000 \times 8.314 \times 300}{5000 \times 10^{-3}} = 1.497 \times 10^6 \text{(N} \cdot \text{m}^{-2})$$

13-58 由橡胶的状态方程解释交联程度不同的同一橡胶品种,它们的模量、拉伸强度、断裂伸长率不相同。

答 (1) 根据 $\sigma = \frac{\rho RT}{\overline{M}_c}\left(\lambda - \frac{1}{\lambda^2}\right)$,交联程度越大,$\overline{M}_c$ 越小,σ 越大,拉伸强度越大。

(2) 根据 $\sigma = G\left(\lambda - \frac{1}{\lambda^2}\right)$,即 $G = \frac{\rho RT}{\overline{M}_c}$,以及 $E = 3G$,交联程度越大,$\overline{M}_c$ 越小,模量 E 或 G 越大。

(3) 根据 $\left(\lambda - \frac{1}{\lambda^2}\right) = \frac{\sigma \overline{M}_c}{\rho RT}$,交联程度越大,$\overline{M}_c$ 越小,$\left(\lambda - \frac{1}{\lambda^2}\right)$ 越小,断裂伸长率越小。

5. 求网链平均相对分子质量(考虑链端校正)

13-59 已知丁苯橡胶的密度为 $\rho = 9 \times 10^2 \text{ kg} \cdot \text{m}^{-3}$,未交联时数均相对分子质量 $\overline{M}_n = 3 \times 10^4$,在 298 K 下交联后当 $\overline{M}_c = 10^4$ 时,在低拉伸率下的杨氏模量为多大?当 $\overline{M}_c = 5 \times 10^3$ 时,杨氏模量又为多大?

答 当形变量很小时,$E = 3nRT = 3 \times \frac{\rho}{\overline{M}_c}RT$。考虑链端校正,$E = 3 \times \frac{\rho}{\overline{M}_c}RT\left(1 - \frac{2\overline{M}_c}{\overline{M}_n}\right)$

$$E_1 = \frac{3 \times 9 \times 10^2 \times 8.314 \times 298}{10^4 \times 10^{-3}} \times \left(1 - \frac{2 \times 10^4}{3 \times 10^4}\right) = 2.23 \times 10^5 \text{(Pa)}$$

$$E_2 = \frac{3 \times 9 \times 10^2 \times 8.314 \times 298}{5 \times 10^3 \times 10^{-3}} \times \left(1 - \frac{2 \times 5 \times 10^3}{3 \times 10^4}\right) = 8.92 \times 10^5 \text{(Pa)}$$

13-60 有一根长 4 cm、截面积为 0.05 cm² 的交联橡胶,25 ℃时被拉伸到 8 cm,已知橡胶的密度为 1 g·cm⁻³,未交联时的数均相对分子质量为 5×10^6,交联后网链平均相对分子质量 $\overline{M}_c = 1 \times 10^4$。试用橡胶弹性理论(经过自由末端校正)计算杨氏模量。

答
$$E = 3G = 3 \times \frac{\rho}{\overline{M}_c}RT\left(1 - \frac{2\overline{M}_c}{\overline{M}_n}\right)$$

$$= \frac{3 \times 1 \times 10^3 \times 8.314 \times 298}{10^4 \times 10^{-3}} \times \left(1 - \frac{2 \times 10^4}{5 \times 10^6}\right) = 7.41 \times 10^5 \text{(Pa)}$$

13-61 一块理想弹性体,其密度为 9.5×10^2 kg·m^{-3},起始平均相对分子质量为 10^5,交联后网链相对分子质量为 5×10^3。若无其他交联缺陷,只考虑链末端校正,试计算它在室温(300 K)时的剪切模量。

答
$$G=NkT=\frac{\rho RT}{\overline{M_c}}\left(1-\frac{2\overline{M_c}}{\overline{M_n}}\right)$$
$$=\frac{9.5\times10^2\times8.314\times300}{5\times10^3\times10^{-3}}\times\left(1-\frac{2\times5\times10^3}{10^5}\right)=4.3\times10^5(\text{Pa})$$

13-62 (1) 利用橡胶弹性理论,计算交联点间平均相对分子质量为 5000、密度为 0.925 g·cm^{-3} 的弹性体在 23 ℃时的拉伸模量和切变模量;(2) 若考虑自由末端校正,模量将怎样改变(已知试样的 $\overline{M_n}=100\,000$)?

答 (1) $\frac{1}{3}E=G=\frac{\rho RT}{\overline{M_c}}$,$E=1384$ Pa,$G=461$ Pa;(2) 乘以校正因子 $\left(1-\frac{2\overline{M_c}}{\overline{M_n}}\right)$,得 $E=1246$ Pa,$G=415$ Pa。

13-63 天然橡胶未硫化前的相对分子质量为 3.0×10^4,硫化后网链平均相对分子质量为 6000,密度为 0.90 g·cm^{-3}。如果要把长度为 10 cm、截面积为 0.26 cm^2 的试样在 25 ℃下拉长到 25 cm,需要多大的力?

答
$$\frac{F}{A_0}=\frac{\rho RT}{\overline{M_c}}\left(1-\frac{2\overline{M_c}}{\overline{M_n}}\right)\left(\lambda-\frac{1}{\lambda^2}\right)$$
$$=\frac{0.90\times10^6\times8.314\times298}{6000}\times\left(1-\frac{2\times6000}{3.0\times10^4}\right)\times\left(2.5-\frac{1}{2.5^2}\right)$$
$$=5.22\times10^5(\text{N}\cdot\text{m}^{-2})$$
$$F=5.22\times10^5\times0.26\times10^{-4}=13.57(\text{N})$$

13-64 300 K 时将一块橡皮试样拉伸到长度为 0.254 m,需要多大的力?设试样的起始长度为 0.102 m,截面积为 2.58×10^{-5} m^2,交联前数均相对分子质量 $\overline{M_n}=3\times10^4$,交联相对分子质量 $\overline{M_c}=6\times10^3$,密度 $\rho_{(300\text{ K})}=9\times10^2$ kg·m^{-3}。

答 $\lambda=\frac{l}{l_0}=\frac{0.254}{0.102}=2.5$。因为 $\sigma=NkT\left(\lambda-\frac{1}{\lambda^2}\right)$,$\sigma=\frac{\rho}{\overline{M_c}}RT\left(1-\frac{2\overline{M_c}}{\overline{M_n}}\right)\left(\lambda-\frac{1}{\lambda^2}\right)$,即 $NkT=\frac{\rho}{\overline{M_c}}RT\left(1-\frac{2\overline{M_c}}{\overline{M_n}}\right)$,则
$$N=\frac{\rho N_A}{\overline{M_c}}\left(1-\frac{2\overline{M_c}}{\overline{M_n}}\right)$$
$$=\frac{9\times10^2\times10^{-3}\times6.02\times10^{23}}{6\times10^3}\times\left(1-\frac{2\times6\times10^3}{3\times10^4}\right)=5.42\times10^{19}(\text{cm}^{-3})$$
$$\sigma=NkT\left(\lambda-\frac{1}{\lambda^2}\right)=5.42\times10^{19}\times1.38\times10^{-16}\times300\times\left(2.5-\frac{1}{2.5^2}\right)=5.36(\text{kg}\cdot\text{cm}^{-2})$$
$$F=\sigma A_0=5.36\times2.58\times10^{-5}\times10^4=1.38(\text{kg})$$

13-65 有一高分子弹性体,交联前的相对分子质量是 3×10^5,交联后的相对分子质量是 5×10^3,试样尺寸为 $(5.08\times1.27\times0.3175)$ cm^3。现于 300 K 时进行拉伸,此条件下试样密度为 1×10^3 kg·m^{-3},若拉伸比例 $\lambda=l/l_0\leqslant2$ 时服从橡胶弹性理论。试由以上数据计算拉伸应力-应变关系,并绘制拉伸时的 σ-λ 曲线。

答 由 $\dfrac{F}{A_0}=\sigma=\dfrac{\rho RT}{\overline{M_c}}\left(1-\dfrac{2\overline{M_c}}{\overline{M_n}}\right)\left(\lambda-\dfrac{1}{\lambda^2}\right)$ 和 $\varepsilon=\dfrac{l-l_0}{l_0}=\dfrac{l}{l_0}-1=\lambda-1$，已知 $A_0=1.27\times 0.3175=0.403(\text{cm}^2)=4.03\times10^{-5}(\text{m}^2)$，计算 σ 和 ε，数据整理如下，并绘制 $\sigma\text{-}\lambda$ 曲线，如图 13-4 所示。

拉伸比 λ	应力 ε/%	应力 σ×10⁻⁵/(N·m⁻²)	拉伸力 F/N
1	0	0	0
1.2	0.2	2.44	9.83
1.5	0.5	5.09	20.51
1.8	0.8	7.19	28.97
2.0	1.0	8.44	34.00
2.5	1.5	11.28	45.47
3.0	2.0	13.93	56.13
3.5	2.5	16.48	66.41
4.0	3.0	18.98	76.51
4.5	3.5	21.46	86.49
5.0	4.0	23.91	96.38
5.5	4.5	26.36	106.2
6.0	5.0	28.79	116.0
6.5	5.5	31.22	125.8
7.0	6.0	33.65	135.6
7.5	6.5	36.07	145.4
8.0	7.0	38.49	155.1
8.5	7.5	40.91	164.9
9.0	8.0	43.34	174.6

6. 求网链平均相对分子质量（考虑溶胀校正）

13-66 一块硫化橡胶，在某种溶剂中溶胀后，聚合物的体积分数为 ϕ_2。试导出其应力-应变关系为 $\sigma=NkT\phi_2^{1/3}\left(\lambda-\dfrac{1}{\lambda^2}\right)$，式中，$\sigma$ 为未溶胀时交联部分的张应力，N 为单位体积内的链段数，λ 为拉伸比。

答 设一个体积单元的硫化橡胶，其溶胀和拉伸过程如图 13-5 所示。设硫化胶在溶剂中均匀溶胀，吸收 n_1V_1 体积的溶剂，即

$$1^3+n_1V_1=\lambda_0^3 \qquad \phi_2=\dfrac{1^3}{\lambda_0^3} \quad \text{或} \quad \lambda_0=\left(\dfrac{1}{\phi_2}\right)^{\frac{1}{3}}$$

三个方向均匀溶胀的熵变为 $\Delta S_0=-\dfrac{1}{2}Nk(3\lambda_0^3-3)$。从未溶

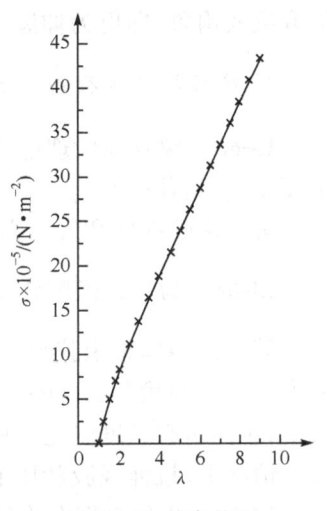

图 13-4 某高分子弹性体的 σ-λ 曲线

胀未拉伸(初态)到已溶胀已拉伸(终态)的总熵变为 $\Delta S_1 = -\dfrac{1}{2}Nk[(\lambda_1')^2+(\lambda_2')^2+(\lambda_3')^2-3]$。

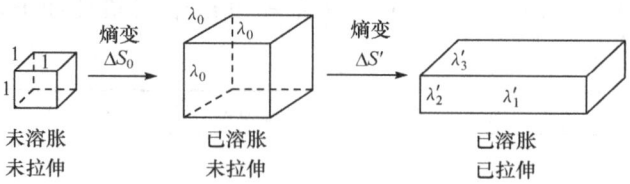

图 13-5 硫化橡胶溶胀和拉伸过程示意图

假定只溶胀未拉伸到已溶胀已拉伸的形变比为 $\dfrac{\lambda_1'}{\lambda_0}=\lambda_1,\dfrac{\lambda_2'}{\lambda_0}=\lambda_2,\dfrac{\lambda_3'}{\lambda_0}=\lambda_3$，因此，溶胀橡胶拉伸过程的熵变为

$$\Delta S_1-\Delta S_0=\Delta S'=-\dfrac{1}{2}Nk\lambda_0^2[\lambda_1^2+\lambda_2^2+\lambda_3^2-3]=-\dfrac{1}{2}Nk\phi_2^{-2/3}[\lambda_1^2+\lambda_2^2+\lambda_3^2-3]$$

又设拉伸过程体积不变，即有 $\lambda_1=\lambda,\lambda_2=\lambda_3=\dfrac{1}{\sqrt{\lambda}}$。同时考虑到应变前后体积是 λ_0^3（而不是 1^3），按照题意要计算相对于未溶胀时的张应力，则储能函数应为

$$\Delta A=-T\Delta S'=\dfrac{1}{2}kT\dfrac{N}{\lambda_0^3}\left[\lambda_0^2\left(\lambda^2+\dfrac{2}{\lambda}-3\right)\right]=\dfrac{1}{2}NkT\dfrac{1}{\lambda_0}\left[\lambda_0^2\left(\lambda^2+\dfrac{2}{\lambda}-3\right)\right]$$

所以

$$\sigma=\left(\dfrac{\partial A}{\partial \lambda}\right)_{T,V}=NkT\phi_2^{1/3}\left(\lambda-\dfrac{1}{\lambda^2}\right)$$

13-67 由橡胶的状态方程解释已被溶剂溶胀了的橡胶试样更符合理想橡胶理论方程。

答 橡胶的状态方程推导的前提是假设橡胶在形变过程中热力学能不变，即熵弹性。而偏差是实际上橡胶在拉伸时分子链构象发生了改变，显然反式、左旁式和右旁式等构象在能量上是不等的，所以热力学能变化不可避免，只是变化不大而已。当橡胶被溶胀，分子链更多地采取反式构象，即更为伸展，拉伸时热力学能变化更小，因而更符合理想橡胶理论方程。

7. 橡胶状态方程与气体方程的关系

13-68 橡胶弹性理论与气体方程的两个表达式，即 $G=nRT$ 和 $pV=nRT$ 有共同的热力学概念，它是什么？

答 橡胶弹性和气体膨胀的机理都是熵变。

13-69 为什么橡胶状态方程 $\sigma=nRT\left(\lambda-\dfrac{1}{\lambda^2}\right)$ 与理想气体的状态方程 $p=nRT\dfrac{1}{V}$ 相似？

答 拉伸理想橡胶与压缩理想气体在热力学上是类似的。图 13-6 是压缩理想气体和拉伸橡皮分子的状态示意图。由图可见，对于理想气体来说，压缩引起体积变化；对于理想橡胶来说，拉伸引起长度变化。而在两种情况下终态的有序程度都比始态大，即熵减少。因而在绝热的情况下，拉伸橡胶和压缩理想气体都是发热升温的。

13-70 为什么聚合物的高弹态具有气、液、固三态的特征？

答 如 13-69 题所述，高弹体具有类似气体的热力学特性。高弹体本身的物理状态是固态，但在拉伸时，链段能够运动，高弹体发生很大的形变，这一点又不像固态，而与液态的流动性有相似之处。所以说聚合物的高弹态具有气、液、固三态的特征，是小分子没有的一种状态。

图 13-6 压缩理想气体和拉伸橡皮分子的状态示意图

13.4 唯 象 理 论

13-71 简述橡胶弹性唯象理论。

答 唯象理论通过修改储能函数的形式使其能说明实验结果。该理论不涉及任何分子结构参数,纯属宏观现象的描述,所以称为唯象理论。唯象理论具有多种形式,如 Mooney-Rivlin 理论和 Ogden 理论等,以下简介前一种理论。

Mooney 导出单轴拉伸时应变储能函数公式如下:$\Delta A = C_1 \left(\lambda^2 + \dfrac{2}{\lambda} - 3\right) + C_2 \left(\dfrac{1}{\lambda^2} + 2\lambda - 3\right)$,式中,$C_1$ 和 C_2 为两个常数。第一项与统计理论的储能函数形式相同,即与弹性模量有关:$C_1 = \dfrac{1}{2}NkT$,因而可把统计理论看成是唯象理论在 $C_2 = 0$ 时的特殊情况,亦即 C_2 可作为对统计理论偏差的量度。进一步得到 $\sigma = 2\left(C_1 + \dfrac{C_2}{\lambda}\right)\left(\lambda - \dfrac{1}{\lambda^2}\right)$,以 $\dfrac{\sigma}{\lambda - 1/\lambda^2}$ 对 $\dfrac{1}{\lambda}$ 作图,截距为 $2C_1$,斜率为 $2C_2$。实验表明,当 $\lambda < 2$ 时,Mooney 方程比统计理论能更好地描述橡胶弹性模量的伸长比依赖性。

13.5 热塑性弹性体

13-72 SBS 为什么称为热塑性弹性体?试从结构上予以解释。

答 SBS 是苯乙烯-丁二烯-苯乙烯三元嵌段共聚物的缩写,是一种典型的热塑性弹性体,高温下能塑化成型,而在常温下能显示橡胶弹性。SBS 中苯乙烯是硬段,丁二烯是软段。从黏流态转变为玻璃态时,硬段凝聚成不连续相,形成物理交联微区,分散在周围大量的软段之中,形成微相分离结构(图 13-7)。这种物理交联起类似橡胶硫化的作用,从而能有回弹性。这种物理交联受热破坏,因而可以热塑成型。

13-73 今有 B-S-B 型、S-B-S 型及 S-I-S 型、I-S-I 型四种嵌段共聚物(I 代表异戊二烯),其中哪两种可用作热塑性橡胶?为什么?

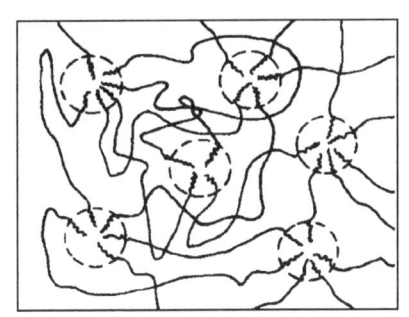

图 13-7 SBS 三元嵌段共聚物的结构示意图
虚线包围的部分为硬段组分的微区

答 只有 S-B-S 和 S-I-S 两种嵌段共聚物可作热塑性橡胶,而其余两种不行。因为前两种的软段在中间,软段的两端被固定在玻璃态的聚苯乙烯中,相当于用化学键交联的橡胶,形成了对弹性有贡献的有效链——网链。而余下两种软段在两端,硬段在中间。软段的一端被固定在玻璃态的聚苯乙烯中,相当于橡胶链的一端被固定在交联点上,另一端是自由活动的端链,而不是一个交联网。由于端链对弹性没有贡献,所以这样的嵌段共聚物不能作橡胶使用。

13-74 将苯乙烯(S)与顺式1,4-丁二烯(B)按20∶80的质量比合成的无规共聚物与SBS三嵌段共聚物在性能上可能有什么区别?

答 前者是丁苯无规共聚物,交联后是丁苯橡胶(一种没有热塑性的弹性体)。后者是热塑性弹性体,可以重复热塑加工。硫化的丁苯橡胶不溶于溶剂,而SBS能溶于聚苯乙烯的溶剂。

【名词解释索引】

高弹性(13-9,13-10题)。高夫-朱尔效应(13-14题)。熵弹性(13-20题)。热弹倒置现象(13-26题)。仿射形变,交联橡胶单向拉伸时的状态方程(13-33题)。网链(13-51题)。唯象理论(13-71题)。热塑性弹性体SBS(13-72题)。

第 14 章 聚合物的黏弹性

14.1 黏弹性现象

14.1.1 黏弹性与松弛

14-1 什么是聚合物的力学松弛现象？什么是松弛（弛豫）时间？

答 聚合物的力学性质随时间变化的现象称为力学松弛现象。在一定的外力和温度下，聚合物受外力场作用的瞬间开始，经过一系列非平衡态（中间状态）而过渡到与外力性质相适应的平衡态（终态）所需要的时间称为松弛时间，这个时间通常不是很短的。

14-2 (1) 用什么物理量表示松弛过程的快慢？(2) 聚合物为什么具有松弛时间谱？

答 (1) 松弛时间 τ。(2) 聚合物是由多重结构单元组成的，其运动是相当复杂的。它的力学松弛过程不止一个松弛时间，而是一个分布很宽的连续的谱，称为松弛时间谱。

14-3 什么是黏弹性？

答 聚合物的形变的发展具有时间依赖性，这种性质介于理想弹性体和理想黏性体之间，称为黏弹性。黏弹性是一种力学松弛行为。

14-4 (1) 分别举两例说明聚合物弹性中伴随有黏性（称为黏弹性）和黏性中伴随有高弹性（称为弹黏性）的现象。(2) 分别说明橡胶弹性中带黏性和聚合物黏性熔体中带弹性的原因。(3) 成型加工中如何降低橡胶的黏性和聚合物熔体的弹性？

答 (1) 例如，橡胶的应力松弛是黏弹性，橡胶拉伸断裂后有永久残余形变也是黏弹性；而挤出物胀大效应和爬杆效应是弹黏性。

(2) 橡胶分子链构象改变时需克服摩擦力，所以带黏性。聚合物分子链质心的迁移是通过链段的分段运动实现的，链段的运动会带来构象的变化，所以高分子黏性熔体带弹性。

(3) 降低橡胶黏性方法是适度交联。在成型加工中减少成型制品中的弹性成分的方法是：提高熔体温度，降低挤出速率，增加口模长径比，降低相对分子质量，特别要减少相对分子质量分布中的高相对分子质量尾端。

14-5 下列三类物质中，哪类不具有黏弹性？举例说明。

(1) 熔融的聚合物黏流体；(2) 高弹性硫化橡胶；(3) 硬固的塑料。

答 (1) 熔融的聚合物黏流体有高弹效应，如挤出物胀大效应、爬杆效应和熔体破裂效应；(2) 高弹性硫化橡胶有蠕变、应力松弛的黏弹性行为；(3) 硬固的塑料没有黏弹性。

14-6 用松弛原理解释非晶聚合物的力学三态的行为。

答 聚合物在低温或快速形变时表现为弹性，松弛时间很短，形变瞬时达到瞬时恢复，此时处于玻璃态。聚合物在高温或缓慢形变时表现为黏性，松弛时间很长，形变随时间线性发展，此时处于黏流态。聚合物在中等温度或中等速度形变时表现为黏弹性，松弛时间不长不短，形变既跟得上外力，又不完全跟得上，此时处于橡胶态。

14-7 为什么说作用力的时间与松弛时间相当时，松弛现象才能被明显地观察到？

答 当作用力的时间比松弛时间短得多时，运动单元根本来不及运动，因此聚合物对外力作用的响应可能观察不到。当作用力的时间比松弛时间长得多时，运动单元来得及运动，也无所谓松弛。只有当作用力的时间与链段运动的松弛时间同数量级时，运动单元可以运动，又不能完全跟得上,分子链通过链段运动逐渐伸展,形变量比普弹形变大得多,松弛现象才能被明显地观察到。

14-8 一个纸杯装满水置于一张桌面上,将一发子弹从桌面下部射入杯子,并从杯子的水中穿出,杯子仍位于桌面不动。如果纸杯中装的是一杯聚合物的稀溶液,这次子弹把杯子打出了 8 m 远,试用松弛原理解释。

答 低分子液体(如水)的松弛时间是非常短的,它比子弹穿过杯子的时间还要短,因而虽然子弹穿过水那一瞬间有黏性摩擦,但不足以带走杯子。高分子溶液的松弛时间比水大几个数量级,即聚合物分子链来不及响应,所以子弹将它的动量转换给这个"子弹-液体-杯子"体系,从而桌面把杯子带走了。

14-9 为了减轻桥梁震动,可在桥梁支点处垫衬垫。当货车轮距为 10 m 并以 60 km·h^{-1} 通过桥梁时,欲缓冲其震动有下列几种高分子材料可供选择:(1) $\eta_1=10^{10}$,$E_1=2\times10^8$;(2) $\eta_2=10^8$,$E_2=2\times10^8$;(3) $\eta_3=10^6$,$E_3=2\times10^8$,选哪一种合适?

答 首先计算货车通过时对衬垫作用力时间。已知货车速度为 60 000 m·h^{-1},而货车轮距为 10 m,则每小时衬垫被压次数为 $f=60\,000/10=6000(次·h^{-1})=1.67(次·s^{-1})$。货车车轮对衬垫的作用力时间为 $1/1.67=0.6(s·次^{-1})$。三种高分子材料的 τ 值($\tau=\eta/E$)如下:(1) $\tau_1=10^{10}/(2\times10^8)=50(s)$,(2) $\tau_2=10^8/(2\times10^8)=0.5(s)$;(3) $\tau_3=10^6/(2\times10^8)=0.005(s)$。根据上述计算可选择材料(2),因其 τ 值与货车车轮对桥梁支点的作用力时间具有相同的数量级,作为衬垫才可以达到吸收能量或减缓震动的目的。

14-10 在纤维成型过程中,通过什么条件控制松弛时间,使结构稳定?

答 热定型,即在低于熔点的较高温度下短时间热处理,使部分链段解取向,从而控制松弛时间。

14-11 根据下列数据(ν 为松弛过程的频率),绘图并求出这一过程的活化能。

$T/℃$	−32	−11	5	21	44	63	85
$\nu/10^4\,s^{-1}$	1.9	4.0	7.1	15	21	28	57

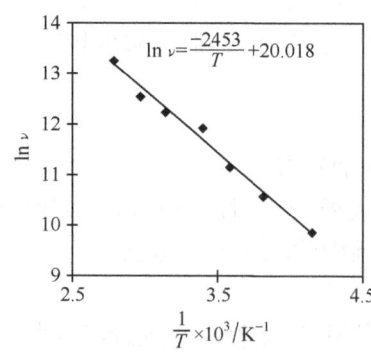

图 14-1 从 $\ln\nu$-$1/T$ 曲线求松弛过程的活化能

答 如图 14-1 所示,Arrhenius 方程可以写为

$$\nu=\frac{1}{\tau}=\nu_0 e^{-\Delta E/RT}$$

因而 $\ln\nu=\ln\nu_0-\Delta E/RT$,$\Delta E/R=2453$ K,$\Delta E=2453\times8.31=2.04(kJ·mol^{-1})$。

14.1.2 静态黏弹性

14-12 蠕变和应力松弛这两种静态黏弹性现象与形变-温度曲线、应力-应变曲线之间有什么关系?

答 按外力(σ)、形变(ε)、温度(T)和时间(t)四参量变化关系不同,可以归纳为四种力学行为,它们是固定两个参量研究另两个参量之间的关系,归纳如下:

力学行为曲线	σ	ε	T	t	所研究的关系
形变-温度曲线	固定	改变	改变	固定	$\varepsilon=f(T)_{\sigma,t}$
应力-应变曲线	改变	改变	固定	固定	$\sigma=f(\varepsilon)_{T,t}$

力学行为曲线	σ	ε	T	t	所研究的关系
蠕变曲线	固定	改变	固定	改变	$\varepsilon=f(t)_{\sigma,T}$
应力松弛曲线	改变	固定	固定	改变	$\sigma=f(t)_{\varepsilon,T}$

1. 蠕变

14-13 什么是蠕变？试举生活中的实例说明。蠕变现象对高分子材料的使用有哪些利弊？

答 蠕变就是在一定温度和较小的恒定应力下，聚合物形变随时间而逐渐增大的现象。例如，软塑料制品挂在墙上会逐渐变长，是由于蠕变。

蠕变影响制品的尺寸稳定性。对于作为结构材料使用的高分子材料，蠕变会使材料弯曲变形甚至断裂。因而对于工程塑料，要求蠕变越小越好。蠕变较严重的材料，使用时需采取必要补救措施。例如，硬 PVC 有良好的抗腐蚀性能，可用于加工化工管道、容器或塔等设备，但它容易蠕变，使用时必须增加支架以防止蠕变。另一方面，聚四氟乙烯蠕变现象严重，又是塑料中摩擦系数最小的，是很好的密封材料。

14-14 画出线型聚合物典型的蠕变和蠕变回复曲线，并用分子运动观点解释曲线各阶段的特点。如果是交联聚合物，蠕变回复曲线有何明显不同？

答 从分子机理来看，蠕变包括三种形变：普弹形变、高弹形变和黏流形变（图 14-2）。

(1) 普弹形变：当 t_1 时刻外力作用在高分子材料上时，分子链内部的键长、键角的改变是瞬间发生的，但形变量很小，称为普弹形变，用 ε_1 表示。t_2 时刻，外力除去后，普弹形变能立即完全回复。

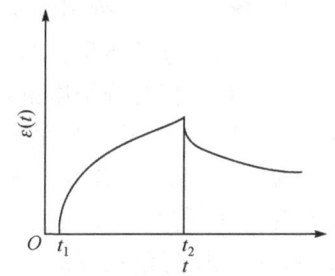

图 14-2 线型聚合物的蠕变和蠕变回复曲线

(2) 高弹形变：当外力作用时间和链段运动所需要的松弛时间同数量级时，分子链通过链段运动逐渐伸展，形变量比普弹形变大得多，称为高弹形变，用 ε_2 表示。外力除去后，高弹形变能逐渐完全回复。

(3) 黏流形变：对于线型聚合物，还会产生分子间的滑移，称为黏流形变，用 ε_3 表示。外力除去后黏流产生的形变不可回复，是不可逆形变。

所以聚合物受外力时总形变可表达为 $\varepsilon=\varepsilon_1+\varepsilon_2+\varepsilon_3$。

如果是交联聚合物，不存在黏流，即没有 ε_3，蠕变回复曲线逐渐回复到 $\varepsilon=0$。

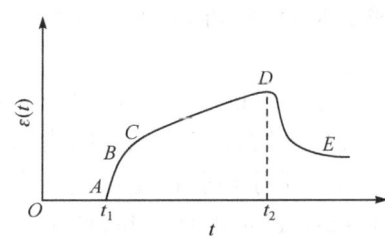

图 14-3 某线型聚合物在加载-释载过程中的形变与时间的关系曲线

14-15 图 14-3 为某线型聚合物在加载-释载过程中的形变与时间的关系曲线。其中 t_1 为加载时间，t_2 为释载时间。试指出整个曲线所描述的过程，曲线各段所描述的过程，给出曲线各段和总过程的应力与应变关系。

答 整个曲线描述蠕变和蠕变回复的过程：AB 段为普弹形变 ε_1，BC 段为高弹形变 ε_2，CD 段为黏流形变 ε_3。在蠕变回复阶段，DE 段是普弹形变的瞬间回复加高弹形变的逐渐回复，即 $\varepsilon_1+\varepsilon_2$。E 点还保留的未回复的形变是黏流引起的永久形变 ε_3。

14-16 用简易蠕变仪测定软 PVC 薄膜的蠕变数据如下(样品 100 mm×6 mm×0.09 mm, 砝码 200 g):

t/min	0	0.1	2	4	6	8	10	12	14	16	18	20	25
ε	0	0.07	0.16	0.20	0.215	0.225	0.23	0.24	0.245	0.255	0.26	0.265	0.275
t/min	30	35	40	45	50	55	60	65	70		撤除砝码后		
ε	0.285	0.29	0.295	0.3	0.305	0.31	0.315	0.32	0.325				
t/min	70.1	72	74	76	78	80	90	100	110	120	130	140	150
ε	0.255	0.20	0.15	0.12	0.105	0.10	0.085	0.075	0.07	0.065	0.065	0.06	0.06

画出蠕变和蠕变回复曲线,从图中求出 ε_1、ε_2 和 ε_3,从直线部分的斜率求 PVC 的本体黏度。

答 图略。从图中读出 $\varepsilon_1=0.07$,$\varepsilon_2=0.195$,$\varepsilon_3=0.06$。$\eta=\sigma t/\varepsilon_3$,得 $\eta=2.5\times10^{10}$ Pa·s。

14-17 讨论蠕变和应力松弛的影响因素。

答 影响蠕变和应力松弛的因素有:①结构(内因):一切增加分子间作用力的因素都有利于减少蠕变和应力松弛,如增加相对分子质量、交联、结晶、取向、引入刚性基团、添加填料等。②温度或外力(外因):温度太低(或外力太小),蠕变和应力松弛慢且小,短时间内观察不到,温度太高(或外力太大),形变发展很快,形变以黏流为主,也观察不到,只有在玻璃化转变区才最明显。

14-18 讨论下列因素对蠕变实验的影响:
(1) 相对分子质量;(2) 交联;(3) 缠结数。

答 (1) 相对分子质量:低于 T_g 时,非晶聚合物的蠕变行为与相对分子质量无关,高于 T_g 时,非晶或未交联聚合物的蠕变受相对分子质量影响很大,这是因为蠕变速率首先取决于聚合物的黏度,而黏度又取决于相对分子质量。根据 3.4 次方规律,聚合物的平衡零剪切黏度随重均相对分子质量的 3.4 次方增加。于是平衡流动区的斜率 τ_0/η_l 随相对分子质量增加而大大减少,永久形变量 $(\tau_0/\eta_l)t_s$ 也因此减少。相对分子质量较大(黏度较大),蠕变速率较小(图 14-4)。

(2) 交联:低于 T_g 时,链的运动很小,交联对蠕变性能的影响很小,除非交联度很高。但是,高于 T_g 时交联极大地影响蠕变,交联能使聚合物从黏稠液体变为弹性体。对于理想的弹性体,当加负荷时立即伸长一定量,而且伸长率不随时间而变化;当负荷移去后,该聚合物能迅速回复到原来长度。当交联度增加,聚合物表现出低的蠕变(图 14-4)。轻度交联的影响就好像相对分子质量无限增加的影响,分子链不能相互滑移,所以 η_l 变成无穷大,而且永久形变也消失了。进一步交联,材料的模量增加,很高度交联时,材料成为玻璃态,在外力下行为就像 Hooke 弹簧。

(3) 缠结数:已发现低于一定相对分子质量时,黏度与相对分子质量成比例。因为这一相对分子质量相应的分子链长已足以使聚合物产生缠结。这种缠结如同暂时交联,使聚合物具有一定弹性。因此相对分子质量增加时,缠结数增加,弹性和可回复蠕变量也增加。但必须指出,聚合物受拉伸缠结减少,因此实验时间

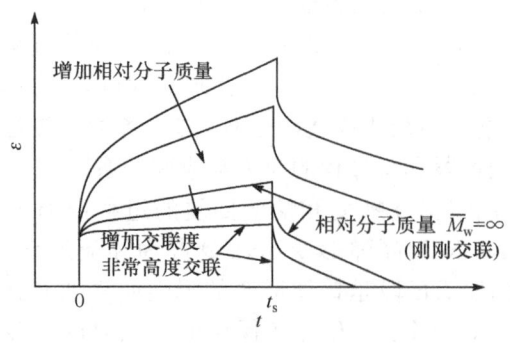

图 14-4 相对分子质量和交联对蠕变的影响

越长则可回复蠕变越小。

14-19 一种不饱和聚酯(马来酸酐型)的应用要求有好的抗蠕变性。有甲基丙烯酸甲酯和乙酸乙烯酯两种不饱和单体可供选择,选哪一种用来交联这种不饱和聚酯?并解释原因。

答 甲基丙烯酸甲酯,因为聚甲基丙烯酸甲酯的刚性较好,有较好的抗蠕变性。

14-20 有一高分子材料,经过加工以后蠕变减弱,可能交联或结晶引起的,试用两种力学实验或力学实验加其他物理方法鉴别,并说明。

答 例如,用应力松弛,以应力是否能松弛到零判断是线形还是交联。还可以用冲击试验,抗冲击性能提高的是交联,相反的是结晶。另外,用测定熔点的方法(如热台显微镜和DSC)判断是否结晶。

14-21 一种硫化橡胶外加力下进行蠕变。当外力作用的时间与橡胶的松弛时间近似相等时,形变达到 1.264%。已知该橡胶的弹性模量为 10^8 Pa,本体黏度为 5×10^8 Pa·s,并假定在蠕变中忽略了普弹和塑性形变。求此橡胶所受的最大应力。

答 $\varepsilon(t)=\dfrac{\sigma_0}{E}(1-e^{-t/\tau})$,$\tau=\dfrac{\eta}{E}=\dfrac{5\times 10^8}{10^8}=5(s)$,$\sigma_0=\dfrac{\varepsilon(t)E}{1-e^{-1}}=\dfrac{1.264\times 10^8}{1-0.368}=2\times 10^8(Pa)$。

14-22 某聚合物的蠕变行为可近似用下式表示:$\varepsilon(t)=\varepsilon(\infty)(1-e^{-t/\tau})$。若已知平衡应变值为 600%,而应变开始半小时后可达到 300%。试求:(1) 聚合物的蠕变推迟时间;(2) 应变量达到 400% 时所需要的时间。

答 由 $\varepsilon(t)=\varepsilon(\infty)(1-e^{-t/\tau})$,(1) $\tau=\dfrac{-t}{\ln[1-\varepsilon(t)/\varepsilon(\infty)]}=\dfrac{-30\times 60}{\ln(1-3/6)}=2596(s)=43.3(min)$;(2) $t=-\tau\ln[1-\varepsilon(t)/\varepsilon(\infty)]=-2596\times\ln\dfrac{2}{6}=2852(s)=47.5(min)$。

14-23 一块橡胶,直径 60 mm,长度 200 mm,当作用力施加于橡胶下部,0.5 h 后拉长至 300%(最大伸长 600%):(1) 求松弛时间。(2) 如果伸长至 400%,需多长时间?

答 (1) 蠕变方程 $\varepsilon(t)=\varepsilon(\infty)(1-e^{-t/\tau})$。已知 $\varepsilon(t)=300\%-100\%=200\%$,$\varepsilon(\infty)=600\%-100\%=500\%$(注意:$\varepsilon$ 为应变,而非伸长率 λ,$\varepsilon=\lambda-1$),$t=0.5$ h,所以 $\tau=0.98$ h$=58.7$ min。(2) $300\%=500\%\times(1-e^{-t/0.98})$,$t=0.90$ h$=53.8$ min。

14-24 一块橡胶,直径 30 mm,长度 100 mm,当作用力 0.2 kg 施于橡胶下部,0.5 h 后拉长至 200%(最大伸长为 500%):(1) 求松弛时间。(2) 1 h 后伸长率为多少?

答 $\varepsilon(t)=\varepsilon(\infty)(1-e^{-t/\tau})$。(1) $100\%=400\%\times(1-e^{-0.5/\tau})$,$\tau=1.74$ h。(2) $\varepsilon(1.5h)=400\%\times(1-e^{-1.5/1.74})=231\%$。

14-25 某聚合物受外力后发生蠕变。已知对聚合物加外力 10 s 后,其应变值为极限应变值的一半。求此聚合物的松弛时间。

答 $\varepsilon(t)=\varepsilon(\infty)(1-e^{-t/\tau})$,$1-e^{-10/\tau}=0.5$,$\tau=14.4$ s。

14-26 应力为 15.17×10^8 Pa,瞬间作用于一个 Voigt 单元,保持此应力不变。若已知该单元的本体黏度为 3.45×10^9 Pa·s,模量为 6.894×10^8 Pa,则该体系蠕变延长到 200% 需要多长时间?

答 $\tau=\dfrac{\eta}{E}=\dfrac{3.45\times 10^9}{6.894\times 10^8}=5.00(s)$,$\varepsilon(t)=\varepsilon(\infty)(1-e^{-t/\tau})=\dfrac{\sigma_0}{E}(1-e^{-t/\tau})$,$100\%=\dfrac{15.17\times 10^8}{6.894\times 10^8}\times(1-e^{-t/5})$,$t=2.6$ s。

14-27 某聚合物受外力后,其形变按照 $\varepsilon(t)=\dfrac{\sigma_0}{E(t)}(1-e^{-t/\tau})$ 发展,式中,σ_0 为最大应力,

$E(t)$ 为拉伸到 t 时的模量。已知对聚合物加外力 8 s 后，其应变为极限应变值的 1/3。求此聚合物的松弛时间。

答 $\varepsilon(t)=\dfrac{\sigma_0}{E}(1-e^{-t/\tau})$，当 $t\to\infty$，$\varepsilon(\infty)=\dfrac{\sigma_0}{E(t)}$，所以 $\varepsilon(t)=\varepsilon(\infty)(1-e^{-t/\tau})$，$\dfrac{\varepsilon(t)}{\varepsilon(\infty)}=1-e^{-t/\tau}$，$\dfrac{1}{3}=1-e^{-8/\tau}$，$\tau=20$ s。

14-28 有一交联网状的聚合物，已知其普弹模量 $E_1=5\times10^8$ Pa，高弹模量 $E_2=10^7$ Pa，本体黏度 $\eta=5\times10^8$ Pa·s：(1) 求该材料的松弛时间。(2) 当施加一个 10^8 Pa 的外力时，其最大平衡形变率 $(\varepsilon\infty)$ 为多大？(3) 当实验时间 $t=\tau$ 时，形变率 $\varepsilon(t)$ 为多大？

答 (1) $\tau=\dfrac{\eta}{E_2}=\dfrac{5\times10^8}{10^7}=50$(s)。(2) $\varepsilon(\infty)=\dfrac{\sigma_0}{E_2}=\dfrac{10^8}{10^7}=10$。(3) $\varepsilon(t)=\dfrac{\sigma_0}{E_2}(1-e^{-t/\tau})=10\times(1-e^{-1})=6.32$。

2. 应力松弛

14-29 什么是应力松弛？试举生活中的实例说明。应力松弛现象对高分子材料的使用有哪些利弊？

答 应力松弛就是在固定的温度和形变下，聚合物内部的应力随时间增加而逐渐减弱的现象。例如，橡胶带越使用越松，是由于应力松弛。

高分子材料成型过程(挤出、拉伸等)中总是离不开应力而使分子或链段取向，而在固化成制品时由于来不及完全应力松弛，总会冻结部分弹性形变而留下内应力。使用时，随着时间延长或温度升高，制品有可能产生翘曲、变形，甚至应力开裂。

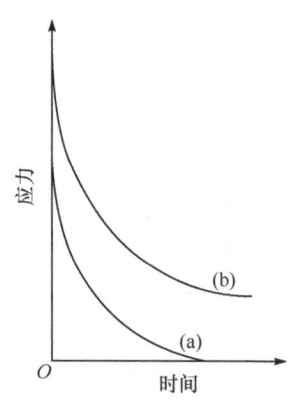

图 14-5 线型聚合物(a)和交联聚合物(b)的应力松弛曲线

14-30 什么参数可用来描述定长下应力随时间的下降？

答 松弛时间。

14-31 "聚合物的应力松弛是指维持聚合物一恒定应变所需的应力逐渐衰减到零的现象"，这句话对吗？为什么？

答 不对。对于线型聚合物，应力确实逐渐衰减到零，但对于交联聚合物，应力逐渐衰减至某一恒定值，如图 14-5 所示。

14-32 比较未交联的橡胶和硫化天然橡胶在室温下的应力松弛曲线。

答 未交联的橡胶是线型聚合物，其应力松弛曲线是随着时间的延长，应力逐渐衰减到零。而硫化天然橡胶是交联聚合物，应力逐渐衰减至一恒定值，而不会衰减到零。

14-33 某个聚合物的黏弹性行为可以用模量为 10^{10} Pa 的弹簧与黏度为 10^{12} Pa·s 的黏壶的串联模型描述。计算突然施加一个 1% 应变 50 s 后固体中的应力值。

答 $\tau=\eta/E$，τ 为松弛时间，η 为黏壶的黏度，E 为弹簧的模量，所以 $\tau=100$ s。$\sigma=\sigma_0 e^{-t/\tau}=\varepsilon E e^{-t/100}$，式中，$\varepsilon=10^{-2}$，$t=50$ s。$\sigma=10^{-2}\times10^{10}\times e^{-50/100}=10^8\times e^{-0.5}=0.61\times10^8$(Pa)。

14-34 有一个黏弹体，已知其 η(高弹)和 E(高弹)分别为 5×10^8 Pa·s 和 10^8 Pa，当原始应力为 10 Pa 时，求：(1) 达到松弛时间的残余应力和松弛 10 s 时的残余应力；(2) 当起始应力为 10^9 Pa 时，到松弛时间的形变率和最大平衡形变率。

答 (1) 松弛时间 $\tau = \dfrac{\eta}{E} = \dfrac{5 \times 10^9}{10^9} = 5$ (s)。据 Maxwell 模型表达式，当 $t = \tau = 5$ s 时，$\sigma = \sigma_0 e^{-t/\tau} = \sigma_0 e^{-1} = 10 \times 0.368 = 3.68$ (Pa)，而当 $t = 10$ s 时，$\sigma = \sigma_0 e^{-t/\tau} = \sigma_0 e^{-2} = 1.35$ (Pa)。

(2) 由 Voigt-Kelvin 模型表达式 $\varepsilon(t) = \varepsilon(\infty)(1 - e^{-t/\tau}) = \dfrac{\sigma_0}{E(\text{高弹})}(1 - e^{-t/\tau})$，当 $\sigma_0 = 10^9$ Pa 和 $t = \tau = 5$ s 时，$\varepsilon(t) = \dfrac{10^9}{10^8}(1 - e^{-1}) = 6.32$。当 $t \gg \tau$ 时最大平衡形变率为 $\varepsilon(\infty) = \dfrac{\sigma_0}{E(\text{高弹})} = \dfrac{10^9}{10^8} = 10$。若令原试样长 $= 10$ cm，则由 $\varepsilon = \dfrac{l - l_0}{l_0}$ 或 $l = \varepsilon l_0 + l_0$，分别有 $l(5\text{ s}) = 6.23 \times 10 + 10 = 72.3$ (cm)，$l(t \to \infty) = 10 \times 10 + 10 = 110$ (cm)。

14.1.3 动态黏弹性

14-35 什么是动态黏弹性现象？

答 动态黏弹性现象是在交变应力或交变应变作用下，聚合物材料的应变或应力随时间的变化。主要讨论滞后和力学损耗（又称内耗）两种现象。

1. 滞后

14-36 什么是滞后？什么是滞后圈？

答 滞后是在交变应力的作用下，应变随时间的变化一直跟不上应力随时间的变化的现象。应力的变化为 $\sigma(t) = \sigma_0 \sin\omega t$，应变的变化为 $\varepsilon(t) = \varepsilon_0 \sin(\omega t - \delta)$，式中，$\sigma_0$ 和 ε_0 分别为最大应力和最大应变（正弦波的振幅），ω 为角频率，δ 为应变发展落后于应力的相位差，又称力学损耗角。应变总是落后于应力的变化，从分子机理解释是由于链段在运动时受到内摩擦的作用。δ 越大，说明链段运动越困难。

橡胶拉伸和回缩的两条应力-应变曲线构成的闭合曲线称为滞后圈。滞后圈的大小等于每一个拉伸-回缩循环中所损耗的功

$$\Delta W \oint \sigma(t) d\varepsilon(t) = \oint \sigma(t) \dfrac{d\varepsilon(t)}{dt} dt = \sigma_0 \varepsilon_0 \omega \int_0^{2\pi/\omega} \sin\omega t \cos(\omega t - \delta) dt = \pi \sigma_0 \varepsilon_0 \sin\delta$$

即 $\Delta W = \pi \sigma_0 \varepsilon_0 \sin\delta$。

14-37 在橡胶的应力-形变曲线中出现滞后现象：(1) 试说明对应于同一应力，回缩时的形变值大于拉伸时形变值的原因；(2) 阐明拉伸曲线、回缩曲线和滞后圈所包围的面积的物理意义。

答 (1) 由于有黏流存在，形变未能完全回复。这种情况往往出现在前几个循环中；(2) 拉伸曲线所包围的面积是外力对橡胶所做的功，回缩曲线所包围的面积是橡胶对外所做的功，滞后圈所包围的面积等于内耗。

14-38 一硫化橡胶试样在周期性交变拉伸作用下，应变落后于应力变化的现象称为____现象，对应于同一应力值，回缩时的应变____拉伸时的应变，其原因是____、____。拉伸曲线下的面积表示____，回缩曲线下的面积表示____，两个面积之差表示____。

答 滞后；等于；交联；只有链段运动引起的构象变化；外力对橡胶所做的功；橡胶对外所做的功；内耗的大小。

2. 内耗

14-39 什么是内耗？内耗用什么表示？

答 当应力与应变有相位差时,存在滞后现象,每一次拉伸-回缩循环中要消耗功,消耗的功转为热量被释放,称为力学损耗,或称内耗。人们常用应力和应变之间的相位差 δ(称为力学损耗角)的正切 $\tan\delta$ 表示内耗的大小。

14-40 橡胶往复形变时产生滞后损耗(内耗)的分子机理是什么?

答 橡胶被拉伸时,外力对体系做的功,一方面改变链段构象,另一方面克服链段间的摩擦力。回缩时,体系对外力做功,一方面使构象改变重新卷曲,另一方面仍需克服链段间的摩擦力。在这样一次循环中,链构象完全恢复,不损耗功,所损耗的功全部用于克服内摩擦力,转化为热。

14-41 设想有一正弦应力作用于黏弹物体上,证明同相应变导致能量的储存,而异相应变导致能量的损耗。

证 当 $\varepsilon(t)=\varepsilon_0\sin\omega t$ 时,因应力变化比应变领先一个相位角 δ,故 $\sigma(t)=\sigma_0\sin(\omega t+\delta)$,这个应力表达式可以展开为

$$\sigma(t)=\sigma_0\cos\delta\sin\omega t+\sigma_0\sin\delta\cos\omega t$$

可见应力由两部分组成,一部分是与应变同相位的,幅值为 $\sigma_0\cos\delta$,是弹性形变的动力;另一部分是与应变异相位的,幅值为 $\sigma_0\sin\delta$,消耗于克服摩擦阻力。

交变应力下的弹性模量为复数模量,由储能模量 E' 和损耗模量 E'' 组成:$E^*=E'+iE''$,令 $E'=\left(\dfrac{\sigma_0}{\varepsilon_0}\right)\cos\delta, E''=\left(\dfrac{\sigma_0}{\varepsilon_0}\right)\sin\delta$,则

$$\sigma(t)=\varepsilon_0 E'\sin\omega t+\varepsilon_0 E''\cos\omega t$$

前一项与应变同相位,所以 E' 反映材料形变的回弹能力,是弹性分量;后一项与应变不同相位,所以 E'' 反映材料形变时的内耗程度,是黏性分量。$\tan\delta=E''/E'$。

14-42 试从 $\Delta W=\oint\sigma(t)\mathrm{d}\varepsilon(t)=\oint\sigma(t)\dfrac{\mathrm{d}\varepsilon(t)}{\mathrm{d}t}\mathrm{d}t$ 出发,证明橡胶在一次拉伸-回缩的循环中所消耗的功 $\Delta W=\pi\sigma_0\varepsilon_0\sin\delta$ 和 $\Delta W=\pi\varepsilon_0^2 E''$,式中,$\delta$ 为力学损耗角,E'' 为损耗模量。

证 因为 $\sigma(t)=\sigma_0\sin\omega t$,$\varepsilon(t)=\varepsilon_0\sin(\omega t-\delta)$,所以

$$\Delta W=\oint\sigma(t)\dfrac{\mathrm{d}\varepsilon(t)}{\mathrm{d}t}\mathrm{d}t=\sigma_0\varepsilon_0\omega\int_0^{2\pi/\omega}\sin\omega t\cos(\omega t-\delta)\mathrm{d}t$$

$$\int_0^{2\pi/\omega}\sin\omega t\cos(\omega t-\delta)\mathrm{d}t=\int_0^{2\pi/\omega}\sin\omega t(\cos\omega t\cos\delta+\sin\omega t\sin\delta)\mathrm{d}t$$

$$=\dfrac{1}{4\omega}\cos\delta\int\sin 2\omega t\,\mathrm{d}(2\omega t)+\dfrac{\sin\delta}{\omega}\int\sin^2\omega t\,\mathrm{d}(\omega t)$$

$$=\dfrac{1}{4\omega}\cos\delta\left[-\cos 2\omega t\right]_0^{2\pi/\omega}+\dfrac{\sin\delta}{\omega}\left[\dfrac{1}{2}\omega t-\dfrac{1}{4}\sin 2\omega t\right]_0^{2\pi/\omega}$$

$$=0-0+\dfrac{\sin\delta}{\omega}\left(\dfrac{1}{2}\omega\dfrac{2\pi}{\omega}-0-0+0\right)=\dfrac{\pi\sin\delta}{\omega}$$

$$\Delta W=\pi\sigma_0\varepsilon_0\sin\delta$$

因为 $E''=\left(\dfrac{\sigma_0}{\varepsilon_0}\right)\sin\delta$,$\sin\delta=\dfrac{E''\varepsilon_0}{\sigma_0}$,所以 $\Delta W=\pi\sigma_0\varepsilon_0\dfrac{E''\varepsilon_0}{\sigma_0}=\pi\varepsilon_0^2 E''$。

14-43 对聚合物施加负荷时,产生周期性应变 $\varepsilon=\varepsilon_0\sin\omega t$,证明在一周期内环境对试样所做的功等于 $\pi E'\varepsilon_0^2\tan\delta$。

证 14-42 题已证明 $\Delta W=\pi\sigma_0\varepsilon_0\sin\delta$。因为 $E'=\left(\dfrac{\sigma_0}{\varepsilon_0}\right)\cos\delta$,所以

$$\Delta W = \pi \frac{\sigma_0}{\varepsilon_0} \varepsilon_0^2 \frac{\sin\delta}{\cos\delta} \cos\delta = \pi E' \varepsilon_0^2 \tan\delta$$

14-44 内耗与聚合物分子结构、温度和外力频率有什么关系？

答 影响内耗的因素有：①结构（内因）：侧基数目越多，侧基越大，则内耗越大。②温度和外力作用频率（外因）：只有在玻璃化转变区内耗最为明显，因而通过 $\tan\delta\text{-}T$ 曲线（温度谱）的峰值可测得 $\tan\delta$，通过 $\tan\delta\text{-}\log\omega$ 曲线（频率谱）的峰值可测得玻璃化转变频率。

14-45 解释实验事实：力学损耗与介电损耗所出现的温度范围与加入的增塑剂有关。

答 加入的增塑剂不同，聚合物的玻璃化温度不同，因而力学损耗与介电损耗所出现的温度范围也不同。

14-46 测定聚氯乙烯和丁腈橡胶共混物的动态力学谱图如图 14-6(a)所示，测定聚苯乙烯和丁苯橡胶的共混物的动态力学谱图如图 14-6(b)所示，这两个谱图说明什么问题？可以从中分析得到哪些结果？

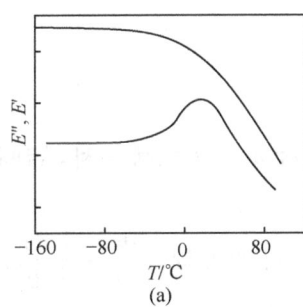
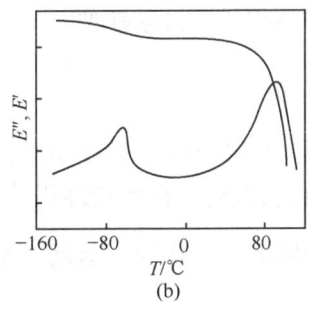

图 14-6 共混物的动态力学谱图

答 (a)是相容性很好的体系，因为储能模量只有一个拐点，损耗模量只有一个峰，说明只有一个 T_g；(b)是相容性不好的体系，因为储能模量有两个拐点，损耗模量对应地有两个峰，说明有两个 T_g。

14-47 将质量比为 1:4 的聚丁二烯橡胶和聚苯乙烯塑料进行机械共混改性。(1) 画出共混物动态力学实验的 $G'=f(T)$ 和 $\tan\delta=f(T)$ 示意图，并说明 $\tan\delta$ 的极大值出现的大约温度及其对应的运动单元（聚丁二烯，$T_g=-70\ ℃$，$\delta=16.0\sim16.6$；聚苯乙烯，$T_g=100\ ℃$，$\delta=17.4\sim19.0$）。(2) 加入橡胶后，主要改善了聚苯乙烯哪方面的性能？为什么？

答 (1) 从溶度参数判断，两种聚合物只有部分相容性，因而会出现两个 $\tan\delta$ 的极大值，分别在两个 T_g 附近。(2) 加入橡胶后改善了 PS 的脆性。增韧的机理被认为是橡胶分散相阻止了 PS 脆性断裂时裂纹的发展，吸收了断裂功。

14-48 内耗对于聚合物来说有何利弊？

答 对于在交变应力作用下进行工作的轮胎和传动带等橡胶制品来说，一方面，希望内耗越小越好，因为内耗导致发热，加速橡胶的老化，内耗小回弹性较大。另一方面，要选择内耗较大的聚合物用作桥墩的缓冲垫、高速火车铁轨的缓冲垫等吸音、消震材料，能吸收较多的能量。

14-49 对下列制品，要求聚合物材料的内耗是高还是低？

(1) 轮胎；(2) 隔音；(3) 传送带。

答 (1) 低；(2) 高；(3) 低。

14-50 为什么在楼板上安装震动装置时，若在楼板与机座间安放橡皮块，则楼板的震动大大减弱或完全消灭？

答 利用橡胶的内耗可减少震动。

14-51 试讨论各类橡胶内耗的大小,并从结构上进行分析。

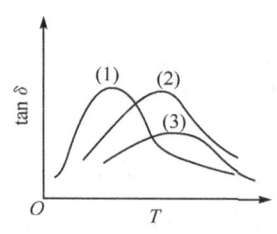

图14-7 固化酚醛树脂的动态力学性能-温度谱

答 顺丁橡胶的内耗小,因为它没有侧基,链段运动的内摩擦力较小。天然橡胶的内耗也不大,因为聚异戊二烯每四个碳只有一个甲基,极性也弱。乙丙橡胶类似。丁苯橡胶和丁腈橡胶的内耗较大,因为含有庞大的苯基侧基或极性很强的氰基侧基。丁基橡胶的侧基虽然不大,但由于数目众多,所以其内耗比丁苯橡胶和丁腈橡胶都大。

14-52 测得一组不同固化剂含量的固化酚醛树脂的动态力学性能-温度谱(图14-7),从这些曲线说明什么问题?

答 固化剂含量(3)>(2)>(1),因为固化程度越高,T_g越高。

14.2 力 学 模 型

14.2.1 静态黏弹性相关的力学模型

1. Maxwell 模型

14-53 串联模型(Maxwell模型)可以模拟何种聚合物的哪一种黏弹行为?作出模型所对应的黏弹行为曲线、运动方程和最终积分结果。

答 线型聚合物的应力松弛。运动方程(应力-应变方程):$\frac{d\varepsilon}{dt}=\frac{1}{E}\frac{d\sigma}{dt}+\frac{\sigma}{\eta}$;应力松弛方程(运动方程的解):$\sigma(t)=\sigma_0 e^{-t/\tau}$。

14-54 黏弹体的Maxwell模型的运动方程为$\frac{d\varepsilon}{dt}=\frac{1}{E}\frac{d\sigma}{dt}+\frac{\sigma}{\eta}$,试讨论Maxwell模型模拟的应力松弛行为。

答 Maxwell模型由一个理想弹簧和一个理想黏壶串联而成(图14-8)。理想弹簧的力学性质服从Hooke定律,应力和应变与时间无关,$\sigma=E\varepsilon$。理想黏壶是在容器内装有服从牛顿流体定律的液体,应力和应变与时间有关,$\sigma=\eta\frac{d\varepsilon}{dt}$。

当模型受到一个外力时,弹簧瞬时发生形变,而黏壶由于黏液阻碍跟不上作用速度而暂时保持原状。若此时把模型的两端固定,即模拟应力松弛中应变ε固定的情况,则接着发生的现象是,黏壶受弹簧回缩力的作用,克服黏滞阻力而慢慢移开,因而就把伸长的弹簧慢慢放松,直至弹簧完全恢复原形,总应力下降到零,而总应变仍保持不变。于是Maxwell模型可以模拟应力松弛过程。

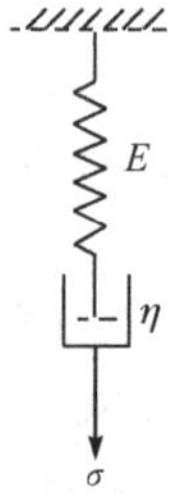

图14-8 Maxwell模型示意图

14-55 推导弹簧-黏壶串联黏弹性模型的应力-应变方程。

答 当一外力作用在模型上时,弹簧与黏壶所受的应力相同,总形变为两者的加和,即$\sigma=\sigma_{黏}=\sigma_{弹}$,$\varepsilon=\varepsilon_{弹}+\varepsilon_{黏}$,$\frac{d\varepsilon}{dt}=\frac{d\varepsilon_{弹}}{dt}+\frac{d\varepsilon_{黏}}{dt}$,由于$\sigma_{弹}=E\varepsilon_{弹}$,$\sigma_{黏}=\eta\frac{d\varepsilon_{黏}}{dt}$,则有$\frac{d\varepsilon}{dt}=\frac{1}{E}\frac{d\sigma}{dt}+\frac{\sigma}{\eta}$,上式便是Maxwell模型的运动方程,即应力-应变方程。

14-56 根据Maxwell模型推导应力松弛方程$\sigma=\sigma_0 e^{-t/\tau}$。

答 即求运动方程的解。运动方程:$\frac{d\varepsilon}{dt}=\frac{1}{E}\frac{d\sigma}{dt}+\frac{\sigma}{\eta}$,应力松弛过程中总应变固定不变,即

$\dfrac{d\varepsilon}{dt}=0$,所以 $\dfrac{1}{E}\dfrac{d\sigma}{dt}+\dfrac{\sigma}{\eta}=0$,$\dfrac{d\sigma}{\sigma}=-\dfrac{E}{\eta}dt$。当 $t=0$ 时 $\sigma=\sigma_0$,积分上式,$\int_{\sigma_0}^{\sigma}\dfrac{d\sigma}{\sigma}=\int_0^t\left(-\dfrac{E}{\eta}\right)dt$,$\ln\dfrac{\sigma}{\sigma_0}=-\dfrac{E}{\eta}t$,令 $\tau=\dfrac{\eta}{E}$,则 $\sigma=\sigma_0 e^{-t/\tau}$。

14-57 τ 的物理意义是什么?

答 τ 称为松弛时间,它表明由于黏流使应力下降到起始应力的 $1/e$ 所需要的时间。微观上是从一个构象变化到另一个构象所需的时间。

14-58 某 Maxwell 模型拉伸至一定长度并将形变固定后,模型的应力为 20 MPa,经 1000 h 后,应力变为 10 MPa。如果已知弹簧的弹性模量为 100 MPa,求该模型的应力松弛时间和黏壶的黏度。

答 $\sigma=\sigma_0 e^{-t/\tau}$,$10=20 e^{-1000/\tau}$,$\tau=1443$ h $=5.2\times 10^6$ s;$\tau=\dfrac{\eta}{E}$,$\eta=\tau E=5.2\times 10^6\times 100\times 10^6=5.2\times 10^{14}$ (Pa·s)。

14-59 试根据以下数据绘制两个 Maxwell 单元并联组合模型的应力松弛曲线:$E_1=3\times 10^{10}$ N·m^{-2},$\tau_1=1$ s;$E_2=5\times 10^6$ N·m^{-2},$\tau_2=10^3$ s。

答 $E(t)=E_1 e^{-t/\tau_1}+E_2 e^{-t/\tau_2}$,作图(图 14-9)。

$t/$s	10^{-2}	10^{-1}	1	10	10^2	10^3	$10^{3.5}$	$10^{3.8}$	10^4
$E(t)/$(N·m^{-2})	3×10^{10}	2.7×10^{10}	1.1×10^{10}	6.3×10^6	4.5×10^6	1.8×10^6	2.1×10^5	9.1×10^3	277

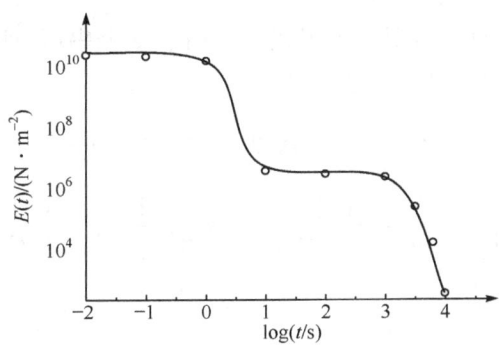

图 14-9 两个 Maxwell 单元并联组合模型的应力松弛曲线

14-60 两个并联的 Maxwell 模型单元的元件参数分别为 $E_1=10^9$ N·m^{-2},$E_2=10^5$ N·m^{-2},$\eta_1=10$ Pa·s,$\eta_2=10^4$ Pa·s。此种模型对于未硫化的高相对分子质量聚合物为一级近似。试画出它的 $E(t)$-$\log t$ 关系曲线。

答 对于 Maxwell 模型并联模型有
$$E(t)=\sum_i E_i e^{-t/\tau_i}=E_1(t)e^{-t/\tau_1}+E_2(t)e^{-t/\tau_2}$$

式中,$\tau_1=\eta_1/E_1=10/10^9=10^{-8}$ (s),$\tau_2=\eta_2/E_2=10^4/10^5=0.1$ (s)。作 $E(t)$-$\log t$ 图(图 14-10)。

14-61 试根据以下数据绘制两个 Maxwell 单元并联组合模型的应力松弛曲线:$E_1=3\times 10^9$ N·m^{-2},$\tau_1=2$ s;$E_2=5\times 10^5$ N·m^{-2},$\tau_2=10^3$ s。

答 $E(t)=E_1 e^{-t/\tau_1}+E_2 e^{-t/\tau_2}$。方法同 14-60 题(图略)。

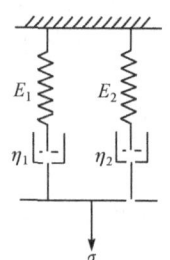
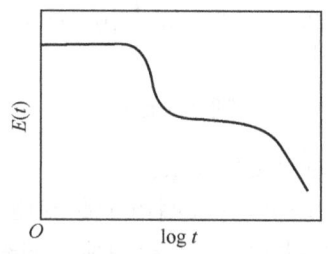

图 14-10 两个并联 Maxwell 单元的 $E(t)$-$\log t$ 关系

14-62 对一种聚合物,用三个并联的 Maxwell 模型表示。$E_1=10^5$ Pa,$t_1=10$ s;$E_2=10^6$ Pa,$t_2=20$ s;$E_3=10^7$ Pa,$t_3=30$ s。求加应力 10 s 后的松弛模量 E。

答 $\varepsilon=\varepsilon_1=\varepsilon_2=\varepsilon_3$,$\sigma(t)=\sigma_1 e^{-t/\tau_1}+\sigma_2 e^{-t/\tau_2}+\sigma_3 e^{-t/\tau_3}$,则

$$E(t)=\frac{\sigma(t)}{\varepsilon}=\frac{\sigma_1}{\varepsilon_1}e^{-t/\tau_1}+\frac{\sigma_2}{\varepsilon_2}e^{-t/\tau_2}+\frac{\sigma_3}{\varepsilon_3}e^{-t/\tau_3}=E_1 e^{-t/\tau_1}+E_2 e^{-t/\tau_2}+E_3 e^{-t/\tau_3}$$
$$=10^5\times e^{-10/10}+10^6\times e^{-10/20}+10^7\times e^{-10/30}=7.8\times 10^6 \text{ (Pa)}$$

14-63 一交联聚合物的力学松弛行为可用三个 Maxwell 单元并联描述,其六个参数为 $E_1=E_2=E_3=1.0\times 10^5$ Pa,$t_1=10$ s,$t_2=100$ s,$t_3=8$ s。试计算下列三种情况的应力:(1) 突然拉伸到原始长度的两倍;(2) 100 s 后伸长到原始长度的两倍;(3) 10^5 s 后伸长到原始长度的两倍。

答 计算公式为 $\sigma=E\varepsilon=E_1\varepsilon e^{-t/\tau_1}+E_2\varepsilon e^{-t/\tau_2}+E_3\varepsilon e^{-t/\tau_3}$($\varepsilon=1$),得 (1) 3.00×10^5 Pa;(2) 1.37×10^5 Pa;(3) 2.37×10^5 Pa。

14-64 当用一个正弦力作用于 z 个串联 Maxwell 模型(图 14-11)时,试导出复合模量的表达式。

答 对于 Maxwell 模型 $\sigma_1=\sigma_2=\cdots=\sigma_i=\sigma_z=\sigma$,或 $\frac{d\varepsilon_i}{dt}=\frac{1}{E_i}\frac{d\sigma_i}{dt}+\frac{\sigma_i}{\eta_i}$,所以 $\sum_{i=1}^{z}\frac{d\varepsilon_i}{dt}=\frac{d\varepsilon}{dt}=\frac{d\sigma}{dt}\sum_{i=1}^{z}\frac{1}{E_i}+\sigma\sum_{i=1}^{z}\frac{1}{\eta_i}$。令 $\sum_{i=1}^{z}\frac{1}{E_i}=E$,$\sum_{i=1}^{z}\eta_i=H$,得 $\frac{d\varepsilon}{dt}=\frac{1}{E}\frac{d\sigma}{dt}+\frac{\sigma}{H}$。

14-11 z 个串联 Maxwell 模型 本图只画出三个

14-65 画出广义 Maxwell 模型的示意图,写出运动方程,指出对数应力松弛时间谱。

答 广义 Maxwell 模型示意图如图 14-12 所示。运动方程为 $E(t)=\int_{-\infty}^{\infty}H(\ln\tau)e^{-t/\tau}d(\ln\tau)$,$H(\ln\tau)$ 为对数应力松弛时间谱。

图 14-12 广义 Maxwell 模型示意图

2. Voigt(Kelvin)模型

14-66 弹簧-黏壶的并联模型(Kelvin 模型)可以模拟何种聚合物的哪一种黏弹行为?给出模型所对应的黏弹行为曲线、运动方程和最终积分结果。

答 交联聚合物的蠕变。运动方程为 $\sigma=E\varepsilon+\eta\frac{d\varepsilon}{dt}$,积分结果是蠕变方程

$$\varepsilon(t)=\varepsilon(\infty)(1-e^{-t/\tau})$$

14-67 试讨论 Voigt 模型模拟的蠕变行为。

答 Voigt 模型示意图如图 14-13 所示。模拟的蠕变行为分四个阶段：①当模型受到一个外力时，黏壶的黏液阻碍使得并联的弹簧不能迅速被拉开。②随着时间的发展，黏壶逐步形变，弹簧也慢慢被拉开，最后停止在弹簧的最大形变上。③除去外力，由于弹簧的形变回缩力，形变要复原，但由于黏壶的黏滞阻力，体系的形变不能立即消除。④黏壶慢慢移动，回复到最初未加外力的状态。

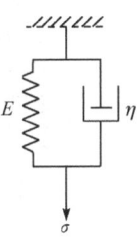

图 14-13 Voigt 模型示意图

14-68 推导弹簧-黏壶并联模型（Voigt 模型）的运动方程。

答 当一外力作用在模型上时，弹簧与黏壶的应变相同，总应力由两个元件共同承受，即 $\varepsilon=\varepsilon_{黏}=\varepsilon_{弹}$，$\sigma=\sigma_{弹}+\sigma_{黏}$，$\dfrac{\mathrm{d}\varepsilon}{\mathrm{d}t}=\dfrac{\mathrm{d}\varepsilon_{弹}}{\mathrm{d}t}+\dfrac{\mathrm{d}\varepsilon_{黏}}{\mathrm{d}t}$，由于 $\sigma_{弹}=E\varepsilon_{弹}=E\varepsilon$，$\sigma_{黏}=\eta\dfrac{\mathrm{d}\varepsilon_{黏}}{\mathrm{d}t}=\eta\dfrac{\mathrm{d}\varepsilon}{\mathrm{d}t}$，则有 $\sigma=E\varepsilon+\eta\dfrac{\mathrm{d}\varepsilon}{\mathrm{d}t}$。

14-69 从 Voigt 模型的运动方程出发，推导蠕变方程和蠕变回复方程。

答 求运动方程的解。运动方程：$\sigma=E\varepsilon+\eta\dfrac{\mathrm{d}\varepsilon}{\mathrm{d}t}$，蠕变过程中应力保持不变，即 $\sigma=\sigma_0$，所以 $\sigma_0=E\varepsilon+\eta\dfrac{\mathrm{d}\varepsilon}{\mathrm{d}t}$，$\dfrac{1}{\sigma_0-E\varepsilon}\mathrm{d}\varepsilon=\dfrac{1}{\eta}\mathrm{d}t$。当 $t=0$ 时 $\varepsilon=0$，积分上式

$$\int_0^{\varepsilon(t)}\dfrac{1}{\sigma_0-E\varepsilon}\mathrm{d}\varepsilon=\int_0^t\dfrac{1}{\eta}\mathrm{d}t \quad -\dfrac{1}{E}\ln[\sigma_0-E\varepsilon(t)]+\dfrac{1}{E}\ln\sigma_0=\dfrac{t}{\eta}$$

$$\ln\dfrac{\sigma_0-E\varepsilon(t)}{\sigma_0}=-\dfrac{E}{\eta}t$$

令 $\tau=\dfrac{\eta}{E}$，则 $\dfrac{\sigma_0-E\varepsilon(t)}{\sigma_0}=\mathrm{e}^{-t/\tau}$，$\varepsilon(t)=\dfrac{\sigma_0}{E}(1-\mathrm{e}^{-t/\tau})$，$\varepsilon(t)=\varepsilon_1(\infty)(1-\mathrm{e}^{-t/\tau})$，这就是蠕变方程。

对于回复：当除去外力时，$\sigma=0$，则 Voigt 模型的运动方程变为 $E\varepsilon+\eta\dfrac{\mathrm{d}\varepsilon}{\mathrm{d}t}=0$，$\dfrac{1}{\varepsilon}\mathrm{d}\varepsilon=-\dfrac{E}{\eta}\mathrm{d}t$，当 $t=0$ 时 $\varepsilon=\varepsilon(\infty)$，积分上式得 $\varepsilon(t)=\varepsilon_1(\infty)\mathrm{e}^{-t/\tau}$，这就是蠕变回复方程。

14-70 用于描述黏弹体的单元或模型中，哪一种单元的弹性响应被黏性阻力推迟？(1) Maxwell 单元；(2) Voigt-Kelvin 单元。

答 (2)。

14-71 在 30 ℃下，于 Voigt 力学模型上施加一恒定应力 $\sigma_0=10^7$ Pa。假设：(1) 弹簧 E 服从橡胶状态方程，已知小变形 $\lambda\to 1$ 时弹性常数 $G=0.333\times10^7$ Pa；(2) 黏壶 η 服从 WLF 方程，已知 $T_g=5$ ℃时 $\eta_5=4.9\times10^{16}$ Pa·s，试计算在 10^4 s 后总形变。

答 先求出 $E=3G=0.999\times10^7$ N·m^{-2}，$\eta_{30}=9.96\times10^{10}$ Pa·s，因而 $\tau=9970$ s。根据 $\varepsilon(t)=\dfrac{\sigma_0}{E}(1-\mathrm{e}^{-t/\tau})$，求得 $\varepsilon=0.63$。

14-72 假如某个体系含有两个 Voigt 单元，其元件参数为 $E_1=E_2=6\nu KT$ 和 $\eta_1=\eta_2/10=\tau/E_1$，式中，$\nu$ 为单位体积中交联网链的数目。试导出这一体系在恒定应力 σ_0 下的蠕变响应的表达式。

答 两个 Voigt 单元串联模型如图 14-14 所示。由 $\tau_1=\eta_1/E_1$ 和 $\tau_2=10\eta_1/E_1$，$\varepsilon_1(\infty)=\dfrac{\sigma_0}{E_1}$ 和 $\varepsilon_2(\infty)=\dfrac{\sigma_0}{E_1}$，所以

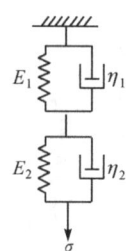

图 14-14 两个 Voigt 单元串联模型

$$\varepsilon(t)=\varepsilon_1(\infty)(1-e^{-t/\tau_1})+\varepsilon_2(\infty)(1-e^{-t/\tau_2})$$
$$=\frac{\sigma_0}{E_1}[(1-e^{-tE_1/\eta_1})+(1-e^{-tE_1/10\eta_1})]$$
$$=\frac{\sigma_0}{E_1}[2-e^{-tE_1/\eta_1(1+e^{0.1})}]$$

14-73 用三个 Voigt 模型串联,模拟固体聚合物黏弹行为,设三模型参数为 $E_1=10^5$ N·m^{-2}, $E_2=10^5$ N·m^{-2}, $E_3=10^7$ N·m^{-2}, $\tau_1=10$ s, $\tau_2=20$ s, $\tau_3=30$ s,试计算加恒定应力 10 s 时的蠕变柔量。

答 $\varepsilon(t)=\frac{\sigma_0}{E_1}(1-e^{-t/\tau_1})+\frac{\sigma_0}{E_2}(1-e^{-t/\tau_2})+\frac{\sigma_0}{E_3}(1-e^{-t/\tau_3})$

$J(t)=\frac{\varepsilon(t)}{\sigma_0}=\frac{1}{10^5}(1-e^{-10/10})+\frac{1}{10^5}(1-e^{-10/20})+\frac{1}{10^7}(1-e^{-10/30})=1.03\times10^{-5}$ (m^2·N^{-1})

14-74 由四个 Voigt-Kelvin 单元串联组成的模型参数如下:

单元号码	1	2	3	4
E/Pa	5×10^8	1×10^{10}	5×10^8	1×10^8
η/(Pa·s)	5×10^{10}	5×10^{10}	5×10^9	5×10^{10}

在蠕变实验中,如果施加的应力是 10^8 Pa,求 100 s 后的应变。

答 由 $\tau=\frac{\eta}{E}$ 计算得 $\tau_1=100$ s, $\tau_2=5$ s, $\tau_3=10$ s, $\tau_4=500$ s,则

$$\varepsilon(t)=\frac{\sigma_0}{E_1}(1-e^{-t/\tau_1})+\frac{\sigma_0}{E_2}(1-e^{-t/\tau_2})+\frac{\sigma_0}{E_3}(1-e^{-t/\tau_3})+\frac{\sigma_0}{E_4}(1-e^{-t/\tau_4})=0.517$$

14-75 画出广义 Voigt 模型的示意图,写出运动方程,指出对数蠕变时间谱。

答 广义 Voigt 模型示意图如图 14-15 所示。运动方程为 $D(t)=\int_{-\infty}^{\infty}L(\ln\tau)\exp(-t/\tau)d(\ln\tau)$, $L(\ln\tau)$ 为对数蠕变时间谱。

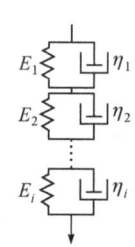

图 14-15 广义 Voigt 模型示意图

3. 三元件模型

14-76 有一个三元件模型(称为"标准线性固体"聚合物模型),其模量和黏度如图 14-16 所示。证明:(1) 该模型的应力-应变方程为 $\sigma+\tau\frac{d\sigma}{dt}=E_1\varepsilon+(E_1+E_2)\tau\frac{d\varepsilon}{dt}$;

(2) 当施以恒定应变 ε 时,该模型的应力松弛方程为 $\sigma=E_1\varepsilon+(\sigma_0-E_1\varepsilon)e^{-t/\tau}$,式中,$\tau=\frac{\eta_3}{E_2}$, σ_0 为应力松弛时初始最大应力。

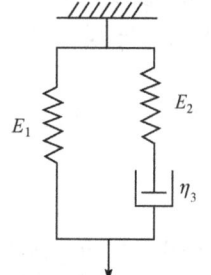

图 14-16 三元件模型(Maxwell 单元与弹簧并联)

证 (1) 总应力为 σ,它与 σ_1、σ_2、σ_3 的关系为 $\sigma=\sigma_1+\sigma_2=\sigma_1+\sigma_3$, $\sigma_2=\sigma_3$;总应变 ε 与 ε_1、ε_2、ε_3 的关系为 $\varepsilon=\varepsilon_1=\varepsilon_2+\varepsilon_3$,所以 $\frac{d\varepsilon}{dt}=\frac{d\varepsilon_2}{dt}+\frac{d\varepsilon_3}{dt}$。

因为 $\varepsilon_2=\frac{\sigma_2}{E_2}$, $\varepsilon_3=\frac{\sigma_3}{\eta_3}t$,所以 $\frac{d\varepsilon}{dt}=\frac{1}{E_2}\frac{d\sigma_2}{dt}+\frac{\sigma_3}{\eta_3}=\frac{1}{E_2}\frac{d(\sigma-\sigma_1)}{dt}-\frac{(\sigma-\sigma_1)}{\eta_3}$,

$\sigma_1 = E_1\varepsilon_1 = E_1\varepsilon$,所以 $\dfrac{\mathrm{d}\varepsilon}{\mathrm{d}t} = \dfrac{1}{E_2}\left[\dfrac{\mathrm{d}\sigma}{\mathrm{d}t} - \dfrac{\mathrm{d}(E_1\varepsilon)}{\mathrm{d}t}\right] + \dfrac{\sigma - E_1\varepsilon}{\eta_3}$。令 $\tau = \dfrac{\eta_3}{E_2}$,即 $\eta_3 = \tau E_2$,上式两边同乘以 τE_2,$\tau E_2 \dfrac{\mathrm{d}\varepsilon}{\mathrm{d}t} = \tau \dfrac{\mathrm{d}\sigma}{\mathrm{d}t} - E_1\tau \dfrac{\mathrm{d}\varepsilon}{\mathrm{d}t} + \sigma - E_1\varepsilon$,所以 $\sigma + \tau \dfrac{\mathrm{d}\sigma}{\mathrm{d}t} = E_1\varepsilon + (E_1 + E_2)\tau \dfrac{\mathrm{d}\varepsilon}{\mathrm{d}t}$。

(2)当施加恒定应变 ε 时,$\dfrac{\mathrm{d}\varepsilon}{\mathrm{d}t} = 0$,于是上式成为 $\tau \dfrac{\mathrm{d}\sigma}{\mathrm{d}t} + \sigma = E_1\varepsilon$,$\dfrac{\mathrm{d}\sigma}{\mathrm{d}t} = \dfrac{E_1\varepsilon - \sigma}{\tau}$,$\dfrac{\mathrm{d}\sigma}{E_1\varepsilon - \sigma} = \dfrac{1}{\tau}\mathrm{d}t$,当 $t = 0$ 时 $\sigma = \sigma_0$,$\int_{\sigma_0}^{\sigma} \dfrac{\mathrm{d}\sigma}{E_1\varepsilon - \sigma} = \int_0^t \dfrac{1}{\tau}\mathrm{d}t$,即 $-\ln\dfrac{E_1\varepsilon - \sigma}{E_1\varepsilon - \sigma_0} = \dfrac{t}{\tau}$,$\dfrac{\sigma - E_1\varepsilon}{\sigma_0 - E_1\varepsilon} = \mathrm{e}^{-t/\tau}$,所以 $\sigma = E_1\varepsilon + (\sigma_0 - E_1\varepsilon)\mathrm{e}^{-t/\tau}$。

其实也可直接观察到这个三元件模型是 Maxwell 模型和一个弹簧并联。当施压 σ_0 时,弹簧的应力为 $E_1\varepsilon$;Maxwell 模型部分的应力为 $(\sigma_0 - E_1\varepsilon)$,其应力松弛方程为 $(\sigma_0 - E_1\varepsilon)\mathrm{e}^{-t/\tau}$。所以总应力松弛方程为两者的加和 $\sigma(t) = E_1\varepsilon + (\sigma_0 - E_1\varepsilon)\mathrm{e}^{-t/\tau}$。

14-77 一个 Voigt 单元($E = 2\times 10^5$ N·m^{-2},$t = 10^3$ s)串联一个黏壶($\eta = 3\times 10^8$ Pa·s)(图 14-17):(1)当加恒定负荷 4.9 N·m^{-2} 时,试计算这一体系的形变应力值;(2)若负荷保留 3000 s 后移去,试画出蠕变和回复曲线,并用曲线计算该体系的黏度。

答 (1) $\varepsilon(t) = \dfrac{\sigma_0}{E}(1 - \mathrm{e}^{-t/\tau}) + \dfrac{\sigma_0}{\eta}t$,$\sigma_0 = 4.9$ N·m^{-2};(2)作 $\log\varepsilon(t)$-$\log t$ 和回复曲线,如图 14-18 所示。由曲线的斜率 $\mathrm{d}\varepsilon/\mathrm{d}t = \sigma_0/\eta$ 可求出 $\eta = 1.2\times 10^8$ Pa·s。

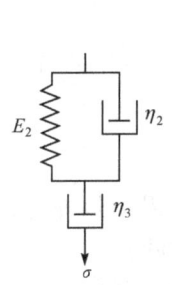

图 14-17 三元件模型
(Voigt 单元与黏壶串联)

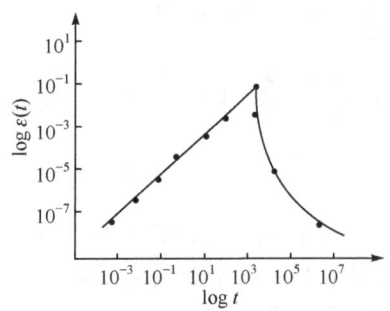

图 14-18 三元件模型的
蠕变和回复曲线

14-78 把 Voigt 模型和黏壶串联起来,成为三单元模型(图 14-19)。求施加一定的负荷下,在 $t = 0$ 后应变与时间的关系,并画图表示 $t = t_1$ 时除去负荷后将发生什么变化。

答 $\varepsilon(t) = \dfrac{\sigma_0}{\eta_3}t + \dfrac{\sigma_0}{E_1}(1 - \mathrm{e}^{-t/\tau})$,式中,$\tau = \eta_2/E_1$。$t = t_1$ 时除去负荷后变化如图 14-20 所示。

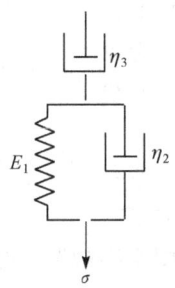

图 14-19 三元件模型
(Voigt 单元与黏壶串联)

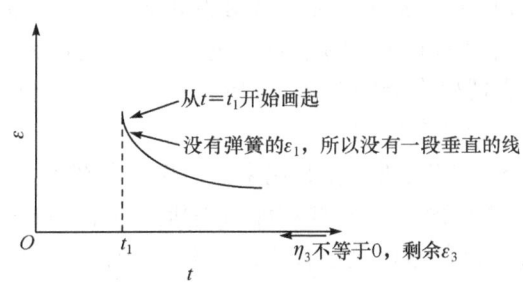

图 14-20 三元件模型除去负荷
后的应变与时间关系

14-79 三参数模型如图 14-21 所示。(1) 求该模型的蠕变柔量表达式；(2) 已知模型参数 $\sigma_0 = 1 \times 10^9$ dyn·cm^{-2}，$E_1 = 5 \times 10^9$ dyn·cm^{-2}，$E_2 = 1 \times 10^9$ dyn·cm^{-2}，$\eta_3 = 5 \times 10^9$ dyn·s·cm^{-2}，求 5 s 后模型的形变量。

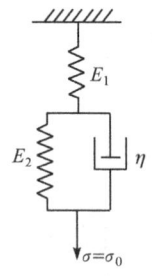

图 14-21 三元件模型（Voigt 单元与弹簧串联）

答 (1) 已知 Voigt 模型，$\varepsilon(t) = \dfrac{\sigma_0}{E_2}(1-e^{-t/\tau})$，$\tau = \dfrac{\eta_3}{E_2}$，所以本三元件模型 $\varepsilon(t) = \dfrac{\sigma_0}{E_1} + \dfrac{\sigma_0}{E_2}(1-e^{-t/\tau})$，$J(t) = \dfrac{\varepsilon(t)}{\sigma_0}$，$J(t) = J(0) + J(\infty)(1-e^{-t/\tau})$；

(2) $\varepsilon(5) = \dfrac{1 \times 10^9}{5 \times 10^9} + \dfrac{1 \times 10^9}{1 \times 10^9}(1-e^{-5/\frac{5 \times 10^9}{1 \times 10^9}}) = 0.83$(cm)。

14-80 写出由 Kelvin 模型和一个弹簧相连的三元件模型的蠕变方程，并说明其模拟的是哪一类聚合物，为什么？

答 蠕变方程 $\varepsilon(t) = \dfrac{\sigma_0}{E_1} + \dfrac{\sigma_0}{E_2}(1-e^{-t/\tau})$。模拟的是交联聚合物，因为缺少表现黏流的串联黏壶。

14-81 已知由 Kelvin 模型和一个弹簧（$E_1 = 10\,000$ MPa）相连的三元件模型，Kelvin 模型中弹簧的弹性模量为 $E_2 = 100$ MPa，黏壶的黏度为 5.2×10^8 MPa·s，此三元件模型受到一个 $\sigma_0 = 200$ MPa 的恒应力作用，求 1000 h 后该模型的伸长率和极限伸长率。

答 $\tau = \dfrac{\eta_2}{E_2} = 5.2 \times 10^6$ s，则

$$\varepsilon(t) = \dfrac{\sigma_0}{E_1} + \dfrac{\sigma_0}{E_2}(1-e^{-t/\tau}) = \dfrac{200}{10\,000} + \dfrac{200}{100} \times [1-e^{-1000 \times 3600/(5.2 \times 10^6)}] = 102\%$$

$$\varepsilon(\infty) = \dfrac{200}{10000} + \dfrac{200}{100} = 202\%$$

14-82 14-81 题的三元件模型伸长达极限伸长率后，(1) 如果解除外力，再经 1000 h，剩余形变率为多少？(2) 如果要使剩余形变降至 36.8%，需多长时间？

答 蠕变回复方程 $\varepsilon(t) = \varepsilon(\infty)e^{-t/\tau}$。(1) $\varepsilon(t)/\varepsilon(\infty) = e^{-t/\tau} = 50\%$。(2) $e^{-t/\tau} = 36.8\%$，$t = 5.2 \times 10^6$ s。

4. 四元件模型

14-83 为什么要提出四元件模型？画出模型示意图。

答 Voigt 模型虽然能模拟蠕变过程，但并不完善，主要是不能表现蠕变过程刚开始的普弹形变部分和与高弹形变同时发生的纯黏流部分。另外，Maxwell 模型能表现普弹形变和黏流形变，但不能表现高弹形变。如果将 Maxwell 模型和 Voigt 模型串联起来，构成的四元件模型（图 14-22）就能较全面地表现聚合物的普弹、高弹和黏流三种形变，从而较完整地描述了线型聚合物的蠕变过程。

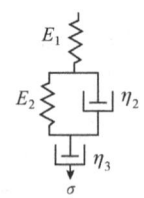

图 14-22 四元件模型示意图

14-84 四元件模型是用来模拟聚合物蠕变和回复的：(1) 它是模拟哪一类聚合物的蠕变？该模型如何表达高分子的运动机理？(2) 对 E_1 和 E_2、η_2 和 η_3 之间的数值大小有什么要求？为什么？(3) 写出在恒定外力作用下该模型的蠕变方程。

答 (1) 线型聚合物。(2) $E_1 > E_2$，普弹形变的模量大于高弹形变，$\eta_3 > \eta_2$，黏流形变的黏

度比高弹形变的黏度大得多。(3) 蠕变方程：$\varepsilon(t)=\dfrac{\sigma_0}{E_1}+\dfrac{\sigma_0}{E_2}(1-\mathrm{e}^{-t/\tau})+\dfrac{\sigma_0}{\eta_3}t$。注：四元件模型蠕变方程可以简单记忆成 Maxwell 模型部分 $\varepsilon(t)=\dfrac{\sigma_0}{E_1}+\dfrac{\sigma_0}{\eta_3}t$ 和 Voigt 模型部分 $\varepsilon(t)=\dfrac{\sigma_0}{E_2}(1-\mathrm{e}^{-t/\tau})$ 的加和。

14-85 设某聚合物的蠕变行为可以用四元件模型描述，已知 $E_1=5\times10^8\ \mathrm{N\cdot m^{-2}}$，$E_2=10^8\ \mathrm{N\cdot m^{-2}}$，$\eta_2=5\times10^8\ \mathrm{N\cdot s\cdot m^{-2}}$，$\eta_3=5\times10^{10}\ \mathrm{N\cdot s\cdot m^{-2}}$，应力 $\sigma_0=10^8\ \mathrm{N\cdot m^{-2}}$。试分别计算施加应力后 5 s、20 s、100 s 时试样的形变值。

答 $\varepsilon(t)=\varepsilon_1+\varepsilon_2+\varepsilon_3=\dfrac{\sigma_0}{E_1}+\dfrac{\sigma_0}{E_2}(1-\mathrm{e}^{-t/\tau})+\dfrac{\sigma_0}{\eta_3}t$，$\tau=\dfrac{\eta_2}{E_2}=5$ s，结果 ε 分别为 0.842、1.22、1.40。

14-86 一非晶聚合物的蠕变行为与一个 Maxwell 单元和一个 Voigt 单元串联组成的模型相似，在 $t=0$ 时施加一恒定负荷使拉伸应力为 1.0×10^4 Pa，10 h 后，应变为 0.05，移去负荷。回复过程的应变可描述为 $\varepsilon=\dfrac{3+\mathrm{e}^{-t'}}{100}$，式中，$t'=t-10$ h，试估算力学模型的四个参数。

答 蠕变方程为 $\varepsilon(t)=\varepsilon_1+\varepsilon_2+\varepsilon_3=\dfrac{\sigma_0}{E_1}+\dfrac{\sigma_0}{E_2}(1-\mathrm{e}^{-t/\tau})+\dfrac{\sigma_0}{\eta_3}t$，蠕变回复方程为 $\varepsilon(t)=\dfrac{\sigma_0}{E_2}\mathrm{e}^{-t/\tau}$。

(1) 求 E_1：当 $t'=0$ 时，$\varepsilon_2+\varepsilon_3=\dfrac{3+\mathrm{e}^0}{100}=0.04$，$\varepsilon_1=\dfrac{\sigma_0}{E_1}=0.01$，$E_1=1\times10^6$ Pa。

(2) 求 E_2：当 $t'=0$ 时，$\dfrac{\sigma_0}{E_2}\mathrm{e}^{-t'/\tau}=\dfrac{3+\mathrm{e}^0}{100}=0.04$，$\dfrac{1\times10^4}{E_2}=0.04$，$E_2=2.5\times10^5$ Pa。

(3) 求 η_3：$\varepsilon_3=\dfrac{3+\mathrm{e}^{-t'}}{100}$，$t'\to\infty$，所以 $\varepsilon_3=0.03$，$\varepsilon_3=\dfrac{\sigma_0}{\eta_3}t$，$\eta_3=\dfrac{1\times10^4}{0.03}\times3600\times10=1.2\times10^{10}$ (Pa·s)。

(4) 求 τ：$\dfrac{\sigma_0}{E_2}(1-\mathrm{e}^{-t/\tau})=0.05-0.01-0.03=0.01$，$\tau=1.25\times10^5$ s。

(5) 求 η_2：$\eta_2=E_2\tau=3.1\times10^{10}$ Pa·s。

14-87 如何从线型非晶态聚合物蠕变曲线求聚合物的黏度？

答 从蠕变回复曲线上读出永久形变部分的形变 ε_3，$\varepsilon_3=\dfrac{\sigma_0}{\eta_3}t$，即聚合物的黏度 $\eta_3=\dfrac{\sigma_0}{\varepsilon_3}t$。

14-88 列举三个理由说明为什么所学的黏弹模型不能用来说明结晶聚合物的行为。

答 因为结晶聚合物的黏弹性是很复杂的，有以下三点理由不服从理论解释：

(1) 非晶聚合物是各向同性的，这意味着为描述剪切应力而建立的模型也正好能用于描述拉伸应力。然而，结晶聚合物不是各向同性的，所以任何模型的应用都受到严格的限制。

(2) 非晶聚合物是均相的，因此所加的应力能均匀分布到整个体系。结晶是非均相的，在结晶聚合物中，大量的结晶束缚在一起，这种束缚使得出现较大的应力集中。

(3) 结晶聚合物是不同结晶度的区域的混合物，当施加应力到结晶聚合物时，这些不同区域的大小及分布随结晶的熔化和再结晶会发生连续变化。也就是说任何力学模型都必须考虑对在结晶聚合物中这些连续的变化。

14-89 试比较各种力学模型。

答

模型名称	示意图	力学行为	模拟对象	方程
Maxwell 模型 (串联模型)		σ-t 曲线	应力松弛 (线型聚合物)	运动方程(应力-应变方程,下同) $\dfrac{d\varepsilon}{dt}=\dfrac{1}{E}\dfrac{d\sigma}{dt}+\dfrac{\sigma}{\eta}$ 应力松弛方程(运动方程的解,下同) $\sigma(t)=\sigma_0\exp(-t/\tau)$
Voigt 模型 或 Kelvin 模型 (并联模型)		ε-t 曲线	蠕变 (交联聚合物)	运动方程 $\sigma=E\varepsilon+\eta\dfrac{d\varepsilon}{dt}$ 蠕变方程 $\varepsilon(t)=\varepsilon(\infty)[1-\exp(-t/\tau)]$ 蠕变回复方程 $\varepsilon(t)=\varepsilon(\infty)\exp(-t/\tau)$
三元件模型	E_1 E_2 η_2	ε-t 曲线	蠕变 (交联聚合物)	蠕变方程 $\varepsilon(t)=\dfrac{\sigma_0}{E_1}+\dfrac{\sigma_0}{E_2}[1-\exp(-t/\tau)]$
三元件模型	E_2 η_2 η_3	ε-t 曲线	蠕变 (线型聚合物)	蠕变方程 $\varepsilon(t)=\dfrac{\sigma_0}{E_2}[1-\exp(-t/\tau)]+\dfrac{\sigma_0}{\eta_3}t$
四元件模型 (Burger 模型)	E_1 E_2 η_2 η_3	ε-t 曲线	蠕变 (线型聚合物)	蠕变方程 $\varepsilon(t)=\dfrac{\sigma_0}{E_1}+\dfrac{\sigma_0}{E_2}[1-\exp(-t/\tau)]+\dfrac{\sigma}{\eta}$
三元件模型 (标准线性固体模型)	E_1 E_2 η_2	σ-t 曲线	应力松弛 (交联聚合物)	运动方程 $\sigma+\tau\dfrac{d\sigma}{dt}=E_1\varepsilon+(E_1+E_2)\tau\dfrac{d\varepsilon}{dt}$ 应力松弛方程 $\sigma=E_1\varepsilon+(\sigma_0-E_1\varepsilon)\exp(-t/\tau)$
		ε-t 曲线	蠕变 (交联聚合物)	蠕变方程 $\varepsilon(t)=$ $\varepsilon(\infty)\left\{1-\exp\left[-\left(\dfrac{E_1}{E_1+E_2}\right)\dfrac{t}{\tau}\right]\right\}$

14.2.2 动态黏弹性与相关力学模型

14-90 写出利用 Maxwell 模型和 Voigt 模型分别模拟聚合物的动态力学行为的数学表达式,并画出示意图。

答 Maxwell 模型模拟的数学表达式为 $E'=\dfrac{E\omega^2\tau^2}{1+\omega^2\tau^2}$,$E''=\dfrac{E\omega\tau}{1+\omega^2\tau^2}$,$\tan\delta=\dfrac{1}{\omega\tau}$。理论曲线

(图 14-23)与实际曲线相比,E'和E''定性相符,但 $\tan\delta$ 不符。

Voigt 模型模拟的数学表达式为 $E'=E$,$E''=\omega\eta$,$\tan\delta=\omega\tau$。理论曲线(图 14-24)与实际曲线相比,D'和D''定性相符,但 $\tan\delta$ 不符。

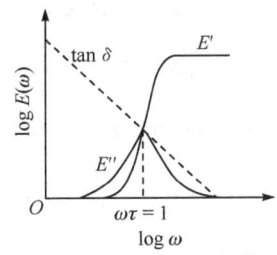
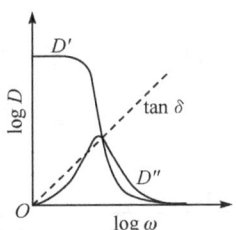

图 14-23 Maxwell 模型的动态力学行为　　图 14-24 Voigt 模型的动态力学行为

14-91 取 Maxwell 模型,黏壶和弹簧分别由 η 和 E 确定,以频率为 ω 的脉冲进行动力学测定。证明:$\omega\to 0$ 时,$E''/\omega=\eta$。

证 $E''=\dfrac{E\omega\tau}{1+\omega^2\tau^2}$,$\omega^2\to 0$,$E''=E\omega\tau$,因为 $\tau=\eta/E$,所以 $E''=\eta\omega$,即 $E''/\omega=\eta$。

14-92 推导弹簧-黏壶串联黏弹性模型的复数模量(E',E'')、复数柔量(J',J'')和 $\tan\delta$ 表达式。

答 模型受到一个交变应力 $\sigma(t)=\sigma_0 e^{i\omega t}$ 作用时,其运动方程可写为 $\dfrac{d\varepsilon}{dt}=\dfrac{\sigma_0}{E}i\omega e^{i\omega t}+\dfrac{\sigma_0}{\eta}e^{i\omega t}$。在 $t_1\sim t_2$ 时间区内对上式积分,则

$$\varepsilon(t_2)-\varepsilon(t_1)=\dfrac{\sigma_0}{E}(e^{i\omega t_2}-e^{i\omega t_1})+\dfrac{\sigma_0}{i\omega\eta}(e^{i\omega t_2}-e^{i\omega t_1})=\left(\dfrac{1}{E}+\dfrac{1}{i\omega\eta}\right)[\sigma(t_2)-\sigma(t_1)]$$

应变增量除以应力增量即为复合柔量 J^*,由上式得

$$J^*=\dfrac{\varepsilon(t_2)-\varepsilon(t_1)}{\sigma(t_2)-\sigma(t_1)}=\dfrac{1}{E}+\dfrac{1}{i\omega\eta}=J-i\dfrac{J}{\omega\tau}=J'-iJ''$$

因此 $J'=J=\dfrac{1}{E}$,$J''=\dfrac{J}{\omega\tau}=\dfrac{1}{\omega\eta}$。

应力增量除以应变增量即为复合模量 E^*,得

$$E^*=\dfrac{\sigma(t_2)-\sigma(t_1)}{\varepsilon(t_2)-\varepsilon(t_1)}=\dfrac{1}{\dfrac{1}{E}+\dfrac{i}{\omega\eta}}=\dfrac{E\omega\tau}{\omega\tau-i}=\dfrac{E\omega^2\tau^2}{1+\omega^2\tau^2}+i\dfrac{E\omega\tau}{1+\omega^2\tau^2}=E'+iE''$$

因此,储能模量 $E'=\dfrac{E\omega^2\tau^2}{1+\omega^2\tau^2}$,损耗模量 $E''=\dfrac{E\omega\tau}{1+\omega^2\tau^2}$,$\tan\delta=\dfrac{E''(t)}{E'(t)}=\dfrac{1}{\omega\tau}$。

14-93 用 Maxwell 模型证明:$\eta'=\dfrac{\eta}{1+\omega^2\tau^2}$,$\eta''=\dfrac{\omega\tau\eta}{1+\omega^2\tau^2}$。

证 聚合物熔体具有黏弹性,与复数模量和复数柔量一样,复数黏度也包括两部分,实部表示真正的黏度贡献,虚部是弹性部分的贡献,这两部分的表示式可用 Maxwell 串联模型推导得到。当模型受到一个交变应力 $\sigma=\sigma_0 e^{i(\omega t+\delta)}$ 时,便产生一个交变的形变 $\varepsilon=\varepsilon_0 e^{i\omega t}$,由 $\sigma=\eta\dot\varepsilon=\eta\dfrac{d\varepsilon}{dt}$,得 $\eta=\dfrac{\sigma}{\dot\varepsilon}=\dfrac{\sigma_0 e^{i(\omega t+\delta)}}{\varepsilon_0 i\omega e^{i\omega t}}=\dfrac{E}{i\omega}(\cos\delta+i\sin\delta)=\dfrac{1}{\omega}(E''-iE')=\eta'-i\eta''$。又因为 $E'=\dfrac{E\omega^2\tau^2}{1+\omega^2\tau^2}$,$E''=\dfrac{E\omega\tau}{1+\omega^2\tau^2}$,所以 $\eta'=\dfrac{E''}{\omega}=\dfrac{1}{\omega}\dfrac{E\omega\tau}{1+\omega^2\tau^2}=\dfrac{\eta}{1+\omega^2\tau^2}$,$\eta''=\dfrac{E'}{\omega}=\dfrac{1}{\omega}\dfrac{E\omega^2\tau^2}{1+\omega^2\tau^2}=\dfrac{\omega\tau\eta}{1+\omega^2\tau^2}$

(说明:η'为实数部分,又称为动态黏度)。

14-94 某 Maxwell 单元,其元件参数为 $E=5\times10^5$ N·m^{-2},$\eta=10^2$ Pa·s,试画出其储能模量 $E'(t)$ 和损耗模量 $E''(t)$ 对频率 $\log\omega$ 的关系曲线。

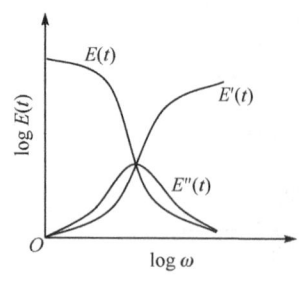

图 14-25 某 Maxwell 单元储能柔量和损耗柔量对频率的关系曲线

答 $\tau=\eta/E=2\times10^{-4}$。对于 Maxwell 单元有:$E(t)=E_0\mathrm{e}^{-t/\tau}$,$E'(t)=E(t)\dfrac{\omega^2\tau^2}{1+\omega^2\tau^2}$,$E''(t)=E(t)\dfrac{\omega\tau}{1+\omega^2\tau^2}$。当 $\omega\to 0$ 时,$E'(t)\to 0$,$E''(t)\to 0$;当 $\omega\to\infty$ 时,$E'(t)\to E(t)$,$E''(t)\to 0$;当 $\omega=1/\tau$ 时,$E'(t)=\dfrac{E(t)}{2}$,$E''(t)=\dfrac{E(t)}{2}$。根据上述数据画出 $\log E(t)$-$\log\omega$ 关系曲线(图 14-25)。

14-95 某 Kelvin 单元,其元件参数 $E=5\times10^5$ N·m^{-2},$\tau=10^{-3}$ s。试画出其储能柔量 $D'(t)$ 和损耗柔量 $D''(t)$ 对频率 $\log\omega$ 的关系曲线。

答 对于 Kelvin 单元有:$D(t)=D(\infty)(1-\mathrm{e}^{-t/\tau})$,$D'(t)=\dfrac{D(t)}{1+\omega^2\tau^2}$,$D''(t)=\dfrac{D(t)\omega\tau}{1+\omega^2\tau^2}$。当 $\omega\to 0$ 时,$D'(t)\to D(t)$,$D''(t)\to 0$;当 $\omega\to\infty$ 时,$D'(t)\to 0$,$D''(t)\to 0$;当 $\omega=1/\tau$ 时,$D'(t)=\dfrac{D(t)}{2}$,$D''(t)=\dfrac{D(t)}{2}$。

根据上述数据画出 $\log D(t)$-$\log\omega$ 关系曲线(图 14-26)。

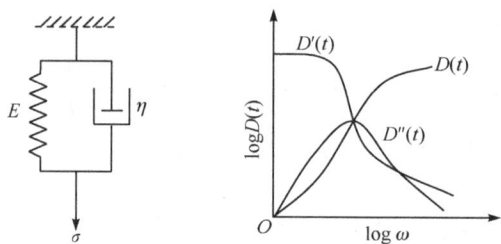

图 14-26 某 Kelvin 单元储能柔量和损耗柔量对频率的关系曲线

14-96 对聚合物施加一个交变应力 $\sigma=\sigma_0\cos(\omega t)$,产生应变 $\varepsilon=\varepsilon_1\cos(\omega t)+\varepsilon_2\sin(\omega t)$,证明柔量的储能分量 J_1 和损耗分量 J_2 分别由下面两式表示:$J_1=\dfrac{\varepsilon_1}{\sigma_0}=\dfrac{1/E}{1+\omega^2\tau^2}$,$J_2=\dfrac{\varepsilon_2}{\sigma_0}=\dfrac{\omega\tau/E}{1+\omega^2\tau^2}$。计算 $\omega\tau=0.01$、0.1、0.316、1、3.16、10 和 100 时 J_1E 和 J_2E 值。画出 J_1E 和 J_2E 对 $\log(\omega\tau)$ 的关系曲线。

答
$$\mathrm{d}\varepsilon/\mathrm{d}t=-\varepsilon_1\omega\sin(\omega t)+\varepsilon_2\omega\cos(\omega t)$$
$$\frac{\sigma/E-\varepsilon}{\tau}=\frac{\sigma_0\cos(\omega t)/E-\varepsilon_1\cos(\omega t)-\varepsilon_2\sin(\omega t)}{\tau}$$

令 sin 和 cos 分量分别相等,得 $\varepsilon_2=\omega\tau\varepsilon_1$ 和 $\varepsilon_2\omega\tau=\dfrac{\sigma_0}{E}-\varepsilon_1$,将前式代入后式得 $\omega^2\tau^2\varepsilon_1=\dfrac{\sigma_0}{E}-\varepsilon_1$ 或 $J_1=\dfrac{\varepsilon_1}{\sigma_0}=\dfrac{1/E}{1+\omega^2\tau^2}$,$J_2=\dfrac{\varepsilon_2}{\sigma_0}=\dfrac{\omega\tau/E}{1+\omega^2\tau^2}$,所得数据整理如下,作图(图 14-27)。

$\omega\tau$	0.01	0.10	0.316	1	3.16	10	100
$\log(\omega\tau)$	−2	−1	−0.5	0	0.5	1	2
$J_1 E$	1	0.99	0.91	0.5	0.09	0.01	10^{-4}
$J_2 E$	0.01	0.10	0.29	0.5	0.29	0.10	0.01

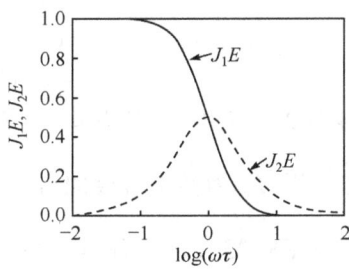

图 14-27 $J_1 E$ 和 $J_2 E$ 对 $\log(\omega\tau)$ 的关系曲线

14.3 时温等效原理与 WLF 方程

14-97 简述时温等效原理及其应用和重要性。

答 从分子运动的松弛性质可知，同一个力学松弛现象，既可在较高的温度下、较短时间内观察到，也可以在较低的温度下、较长时间内观察到。因此，升高温度和延长时间对分子运动和黏弹性都是等效的，这就是时温等效原理。

由于聚合物的松弛时间分布很宽，要想得到某一温度下完整的应力松弛曲线，就要在很宽的时间范围内连续测定模量 E，时间标尺要超越 10 个数量级。而实际测定时，$t<1$ s、$t\to\infty$ 都很难做到。有了时温等效原理，就可以用降低温度或升高温度的方法得到太短时间或太长时间无法得到的力学数据。例如，可以用来预测聚合物材料的长期使用性能。

14-98 用生活中的实际例子，说明高分子材料的力学状态的时温等效性。

答 橡胶在很小的时间尺度下是塑料，如飞机上的轮胎受到瞬间的飞鸟撞击，会像玻璃一样碎掉，就像橡胶在极低温下（小于 T_g）一样脆。相反，塑料在很大的时间尺度下是橡胶，甚至会流动，就像挂在墙上的塑料雨衣，时间长了会伸长很多，对塑料雨衣加热会进入橡胶态，甚至流动。

14-99 位移因子 α_T 的物理意义是什么？如何得到 α_T？如何平移应力松弛曲线？

答 根据时温等效原理，借助一个位移因子 α_T，就可以将某一温度和时间下测定的力学数据变为另一个温度和时间下的力学数据。$\alpha_T = \dfrac{t_T}{t_0}\left(=\dfrac{\tau_T}{\tau_0}=\dfrac{\omega_0}{\omega_T}\right)$，式中，$\tau_T$ 和 t_T（或 ω_T）分别为温度 T 时的松弛时间和时间尺度（或频率），τ_0 和 t_0（或 ω_0）分别为参考温度 T_0 时的松弛时间和时间尺度（或频率）。$\log t_0 = \log t_T - \log \alpha_T$，平移应力松弛曲线的方法如图 14-28 所示。

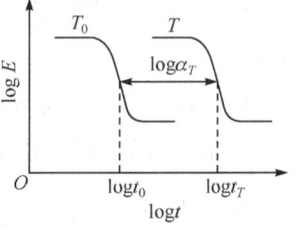

图 14-28 利用时温等效平移曲线的原理示意图

14-100 若温度 T_1 时 $E_1=10^5$ Pa，$\eta_1=10^5$ Pa·s；T_2 时 $E_2=E_1=10^5$ Pa，$\eta_2=10^4$ Pa·s，求位移因子 α_T。

答 $\tau_1 = \eta_1/E_1 = 10^5/10^5 = 1$ (s)，$\tau_2 = \eta_2/E_2 = 10^4/10^5 = 0.1$ (s)，$\alpha_T = \tau_1/\tau_2 = 1/0.1 = 10$。

14-101 已知某材料的 $T_g=100$ ℃，则根据 WLF 方程，应怎样移动图 14-29 中的曲线（位移因子 $\alpha_T=$？），才能获得 100 ℃时的应力松弛曲线？

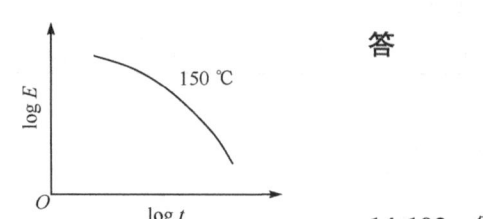

图 14-29 某材料的 $\log E$-$\log t$ 关系曲线

答
$$\log\alpha_T=\log\frac{t_T}{t_{T_g}}=\frac{-17.44(T-T_g)}{51.6+T-T_g}$$
$$=\frac{-17.44\times(150-100)}{51.6+150-100}=8.58$$
$$\alpha_T=2.6\times10^{-9}$$

14-102 写出 WLF 方程，并说明其用途及适用的温度范围。

答 以 T_g 为参考温度时，$\log\alpha_T=\log\frac{t_T}{t_{T_g}}=\frac{-17.44(T-T_g)}{51.6+T-T_g}$。

用途为：①在温度为 $T_g\sim(T_g+100$ ℃)，计算任意温度 T 的黏度 η。②用升高 T 代替长时间无法实现的实验，计算任意 T 下同样松弛、模量等的 t 或频率 ω。

14-103 可以将 WLF 方程写成适用于任意便利的温度作参考温度，方程保留原来形式，但常数 C_1 和 C_2 值必须改变。利用 C_1 和 C_2 的普适值，计算以 T_g+50 ℃为参考温度的 C_1 和 C_2 值。

答 $\log\alpha_T=\log\frac{t_T}{t_{T_g}}=\frac{-17.44(T-T_g)}{51.6+T-T_g}$。令 $T_s=T_g+50$℃，$\log\frac{t_{T_s}}{t_{T_g}}=\frac{-17.44(T_s-T_g)}{51.6+T_s-T_g}$。

上两式相减，得

$$\log\frac{t_T}{t_{T_s}}=\frac{-17.44(T-T_g)}{51.6+T-T_g}-\frac{-17.44(T_g+50-T_g)}{51.6+T_g+50-T_g}=\frac{-17.44(T-T_g)}{51.6+T-T_g}+\frac{17.44\times50}{101.6}$$

$$=\frac{-17.44(T-T_s+50)}{101.6+T-T_s}+\frac{17.44\times50}{101.6}$$

$$=\frac{-17.44\times101.6\times(T-T_s+50)+17.44\times50\times(101.6+T-T_s)}{101.6\times(101.6+T-T_s)}$$

$$=-\frac{17.44\times51.6}{101.6}\times\frac{(T-T_s)}{101.6+(T-T_s)}=\frac{-8.86(T-T_s)}{101.6+T-T_s}$$

所以 $C_1=-8.86$，$C_2=101.6$。

14-104 25 ℃下进行应力松弛实验，聚合物模量减至 10^5 N·m^{-2} 需要 10^7 h。用 WLF 方程计算 100 ℃下模量减少到同样值需要多久（假设聚合物的 $T_g=25$ ℃）。

答 $\log\alpha_T=\log\frac{t_{100}}{t_{25}}=\frac{-17.44\times(100-25)}{51.6+100-25}=-10.33$，$\frac{t_{100}}{t_{25}}=4.66\times10^{-11}$，$t_{100}=4.66\times10^{-11}\times10^7=4.66\times10^{-4}$(h)。

14-105 聚苯乙烯在同样的应力下进行蠕变，则在 423 K 时比 393 K 或 378 K 的蠕变应答值快多少（已知聚苯乙烯的玻璃化温度为 358 K）？

答 由 WLF 方程 $\log\alpha_T=\frac{-17.44(T-T_g)}{51.6+(T-T_g)}$，得

$$\log\alpha_{393}=\frac{-17.44\times(393-358)}{51.6+(393-358)}=-7.0485 \quad \alpha_{393}=8.94\times10^{-8}$$

$$\log\alpha_{378}=\frac{-17.44\times(378-358)}{51.6+(378-358)}=-4.8715 \quad \alpha_{378}=1.33\times10^{-5}$$

$$\log\alpha_{423} = \frac{-17.44 \times (423-358)}{51.6+(423-358)} = -9.7221 \qquad \alpha_{423} = 1.89 \times 10^{-10}$$

由于 $\alpha_T = \frac{\tau_T}{\tau_{T_g}}$，所以 $\frac{\tau_{423}}{\tau_{393}} = \frac{1.89 \times 10^{-10} \tau_{T_g}}{8.94 \times 10^{-8} \tau_{T_g}} = 2.12 \times 10^{-3}$，即快了近 500 倍；$\frac{\tau_{423}}{\tau_{378}} = \frac{1.89 \times 10^{-10} \tau_{T_g}}{1.33 \times 10^{-5} \tau_{T_g}} = 1.43 \times 10^{-5}$，即快了近 10^5 倍。

14-106 无规立构聚苯乙烯的 $T_g = 100$ ℃，该聚合物在 150 ℃ 和 125 ℃ 的应力松弛相对速率是多少？

答
$$\log\alpha_{150} = \frac{-17.44 \times (150-100)}{51.6+(150-100)} = -8.5827 \qquad \alpha_{150} = 2.61 \times 10^{-9}$$

$$\log\alpha_{125} = \frac{-17.44 \times (125-100)}{51.6+(125-100)} = -5.6919 \qquad \alpha_{125} = 2.03 \times 10^{-6}$$

由于 $\alpha_T = \frac{\tau_T}{\tau_{T_g}}$，所以 $\frac{\tau_{150}}{\tau_{125}} = \frac{2.61 \times 10^{-9} \tau_{T_g}}{2.03 \times 10^{-6} \tau_{T_g}} = 1.29 \times 10^{-3}$，即快了近 10^3 倍。

14-107 在受迫振动实验中，频率为 1 Hz 时聚碳酸酯的阻尼峰在 150 ℃，如果频率为 1000 Hz，阻尼峰的温度是多少（已知聚碳酸酯的 $T_g = 150$ ℃）？

答 $\alpha_T = \frac{\tau_T}{\tau_{T_g}} = \frac{\omega_{T_g}}{\omega_T}$，$\log\alpha_T = \log\frac{\omega_{T_g}}{\omega_T} = \frac{-17.44(T-T_g)}{51.6+T-T_g}$，$\log\frac{1}{1000} = \frac{-17.44(T-150)}{51.6+T-150}$，$T = 160.7$ ℃。

14-108 PMMA 的力学损耗因子在 130 ℃ 得到一峰值，假定测定频率是 1 r·s^{-1}。如果测定改为 1000 r·s^{-1}，在什么温度下得到同样的峰值（已知 PMMA 的 $T_g = 105$ ℃）？

答
$$\log\alpha_T = \log\frac{\omega_{T_g}}{\omega_T} = \frac{-17.44(T-T_g)}{51.6+T-T_g}$$

思路分析：130 ℃ T_g(105 ℃)   ？（求）
            1 Hz   ？（通过）   1000 Hz

第一步：将测量从 130 ℃、1 Hz 移至 105 ℃，求频率。

$$\log\frac{\omega_{105}}{\omega_{130}} = -5.69 \qquad \omega_{105} = 2.03 \times 10^{-6} \text{ Hz}$$

第二步：将测量从 105 ℃、2.03×10^{-6} Hz 移至 1000 Hz，求 T。

$$\log\frac{2.03 \times 10^{-6}}{10^3} = -8.69 = \frac{-17.44(T-105)}{51.6+T-105} \qquad T = 156 \text{ ℃}$$

14-109 一种聚合物材料在 0 ℃ 时的松弛时间为 10^4 s，在 T_g 时的松弛时间为 10^{13} s。用 WLF 方程计算该材料在 25 ℃ 时的松弛时间。

答 思路分析：0 ℃ $T_g = ?$（通过）   25 ℃
              10^4 s 10^{13} s   ？（求）

$$\log\alpha_T = \log\frac{\tau_T}{\tau_{T_g}} = \frac{-17.44(T-T_g)}{51.6+T-T_g}$$

$$\log\frac{10^4}{10^{13}} = \frac{-17.44(0-T_g)}{51.6+0-T_g} \qquad T_g = -55 \text{ ℃}$$

$$\log\frac{\tau_{25}}{10^{13}} = \frac{-17.44 \times (25+55)}{51.6+25+55} \qquad \tau_{25} = 250 \text{ s}$$

14-110 在应力松弛实验中 0 ℃时聚异丁烯(PIB)的模量松弛到 10^6 N·m^{-2} 需要 10^4 h。若要把实验时间缩短到 10 h，用 WLF 方程计算实验应进行的温度(已知 PIB 的 $T_g=-70$ ℃)。

答 思路分析：0 ℃ $T_g(-70$ ℃$)$ ？(求)
       10^4 h   ？(通过)   10 h

$$\log \frac{10^4}{t_{-70}}=\frac{-17.44\times(0+70)}{51.6+0+70}=-10.0395 \quad t_{-70}=1.10\times 10^{14} \text{ s}$$

$$\log \frac{10}{1.1\times 10^{14}}=\frac{-17.44(T+70)}{51.6+T+70} \quad T=83 \text{ ℃}$$

14-111 对 PIB 在 25 ℃，10 h 的应力松弛达到模量 10^6 dyn·cm^{-2}。利用 WLF 方程，计算在 -20 ℃下要达到相同的模量需要多长时间(已知 PIB 的 $T_g=-70$ ℃)。

答 思路分析：25 ℃ $T_g(-70$ ℃$)$ -20 ℃
       10 h   ？(通过)   ？(求)

方法一：

$$\log \frac{t_T}{t_{T_g}}=\log \frac{t_{25}}{t_{-70}}=\frac{-17.44\times(25+70)}{51.6+25+70}=-11.3015 \quad \frac{t_{25}}{t_{-70}}=5\times 10^{-12} \quad t_{-70}=2\times 10^{12} \text{ h}$$

$$\log \frac{t_{-20}}{t_{-70}}=\frac{-17.44\times(-20+70)}{51.6-20+70}=-8.5827 \quad \frac{t_{-20}}{t_{-70}}=2.6\times 10^{-9} \quad t_{-20}=5.2\times 10^3 \text{ h}$$

方法二：

$$\log \frac{t_{25}}{t_{-20}}=\log \left(\frac{t_{25}}{t_{-70}}\cdot \frac{t_{-70}}{t_{-20}}\right)=\log \frac{t_{25}}{t_{-70}}-\log \frac{t_{-20}}{t_{-70}}$$

$$=\frac{-17.44\times(25+70)}{51.6+25+70}-\frac{-17.44\times(-20+70)}{51.6-20+70}=-2.7188$$

$$\frac{10}{t_{-20}}=1.9\times 10^{-3} \quad t_{-20}=5.2\times 10^3 \text{ h}$$

其他做法分析：查得 PIB 的 $C_1=16.6$，$C_2=104$，$T_g=202$ K$=-71$ ℃，代入 WLF 方程计算得 $t_{-20}=3.5\times 10^3$ h。结果出现差别的原因是这里 C_1 和 C_2 采用了 PIB 的实验值，而非普适值。

14-112 黏弹松弛的表观活化能可以通过 $\ln\alpha_T$ 对 $1/T$ 作图的斜率(乘以 R)得到。该图是一条曲线，即活化能有温度依赖性。(1) 从 WLF 方程得到活化能的表达式，如果 $T_g=200$ K 或 400 K 时分别计算在 T_g 时的活化能值。(2) 说明当 $T\gg T_g$ 时活化能变得与温度无关，对所有高分子材料都近似为 17.19 kJ·mol^{-1}。

答 (1) 黏弹松弛的表观活化能可以定义为 $\Delta E_a=R\dfrac{d\ln\alpha_T}{d(1/T)}$，所以 $\Delta E_a=-RT^2(2.303)\dfrac{d\log\alpha_T}{dT}$。WLF 方程为 $\log\alpha_T=\dfrac{-C_1(T-T_g)}{C_2+T-T_g}$ ($C_1=17.4$，$C_2=51.6$)，所以 $\Delta E_a=-RT^2(2.303)d\left[\dfrac{-C_1(T-T_g)}{C_2+T-T_g}\right]/dT=2.303R\dfrac{C_1 C_2}{(C_2+T-T_g)^2}T^2$。当 $T=T_g$ 时，$\Delta E_a=2.303R\dfrac{C_1}{C_2}T_g^2$，如果 $T_g=200$ K，则

$$\Delta E_a=\frac{2.303\times 8.314\times 17.4\times 200^2}{51.6}=258.3(\text{kJ}\cdot\text{mol}^{-1})$$

如果 $T_g=400$ K，则 $\Delta E_a=1033$ kJ·mol^{-1}。

(2) 当 $T \gg T_g$ 时，$C_2 + T - T_g \rightarrow T$，则
$$\Delta E_a = 2.303RC_1C_2 = 2.303 \times 8.314 \times 17.4 \times 51.6 = 17.19 (kJ \cdot mol^{-1})$$

14-113 用膨胀计法(测定比体积-温度曲线)测得一种非晶态塑料制品的 $T_g = 100\ ℃$，实际使用中，该制品受 10^2 Hz 的交变应用作用。该制品的使用温度上限是高于 $100\ ℃$ 还是低于 $100\ ℃$？用膨胀计法测得一种橡胶制品的 $T_g = -60\ ℃$，这种橡胶也在 10^2 Hz 的动态条件下使用，该橡胶制品使用温度的下限值该如何变化？

答 外力的频率增加，作用的时间缩短，T_g 增加。对于非晶态塑料制品，使用温度上限高于 $100\ ℃$。对于橡胶制品，使用温度的下限值高于 $-60\ ℃$。

14-114 假设位移因子 α_T 符合 WLF 方程 $\log\alpha_T = \dfrac{-C_1(T-T_s)}{C_2+T-T_s}$，如何由在一系列温度 $T_1 \sim T_7$ 实验测量得到的应力松弛曲线[图 14-30(a)]绘制成在某一指定温度(T_3)的应力松弛叠合曲线[图 14-30(b)]？

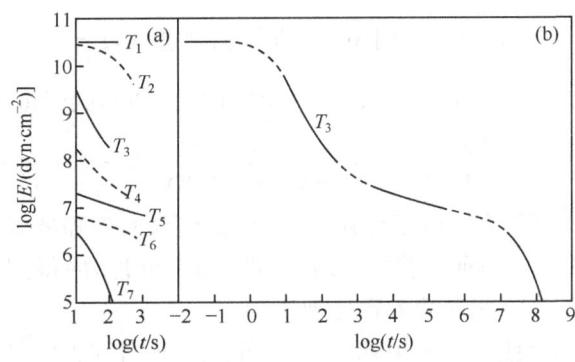

图 14-30　应力松弛曲线(a)与应力松弛叠合曲线(b)

答 以 T_3 为参考温度，参考温度的曲线不动。温度低于参考温度的曲线(T_1 和 T_2)往左移动 $\log\alpha_T$；温度高于参考温度的曲线($T_4 \sim T_7$)往右移动 $\log\alpha_T$。各曲线彼此叠合成光滑的叠合曲线。

14-115 根据下列曲线(图 14-31)，由位移因子 $\log\alpha_T$ 的计算绘出在 $67\ ℃$ 下的叠合曲线，该聚合物 $T_g = 342$ K，V_x 为拉伸速度。

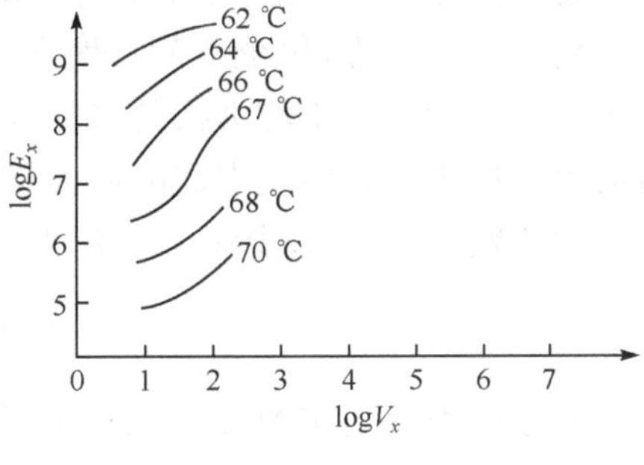

答 因为参考温度 $67\ ℃$ 不是 $T_g = 342$ K ($69\ ℃$)，不能用 $\log\alpha_T = \dfrac{-17.44(T-T_g)}{51.6+(T-T_g)}$，而用 $\log\alpha_T = \dfrac{-C_1(T-T_s)}{C_2+T-T_s}$，即 $\log\alpha_T = \dfrac{-8.86(T-67)}{101.6+T-67}$。其余步骤与 14-114 题相同。

图 14-31　$\log E_x\text{-}\log V_x$ 曲线

14-116 聚异丁烯($T_g = -75\ ℃$)的应力松弛模量在 $25\ ℃$ 和测量时间为 1 h 下是 3×10^5 Pa，从它的时温等效转换曲线(图 14-32)估计：(1) 在 $-80\ ℃$ 和测量时间为 1 h 的应力松弛模量为多少？(2) 在什么温度下，使测定时间为 10^{-6} h，与 $-80\ ℃$ 测量时间为 1 h 所得到的模量值相同？

答 (1) 由 PIB 的时温等效转换曲线(图 14-32)查到，在 $-80\ ℃$ 和测量时间为 1 h 下，$\log E(t) = 9$，即 $E(t) = 10^9$ Pa。

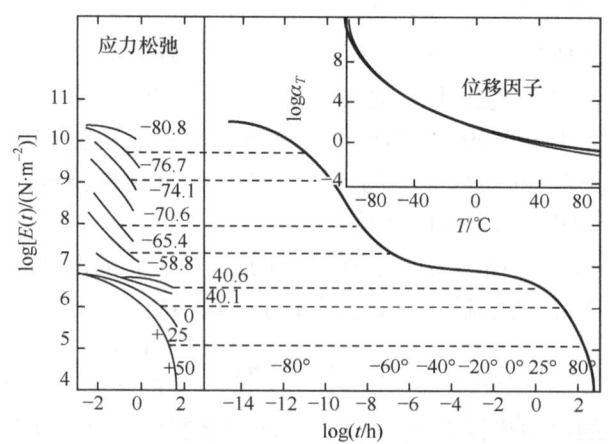

图 14-32　PIB 的时温等效转换应力松弛曲线

(2) 已知 PIB 的 $T_g = -75$ ℃，应用 WLF 方程和题意，$\log \dfrac{1}{t_{T_g}} = \dfrac{-17.44 \times (193-198)}{51.6 + (193-198)}$，所以 $t_{T_g} = 0.01345$ h $= 48$ s。由题意，在 10^{-6} h 测得同样的 $E(t)$ 的温度为 T，两种情况下有相同的位移因子 $\log \alpha_T$，所以 $\log \dfrac{10^{-6}}{0.01345} = \dfrac{-17.44(T-198)}{51.6 + (T-198)}$，$T = 214$ K $= -59$ ℃。

14-117　今有一种在 25 ℃恒温下使用的非晶态聚合物，现需要评价这一材料在连续使用 10 年后的蠕变性能。试设计一种实验，可以在短期(如一个月)内得到所需要的数据。说明这种实验的原理、方法以及实验数据的大致处理步骤。

答　利用时温等效转换原理，在短期内和不同温度下测其力学性能。利用 WLF 方程求出位移因子 $\log \alpha_T$ 并画出叠合曲线，则从叠合曲线上便可查找 10 年后任一时刻的力学性能。

14.4　Boltzmann 叠加原理

14-118　什么是 Boltzmann 叠加原理？写出叠加方程。

答　这个原理指出聚合物的力学松弛行为是其整个历史上各松弛过程的线性加和的结果。对于蠕变过程，每个负荷对聚合物的形变的贡献是独立的，总的蠕变是各个负荷引起的蠕变的线性加和。对于应力松弛，每个应变对聚合物的应力松弛的贡献也是独立的，聚合物的总应力等于历史上各应变引起的应力松弛过程的线性加和。

对于蠕变实验，Boltzmann 叠加方程为

$$\varepsilon(t) = D(0)\sigma(t) + \int_0^\infty \sigma(t-a) \dfrac{\partial D(a)}{\partial a} \mathrm{d}a$$

对于应力松弛实验，Boltzmann 叠加方程为

$$\sigma(t) = E(0)\varepsilon(t) + \int_0^\infty \varepsilon(t-a) \dfrac{\partial E(a)}{\partial a} \mathrm{d}a$$

14-119　什么是线性黏弹性？

答　符合 Boltzmann 叠加原理的性质称为线性黏弹性，反之为非线性黏弹性。高分子材料的小形变都可以在线性黏弹性范围内处理。

14-120　有一线型聚合物试样，其蠕变行为近似可用四元件模型描述，蠕变实验时先加一应力 $\sigma = \sigma_0$，经 5 s 后将应力 σ 增加为 $2\sigma_0$，求到 10 s 时试样的形变值。已知模型的参数为：$\sigma_0 = 1 \times$

10^8 N·m^{-2};$E_1=5\times10^8$ N·m^{-2},$E_2=1\times10^8$ N·m^{-2};$\eta_2=1\times10^8$ Pa·s;$\eta_3=5\times10^{10}$ Pa·s。

答 聚合物的总形变为

$$\varepsilon(t)=\varepsilon_1+\varepsilon_2+\varepsilon_3=\frac{\sigma_0}{E_1}+\frac{\sigma_0}{E_2}(1-e^{-t/\tau})+\frac{\sigma_0}{\eta_3}t$$

其中 $\tau=\dfrac{\eta_2}{E_2}=\dfrac{1.0\times10^8}{1.0\times10^8}=1(s)$。当应力 $\sigma_0=1.0\times10^8$ Pa 时,5 s 时的形变值

$$\varepsilon_0(5)=\frac{1\times10^8}{5.0\times10^8}+\frac{1\times10^8}{1\times10^8}(1-e^{-5/1})+\frac{1\times10^8}{5\times10^{10}}\times5=1.203$$

10 s 时的形变值可用同样方法得到:$\varepsilon_0(10)=1.220$。

本题 10 s 时总形变等于 0 s 和 5 s 时相继加上的应力 σ_0 所产生的形变的加和。根据 Boltzmann 原理,$\varepsilon(10)=\varepsilon_0(10)+\varepsilon_0(5)=1.220+1.203=2.423$。

14-121 聚乙烯试样长 4 in、宽 0.5 in、厚 0.125 in,加负荷 62.5 lb 进行蠕变实验,得到数据如下:

t/min	0.1	1	10	100	1 000	10 000
l/in	4.033	4.049	4.076	4.11	4.139	4.185

试作其蠕变曲线。如果 Boltzmann 原理有效,在 100 min 时负荷加倍,则 10 000 min 时蠕变伸长是多少?

答 蠕变曲线如图 14-33 所示。

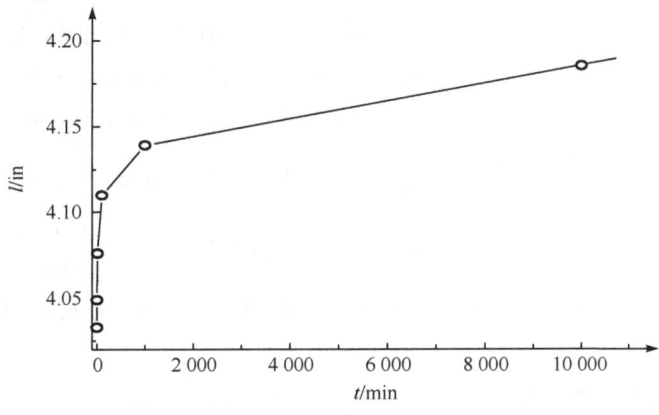

图 14-33 蠕变曲线

10 000 min 时,$l=4.185$ in,$\varepsilon(10\,000)=(4.185-4)/4=0.4625$。9900 min 时,$l=4.184$ in,$\varepsilon(9900)=(4.184-4)/4=0.4600$。根据 Boltzmann 叠加原理,总应变 $\varepsilon(t)=\varepsilon_0(t)+\varepsilon_0(t-100)$。因两次加的负荷一样,$\varepsilon(t)=\varepsilon_0(t)+\varepsilon_0(t-100)=\varepsilon_0(10\,000)+\varepsilon_0(9900)=0.046\,25+0.046\,00=0.092\,25$,所以 $l(10\,000)=l_0(1+\varepsilon)=4\times1.092\,25=4.369(\text{in})=110.97(\text{cm})$。

14-122 某聚苯乙烯试样尺寸为 $(10.16\times1.27\times0.318)$ cm^3,加上 277.8 N 的负荷后进行蠕变实验,得到实验数据如下,试画出其蠕变曲线。如果 Boltzmann 叠加原理有效,在 100 min 时将负荷加倍,则在 10 000 min 时试样蠕变伸长为多少?

t/min	0.1	1	10	100	1 000	10 000
l/m	0.102 4	0.102 8	0.103 5	0.104 4	0.105 1	0.106 3

答 根据 $\varepsilon=(l-l_0)/l_0$，计算各个时间下的 Δl 和 $\varepsilon(t)$，数据整理如下，作 $\varepsilon(t)$-t 曲线（图 14-34 曲线 1）。

$\log t$	−1	0	1	2	3	4
$\Delta l \times 10^3/\mathrm{m}$	0.84	1.24	1.93	2.79	3.53	4.70
$\varepsilon(t) \times 10^2$	0.825	1.225	1.90	2.75	3.48	4.63

$$\sigma_0 = \frac{W}{A_0} = \frac{277.8}{1.27 \times 0.318 \times 10^{-4}} = 6.88 \times 10^6 (\mathrm{N \cdot m^{-2}})$$

$$J(100) = \frac{\varepsilon(100)}{\sigma_0} = \frac{2.75 \times 10^{-2}}{6.88 \times 10^6} = 4.0 \times 10^{-9} (\mathrm{m^2 \cdot N^{-1}})$$

由 Boltzmann 叠加原理：$\varepsilon(10\,000) = \sigma_0 J(t_1) + \sigma J(t-t_1)$，可分别计算 $\sigma = 2\sigma_0$ 时的各点 Δl 值和 ε 值，数据整理如下，作叠加曲线（图 14-34 曲线 2）。

	$\log(t/\min)$	−1	0	1	2	3	4
$\sigma_0 = 277.8\,\mathrm{N \cdot m^{-2}}$	$\Delta l \times 10^3/\mathrm{m}$	0.84	1.24	1.93	2.79	3.53	4.70
	$\varepsilon \times 10^2$	0.825	1.225	1.900	2.750	3.475	4.625
$\sigma = 2\sigma_0$	$\Delta l \times 10^3/\mathrm{m}$				5.58	7.06	9.40
	$\varepsilon \times 10^2$				5.50	6.95	9.25

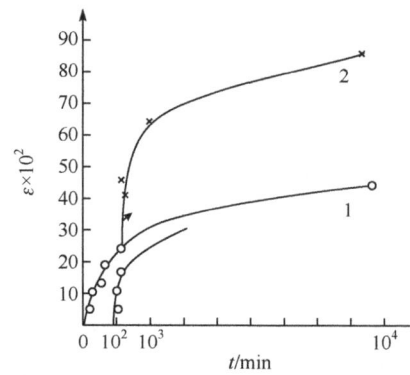

图 14-34　PS 的蠕变叠加曲线

$\varepsilon(10\,000) = 92.5 \times 10^{-3}$，$\Delta l = \varepsilon l_0 = 92.5 \times 10^{-3} \times 0.1016 = 9.4 \times 10^{-3}\,(\mathrm{m})$，试样蠕变伸长 $l = l_0 + \Delta l = 0.1016 + 9.4 \times 10^{-3} \approx 0.111\,(\mathrm{m})$。

14-123 松弛模量 $E(t)$ 可由下式得到：$E(t) = \int_{-\infty}^{t} H(\ln\tau) \mathrm{e}^{-t/\tau} \mathrm{d}\ln\tau$。假定 $t \leqslant \tau$ 时 $\mathrm{e}^{-t/\tau} = 1$，$t > \tau$ 时 $\mathrm{e}^{-t/\tau} = 0$，证明 $H(\ln t) = -\dfrac{\mathrm{d}E(t)}{\mathrm{d}\ln t}$[注：此式称为 $H(\ln \tau)$ 的一级近似式，可以利用它从 $E(t)$ 的实测值确定 $H(\ln \tau)$]。

证
$$E(t) = \int_{-\infty}^{t} H(\ln\tau) \mathrm{e}^{-t/\tau} \mathrm{d}\ln\tau$$
$$= \int_{-\infty}^{t} H(\ln\tau) \mathrm{e}^{-t/\tau} \frac{1}{\tau} \mathrm{d}\tau + \int_{t}^{\infty} H(\ln\tau) \mathrm{e}^{-t/\tau} \frac{1}{\tau} \mathrm{d}\tau$$

因为 $t \leqslant \tau$ 时 $\mathrm{e}^{-t/\tau} = 1$，$t > \tau$ 时 $\mathrm{e}^{-t/\tau} = 0$，所以前一项等于零，$E(t) = \int_{t}^{\infty} H(\ln\tau) \frac{1}{\tau} \mathrm{d}\tau$，因为 $E(\infty) = 0$（应力松弛），所以 $E(t) - E(\infty) = \int_{t}^{\infty} H(\ln\tau) \frac{1}{\tau} \mathrm{d}\tau$，$\int_{\infty}^{t} \mathrm{d}E(t) = \int_{t}^{\infty} H(\ln\tau) \frac{1}{\tau} \mathrm{d}\tau$，即 $-\int_{t}^{\infty} \mathrm{d}E(t) = \int_{t}^{\infty} H(\ln\tau) \frac{1}{\tau} \mathrm{d}\tau$，两边微分 $-\mathrm{d}E(t) = H(\ln t) \frac{1}{t} \mathrm{d}t$，$-\mathrm{d}E(t) = H(\ln t) \mathrm{d}\ln t$，所以 $H(\ln t) = -\dfrac{\mathrm{d}E(t)}{\mathrm{d}\ln t}$。

14-124 某黏弹性聚合物假定服从 Boltzmann 叠加原理。在 $t=0$ 时受到张应力 10 MPa，并维持 100 s 后应力立即移去。如果从材料的蠕变柔量为 $J(t)=J_0(1-e^{-t/\tau_0})$，式中，$J_0=2\ \text{GPa}^{-1}$，$\tau_0=200\ \text{s}$，则 100 s 和 200 s 后净蠕变应变分别为多少？

答 $\varepsilon(t)=\Delta\sigma_1 J(t-\tau_1)+\Delta\sigma_2 J(t-\tau_2)+\cdots$，则
$$\varepsilon(100)=\Delta\sigma J(100)=(10\times 10^{-3})\times 2\times(1-e^{-100/200})=0.0079$$
同理求得 $\varepsilon(200)=0.0058$。

14-125 一种等级的 PP 在 35 ℃时拉伸蠕变的柔量 $J(t)=1.2\ t^{0.1}\ \text{GPa}^{-1}$，$t$ 的单位为 s。当该聚合物样品 35 ℃时在下列时刻分别被施加张应力：$t<0$ 时 $\sigma=0$；$0\leqslant t<1000$ 时 $\sigma(0)=1$ MPa；$1000\ \text{s}\leqslant t<2000\ \text{s}$ 时 $\sigma(1000)=1.5$ MPa；$t\geqslant 2000$ s 时 $\sigma(2000)=0$。假定该 PP 具有线性黏弹性，服从 Boltzmann 叠加原理，求下列时刻的张应变：(1) 1500 s；(2) 2500 s。

答 $\varepsilon(t)=\sum_i J(t-t_i)\sigma_i$

(1) $\varepsilon(1500)=J(0\sim 1500)\sigma(0)+J(1000\sim 1500)\sigma(1000)$
$=1.2\times 10^{-9}\times(1\times 1500^{0.1}+0.5\times 500^{0.1})\times 10^6$
$=3.61\times 10^{-3}$

（注意：1000 s 时应力的增加是 0.5 MPa，而不是 1.5 MPa）

(2) $\varepsilon(2500)=J(0\sim 2500)\sigma(0)+J(1000\sim 1500)\sigma(1000)-J(2000\sim 2500)\sigma(2000)$
$=1.2\times 10^{-9}\times(1\times 2500^{0.1}+0.5\times 1500^{0.1}-1.5\times 500^{0.1})\times 10^6$
$=0.52\times 10^{-3}$

14-126 有一个线型聚合物试样，其蠕变行为近似可用如图 14-35 所示的力学模型描述，蠕变实验时，先加上一个应力 σ_0，经 5 s 后将应力增加为 $2\sigma_0$，求到 10 s 时试样的应变值。已知模型元件参数为：$\sigma_0=1\times 10^8\ \text{N}\cdot\text{m}^{-2}$，$E_1=5\times 10^8\ \text{N}\cdot\text{m}^{-2}$，$\eta_2=5\times 10^8\ \text{Pa}\cdot\text{s}$，$E_2=1\times 10^9\ \text{N}\cdot\text{m}^{-2}$，$\eta_3=5\times 10^{10}\ \text{Pa}\cdot\text{s}$。

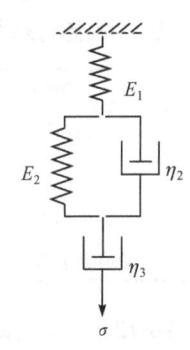

图 14-35 某线型聚合物的蠕变实验力学模型

答 由 Boltzmann 叠加原理，$t_1=t_2=5\ \text{s}$，$\tau=\dfrac{\eta_2}{E_2}=\dfrac{5\times 10^8}{1\times 10^9}=0.5(\text{s})$。

$\varepsilon=\varepsilon_1+\varepsilon_2+\varepsilon_3$
$=\left[\dfrac{\sigma_0}{E_1}+\dfrac{\sigma_0}{E_2}(1-e^{-t_1/\tau})+\dfrac{\sigma_0}{\eta_3}t_1\right]+\left[\dfrac{2\sigma_0}{E_1}+\dfrac{2\sigma_0}{E_2}(1-e^{-t_2/\tau})+\dfrac{2\sigma_0}{\eta_3}t_2\right]$
$=0.31+0.62=0.93$

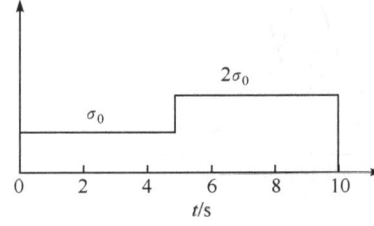

图 14-36 加载程序

14-127 根据 Boltzmann 叠加原理：(1) 画出线型聚合物试样在受到如图 14-36 所示加载程序时的蠕变曲线(示意图)；(2) 设 σ_0 为 $1\times 10^8\ \text{N}\cdot\text{m}^{-2}$，普弹柔量为 $1\times 10^{-9}\ \text{m}^2\cdot\text{N}^{-1}$，高弹平衡柔量为 $1\times 10^{-10}\ \text{m}^2\cdot\text{N}^{-1}$，高弹松弛时间为 5 s，黏度为 $5\times 10^{11}\ \text{Pa}\cdot\text{s}$，试求试样在第 10 s 时的应变值。

答
$$\varepsilon=\varepsilon_1+\varepsilon_2+\varepsilon_3=\left[\sigma_0 J_1+\sigma_0 J_2(1-e^{-t_1/\tau})+\dfrac{\sigma_0}{\eta_3}t_1\right]+\left[2\sigma_0 J_1+2\sigma_0 J_2(1-e^{-t_2/\tau})+\dfrac{2\sigma_0}{\eta_3}t_2\right]$$

$$= [1\times10^8\times1\times10^{-9}+1\times10^8\times1\times10^{-10}\times(1-e^{-5/5})+\frac{1\times10^8}{5\times10^{11}}\times5]$$
$$+ [2\times1\times10^8\times1\times10^{-9}+2\times1\times10^8\times1\times10^{-10}\times(1-e^{-5/5})+\frac{2\times1\times10^8}{5\times10^{11}}\times5]$$
$$=0.322$$

14-128 为什么 Boltzmann 叠加原理不适用于结晶聚合物？

答 Boltzmann 叠加原理讨论了在不同时间下应力对聚合物的影响。这是基于两个假设，第一个假设是伸长与应力成正比例，第二个假设是在一个给定的负荷下的伸长与在此之前的任何负荷引起的伸长无关。对于结晶聚合物，结晶作用像交联一样改变了聚合物的蠕变行为，大大降低了聚合物的可变性，第一个假设已经没有根据了。

14.5 测定动态黏弹性的实验方法

14-129 测定静态黏弹性的实验方法有哪些？

答 测定静态黏弹性的实验方法主要有两种：高温蠕变仪和应力松弛仪。前者在恒温恒负荷下检测试样的应变随时间的变化，单丝试样应变随时间的变化通过其一端穿过的差动变压器测量。后者在恒温恒应变条件下测定应力随时间的变化，拉伸力为与试样连接的弹簧片的弹性力，而这个弹性力通过差动变压器测定弹簧片的形变量确定。

14-130 测定动态黏弹性的实验方法有哪些？

答 测定动态黏弹性的实验方法主要有以下三类：

类型	测试方法例子	频率范围/Hz
自由衰减振动法	扭摆法、扭辫法	0.1~10
	振簧法	50~50 000
受迫振动共振法	黏弹谱仪、动态热机械分析法	10^{-3}~10^2
受迫振动非共振法	声波传播法	10^5~10^7

14-131 画出两种典型的动态力学谱图：温度谱和频率谱的示意图。

答 分别如图 14-37 和图 14-38 所示。

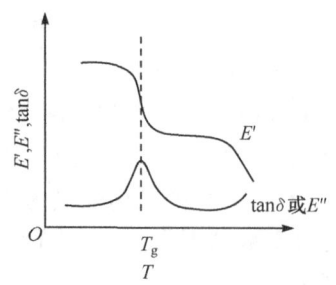
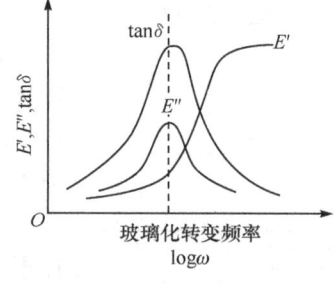

图 14-37 典型非晶态聚合物的温度谱　　图 14-38 典型非晶态聚合物的频率谱

14-132 某实验室有两种动态力学性能测试仪器：振簧仪和扭辫仪。这两种仪器直接测定的量是什么？

答 振簧仪直接测定的量是共振频率 ν_r 和半宽频率 $\Delta\nu$。扭辫仪直接测定的量是振动周期 P 和对数减量 Δ。

14-133 写出扭摆仪度量内耗大小的物理量和关系式。

答 扭摆法中通常用更直接的参数"对数减量 Δ"来表征力学损耗。Δ 定义为两个相继振动的振幅的比值的自然对数,$\Delta=\ln\dfrac{A_1}{A_2}=\ln\dfrac{A_2}{A_3}=\cdots$。$G'=\dfrac{1}{kP^2}(4\pi^2-\Delta^2)$,$G''=\dfrac{4\pi I\Delta}{kP^2}$,$\tan\delta=\dfrac{G''}{G'}=\dfrac{\Delta}{\pi}$,式中,$P$ 为正弦振动的周期,I 为转动惯量,k 为常数。以 $1/P^2$ 对 T 作图相当于 G'-T 图;以 Δ 对 T 作图相当于 $\tan\delta$-T 图。两者都能反映聚合物的多重转变。

14-134 研究高分子材料动态力学性质有什么重要意义?

答 主要用来研究聚合物的次级松弛。非晶态聚合物在 T_g 以下,链段运动虽然已经冻结,但比链段小的一些运动单元仍能运动,在力学谱图 $\tan\delta$-T 上会出现多个内耗峰。习惯上把最高温度出现的内耗峰称为 α 松弛(玻璃化转变),随后依次称为 β、γ、δ 松弛。低于玻璃化转变的松弛统称为次级松弛。β 松弛常归因于较大的侧基、杂原子链节的运动或短链段的局部松弛模式。γ 松弛常归因于 4 个以上—CH_2—基团的曲柄运动(图 14-39),或与主链相连的小侧基(如甲基)的内旋转等。晶态聚合物的主转变为熔点,次级转变对应于晶形转变、晶区内部运动等。

图 14-39 曲柄运动示意图

14-135 将高密度 PE 的损耗模量 G'' 对温度 T 作图,在 140 ℃、−40 ℃和−120 ℃有峰值。结晶的 PP 的峰值在 150 ℃、130 ℃、−20 ℃和−150 ℃。说明每一峰值的意义以及两组峰值之间的差别。

答 HDPE:140 ℃是熔点,−40 ℃是 T_g,−120 ℃是曲柄运动。PP:150 ℃是熔点,130 ℃是晶形转变,−20 ℃是 T_g,−150 ℃是曲柄运动或—CH_3 运动。

14-136 扭辫仪中的玻璃纤维能否用尼龙丝、铜丝或棉纤维做成的辫子代替?为什么?

答 用尼龙丝和棉纤维不行。因为尼龙和纤维素本身是高分子化合物,也有内耗。

14-137 在扭辫实验中能否用以下物质代替玻璃辫?为什么?
(1) 涤纶;(2) 醋酸纤维素;(3) 纸;(4) 钢。

答 只有(4)钢可以。因为其他都是高分子材料,都有内耗。

14-138 用振簧法和扭摆法测定聚合物的动态力学性能时,测得的模量是杨氏模量还是剪切模量?

答 剪切模量。

14-139 扭力常数为 k 的琴弦上悬挂着一根惯性矩为 I 的惯性棒,使其作自由振动时的周期是多少?

答 $2\pi\sqrt{I/k}$。

14-140 把一块长 10 cm、截面积为 0.20 cm^2 的橡胶试片夹住一端,另一端加上质量为 500 g 的负荷使其自然振动(图 14-40),振动周期为 0.60 s,其振幅每一周期减小 5%。若已知对数减量 $\Delta=\dfrac{1}{2}\dfrac{\Delta W_{损失}}{W_{总}}=\pi\dfrac{G''_\omega}{G'_\omega}=\pi\tan\delta$,
(1) 试计算以下各项:橡胶试片在该频率下的储能模量(G'_ω)、损耗模量(G''_ω)、对数减量(Δ)、损耗角正切($\tan\delta$)以及力学回弹(R);

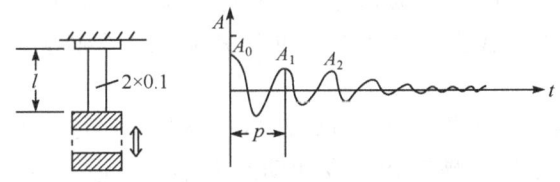

图 14-40 聚合物自由振动测试示意图

(2) 若已知 $\Delta=0.020$,则经过多少周期之后,其振动的振幅减小到起始值的一半?

答 试样常数 $K=CD^3\mu/16l$,式中,$C=2$ cm(试样宽),$D=1$ cm(试样厚),$\mu=5.165$(形

状因子),$l=10$ cm(试样长),所以 $K=12\times0.1^3\times5.165/(16\times10)=6.5\times10^{-5}$。由 $P=\dfrac{2\pi}{\omega}$,振动频率 $\omega=\dfrac{2\pi}{P}=\dfrac{2\times3.14}{0.60}=10.5(\text{s}^{-1})$。

(1) 对数减量 $\Delta=\ln\dfrac{A_0}{A_1}=\ln\dfrac{A_1}{A_2}=\cdots=\ln\dfrac{A_i}{A_{i+1}}$。由题意,每个周期减小 5%,由振动时储能与频率、质量关系 $4\pi^2\omega^2 m=KG'_\omega$,式中,$m=500$ g(负荷)。所以

$$G'_\omega=\dfrac{4\pi^2\omega^2 m}{K}=\dfrac{4\times3.14^2\times10.5^2\times500}{6.5\times10^{-5}}=3.3\times10^9(\text{N}\cdot\text{m}^{-2})$$

$$G''_\omega=\dfrac{\Delta G'_\omega}{\pi}=\dfrac{3.3\times10^9\times0.05}{3.14}=5.3\times10^7(\text{N}\cdot\text{m}^{-2})$$

$$\tan\delta=\dfrac{G''_\omega}{G'_\omega}=\dfrac{5.3\times10^7}{3.3\times10^9}=1.6\times10^{-2}$$

$$R=\exp(2\Delta)=\exp(2\times0.05)=1.105$$

(2) 衰减因子 $\alpha=\dfrac{\Delta}{P}=\dfrac{0.020}{0.60}=0.033(\text{s}^{-1})$,由题意,$\ln\dfrac{A}{0.5A}=0.033n$,所以 $n=\dfrac{\ln(1/0.5)}{0.033}\approx21$(周期)。

14-141 将一块橡胶试片一端夹紧,另一端加上负荷使其自由振动,振动周期为 0.60 s,振幅每一周期减小 5%:(1) 计算橡胶试片在该频率下的对数减量(Δ)和损耗角正切($\tan\delta$);(2) 若已知 $\Delta=0.20$,则经过多少周期后,其振动的振幅将减小到起始值的一半?

答 (1) $\Delta=\ln[1/(1-0.05)]=0.051$,$\tan\delta=\Delta/\pi=0.016$。(2) $\Delta=\ln(1/x)$,$x=0.819$,$(1/x)^n=0.5$,得 $n=3.5$,即 3.5 周期。

14-142 对某一塑料试件做扭摆振动实验,试件的宽度为 5×10^{-3} m,厚度为 5×10^{-4} m,上下夹头间的距离(试件有效长度)为 2.5×10^{-2} m。已测出该摆体系的转动惯量为 2×10^{-4} kg·m^2,在某一恒温下作扭摆振动时,测得相邻振幅的比值(平均值)为 1.105,振动频率为 1 Hz,计算该塑料在这一温度下的剪切模量(G_1、G_2 和 G)和损耗角正切。

答 $G_1=1.01\times10^9$ Pa,$G_2=3.2\times10^7$ Pa,$G=1.01\times10^9$ Pa,$\tan\delta=0.0318$。

14-143 将密度为 0.93 g·cm^{-3}、网链平均相对分子质量为 1250 的橡胶试样安装在扭摆上,并冷却到玻璃化温度以下。在 100 K 时,摆的频率为 55 Hz。如果此时试样的剪切模量为 3.0×10^9 Pa,并忽略试样的尺寸随温度的变化,计算 27 ℃时摆的频率。

答 利用 $G=\rho RT/\overline{M_c}$ 求出 27 ℃时的剪切模量,再利用 $G=I\omega^2/K$ 求出频率,得 $\omega=43.3$ Hz。

14-144 现有聚苯乙烯与聚丁二烯的共混物(20:80,质量比)A,苯乙烯与丁二烯无规共聚的丁苯橡胶(平均组成与共混物的组成相同)B。试比较两种样品的力学损耗因子和温度的动态力学曲线。

答 丁二烯与苯乙烯只有无规共聚才是均一相的共聚物,其嵌段、接枝与共混都是两相结构(塑料相与橡胶相)。均相与两相结构的鉴别常用测玻璃化温度和动态力学温度谱,对均相聚合物,只有一个 T_g,动态力学温度谱上只有一个内耗峰;两相结构则有两个 T_g 和两个内耗峰。显然 A 和 B 两种聚合物就很容易区分,如图 14-41 和图 14-42 所示。

14-145 试画出下列聚合物的动态力学性能-温度谱(示意图),标出特征温度:(1) 无规立构聚甲基丙烯酸甲酯;(2) 聚乙烯;(3) 硫化乙丙橡胶;(4) 固化环氧树脂;(5) SBS 热塑性

弹性体;(6) 用顺丁橡胶共混改性的聚苯乙烯塑料。当测试频率增加时,曲线如何变化?

答 (1) 单峰,峰值对应于 $T_g=104\ ℃$;(2) 单峰(不考虑次级松弛),峰值对应于 $T_g=-68\ ℃$,在 $T_m=130\ ℃$ 时观察到迅速上升的拐点;(3) 和(4) 因为交联没有峰;(5) 和(6) 都是双峰,分别对应于聚丁二烯的 $T_g=-73\ ℃$ 与聚苯乙烯的 $T_g=100\ ℃$。图略。根据时温等效原理,测试频率增加(缩短时间)相当于升高温度的效果。所以当测试频率增加时,曲线的峰值都会向高温移动。

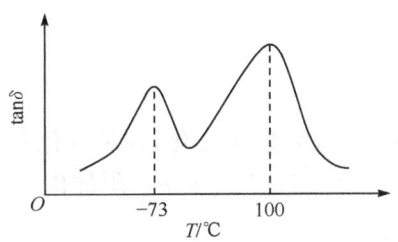
图 14-41　聚苯乙烯与聚丁二烯共混物
(20∶80,质量比)的 tanδ-T 曲线

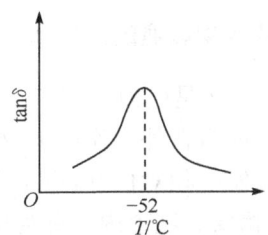
图 14-42　无规共聚丁苯橡胶的
tanδ-T 曲线

【名词解释索引】

松弛,松弛时间(14-1 题)。黏弹性(14-3 题)。蠕变(14-13 题)。蠕变曲线,蠕变回复曲线,普弹形变,高弹形变,黏流形变(14-14 题)。应力松弛(14-29 题)。动态黏弹性(14-35 题)。滞后,滞后圈(14-36 题)。内耗(力学损耗),力学损耗角,损耗角正切(14-39 题)。复数模量,储能模量,损耗模量(14-41 题)。Hooke 弹簧,牛顿黏壶,Maxwell 模型(14-54 题)。广义 Maxwell 模型,对数应力松弛时间谱(14-65 题)。Voigt 模型(14-67 题)。广义 Voigt 模型,对数蠕变时间谱(14-75 题)。"标准线性固体"聚合物模型(14-76 题)。四元件模型(14-83 题)。时温等效原理(14-97 题)。位移因子(14-99 题)。叠合曲线(14-114 题)。Boltzmann 叠加原理(14-118 题)。线性黏弹性(14-119 题)。动态力学谱图,温度谱,频率谱(14-131 题)。对数减量(14-133 题)。次级松弛,α 松弛,β 松弛(14-134 题)。

第 15 章 聚合物的力学性能

15.1 力学性质的基本物理量和力学性能指标

15.1.1 基本物理量的定义和计算

15-1 什么是应力和应变？

答 当材料在外力作用下，材料的几何形状和尺寸就要发生变化，这种变化称为应变。此时材料内部发生相对位移，产生了附加的内力抵抗外力，在达到平衡时，附加内力和外力大小相等，方向相反。这个内力称为应力。

15-2 试述：(1) 各向同性弹性材料的杨氏模量、剪切模量、体积模量和泊松比的定义；(2) 这四个材料常数之间的相互关系；(3) 这四个材料常数的极限值。

答 材料的应力-应变示意图如图 15-1 所示。

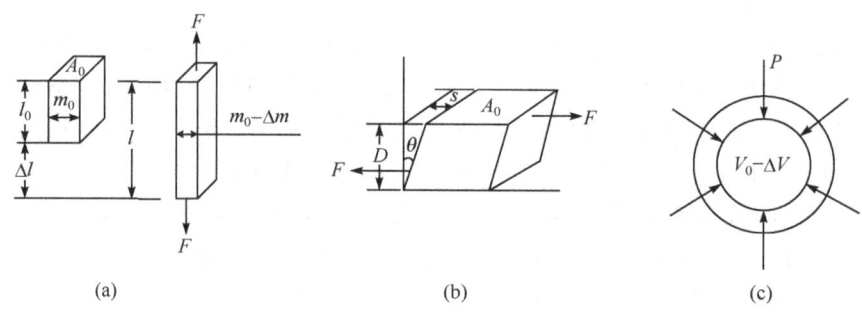

图 15-1 材料的应力-应变示意图
(a) 简单拉伸；(b) 简单剪切；(c) 简单压缩

(1) 对于简单拉伸：张应力 $\sigma=F/A_0$，张应变 $\varepsilon=(l-l_0)/l_0=\Delta l/l_0$，杨氏模量（拉伸模量）$E=\sigma/\varepsilon$。对于简单剪切：切应力 $\sigma_s=F/A_0$，切应变 $\gamma=\tan\theta\approx\theta$（当足够小时），剪切模量 $G=\sigma_s/\gamma$。对于简单压缩（静压力）：围压力 P，压缩应变：$\Delta=\Delta V/V_0$，体积模量 $B=P/(\Delta V/V_0)$。

泊松比 ν 定义为在拉伸实验中，材料横向单位宽度的减小与纵向单位长度的增加的比值，即 $\nu=-(\Delta m/m_0)/(\Delta l/l_0)$，没有体积变化时，$\nu=0.5$（如橡胶），大多数材料体积膨胀，$\nu<0.5$。

(2) 对各向同性材料，E、G、B、ν 四个变量中，只有两个是独立变量，它们之间的关系可用下式描述：$E=2G(1+\nu)=3B(1-2\nu)$。

(3) $\nu=0\sim0.5$，$E=2G\sim 3G$，$B=\dfrac{E}{3}\sim\infty$，$G=\dfrac{E}{2}\sim\dfrac{E}{3}$。显然 $E>G$，也就是说拉伸比剪切困难。

15-3 什么是材料的拉伸模量和拉伸柔量？它们各表示材料的什么性能？一种聚合物 $E=3G$ 的条件是什么（E、G 分别为拉伸模量、剪切模量）？

答 拉伸模量 $E=\sigma/\varepsilon$，拉伸柔量 $D=1/E$。拉伸模量反映材料的刚性，拉伸模量越大，材料的硬度越大，拉伸柔量则相反。类似地，剪切柔量 J 和体积柔量 K（压缩率）也是相应模量的倒数。$E=3G$ 的条件是 $\nu=\dfrac{1}{2}$，即拉伸时体积没有变化。

15-4 试证明小形变时体积不变的各向同性材料的泊松比 $\nu=1/2$。

证 方法一(图 15-2):形变前的体积为 $dV=dxdydz$,形变后的体积为

$$dV^* = (1+\varepsilon_x)dx(1+\varepsilon_y)dy(1+\varepsilon_z)dz$$
$$= (1+\varepsilon_x+\varepsilon_y+\varepsilon_z+\varepsilon_x\varepsilon_y+\varepsilon_y\varepsilon_z+\varepsilon_x\varepsilon_z$$
$$+\varepsilon_x\varepsilon_y\varepsilon_z)dxdydz$$

由于形变很小,$\varepsilon_x\varepsilon_y$ 等高次项可以忽略,所以 $dV^*=(1+\varepsilon_x+\varepsilon_y+\varepsilon_z)dxdydz$。因为体积不

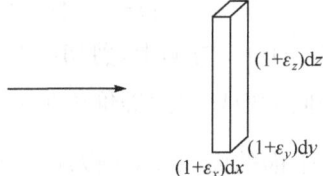

图 15-2 各向同性材料的小形变

变,所以 $dV^*=dV$,$(1+\varepsilon_x+\varepsilon_y+\varepsilon_z)dxdydz=dxdydz$,$\varepsilon_x+\varepsilon_y+\varepsilon_z=0$,又因为 $\varepsilon_x=\varepsilon_y$,所以 $\varepsilon_z=-2\varepsilon_x=-2\varepsilon_y$,$\nu=-\dfrac{\varepsilon_x}{\varepsilon_z}=-\dfrac{\varepsilon_y}{\varepsilon_z}=\dfrac{1}{2}$。

方法二:$m^2l=(m+\Delta m)^2(l+\Delta l)$,$m^2l=m^2l+2m\Delta ml+\Delta m^2l+m^2\Delta l+2m\Delta m\Delta l+\Delta m^2\Delta l$,舍去二次项(指 Δm^2,$\Delta m\Delta l$),$2m\Delta ml=-m^2\Delta l$,$2\Delta ml=-m\Delta l$,$\nu=\dfrac{-\Delta m/m}{\Delta l/l}=\dfrac{1}{2}$。

方法三:$\Delta V=0$,或 $B=PV_0/\Delta V=\infty$,因为 $E=3B(1-2\nu)$,所以 $E/3B=(1-2\nu)=0$,即 $\nu=1/2$。

15-5 25 ℃ 时 PS 的杨氏模量为 3.38×10^9 Pa,泊松比为 0.35,其剪切模量和体积模量是多少?并比较三种模量的数值大小。

答 $E=2G(1+\nu)$,$G=1.25\times10^9$ Pa。$B=E/3(1-2\nu)=3.75\times10^9$ Pa。所以,体积模量>杨氏模量>剪切模量。

15-6 若泊松比为 0.25、0.40 和 0.45,试列一简表或绘一简图说明 E、G、B、ν 四个变量之间的关系。

答 $E=2G(1+\nu)=3B(1-2\nu)$,四者之间关系如下(图 15-3):

ν	E	G	B
0.25	E	$0.40E$	$0.67E$
0.40	E	$0.36E$	$1.67E$
0.45	E	$0.34E$	$3.33E$

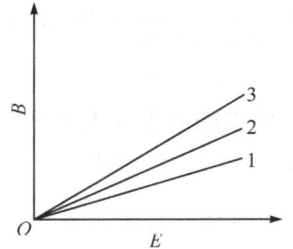 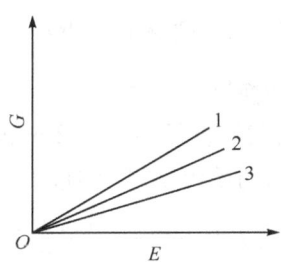

图 15-3 E、G、B 和 ν 之间的关系
1. $\nu=0.25$;2. $\nu=0.40$;3. $\nu=0.45$

15-7 证明:$E=2G(1+\nu)$。

证 图 15-4(a)是应力较大的结果,图 15-4(b)表明应力很小时立方体没有发生畸变。考虑在对角线 AC 和 BD 方向上的应变,θ 取一级近似。

$$AC=\sqrt{(1+\theta)^2+1^2}=\sqrt{2(1+\theta)}=\sqrt{2}\times(1+\theta/2) \quad 应变=\theta/2$$

$$BD=\sqrt{(1-\theta)^2+1^2}=\sqrt{2(1-\theta)}=\sqrt{2}\times(1-\theta/2) \quad 应变=-\theta/2$$

在两个 45°方向上,剪切应变分别等价于张力($\theta/2$)和压缩应变($-\theta/2$)。图 15-4(b)说明这些方向的剪切应力等价于张力和压缩应力,都等于 $2\sigma/\sqrt{2}=\sqrt{2}\sigma$。而这些作用覆盖的面积为对角线平面的面积 $\sqrt{2}$,所以应力是 σ。因而利用线性条件,$\dfrac{\sigma}{2G}=\dfrac{\theta}{2}=\dfrac{\sigma}{E}+\dfrac{-\nu(-\sigma)}{E}$,$G=\dfrac{E}{2(1+\nu)}$,即 $E=2G(1+\nu)$。

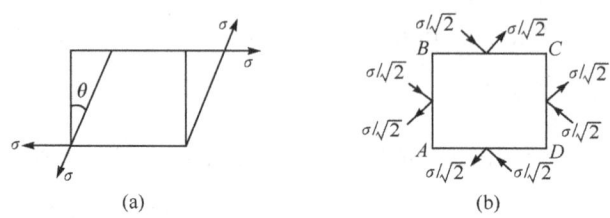

图 15-4 单位立方体发生剪切应变时的受力分析

15-8 一个塑料样条长 100 cm、宽 1.0 cm、厚 0.1 cm,受到 10 N 的力,伸长至 100.1 cm,求弹性模量。

答 $\sigma=\dfrac{10}{0.01\times0.001}=1\times10^6(\text{Pa})$,$\varepsilon=\dfrac{l-l_0}{l_0}=\dfrac{0.1}{100}=10^{-3}$,$E=\dfrac{\sigma}{\varepsilon}=\dfrac{1\times10^6}{10^{-3}}=10^9(\text{Pa})$。

15-9 50 kg 的负荷施加于一试样,这个试样的有效尺寸是:长 10 cm,宽 2 cm,厚 0.2 cm。如果材料的杨氏模量为 3.5×10^9 Pa,则加负荷时试样伸长了多少厘米?

答 $\sigma=\dfrac{50}{2\times0.2}=125(\text{kg}\cdot\text{cm}^{-2})=1.225\times10^7(\text{Pa})$,$E=3.5\times10^9$ Pa,所以 $\varepsilon=\dfrac{\sigma}{E}=\dfrac{1.225\times10^7}{3.5\times10^9}=3.5\times10^{-3}$,$\Delta l=\varepsilon l=3.5\times10^{-3}\times10=3.4\times10^{-2}(\text{cm})$。

15-10 一种橡胶的杨氏模量为 10^7 dyn·cm^{-2},则用 N·m^{-2}(Pa)和 kg·cm^{-2}(kgf·cm^{-2})表示时该模量的数值为多大?

答 1 dyn·cm^{-2}=0.1 N·m^{-2},$E=10^7\times0.1=10^6$(N·m^{-2})=10^6(Pa)。1 kg·cm^{-2}=9.807×10^4 Pa 或 1 Pa=1.020×10^{-5} kg·cm^{-2},$E=\dfrac{10^6}{9.807\times10^4}=10.2$(kg·cm^{-2})。注:注意常用的三种单位间的换算。

15-11 长 1 m、截面直径为 0.002 m 的钢线和橡皮筋分别挂上 0.1 kg 的重物时各伸长多少? 设钢丝和橡皮筋的杨氏模量分别为 2×10^{11} N·m^{-2} 和 1×10^6 N·m^{-2}。

答 $E=\sigma/\varepsilon$,$\varepsilon=\Delta l/l_0$,$\sigma=\dfrac{0.1\times9.8}{\pi\times(0.001)^2}=3.1\times10^4$(N·m^{-2})。

对钢线:$\Delta l=l_0\sigma/E=1\times3.1\times10^4/(2\times10^{11})=1.5\times10^{-7}$(m)。

对橡皮筋:$\Delta l=l_0\sigma/E=1\times3.1\times10^4/(1\times10^6)=0.031$(m)。

15-12 25 ℃下一个弹性体的杨氏模量为 3×10^6 Pa,它的剪切模量是多少? 如果在 100 ℃下该弹性体的一个 1 cm×1 cm×10 cm 的样条被拉成 25 cm,则它的内应力是多少?

答 $G=E/3=1\times10^6$ Pa,$\sigma=E\varepsilon=3\times10^6\times(25-10)/10=4.5\times10^6$(Pa)。

15-13 每边长 2 cm 的立方体高分子材料,已知其剪切模量随时间的变化为:力学物理量

$1/G(t)=(10^{-10}+5t/10^2)(\text{cm}^2 \cdot \text{dyn}^{-1})$。要使该材料分别在 10^{-4} s 和 10^4 s 后产生 0.4 cm 的剪切形变，各需多少外力？

答 如图 15-5 所示，$\tan\theta=\dfrac{0.4}{2}=0.2$，$A_0=4\text{ cm}^2$，根据剪切模量的定义 $G=\dfrac{\sigma_s}{\gamma}=\dfrac{F}{A_0\tan\theta}$，所以 $F=GA_0\tan\theta=4\times 0.2G=0.8G$。

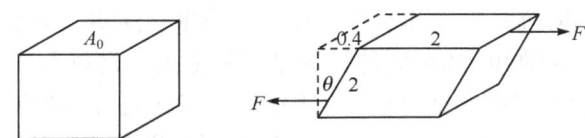

图 15-5　立方体高分子材料剪切形变示意图

对于 10^{-4} s：$\dfrac{1}{G(t)}=10^{-10}+\dfrac{10^{-4}}{10^2}$，$G(t)=1\times 10^6$ dyn $\cdot$ cm^{-2}，$F=0.8\times 1\times 10^6=8\times 10^5(\text{dyn})=8(\text{N})$。

对于 10^4 s：$\dfrac{1}{G(t)}=10^{-10}+\dfrac{10^4}{10^2}$，$G(t)=0.01$ dyn $\cdot$ cm^{-2}，$F=0.8\times 0.01=0.008(\text{dyn})=8\times 10^{-8}(\text{N})$。

15-14 边长为 2×10^{-2} m 的黏弹立方体，其剪切柔量与时间的关系为 $J(t)=(10^{-9}+t/10^7)(\text{m}^2\cdot\text{N}^{-1})$。要使它在 10^{-4} s、10^{-2} s、10^0 s、10^4 s、10^6 s 后各产生剪切形变为 $\Delta x=4\times 10^{-3}$ m，各需多少负荷？

答 由题意，剪切应变 $\varepsilon_s=\dfrac{\Delta x}{D}=\dfrac{4\times 10^{-3}}{0.02}=0.2$。由 $J(t)=(10^{-9}+t/10^7)$，当 $t=10^{-4}$ s 时

$$J(t)=(10^{-9}+10^{-4}/10^7)=10^{-9}(\text{m}^2\cdot\text{N}^{-1})\quad \sigma_s=\dfrac{\varepsilon_s}{J(t)}=\dfrac{0.2}{10^{-9}}=2\times 10^8(\text{N}\cdot\text{m}^{-2})$$

$$F_s=\sigma_s A_0=(2\times 10^8)\times(0.02\times 0.02)=8\times 10^4(\text{N})$$

用同样方法计算不同时间的结果如下：

t/s	10^{-4}	10^{-2}	10^0	10^4	10^6
$J(t)$/(m$^2\cdot$N^{-1})	10^{-9}	2×10^9	10^{-7}	10^{-3}	10^{-1}
σ_s/(N$\cdot$m^{-2})	2×10^8	10^8	2×10^7	2×10^2	2×10
F_s/N	8×10^4	4×10^4	8×10^2	8×10^{-2}	8×10^{-4}

15-15 有一块聚合物试件，其泊松比 $\nu=0.3$，当加外力使其伸长率达 1% 时，则相应的体积增大多少？当 $\nu=0$ 时又如何？

答 由体积模量定义 $B=P/(\Delta V/V_0)$，对于各向同性材料，各种模量之间有 $E=3B(1-2\nu)$，$P\approx 1/3\sigma$ 和 $\sigma=E\varepsilon$，所以 $\dfrac{\Delta V}{V_0}=\dfrac{P}{B}=\dfrac{(1/3)E\varepsilon}{E/3(1-2\nu)}=(1-2\nu)\varepsilon=(1-2\times 0.3)\times 0.01=0.004$，即体积增大 0.4%。$\nu=0$ 时体积增大 1%。

15-16 一个立方体材料假定是不可能压缩的，沿立方体的轴 Ox_1、Ox_2、Ox_3 施加下列应力场：$\sigma_1=8$ MPa，$\sigma_2=7$ MPa，$\sigma_3=5$ MPa。给定在小应变时杨氏模量为 4 GPa，计算 Ox_1 方向上的应变。如果 σ_3 减少为零，要维持材料的应变状态不变，σ_1 和 σ_2 的值应为多少？

答 $\varepsilon_1=\sigma_1/E-\nu(\sigma_2/E+\sigma_3/E)=[\sigma_1-\nu(\sigma_2+\sigma_3)]/E$，因为 $\nu=0.5$（对于不可压缩的固

体),所以 $\varepsilon_1=[\sigma_1-\nu(\sigma_2+\sigma_3)]/E=[8-0.5\times(5+7)]/(4\times10^3)=5\times10^{-4}$。

不可压缩性意味着三个方向上应力同等变化不会影响应变。所以 $\sigma_3=0$ 时需要 $\sigma_1=8-5=3$(MPa)和 $\sigma_2=7-5=2$(MPa),以维持应变状态不变。

15.1.2 力学性能指标的定义和计算

15-17 什么是材料的抗张强度和断裂伸长率?简单描述实验方法。

答 抗张强度(或拉伸强度)和断裂伸长率是工程上表征材料力学性能的物理量。在规定的温度、湿度和拉伸速度下在材料试验机上拉伸标准样条(通常为哑铃形)到断裂。抗张强度是材料断裂时的极限应力,$\sigma_t=P/(bd)$,式中,P 为断裂时样条承受的最大负荷,b 和 d 分别为样条的宽度和厚度。而材料断裂时的极限应变定义为断裂伸长率 ε_t。

15-18 某工程塑料的密度为 2.2×10^3 kg·m^{-3},抗张强度为 125 MPa,而某钢材的密度为 7.8×10^3 kg·m^{-3},抗张强度为 400 MPa。用同样长度的材料悬挂同样质量的物体时,塑料和钢材的最少用量(质量)之比为多少?截面积之比为多少?

答 因为 $F_{钢}=F_{塑}$,所以 $\sigma_{钢}A_{钢}=\sigma_{塑}A_{塑}$,即 $A_{塑}:A_{钢}=\sigma_{钢}:\sigma_{塑}=400:125=3.2$,$\sigma_{钢}\dfrac{m_{钢}/\rho_{钢}}{l}=\sigma_{塑}\dfrac{m_{塑}/\rho_{塑}}{l}$,$m_{塑}:m_{钢}=(\sigma_{钢}\rho_{塑}):(\sigma_{塑}\rho_{钢})=(400\times2.2):(125\times7.8)=0.9$。

15-19 用 20%~40% 玻璃纤维增强的尼龙-610 的密度为 1.5×10^3 kg·m^{-3},其抗张强度为 235 MPa;铸铁的密度为 7.4×10^3 kg·m^{-3},其抗张强度也是 235 MPa。若将它们分别做成均匀的丝悬挂起来,则能支持它们的重力的最大长度各为多少?

答 因为吊起的是自身质量,所以 $F=mg$。因为 $\sigma A=(l\times A)\rho$,所以 $l=\sigma/\rho$。

对于尼龙-610,$l=\dfrac{235\times10^6}{1.5\times10^3\times9.807}=1.6\times10^4$(m)。对于铸铁,求得 $l=3.2\times10^3$ m。

15-20 工程上如何表征材料的冲击强度?

答 冲击强度(或抗冲强度)$\sigma_i=\dfrac{W}{bd}$,式中,W 为断裂样条时的冲击功,b 和 d 分别为样条的宽度和厚度。实验方法有两类。简支梁式:试样两端支承,摆锤冲击试样的中部。悬臂梁式:试样一端固定,摆锤冲击自由端。简支梁式试样又分两类:带缺口和不带缺口。根据材料的室温冲击强度,可将聚合物分为脆性、缺口脆性和韧性三类。

15-21 截面为 15×10 mm^2 的塑料试件,在摆锤式冲击试验机上受冲击作用。已知摆长为 1 m,锤的质量为 2 kg,实验时摆锤冲击前的扬角为 45°,冲击后摆锤的长角为 25°,求该试件的冲击强度。

答 做功的距离 $=2\pi R\times\dfrac{45}{360}-2\pi R\times\dfrac{25}{360}=0.1745$(m),$W=2\times0.1745=0.349$(kg·m)$=3.49$(J),$\sigma_i=\dfrac{W}{bd}=\dfrac{3.49}{15\times10\times10^{-6}}=2.33\times10^4$(J·m^{-2})。

15-22 下列几种聚合物的冲击性能如何?如何解释($T<T_g$)?
(1)聚异丁烯;(2)聚苯乙烯;(3)聚苯醚;(4)聚碳酸酯;(5)ABS;(6)聚乙烯。

答 (1)聚异丁烯:在 $T<T_g$ 时,冲击性能不好。这是因为聚异丁烯是柔性链,链段活动容易,彼此间通过链段的调整形成紧密堆积,自由体积少。

(2)聚苯乙烯:主链挂上体积庞大的侧基苯环,使其成为难以改变构象的刚性链,冲击性能不好,为典型的脆性聚合物。

(3) 聚苯醚：链节为 -（苯环带两个CH₃和O）-，因主链含有刚性的苯环，故为难以改变构象的刚性链，冲击性能不好。

(4) 聚碳酸酯：链节为 -（O-苯-C(CH₃)₂-苯-O-C(=O)）-，由于主链中 -O-C(=O)- 在 -120 ℃可产生局部模式运动，称为β转变。在 $T<T_g$ 时，由于外力作用，β转变吸收冲击能，使聚合物上的能量得以分散，因此冲击能好，在常温下可进行冷片冲压成型，即常温塑性加工。

(5) ABS：聚苯乙烯很脆，引进 A(丙烯腈单体)后使其抗张强度和冲击强度得到提高，再引进 B(丁二烯单体)进行接枝共聚，使其冲击强度大幅度提高。因 ABS 具有多相结构，支化的聚丁二烯相当于橡胶微粒分散在连续的塑料相中，相当于大量的应力集中物，当材料受到冲击时，它们可以引发大量的裂纹，从而吸收大量的冲击能，所以冲击性能好。

(6) 聚乙烯：由于聚乙烯链节结构极为规整和对称，体积又小，所以聚乙烯非常容易结晶，而且结晶度比较高。由于结晶限制了链段的运动，柔性不能表现出来，所以冲击性能不好。高压聚乙烯支化多，破坏了链的规整性，结晶度较低，冲击性能稍好。

15-23 要使脆性较大的非晶态聚合物增韧，而又不至于过多地降低材料的模量和强度，宜采用什么方法？举例说明。

答 宜采用弹性体(橡胶)增韧的方法，使聚合物混合物或接枝共聚物形成两相结构，即刚性聚合物成连续相，橡胶即为分散相。最成功的例子是高抗冲聚苯乙烯(HIPS)，它通过橡胶与聚苯乙烯接枝共聚，形成橡胶粒子分散在基体聚苯乙烯中，且橡胶粒子也包着聚苯乙烯，而橡胶相帮助分散和吸收冲击能量，使韧性增加，其冲击强度比均聚物 PS 成倍增加。

15.2 应力-应变曲线

15.2.1 典型的应力-应变曲线

15-24 画出非晶态聚合物的典型应力-应变曲线，并在曲线上标出下列每一项：
(1) 抗张强度；(2) 伸长率；(3) 屈服点；(4) 模量。

答 非晶态聚合物的典型应力-应变曲线如图 15-6 所示。

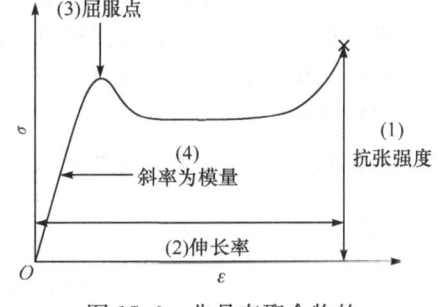

图 15-6 非晶态聚合物的典型应力-应变曲线

15-25 画出非晶态聚合物的应力-应变曲线，曲线可分为五个阶段，给出每个阶段的名称，解释分子运动机理，并说明几个重要指标及其物理意义。

答 典型曲线如图 15-7 所示。整个曲线可分成五个阶段：①弹性形变区，从直线的斜率可以求出杨氏模量，从分子机理来看，这一阶段的普弹性是由高分子的键长、键角和小的运动单元的变化引起的。②屈服(又称应变软化)点，超过此点，冻结的链段开始运动。③大形变区，又称为强迫高弹形变，本质上与高弹形变一样，是链段的运动，但它是在外力作用下发生的。④应变硬化

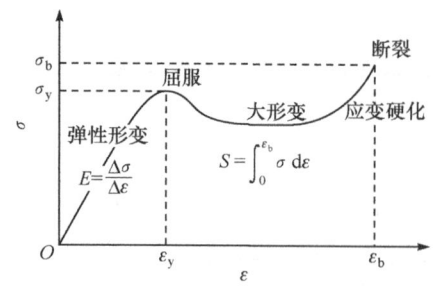

图 15-7 划分成五个阶段的
非晶态聚合物应力-应变曲线

区,分子链取向排列,使强度提高。⑤断裂,分子链中化学键或分子间作用力被破坏。

应力-应变行为有以下几个重要指标:杨氏模量 E(第一阶段的斜率)——刚性(以"硬"或"软"来形容);屈服应力 σ_y 或断裂应力(又称抗张强度 σ_t)σ_b——强度(以"强"或"弱"来形容);伸长率 ε_b 或功 S(曲线包围的面积)——韧性(以"韧"或"脆"来形容)。

15-26 在室温下实验测得某玻璃态聚合物的应力-应变曲线如图 15-8 所示,说明 A、B 和 C 的结构变化。

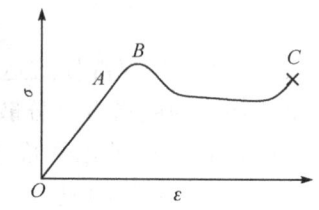

图 15-8 某玻璃态聚合物的应力-应变曲线

答 A 点只是键长、键角的变化,属于普弹形变。B 点发生屈服,链段开始运动,称为强迫高弹形变。C 点发生断裂,化学键或分子间作用力被破坏。

15-27 非晶聚合物试件在拉伸过程中,什么情况下产生强迫高弹形变?什么情况下产生普弹形变?什么情况下产生高弹形变?这三种形变有何区别?它们的微观机理是怎样的?

答 当非晶聚合物在低于 T_g 拉伸,且应力低于屈服应力时,产生普弹形变,但应力高于屈服应力时,产生强迫高弹形变。当非晶聚合物在高于 T_g 拉伸时,产生高弹形变。普弹形变只是键长、键角和小的运动单元的变化;高弹形变涉及链段的运动;强迫高弹形变是较大外力下链段受迫运动。

15-28 什么是强迫高弹性?强迫高弹形变产生的条件是什么?

答 在较大外力下,玻璃态聚合物本来被冻结的链段开始运动,从而提供了材料的大形变。这种运动本质上与橡胶的高弹形变一样,但它是在外力作用下发生的,因而称为强迫高弹形变。这一形变加热可以恢复。玻璃态聚合物具有这一特性称为强迫高弹性。

强迫高弹形变产生的条件是较大的外力(高于屈服应力)。

15-29 聚合物的许多应力-应变曲线中,屈服点和断裂点之间的区域是一平台,此平台区域的意义是什么?温度升高或降低能否使平台的尺寸增加或减少?

答 平台区域是强迫高弹形变,在外力作用下链段发生运动。对于结晶高分子,伴随发生冷拉和细颈化,结晶中分子被抽出,冷拉区域由于未冷拉部分的减少而扩大,直至整个区域试样处于拉伸状态。

平台的大小与温度有很大关系。温度较低时,聚合物是脆的,在达到屈服点之前断裂,不出现平台,因此温度降低,平台区变小。

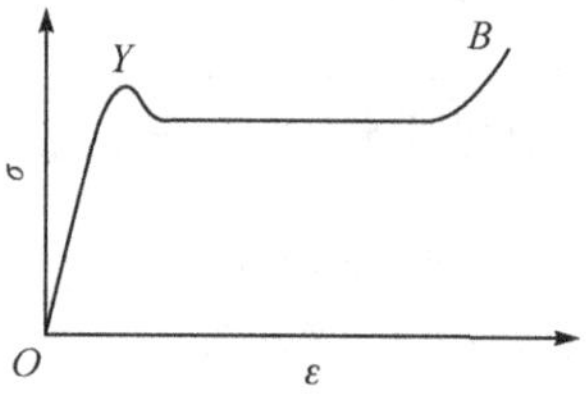

图 15-9 晶态聚合物的应力-应变曲线

15-30 画出晶态聚合物拉伸时典型的应力-应变曲线,指出曲线上的特征点及相应的应力、应变名称,并从聚集态结构出发分析晶态聚合物应力-应变曲线的特点。

答 图 15-9 是晶态聚合物的典型应力-应变曲线。同样经历五个阶段,不同点是第一个转折点 Y 时出现细颈化,然后发生冷拉,应力不变,但应变可达 500% 以上。细颈化是试样的截面突然变得不均匀,出现一个或几个细颈。在冷拉阶段,细颈和非细颈部分的截面积分别维持不变,而细部分不断扩展,非细颈部分逐渐缩短,直至整个试样完全变细为止。冷拉阶段的应力几乎不变,而应变不断增加。

晶态聚合物在拉伸时还伴随着结晶形态的变化,球晶先拉伸成椭球形,进而晶片中分子链被抽出,这一步不需多大的力。进而被抽出的分子链整齐堆砌,形成更完善的伸直链晶体,它们只有在更大的力下才被拉断。

15-31 有下列三种化学组成相同而结晶度不同的聚合物:低结晶度($X_c=5\%\sim10\%$);中等结晶度($X_c=20\%\sim60\%$);高结晶度($X_c=70\%\sim90\%$),试分别讨论它们在T_g温度以下或以上时,结晶度对应力-应变性能的影响。

答 在T_g温度以下,结晶度越高,则$\sigma\varepsilon$曲线上,模量越大(硬度越大),σ_b越高(强度越大),ε_b越低(脆性越大);在T_g温度以上时,仍有相似的规律,但总的变化趋势变小。结晶聚合物因各向异性,$\sigma\text{-}\varepsilon$曲线的变化情况较为复杂。

15-32 晶态聚合物与非晶玻璃态聚合物在拉伸时的形变情况有何共同点及区别?

答 共同点是都有五个阶段,其中三个阶段相同。非晶玻璃态聚合物的屈服和大形变在晶态聚合物中成为细颈化和冷拉。晶态聚合物在外力下还伴随着结晶结构的变化,这是非晶玻璃态聚合物没有的。

15-33 某聚合物的$T_m=267\ ℃$,$T_g=69\ ℃$,从熔体淬火时得到状态1,将状态1升温到180 ℃左右退火得状态2,它们的应力-应变曲线如图15-10所示,给出该聚合物的名称,并解释为什么会有不同的状态和不同的曲线。

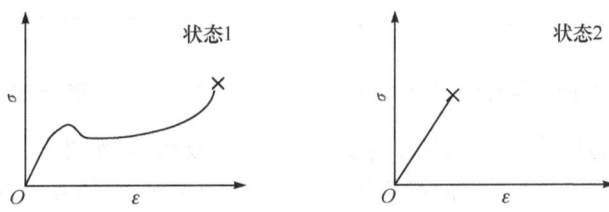

图 15-10 某聚合物不同处理条件下的两种应力-应变曲线

答 该聚合物为PET,状态1为非晶态,状态2为结晶态。因为PET结晶速率较慢,从熔体淬火时来不及结晶,但在退火温度下结晶速率加快,能得到结晶度较高的晶态。

15-34 画出两种特殊的应力-应变曲线:(1) SBS的应变诱发塑料-橡胶转变的应力-应变曲线;(2)硬弹性材料的应力-应变曲线。试从聚合物结构进行分析。

答 (1)应变诱发塑料-橡胶转变:SBS试样在S与B有相近组成时为层状结构,在室温下它是塑料,所以第一次拉伸是非晶态的曲线,在断裂之前除去外力,由于塑料相的重建需要很长时间,因而第二次拉伸时成为典型的橡胶的应力-应变曲线(图15-11)。

(2)硬弹性材料的应力-应变曲线:易结晶的聚合物熔体在较高的拉伸应力场中结晶时可得到很高弹性的纤维或薄膜材料,其弹性模量比一般弹性体高得多,称为硬弹性材料。其应力-应变曲线有起始高模量,屈服不太典型,但有明显转折,屈服后应力会缓慢上升。达到一定形变量后移去负荷,形变会自发回复(形变要完全回复必须加热)。曲线如图15-12所示。

15-35 图15-13是哪种聚合物的应力-应变曲线?

答 是热塑性弹性体的应力-应变曲线。第一次拉伸时,橡胶相由分散相转变为连续相,所以在第二次拉伸时表现橡胶的行为。

15-36 学习应力-应变曲线后,对聚合物完整的流动曲线的每一部分有什么新的启示?对图15-14中(1)~(5)每一部分分别从分子结构角度出发进行比较。

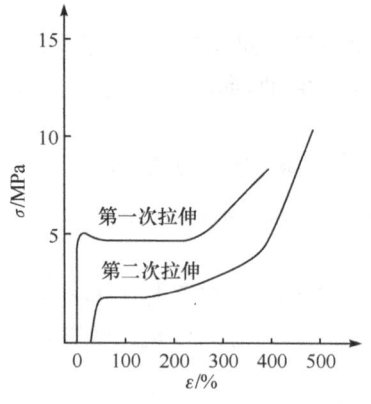

图 15-11 SBS 的应力-应变曲线

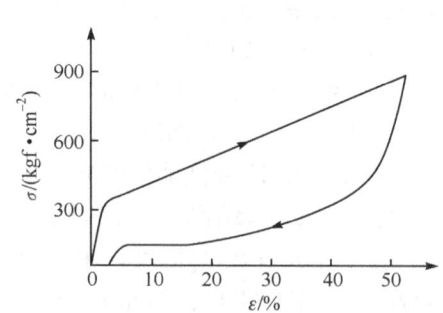

图 15-12 硬弹性聚丙烯的应力-应变曲线

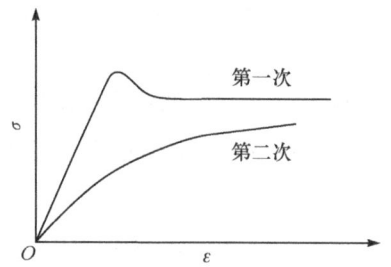

图 15-13 某聚合物两次拉伸的应力-应变曲线

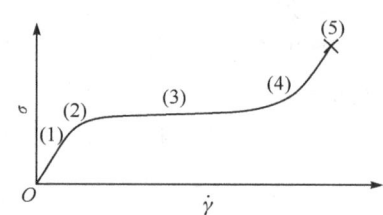

图 15-14 聚合物完整的流动曲线

答 聚合物固体的应力-应变曲线与聚合物熔体或浓溶液的全流动曲线有异曲同工之妙,因为有着类似的分子机理。它们都有五个阶段,每个阶段都相互对应。

(1) 熔体:剪切力较小时高分子链为无规线团,有缠结存在,属第一牛顿区,剪切力与剪切速率呈线性关系,比例系数是黏度。固体:应力较小时只有键长、键角和小的运动单元的运动,就像普通弹簧,应力与应变呈线性关系,比例系数是杨氏模量。

(2) 熔体:假塑性区,缠结的线团开始解缠结,链段能沿流动方向取向。固体:冻结的链段开始运动,材料开始软化。

(3) 熔体:分子链完全取向,进入第二牛顿区,黏度达恒定值。固体:链段在外力作用下逐步实现较完全取向,应力基本恒定,应变持续增加。

(4) 熔体:完全取向的分子链发生拉伸流动,黏度急剧上升。固体:分子链取向排列越来越完全,强度急剧提高。

(5) 熔体:湍流(熔体破裂),分子链结构破坏。固体:断裂,分子链中结构破坏。

15.2.2 应力-应变曲线的五种类型

15-37 不同聚合物的应力-应变曲线可分为五个基本类型,如图 15-15 所示。
请定义以下术语:软的、硬的、强的、弱的、韧的、脆的。并给以上曲线举一种以上的聚合物实例。

答 模量:大—硬,小—软;屈服强度(或断裂强度):大—强,小—弱;断裂伸长:大—韧,小—脆。

软而弱,如聚合物凝胶;硬而脆,如 PS、PMMA、固化酚醛树脂;硬而强,如硬 PVC 和 PS 共混体、硬 PVC;软而韧,如橡皮、增塑的 PVC、PE、PTFE;硬而韧,如尼龙、醋酸纤维素、

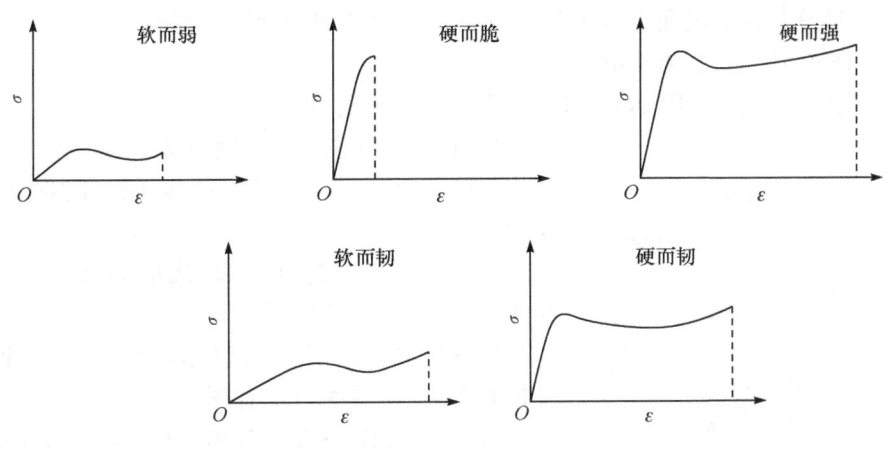

图 15-15 五类应力-应变曲线

PC、PP。

15-38 橡胶、聚苯乙烯、聚碳酸酯、聚乙烯、聚丙烯、硬聚氯乙烯分别属于五种应力-应变曲线的哪一类？分别画出它们的应力-应变曲线示意图，注意体现出它们的特点。

答 参见 15-37 题。

15-39 用软、硬、强、弱、脆、韧的术语定义以下五种类型聚合物的应力-应变行为：

编号	模量	屈服应力	断裂应力	断裂伸长
(1)	低	低	低	中
(2)	低	低	等于屈服应力	高
(3)	高	无	中	低
(4)	高	高	高	中
(5)	高	高	高	高

答 (1) 软而弱；(2) 软而韧；(3) 硬而脆；(4) 硬而强；(5) 硬而韧。

15-40 图 15-16 为四种不同高分子材料拉伸时的应力-应变曲线，说明这四种高分子材料属于何种类型。

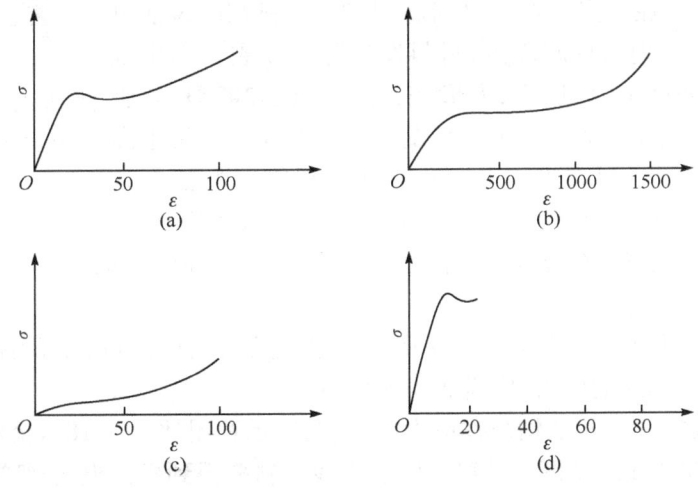

图 15-16 四种不同高分子材料拉伸时的应力-应变曲线

答 它们分别是(a)硬而强、(b)硬而韧、(c)软而韧和(d)硬而脆型。

15-41 在图 15-17 上选择填空。

答 从左到右为:(2) PS、(1) HIPS(高抗冲聚苯乙烯)。

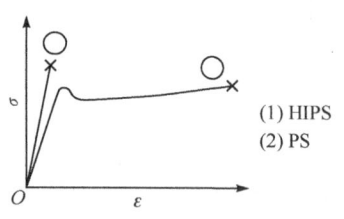

图 15-17 PS 和 HIPS 的应力-应变曲线

15-42 试画出天然橡胶(未交联)在 $T<T_b$、$T_b<T<T_g$ 和 $T_g<T<T_f$ 三种温度区间可能出现的应力-应变曲线。

答 分别对应为硬而脆、硬而韧、软而弱型应力-应变曲线,如图 15-15 所示。

15-43 根据下列实验证据,定性画出三种不同组成 SBS 的应力-应变曲线示意图:

(1) 13%PS,没有相分离,材料是软的;(2) 28%PS,材料为热塑性弹性体,相当坚韧,可以伸长到 600%;(3) 80%PS,与纯 PS 的行为没有区别。

答 (1) 软而弱型,由于没有化学交联,也没有物理交联;(2) 软而韧型,由于有物理交联;(3) 硬而脆型,PS 是脆性塑料。应力-应变曲线示意图参见 15-37 题。

15-44 分别画出等规聚丙烯、交联乙丙橡胶及无规聚丙烯在 25 ℃时的应力-应变曲线。

答 分别为硬弹性材料、软而韧和软而弱三种应力-应变曲线(图略)。

15-45 在常温下分别将聚苯乙烯、硫化橡胶和软聚氯乙烯的细丝下各悬一重物。开始时,聚苯乙烯和聚氯乙烯丝未见伸长,只有硫化橡胶丝很快伸长至一定长度,经 24 h 后,聚苯乙烯丝未见伸长,硫化橡胶丝未继续伸长,只有聚氯乙烯有明显的伸长。试解释这三种材料不同伸长变化的原因。

答 PS 是硬而脆的材料,在断裂之前没有明显伸长。硫化橡胶是软而韧的材料,所以形变随时间迅速发展,但由于交联,到一定伸长率后形变不再发展。PVC 在外力作用下发生蠕变,形变发展较慢,在 24 h 内能明显观察到伸长率的变化。

15.2.3 影响因素

15-46 图 15-18 为非晶聚合物在不同温度下的应力-应变曲线,试说明:(1) 每条曲线应力-应变关系的特征;(2) 每条曲线实验测定的温度范围。

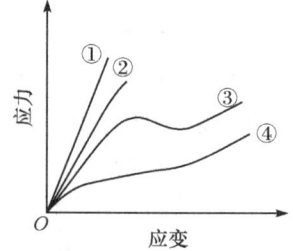

图 15-18 非晶聚合物在不同温度下的应力-应变曲线

答 (1) ①没有屈服点,材料发生脆性断裂,材料在断裂前只发生很小的变形。②刚出现屈服点,材料发生脆性断裂。③出现典型的五个阶段:普弹形变、屈服、大形变、应变硬化和断裂,屈服点过后不增加外力或外力增加不多就可发生很大形变。④发生高弹形变,在不大的外力下就可发生很大形变,曲线没有屈服点。

(2) ① $T<T_b$。② $T=T_b$。③ $T_b<T<T_g$。④ $T>T_g$。

15-47 画出玻璃态聚合物在不同温度下的应力-应变曲线示意图。

答 参见图 15-18。

15-48 设计一个实验方案求取交联橡胶和聚酰胺的杨氏模量、屈服强度、抗张强度和断裂伸长率(要求作出相应的应力-应变曲线示意图)。

答 交联橡胶按 $T>T_g$ 的情况作应力-应变曲线示意图(图 15-18),聚酰胺按典型结晶态聚合物作应力-应变曲线示意图。从第一阶段直线的斜率得到杨氏模量;细颈化开始的应力为屈服强度(注:交联橡胶没有屈服);断裂时的应力为抗张强度,应变为断裂伸长率。

15-49 在图 15-19 上选择填空。

答 从左到右是:(1) 高速、(2) 低速。

15-50 指出如图 15-20 所示力学实验曲线的错误,并简述理由:(a) 不同温度下测定的 PMMA 应力-应变曲线;(b) 不同应变速率下测定的 HDPE 应力-应变曲线;(c) 不同应变速率和温度下测得的应力-应变曲线;(d) 取向聚合物在不同方向拉伸时的应力-应变曲线。

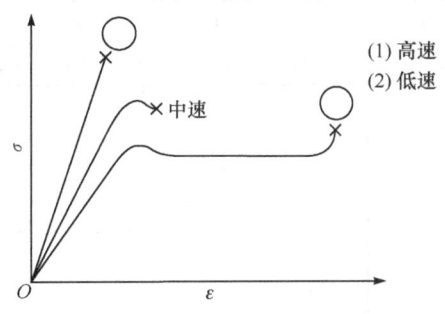

图 15-19 形变速率对聚合物的应力-应变曲线的影响

答 (a) 应为 $T_3>T_2>T_1$;(b) 应相反;(c) 应相反;(d) 强度从大到小应为∥、未和⊥。

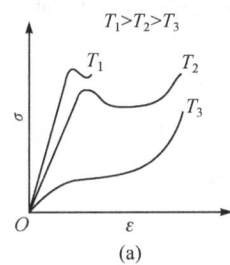 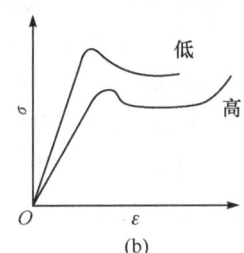 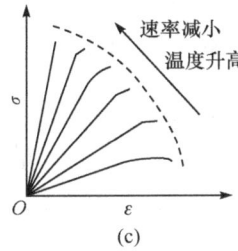 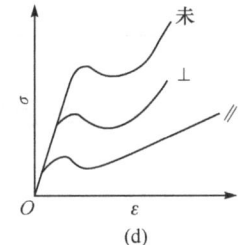

图 15-20 力学实验曲线

15.2.4 有关计算

15-51 图 15-21 是 PMMA 和 HDPE 在室温下单轴拉伸得到的应力-应变曲线。

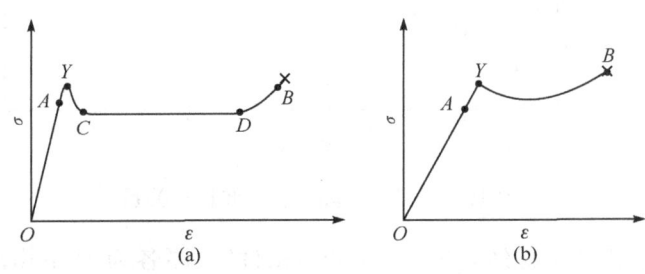

图 15-21 PMMA 和 HDPE 的应力-应变曲线

(1) 哪一条是 PMMA 的应力-应变曲线?哪一条是 HDPE 的应力-应变曲线?(2)(a)和(b)中 A、Y、B 各点称为什么点? OA 段发生的是什么形变?(a)的 CD 段和 DB 段分别指的是什么?(3) 如果提高在 HDPE 中引入交联结构,则它的模量和拉伸强度将发生什么变化?(4)如果提高 PMMA 的相对分子质量,则它的冲击强度将发生什么变化?(5) 在(a)中,标准拉伸试样的截面积为 40 mm²,拉到 A 点时所需要的拉力为 400 N,此时有效标定距离由 50 mm 伸长到 52.5 mm,该聚合物的模量是多少?

答 (1)(a)为 HDPE,(b)为 PMMA。(2) A、Y、B 分别是弹性形变、屈服和断裂;OA 段发生的是普弹形变;(a)的 CD 段和 DB 段分别是冷拉和应变硬化。(3) 提高。(4) 提高。
(5) $E=\dfrac{\sigma}{\varepsilon}=\dfrac{400/40\times 10^6}{2.5/50}=2\times 10^8$ (Pa)。

15-52 拉伸某试样,给出以下数据。作应力-应变曲线,并计算杨氏模量、屈服应力、屈服伸长率和抗张强度(注:1 lb·in⁻² = 0.6887×10^4Pa)。

$\varepsilon \times 10^3$	5	10	20	30	40	50	60	70	80	90	100	120	150
$\sigma/(\text{lb} \cdot \text{in}^{-2})$	250	500	950	1250	1470	1565	1690	1660	1500	1400	1385	1380	1380（断）

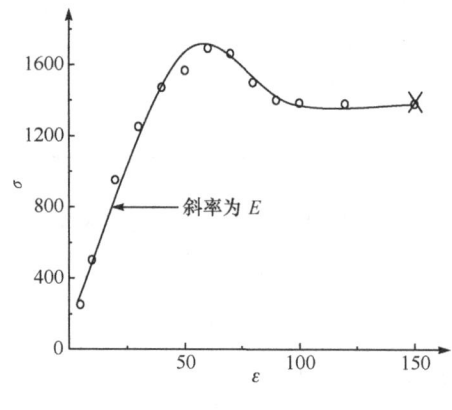

图 15-22 应力-应变曲线

答 所作应力-应变曲线如图 15-22 所示。杨氏模量 $E=5\times10^4\ \text{lb}\cdot\text{in}^{-2}=3.44\times10^8$ Pa，屈服应力 $\sigma_y=1690\ \text{lb}\cdot\text{in}^{-2}=1.16\times10^7$ Pa，屈服时的伸长率 $\varepsilon_y=6\times10^{-2}=0.06$（6%），抗张强度 $\sigma_t=1380\ \text{lb}\cdot\text{in}^{-2}=9.5\times10^6$ Pa。

15-53 一根长度为 25.3 mm、直径为 4.20 μm 的蜘蛛丝的负荷-伸长量关系如图 15-23 所示。(1) 求断裂应力；(2) 求断裂伸长率；(3) 从何处开始蜘蛛丝不服从 Hooke 定律？

答 (1) $\sigma_t=f/A=0.0115/(3.14\times 0.0042^2)=2.08\times10^8$ (Pa)；(2) $\varepsilon_t=5/25.3=0.198$；(3) 从伸长量为 1 mm 开始不服从 Hooke 定律。

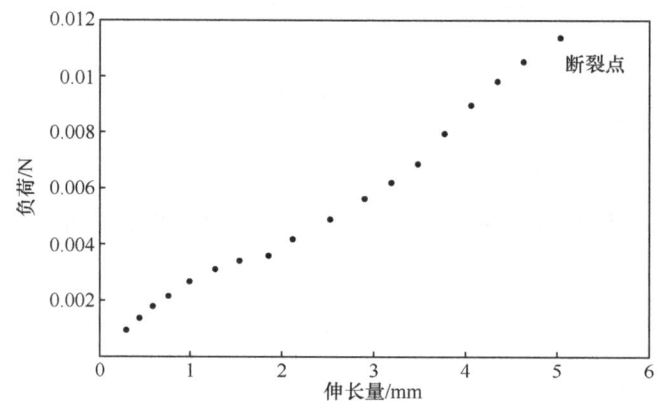

图 15-23 蜘蛛丝的负荷-伸长量关系

15-54 某塑料试件中部标线长度为 50 mm，试件宽、厚各为 10 mm，在 25 ℃进行拉伸实验，测得试样标线间长度与对应的负荷变化数据如下。求该塑料的拉伸模量、抗张强度和断裂伸长率。

长度/mm	50	52	54	56	58	60	62	64
负荷/N	0	500	1000	1500	2000	2500	2600	2500
长度/mm	66	70	80	90	100	110	120	
负荷/N	2400	2400	2400	2400	2420	2450	2500	（断）

答 拉伸模量为 125 MPa，抗张强度为 26 MPa，断裂伸长率为 140%。

15-55 一个取向的单结晶聚合物样品在 X 射线衍射仪上在张力作用下形变，(002)晶面的衍射峰位置随样品上应力的增加而变，数据如下：

应力/MPa	0	40	80	120	160	200
布拉格角/°	37.483	37.477	37.471	37.466	37.460	37.454

假定作用在晶体上的应力等于施加在整个样品上的应力,计算在聚合物中晶体沿链方向上的杨氏模量(Cu 靶 K_α 线的波长为 0.1542 nm)。

答 $n\lambda=2d\sin\theta$,因为 $\lambda=0.1542$ nm,$n=1$,所以 $d=0.0771/\sin\theta$(nm)。$\varepsilon=(d-d_0)/d_0$,根据 d 所计算的 ε 值如下。以 σ 对 ε 作图,从斜率求得 $E=3.018\times10^6$ MPa。

σ/MPa	d/nm	ε
0	$d_0=0.1267$	0
40	0.126 717	1.364×10^{-4}
80	0.126 734	2.730×10^{-4}
120	0.126 749	3.867×10^{-4}
160	0.126 766	5.240×10^{-4}
200	0.126 783	6.606×10^{-4}

15-56 试证明应力-应变曲线下的面积比例于拉伸试样所做的功。

证 $W=F\Delta l$,$F=\sigma A$,$\Delta l=\int_{l_0}^{l}\mathrm{d}l$,因为 $\mathrm{d}l=l_0\mathrm{d}\varepsilon$,所以 $\Delta l=\int_0^\varepsilon l_0\mathrm{d}\varepsilon=l_0\int_0^\varepsilon\mathrm{d}\varepsilon$,$W=\sigma Al_0\int_0^\varepsilon\mathrm{d}\varepsilon=Al_0\int_0^\varepsilon\sigma\mathrm{d}\varepsilon$。可见应力-应变曲线下的面积与拉伸功成正比,它的大小表征聚合物的韧度。

15-57 一个材料的韧度是断裂此材料所需能量,说明怎样从应力-应变实验数据衡量聚合物的韧度。

答 用断裂伸长率或应力-应变曲线下的面积来衡量。

15-58 根据下列各点数据,试绘制该拉伸应力-应变曲线,并计算杨氏模量 E_0、屈服应力 σ_y、屈服伸长 ε_y 和总的材料破坏能。

应变 ε	应力/Pa	应变 ε	应力/Pa
0.005	36.25×10^{-3}	0.07	240.70×10^{-3}
0.01	72.50×10^{-3}	0.08	217.50×10^{-3}
0.02	137.75×10^{-3}	0.09	203.00×10^{-3}
0.03	181.25×10^{-3}	0.10	200.83×10^{-3}
0.04	213.15×10^{-3}	0.12	200.10×10^{-3}
0.05	226.93×10^{-3}	0.15	200.10×10^{-3}(破坏)
0.06	245.78×10^{-3}		

答 $E_0=6.89$ Pa,$\sigma_y=245.78\times10^{-3}$ Pa,$\varepsilon_y=0.06$,$S=0.028$(曲线下包围的面积)。

15.3 屈服和断裂

15.3.1 屈服

15-59 什么是切应力双生互等定律?从任意断面的应力分析入手解释切应力双生互等现象。

答 脆性聚合物在断裂前,试样没有明显变化,断裂面与拉伸方向相垂直。而韧性聚合物拉伸到屈服点时,常看到试样出现与拉伸方向成大约 45°倾斜的剪切滑移变形带。由于两个 45°都会产生,所以这种性质又称为切应力双生互等定律。

从任意断面的应力分析入手可以说明这个现象。样条的任意斜截面（面积 $A_\alpha = \dfrac{A}{\cos\alpha}$）上的法应力 $\sigma_{\alpha,n} = \dfrac{F_n}{A_\alpha} = \dfrac{F\cos\alpha}{A_\alpha} = \sigma_0\cos^2\alpha$，当 $\alpha = 0$ 时有最大值，所以 $\sigma_{\alpha,n} = \sigma_0$；切应力 $\sigma_{\alpha,s} = \dfrac{F_s}{A_\alpha} = \dfrac{F\sin\alpha}{A_\alpha} = \dfrac{\sigma_0\sin2\alpha}{2}$，当 $\alpha = 45°$ 时有最大值，$\sigma_{\alpha,s} = \sigma_0/2$。也就是说抗剪切强度总是比抗张强度低，由于分子链间的滑移总是比分子链断裂容易，所以拉伸时 45°斜面上切应力首先达到材料的抗剪切强度而出现滑移变形带。

15-60 什么是真应力-应变曲线？如何利用真应力-应变曲线判断屈服点？

答 拉伸时由于截面积变化较大，真应力与习用应力（假定截面积不变）有很大差别。因此真应力-应变曲线与习用应力（或工程应力）-应变曲线有很大差别，真应力-应变曲线上可能没有极大值，从而不能判断屈服点。可以用 Considère 作图法，即从 $\lambda = 0(\varepsilon = -1)$ 点向曲线作切线，切点就是屈服点，因为满足以下屈服判据：$\dfrac{\mathrm{d}\sigma_\text{真}}{\mathrm{d}\lambda} = \dfrac{\sigma_\text{真}}{\lambda}$。其他屈服判据还有：Trasca 判据、von Mises 判据和 Coulomb（或 MC）判据等，但都不如 Considère 判据应用广。

15-61 用作图法求出图 15-24 中某材料的屈服点。

答 根据 Considère 作图法，从 $\varepsilon = -1(\lambda = 0)$ 点向曲线作切线，切点便是屈服点（图 15-25）。

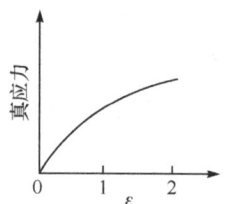
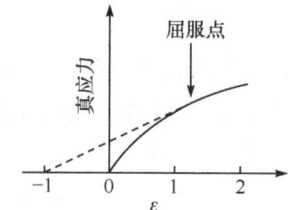

图 15-24　真应力-应变曲线　　图 15-25　Considère 作图法

15-62 聚合物拉伸的真应力-应变曲线有几种类型？相应的拉伸行为如何？

答 聚合物的真应力-应变曲线可归纳为三类（图 15-26）：(a) 从 $\lambda = 0$ 点不可能向曲线引切线，没有屈服点，是橡胶态聚合物的情况；(b) 从 $\lambda = 0$ 点可以向曲线引一条切线，得到一个屈服点，是非晶态聚合物的情况；(c) 从 $\lambda = 0$ 点可以向曲线引两条切线，A 点是屈服点，出现细颈，然后发生冷拉到 B 点，细颈后试样面积不变，应力也不变，从而真应力不变，出现平台，这是结晶态聚合物的情况。

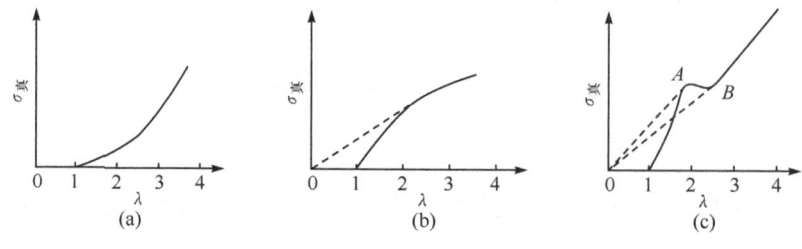

图 15-26　三类真应力-应变曲线的 Considère 作图

15-63 什么是银纹？银纹与裂纹有什么差别和联系？聚合物材料中出现银纹是否总是有害的？

答 一些聚合物在屈服时会出现银纹,称为屈服银纹。因加工或使用中环境介质与应力的共同作用也会出现银纹,称为环境银纹。银纹垂直于应力方向,银纹常使材料变为不透明,在光线反射下出现银色而得名,又称应力发白。银纹与裂纹或裂缝不同,质量不等于零(约为本体的40%),仍有一定强度(约为本体的50%),这是由于银纹内还有高度取向的分子链构成的微纤。银纹是裂缝的前奏,但在材料受力形成银纹时吸收了功,因而能产生银纹有利于改善材料脆性。

15.3.2 断裂

15-64 研究玻璃态聚合物的大形变常用什么实验方法?说明聚合物中两种断裂类型的特点,并画出两种断裂的典型应力-应变曲线。

答 研究玻璃态聚合物的大形变常用拉力机对聚合物样品进行拉伸实验。

聚合物的断裂有两种形式:脆性断裂和韧性断裂。脆和韧是借助日常生活用语,没有确切的科学定义,只能根据应力-应变曲线和断面的外观区分。若深入研究,有以下不同:

(1) 韧性断裂:断裂前对应塑性;沿长度方向的形变不均匀,过屈服点后出现细颈;断裂伸长(ε_b)较大;断裂时有推迟形变;应力与应变呈非线性,断裂耗能大;断裂面粗糙无凹槽;断裂发生在屈服点后,一般由剪切分量引起;对应的分子运动机理是链段的运动。

(2) 脆性断裂:断裂前对应弹性;沿长度方向形变均匀,断裂伸长率一般小于5%;断裂时无推迟形变,应力-应变曲线近线性,断裂能耗小;断裂面平滑有凹槽;断裂发生在屈服点前;一般由拉伸分量引起;对应的分子机理是化学键的破坏。

两种断裂类型的典型应力-应变曲线如图15-27所示。

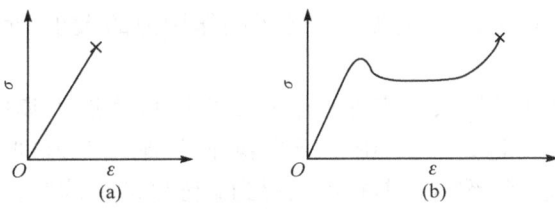

图 15-27 两种典型的聚合物应力-应变曲线
(a) 脆性断裂;(b) 韧性断裂

15-65 同一聚合物是否在任一条件下都是脆性断裂或韧性断裂?为什么?

答 否。同一聚合物在低温下可能发生脆性断裂,而在高温下可能发生韧性断裂。

15-66 如何通过断面形貌的特征区别脆性断裂和韧性断裂?

答 脆性断裂的断面光滑,韧性断裂的断面粗糙。

15-67 简述Griffith脆性断裂理论。什么是断裂韧性K_{IC}?

答 Griffith脆性断裂理论用来描述脆性聚合物(如聚苯乙烯、聚甲基丙烯酸甲酯)的断裂。该理论认为:

(1) 断裂要产生新的表面,需要一定的表面能。断裂产生新表面所需要的表面能由材料内部弹性储能的减少来补偿。

(2) 弹性储能在材料中的分布是不均匀的,在材料的微裂纹附近有很大的弹性储能集中,因此存在微裂纹处比其他地方有更多的弹性储能来供给产生新表面所需的表面能,致使材料在微裂纹处先断裂。

通过对材料裂纹附近弹性储能的估计可以推出脆性材料的拉伸强度为$\sigma_b = \sqrt{\dfrac{2E\gamma_s}{\pi a}}$,式中，$\sigma_b$ 为脆性材料的拉伸强度，a 为裂纹半长度，E 为材料的弹性模量，γ_s 为单位表面的断裂表面能。

K_{IC}（下标 I 表示张开性裂纹）是材料断裂时的临界应力强度因子，表征材料阻止裂纹扩展的能力，是材料抵抗脆性破坏能力的韧性指标。

$$K_{IC} = \sigma_b \sqrt{\pi a} = \sqrt{2E\gamma_s}$$

15-68 未取向的聚甲基丙烯酸甲酯室温下慢裂纹开始增长的 $K_{IC} = 9 \times 10^5$ N·m$^{2/3}$，刚要发生快断裂时的 $K_{IC} = 1.8 \times 10^6$ N·m$^{2/3}$，如果材料上所承受的应力 $\sigma = 5 \times 10^6$ N·m^{-2}，计算有机玻璃无限平板发生慢断裂和快断裂的临界裂纹半长度。

答 $K_{IC} = \sigma_b \sqrt{\pi a}$，$a = \dfrac{K_{IC}^2}{\sigma_b^2 \pi}$，求得慢断裂和快断裂的 a 分别为 0.010 m 和 0.041 m。

15-69 影响聚合物强度的因素是什么？

答 影响聚合物强度的因素归纳如下（从中可以总结出提高强度的措施）。

（1）化学结构：链刚性增加的因素（如主链芳环、侧基极性或氢键等）都有助于增加抗张强度 σ_t。极性基团过密或取代基过大，反而会使材料较脆，抗冲击强度 σ_i 下降。

（2）相对分子质量：在临界相对分子质量 $\overline{M_c}$（缠结相对分子质量）之前，相对分子质量增加 σ_t 增加，越过 $\overline{M_c}$ 后 σ_t 不变。σ_i 随相对分子质量增加而增加，不存在临界值。

（3）支化和交联：交联使 σ_t 和 σ_i 都提高。但支化使 σ_i 提高，而 σ_t 降低。

（4）结晶和取向：结晶度增加，σ_t 提高，但 σ_i 降低。结晶尺寸减小，σ_t 和 σ_i 均提高。取向使 σ_t 提高。

总之，以上各因素在讨论 σ_t 时主要考虑分子间作用力的大小，而讨论 σ_i 时主要考虑自由体积的大小。

（5）应力集中物：裂缝、银纹、杂质等缺陷在受力时成为应力集中处，断裂首先在此处发生。纤维的直径越小，强度越高，这是由于纤维越细，纤维皮芯差别越小，缺陷出现的概率越小。根据这个原理，用玻璃纤维增强塑料可以得到高强度的玻璃钢。

（6）添加剂：增塑剂、增量剂（又称填料）、增强剂和增韧剂都可能改变材料的强度。增塑使分子间作用力减小，从而降低了强度。惰性填料（如 $CaCO_3$）只降低成本，强度也随着降低；活性填料有增强作用，如炭黑对天然橡胶的补强效果。纤维状填料有明显的增强作用。塑料增韧的方法是共混或共聚，用少量橡胶作为增韧剂改进塑料的脆性。

（7）外力作用速度和温度：在拉伸实验中提高拉伸速度和降低温度都会使强度降低。在冲击实验中升高温度会增加冲击强度。外力作用速度和温度的改变甚至会使材料从脆性变为韧性，或反过来从韧性变为脆性。

15-70 图 15-28 为聚合物断裂微观过程的三种模型示意图，试指出（a）、（b）、（c）所示意的破坏形式；分析聚合物的实际强度低于理论计算强度的原因。

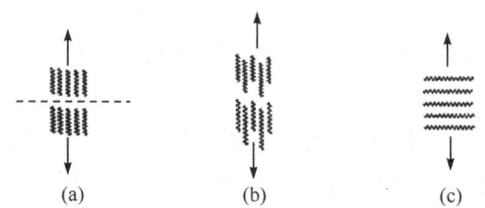

图 15-28 聚合物断裂微观过程的三种模型示意图

答 高分子材料的实际强度比理论强度小一两个数量级，说明聚合物的断裂不是（a）完全破坏每条链的化学键，也不是（b）分子间完全滑脱，全部破坏分子间作用力，因为这比完全破坏每条链的化学键的能量还要大数倍到十几倍。因而很可能是（c）垂直于受力方向的部分分子链的分子间作用力先破坏,然后应力集中到取向的分子链上,导致一些共价键断裂。

15-71 理论上聚乙烯能完全取向和100%结晶,在完全取向时:(1) 理论上材料如何断裂?(2) 理论断裂强度为多少?(3) 在取向方向上的理论模量时多少?

答 (1) 破坏所有的化学键,断裂后完全成粉末;(2) 3×10^{10} Pa;(3) 3×10^{10} Pa。

15-72 根据下列测定数据,计算聚乙烯的理论断裂强度($N\cdot m^{-2}$),并与实际强度5.88×10^7 $N\cdot m^{-2}$比较:(1) 红外光谱测得 C—C 键的自然振动频率ω(以波数表示)为 990 cm^{-1};(2) X射线分析测得其晶胞为正交晶系,$a=7.40\times10^{-8}$ cm, $b=4.93\times10^{-8}$ cm, $c=2.54\times10^{-8}$ cm,恒等周期为$c=2.54\times10^{-8}$ cm,每个晶胞内两个聚乙烯链节(中间1个,四周的4个与4个晶胞共用),从而在 ab 截面上有两条链通过[注:拉开每个键所需的键力 $\sigma_{键}=4.8\times10^{-14}\sqrt{m\omega^3}$(N),式中,$\omega$ 为自然振动频率(波数),m 为折合质量,对聚乙烯折合质量以 CH_2 计。此外,1 g$=9.8\times10^{-3}$ N]。

答 先求化学键断裂的理论强度:因为拉开每个键所需的键力为 $\sigma_{键}=4.8\times10^{-14}\sqrt{m\omega^3}$,对于聚乙烯,$m=14$,所以 $\sigma_{键}=4.8\times10^{-14}\times\sqrt{14\times990^3}=5.59\times10^{-9}$(N)。要计算本体聚乙烯的强度,还需要求出单位面积中所含 C—C 键的数目。根据 X 射线数据,与链垂直的晶格面积为$(7.40\times10^{-8}\times4.93\times10^{-8})$ cm^2,每个晶胞中有两个聚乙烯的链节,因此在与 C—C 键垂直的每平方厘米中总的键数为 $\dfrac{2}{7.40\times10^{-8}\times4.93\times10^{-8}}=5.4\times10^{14}$(个 $\cdot$ cm^{-2})。聚乙烯的强度 $\sigma=$ 每个键的强度 $\times$ 每平方厘米的键数 $=5.59\times10^{-9}\times5.4\times10^{14}=3.02\times10^6$($N\cdot cm^{-2}$)$=3.02\times10^{10}$($N\cdot m^{-2}$)。若材料的断裂是化学键断裂,计算的理论强度远比实际强度 5.88×10^7 $N\cdot m^{-2}$ 大两个数量级以上。

15-73 为什么聚合物的实际强度比理论强度小 100~1000 倍?

答 主要原因在于材料中总是存在缺陷,包括裂缝、空隙、缺口、银纹、杂质等,在受力时,缺陷往往成为应力集中处,使该处的应力比平均应力大几十至几百倍,断裂就从该处产生和发展,导致整个材料的破坏。

15-74 聚乙烯、聚苯乙烯、尼龙-1010,哪种材料抗张强度大?为什么?

答 尼龙-1010,因为存在大量分子间氢键。

15-75 为什么用作纤维和薄膜的材料多选用极性或结晶的聚合物?

答 极性或结晶的聚合物分子间作用力较大,从而强度较大。

15-76 指出下列各组聚合物的抗张强度哪个较高(简单说明理由):
(1) 聚对苯二甲酸乙二醇酯和聚已二酸乙二醇酯;(2) 聚氯乙烯和低密度聚乙烯;(3) 聚苯乙烯和聚碳酸酯;(4) 聚甲基丙烯酸甲酯和聚丙烯酸甲酯;(5) 尼龙-66 和尼龙-1010。

答 (1) 聚对苯二甲酸乙二醇酯,由于主链有芳环,刚性较大;(2) 聚氯乙烯,由于侧基极性;(3) 聚碳酸酯,主链芳环的贡献大于侧基芳环的贡献;(4) 聚丙烯酸甲酯,侧基极性基团(酯基)的密度较大;(5) 尼龙-66,氢键密度较大。

15-77 解释下列观察到的聚合物力学性质倾向:

聚合物	弹性模量/MPa	抗张强度/MPa	断裂伸长率/%
低密度聚乙烯	138~276	10.3~17.2	400~700
高密度聚乙烯	414~1034	17.2~39.9	100~600
聚四氟乙烯	414	13.8~27.6	100~350

续表

聚合物	弹性模量/MPa	抗张强度/MPa	断裂伸长率/%
聚丙烯	1034～1551	24.1～37.9	20～600
聚苯乙烯	2758～3447	37.9～55.2	1～2.5
聚氯乙烯	2068～4436	41.4～75.8	5～60
尼龙-66	1241～2760	62.0～82.7	60～300
聚碳酸酯	1243	55.2～68.9	60～120

答 高密度聚乙烯的结晶度大于低密度聚乙烯,结晶使分子间作用力增加,从而提高强度,但断裂伸长率下降。聚四氟乙烯中氟对称取代,没有明显极性,但能结晶,强度、断裂伸长率与高密度聚乙烯差不多。与聚乙烯相比,聚丙烯的侧甲基对刚性有贡献,强度有所提高,断裂伸长率有所降低。与聚乙烯相比,聚苯乙烯和聚氯乙烯分别由于苯环的刚性和氯的极性的影响,强度提高,断裂伸长率降低。与聚乙烯相比,尼龙-66 和聚碳酸酯分别由于氢键和主链刚性,强度大为提高,断裂伸长率有所降低,但降得不多,保持了较好的韧性,成为强而韧的工程塑料,尼龙-66 由于还有成纤性而成为优良的合成纤维。弹性模量的结构影响因素与抗张强度基本一致。

15-78 一般工程塑料的化学结构有什么特点?其强度和韧性为什么比一般的通用塑料高?

答 主链有苯环,同时主链有 O、N、S 等杂原子,一方面提供一定的极性,甚至氢键;另一方面带来一定的主链柔性,从而使聚合物成为强而韧的材料。

15-79 判断下列说法的正误,给出正确的说法:对于任何线型聚合物,只有相对分子质量达到一定数值后,才能显示出机械强度。随着相对分子质量的增加,聚合物的抗张强度和抗冲强度均增大。所以,超高相对分子质量聚合物的合成,其目的之一就是为了提高聚合物的抗张强度和抗冲强度。

答 第一句和第三句正确。第二句不准确,应当补充说抗张强度随相对分子质量的变化存在一个临界值,超过它之后变化不明显,而抗冲强度没有临界值。

15-80 线型聚合物的机械性能依赖于平均相对分子质量如下式:抗张强度 $T=A-B/\overline{M}_n$。试说明相对分子质量很低的聚合物的抗张强度也很低,但相对分子质量高到一定程度后抗张强度也不会再提高的原因。

答 因为相对分子质量较小时,分子间相互作用力(次价键力)较小,在外力的作用下,分子间会产生滑动而使材料开裂。这种机理称为分子间破坏机理。因而抗张强度随相对分子质量增加而增加。当相对分子质量足够大时,次价键力总和大于主价键力,材料更多地发生主价键的断裂,使抗张强度达到恒定值。

15-81 为什么聚合物具有很好的机械强度?

答 因为聚合物有很高的相对分子质量,所以也有很强的分子间相互作用力。

15-82 高分子材料取向后,取向方向上的强度为什么可以提高?

答 因为分子间作用力增加,材料的断裂更多地需要化学键的断裂。

15-83 单轴拉伸薄膜的纵向取向高于横向,能否根据应力-应变测试判断机械加工的方向?

答 断裂强度高的应是纵向。

15-84 为什么用作增强材料的玻璃纤维直径越小强度越大?

答 直径越小,存在大尺寸裂缝的概率越小。

15-85 说明聚合物断裂裂缝的应力集中效应公式 $\sigma_m = 2\sigma_0 \sqrt{\dfrac{a}{\rho}}$ 的物理意义。

答 σ_m 为裂缝尖端处的最大张应力,σ_0 为施加的平均张应力,a 为裂缝长度的一半,ρ 为裂缝尖端的曲率半径。说明应力集中随裂缝的增加和裂缝尖端处曲率半径的减小而增加。

15-86 应力集中与裂纹的形状有什么关系?制品设计时应注意什么?

答 锐利的小口子比钝的大口子会造成更大的应力集中。因此一般的制品设计应避免尖锐的转角,而应当将转角处设计成圆弧形。

15-87 试讨论影响抗冲击强度的结构因素与抗张强度有什么相同点和不同点。

答 相同点是主链的化学键力和分子间的次价键力都有影响,如主链刚性、侧基极性和氢键都是增加强度的因素。不同点是抗冲击强度更为复杂,它还与自由体积有关,如极性密度过高、取代基过大等都阻碍链段运动,因而较脆。

15-88 交联的脲醛树脂(UF)被认为有以下结构:

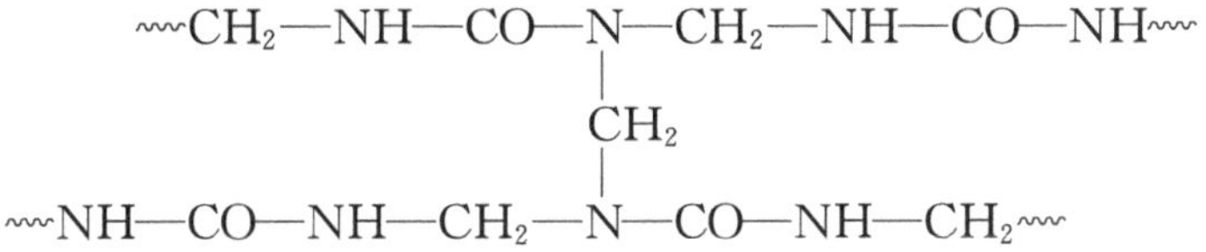

$$\sim CH_2-NH-CO-N-CH_2-NH-CO-NH\sim$$
$$| $$
$$CH_2$$
$$\sim NH-CO-NH-CH_2-N-CO-NH-CH_2\sim$$

由 UF 制成的薄膜是非常脆的。从以下单体中选出第三组分加入共聚以减小薄膜脆性:

(1) $H_2N-CO-NH-(CH_2)_{12}-NH-CO-NH_2$;

(2) 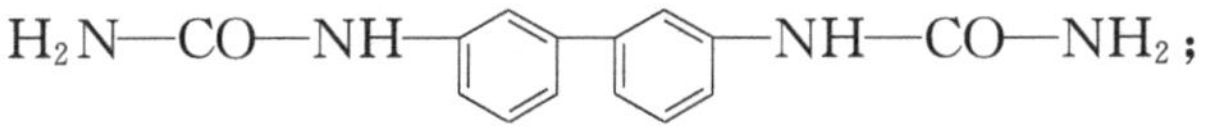 $H_2N-CO-NH-\text{⟨⟩-⟨⟩}-NH-CO-NH_2$;

(3) 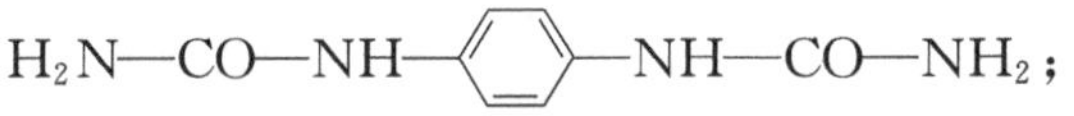 $H_2N-CO-NH-\text{⟨⟩}-NH-CO-NH_2$;

(4) $H_2N-CO-NH-(CH_2)_6-NH-CO-NH_2$。

答 选(1)。引入 12 个次甲基进入树脂结构产生了更柔软的 UF 交联网,增加柔顺性,减少了内应力及伴随着的裂纹,从而增加了断裂能。

15-89 试讨论提高聚合物抗张强度及冲击强度的途径。

答 提高聚合物抗张强度的途径有:①链结构方面:在主链引入芳杂环,增加分子之间的相互作用力(极性和氢键),交联,增大聚合物的相对分子质量等都有利于提高抗张强度。②聚集态结构方面:通过取向,提高取向方向的抗张强度,提高结晶性聚合物的结晶度可以提高抗张强度。③通过与高抗张强度的其他聚合物共混。④加入活性填料、纤维状材料进行增强。

提高聚合物冲击强度的途径有:提高聚合物的相对分子质量,取向,适度交联,增塑,共混,用橡胶态材料增韧等。

注意:提高抗张强度和冲击强度的途径并不一致。例如,提高结晶度(特别是橡胶)有利于增加抗张强度,但却使塑料变脆,即减少冲击强度。

15-90 分别举例说明塑料、橡胶、纤维物理改性的途径。

答 塑料通过与橡胶共混而提高韧性。例如,聚苯乙烯与天然生胶在混炼机上混炼,获得高抗冲聚苯乙烯。塑料通过与纤维状材料共混而提高强度,如不饱和聚酯或环氧树脂用玻璃纤维增强制得玻璃钢。橡胶用炭黑补强,提高抗张强度。纤维通过拉伸取向而提高强度,通过热定型处理提高韧性。

15-91 试述橡胶添加剂炭黑的补强机理。

答 炭黑粒子的活性表面较强烈地吸附橡胶的分子链,通常一个粒子表面上连接几条分子链,形成链间的物理交联,降低了橡胶分子链发生断裂的可能性,从而起到增强作用。

15-92 比较在加工成型中加入与不加入成核剂的聚丙烯的韧性。

答 加入成核剂使球晶变小,从而韧性提高。球晶变小同时也使抗张强度提高。

【名词解释索引】

应力,应变(15-1 题)。拉伸(杨氏)模量,剪切模量,体积模量,泊松比(15-2 题)。柔量(15-3 题)。抗张强度(或拉伸强度),断裂伸长率(15-17 题)。冲击强度(或抗冲强度),简支梁冲击实验,悬臂梁冲击实验(15-20 题)。应力-应变曲线,屈服,屈服点,屈服应力,应变软化,应变硬化,断裂(15-25 题)。强迫高弹形变(15-28 题)。冷拉,细颈化(15-30 题)。应变诱发塑料-橡胶转变,硬弹性材料(15-34 题)。切应力双生互等定律(15-59 题)。真应力-应变曲线,Considère 作图法屈服判据(15-60 题)。银纹(15-63 题)。脆性断裂,韧性断裂(15-64 题)。Griffith 脆性断裂理论,断裂韧性 K_{IC}(15-67 题)。

第 16 章 聚合物的电学性能

16.1 聚合物的极化与介电性能

16.1.1 介电极化

16-1 什么是高分子的极化？高分子在外电场中的极化有哪几种形式？各有什么特点？极化的机理是什么？非极性分子和极性分子在电场作用下极化有什么不同？

答 绝大多数聚合物是优良的电绝缘体，有高的电阻率、低介电损耗、高的耐高频性和高的击穿强度。但在外电场作用下，或多或少会引起价电子或原子核的相对位移，造成电荷的重新分布，称为极化。

高分子在外电场中的极化有电子极化、原子极化和取向极化三种形式：①电子极化是分子中各原子的价电子云在外电场作用下，向正极方向偏移，发生了电子相对于分子骨架的移动，使分子的正、负电荷中心的位置发生变化引起的。电子极化很弱，但极快。②原子极化是分子骨架在外电场作用下发生变形造成的。原子极化比电子极化更弱，速度比电子极化慢。③取向极化（或称偶极极化）是极性分子骨架在外电场作用下沿电场的方向排列，产生分子的取向。取向极化较慢，但对总极化的贡献是很大的。

前两种产生的偶极矩为诱导偶极矩，后一种为永久偶极矩。非极性分子只有电子极化和原子极化，而极性分子除电子极化和原子极化外还有取向极化。

16-2 什么是分子极化率？

答 极化偶极矩（μ）的大小与外电场强度（E）有关，比例系数 α 称为分子极化率，$\mu=\alpha E$。

16-3 如何区分极性聚合物和非极性聚合物？列举至少 3 个极性聚合物与 3 个非极性聚合物。

答 根据聚合物中各种基团的有效偶极矩 $\bar{\mu}$ 或介电常数 ε，可以把聚合物按极性大小分为四类：非极性（$\bar{\mu}=0$，$\varepsilon=2.0\sim2.3$），如 PE、PP、PTFE、PB；弱极性（$0<\bar{\mu}\leqslant0.5$ deb，$\varepsilon=2.3\sim3.0$），如 PS、NR；极性（0.5 deb$<\bar{\mu}\leqslant0.7$ deb，$\varepsilon=3.0\sim4.0$），如 PVC、PA、PVAc、PMMA；强极性（$\bar{\mu}>0.7$ deb，$\varepsilon=4.0\sim7.0$），如 PVA、PET、PAN、酚醛树脂、氨基树脂。

注意：聚合物的有效偶极矩与所带基团的偶极矩不完全一致，结构对称性会导致偶极矩部分或全部相互抵消。

16-4 试判断下列含氟聚合物的极性大小：

$$\begin{array}{cccc}
\begin{array}{c}H\ H\\ |\ \ |\\ \!\!\!\!-\!\!\!\!-\!\!C\!\!-\!\!C\!\!-\!\!\!\!-_n\\ |\ \ |\\ H\ F\end{array} &
\begin{array}{c}F\ F\\ |\ \ |\\ \!\!\!\!-\!\!\!\!-\!\!C\!\!-\!\!C\!\!-\!\!\!\!-_n\\ |\ \ |\\ F\ Cl\end{array} &
\begin{array}{c}F\ F\\ |\ \ |\\ \!\!\!\!-\!\!\!\!-\!\!C\!\!-\!\!C\!\!-\!\!\!\!-_n\\ |\ \ |\\ F\ H\end{array} &
\begin{array}{c}F\ F\\ |\ \ |\\ \!\!\!\!-\!\!\!\!-\!\!C\!\!-\!\!C\!\!-\!\!\!\!-_n\\ |\ \ |\\ F\ F\end{array}
\end{array}$$

答 聚三氟乙烯＞聚氟乙烯＞聚三氟氯乙烯＞聚四氟乙烯。

16-5 测得聚丙烯酸丙酯和聚丙烯酸 β-氯乙酯的 ε' 分别为 5.2 和 9.0，如何解释这种差别？

答 由于后者含极性较大的氯原子。

16-6 考虑一个 PVC 大分子，若 C—C 键角均为 $90°$，而碳链为维持此键角的自由旋转链时,则该链的平均偶极矩为多大？若键角为 109.5°其他条件相同时,结果又怎样？

答 PVC 大分子链示意图如图 16-1 所示。

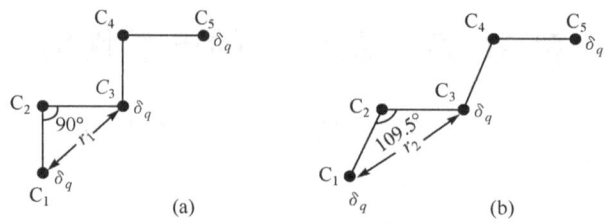

图 16-1 PVC 大分子链示意图

设链节偶极矩为 μ_0,链均方偶极矩为 $\overline{\mu^2}$,链节数为 n,每个链节平均电荷为 δ_q,C—C 键的键长为 l,则 $\overline{\mu^2}=gn\mu_0^2$,$g<1$(链段相关因子)。当键角为 90°时,C—C 直线距离 $r_1=\sqrt{2}l$,则 $(\mu_0)_1=\delta_q r_1=\delta_q\sqrt{2}l$,所以 $\overline{\mu_1^2}=2gn\delta_q^2 l^2$。当键角为 109.5°时,$r_2=2l\sin\left(\dfrac{109.5°}{2}\right)\approx 1.63l$,则 $(\mu_0)_2=\delta_q r_2=\delta_q\times 1.63l$,所以 $\overline{\mu_2^2}=2.66gn\delta_q^2 l^2$。

16-7 如果原子的核电荷为 1.6×10^{-19} C,原子半径为 10^{-10} m,计算原子核在价电子处的原子内电场。试与一般外电场场强比较,并讨论电子极化的大小。

答 已知均匀带电球外某点的场强为 $E=\dfrac{q}{r^2}$ $\left(E=\dfrac{f}{q_{电子}},f=\dfrac{q_{电子}q_{核}}{r^2}\right)$,所以

$$E=\dfrac{1.6\times 10^{-19}\text{C}}{10^{-20}\text{ m}^2}=\dfrac{1.6\times 10^{-19}\times 3\times 10^9\text{(静电电荷单位)}}{10^{-20}\times 100^2\text{ cm}^2}$$

$$=4.8\times 10^6\text{(静电场单位)}=4.8\times 10^6\Big/\dfrac{1}{3}\times 10^{-4}$$

$$=1.44\times 10^{11}(\text{V}\cdot\text{m}^{-1})$$

$\left[\text{注}:1\text{ C(库仑)}=3\times 10^9\text{ 静电电荷单位},1\text{ V(伏特)}=\dfrac{1}{3}\times 10^{-4}\text{ 静电电场单位}\right]$

可见原子内电场远比一般外电场大得多,电子极化是比较小的。

16-8 什么是聚合物的介电性？聚合物的介电性能指标主要有哪些？

答 介电性是指聚合物在电场作用下,表现出对静电能的储存和损耗的性质。聚合物的介电性能标主要有介电常数 ε 和介电损耗 $\tan\delta$。

16-9 介电常数的物理意义是什么？与高分子的电绝缘性有什么关系？介电损耗如何表征？

答 介电常数(又称介电系数)是衡量介质在外电场中极化程度的一个宏观物理量。一般来说,介电常数较大的高分子的电绝缘性较差。介电损耗可用介电松弛谱(温度谱或频率谱)表征。与力学松弛谱类似,介电损耗 $\tan\delta$ 也是以峰的形式出现在谱图中。

16-10 欲选取一种在高压直流电场下使用的聚合物,在确保该聚合物具有足够的击穿强度的同时,对介电常数应有什么要求？

答 选介电常数大的。

16-11 宏观物理量 ε 与微观物理量 α 之间的关系可以用什么方程表示？

答 宏观物理量 ε 与微观物理量 α 之间的关系可以用 Clausius-Mosotti 方程表示:$\dfrac{\varepsilon-1}{\varepsilon+2}=$

$\frac{4}{3}\pi N\alpha$。摩尔极化度 $P = \frac{\varepsilon-1}{\varepsilon+2}\frac{M}{\rho} = \frac{4N_A}{3}(\alpha_e + \alpha_a)$（对非极性介质）$= \frac{4N_A}{3}\left(\alpha_e + \alpha_a + \frac{\mu_0^2}{3kT}\right)$（对极性介质）。

16-12 聚合物的介电常数可从组成大分子链中各基团摩尔极化度的加和性，根据 Clausius-Mosotti 方程求得：$P = \sum_i P_i = \frac{\varepsilon-1}{\varepsilon+2}\frac{M_0}{\rho} = \frac{\varepsilon-1}{\varepsilon+2}\widetilde{V}$，式中，$\widetilde{V}$ 为链节的摩尔体积。一些常见基团的摩尔极化度 (P_i) 值如下：

基团	$P_i \times 10^6 /(\mathrm{m^3 \cdot mol^{-1}})$	基团	$P_i \times 10^6 /(\mathrm{m^3 \cdot mol^{-1}})$
—CH$_3$	5.64	—COO	15
—CH$_2$—	4.65	—CONH	30
〉CH—	3.62	—OCOO	22
〉C〈	2.58	—F	(1.8)
—〇	25.5	—Cl	(9.5)
—〇—	25.0	—CN	11
—O—	5.2	—S—	6
〉C=O	(10)	—OH	醇(6)，酚(~20)

根据以上数据，试计算双酚 A 型聚碳酸酯的介电常数。已知 PC 的密度 $\rho = 1.19 \times 10^3$ kg·m^{-3}，摩尔体积(25 ℃) $\widetilde{V} = 2.15 \times 10^{-4}$ m^3·mol^{-1}。

答 $M_0 = 254$。$\frac{\varepsilon-1}{\varepsilon+2} \times \frac{254 \times 10^{-3}}{1.19 \times 10^3} = (2 \times 25.0 + 2.58 + 2 \times 5.64 + 22) \times 10^{-6}$，所以 $\varepsilon = 2.99$（比较实验值 3.05）。

16-13 已知化合物的摩尔折射度 (R) 有基团加和性，某些基团的摩尔折射度如下：

键	C—H	C—C	C=C	C≡C	C—Cl	C—F
n_D	1.705	1.209	4.15	6.025	6.57	1.6

注：n_D 表示用钠谱线 D 所测定的折射率值。

根据摩尔折射率与介电常数的关系，试分别计算 PP、PVC 的介电常数 ε。

答 由 $\frac{n^2-1}{n^2+2}\frac{M_0}{\rho} = \sum n_i R_i$ 和 $\varepsilon = n^2$，得 $\frac{\varepsilon-1}{\varepsilon+2}\frac{M_0}{\rho} = \sum n_i R_i$。已知 PP 的 $M_0 = 42$，$\rho = 0.90$ g·cm^{-3}，$\frac{\varepsilon-1}{\varepsilon+2} \times \frac{42}{0.90} = 6 \times 1.705 + 3 \times 1.209$，解得 $\varepsilon = 2.27$，实验值 2.25 ($\omega = 5 \times 10^6$ Hz 时)。PVC 的 $M_0 = 62.5$，$\rho = 1.40$ g·cm^{-3}，$\frac{\varepsilon-1}{\varepsilon+2} \times \frac{62.5}{1.40} = 3 \times 1.705 + 3 \times 1.209 + 1 \times 6.57$，解得 $\varepsilon = 2.57$，实验值 3.2 ($\omega = 10^6$ Hz 时)。

16-14 什么是驻极体？如何制备聚合物的驻极体？驻极体有什么用途？

答 将聚合物薄膜夹在两个电极中,加热到聚合物的主转变温度以上,然后施加电场,使薄膜极化一段时间。在电场作用下,以一定速度缓慢冷却至室温(或低温)冻结极化电荷,最后撤去外电场,可获得静电持久极化。这种长寿命的非平衡电矩的电介质称为驻极体。

现已投入使用的有聚偏氟乙烯、PET、PP、PC 等聚合物超薄薄膜驻极体,广泛用作电容器传声隔膜、计算机存储器、爆炸起爆器以及用于加速血液凝固等方面。

16-15 如何用热释电流法(TSC)研究高分子的运动?

答 将聚合物驻极体夹在两电极之间,接上微电流计后程序升温,在热的作用下,激发分子链偶极的运动而发生解取向极化,释放出退极化电荷,在电流计上记录到退极化电流,测得的放电电流随温度的变化称为热释电流谱,又称去极化介电谱或热刺激电流谱。TSC 是研究聚合物分子运动的一种重要手段,用于测定玻璃化转变和次级转变。

TSC 属于低频测试,频率为 $10^{-5} \sim 10^{-3}$ Hz,分辨率很高。此外,还可以进行分步去极化,即等速升温到第一个电流峰出现后,再降温,重新等速升温到第二个电流峰出现,依此类推,这样可以单独研究不同大小运动单元的单个松弛过程,进而研究高分子的细微结构。

16-16 用电性质研究结构有什么优点?

答 ①聚合物的电学性质往往非常灵敏地反映材料内部结构的变化和分子运动状况。②电学性质的测量方法可以在很宽的频率范围下进行观察。

16.1.2 介电损耗与介电松弛谱

16-17 什么是介电损耗?

答 电介质在交变电场中消耗一部分电能,使介质本身发热,这种现象称为介电损耗。

16-18 试讨论聚合物介电损耗产生的原因。

答 决定聚合物介电损耗大小的内在原因,一是聚合物分子极性的大小和极性基团的密度,二是极性基团的可动性。基团极性越大,极性基团的密度越大,介电损耗越大。极性基团位于聚合物的 β-位或柔性侧基的末端时,其取向极化的过程是一个独立的过程,引起的介电损耗并不大。

16-19 高分子的介电损耗的大小如何表示?

答 用复数介电常数的虚部 ε'' 或介电损耗角的正切 $\tan\delta$ 表示。两者的关系是 $\tan\delta = \varepsilon''/\varepsilon'$。

16-20 试述复数介电常数的表达式及其虚、实两部分的物理意义。

答 $\varepsilon^* = \varepsilon' - i\varepsilon''$。复数介电常数的实部反映介质电容器储存电能的能力;虚部则反映介质电容器损耗电能的能力,常用它表示材料介电损耗的大小。

16-21 什么是 Cole-Cole 图?

答 以 ε'' 对 ε' 作图称为 Cole-Cole 图,表征电介质偏离 Debye 松弛的程度。半圆形为 Debye 松弛,偏离时得圆弧形图。

16-22 高分子电介质的介电损耗在实际应用中有哪些利弊?

答 用作电工绝缘材料或电容器使用的聚合物,其介电损耗不仅浪费大量电能,而且还会引起材料发热,加速材料的老化甚至破坏。相反,聚合物的高频干燥、塑料薄膜的高频焊接以及大型聚合物制件的高频热处理就是利用塑料的介电损耗实现的,这时塑料的介电损耗越大越好焊接。

16-23 塑料加工中有一种技术称为高频模塑技术,其方法是将极性塑料置于模具中并受高频电场的作用,几秒钟内原料就熔化、成型。这种技术基于什么原理?

答 基于极性塑料介电损耗很大的原理。

16-24 为什么说 $\tan\delta$ 的大小反映了材料绝缘性能的优劣？

答 $\tan\delta$ 越大,表示材料介电损耗的越大,材料的绝缘性能就越差。

16-25 由 Clausius-Mosotti 方程 $\dfrac{\varepsilon-1}{\varepsilon+2}=\dfrac{4}{3}\pi N\alpha$,导出 Debye 方程 $P=\dfrac{4}{3}\pi N_A(\alpha_d+\alpha_\mu)=\dfrac{4}{3}\pi N_A\left[(\alpha_e+\alpha_a)+\dfrac{\mu_0^2}{3kT}\right]$。若测定不同温度下的摩尔极化度 P,就可计算得到诱导极化率 $(\alpha_d=\alpha_e+\alpha_a)$ 及永久偶极矩 (μ_0)。试简述计算步骤。

答 $\dfrac{\varepsilon-1}{\varepsilon+2}=\dfrac{4}{3}\pi N\alpha$,式中,$N$ 为单位体积的分子数,α 为总的极化率。上式两边乘以 M_0/ρ (M_0 为相对分子质量,ρ 为密度),则 $\dfrac{M_0}{\rho}\dfrac{\varepsilon-1}{\varepsilon+2}=\dfrac{4}{3}\pi N\dfrac{M_0}{\rho}(\alpha_e+\alpha_a+\alpha_\mu)$,而 $N\dfrac{M_0}{\rho}=N_A$(N_A 为 Avogadro 常量),$\alpha_\mu=\dfrac{\mu_0^2}{3kT}$,所以摩尔极化度 $P=\dfrac{M_0}{\rho}\dfrac{\varepsilon-1}{\varepsilon+2}=\dfrac{4}{3}\pi N_A(\alpha_e+\alpha_a)+\dfrac{4}{3}\pi N_A\dfrac{\mu_0^2}{3kT}$。令 $\dfrac{4}{3}\pi N_A(\alpha_e+\alpha_a)=A$ 和 $\dfrac{4}{3}\pi N_A\dfrac{\mu_0^2}{3k}=B$,则上式为 $P=A+B\dfrac{1}{T}$,作 P-$\dfrac{1}{T}$ 图(图 16-2),由图上截距(A)可求出诱导极化率($\alpha_d=\alpha_e+\alpha_a$),由斜率($B$)可求出永久偶极矩($\mu_0$)。

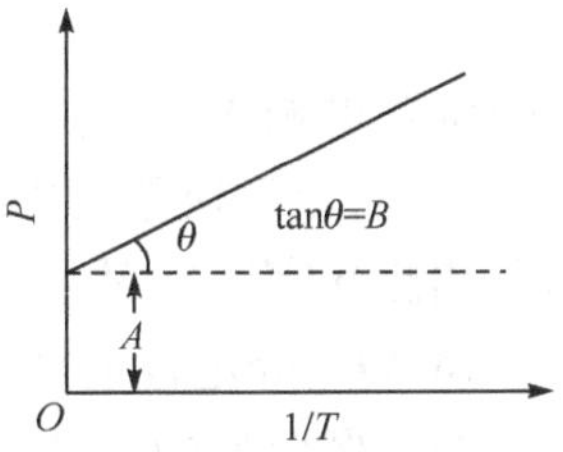

图 16-2 摩尔极化度与温度的关系

16-26 导出在交变电场中单位体积的介质损耗功率与电场频率的关系式,并讨论当 $\omega\to\infty$ 时介质的损耗情况。

答 $P_r=I_rU\cos0°=I_rU$,又 $I_r=\omega\varepsilon''c_0U$,$\varepsilon''=\dfrac{(\varepsilon_s-\varepsilon_\infty)\omega\tau}{1+\omega^2\tau^2}$($\tau$ 为偶极的松弛时间),所以 $P_r=\omega\varepsilon''c_0U^2=\omega\dfrac{(\varepsilon_s-\varepsilon_\infty)\omega\tau c_0U^2}{1+\omega^2\tau^2}=\dfrac{(\varepsilon_s-\varepsilon_\infty)c_0U^2\omega^2\tau}{1+\omega^2\tau^2}$。当 $\omega\to\infty$ 时,$1+\omega^2\tau^2\approx\omega^2\tau^2$,$P_r\approx(\varepsilon_s-\varepsilon_\infty)c_0U^2/\tau$,所以 $\omega\to\infty$ 时介质的损耗功率趋于定值。

16-27 将非晶态极性聚合物的介电常数和介电损耗的变化值对外电场的频率作图,在图上标出 ε_0、ε_∞ 以及临界频率 ω_{max},说明这些曲线的意义,并将这些曲线与介电常数和介电损耗对温度关系的曲线进行比较。

答 图 16-3(a)是不同温度下($T_2>T_1$)的 ε 和 $\tan\delta$ 对 ω 的图,图 16-3(b)是不同频率下($\omega_2>\omega_1$)的 ε 和 $\tan\delta$ 对 T 的图。

图 16-3(a)的意义:$\omega\to 0$ 时得静电介电常数 ε_0,$\omega\to\infty$ 时得光频介电常数 ε_∞。此两种情况下介电损耗 $\tan\delta$ 均很小,当 $\omega_{max}=1/\tau$ 时 $\tan\delta$ 有峰值,此时 ε 的变化也最大;当温度 $T_2>T_1$ 时,出现 $\tan\delta$ 峰值($\tan\delta_{max}$)的频率也变大($\omega'_{max}>\omega_{max}$)。

图 16-3(b)的意义:介电常数随着温度升高而增大,当 T 很低时,$\tan\delta$ 或 ε' 都很小,T 很高时 $\tan\delta$ 也很小,在 ε' 随温度变化的最快处,$\tan\delta$ 出现峰值;频率低的($\omega_1<\omega_2$)比频率高的出现 $\tan\delta$ 峰值($\tan\delta_{max}$)的温度也低($T_{max}<T'_{max}$)。

图 16-3(a)和(b)都说明,升高温度和降低外电频率对于极性聚合物的偶极极化有相同的效果。

16-28 试比较聚合物的介电松弛与力学松弛的异同。

答 聚合物的介电松弛和力学松弛的本质是相同的,都源自高分子链的黏弹性。两者的松弛谱图(温度谱或频率谱)非常相似,都有损耗的极大值,并与不同尺寸的运动单元相关,出

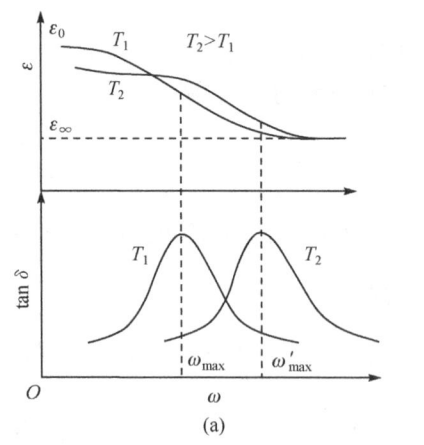 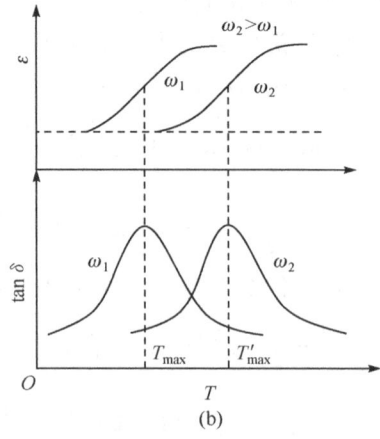

图 16-3 介电常数和介电损耗与频率(a)及温度(b)的关系

峰的位置也相同。但由于机理的不同,影响因素有所不同。介电松弛损耗主要受聚合物极性的影响,而力学松弛的内耗主要受聚合物柔顺性的影响,极性等分子间作用力有影响,但侧基体积和侧基密度等对力学内耗的影响明显大于对介电松弛损耗的影响。

16-29 介电性能和动态力学性能有哪些表观相似性?从分子尺度上加以说明。

答 聚合物的电性能通常与它们的力学行为有关。电阻系数类似黏度,而介电常数 ε' 和电损耗因子 ε'' 类似于弹性柔量和力学损耗因子。在恒定电压下的直流导电率类似于恒定负荷下的蠕变。在松弛曲线中介电损耗因子和力学损耗因子的主峰在相同的转变温度下出现。在分子长度上它们是有关的,因为同属松弛过程,一个是由偶极子跟随着电场的变化而变化所引起的,而另一个是分子跟随着外加应力的变化所引起的。

16-30 试述聚合物介电损耗现象对外加电场频率的依赖性。

答 随着电场频率的增加,各种极化过程将在不同的频率范围内先后出现跟不上电场变化的情况,从而介电损耗出现一个个极大值。

16-31 试述聚合物介电损耗现象对温度的依赖性。

答 温度对极性聚合物取向极化有两种相反的作用。一方面,温度升高,分子间相互作用力减弱,黏度降低,使偶极转动取向容易进行,极化加强;另一方面,温度升高,分子热运动加剧,对偶极取向的干扰增大,反而不利取向,使极化减弱。对一般聚合物来说,温度不高时前者占主导地位,因而随温度升高,介电常数增加。到一定温度,后者超过前者,介电常数随温度升高而减少。因而介电损耗在一定范围达到极大值。

16-32 试述增塑剂、杂质对聚合物介电损耗的影响。

答 极性增塑剂的加入不但能增加高分子链的活动性,使原来的取向极化过程更快,同时引入了新的偶极损耗,使介电损耗增加。导电杂质或极性杂质的存在会增加聚合物的电导电流和极化率,因而使介电损耗增大。特别是非极性聚合物,杂质成为引起介电损耗的主要原因。

16-33 比较聚对苯二甲酸乙二酯(PET)的介电松弛和动态力学松弛的 $\tan\delta$-T 谱图,可以发现:(1) 两者 α 松弛峰的峰温位置都随测量频率的增大而移向高温;(2) 介电松弛的 β 峰明显很强。试由此讨论两种松弛现象的异同。

答 (1) 频率增大时偶极来不及跟上电场变化,只有在更高的温度下体系黏度较低时才跟得上,因而 α 松弛峰的峰温位置都随测量频率的增大而移向高温。动态力学松弛也完全类似。(2) α峰对应于熔点,而β峰对应于玻璃化温度。介电松弛的β峰明显很强,由于PET是极性聚合物,介电松弛受聚合物极性的影响很大。而对于力学松弛,PET没有侧基的线形结构,分子链相互运动时摩擦力不大,β峰就没那么强。

16-34 如果介电吸收可用图16-4的模型描述,图中,I为电流,C为电容,G''为欧姆电阻率,给出下列各项的数学定义:(1)介电常数ε';(2)介电损耗ε'';(3)损耗因子$\tan\delta$。

答 (1)介电常数$\varepsilon'=C/C_0$;(2)介电损耗$\varepsilon''=G''/\omega C_0$;(3)损耗因子$\tan\delta=\dfrac{\varepsilon''}{\varepsilon'}=\dfrac{G''}{\omega C}$。

图 16-4

16.1.3 影响介电性的因素

16-35 试讨论影响聚合物介电常数和介电损耗的因素。

答 (1)结构因素:分子极性越大,一般来说ε和$\tan\delta$都增大。而其中$\tan\delta$还对极性基团的位置敏感,极性基团活动性大的(如在侧基上),$\tan\delta$较小。交联、取向或结晶使分子间作用力增加,ε减少;支化减少分子间作用力,ε增加。

(2)频率和温度:$\tan\delta$与力学松弛相似。在较高和较低的频率或温度下,$\tan\delta$都比较小,只有在转变温度下会有较大的内耗,出现较大的$\tan\delta$值。

(3)外来物的影响:增塑剂的加入使体系黏度降低,有利于取向极化,介电损耗峰移向低温。极性增塑剂或导电性杂质的存在会使ε和$\tan\delta$都增大。

16-36 根据图16-5说明这几种高分子材料的介电损耗ε''与温度的关系。

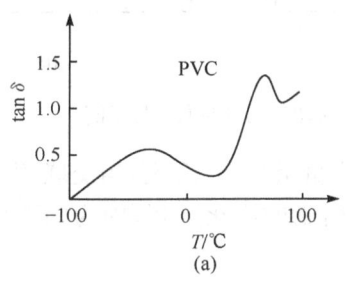
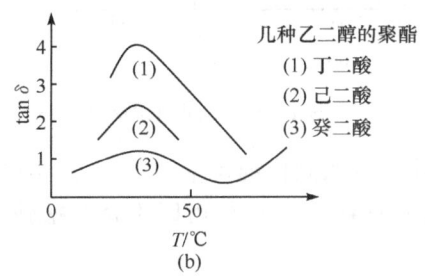

图 16-5 几种高分子材料的介电损耗与温度的关系

答 图16-5(a)是PVC加增塑剂的情况,当增塑剂浓度中等时会出现双峰,低温峰是增塑剂的T_g,高温峰是PVC的T_g;图16-5(b)脂肪族聚酯随着主链上CH_2数目的增加,分子极性减少,从而介电损耗$\tan\delta$较小。

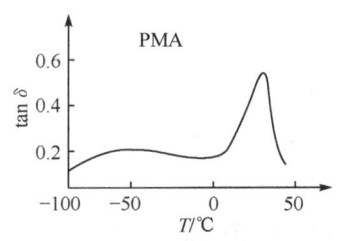

图 16-6 聚丙烯酸甲酯的介电损耗与温度的关系

16-37 解释实验事实:聚合物的介电损耗峰和力学损耗峰出现的温度范围随所加增塑剂不同。

答 由于聚合物的T_g随增塑剂的不同而不同。

16-38 根据下列各图形说明聚合物的物理性能与其结构的关系:

(1)聚丙烯酸甲酯(PMA)的介电损耗与温度的关系(图16-6);(2)两种共混聚合物的动态力学性能(图16-7)。

答 (1)从介电松弛谱上观察到一个损耗峰,对应于PMA的T_g,是链段开始运动的温度。(2)聚乙酸乙烯和聚丙

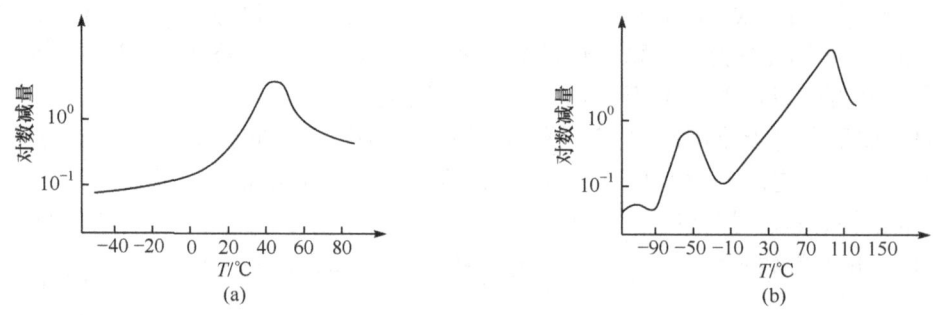

图 16-7 两种共混聚合物的对数减量-温度曲线
(a) 聚乙酸乙烯和聚丙烯酸甲酯的共混物；(b) 聚苯乙烯与苯乙烯-丁二烯共聚物的混合物

烯酸甲酯的相容性好，共混物只有一个 T_g；聚苯乙烯和苯乙烯-丁二烯共聚物的相容性较差，共混物出现两组分各自的 T_g，前者在约 100 ℃，后者约 −50 ℃。

16-39 测得一组不同固化剂含量固化的酚醛树脂的动态力学性能-温度谱如图 16-8 所示。这些曲线能说明哪些问题？能否用介电松弛研究酚醛树脂的固化过程？为什么？

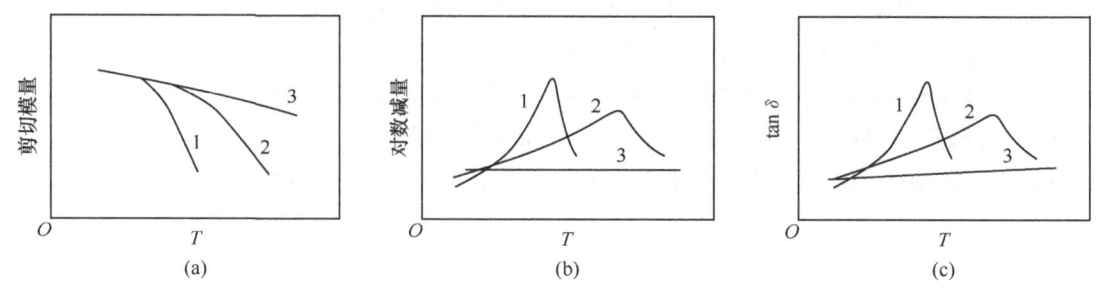

图 16-8 不同固化剂含量固化的酚醛树脂的动态力学性能-温度谱

答 曲线说明固化剂含量 3＞2＞1。因为固化剂含量增加，T_g 升高，当交联程度达到一定值后，不再能测到 T_g。同样可以用介电松弛研究酚醛树脂的固化过程，因为酚醛树脂是极性聚合物。

16-40 聚间苯二甲酸双酚 A 酯和聚碳酸酯都是部分结晶的聚合物，其介电损耗与温度的关系如图 16-9 所示。试解释分子结构对介电性能的影响。图中曲线 1 和 1′分别为非晶和部分结晶的聚间苯二甲酸双酚 A 酯。曲线 2 和 2′分别为非晶和部分结晶的聚碳酸酯。

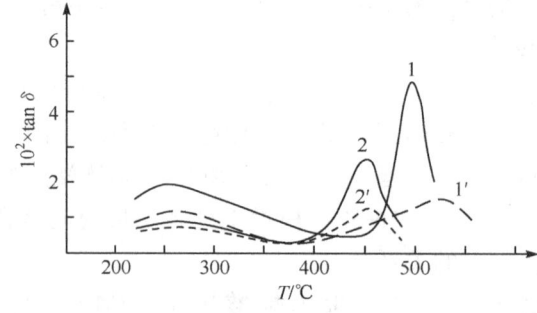

图 16-9 聚间苯二甲酸双酚 A 酯和聚碳酸酯的介电损耗与温度的关系

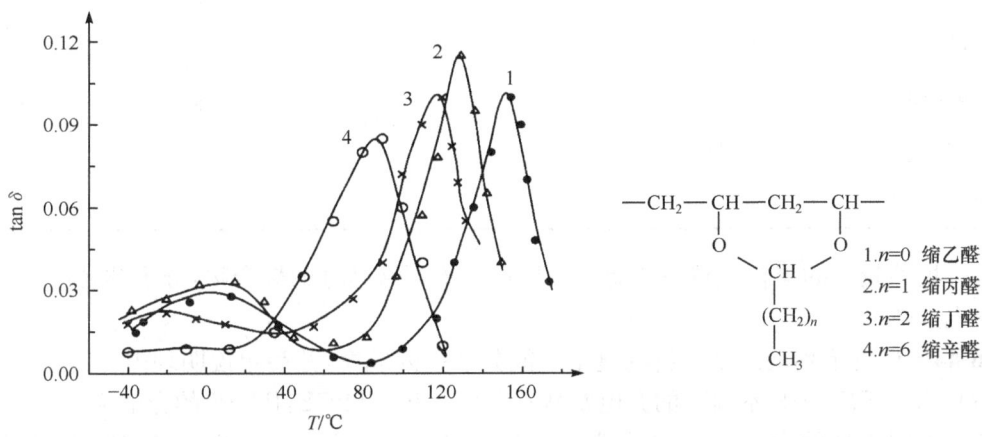

答 ①聚间苯二甲酸双酚 A 酯的分子结构比聚碳酸酯更不对称,偶极矩更大;前者的刚性更大,T_g 更高。②非晶态的分子运动比晶态容易,从而松弛峰高度较大。

16-41 聚乙烯醇缩醛类的介电损耗与温度的关系如图 16-10 所示,试解释分子结构对介电性能的影响。

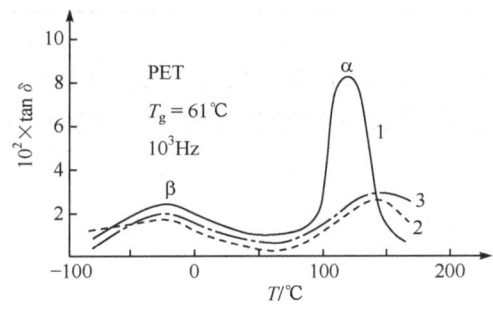

图 16-10　聚乙烯醇缩醛类的介电损耗与温度的关系

答 由图 16-10 可见,缩醛的侧链越短,其侧基运动越困难,α 松弛越慢,介电损耗越高,而且所出现的松弛峰值也在高温。

16-42 图 16-11 为三种不同涤纶薄膜的介电损耗与温度的关系,从聚集态结构上的差别解释这三种曲线的不同。

图 16-11　三种涤纶薄膜的介电损耗与温度的关系
1. 非晶态;2. 结晶态;3. 取向态

答 由图 16-11 可见,非晶态的 α 峰最突出,这是非晶相线型高分子链段运动,损耗电能的典型峰(曲线 1);而晶态和取向态(曲线 2 和 3),由于链段受到晶格和取向结构的束缚,所以 α 峰都不明显。三条曲线上 β 峰相差不多,说明在此区域内,侧基或某些链节的松弛运动受聚集态结构的影响较小。

16-43 各种聚合物感受介电加热的性能不同,如下所示(频率:20～30 MHz)。试解释产生性质不同的可能原因。

聚合物	功率损耗因数	感受能力			
		好	相当好	不好	无
聚氯乙烯(软)	0.4	√			
聚酰胺	0.16		√		
天然橡胶	0.13		√		
PMMA	0.09		√		
PET	0.05			√	
聚碳酸酯	0.03			√	
ABS	0.025			√	
聚苯乙烯	0.01				√

答 极性越大的聚合物越易感受介电加热。柔顺性越好的聚合物,分子越易运动,也越易感受介电加热。

16-44 试把下列两组聚合物的电学性能分别排列成序,并简单说明理由:
(1) PVC,PE,PCP 室温时的介电常数;(2) PVF,PTFCE,PTFE 的介电损耗。

答 根据极性的大小,(1) 介电常数:PVC>PCP>PE;(2) 介电损耗:PVF>PTFCE>PTFE。

16-45 几种常用聚合物的介电常数(ε)和介电损耗($\tan\delta$)的数值如下。试分析这些数据大小的主要原因。

聚合物	PVC(软)	PS	PMMA	PC
介电损耗($\tan\delta$)*	2×10^{-2}	3×10^{-4}	3×10^{-2}	2×10^{-3}

* $\omega=10^3$ Hz 时的极大值。

答 考虑聚合物的极性,PMMA≈PVC>PC>PS,极性越大,介电损耗越大。

16-46 用图定性地表示和比较下列聚合物的介电常数(ε')和介电损耗($\tan\delta$)与频率($\log\omega$)的关系:

(1) —CH$_2$—CH— ; (2) —CH$_2$—CH— ; (3) —CH$_2$—CH— +10% 氯苯。
         | | |
         C$_6$H$_4$Cl(对)   C$_6$H$_4$Cl(间)   C$_6$H$_5$

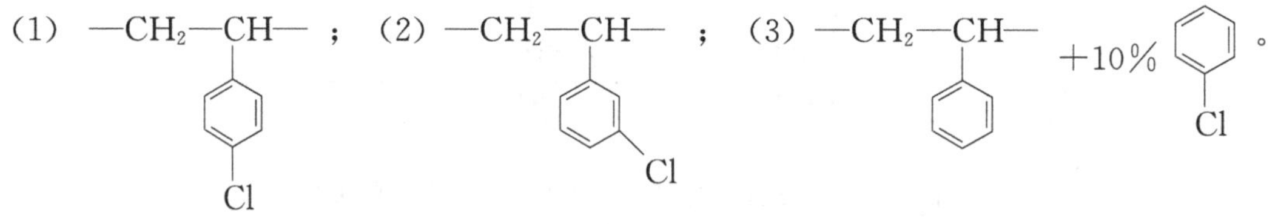

答 根据分子偶极矩的大小和材料被极化的难易程度,画示意图如图 16-12 所示。

16-47 图 16-13 为含硫量不同的几种硫化橡胶的介电损耗曲线,试解释:(1) 含硫量不同,则介电损耗峰值($\tan\delta_{max}$)不同;(2) 含硫量不同,所出现 $\tan\delta_{max}$ 的温度(T_{max})也不同。

答 (1) 不同含硫量时,聚合物的偶极基团浓度不同,因而电极化产生的介电损耗也不同;(2) 不同含硫量时,聚合物的本体黏度不同,故松弛时间(τ)也不同。

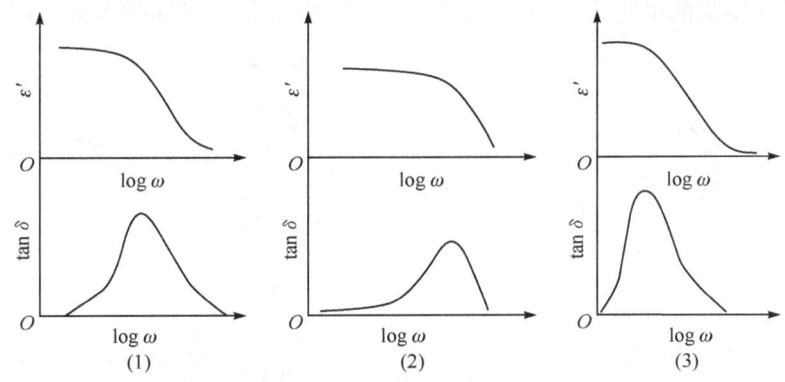

图 16-12 聚合物的介电常数(ε')和介电损耗($\tan\delta$)与频率($\log\omega$)的关系

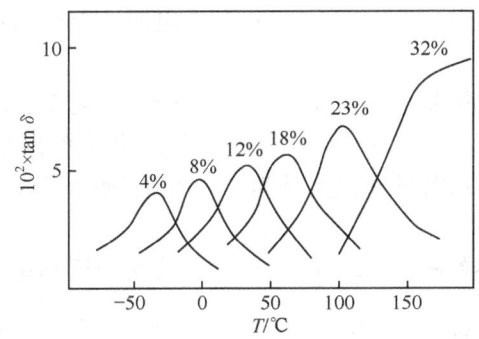

图 16-13 不同含硫量的硫化橡胶的介电损耗

16.2 聚合物的导电性和静电现象

16.2.1 导电性的表征

16-48 绝缘体、半导体和导体是根据什么划分的？

答 电阻率(未特别注明时指体积电阻率 ρ_v)是材料最重要的电学性质之一。按 ρ_v 将材料分为导体、半导体和绝缘体三类。导体 $0\sim10^3$ $\Omega\cdot cm$；半导体 $10^3\sim10^8$ $\Omega\cdot cm$；绝缘体 $10^8\sim10^{18}$ $\Omega\cdot cm$ 以上。有时也用电导率表示，电导率是电阻率的倒数。

16-49 简述聚合物的导电机理。

答 聚合物主要存在两种导电机理：① 一般聚合物主要是离子电导。有强极性原子或基团的聚合物在电场下产生本征离解，可产生导电离子。非极性聚合物本应不导电，理论体积电阻率为 10^{25} $\Omega\cdot cm$，但实际上要大许多数量级，这是杂质(未反应的单体、残留催化剂、助剂以及水分)离解引起的。② 聚合物导体(导电高分子)、半导体主要是电子电导。

16-50 如何从实验判别或区分聚合物的电子导电和离子导电？

答 对聚合物施加静压力会使离子电导降低，而电子电导升高，因为自由体积变小使离子迁移更困难，但电子与空穴的迁移更容易。

16-51 为了测定离子交换膜的导电性能，设计了一种电导池(图 16-14)。圆片电极的直径 $D=7.3\times10^{-3}$ m，两片电极距离 $h=0.01$ m，于 298 K 时，先在两电极间充入 0.1 mol·kg^{-1} NaCl 溶液，此时测得电阻为 240 Ω；然后在两电极间夹入离子交换膜后，再充入 0.1 mol·kg^{-1} NaCl 溶液，测得电阻为 260 Ω，若此膜的湿态厚度为 4×10^{-4} m，试求：(1) 电导池的电导常数;(2) 此离子交换膜的电阻率(ρ)和电导率(σ);(3) 此离子交换膜的表面电阻。

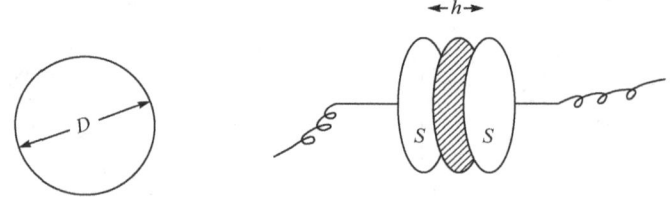

图 16-14 电导池示意图

答 由 $R=\rho\dfrac{h}{S}$,(1) 电导常数 $A=\dfrac{h}{S}=\dfrac{0.01}{3.14\times(7\times10^{-3}/2)^2}=259.8(\text{m}^{-1})$;(2) 膜电阻 $R=260-240=20(\Omega)$,电阻率 $\rho=R\dfrac{S}{h}=20\times\dfrac{3.14\times(7\times10^{-3}/2)^2}{4\times10^{-4}}=1.924(\Omega\cdot\text{m})$,电导率 $\sigma=1/\rho=1/1.924=0.52(\Omega^{-1}\cdot\text{m}^{-1})$;(3) 膜表面电阻 $=RS=20\times3.14\times(7\times10^{-3}/2)^2=7.69\times10^{-4}(\Omega\cdot\text{m}^2)$。

16-52 假定某种聚合物的电导率为 $10^{-9}\ \Omega^{-1}\cdot\text{m}^{-1}$,载流子迁移率借用室温下烃类液体中离子载流子的数值 $10^{-9}\ \text{m}^2\cdot\text{V}^{-1}\cdot\text{s}^{-1}$,计算聚合物的载流子浓度,并估算聚合物中重复单元的数量密度(假定重复单元相对分子质量为 100,聚合物的密度 $\rho=10^3\ \text{kg}\cdot\text{m}^{-3}$),比较所得结果并加以讨论。

答 $\sigma=Nq\mu$。已知电导率 $\sigma=10^{-9}\Omega^{-1}\cdot\text{m}^{-1}$,载流子迁移率 $\mu=10^{-9}\ \text{m}^2\cdot\text{V}^{-1}\cdot\text{s}^{-1}$,每个载流子电量 $q=1.6022\times10^{-19}\ \text{C}=1.6022\times10^{-19}\ \text{A}\cdot\text{s}$,所以 $N=\dfrac{\sigma}{q\mu}=\dfrac{10^{-9}}{1.6022\times10^{-19}\times10^{-9}}=6.25\times10^{18}(\text{m}^{-3})$。假定聚合物密度 $\rho=10^3\ \text{kg}\cdot\text{m}^{-3}$,重复单元相对分子质量为 100,则每立方米中含有的重复单元数为 $N'=10^6\times\dfrac{6.023\times10^{23}}{100}=6.02\times10^{27}(\text{m}^{-3})$,可见重复单元的数量密度远远大于载流子的浓度,差不多平均每 10^9 个重复单元中才有一个载流子,载流子是很少的,说明该聚合物有很好的电绝缘性能。

16-53 某聚合物载流子密度为 $10^6\ \text{m}^{-3}$,迁移率为 $0.1\ \text{cm}^2\cdot\text{V}^{-1}\cdot\text{s}^{-1}$,试估计其电导率。

答 $\sigma=Nq\mu=10^6\times(1.6022\times10^{-19})\times0.1\times10^{-4}=1.6\times10^{-18}(\Omega\cdot\text{m}^{-1})$

16-54 根据聚合物的电阻测定实验回答以下问题:(1) 测定的主要注意事项是什么?(2) 影响电阻测定的因素有哪些?

答 (1) 测定的主要注意事项是:①试样和电极都应事先用适当的溶剂进行除油除尘处理。②严格注意静电场屏蔽,使用屏蔽电线,被测试样一定要置于金属屏蔽箱内,屏蔽箱外壳应接地。③测试高电阻时应注意安全,电阻加上后手勿触及电极,以免电击。

(2) 影响电阻测定的因素有:①外界强电场会有干扰,应注意屏蔽。②空气湿度对测定有影响,若环境湿度大于 85%,预热时间要延长至 1 h,以使机内更干燥。

16.2.2 影响导电性的因素

16-55 试指出下列各项因素对绝缘聚合物的导电性的影响:

(1) 增加增塑剂的用量;(2) 使聚合物结晶或取向;(3) 使聚合物交联;(4) 杂质;(5) 主链上接长而柔、末端带有极性基团的支链。

答 （1）增塑剂使链段的活动性增加，自由体积增加，因而提高离子载流子的迁移率。如果是极性增塑剂，还会增加离子浓度，使导电性显著增加。

（2）结晶度与取向使分子紧密堆砌，自由体积减小，离子迁移率下降，导电性减少。

（3）交联使链段的活动性减少，自由体积减小，离子迁移率下降，导电性减少。

（4）杂质使绝缘聚合物的绝缘性能下降，因为对于绝缘聚合物来说，导电载流子大多来自外部，水、添加剂、催化剂等杂质对其电导率的影响占有十分重要的地位。

（5）绝缘性能下降，因为长而柔的支链增加了自由体积，支链末端的极性基团可能增加了载流子浓度。

16-56 说明温度对于绝缘聚合物的导电性的影响。为什么聚合物的电导率在 T_g 附近发生急剧变化？

答 温度升高，链段的活动性增加，自由体积增加，离子迁移率增加，电导率增加。特别是在 T_g 附近，$\log\rho_v$-$1/T$ 曲线有突变，利用这点可以测定 T_g。

16-57 为什么绝大多数聚合物都是绝缘体？引起聚合物绝缘材料电导的主要原因是什么？

答 因为绝大多数聚合物的电阻率都在 10^{13} Ω·cm 以上，属绝缘体，一些非极性聚合物，如聚乙烯、聚四氟乙烯等的电阻率是 10^{18} Ω·cm，是公认最好的绝缘体。引起绝缘材料电导的原因参见 16-56 题。

16-58 为什么聚合物绝缘体的电阻率比理论值低得多？

答 因为水（以及 CO_2 和盐类的溶解）、添加剂、催化剂等杂质的影响，会存在漏导。

16-59 聚合物的导电性用什么表征？

答 聚合物的导电性通常用电阻率表示。体积电阻率（又称比体积电阻）$\rho_v = R_v \dfrac{S}{h}$（Ω·cm），表面电阻率（又称比表面电阻）$\rho_s = R_s \dfrac{l}{b}$（Ω），式中，$S$、$h$、$l$、$b$ 分别为试样的面积、厚度、电极的长度、电极间的距离。

16-60 聚合物的相对分子质量增大或结晶度增大，均使聚合物的电子电导增大，而离子电导减小。试分别解释这种影响的原因。

答 相对分子质量增大，增大了电子在分子内的通道，故电子电导率增加；而随着相对分子质量的增大，分子链端的比例减小，自由体积减小，使离子迁移率减小，即离子电导减小。当结晶度增大时，分子紧密整齐堆砌，自由体积减小，因而离子迁移率减小，即离子电导减小；而分子的紧密整齐堆砌有利于分子内电子的传递，因而电子电导提高。

16-61 什么是电击穿？聚合物的电击穿有几种机理？

答 在强电场下，聚合物从介电状态变为导电状态，称为（介）电击穿。击穿强度（又称介电强度）定义为击穿时电极间的平均电位梯度，即击穿电压 U_b 与样品厚度 h 之比，$E_b = U_b/h$，式中，E_b 表征材料所能承受的最大电场强度，是聚合物绝缘材料的一项重要指标。聚合物绝缘材料的 E_b 一般为 10^7 V·cm^{-1} 左右。

介电击穿机理可分为本征击穿（电击穿）、热击穿、化学击穿、放电击穿等，往往是多种机理综合发生。

16-62 聚合物的极化率、介电常数和导电性三者之间有什么关系？试比较下列三种聚合物中哪种电绝缘性能好：

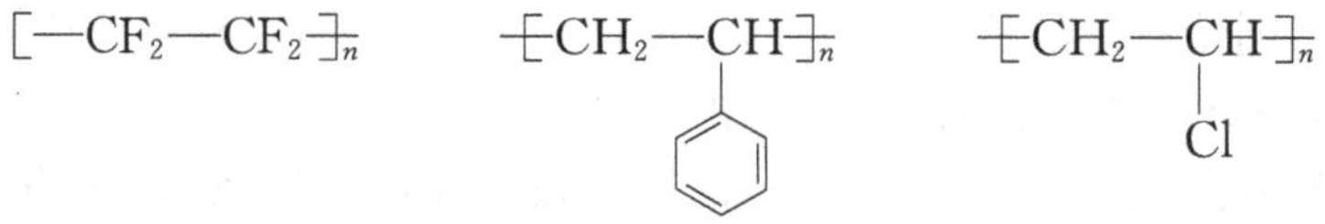

$$[\!-\!CF_2\!-\!CF_2\!]_n \qquad +\!CH_2\!-\!CH\!\!\xrightarrow{}_n \qquad +\!CH_2\!-\!CH\!\!\xrightarrow{}_n$$
$$\text{（苯基）} \qquad \text{Cl}$$

答 通常聚合物的极化率越大,介电常数越大,导电性也越强。对于电绝缘性能 PTFE>PS>PVC,因为 PTFE 为完全非极性、PS 弱极性、PVC 极性。

16-63 试判断下列各组聚合物中哪种的电绝缘性和介电性较好,为什么?
(1) 本体法 PMMA,乳液法 PMMA；(2) LDPE, HDPE；(3) 尼龙-1010,尼龙-66；(4) PS, ABS。

答 本体法 PMMA、LDPE、尼龙-1010、PS 的 ε、$\tan\delta$ 较小,而 E_b 和 ρ_v 较大。原因是:(1) 乳液法 PMMA 会存在残存的乳化剂等杂质；(2) LDPE 分子链有支化,支化减少分子间作用力；(3) 尼龙-66 的分子间作用力大于尼龙-1010；(4) ABS 含极性的丙烯腈,极性大于 PS。

16-64 下列数据比较了 PE 和 PVC 在导电性(体积电阻率和击穿电压)和介电性(介电常数和介电损耗)上的优缺点,试从聚合物的结构分析其原因。

品种＼性能	E_b /(kV·mm^{-1})	ρ_v /(Ω·m)	$\tan\delta$ ($\omega=10$ Hz)	ε ($\omega=10^5$ Hz)
PE	40～50	>10^{14}	(3～5)×10^{-4}	2.3～2.5
PVC	15～20	10^{12}～10^{13}	(4～8)×10^{-3}	3.2～3.6

答 由于 PVC 的极性较大,PE 的绝缘性和介电强度好于 PVC。

16-65 把下列各组聚合物的电学性能排列成序:
(1) PS、聚乙炔、PVC、PE 的电导率；(2) PP、PF、PVC、PET 的介电强度。

答 (1) 电导率大小次序:

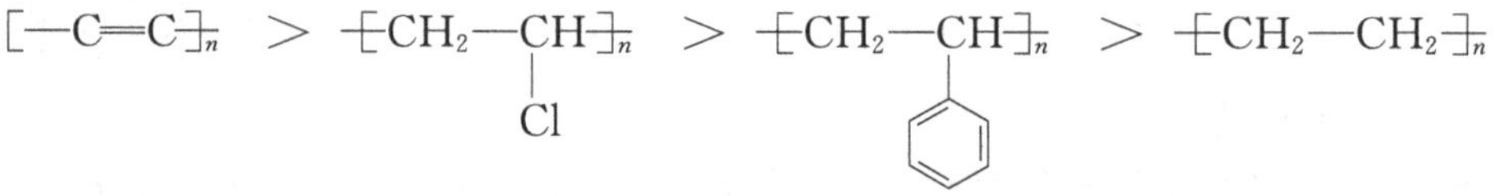

$$[\!-\!C\!=\!C\!-\!]_n > +\!CH_2\!-\!CH\!\!\xrightarrow{}_n > +\!CH_2\!-\!CH\!\!\xrightarrow{}_n > +\!CH_2\!-\!CH_2\!\!\xrightarrow{}_n$$
$$\qquad\qquad\qquad Cl \qquad\qquad\qquad \text{（苯基）}$$

(2) 介电强度大小次序:PF>PVC>PET>PP。

16-66 几种聚合物的导电性($\log\rho$)与温度($1/T$)的关系如图 16-15 所示。由图上各曲线的形状,就温度对导电性的影响和绝缘材料的使用温度可得到什么结论?

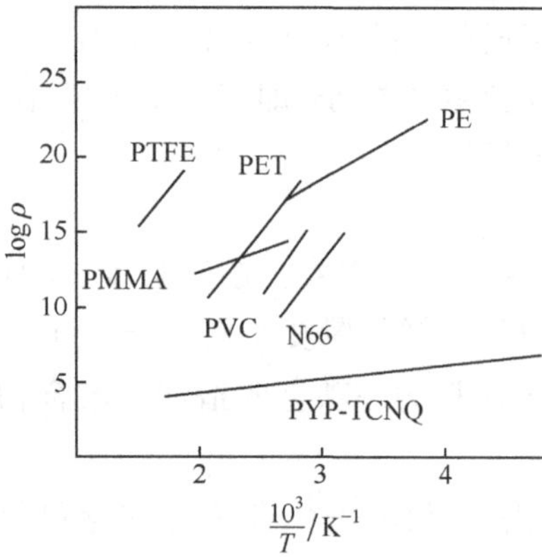

答 (1) 由图 16-15 可见,聚合物的电阻率的对数 ($\log\rho$) 与温度 $\left(\dfrac{1}{T}\right)$ 有线性关系,可表示为 $\rho=Ae^{E/RT}$,式中,A 为比例常数,E 为活化能。

(2) 对于聚 2-乙烯基吡啶-四氰代对二次甲基苯醌 (PYP-TCNQ,电子给体-电子受体),温度对其电导率的影响很小,因为它属于电子导电型。其他聚合物都是电阻率随温度的升高而急剧下降,因为它们都属于离子导电型,导电载流子的浓度随温度升高而急剧增加。

图 16-15 几种聚合物的导电性($\log\rho$)与温度$\left(\dfrac{1}{T}\right)$的关系

16-67 试分析低压聚乙烯的导电性能,指出其主要导电机理和影响因素；若用它制造电绝缘部件或抗静电部件时，则对其电性能的要求各如何？在加工中应分别采取哪些措施来达到上述要求？

答 低压聚乙烯是绝缘体，由于是非极性聚合物，本身应不导电，理论体积电阻率为 $10^{25}\ \Omega\cdot cm$，但实际上要小好几个数量级，原因是残存催化剂、助剂及水分等杂质在电场下离解而引起的离子电导。绝缘材料和抗静电材料对导电性的要求完全不同，前者要求低电导率，后者要求高电导率。加工中对于绝缘材料，要求减少极性杂质的存在，如不用极性的加工助剂；对于抗静电材料，则要将极性的抗静电剂添加到材料中或涂布于材料表面以增加导电性。

16.2.3 导电性高分子

16-68 导电高分子有几种类型？举例简要叙述。

答 导电高分子可分为以下三类。

(1) 结构型：聚合物自身具有长的共轭大 π 键结构，如聚乙炔、聚苯乙炔、聚酞菁铜等，通过掺杂可以将电导率提高六七个数量级，一个典型例子是用 AsF_3 掺杂聚乙炔。

(2) 电荷转移复合物：由电子给体分子和电子受体分子组成的复合物。目前研究较多的是高分子给体与小分子受体的复合物，如聚 2-乙烯基吡啶或聚乙烯基咔唑作为高分子电子给体，碘作为电子受体，可做成高效率的固体电池。

(3) 添加型：在树脂中添加导电的金属(粉或纤维)、炭黑、石墨、碳纤维等组成复合型导电高分子材料。其导电机理是导电性粒子相互接触形成连续相而导电，因而粉状料的含量要超过 50%。

16-69 写出下列导电聚合物的重复单元结构式，并说明可能的导电机理：
聚乙炔，聚苯胺，聚对苯撑，聚对苯撑乙烯撑，聚吡咯，聚噻吩。

答

聚合物	重复单元	聚合物	重复单元
聚乙炔	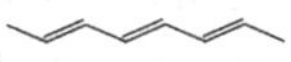 (共轭双键结构)	聚对苯撑乙烯撑	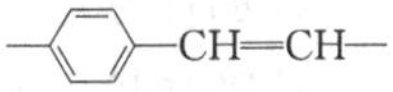 —⟨○⟩—CH=CH—
聚苯胺*	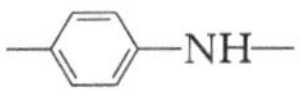 —⟨○⟩—NH—	聚吡咯	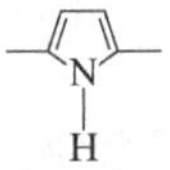 (吡咯环，N—H)
聚对苯撑	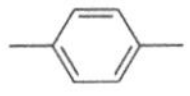 —⟨○⟩—	聚噻吩	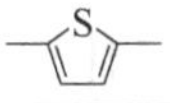 (噻吩环)

* 聚苯胺根据其氧化程度的不同而具有四种存在形式。

具有大共轭 π 电子结构(图 16-16)是聚合物导电的基本条件，若主链全部为芳环或共轭双键，如聚苯撑、聚乙炔等，由于这种大共轭体系中电子云能流动，因此 π 电子具有类似于金属中自由电子的特征。这类高分子是导电高分子，外观也呈金属色。通过掺杂可以进一步将电导率提高六七个数量级，成为真正的导体，一个典型例子是用 AsF_3 掺杂聚乙炔。

16-70 为什么碳纤维具有良好的导电性？

答 由于共轭大 π 键结构。碳纤维采用了先加工成型、后热裂解的方法获得这种共轭结构。将牵伸后的聚丙烯腈纤维进行热裂解环化、进一步脱氢，形成具有双链含氮芳香结构的聚合物，其

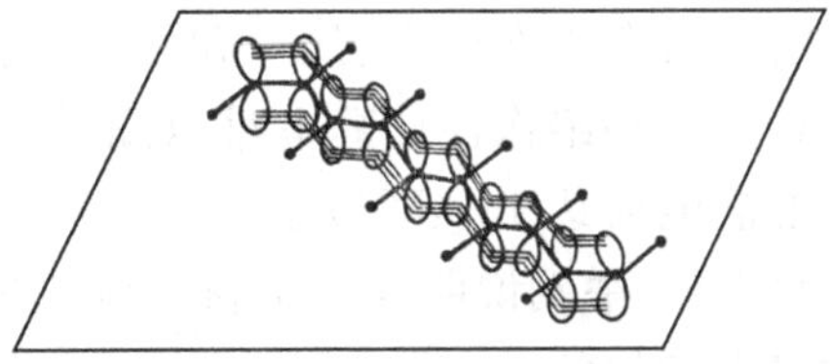

图 16-16 聚乙炔分子中的共轭大 π 键示意图
所有碳原子都在同一平面上

电导率约为 $10\ \Omega^{-1} \cdot m^{-1}$。再热裂解到氮完全消失,则得到电导率高达 $10^5\ \Omega^{-1} \cdot m^{-1}$ 的碳纤维。

16-71 简述聚酞菁铜的导电机理。

答 聚酞菁铜是一类金属螯合型聚合物(图 16-17),其电导率约为 $5\ \Omega^{-1} \cdot m^{-1}$。在垂直于酞菁分子平面方向引入金属原子铜,使中心金属原子连接起来,以获得类似于金属键的导电途径。而且,金属原子的 d 电子轨道可以与有机结构的 π 电子轨道交叠,从而延伸了分子内的电子通道。

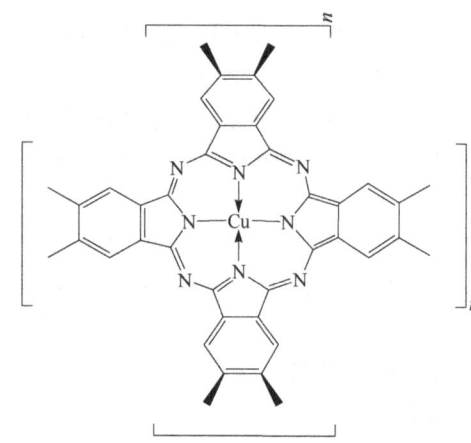

图 16-17 聚酞菁铜的结构式

16-72 2000 年,因在导电高分子领域的杰出贡献而获得诺贝尔化学奖的高分子科学家是谁?他们的主要贡献是什么?简述导电高分子的研究意义。

答 2000 年,黑格尔(Alan J. Heeger,1936 年~),马克迪尔米德(Alan G. MacDiarmid,1927~2007 年)和白川英树(Hideki Shirakawa,1936 年~)由于"导电性高分子的发现与开发"获诺贝尔化学奖。1976 年,他们发现聚乙炔掺杂碘后居然能像金属那样导电。这个现象的发现开启了导电高分子的时代,改变了长期以来人们对高分子只能是绝缘体的观念,进而开发出了具有光、电活性的被称为电子聚合物的高分子材料,有可能为 21 世纪提供可进行信息传递的新功能材料。

16.2.4 聚合物的静电现象

16-73 什么是静电现象?

答 任何两个固体,无论其化学组成是否相同,只要它们的物理状态不同,其内部结构中电荷载体能量的分布就不同。这样两个固体接触时,在固-固表面会发生电荷的再分配。在它们重新分离之后,每一固体将带有比接触或摩擦前更多的正(或负)电荷,这种现象称为静电现象。

16-74 说明高分子材料产生静电的主要原因。

答 聚合物在生产、加工和使用过程中会与其他材料、器件发生接触或摩擦,有静电产生。而聚合物的高绝缘性使静电难以漏导,从而容易积累静电。例如,吸水性低的聚丙烯腈纤维加工时的静电可达 15 kV 以上。

16-75 举例说明高分子材料制品的生产中必须考虑消除静电的危害。采取什么措施能减少静电产生?

答 静电一般有害,主要是:①静电妨碍正常的加工工艺。②静电作用损坏产品质量。

③可能危及人身及设备安全。

例如,塑料从模具中脱下时常带有静电,导致不易脱模。合成纤维在纺丝过程中也会带上静电,从而使纤维的梳理、纺纱、牵伸、加捻、织布和打包等工序难以进行。静电吸附的尘埃导致产品变脏、电性能下降等劣化。摩擦静电引起的火花放电会酿成化工厂、矿井等的重大灾祸。

目前较广泛采取的减少静电的措施是将抗静电剂加到高分子材料中或涂布在表面。塑料多采用添加的方法。纤维纺丝工序中则采取上油的方法,给纤维表面涂上一层吸湿性的油剂,增加导电性。

16-76 抗静电剂的分子结构一般有什么特点?

答 抗静电剂是一些表面活化剂,如阴离子型(烷基磺酸钠、芳基磺酸酯等)、阳离子型(季铵盐、胺盐等)以及非离子型(聚乙二醇等)。

16-77 举例说明高分子材料的静电的应用。

答 静电现象有时也能加以利用。例如,静电复印、静电记录、静电印刷、静电涂敷、静电分离与混合、静电医疗等都成功地利用了高分子材料的静电作用。

【名词解释索引】

极化,电子极化,原子极化,取向极化(16-1题)。极化偶极矩,分子极化率(16-2题)。介电性(16-8题)。介电常数(16-9题)。Clausius-Mosotti方程式(16-11题)。驻极体(16-14题)。热释电流法,热刺激电流谱(16-15题)。介电损耗(16-17题)。Cole-Cole图(16-21题)。Debye方程(16-25题)。比表面电阻,表面电阻率,比体积电阻,体积电阻率(16-59题)。电击穿,击穿强度(16-61题)。导电高分子(16-68题)。静电现象(16-73题)。

第 17 章 综 合 题

17.1 高分子化学综合题

17.1.1 填空题

1. 绪论

（1）聚合反应按机理分<u>连锁聚合</u>和<u>逐步聚合</u>两类；如按单体与聚合物组成差别分为<u>加聚反应</u>和<u>缩聚反应</u>。

（2）从聚合反应机理看，聚苯乙烯的合成属<u>连锁聚合</u>，尼龙-66 的合成属<u>逐步聚合</u>，此外还有聚加成反应和开环聚合，前者如<u>聚氨酯</u>，后者如<u>聚环氧乙烷（环氧乙烷的开环聚合）</u>。

（3）尼龙-610 的分子式是 $-[NH(CH_2)_6NHCO(CH_2)_8CO]_n-$、重复单元是 $-NH(CH_2)_6NHCO(CH_2)_8CO-$，结构单元是 $-NH(CH_2)_6NH-$ 和 $-CO(CH_2)_8CO-$。

（4）工业上常用到一些简化名称或俗名，指出它们的化学名称：聚苯为<u>聚苯乙烯</u>，电玉为<u>脲醛树脂</u>，电木为<u>酚醛树脂</u>。

（5）化学功能高分子的种类有：<u>高分子试剂</u>、<u>高分子催化剂</u>、<u>导电高分子</u>、<u>离子交换树脂</u>、<u>分离膜</u>等。

（6）根据主链结构，可将聚合物大致分为<u>碳链高分子</u>、<u>杂链高分子</u>、<u>元素有机高分子</u>、<u>无机高分子</u>四类。

（7）聚合物是<u>一系列同系物</u>的混合物，其相对分子质量是一平均值，这种相对分子质量的不均一性称为<u>多分散性</u>。

（8）三大合成材料是指<u>橡胶</u>、<u>纤维</u>、<u>塑料</u>。

（9）我国习惯以"纶"作为合成纤维商品后缀字，指出下列合成纤维的化学名称：涤纶是<u>聚对苯二甲酸乙二醇酯</u>，腈纶是<u>聚丙烯腈</u>，锦纶是<u>尼龙-66</u>。

（10）能进行自由基聚合的单体（举例）有 $CH_2\!=\!CH_2$、$CH_2\!=\!CHCl$、$CF_2\!=\!CF_2$。能进行阴离子聚合的单体有 $CH_2\!=\!CHCN$、$CH_2\!=\!CHCOOCH_3$、$CH_2\!=\!CHNO_2$。能进行阳离子聚合的单体有 $CH_2\!=\!C(CH_3)_2$、$CH_2\!=\!CHOR$、$CH_2\!=\!CHC_6H_5$。

（11）写出两位获得过诺贝尔化学奖的高分子学家：<u>白川英树</u>，<u>Ziegler-Natta</u>。

2. 自由基聚合

（1）自由基聚合属<u>连锁聚合</u>机理，随反应时间延长，转化率增加，聚合物的平均相对分子质量<u>变化不大</u>；随反应温度的增加，聚合反应速率增加，聚合物的平均相对分子质量<u>减少</u>；当温度升高到聚合上限温度，体系发生解聚。

（2）自由基聚合规律是转化率随时间而<u>升高</u>，延长反应时间可以提高<u>转化率</u>；缩聚反应规律是转化率与时间<u>无关</u>，延长反应时间是为了<u>提高聚合度</u>。

（3）单体的临界聚合温度越高，表示单体越<u>容易</u>聚合。

（4）三氯乙醛的聚合上限温度是 12.5 ℃，要得到高相对分子质量的聚三氯乙醛，反应温度应该<u>低于</u> 12.5 ℃。

(5) $\Delta G=0$，解聚与聚合平衡时的温度称为聚合极限(上限)温度，自由基聚合大都在聚合极限温度以下进行，缩合聚合大都在聚合极限温度以上进行，所以缩聚反应一般为可逆反应。

(6) 苯乙烯单体在储运时加了对苯二酚。在它作为自由基聚合的单体使用前，必须经过两步处理，即碱洗、蒸馏。

(7) 过硫酸盐无论在受热、受光或受还原剂作用下均能产生离子自由基 $SO_4^-\cdot$。如果需要随时调整反应速率或随时停止反应，应选择光引发方式产生 $SO_4^-\cdot$。

(8) 排列下列单体聚合反应热的大小顺序：异丁烯、乙烯、氯乙烯、α-甲基苯乙烯、四氟乙烯。四氟乙烯＞氯乙烯＞乙烯＞异丁烯＞α-甲基苯乙烯。

(9) 在自由基聚合中，用转化率表示聚合反应进行的深度。

(10) 引发剂的半衰期 $t_{1/2}$ 是指引发剂分解至起始浓度一半时所需的时间，一般选择引发剂的 $t_{1/2}$ 与聚合时间在同一数量级。

(11) 甲基丙烯酸甲酯乳液聚合时，成核的主要方式是均相成核。

(12) 引发剂引发自由基聚合初期的聚合速率方程为 $R_p = k_p \left(\dfrac{fk_d}{k_t}\right)^{1/2} [I]^{1/2}[M]$。如果速率与单体浓度的一次成正比，表明单体自由基形成速率很快，对引发速率无甚影响，与引发剂的浓度 1/2 次方成正比，表明双基终止。要提高自由基聚合的聚合物的相对分子质量，可采用降低(升高或降低)聚合温度，降低(提高或降低)引发剂浓度的方法。

(13) 在进行自由基聚合反应动力学研究时作了等活性、稳态处理和长链假设(聚合度很大)，即用于引发单体远少于增长消耗的单体三个基本假设。

(14) 60 ℃下丁二烯的均聚速率常数 $k_p=100 \text{ dm}^3 \cdot \text{mol}^{-1} \cdot \text{s}^{-1}$，丙烯腈的 $k_p=1960 \text{ dm}^3 \cdot \text{mol}^{-1} \cdot \text{s}^{-1}$。由此可见单体的活性是丁二烯较大，而丙烯腈单体自由基较活泼。

(15) 自由基聚合的动力学链长是指每个活性种从引发剂阶段到终止阶段所消耗的单体分子数，当聚合体系存在转移反应时，动力学链长则是每个初级自由基自链引发开始到活性中心真正死亡为止所消耗的单体分子总数。

(16) 甲基丙烯酸甲酯的本体聚合转化率较高时，聚合速率明显加速，这种现象称为自动加速现象，与此同时，聚合物相对分子质量迅速增加，相对分子质量分布变宽，产生这种现象的原因是体系黏度增加。

(17) 自由基聚合过程中出现自动加速现象是由于体系黏度增大，k_t 减小而 k_p 几乎不变，相对提高了 R_p，而离子聚合过程中没有自动加速现象出现，这是由于同种电荷相互排斥，不存在双基终止。

(18) 自由基聚合的特征是慢引发、快增长、速终止。

(19) 在芳香烃溶剂中，以 n-丁基锂为引发剂引发苯乙烯聚合，发现引发速率和增长速率分别是 n-丁基锂浓度的 1/6 级和 1/2 级，表明引发和增长过程中存在引发剂缔合-解缔平衡。

(20) 常用的测定连锁聚合动力学的研究方法有：直接法——沉淀法测定聚合物的量、间接法——测定聚合过程中物性的变化，间接求取聚合物的量。

(21) 光引发聚合有直接光引发聚合和光敏聚合。

(22) 阻聚剂、缓聚剂和链转移剂(相对分子质量调节剂)共同作用原理是加成自由基，主要区别是阻聚剂使每个自由基都终止，缓聚剂只使一部分自由基终止，链转移剂没有使自由基终止。

(23) 在聚合过程中，加入正十二硫醇的目的是调节相对分子质量，其原理是发生链转移反应，有时采用分批加入，目的是减少相对分子质量分布宽度。

(24) 在自由基聚合中,链自由基向单体转移使聚合速率<u>不变</u>,相对分子质量<u>下降</u>。向大分子转移使聚合速率<u>不变</u>,相对分子质量<u>分布宽度增大</u>,目的是在聚合物结构中将产生<u>支链</u>。

(25) 在自由基聚合中,能同时获得高聚合速率和高相对分子质量的实施方法是<u>乳液聚合</u>。

(26) 乳液聚合是单体由<u>乳化剂</u>分散成<u>乳液状态</u>进行聚合,乳液聚合最简单的配方是由<u>单体</u>、<u>水</u>、<u>水溶性引发剂</u>、<u>水溶性乳化剂</u>四组分组成。

(27) 乳液聚合的特点是可同时提高<u>反应速率</u>和<u>相对分子质量</u>,具有这种独特的不同于本体聚合的动力学的原因是<u>乳化剂浓度对聚合反应速率和聚合度的影响是一致的,对乳化程度的强化可以同时达到较高聚合速率和聚合度的目的</u>。

(28) 如果<u>工业</u>上要求在较低的聚合温度下生产相对分子质量很高的聚合物,应选择的聚合方式是<u>乳液聚合</u>。

(29) 理想体系乳液聚合时,每个乳胶粒中平均自由基数是<u>0.5</u>,但对具有高的向单体转移常数的,其平均自由基数是<u>0.1</u>。

(30) 悬浮聚合是单体以<u>液滴</u>悬浮在<u>水</u>中进行的聚合,悬浮聚合体系一般由<u>单体</u>、<u>油溶性引发剂</u>、<u>水</u>和<u>分散剂</u>四个基本组分组成。

(31) 悬浮聚合的基本配方是<u>单体、油溶性引发剂、水和分散剂</u>四个基本组分,聚合场所为<u>单体液滴</u>,影响颗粒形态的两种重要因素是<u>分散剂和搅拌</u>。

3. 共聚合

(1) 共聚合的定义是<u>两种或多种单体共同参加的聚合反应</u>。

(2) 已知 M_1 和 M_2 的 $Q_1=1.00, e_1=-0.80, Q_2=0.026, e_2=-0.22$,两单体的活性是<u>$M_1$</u>大于<u>$M_2$</u>;两单体分别均聚,<u>$M_2$</u>的 k_p 大于<u>M_1</u>的 k_p。

(3) 竞聚率 r_1 的意义是<u>均聚和共聚链增长速率常数之比</u>,$1/r_1$ 可用来表示<u>某自由基同另一单体反应的增长速率常数与该自由基同其本身单体反应的增长速率常数的比值,因此可用来衡量两单体的相对活性</u>。

(4) 互穿网络聚合物是将<u>两种或两种以上组分的共聚物各自独立进行交联共聚反应,形成两个或两个以上相互贯穿的三维交联共聚网络而得</u>。

(5) 已知 M_1 和 M_2 的 $Q_1=2.39, e_1=-1.05, Q_2=0.60, e_2=1.20$,两种单体的共轭效应是<u>$M_1$</u>大于<u>$M_2$</u>。从电子效应看,$M_1$ 是具有<u>供电子取代基</u>的单体,M_2 是具有<u>吸电子取代基</u>的单体。比较两种单体的活性:<u>M_1</u>大于<u>M_2</u>,两自由基的稳定性是:<u>M_1</u>大于<u>M_2</u>,估计两单体分别均聚合,<u>M_2</u>的 k_p 大于<u>M_1</u>的 k_p。

(6) M_1 与 M_2 两单体共聚,若 $r_1=0.75, r_2=0.20$,其共聚曲线与对角线的交点称为<u>恒比点</u>,该点共聚物组成 $F_1=\underline{f_1}$。若起始 $f_1^0=0.80$,所形成的共聚物的瞬间组成为 F_1^0。反应到 t 时刻,单体组成为 f_1,共聚物瞬间组成为 F_1,则 f_1 <u>小于</u> f_1^0(大于或小于),F_1 <u>小于</u> F_1^0(大于或小于);若 $f_1^0=0.72$,则 f_1 <u>大于</u> f_1^0,F_1 <u>小于</u> F_1^0。从竞聚率看理想共聚的典型特征是<u>$r_1 r_2=1$</u>;交替共聚的典型特征是<u>$r_1=r_2=0$</u>;若 $r_1>1, r_2>1$,则属于<u>嵌段共聚</u>类型。

(7) 某对单体共聚,$r_1=0.3, r_2=0.07$,该共聚属<u>有恒比点的非理想共聚</u>。若起始 $f_1^0=0.5$,所形成的共聚物的瞬间组成为 F_1^0,反应到 t 时刻,单体组成为 f_1,共聚物瞬间组成为 F_1,则 f_1 <u>小于</u> f_1^0(大于或小于),F_1 <u>小于</u> F_1^0(大于或小于)。

(8) 单体的相对活性习惯上用竞聚率倒数 $1/r_1(=k_{12}/k_{11})$ 判定。链自由基的相对活性用 k_{12} 判定。在用 Q、e 值判断共聚行为时,Q 值代表<u>共轭效应</u>,e 值代表<u>极性</u>。若两单体的 Q、e 值均接近,则趋向于理想共聚;若 Q 值相差大,则难以共聚;若 e 值相差大,则倾向交替共聚。Q-e方程的主要不足是没有考虑位阻效应。

(9) 乙酸乙烯酯与顺丁烯二酸酐($r_1=0.055$、$r_2=0.003$)共聚时,制得的共聚物结构为交替结构。

(10) 以 n-BuLi 为引发剂,制备丙烯酸酯($pK_d=24$)-苯乙烯($pK_d=40$)嵌段共聚物,其加料顺序为先聚合苯乙烯,再引发聚合丙烯酸酯。

(11) 用动力学推导共聚组成方程时作了五个假定,分别是等活性理论、长链假设、稳态假设、无解聚反应、自由基活性仅取决于末端单元的结构。

(12) 工业上制备丁基橡胶是由异丁烯和少量异戊二烯反应,通过$AlCl_3$引发体系进行阳离子共聚合而得到的。

4. 离子聚合、配位聚合

(1) 在离子聚合中,活性中心离子近旁存在反离子,它们之间的结合随溶剂和温度的不同,可以是共价键、紧离子对、松离子对、自由离子四种结合形式,并处于平衡之中。自由离子数目增多,聚合速率增大。

(2) 合成聚合物的几种聚合方法中,能获得最窄相对分子质量分布的是活性阴离子聚合。

(3) 在高分子合成中,容易制得有实用价值的嵌段共聚物的是活性阴离子聚合。

(4) Lewis 酸通常作为阳离子型聚合的引发剂,Lewis 碱可作为阴离子型聚合的引发剂。

(5) 阴离子聚合时可通过引发剂的用量调节聚合物的相对分子质量。

(6) 阴离子聚合的特征为快引发、慢增长、无终止。阳离子聚合的特征为快引发、快增长、易转移、难终止。

(7) 配位聚合是指聚合反应所采用的引发剂是金属有机化合物与过渡金属化合物的络合体系,单体在聚合反应过程中通过向活性中心进行配位而后插入活性中心离子与反离子之间,最后完成聚合反应过程。定向聚合的定义是能够生成立构规整性聚合物为主(≥75%)的聚合反应。它们之间的联系和差别,举例说明,如高密度聚乙烯用配位聚合合成,但不是定向聚合。

(8) Ziegler-Natta 引发剂至少由两种组分,即主引发剂和共引发剂构成。

(9) 对 Ziegler-Natta 催化剂而言,第一代典型的 Ziegler 催化剂组成为$TiCl_4 + AlEt_3$,属均相催化剂,而典型的 Natta 催化剂组成为$TiCl_3 + AlEt_3$,属非均相催化剂;第二代催化剂是加入适量带有孤对电子的第三组分——Lewis 碱;第三代催化剂是将 $TiCl_4$ 负载在载体,如$MgCl_2$上,同时在制备过程中引入第三组分作为内电子给体,聚合时加入外电子给体;近年发展较快的是茂金属引发剂。

(10) 比较典型的 Ziegler-Natta 催化剂有二组分,如$TiCl_4$-AlR_3;三组分,在二组分基础上加入如NR_3;载体型,如以$MgCl_2$为载体。

(11) 配位聚合的概念最初是Natta 解释 α-烯烃聚合(用 Ziegler-Natta 引发剂)时提出的,配位聚合是指单位分子首先在活性种的空位上配位,形成某种形式的络合物,常称σ-π络合物,随后单体分子相继插入金属-烷基键中增长。

(12) 典型的Ziegler 催化剂为$TiCl_4$-AlR_3,属于均相催化剂;典型的 Natta 催化剂为$TiCl_3$-AlR_3,属于非均相催化剂;合成全同 PP 可以采用上述$TiCl_3$-AlR_3催化体系。要提高催化剂的催化活性和效率,可以采用超细研磨、加入适量带有孤对电子的第三组分如醚、酯、醇、醛、酮和羧酸、负载型高活性引发剂等方法。

(13) 二烯烃配位聚合的引发剂大致分为Ziegler-Natta 型、π-烯丙基型、烷基锂型三类。

(14) Ziegler-Natta 引发剂的主引发剂是<u>过渡金属卤化物</u>，共引发剂是<u>金属烷基化合物</u>，要得到全同立构的聚丙烯应选用<u>b、c</u>[a. TiCl$_4$＋Al(C$_2$H$_5$)$_3$；b. α-TiCl$_3$＋Al(C$_2$H$_5$)$_3$；c. α-TiCl$_3$＋Al(C$_2$H$_5$)$_2$Cl]，全同聚丙烯的反应机理为<u>配位聚合</u>。

(15) 丁二烯在非极性溶剂中，采用<u>TiCl$_4$-AlR$_3$（Al/Ti＜1）</u>作引发剂可得到低顺式聚丁二烯。

(16) 在丙烯的配位聚合反应中常需要加入第三组分如六甲基磷酸三酰胺，其目的是<u>增加等规度和增大相对分子质量</u>。

(17) 异丁烯和少量的异戊二烯选用 SnCl$_4$-H$_2$O 为引发剂，在二氯甲烷中反应，该反应属<u>阳离子聚合</u>，其产物为<u>丁基橡胶</u>。

(18) 要制得 SBS(苯乙烯-丁二烯-苯乙烯)热塑性弹性体，可以采用<u>活性阴离子聚合</u>的方法。先用碱金属引发剂引发聚合，生成<u>活性聚丁二烯双阴离子</u>，然后加入<u>苯乙烯</u>单体继续聚合，最后加终止剂使反应停止。

(19) 阳离子聚合机理的特点是<u>链增长反应</u>中伴有<u>重排反应（异构化过程）</u>。阳离子聚合必须在<u>低温</u>下进行，原因是<u>温度降低使聚合速率增加，而且多数情况下聚合度随温度的降低而增加</u>。

(20) 工业生产上用<u>正丁基锂</u>引发丁二烯，在<u>己烷</u>溶剂中进行阴离子聚合，可以制得顺式含量 30%～40% 的聚丁二烯。

5. 逐步聚合

(1) 缩聚反应属<u>逐步聚合</u>机理，在反应初期，转化率增加，随反应时间延长，反应程度<u>增大</u>，聚合物的平均相对分子质量增大。

(2) 自由基聚合规律是转化率随时间延长而<u>增大</u>；缩聚反应规律是转化率与时间<u>无太大关系</u>，延长反应时间是为了提高<u>相对分子质量</u>。

(3) 某聚合反应单体转化率和聚合物相对分子质量与反应时间关系如下，该反应为<u>逐步聚合反应</u>。

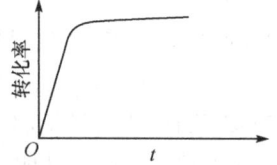 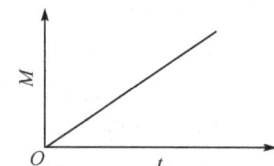

(4) 影响开环聚合难易程度的因素有环的<u>大小</u>、<u>构成环的元素</u>、<u>环上取代基</u>。

(5) 从热力学角度看，三、四元环状单体聚合的主要推动力是<u>环张力的释放</u>；从动力学角度看，杂环单体的聚合能力比环烷烃的聚合能力<u>大</u>(大或小)。

(6) 按参加反应的单体种类，可将逐步聚合分为均缩聚、混缩聚和共缩聚；按反应热力学特征，可将逐步聚合分为<u>平衡缩聚（可逆缩聚）</u>和<u>不平衡缩聚（不可逆缩聚）</u>两大类。

(7) 在自由基聚合和缩聚反应中，分别用<u>单体转化率</u>和<u>反应程度</u>表示聚合反应进行的深度。

(8) 凝胶点是指<u>体型缩聚反应中，当反应程度达到某一数值时，体系的黏度突然增加，突然转变成不熔、具有交联网状结构的弹性凝胶，此时的反应程度</u>称为凝胶点。

(9) 合成聚酰胺的缩聚反应平衡常数比合成聚酯的缩聚反应平衡常数大，在合成相同聚合度的聚合物时，体系中允许水分含量前者比后者<u>大</u>。

(10) 体型缩聚的预聚物可分为无规预聚物和结构预聚物两类,属于前者的例子有酚醛树脂和脲醛树脂,属于后者的例子有环氧树脂和聚氨酯。

(11) 线型缩聚的核心问题是相对分子质量的影响因素和控制;体型缩聚的关键问题是凝胶点的控制。所有缩聚反应共有的特征是逐步特性。

(12) 线型缩聚相对分子质量的控制手段是控制反应官能团的物质的量比和加入少量单官能团单体。

(13) 与线型缩聚相比,体型缩聚的特点是:①单体的官能度 f 大于2。②缩聚过程分预聚物合成阶段和交联固化阶段。③最终产物的结构是交联型,溶解、熔融性能很差。

(14) 热塑性树脂在结构上是线型聚合物,受热时可以熔融或软化,在溶剂中可以溶解。

(15) 甘油、乙二醇与邻苯二甲酸三种单体进行缩聚反应,原料的物质的量配比为0.260:1.000:1.390,在反应过程中将出现凝胶现象,这时的反应程度为0.953,也称为凝胶点。

(16) 用统计学方法计算出的凝胶点总是比实验值偏小,原因之一是存在分子内环化反应,也有官能团不等活性的因素。

(17) 等物质的量的二元醇和二元酸在一定温度下,于封管中进行均相聚合,已知该温度下的平衡常数为4,在此条件下的最大反应程度 $P=2/3$,最大聚合度为3。

(18) 制备尼龙-66时,先将己二胺和己二酸制成尼龙-66盐,以达到纯化和等官能团数配比的目的,然后加入少量乙酸或己二酸的目的是封锁端基,以控制相对分子质量。

(19) 开环聚合是不平衡反应,己内酰胺以水作引发剂制备尼龙-6的开环聚合机理是逐步聚合。

(20) 涤纶是由对苯二甲酸二甲酯和乙二醇进行酯交换反应生成对苯二甲酸乙二醇酯,然后在高于PET的熔点的温度下,用高温和减压方法蒸馏脱除乙二醇,目的是提高聚合度。

(21) 合成PC时所采用的方法有酯交换法和光气直接法。

(22) 生产环氧树脂的原料为环氧氯丙烷和双酚A,在碱催化条件下经过一系列逐步聚合反应得到。

(23) 苯酚-甲醛以碱为催化剂,酚-醛物质的量比为6:7进行聚合时,得到甲阶酚醛树脂;以酸为催化剂,酚-醛物质的量比为6:5进行聚合时,得到热塑型酚醛树脂。

(24) 逐步聚合方法通常有熔融聚合、溶液聚合、界面聚合。

(25) 线型缩聚的主要实施方法有熔融缩聚、溶液缩聚、界面缩聚和固相缩聚四种,其中界面聚合必须采用高活性单体。

6. 聚合物化学反应

(1) 聚合物的化学反应根据聚合度的变化,可以分成为不变、增大、减少三类。

(2) 聚合度变大的化学转变有:交联、接枝、嵌段共聚等。

(3) 在不加稳定剂情况下,聚丙烯的热氧稳定性比线型低密度聚乙烯低。这是因为聚丙烯含有较多的叔氢。

(4) 研究热降解的方法有热重分析法、差热分析、恒温加热法等。

(5) 聚甲基丙烯酰胺在强碱液中水解,水解程度一般在70%以下,这是因为某一酰胺基团两侧如已转变成羧基,对碱羟基有排斥力,阻碍了水解,即邻近基团的静电效应。

(6) 下列聚合物所使用的交联剂为:线型酚醛树脂,六亚甲基四胺;天然橡胶,单质硫;不饱和聚酯,苯乙烯;环氧树脂,胺类或酸类,如乙二胺、邻苯二甲酸酐等。

(7) PVC薄膜使用久后,变脆变色的原因是发生了连锁脱氯化氢的反应。

(8) 聚合物热降解的方式有<u>解聚</u>、<u>无规断链</u>、<u>基团脱除</u>等反应。

(9) 顺丁橡胶采用单质<u>硫</u>交联,乙丙橡胶采用<u>过氧化物</u>交联,PMMA 热解的主要产物为 <u>MMA</u>,PE 热解的产物为<u>低聚物</u>。

(10) 乙二醇与马来酸酐合成的聚酯可用<u>苯乙烯</u>进行交联,聚二甲基硅氧烷可用<u>过氧化物</u>进行交联,而顺 1,4-聚异戊二烯可用单质硫交联。

(11) <u>概率效应</u>使得 PVC 在脱除 HCl 时不能达到 100% 的反应,邻近基团的<u>静电效应</u>使得甲基丙烯酸叔丁酯与 NaOH 水溶液反应越来越快。

17.1.2 单选题

1. 自由基聚合

(1) 烯类单体自由基聚合中,存在自动加速效应时,将导致
   A. 聚合速率和相对分子质量同时下降
   B. 聚合速率增加但相对分子质量下降
   C. 聚合速率下降但相对分子质量增加
   √D. 聚合速率和相对分子质量同时增加,相对分子质量分布变宽

(2) 开发一聚合物时,单体能否聚合需要从热力学和动力学两方面进行考察。热力学上判断聚合倾向的主要参数是
   A. 聚合物玻璃化转变温度   √B. 聚合焓 ΔH
   C. 聚合物的分解温度   D. 聚合反应速率
   E. 聚合熵 ΔS F. 聚合温度
   G. 聚合压力

(3) 苯乙烯和丁二烯进行乳液聚合到恒速阶段,为了降低聚合物的相对分子质量,可补充
   A. 单体   √B. 引发剂   C. 乳化剂

(4) 不同单体乳液聚合在恒速阶段结束转入减速阶段时其转化率各不相同,其中转化率最高的单体是
   A. 乙酸乙烯酯   B. 苯乙烯   √C. 氯乙烯   D. 甲基丙烯酸甲酯

(5) 烯类单体在悬浮或本体聚合中,存在自动加速效应时,将导致
   A. 聚合速率和相对分子质量同时降低
   B. 聚合速率增加但相对分子质量降低
   C. 产生凝胶
   √D. 聚合速率和相对分子质量同时增加,相对分子质量分布变宽

(6) 乳液聚合恒速阶段结束的标志是
   A. 胶束全部消失   B. 引发剂全分解
   √C. 单体液滴全部消失   D. 体系十分黏稠

(7) 下列体系聚合时,产物的数均聚合度与引发剂用量无关的是
   √A. $CH_2=CHCl + BPO$
   B. 丙烯腈 + 偶氮二异丁腈
   C. 甲基丙烯酸甲酯 + 过氧化二苯甲酰 + ⟨benzene⟩—NMe_2

(8) 丙烯酸单体在 80 ℃下,以水为溶剂进行聚合,适合的引发剂是
   A. BPO   √B. $K_2S_2O_4$ C. $FeSO_4 + H_2O_2$

(9) 三种引发剂在 50 ℃ 的半衰期如下，其中活性最差的是
　　√A. $t_{1/2}=74$ h　　　　B. $t_{1/2}=4.8$ h　　　　C. $t_{1/2}=20$ h
(10) 在下列三种自由基中，最活泼的自由基是
　　A. $CH_2=\dot{C}-CH_3$　　B. $(C_2H_5)_2CH\cdot$　　√C. $CH_3\cdot$
(11) 典型自由基聚合反应速率与引发剂浓度是 1/2 级关系，表明聚合反应机理为
　　A. 单基终止　　　　√B. 双基终止　　　　C. 引发剂分解产生两个自由基
(12) 能产生自动加速效应的聚合反应是
　　A. 高苯乙烯浓度下的阴离子溶液聚合
　　B. 异丁二烯的阳离子溶液聚合
　　C. 对苯二甲酸和乙二醇的熔融缩聚
　　√D. 聚氯乙烯的悬浮聚合
(13) 下列单体进行自由基聚合时，相对分子质量仅由反应温度控制，而聚合速率由引发剂用量调节的是
　　A. $CH_2=CHCONH_2$　　　　　　B. $CH_2=CHOCOCH_3$
　　√C. $CH_2=CHCl$　　　　　　　　D. $CH_2=CHC_6H_5$
(14) 在一定温度下用本体热聚合的方法制备聚苯乙烯时，加入硫酸后产物的相对分子质量会
　　A. 增大　　　　√B. 减小　　　　C. 不变
(15) 顺丁烯二酸酐单独自由基聚合时活性小的理由是
　　A. 自由基的分解
　　√B. 环状单体空间位阻大
　　C. 向单体转移的速度大，生成的自由基稳定
(16) 氯丁橡胶是由下列单体聚合而得
　　A. 氯乙烯和丁二烯共聚　　　　　B. 二氯乙烯和丁二烯共聚
　　√C. 氯丁二烯聚合
(17) 在苯乙烯光聚合中，加入安息香的作用是
　　A. 热引发剂　　　√B. 光敏剂　　　C. 相对分子质量调节剂
(18) 过氧化二苯甲酰引发苯乙烯聚合的聚合机理是
　　A. 阳离子聚合　　　√B. 自由基聚合　　　C. 配位聚合
(19) 乳液聚合反应进入恒速阶段的标志是
　　A. 单体液滴全部消失　　　　　　B. 体系黏度恒定
　　√C. 胶束全部消失　　　　　　　　D. 引发剂消耗一半
(20) 在合成丁苯橡胶的聚合反应中，相对分子质量调节剂应选用
　　√A. 十二烷基硫醇　　　　　　　　B. 四氯化碳
　　C. 对苯二酚　　　　　　　　　　D. 十二烷基磺酸钠
(21) 进行调聚反应的条件是
　　A. $k_p \gg k_{tr}, k_d \approx k_p$　　　　　B. $k_p \gg k_{tr}, k_d < k_p$
　　√C. $k_p \ll k_{tr}, k_d \approx k_p$　　　　　D. $k_p \ll k_{tr}, k_d < k_p$
(22) 自由基本体聚合时，会出现凝胶效应，而离子聚合则不会，原因在于
　　A. 链增长方式不同　　　　　　　B. 引发方式不同
　　C. 聚合温度不同　　　　　　　　√D. 终止方式不同

(23) 在氯乙烯的自由基聚合中,聚氯乙烯的平均聚合度主要取决于向(　　)转移的速率常数。

　　A. 溶剂　　　　B. 引发剂　　　　C. 聚合物　　　√D. 单体

(24) 在自由基聚合反应中导致聚合速率与引发剂浓度无关的可能原因是发生了

　　A. 双基终止　　B. 单基终止　　√C. 初级终止　　D. 扩散控制终止

(25) 下列体系进行聚合时,聚合物的数均聚合度与引发剂用量无关的体系是

　　A. 丙烯腈＋AIBN

　　B. 丙烯腈＋N,N-二甲基苯胺＋BPO

　√C. 氯乙烯＋BPO

　　D. MMA＋N,N-二甲基苯胺＋BPO

(26) 自动加速效应是自由基聚合特有的现象,它不会导致

　　A. 聚合速率增加

　　B. 爆聚现象

　　C. 聚合物相对分子质量增加

　√D. 相对分子质量分布变窄

(27) 同时可以获得高聚合速率和高相对分子质量的聚合方法是

　　A. 溶液聚合　　B. 悬浮聚合　　√C. 乳液聚合　　D. 本体聚合

(28) α-甲基苯乙烯的 $T_c=25\ ℃$ 时对应的 $[M_e]=2.6\ mol \cdot dm^{-3}$,则可能形成聚合物的条件是

　　A. 聚合温度＞25 ℃　　B. 聚合温度＝25 ℃　　√C. 聚合温度＜25 ℃

(29) 温度对某自由基聚合体系的反应速率和相对分子质量的影响较小的原因是

　　A. 聚合热小　　　　√B. 引发剂分解活化能低　　　　C. 反应是放热反应

(30) 本体聚合至一定转化率时会出现自动加速现象,此时体系中的自由基浓度和寿命的变化规律是

　√A. [M·]增加,τ 延长　　B. [M·]增加,τ 缩短　　C. [M·]减小,τ 延长

(31) 从聚合结构推测下列单体的聚合热的大小次序为

　　A. $CH_2=CHCl > CF_2=CF_2 > CH_2=CHC_6H_5$

　√B. $CF_2=CF_2 > CH_2=CHCl > CH_2=CHC_6H_5$

　　C. $CH_2=CHC_6H_5 > CH_2=CHCl > CF_2=CF_2$

(32) 在通常的聚合反应中,从单体到聚合物总是发生体积收缩,但有一类单体聚合时体积会膨胀,它是

　√A. 螺环原酸酯　　B. 四氢呋喃　　C. 环氧乙烷　　D. 己内酰胺

(33) 在自由基聚合反应中,乙烯基单体活性的大小顺序是

　√A. 苯乙烯＞丙烯酸＞氯乙烯　　　B. 氯乙烯＞苯乙烯＞丙烯酸

　　C. 丙烯酸＞苯乙烯＞氯乙烯　　　D. 氯乙烯＞丙烯酸＞苯乙烯

(34) 乳液聚合和悬浮聚合都是将单体分散于水相中,但聚合机理却不同,这是由于

　√A. 聚合场所不同　　　　　　　　B. 聚合温度不同

　　C. 搅拌速度不同　　　　　　　　D. 分散剂不同

(35) 合成橡胶通常采用乳液聚合,主要是因为乳液聚合

　　A. 不易产生凝胶效应　　　　　　B. 散热容易

　√C. 易获得高相对分子质量聚合物　　D. 以水为介质,价廉无污染

2. 共聚合

(1) 在自由基共聚中，e 值相差较大的单体易发生
   √A. 交替共聚　　　B. 理想共聚　　　C. 非理想共聚　　　D. 嵌段共聚

(2) 在自由基共聚中，具有相近 Q、e 值的单体发生
   √A. 理想共聚　　　B. 交替共聚　　　C. 非理想共聚

(3) 两种单体共聚时得到嵌段共聚物，则它们的竞聚率应是
   A. $r_1=r_2=0$　　B. $r_1=r_2=1$　　√C. $r_1>1, r_2>1$　　D. $r_1<1, r_2<1$

(4) 一对单体共聚合的竞聚率 r_1 和 r_2 的值将随
   A. 聚合时间而变化　　　　　　√B. 聚合温度而变化
   C. 单体的配比不同而变化　　　D. 单体的总浓度而变化

(5) 当 $r_1>1$、$r_2<1$ 时若提高聚合反应温度，反应将趋向于
   A. 交替共聚　　　√B. 理想共聚　　　C. 嵌段共聚　　　D. 恒比共聚

(6) 已知一对单体在进行共聚合反应时获得了恒比共聚物，其条件必定是
   A. $r_1=1.5, r_2=1.5$　　　　　　B. $r_1=0.1, r_2=1.0$
   √C. $r_1=0.5, r_2=0.5$　　　　　　D. $r_1=1.5, r_2=0.7$

(7) 最接近理想共聚反应的体系是
   √A. 丁二烯($r_1=1.39$)-苯乙烯($r_2=0.78$)
   B. 马来酸酐($r_1=0.045$)-正丁基乙烯醚($r_2=0$)
   C. 丁二烯($r_1=0.3$)-丙烯腈($r_2=0.2$)
   D. 苯乙烯($r_1=1.38$)-异戊二烯($r_2=2.05$)

(8) 苯乙烯与二乙烯苯进行共聚反应时会发生
   A. 初期交联　　　√B. 后期交联　　　C. 不发生共聚　　　D. 不发生交联

(9) 可以得到交替共聚物的单体是

   √A. $H_2C=CH$ (OR) + 马来酸酐

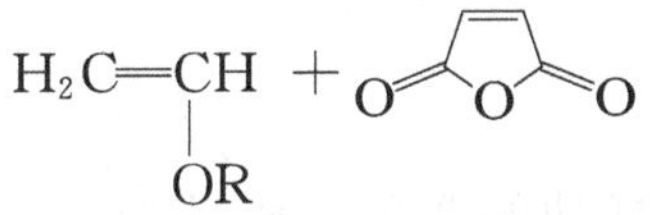

   B. 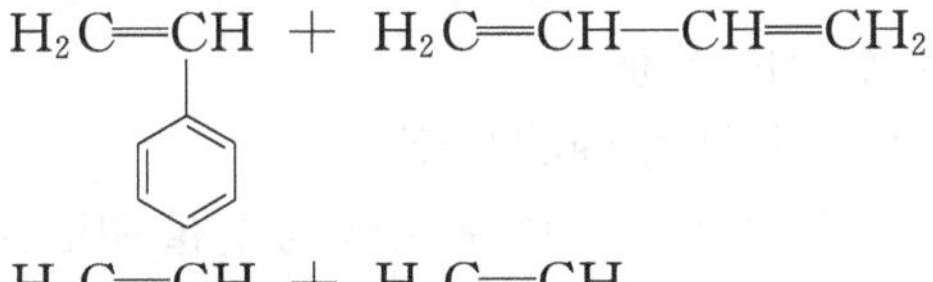 $H_2C=CH$ (苯基) + $H_2C=CH-CH=CH_2$

   C. 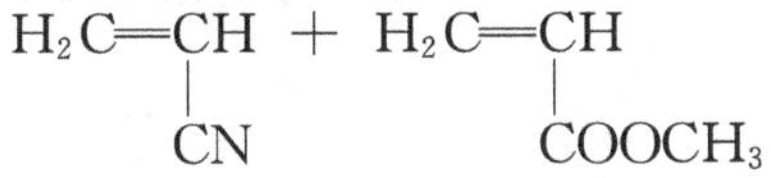 $H_2C=CH$ (CN) + $H_2C=CH$ (COOCH$_3$)

(10) 一对单体的 $r_1 r_2 = 0$，共聚时将得到
   A. 无规共聚物　　√B. 交替共聚物　　C. 接枝共聚物　　D. 嵌段共聚物

(11) 当 $M_1/M_2=50/50$ 进行共聚时，所得聚合物中 M_1 和 M_2 具有相同序列长度分布的共聚体系时
   √A. $r_1=r_2=0.1$　　B. $r_1=5, r_2=0.2$　　C. $r_1=1, r_2=0.1$

(12) 两单体 M_1 与 M_2 共聚，$r_1=1.38, r_2=0.78$，若要得到组成均匀聚合物，采用的方法是
   A. 恒比点加料　　　B. 一次加料，控制转化点　　　√C. 补加活泼单体

(13) 下列聚合物中热塑性弹性体是(多项选择题,I 为聚异戊二烯链节,B 为聚丁二烯链节,S 为聚苯乙烯链节)
    A. ISI   B. BS   C. BSB   √D. SBS   √E. SIS

(14) 用萘钠($NaPh^- Na^+$)引发剂合成了甲基丙烯酸甲酯(M)和苯乙烯(S)的嵌段共聚物,得到的嵌段共聚物的序列结构为
    A. Na^{+-} MMMMM⋯MMMMMSSSSS⋯SSSSSMMMMM⋯MMMMM$^-Na^+$
  √B. Na^{+-} SSSSS⋯SSSSSMMMMM⋯MMMMMSSSSS⋯SSSSS$^-Na^+$
    C. NaPh-MMMMM⋯MMMMMSSSSS⋯SSSSS$^-Na^+$
    D. NaPh-SSSSS⋯SSSSSMMMMM⋯MMMMM$^-Na^+$

(15) 下列单体进行自由基聚合时,最不容易发生交联反应的是
    A. 丙烯酸甲酯-双丙烯酸乙二醇酯
  √B. 苯乙烯-丁二烯
    C. 丙烯酸甲酯-二乙烯基苯
    D. 苯乙烯-二乙烯基苯

3. 离子聚合、配位聚合

(1) 在无终止的阴离子聚合中,阴离子无终止的原因是
    A. 阴离子本身比较稳定
    B. 阴离子无双基终止,而是单基终止
  √C. 从活性链上脱除负氢原子困难
    D. 活化能低,在低温下聚合

(2) 聚甲醛合成后要加入乙酸酐处理,其目的是
    A. 洗去低聚物
    B. 除去引发剂
  √C. 提高聚甲醛热稳定性
    D. 增大聚合物相对分子质量

(3) 许多阴离子聚合反应都比相应自由基聚合有较快的聚合速率,主要是因为
    A. 阴离子聚合的 k_p 值大于自由基聚合的 k_p 值
    B. 阴离子聚合活性种的浓度大于自由基活性种的浓度
    C. 阴离子聚合的 k_p 值和活性种的浓度都大于自由基聚合的 k_p 值和活性种的浓度
    D. 阴离子聚合没有双基终止
  √E. B 和 D 两者兼有

(4) 在高分子合成中,容易制得有实用价值的嵌段共聚物的是
    A. 配位阴离子聚合   √B. 阴离子活性聚合   C. 自由基共聚合

(5) 阳离子聚合最主要的链终止方式是
    A. 向反离子转移   √B. 向单体转移   C. 自发终止

(6) 能引发异丁烯的催化剂是
    A. AIBN   B. $n\text{-}C_4H_9Li$ √C. $AlCl_3\text{-}H_2O$

(7) 能引发丙烯酸负离子聚合的引发剂是
  √A. 丁基锂   B. 三氯化铝   C. 过氧化氢

(8) 取代苯乙烯进行阳离子聚合反应时,活性最大的单体是
　　 √A. 对甲氧基苯乙烯　　　　　　　　　B. 对甲基苯乙烯
　　 C. 对氯苯乙烯　　　　　　　　　　　D. 间氯苯乙烯

(9) 下列环状单体中,能开环聚合的是(多项选择题)
　　 A. γ-丁内酯　　　　　　　　　　　　B. 二氧六环
　　 √C. δ-戊内酰胺　　　　　　　　　　 √D. 八甲基环四硅氧烷

(10) 开环聚合反应中,四元环烃、七元环烃、八元环烃的开环能力大小的顺序是
　　 A. 四元环烃＞七元环烃＞八元环烃
　　 B. 七元环烃＞四元环烃＞八元环烃
　　 C. 八元环烃＞四元环烃＞七元环烃
　　 √D. 四元环烃＞八元环烃＞七元环烃

(11) 在阳离子聚合中,异丁烯以 $SnCl_4$ 作引发剂,下列物质为共引发剂,其聚合速率随引发剂增大的次序是
　　 A. 硝基乙烷＞丙烷＞氯化氢
　　 B. 丙酮＞氯化氢＞硝基乙烷
　　 √C. 氯化氢＞硝基乙烷＞丙酮

(12) 作为 α-烯烃的配位阴离子聚合的主引发剂,其价态不同的过渡金属化合物的定向能力大小的次序是
　　 √A. $TiCl_3(\alpha,\gamma,\delta) > TiCl_2 > TiCl_4$
　　 B. $TiCl_2 > TiCl_4 > TiCl_3(\alpha,\gamma,\delta)$
　　 C. $TiCl_4 > TiCl_3(\alpha,\gamma,\delta) > TiCl_2$

(13) 既能进行阳离子聚合,又能进行阴离子聚合的单体有(多项选择题)
　　 A. 异丁烯　　　　　√B. 甲醛　　　　　√C. 环氧乙烷
　　 √D. 丁二烯　　　　　E. 乙烯基醚

(14) 聚甲醛通常由三聚甲醛开环聚合制备,最常用的引发剂是
　　 A. 甲醇钠　　　　　　　B. 盐酸
　　 C. 过氧化二苯甲酰　　　√D. 三氟化硼-H_2O

(15) 用 BF_3-H_2O 引发四氢呋喃开环聚合,既要提高反应速率又不降低聚合度的最好方法是
　　 A. 升高反应温度
　　 B. 增加引发剂用量
　　 C. 提高搅拌速度
　　 √D. 加入少量环氧氯丙烷

(16) 在具有强溶剂化作用的溶剂中进行阴离子聚合反应时,聚合速率随反离子的体积增大而
　　 A. 增加　　　　　√B. 下降
　　 C. 不变　　　　　D. 无规律变化

(17) 能用阳离子和阴离子聚合获得高相对分子质量聚合物的单体是
　　 A. 环氧丙烷　　　　　B. 三氧六环
　　 √C. 环氧乙烷　　　　　D. 四氢呋喃

(18) 高密度聚乙烯与低密度聚乙烯的制备方法不同,若要合成高密度聚乙烯,应采用

A. BuLi   √B. TiCl$_4$-AlR$_3$
C. BF$_3$-H$_2$O   D. BPO

(19) 要求合成苯乙烯(S)和丁二烯(B)的SBS型三嵌段共聚物,且相对分子质量分布为单分散性,最适宜的引发体系为

A. RCH$_2$OH+Ce^{4+} B. α-TiCl$_4$-AlEt$_3$
C. SnCl$_4$-H$_2$O   √D. 萘钠

(20) 用强碱引发己内酰胺进行阴离子聚合反应时存在诱导期,消除的方法是

A. 加入过量的引发剂   B. 适当升高温度
√C. 加入少量乙酸酐   D. 适当加压

4. 逐步聚合

(1) 所有缩聚反应所共有的是

√A. 逐步特性   B. 通过活性中心实现链增长
C. 引发速率很快   D. 快终止

(2) 对甲苯磺酸催化 ω-羟基酸 HO—(CH$_2$)$_n$—COOH 进行缩聚反应时

A. 羟基和羧基严格等当量,必能得到高相对分子质量聚酯
√B. 只要把反应副产物彻底除去,必能得到高相对分子质量聚酯
C. 要在高温下反应,才能得到高相对分子质量聚酯
D. 当 $n>5$ 时,才能得到高相对分子质量聚酯

(3) 在低转化率时就能获得高相对分子质量聚合物的方法是

A. 熔融缩聚   B. 溶液缩聚
√C. 界面缩聚   D. 固相聚合

(4) 甲阶聚合物的合成条件是

A. $P>P_c$ √B. $P<P_c$ C. $P=P_c$

(5) 制备尼龙-66,先将己二酸和己二胺成盐,其主要目的是

√A. 提高聚合度   B. 提高反应速率   C. 简化生产工艺

(6) 在缩聚反应中,通常需要较长的反应时间,是为了

A. 提高转化率   √B. 提高相对分子质量
C. 提高转化率和相对分子质量

(7) 1 mol 邻苯二甲酸、0.9 mol 乙二醇与 0.1 mol 丙三醇组成的聚合体系,其平均官能度为

√A. 2.05   B. 2.0   C. 2.10   D. 1.0

(8) ω-羟基己酸均聚时,当反应程度为 0.990 时,其聚合度是

A. 10   B. 50   √C. 100   D. 500

(9) 缩聚反应中,所有单体都是活性中心,其动力学特点是

A. 单体慢慢消失,产物相对分子质量逐步增大
√B. 单体很快消失,产物相对分子质量逐步增大
C. 单体逐步消失,产物相对分子质量很快增大

(10) 在开放体系中进行线型缩聚反应,为了得到最大聚合度的产品,应该

A. 选择平衡常数大的有机反应

  ✓B. 选择适当的温度和极高的真空,尽可能除去小分子副产物
  C. 尽可能延长反应时间
  D. 尽可能提高反应温度

(11) 合成线型酚醛树脂预聚物的催化剂应选用
  ✓A. 草酸 B. 氢氧化钙 C. 过氧化氢 D. 正丁基锂

(12) 凝胶效应现象就是
  ✓A. 凝胶化 B. 自动加速效应 C. 凝固化 D. 胶体化

(13) 在缩聚反应中界面缩聚的突出优点是
  A. 反应温度低 ✓B. 低转化率下获得高相对分子质量聚合物
  C. 反应速率快 D. 物质的量比要求严格

(14) 在线型缩聚反应中,延长聚合时间主要是提高(多项选择题)
  A. 转化率 B. 官能度 ✓C. 反应程度 D. 交联度
  ✓E. 相对分子质量

(15) 聚氨酯通常是由两种单体反应获得,它们是
  ✓A. 己二醇-二异氰酸酯 B. 己二胺-二异氰酸酯
  C. 己二胺-己二酸二甲酯 D. 三聚氰胺-甲醛

5. 聚合物化学反应

(1) 橡胶中加硫磺是因为它是
  A. 抗老化剂 ✓B. 交联剂 C. 着色剂

(2) 在聚合物热降解过程中,单体回收率最高的聚合物是
  A. 聚苯乙烯 B. 聚乙烯
  C. 聚丙烯酸甲酯 ✓D. 聚四氟乙烯

(3) 丁基橡胶通常用硫磺作硫化剂而不用过氧化物,这时因为过氧化物
  ✓A. 产生的自由基会引起链断裂 B. 反应不易控制
  C. 毒性大 D. 价格昂贵

(4) 聚合度变大的化学反应是
  A. PVAc 的醇解 B. PE 氧化降解 ✓C. 天然橡胶硫化

(5) 二元乙丙橡胶可采用(　　)为交联剂进行交联。
  ✓A. 过氧化物 B. 硫 C. 二元胺

(6) 热降解产物主要是单体的聚合物为
  A. IPP ✓B. 聚 α-甲基苯乙烯 C. PS

(7) 聚合物受热分解时,发生侧链环化的聚合物是
  A. 聚乙烯 B. 聚氯乙烯
  ✓C. 聚丙烯腈 D. 聚甲基丙烯酸甲酯

17.1.3 是非题

(1) 自由基聚合过程中,产物的相对分子质量随转化率增加而增加。(×)

(2) 自由基的平均寿命(τ)可以用光聚合方法测定,测定方法有非稳态和假稳态两类(✓),这两类方法测定的 τ 都不是聚合反应稳态时的 τ(✓)。

(3) 自由基聚合中由于自由基向大分子转移,因此产物相对分子质量降低。(×)

(4) 由于氯乙烯单体的活性小于丁二烯单体的活性,因而氯乙烯的自由基聚合反应速率低于丁二烯。(×)

(5) 大多数自由基共聚合反应中,共聚物组成随转化率的变化趋势随单体起始投料比的不同而不同。(√)

(6) 如果某聚合物三单元的立构规整度 $I>0.25$,说明该聚合物以等规立构占多数(×);$S>0.25$,说明该聚合物以间规立构占多数(×)。

(7) 自由基向引发剂的转移称为诱导分解,它使引发剂的分解速率加快,引发效率降低。(√)

(8) 质子酸(如硫酸)是阴离子引发剂。(×)

(9) 碱金属(如钠)是阳离子引发剂。(×)

(10) 溶剂的极性和溶剂化能力强,阳离子聚合的速率变大,聚合度变小。(×)

(11) 溶剂的极性和溶剂化能力强,阳离子聚合所得的聚合物的立构规整性差。(√)

(12) 阳离子聚合中,反离子的亲核能力差,则聚合速率变大,聚合度变大,所得聚合物的立构规整性好。(×)

(13) BPO 可以引发异丁烯聚合生成聚异丁烯。(×)

(14) 萘-钠引发苯乙烯可以制成活的聚合物。(√)

(15) 阳离子聚合可以发生歧化终止。(×)

(16) 阳离子聚合多在较低的温度下进行。(√)

(17) 离子聚合能进行双分子终止,即双基终止。(×)

(18) 阳离子聚合的链增长过程中,来自引发剂的反离子始终处于中心阳离子近旁,形成离子对,但离子对对聚合速率和相对分子质量无影响。(×)

(19) 阳离子聚合机理的特点可以总结为快引发、快增长、易转移、无终止。(×)

(20) 甲醛既能阳离子聚合,也能阴离子聚合。(√)

(21) 醛基化合物、含氧三元杂环以及含氮杂环、乙烯基单体(吸电基团,共轭效应)都有可能成为阴离子聚合的单体。(√)

(22) 利用化学计量聚合可以合成均一相对分子质量的聚合物。(√)

(23) 在阴离子聚合中,反离子的体积大,所得聚合物的立构规整性差。(×)

(24) 阳离子聚合的引发剂都是亲核试剂。(√)

(25) 阴离子聚合可用悬浮法生产。(×)

(26) CH_2CHNO_2 能进行阴离子聚合。(√)

(27) Lewis 酸可以引发阴离子聚合。(√)

(28) (BF_3+H_2O) 与 $CH_2=CHC_6H_5$ 能进行阳离子聚合。(√)

(29) C_4H_9Li 与 $CH_2=C(CN)_2$ 能进行阴离子聚合。(√)

17.2 高分子物理综合题

17.2.1 填空题

1. 链结构

(1) 高分子物理的核心问题是要解决聚合物的<u>结构</u>与<u>性能</u>之间的关系。

(2) 聚异戊二烯可能存在的立构规整性聚合物有(写名称)<u>顺式1,4加成</u>、<u>反式1,4加成</u>、<u>1,2加成全同立构</u>、<u>3,4加成全同立构</u>、<u>1,2加成间同立构</u>、<u>3,4加成间同立构</u>。

(3) 对于聚乙烯自由旋转链,均方末端距与链长的关系是 $\overline{h^2}=2nl^2$。

(4) 正戊烷存在 <u>5</u> 种稳定构象组合。

(5) C_5 链在平面上至少有 <u>9</u> 种构象。

(6) 高分子链的柔顺性越大,它在溶液中的构象数越<u>多</u>,其均方末端距越<u>小</u>。

(7) 聚合物的构型是由化学键决定的原子空间排布,检测构型可采用<u>NMR(或红外光谱)</u>方法。如果主链中含有不对称碳原子,该聚合物将可能存在<u>全同</u>、<u>间同</u>、<u>无规</u>三种构型。

(8) 高斯链的均方末端距与相对分子质量的 <u>1</u> 次方成正比。

(9) 高分子链的柔顺性增加,聚合物的 T_g <u>减少</u>、T_m <u>减少</u>、T_f <u>减少</u>、T_b <u>增加</u>、结晶能力<u>增加</u>、溶解能力<u>增加</u>、黏度<u>增加</u>、结晶速率<u>增加</u>。

(10) 随着聚合物的柔顺性增加,链段长度<u>减少</u>、刚性比值<u>减少</u>、无扰尺寸<u>减小</u>、极限特征比<u>减少</u>。

(11) 链段长度增加表明聚合物的刚性<u>增加</u>、均方末端距<u>增加</u>、应力松弛<u>减少</u>、蠕变<u>减少</u>、流动性<u>减少</u>、T_f <u>增加</u>、T_g <u>增加</u>、T_m <u>增加</u>。

(12) 分子作用力增加,聚合物的 T_g <u>增加</u>、T_f <u>增加</u>、黏度<u>增加</u>、柔顺性<u>减少</u>、内耗<u>增加</u>。

(13) 适度交联可使聚合物的 T_g <u>增加</u>、T_f <u>增加</u>、流动性<u>减少</u>、结晶度<u>减少</u>、应力松弛<u>减少</u>、蠕变<u>减少</u>。

(14) 聚合物在溶液中通常呈<u>无规线团</u>构象,在晶区中通常为<u>平面锯齿形</u>或<u>螺旋形</u>构象。

(15) 在 θ 状态下,聚合物分子链的均方末端距 = nl^2,其值<u>小</u>于良溶剂中分子链的均方末端距。

(16) 一般可溶可熔的聚合物通常具有<u>线形</u>结构;一般不溶不熔的聚合物通常具有<u>网状</u>结构,又称为<u>交联</u>聚合物。

2. 聚集态结构

(1) 线型聚合物在溶液中通常为<u>无规线团</u>构象,在晶区通常为<u>伸直链</u>或<u>折叠链</u>现象。

(2) 聚合物稀溶液冷却结晶易生成<u>单晶</u>,熔体冷却结晶通常生成<u>球晶</u>。熔体在应力作用下冷却结晶通常形成<u>串晶</u>。

(3) 均相成核生长成为三维球晶时,Avrami 指数 n 为 <u>4</u>。

(4) 聚乙烯单晶片的形状通常是<u>菱形</u>的,而聚甲醛单晶片的形状通常是<u>六角形</u>的。

(5) 等规聚丙烯晶体中分子链处于<u>螺旋</u>构象。

(6) 处于非晶态的结晶性聚合物慢速加热到 T_g 以上时,会发生<u>结晶</u>现象。

(7) 聚对苯二甲酸乙二醇酯的结晶速率比聚乙烯的结晶速率<u>慢</u>。

(8) 由X射线衍射的实验事实证明了结晶聚合物有<u>非晶</u>结构。Flory 由 SANS(<u>小角中子散射</u>)的实验结果证明了非晶态聚合物由<u>无规线团</u>结构组成。

(9) PE、POM 和聚氧化乙烯中,T_m 较高的是<u>POM</u>,较低的是<u>聚氧化乙烯</u>。

(10) 尼龙-6 的结晶速率比顺式 1,4-聚戊二烯的结晶速率<u>快</u>。

(11) 聚乙烯晶体中,分子链处于<u>平面锯齿形</u>构象。

(12) 聚合物的化学结构对其熔点的影响主要是<u>分子间力</u>、<u>分子链构象</u>。

(13) 高分子液晶根据介晶元在分子链中的位置不同,可分为<u>主链型液晶</u>与<u>侧链型液晶</u>。

(14) 取向可使聚合物在取向方向上的 σ <u>增加</u>、σ_i <u>增加</u>、E <u>增加</u>、断裂伸长率<u>增加</u>,可使聚合物的结晶度<u>增加</u>、高分子液晶相的流体在取向方向上的黏度<u>减少</u>、流动性<u>减少</u>。

(15) 结晶度提高,聚合物的 σ_t <u>增加</u>、σ_i <u>减少</u>、硬度<u>增加</u>、断裂伸长率<u>减少</u>、密度<u>增加</u>、耐热性

能增加、透光性减少。

(16) 高分子合金出现相分离时,如果扩散是由低浓度向高浓度扩散,则相分离机理为旋节线机理;如果相分离过程中相区浓度保持不变,则分离机理为成核生长机理。

(17) 当向 PP 内加入抗氧剂时,抗氧剂一般只存在于非晶区,这有利于抗氧剂产生作用。

(18) 单晶是在极稀的溶液浓度和很慢的冷却速度下形成的。

(19) 共聚使 PE 的结晶能力下降、结晶度减少、室温溶解能力降低、链的规整性被破坏。

(20) Avrami 方程中指数 n 的物理意义是成核生长维数(含空间三维和时间一维)。

(21) 聚合物的结晶速率是由成核速率和生长速率共同决定的。

(22) 晶片厚度越厚,熔点越高。可用于表征结晶速率的参数为 $t_{1/2}$ 或 k。

(23) 聚合物结晶过程中,成核方式有均相成核和非均相成核两种。

(24) DSC 方法可测定的参数包括结晶度、结晶速率、熔点与玻璃化温度等。

(25) 结晶聚合物熔融过程与低分子晶体熔融过程的差别在于前者有熔限。

(26) 柔性聚合物的凝聚态结构可能为晶态和非晶态。

(27) 用 X 射线法表征结晶聚合物,结果出现 Debye 环和弥散环共存,这说明结晶聚合物中晶区和非晶区共存。

(28) 球晶在偏光显微镜下观察发现有 Maltese 黑十字,目前认为产生的结构原因是片晶辐射状生长形成球晶。

(29) 高温高压下 PE 会生成伸直链晶;PE 在适当条件下会生成环带球晶,在偏光显微镜下观察等间距的消光同心环。

(30) 液晶为有序液体,分子结构中必须含有刚性结构才能形成液晶,或为棒状,其长径比至少为 4∶1;或为盘状,其长径比至多为 1∶4。

(31) 某热致液晶聚合物可出现近晶 A 和向列两种液晶相,则从低温至高温依次出现的聚集态为晶体(K)、近晶 A 相液晶(S_A)、向列相液晶(N)、液体(I)。

(32) 高分子液晶根据生成方式的不同,可分为溶致性液晶与热致性液晶。

(33) 多组分聚合物相容性的表征方法包括测量 T_g、电子显微镜、光学透光率等。

(34) 结晶性聚合物有以下四种结晶形态:(1) 单晶;(2) 串晶;(3) 球晶;(4) 伸直链晶体,其生成条件一般为:高压下结晶生成(4);高速搅拌时结晶生成(2);浓溶液或熔体结晶生成(3);极稀溶液中结晶生成(1)。

(35) 低压聚乙烯结晶时相对分子质量和结晶温度对结晶度有以下关系(示意图):

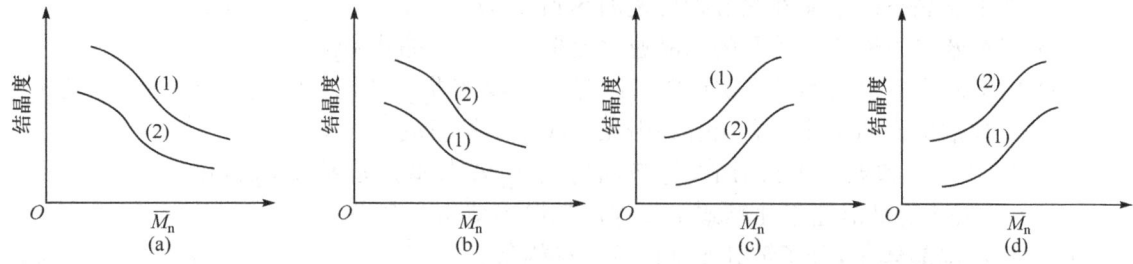

图中(1)为 130 ℃等温结晶;(2)为快速冷却结晶。图(a)为正确的关系示意图。

3. 溶液性质

(1) 聚苯乙烯的极性比聚三氟氯乙烯的极性小。

(2) 当温度 $T=\theta$ 时,第二维里系数 $A_2=\underline{0}$,此时高分子溶液符合理想溶液性质。

(3) 高分子溶液的混合熵比同样分子数目的小分子溶液的混合熵<u>大</u>得多。

(4) 高分子链在良溶剂中的末端距比在不良溶剂中的末端距<u>大</u>得多。

(5) 用 NaOH 中和聚丙烯酸水溶液时,比浓黏度变得越来越<u>大</u>,但 NaOH 过量时,比浓黏度又变<u>小</u>。

(6) 在高分子溶液中可以由 χ_1 和 α 判断聚合物在溶液中的形态。可以由 $\overline{h^2}$ 和 $\overline{s^2}$ 表征分子的尺寸。

(7) 对于非晶态的非极性聚合物,可根据<u>溶度参数相近</u>原则选择溶剂;对于非晶态的极性聚合物,可根据<u>溶剂化原则</u>和<u>三维溶度参数相近</u>原则选择溶剂。

(8) 根据平均场理论,聚合物溶于小分子溶剂的单位摩尔混合自由能 $\underline{\Delta G_m = RT(n_1\ln\phi_1 + n_2\ln\phi_2 + \chi_1 n_1 \phi_2)}$。

(9) 测定聚合物溶度参数通常有<u>黏度法</u>、<u>溶胀度法</u>和<u>滴定法</u>三种方法。

(10) 聚合物在 θ 条件下,超额化学势 $\Delta\mu_1^E = 0$,其高分子链段间以及链段与溶剂分子间的相互作用<u>相等</u>,溶液呈现<u>无扰</u>状态。此时 χ_1 等于 <u>0.5</u>,A_2 等于 <u>0</u>。

4. 相对分子质量

(1) 测定聚合物 $\overline{M_n}$、$\overline{M_w}$、$\overline{M_v}$ 的方法分别有<u>膜渗透压法</u>、<u>光散射法</u>和<u>黏度法</u>。测定聚合物相对分子质量分布的方法有<u>沉淀分级</u>和<u>GPC</u>;其基本原理分别为<u>溶解度</u>和<u>体积排除</u>。

(2) 测定 PS 的重均相对分子质量可以采用的方法是<u>光散射法</u>。

(3) 聚异丁烯-甲苯溶液的特性黏数随温度的上升而<u>下降</u>。

(4) Z 均相对分子质量与重均相对分子质量比较,Z 均相对分子质量更能反映高分子的<u>流动性</u>。

(5) 现有聚苯乙烯-苯溶液,选用甲醇作沉淀剂进行沉淀分级。溶液浓度为 2% 时的分级效率比溶液浓度为 0.5% 时的分级效率<u>低</u>。

(6) 用 GPC 进行分子分级时,相对分子质量<u>大</u>的先淋洗出来。

(7) 用膜渗透压法可测定<u>数</u>均相对分子质量,用光散射法可测定<u>重</u>均相对分子质量,用黏度法可测定<u>黏</u>均相对分子质量。

(8) 在利用光散射法测定相对分子质量时,利用 Zimm 作图法可以得到<u>均方旋转半径</u>$(\overline{s_0^2})$、第二维里系数 A_2、<u>重均相对分子质量</u>$\overline{M_w}$ 三个参数。

(9) 通常用于测定聚合物的相对分子质量分布的 GPC 法,其中文名称为<u>凝胶(渗透)色谱</u>。

(10) 聚合物的特性黏数 $[\eta] = \lim\limits_{c \to 0} \dfrac{\eta_{sp}}{c} = \lim\limits_{c \to 0} \dfrac{\ln\eta_r}{c}$。

(11) 聚合物的相对分子质量具有<u>多分散性</u>,依据不同的测定方法可得到<u>数均</u>、<u>重均</u>、<u>Z均</u>、<u>黏均</u>等相对分子质量。

(12) 测定相对分子质量的方法有<u>端基分析</u>、<u>膜渗透压法</u>、<u>气相渗透压法</u>、<u>光散射法</u>、<u>GPC</u>。

(13) 重均相对分子质量与数均相对分子质量比较,<u>前者</u>更能反映高分子的力学性质。

(14) 随着聚合物的相对分子质量增加,聚合物的 σ_t <u>增加</u>、σ_i <u>增加</u>、硬度增加、T_g(临界相对分子质量之前) <u>增加</u>、T_f 增加、T_m 增加、黏度增加、熔融指数<u>减少</u>、结晶速率<u>减少</u>、溶解性<u>减少</u>、可加工性<u>减少</u>、柔顺性<u>减少</u>。

5. 分子运动和转变

（1）聚合物的熔体一般属于<u>假塑性</u>流体，其特性是<u>黏度随剪切速率增加而减小</u>。聚合物悬浮体系、高填充体系、PVC 糊属于<u>胀塑性</u>流体，其特征是<u>黏度随剪切速率增加而增加</u>。

（2）双酚 A 型聚碳酸酯的玻璃化温度比聚对苯二甲酸乙二醇酯的玻璃化温度<u>高</u>。

（3）应用 WLF 方程时，应注意适用的<u>温度</u>范围。

（4）通常假塑性流体的表现黏度比真实黏度<u>小</u>。

（5）升温速度越快，聚合物的玻璃化转变温度 T_g 越<u>高</u>。

（6）聚合物加工的上限温度为<u>分解温度</u>，下限温度为<u>流动温度</u>。

（7）SBS 的使用温度为 T_g <u>以上</u>。

（8）PE、IPP 和 PVC 中，T_g 较高的是 <u>PVC</u>，较低的是 <u>PE</u>。

（9）若某聚乙烯的 $T_m = 137\ ℃$，则其 T_g 估计为 <u>55～76 ℃</u>。

（10）与聚乙烯相比，聚丙烯的 T_g <u>较高</u>。

（11）聚合物的熔融指数越大，表示其流动性越<u>好</u>。

（12）自由体积理论认为，聚合物在玻璃化温度以下时，体积随温度升高而发生的膨胀是由于<u>固有体积的膨胀</u>。

（13）在用体积-温度曲线测定玻璃化转变温度的实验中，如降温至 T_g 以下某一温度时保持恒温，则总体积会<u>减小</u>（增大、减小或不变）。

（14）在压力的作用下，聚合物的玻璃化转变温度 T_g 会<u>降低</u>，熔点 T_m 会<u>升高</u>。

（15）若某对称聚合物的 $T_m = 137\ ℃$，则其 T_g 估计值为 <u>−68 ℃</u>。

（16）黏弹性材料的法向应力比黏性材料的法向应力<u>大</u>。

（17）橡胶弹性与<u>气体</u>的弹性类似，弹性的本质是熵弹性，具有橡胶弹性的条件是<u>长链足够柔性</u>、<u>在使用条件下不结晶或结晶度很小</u>和<u>交联</u>。橡胶在绝热拉伸过程中<u>放热</u>，橡胶的模量随温度的升高而<u>增大</u>。

（18）橡胶在溶剂中达到溶胀平衡时，相互作用参数 χ_1 越小，溶胀程度越<u>好</u>。

（19）橡胶达溶胀平衡时，交联点之间的相对分子质量越大，聚合物的体积分数越<u>小</u>，越<u>有</u>利于溶胀。

（20）已知某交联聚合物溶于溶剂中，平衡时的体积分数 $\phi_2 = 0.5$，若将此交联聚合物的网链相对分子质量增大一倍后再溶于同一溶剂中，则平衡时的体积分数 $\phi_2 = $ <u>0.33</u>。

（21）理论上塑料和纤维的最高使用温度分别为 <u>T_g</u> 和 <u>T_m</u>。

（22）通常 T_g 在室温以上的聚合物作为<u>塑料</u>使用，而 T_g 在室温以下的作为<u>橡胶（或弹性体）</u>使用。

（23）测量聚合物 T_g 方法有<u>膨胀计法</u>、<u>形变-温度曲线法</u>、<u>DSC 法</u>、<u>介电松弛法</u>。

（24）假塑性流体的黏度随着剪切速率的增大而减小，用幂律方程表示时，则 n <u>小于</u> 1。

（25）聚合物流体一般属于<u>假塑性</u>流体，黏度随着剪切速率的增大而<u>减小</u>，用幂律方程表示时，则 n <u>小于</u> 1。

（26）通常假塑型流体的表现黏度<u>小于</u>（大于、小于或等于）其真实黏度。

（27）聚合物相对分子质量越大，则熔体黏度越<u>大</u>；对相同相对分子质量的聚合物而言，相对分子质量分布越宽，则熔体的零切黏度越<u>大</u>。

（28）聚合物熔体的弹性响应包括<u>可回复的切形变</u>、<u>法向应力效应</u>与<u>挤出物胀大</u>。

（29）高弹形变时，模量随温度增加而增加，这是因为<u>温度升高时分子热运动加剧，从而回</u>

缩力增大。

（30）大分子链无缠结的线型聚合物处于黏流态时，其黏度与相对分子质量的关系符合 3.4 次方规律。

（31）增塑可使聚合物的 T_g 降低、T_f 降低、T_m 降低、σ_t 降低、σ_i 提高、$\varepsilon\%$ 提高、η 降低、柔顺性提高、流动性提高。

（32）请正确选择。

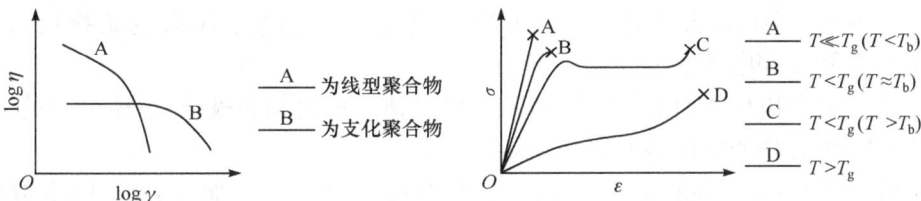

6. 黏弹性

（1）蠕变可用四元件（或 Voigt）模型描述。

（2）聚合物静态黏弹性现象主要表现为蠕变和应力松弛。

（3）理想弹性体的应力取决于应变，理想黏性体的应力取决于应变速度。

（4）黏弹性材料在交变应变作用下，应变会落后应力一个相角 δ，且 δ 为 $0\sim\pi/2$，δ 的值越小，表明材料的弹性越好。

（5）在交变应变的作用下，材料的储能模量与应变同相，损耗模量与应变的相差为 $\pi/2$。

（6）Maxwell 模型是一个黏壶和一个弹簧串联而成，适用于模拟线型聚合物的应力松弛过程，而 Kelvin 模型是一个黏壶和一个弹簧并联而成，适用于模拟交联聚合物的蠕变过程。

（7）松弛时间为松弛过程完成 63.2% 所需的时间，温度越高，高分子链运动的松弛时间越短。

（8）松弛时间 τ 的物理意义是松弛过程完成 63.2% 所需的时间，τ 值越小，表明材料的弹性越差。

（9）根据时温等效原理，将曲线从高温移至低温，则曲线应在时间轴上右移。

（10）聚合物的松弛行为包括应力松弛、蠕变、滞后和内耗等。

7. 力学性质、电学性质

（1）聚合物样品在拉伸过程中出现细颈是屈服的标志，细颈的发展在微观上是分子中链段或晶片的取向过程。

（2）根据 Tresca 判据，在单轴拉伸时发生屈服的判据为 $\frac{1}{2}\sigma_1 = \frac{1}{2}\sigma_y = \sigma_s$。

（3）银纹是在张力或溶剂的作用下产生的，银纹内部存在银纹质（微纤），其方向与外力方向平行。

（4）银纹的密度约为本体的 50%，银纹中分子链垂直于银纹的长度方向，加热退火会使银纹消失。

（5）相比于脆性断裂，韧性断裂的断裂面较为粗糙，断裂伸长率较大，并且在断裂之前存在屈服。

（6）随应变速率的增加，高分子材料的脆韧转变温度将降低。

（7）在 Griffith 断裂公式中，K_{IC} 是材料断裂时的临界应力强度因子，表征材料阻止裂纹扩展的能力,是材料抵抗脆性破坏能力的韧性指标。

(8) 根据 Griffith 断裂理论,当临界应力强度因子 K_{IC} 小于应力强度因子 K_1 时,裂缝能够保持稳定,其中 $K_{IC}=\sigma_c\sqrt{\pi a}=\sqrt{2E\gamma_s}$,$K_1=\sigma\sqrt{\pi a}$。

(9) 乙酸乙烯含量为 45% 的 EVA 比含量为 15% 的 EVA 弹性大。

(10) 聚合物在高压电场下,每单位厚度能承受的被击穿的电压称为击穿强度或介电强度。

(11) 作为电容器的高分子材料应当介电常数大和介电损耗小;作为绝缘用的高分子材料,应当介电常数小和电导率小。

(12) 极性聚合物在外加电场的作用下会发生诱导极化和偶极极化;聚合物的极性越大,介电常数越大;聚合物的极性越大,介电损耗越大。

(13) 升高温度,聚合物的 σ_t 减少、σ_i 增加、黏度减少、柔顺性增加、τ 减少、蠕变增加。

8. 高分子材料

(1) 制备高分子合金的方法有物理共混(包括机械共混、溶液浇铸共混等)、化学共混(包括溶液接枝、溶胀聚合等)。

(2) 作橡胶、塑料和纤维使用的聚合物之间的主要区别是相对分子质量、模量和内聚能密度。

(3) 目前世界上产量最大的塑料品种是聚乙烯、聚丙烯、聚氯乙烯(三种);合成纤维品种是涤纶、尼龙、腈纶(三种);合成橡胶品种是丁苯橡胶、顺丁橡胶(两种)。

(4) 与 HDPE 相比,PVC 的 T_g 较高、柔顺性较差、σ_t 较大、流动性较差。

17.2.2 单选题

(1) 聚苯乙烯分子中可能呈现的构象是
　　√A. 无规线团　　　　B. 折叠链　　　　C. 螺旋链

(2) 下列聚合物的流动性最好的是
　　A. MI=0.1　　　　B. MI=1　　　　√C. MI=10

(3) 当 Mark 公式中 a 为以下何值时,高分子溶液处于 θ 状态
　　√A. $a=0.5$　　　　B. $a=0.8$　　　　C. $a=2$

(4) 下列溶剂是 θ 溶剂的是
　　A. $\chi_1=0.1$　　　　√B. $\chi_1=0.5$　　　　C. $\chi_1=0.9$

(5) 下列材料的密度最大的是
　　A. 高压聚乙烯　　　√B. 低压聚乙烯　　　C. 聚丙烯

(6) 下列方法可以测定绝对相对分子质量的是
　　A. VPO　　　　√B. 膜渗透法　　　　C. GPC

(7) 结晶度增加,下列性能增加的是
　　A. 透明性　　　　√B. 抗张强度　　　　C. 冲击强度

(8) WLF 方程不能用于
　　A. 测黏度　　　　√B. 测结晶度　　　　C. 测松弛时间

(9) 球晶的制备条件是
　　A. 稀溶液　　　　√B. 熔体　　　　C. 高温高压下

(10) 四元件模型用于模拟
　　A. 应力松弛　　　　✓B. 蠕变　　　　C. 内耗
(11) 所有聚合物在玻璃化转变时,自由体积分数均等于
　　A. 0.5%　　　　B. 1%　　　　✓C. 2.5%
(12) 聚合物的应力-应变曲线中表现出强迫高弹性的阶段是
　　✓A. 大形变　　　　B. 应变硬化　　　　C. 断裂
(13) 一般来说,下列材料需要较高程度的曲线的是
　　A. 橡胶　　　　B. 塑料　　　　✓C. 纤维
(14) 对极性高分子,选择溶剂应采用的原则是
　　A. 极性相似原理　　　　✓B. 溶剂化原则　　　　C. δ相近原则
(15) 下列方法不能测定结晶度的是
　　A. 膨胀计法　　　　✓B. 双折射法　　　　C. 热分析法
(16) 下列仪器不能用于测定玻璃化转变温度的是
　　A. 膨胀计　　　　B. 扭辫仪　　　　✓C. 熔融指数仪
(17) 下列聚合物遵循 Boltzmann 叠加原理的是
　　A. PE　　　　B. IPP　　　　✓C. PS
(18) 3.4 次方规律适用于
　　A. 缩聚物　　　　B. 低相对分子质量加聚物　　　　✓C. 高相对分子质量加聚物
(19) 已知 $[\eta]=KM$,下列选项正确的是
　　A. $\overline{M_v}=\overline{M_n}$　　　　✓B. $\overline{M_v}=\overline{M_w}$　　　　C. $\overline{M_n}=\overline{M_w}=\overline{M_z}=\overline{M_v}$
(20) 同一高分子样品测定相对分子质量,下列结果正确的是
　　A. 黏度法大于光散射法　　　　B. VPO 大于黏度法　　　　✓C. 黏度法大于端基分析法
(21) 聚合物为假塑性流体,其黏度随剪切速率的增加而
　　A. 增加　　　　✓B. 减少　　　　C. 不变
(22) 下列聚合物不存在旋光异构体的是
　　A. 聚丙烯　　　　✓B. 聚异丁烯　　　　C. 聚异戊二烯
(23) 非结晶性聚合物的应力-应变曲线不存在的阶段是
　　A. 屈服　　　　✓B. 细颈化　　　　C. 应变软化
(24) PS 中苯基的摇摆不属于
　　A. 次级松弛　　　　B. T_β 转变　　　　✓C. T_α 转变
(25) 对交联聚合物,下列力学松弛行为正确的是
　　✓A. 蠕变能回复到零
　　B. 应力松弛时应力能衰减到零
　　C. 可用四元件模型模拟
(26) PET 淬火样品处于
　　✓A. 非晶玻璃态　　　　B. 半结晶态　　　　C. 皮革态
(27) 关于交联橡胶,下列选项不正确的是
　　A. 形变很小时符合 Hooke 定律
　　B. 具有熵弹性
　　✓C. 拉伸时吸热

(28) 下列使 T_g 升高的因素不正确的是
　　A. 压力增加
　✓B. 主链杂原子密度增加
　　C. 主链芳环增加

(29) 下列材料中内耗最小的是
　　A. 天然橡胶　　　　B. 丁基橡胶　　　　✓C. 顺丁橡胶

(30) 下列聚合物中不存在 T_g 的是
　　A. 齐聚物
　　B. 低结晶度且高相对分子质量
　✓C. 低相对分子质量且高交联度

(31) 纤维与塑料、橡胶相比
　✓A. 强度较大　　　　B. 相对分子质量较大　　C. 内聚能密度较小

(32) 刚性增加时,下列选项不正确的是
　✓A. T_b 增加　　　　B. T_f 增加　　　　C. $T_g - T_b$ 增加

(33) 关于银纹,下列选项不正确的是
　✓A. 透明性增加　　　　　　　　B. 抗冲击强度增加
　　C. 加速环境应力开裂

(34) 超高相对分子质量 PE 比一般 PE
　　A. 机械性能较差　　　　　　　✓B. 溶解速度较慢
　　C. 熔点较低

(35) 下列过程泊松比减少的是
　　A. 硬 PVC 中加入增塑剂　　　　B. 硬 PVC 中加入 SBS 共混
　✓C. 橡胶硫化的硫含量增加

(36) 下列材料中更易从模头挤出的是
　✓A. 假塑性材料　　　B. 胀塑性材料　　　C. 牛顿流体

(37) 在设计制造外径为 5 cm 管材的模头时,应选择的模头的内径为
　✓A. 小于 5 cm　　　　B. 5 cm　　　　C. 大于 5 cm

(38) 在什么温度下高分子线团较大
　　A. θ 温度　　　✓B. 大于 θ 温度　　　C. 小于 θ 温度

(39) 下列天然高分子是单分散的是
　　A. 天然橡胶　　　　✓B. 牛奶酪蛋白　　　　C. 纤维素

(40) 下列方法不能提高 IPP 的透明性的是
　　A. 迅速冷却　　　　B. 加成核剂　　　　✓C. 与非晶的 PVC 共混

(41) 可用于描述 PS 的聚集态结构模型是
　　A. 缨状微束模型　　✓B. 无规线团模型　　C. 插线板模型

(42) G-D 理论认为 T_2
　✓A. 是热力学转变温度　　B. 不是热力学转变温度　　C. 等于 0 K

(43) 同一聚合物样品,下列计算值较大的是
　　A. 自由结构链均方末端距
　✓B. 自由旋转链均方末端距
　　C. 均方旋转半径

(44) Avrami 方程中, $n=3$ 意味着
   A. 三维生长,均相成核
   √B. 二维生长,均相成核
   C. 二维生长,异相成核

(45) 聚乙烯(A)、聚丙烯(B)、聚 1-丁烯(C)、聚甲醛(D)的 T_m 顺序为
   A. (D)>(A)>(B)>(C)
   √B. (D)>(B)>(A)>(C)
   C. (C)>(B)>(A)>(D)

(46) GPC 普适校准是
   A. 用单分散样品测出改正因子 G 进行校准
   √B. $[\eta]M$-V_e 图
   C. $\log M$-V_e 工作曲线

(47) 将聚乙烯无规氯化时, T_g 随氯含量增加而
   A. 增加   B. 减少   √C. 先增加后减少

(48) 下列聚合物不能结晶的是
   A. 聚三氟氯乙烯   √B. 乙丙橡胶   C. 尼龙-6

(49) 沉淀分级可采用以下哪种方法得到积分分布曲线
   A. 直接作 W_i-M_i 图
   √B. 习惯法(中点法)
   C. 正态函数适应法

(50) 下列过程与链段运动无关的是
   A. 屈服   B. 黏流   √C. 流动曲线中的拉伸流动区

(51) 某一聚合物薄膜当温度升至一定温度时就发生收缩,这是由于
   √A. 大分子解取向   B. 内应力释放   C. 导热不良

(52) 聚合物的多重转变是由于
   A. 相对分子质量的多分散性
   B. 分子链的不同构型
   √C. 高分子运动单元具有多重性

(53) 测定聚苯乙烯的数均相对分子质量,应采用的方法是
   A. 黏度法   √B. 膜渗透压法   C. 沉降平衡法

(54) 应力松弛可用以下哪种模型描述
   √A. 理想弹簧与理想黏壶串联
   B. 理想弹簧与理想黏壶并联
   C. 四元件模型

(55) 一定相对分子质量的某一聚合物,在何时溶液黏度最大
   √A. 线形分子链溶于良溶液中
   B. 支化分子链溶于良溶剂中
   C. 线形分子链溶于不良溶剂中

(56) PE、PVC、PVDC 的结晶能力大小顺序是
   A. PE>PVC>PVDC
   B. PVDC>PE>PVC

✓ C. PE＞PVDC＞PVC

(57) 聚合物挤出成型时,产生熔体破裂的原因是

　　✓ A. 熔体弹性应变回复不均匀
　　　B. 熔体黏度过小
　　　C. 大分子链取向程度低

(58) 自由旋转链的均方末端距公式是

　　　A. $\overline{h^2}=nl^2$

　　✓ B. $\overline{h^2}=nl^2\dfrac{1+\cos\theta}{1-\cos\theta}$

　　　C. $\overline{h^2}=nl^2\dfrac{1+\cos\theta}{1-\cos\theta}\dfrac{1+\overline{\cos\varphi}}{1-\overline{\cos\varphi}}$

(59) 下列说法正确的是

　　　A. 玻璃化温度随相对分子质量的增大而不断增大
　　　B. 玻璃化转变是热力学一级转变
　　✓ C. 玻璃化温度是自由体积达到某一临界值的温度

(60) 用显微镜观察球晶半径随时间的变化,从而求得的结晶速率参数是

　　　A. $t_{1/2}$
　　　B. Avrami 公式的速率常数 k
　　✓ C. 结晶线生长率

(61) 在高分子/良溶剂的稀溶液中,第二维里系数是

　　　A. 负值　　　✓ B. 正值　　　C. 零

(62) 聚合物滞后现象发生的原因是

　　✓ A. 运动时受到内摩擦力的作用
　　　B. 聚合物的惰性很大
　　　C. 聚合物的弹性太大

(63) PVC 中加入以下哪种物质时,T_g 和 T_f 均向低温方向移动

　　　A. 填充剂　　　B. 稳定剂　　　✓ C. 增塑剂

(64) 结晶性聚合物在以下哪种温度下结晶时得到的晶体较完整、晶粒尺寸较大,且熔点较高、熔限较窄

　　✓ A. 略低于 T_m
　　　B. 略高于 T_g
　　　C. 在最大结晶速率

(65) 要使熔融纺丝时不易断裂,应选用的原料为

　　　A. 相对分子质量较低
　　✓ B. 相对分子质量较高
　　　C. 相对分子质量分布较宽

(66) 下列现象可用聚合物存在链段运动解释的是

　　　A. 聚合物泡在溶剂中溶胀
　　✓ B. 聚合物受力可发生弹性形变
　　　C. 聚合物熔体黏度很大

(67) GPC(或 SEC)测定相对分子质量分布时,从色谱柱最先分离出来的是
   √A. 相对分子质量最大的
   B. 相对分子质量最小的
   C. 依据所用的溶剂不同,其相对分子质量大小的先后次序不同

(68) 下列溶剂中,可溶解尼龙-66 的是
   √A. 甲酸　　　　B. 甲苯　　　　C. 乙酸乙酯

(69) PVC 的沉淀剂是
   A. 环己酮　　　√B. 氯仿　　　　C. 四氢呋喃

(70) 聚合物的导电性随温度升高而
   √A. 升高　　　　B. 降低　　　　C. 保持不变

(71) 下列聚合物中,T_g 最高的是
   √A. 聚甲基丙烯酸甲酯
   B. 聚丙烯酸甲酯
   C. 聚丙烯酸丁酯

(72) 在 T_g 时,下列选项不正确的是
   A. 等自由体积　　√B. 等热容　　　C. 等黏度

(73) 黏弹性表现最为明显的温度是
   A. $<T_g$　　　　√B. T_g 附近　　C. T_f 附近

(74) 塑料的使用温度是
   √A. $<T_g$　　　　B. $T_g \sim T_f$　　C. $T_g \sim T_d$

(75) 结晶聚合物的应力-应变曲线与非晶聚合物的主要不同之处有
   A. 大变形　　　√B. 细颈化　　　C. 应变硬化

(76) 当相对分子质量增加时,下列性能减小或下降的是
   A. 抗张强度　　√B. 可加工性　　C. 熔点

(77) 下列聚合物熔点较高的是
   A. 聚乙烯　　　√B. 聚氧化甲烯　　C. 聚氧化乙烯

(78) 以下哪个因素增加时,T_g 增加
   A. 增塑剂含量增加
   √B. 交联度增加
   C. 主链上杂原子数增加

(79) 串联模型用于模拟
   √A. 应力松弛　　B. 蠕变　　　　C. 内耗

(80) 下列聚合物只能溶胀不能溶解的是
   √A. 橡皮　　　　B. 聚丙烯纤维　　C. 聚苯乙烯塑料

(81) 下列溶剂是良溶剂的是
   A. $\chi_1=1$　　　√B. $A_2=2$　　　C. $\alpha=1$

(82) 刚性因子 σ 较小的是
   √A. PE　　　　　B. PVC　　　　C. 聚丙烯腈

(83) 高分子的柔顺性增加,下列选项中增加的是
   √A. 结晶能力　　B. T_m　　　　C. T_g

(84) 下列聚合物最柔顺的是

√A. $+CH=CH-CH_2-\bigcirc+_n$

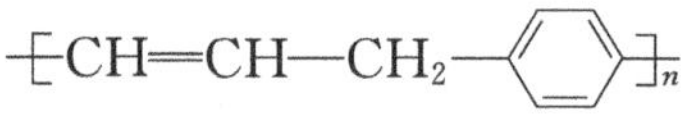

B. 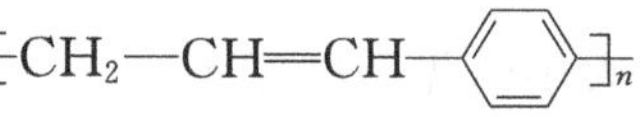 $+CH_2-CH=CH-\bigcirc+_n$

C. 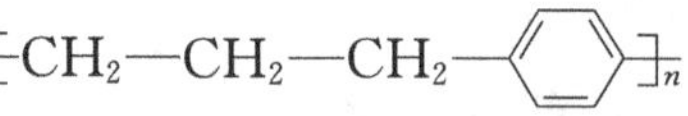 $+CH_2-CH_2-CH_2-\bigcirc+_n$

(85) 聚苯乙烯-苯溶液比苯乙烯-苯溶液（相同分子数的溶质）有
  A. 较高的蒸气压 B. 较低的黏度 √C. 较低的混合熵

(86) 聚合物熔体的爬杆效应是因为
  A. 普弹形变 √B. 高弹形变 C. 黏流

(87) 3.4 次方规律是反映以下什么与相对分子质量的关系
  A. 溶液黏度 √B. 零剪切黏度 C. 玻璃化转变温度

(88) 下列过程与链段运动无关的是
  A. 玻璃化转变 B. 巴拉斯效应 √C. T_b（脆化点）

(89) 根据 Flory 的似晶格模型，下列不符合其假定的是
  A. $\Delta V=0$ B. $\Delta H=0$ √C. $\Delta S=0$

(90) 单晶的制备条件是
  √A. 稀溶液 B. 浓溶液 C. 稀溶液加搅拌

(91) 聚碳酸酯的应力-应变曲线属于
  A. 硬而脆 B. 软而韧 √C. 硬而韧

(92) 下列过程中熵变增加的是
  √A. 结晶熔化 B. 橡胶拉伸 C. 交联

(93) 共聚物的 T_g 一般总是（ ）于两均聚物的玻璃化温度。
  A. 低 B. 高 √C. 介于两者之间

(94) 聚丙烯酸甲酯的 $T_g=3\ ℃$，聚丙烯酸的 $T_g=106\ ℃$，后者 T_g 高是因为
  A. 侧基的长度短 √B. 存在氢键 C. 范德华力大

(95) 结晶聚合物在 T_g 以上时
  A. 所有链段都能运动
  √B. 只有非晶区中的链段能够运动
  C. 链段和整个大分子链都能运动

(96) 聚合物处于橡胶态时，其弹性模量
  A. 随形变增大而增大
  B. 随形变的增大而减小
  √C. 与形变无关

(97) 对非晶聚合物施以正弦应力，当频率一定时，损耗角正切出现最大值的温度与损耗柔量出现最大值的温度比较
  √A. 相同 B. 前者比后者低 C. 前者比后者高

(98) 利用扭摆实验，可测得聚合物材料的
  √A. 动态切变模量和内耗
  B. 杨氏模量和内耗
  C. 杨氏模量和体积模量

(99) 采用 T_g 为参考温度进行时温转换叠加时,温度高于 T_g 的曲线,$\log\alpha_T$
  A. 负,曲线向左移　　B. 正,曲线向右移　　√C. 负,曲线向右移

(100) 蠕变和应力松弛速度
  A. 与温度无关　　√B. 随温度升高而增大　　C. 随温度升高而减小

(101) 在静电场或低频率时,所有极化都有足够的时间发生,极化和电场同相位而不消耗能量,这时介电常数
  √A. 最大　　　　B. 居中　　　　C. 最小

(102) 分子极性越强,极化程度越大,则聚合物介电常数
  A. 越大　　　　B. 越小　　　　√C. 测定值越偏离理论值

(103) 有 T_f 的聚合物是
  A. PTFE　　　　B. UHMWPE　　　　√C. PC

(104) 指数方程中,在非牛顿性指数（　　）时,聚合物熔体为假塑性流体。
  A. $n=1$　　　　B. $n>1$　　　　√C. $n<1$

(105) 由两个聚合物组成的共聚体系,如果完全相容,则体系的 T_g 将产生的变化是
  A. 相向移动
  √B. 只有一个 T_g 且介于二者之间
  C. 反向移动

(106) 高分子内旋转受阻程度越大,其均方末端距
  √A. 越大　　　　B. 越小　　　　C. 趋于恒定值

(107) 下列聚合物的柔顺性排列顺序正确的是
  A. PP>PMMA>PIB　　　　√B. PIB>PP>PMMA
  C. PIB>PMMA>PP

(108) 对于橡胶,拉伸模量是剪切模量的（　　）倍
  A. 2　　　　B. 4　　　　√C. 3

(109) 根据所学知识判别下列聚合物中 T_g 最高的是
  A. PP　　　　√B. PAN　　　　C. PVC

(110) WLF 方程是根据自由体积理论推导出来的,它
  A. 适用于晶态聚合物松弛过程
  √B. 适用于非晶态聚合物松弛过程
  C. 适用于所有聚合物松弛过程

(111) 反1,4-聚异戊二烯的 T_g 比顺1,4-聚异戊二烯的 T_g
  √A. 高　　　　B. 低　　　　C. 差不多

(112) 对于假塑型流体,随着剪切速率的增加,其表观黏度
  A. 先增后降　　B. 增加　　√C. 减少

(113) 下列聚合物的内耗大小排列顺序正确的是
  A. SBR>NBR>BR
  B. NBR>BR>SBR
  √C. NBR>SBR>BR

(114) 在什么温度范围内,玻璃态聚合物才具有典型的应力-应变曲线
  √A. $T_b<T<T_g$　　B. $T_g<T<T_f$　　C. $T_g<T<T_m$

(115) 在浓度相同的条件下,聚合物在（　　）中的黏度最大

A. θ溶剂　　　　　✓B. 良溶剂　　　　　　C. 沉淀剂

(116) PVC在室温下易溶于
　　A. 四氯化碳　　B. 甲醇　　　　　　✓C. 环己酮

(117) 晶体中全同聚丙烯的链构象为
　　A. 平面锯齿形　✓B. 螺旋形　　　　　C. 无规线团形

(118) 在下列聚合物中，结晶能力最好的是
　　A. 无规聚苯乙烯
　✓B. 等规聚苯乙烯
　　C. 苯乙烯-丁二烯共聚物

(119) 若黏度法测得的某多分数性聚合物样品的平均相对分子质量为 10^5，则其数均相对分子质量为
　　A. 大于 10^5　✓B. 小于 10^5　　　C. 无法确定

(120) 聚合物多分散性越大，其多分散系数 d 值
　✓A. 越大于1　　B. 越小于1　　　　　C. 越接近1

(121) PE自由旋转链的均方末端距是自由结合链的均方末端距的（　　）倍
　✓A. 2　　　　　B. 6　　　　　　　　C. 6.7

(122) 聚异丁烯分子链的柔顺性比 PP
　　A. 小　　　　　B. 相同　　　　　　✓C. 大

(123) 下列聚合物链柔性较大的是
　✓A. 聚丙烯　　　B. 聚苯乙烯　　　　C. 聚 α-甲基苯乙烯

(124) 下列聚合物分子间作用力较小的是
　✓A. 聚顺丁二烯　B. 聚酰胺-6　　　　C. 聚氯乙烯

(125) 下列聚合物玻璃化转变温度 T_g 较高的是
　　A. 聚丙烯酸甲酯　　　　　　　　✓B. 聚甲基丙烯酸甲酯
　　C. 聚丙烯酸丁酯

(126) 下列聚合物拉伸强度较低的是
　　A. 线型聚乙烯　✓B. 支化聚乙烯　　C. 聚酰胺-6

(127) 高分子溶液的 θ 温度是
　　A. 高分子溶液的临界共溶温度
　✓B. 高分子溶液的第二维里系数 $A_2=0$ 时的温度
　　C. 高分子溶液相互作用参数 $\chi_1=0$ 时的温度

(128) 用简易凝胶色谱可直接得到
　✓A. 组分淋洗体积和质量分数的结果
　　B. 组分相对分子质量和质量分数的结果
　　C. 组分淋洗体积和摩尔分数的结果

(129) 聚合物样品的黏均相对分子质量不是唯一确定值，是因为
　　A. 样品相对分子质量具有多分散性
　　B. 黏均相对分子质量值与 MH 方程系数 K 有关
　✓C. 黏均相对分子质量值与 MH 方程系数 a 有关

(130) 下列三种聚合物，刚性最大的是
　　A. 聚二甲基硅氧烷　✓B. 聚乙炔；　　C. 聚苯乙烯

(131) 下列三种聚合物,内聚能密度最大的是
　　　A. 橡胶　　　　　B. 塑料　　　　　√C. 纤维
(132) 聚乙烯可作为工程塑料,是应用其
　　　√A. 高结晶性　　　B. 内聚能密度大　　　C. 分子链刚性大
(133) 聚乙烯无规线团的极限特征比为
　　　A. 1　　　　　　B. 2　　　　　　√C. 6.76

17.2.3　是非题

(1) 聚合物分子链柔顺性的顺序如下:(√)

$$\left[-\underset{\underset{CH_3}{|}}{\overset{\overset{CH_3}{|}}{Si}}-O-\right]_n > \left[-CH_2-\underset{\underset{CH_3}{|}}{\overset{\overset{CH_3}{|}}{C}}-\right]_n > \left[-CH_2-\underset{\underset{COOCH_3}{|}}{\overset{\overset{CH_3}{|}}{C}}-\right]_n > \left[-\underset{}{\overset{}{\text{(2,6-二甲基苯)}}}-O-\right]_n$$

(2) $\left[-CH_2-CH_2-\bigcirc-\right]_n$ 和 $\left[-CH=CH-\bigcirc-\right]_n$ 两种聚合物的分子链都含有苯环,所以刚性好,在室温下都可以作为塑料使用。(×)

(3) 不同聚合物分子链的均方末端距越短,表示分子链的柔顺性越好。(×)

(4) 甲基丙烯酸异丁酯的 T_g 低于甲基丙烯酸正丁酯的 T_g。(×)

(5) 高斯链的均方末端距远大于自由旋转链的均方末端距。(×)

(6) 理想的柔性链运动单元为单键。(√)

(7) 因为天然橡胶相对分子质量很大,加工困难,所以加工前必须塑炼。(√)

(8) 因为聚氯乙烯分子链柔顺性小于聚乙烯,所以聚氯乙烯塑料比聚乙烯塑料硬。(√)

(9) 无规聚丙烯分子链中的C—C键是可以内旋转的,通过单键内旋转可以把无规立构的聚丙烯转变为全同立构体,从而提高结晶度。(×)

(10) 作为超音速飞机座舱的材料——有机玻璃,必须经过双轴取向,改善其力学性能。(√)

(11) 为获得既有强度又有弹性的黏液丝,在纺丝过程须经过牵伸工序。(√)

(12) 聚丙烯腈的溶度参数(12.7~15.4 cal$^{1/2}$·cm$^{-3/2}$)和苯酚(14.5 cal$^{1/2}$·cm$^{-3/2}$)很接近,所以聚丙烯腈能够溶解在苯酚中。(×)

(13) 聚合物溶解时体系熵降低,熔体冷却结晶时体系熵增加。(×)

(14) 因为聚氯乙烯和聚乙烯醇的分解温度低于黏流温度(或熔点),所以只能采用溶液纺丝法纺丝。(√)

(15) 玻璃化温度随相对分子质量的增大而不断升高。(×)

(16) 主链由饱和单键构成的聚合物,因分子链可以围绕单键进行内旋转,故链的柔性大;若主链中引入了一些双键(非共轭双键),因双键不能内旋转,故主链的柔性下降。(×)

(17) 由于单键的内旋转,高分子链具有全同、间同等立体异构现象。(×)

(18) $\sqrt{\overline{h_0^2}} > \overline{h_0} > h_0^*$,其中 $\sqrt{\overline{h_0^2}}$ 为根均方末端距,$\overline{h_0}$ 为平均末端距,h_0^* 为最可几末端距。(√)

(19) 单键的内旋转可将大分子的无规状链旋转成折叠链或螺旋状链。(√)

(20) 大分子链呈全反式锯齿形构象是最稳定的构象。(√)

(21) 线形的结晶聚合物,处于玻璃化温度以上时,链段就能运动,处于熔点以上时,链段和整个分子链都能运动。(×)

（22）分子在晶体中是规整排列的，所以只有全同立构或间同立构的高分子才能结晶，无规立构的高分子不能结晶。（×）

（23）聚合物的结晶和取向都是热力学的稳定体系，只是前者分子排列三维有序，后者是一维或二维有序。（×）

（24）θ 溶剂是良溶剂。（×）

（25）当高分子稀溶液处于 θ 状态时，其化学势为零。（×）

（26）θ 温度没有相对分子质量的依赖性，而临界共溶温度 T_c 有相对分子质量的依赖性。（×）

（27）溶液的黏度随温度的升高而下降，高分子溶液的特性黏度在不良溶剂中随温度升高而升高。（√）

（28）对于非极性聚合物，溶剂的溶度参数 δ_1 与聚合物的 δ_2 越接近，则溶剂越优良。（√）

（29）任何结晶聚合物不用加热，都可溶于其良溶剂中。（×）

（30）高分子溶液的特性黏度随溶液浓度的增加而增大。（×）

（31）聚乙烯醇溶于水中，纤维素与聚乙烯醇的极性结构相似，所以纤维素也能溶于水。（×）

（32）银纹实际上是一种微小裂缝，裂缝内密度为零，因此它很容易导致材料断裂。（×）

（33）分子间作用力强的聚合物，一般具有较高的强度和模量。（√）

（34）增加外力作用频率与缩短观察时间是等效的。（√）

（35）两种聚合物共混后，共混物形态呈海岛结构，这时共混物只有一个 T_g。（×）

（36）多组分聚合物出现相分离的成核增长机理是以小振幅组分的涨落开始，不需要活化能。（×）

（37）高分子的 T_f 随相对分子质量分布变化的规律是在平均相对分子质量相同的情况下，随多分散系数的增大而提高，随多分散系数减小而降低。（×）

（38）τ-$\dot{\gamma}$ 曲线上任一点的斜率 $\dfrac{d\tau}{d\dot{\gamma}}$ 定义为该点的表观黏度。（×）

（39）聚合物熔体的剪切黏度在牛顿区都相等。（√）

（40）同一聚合物在不同温度下测得的断裂强度不同。（√）

（41）脆性破坏发生在屈服点之前，断裂表面光滑；延性破坏发生在屈服点之后，断裂表面粗糙。（√）

（42）交联聚合物的应力松弛现象就是随时间的延长，应力逐渐衰减到零的现象。（×）

（43）聚合物在橡胶态时，黏弹性表现最为明显。（×）

（44）在室温下，塑料的松弛时间比橡胶短。（×）

（45）除去外力后，线型聚合物的蠕变能完全回复。（×）

（46）晶态聚合物处于 T_g 以上时，链段就能运动，处于 T_f 以上时，整个分子链也能运动。（×）

（47）聚合物在室温下受到外力作用而发生变形，当去掉外力后，形变没有完全复原，这是因为整个分子链发生了相对移动。（√）

（48）作为塑料，其使用温度都在玻璃化温度以下；作为轮胎用的橡胶，其使用温度都在玻璃化温度以上。（√）

（49）聚合物的 T_g 随聚丙烯酸正烷基酯的侧链长度的增加而增加。（×）

（50）分子中含有双键的聚合物，它们的 T_g 较高。（×）

(51) 聚合物在良溶剂中，由于溶剂化作用强，因而高分子线团处于松散、伸展状态，黏度大。（√）

(52) 非对称取代的聚合物的 T_g 随取代基数目的增加而增加。（√）

(53) 大多数聚合物熔体在任何条件下都是假塑性的，不符合牛顿定律。（×）

(54) 聚合物的玻璃化转变是热力学的二级相转变。（×）

(55) 分子在晶体中是规整排列的，所以只有全同立构或间同立构的高分子才能结晶，无规立构的高分子不能结晶。（×）

(56) 温度由低变高，材料的宏观断裂形式由脆性变为韧性；应变速度由慢变快，宏观断裂形式又由韧性变为脆性。（√）

(57) 分子链支化程度增加，使分子间的距离增加，因此聚合物的拉伸强度增加。（×）

(58) 随着聚合物结晶度增加，抗张强度和抗冲强度增加。（×）

(59) 同一个力学松弛现象，既可以在较高的温度、较短的时间内观察到，也可以在较低的温度、较长的时间内观察到。（√）

(60) 聚合物在应力松弛过程中，无论线型还是交联聚合物的应力都不能松弛到零。（×）

(61) Kelvin 模型可用来模拟非交联聚合物的蠕变过程。（×）

(62) 高分子线团在 θ 溶剂中，其黏度比良溶剂中低，末端距也越小。（×）

(63) 走进生产聚氯乙烯的车间，可闻到一股聚氯乙烯分子的刺激气味。（×）

(64) 只要溶剂选择合适，PP 在常温下也可溶解。（×）

(65) 聚合物在不良溶剂中，由于溶剂化作用弱，因而高分子线团处于卷曲收缩状态，黏度小。（√）

(66) 结晶聚合物的熔化过程是热力学的一级相转变，与其他结晶物质的熔化的过程本质上是相同的。（√）

(67) 增塑的 PVC 是一种高浓度的高分子溶液。（√）

(68) 高分子溶液在极稀的条件下是理想溶液。（×）

(69) 应变随时间变化跟不上应力随时间变化的动态力学现象称为蠕变。（×）

(70) 线型聚合物的溶解过程也会出现有限溶胀。（√）

(71) 当高分子的取向因子 $f=0$ 时为完全不取向，$f=1$ 时为完全取向。（√）

(72) 汽车行驶时外力能够促进轮胎中的天然橡胶结晶，从而提高了轮胎的强度。（√）

(73) 聚丁二烯中顺式结构的 T_m 比反式结构的 T_m 更低。（√）

(74) 对位芳香取代聚合物的 T_m 比相应间位取代聚合物的 T_m 要高。（√）

(75) 不存在自由结合链，但等效自由结合链是真实存在的。（√）

(76) 只要聚合物的化学组成相同，它们的性能也必然相同。（×）

(77) 全同立构聚合物具有旋光性。（×）

(78) 只要一个碳原子上有两个取代基时，则聚合物的柔顺性必然降低。（×）

(79) 单晶、树枝状晶、串晶、球晶等都是多晶体。（×）

(80) PE 的分子链简单、无取代基、结构规整、对称性好，因而柔性高，是橡胶。（×）

(81) 增加外力作用速度与降低温度对聚合物强度的影响是等效的。（√）

(82) 尼龙可在常温下溶于甲酸，说明结晶聚合物可直接溶于极性溶剂中。（×）

(83) 四氢呋喃和氯仿都与 PVC 的溶度参数相近，因此二者均为 PVC 的良溶剂。（×）

(84) 聚合物的晶态结构比低分子晶体的有序程度差得多，存在很多缺陷。（√）

(85) 晶相中，由于高分子排列规整，分子间作用力大，因此分子链的构象不易改变。（√）

(86) 聚合物的结晶度的大小与测定方法无关，是一个不变的数值。（×）
(87) 聚合物的 T_g 的大小与测定方法无关，是一个不变的数值。（×）
(88) 由于拉伸产生热量，结晶速率下降。（×）
(89) 聚合物在结晶中的构象只有一个。（×）
(90) 聚合物中加入增塑剂，其链段运动能力增强，拉伸强度增加。（×）
(91) 结晶使聚合物的光学透明性明显增加。（×）
(92) 球晶较大的聚合物透光性较高。（×）
(93) 聚合物相对分子质量较小，分子运动容易，则聚合物易结晶。（√）
(94) 用体膨胀计测定结晶聚合物的熔点时，升温速度越慢，熔点越高。（√）
(95) 根据统计方法的不同有多种平均相对分子质量，只有当聚合物具有单一相对分子质量时，各种平均相对分子质量才相等。（√）
(96) 分子构造对性能十分重要，短支化链可降低结晶度，长支化链则改善材料的流动性能。（×）
(97) 橡胶形变时有热效应，在拉伸时放热，而压缩吸热。（√）
(98) 根据时温等效原理，降低温度相当于延长时间，所以外力作用速度减慢，聚合物的 T_g 就越低。（√）
(99) 高分子链的相同侧基的数目越多，玻璃化转变温度越高，因此聚偏二氯乙烯的玻璃化转变温度高于聚氯乙烯的玻璃化转变温度。（×）
(100) 在应力松弛实验中，Hooke 固体的应力为常数，牛顿流体的应力随时间而逐步衰减。（×）
(101) 聚氯乙烯是很好的绝缘性材料，它的介电常数不受温度和频率的影响。（×）
(102) 反式聚丁二烯通过单键旋转可变为顺式聚丁二烯。（×）
(103) 下列三条 C—C 高分子链中构象分别为 a. *tttttgttt*；b. *gtgggttgg*；c. *tgttgttgt*，则其末端距从小到大的顺序依次为 b、c、a。（√）
(104) 聚合物在橡胶态时的运动单元是链段。（√）
(105) 由于橡胶的泊松比接近 0.5，因此形变过程中体积不变。（√）
(106) WLF 方程适用于非晶态聚合物的各种松弛过程。（√）
(107) 热塑性塑料的使用温度都在 T_g 以下，橡胶的使用温度都在 T_g 以上。（√）
(108) 高压 PE 因为聚合时的压力很大，所以产品的密度也高；低压 PE 因为聚合时的压力低，所以产品的密度也低。（×）
(109) 高分子溶液混合熵比理想溶液大得多。（√）
(110) 聚合物溶解过程是分子链与溶剂的相互作用的过程。（√）
(111) 分子链越柔软，内旋转越自由，链段越短。（√）
(112) 高斯链的运动单元为链段。（√）
(113) 理想的刚性链运动单元为整个分子链。（√）
(114) 聚合物的性能只与化学结构有关，与构型无关。（×）
(115) Boltzmann 叠加原理不适用于结晶聚合物。（√）
(116) 相对分子质量的端基测定法还有一个用途，就是可以鉴别高分子是否支化。（√）
(117) 膜渗透法是唯一适用于较宽相对分子质量的绝对方法。（√）
(118) 均方末端距大的聚合物柔性较好。（×）
(119) 在 T_g 和 T_m 之间，橡胶拉伸断裂与方向垂直。（√）
(120) 聚合物的结晶度是衡量其晶粒大小的标志。（×）

主要参考书目

成都科学技术大学,天津轻工业学院,北京化工学院.1981.高分子化学及物理学.北京:中国轻工业出版社
荻野一善,中条利一郎,井上祥平.1998.高分子化学基础与应用.2版.东京:东京化学同人
董炎明,胡晓兰.2005.高分子物理学习指导.北京:科学出版社
董炎明,熊晓鹏,郑薇,等.2011.高分子研究方法.北京:中国石化出版社
董炎明,张海良.2004.高分子科学教程.北京:科学出版社
董炎明,张海良.2008.高分子科学简明教程.北京:科学出版社
董炎明,朱平平,徐世爱.2010.高分子结构与性能.上海:华东理工大学出版社
董炎明.1997.高分子材料实用剖析技术.北京:中国石化出版社
董炎明.2004.高分子分析手册.北京:中国石化出版社
董炎明.2012.奇妙的高分子世界.北京:化学工业出版社
冯新德.1981.高分子合成化学(上册).北京:科学出版社
高分子学会.1985.高分子科学演习.东京:东京化学同人
高分子学会.1994.高分子科学の基础.2版.东京:东京化学同人
顾雪蓉,陆云.2003.高分子科学基础.北京:化学工业出版社
韩哲文.2011.高分子科学教程.2版.上海:华东理工大学出版社
郝立新,潘炯玺.1997.高分子化学与物理教程.北京:化学工业出版社
何曼君,陈维孝,董西侠.2000.高分子物理(修订版).上海:复旦大学出版社
何曼君,张红东,陈维孝,等.2007.高分子物理.3版.上海:复旦大学出版社
何平笙.2009.新编高聚物的结构与性能.北京:科学出版社
何旭敏,董炎明.2007.高分子化学学习指导.北京:科学出版社
横田健二.1999.高分子を学ばぅ——高分子材料入门.京都:化学同人
贾红兵.2009.高分子化学导读与题解.4版.北京:化学工业出版社
焦书科,张晨,励杭泉.2005.高分子物理高分子材料习题及解答.北京:中国石化出版社
焦书科.2004.高分子化学习题及解答.北京:化学工业出版社
金日光,华幼卿.2010.高分子物理.3版.北京:化学工业出版社
李青山,刘喜军,余木火.2003.高分子演习.北京:中国纺织出版社
林尚安,陆耘,梁兆熙.1982.高分子化学.北京:科学出版社
潘祖仁.2007.高分子化学.4版.北京:化学工业出版社
潘祖仁.2011.高分子化学.5版.北京:化学工业出版社
师奇松,于建香.2009.高分子化学试题精选与解答.北京:化学工业出版社
王槐三,寇晓康.2003.高分子化学教程.北京:科学出版社
王久芬.2009.高分子化学学习指南.北京:国防工业出版社
王玉忠,陈思翀,袁立华.2010.高分子科学导论.北京:科学出版社
魏无际,俞强,崔益华.2005.高分子化学与物理基础.北京:化学工业出版社
武军,李和平.2001.高分子物理及化学.北京:中国轻工业出版社
夏炎.1987.高分子科学简明教程.北京:科学出版社
徐世爱,张德震,余若冰.2007.高分子物理习题集.上海:华东理工大学出版社
张丽华,王香梅.2008.高分子物理学习笔记暨习题.北京:国防工业出版社
赵俊会.2010.高分子化学与物理.北京:中国轻工业出版社
赵振河.2003.高分子化学与物理.北京:中国纺织出版社
周其凤,胡汉杰.2001.高分子化学.北京:化学工业出版社
朱平平,何平笙,杨海洋.2011.高分子物理重点难点释疑.合肥:中国科学技术大学出版社

朱永群. 1988. 高分子物理基本概念与问题. 北京：科学出版社

Allcock H R, Lampe F W, Mark I E. 2006. 当代聚合物化学. 3版. 张其锦，董炎明，宗惠娟，译. 北京：化学工业出版社

Bahadur P, Sastry N V. 2002. Principles of Polymer Science. Pangbourne：Alpha Science International Ltd.

Bower D I. 2002. An Introduction to Polymer Physics. Cambridge：Cambridge University Press

Callister W D. 2001. Fundamentals of Materials Science and Engineering. New York：John Wiley & Sons

Carraher C E. 2010. Carraher's Polymer Chemistry. 8th ed. Boca Raton：CRC Press

Cowie J M G, Arrighi V. 2007. Polymers：Chemistry and Physics of Modern Materials. 3rd ed. Boca Raton：CRC Press

Flory P J. 2003. Principles of Polymer Chemistry（影印本）. 2003. 北京：世界图书出版公司北京公司

Fried J R. 2003. Polymer Science and Technology. 2nd ed. Upper Saddle River：Pearson Education Inc.

Hiemenz P C, Lodge T P. 2007. Polymer Chemistry. 2nd ed. Boca Raton：CRC Press

Nicholson J W. 2011. The Chemistry of Polymers. Revised edition. London：Royal Society of Chemistry

Painter P C, Coleman M M. 1997. Fundamentals of Polymer Science，An Introductory Text. Boca Raton：CRC Press

Peacock A J, Calhoun A R. 2006. Polymer Chemistry：Properties and Applications. Munich：Hanser Gardner Publications

Sperling L H. 2001. Introduction to Physical Polymer Science. 3rd. New York：John Wiley & Sons

Stevens M P. 2009. Polymer Chemistry：An Introduction. International 3rd edition. Oxford：Oxford University Press

附 录

基于元素分类的常见聚合物的重复单元和单体

名称（缩写）	重复单元	单体
1. 只含 C、H 的聚合物		
聚乙烯（PE）	—CH$_2$—CH$_2$—	CH$_2$=CH$_2$
聚丙烯（PP）	—CH$_2$—CH(CH$_3$)—	CH$_2$=CH(CH$_3$)
聚异丁烯（PIB）	—CH$_2$—C(CH$_3$)$_2$—	CH$_2$=C(CH$_3$)$_2$
聚苯乙烯（PS）	—CH$_2$—CH(C$_6$H$_5$)—	CH$_2$=CH(C$_6$H$_5$)
聚丁二烯（PB）	—CH$_2$—CH=CH—CH$_2$—	CH$_2$=CH—CH=CH$_2$
聚异戊二烯（PI）	—CH$_2$—C(CH$_3$)=CH—CH$_2$—	CH$_2$=C(CH$_3$)—CH=CH$_2$
2. 含卤素的聚合物		
聚氯乙烯（PVC）	—CH$_2$—CHCl—	CH$_2$=CHCl
聚氯丁二烯（PCP）	—CH$_2$—CCl=CH—CH$_2$—	CH$_2$=CCl—CH=CH$_2$
聚偏氯乙烯（PVDC）	—CH$_2$—CCl$_2$—	CH$_2$=CCl$_2$
聚氟乙烯（PVF）	—CH$_2$—CHF—	CH$_2$=CHF
聚三氟氯乙烯（PTFCE）	—CF$_2$—CFCl—	CF$_2$=CFCl
聚四氟乙烯（PTFE）	—CF$_2$—CF$_2$—	CF$_2$=CF$_2$

续表

名称(缩写)	重复单元	单体
3. 含氧的聚合物		
聚乙烯醇(PVA)	$-CH_2-CH(OH)-$	$CH_2=CH(OH)$ (假想)
聚乙烯基甲基醚(PVME)	$-CH_2-CH(OCH_3)-$	$CH_2=CH(OCH_3)$
聚丙烯酸(PAA)	$-CH_2-CH(COOH)-$	$CH_2=CH(COOH)$
聚丙烯酸甲酯(PMA)	$-CH_2-CH(COOCH_3)-$	$CH_2=CH(COOCH_3)$
聚甲基丙烯酸甲酯(PMMA)	$-CH_2-C(CH_3)(COOCH_3)-$	$CH_2=C(CH_3)(COOCH_3)$
聚乙酸乙烯酯(PVAc)	$-CH_2-CH(OCOCH_3)-$	$CH_2=CH(OCOCH_3)$
聚对苯二甲酸乙二醇酯(PET)	$-OCH_2CH_2O-CO-C_6H_4-CO-$	$HOCH_2CH_2OH + HOOC-C_6H_4-COOH$
不饱和聚酯(UP)	$-OCH_2CH_2O-CO-CH=CH-CO-$	$HOCH_2CH_2OH +$ 马来酸酐
聚碳酸酯(PC)	$-O-C_6H_4-C(CH_3)_2-C_6H_4-O-CO-$	$HO-C_6H_4-C(CH_3)_2-C_6H_4-OH + Cl-CO-Cl$
聚甲醛(POM)	$-O-CH_2-$	CH_2O 或 三聚甲醛(1,3,5-三氧六环)
聚氧化乙烯(PEO)(聚环氧乙烷,聚乙二醇)	$-O-CH_2-CH_2-$	环氧乙烷 或 $HOCH_2CH_2OH$
聚环氧丙烯(PPOX)(聚环氧丙烷)	$-O-CH_2-CH(CH_3)-$	环氧丙烷
聚苯醚(PPO)	$-O-C_6H_2(CH_3)_2-$	$HO-C_6H_3(CH_3)_2$

续表

名称(缩写)	重复单元	单体
酚醛树脂(PF)	—C₆H₃(OH)—CH₂— (邻羟基苯基亚甲基)	苯酚 + CH_2O
环氧树脂(EP)	—O—C₆H₄—C(CH₃)₂—C₆H₄—O—CH₂CH(OH)CH₂—	HO—C₆H₄—C(CH₃)₂—C₆H₄—OH + H_2C—$CHCH_2Cl$ (环氧氯丙烷)
纤维素(CE)	—$C_6H_{10}O_5$—	$C_6H_{12}O_6$(假想)

4. 含氮的聚合物

名称(缩写)	重复单元	单体
聚丙烯腈(PAN)	—CH₂—CH(CN)—	CH₂=CH(CN)
聚丙烯酰胺(PAM)	—CH₂—CH(CONH₂)—	CH₂=CH(CONH₂)
聚酰胺-66(PA-66)	—NH(CH₂)₆NHCO(CH₂)₄CO—	$H_2N(CH_2)_6NH_2$ + $HOOC(CH_2)_4COOH$
聚酰胺-6(PA-6)	—NH(CH₂)₅CO—	NH(CH₂)₅CO 或 $NH_2(CH_2)_5COOH$
聚酰亚胺(PI)	均苯四甲酰亚胺-对苯基重复单元	均苯四甲酸二酐 + H_2N—C₆H₄—NH_2
脲醛树脂(UF)	—NH—CO—NH—CH₂—	NH_2—CO—NH_2 + CH_2O
三聚氰胺-甲醛树脂(MF)	—HN—C₃N₃(NH—CH₂)(NH)— (三嗪环连接)	三聚氰胺 + CH_2O
聚氨酯(PU)	—O(CH₂)₂O—C(O)—NH(CH₂)₆NH—C(O)—	$HO(CH_2)_2OH$ + $OCN(CH_2)_6NCO$

5. 含 S、Si 等其他元素的聚合物

名称(缩写)	重复单元	单体
聚砜(PSU)	—O—C₆H₄—C(CH₃)₂—C₆H₄—O—C₆H₄—SO₂—C₆H₄—	HO—C₆H₄—C(CH₃)₂—C₆H₄—OH + Cl—C₆H₄—SO₂—C₆H₄—Cl
硅橡胶(SI)	—Si(CH₃)₂—O—	Cl—Si(CH₃)₂—Cl